GRUNDZÜGE EINER PHYSIOLOGIE UND KLINIK DER PSYCHOPHYSISCHEN PERSÖNLICHKEIT

EIN BEITRAG
ZUR FUNKTIONELLEN DIAGNOSTIK

VON

DR. MED. WALTHER JAENSCH
ASSISTENT AN DER MEDIZINISCHEN UNIVERSITÄTS-
KLINIK IN FRANKFURT A. M.

MIT 27 TEXTABBILDUNGEN

BERLIN
VERLAG VON JULIUS SPRINGER
1926

DIESE ARBEITEN KONNTEN VOR ALLEM DURCH EIN STIPENDIUM DER ROCKEFELLERSTIFTUNG ZUM ABSCHLUSSE GEBRACHT WERDEN. SIE IN DEM VORLIEGENDEN UMFANGE ZU VERÖFFENTLICHEN ERMÖGLICHTEN BEIHILFEN SEITENS DES REICHSMINISTERIUMS DES INNERN, DES LANDESAUSSCHUSSES IN CASSEL UND DES MARBURGER UNIVERSITÄTSBUNDES.

ISBN-13: 978-3-642-89896-9 e-ISBN-13: 978-3-642-91753-0
DOI: 10.1007/978-3-642-91753-0

SOFTCOVER REPRINT OF THE HARDCOVER 1ST EDITION 1926

MEINEM BRUDER

PROFESSOR DR. PHIL. E. R. JAENSCH

UND

HERRN PROFESSOR DR. MED. G. VON BERGMANN

IN DANKBARKEIT GEWIDMET

VORWORT

Eingedenk seiner Ursprünge widme ich dieses Werk meinen beiden Lehrern und entnehme die Berechtigung hierzu der selbstständigen Fortentwickelung dieser Arbeit.

In ihr wird deutlich werden, wieweit gesicherte Grundlagen aus E. R. JAENSCH'S Marburger Arbeitskreise und auch seine Mitwirkung, sowie eigene Untersuchungen die Inangriffnahme und die Durchführung der hier behandelten Problemstellungen veranlaßten und ermöglichten, wieweit Arbeiten G. VON BERGMANN'S und seines Mitarbeiterkreises mich mit zu diesem vorliegenden Werke geführt haben, das, losgelöst von seiner Klinik, in der ich Jahre gearbeitet habe, erscheinend, über den Rahmen der Inneren Medizin auch hinausgreift.

Dennoch verdankt es jener eigenartigen Überschneidung dieser beiden Arbeitskreise in der Person des Verfassers nicht zum geringen Teile und fast schicksalshaft seine Entstehung: denn zugleich zieht es in seinen Grundlinien die Folgerungen aus einer Wendezeit in der Psychologie wie in der Medizin auf einer gemeinsamen biologischen Ebene, die E. R. JAENSCH schon immer ins Auge gefaßt hatte.

Berlin, im September 1926. **DER VERFASSER.**

Inhaltsverzeichnis

Seite

Einleitung 1

Erster Abschnitt: **Die engeren Grundlagen unserer Untersuchungen** . . 13

Erstes Kapitel: Die psychologischen Grundlagen der Untersuchung: Art und Beschaffenheit der eidetischen Anlage . . . 13

Zweites Kapitel: Die beiden eidetischen Haupttypen und die medizinischen Grundlagen der Untersuchung: Tetanie und Morb. Basedow, ihre Latenzzustände und unsere Typen, der T- und der B-Typus 35

Anhang
Über die Bedeutung der eidetischen und der typologischen Methode überhaupt als allgemeine Forschungsmethode (Widerlegung der dagegen erhobenen Einwände). 45

Zweiter Abschnitt: **Biotypen der psychophysischen Persönlichkeit** . . . 48

Drittes Kapitel: Spezielle Untersuchung des T- und B-Typus; die Stigmen und die Akzidentien der beiden Biotypen 48

A. Der T-Typus 53

I. Galvanische Untersuchung peripherer Nerven 53
a) Galvanische Erregbarkeit auf motorischem Gebiete 53
b) Galvanische Erregbarkeit auf sensiblem Gebiete 91

II. Galvanische Untersuchung von Hirnnerven 94
a) Galvanische Erregbarkeit des Nervus acusticus 94
b) Galvanische Erregbarkeit der Geschmacksnerven und des Nervus opticus 96

III. Mechanische Untersuchung peripherer Nerven 97
a) Mechanische Erregbarkeit auf motorischem Gebiete 97
1. Nervus facialis 97
2. Nervus ulnaris 100
b) Mechanische Erregbarkeit auf sensiblen Gebiete 101
1. Nervus ulnaris 101
2. Ramus cutaneus superficialis nervi radialis 101

IV. Mechanische Untersuchung der Muskelerregbarkeit 102

V. Physiognomische und mimische Stigmen des T-Typus. Allgemeiner Eindruck der Gesamtpersönlichkeit 102

VI. Optische Untersuchung der zentralen Übererregbarkeit (optische Stigmen) 112

VII. Akzidentien des T-Typus 124

VIII. Die verschiedene Wertigkeit der Stigmen für die Gesamtpersönlichkeit, mit Bemerkungen über die Gründe dieser verschiedenen Wertigkeit . . 127

IX. Biologischer und nosologischer Symptomwert der Stigmen 129

B. Der B-Typus 140

I. Physiognomische und mimische Stigmen des B-Typus. Allgemeiner Eindruck der Gesamtpersönlichkeit 140

II. Klinische Stigmen von Seiten der Augen 148

III. Stigmen des Pulses und der Herztätigkeit. 151

IV. Stigmen seitens der Haut 152

V. Feinschlägiger Fingertremor 158

Seite

VI. Geringe Halsverdickung infolge leichter Schilddrüsenvergrößerung . . 158
VII. Optische Untersuchung der zentralen Übererregbarkeit (optische Stigmen) 160
VIII. Akzidentien des B-Typus 164
IX. Nachtrag: Synästhesien, Einfühlung, psychodiagnostische Registriermethoden 166

Viertes Kapitel: Optische Untersuchungsmethoden 168
I. Versuchsanordnung 168
II. Prüfungsmethoden 171
A. Prüfung der Nachbilder (NB) 171
a) Prüfung der Nachdauer (ND) 171
b) Prüfung im Emmertschen Versuch 173
c) Fixation komplizierter Vorlagen 175
d) Prüfung der optischen Dichte 177
B. Prüfung der Anschauungsbilder (AB) 179
a) Grundversuche und Vorlagen 179
b) Prüfung der optischen Dichte und der Nachdauer. Der Emmertsche Versuch 183
c) Prüfung auf Körperlichkeit 184
d) Die Ermittelung des Grades der eidetischen Anlage 184
e) Eidetischer Grad, Gedächtnisstufe, Einheitsphase und Biotypus . 187
f) Prüfung der Veränderlichkeit 192
1. Spontane Veränderlichkeit, Farbmaterie 192
2. Systematische Prüfung auf willkürliche Veränderlichkeit und Hervorrufbarkeit bzw. Auslöschung der AB (spezifische Plastizität) . 194
a′) Mit komplizierten Vorlagen 194
b′) Äußerungsformen der Veränderlichkeit bei einfachen homogenen Vorlagen und in niederen eidetischen Graden . . . 195
c′) Prüfung auf Fluxion 196
g) Gegenüberstellung von T- und B-Typus 198
III. Kontrollversuche zur Sicherung der Angabe, daß die Bilder wirklich gesehen werden 202
1. Genaue Beschreibung sehr komplizierter AB 202
2. Verhaltungsweise der Versuchsperson; allmähliches Auftauchen von AB 202
3. Das Sehen der Komplementärfarbe und gesetzmäßiger Abweichungen von ihr im AB 203
4. Das PURKINJEsche Phänomen in den eidetischen Erscheinungen . . 204
5. Die HERING-HILLEBRANDsche Horopterabweichung im AB 205
6. Kontrolle an zuverlässigen Erwachsenen 207
7. Abwehr einiger Einwände 207

Fünftes Kapitel: Einiges aus dem Untersuchungsmaterial 208
A. Der psychophysische T- und B-Komplex mit steigendem Altersfortschritt 208
B. Einzeluntersuchung der 1920 in unserem Material vorhandenen hochgradigen Eidetiker 219
1. Das klinisch-somatische Verhalten der untersuchten Individuen . 220
a) Das Verhalten der untersuchten Individuen in Beziehung auf einzelne Stigmen und Akzidentien 220
b) Das Verhalten der untersuchten Individuen hinsichtlich ihres Gesamtzustandes 222
2. Das psychisch-optische Verhalten der untersuchten Individuen . 228
Besprechung einzelner Beispielsfälle 232
I. Gruppe. Überwiegen der (tetanoiden) Cerebrospinalen Stigmatisierung (T-Typus) 232
Untergruppe A: Tetanoid Stigmatisierte bei ausgesprochenem Fehlen (basedowoider) Vegetativer Stigmatisierung im Sinne G.v.Bergmanns 232

Seite

Untergruppe B: Tetanoid Stigmatisierte mit vereinzelten vegetativen Stigmata 236
Annäherungsfälle (an den B-Typus) 237
Untergruppe C: Tetanoid Stigmatisierte mit Vegetativer Stigmatisierung (Übergangsfälle) 240
II. Gruppe. Überwiegen der (basedowoiden) Vegetativen Stigmatisierung im Sinne G. v. Bergmanns (B-Typus) . 240
Untergruppe D: Ausgesprochen Vegetativ Stigmatisierte bei Tetanoider Stigmatisierung 240
Untergruppe E: Ausgesprochen Vegetativ Stigmatisierte ohne Tetanoide Stigmatisierung 241
III. Gruppe. Sonderfälle 243
IV. Gruppe. Ausgesprochene Biotypen späterer Beobachtung (T- und B-Typus) 244
Zusammenfassung 244

C. Einige Versuchsprotokolle der beobachteten Fälle (Frühjahr 1920): 244
I. Gruppe . . . . 245—254
II. Gruppe . . . . 254—258
III. Gruppe . . . . 258—259
IV. Gruppe . . . . 259—262

Anhang: Historische Persönlichkeiten im Lichte der aufgestellten Typencharakteristik: Goethe und Joh. Müller. Ein Vergleich 262

Sechstes Kapitel: Eidetische Zustände besonderer Färbung als Hinweis auf weitere Differenzierungen innerhalb der aufgezeigten psychophysischen Konstitutionstypen 269

Dritter Abschnitt: **Zusammenfassende klinische Betrachtung der Biotypen, zugleich ein Versuch der Aufzeigung ihrer wahrscheinlichen biologischen Bedeutung** 285

A. Einige Grundlinien zu einer anthropologischen, medizinisch-physiologischen und klinisch-pathologischen Biologie 285

Siebentes Kapitel: Zur Organologie der psychophysischen Persönlichkeit 285

1. Die allgemeineren Grundlagen unserer Untersuchungen und nachfolgender Betrachtungen 285
2. Zur normalen Psychophysiologie der Persönlichkeit 293
a) Ein Versuch, den T- und B-Komplex als zentral und peripher einheitliche psychophysische Wirkungszusammenhänge subcortiformer (palaeencephaler) bzw. cortiformer (neencephaler) Reaktionsform zu verstehen 293
Entwickelung des vegetativ-autonomen Nervensystems 296
Palaeencephalon und Neencephalon 301
Anatomischer Niederschlag der funktionell nachweisbaren konzentrischen Schichtenstruktur der psychophysischen Persönlichkeit (Capillaren, Netzhautgefäße) 307
Zusammenfassende Übersicht über den eidetischen T- und B-Typus . . . 311
Cerebrospinale und Vegetative Stigmatisierung 319
Phasenspezifische Wertigkeit der endokrinen Konstellationen 321
Die psychophysische Natur phasenspezifischer Komplexe 323
Körperbautypus(Habitus),Konstitution(Reaktionstypus),Krankheitsdisposition 325
Zentrale Persönlichkeitsstigmen 327
Psychophysische vegetative Systeme 329
Zusammenfassung 329
Physiovegetative (subcortiforme) und psychovegetative (cortiforme) Stigmatisierung 331
b) Die primordiale (primitiv-archaische), die sekundäre (physiologische) Koppelung der Organsysteme und die psychophysische Integration 335
Plastizität der Funktion im Nervensystem und ihr Verhältnis zur anatomischen Struktur 335

Seite

Entwickelung des cerebrospinalen Nervensystems 341
c) Einige spezielle Lokalisationsfragen innerhalb des T- und B-Komplexes 360
3. Zur pathologischen Psychophysiologie der Persönlichkeit 362
a) Schwachsinn bei Differenzierungsstörungen 362
Ihr anatomischer Nachweis am Lebenden (Capillarmikroskopie) 362
Differenzierungsstörungen als biologisches Rassen- und Domestikationsmerkmal 365
Eidetische Phaenomene bei Schwachsinnigen 367
b) Neurosen bei Differenzierungsstörungen 369
Zentrale Neurosen (ektodermale Neuro- bzw. Psychopathie) 370
Periphere Neurosen (entodermale Neuropathie, Organneurosen) 371
Kompensierte und dekompensierte Neuro- bzw. Psychopathie und ihr anatomischer Nachweis am Lebenden (Capillarmikroskopie) 374
Sprengung des konzentrischen Schichtenbaus 374
c) Bemerkungen über die Dementia praecox (Schizophrenie) als retrograde Lysophrenie der psychophysischen Persönlichkeit (S-Typus) 375
Bemerkungen zur Psychophysiologie des Schlafes 382
4. E. Kretschmers Typen und unsere Biotypen 390
5. Bisher ermittelte therapeutische Grundlinien für die Heilbehandlung pathologischer Fälle unter den Biotypen, einschließlich einiger Folgerungen für praktisch durchführbare rassenhygienische Maßnahmen 395
6. Über das Vorkommen eidetischer Erscheinungen unter gesunden und kranken Erwachsenen beiderlei Geschlechts sowie unter nichtklinischem und klinischem Beobachtungsmaterial überhaupt 403
Bemerkungen zur Psychophysiologie der Leibesübungen 407

B. Zusammenfassende klinische Betrachtung der Biotypen . . . 408

Achtes Kapitel: Die Stellung der ermittelten Biotypen in nosologischer und terminologischer Beziehung und ihr Verhältnis zu den Aufgaben der Jugendmedizin 408

Neuntes Kapitel: Der eidetische T- und B-Typus und verwandte Erscheinungen (echte Halluzinationen, Psychosen) und innerhalb von einigen weiteren Fragen der Psychiatrie 415

Zehntes Kapitel: Einige Bemerkungen zu K. Landauers „Tetanoid" . 443

Elftes Kapitel: Versuch einer biologischen Umgrenzung der Begriffe „Neuropathie" und „Psychopathie" 450

Zwölftes Kapitel: Die Ergebnisse eidetischer und synästhetischer Untersuchungen und die Frage des Verhältnisses der uneigentlichen Halluzinationen zu den echten Halluzinationen und Pseudohalluzinationen 463

Schlußzusammenfassung 469

Anhang: Ein Nachwort: *Von der Stellung der Naturwissenschaften und Geisteswissenschaften zueinander und über eine neue Grundhaltung den Lebensproblemen gegenüber. — Bemerkungen zur Erbbiologie und Rassenhygiene. — Das Werk, die mit ihm waren, und die Mitarbeiter* 472

Tabellen und Übersichten

Seite

Galvanische Erregbarkeitsgrade 90
Blutbilder von Eidetikern 138
Hautwiderstand in verschiedenen Lebensaltern und bei T- oder B-Typen 157
Eidetische Grade (Fixationstest) 177
Eidetische Grade (Anschauungstest) 185
Gegenüberstellung von T- und B-Typus 199
Tab. I. Verteilung der Stigmen des T- und B-Komplexes sowie der AB in verschiedenen Altersklassen . . . . 212—217
Tab. II. Verteilung von T- und B-Stigmen auf die in Tab. I untersuchten Altersklassen (Häufigkeitszahlen v. H.) 218
Tab. III. Psychophysische Stigmatisierung bei normalen älteren erwachsenen Individuen, Eidetikern und Nichteidetikern 218
Tab. IV. T-, B- und Mischtypen ungefähr gleicher eidetischer Grade (IV—V), Kalkwirkung, Verhalten der AB und NB und der somatischen Stigmen . . . 238—239

Abbildungen

Abb. 1. Das jugendliche Äußere des Eidetikers Goethe im 42. Lebensjahre 27
Abb. 2. Das kleine psychophysische Schema (Beziehungen des somatischen T- und B-Komplexes zu den eidetischen Erscheinungen und Gedächtnisstufen) 42
Abb. 3—10 (Gruppe I) Uffenheimersches Tetaniegesicht bei T- und T_B- bzw. TB-Typen 103
Abb. 11—14 (Gruppe II) T-Typus, T-Gesicht, T-Augen 109
Abb. 15—18. (Gruppe III) B-(BT-)Typus, B-Gesicht, B-Augen 109
Abb. 19. Versuchsanordnung bei eidetischen Untersuchungen 169
Abb. 20. Vorlage für den Fixationstest 176
Abb. 21a—c. Hintergrundproben zur Untersuchung der optischen Dichte eidetischer Phänomene 178
Abb. 22. Vorlage „Giebelhäuschen" für eidetische Untersuchungen 182
Abb. 23a—c. Vorlage „Haken" oder „Einser" für den Fluxionsversuch 182
Abb. 24a—c. Vorlage „Schneebeerstrauchblätter für den Fluxionsversuch 183
Abb. 25. Das große psychophysische Schema (Übersicht über die psychophysischen Beziehungen von T- und B-Typus bei eidetischen Erscheinungen verschiedenen Grades, bei Wahrnehmungen und Vorstellungen, bei Eidetikern und Nichteidetikern, und die Beziehungen der verschiedenen Gedächtnisstufen einschließlich der Einheitsphase zu den Biotypen) 188
Abb. 26. Der Eidetiker Goethe (B-Typus) in älteren Jahren 264
Abb. 27. Der Eidetiker Joh. Müller (T-Typus) in älteren Jahren 266

Einleitung.

Die vorliegende Arbeit versucht eine Brücke zu schlagen zwischen klinischer sowie physiologischer Betrachtungsweise und experimentell ermittelten Tatsachen der Psychologie. Hiermit verwirklicht sie ursprüngliche Bestrebungen von E. R. JAENSCH, soweit sie das medizinische Grenzgebiet schon zu einer Zeit umfaßten, da dem Verf., als dem jüngeren, dieses Wirkungsfeld noch fern liegen mußte. Alten Jugendwünschen brüderlichen Zusammenwirkens ist sie Erfüllung. —

Schon die Alltagserfahrung lehrt eine enge Wechselbeziehung zwischen körperlichen und seelischen Vorgängen: alle stärkeren Affekte sind von physiologischen Erscheinungen begleitet. Analysierte man doch sogar beispielsweise in der Schule WUNDTS die vasomotorischen Begleiterscheinungen der Gefühle, um zu einer Klassifikation dieser psychischen Vorgänge zu gelangen.

In der psychiatrischen Klinik wurde außer der physischen schon lange, ganz besonders aber neuerdings, auch die somatische Persönlichkeit beachtet[1]). Wegen der engen Verkoppelung beider Erscheinungskreise muß es daher von vornherein als ein fruchtbarer Gesichtspunkt erscheinen, auch in der inneren Medizin neben der somatischen die psychische Persönlichkeit stärker zu berücksichtigen, d. h. nicht allein, wie bisher allenfalls geschah, aus psychischen Eigenschaften gewisse allgemeinere Rückschlüsse auf somatische Verhältnisse zu ziehen und umgekehrt, sondern womöglich im einzelnen bestimmte Gesetzmäßigkeiten zwischen Soma und Psyche zu ermitteln, vor allem nicht nur Krankheiten, sondern auch normale Besonderheiten des Individuums, also Krankheitsdispositionen und normale Persönlichkeitsfärbungen unter solchem Gesichtswinkel zu betrachten, und dies jeweils im Rahmen der Gesamtpersönlichkeit, so wie sie uns in ihren somatischen und psychischen Äußerungen entgegentritt[2]).

---

[1]) Vgl. KRETSCHMER, E.: Körperbau und Charakter. Berlin: Julius Springer 1922. — Derselbe: Das Konstitutionsproblem in der Psychiatrie. Klin. Wochenschr. 1922.

[2]) Von erbbiologischen und erbkonstitutionellen Momenten sehen wir zunächst ab und betrachten im allgemeinen das jeweils unmittelbar in der Beobachtung Gegebene, soweit es uns in der Persönlichkeit entgegentritt, also im wesentlichen den Phänotypus. Wir verstehen also unter Konstitution mit RÖSSLE „die jeweilige aus angeborenen (besser wohl ‚angeborenen und ererbten', d. Verf.) und erworbenen Elementen zusammengesetzte Verfassung des Körpers und seiner Teile, kenntlich an der Art, wie er oder sie auf Umweltreize antworten" (zitiert nach PFAUNDLER: Was nennen wir Konstitution, Konstitutionsanomalie und Konstitutionskrankheit? Klin. Wochenschr. 1922). Ebenso ist für unsere Arbeit die entsprechende Bestimmung dieser Verhältnisse von K. H. BAUER oder auch die noch umfassendere von F. KRAUS maßgebend, nämlich als „eine dem Individuum ererbte oder erworben eigentümliche, ebensowohl morphologisch wie funktionell analysierbare, so gut aus dem Verhalten bestimmter einzelner Funktionen wie aus der Summe körperlicher und seelischer Zustands- und Leistungseigenschaften sich ableitende Beschaffenheit, besonders im Hinblick auf Beanspruchbarkeit, Widerstandskraft (Krankheitsbereitschaft), Verjüngungsfähigkeit und Lebenszähigkeit des Organismus". PFAUNDLER (a. a. O.) bemerkt hierzu: „Auf die Annahme spontaner periodischer, ferner durch geophysische Einflüsse bedingter, als Krankheitsfolgen auftretender, durch diverse Kuren willkürlich hervorzurufender Schwankungen von Konstitution, Disposition und Anspruchsfähigkeit weisen . . . zahlreiche Maßnahmen und Ratschläge der Medizin aller Zeiten und Nationen hin." Gerade letzterer Gesichtspunkt verdient innerhalb unserer Ausführungen besondere Beachtung, wie unten dargelegt werden wird. Vgl. ferner hierzu

Gerade der psychische Anteil der Persönlichkeit erfuhr trotz vieler Ansätze und Versuche[1]) in der inneren Medizin bisher nur seitens verhältnismäßig weniger Autoren Beachtung[2]). Eine allgemeinere Auswertung solcher Gesichtspunkte auf breiterer Grundlage konnte sich, im allgemeinen wenigstens, bisher hier noch nicht durchsetzen. Dagegen hat gerade von der inneren Medizin aus F. KRAUS, wie schon erwähnt, wohl zuerst in umfassender Weise den programmatischen Versuch gemacht, unsere Anschauungen hierin grundsätzlich zu wandeln. Sein groß angelegtes Werk „Pathologie der Person"[3]) behandelt die Persönlichkeit des Individuums in ihrer Gesamtheit, körperlich und psychisch, in genotypischer und phänotypischer Beziehung, mit anderen Worten, es versucht die klinische Erfassung der menschlichen Person als Produkt ihrer gesamten Vor- und Umwelt, wobei naturgemäß auch der Psyche ein großer Anteil zukommt. F. KRAUS gab aber mit seinem Werke in großen Umrissen nur ein Programm, dessen Durchführung Generationen zur Mitarbeit auffordert. Dieses hohe Ziel klinischer Betrachtungsweise verlangt daher vor allem nach Untersuchungs**methoden**, und zugleich nach einer großen Vorarbeit an Einzelproblemen, ehe es in

---

v. MÜLLER, FR.: Konstitution und Individualität. Rektoratsrede. München 1920; BAUER, K. H.: Über den Konstitutionsbegriff. Zeitschr. f. Konstitutionsforsch. 8; HART, C.: Konstitution und Disposition. Berl. klin. Wochenschr. 1918; LAQUER, B.: Neue Werke über Konstitution von BAUER, MARTIUS und KRAUS. Therap. d. Gegenw., März 1920. Ganz im Sinne obiger klinischer Definitionen des Phänotypus in seiner umfassenden Erscheinung, zugleich im Sinne sowohl normaler als schon mehr pathologischer Eigenschaften, sucht unsere Untersuchung die jeweilige Gesamtpersönlichkeit zu erfassen. Dabei verzichten wir jedoch ganz und gar auf Wertungen, insbesondere auf die Bewertung als einer Disposition zur Krankheit, wie sie trotz so allgemeiner Fassungen in gewissem Grade doch immer noch solchen klinischen Formulierungen anhaftet. Wir machen also in unseren Untersuchungen in rein naturwissenschaftlicher Haltung Feststellungen, die von solchen Bewertungen gänzlich absehen. Gerade dieser Gesichtspunkt wird sich als fruchtbar erweisen zur Erkennung des Verhältnisses von normaler Individualität und echter Krankheitsdisposition, wie sie LUBARSCH scharf voneinander trennt: „Ich habe zwischen Disposition und Konstitution sehr scharf unterschieden und verstehe unter Disposition diejenige (wechselnde) Beschaffenheit des Organismus, die die Voraussetzung der Wirkung schädigender Einflüsse ist, unter Konstitution dagegen denjenigen (angeborenen oder erworbenen) Zustand des Organismus, von dem seine besondere (individuell verschiedene) Reaktionsart gegenüber Reizen abhängt" (Dtsch. med. Wochenschr. 1917. 1377). Damit ist schon gesagt, daß die Konstitution als „phaenotypischer Reaktionstypus" nicht etwas absolut Festes, Unveränderliches ist. Und daß sie nicht ausschließlich von ererbten Zuständen, sondern doch in viel weiterem Umfange, als man bisher nachweisen konnte, auch von erworbenen Modifikationen abhängt, deren (anatomisch und funktionell) exakt nachweisbare Feinheit man bisher nicht beachtet hat, wird später deutlich werden. Unter solchem Blickpunkt ergibt sich letztlich das Bild der menschlichen Persönlichkeit, ihrer Physiologie und Pathologie, also ihrer gesamten „Syzygiologie" (Zusammenhangslehre, F. KRAUS). Sie ist weder rein somatisch, noch rein von der psychischen Seite her zu begreifen: die Persönlichkeit ist „psychophysisch neutral" (F. KRAUS). Von dieser Seite gesehen, wird sich aber auch ein neuer Gesichtspunkt für die Nosologie ergeben: eine biologische Struktur der Krankheiten als natürliches Ordnungsprinzip unserer heutigen Symptomatologie der Erkrankungen.

[1]) Vgl. WUTH, O.: Konstitution und endokrines System. Zusammenfassendes Referat über psychophysische Persönlichkeitsforschung. Münch. med. Wochenschr. 1922.

[2]) Vgl. hierzu z. B. HEYER: Psychische Faktoren bei organischen Erkrankungen. Münch. med. Wochenschr. 1922. — Derselbe: Schweiz. med. Wochenschr. 1923; Kongreßverhandl. d. dtsch. Internistenkongr. 1921; Arch. f. Verdauungskrankh. Bd. 29. 1921. — Derselbe: Psyche und Magenmotilität. Klin. Wochenschr. 1923. — Derselbe: Das körperlich-seelische Zusammenwirken. München, Bergmann, 1925; ferner HANSEN, K.: Kongreßverhandl. d. dtsch. Internistenkongr. in Kissingen 1924. — LICHTWITZ: Über die Beziehungen von Fettsucht, Psyche und Nervensystem. Klin. Wochenschr. 1923. — BÜHLER: Psyche bei Hypophysenerkrankungen. Klin. Wochenschr. 1923 u. a.

[3]) KRAUS, F.: Allgemeine und spezielle Pathologie der Person. Leipzig: Thieme 1919. — Derselbe: Vegetatives System und Individualität. Klin. Wochenschr. 1922. S. 2404.

die Praxis umgesetzt werden kann, eine Forderung, die neuerdings erst wieder LUBARSCH nachdrücklichst erhoben hat.

Auf allen Gebieten muß man sich im Beginn der Forschung zunächst darauf beschränken, die gröberen Unterscheidungsmerkmale der Erscheinungsreihen festzustellen. Versuchen wir daher die Aufstellung von psychophysischen Persönlichkeitstypen, so wird es auch hier darauf ankommen, fürs erste die weitest verbreiteten und Grundzüge der Persönlichkeit beherrschenden, möglichst einfach und zugleich exakt erfaßbaren Merkmale herauszusuchen, mittels deren wir imstande sind, eine große Anzahl von ähnlichen Individuen unter einem einheitlichen Gesichtspunkte zusammenzufassen. Gelingt es auf diesem Wege, einige beherrschende Typen aufzufinden, so ist damit ein erster Schritt getan, dem späterhin weitere Differenzierungen folgen können. Auch weitere ganz neue Typen werden aufgestellt werden müssen. Solche Möglichkeiten werden schon im Verlaufe der vorliegenden Darstellung gelegentlich Berücksichtigung erfahren.

Bei den nachfolgenden psychophysischen Untersuchungen werden nun gewisse Typen abgegrenzt[1]), die in bestimmten Besonderheiten des Gesamtorganismus und wahrscheinlich — in gewissem Umfange — auch in Funktionseigentümlichkeiten endokriner Drüsen einschließlich ihrer zentralen Vertretungen (vegetative Zentren) begründet sind. Es ließ sich zeigen, daß diesen somatischen Konstitutionstypen auch auf psychischem Gebiete besondere Eigenschaften zukommen, in denen wir die gleichen ursächlichen Faktoren erkennen, die sich auch in ihren körperlichen Eigenschaften auswirken, und die wahrscheinlich die psychophysischen Beziehungen überhaupt in weitem Umfang beherrschen.

Dank des Umstandes, daß uns als Beobachtungsmaterial ein großer Teil der Marburger, Casseler und Frankfurter Schüler, sowie viele Studenten und Praktikanten zur Verfügung standen, konnten wir die Merkmale dieser Konstitutionen namentlich in die Breite des Normalen verfolgen und ihre außerordentliche Verbreitung unter gesunden Individuen, vor allem jugendlichen Alters, feststellen. Zugleich bot die Medizinische Universitätsklinik Frankfurt a. M. pathologisches Vergleichsmaterial in großer Fülle. Ähnliches gilt von den Casseler Hilfsschulen.

Indem wir hier alle Persönlichkeitsbesonderheiten rein naturwissenschaftlich registrieren, d. h. ohne von vornherein eine Bewertung derselben anzustellen, machen wir uns von dem klinischen Begriff der Disposition, der immer schon in dem ihm eigenen Sinne von „Disposition zur Krankheit" einen Wertbegriff darstellt, ganz frei. Die Berechtigung dieses Vorgehens zeigt sich in der Tatsache, daß klinische Symptomenkomplexe, von denen wir in unseren Untersuchungen ausgehen, in weitestem Umfange als normale Personalcharaktere unter Gesunden vorgefunden wurden, ohne daß sie jemals zu einer Erkrankung Anlaß zu geben brauchen (Konstitution im Sinne von LUBARSCH, vgl. oben). Krankheit ist eben ein Wertbegriff. Kranksein heißt, eine gewisse Unterwertigkeit gegenüber den Lebensanforderungen zeigen. Die Symptomenkomplexe, von denen hier ausgegangen wird, und die im klinischen Sinne gewöhnlich als Krankheitsdispositionen aufgefaßt werden, zeigen aber im Gegenteil manch-

[1]) Vorläufige Mitteilungen über diese Untersuchungen: JAENSCH, W.: Zeitschr. f. d. ges. Neur. u. Psych. Bd. 59. 1920. — Sitzungsber. d. Ges. z. Beförd. d. ges. Naturwiss. zu Marburg. 1920. — Monatsschr. f. Kinderheilk. Bd. 22. 1921. — Münch. med. Wochenschr. 1921, Nr. 35 u. 1922, Nr. 26. — Med. Klinik 1922. 1165. — Zeitschr. f. d. Behandl. Schwachsinniger (Marhold, Halle) 1923, Nr. 5 (W. WITTNEBEN). — Verhandl. d. 33. Kongr. d. dtsch. Ges. f. innere Med. — Sitzber. d. II. Deutsch. Kongr. f. Heilpädag. Jul. Springer 1925 (JAENSCH u. WITTNEBEN). — Dtsch. Zeitschr. f. Nervenhk. Bd. 88. 1925, Sitzber. d. 15. Neurolog.-Tag. in Cassel (E. R. JAENSCH, K. SCHOLL, W. JAENSCH, TH. HÖPFNER). — Zeitschr. f. d. ges. Neur. u. Psych. 1925. — Klin. Wochenschr. 1926.

mal sogar einen positiven Wert für die betreffende Persönlichkeit und ihre Beziehungen zur Umwelt. Das beweist zur Genüge, daß die rein klinische Betrachtungsweise oft eine gewisse Einseitigkeit[1]) besitzt. Auf diesen Punkt wies schon LUBARSCH mit Nachdruck hin. Er trennt daher den Begriff der „Konstitution" scharf von dem Begriff der „Disposition zu Krankheiten". Aber auch der Terminus „Konstitution" ist dadurch, daß er im klinischen Sprachgebrauch meist in der Verbindung mit „Disposition" als „konstitutionelle Disposition" gebraucht wird, gewöhnlich schon mit einem Werturteil belastet. Um keinerlei Irrtum aufkommen zu lassen, wollen wir darum die Konstitution im Sinne von LUBARSCH (Reaktionsart auf Umweltreize) lieber als „Typus" (bzw. „Biotypus") bezeichnen.

Die Verbreitung der aufgestellten Typen unter Gesunden erscheint nun noch größer, wenn man neben der somatischen auch die psychologische Untersuchung heranzieht. Denn es gibt Individuen, bei denen sich jene besonderen Faktoren, die den Typus bestimmen, nur auf psychischem Gebiet stärker auswirken, während bei anderen die entsprechenden somatischen Eigenschaften im Vordergrunde stehen[2]). In der Tat ist die psychische Reaktion ein Indikator von höchster Feinheit. Wie schon ungemein schwache Außenreize hinreichen, um die Sinnesorgane zu erregen, so können sich auch schon feinste Stoffwechselverschiebungen allein im psychischen Geschehen verraten, wie dies unsere Untersuchungen zeigen werden[3]). Es gilt hier also, geeignete Methoden und Tests zu finden, um vom psychischen Geschehen auf somatische Vorgänge Hinweise zu erhalten und umgekehrt, und beiden vielleicht sogar bestimmte diagnostische Kriterien zu entnehmen. Da das psychische Geschehen oft schon auf geringfügige somatische Vorgänge reagiert, so erscheint es also wohlberechtigt, zuzusehen, ob es auch Konstitutionen gibt, deren Sonderart, äußerlich kaum erkennbar, sich deutlich nur in psychischen Eigenarten auswirkt und bemerkbar macht. So zeigt sich der Übergang der psychologischen bzw. psychiatrischen und innerklinischen Betrachtungsweise oft als ein fließender: interessieren Konstitutionen, bei denen sich der Typus besonders auf somatischem Gebiete manifestiert, vor allem den inneren Mediziner, so beanspruchen die Konstitutionen, bei denen sich alle Vorgänge vorwiegend auf psychischem Gebiet abspielen, mehr die Aufmerksamkeit des Psychiaters und Psychologen.

Schon früher wurden gelegentlich und, wie man sagen darf, mehr intuitiv, Konstitutionstypen aufgestellt, deren Körperbeschaffenheit sowohl wie auch psychische Sonderart vor allem und fast ausschließlich mit innersekretorischen Funktionseigentümlichkeiten in Verbindung gebracht wurden (LÉVI-ROTHSCHILD, DE SARAVEL, HERTHOGE, SAENGER, WIELAND; zitiert nach J. BAUER).

---

[1]) Vgl. hierzu GRUHLE, H. W.: Psychologie des Abnormen. Handb. d. vergl. Psychol., herausg. v. G. KAFKA Bd. 3, Abt. 1.

[2]) Daß es sich hier nicht um äußerliche Übereinstimmungen innerlich verschieden bedingter Symptome handelt, sondern um echte Strukturtypen und Wirkungszusammenhänge, zeigen, wie wir sehen werden, unsere eingehenden Erfahrungen und Feststellungen über zugleich experimentelle wie klinische Tatsachen, wo sich ein gleitender Übergang zwischen normalen und pathologischen Erscheinungen ergibt, zugleich auch die Möglichkeit einer experimentellen Beeinflussung psychischer Grundphänomene von der körperlichen Seite her und umgekehrt. „Ein einwandfreier Nachweis für den Wesenszusammenhang zweier Tatsachen ist erbracht, wenn sich zeigen läßt, daß beide durch gleitende Übergänge miteinander verknüpft sind und durch kontinuierliche Abwandlung der Versuchsbedingungen ineinander übergeführt werden können" (JAENSCH, E. R.: Zeitschr. f. Sinnesphysiol. Bd. 54, S. 254. 1923).

[3]) Vgl. hierzu auch WEICHBRODT, R.: Blutforschung und Geisteskrankheiten. Monatsschr. f. Psych. u. Neur. Bd. 51. 1922.

E. KRETSCHMER machte neuerdings, ausgehend von meßbaren Verhältnissen des Körperbaus, den Versuch, seelische Typen abzugrenzen, wobei er letztere aber nur intuitiv zu erfassen suchte. Hier indessen dürfte wohl zum ersten Male versucht werden, im exakten psychologischen Experiment faßbare psychische Phänomene zu somatischen Erscheinungen in Beziehung zu setzen, und dies zugleich, ohne in die obenerwähnte Einseitigkeit der bisherigen Versuche zu verfallen. So gelingt es in der Tat, zwischen psychischer und somatischer Sphäre Korrelationen aufzudecken, nicht auf dem Wege bloßer Hypothese und gefühlsmäßiger Intuition[1]), sondern mit Hilfe des exakten Experiments. Zwar handelt es sich bei unseren Typen im allgemeinen nur um normale Konstitutionsfärbungen, deren objektive Feststellung an sich von Interesse ist, aber es wird sich, bei schon pathologischen Graden, auch die Aufgabe erheben, mit internen Mitteln eine spezifische und vor allem auch prophylaktische Beeinflussung anzubahnen[2]), während bisher gegen manche der besprochenen Erscheinungen, soweit sie ins Pathologische fallen, oft vorwiegend eine rein psychotherapeutische Methode eingeschlagen wurde, oder, neben der psychischen Einwirkung, auf körperlichem Gebiet meist nur eine allgemeinere oder bloß symptomatische Behandlung (z. B. durch Narkotika) als Therapie in Betracht kam[3]). Die vorliegende Arbeit versucht nun genauer festzustellen, welche Besonderheiten es im einzelnen sind, deren Behebung durch jene Maßnahmen vielleicht zwar auch öfters miterreicht wurde, die aber bei einem spezifischen Vorgehen mit weit besserem Erfolge angreifbar würden, wenn sie immer in ihrer wahren Natur erkannt werden könnten, wenigstens soweit wir hier bereits im Besitze einer auch internen Therapie sind und mit einer solchen wenigstens in die phänotypische Konstitution therapeutisch einschneidend einzugreifen vermögen (Kap. VII, 5).

[1]) MAYER-GROSS (Münch. med. Wochenschr. 1922) bemerkt: „Die Körperlehre der Psychiatrie muß sich ihre eigene Methode schaffen, anstatt mit fremden Mitteln einer scheinbaren Exaktheit nachzujagen". Die reine Anthropometrie komme deshalb nicht in Frage, weil es sich für den Psychiater „letztlich um die intuitive Erfassung seelischer Typen handelt." Letzteres möchten wir und können wir aber gerade vermeiden, solange nur die Grundstrukturen, sei es auch höchster psychischer Vorgänge, in Untersuchung stehen.

[2]) In Beziehung auf Grobsomatisches bestehen hier keine Zweifel: „Glanzauge und hyperämische Turgeszenz der Schilddrüse (z. B.) des Adoleszenten machen bereits eine Behandlung erforderlich" (KRAUS, F.: Sitzung d. Ver. f. inn. Med. u. Kinderheilk. Berlin, Klin. Wochenschr. 1923). Ganz ähnlich verhält es sich z. B. bei dem tetanoiden Syndrom. In vorliegender Arbeit wird sich gerade zeigen, daß es entsprechende psychische Äquivalente der beiden genannten Symptomenkomplexe gibt, die im folgenden eine besondere Rolle spielen werden und ebenfalls der Beeinflussung mit internen Mitteln zugänglich sind.

[3]) Als Beispiel mag hier erwähnt werden, daß in sehr gebräuchlichen und anerkannten modernen therapeutischen Handbüchern z. B. gegen Pavor nocturnus sogar bei Kindern Luminal empfohlen wird, und zwar neben anderen allgemeinen beruhigenden psychotherapeutischen und auch roborierenden Maßnahmen, während sich der Pavor nocturnus bei einer genauen psychophysischen Untersuchung als zugehörig zu einem bestimmten körperlich und diagnostisch greifbaren Syndrom erweist, das sehr wohl auf spezifische Weise und nicht nur symptomatisch zu behandeln ist, psychisch bedingt jedoch nur in Fällen auftritt, wo die Gesamtkonstitution des Individuums und ihre größere „psychische Durchdringung" (vgl. später) eine auch psychische Auslösung des Phänomens ermöglicht, ungeachtet dessen, daß auch in solchen Fällen zugleich die rein somatischen und spezifischen Grundlagen dieser psychischen Auslösung des Syndroms entgegenkommen, und daher in diesem Falle eine Beeinflussung von beiden Seiten her angezeigt ist. Gerade hier die rechte Methode unseres therapeutischen Handelns an die richtige Stelle zu setzen, soll unsere Arbeit versuchen und damit unmittelbar auch ihre praktische Bedeutung erweisen (Kap. VII, 5, 6). Zugleich ist dies im höchsten Sinne eine Aufgabe für die Innere Medizin, deren übergreifende Stellung innerhalb der klinischen Belange hierdurch in ein scharfes Licht rückt, ohne daß hierbei die hohe Bedeutung anderer klinischer Disziplinen irgendwie angetastet würde.

H. GÜNTHER (Die Grundlagen der biologischen Konstitutionslehre. Leipzig: Thieme 1922) sagt hierzu: „Die Konstitution selbst ist kein Gegenstand der Therapie, eine individuelle Konstitutionstherapie gibt es nicht.“ Dem ist entgegenzuhalten, daß bisherige Versuche in dieser Richtung meist nur gröbere somatische Merkmale betrafen, fast nie rein funktionelle und nie die besonders fein reagierenden psychophysischen Vorgänge. Eine Andeutung von Möglichkeiten in solcher Richtung, denken wir zunächst lediglich an den Phaenotypus, enthalten schon neuere Beobachtungen anderer Autoren, z. B. die der Sportsärzte (vgl. etwa HERXHEIMER, H.: Wirkung von Turnen und Sport auf die Körperbildung. Klin. Wochenschr. 1922); neuere Arbeiten unseres Arbeitskreises werden auch die psychophysisch-funktionellen Auswirkungen sportlicher Betätigung erweisen. — Nur Dogmatiker der Erbbiologie können jedoch annehmen, daß sich solche Einflüsse nicht zugleich auch genotypisch auswirken werden. Denn auch sonst ist aus verschiedenen Umständen mindestens zuzugeben, daß der Genotypus doch mehr als spontane Umstimmungen (spontane Mutationen) erfahren kann, wenn bestimmte Umwelteinflüsse eine Funktionsänderung bewirken, vielleicht sogar, wenn eine entsprechende Therapie genügend frühzeitig angewandt und vor allem konsequent über lange Zeit hin fortgesetzt wird; die im allgemeinen üblichen Kuren von einigen Wochen bis wenigen Monaten reichen hier nicht aus. Selbstverständlich bedürfen wir zu einem wirksamen Eingreifen in dieser Beziehung zur Zeit vielfach noch fehlender Erkenntnisse, in welcher Richtung und mit welchen Mitteln wir vorzugehen haben. Hier greift aber ferner das Problem des Neuerwerbs vererbbarer Eigenschaften im Sinne einer Hochzüchtung von Generation zu Generation in diese Fragen ein. Die Frage nach der Möglichkeit, vererbbare Eigenschaften neu hinzuzuerwerben, also womöglich den Genotypus sogar therapeutisch auch hierdurch zu verändern, ist seit jeher eine sehr brennende und arg umstrittene gewesen. Sie drängt sich uns hier von einer neuen — der psychophysischen Seite gebieterisch auf. Nach gemäßigten Ansichten heutiger Vererbungsforscher muß eine solche Möglichkeit als unbewiesen gelten, wenn der „Glaube“ an diese Möglichkeit auch „verständlich erscheine“. Alle bisherigen Versuche (zit. nach CORRENS, s. unten), das Axiom von der Unveränderlichkeit der Gene umzustoßen (z. B. KAMERERS), haben bis heute einer eingehenden Nachprüfung nicht standgehalten. Neuerdings tritt der bekannte Physiologe PAWLOW mit Untersuchungen vor die Wissenschaft, mit denen er zu zeigen versucht, daß z. B. bei Mäusen in mehreren Generationen fortgesetzte gleichartige Dressurversuche von Generation zu Generation eine immer geringer werdende Anzahl von Lektionen erfordern. CORRENS bringt auch diesem Ergebnis, bei aller Achtung vor dem Namen PAWLOWS, Skepsis entgegen (nach einem Vortrag von CORRENS in der Preuß. Akademie der Wissenschaften zu Berlin, 13. Dezember 1924). Neuerdings haben französische Forscher aus dem Tierversuch die Vererbbarkeit erworbener Immunitätserscheinungen behauptet (ROUX und METALNIKOFF). Vielleicht hat man in der Vererbungswissenschaft bei solchen Versuchen sich bisher zu wenig an die Funktion (besonders die psychophysischen.Funktionszusammenhänge) und allzusehr nur an den anatomischen Niederschlag von Funktionen gehalten, deren Bedeutung ja E. BAUR schon stark betont hat. Vielleicht sind es unter den Funktionen wiederum auch nur gewisse feinere, zunächst vor allem psychisch-funktionelle Grundstrukturen, die einem vererbbaren Neuerwerb unter Umständen zugänglich sein könnten, wie zum Beispiel in dem Mäuseversuch PAWLOWS scheinbar nur die Disposition zum Erwerb gewisser primitiverer Gedächtnisleistungen (vgl. später S. 28, u. dort Anm. 1, 4). Eines jedoch wird auch heute durch die Erbforschung zugegeben, daß die Hochzüchtung und Festzüchtung von Eigenschaften möglich ist, die in den Genen angelegt sind, während ihr Hervortreten phänotypisch und bis zu gewissem Grade sogar auch genotypisch (s. o.) durch ungünstige Momente verhindert wird. Konstitutionstherapie in dieser Richtung, günstige Erbanlagen von einer Fesselung zu befreien und sie therapeutisch und durch Übung wieder ans Licht zu ziehen, dürfte sich daher, nach der herrschenden Lehre, für die hier herausgestellten Zusammenhänge als ein haltbarer Begriff erweisen. Das weitere Problem der Möglichkeit eines Hinzuerwerbs und einer zielbewußten Züchtung neuer Eigenschaften könnte dabei zunächst ganz unberührt bleiben, obwohl die völlig axiomatische Ableugnung solcher „Möglichkeiten“ auch dann noch zu scharf erscheinen sollte und die Entscheidung dieser Frage weiterer Forschung überlassen bleiben müßte[1]). Jede wissenschaftliche Erkenntnis wird ja zum Hemmnis weiterer Fortschritte, sobald sie dogmatisiert wird. In ähnlichem Sinne bemerkt neuerdings auch E. BLEULER (Die Psychoide. Berlin: Julius Springer 1925): „Die Lebformel des ausgebildeten Organismus ist unzweifelhaft vererbt. Sie steckt in jeder Somazelle“ ... aber „die einzelnen Gene ...

---

1) Wir sehen, wie schon anfangs betont, in unserer Arbeit von erbbiologischen Gesichtspunkten noch ab. Wenn wir diese Probleme hier kurz streifen, so geschieht dies nur soweit, als unsre eigenen Beobachtungen uns schon jetzt hierzu drängen (vgl. hierzu Anm. 2, S. 355; Kap. VII, 5, 6), ohne daß wir hiermit kompetenteren Autoren vorgreifen wollen.

sind ... nichts Starres, Unveränderliches: ‚es vererben sich nicht Eigenschaften, sondern Anlagen‘ (O, HERTWIG) ... Und daß die Lebformel in den Keimzellen in einer anderen („embryonaleren") Gestalt (als Gen) vorhanden sein sollte, für diese Annahme liegt auch nicht der leiseste Grund vor — außer das unbewiesene und höchstwahrscheinlich falsche Axiom, daß die Potenzen des Keimes etwas prinzipiell anderes seien, als die des Somas."

Es kann indessen nicht scharf genug betont werden, daß die Anwendung interner Konstitutionsbehandlung, — gebrauchen wir dies Wort fernerhin allein in phänotypischem Sinne —, selbstverständlich erst dann in Frage kommt, wenn es unter Erschöpfung auch der letzten diagnostischen Möglichkeiten einwandfrei feststeht, daß keinerlei anderweitige, etwa chirurgisch anzugreifende grobanatomische Störungen vorliegen. Die Erfahrungen der Klinik haben gezeigt, daß mit den Fortschritten der Diagnostik z. B. die Zahl der sogenannten „Neurosen" immer mehr zusammenschmilzt. Hier ist für die Magenneurosen etwa an die neueste Vervollkommnung der Röntgentechnik zur Aufdeckung von Ulcus duodeni (ÅKERLUND) zu denken (vgl. H. H. BERG, Klin. Wochenschr. 1923). Die Erfahrungen mit der Tonsillektomie haben gezeigt, wie viele vermeintliche „Konstitutionsleiden" in Wirklichkeit von diesem Organe ausgehen und sich durch seine Entfernung beheben lassen[1]). Es gibt ferner schwere anatomische Veränderungen, deren rechtzeitige Diagnose den Patienten vor dem Schlimmsten bewahren kann, und bei denen diese Diagnose nicht nur, wie z. B. beim Krebs, oft sehr schwer zu stellen ist, sondern bei denen gerade das auffallende Mißverhältnis zwischen einem nach den Beschwerden zu erwartenden klinischen Befund und den tatsächlich später, z. B. röntgenologisch bzw. pathologisch-anatomisch bei Autopsie, sich ergebenden schwersten anatomischen Veränderungen ein sehr wesentlicher Bestandteil der Diagnose zur Abgrenzung solcher Zustände von anderen ist, die sich an den gleichen Organen abspielen. Hier ist an das Krankheitsbild der Pneumonokoniose zu denken, bei dem u. a. jenes eben genannte Mißverhältnis als ein wesentliches diagnostisches Moment zur Abgrenzung pneumonokoniotischer von tuberkulösen Lungenveränderungen einzuschätzen ist[2]). Hier spielt dann oft eine gewissenhafte Anamnese die ausschlaggebende Rolle, der Diagnose den richtigen Weg zu weisen. Ja, es ist nicht zuviel gesagt, daß eine aufs „feinste ziselierte Anamnese" (G. v. BERGMANN) eines der wirksamsten und wichtigsten diagnostischen Hilfsmittel der inneren Medizin bildet, das leider oft viel zu gering eingeschätzt wird. Es muß also verlangt werden, daß jede funktionelle Konstitutionstherapie in jedem Falle erst einsetzt, wenn alle Hilfsmittel der Diagnose organischer Veränderungen schwerer Art wirklich restlos erschöpft sind. Dann aber gewinnt auch jede funktionelle Behandlungsmöglichkeit die für sie geeignete Stelle, die sich nach der vorliegenden Konstitution ebenso zu richten hat, wie nach der Entstehungsart des Leidens. Daher muß z. B. auch die Psychotherapie mit besonderem Recht gerade auch in der inneren Medizin eine Stätte finden, genau so, wie jede andere auch medikamentöse Behandlung; gerade die innere Medizin ist in der Lage, solche Mittel an richtiger Stelle zu verwenden, soweit uns bisher genügend Kriterien zur Verfügung stehen, um einerseits somatische Veränderungen festzustellen, anderseits, wie hier versucht wird, Konstitutionen von starker psychischer Beeinflußbarkeit mit exakten Mitteln zu erkennen. Auf solche Weise werden auch die Anwendungskreise der Psychotherapie engere, dafür aber um so strenger umgrenzte werden. Auch hierfür neue Wege zu suchen und vor allem weitere Forschungen anzuregen, ist das

---

[1]) Vgl. GOERKE, M.: Tonsillen- und Allgemeinerkrankung. Klin. Wochenschr. 1922.

[2]) Vgl. hierzu JAENSCH, W.: Über Pneumonokoniosen, insbesondere ihre grobknotige Form. (Aus der Med. Univ.-Klinik Marburg a. L., Dir. Prof. G. v. BERGMANN.) Fortschr. a. d. Geb. d. Röntgenstr. Jg. 1921.

Ziel der vorliegenden Arbeit; in erster Linie aber aufzuzeigen, wie manche anscheinend pathologische Erscheinung sich in gewissem Umfange als biologisch bedingt, ja wertvoll erweist, und wieweit ihre Ausläufer in der normalen Breite des Gesunden erkennbar werden, wenn man mit verfeinerten Methoden an die Untersuchung psychophysischer Zusammenhänge herangeht.

Eine solche Methode der Konstitutionsforschung, die geistige und körperliche Eigenschaften der Persönlichkeit in gleicher Weise berücksichtigt, ist gleichzeitig von anderer, psychiatrischer Seite, von E. KRETSCHMER, angewandt und geistreich gefördert worden. Indessen hatte diese Methode trotz der Körperbaumessungen in dem Teil der Untersuchung, der sich der psychischen (charakterlichen) Sphäre zuwendet, mit den exakten Methoden der Naturwissenschaft noch so wenig Kontakt, daß viele Mediziner, wie die Erfahrung zeigt, eher dadurch abgeschreckt, als mit einer solchen Betrachtungsweise befreundet werden. Denn die psychophysische Konstitutionsmedizin wird ihr Bürgerrecht in der Medizin erst dann gewinnen, wenn sie nicht, wie es KRETSCHMER von vornherein tut, nur die höchsten geistigen Äußerungen, die Charaktereigenschaften, zu den physischen Besonderheiten des Organismus in Parallele setzt und die seelische Sonderart nur intuitiv zu erfassen sucht; vielmehr muß sie zunächst diejenigen psychophysischen Prozesse der Untersuchung zugrunde legen, die dem nur einfühlenden, von KRETSCHMER freilich meisterhaft gehandhabten Verstehen entrückt sind und mit naturwissenschaftlichen Mitteln erfaßt werden können[1]).

Eine eindeutige Beziehung zwischen den grobsomatischen anthropometrischen Maßen, den menschlichen Körperformen, und dem Charakter wird sich nicht aufweisen lassen, ehe man nicht die Prüfung der funktionellen psychophysiologischen Vorgänge heranzieht. Zwischen funktionellen physiologischen Vorgängen und bestimmten Grundstrukturen des psychischen Geschehens besteht aber in der Tat eine streng erweisbare, enge Abhängigkeit. Immerhin mag die Möglichkeit offenbleiben, daß ein bestimmter Typus des funktionellen physiologischen und daher auch psychophysischen Geschehens in anthropometrisch erfaßbaren, grobsomatischen äußeren Körpermerkmalen zum Ausdruck kommen kann[2]); letztere sind dann aber jedenfalls nicht die ursächliche Grundlage von Charaktereigentümlichkeiten, sondern wie diese selbst, nur Ausdruck eines beiden gemeinsamen psychophysiologischen Funktionstypus gewisser psychophysischer Grundstrukturen[3]). Die zwischen dem physiologischen und dem psychischen Geschehen aufweisbaren Zusammenhänge betreffen aber auf der psychischen Seite naturgemäß nur die elementaren Funktionen. Trotzdem ist zu hoffen, daß Wege, wie der von KRETSCHMER begangene und der von uns versuchte, da sie immerhin doch dem gleichen Ziele zustreben, sich irgendwo einmal in gleicher Ebene treffen, und

---

[1]) Vgl. hierzu auch BECHTEREW, W.: Die Krankheiten der Persönlichkeit vom Standpunkt der Reflexologie (zur Begründung einer reflexologischen Pathologie). Gemeint ist ein Versuch zur Begründung einer objektiven Psychologie. Zeitschr. f. d. ges. Neur. u. Psych. 1923.

[2]) Vgl. F. SIDIS und A. MEYERS im ganzen zustimmende Bemerkungen zu KRETSCHMERS Buch: „Körperbau und Charakter." Zeitschr. f. d. ges. Neur. u. Psych. 1923. 80.

[3]) Hierzu ist folgendes zu bemerken: Wir kennen im Pathologischen eine größere Anzahl z. B. endokrin bedingter Wuchs- und Körperbauformen. Ihre Ausläufer gehen weit hinein ins Normale. Es wird sich nun in unseren Untersuchungen zeigen, — immer in Beziehung auf psychische und somatische Grundstrukturen —, daß die Mannigfaltigkeit der äußeren Körperbauformen z. B. endokriner Bedingtheit schon eine viel größere ist als die Mannigfaltigkeit gewisser psychischer Grundstrukturen, bei denen diese verschiedenen endokrinen Faktoren hervorragend mitwirken (vgl. Kap. VII, 4).

sich in ihren Ergebnissen daher vielleicht einmal gerade glücklich ergänzen könnten[1]).

Unsere Untersuchungen erstrecken sich aus den dargelegten Gründen zunächst allein auf die elementaren Grundstrukturen der menschlichen Persönlichkeit, und wir sehen vorläufig nahezu vollständig ab von der Berücksichtigung des Körperbaus und höchster geistiger Schichten, insbesondere dessen, was man als „Charakter" zu bezeichnen pflegt; vor allem nehmen wir hiervon nicht unseren Ausgangspunkt.

Soeben[2]) erschien von G. EWALD eine Monographie „Temperament und Charakter" (Berlin: Jul. Springer 1924). Auch EWALD würdigt in ähnlicher Weise, wie wir, E. KRETSCHMERS Verdienst um die angezogenen Probleme. Gegenüber E. KRETSCHMERS anatomisch-somatischem Vorgehen bemüht sich aber EWALD, die Bedeutung der Funktion des physiologischen Geschehens zu bestimmten psychischen Grundhaltungen herauszuarbeiten. Er trennt als „Temperament" vom „Charakter" das „quantitative (zentral regulierte) Zusammenarbeiten der gesamten Körperorgane" von der „qualitativen Zusammensetzung und Zusammenarbeit der gleichen gesamten Körperorgane", die er als bestimmend für seinen „Charakter"begriff ansieht. Letzterer unterscheidet sich daher scharf von dem, was wir als „Charakter" ansehen (vgl. oben), nämlich nur höchste geistige Schichten des seelischen Lebens, wie es auch dem gewöhnlichen Sprachgebrauch entspricht. EWALDS Charakterbegriff dagegen entfernt sich von diesem, umfaßt die höchsten geistigen Schichten und die niederen einschließlich ihrer somatisch-funktionellen Grundlagen, und nähert sich damit zu einem Teile dem allgemeinen Begriff des „Typus", der in unserer Arbeit zugrunde gelegt ist; trotzdem besteht ein großer Unterschied zu unserem Vorgehen und unseren Ergebnissen. In EWALDS Sinne ist, wenn man einen Vergleich gebrauchen darf, der Charakter nur Ausdruck des Baues der Maschine (ihrer „Konstruktion"), das Temperament Ausdruck allein ihres „Gangtempos". Die streng empirische Untersuchung ergab uns dagegen, daß sich beides voneinander in dieser Weise nicht trennen läßt. Die empirische Untersuchung ergab uns, daß der „Typus" in unserem Sinne einerseits der ganzen psychischen und somatischen Persönlichkeit funktionell ein ganz bestimmtes qualitatives Gepräge gibt, also doch zu ihren Bauprinzipien gehört, daß aber diese Bauprinzipien in vieler Hinsicht auch schon das Ablauftempo der Funktion bestimmen. Der Motor gehört eben, um in dem Vergleich zu bleiben, schon mit zum Bau der Maschine und wirkt nicht als etwas von ihr Abtrennbares von außen ein. Immerhin sind manche Berührungspunkte vorhanden. Der bei EWALD wenigstens anklingende Gedanke eines psychophysischen Schichtensystems hat in den experimentell-psychologischen Arbeiten E. R. JAENSCHS und seines Kreises schon seit langem eine exakte Durchführung erfahren. Ganz in unserem Sinne aber ist die Forderung, die EWALD am Schlusse seines Buches erhebt:

„Wir wünschen . . . von der Psychologie, daß sie, soweit sie auf ein Zusammenarbeiten mit den Realwissenschaften Wert legt . . ., sich einer Betrachtungsweise bedient, die erkenntnistheoretisch nicht so weit abliegt von naturwissenschaftlicher Betrachtungsweise . . . Die praktische Psychologie . . . sollte . . . eine Anlehnung an die Somatik suchen und eine Verständigungsmöglichkeit mit ihren Grenznachbarn von der Psychiatrie begrüßen . . ."

---

[1]) Vgl. hierzu KRETSCHMER, E., Vorwort, 2. Aufl.: „Zu dem psychologischen Teil hat BLEULER in zwei Veröffentlichungen Stellung genommen; er sagte zusammenfassend, daß „nur einige Kleinigkeiten darin nicht mit seinen Erfahrungen übereinstimmten; geradezu alle anderen der einzelnen Beobachtungstatsachen habe er eigentlich schon lange gewußt und sogar in solchen Zusammenhängen gedacht und demonstriert" (Sperrdruck von uns, d. Verf.). Solche Feststellungen anerkannter Psychiater rufen naturgemäß — wenigstens für die auf die seelische Sphäre gerichteten Untersuchungen KRETSCHMERS — Hoffnungen auf den Plan, so stark auch KRETSCHMERS Ideen anderseits von ebenso anerkannten Psychiatern — nicht nur innerhalb des von ihm gewählten psychophysischen Rahmens — sehr starken Zweifeln begegnen, wenn nicht völlige Ablehnung erfahren, obwohl letzteres wohl nicht in allem zu Recht besteht (vgl. später Kap. VII, 4). E. KRETSCHMERS und F. KEHRERS neueste große Arbeit, „Die Veranlagung zu geistigen Störungen" (Berlin: Jul. Springer 1924) ist nun gleichfalls wiederum gleich so umfassend angelegt, daß in ihren „Grundlinien der Entwicklung der psychophysischen Person", die sich auf der somatischen Seite indessen keineswegs mehr allein auf die Körperbauformen erstrecken, die echten Grundlinien sich gegenseitig allzusehr überschneiden und verwischen. Ähnliches gilt von G. EWALDS neuester Arbeit (vgl. oben).

[2]) Nachtrag während des Druckes.

EWALD spricht aber in gleichem Zusammenhange, was mit dieser seiner Forderung eigentlich schwer in Einklang zu bringen ist, von der „Unzulänglichkeit biologischer Erkenntnisse" gegenüber dem Reiche der Psychologie — gegenüber Erlebnissen. Es ist dies auch hier wieder eine Verkennung des wirklichen Schichtenbaues, unter Psychologie schlechthin die Psychologie des höchsten Seelenlebens (der „Erlebnisse" in höherem Sinne) allein zu verstehen. Darauf hat sogar E. SPRANGER als Geisteswissenschaftler neuerdings hingewiesen. Gegenüber den von uns zunächst allein analysierten Frühschichten versagen biologische und naturwissenschaftliche Methoden keineswegs.

Durch die hier versuchte naturwissenschaftliche Inangriffnahme gewisser Grundphänomene des psychischen Teiles der Konstitutionsprobleme ergeben sich vielmehr gewisse echte Grundlinien, die ganz gewiß nicht beanspruchen wollen, die reiche Fülle der Erscheinungen zu erschöpfen und die Menschheit womöglich in eine kleine Zahl von Typen aufzuteilen. Im Gegenteil lassen unsere Untersuchungen einen großen Spielraum für weitere Differenzierungen übrig, wie neuere Untersuchungen schon zeigen. Dafür sind aber diese Grundlinien in der psychischen ebenso wie in der physischen Persönlichkeit um so fester und tiefer verankert. Sie sind wirkliche, durchgehende Grundzüge, die in grundlegender Weise nicht nur den psychophysischen Bau (wenn man will, die „Konstruktion" oder den „Charakter" in EWALDS Sinne), sondern in weitgehender Weise auch schon die besondere funktionelle Färbung (Ablauf der Funktionen, „Temperament" in EWALDS Sinne) der individuellen Persönlichkeit bestimmen, ein Umstand, der sich naturgemäß letztlich auch in den höchsten geistigen Eigenschaften und Vorgängen auswirken muß[1]). Sie bestimmen aber auch, wie sich aus unseren Untersuchungen ergibt, in weitem Umfange bei Einwirkung schädigender Umstände die besondere Art der Erkrankung, so daß derartige Untersuchungen auch unmittelbar der medizinischen Prophylaxe und Therapie dienen können. Hierauf kommt es aber dem ärztlichen Denken und Handeln mehr an, als auf die Entwerfung von Bildern, die durch den lebensvollen Detailreichtum einer meisterhaften Schilderungskunst fesseln. Der Wert von Untersuchungen, wie derjenigen KRETSCHMERS, liegt daher vor allem in der Anregung zu ähnlich gerichteter weiterer Forschung, und mögen sie zugleich einen richtigen Kern enthalten, den Folgerungen, die KRETSCHMER schon jetzt aus seinen Untersuchungen zieht, vermag eine streng naturwissenschaftliche Einstellung nicht immer zu folgen. Dies darf uns aber nicht hindern, KRETSCHMERS hohe Intuition und Gestaltungskraft zu bewundern, und das Verdienst anzuerkennen, das in der Anregung und dem Ansporne liegt, die viele aus seinem Werke schöpfen werden.

Unsere Art des Vorgehens erscheint gegenüber dem so umrissenen Wert der Charakterzeichnung menschlicher Persönlichkeiten, die KRETSCHMERS Meisterhand entworfen hat, und gegenüber den mannigfachen weiteren neueren Bestrebungen seitens der Psychiatrie und der inneren Medizin zunächst als eine primitivere. Indessen glauben wir auf diese Weise eher jener Forderung gerecht zu werden, die in innerer Medizin wie Psychiatrie, in der Psychologie wie nicht zuletzt auch in der Pädagogik und Psychotechnik immer wieder erhoben worden ist: durch die fast unabsehbare Mannigfaltigkeit der psychophysischen Lebensformen und Erscheinungen dem forschenden Blick die dahinter trotzdem vermuteten und postulierten reinen und ursprünglichen Grundformen (echte Biotypen, d. h. psychophysische Strukturtypen genetisch bedingter Wirkungs- bzw. Funktionszusammenhänge) zu enthüllen. Dieser auf mannigfache Weise schon versuchte Weg soll hier mit naturwissenschaftlichen Methoden beschritten werden,

---

[1]) Dies geht nicht nur aus unseren bisherigen Ergebnissen hervor, sondern es konnte dies auch inzwischen durch andere Untersuchungen einem weiteren und immer neuen, exakten Nachweise zugeführt werden.

die bisher noch nicht zu diesem Zwecke verwandt worden sind. Dabei wollen wir streng empirisch verfahren. Wir wollen, nachdem wir die Methoden kennen gelernt haben, zusehen, was wir mit ihnen erfassen können. Aus den so ermittelten Tatsachen ergibt sich uns ein Bild gewisser elementarer Konstitutionstypen. Wir suchen die Ursachen für das Vorhandensein gerade dieser Konstitutionstypen aufzudecken, indem wir die in ihnen sich manifestierenden klinischen, zunächst scheinbar nur endokrin bedingten Symptomenkomplexe erkennen. Hierauf fußend, gelingt es sodann, durch Heranziehung der heute vorhandenen neueren Ergebnisse der Medizin, Physiologie, Psychologie und Entwicklungsgeschichte, soweit sie uns zugänglich waren, die hinter jenen Zusammenhängen wirkenden biologisch-entwicklungsgeschichtlichen Gesetze zu erfassen. So erhebt sich alsdann das Bild unserer Biotypen, gewonnen zunächst aus dem Material, aus dem sie sich zuerst erkennbar formten (d. h. aus der klinischen und experimentell-psychologischen Symptomatologie), über den klinisch-nosologischen und anthropologischen Rahmen hinaus auf die höhere Ebene biologischer und psychophysisch-entwicklungsgeschichtlicher Strukturzusammenhänge[1]). Deren eingehendere Begründung soll besonderen Veröffentlichungen überlassen bleiben, nur einiges werden wir mit allem Vorbehalt schon hier bringen (Kap. VII).

Auf Grund unserer vorliegenden Untersuchungen zeigt sich aber schon heute die weitere Aufgabe:

„Ein neues, weites und mühevolles Gebiet breitet sich vor der künftigen Forschung aus. Die nächstliegenden Ziele der Forschung seien hier kurz angedeutet: am Einzelfall Feststellung seiner Konstitutionsanomalien mit Hilfe der genaueren Methoden und des ganzen künftigen Rüstzeugs zum Nachweise von Funktionsstörungen latenter und manifester Art, von morphologischen Veränderungen; die Beziehungen der einzelnen Konstitutionsanomalien zueinander und zu den Manifestationen der vorliegenden Erkrankung; womöglich Untersuchung auch der Eltern und Geschwister auf Konstitutionsanomalien und Vergleichung der Befunde, um Gesetzmäßigkeiten hinsichtlich der Vererbung zu finden; die Abhängigkeit der Konstitutionsanomalien von äußeren Einflüssen, vom Lebensalter. Am genealogischen und statistichen Material die genaue Analyse der Vererbung, insbesondere die Feststellung, ob und inwieweit das endogene Moment einer Erkrankung auf Vererbung beruht und wie der Mechanismus der Vererbung ist, ob die Krankheit auf einen oder mehrere, eventuell korrelativ verknüpfte Erbfaktoren zurückzuführen ist. So läßt sich von dem Zusammenarbeiten der experimentellen Patho-

---

[1]) Es bewegt sich dies also ganz in der in der inneren Medizin besonders von F. KRAUS und seinen Schülern eingeschlagenen Linie, die, ausgehend von der Erforschung vegetativer, endokriner Funktionen und der Elektrolytverhältnisse, alle diese verschiedenen Bewirkungen bereits zusammenfassend, als ein innerlich zusammenhängendes und reziprokes System aufzufassen suchen, von dem sie annehmen, daß sich in ihm einige bestimmte und eigentümliche Typen werden abgrenzen lassen. Dieser Forderung der KRAUSschen Schule scheinen die Ergebnisse unserer Untersuchung demnach völlig zu entsprechen (vgl. hierzu F. KRAUS und Mitarbeiter, Klin. Wochenschr. 1924, Nr. 17). Unseres Erachtens liegt die vielfach zutage tretende Skepsis gegenüber den von der F. KRAUSschen Schule vertretenen Ansichten bei allzu scharfen Beurteilern an einer ihrerseits oft zu einseitigen Auffassung des von F. KRAUS und seinen Mitarbeitern vom Standpunkte der inneren Medizin aus Gewollten und Erstrebten. Deckt sich dieses Streben doch auch mit Intentionen, die speziell von neuerer psychiatrischer Seite hervortreten (E. KRETSCHMER, KEHRER, G. EWALD u. a.) und früher schon hervorgetreten sind (AVENARIUS, BRUGSCH u. a.).

logie und der Vererbungsforschung eine gegenseitige Förderung beider Gebiete erwarten“ (E. THOENISSEN zit. a. a. O. bei LAQUER s. unten).

Alles dies gilt auch für die Erforschung der normalen Persönlichkeitscharaktere in unserem Sinne. Hier zeichnet sich ferner auch schon der deutliche Umriß ab einer neuen großen Aufgabe für den Arzt auch außerhalb der Klinik:

„Wir Ärzte werden von dem neuen Geist für unser praktisches Handeln vor allem auch dahin beeinflußt werden, daß wir den kranken Menschen nicht ausschließlich als Organleidenden anzusehen und abzustempeln haben; wir wollen uns bemühen, die in der Krankheit sich spiegelnde Persönlichkeit als Ausdruck einer singulären Erbmasse und in Abhängigkeit von seiner Umwelt zu erfassen und heiltechnisch zu beeinflussen; besonders als Haus- und auch als Kurärzte sollen wir versuchen, den Geno- und den Phänotypus durch Rassen- und soziale Hygiene zu ertüchtigen“ (O. LAQUER bei der Besprechung neuerer Ergebnisse der Konstitutionsforschung im Sinne von MARTIUS, BAUER, KRAUS in der Therapie der Gegenwart, Jg. 1920, dem Organ der praktischen Ärzte).

In der immer zielbewußteren Handhabung der Krankheitsprophylaxe und der psychophysischen Hygiene der normalen Persönlichkeitsanlagen verschiedener Prägung, zu welchen Problemen wir glauben einen bescheidenen Beitrag liefern zu können, besteht ja die große Aufgabe, innerhalb deren so wichtigem Bereich der alte bewährte und leider fast als überwunden angesehene Stand des Hausarztes eine neue und tiefer begründete Stellung und Daseinsberechtigung erhält; dem Schularzt eröffnen sich bei weiteren Fortschritten in der heute von vielen Seiten angestrebten Art neue Möglichkeiten vollen Zusammenwirkens mit den Pädagogen[1]); Psychologie, Psychotechnik und Berufsberatung[2]) dürften an den hier zunächst nur angeschnittenen Problemen nicht achtlos vorbeigehen können. Besonders aber innerhalb von Rassen-, Bevölkerungs- und Erziehungsproblemen muß, wie immer aus neu gewonnenen Anschauungen und Erkenntnissen, dem ärztlichen Stand eine ganz besondere Bedeutung erwachsen, wenn es gelingen sollte, in der oben angedeuteten Richtung weiterhin wesentliche Fortschritte zu machen.

Noch eine Bemerkung über die Darstellung sei vorangeschickt. Die Natur unseres Themas, das in gleicher Weise Mediziner, Psychiater, Psychologen und auch den großen, medizinisch nicht vorgebildeten Kreis der Pädagogen angehen dürfte, erforderte manches in der Art der Darstellung und Erläuterung, was sonst in einer auf einen engeren Fachkreis berechneten Veröffentlichung nicht üblich und notwendig ist, hier aber aus den angegebenen Gründen erforderlich war.

Das Tatsachenmaterial und seine Erläuterung haben wir sowohl stofflich wie auch äußerlich von rein theoretischen Erörterungen getrennt. Nur wo es sich im Interesse einer glatten Darstellung nicht vermeiden ließ, sind wir an einzelnen Stellen von diesem Grundsatz abgewichen, aber unter ausdrücklichem Hinweis auf eine solche Abweichung.

---

[1]) Vgl. auch CZERNY: „Der Arzt als Erzieher des Kindes“. Wien: Deuticke 1919. — POTOTZKY, C.: „Das nervöse Kind.“ Berlin: Scherl 1920.

[2]) Vgl. COERPER, C.: Über ärztliche Berufsberatung. Klin. Wochenschr. 1924/16; FÜRSTENHEIM: Über den Zusammenhang der geisteswissenschaftlichen mit der naturwissenschaftlichen Jugendsichtung. Zeitschr. f. Kinderforsch. Bd. 29. 1924.

Erster Abschnitt.

Die engeren Grundlagen unserer Untersuchungen.

Erstes Kapitel.

Die psychologischen Grundlagen der Untersuchung[1]): Art und Beschaffenheit der eidetischen Anlage.

Die ältere Psychologie glaubte, das Kind sei einfach ein verkleinerter Erwachsener; das Studium der kindlichen Psyche als Wissenschaft erschien darum zunächst überflüssig. Viel hat sich hierin geändert, indessen beschränkten sich Veröffentlichungen dieser Art immer noch meist auf eine schlichte Beobachtung oder, wie die sogenannte „experimentelle Pädagogik" und die neuere Psychotechnik, auf die Gewinnung von Leistungs- und Fähigkeitsmaßen.

Ähnlich große Lücken befinden sich auch in dem medizinischen Nachbargebiet der Pädagogik, dem augenblicklichen Stand der Schularztmedizin[2]). Zwar haben wir jetzt fast allerorten Schulärzte, aber ihre Tätigkeit beschränkt sich mit geringen Ausnahmen vorwiegend auf die Überwachung des rein körperlichen Befindens der Schüler im gröberen Sinne. Das Fehlen einer engen und einander befruchtenden Wechselwirkung zwischen Schularzt und Pädagogen, wie sie möglich und erwünscht wäre, und wie sie vielleicht allenfalls bei der Auslese der hilfsschulbedürftigen schwachbefähigten Kinder aus den Normalklassen vorübergehend wirksam wird, — ohne sich meist selbst hier auf eine weitere eingehende, ärztlich beratene pädagogische Förderung (pädagogische Jugendmedizin) dieser Zurückgebliebenen zu erstrecken —, beruht wesentlich auf dem Mangel an einer eben erst jetzt allmählich entstehenden wirklichen Jugendpflege und ihrer psychophysiologischen Grundlagen. Damit soll nicht gesagt sein, daß es nicht mancherorts schon heute Schulärzte gibt, die ihre Tätigkeit nicht allein in der rein körperlichen Überwachung des normalen Durchschnitts und der Auswahl und allgemeinen körperlichen Fürsorge der geistig minderwertigen Kinder sowie ihrer Unterbringung in Hilfsschulen und Psychopathenheime erschöpfen, sondern auch nach Maßgabe unserer derzeitigen wissenschaftlichen Kenntnisse mit außerordentlicher Hingabe gemeinsam mit den zuständigen Lehrern an der geistigen und körperlichen Förderung ihrer Schutzbefohlenen arbeiten. Die Erfolge solcher Bemühungen hängen dann im wesentlichen von der Initiative und dem Können einzelner ab; indessen fehlt für ein allgemeines Vorgehen nach bestimmten

---

[1]) Vgl. die Arbeiten des Psychologischen Instituts in Marburg: Jaensch, E. R. (und Mitarbeiter): Über den Aufbau der Wahrnehmungswelt und ihre Struktur im Jugendalter. Leipzig: Joh. Ambr. Barth 1923, 1926; sowie Jaensch, E. R. (und Mitarbeiter): Über die Vorstellungswelt der Jugendlichen und den Aufbau des intellektuellen Lebens. Ebenda (im Erscheinen begriffen). Beides im folgenden zitiert als E. R. Jaensch (I) bzw. E. R. Jaensch (II).

[2]) Der Ausdruck „Schulmedizin" hat bereits einen bestimmten Sinn. Um Verwechslungen vorzubeugen, wollen wir darum die dem Schulalter zugewandte und mit den Aufgaben der Schule sich berührende Medizin nicht als „Schulmedizin", sondern als „Schularztmedizin" (medizinische Jugendkunde oder pädagogische Jugendmedizin) bezeichnen.

wissenschaftlich gesicherten Gesichtspunkten in dieser Richtung noch viel an anerkannten Grundlagen einer exakten Jugendpsychologie und medizinischen wie pädagogischen Jugendkunde, die sowohl die körperliche wie die geistige Persönlichkeit der Heranwachsenden berücksichtigt[1]). Sie allein kann wirksame Dienste leisten beim Aufbau einer individuellen Typen- und Konstitutionslehre (psychophysischer Biotypologie), sowie bei Durchführung einer konstitutionellen, zugleich körperlichen und geistigen Hygiene (pädagogischer Hygiene) und Prophylaxe (prophylaktischer Medizin)[2]), alles in engster Zusammenarbeit mit dem Pädagogen. Eine so tiefgründige Auffassung und weitgehende Auswirkungsmöglichkeit der schulärztlichen Tätigkeit im Sinne einer pädagogischen Jugendmedizin, die zugleich schließlich in eine ärztliche Mitwirkung bei der Berufsberatung ausmünden müßte[3]), liegt aber der augenblicklich üblichen Schularzttätigkeit wenigstens im allgemeinen noch fern. Die schulärztliche Wirksamkeit pflegt auch jetzt immer noch mehr oder weniger beziehungslos zu den Aufgaben der Schule und der Pädagogik zu verlaufen.

Die Psychologie und Psychophysiologie des Kindes verhält sich nun zu einer solchen pädagogischen Jugendmedizin so, wie in der allgemeinen Medizin die Physiologie zur praktischen Heilkunde, und für eine psychophysische Hygiene und Krankheitsvorbeugung im Schulalter ist die Kenntnis der normalen und pathologischen psychophysischen Besonderheiten der Jugendlichen von unumgänglicher Notwendigkeit, besonders auch deshalb, weil die psychischen Eigenschaften mit physischen verkoppelt sind und auf letztere Rückschlüsse zulassen, wie die nachfolgenden Untersuchungen zeigen werden. Hiermit soll nicht etwa behauptet werden, daß wir in der Lage wären, in vorliegender Arbeit diese umfassende Aufgabe schon zu lösen. Immerhin glauben wir, einen bescheidenen Beitrag geliefert zu haben und neue Wege weisen zu können, auf denen es vielleicht gelingt, einmal fruchtbar weiterzuschreiten. —

Das Kind und der Jugendliche ist nicht nur quantitativ, sondern auch qualitativ vom Erwachsenen verschieden, und zwar sowohl auf körperlichem, wie vor allem auch auf psychischem Gebiete.

Der Geist der Erwachsenen ist vorwiegend auf Abstraktes eingestellt. Im Gegensatz zu den allgemeinen und abstrakten Vorstellungen des erwachsenen Kulturmenschen bewegen sich aber die Vorstellungen des Kindes und des Jugendlichen im Individuellen und Konkreten. Th. Ziehen hat schon durch Assoziationsversuche diesen kindlichen Konkretismus erwiesen: Auf bestimmte Reiz-

---

[1]) In geradezu idealer Weise ist dieses Postulat in Frankfurt a. M. durch die dortigen Medizinalstellen verwirklicht. Die durch deren Initiative (Stadtmedizinalrat Dr. Fürstenheim) hier schon lange geschaffene „Jugendsichtungsstelle“ darf als eine Mustereinrichtung der geforderten Art angesprochen werden. Das soeben angenommene Reichsjugendwohlfahrtsgesetz dürfte ähnlich vollkommenen Einrichtungen, wie sie hier zugleich auch das verständnisvolle Mitwirken der städtischen Behörden und der Lehrerschaft ermöglichte, auf Gesetzesgrundlage hoffentlich bald eine allgemeinere Verbreitung sichern, da sich Ähnliches selbst an kleineren Orten und bei geringeren Hilfseinrichtungen erreichen läßt (s. Anm. 3).

[2]) Hierbei soll unter Hygiene und Prophylaxe nicht jene allgemeine Krankheitsverhütung und -vorbeugung verstanden werden, die ja in segensreichem Maße geübt wird, sondern eine individuelle, ärztlich überwachte pädagogische Leitung und Berufsberatung, nötigenfalls auch korrigierende und vorbeugende Konstitutionstherapie.

[3]) Vgl. Fürstenheim: Die seelische Berufseignung vom Standpunkte des Arztes. Zeitschr. f. Schulgesundheitspflege Jg. 35. 1922; ferner Derselbe: Verh. d. XIV. Intern. Kongr. f. Hyg. Berlin 1907, III 8, These 4. Ärztl. Fürsorge f. schwererziehb. Kinder. Veröff. d. soz. med. Seminars. Berlin. Leipzig 1910, S. 82 (enthält bereits die programmatische Forderung einer „ärztlichen Jugendkunde“ als Schwesterwissenschaft der „experimentellen Pädagogik“). Zu letzterem s. a. Derselbe: Ztschr. f. Kinderforsch. Bd. 29. H. 2 und neuerdings ebenda Bd. 31. 1925.

worte hin erscheinen im Bewußtsein des Kindes vorwiegend konkrete und individuelle, nicht aber allgemeine Vorstellungen und Begriffe[1]).

Dieser Konkretismus des kindlichen Vorstellens hängt eng zusammen mit dem Gegenstand unserer Untersuchungen. Dieser Konkretismus geht aber, wie wir heute wissen, noch weiter. Er geht so weit, daß das kindliche Vorstellen im Gegensatze zu dem der Erwachsenen dem Wahrnehmen noch mehr oder weniger nahesteht. Wenn der Erwachsene ein Bild oder ein anderes sichtbares Objekt, das man ihm als „Vorlage" (oder „Urbild") eben dargeboten oder das er in Erinnerung hat, sich wiedervergegenwärtigt, so sieht er es im allgemeinen nicht im buchstäblichen Sinne vor sich, einen Ton hört er nicht wirklich bei der Wiedervergegenwärtigung. Wohl aber ist dies bei einer großen Anzahl von Kindern und Jugendlichen der Fall, wenigstens auf optischem und taktilem, weit seltener auf akustischem Gebiet. Wenn man die rudimentären, nur durch besondere Methoden aufzudeckenden Fälle hinzunimmt, gilt dies wahrscheinlich von den meisten Kindern bis zu einer bestimmten Altersstufe hin.

Es handelt sich hier nicht um ein bloßes besonders lebhaftes Vorstellen, sondern um ein wirkliches Empfinden, also im buchstäblichen Sinne Sehen, Tastempfinden, Hören. Was das Sehen anbetrifft, ist dieser Vorgang am besten mit den physiologischen Nachbildern (NB) vergleichbar, aber von diesen durch exakte Methoden zu unterscheiden. Diese bei Kindern häufige, — wenn man die rudimentäre Fälle hinzurechnet —, wohl nahezu durchgehende, bei Erwachsenen seltene Fähigkeit bezeichnen wir als eine „eidetische"[2]), die betreffenden Individuen als „Eidetiker", die Erscheinung selbst als subjektive, optische (bzw. taktile, akustische usw.) Anschauungsbilder (AB).

Manche mißverständliche Auffassungen der Eidetik rühren daher, daß man gelegentlich versucht hat, die Anschauungsbilder dem bekannten Schema von Jaspers (Allgemeine Psychopathologie. 2. Aufl. Berlin 1920) einzuordnen:

Wahrnehmung.	Vorstellung.
Wahrnehmungen sind leibhaftig (besitzen Objektivitätscharakter).	Vorstellungen sind bildhaftig (besitzen Subjektivitätscharakter).

Diese Einordnung muß notwendig mißlingen, da das Schema von Jaspers eben unvollständig ist und für die Anschauungsbilder keinen Platz bietet. In selteneren Fällen sind die Anschauungsbilder allerdings „leibhaftig"; das ist dann der Fall, wenn sie auch mit wirklichen Gegenständen verwechselt werden können. Für gewöhnlich aber haben sie die eigentliche und buchstäbliche Bildhaftigkeit, die von der besonderen Bildhaftigkeit der Vorstellungen scharf zu unterscheiden ist: sie sind etwas buchstäblich Gesehenes, wie ein Nachbild oder das Bild eines Projektionsapparates, womit sie sich in der Mehrzahl der Fälle am besten kennzeichnen lassen und von den Versuchspersonen auch verglichen werden. Wie das vom Projektionsapparat auf die Leinwand geworfene Landschaftsbild oder ein im Gesichtsfeld erscheinendes Nachbild, so werden sie im buchstäblichen Sinne gesehen (nicht nur vorgestellt), ohne doch im allgemeinen mit einem wirklichen Gegenstand verwechselt zu werden, ganz ebenso wie auch das Projektionsbild einer Gebirgslandschaft nicht für ein wirkliches Gebirge gehalten wird. Es fehlt also im Jaspersschen Schema die zwischen der Bildhaftigkeit der Vorstellungen und der Leibhaftigkeit der für wirklich gehaltenen Wahrnehmungsgegenstände stehende, d. h. die eigentliche und buchstäbliche Bildhaftigkeit, die des wirklich gesehenen Bildes.

Ungefähr gleich häufig wie die optischen AB sind bei Jugendlichen solche im Gebiete des Tastsinnes; akustische AB sind etwa zehnmal seltener. AB des Geschmackes und Geruches scheinen nach vielen Beobachtungen auch vorzukommen, wurden hier aber, wie taktile und akustische, nicht genauer untersucht[3]). Bei Erwachsenen kommen AB nur vereinzelt vor und bilden hier offenbar

---

[1]) Ziehen, Th.: Die Ideenassoziation des Kindes. I und II. Leipzig 1898 und 1900.

[2]) Abgeleitet von eidos = Bild.

[3]) Anm. während des Druckes: Aus allerjüngster Zeit wäre hier allerdings nachzutragen: Günther, H.: Über Nachempfindungen, besonders sensorische Iterationen, sowie über sensorische Refraktärphasen. Dtsch. Zeitschr. f. Nervenheilk. Bd. 76, H. 5/6. — Henning,

eine persistierende Jugendeigentümlichkeit, wozu wir die körperlichen Parallelen aufzeigen werden; ein Erhaltenbleiben gewisser somatischer Jugendeigentümlichkeiten ist ja auch sonst keine unbekannte Erscheinung in der Medizin (vgl. z. B. Thymuspersistenz). Meist haben die Eidetiker auch spontane AB; ihr alleiniges Vorkommen stellt einen niederen Grad der eidetischen Anlage dar.

Der Eidetiker kann also ein kompliziertes Bild oder ein anderes anschauliches Objekt nicht nur als Vorstellung, sondern auch anschaulich, mit dem Charakter der Empfindung, reproduzieren, also z. B. ein dargebotenes an Einzelheiten und Farben reiches Bild später nach Wegnahme nicht nur sich vorstellen, sondern in buchstäblichem Sinne wieder sehen, entweder nur unmittelbar nach der Betrachtung oder auch nach längerer Zwischenzeit. Die Beobachtung der genannten Erscheinungen wird am besten auf einer gleichmäßig gefärbten, in unseren Versuchen meist mit grauem oder schwarzgrauem Papier bezogenen Beobachtungsfläche vorgenommen. Wir bezeichnen letztere als „Beobachtungs“- oder „Projektionsschirm“. Er steht bei den Versuchen gewöhnlich auf einem Tisch vor der Versuchsperson (Vp.) und ist so beschaffen, daß er leicht und schnell in verschiedenen Entfernungen aufgestellt werden kann. — Das AB kann so deutlich sein, daß es einen dahinter befindlichen Gegenstand oder den Hintergrund, selbst einen solchen mit eindringlicher Zeichnung und Farbe, verdeckt und unsichtbar macht. Sein empfindungsmäßiger Charakter geht unzweideutig daraus hervor, daß das AB auch Eigenschaften der Gesichtsempfindungen und Gesichtswahrnehmungen besitzt, von denen der Laie auf psychologischem und sinnesphysiologischem Gebiete nichts wissen kann. Diese Erscheinungen sprechen auch für die Richtigkeit der Angaben unserer Beobachter und sichern uns vor Täuschungen (Näheres in dem Kapitel über optische Untersuchungsmethoden, objektive Kontrollen S. 202).

Aus älterer Zeit liegen einige Selbstschilderungen von Eidetikern vor, z. B. von Johannes Müller[1]) und Goethe. E. R. Jaensch hat nun seit vielen Jahren — von 1911 ab — auf diese Fähigkeit in seinen Vorlesungen nachdrücklichst hingewiesen, und, da sie tiefe theoretische Aufschlüsse erhoffen ließ, die Studenten regelmäßig aufgefordert, sich zu melden und sich ihm zur Verfügung zu stellen, wenn sie etwas Derartiges an sich beobachten, vor allem aber, daß sie in ihrem Bekanntenkreis unter jüngeren Personen, bei denen wohl am ehesten ein solcher höherer Grad von Erregbarkeit zu erwarten sei, nach derartig veranlagten Personen Umschau halten möchten. Daraufhin stellte u. a. O. Kroh, der Praktikant des Psychologischen Instituts und zugleich an der Oberrealschule tätig war, Beobachtungen an seiner Schulklasse an, die vermuten ließen, daß sich unter diesen jüngeren Schülern mehrfach Eidetiker befanden. Daraufhin vorgenommene Massenuntersuchungen an Schulkindern zeigten, daß die Erscheinung der AB in einer gewissen Entwicklungsstufe der Kinder, die jedenfalls etwa zwischen 9 und 15 Jahren liegt, keineswegs eine Ausnahme bildet, wie bei Erwachsenen, sondern hier sehr häufig ist. Es fanden sich an den Realanstalten in Marburg in diesem Alter etwa 40 vH. ausgeprägte Fälle[2]), eine Zahl, die allerdings nach umfassenden, inzwischen an vielen anderen Orten durchgeführten

H.: Starre eidetische Klang- und Schmerzbilder und die eidetische Konstellation. Zeitschr. f. Psychol. Bd. 92. 1923. — Wittmann, J.: Über das Gedächtnis und den Aufbau der Funktionen, eine experimentelle Untersuchung über das An- und Abklingen der Reproduktionen taktiler, akustischer und optischer Eindrücke. Arch. f. d. ges. Psychol. Bd. 45. 1923. — Henning, H.: Der Geruch. Ein Handbuch. Leipzig: Joh. Ambr. Barth 1924. — Ders.: Zeitschr. f. Psychol. Bd. 94. 1924. — Ders.: Psychologie d. Gegenw. Berlin: Mauritius-Verlg.

[1]) Müller, Johannes: Phantastische Gesichtserscheinungen. Coblenz 1826.

[2]) Kroh, O.: Subjektive Anschauungsbilder bei Jugendlichen. Göttingen: Vandenhoeck u. Rupprecht. 1922; Zeitschr. f. Kinderforsch. 1924, H. 2. Bd. 29.

Untersuchungen einen verhältnismäßig hohen und nur ziemlich selten erreichten Prozentsatz darstellt, abgesehen von besonderen Verhältnissen, unter denen der Prozentsatz sogar noch bedeutend höher (70—90 vH.) sein kann. Mit feineren Tests kann man aber auch rudimentäre Formen dieser eidetischen Anlage aufdecken. Hierbei ergibt sich nun, daß die Anlage im angeführten Alter beinahe durchgängig und innerhalb gewisser und sehr weiter Grenzen als normal zu bezeichnen ist[1]). Die Verbreitung ausgeprägter Fälle unterliegt freilich örtlichen Unterschieden. Besonders viel ausgeprägte Fälle fanden sich in Marburg in Quinta und Quarta, wobei dahingestellt bleiben muß, ob sich der Höhepunkt in diesem Alter befindet oder schon, — wie es nach neueren Untersuchungen des Marburger Psychologischen Instituts scheint —, in früheren Lebensjahren liegt und sich dort nur leicht verbirgt, weil sich mit so jungen Individuen schwerer arbeiten läßt. Unter den Erwachsenen sind die AB relativ selten, aber dennoch verbreiteter, als man bisher glaubte. Daß die eidetische Anlage eine Jugendeigentümlichkeit ist, geht schon aus den Häufigkeitszahlen hervor, die mit steigendem Alter abnehmen. Dieses Zurücktreten der eidetischen Anlage mit dem Altersfortschritt konnte im Verlaufe der vieljährigen Untersuchungen auch unmittelbar beobachtet werden: manche unserer besten Versuchspersonen verloren diese Fähigkeit zu AB um die Pubertät herum ganz. Ebenso zeigte sich das Zurücktreten der eidetischen Anlage auch im Wechsel des Charakters der Bilder. Es muß hier vorausgeschickt werden, daß es außer urbildmäßig gefärbten AB (positiven AB) auch komplementär zum Urbild gefärbte AB (negative AB) gibt, die die Komplementärfarbe zu dem dargebotenen Urbild oder eine der Komplementärfarbe nahestehende Färbung zeigen, also z. B. blau sind, wenn die Vorlage gelb war. Von den bekannten negativen Nachbildern (NB) sind sie aber durch besondere Methoden zu unterscheiden. —Die gewöhnlichen negativen NB sind wohl jedem aus der Erfahrung des Lebens bekannt. Betrachtet man z. B. unter längerer fester Fixation ein Fensterkreuz, das sich vom hellen Himmel abhebt, und blickt dann auf eine gleichförmige Wand, so sieht man dort die entsprechende Zeichnung mit dem Unterschied, daß der helle Himmel nun als dunkler Fleck, das Kreuz selbst hell erscheint. Entsprechend kann man von einem farbigen Quadrat ein scharfumrandetes, negatives NB erzeugen, wenn man einen darauf angebrachten Punkt längere Zeit hindurch fixiert und dann auf einen gleichförmig grauen Grund blickt. Der nichteidetische Erwachsene erhält unter gewöhnlichen Umständen ein solches scharf umrandetes Bild aber nur bei länger ausgedehnter und strenger Fixation dieses Punktes. Das gilt besonders bei Verwendung gewöhnlicher farbiger Objekte, z. B. gefärbter Quadrate auf grauem Grund, während bei Benutzung besonders eindringlicher Lichtreize, z. B. mit dem Projektionsapparat oder auf dem Wege der Durchleuchtung hergestellter Farben, auch schon bei kurzdauernder Reizung und ohne Fixation NB entstehen können. Solche intensiven Reize bleiben aber hier außer Betracht. Der Eidetiker nun erhält solche scharf umrandete und in allen Einzelheiten sich deutlich abzeichnende Bilder von unseren Beobachtungsobjekten auch ohne Fixation, also bei einer Betrachtungsweise, die im allgemeinen mit wanderndem Blick erfolgt. Wir unterscheiden darum solche ohne Fixation erzeugten Bilder von den durch Fixation erzeugten Nachbildern (abgekürzt NB) und nennen sie Anschauungsbilder (abgekürzt AB)[2]).

---

1) Jaensch, E. R. u. W.: Über die Verbreitung der eidetischen Anlage im Jugendalter. — Gottheil, E.: Über das latente Sinnengedächtnis der Jugendlichen und seine Aufdeckung. Beides in E. R. Jaensch (I).

2) Eine Ausnahme hiervon wird später Erwähnung finden (vgl. Kap. IV, S. 175/177).

Daß AB und NB tatsächlich auch verschiedenartigen Gesetzen gehorchen und darum voneinander zu unterscheiden sind, wird in dem Kapitel über die optischen Untersuchungsmethoden (IV) dargetan, wo auch die besonderen Eigenschaften der AB beschrieben werden.

Bei einem Teil der Eidetiker zeigen nun die physiologischen NB dieselben Eigenschaften wie bei nichteidetischen Erwachsenen. In solchen Fällen reden wir von reinen NB. Sehr oft zeigen aber beim Eidetiker auch schon die durch Fixation erzeugten Bilder bei bestimmten Versuchen ein ähnliches Verhalten wie die AB. Findet man bei einem Individuum an den NB solche Züge der AB, so ist auf Grund hiervon eine wenigstens rudimentäre eidetische Anlage anzunehmen[1]).

Bei gänzlich nichteidetischen Erwachsenen kommen Abweichungen von den bekannten Gesetzen der Nachbilder nach den bisher darüber angestellten Ermittlungen nicht vor; bei Jugendlichen dagegen zeigt sich in einem viel größeren Prozentsatz eine Ähnlichkeit in dem Verhalten von NB und AB, auch wenn AB neben NB nicht auf unmittelbarem Wege nachweisbar sind. NB, die den für die physiologischen Nachbilder bekannten Gesetzen genau entsprechen, bezeichnen wir als „reine Nachbilder“. Abgesehen von dieser Abweichung von den Gesetzmäßigkeiten der reinen NB, z. B. ihrem abweichenden Größenverhalten[2]) bei der Projektion auf den in verschiedenen Entfernungen stehenden Beobachtungsschirm oder eine im Gegensatz zu den reinen NB nicht selten urbildmäßige Färbung, ist bei den Jugendlichen auch die Dauer und Intensität der NB, — bei gleicher Betrachtungszeit des Urbildes —, eine fast durchweg erhöhte gegenüber den entsprechenden Verhältnissen bei den im allgemeinen nichteidetischen Erwachsenen; dies meist auch dann, wenn sie im übrigen den bekannten NB-Gesetzen gehorchen, gleichgültig, ob daneben eigentliche AB erzeugbar sind oder nicht. Es zeigt sich nun, daß überhaupt zwischen NB und AB ein gleitender Übergang und damit eine ganze Reihe von Zwischenformen besteht, wenngleich NB und AB ihrem Wesen nach auseinandergehalten werden müssen[3]). Die Fähigkeit, nur negativ gefärbte AB zu sehen, stellt hierbei einen schwächeren Grad[4]) der eidetischen Anlage dar; ebenso auch spricht die Fähigkeit, nur negative NB zu sehen, für einen schwächeren Grad des NB-Phänomens, als wenn auch positiv gefärbte auftreten. Das zeigt sich u. a. auch darin, daß urbildmäßige Färbung der AB und NB unter den gleichen Beobachtungsbedingungen mit dem Altersfortschritt und dem Schwinden der eidetischen Anlage gewöhnlich in eine komplementäre Färbung umschlägt. Auch ist das Durchschnittsalter der Versuchspersonen mit nur negativ, d. h. komplementär zum Urbild gefärbten Phänomenen höher als das der Eidetiker, die auch positiv gefärbte, urbildmäßige besitzen[4]). Sind überhaupt irgendwelche Bilder von mehr als momentaner, längerer Dauer vorhanden, die urbildmäßige Färbung besitzen, so weist dies immer schon auf einen erheblichen Grad eidetischer Anlage hin. Auch die unter Fixation erzeugten Bilder dieser Art zeigen dann regelmäßig bereits die Merkmale der AB, und zwar gewöhnlich in so ausgeprägtem

---

[1]) Vgl. die erwähnten Arbeiten von E. R. und W. Jaensch und von E. Gottheil.

[2]) Vgl. die späteren Ausführungen über das Emmertsche Gesetz (Kap. IV, S. 173).

[3]) Beides, die scharfe Unterscheidung der NB und AB und die Anerkennung gleitender Übergänge zwischen ihnen, ist sehr wohl miteinander verträglich. In der Farbenlehre wird ja auch zwischen dem reinen Rot und dem reinen Gelb scharf unterschieden, und trotzdem gibt es die gleitenden Übergänge in Gestalt der rotgelben, d. h. orangefarbenen Töne.

[4]) Vgl. Herwig, B.: Über den inneren Farbensinn der Jugendlichen. Zeitschr. f. Psychol. Bd. 87.

Maße, daß sie den AB ohne weiteres gleichzusetzen und zuzurechnen sind. Denn wenn auch schon bei Fixation ein Phänomen von der Farbe des Urbildes auftritt, dann verhält sich dieses Phänomen ähnlich oder genau so wie die Bilder, die derselbe Beobachter ohne Fixation erzeugt, also wie seine AB. Darum sind die Phänomene von urbildmäßiger Färbung niemals „reine Nachbilder" in dem oben angegebenen Sinne. Nun kommt ja allerdings nach einer bekannten Lehre der Sinnesphysiologie auch das positive, d. h. urbildmäßig gefärbte Nachbild als eine ganz normale Erscheinung beim nichteidetischen Erwachsenen vor. Aber es ist dann immer nur von äußerst kurzer Dauer, vorausgesetzt, daß extrem starke Lichtreize vermieden werden, was in dieser Arbeit durchweg der Fall ist. Das gewöhnliche positive NB wird fast stets sofort von dem beharrlicheren negativen NB abgelöst und verdrängt und ist seinerseits von solcher Flüchtigkeit, daß beispielsweise WUNDT die genauere Untersuchung der positiven NB als eine nahezu unlösbare Aufgabe ansah. Bei uns dagegen handelt es sich durchweg um Phänomene von längerer, oft sehr langer Dauer, und diese zeigen, selbst wenn sie überhaupt nur bei Fixation erzeugbar sind, Merkmale der AB[1]). Alle Grade und Stufen[2]) der eidetischen Erscheinungen, einschließlich der negativen NB, sind durch gleitende Übergänge miteinander verknüpft, was sich experimentell beweisen läßt. Auf der anderen Seite lassen sich von den hochgradigsten AB Übergänge zu den reinen Vorstellungsbildern (VB) oder besser Vorstellungen nachweisen, wenn man die Gesetzmäßigkeiten des Verhaltens, z. B. des Größenverhaltens bei experimentellen Untersuchungen, ins Auge faßt. Immer aber werden die AB, im Gegensatze zu den VB, im eigentlichen und buchstäblichen Sinne gesehen: die Reihe NB—AB—VB ist eine ineinander übergehende Reihe von Stufen des „Sinnengedächtnisses" (vgl. hierzu E. R. JAENSCH [I]).

Die Gesamtheit dieser Bilder bezeichnen wir als Gedächtnisbilder (GB) und reden von niederen und höheren Gedächtnisstufen, je nachdem es sich um ein NB, AB oder VB handelt. Von einem optischen (bzw. akustischen, taktilen) AB reden wir indessen nur so lange, als es sich um Gesichtserscheinungen (bzw. Gehörserscheinungen oder Tastsensationen), also um Bilder (bzw. Töne, Tastempfindungen) handelt, die in den Außenraum projiziert und dort wirklich gesehen (bzw. gehört, gefühlt) werden. Reine VB werden also nur noch „vorgestellt" (oder „gedacht", wie die Jugendlichen es gewöhnlich selbst ausdrücken, und wie man darum im Verkehr mit ihnen besser sagt). Die VB tragen nicht mehr den Charakter der Empfindung und werden nur in besonderen Fällen nach außen projiziert.

Betrachtet man nun die Gesetzmäßigkeit dieser verschiedenen GB, z. B. hinsichtlich ihrer Größe bei der Beobachtung in verschiedenen Entfernungen des Projektionsschirmes, auf dem sie beobachtet werden, so ergibt sich ein ganz kontinuierlicher Übergang, nicht nur vom NB zum AB, sondern auch vom AB zum VB. Das physiologische reine NB folgt nämlich exakt dem sogenannten EMMERTschen Gesetz, d. h. es wächst in seinen linearen Dimensionen genau proportional der Entfernung, in die es projiziert wird; das AB wächst im allgemeinen schwächer, das VB abermals schwächer, oder es zeigt eine Tendenz, konstant zu bleiben, manchmal sogar an Größe abzunehmen. In ganz gleichartiger und übereinstimmender Weise zeigt sich auch das Verhalten von NB, AB und VB stufenweise verschieden gegenüber gleichzeitig gegebenen Wahrnehmungsinhalten, Standpunkt des Beobachters und Beobachtungshintergründen, bei denen die NB am meisten, die AB weniger, die VB gar nicht beeinflußt werden. Der „Invarianz-

[1]) Vgl. hierzu Kap. IV, S. 175/177 durch Fixation einer Vorlage komplizierter Art entstehende AB, sog. AB_{NB}.

[2]) Der Unterschied von Grad und Stufe wird später nähere Erklärung finden (S. 21f.).

grad" ist bei den VB unter allen Gedächtnisstufen am größten[1]). Es konnte ferner gezeigt werden, daß in der Entwicklung des Individuums zunächst die AB überwiegen, die ja nach dem Dargelegten in ihrem Verhalten eine Mittelstellung zwischen Wahrnehmungen und Vorstellungen einnehmen, und daß sich dann im weiteren Verlaufe der Entwicklung aus dieser ursprünglichen „Einheit von Wahrnehmung und Vorstellung" („eidetische Einheit") weiterhin einerseits die Wahrnehmungen, anderseits die Vorstellungen erst herausdifferenzieren.

Wie noch gezeigt werden wird, kann nun eine Kalkbehandlung der Anlage zu AB in gewissen Fällen entgegenwirken. Dementsprechend konnte in solchen Fällen, die noch auf der Stufe der eidetischen Einheit, in der eidetischen „Einheitsphase" („E-Phase" bzw. „E-Typus") standen, auf diese Weise eine rasche Aufspaltung dieses E-Typus bewirkt werden, so daß sich reine Empfindung (NB), Anschauungsbild (AB) und reine Vorstellung (VB) nun scharf voneinander sondern. Das verrät sich darin, daß diese verschiedenen Stufen der GB nicht mehr, wie in der Einheitsphase, ein übereinstimmendes Verhalten zeigen (z. B. hinsichtlich der Größe bei der Projektion in verschiedene Entfernungen), sondern daß das NB sich jetzt anders verhält als das AB, und dieses wieder anders als das VB. Die NB, die ja unter allen Umständen Empfindungen sind, haben sich hier scharf von den VB geschieden, und beide wieder von den AB, die in ihrem Verhalten in jeder Hinsicht eine Zwischenstellung zwischen Empfindungen und Vorstellungen einnehmen (immer aber im buchstäblichen Sinne gesehen werden). Das negative physiologische NB ist bei einzelnen Individuen überhaupt erstmals nach Kalkwirkung erzeugbar, während in der E-Phase auch langdauernde fixierende Betrachtung homogener einfarbiger Objekte (z. B. Farbquadrate), die für die Erzeugung negativer NB sonst die günstigsten sind, kein negatives NB hervorruft, sondern stets nur ein urbildmäßiges Phänomen, das zugleich in manchen Kriterien sich wie ein Vorstellungsbild verhält, immer aber gesehen wird. Die Kalkbehandlung wirkt also in diesen Fällen, genau so wie der Altersfortschritt, nur in kürzerer Zeit, den eidetischen Erscheinungen entgegen. Sie schwächt die Intensität und Ausgeprägtheit der eidetischen Phänomene und hebt damit die E-Phase auf. Es war vorhin schon gesagt worden, daß hierbei ein Farbenumschlag der eidetischen Phänomene eintritt in dem Sinne, daß urbildmäßige (positive) zu komplementärfarbigen (negativen) Erscheinungen werden. Es kann dies nun so vor sich gehen, wie eben geschildert, daß also mit dem Umschlag in die komplementäre Färbung aus einem urbildmäßigen Phänomen, z. B. einem AB, damit zugleich ein reines NB wird, d. h., daß sich damit zugleich die Gedächtnisstufe ändert. Dies läßt sich manchmal, wie erwähnt, durch Veränderung der Größenwerte beim EMMERTschen Versuch zeigen. Es tritt also mit dem Farbenumschlag und der Aufhebung der E-Phase hier zugleich eine Erniedrigung der Gedächtnisstufe ein. Nun gibt es aber auch innerhalb einer und derselben Gedächtnisstufe (außerhalb der E-Phase) positive und negative Phänomene. Es gibt positive und negative AB, aber auch ebensolche NB und sogar VB[2]). Bei den AB ist die positive Färbung im allgemeinen Ausdruck einer stärkeren Ausgeprägtheit

[1]) Vgl. E. R. JAENSCH (II), IV. Abschnitt: GOESSER, A.: Über die Gründe des verschiedenen Verhaltens der einzelnen Gedächtnisstufen. „Invarianz" = Unabhängigkeit von gleichzeitig gegebenen Wahrnehmungsinhalten bzw. auch vom Standpunkt des Beobachters.

[2]) Neuerdings konnte H. FREILING zeigen, daß es auch komplementäre VB gibt. Im allgemeinen sind nämlich die VB urbildmäßig, wie auch diejenigen AB, die ihrem ganzen Verhalten nach den VB nahestehen (abgesehen davon, daß sie als AB buchstäblich gesehen werden), immer urbildmäßig sind. Wahrscheinlich handelt es sich bei den negativen VB um Fälle, die der Einheitsphase eines besonderen, noch zu erörternden Typus nahestehen.

der betreffenden Phänomene, obwohl sie auf derselben Gedächtnisstufe stehen, immer AB sind. Dem entspricht z. B., wie oben schon erwähnt, daß, mit steigendem Lebensalter und damit parallelgehender Abschwächung der eidetischen Fähigkeiten, die Häufigkeit komplementärer Färbung eidetischer Phänomene zunimmt. Wir müssen also die Gedächtnisstufe und die Ausgeprägtheit der Phänomene scharf auseinanderhalten. Um alledem gerecht zu werden, müssen wir außer den Gedächtnisstufen auch eidetische Grade unterscheiden, die für alle Stufen eine gleichartige Bedeutung besitzen, nämlich den Grad der Ausprägung der Erscheinungen auf der jeweiligen Gedächtnisstufe ausdrücken. Eine urbildmäßige Erscheinungsweise wäre nach dem vorher Gesagten ein höherer, eine komplementäre ein niederer Grad der AB und NB. Parallel mit dem Grade, d. h. der Ausprägung der eidetischen Erscheinungen, nehmen aber noch andere Besonderheiten zu, und zwar sowohl beim NB wie AB und VB. Mit dem Grade der eidetischen Erscheinung wächst in jeder Gedächtnisstufe nämlich auch ihre Dichte (Undurchsichtigkeit) und Intensität, ihre Deutlichkeit, Wirklichkeitstreue, ihr Reichtum an Einzelheiten, ferner die Eigenschaft nicht nur von einfachen, sondern auch von komplizierten Objekten deutliche und vollständige Bilder zu geben, schließlich, — auch bei dreidimensionalen Vorlagen —, ihre körperliche Erscheinungsweise und wieder ganz allgemein, — d. h. bei körperlichen wie bei flachen Objekten —, ihre Vorstellungsnähe[1]), d. h. Veränderlichkeit, willkürliche Hervorrufbarkeit und Auslöschbarkeit durch Vorstellungs- bzw. Willensakte, also eine Beeinflußbarkeit durch psychische Faktoren, die wir als „Plastizität" (im ursprünglichen Sinne dieses Wortes = Bildsamkeit, Biegsamkeit, Veränderlichkeit) bezeichnen. Alle eben genannten Eigenschaften können in jeder Gedächtnisstufe, je nach dem Grade der Erscheinungen, in verschiedener Ausprägung auftreten. Hierbei scheint nun ein Widerspruch darin zu bestehen, daß z. B. die Veränderlichkeit in bestimmten Fällen auch der niederen Gedächtnisstufe (den NB) zukommen und hier nur einen höheren Grad anzeigen soll, anderseits aber gerade ein Merkmal einer höheren Gedächtnisstufe ist, die den VB besonders nahesteht. Ein ähnlicher Widerspruch scheint auch darin zu bestehen, daß einerseits die positive Färbung hochgradigen NB zukommen soll, anderseits aber eine hervorstechende Eigenschaft von AB sein soll, die den VB nahestehen, und überhaupt ein Merkmal höherer, namentlich der höchsten Gedächtnisstufe, nämlich der reinen Vorstellungen darstellt. Ein gleicher Widerspruch ergibt sich scheinbar daraus, daß NB, AB, VB, also die verschiedenen Gedächtnisstufen, bei einem niederen Grad lediglich von einfachen Vorlagen, bei einem höheren Grad auch von komplizierten Vorlagen gute Bilder ergeben sollen, während gerade bei den vorstellungsnahen AB, also einer hohen Gedächtnisstufe, komplizierte (interessantere) Vorlagen sogar leichter AB zu geben pflegen wie einfache homogene. Es würden also gleiche Kriterien einmal einen höheren Grad und einmal eine höhere Gedächtnisstufe anzeigen; „höherer eidetischer Grad" und „höhere Gedächtnisstufe" scheinen demnach kaum Unterschiede zu bezeichnen, da ja mit steigendem Grad ebenso wie mit steigender Gedächtnisstufe in obigem Sinne auch eine stärkere Plastizität (= Veränderlichkeit) der eidetischen Phänomene bemerkbar wird.

Diese scheinbaren Widersprüche lösen sich auf, wenn wir die Einheitsfälle (E-Fälle) unserer Typen untersuchen und besonders solche, die der Einheitsphase nicht mehr ganz streng angehören, aber ihr noch sehr nahestehen. Die E-Phase ist, wie erwähnt, dadurch ausgezeichnet, daß sich in ihr NB,

[1]) Es kann aber nicht eindringlich und nicht oft genug betont werden, daß auch AB, die wichtige Eigenschaften mit den VB teilen und darum hier als „vorstellungsnahe" AB (AB_{VB}) bezeichnet werden, doch immer im buchstäblichen Sinne gesehen werden.

AB, VB ganz oder nahezu ganz gleichartig, nämlich alle ähnlich wie VB verhalten[1]), insbesondere veränderlich und urbildmäßig sind (obwohl sie alle gesehen werden). Nun gibt es E-Fälle, bei denen diese urbildmäßigen eidetischen Phänomene auf Calciumgaben genau wie NB verschwinden; nur ein gewöhnliches, negatives, reines NB bleibt als Rudiment zurück. Als Zwischenstadium zeigt sich ein Phänomen, das komplementär ist, sich in manchem wie ein AB bzw. VB verhalten kann, anderseits aber gerade in entscheidenden Verhaltungsweisen den NB maximal nahesteht, ebenso wie auch das anfangs vorhandene urbildmäßige E-Phänomen. Kurz, es zeigt sich, daß auch das ursprüngliche, vor dem Rückgang vorhandene Phänomen, obwohl es ein E-Phänomen ist, d. h. also auch vorstellungsmäßige Züge zeigte, und obwohl es hochgradig ist, trotzdem nach entscheidenden Kriterien zu der Gedächtnisstufe der NB gehört. Wir haben m. a. W. hier ein eidetisches Phänomen der niederen Gedächtnisstufe d. h. der NB, aber hohen eidetischen Grades vor uns, also eigentlich ein NB, das in der Einheitsphase sich in mancher Beziehung dem Verhalten der Vorstellungsbilder angleicht, die ihrerseits umgekehrt in ihrer formalen Struktur, besonders ihrem beharrenden Charakter, jenen NB nahestehen. Sein Seh- oder Farbmaterial ist auch von besonderer Art, und es zeigt sich dies nicht nur in der Kalkreaktion, sondern auch darin, daß zwar Veränderungen möglich sind, daß es entsprechend seiner Zugehörigkeit zur E-Phase auch willkürlich hervorgerufen werden kann, daß alle diese Vorgänge aber, trotzdem sie im Effekt auf das gleiche hinauslaufen, sich dennoch beim näheren Zusehen in der Genese und den in ihnen zutage tretenden Gesetzmäßigkeiten unterscheiden von eidetischen E-Phänomenen, die von vornherein, und auch außerhalb der E-Phase, der Gedächtnisstufe der reinen VB maximal nahestehen oder im strengen E-Falle mit jenen identisch sind. In letzteren (durchweg und auch außerhalb der E-Phase) VB-nahen Fällen bleibt nämlich z. B. bei Kalkzuführung und Aufhebung der E-Phase das ursprüngliche urbildmäßige Phänomen erhalten, und nur daneben, als eine neu hinzukommende Erscheinung, zeigen sich manchmal dann jene anderen Phänomene, die der Gedächtnisstufe der NB angehören, auf Kalk reagieren und schließlich bei weiterer Kalkzufuhr von sich nur ein gewöhnliches negatives NB übriglassen, so wie es im ersteren Falle von dem gesamten eidetischen Komplex zurückbleibt. Das dauernd, auch außerhalb der E-Phase vorstellungsnahe, von Calcium unbeeinflußt bleibende eidetische Phänomen zeigt aber, außer dem Ausbleiben der Kalkreaktion, noch andere Eigenschaften, die es als innerlich aufs engste verwandt mit den VB erweisen, welche ja auch nicht durch Calcium ausgelöscht werden. Es zeigt diese Eigenschaften vor allem nicht nur so lange, als es in der E-Phase beobachtet wird, wie das ersterwähnte eidetische Phänomen: es erweist sich vielmehr auch außerhalb der E-Phase als zur Gedächtnisstufe der Vorstellungen gehörig. Es gehört demnach auch in der E-Phase von vornherein einer anderen und höheren Gedächtnisstufe an, wie das auf Kalk reagierende AB. In letzterem haben wir ein hochgradiges NB vor uns, das nur in der E-Phase

[1]) Nach neueren Untersuchungen des Marburger Psychologischen Instituts gibt es auch Eidetiker der E-Phase, bei denen sich nicht nur NB, AB und VB ganz gleichartig verhalten, sondern wo auch die Wahrnehmungen selbst ein ähnliches Verhalten wie jene Phänomene zeigen. Es war zu vermuten, daß dies eine besonders frühe Form des Sehens ist, und sie ist, nach den neueren Feststellungen, unter ganz jungen Kindern weit verbreitet. Erst später werden im allgemeinen neben der Wahrnehmung (bzw. der Vorstellung) eidetische Phänomene gesondert bemerkbar. Ein literarisches Beispiel für diese frühe eidetische E-Phase, die zugleich die Wahrnehmung der Außenwelt mit umschließt, ist der Knabe Amadeus in HERMANN STEHRS „Geschichten aus dem Mandelhause". Berlin: S. Fischer 1920. Aber auch in dieser Frühform zeigen sich in gewissem Umfange Unterschiede nach bestimmten Typen (vgl. später).

gewisse, wie wir sehen werden, mehr äußerliche Verhaltungsweisen der VB annimmt, aber nicht die Züge, die die wesentlichen Merkmale der VB bilden. Ob also die E-Phase verwirklicht ist oder nicht, hängt nicht von der Stufe (Gedächtnisstufe = Qualität) der eidetischen Erscheinung ab, sondern von der Quantität, der Stärke und Ausprägung (Grad) des Sehmaterials. Bei dem ersterwähnten, dem NB-nahen Typus, verschwindet ja mit Abschwächung des Sehmaterials die E-Phase sofort vollständig, wenn die AB überhaupt verschwinden; bei dem VB-nahen Typus spaltet sich die E-Phase durch Abschwächung des einen kalkreagierenden Anteils nur auf, indem innerhalb des einen, nämlich des bestehenbleibenden kalkresistenten urbildmäßigen AB eine gewisse Einheit von AB und VB, die auch ein Merkmal der E-Phase ist, erhalten bleibt. Denn dieses AB verhält sich dann auch weiterhin in wesentlichen Beziehungen wie ein VB, obwohl es buchstäblich gesehen wird: es ist mit anderen Worten auch außerhalb der E-Phase ein VB, und zwar ein eidetisches VB, d. h. ein AB einer maximal vorstellungsnahen eidetischen Gedächtnisstufe. Auch hieraus erhellt die Notwendigkeit, außer den Gedächtnisstufen Grade der eidetischen Phänomene zu unterscheiden. Und zwar haben uns die E-Fälle verschiedener Typen gelehrt, daß mit dem Grade der eidetischen Eigenschaften auch der größere oder geringere Abstand von der E-Phase wächst. Die Fälle der E-Phase sind also durchweg solche von höchstem Grad, also ausgeprägtestem Sehmaterial; sie können aber aus Fällen verschiedenster Gedächtnisstufe hervorgehen. Die verschiedenen Grade können daher in jeder Gedächtnisstufe vorkommen. Sie wachsen mit Ausprägung und Quantität des Sehmaterials, dessen höchste Grade allein es sind, die die E-Phase ermöglichen. Das der E-Phase u. a. zukommende Merkmal, die Eigenschaften von AB und VB zu vereinigen, ist bei dem zweiten, durchweg vorstellungsnahen eidetischen Typus in doppelter Weise gewährleistet, falls hohe Grade vorliegen: denn die hier vorhandenen AB sind auch schon außerhalb der E-Phase maximal vorstellungsmäßig. Ob die E-Phase vorliegt, das entscheidet also nur der Grad (die quantitative Ausprägung) der AB; dagegen besagt das Vorhandensein der E-Phase nichts über die qualitative Beschaffenheit der AB. Denn die E-Phase ist als solche unabhängig davon, ob das AB überwiegend NB-nahe (AB_{NB}) oder VB-nahe (AB_{VB}) ist, also welcher Gedächtnisstufe es angehört; die ihr angehörigen Phänomene sind nur verschieden nüanciert, je nachdem das ihnen zugrunde liegende Sehmaterial bei gleichhohem Grade qualitativ beschaffen ist. Die Gedächtnisstufe aber ändert sich gerade mit dieser qualitativen Beschaffenheit und Herkunft des Sehmaterials, d. h. mit dem überwiegenden Nachbild- oder Vorstellungsursprung der AB. Sowohl E-Phase wie hohe Gedächtnisstufe zeichnen sich also durch einen vergleichsweise hohen Vorstellungscharakter aus. Trotzdem sind E-Phase und hohe Gedächtnisstufe einander nicht gleichzusetzen. Alle Phänomene der E-Phase, gleichgültig welcher Herkunft, und alle Phänomene hoher Gedächtnisstufe zeigen nun das gemeinsame Merkmal einer weitgehenden Plastizität im Sinne von Veränderlichkeit. Aber je nach dem Ursprung der E-Phänomene, — je nachdem sie wesenhaft NB- oder VB-nahe sind —, ist die Art, in der sich diese Veränderungen vollziehen, eine verschiedene (Näheres unten). Für diese nähere Beschaffenheit der Veränderungen ist also nur die Gedächtnisstufe, nicht aber der Grad der eidetischen Erscheinungen maßgebend[1]). Man kann daher außer der „Plastizität" schlechthin, die nur das Aus-

[1]) Wir haben es bei diesen Unterschieden wahrscheinlich mit ausschließlich zentralen Vorgängen zu tun. Die Frage nach der Rolle eines peripheren Faktors, etwa der Netzhaut, innerhalb dieser Vorgänge wird aber wahrscheinlich nicht dahin zu beantworten sein,

maß der Veränderlichkeit bezeichnet, noch eine „spezifische Plastizität“ unterscheiden, die die nähere Art angibt, in der die Veränderungen vor sich gehen, und die von der Gedächtnisstufe abhängig ist. Die allgemeine „Plastizität“ schlechthin bezeichnet also die Quantität, die „spezifische Plastizität“ die Modalität der Veränderungen. Es sind also scharf zu unterscheiden: einerseits Gedächtnisstufe, anderseits Grad (und auch E-Phase). Denn es kann nach dem Vorhergesagten die E-Phase verwirklicht und darum der eidetische Grad ein hoher, die Gedächtnisstufe jedoch niedrig sein. Anderseits kann die Gedächtnisstufe hoch und gleichwohl die E-Phase nicht verwirklicht sein.

Nun stellten wir bereits eine Beziehung fest zwischen gewissen Gedächtnisstufen und gewissen Typen der eidetischen Phänomene. Anderseits wird sich zeigen, daß diese verschiedenen Typen der eidetischen Phänomene an verschiedene, auch somatisch unterscheidbare Konstitutionen, also an verschiedene Biotypen gebunden sind. Die „spezifische Plastizität“, die die besondere Art der Veränderlichkeit bei den verschiedenen Typen der eidetischen Phänomene kennzeichnet, wird sich daher zugleich als ein Kennzeichen der verschiedenen Biotypen erweisen, auf die wir im Kap. II zu sprechen kommen werden[1]).

Die „spezifische Plastizität“ (d. h. die Modalität der Veränderungen) ist scharf zu unterscheiden von der allgemeinen „Plastizität“ (d. h. der Quantität der Veränderungen). Es ist gebunden: die „spezifische Plastizität“ an die Stufe, die allgemeine „Plastizität“ an den Grad der eidetischen Phänomene. Da nun mit dem Grad die allgemeine Plastizität etwas wächst, so muß man, um hinsichtlich der Veränderungen gleiche und vergleichbare Verhältnisse zu haben, die verschiedenen Biotypen und ihre spezifische Plastizität bei gleichem Grad der eidetischen Erscheinungen miteinander vergleichen, also Fälle gleichen Grades für diese Vergleichung heranziehen. Ähnlich wie die Verhältnisse der Veränderlichkeit einerseits etwas schon vom Grad, anderseits und hauptsächlich von der Stufe abhängen, so hängt auch die Beschaffenheit der Färbung von Grad und Stufe ab. Einerseits steigt mit wachsendem Grad jederzeit die Neigung zur urbildmäßigen Färbung der eidetischen Phänomene. (Graugefärbte AB bei schwarzen Bildfiguren als Vorlage nehmen eine Mittelstellung ein)[2]). Anderseits aber zeigt sich bei eidetischen Phänomenen gleich hohen Grades, aber von verschiedenem Typus, daß die Phänomene von wesentlich vorstellungsnahem Charakter mehr zur urbildmäßigen, die Phänomene von wesentlich nachbildnahem Charakter mehr zur komplementären Erscheinungsweise neigen. Daß der gleichhohe Grad vorliegt, muß daher durch andere Merkmale als die der Farbe und Veränderlichkeitsverhältnisse bestimmt werden. Darum hatten wir in der Gradeinteilung die Merkmale der Veränderlichkeit und der Farbe weg-

---

daß dieser wiederum ein neues Moment in dieses funktionelle Spiel hineinbringt, sondern auch diese peripheren Vorgänge dürften nicht einheitlicher, sondern nach dem Typus verschiedener Natur sein, da sich die Typen, wie sich später zeigen wird, auch in der Peripherie verschieden verhalten, und da ja überdies gerade die Netzhaut nach Ursprung, Beschaffenheit und Funktion ein Gehirnorgan ist (vgl. E. R. Jaensch [I], XIII. Abschnitt: Wahrnehmungslehre und Biologie). Auf alle Fälle drücken sich aber diese Unterschiede in den zentralen Vorgängen am deutlichsten aus (vgl. folgende Anm. u. Kap. VII, 2).

[1]) Hierzu sei eine Bemerkung von F. Kraus aus seinem Werk „Allgemeine und spezielle Pathologie der Person“ angeführt: „In einem hochdifferenzierten Organismus, wie unserem eigenen, ist vielleicht, neben der inneren Sekretion, besonders das Gehirn und Vorstellungsleben das, was die Beziehungen aller durch die Bedingungskonstellation realisierten Anlagen der genotypischen Konstitution, also sämtlicher Organe, zum Ausdruck bringt.“

[2]) Vgl. hierzu auch Fischer, S. u. Hirschberg, H.: Zeitschr. f. d. ges. Neur. u. Psych. 1924.

gelassen und ihr nur diejenigen Merkmale zugrunde gelegt, auf die die Gedächtnisstufe weniger von Einfluß ist (optische Dichte, Deutlichkeit, Schärfe und Reichtum von Einzelheiten, Erzeugbarkeit auch von komplizierten oder nur von einfachen Objekten; vgl. später Kap. IV).

Der Umstand, daß der Grad der Erscheinungen innerhalb jeder Gedächtnisstufe für sich ein verschiedener sein kann, erklärt vielleicht auch, warum es Individuen gibt, die zwar hochgradige AB besitzen und trotzdem nicht immer zugleich über ausgesprochene visuelle (reine) Vorstellungen verfügen. Es unterstreicht dies einen Umstand, auf den wir schon früher hingewiesen haben, daß der in der Psychologie gebräuchliche Begriff „visueller Vorstellungstypus“ gar nicht notwendig und nicht in allen Fällen mit unseren Eidetikern etwas zu tun haben muß. Es kann eben auch ein und dasselbe Individuum in der maximal höchsten Gedächtnisstufe, den reinen VB, geringgradige Fähigkeiten besitzen, zugleich aber in niedrigeren Gedächtnisstufen, in denen der AB bzw. NB, gegebenenfalls hochgradig disponiert sein und umgekehrt (vgl. S. 201, ad 17).

Wir werden demnach im folgenden eidetischen Grad, bzw. E-Phase und Gedächtnisstufe scharf auseinanderhalten müssen, ebenso Plastizität in allgemeinem Sinne und „spezifische Plastizität“.

Es wurde schon gesagt, daß gewisse eidetische Erscheinungen eine Äquivalente bestimmter somatischer Jugendeigentümlichkeiten sind, darunter auch solcher, die nach klinischer Erfahrung durch Kalk beeinflußbar sind. Es wurde nun hier gesagt, daß der Kalk auf ähnliche Weise auch bestimmte gleichzeitig anzutreffende eidetische Dispositionen beeinflußt, d. h. doch wohl, daß eine enge Beziehung zwischen beiden bestehen muß. Diese Beziehung erhellt ferner daraus, daß auch der Altersfortschritt ebenfalls einen entsprechenden Einfluß zugleich auf die genannten psychischen wie auf die somatischen Erscheinungen ausübt. Andere eidetische Erscheinungen von bestimmtem Typus erwiesen sich als Äquivalente bestimmter anderer somatischer Jugendeigentümlichkeiten, die im Gegensatz zu ersteren (optischen und somatischen) Eigenschaften sich gegenüber Calcium refraktär erwiesen, dagegen hochgradig anspruchsfähig auf psychische Reize und Einwirkungen waren. Alle Erscheinungen zusammen jedoch beeinflußt der Altersfortschritt in gleicher Weise und zwar im Sinne der Abschwächung. Im eidetischen Sehen verschiedenster Art haben wir mit anderen Worten eine Frühform vor uns, die wahrscheinlich auch bei primitiven Völkern[1]) und vielleicht auch bei höheren Tieren sich ähnlich wird nachweisen lassen, und die auf körperlichem Gebiete Parallelerscheinungen zeigt. Es handelt sich hier wohl um onto- und wahrscheinlich auch phylogenetisch tief verankerte und biologisch bedeutsame psychophysische Funktionen (vgl. Kap. VII, 2).

Nach den Untersuchungen des Anthropologen Klaatsch scheint die Vorzugsstellung des Menschen und der höheren Organismen in mancher Hinsicht darauf zu beruhen, daß sie sich ursprüngliches Besitztum bewahrten und nicht in einseitiger Anpassung verkümmern ließen[2]). Sieht man bei eidetischen Erwachsenen, welche Förderung sie unter Umständen durch ihre eidetische Anlage erfahren können, so erscheint die Frage berechtigt, ob man nicht diese Anlagen innerhalb gewisser Grenzen pflegen und vor Verkümmerung bewahren sollte. Denn das Zurücktreten der eidetischen Anlage bei Erwachsenen mag durch den Umstand begünstigt sein, daß unsere Kultur das konkrete Vorstellen in einseitiger Weise zurückdrängt und das abstrakte befördert. Ließ sich doch bereits

[1]) Vgl. E. R. Jaensch (I), VII. Abschnitt: Die Völkerkunde und der eidetische Tatsachenkreis.

[2]) Vgl. Klaatsch, H.: Der Werdegang der Menschheit. Berlin 1920.

nachweisen, daß gewisse Eidetiker zu einer Übung und Verstärkung ihrer eidetischen Fähigkeit imstande sind. Auch zeigte sich bei den Erhebungen KROHS (a. a. O.), daß Kinder von Vätern mit Berufen, die stark mit visuellen und konkreten Dingen arbeiten müssen, häufiger AB besitzen als solche von Vätern mit Berufen mehr unanschaulicher Betätigungsrichtung. Es zeigte sich also einerseits eine gewisse Erblichkeit, anderseits verdient der Umstand Beachtung, daß dort, wo die Väter sich mit konkreten Dingen befassen, auch die Kinder die eidetische Anlage in stärkerem Grade zeigen. Im Schaffen der Dichter ließ sich das Mitwirken der eidetischen Anlage ebenfalls nachweisen[1]).

Auch bei erwachsenen Eidetikern konnten wir die somatischen Parallelerscheinungen dieser Anlage nachweisen. Sie bestehen in einer bestimmt gearteten Übererregbarkeit des gesamten Nervensystems, wie sie ähnlich auch in der kindlichen und der jugendlichen Psyche entsprechend zum Ausdruck kommt. Ähnliche Erscheinungen treten uns aber auch bei Künstlern und Dichtern oft entgegen. Solchen eignet bekanntermaßen oft eine große Sensibilität und Impressionabilität, zuweilen verbunden mit Reizbarkeit, Labilität und Impulsivität. Manches spricht daher dafür, daß vor allem eidetische Künstler und Dichter in ihrer psychophysischen Konstitution die Erhaltung bestimmter, im allgemeinen nur der eidetischen Jugendphase eigentümlicher, psychischer und darum auch somatischer Charaktere erkennen lassen. Es liegt also die Vermutung nahe, daß die Künstler recht haben mit ihrer oft geäußerten Behauptung, daß die künstlerische Anlage die Erhaltung eines Jugendtypus voraussetzt[2]). Es besitzt daher vielleicht eine tiefe Begründung psychophysischer Natur, wenn solche Individuen häufig auch ein besonders jugendliches Aussehen selbst noch in vorgerückterem Lebensalter darbieten. Als Beleg hierfür bringen wir ein Bild des Eidetikers GOETHE aus seinem 42. Lebensjahr (Abb. 1).

Aber auch für die normalen Wahrnehmungsvorgänge der Erwachsenen ist die Tatsache ausschlaggebend, daß sich unsere Wahrnehmungen auf dem Wege über die eidetische Jugendphase ausgebildet haben; denn die *Produkte* dieser eidetischen Phase finden sich auch noch beim Sehakt der Erwachsenen. Hierzu gehört z. B. das Phänomen der scheinbaren Größe oder Sehgröße: die Tatsache, daß wir z. B. unsere Hand, die wir erst in einfacher, dann in doppelter Entfernung vom Auge halten, hierbei nicht entsprechend der Änderung des Netzhautbildes verkleinert sehen, sondern annähernd in gleicher Größe oder doch nur wenig verkleinert. Dies ist ein Erwerb der eidetischen Phase und erklärt sich aus den Gesetzmäßigkeiten, die in ihr die Wahrnehmungen beherrschen[3]).

Es konnte gezeigt werden (E. R. JAENSCH [I]), daß sich in der eidetischen Einheitsphase die Wahrnehmungen ganz ähnlich, *im Grenzfall gleich verhalten wie die AB*, diese aber wieder ganz ähnlich, *im Grenzfall gleich wie die VB*.

---

[1]) KROH, O.: „Eidetiker unter deutschen Dichtern.“ Zeitschr. f. Psychol. Bd. 85. — BRANDL, A.: „Zum dichterischen Vorstellungsleben bei Wordsworth.“ Sitzungsber. d. preuß. Akad. d. Wiss. 1922. BRANDL hält jedoch AB und VB nicht genügend auseinander. Schärfere Nachweise für die englische Literatur in Arbeiten von Schülern M. DEUTSCHBEINS. — JAENSCH, E. R.: Psychologie und Ästhetik, im Bericht über d. II. Kongreß f. Ästhetik. Berlin. Okt. 1924. Zeitschr. f. Ästhetik u. allgem. Kunstwissenschaft 1925.

[2]) Für die Dichter des deutschen und englischen Romantikerkreises betont dies auch M. DEUTSCHBEIN („Das Wesen des Romantischen.“ Cöthen 1921. S. 55). — Inzwischen ist der tatsächliche Nachweis in Untersuchungen des Marburger psychologischen Instituts an einem großen Material von künstlerisch und ästhetisch veranlagten Personen und Künstlern geführt worden.

[3]) E. R. JAENSCH (I): besonders XI. Abschnitt, FREILING, H.: Über die räumlichen Wahrnehmungen der Jugendlichen in der eidetischen Entwicklungsphase.

Nicht nur die Wahrnehmungen sind in dieser Phase den AB verwandt, sondern auch die Vorstellungen: in sehr ausgesprochenen Fällen werden die visuellen Vorstellungen, wenn die Vp. vor einen homogenen Schirm gesetzt wird, ganz von selbst zu AB, und eine Vp. von P. KRELLENBERG[1]) sagte geradezu: „Das Sehen der Bilder ist doch Denken". Nach Kalkzuführung kann es dann in kurzer Zeit dahin kommen, daß das Vorgestellte nicht mehr sofort zu einer Gesichtserscheinung wird, und daß entsprechend die drei Stufen VB, AB, NB erstmalig als deutlich verschiedene auseinandertreten, was auch z. B. in ihrem verschiedenen Größenverhalten beim Entfernen des Projektionsschirmes zum Ausdruck kommt.

Abb. 1. Goethe im 42. Lebensjahre.
Nach der Kreidezeichnung von Joh. Heinrich LIPS 1791. (Original im Freien Deutschen Hochstift zu Frankfurt a. M.)

Auch zwischen dem Verhalten der Wahrnehmungen, Vorstellungen und AB besteht hier also noch kein scharfer Unterschied. Alle drei zeigen ganz ähnliche, in ausgeprägten Fällen dieser Art identische Züge wie die AB. Erst später erfolgt bei diesen Individuen die Aufspaltung der originären eidetischen Einheit der AB in Wahrnehmungen und Vorstellungen, die nun ein untereinander und von den AB verschiedenes Verhalten zeigen. Diese Herausdifferenzierung der Wahrnehmungs- und Vorstellungswelt aus der „originären eidetischen Einheit" läßt sich durch eine Figur darstellen, in der die Wahrnehmungen und die Vorstellungen als getrennte Äste aus den Gesichtsphänomenen der ursprünglichen eidetischen Einheit als einem gemeinsamen Grundstamme herauswachsen[2]). In der eidetischen „Einheitsphase" zeigen also die Wahrnehmungen, Vorstellungen, Anschauungs-

[1]) E. R. JAENSCH (I), V. Abschnitt: KRELLENBERG, P.: Über die Herausdifferenzierung der Wahrnehmungs- und Vorstellungswelt aus der originären eidetischen Einheit.
[2]) Vgl. hierzu Fig. 4 bei JAENSCH, E. R., im Bericht über den VII. Kongreß f. experim. Psychologie in Marburg 1921, S. 23. Fischer, Jena, 1922.

bilder und Nachbilder noch ein ganz ähnliches, im Grenzfall genau übereinstimmendes Verhalten[1]).

Die wahrgenommenen Dinge verhalten sich hier also noch ganz ähnlich wie die vorgestellten. Nun stellt man sich aber, wie schon einfache Selbstbeobachtung lehrt, im allgemeinen vor, daß ein sich entfernender Gegenstand seine Größe ganz oder annähernd beibehält. In der eidetischen Einheitsphase, wo die Wahrnehmungen ein noch ganz entsprechendes Verhalten wie die Vorstellungen zeigen[2]), erscheint somit ein sich entfernender Gegenstand annähernd größenkonstant. Als ein Ergebnis dieser eidetischen Einheitsphase bleibt die sogenannte „angenäherte Größenkonstanz der Sehdinge" zurück. In dieser Frühphase des Sehens sind die Wahrnehmungsgegenstände bei Entfernung immer „annähernd größenkonstant" gesehen worden; infolgedessen verhält es sich auch weiterhin so, wenn sich die ursprüngliche eidetische Einheit dann in Wahrnehmungs- und Vorstellungswelt aufspaltet. Wenn sich auch diese Entwicklungsphase des eidetischen Einheitstypus nicht mehr bei allen Individuen der Kulturmenschheit nachweisen läßt, so muß doch aus zwingenden Gründen angenommen werden, daß sie auf primitiven Entwicklungsstufen allgemein verbreitet war[3]). Wenn also auch in manchen, vielleicht in zahlreichen Fällen die ausgebildete Wahrnehmungswelt nicht nachweislich auf Dispositionen zurückgeführt werden kann, die im individuellen Leben erworben wurden, so werden doch diese Dispositionen auch hier nicht fehlen, sondern von den Vorfahren gestiftet und von dem Individuum als eine fertige Funktionsanlage übernommen worden sein[4]).

[1]) Für das Nähere muß auf die erwähnte Arbeit von P. Krellenberg verwiesen werden. Der Vorgang der Herausdifferenzierung der Wahrnehmungen und Vorstellungen läßt sich bei zahlreichen Individuen, — eben bei dem von P. Krellenberg untersuchten E-Typus —, aufs beste verfolgen. Daß dies nicht mehr bei allen Individuen möglich ist, bildet keinen Einwand gegen die Annahme entsprechender Entwicklungsvorgänge auch in diesen Fällen. Denn es darf mit einer an Sicherheit grenzenden Wahrscheinlichkeit angenommen werden, daß die eidetische „Einheitsphase" bei Primitiven und in den Frühstadien der Menschheitsentwicklung unvergleichlich verbreiteter gewesen ist und nur mit fortschreitender Kultur an Verbreitung abgenommen hat (E. R. Jaensch), so daß vielen von uns die Herausdifferenzierung der Wahrnehmungs- und Vorstellungswelt aus der originären eidetischen Einheit schon als eine fertige Erbanlage zufällt und demgemäß als ein Besitz, den wir nicht erst im individuellen Leben zu erwerben brauchen. Ferner ist zu bedenken, daß die eidetische Einheitsphase ihre größte Verbreitung naturgemäß bei sehr jugendlichen Individuen haben wird, an denen sie aus methodischen Gründen nur schwer festgestellt werden kann, weil sich mit so jugendlichen Kindern nicht leicht arbeiten läßt. Neuere Untersuchungen (vor allem von L. Politt) an sehr Jugendlichen, mit denen sich aus besonderen Gründen, vor allem wegen gut entwickelter Intelligenz, besser arbeiten ließ, haben aber gezeigt, daß bei diesen sehr jugendlichen Individuen der für die eidetische Einheitsphase charakteristische Befund sehr verbreitet ist; somit darf selbst in denjenigen Fällen, in denen wir den Befund nicht erheben können, keinesfalls auf das Fehlen der für die Einheitsphase charakteristischen Erscheinungen geschlossen werden. Diese könnten vielmehr sehr wohl vorhanden gewesen sein und sich nur, da sie in einem zu frühen Alter aufgetreten waren, unserer Untersuchung entzogen haben.

[2]) Die anatomisch-entwicklungsgeschichtliche Erklärung für diese Frühform des Sehens gibt E. R. Jaensch (I), XIII. Abschnitt: „Wahrnehmungslehre und Biologie."

[3]) E. R. Jaensch (I), VII. Abschnitt: „Die Völkerkunde und der eidetische Tatsachenkreis."

[4]) Die Anschauung, daß die während des individuellen Lebens ausgeübten Funktionen zu vererbbaren Anlagen führen, vertritt E. Hering in seiner berühmten Rede über „Das Gedächtnis als eine allgemeine Funktion der organisierten Materie" (1870), ähnlich S. Exner auf Grund zahlreicher seither bekannt gewordenen Tatsachen und Versuche (Bemerkungen zur Frage nach der Vererbung erworbener psychischer Eigenschaften, im Bericht über den 4. Kongr. f. exp. Psychol. in Innsbruck. Leipzig 1911). — Ein klinisches Beispiel mag diese allgemein biologischen Tatbestände erläutern: es darf z. B. nach den neueren Untersuchungen an Schielenden als sichergestellt gelten, daß die sogenannten Netzhautraumwerte, d. h. die an die Reizung gewisser Netzhautstellen geknüpften räumlichen Erscheinungen, ein Ergebnis der Funktion sind. Wenn aber bei Schielenden durch die ab-

Daß die Wahrnehmungen überhaupt, und besonders hinsichtlich der scheinbaren Größe, ursprünglich ein ganz ähnliches Verhalten wie die AB zeigen, läßt sich experimentell leicht erweisen. Am besten läßt sich dieser allgemein gültige Tatbestand an Fällen demonstrieren, die nicht mehr im strengen Sinne dem eidetischen Einheitstypus angehören, aber ihm doch noch nahestehen. Man wählt dazu jene überall leicht aufzufindenden Fälle, wo das AB sich hinsichtlich der Größe nicht mehr ganz wie ein normales VB verhält, also nicht mehr, wie es in der Einheitsphase am häufigsten ist, bei Projektion in wachsende Entfernung an Größe konstant bleibt oder abnimmt, sondern bereits zunimmt, wie dies auch bei schon etwas älteren und schwächeren Eidetikern beinahe durchweg der Fall ist. Fast überall findet man aber unter diesen Individuen auch solche, die dem Einheitstyp insofern noch nahebleiben, als bei ihnen auch die Wahrnehmungen noch eine ähnliche Plastizität und Veränderlichkeit zeigen wie späterhin nur noch die AB, und wo darum auch die Wahrnehmungen durch experimentelle Versuchsumstände in ganz entsprechender Weise beeinflußt und abgeändert werden wie die AB. Untersucht man nämlich eine größere Anzahl von Individuen von mittelstarker oder stärkerer eidetischer Veranlagung, so findet man fast immer eine Anzahl, bei denen folgender Versuch gelingt:[1])

Man läßt zunächst eine Versuchsperson von mittelstarker oder stärkerer eidetischer Anlage ein auf einem homogenen Hintergrund (Projektionsschirm) aufgehängtes farbiges Pappquadrat aufmerksam betrachten. In vielen Fällen genügt einfache aufmerksame Betrachtung; in manchen ist zum Gelingen des nachfolgenden Versuchs die Instruktion erforderlich, das Objekt sei so zu betrachten, wie bei der Erzeugung eines AB. Hierauf rückt man den Schirm mitsamt dem Pappquadrat, — also ohne dieses abzunehmen —, allmählich in die Ferne. Bei einer gewissen und nicht gar zu seltenen Gattung jugendlicher Eidetiker erfährt hierbei das Beobachtungsobjekt, also das am Projektionsschirm angebrachte wirkliche Quadrat, eine scheinbare Vergrößerung während es in die Ferne rückt. Bringt man nämlich die Spitzen eines Zirkels nach der Weisung der Versuchsperson derart an die Ränder des gesehenen Quadrates heran, daß die Spitzen für die Wahrnehmung des Beobachters die Ränder genau zu berühren scheinen, dann ragen sie unter Umständen in Wirklichkeit weit über die Ränder des Pappquadrates hinaus, und um so weiter, je mehr wir den Schirm mit dem Quadrat in die Ferne rücken. Es mag ausdrücklich hervorgehoben werden, daß nicht etwa ungenaues Sehen infolge irgendwelcher Augenanomalien für diese immer wieder von neuem bestätigte Erscheinung verantwortlich ist; denn die überwiegende Mehrzahl der herangezogenen Versuchspersonen hatte normale Augen, manche zeigten eher eine etwas gesteigerte Sehschärfe. Die Erklärung durch ungenaues Sehen würde auch schon durch folgenden Gegenversuch hinfällig werden: bringt man die Zirkelspitzen jetzt an die wirklichen Ränder des Quadrates heran, so scheinen sie der erwähnten Gattung von Beobachtern nun im allgemeinen im Inneren des Quadrates zu liegen. Es kommt freilich auch der Fall vor, daß durch Anlegung der Zirkelspitzen an die wirklichen

---

norme Funktion anomale Netzhautraumwerte geschaffen sind, stellen sich nach der operativen Korrektur des Schielens die normalen Raumwerte, wie A. Bielschowsky bewies, mit überraschender Schnelligkeit her. Da sich im individuellen Leben hier nur die abnormen Funktionen betätigt haben, so kann das erstaunlich rasche Auftreten der normalen Raumwerte wohl nur auf ererbten Dispositionen beruhen; anderseits gibt es aber auch Nichtschielende mit abnormen Netzhautraumwerten (vgl. hierzu E. R. Jaensch (I), VIII. Abschnitt: Freiling, H. u. Jaensch, E. R.: Der Aufbau der räumlichen Wahrnehmungen).

[1]) H. Freiling und E. R. Jaensch haben solche Versuche an den verschiedensten Orten durchgeführt und das Ergebnis immer wieder bestätigt gefunden, ebenso neuerdings auch J. Wittmann in Kiel.

Ränder die Erscheinung plötzlich rückgängig gemacht wird, daß die Versuchsperson — oft deutlich merkbar — stutzt und, zuweilen mit sichtlichem Erstaunen, angibt, das Quadrat sei nun wieder kleiner geworden und die Spitzen berührten nun die Ränder.

Die wirklich zutreffende Erklärung der so auffälligen Erscheinungen ergibt sich aus entsprechenden Versuchen an Anschauungsbildern:

Man untersucht bei derselben Versuchsperson unter den gleichen Umständen die AB, indem man von dem farbigen Quadrat in der gewöhnlichen Weise ein AB einprägen läßt, das Quadrat dann wegnimmt, den Schirm in die Ferne rückt und das auf ihm erscheinende AB in den verschieden entfernten Stellungen des Projektionsschirmes ausmißt. Hatte sich vorhin bei der betreffenden Versuchsperson der Wahrnehmungsgegenstand vergrößert, während er in die Ferne rückte, so wird man mit Bestimmtheit finden, daß auch das AB bei Projektion in zunehmender Entfernung wächst[1]), daß sich mit anderen Worten die Wahrnehmungen wirklicher Gegenstände und AB in dem betreffenden Falle noch ähnlich verhalten.

Vielleicht wird noch der Einwand erhoben, daß die soeben gegebene Deutung nicht zwingend sei. Gerade der zuletzt erwähnte Versuch mit den AB, so könnte man denken, lege eine andere Auffassung nahe, nämlich die Deutung, daß es gar nicht das wirkliche Wahrnehmungsobjekt sei, welches eine Vergrößerung erfahre, daß sich vielmehr nur das Anschauungsbild vergrößere, aber infolge seiner besonders hochgradigen Deutlichkeit den Wahrnehmungsgegenstand verdecke und infolgedessen mit diesem vom Beobachter verwechselt werde. Allein diesem — allerdings naheliegenden — Einwand hat H. FREILING in seiner erwähnten Arbeit durch sorgfältige Versuche schon von vornherein vorgebeugt. Für das Nähere muß auf seine Darstellung verwiesen werden. Hier sei nur erwähnt, daß der Versuch auch mit solchen Eidetikern gelingt, die von dem Quadrat kein urbildmäßiges, sondern nur ein komplementär gefärbtes AB erhalten. Wenn sich dann das AB — wie zumeist — bei zunehmender Entfernung etwas stärker vergrößert als das wirkliche Quadrat, dann wird letzteres von dem AB überragt. Das wirkliche Quadrat erscheint hier inmitten des noch größeren, unter Umständen ganz anders gefärbten, nämlich komplementär gefärbten AB, und es ist somit in derartigen Fällen ganz ausgeschlossen, daß das AB mit dem wirklichen Quadrat verwechselt wurde[2]).

In der eidetischen Einheitsphase stehen aber nicht nur die Wahrnehmungen, sondern auch die Vorstellungen in ihrem Verhalten den AB nahe. Ist es doch hier etwas ganz Gewöhnliches, daß das Vorgestellte sofort zum Gesehenen wird. In dieser Einheitsphase tritt somit auch die enge Beziehung von AB und VB ganz unverkennbar in Erscheinung. Die Beziehung zwischen AB und VB ist in dieser Einheitsphase die engste, die es gibt, nämlich die der Gleichheit. Eine, wenn auch weniger enge Beziehung zwischen AB und VB besteht aber ganz allgemein und bleibt auch außerhalb oder jenseits der eidetischen Einheitsphase erhalten. Diese dauernde Beziehung zwischen AB und VB verrät sich einmal darin, daß die Vorstellungen im allgemeinen modifizierend und abändernd in die Anschauungsbilder eingreifen können; vor allem aber zeigt sie sich in der Strukturverwandtschaft der AB und VB bei demselben Individuum. So besitzt z. B. ein Individuum mit perseverierenden Bildern, die manchmal zwangsmäßig

[1]) Gewöhnlich — aber keineswegs immer — wird das Wachstum des Wahrnehmungsgegenstandes, entsprechend seiner schon etwas geringeren Plastizität, hinter dem Wachstum des AB etwas zurückbleiben.

[2]) Diese enge Verwandtschaft der Wahrnehmungen und Anschauungsbilder in der eidetischen Einheitsphase läßt sich nicht nur an dem hier erwähnten Beispiel der scheinbaren Größe dartun, sondern auch an anderen Wahrnehmungserscheinungen. Vgl. E. R. JAENSCH (I), besonders den X. Abschnitt über das Kovariantenphänomen.

auftreten, häufig auch perseverierende Vorstellungen und überhaupt einen Vorstellungsverlauf, der eine Neigung zum Haftenbleiben zeigt[1]). Bei Individuen mit sehr labilen und veränderlichen AB weisen dagegen auch die Vorstellungen ein entsprechendes Fließen und Fluktuieren auf. Wir besitzen also in der Beobachtung der AB eine Art Mikroskop für das Vorstellungsleben. Sie zeigen uns gewisse Eigenschaften der Vorstellungen in verdeutlichter, gleichsam vergrößerter Form. Die Fähigkeit, Vorstellungsbilder zu beschreiben, kann im allgemeinen nur durch psychologische Schulung erworben werden. Die Aufgabe, die die Beschreibung von Vorstellungen dem Beobachter stellt, ist schon für Erwachsene schwer und für Jugendliche im allgemeinen unlösbar. Die AB dagegen sind etwas Gesehenes, und Gesehenes zu beschreiben, darauf sind wir von früher Jugend an eingeübt und eingestellt. Feinere Anomalien des Vorstellungslebens, die nicht gerade zu abnormen Reaktionen und Handlungen führen, sondern sich nur der Selbstbeobachtung des betreffenden Individuums enthüllen könnten, werden unaufgedeckt bleiben, wenn die in Frage kommenden Individuen nicht gerade psychologisch geschulte Beobachter sind, — ein Fall, der so selten vorkommt, daß er hier außer Betracht bleiben kann. In den Schilderungen der AB aber, die uns unsere jugendlichen Beobachter geben, treten jene Eigentümlichkeiten unverkennbar zutage, wenn sie sich — wie gewöhnlich — in AB und VB in übereinstimmender Weise finden. So gelang es oftmals, feinere Besonderheiten des Vorstellungslebens, die sich sonst auf keine andere Weise hätten aufdecken lassen, auf dem Umweg über die AB zu enthüllen. Diese Befunde der eidetischen Untersuchungen sind aber nicht nur von psychiatrischem, sondern auch von innermedizinischem Interesse, da solchen Besonderheiten der AB auch somatische Besonderheiten entsprechen, die nicht nur klinisch bedeutsam sind, wie z. B. für ein etwa notwendig werdendes therapeutisches Vorgehen, sondern auch eine biologische Auffassung mancher Krankheitsbilder anzubahnen geeignet sind, daher auch zum tieferen Verständnis mancher pathologischer und normaler Erscheinungen führen können. Hierauf gehen wir später näher ein.

Da den verschiedenartigen eidetischen Typen auch verschiedene somatische Konstitutionstypen entsprechen, so finden wir in den AB zugleich diagnostische Hinweise auf besondere somatische Funktionseigentümlichkeiten des Gesamtorganismus, und zwar auch dort, wo sie manchmal mit den bisherigen klinischen Kriterien nicht erkennbar waren, da diese optischen Stigmen mitunter die einzigen Hinweise auf solche Konstitutionen darstellen[2]). Insofern es nun durch geeignete und bereits vorhandene Behandlungsmethoden gelingt, manchen pathologischen Auswüchsen solcher körperlichen und in ihrer Folge auch geistigen Besonderheiten wirksam entgegenzutreten, und insofern später vielleicht auch neue Behandlungsmöglichkeiten gefunden werden, wo heute unsere Therapie noch versagt, eröffnet sich ein weites Gebiet auch praktischer Medizin, das seine Rückwirkungen ebenso auf die Pädagogik, angewandte Psychologie und Psycho-

[1]) Auf diese Verhältnisse wiesen wir schon in unseren vorläufigen Mitteilungen (ab 1920, Lit. in der Einleitung, Anm. 1, S. 3) hin, ebenso wie auf die entsprechenden Verhältnisse bei anderen Typen.

[2]) Für die Psychologie der Zeugenaussagen, insbesondere Jugendlicher, dürfte es von Wichtigkeit sein, daß bei einzelnen Individuen die Anschauungsbilder und selbst Wahrnehmungen gegenüber dem Vorbild bestimmte Veränderungen und Fälschungen aufweisen können. Anderseits zeigt ein anderer Typus von AB (und demgemäß ebenfalls die Vorstellung, Wahrnehmung und Erinnerungsfähigkeit solcher Individuen) eine Starrheit und Treue der Wiedergabe objektiver Wahrnehmungsbestände, daß solche Individuen ganz besonders zuverlässig in ihren Angaben erscheinen. Auch pflegen sie, falls sie Eidetiker sind, oft Einzelheiten zu behalten, die andern entgehen, und die Treue der Wiedergabe solcher Einzelheiten, oft auch noch nach langer Zeit, kann besonders bei Jugendlichen manchmal geradezu überraschen (vgl. hierzu Fall 25, Kap. V C).

technik ausüben muß. Denn auch noch innerhalb der Wahrnehmungsvorgänge der Erwachsenen (also jenseits der E-Phase) und ebenso für ihre Vorstellungs- und Gedankenwelt kann es nach dem Vorhergesagten nicht gleichgültig und ohne Einfluß sein, daß sich Wahrnehmung, Vorstellung und darum auch die höheren Denkvorgänge aus eidetischen Einheitstypen herausdifferenziert haben, deren beherrschende Merkmale untereinander tiefgreifende Unterschiede aufweisen. Dies muß um so mehr der Fall sein, als es ja schon jetzt als erwiesen gelten muß, daß bestimmte Besonderheiten und Eigenschaften der gewöhnlichen Wahrnehmungen und Vorstellungen als ein Erwerb der eidetischen Einheitsphase anzusehen sind. Demgemäß steht mit an Sicherheit grenzender Wahrscheinlichkeit zu erwarten, daß, zumal im Falle ausgeprägter und reiner Sondertypen der eidetischen Phase, hier experimentell exakt nachweisbare Besonderheiten der eidetischen Grundstruktur alles höheren geistigen Geschehens bis zu gewissem Grade sich auch später noch (nach Aufspaltung und Abklingen der eidetischen Phase durch Entwicklung und Altersfortschritt) in Wahrnehmung, Vorstellung und selbst in den höchsten geistigen Schichten der betreffenden Persönlichkeit werden bemerkbar machen müssen. Denn diese höchsten geistigen und seelischen Vorgänge erwachsen ja organisch auf den niederen Schichten, denen die eidetische Grundstruktur in den Entwicklungsfrühphasen das Gepräge gibt. Wenn sich also in diesen letzteren Schichten gewisse scharf umreißbare Typen abgrenzen lassen, so müssen diese, sofern wir sie an Kindern und Jugendlichen feststellen können, wohl innerhalb gewisser Grenzen auch den Typus der Erwachsenen voraussagen lassen, die sich aus diesen Jugendlichen entwickeln. Da dieser Typus, wie wir zeigten, so zentrale Vorgänge wie Wahrnehmung und Vorstellung betrifft, Vorgänge, die weitgehend und beherrschend unser Verhalten zur Umwelt bestimmen, so erschiene es sehr wahrscheinlich, daß ein an Jugendlichen festgestellter Typus dieser ontogenetisch frühen Strukturen weitgehend das Wachsen und Werden auch höher organisierter Eigenschaften des Individuums bestimmt, und zwar sowohl in körperlicher als auch geistiger und bis zu gewissem Grade auch charakterlicher Hinsicht, selbst wenn nicht bereits der Nachweis gelungen wäre, daß die eidetische Einheitsphase die Wurzel ist, aus der sich verschiedene jener höheren geistigen und psychischen Vorgänge unmittelbar selbst entwickeln[1]). Wo nun aber in dieser eidetischen Einheitsphase pathologische Steigerungen und Auswüchse vorhanden sind, werden entsprechende Eigenschaften bis zu gewissem Grade auch in die späteren Entwicklungsstadien mit hinüber genommen werden. Es muß demgemäß von höchster Bedeutung sein, die psychophysischen Grundbedingungen der physiologischen eidetischen Einheitsphase kennen zu lernen und die Möglichkeiten ihrer pathologischen Veränderungen[2]). Gelingt es aber hier, im wachsenden Organismus, durch Kenntnis der pathologisch machenden Bedingungen rechtzeitig in geeigneter Weise einzugreifen, womöglich hier einen Mangel zu beheben, dort eine krankhafte Wucherung zu beschneiden, dann sind wir in der Lage, vielleicht auch in die höheren geistigen Schichten, Denk-, Vorstellungs- und wahrscheinlich sogar auch Willensprozesse in statu nascendi,

[1]) Anm. während des Druckes: Nach neueren Untersuchungen des Marburger psychologischen Instituts kann alles dies heute bereits als völlig erwiesen gelten.

[2]) Vgl. hierzu Kronfeld, A.: Psychotherapie. Berlin: Julius Springer 1924. S. 15: „Wenn wir biologisch-genetisches Denken zur Erklärung des Aufbaues der Charaktere ins Spiel bringen, so setzen wir an Stelle der beschreibenden Verfahrensweise . . . einzelgeschichtliche Psychologie, gleichsam psychologische Ontogenese . . . Zweitens aber haben wir zu erklären, welcher Art und Herkunft die vorausgesetzten einzelnen Charakterdispositionen sind, und wie sie sich jeweils zu den konkreten Charaktergrundlagen genetisch zusammenschließen. Mit dieser Fragestellung zielen wir aber bereits über die jeweilige Individualität hinaus; wir treiben Entwicklungspsychologie." — Diese Entwicklungsfragen werden in unserer Arbeit in Angriff genommen.

und darum um so wirksamer, korrigierend und prophylaktisch einzugreifen. Und dies wird um so eher möglich sein, als wir in der eidetischen Phase (nicht nur in der Einheitsphase) bemerken können, daß hier auch psychische Vorgänge noch viel enger als in späteren Entwicklungsstadien an somatische gekoppelt sind. Darum gelingt es hier leichter, auch von dieser Seite aus in ihr Getriebe einzugreifen und ihr Werden wahrscheinlich weitgehend in die Hand zu bekommen. Wie stark eine Persönlichkeit durch körperliche Umstände auch geistig, selbst noch im erwachsenen Alter, verändert werden kann, zeigen ja unsere Erfahrungen bei der Encephalitis lethargica immer deutlicher. Was hier in pathologischem Bereiche vorkommt, gilt aber bis zu gewissem Grade auch für das physiologische Werden einer Persönlichkeit und auch ihrer geistigen Eigenart, besonders gerade in den ontogenetisch frühen Strukturen: in weitgehendem Maße bestimmt sich ihr Wesen in verschiedenster Beziehung durch physiologische und auch pathologische Bedingungen körperlicher Vorgänge[1]).

Wir sprachen nun hier von bestimmten Typen, die sich in der eidetischen Phase ermitteln lassen, und bei denen durchgehende Charakterzüge sowohl ihren eidetischen wie ihren somatischen Eigenschaften zukommen. Es wird sich dabei zeigen, daß die somatischen Grundlagen beider Typen in jedem Individuum in der Anlage vorhanden sind; die eine kann in reinen Fällen die Oberhand haben: aus ihrem engsten und noch primitiven Zusammenwirken ergibt sich die eidetische Einheitsphase im Bereiche der optischen Sphäre. Da diese beiden Typenanlagen in gewisser Weise einen natürlichen Gegensatz, darum aber auch eine natürliche und vollkommene Ergänzung für einander darstellen, so wird es also darauf ankommen, sie in der Entwicklung richtig miteinander auszubalanzieren. Kennen wir ihre besondere Struktur, und zwar somatisch wie psychisch, so werden wir bei etwa möglichem therapeutischem Vorgehen in der Lage sein, von diesen beiden Seiten her richtig einzugreifen, wofern wir die somatischen Bedingungen und inneren funktionellen Zusammenhänge richtig erkennen und schon Mittel und Wege sehen, in diese Funktionen im Falle ihrer pathologischen Übersteigerung oder Unterfunktion therapeutisch einzugreifen. Auch wenn man ganz normale physiologische Verhältnisse in Betracht zieht, scheinen diese beiden großen „psychophysischen Komplexe“ [2]), die diesen Biotypen in jedem Organismus zugrunde liegen, miteinander in einer funktionellen Verknüpfung (mitunter auch in anatomischer gegenseitiger Durchdringung) zu stehen und in gewissem Umfange schon hier einem Dominanzwechsel zu unterliegen. Im Laufe der Entwicklung jenseits der eidetischen Einheitsphase und des eidetischen Alters überhaupt scheinen zwar meist, je nach dem vorherrschenden Typus, nur

[1]) In dem gleichen Sinne konnte deshalb F. H. LEWY neuerdings z. B. von der Motorik bemerken: „Man könnte also vielleicht mit einer gewissen Berechtigung sagen, ein Mensch wird und ist, wie er sich bewegt“ (LEWY, F. H.: Die Lehre vom Tonus und der Bewegung. Berlin: Julius Springer 1923).

[2]) Unter diesem Begriff soll von nun an die Gesamtheit aller psychophysischen Eigenschaften zusammengefaßt werden, die somatisch wie psychisch eine der später zu schildernden „Biotypen“ bestimmen. Sie bilden jeweils einen einheitlichen, innerlich zusammenhängenden „psychophysischen Funktionskomplex“ (Wirkungszusammenhang) und (vgl. Kap. VII, 2) nicht etwa nur einen zufällig zusammengeratenen, innerlich zusammenhangslosen „Symptomen“komplex, sondern einen inneren „Wesenszusammenhang“, da allen Erscheinungen eines solchen Funktionskomplexes, der einen einheitlichen Funktions- bzw. Reaktionstypus besitzt und an diesem erkennbar wird, eine gemeinsame somatische (entwicklungsgeschichtlich bestimmte) Grundlage zuzukommen scheint. Da beide Komplexe in einem gewissen Grade stets in jedem Organismus verwirklicht sind, gebrauchen wir für „Komplex“ manchmal auch den Ausdruck „Komponente“ (gemeint ist dabei Komponente des Gesamtorganismus, bzw. im engeren Sinne, wenn es sich nur um das Optische handelt, Komponente der eidetischen Erscheinungen). Es handelt sich zunächst um zwei übergreifende, vorläufig erfaßbare, große Funktionskomplexe und Wir-

bestimmte neue „biologisch-entwicklungsgeschichtliche Valenzen“ [1]) eben dieser genannten großen psychophysischen Komplexe in den Vordergrund zu treten und die eidetischen Beziehungen zur Umwelt (die eidetischen Valenzen oder Komponenten der betreffenden, jeweils genotypisch und individuell vorherrschenden psychophysischen Komplexe) in den Hintergrund zu drängen [2]). Nichtsdestoweniger kommt auch den neu hervortretenden biologischen Valenzen (den somatischen wie psychischen Äquivalente) jener verschiedenen psychophysischen Komplexe einer der beiden Typen zu, die beide in jedem Organismus parat liegen (vgl. u. S. 51, Anm. 1). Es kann aber auch ein Dominanzwechsel zwischen den psychophysischen Gesamtkomplexen ohne Rücksicht auf den jeweiligen, individuell vorherrschend angelegten Biotypus auftreten: d. h. es kann z. B. bei einem ausgesprochenen und genotypischen „B-Typus“ phänotypisch die „T-Komponente“ scharf hervortreten (meist pathologisch und zugleich der seltenere Fall); fast immer handelte es sich hierbei um genotypische „BT-Typen“ (s. u. Kap. II). Wenn wir demnach das Wesen dieser psychophysischen Komplexe und ihren Typus, ihre Psychophysiologie und -pathologie näher kennenzulernen imstande sind, so besitzen wir hierin einen Schlüssel zur Physiologie und Pathologie der Persönlichkeit überhaupt [3]). Denn diese Komplexe müssen nach dem Vorhergesagten die normalen Lebensäußerungen und den Typus des Individuums in vieler Hinsicht in beherrschender Weise bestimmen, letzten Endes aber auch seine Disposition zu gewissen Erkrankungen und ebenso die individuelle Färbung mancher Krankheiten.

---

kungszusammenhänge, deren weitere Aufspaltung der Zukunft überlassen bleiben muß. Ein Anfang hierzu ist von uns ebenfalls schon gemacht (vgl. z. B. Kap. VI).

[1]) Der „psychophysische Komplex“ setzt sich nach unserer Definition aus verschiedenen somatischen und psychischen Eigenschaften zusammen, die einer gemeinsamen organischen und funktionellen, entwicklungsgeschichtlich einheitlichen Grundlage entspringen. Diese Eigenschaften wollen wir als „psychophysische Valenzen“ (bzw. „Potenzen“) bezeichnen. In den aufeinanderfolgenden Entwicklungsstadien kann bald die eine, bald die andere dieser Valenzen stärker oder ausschließlicher hervortreten, ohne daß damit der für den zugrunde liegenden Typus charakteristische Komplex durchbrochen wird. Dem hier als „Typus“ bezeichneten Komplex ist verwandt der Begriff der „Vitalreihenketten“ bei F. Kraus, worunter dieser Autor ganz verschiedenartige, aber funktionell eng zusammengehörende, oft äußerlich ganz heterogen erscheinende Partialsysteme der menschlichen Individualperson (des Organismus) versteht. Die Bedeutung von „psychophysischem Komplex“ und seinen „biologisch-entwicklungsgeschichtlichen Valenzen“ in unserem Sinne geht aber über den engeren Sinn der Krausschen „Vitalreihenketten“ noch hinaus, da Kraus die Vitalreihenketten nur aus verschiedenen Organsystemen zusammengesetzt sein läßt, während wir auch innerhalb eines Organgebietes verschiedene, biologisch-entwicklungsgeschichtlich differente („phasenspezifische“) funktionelle Partialsysteme und Valenzen anzunehmen uns genötigt sehen.

[2]) E. R. Jaensch wird in einer späteren Veröffentlichung auf die hier besonderen Eigenschaften des Jünglingsalters zurückkommen. Diese setzen sich aber nach obigem in keiner Weise mit den hier nachzuweisenden Typen in Widerspruch. Es handelt sich hier z. B. darum, daß an Stelle der eidetischen Valenz jenseits der eidetischen Phase die affektiven sensitiven Valenzen des gleichen psychophysischen Komplexes allgemeiner die Oberhand gewinnen. Ähnlich verhält es sich mit den weiterhin erwähnten synästhetischen Valenzen bzw. gewissen Valenzen auch höherer und höchster „psychophysischer Funktionsschichten“ (Kap. VII, 2) unserer Biotypen (vgl. auch Kap. XII). —

Zu den Anmerkungen auf voriger und dieser Seite ist ausdrücklich hervorzuheben, daß die in ihnen zum Ausdruck kommende Auffassung des hier behandelten Erscheinungskreises in dieser Form erst gewonnen wurde, als wir nach Abschluß unserer Arbeit unser ganzes Material überblicken konnten. Unsere rein empirisch ermittelten Ergebnisse und unsere später zu beschreibenden Befunde eidetischer und psychophysischer Typen würden bestehen bleiben, auch wenn die hier erwähnten theoretischen Anschauungen grundsätzlich falsch wären oder im einzelnen widerlegt werden würden (näheres Kap. VII, 2).

[3]) Vgl. Wittmann, J.: Kieler Arbeiten zur Begabungsforschung Nr. 1, 58/59. Berlin 1922; ferner neuerdings: Derselbe: Über das Gedächtnis und den Aufbau der Funktionen. Arch. f. d. ges. Psychol. Bd. 45. 1923.

Auf diese Weise wird es vielleicht gelingen, einige Bausteine zu einer medizinischen Jugendkunde oder Jugendmedizin herbeizutragen, die die Vorbedingung darstellen dürfte zugleich für den Aufbau einer Pädagogik, die sich auch die medizinischen und psychologischen Grundlagen zunutze macht, ebenso auch einer prophylaktischen Medizin des Jugendalters (Kap. VII, 5). Zugleich wäre damit aber eine Grundlage gegeben, aus der auch die Psychologie und Psychophysiologie der Erwachsenen Vorteil ziehen kann.

Wir gehen nun dazu über, eine eingehende Charakterisierung der beiden schon jetzt ermittelten und hauptsächlichsten Eidetikertypen zu geben, die bei unseren Untersuchungen an Jugendlichen bisher abgegrenzt werden konnten.

Zweites Kapitel.

Die beiden eidetischen Haupttypen und die medizinischen Grundlagen der Untersuchung: Tetanie und Morb. Basedow, ihre Latenzzustände und unsre Typen: der T- und B-Typus.

Als Verf. seine Tätigkeit in dem Marburger Psychologischen Institut begann, waren ihm die Eindrücke der v. Bergmannschen Klinik, der in ihr herrschenden Denkweise und ihrer Problemstellungen[1]) noch in lebhafter Erinnerung. Dem kam die Einstellung von E. R. Jaensch entgegen, der schon seit langer Zeit auf das Zusammenwirken von Psychologie und Medizin hingearbeitet hatte[2]) und insbesondere der Vermutung Ausdruck gab, daß die Eidetiker mit ihrer offenbar gesteigerten optischen Erregbarkeit vielleicht jene umfassenderen Erregbarkeitszeichen besitzen könnten, die dem klinischen Krankheitsbilde der Tetanie eigen sind, da er immer den Gedanken hatte, es müßte versucht werden, die Fragen der normalen Charakterologie von den endokrinen Zustandsbildern her zu klären.

Dem nachgehend, fiel dem Verf. auf, daß eine Anzahl von Jungen mit besonders guten AB etwa das Aussehen jener Individuen darboten, die v. Bergmann, G. Katsch und K. Westphal[3]) als „vegetativ Stigmatisierte" zu bezeichnen pflegen. Zu den Merkmalen dieses Konstitutionstypus gehört u. a. eine Labilität des Pulses (respiratorische Arythmie bzw. Pulsus respiratorius), lebhafte Hautreflexe, ferner gewisse Augensymptome, mäßige Weite der Lidspalten, lebhafter Wechsel der Pupillenweite, das Schwimmende im Blick, also das sogenannte Glanzauge (F. Kraus), in stärkeren Fällen einhergehend schon mit einer leichten Protrusio bulbi, kurz, in gewissem Maße etwa das, was R. Stern, allerdings bei schon ausgeprägteren Fällen, als Basedowoid[4]) bezeichnet. Im Verfolg dieser Beobachtungen suchten wir dann zu weiteren Untersuchungen aus E. R. Jaenschs Protokollen Knaben heraus, die nach früheren Versuchen besonders auffallende, schon ans Pathologische grenzende AB gehabt hatten. Lag doch die Vermutung nahe, daß diese auch körperlich möglicherweise besonders ausgeprägte Eigentüm-

[1]) Vgl. hierzu v. Bergmann, G.: Seele und Körper in der inneren Medizin. Frankf. Univ.-Reden 1922.

[2]) Bereits in seiner ersten größeren Arbeit „Zur Analyse der Gesichtswahrnehmungen. Eine experimentelle Untersuchung nebst Anwendung auf die Pathologie des Sehens." Leipzig 1909.

[3]) v. Bergmann, G.: Münch. med. Wochenschr. Bd. 4. 1913; Zeitschr. f. d. ges. Neur. u. Psych., Ref. u. Erg. Bd. 7, 429. 1913. — Katsch, G. u. Westphal, K.: Mitt. a. d. Grenzgeb. d. Med. u. Chirurg. 1913.

[4]) Basedowoid = verkleinertes Zustandsbild der Basedowschen (Glotzaugen-) Krankheit, die sehr häufig vorwiegend auf einer Überfunktion der Schilddrüse (Hyperthyreose) beruht. Für jede spätere Erwähnung des ausgeprägten Morb. Basedow ist hervorzuheben, daß in diesem Zusammenhange in erster Linie stets seine sog. „neuropathische Form" gemeint ist. Alle diese Stigmen genannter Art sprechen hochgradig auf psychische Reize an.

lichkeiten darbieten würden. Hierbei stießen wir nun sogleich auch auf Fälle, die dem von E. R. JAENSCH erwarteten Konstitutionstyp näher standen. Ebenso traten bei gemeinsamer näherer Untersuchung auch Unterschiede in der Erscheinungsweise der AB bei den beiden Typen hervor, obwohl die eidetische Anlage, nach dem Grade ihrer Ausgeprägtheit, der Deutlichkeit und dem Detailreichtum der AB zu urteilen, gleich stark entwickelt war. Hatten wir bei den ersterwähnten Fällen mit guten AB so oft ein großes, lebhaftes, glänzendes Auge, jenes jugendliche „Strahlen" eines frischen, hellen und fröhlich-offenen Gesichtes bemerkt, dessen zarte, sammetartige Haut im raschen Farbenspiel, oft schon bei leiser Gemütserregung, einen schnellen Wechsel der Durchblutung zeigte, so fiel bei jener anderen Gruppe sogleich im ersten der körperlich näher untersuchten Fälle der mißmutige, verkniffene Ausdruck eines bleichen, fast welken Gesichtes auf, in dem ein Paar, unter den finster zusammengezogenen Brauen noch kleiner als in Wirklichkeit anmutende, unwillige, ja sorgenvolle Augen trüb und mißtrauisch dem Beobachter entgegenblickten. Krank im klinischen Sinne waren auch diese Knaben nicht; es waren gewöhnliche Schulbuben wie alle anderen.

Die eingehende Untersuchung zweier Knaben letzterer Art, deren hochgradige AB ebenfalls seit Jahren in der Beobachtung des Psychologischen Institutes standen, ergab nun in der Tat ein Facialisphänomen[1]) höchsten Grades, d. h. Zucken der mimischen Gesichtsmuskulatur beim Beklopfen des Gesichtsnerven (N. facialis), nach SCHULTZE schon durch bloßes Bestreichen der Wange mit dem Perkussionshammergriff auslösbar. Die Untersuchung der galvanischen Erregbarkeit der peripheren Nerven zeigte ferner das ERBsche Phänomen am N. ulnaris und N. peroneus, d. h. Übererregbarkeit der peripheren Nervenstämme auf galvanische Reizung, ferner eine Steigerung der mechanischen Erregbarkeit außer am N. facialis auch am N. ulnaris und an den Muskeln. TROUSSEAUsches Phänomen, d. i. Auftreten eines Krampfes in der Unterarm- und Handmuskulatur (sogenannte Geburtshelferstellung) nach längerem Druck auf den Oberarm durch Umschnürung, war in keinem Falle nachweisbar. Das Facialisphänomen (sogenannter „Chvostek") verschiedenen Grades, das ERBsche Phänomen der galvanischen und das SCHULTZEsche Phänomen der mechanischen Übererregbarkeit sind aber ebenso wie das TROUSSEAUsche Phänomen, — auch wenn sie sich nicht sämtlich vereinigt finden —, Hinweise auf einen sogenannten „tetanoiden Zustand" im Sinne von v. FRANKL-HOCHWART und ESCHERICH, d. h. in der Tat Zeichen „latenter Tetanie". Ein solcher „tetanoider Zustand" lag also hier wirklich vor. Der gleiche tetanoide Zustand zeigte sich auch bei dem andern Knaben, den wir zunächst zu dieser eingehenden körperlichen Untersuchung heranzogen. Bei der Anamnese ergab sich in dem einen Fall außerdem Laryngospasmus (Stimmritzenkrampf) in der Periode des Zahnens, und zwar auch bei den Geschwistern des Knabens; in dem anderen Falle zeigte sich auch bei älteren Geschwistern und der Mutter Facialisphänomen. Der Stimmritzenkrampf ist gleichfalls ein bekanntes Symptom der kindlichen Tetanie bzw. Spasmophilie.

Es lag nun nahe, diesen beiden Knaben Kalk zu verabreichen, eine Behandlungsform, die man in der Klinik bei Tetanie zunächst zu versuchen pflegt. Ein kaum erhoffter und überraschender Erfolg trat ein: die AB dieser beiden

[1]) D. i. ein Tetaniesymptom. Tetanie, auch Schusterkrampf genannt, ist eine mit Muskelkrämpfen, manchmal auch mit Bewußtseinsstörungen einhergehende Erkrankung, die sich auch im Stadium der Latenz (tetanoider Zustand) durch eine bei galvanischer und mechanischer Reizung zutage tretende Übererregbarkeit der motorischen und sensiblen Nerven verrät. Man nahm lange an, daß die Tetanie nur mit einer Unterfunktion der Nebenschilddrüsen (Epithelkörperchen) in Zusammenhang steht. Ihre kindliche Form wird „Spasmophilie" genannt. Es handelt sich um eine von psychischen Faktoren fast völlig unabhängige Stoffwechselanomalie, die als relative Calcium-Ionenverarmung gedeutet wird.

Knaben, die eine sie selbst fast beängstigende Stärke besaßen und manchmal durch keinerlei Willensanstrengung verdrängt werden konnten, die in $2^1/_2$-jähriger Institutsbeobachtung niemals ein Schwanken ihrer Intensität gezeigt hatten, verschwanden parallel und stufenweise mit den körperlichen tetanoiden Zeichen. Die galvanische Erregbarkeit wurde normal, das Facialisphänomen verschwand. Es ergab sich nun im Verlaufe der weiteren Beobachtung, daß diese Unterdrückung der AB, außerdem die Verkürzung der Dauer sowie der Intensität des physiologischen Nachbildes und die Normalisierung der galvanischen und mechanischen Erregbarkeit die unmittelbare Wirkung der Kalkzufuhr bei weitem überdauerte. Denn erst lange nach Absetzen der Kalkmedikation kehrten die optischen Erscheinungen sowie Zeichen der mechanischen und galvanischen Übererregbarkeit teilweise, und auch dann nur in abgeschwächter Form, wieder, die optischen Erscheinungen insbesondere traten in alter Stärke überhaupt nicht wieder auf. Nur rudimentäre Reste blieben später noch nachweisbar[1]).

Es erhob sich nun die Frage, ob der durch die Kalkwirkung aufgedeckte Zusammenhang der optischen und somatischen Erscheinungen ein regelmäßiger sein würde.

Der weitere Weg war vorgezeichnet: bei genauer Untersuchung eines großen Materials mußte sich zeigen, ob diese Wechselbeziehungen zwischen somatischen und optischen Eigentümlichkeiten sich auch hier bestätigten. Dabei kam es nach den ersten Untersuchungsergebnissen vor allem auf die Beachtung zweier großer Symptomenkomplexe an, des „tetanoiden“ und des „basedowoiden“. Insbesondere waren auch die optischen Eigentümlichkeiten der den beiden Typen zugehörigen AB zu analysieren. Im Falle der tetanoiden Konstitution war die Reaktion auf Kalk ein wertvoller Hinweis, besonders wichtig, wenn die Ansicht CURSCHMANNS zutrifft, daß der positiven Kalkreaktion sogar ein diagnostischer Wert zukommt; denn es konnte keinem Zweifel unterliegen, daß den vorn an zweiter Stelle geschilderten Fällen ein tetanoider Zustand im Sinne von V. FRANKL-HOCHWART und ESCHERICH zugrunde lag. Da optische und somatische Erscheinungen auf Kalkzuführung ein paralleles Zurückgehen zeigten, war ein innerer Zusammenhang beider Stigmenkomplexe wahrscheinlich.

Der andere der zuerst aufgefallenen Eidetikertypen hatte basedowoide Eigenschaften besessen. Somit erhob sich die Frage, ob ein Zusammenhang der eidetischen sowohl mit der tetanoiden als auch mit der basedowoiden Konstitution bestünde. Dies war angesichts unserer Fälle von vornherein nicht unwahrscheinlich. Schon FALTA und CAHN hatten 1911 über die Beteiligung des vegetativen Nervensystems bei Tetanie und eine hierbei oft gleichzeitig zutage tretende „Hyperthyreose“ berichtet. ASCHENHEIM[2]) betonte in neuerer Zeit ebenfalls die noch zu wenig beachtete Beteiligung des vegetativen Nervensystems bei Tetanie. Schon diese Beobachtungen früherer Autoren weisen darauf hin, daß basedowoider

[1]) Daß die optischen Erscheinungen als feinstes Reagenz bei Kalkzufuhr zuerst verschwanden und zuletzt wiederkehrten, was widerspruchsvoll erscheint, erklärt sich so, daß es sich, wie wir noch sehen werden, keinesfalls um einen einfachen Kalkmangel handelt, sondern um komplizierte Ionenverhältnisse, wobei die Nachwirkung von hier künstlich erzeugten Veränderungen in dem besonders empfindlichen Zentralorgan andere Verhältnisse schaffen dürfte als innerhalb der mehr peripheren Nervengebiete. Im übrigen sei gegenüber mannigfachen Anfragen und auch Mißverständlichkeiten ausdrücklich hervorgehoben, daß wir unter der Calciumwirkung auf die optischen Phänomene, z. B. ihre „Auslöschung“, stets nur diejenigen Wirkungen verstanden haben, die bei bestimmten einheitlichen experimentellen Versuchsbedingungen bemerkbar werden, freilich aber dann mitunter zugleich auch im subjektiven Befinden hervortreten können (siehe Kap. V. C.).

[2]) ASCHENHEIM: Ergebn. d. inn. Med. u. Kinderheilk. 1918.

und tetanoider Zustand nicht notwendig beziehungslos nebeneinander hergehen. Durch ihre gemeinsame Koppelung mit der eidetischen Anlage wird der Gedanke einer Beziehung dieser beiden Zustände von neuem nahegerückt. Eine solche Beziehung ließ sich auch unmittelbar feststellen. In der Tat nämlich wiesen die von uns vorn zuerst erwähnten „vegetativ stigmatisierten“ Eidetiker bei einer darauf gerichteten Untersuchung in der Mehrzahl gleichzeitig auch Zeichen eines tetanoiden Zustandes auf. Wir fanden unter den Eidetikern aber auch „vegetativ Stigmatisierte“, bei denen vom tetanoiden Erscheinungskomplex keine Spur vorhanden war, ebenso Fälle, die ausschließlich das tetanoide Zustandsbild darboten.

Es ergab sich nun, daß die AB dieser körperlich so verschiedenen Fälle bei näherem Zusehen ebenfalls wesentlich verschiedene Charaktere hatten, die naturgemäß am deutlichsten bei den reinen Typen hervortraten. Erneut ist der Umstand hervorzuheben, daß zu solchen vergleichenden Feststellungen an den optischen Erscheinungen Fälle gleichstarker eidetischer Phänomene herangezogen wurden. Zweitens zeigte sich bei der Kalkdarreichung, daß neben den somatischen auch die optischen Erscheinungen der tetanoiden Eidetiker mehr oder weniger vollständig zurückgingen, daß sich hingegen die AB wie auch die somatischen Erscheinungen der basedowoiden Fälle regelmäßig refraktär mindestens gegen die gleichen Dosen Calcium verhielten, und zwar entgegen unserer Erwartung. Ja, in einzelnen Mischfällen bewirkte die Kalkzuführung eine reinliche Scheidung beider Komplexe: die tetanoiden Stigmen wurden durch den Kalk unterdrückt, die basedowoiden Stigmen blieben bestehen, insbesondere auch das AB, wenn es die Merkmale zeigte, die wir auch in den rein basedowoiden Fällen angetroffen hatten.

Die für die beiden Typen charakteristischen Merkmale der AB bestehen, kurz gesagt, darin, daß die tetanoiden AB ihrem Verhalten nach den physiologischen NB näher stehen, während die basedowoiden den VB in ihrem Verhalten in hohem Grade nahekommen. Beide Arten von AB aber werden im buchstäblichen Sinne gesehen und unterscheiden sich daher auch im Falle des basedowoiden Typus streng von reinen VB. Neben den AB fiel auf, daß auch die NB, besonders bei den tetanoiden Fällen, eine Verlängerung ihrer Dauer und Steigerung ihrer Intensität zeigten. Diese Verlängerung und Verstärkung der Erscheinungsweise des physiologischen Nachbildes war oft auch noch in solchen Fällen nachweisbar, in denen eigentliche optische AB nicht vorlagen. Es wurde aber im I. Kapitel gesagt, daß man schon die Verlängerung der Dauer der physiologischen NB als einen ersten und niedersten Grad der eidetischen Anlage ansprechen könne. Bei der Kalkdarreichung nun nahm auch die Dauer der physiologischen NB ab, parallel mit dem Rückgang der somatischen Erscheinungen und der AB. Hieraus konnte man auf Zugehörigkeit auch des gesteigerten reinen NB zum tetanoiden Komplex schließen. Klarer noch zeigte sich diese Zugehörigkeit der reinen NB von verlängerter Nachdauer und größerer Intensität in einzelnen Mischfällen. In solchen Mischfällen setzt sich in den AB die basedowoide Komponente, sofern sie überhaupt einigermaßen ausgeprägt ist, besonders leicht durch, sodaß diese Komponente in solchen Mischfällen dann den Charakter der AB zu bestimmen pflegt. In derartigen Fällen konnte nun mehrfach beobachtet werden, wie auf Kalkzuführung der ganze tetanoide Komplex auf somatischem Gebiet verschwand, von den optischen Erscheinungen dagegen nur die verlängerte Nachdauer und gesteigerte Intensität der physiologischen NB. Das gleichzeitig bestehende AB basedowoiden Charakters blieb dabei, zugleich mit den somatischen Stigmen basedowoider Natur, erhalten. Während also die eidetischen und somatischen Erscheinungen des „T-Komplexes“ auf Calcium ansprachen und demgemäß auf solche medikamentöse, chemisch-physiologische Einwirkung deutlich reagierten, — auf psychische Faktoren dagegen gar nicht oder nur relativ wenig ansprachen —, zeigte sich bei den eidetischen und somatischen Erscheinungen des „B-Komplexes" einheitlich hochgradigste Ansprechbarkeit auf psychische Faktoren jeder Art, aber im Gegensatz zu den Erscheinungen des T-Komplexes ein einheitlich refraktäres Verhalten gegen Calcium, also gegen eine chemisch-physiologische Einwirkung (s. S. 35, 36, Anm.).

Diese Beobachtungen legten es nahe, die beiden ineinander greifenden Erscheinungskreise als die Manifestation zweier großer, wohl in jedem Individuum enthaltener, aber manchmal allein dominierender Komplexe somatischer und optischer Stigmen zu betrachten. Obwohl vor der Prägung neuer Ausdrücke eine berechtigte Scheu besteht, wird es doch nötig, für jene beiden Komplexe zwei neue Termini einzuführen, um zum Ausdruck zu bringen, daß diese Erscheinungskomplexe zunächst ohne Beziehung zu klinischen Krankheitsbildern oder pathologischen Symptomenbildern, lediglich auf Grund der empirischen Feststellungen an unserem nichtklinischen Material aufgestellt sind. Wir nennen sie „T-, bzw. B-Typus", oder auch „T-, bzw. B-Komplex", wenn die Merkmalskomplexe rein, „BT-Typus", wenn sie miteinander vereinigt vorkommen. Hiermit soll gleichzeitig auch angedeutet werden, daß eine bestimmte pathologische Steigerung des einen Typus der tetanoide, der des anderen der basedowoide Zustand im klinischen Sinne ist. Daß zwischen diesen nichtklinischen und den klinischen Zustandsbildern gleitende Übergänge bestehen, werden wir später begründen können, und damit wird auch die vorgeschlagene Terminologie ihre tiefere Rechtfertigung erfahren.

Von den verschiedenen Symptomen der tetanoiden Konstitution ist nun bekannt, daß sie oft isoliert auftreten, also gegeneinander eine ziemlich große Selbständigkeit zeigen. Ganz Analoges gilt nach R. Stern auch von der basedowoiden Konstitution und ihren Stigmen. In ganz entsprechender Weise zeigte sich nun bei unseren nichtklinischen Typen, daß einzelne Kennzeichen auch isoliert, d. h. ohne Begleitung der übrigen vorkommen können. Insbesondere können auch die optischen Stigmen, das verlängerte und verstärkte NB und das ebenfalls zum T- bzw. zum B-Komplex gehörende AB, in dieser Weise selbständig auftreten. Die Zugehörigkeit zum T-Komplex ließ sich aber auch hier durch den positiven Erfolg der Kalkzuführung nachweisen. Anderseits konnten isoliert auftretende AB, nach der Art, wie wir sie bei den B-Typen vorgefunden hatten, durch Kalk nicht beeinflußt werden, wohl aber auf psychischem Wege. Allerdings blieb auch in vereinzelten Fällen des T-Typus die Reaktion auf Kalk aus; ebensowenig wie auf optischem Gebiet war aber dann auch bei galvanischer oder mechanischer Reizung der peripheren Nerven eine Veränderung nachweisbar. Es muß sich hier also wohl um tiefer verankerte Stoffwechselbesonderheiten gehandelt haben.

Die Untersuchungen ergaben nun, daß die Häufigkeit und die Ausgeprägtheit der genannten Merkmalskomplexe innerhalb einer bestimmten jugendlichen Altersstufe mit der Häufigkeit und der Ausgeprägtheit der AB einen weitgehenden Parallelismus zeigt; ebenso verläuft die Abnahme aller Erscheinungen jenseits des Pubertätsalters parallel. Ferner konnte aber auch bei erwachsenen Eidetikern der entsprechende somatische Stigmenkomplex nachgewiesen werden, während erwachsene Nichteidetiker im allgemeinen nur selten somatische Stigmen von der Art zeigen, wie sie sich bei ausgeprägten Eidetikern oder latenten Eidetikern[1]) finden, während sich diese Stigmen auch bei Erwachsenen im allgemeinen sofort

[1]) Von solchen kann man dort reden, wo die eidetische Anlage nicht schon beim gewöhnlichen, einfachsten Prüfungsverfahren auf AB in Erscheinung tritt, sondern sich erst bei Anwendung besonderer Untersuchungsmethoden (siehe Kap. IV) an Licht ziehen läßt.

wieder zeigen, wenn sie eine ausgeprägte oder latente eidetische Anlage erkennen lassen. Insbesondere ließ sich der innere Zusammenhang zwischen optischen und somatischen Stigmen auch bei T-Typen Erwachsener durch den gleichsinnigen Erfolg der Kalkzuführung nachweisen, während sich die AB vom B-Typ auch hier wieder refraktär verhielten, dagegen psychischer Beeinflussung (durch Vorstellungs- und Willensakte der Versuchsperson) zugänglich waren.

Nur die exakte experimentelle und klinische Untersuchung liefert eine sichere Grundlage für die Abgrenzung von Konstitutionstypen, und bildete darum auch für uns den hauptsächlichen, nie aus dem Auge verlorenen Ausgangspunkt. Aber nachdem wir eine große Zahl von Fällen in dieser Weise untersucht hatten, ergab der Überblick über das gesamte Material, daß für die Kennzeichnung von T- und B-Typen, auch in Beziehung auf die optischen Erscheinungen, schon der gesamte Persönlichkeitseindruck in ziemlich ausschlaggebender Weise maßgebend ist, der besonders in der Physiognomie, der Mimik, vor allem aber in der Art der Augen bemerkbar wird. Beim T-Typ allerdings zeigt sich das für ihn charakteristische mimische Bild („Tetaniegesicht") seltener in ausgeprägter Form als beim B-Typus das ihm zugehörige Physiognomiebild. Während die mimischen Zeichen des eigentlichen Tetaniegesichtes nur besonders hochgradigen Fällen des T-Typus und Mischfällen mit starker T-Komponente eigen sind, unterscheidet die Art der Augen den reinen T-Typus in jedem Falle vom B-Typus und seinen Mischfällen, auch wenn die positiven Merkmale der Augen des T-Typus nur schwächer angedeutet sind. Jene Augen sind in bestimmter, später näher zu charakterisierender Weise anders wie beim B-Typus; meist sind sie kleiner und ihr natürlicher Glanz ist matter. Hierzu sei bemerkt, daß wir als T- bzw. B-Typen kurz auch solche Individuen bezeichnen, bei denen, unbeschadet des Vorhandenseins der anderen Komponente, die T- oder B-Komponente besonders überwiegt und sich bemerkbar macht. Die nebenher bestehende, mehr in den Hintergrund tretende Begleitkomponente kann dann durch Anfügung eines Index bei der Bezeichnung B- bzw. T-Typus zum Ausdruck gebracht werden. Es kann also in solchen Fällen von T_B- oder B_T-Typus gesprochen werden; reine T- bzw. B-Typen haben wir dagegen immer als solche besonders bezeichnet.

Aber nicht nur nach der Art ihrer somatischen und optischen Erscheinungen unterscheiden sich die B- oder T-Typen bzw. ihre nach der einen oder anderen Seite überwiegenden Mischformen, sondern auch in ihrem Vorstellungsleben, und somit auch auf eigentlich psychischem Gebiet, wie schon in Kap. I angedeutet wurde und später noch ausführlicher dargetan werden soll (vgl. S. 51, Anm. 1).

Weiterhin zeigen die beiden Typen manchmal gewisse Begleiterscheinungen, die nicht notwendig zu ihrer Charakterisierung gehören, sie aber, besonders die ans Pathologische grenzenden Fälle, häufig begleiten. Wir nennen sie „Akzidentien". Diese Akzidentien bilden mitunter in schon pathologischen Fällen eine gewisse Belästigung der Eidetiker, und mitunter ist das optische Stigma der einzige Hinweis, der einen Rückschluß auf die Natur der Klagen solcher Individuen zuläßt. Geeignete Behandlung[1]), zu der das optische Stigma in solchen Fällen mitunter sogar allein den Weg weist, kann unter Umständen zu einer Beseitigung auch dieser Akzidentien führen, die zu den Klagen der betreffenden Individuen Anlaß gaben.

Zusammenfassend ist also zu sagen, daß die eidetische Anlage im allgemeinen von zwei in ihrer Erscheinungsweise verschiedenen, aber doch sehr eng verkoppelten somatischen Symptomenkomplexen begleitet ist, den Konstitutionseigentümlichkeiten tetanoiden (T-) und basedowoiden (B-) Charakters. Beide

[1]) Hier kommt neben der Kalkzufuhr u. a. die ganze in der Klinik jetzt übliche Therapie der Tetanie und Spasmophilie, ebenso die des M. Basedow in Frage (vgl. Kap. VII, 5).

scheinen in jedem Organismus vorhanden zu sein. Die reinen Typen würden sich daher durch ein Dominieren des einen Symptomenkomplexes auszeichnen. Hierbei soll zunächst dahingestellt bleiben, ob beide Erscheinungskreise — vielleicht je nach dem örtlich (rassemäßig, genotypisch) vorwaltenden Typus — auf eine gleichartige Stoffwechselverschiebung zurückgehen[1]), die sich nur an verschiedenen Organsystemen (peripheren, zerebralen und autonom-vegetativen Nervensystem) und darum in verschiedener Weise manifestiert[2]), oder ob beide in ihrem Ursprung voneinander mehr oder weniger unabhängig bzw. erst durch Zwischenglieder miteinander verbunden sind[3]).

Jedenfalls muß man aber, solange man sich an die unmittelbare Beobachtung hält, bei unsern Eidetikern diese zwei getrennten Formen aufstellen. Aus ihrer gegenseitigen Verkoppelung und Wechselwirkung und der jeweiligen Präponderanz[4]) des einen Typus werden die in den Untersuchungen zutage tretenden Phänomene verständlich; ferner konnten auch reine Typen nachgewiesen werden. Gemäß ihrer Zugehörigkeit zu dem einen oder anderen Stigmenkomplex ist der Charakter der AB ein verschiedener, ebenso ihre Reaktion auf Kalk bzw. auf psychische Einflüsse. Die basedowoiden AB verhalten sich dem Kalk gegenüber refraktär, nicht aber gegen psychische Einflüsse, während die tetanoiden AB, genau wie die verlängerte Dauer und die Intensität der reinen NB, auf Kalkzufuhr im allgemeinen einen Rückgang zeigen oder ganz verschwinden und psychischen Einflüssen sehr viel weniger als die basedowoiden AB unterliegen. In entsprechender Weise verhält sich auch Charakter und spezifische Reaktionsart der äquivalenten somatischen Stigmen und Erscheinungen. Es erscheint nun schon aus der bekannten Wechselwirkung der endokrinen Drüsen verständlich, daß der Mischtypus vom BT-Charakter der häufigste unter den Eidetikertypen ist. Abgesehen davon lehrt ja auch die sonstige klinische Erfahrung, daß typische Bilder von einheitlichen Zuständen der krankhaften oder gesunden Konstitution überhaupt sozusagen Raritäten sind, und Mischfälle oder irgendwie überlagerte Zustände das weitaus Häufigere. Die wesentliche Aufgabe einer Typisierung besteht eben immer in der Erkennung und dem Nachweis der zusammenwirkenden Erscheinungskomplexe (psychophysisch-biologischer Wirkungszusammenhänge), wobei immer von den reinen Typen ausgegangen werden muß, in denen eine solche Vermischung verschiedenartiger, in sich geschlossener Erscheinungsreihen nicht beobachtet wird[5]).

---

[1]) Nach Eppinger findet sich an Orten mit gehäuftem Auftreten von Basedow auch ein gehäuftes Autreten von Tetanie. Es läge daher nahe, in diesem Zusammentreffen die Auswirkung ein und desselben, je nach dem vorwaltenden Typus an verschiedenen Organsystemen angreifenden Faktors zu sehen, dem eine einheitliche vielleicht geophysich bedingte Besonderheit (vgl. später Kap. VII, 3, 5) zugrunde liegen könnte. Das bekannteste Beispiel eines solchen gemeinsamen gehäuften Auftretens von Basedow und Tetanie ist die Stadt Wien.

[2]) Aschenheim vertritt (a. a. O.) mit vielen anderen Autoren die Ansicht, daß es kein Gebiet des gesamten Nervensystems gibt, an dem die Tetanie sich nicht auswirken könne.

[3]) Diesem Falle könnte schon die Ansicht teilweise entsprechen, die in der Tetanie und dem Basedowoid bzw. dem Morbus Basedow eine pluriglanduläre Störung erblickt, d. h. eine Störung mehrerer Drüsen der inneren Sekretion, die ja alle miteinander in Beziehung stehen, sich gegenseitig beeinflussen, und auch zentralen nervösen Regulierungen unterliegen, wie vor allem die neueren Erfahrungen bei Encephalitis erwiesen haben (vgl. auch F. H. Lewys „vegetative Zentren" a. a. O.).

[4]) Hier ist im Laufe der Jahre wahrscheinlich auch individuell ein Dominanzwechsel möglich; vgl. hierzu Bondi: „Konstitution und Konvariabilität." Klin. Wochenschr. 1923.

[5]) Daß es sich in der Psychologie, auch in der des höchsten geistigen Lebens, ähnlich verhält, geht aus dem bedeutsamen Werke von E. Spranger, „Lebensformen" (3. Aufl. 1922) hervor. Auch Spranger betont die besondere Häufigkeit der Mischfälle in dem von ihm geschilderten Erscheinungskreis, hält es aber gleichwohl für erforderlich, von den reinen Typen auszugehen und sie der Orientierung zugrunde zu legen.

Zur Vermeidung von Mißverständnissen sei hier nochmals betont, daß wir im Laufe unserer Darstellung mit gebräuchlichen Ausdrücken der Klinik, wie „tetanoid", „basedowoid", „Übererregbarkeit", „Hypo-" bzw. „Hyperfunktion" nie Krankhaftes bezeichnen, wenn dies nicht ausdrücklich erwähnt wird. Meist werden wir es auch, um diesem Mißverständnis noch sicherer vorzubeugen, vorziehen, für „tetanoider" bzw. für „basedowoider" Typus die Ausdrücke „T"- bzw. „B-Typus" zu gebrauchen. Es mag sein, daß später einmal die klinischen Begriffe des tetanoiden bzw. basedowoiden Zustandsbildes tiefer aufgeklärt und vielleicht sogar einer weiteren Aufspaltung zugeführt werden (vgl. hierzu auch Kap. VI und VII). Das spielt indessen für diese Untersuchung und die Benennung unserer Typen keine Rolle. Was der Aufstellung des B- und T-Typus in diesen Zusammenhängen Berechtigung gibt, ist, daß ihre Abgrenzung uns zunächst einmal einen verwickelten Erscheinungskreis verständlich macht, und daß sich diese Einteilung auch praktisch, ja selbst in weitem Umfang therapeutisch bewährt. Die Typen sind mit anderen Worten rein erfahrungsmäßig aufgestellt. Sie fassen nur Beobachtungstatsachen zusammen, die in enger Korrelation miteinander auftreten, und sind darum von allen theoretischen Deutungen und Erklärungen unabhängig. Man könnte die rein erfahrungsmäßig ermittelten Typen sogar mit ganz indifferenten Namen oder Buchstaben bezeichnen, die an klinische Zustandsbezeichnungen gar nicht anklingen. Daß wir den Zusammenhang mit klinischen Zustandsbildern schon in den Bezeichnungen zum Ausdruck bringen, geschieht lediglich aus Zweckmäßigkeitsgründen, nämlich mit Rücksicht auf das auch klinische Interesse jener an sich normalen Konstitutionstypen.

Ein Schema (Abb. 2) mache diese Wechselbeziehungen von optischen und somatischen Stigmen der Eidetiker und ihre gegenseitige Abhängigkeit im Organismus verständlicher:

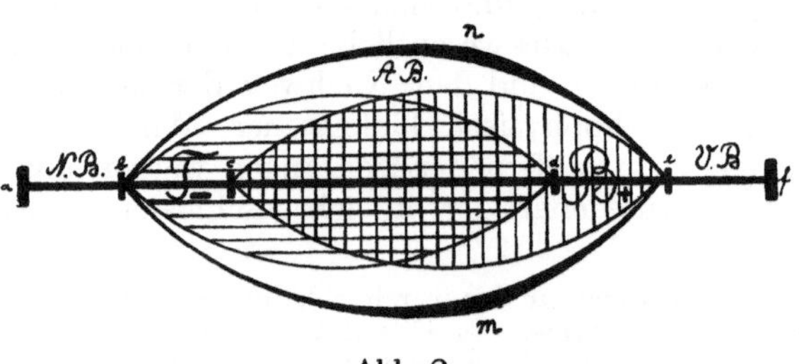

Abb. 2.

Nach E. R. Jaensch bilden NB, AB und VB eine aufsteigende Reihe von Gedächtnisstufen mit dem reinen NB als unterster, dem reinen VB als oberster Stufe. Zwischen beiden steht in fließenden Übergängen das AB, bald dem NB, bald dem VB in seinem Verhalten näher stehend. Auf der horizontalen Geraden a—f ist die Reihe dieser Gedächtnisstufen, von a nach f aufsteigend, eingetragen. Die verhältnismäßig kleinen Bereiche a—b bzw. e—f umfassen das reine NB und das reine VB. Der ausgedehnte Bereich b—e bezeichnet das in seinem Verhalten in der Mitte zwischen NB und VB stehende AB. Für das NB und das VB mußte ebenfalls je ein kleiner Bereich und nicht nur etwa ein Punkt angesetzt werden, weil es wegen des gleitenden Überganges innerhalb der ganzen Reihe der Gedächtnisstufen auch verschiedene Arten von NB und VB gibt: NB, die ihrem Verhalten nach den AB näher oder ferner stehen, und ebenso VB, die den AB entfernter sind oder näher kommen. Allerdings ist der Unterschied der NB, ebenso wie der der VB, nicht so groß als der Unterschied der verschiedenen AB, was im Schema darin zum Ausdruck kommt, daß die Strecken a—b und e—f kurz sind im Vergleich zu der Strecke b—e. In demBereiche der AB stehen die nach links gelegenen Stufen, z. B. b—c, den NB, die rechts gelegenen Stufen, z. B. d—e, in ihrem Verhalten den VB näher, obwohl alle im buchstäblichen Sinne gesehen werden, während die VB nicht gesehen, sondern nur vorgestellt werden.

Die Untersuchungen hatten ergeben, daß als somatische Äquivalente der gesteigerten NB und der nachbildnahen, starreren, psychisch wenig, durch Calcium dagegen gut beeinflußbaren AB ein tetanoider Komplex körperlicher Stigmen nachweisbar war. Umgekehrt hatten die vorstellungsbildnahen und im allgemeinen beweglicheren, nur auf psychische Reize hochgradig, auf Calcium dagegen überhaupt nicht ansprechenden AB somatisch basedowoide Äquivalente. Wir stellen darum diese körperlichen Grundlagen der beiden eidetischen Typen im Schema als zwei Kerne „T" und „B" dar, jeder an der Stelle des Schemas gelegen, wo die zu dem betreffenden Typus gehörenden Stufen der AB sich befinden, der T-Typus links, der B-Typus rechts, beide aber, da sie nicht auseinander fallen, sondern gleitend ineinander übergehen und verkoppelt vorkommen, nicht völlig auseinanderliegend, sondern sich teilweise überdeckend, wie im Schema dargestellt. Der gemeinsame, zwischen c und d liegende Teil beider Kerne bedeutet den Bereich der Mischfälle (doppelt schraffiert), also den Bereich der TB- oder BT-Typen. Er ist besonders ausgedehnt, entsprechend der Tatsache, daß die BT-Fälle[1]) häufiger sind als die reinen T- und B-Typen. Im Schema folgen also von links nach rechts aufeinander: T-, TB- und BT-, B-Typen, bzw. die dazu gehörigen eidetischen Phänomene. Die Mischtypen und ihre Bilder stehen also in der Mitte, die reinen T- und B-Fälle an den Enden.

Der Mittelteil unserer Abbildung wird nach außen hin abgeschlossen durch die dicker gezeichnete Begrenzungslinie b m e n. Der durch b m e n abgegrenzte Kern zeigt an den verschiedenen Stellen eine verschiedene, von links nach rechts langsam ansteigende und dann rasch abfallende Breite. Die Breite des äußeren Kernes (b m e n) soll die jeweilige Ausgeprägtheit der AB bei den Fällen unseres Materials darstellen, d. h. die mehr oder weniger weitgehende Annäherung ihrer Ausgeprägtheit an das überhaupt vorkommende Ausgeprägtheitsmaximum, die Einheitsphase. Da sowohl die T- wie die B-Komponente zu den AB einen Beitrag liefert, so ist die Ausgeprägtheit der Bilder im allgemeinen dort am größten, wo beide Komponenten zusammentreffen; deshalb hat der Außenkern seine größte Breite an der Stelle der Überdeckung beider Innenkerne, des T- und des B-Kernes. Diese größte Breite liegt aber nicht in der Mitte des Außenkerns, sondern näher seinem rechten Ende, weil die B-Komponente im allgemeinen mit besonders ausgeprägten, der Einheitsphase besonders nahestehenden Bildern verknüpft ist, auch wenn die AB einen gleich hohen Grad zeigen, wie die des reinen T-Komplexes (der Grad nach den angegebenen und im methodischenTeil [Kap. IV] noch näher zu schildernden Grundkriterien bestimmt). Das Maximum der Breite des äußeren Kernes ist darum in unserem Schema an eine rechts von der Mitte befindliche Stelle m n verlegt worden. Beide Komponenten umfassen die Stigmen der zugehörigen somatischen Funktions-

[1]) Wir sprechen in Mischfällen genauer von TB- bzw. BT-Typen, je nachdem, welche der beiden Komponenten (Komplexe) sich jeweils mehr oder weniger dominierend manifestiert. Der dominierende Komplex steht dann voran, z. B. dominiert bei TB-Typen die T-Komponente. Wenn die andere Komponente der vorherrschenden nur eine geringe Färbung erteilt, fügen wir sie in Gestalt eines Index bei; so bezeichnet „T_B" einen T-Typus mit geringem B-Einschlag. Schon jetzt sei gesagt, daß auch eine schwächere B-Komponente sich in der Gesamtheit der Erscheinungen — nicht allein optisch (vgl. oben) — besonders leicht durchsetzt und demgemäß auch die Mehrzahl der Mischfälle beherrscht. Deshalb sprechen wir bei Mischfällen auch schlechthin von BT-Typen.

typen des T- bzw. B-Typus, gemeinsam mit ihren optischen (und auch psychischen, vgl. S. 51, Anm. 1) Äquivalente. Dementsprechend bezeichnen wir die Gesamtheit dieser Erscheinungen als psychophysischen T- bzw. B-Komplex (oder Typus) und sprechen mitunter auch von T- bzw. B-„Charakter" verschiedener Erscheinungen.

Dabei müssen wir im Auge behalten, daß der Ausdruck T- bzw. B-Komplex (bzw. Typus) für die somatischen wie optischen Erscheinungen immer auf ihren inneren genetischen Zusammenhang zu beziehen ist, d. h. innerhalb der optischen Erscheinungen auf ihre Gedächtnisstufen, von denen die niederen, maximal NB-nahen, dem T-Komplex, die hohen, maximal VB-nahen, dem B-Komplex genetisch angehören, innerhalb der somatischen Erscheinungen auf die tetanoide bzw. basedowoide Stigmatisierung. Wir haben oben auseinandergesetzt (Kap. I), daß bei beiden Erscheinungskreisen, dem des T-Typus wie des B-Typus, hochgradige eidetische Phänomene sich in der Art ihrer äußeren Erscheinungsweise mitunter einander näher kommen können, am meisten in der E-Phase. Es bestimmt nun zwar diesen äußeren Erscheinungscharakter auch hier dann selbst beim T-Typus der gleichzeitig wirksame B-Komplex, da ja beide psychophysische Komplexe in der Mehrheit der Fälle in der Konstitution enthalten zu sein scheinen (Kap. VII, 2), und zwar in den Einheitsfällen selbst beim reinen T-Typus in relativ ausgeprägter Form, da sie in ihrem Zusammenwirken die eidetische Einheit herstellen; der B-Komplex setzt sich ja, wie schon erwähnt, stets — auch optisch — besonders leicht durch, selbst dort, wo er somatisch kaum nachweisbar ist. Trotzdem bleiben auch in solchen E-Fällen des T-Typus die Erscheinungen, wie sich zeigen läßt, ihrem inneren genetischen Wesen nach dem T-Komplex zugehörig, auch wenn sie ihrer äußeren Erscheinung nach in gewissen Zügen einen B-„Charakter" tragen können, also z. B. relativ beweglich und veränderlich sind. Das liegt an den in Kap. I auseinandergesetzten Beziehungen (vgl. auch Kap. IV) von eidetischem Grad, Einheitsphase und bestimmten (vorstellungsmäßigen) Charakteren, die der Einheitsphase beider Typen eigen sind. Dafür, daß sich solche B-Charaktere, besonders in der E-Phase, auch beim T-Typus durchsetzen können, ist stets die Vorbedingung ein hoher Grad des vorhandenen, durch die Vorlage im AB hervorgerufenen Sehmaterials. Aber die Art dieses Sehmaterials ist auch in hohen eidetischen Graden trotzdem eine ihrem inneren Wesen nach verschiedene je nach dem eidetischen Typus (d. h. sie gehört einer verschiedenen Gedächtnisstufe an). Darum sind auch die Gesetzmäßigkeiten und die Art und Weise, mit denen in der E-Phase des reinen T-Typus Veränderungen durch Vorstellungen oder Willensakte (d. h. B-Charaktere) hervorgerufen werden können, bei näherer Untersuchung ganz andere wie beim B-Typus; nur der äußere Charakter der AB kann also ähnlich sein. Wenn daher auch einmal in dieser Hinsicht, d. h. mit Rücksicht auf das Vorkommen einer Veränderungsmöglichkeit und Bewegbarkeit der AB der T-Typen, von „B-Charakter" gesprochen wird, so bezieht sich dies zunächst auf ganz äußere Übereinstimmungen der zu konstatierenden Erscheinungen.

Nach den herrschenden Anschauungen müßte der T-Typus im allgemeinen mit einer Unterfunktion der Epithelkörper oder Nebenschilddrüsen, der B-Typus im allgemeinen mit einer Überfunktion (oder Dysfunktion?) der Schilddrüse in Verbindung gebracht werden. Entsprechendes sucht das im Schema angebrachte Minus- bzw. Pluszeichen anzudeuten und zugleich damit auch die hypothetische Abhängigkeit der beiden durch den T- und B-Kern versinnbildlichten innersekretorischen Drüsensysteme zum Ausdruck zu bringen[1]). Wir haben die Berücksichtigung endokriner Beziehung in dieser Darstellung beibehalten,

[1]) Aber nochmals sei betont, daß die Typenaufstellung und das Tatsachenmaterial, über das unsere Abbildung 2 einen schematischen Überblick geben will, von allen Hypothesen über das innersekretorische System, seine Funktionen und Funktionskorrelationen, unabhängig ist. Man könnte sich die ganze Lehre von der inneren Sekretion aufgehoben denken, ohne daß dadurch die hier mitgeteilten Erfahrungsbestände und die darauf gegründeten Typen angetastet würden. Wir werden später (Kap. VII) zu zeigen versuchen, daß die Unterschiede in den genannten Erscheinungen unserer Typen biologisch viel tiefer begründet sein dürften, und daß die oben bezeichneten endokrinen Erscheinungen nur eine, wenn auch wichtige Seite dieser verschiedenen Erscheinungskomplexe darstellen. Aber selbst von solcher tieferdringenden, meist noch hypothetischen Anschauung bleibt die Aufstellung unserer Typen unberührt. Trotzdem werden wir uns in der Anlage und im Verlaufe unserer Arbeit zunächst immer an jener endokrinen Seite des Problems als durchgehender Richtlinie orientieren, und wir werden von diesem Standpunkte aus weiteres nur in zweiter Linie ins Auge fassen.

obwohl wir zu der Auffassung gelangen werden, daß sich die genetische Grundlage der Typen in diesen endokrinen Tatbeständen durchaus nicht erschöpft.

Zu den Stigmen der Typen können außerdem noch Akzidentien hinzutreten. Unter „Stigmen" verstehen wir im Einklang mit der Terminologie P. JANETS (État mentale des hystériques) Eigenschaften, von denen wenigstens eine ausgeprägt da sein muß, um den Typus zu charakterisieren, unter „Akzidentien" Eigenschaften, die nach den Untersuchungsergebnissen gleichfalls in einem kausalen und häufig verwirklichten Korrelationszusammenhang mit den Stigmen stehen, aber gleichwohl sämtlich fehlen können. Die somatischen Stigmen des T-Typus sind sämtlich mit den klinischen Latenzzeichen der Tetanie identisch. Ihr mitunter isoliertes Auftreten und ihre oft mannigfache und wechselnde Kombination in den klinischen Zustandsbildern ist bekannt. In gleicher Weise verhalten sich die Stigmen und Akzidentien des B-Typus und die des Basedowoids, bzw. des echten Basedow. Beiden Zustandsbildern werden durch unsere Untersuchungen außer den bekannten körperlichen noch zerebrale und optische Stigmen hinzugefügt. Die Gesamtheit der Stigmen jedes Typus kann entweder in Kombination miteinander auftreten, oder es kann auch ein einzelnes Stigma isoliert vorhanden sein, ganz so, wie es für die somatischen Stigmen der klinischen Zustandsbilder tetanoiden und basedowoiden Charakters schon bekannt ist.

Es soll nun im folgenden auf die einzelnen Stigmen, Akzidentien und die Untersuchungsmethoden sowohl somatischer wie optischer Art, für die beiden Typen gesondert, eingegangen werden, deren Trennung und körperliche Verankerung rückwirkend auch wieder psychologische Arbeiten des Marburger Instituts fruchtbar beeinflußt hat.

Anhang.

Über die Bedeutung der eidetischen und der typologischen Methode überhaupt als allgemeiner Forschungsmethode (Widerlegung der dagegen erhobenen Einwände).

Man konnte im Anfang der Marburger psychologischen Untersuchungen manchmal den Einwand hören, daß diesen Arbeiten für die Jugendpsychologie keine allgemeine Bedeutung zukomme, da sie von ausgeprägten Fällen ausgingen, deren Eigentümlichkeiten in der Form und in dem Grade bei dem Gros der Fälle nicht nachweisbar seien. — Es wird wohl kaum Einwände geben, die das Wesen der psychologischen, ja der biologischen Methodik in ähnlichem Maße verkennen[1]). In dem Bereiche der Lebenserscheinungen, und am meisten wieder in ihrer höchsten Entwicklungsform, derjenigen des Bewußtseinslebens, herrscht individuelle Differenziertheit in dem Sinne, daß gewisse Eigentümlichkeiten zwar allgemein verbreitet sind, aber bei den einzelnen Individuen in ganz verschiedener Ausprägung vorkommen. Um diese Eigentümlichkeiten aufzuhellen, muß man sie zunächst an solchen Individuen studieren, bei denen sie sich in ausgeprägter Form finden; nur dann gelingt die wissenschaftliche Erfassung derjenigen Fälle, die mit Bezug auf jene Eigenschaft Rudimentärfälle sind. Die eidetischen Untersuchungen sind von allgemeiner Bedeutung für die Jugendpsychologie, obwohl sie von besonders ausgeprägten eidetischen Fällen ausgingen. Es ergab sich, daß in diesen Fällen nur in besonders starker Form eine Jugend-

---

[1]) Vgl. hierzu JAENSCH, E. R.: Die Eidetik und die typologische Forschungsmethode. Leipzig. Quelle u. Meyer. 1925.

eigentümlichkeit vorliegt, die in rudimentärer Form auch beim Gros der Fälle nachweisbar ist und das jugendliche Seelenleben entscheidend bestimmt. Ja, es hat sich darüber hinaus in neueren Untersuchungen (H. FREILING) ergeben, daß sogar jene stark ausgeprägten Fälle, die den Ausgangspunkt der Untersuchung bildeten, etwas Weitverbreitetes und ganz Reguläres darstellen, wo jugendliche Geistesart sich frei auswirken kann und nicht, wie es allerdings bei dem meist vorherrschenden Schulbetrieb zu geschehen pflegt, vorzeitig in den Typus des Erwachsenen übergeführt wird. Gerade dort, wo die stärkere eidetische Anlage selten vorkommt, hat man es gleichsam mit Kunstprodukten des jugendlichen Geistes zu tun. Vor allem aber sind die Anschauungsbilder nur das ausgeprägteste und der experimentellen Psychologie zugänglichste Symptom eines tiefer liegenden und viel allgemeineren seelischen Strukturzusammenhangs, den E. R. JAENSCH[1]) nun als „Verhältnis der Kohärenz von Innen- und Umwelt" bezeichnet, ein Strukturzusammenhang, der sich weit über das Gebiet der eigentlichen Anschauungsbilder auswirkt und eine Grundeigentümlichkeit der jugendlichen und der ihr verwandten künstlerischen Bewußtseinsbeschaffenheit darstellt. Diese Untersuchungen besitzen aber allgemeine Bedeutung für die Psychologie überhaupt; denn es hat sich gerade an ihnen gezeigt, daß sich das seelische Leben nur als ein System verschieden hoher Schichten begreifen läßt. Die große Mannigfaltigkeit der Erscheinungen in ihm kommt eben dadurch zustande, daß, je nach den äußeren Bedingungen und der inneren Verhaltungsweise, — vor allem je nach dem vorherrschenden funktionellen Konstitutionstyp —, abwechselnd die entwicklungsgeschichtlich verschieden hohen Schichten eingeschaltet sind. Von Bedeutung hierfür, und damit für das Verständnis der seelischen Erscheinungen überhaupt, ist ihre Annäherung an das Verhalten der jugendlichen Eidetiker, die selbst bei nicht-eidetischen Erwachsenen unter gewissen Bedingungen auftritt[2]). Indem sich also der Funktionszustand auch bei nichteidetischen Erwachsenen hier nur mittels der eidetischen Anlage charakterisieren läßt, — nämlich als vorübergehende, funktionell bedingte Annäherung an sie —, gewinnen diese Untersuchungen eine allgemeine Bedeutung, weit hinaus über die Jugendpsychologie, für die generelle Psychologie überhaupt. Bei der engen Koppelung der physischen und psychischen Konstitutionsmerkmale gilt ganz Entsprechendes für die somatischen Äquivalente und damit auch für die psychophysische Konstitutionsforschung im weitesten Sinne.

Im Grunde sind wohl alle Disziplinen, die höhere Lebensvorgänge betrachten, auf ein ähnliches Vorgehen angewiesen.

Die großen Krankheitsbilder der Klinik stellen ebenfalls nicht dasjenige dar, was im Durchschnitt der Fälle verwirklicht ist, sondern sind an besonders reinen und ausgeprägten Fällen gewonnen, im Vergleich mit denen die meisten Fälle im allgemeinen nur als Rudimentär- und Mischfälle begriffen werden können, was aber nur nach vorangängiger Herausarbeitung und mit Hilfe der Bilder jener reinen Fälle geschehen kann. Die bekannte Redewendung, daß sich der werdende Arzt erst vom Lehrbuch emanzipieren müsse, beruht eben auf diesem Tatbestand. Je höhere Schichten des organischen Lebens man ins Auge faßt, um so ausschließlicher ist man auf diesen Weg angewiesen, denn um so größer

---

[1]) E. R. JAENSCH: Pädagogische Warte. Mai, 1924.

[2]) Näheres in der in Vorbereitung befindlichen Monographie von E. R. JAENSCH (und Mitarbeitern): „Über den Aufbau des Bewußtseins", wo diese Tatbestände an der räumlichen Wahrnehmung und im Vorstellungsleben in exakt-experimenteller Weise erwiesen werden.

ist die individuelle Differenziertheit. E. SPRANGER, der in seinen „Lebensformen" eine Typenlehre der höchsten Schichten des seelischen Lebens zu entwerfen unternimmt[1]), erklärt dementsprechend sogar, daß die von ihm gezeichneten Typen Idealtypen seien, mit Hilfe deren die Fälle des wirklichen Lebens nur als Annäherungen oder als Legierungen zu begreifen seien. Unsere Untersuchung dagegen kann, da sie sich nicht mit diesen allerhöchsten seelischen Schichten befaßt, im Bereich des streng empirisch Feststellbaren verbleiben: die hier aufgezeigten Typen sind wirklich vorhandene naturwissenschaftlich exakt nachweisbare Biotypen.

Für die Verwendung unserer psychologischen Methodik für die Zwecke der Klinik bleibt noch folgendes nachzutragen: wir haben vorn gesagt, daß wir im allgemeinen den Phänotypus untersuchen, d. h. das Individuum, wie es uns entgegentritt. Nun kommt es bei vielerlei Fragen der Klinik aber sehr häufig gerade auf den Genotypus an, mindestens auf die angeborene Konstitution. Wir wissen aus nachfolgenden Untersuchungen, daß den eidetischen Eigenschaften bestimmte somatische Äquivalente entsprechen. Wir wissen ferner, daß die eidetische Schicht überall psychophysisch parat liegt und durch Übung bzw. geeignete experimentelle Eingriffe sowohl von der körperlichen wie von der psychischen Seite her wieder aktiviert werden kann. Wir wissen ferner, daß die eidetische Schicht wohl bei allen Menschen vorhanden wäre, auch bei Erwachsenen, wenn ihr nicht die verschiedensten Umstände derart entgegengewirkt hätten, daß sie eben meist nur in der sogenannten eidetischen Phase (manifest oder latent) nachzuweisen ist. Untersuchen wir daher Individuen, bei denen besondere Umstände oder die gewöhnlichen Verhältnisse die eidetische Schicht im allgemeinen unterdrückt haben, so werden unter diesen Individuen vor allem jene sich noch als Eidetiker erweisen, deren eidetische Anlage angeboren oder psychophysisch so stark im Genotypus verankert war, daß sie trotz der entgegenwirkenden Umstände Eidetiker blieben. Wenn wir also eidetische Genotypen suchen, werden diese sich am deutlichsten in einem Material bemerkbar machen, dessen Art und Beschaffenheit für das Erhaltenbleiben der eidetischen Eigenschaften einschließlich ihrer somatischen Äquivalente ungünstig ist. Hierauf werden wir später noch näher zurückkommen (Kap. VII, 6). Bei Jugendlichen, mit denen wir es hier vor allem zu tun haben, muß besonders auch die Art ihres Unterrichts berücksichtigt werden, wenn wir unter ihnen Untersuchungen anstellen, um vor allem genotypische Eidetiker zu erfassen. Hierbei ist zu bemerken, daß ein Unterricht, der dazu neigt, die Jugendlichen vorzeitig in den abstrakten Typus des Erwachsenen zu überführen, der normalen eidetischen Jugendanlage entgegenwirkt, während die moderne „Arbeitsschulmethode" ihr entgegenkommt und sie eher befördert[2]). — Wir sind bei unseren Untersuchungen — zunächst ganz zufällig — fast ausschließlich von männlichen Vpn. ausgegangen, dann aber aus methodischen Gründen vorerst hierbei geblieben: einmal wegen der erforderlichen Einheitlichkeit vergleichbarer Grundbedingungen, sodann aber auch, weil sich herausgestellt hatte, daß männliche Jugendliche als Vpn. zuverlässigere Beobachter waren als weibliche. Später zogen wir dann auch weibliche Vpn. in großer Zahl heran. Hierbei zeigte sich die Richtigkeit gerade dieses Vorgehens, das sich für die Aufdeckung beider eidetischer Typen als wesentlich erwies, die bei gemischtem oder nur weiblichem Material kaum gelungen wäre. Denn beim weiblichen Geschlecht überwiegt durchaus der B-Typus. Indessen gelten unsre Biotypen trotzdem für beide Geschlechter (Näheres Kap. VII, 6; vgl. auch S. 49, Anm.).

---

[1]) SPRANGER, E.: Lebensformen. Halle. Niemeyer. 1925. 5. Auflage.

[2]) Vgl. hierzu FREILING, H.: Die psycholog. Grundlagen d. Arbeitsschule (in Vorbereitung).

Zweiter Abschnitt.

Biotypen der psychophysischen Persönlichkeit.

Drittes Kapitel.

Spezielle Untersuchung des T- und B-Typus; die Stigmen und die Akzidentien der beiden Biotypen.

Da diese Untersuchungen ursprünglich von einigen aufs stärkste ausgeprägten (höchstens damals) schon fast pathologisch zu nennenden Fällen ausgingen[1]), so wurde von „Übererregbarkeit" gesprochen und in ähnlichen, an den klinischen Sprachgebrauch anklingenden Ausdrücken auch von den übrigen Erscheinungen. Wir müssen daher erneut der Mißdeutung vorbeugen, als ob hier unter allen Umständen und schlechthin pathologische Zustände gemeint seien[2]), und alle Eidetiker Psychopathen wären. Die Begriffe „T-Typus" und „B-Typus" wurden, wie noch einmal mit Nachdruck hervorgehoben sei, im weiteren Verlaufe der Untersuchungen auf Grund eines völlig gesunden Beobachtungsmaterials aufgestellt, und sind darum im allgemeinen als Begriffe normaler Typen anzusehen. Die Grenzlinien, an denen das echt Krankhafte[3]) beginnt, werden wir später genauer zu umreißen suchen.

Als Stigmen des T-Typus treten bei galvanischer und mechanischer Reizung bestimmte Erregbarkeitsverhältnisse der peripheren Nerven im motorischen und sensiblen Reizungsgebiete auf.

Sie stellen Zeichen einer besonderen Konstitutionsfärbung dar, die aber im allgemeinen durchaus in der Breite des Normalen liegt; denn diese Erregbarkeitsverhältnisse werden hier an ganz gesunden Individuen nachgewiesen und können somit nicht als pathologisch angesprochen werden. Unter diesem Gesichtswinkel löst sich der Begriff der „Übererregbarkeit" in eine Stufenleiter von Erregbarkeitsgraden auf, die unter Krankheitserscheinungen nur dann fallen, wenn das subjektive und objektive Befinden des Individuums sowie seine Leistungsfähigkeit und Widerstandskraft gegenüber den Lebensanforderungen ein gewisses Maß von Unterwertigkeit erreicht.

Im Beginn unserer Arbeit suchten wir allerdings zur körperlich-klinischen Untersuchung Eidetiker aus unserem Material heraus, deren optische Erschei-

---

[1]) Krank im Sinne der Klinik waren auch diese Individuen nicht, es waren gewöhnliche Schulbuben (vgl. Kap. II und V C, Fall 20, 7, 9). Sämtliche hier erwähnte Jugendliche zeigen sich auch jetzt, nach 5 Jahren, kräftig und durchaus normal, ja teilweise geradezu robust entwickelt, wie uns eigene Anschauung zeigt.

[2]) Wir wiederholen diese Feststellungen mit voller Absicht, um so mehr, als der Ausdruck „Eidetiker" bereits mehrfach in völlig irreführender Weise als Bezeichnung einer „Neurose" schlechthin in die klinische Literatur übergegangen ist; vgl. neuerdings Zappert-Wien, Arch. f. Kinderheilk., Bd. 73.

[3]) Es sei hier nochmals darauf verwiesen, daß der Begriff „Krankheit" kein naturwissenschaftlicher, sondern ein Wertbegriff ist, und Wertungen wollen wir gerade vermeiden. (Vgl. Einleitung.)

nungen besonders hochgradig und auffällig waren und schon fast an der Grenze des Pathologischen zu stehen schienen. Trotzdem handelte es sich auch bei diesen Eidetikern nicht um kranke Kinder, sondern um gewöhnliche, höchstenfalls vielleicht als etwas „nervös" zu bezeichnende Schulbuben. Wir legten also für unsere Untersuchung zunächst das eidetische Stigma als alleinigen Maßstab zugrunde. Dies war leicht möglich, weil für eine sehr große Zahl jugendlicher Individuen eine Orientierung über die Stärke und Intensität des optischen Verhaltens auf Grund der vorausgegangenen bereits mehrjährigen psychologischen Untersuchungen schon vorlag (1916—1919)[1]). Da wir nach körperlichen Begleiterscheinungen der eidetischen Anlage fahndeten, lag die Vermutung nahe, daß etwa begleitende somatische Eigenschaften bzw. somatische Äquivalente der optischen Erscheinungen gerade in solchen hochgradigen Fällen ebenfalls einen hohen Grad besitzen und dadurch leichter erkennbar sein könnten. Diese Vermutung erwies sich bald als zutreffend. Diejenigen Fälle, welche wir mit Rücksicht auf den besonders hohen Grad ihrer eidetischen Phänomene zuerst einer körperlichen Untersuchung unterzogen, zeigten unter dem ganzen später geprüften Material auch die höchsten Grade der somatischen Stigmen. Die tiefere sachliche Berechtigung unseres Verfahrens ergab sich später auch aus dem Umstand, daß sich das optische Stigma im allgemeinen als das feinste Reagens der Konstitution erwies.

Die somatischen Konstitutionsstigmen, die sich auf solche Weise an einzelnen ans Pathologische heranreichenden Individuen ergeben hatten, prüften wir sodann systematisch an einem großen Material zweifelsfrei normaler Individuen verschiedenen Lebensalters nach, immer im gleichzeitigen Hinblick auf die Häufigkeit und Stärke der eidetischen Anlage, die nach den Untersuchungen des Marburger Psychologischen Instituts in bestimmten Grenzen eine normale Erscheinung des Jugendalters vor der Pubertät darstellt[2]). Hierbei bestätigte sich immer wieder von neuem, daß gewisse optische Stigmen eine Äquiva-

[1]) Gegenüber den neuerdings von S. Fischer und H. Hirschberg gemachten Angaben über das von ihnen beobachtete starke Schwanken in dem Grade und der Ausprägung der eidetischen Eigenschaften, sei hier erneut hervorgehoben, daß eine der auffallendsten Erscheinungen in unserem Material gerade die durch lange Zeit beobachtete, meist mehrmals wöchentlich kontrollierte Konstanz der eidetischen Phänomene war, deren Ausprägung nur in einem gleichen Verhältnis mit dem Altersfortschritt jenseits der Präpubertät und Pubertät allmählich abnahm. Übrigens wird auch von S. Fischer und H. Hirschberg ein solches Schwanken nur für vereinzelte Fälle angegeben. Es dürfte sich daher hier vorwiegend um die von uns zu den „apsychonomen" Eidetikern gerechneten Fälle gehandelt haben. Solche wurden aber in unserem Material stets von vornherein einer besonderen Beobachtung unterworfen und nicht gemeinsam mit der Kategorie der konstanten Eidetiker bearbeitet (vgl. hierzu oben S. 47; E. R. Jaensch [I], 1. Abschnitt; Fischer-Hirchberg, Zeitschr. f. d. ges. Neur. u. Psych. 1924).

[2]) Eine Bestätigung dieser Grundtatsache erblicken wir darum in den gleichartigen Feststellungen der Arbeit von S. Fischer und H. Hirschberg. Die sonstigen unseren Befunden scheinbar widersprechenden Angaben genannter Autoren finden implizite eine Erwiderung und Widerlegung schon durch vorliegende Arbeit. Eine ausdrückliche Erwiderung erfolgte in der Zeitschr. f. d. ges. Neur. u. Psych. 1925. Es sei noch bemerkt, daß Fischer und Hirschberg sich entgegen unserem Hinweis lediglich an unsere vorläufigen Veröffentlichungen von 1920/21 halten. Neuerdings erschien eine weitere Arbeit über die eidetischen Phänomene als normaler und durchgehender Jugendeigentümlichkeit aus dem Psychologischen Institut in Wien von H. Zeman (Zeitschr. f. Psychol. 1925). Diese Arbeit bringt bereits die Bestätigung der von uns schon früher ausgesprochenen Vermutung, daß der Typus der eidetischen Erscheinungen örtlich verschieden sei. Während in Wien, wie wir vermuteten, der B-Typus eine ganz andere und weit beherrschendere Rolle spielt als in Marburg, wird in anderen Gegenden der T-Typus vermutlich überwiegen. Hierfür sprechen manche uns zugegangene Nachrichten. In Marburg war gerade ein günstiger Boden, beide Typen zu beobachten. Man wird also bei Nachprüfungen diesen örtlichen Verschiedenheiten ebenfalls weitgehende Beachtung schenken müssen.

lente bestimmter tetanoider mechanischer und galvanischer Erregbarkeitsstufen am cerebrospinalen Nervensystem sind, wie wir dies in ausgeprägterem Grade schon in den ans Pathologische grenzenden Fällen gefunden hatten, die zuerst untersucht worden waren. Es ergab sich dies daraus, daß beide Erscheinungskreise, der optische wie der somatische, zunächst schon in ihrer gemeinsamen Kalkreaktion eine innere Zusammengehörigkeit zeigten. Es erwies sich aber außerdem später das gleiche auch aus anderen Gründen, sowie durch experimentelle Versuche und Erfahrungen, auch in der Medizinischen Universitätsklinik in Frankfurt a. M. in völlig eindeutiger Weise; ferner bestätigt sich diese Zusammengehörigkeit darin, daß diese somatischen und optischen Stigmen normalerweise parallel und nebeneinander in bestimmten jugendlichen Altersstufen nachweisbar sind, und daß sie, ebenso parallel laufend, sich mit fortschreitendem Alter jenseits der Pubertät normalerweise gemeinsam verlieren. Endlich sind die somatischen Stigmen auch bei Erwachsenen in überwiegender Weise dann nachweisbar, wenn bestimmte optische Stigmen der eidetischen Jugendphase erhalten sind, während dieser somatische Komplex bei nichteidetischen Erwachsenen zu fehlen pflegt. Entsprechendes gilt auch für den später zu erörternden B-Typus und seine basedowoiden Stigmen des vegetativen Nervensystems. Da diese Erscheinungen im weitesten Umfange bei Normalen vorkommen, so können sie nur dann als pathologisch angesehen werden, wenn das Individuum in seinem Verhalten oder in seiner Reaktion gegenüber den Umweltreizen eine gewisse Unterwertigkeit zeigt, sei es dem subjektiven Befinden oder der objektiven Reaktionsweise nach. Auf dem Boden dieser Erregbarkeitsverhältnisse, vor allem wenn sie von vornherein hochgradig sind, kann allerdings eine echte Tetanie (bzw. ein echter Morbus Basedow) entstehen. Hierzu scheint aber, im allgemeinen wenigstens, ein sekundärer, vielleicht sogar meist unspezifischer Auslösungsfaktor erforderlich, wie sich ergibt, wenn man die klinischen Tatsachen unter den gewonnenen Gesichtspunkten überblickt. Darum brauchen selbst die ausgesprochensten Fälle unseres Materials nicht zu echter Tetanie (bzw. zum echten Morbus Basedow) zu führen, selbst wenn sie innerhalb dessen liegen, was man in der Klinik schon als höhergradige Übererregbarkeit zu bezeichnen pflegt.

In allen nachfolgenden Ausführungen werden wir uns, dies sei noch einmal bemerkt, immer zunächst allein an die eben erwähnten Beziehungen unserer Typen zu den beiden genannten endokrinen Krankheitsbildern halten. Beziehungen des T-Typus (bzw. B-Typus) zu Erscheinungen innerhalb anderer Krankheitsbilder werden wir erst in zweiter Linie in Rücksicht ziehen, da wir uns prinzipiell zunächst nur an das unmittelbar durch die Beobachtung Gegebene halten, weiteres nur als Möglichkeit und mit allem Vorbehalt wiedergeben werden. Denn solche weiteren Beziehungen des T- und B-Komplexes ergeben sich allerdings, aber erst aus einer tieferdringenden und noch vielfach hypothetischen Analyse vom inneren Wesen und den biologischen Grundlagen des T- bzw. B-Typus. Die unmittelbaren Tatsachen jedoch sprechen eindeutig für die eben angeführten Beziehungen der hier aufgezeigten Typen zu den beiden klinischen Krankheitsbildern Tetanie und Morbus Basedow. Trotzdem haben wir es also hier, wie gleichfalls noch einmal hervorgehoben sei, mit normalen Persönlichkeitsfärbungen zu tun und selbst nicht einmal immer und von vornherein mit einer Disposition zur Krankheit[1]).

[1]) Lubarsch sagt über die einschlägigen Begriffe Folgendes (Dtsch. med. Wochenschr. 1917, Nr. 44, S. 1377): „Ich habe zwischen Disposition und Konstitution sehr scharf unterschieden und verstehe unter Disposition diejenige (wechselnde) Beschaffenheit des

Ganz im Gegenteil erweist sich der psychophysische tetanoide Erregbarkeitskomplex (T-Komplex) sogar unter Umständen als etwas Wertvolles. Entsprechendes gilt auch von den Stigmen des B-Komplexes, worüber Näheres zu erörtern sein wird.

Aus den dargelegten Gründen mußten daher für die Entscheidung über das Vorliegen eines T- bzw. B-Typus auch die geringeren Erregbarkeitsgrade am cerebrospinalen (bzw. vegetativen) Nervensystem berücksichtigt werden, auch wenn sie unterhalb dessen liegen, was man in der Klinik als Überregbarkeit zu bezeichnen pflegt[1]). Denn wir gewinnen unter den dargelegten Gesichtspunkten auch durch solche weniger hohen Erregbarkeitsgrade Maßstäbe für jenen spezifischen Zustand des Nervensystems, der, wie schon die Erfahrung der Klinik lehrt, sowohl bei geringerer Ausprägung wie auch in höheren Graden stets den gleichen Wesenscharakter zeigt (Kap. VII, 2a).

Somit besteht hier auch kein Anlaß, Fälle von AB, welche pathologische z. B. tetanoide Erregbarkeitsgrade (tetanoide Erscheinungen) am cerebrospinalen (bzw. basedowoide Erregbarkeitsgrade am vegetativen) Nervensystem zeigen, wesenhaft von denen zu trennen, die nur eine entsprechende geringergradigere Erregbarkeit aufweisen, der man bisher in solchen Zusammenhängen in der Klinik weniger Beachtung schenkte[2]).

Es ist ferner nicht verwunderlich und stimmt auch zu den sonstigen Beobachtungen bei konstitutionellen Prozessen, daß deren Lokalisation schwankt, daß sich mit anderen Worten die spezifische Erregbarkeit bald auf motorischem, bald auf sensorischem und sensiblem bzw. psychischem Gebiete stärker äußert. In manchen Fällen der Literatur über echte Tetanie- bzw. Basedowpsychosen (d. h. Psychosen bei Tetanie bzw. Morbus Basedow) wird angegeben, daß die motorischen und sensiblen Erregbarkeitsgrade am peripheren Nerven (bzw. der Grad Basedowscher Krankheitssymptome) mit der Stärke der psychotischen Erscheinungen manchmal parallel auf und ab steigen, insbesondere auch mit der Stärke von Halluzinationen[3]). Hier handelte es sich dann eben um Fälle, in denen die peripheren und zentralen Erregbarkeitserscheinungen einmal streng parallel gingen. Dies braucht aber

Organismus, die die Voraussetzung der Wirkung schädigender Einflüsse ist, unter Konstitution dagegen denjenigen (angeborenen oder erworbenen) Zustand des Organismus, von dem seine besondere (individuell verschiedene) Reaktionsart gegenüber Reizen abhängt."

[1]) Außer den somatischen Stigmen werden wir bei T- wie B-Komplex auch optische kennen lernen, eben in Gestalt gewisser eidetischer Erscheinungen. Wir werden ferner durch Heranziehung weiteren Materials, auch pathologischer oder an der Grenze des Pathologischen stehender Fälle, psychische Äquivalente dieser Stigmen kennen lernen. Wenn wir den Begriff des Stigmas in diesem Sinne erweitern, also außer den somatischen auch die optischen miteinbeziehen, und außerdem psychische Äquivalente als genetisch gleichwertig diesen Stigmen betrachten müssen, z. B. gewisse perseverierende Vorstellungen („Vorstellungskrampf") beim T-Komplex oder „komplexhafte" Zwangsvorstellungen beim B-Komplex, dann können und müssen wir an dem Begriff des Stigmas festhalten, d. h. fordern, daß mindestens eines dieser Stigmen bzw. seiner Äquivalente vorhanden sein muß, um den Typus zu charakterisieren. Ohne diese Erweiterung ist der Begriff des Stigmas zu eng, wie sich zeigen wird. Denn es gibt Konstitutionen, die wenig von demjenigen zeigen, was als somatisches Stigma des tetanoiden oder basedowoiden Konstitutionskomplexes zu gelten pflegt, und die trotzdem mit ihren Funktionstypen innerlich zusammenhängen. Der Beweis hierfür wird durch die experimentelle und klinische Untersuchung geführt werden. Zugleich werden wir hierbei auch die Wertigkeit der einzelnen Stigmen für die Gesamtverfassung des Individuums näher kennen lernen.

[2]) Es ist dies ein weiterer Punkt, den die Arbeit von S. FISCHER und H. HIRSCHBERG (vgl. S. 49, Anm.) übersieht, da sie sich allein an die bisherigen, nicht unter physiologischen, sondern unter nosologisch-klinischen Gesichtspunkten gewonnenen Maßstäbe der Klinik hält.

[3]) Vgl. Kap. IX.

nicht immer zuzutreffen; denn in der Klinik sind auch Fälle bekannt, wo die Psychose der Tetanie bzw. dem Morbus Basedow vorausging oder einer dieser beiden Erkrankungen nachfolgte. Auch bei unseren Untersuchungen ergaben zwar die optischen und somatischen Erscheinungen bei vielen Eidetikern einen deutlichen Parallelismus, der sich ebensowohl in den unmittelbaren Untersuchungsbefunden, wie auch in dem gleichsinnigen, in den verschiedenen Manifestationsgebieten parallel laufenden Erfolg der Kalkwirkung zeigte. Aber wir fanden auch Fälle, in denen die stärkere Erregbarkeit sich nur auf optischem Gebiete auswirkte, und die doch aus entscheidenden Gründen dem gleichen somatischen Komplex zugerechnet werden mußten. Klinische Beobachtungen auch an echter, manifester Tetanie mit muskulären Krampferscheinungen beweisen ferner, daß in einzelnen Fällen sogar bei motorischer Tetanie jede elektrische Übererregbarkeit am motorischen Nerven selbst, zeitweise und auch dauernd fehlen kann (ASCHENHEIM)[1]. Auch THIEMICH betonte schon, daß nicht notwendig ein Parallelismus bestehe zwischen der Höhe der elektrischen Übererregbarkeit und der Stärke der klinischen Symptome (motorische Krämpfe). Was aber für die motorischen Erscheinungen der Tetanie gilt, müßte auch schon nach Analogie für die von uns als Äquivalente festgestellten sensorischen Erscheinungen, also gewisse eidetische Eigenschaften erschlossen werden, wenn die Tatsachen nicht unmittelbar in diesem Sinne sprächen, wie sich zeigen wird. Hieraus ergibt sich zugleich die Notwendigkeit, die im klinischen Sinne tetanoiden bzw. spasmophilen Symptome (entsprechend auch die basedowoiden) in allen Lebensaltern als eine genetische Einheit zu betrachten, die wir einschließlich ihrer sensorischen und psychischen Äquivalente, sowie ihrer Akzidentien, im folgenden stets kurz als T-Komplex (bzw. B-Komplex)[2] bezeichnen wollen. Eine einheitliche Auffassung aller latent und manifest tetanoiden Symptome (in allen Lebensaltern) wird in neuerer Zeit auch von maßgebenden Klinikern vertreten, während früher sogar die genetische Einheit von ausgesprochener manifester Spasmophilie, d. h. kindlicher Tetanie, und eigentlicher Tetanie späterer Lebensalter bezweifelt worden war. Besonders starke Zweifel hatte man an der hierhergehörigen Natur vereinzelt auftretender rudimentärer tetanoider Symptome (z. B. des Facialisphänomens). Entsprechende Bedenken bestanden hinsichtlich der vereinzelten Stigmata des vegetativen Nervensystems bzw. Abortivformen des Basedowoids und an ihrer genetischen Einheit mit entsprechenden Zeichen der Basedowschen Krankheit. Dagegen haben — anders wie bei Spasmophilie und Tetanie — beim Basedow über die genetische Einheit aller Symptome der voll ausgebildeten Krankheit in verschiedenen Lebensaltern kaum je Zweifel bestanden; hierbei muß allerdings bemerkt werden, daß ein „großer Morbus Basedow" eine Erkrankung ist, die im Gegensatz zu echter Tetanie bzw. Spasmophilie im allgemeinen erst jenseits des Kindesalters und auch bei Jugendlichen nur ganz vereinzelt auftritt. — Wir gehen nun dazu über, zunächst den T-Typus bzw. T-Komplex in seinen Einzelerscheinungen zu betrachten.

---

[1] ASCHENHEIM: Ergebnisse der inneren Medizin u. Kinderheilk. Bd. 17. 1919.

[2] Beim Überblick über das Gesamtergebnis unserer Untersuchungen wird sich später ergeben, daß es sich beim T- wie beim B-Komplex je um funktionell einheitliche Reaktionsformen der verschiedensten Reizgebiete des menschlichen Organismus handelt, die einen besonderen Charakter tragen. Über die Theorie dieser Erscheinungen und ihre vermutlichen anatomischen Systeme, die bei den verschiedensten klinischen Bildern eine Rolle spielen, vgl. Kap. VII. Hier soll stets nur von den rein empirisch ermittelten Tatsachen ausgegangen werden. Diese führen uns zunächst unmittelbar nur zu Erscheinungen hin, die im Umkreis der Tetanie bzw. des Morbus Basedow liegen.

A. Der T-Typus.

I. Galvanische Untersuchung peripherer Nerven.

a) Galvanische Erregbarkeit auf motorischem Gebiete.

In der Klinik hat man stets versucht, am peripheren Nerven Normalwerte zu ermitteln für die Reizschwellen der einzelnen Muskelzuckungen bei Schließung und Öffnung des galvanischen Stroms an der Kathode und Anode. Man untersuchte zu diesem Zweck besonders das Säuglingsalter und — in geringerem Umfange — auch ältere Kinder, darüber hinaus meist größere Reihen von Individuen sowohl jüngsten, jüngeren und älteren Lebensalters durcheinander; dieser Vorwurf uneinheitlichen Vorgehens läßt sich auch den bekannten und bisher stets als grundlegend betrachteten STINTZINGschen[1]) Untersuchungen zur Feststellung elektrischer Normalwerte am peripheren Nerven nicht ersparen. Nur die auf den N. ulnaris („N. ulnaris II“ vgl. später) bezüglichen Untersuchungen STINTZINGS umfassen fast ausschließlich vollerwachsene Vpn., so daß die Feststellungen dieses Autors über Normalschwellenwerte für den N. ulnaris tatsächlich für eine einheitliche Altersklasse der Erwachsenen Geltung beanspruchen können. Für ganz junge Kinder ermittelten THIEMICH-MANN, v. PIRQUET u. a. Normalwerte[2]). Für das spätere Kindesalter dagegen liegen, wie von den betreffenden Autoren selbst hervorgehoben wird, außer einigen unten noch zu erwähnenden Beobachtungen (LUST, SPERK, HERBST, BLÜHDORN, BENZIG) bisher kaum systematische Untersuchungen vor, die ein abschließendes Urteil über Normalwerte der galvanischen Erregbarkeit des späteren Kindesalters erlauben. In neuerer Zeit haben hier STHEEMANN[3]) und HOLMES[4]) einige eingehendere Feststellungen gemacht und versucht, Normalwerte auch für die Zeit des späteren Kindesalters festzustellen. Hierbei nahm STHEEMANN als normal solche Werte an, die er an seinen Patienten (Spasmophilen) nach Phosphorlebertranbehandlung feststellte. Erschwerend bei der Beurteilung des normalen Verhaltens der galvanischen Erregbarkeit ist es, daß die Untersuchungen teils in tetaniereichen, teils in tetaniearmen Gegenden gemacht wurden, und daß es an einer Möglichkeit fehlte, an irgendeinem für alle Lebensalter als normal zu bezeichnendem Symptom diese verschiedenen Befunde kritisch zu vergleichen. Denn außer den Krankheitssymptomen der Spasmophilie besaß man keinen anderen physiologischen Gradmesser dieser Verhältnisse. BLÜHDORN untersuchte, wie er selbst sagt, in einer spasmophiliereichen Gegend, und seine Fragestellung geht hierbei stets dahin, wie sich die galvanischen Werte bei Spasmophilen verhalten; in Fällen aber, in denen er gelegentlich unter nichtklinischem Material und ohne manifeste Erscheinungen höhere galvanische Übererregbarkeit fand, führte seine Nachforschung bei der außerordentlichen Verbreitung dieser Krankheit in der Göttinger Gegend fast stets zur Ermittlung irgendwelcher Erscheinungen, die zum mindesten in den Umkreis der Spasmophilie als Krankheit gehören, wenn auch nur bei anderen Mitgliedern der Familie der Untersuchten. Ähnlich war das Vorgehen fast aller klinischer Autoren, die sich mit diesem Problem befaßten. Schon bei oberflächlicher Durchsicht solcher Arbeiten fällt jedoch auf, daß die Ergebnisse örtlich verschiedener Untersuchungen schon zu einer Fragestellung drängten, die in unseren Untersuchungen, wie wir glauben, einer Lösung zugeführt werden kann,

---

1) STINTZING: Dtsch. Arch. f. klin. Med., 1886.

2) THIEMICH: Jahrb. f. Kinderheilk. Bd. 51. 1900. — MANN: Monatsschr. f. Psych. u. Neur. Bd. 7. 1900. — v. PIRQUET: Wien. med. Wochenschr. 1907.

3) STHEEMANN: Jahrb. f. Kinderheilk. Bd. 86. 1917.

4) HOLMES: Diagnosis of tetany. Journ. of diseas of children. 1916.

zu der Frage, ob es eine galvanische Übererregbarkeit gibt, die wirklich und tatsächlich nicht von vornherein etwas mit Tetanie, d. h. mit Krankheit, zu tun hat. So fand z. B. auch LUST, der in Heidelberg (Spasmophilieort) untersuchte, an älteren Kindern sehr oft hochgradige und in der Klinik stets von vornherein als pathologisch angesehene galvanische Übererregbarkeitsgrade, und er fragte sich schon allein daraufhin, ob diese Übererregbarkeitsgrade überhaupt als „tetanoid" aufgefaßt werden können; denn diese Kinder waren trotz des Spasmophiliereichtums Heidelbergs sicher von Spasmophilie frei. Daß er überhaupt auf diese Zweifel kam und nicht nach der herrschenden Gepflogenheit, besonders in einer so spasmophiliereichen Gegend, wenigstens eine latente Tetanie annahm, mag wohl daran liegen, daß nicht einmal im Familienkreise dieser Kinder Erscheinungen nachweisbar waren, die eine solche Annahme gerechtfertigt hätten. Auch BENZIG kam zu ähnlichen Bedenken; denn er fand in seinen Untersuchungen auch bei längerer Beobachtung völlig gesunde ältere Kinder, die trotzdem nach klinischen Kriterien eine hohe Übererregbarkeit besaßen. Indessen bleibt es bei allen diesen Autoren, soweit sie überhaupt durch ihr Material zu Zweifeln veranlaßt werden und nicht einfach eine latente Krankheit Tetanie annehmen, wie z. B. THIEMICH-MANN[1]), in solchen Fällen meist bei der Feststellung, daß es eben Kinder geben müsse, die bei voller Gesundheit oder wenigstens ohne manifeste Symptome galvanische und auch mechanische „Krankheitszeichen" besitzen. Der Schluß, der aus solchen Beobachtungen — und entsprechend bei ähnlichen an Erwachsenen gefundenen Verhältnissen — klinischerseits gezogen wird, pflegt dann immer der zu sein, daß diese Symptome in vielen Fällen eine dauernde, lebenslänglich symptomlose „Anomalie" bleiben können, d. h. also eine latente Tetanie oder Spasmophilie, und somit doch immer noch eine latente Krankheit anzeigen. Alle diese Untersuchungen wurden also stets unter der Fragestellung „normal oder pathologisch?" angestellt. Immer war es den Autoren nur um die Er-

[1]) Zu welchen bedenklichen und, wie sich zeigen wird, auch unberechtigten Schlüssen das bisherige Vorgehen, freilich verständlicherweise, führt, zeigen MANNS Ausführungen (Monatsschr. f. Psych. u. Neur. Bd. 7. 1900): „Ich bin zum Schlusse dieser Betrachtungen über Tetanie die Erklärung schuldig, warum wir berechtigt zu sein glauben, die mehrerwähnten vier Fälle (. . . .) aus unserer Normaltabelle auszuscheiden und als zur Tetanie gehörig zu betrachten. Es handelte sich um vier Kinder, von denen drei hochgradig abgemagert, elend und anämisch waren; das vierte befand sich in recht gutem Ernährungszustande. Diese vier Fälle zeigten nun sämtlich Werte für die KÖZ (Kathodenöffnungszuckung), wie wir sie sonst nie bei normalen Kindern, sondern nur bei Tetanie beobachtet haben (1,8,—2,7—1,4—2,6). — Nach diesem charakteristischen Befunde glauben wir uns berechtigt, trotz des Fehlens sämtlicher übrigen Tetaniesymptome, doch wenigstens mit großer Wahrscheinlichkeit, diese Fälle zur Tetanie rechnen zu dürfen. Dabei werden wir besonders von dem Umstande unterstützt, daß drei der Fälle im Februar, also zu der Zeit, in welcher die Tetanieepidemie auf der Höhe war, beobachtet wurden und nur einer . . . . im Juni, zu einer Zeit, als nur noch vereinzelte Tetaniefälle vorkamen. — Wir glauben also zu der Annahme berechtigt zu sein, daß es Fälle von latenter Tetanie gibt, bei welchen die elektrische Übererregbarkeit das einzige Symptom bildet." (Sperrdruck von uns, d. Verf.). Wenn MANN am Schlusse der Arbeit ausführt, daß die Höhe der galvanischen Reizschwellen auch etwas von dem Ernährungszustande der Haut mit abhänge, so verdient doch hervorgehoben zu werden, daß es sich bei drei dieser Fälle zwar um stark unterernährte Kinder handelte, daß aber auch bei dem vierten, nach dem Zeugnis des Autors in gutem Ernährungszustand befindlichen Kinde gleich hohe galvanische Übererregbarkeit vorhanden war (geprüft wurde am Nerv. median.). Bemerkenswert ist, daß die Untersuchungen in ein tetaniereiches Jahr fielen. Im Zusammenhange mit der Erwähnung des Ernährungszustandes und seinem etwaigen Einfluß auf die galvanischen Reizschwellenwerte mag noch folgende Bemerkung von FINKELSTEIN (Fortschr. d. Med. 1902) angeführt werden: „Das ERBsche Phänomen ist unabhängig vom augenblicklichen Ernährungszustande. Wohlgenährte und atrophische Kinder können es gleicherweise zeigen."

mittelung der Werte zu tun, die bei Kindern oder Erwachsenen als Krankheitszeichen zu gelten haben; dagegen war bisher wohl nicht ausdrücklich der physiologische Gesichtspunkt leitend, wie sich an gesunden Individuen verschiedener Altersstufen die Erregbarkeitsgrade genauer verhalten.

Die tiefere innere Berechtigung einer solchen Fragestellung ergibt sich im Laufe der weiteren Untersuchung aus der Tatsache, daß die Krankheit Tetanie bzw. Spasmophilie zwar eine enge Beziehung zu den galvanischen und mechanischen Übererregbarkeitsverhältnissen am Nerven besitzt, daß aber diese Beziehung keine absolut bindende ist. Ganz unabhängig von der Krankheit Tetanie verläuft nämlich die Normalkurve der galvanischen und mechanischen Übererregbarkeit im allgemeinen absteigend vom frühesten über das spätere Kindesalter zum Lebensalter des Erwachsenen. Eine Ausnahme macht hierbei eine ganz frühe Periode einer großen Unempfindlichkeit gegen galvanische Reize, die nach A. WESTPHAL[1]) im motorischen Gebiet etwa bis zur 8. Lebenswoche anhält, um dann gerade einer besonders großen Überempfindlichkeit Platz zu machen. Die sodann zum Lebensalter der Erwachsenen hin im allgemeinen absteigende Normalkurve der Erregbarkeit besitzt dabei vorübergehend und ganz physiologischerweise einen erneuten Gipfelanstieg anscheinend gerade im späteren Kindesalter, insbesondere der Präpubertät. Modifizierend, und überhaupt erst krankmachend, greift in diese physiologischen Verhältnisse die Krankheit Spasmophilie bzw. Tetanie ein, und sie besitzt eine gewisse Korrelation zu diesen Erregbarkeitsverhältnissen. Diese allein aber sind es nicht, welche die Krankheit bedingen: Tetanie (bzw. Spasmophilie) einerseits, galvanische und mechanische Übererregbarkeit anderseits wachsen und fallen zwar im allgemeinen gleichzeitig, aber nicht gleichstark, sondern in einem von Fall zu Fall sehr wechselnden Verhältnis, das von verschiedenen Faktoren abhängt, von Alter, Beschäftigung, Örtlichkeit (geophysischen und Milieueinflüssen), lokaler Inanspruchnahme einzelner Nervengebiete, zentralen, endokrinen und allgemeinen biologischen Verhältnissen. Daß ERB die galvanische Übererregbarkeit in Fällen von klinischer Tetanie zuerst entdeckte, war der Grund, sie als ein in allen Fällen pathognomisches Symptom der Tetanie bzw. als Ausdruck einer latenten Tetanie anzusehen. Die Tatsachen beweisen aber, daß diese galvanische Übererregbarkeit wohl eine Beziehung zur Tetanie und ihren Latenzzuständen besitzt, daß aber diese Beziehung zur Tetanie nicht ihr Wesen erschöpft. Ebensowenig gilt die Umkehrung: das Wesen der Tetanie erschöpft sich nicht in ihrer Beziehung zur galvanischen (bzw. zur mechanischen) Übererregbarkeit; denn im allgemeinen ist für die Entstehung der Tetanie ein auslösender Faktor erforderlich.

Von den die Tetanie auslösenden bzw. befördernden Faktoren gibt BLÜHDORN[2]) eine Übersicht:

Endogene Faktoren		Exogene Faktoren	
Neuropathische Veranlagung in engerem und weiterem Sinne.	Ernährungsfehler: einseitige und reichliche Milchnahrung, einseitige Mehlernährung u. a.	„Milieu“schäden: ungünstige Wohnungs- und Pflegeverhältnisse, Fehlen von Luft, Licht und Sonne. Jahreszeit.	Infektionen jedweder Art, insbesondere fieberhafte Erkrankungen, akute und chronische Ernährungsstörungen, Rachitis.

[1]) WESTPHAL, A.: Arch. f. Psych. 1894.
[2]) BLÜHDORN: Jahrb. f. Kinderheilk. Bd. 92. 1920.

Indem wir nun diese Untersuchung unter physiologischem Gesichtspunkt und mit Rücksicht auf das Normalverhalten in verschiedenen Lebensaltern durchführten, ergab sich, daß die Erregbarkeit schon normalerweise in verschiedenen Lebensaltern eine verschieden große ist[1]). Am geeignetsten für eine solche vergleichende, rein physiologisch orientierte Betrachtung erscheint es nun, von den galvanischen Normalschwellenwerten des erwachsenen Lebensalters auszugehen. Denn dieses zeigt in jeder Beziehung ein einheitlicheres Gepräge als die jüngeren Lebensperioden, weil in ihm nur seltener ausgeprägte tetanoide und spasmophile Erscheinungen zu erwarten sind, vorausgesetzt, daß man Individuen untersucht, die als biologisch vollwertig und nervengesund gelten können.

Wenn auch dieser Gesichtspunkt bisher noch nicht ausdrücklich leitend war, so brachte es doch bei STINTZING die zufällige Beschaffenheit seines Materials mit sich, daß sich seine Untersuchungen gerade am Nervus ulnaris fast ausschließlich auf Erwachsene bezogen, wohl infolge eines Zufalls, da STINTZING im allgemeinen Vpn. verschiedenster Lebensalter verwandte. STINTZING suchte schlechthin Normalschwellenwerte für die galvanische Erregbarkeit am peripheren Nerven zu ermitteln. Die von ihm hierbei verwandten Individuen gehören aber bei den meisten der von ihm untersuchten anderen peripheren Nervenstämme, mit Ausnahme gerade des eben erwähnten Ulnaris II, fast stets den allerverschiedensten Lebensaltern an, ein Umstand, der nach dem Zuvorgesagten die physiologischen Verhältnisse der Erregbarkeit verwischen muß.

Wir vergleichen daher die von uns am peripheren Nerven, und zwar am Nervus ulnaris gefundenen galvanischen Schwellenwerte gesunder Jugendlicher in ihrer relativen Häufigkeit zunächst mit dem in den STINTZINGschen Untersuchungen am gleichen Nerven an Erwachsenen festgestellten untersten Normalwert von 0,6 Milliampere für die Kathodenschließungszuckung (KSZ). Zugleich stellen wir diese Untersuchungsresultate in Parallele mit der relativen Häufigkeit der physiologischen eidetischen Phänomene, die ja bei Erwachsenen erfahrungsgemäß im ganzen nur noch selten angetroffen werden, genau so wie die Krankheit Tetanie. Die eidetischen Phänomene stellen also, im Gegensatz zu den bisherigen pathologischen Vergleichsmomenten (Krankheit Tetanie), ein in allen Lebensaltern, wenn sie einen bestimmten Grad nicht überschreiten, normales Phänomen und darum einen normalen Maßstab für die galvanischen Erregbarkeitsgrade dar. Da aber ihre Stärke auch mit galvanischen Erregbarkeitsgraden, die man bisher stets nur als pathologisch ansah oder im Zweifelsfalle wenigstens für suspekt erachtete, in gewissem Umfange parallel geht, so gewinnt man hierdurch ein physiologisches Kriterium gerade für den normalen Charakter auch solcher Erregbarkeitsgrade. Da körperlich den Untersuchungen über diesen Gegenstand (S. 212, Tab. I) Mischfälle unseres Eidetikermaterials (BT-Fälle) zugrunde lagen, kam hier eine Sonderung der eidetischen Phänomene nach ihrem Typus von vornherein nicht in Frage. Sie wäre auch schwer möglich gewesen, da die Unterschiede von B- und T-Typus nur in AB von reinem Typus (ohne Rücksicht auf die absolute Höhe des Grades)[2]) deutlich hervortreten; und diese Unterschiede konnten auch unberücksichtigt bleiben, da sie eine wesentliche Rolle nur dann spielen, wenn man eidetische Phänomene wenigstens

---

[1]) Hierzu sei bemerkt, daß Marburg a. L., der Ort der Untersuchungen, nicht als Spasmophilieort gilt.

[2]) Hierbei ist zu beachten, daß es im Experiment wegen der Eigenart der Phänomene am besten gelingt, diese Unterschiede in den höheren Graden deutlich nachzuweisen. Es berührt dies jedoch nicht die Geltung des Typus auch für die niederen Grade; er ist hier nur weniger leicht nachweisbar.

annähernd gleichhohen, vor allem höheren Grades wegen ihres Typus vergleicht, nicht aber Jugendliche der eidetischen Altersstufe mit Älteren, bei denen die eidetische Entwicklungsphase sicher überschritten ist, in dem Sinne in Vergleich zieht, daß man nur auf die eidetische Anlage überhaupt achtet, wobei der Typus (und ebenso zunächst auch der Grad) außer Betracht bleiben kann[1]).

Wir machten also hier zunächst weder einen Unterschied zwischen B- und T-Typus, noch einen solchen zwischen höheren und niederen Graden der eidetischen Anlage. — Beim Studium der Erregbarkeitsverhältnisse wird hier also nicht von einer für alle Lebensalter gleichartigen, mehr oder weniger ausgeprägten Krankheit ausgegangen, sondern von einer physiologischen, nach den einzelnen Lebensaltern und bei einzelnen Individuen verschieden ausgeprägten, genetisch gleichartigen Eigentümlichkeit: von der eidetischen Anlage überhaupt. Dadurch wird ein physiologisches Maß des tetanoiden Zustandes gewonnen, ein Gesichtspunkt, der allen bisherigen einschlägigen Untersuchungen mangelte.

STINTZING[2]) ermittelte für die Kathodenschließungszuckung (KSZ) des „Nervus ulnaris II am Olecranon“, an der „Rinne zwischen Condylus internus und Olecranon“ als Reizstelle, 0,6 Milliampere (MA) als untersten Grenzwert des Normalen; seine Vpn. waren hier zufällig fast durchgängig Vollerwachsene[3]). Wir selbst prüften bei stumpfwinklig gegen den Oberarm abgebeugtem Unterarm und Supination des letzteren, hart am oberen Ende dieser Rinne, in der Weise, daß hierbei die Prüfungselektrode, beide genannten Knochenvorsprünge berührend, jene Rinne genau unter sich hat, und verwandten nach v. PIRQUETs üblich gewordenem Vorgehen nie höhere Stromstärken als 5,0 MA. Die Anwendung höherer Stromstärken verbot schon die Rücksicht auf unsere Vpn., und dieses Vorgehen wird auch in der Klinik als ausreichend angesehen, um ein vollständiges Bild von den Erregbarkeitsverhältnissen am peripheren Nerven zu erhalten[4]) Die Vp. saß hierbei in bequemer Weise auf einem Lehnstuhl, mit dem Gesicht dem Untersucher zugewandt. Der entblößte rechte Unterarm ruhte flach auf einer weichen Unterlage, völlig entspannt, die Innenfläche der Hand nach oben ge-

[1]) Wie späterhin mehrfach (Kap. IV, V, VII, 6) noch weiter auseinandergesetzt werden wird, ist bei der gewöhnlichen Untersuchung von AB aller Grade eine Auseinanderhaltung der Typen nicht erforderlich. Die hier verwandten Grade beziehen sich auf alle eidetischen Phänomene ohne Rücksicht auf den Typus (vgl. Kap. I und IV). Da ganz besonders bei Erwachsenen und älteren Personen höhere Grade erhaltengebliebener eidetischer Eigentümlichkeiten in gewissem Umfange auch von einem Übungsfaktor abhängig sind (wovon noch näher die Rede sein wird) mußte es hier zunächst darauf ankommen, ob überhaupt eidetische Anlage vorhanden war oder nicht.

[2]) STINTZING, Dtsch. Arch. f. klin. Med. 1886.

[3]) Die 16 bei seinen Untersuchungen (a. a. O.) benutzten Personen standen in folgenden Altersstufen: nur 3 waren unter 20 Jahren, nämlich 11, 17 und 19 Jahre alt; 4 weitere waren unter 23 Jahren, nämlich 2 je 20, je eine 21 bzw. 22 Jahre. Alle übrigen waren zwischen 27 und 58 Jahren. Das Durchschnittsalter dieser Individuen war 32 Jahre. Hierbei ist zu bemerken, daß es gerade nicht die wenigen jugendlicheren Individuen unter diesen Vpn. waren, welche die niedrigsten Werte von 0,6 MA (bzw. 0,7 und 0,8 MA) für Kathodenschließungszuckung zeigten, vielmehr fand STINTZING diese Werte bei einem 29jährigen, bzw. einem 17-, 20- und 27jährigen Individuum. Da STINTZING bei seinen Versuchen zur Feststellung von Normalschwellen für die KSZ an andern Nerven ein noch weit weniger einheitliches Material benutzte, teilweise Individuen sehr jugendlichen und jüngsten Alters, so dürfte die Allgemeingültigkeit seiner Normalschwellen immerhin zu einigen Zweifeln berechtigen. Dies verdient einmal hervorgehoben zu werden, da diese Normalschwellen vielfach in gebräuchliche diagnostische Handbücher eingegangen sind, sich aber andererseits, wie hier aufgezeigt wird, als abhängig vom Lebensalter erweisen, ein Umstand, der auch schon G. PERITZ auffiel, von ihm aber nicht näher verfolgt wurde.

[4]) v. PIRQUET (Wien. med. Wochenschr, 1906): „Untersuchung über 5,0 MA hinaus ist schmerzhaft und überflüssig.“

kehrt. Der vor der Vp. sitzende Untersucher konnte hierbei mit der in der rechten Hand geführten Elektrode bequem die oben bezeichnete Reizstelle erreichen; er konnte ihre Lage dauernd kontrollieren, ebenso wie das Amperemeter, das mit der Versuchsanordnung bzw. dem Pantostaten sich links unmittelbar neben dem Untersucher befand, so daß dieser auch den Widerstand gleichzeitig mit der linken Hand bedienen konnte. Die indifferente (große) Elektrode wurde dabei auf der entblößten Brust festgehalten, bei Erwachsenen durch die Vp. selbst, sonst durch eine Hilfsperson, die gleichzeitig mit ihrer rechten Hand die Stellung des Unterarms der Vp. leicht fixierte, indem sie ihre Hand flach und mit leichtem Druck auf den rechten Unterarm der Vp. auflegte.

Als Prüfungselektrode[1]) gilt für alle folgenden Untersuchungen die „STINTZINGsche Normalelektrode" (3 qcm). Die indifferente Elektrode, die auf die Brust gesetzt wurde, war 15 × 6 qcm groß. Elektroden und Haut wurden mit gewöhnlichem angewärmtem Leitungswasser gut durchfeuchtet; hierbei rieben wir die Haut mit einer mittelweichen Bürste stets bis zur lebhaften Rötung. Die Zahl der Stromschließungen und -öffnungen wurde möglichst beschränkt, da sie die Erregbarkeit steigern („sekundäre Erregbarkeit" BRENNERS). Im allgemeinen wurde mit aufsteigendem Strom untersucht, indem wir die nacheinander folgenden Zuckungen, von denen später noch näher die Rede sein wird, mit ganz langsam ansteigender Stromstärke nacheinander aufsuchten. Notiert wurde der Wert, den nach Eintreten der Minimalzuckung die Nadel des Amperemeters bei geschlossenem konstantem Strom anzeigte (v. PIRQUET). Wir benutzten hierbei ein Präzisionsamperemeter mit einer Einteilung bis auf 1/10 MA. Zur Technik der Feststellung der Minimalzuckung am Unterarm sei erwähnt, daß letztere am schärfsten bei einer Beobachtungsart geschieht, die Unterarm und

---

[1]) Der Beschaffenheit und vor allem der Größe der Prüfungselektrode (die man zunächst als Kathode verwendet, welche bei Durchleitung des Stromes durch das Wasser an den aufsteigenden Blasen kenntlich ist) wird von vielen Untersuchern leider nicht die nötige Aufmerksamkeit zugewandt. Das gilt auch von G. PERITZ, der in seinen Untersuchungen („Spasmophilie der Erwachsenen") lediglich von der Verwendung einer „knopfförmigen" Elektrode spricht. Die Abhängigkeit von Elektrodengröße, Stromdichte und Reizerfolg hat schon STINTZING (Dtsch. Arch. f. klin. Med., 1886) sehr exakt untersucht und dabei gefunden, daß bei gleichbleibender Stromstärke die Höhe der Reizschwellen schon von geringen Größenunterschieden der Reizelektrode abhängig ist. Vergleichbare Werte sind also nur mit genau gleichgroßen Elektroden zu erhalten. Ebenso wird leider auch in vielen Untersuchungen zu wenig Wert auf die Verschiedenheit der untersuchten Nerven gelegt. Über diesen Punk soll später noch näher gesprochen werden. Weitere Gesichtspunkte, die bei der Beurteilung der galvanischen Erregbarkeit Beachtung verdienen, hat MANN (Monatsschr. f. Psych. u. Neur. Bd. 7. 1900) am Schlüß seiner Arbeit zusammengestellt (vgl. S. 54, Anm.). Er weist vor allem auf die Verschiedenheit der Schwellenwerte hin, die sich bei verschiedener Dicke der Haut ergeben können, ein Umstand, dessen ausschlaggebende Bedeutung indessen FINKELSTEIN bezweifelt. Freilich spielt die Entfernung der Elektrode vom Nerven eine große Rolle, wie man leicht zeigen kann, wenn man die Stellung der Elektrode etwas in seitlicher Richtung verändert. Gerade aber die verhältnismäßig geringen Unterschiede in der Dicke der Haut scheinen bei dem Spielraum, innerhalb dessen die Schwellenwerte stets angegeben werden, weniger von Belang. Es mag hinzugefügt werden, daß es sich bei unseren Vpn. durchweg um gut genährte Individuen handelte, die aus Bürger- und ausreichend ernährten Kleinbürgerkreisen, zum Teil auch aus wohlernährter Bauernbevölkerung stammten. Unter unseren Vpn. befindet sich kein einziges Individuum, bei welchem man von einem wesentlichen Einfluß der Kriegsernährung hätte sprechen können. Wir erwähnen diesen Umstand deshalb, weil gelegentlich Äußerungen laut wurden, als ob bei den hier beschriebenen Phänomenen die Kriegsernährung eine besondere Rolle gespielt haben könnte. Aber nicht nur die angeführten Gegengründe, sondern auch unsere nunmehr bereits jahrelange Erfahrung beweist, daß es sich bei dem hier behandelten Erscheinungskreise nicht etwa um ein nur unter bestimmten Zeitbedingungen und nur vorübergehend bemerkbares Phänomen handelt.

Fingermuskulatur nicht scharf fixiert, sondern bei einem „Hinwegschauen“ über diese Muskelgebiete mit der Peripherie der Netzhaut beobachtet, in welcher wir ja bekanntlich minimale Bewegungsvorgänge besonders deutlich zu bemerken pflegen (S. Exner u. a.).

Die Reizschwelle von 0,6 MA für KSZ am N. ulnaris, also die unterste von Stintzing für Erwachsene an diesem Nerven ermittelte Normalschwelle, fand sich nun in unseren Untersuchungen (vgl. S. 218, Tab. II) bei 15,79 vH. der Jugendlichen im Durchschnittsalter von 12,5 Jahren; der Prozentsatz stieg auf 25 vH. bei jungen Männern im Durchschnittsalter von 18,5 Jahren. Auch noch die dicht unterhalb 0,6 MA, bei 0,5 MA gelegene Reizschwelle für KSZ stieg an Häufigkeit, und zwar von 2,63 vH. der jüngeren bis 12,5 vH. der älteren Individuen; ebenso stieg die Häufigkeit der höheren Schwellenwerte einer KSZ bei mehr als 1,0 MA von 15,79 vH. (bei der jüngeren) auf 29,17 vH. (bei der älteren Jahresklasse). Im Gegensatz hierzu fanden sich gerade die untersten für die KSZ in unseren Untersuchungen gefundenen Werte von 0,4 MA und darunter bei den Jugendlichen vermehrt; sie fanden sich hier in 18,42 vH. und verminderten sich bei den jungen Männern auf 12,5 vH.

Es ergab sich also bei einer unter rein physiologischen Gesichtspunkten unternommenen Untersuchung verschiedener Alter von der jüngeren zur älteren Jahresklasse eine ansteigende Häufigkeit der höheren Reizschwellen für Kathodenschließungszuckung (von 0,5 MA an und darüber) und eine absinkende Häufigkeit der niederen Reizschwellen (0,4 MA und darunter). Mit andern Worten: die jüngere Jahresklasse zeigt gegenüber der älteren durchschnittlich einen höheren Grad der galvanischen Erregbarkeit. Wir können das Ergebnis sogleich in dieser allgemeinen Form aussprechen, denn Entsprechendes, wie für die KSZ (Kathodenschließungszuckung), zeigte sich, wie wir sehen werden, auch für die übrigen Schwellenwerte der „Zuckungsformel“ (siehe unten) und auch, wie schon hinzugefügt werden mag, für die eidetischen Grade.

Untersucht man mit ansteigendem Strom bis zu erträglichen Stromstärken am peripheren Nerven die nacheinander auftretenden Muskelzuckungen, so ergibt sich, daß im allgemeinen zuerst eine KSZ, dann eine ASZ (Anodenschließungszuckung), weiterhin eine AÖZ (Anodenöffnungszuckung), etwas später eine KÖZ (Kathodenöffnungszuckung) eintritt. Für letztere kann nach v. Pirquet gleichwertig manchmal auch ein KSTe (Kathodenschließungstetanus) auftreten; in seltenen Fällen ist ein ASTe (Anodenschließungstetanus) nachweisbar, der nach unseren Erfahrungen ähnlich zu bewerten ist wie der KSTe. Ein AÖTe (Anodenöffnungstetanus) dagegen kommt nach Erb nur in sehr seltenen hochgradig pathologischen Fällen von echter Tetanie vor. Wegen dieser Gleichartigkeit in der Bewertung letztgenannter Zuckungen führen wir im Falle zahlenmäßiger Gegenüberstellung KÖZ, KSTe und ASTe nicht gesondert auf. — Die Gesamtheit aller genannten Zuckungen nennt man die „Zuckungsformel am peripheren Nerven“ (Brenner).

Die Prüfung der Zuckungsformel mit aufsteigendem Strom ging demnach in unseren Untersuchungen, wie folgt, vor sich: nach guter Durchfeuchtung der Haut und der Elektroden, die mit einem weichen Stoffüberzug versehen waren, wurde, beginnend mit ganz minimalem Strom und bei langsamer Steigerung desselben, zuerst der Schwellenwert der KSZ bestimmt, sodann, ohne die Elektrode zu verrücken, nach Wendung des Stroms die im allgemeinen nun folgende ASZ aufgesucht. Nur selten tritt die ASZ vor der KSZ auf. Darauf wurde die AÖZ festgestellt und sodann, nach einer erneuten Wendung des Stromes, die KÖZ (bzw. KSTe, ASTe). Nach Erreichung von 5,0 MA war die

Prüfung beendigt. — Die Aufsuchung der KÖZ bzw. des KSTe wurde möglichst an letzter Stelle vorgenommen, schon deshalb, weil gerade sie besonders die „sekundäre" Erregbarkeit steigert, also Fehlerquellen bei Beurteilung der Erregbarkeit ergeben kann. Aus diesem Grunde vermieden wir auch die durch v. PIRQUET empfohlene umgekehrte Methode, die Zuckungsformel mit absteigendem Strom zu untersuchen, bei welchem Verfahren zuerst die höchste Stromstärke eingestellt und also zuerst die KÖZ aufgesucht wird. Aus dem gleichen Grunde wurde auch jede überflüssige Öffnung und Schließung des Stromes möglichst vermieden, soweit sich dies zur scharfen Feststellung der Minimalzuckung überhaupt vermeiden läßt.

Im Falle von Übererregbarkeit treten nun für alle diese Zuckungen nicht nur niedrige Werte auf, sondern die Zuckungsformel erleidet auch in der Reihenfolge der Zuckungen Abwandlungen, die noch später erörtert werden.

Die ASZ erfährt in der Klinik wegen ihrer großen Inkonstanz bei der Beurteilung der Erregbarkeit wenig Beachtung. Sie hielt sich auch in unseren Untersuchungen in beiden Altersklassen in ungefähr gleichen Grenzen (0,4 bis 4,0 bzw. 0,4—3,3 MA); auch wir vernachlässigten sie daher im allgemeinen. Nur wenn sie vor der KSZ oder mit ihr gleichzeitig auftritt, bedeutet sie nach unseren Erfahrungen einen etwa gleichen Grad von Übererregbarkeit wie eine besonders früh auftretende KSZ oder eine frühere AÖZ (etwa zwischen 2,0 und 5,0 MA) und muß dann Beachtung erfahren.

In allen Untersuchungen wurde, wie nochmals erwähnt sei, bei diesen Prüfungen der Zuckungsformel nach dem Vorgange v. PIRQUETS der Reizstrom stets nur bis 5,0 MA gesteigert; wenn also bei einzelnen Fällen eine Zuckung nicht angeführt ist, so lag sie dort höher als 5,0 MA.

THIEMICH und MANN bzw. v. PIRQUET betrachteten seinerzeit den Wert 5,0 MA für gewisse Zuckungen (AÖZ bzw. KÖZ) als den Grenzwert, der normale Erregbarkeit und Übererregbarkeit scheidet. Auch wir hielten uns in unseren Berechnungen an diese Grenzen von 5,0 MA. Obwohl es nicht von ausschlaggebender Bedeutung ist, ob z. B. eine KÖZ bei 5,0 oder bei 4,9 MA liegt, und auch in der Klinik Zweifel geäußert worden sind über den Wert allzu scharfer Grenzwertbestimmungen, so gebrauchten wir doch die Vorsicht, bei unseren Berechnungen die Reizschwellen „unter" und „bis 5,0 MA einschließlich" beide getrennt zu berechnen und beide in unseren Berechnungen zu berücksichtigen.

Bei diesem Vorgehen fanden wir die AÖZ „unter 5,0 MA" bei 76,32 vH. der jüngeren Altersklassen; „bis 5,0 MA einschließlich" sogar bei 84,21 vH. Wir fanden die KÖZ (bzw. KSTe, ASTe) in der jüngeren Altersklasse unter und bis einschließlich 5,0 MA bei 10,53 vH. In der älteren Jahresklasse dagegen fand sich AÖZ unter und bis einschließlich 5,0 MA in 58,33 vH., KÖZ (bzw. KSTe, ASTe) unter 5,0 MA in 12,5 vH., bis 5,0 MA einschließlich in 16,67 vH.

Nach v. PIRQUET ist nun jede AÖZ wie KÖZ (bzw. KSTe) unter 5,0 MA bei jungen Kindern als Übererregbarkeitsgrad anzusprechen, sowohl einzeln wie bei gemeinsamem Auftreten. Er nennt dies anodische bzw. kathodische Übererregbarkeit. Beide Öffnungszuckungen zusammengenommen nehmen nun in unserem Material mit fortschreitendem Alter ab, nämlich AÖZ + KÖZ unter 5,0 MA von 86,84 vH. auf 70,83 vH., AÖZ + KÖZ bis 5,0 MA einschließlich von 94,74 vH. auf 75,00 vH. Die Häufigkeit der KÖZ, für sich allein betrachtet, erfährt hierbei allerdings gegenüber der absinkenden Häufigkeit der AÖZ von der jüngeren zu der älteren Jahresklasse eine geringe Steigerung, von 10,53 vH. KÖZ (unter und bis 5,0 MA) bei den jüngeren, auf 12,5 vH. (unter 5,0 MA) bzw. 16,67 vH. (bis 5,0 MA einschließlich) bei den älteren Individuen. Wie schon erwähnt, müssen aber alle tetanoiden Übererregbarkeitszeichen als ein zusammenhängender, genetisch gleichartiger Komplex (T-Komplex) angesehen werden, dessen einzelnen Teilstigmen, wie sich zeigen wird, oft eine große Selbständigkeit zukommt. Unter diesen Umständen spielt das Häufigerwerden isolierter Stigmen, wie hier der KÖZ, das nur vereinzelt bleibt, für die Gesamtheit der T-Stigmen und ihre mit dem Alter absteigende Häufigkeit keine ausschlaggebende Rolle, da sich in diesen Untersuchungen immer wieder bestätigte, daß die tetanoiden Übererregbarkeitsstigmen in ihrer Gesamtheit betrachtet mit steigendem Lebensalter absinken[1]).

Wenn sich daher von der jüngeren zur älteren Jahresklasse auch eine ansteigende Häufigkeit einer gleichzeitig mit oder gar vor der KSZ liegenden ASZ fand (10,53 vH. bei den jüngeren, 25 vH. bei den älteren Individuen), so gilt trotzdem die eben hervorgehobene Gesetzmäßigkeit. Denn es kann sogleich hinzugefügt werden, daß nach STINTZING ein derartiges Verhalten der ASZ, wie wir es unter unsrer „jüngeren Jahresklasse" (Altersmittel 12,5 J.) und sogar etwas häufiger unter unsrer „älteren Jahresklasse" (Altersmittel 18,5 J.) fanden, unter älteren Erwachsenen überhaupt kaum in Betracht kommt, daß also letzten Endes doch auch hier die im allgemeinen mit dem Lebensalter absteigende Tendenz der galvanischen Erregbarkeit deutlich wird; denn es sind die Individuen unserer „älteren Jahresklasse" gegenüber „älteren Erwachsenen", wie in den STINTZINGschen Untersuchungen (Altersmittel 32 J.),[2]) ja immerhin doch wenigstens noch als „jugendliche Erwachsene" zu bezeichnen. Die im allgemeinen absteigende Tendenz der galvanischen Erregbarkeit kommt eben im Anfang und am Ende der betreffenden Stufenleiter schärfer zum Ausdruck als in den Zwischenstadien.

Ganz entsprechend diesen Verhältnissen ergab sich, daß von der jüngeren zu dieser älteren Jahresklasse mit Abnahme der Häufigkeit der Öffnungszuckungen unter und bis 5,0 MA bei steigendem Lebensalter die Häufigkeit eidetischer Grade abnahm: hatten wir bei den „Jüngeren" 86,84 vH. anodische + kathodische Erregbarkeitsgrade neben 86,84 vH. eidetischen Graden, so fanden wir bei den „Älteren" nur 70,83 bzw. 62,5 vH. dieser galvanischen Erregbarkeitsgrade neben 25 vH. eidetischen Graden. Wenn wir hier der Kürze wegen von „eidetischen Graden" sprechen, so sind hier, wie schon erwähnt, alle Fälle überhaupt verstanden, die irgendeinen eidetischen Grad aufweisen, und es ist dabei also kein Unterschied zwischen höheren und niederen Graden gemacht worden. Das besonders schnelle Absinken des Vorkommens irgendwelcher eidetischer Grade überhaupt gegenüber dem immerhin noch häufigeren Vorkommen selbst höherer galvanischer Stigmen (KÖZ, KSTe, ASTe bis 5,0 MA) in der älteren Jahresklasse erklärt sich wohl ungezwungen daraus, daß die eidetischen Dispositionen gegenüber den motorischen sehr früh vernachlässigt werden, während die motorischen eher eine zunehmende Übung erfahren. Denn, wie sich zeigen wird, spielt bei diesen Erscheinungen phänotypisch auch Übung und Gebrauch eine gewisse Rolle[3]). Sie sind jedoch nur

[1]) Der Periode der frühkindlichen Übererregbarkeit, die nach unseren vorliegenden Untersuchungen mit steigendem Lebensalter bis zu dem der Erwachsenen hin abnimmt, geht nach A. WESTPHAL (Arch. f. Psych. u. Nervenkrankh. Bd. 26. 1894) eine Periode der Untererregbarkeit in den ersten Lebenswochen voran. Dies beides steht in völliger Übereinstimmung mit dem von SOLTMANN an Tieren Gefundenem (Jahrb. f. Kinderheilk. Bd. 12. 1878). SOLTMANN fand „ein stetiges und allmähliches Ansteigen der Erregbarkeit von der Geburt" bis zur sechsten Lebenswoche, wo die Erregkarkeit beider gleich oder „gar die des jungen Tieres höher ist, als die des erwachsenen Tieres" (Sperrdruck von uns, d. Verf.).

[2]) Vgl. Anm. 3, S. 57.

[3]) Hierzu verdient eine Angabe MANNS (a. a. O.) angeführt zu werden: „Ich weise ferner darauf hin, daß das TROUSSEAUsche Phänomen nicht sofort auftritt, sondern erst nachdem der Druck, oft einige Minuten lang, ausgeübt worden ist". Also auch hier ein

von untergeordneter Bedeutung gegenüber den konstitutionellen und physiologischen Erregbarkeitsverhältnissen, die selbst schon in den geringeren Graden der eidetischen Erscheinungen zum Ausdruck kommen, und verringern darum nicht den Symptomwert jener Erscheinungen[1]). Die vorwaltende Bedeutung der konstitutionellen Erregbarkeitsverhältnisse zeigt sich schon in der großen Gleichförmigkeit der Resultate, die sich gegenüber den doch individuell schon verschiedenen Übungseinflüssen durchsetzt, dann vor allem auch in der Möglichkeit, die eidetischen Phänomene auf medizinischem Wege zu beeinflussen und unter Umständen sogar auszulöschen, und zwar gerade durch das Calcium, das auf die hier angezogenen motorischen Erscheinungen in ganz gleicher Weise wie auf die eidetischen wirkt. Aber aus unseren Tabellen läßt es sich auch unmittelbar ablesen, daß das Vorhandensein der eidetischen Phänomene überhaupt, und in zweiter Linie in gewissem Umfange auch ihr Grad, ganz wesentlich ein Ausdruck physiologischer und konstitutioneller Verhältnisse ist. Wenn man nämlich die untersuchten Personen ein und derselben Altersklasse (Tab. I, siehe S. 212f.) nach den Stufen der galvanischen Erregbarkeit ordnet, so zeigt sich, daß trotz aller individuellen Unterschiede der mittlere Gradwert der eidetischen Phänomene in derjenigen Gruppe von Individuen höher ist, die auch eine höhere galvanische Erregbarkeit am peripheren Nerven aufweisen. Die Trennung der Gruppen nach höherer und niederer galvanischer Erregbarkeit erfolgte dabei dort, wo die nach STINTZING noch normalen Werte von KSZ (0,6 MA) anfangen und Öffnungszuckungen nicht vorhanden waren, die ja nach v. PIRQUET zu den Stigmen höherer und hoher galvanischer Übererregbarkeit rechnen, nämlich eine AÖZ unter 2,0 bzw. 2,5 MA, eine KÖZ (bzw. KSTe) unter 5,0 MA. Die Umkehr der Zuckungsformel (AÖZ vor ASZ auftretend), die v. PIRQUET zu den sicher als pathologisch anzusehenden Stigmen rechnet, war hier in keinem Falle vorhanden. In der zweiten Gruppe mit geringerer galvanischer Erregbarkeit befinden sich dann alle Individuen, die bis 5,0 MA eine AÖZ höher als 2,5 MA und keine KÖZ (bzw. KSTe) zeigen, endlich eine KSZ von 0,6 MA an und darüber aufweisen.

Dem ganz entsprechend war der Mittelwert der eidetischen Grade in der Gruppe mit der höheren galvanischen Erregbarkeit ebenfalls höher, — er betrug hier III, 38 —, in der Gruppe mit der geringeren galvanischen Erregbarkeit

---

Beweis, daß es sich nicht um einen ein für allemal festen Grad von Übererregbarkeit handelt, sondern um einen Erregbarkeitsgrad, der durch gewisse Reize erst gesteigert wird. Besonders charakteristisch ist hierfür eine von v. BECHTEREW (Dtsch. Zeitschr. f. Nervenheilk. Bd. 6. 1895) an zwei Fällen von Tetanie gemachte Beobachtung, welche er als „Erregungsreaktion" bezeichnet. Er fand, daß sowohl mechanische wie elektrische Reize geringer Intensität, welche anfangs nicht genügten, den gereizten motorischen (und sensiblen) Nerven zu erregen, bei ihrer Wiederholung allmählich wirksam wurden, so daß eine nach und nach immer stärker werdende Zuckung auftrat. Wir haben Andeutungen dieser „Erregungsreaktion" ebenfalls beobachtet — — „Jedenfalls sind genügend Hinweise darauf vorhanden, daß bei Tetanie nicht ein gleichbleibender, sondern ein von der Einwirkung äußerer Reize abhängiger Grad von Übererregbarkeit besteht" (v. BECHTEREW a. a. O., Sperrdruck von uns, d. Verf.). Die Verhältnisse haben also vielleicht auch eine gewisse Beziehung zu der sogenannten „sekundären galvanischen Übererregbarkeit" BRENNERS, die wir früher erwähnten.

[1]) Es kann heute nämlich als sehr wahrscheinlich gelten, daß die eidetische Jugendanlage durch die Einflüsse des Lebens und der Erziehung im allgemeinen nur verkümmert und daß ihr Erhaltenbleiben eher den allgemeineren Normalzustand bedeutet, der durch gewisse Übungseinflüsse sich stärker erhalten kann. Ihr wirken also im Laufe des Lebens gewisse Widerstände entgegen, die durch Übung vermindert werden können. Wo dieser Übungsfaktor fehlt, bleiben nur diejenigen Individuen Eidetiker, deren Genotypus oder mindestens deren angeborene Konstitution eidetisch stark genug veranlagt war, um sich gegenüber diesen Widerständen zu behaupten (vgl. Kap. VII, 6).

ebenfalls geringer (II, 24)[1]). Über die „eidetischen Grade“ ist das Nötige im Kap. I und IV ausgeführt. Es ging also, auch wenn man die feinere Unterscheidung nach „Graden“ macht, höhere galvanische Erregbarkeit, d. h. niedere Reizschwelle am peripheren Nerven, mit einer erhöhten Ansprechbarkeit der optischen Sphäre einher; geringere galvanische Erregbarkeit, d. h. höhere Reizschwelle am peripheren motorischen Nerven, lief einer geringeren Ansprechbarkeit der optischen Sphäre parallel. So verhielt es sich unter Zugrundelegung der Befunde an Individuen derselben jugendlichen Altersklasse (Tab. I A). Dasselbe zeigte sich aber auch an der älteren Jahresklasse (Tab. I B), die in ihrer Gesamtheit eine geringere galvanische Erregbarkeit, also durchschnittlich höhere Reizschwellen aufwies als die Gesamtheit der jüngeren Altersklasse. Ganz entsprechend diesem niedrigeren Mittelwert der galvanischen Erregbarkeit war hier auch der Mittelwert der eidetischen Grade, — soweit solche hier überhaupt noch aufgefunden wurden —, niedriger, nämlich nur 0,54 gegenüber II,63 bei der Gesamtheit der jüngeren Altersklasse. Gleiches zeigt sich an der Nachdauer der NB (vgl. Tab. II). Das unverhältnismäßig schnellere Absinken der optischen gegenüber der galvanischen Erregbarkeitsgrade erklärt sich hinreichend aus dem oben erwähnten Grunde der mangelnden Übung.

Es ergibt sich also, — abgesehen von solchen Übungseinflüssen —, daß von niederer zu höherer Altersklasse der Grad und die Häufigkeit des Vorkommens von irgendwelchen eidetischen Graden parallel mit der Häufigkeit der verschiedenen galvanischen Übererregbarkeitsgrade absinkt. Aber sogar unter gleichaltrigen Individuen finden wir parallelgehend mit geringerer galvanischer Übererregbarkeit eine Erniedrigung der eidetischen Grade, was ebenfalls wieder für den wesenhaften Zusammenhang beider Erscheinungsgebiete spricht. Hierbei ist das parallele Absinken der Übererregbarkeit in der optischen und der motorischen Sphäre nicht nur an dem Verhalten der Kathodenschließungszuckung und ihrer Reizschwellen festzustellen, in Gestalt einer steigenden Häufigkeit der höheren und demgemäß einer sich mindernden Häufigkeit der niederen Reizschwellen, wie wir es auch im Verlaufe des Altersfortschrittes bemerkten: es findet sich vielmehr hier zugleich auch ein Steigen der Schwellenwerte für die Öffnungszuckungen an Anode und Kathode (bzw. KSTe), also eine absinkende Häufigkeit der niederen Reizschwellen auch für diese „Qualitäten“ der Zuckungsformel am motorischen Nerven, alles immer parallel mit dem Absinken der Mittelwerte eidetischer Grade und des Vorkommens solcher überhaupt. Ebenso sinkt das Vorkommen manifester eidetischer Erscheinungen von 78,95 vH. der jüngeren (Tab. I A) auf 16,67 vH. der älteren Jugendlichen (Tab. I B), während bei Vollerwachsenen (jenseits 24 Jahren) ein Vorkommen manifester eidetischer Erscheinungen im allgemeinen nur in Ausnahmefällen nachweisbar ist. Daß hierbei einzelne Qualitäten der Erregbarkeit, *für sich betrachtet*, innerhalb dieser beiden untersuchten Altersklassen eine relative Steigerung ihrer Häufigkeit erfahren (KÖZ für sich, ebenso ASZ gleichzeitig oder vor KSZ auftretend), kann an dem Gesamtbild des Parallelismus dieser Erscheinungen und der *absinkenden Tendenz des gesamten psychophysischen T-Komplexes mit dem Altersfortschritt* nichts ändern.

In diesem Zusammenhange ist es daher wichtig, auch weiterer Verhältnisse der galvanischen Zuckungen Erwähnung zu tun, die STINTZING an älteren Er-

[1]) Bei den genaueren Untersuchungen wurden fünf Grade der eidetischen Erscheinungen nach Maßgabe ihrer Ausgeprägtheit unterschieden. Die Dezimalangaben — z. B. oben II, 24 — ergeben sich bei der Bestimmung des Durchschnittsgrades für eine Gruppe von Individuen dadurch, daß für jedes einzelne Individuum zunächst der Grad bestimmt und dann aus allen diesen Bestimmungen der Durchschnittsgrad für die Gruppe berechnet wird.

wachsenen feststellte. Er beobachtete, daß unter seinem Material (Altersdurchschnitt 32 Jahre) für KSZ außer der bereits erwähnten untersten Reizschwelle von 0,6 MA am N. ulnaris im allgemeinen als normaler Mittelwert 1,6 MA zu gelten hat, so daß also die Reizschwelle für KSZ unter älteren Erwachsenen durchschnittlich höher liegt als selbst bei unserer „älteren Jahresklasse", die doch immerhin schon zu den Erwachsenen, aber jugendlichen Erwachsenen gerechnet werden kann (Durchschnittsalter 18,5 Jahre); denn bei diesen jugendlichen Erwachsenen war der Durchschnittswert für KSZ 1,0 MA. Es ist bemerkenswert, daß sich ganz dementsprechend auch hier noch häufiger eidetische Grade fanden (25 vH.), während solche unter älteren Erwachsenen im allgemeinen nur noch ganz selten sind, und zwar so selten, daß sie nach den vieljährigen Erfahrungen des Marburger Psychologischen Instituts in Prozenten überhaupt kaum ausgedrückt werden können, wofern bestimmte Klassen von Erwachsenen ausgenommen werden (Künstler u. a.)[1]).

Wir erhalten also nicht nur unter Jugendlichen ein und derselben Altersklasse, sondern selbst unter Erwachsenen wieder das gleiche Verhältnis, wenn wir innerhalb dieser Erwachsenen zwei Gruppen einander gegenüberstellen: in der jüngeren Gruppe Erwachsener sind zugleich mit der höheren durchschnittlichen galvanischen Erregbarkeit (1,0 MA für KSZ) Eidetiker jeden Grades überhaupt häufiger als in der Gruppe mit dem Mittelwert 1,6 MA für KSZ, d. h. der Gruppe, die einerseits eine geringere galvanische Erregbarkeit zeigt, zugleich aber auch an Jahren durchschnittlich älter ist. Gleichzeitig wird dabei auch wieder deutlich, daß die galvanische Erregbarkeit und die Stärke der einzelnen eidetischen Erscheinungen beide ebenfalls parallel mit dem Altersfortschritt abnehmen: mit steigender Altersstufe wächst der Mittelwert für KSZ und es fällt gleichsinnig der Mittelwert der eidetischen Grade, der bei älteren Erwachsenen überhaupt kaum in Betracht kommt, in unserer Gruppe jüngerer Erwachsener aber immerhin noch 0,54 beträgt. Der entsprechende Parallelismus ergibt sich nun wiederum, wenn wir innerhalb einer Gruppe bleiben und nur innerhalb älterer Erwachsener die Mittelwerte der KSZ für Nichteidetiker und Eidetiker berechnen (Tab. III, S. 218 [1,4 gegen 1,0 MA]). Entsprechendes gilt hier von der Häufigkeit von ÖZ'n bis 5,0 MA (11,1 vH. gegen 137,5 vH.). Der Mittelwert für KSZ war unter Eidetikern derselben Klasse älterer Erwachsener 1,0 MA, bei Nichteidetikern 1,4 MA. Letzterer Mittelwert rückt somit in die Nähe der Schwelle von 1,6 MA, die (nach Stintzing) für die Allgemeinheit der Erwachsenen als Mittelwert am N. ulnaris II zu gelten hat. Die Allgemeinheit der Erwachsenen schlechthin ist aber als nichteidetisch zu betrachten.

Als Mittelwert der Eidetiker unter den Vollerwachsenen ergab sich der Wert von 1,0 MA für KSZ, den wir als Mittelwert unter unseren jugendlichen Erwachsenen ebenfalls feststellten, wobei immerhin noch 25 vH. eidetischer Grade nachweisbar waren (wenn auch deren Mittelwert nur noch 0,54 Grad betrug). In allem zeigt sich also, auch wenn man zunächst die eidetische Anlage ganz außer Betracht läßt, das Vorhandensein eines „Jugendtypus" der galvanischen Erregbarkeit bei diesen Vollerwachsenen mit eidetischer Anlage. Dieser Jugendtypus kommt bei der Gruppe der Eidetiker unter den älteren Erwachsenen auch darin zum Ausdruck, daß außer niedrigen Werten für KSZ auch Öffnungszuckungen unter 5,0 MA an Anode und Kathode, ja sogar an beiden fast durchgehend auftreten, während solche Zuckungen bei den Nichteidetikern derselben Altersklasse fast ebenso durchgehend fehlen

[1]) Vgl. hierzu Jaensch, E. R.: Zeitschr. f. Ästhetik u. allgem. Kunstwissenschaft 1925; Klöss, W.: med. Diss. Frankfurt a. M., März 1925. Vgl. hierzu auch Kap. VII, 6.

(vgl. S. 218, Tab. III); ja, es zeigen sich jene Öffnungszuckungen unter 5,0 MA selbst bei den erwachsenen Eidetikern nicht selten sogar schon bei recht niedrigen Schwellenwerten.

Hierzu stimmt ferner, daß auch eine ASZ, die nach STINTZING unter älteren Erwachsenen nur sehr selten (in 1—2 vH.) vor der KSZ oder gleichzeitig mit ihr auftritt, bei unseren Jugendlichen einschließlich der jungen Erwachsenen häufig war (10,53 bzw. 25 vH.), und häufig auch unter hochgradigen Eidetikern aller Altersstufen auftritt. Daß dieses Verhalten der ASZ und KSZ eine Übererregbarkeit darstellt, zeigt sich nicht nur in den eben geschilderten Umständen, sondern in gleicher Weise an der Kalkwirkung. Denn eine solche ASZ pflegt bei jenen Individuen nach Calciumdarreichung im allgemeinen hinter die KSZ zu treten. Auch MANN fand die ASZ vor der KSZ in seiner an Säuglingen gewonnenen Normaltabelle häufiger als STINTZING an seinen Erwachsenen, nämlich in 16 vH.

Aus allem geht hervor: Nach welchem Gesichtspunkt wir auch die Individuen einer Rangordnung unterwerfen, immer ergibt sich in gleicher Weise die enge Beziehung bestimmter somatischer Erregbarkeitsverhältnisse zu gewissen eidetischen Dispositionen. Gleichgültig, ob wir die Individuen nach der galvanischen Erregbarkeit in ihrer Gesamtheit ordnen, oder nach Verhältnissen einzelner Reizschwellen innerhalb der Zuckungsformel, ob wir sie nach verschiedenen Jahres- und Altersklassen ordnen, oder ob wir innerhalb gewisser einheitlicher Altersklassen wiederum verschiedene Gruppen miteinander vergleichen (entweder nach verschieden hoher somatisch nachweisbarer Übererregbarkeit, nach verschieden hohen Graden optischer Übererregbarkeit, vor allem nach Eidetikern bzw. Nichteidetikern, nach den Mittelwerten eidetischer Grade oder auch nach den Verhältnissen bestimmter einzelner Zuckungen, endlich, ob wir gar innerhalb dieser größeren einheitlichen Altersabschnitte wiederum noch zwischen Jüngeren und Älteren unterscheiden): stets ergibt sich dieser Parallelismus zwischen den somatischen Erregbarkeitsgraden und den Zeichen der eidetischen Anlage. Ein entsprechender Parallelismus findet sich auch, wie sich zeigen wird, zwischen B-Stigmen und eidetischen Dispositionen bestimmter Art. Wir finden ihn ferner innerhalb des T-Typus bei der Kalkdarreichung, und zwar in allen Altersstufen gleichmäßig. — Diese Stigmen müssen darum auch bei Erwachsenen als Zeichen einer gewissen (in weitem Umfange normalen) Erregbarkeit gelten, die im eidetischen Sehen ihr Äquivalent besitzt[1]). Da aber alle diese Eigenschaften eine besondere Regelmäßigkeit, ja Durchgängigkeit bei normalen Jugendlichen besitzen, so charakterisieren sie sich als eine jugendliche Normalerscheinung, deren Erhaltenbleiben beim Erwachsenen höchstens einen gewissen Partialinfantilismus darstellt, der aber keinesfalls ohne weiteres als pathologisch anzusprechen ist, vielmehr, wie andere Untersuchungen zeigen, für das Individuum unter Umständen sogar von Wert sein kann[2]). Wie erwähnt, finden wir bei Kalkdarreichung bzw. Tetaniebehandlung ein parallellaufendes Abklingen dieser somatischen und der optischen Stigmen jener bestimmt umschriebenen Übererregbarkeit. Ebenso parallel laufend verschwinden diese optischen und somatischen Stigmen beim Altersfortschritt. Wir konnten dies im Laufe der jahrelangen Beobachtungen nicht nur durch vergleichende Untersuchungen ver-

[1]) Entsprechendes gilt auch von den B-Stigmen, vgl. Kap. V, Tab. II—IV).

[2]) Vgl. hierzu JAENSCH, E. R.: Pädagogische Warte 1924; Zeitschr. f. Ästhetik 1925 (Ber. über d. II. Kongr. f. Ästh. 1924). — KROH, O.: Eidetiker unter deutschen Dichtern. Zeitschr. für Psych. Bd. 85; ferner den Anhang von Kap. V: JOH. MÜLLER und GOETHE.

schiedener Altersklassen, sondern auch an Einzelindividuen durch mehrjährige Verfolgung ihrer Entwicklung feststellen. Die Kalkdarreichung bewirkt also dasselbe, nur in kürzerer Zeit, was sonst innerhalb längerer Zeitperioden physiologischerweise und von selbst der Altersfortschritt zuwege bringt. Wir können diese Tatsache nur feststellen und eine physiologische Erklärung hierfür vorläufig nicht geben. Etwaige Erklärungsmöglichkeiten, die sich auf Grund späterer Erfahrungen ergaben, werden weiterhin Erwähnung finden (Kap. VII, 3, 5).

Die Kurve der klinischen Tetanie zeigt bekanntlich eine Zunahme in den Frühjahrs- und Wintermonaten. Da sowohl die statistischen optischen wie die somatischen Untersuchungen in solchen Frühjahrsmonaten angestellt wurden, die als „Tetaniemonate" bekannt sind, so dürften immerhin die optimalsten Verhältnisse vorgelegen haben, sowohl für den Nachweis gewisser Anteile der eidetischen Phänomene, wie für die somatischen tetanoiden Erregbarkeitsstigmen. Da diese eidetischen Phänomene aber als eine normale Jugenderscheinung anzusehen sind, übrigens auch, wenigstens bei den ausgeprägteren Fällen, die in ständiger Beobachtung standen, während des ganzen Jahres unabhängig von der Jahreszeit fortbestanden, so sind wir nicht berechtigt, die von uns gefundenen galvanischen Erregbarkeitsgrade, die diese eidetischen Phänomene begleiten, von vornherein als krankhaft zu betrachten, außer in solchen Einzelfällen, wo Erscheinungen vorliegen, die aus dem Rahmen der von uns untersuchten gesunden Allgemeinheit in besonderer Weise weit herausfallen. Selbst kleinere subjektive Beschwerden sind nicht immer schon als Krankheitserscheinungen zu bewerten, wenn sie, wie z. B. aus der Tab. I hervorgeht, gleich der Dunkelfurcht, Wadenkrämpfen, Pavor nocturnus u. a. eine so verbreitete und auch bei Gesunden, zumal im Kindesalter, sehr häufig beobachtete Erscheinung darstellen.

Bei den beiden zuerst untersuchten tetanoiden Fällen, die in ihren eidetischen Erscheinungen schon ans Pathologische grenzten, waren denn auch tatsächlich höhergradige galvanische (und auch mechanische) Stigmen nachweisbar, als sonst in unserer Tabelle vertreten sind (vgl. Kap. V C, Fall 7 und 9). Es lagen dementsprechend hier auch schon fast krankhaft zu nennende Begleiterscheinungen vor, obwohl sogar diese Kinder sich nicht eigentlich krank fühlten und auch von ihrer Umgebung keineswegs als Kranke betrachtet wurden, eine Beurteilung, die ihre spätere, von uns selbst beobachtete Entwicklung durchaus rechtfertigte. Eine ebenfalls in unserer Tabelle sonst nicht vertretene Hochgradigkeit zeigte, wie schon anfangs erwähnt, bei diesen Knaben auch das Facialisphänomen (CHOVSTEK Ia); das bedeutet eine sehr hohe mechanische Erregbarkeitsstufe am peripheren Nerven, worauf wir noch zu sprechen kommen werden.

Wir fanden also, daß sich die normale somatische Konstitution der Jugendlichen, geprüft in der eidetischen Jugendphase, durch bestimmte meßbare Stigmen von der Konstitution der erwachsenen und im allgemeinen nicht eidetischen Individuen unterscheidet. Diese somatischen und optischen Stigmen nehmen an Häufigkeit und Hochgradigkeit parallel laufend in dem Maße ab, als das Alter zunimmt, um bei Erwachsenen im allgemeinen nur noch selten auftreten, während sie sich auch hier sofort wieder zeigen, wenn sich bei dem betreffenden Erwachsenen eidetische Anlagen nachweisen lassen (vgl. Tab. III, S. 218).

Dies ergibt sich bei der zusammenfassenden Untersuchung einer größeren Zahl von Fällen. Im Einzelfalle können die optischen Äquivalente der somatischen Erscheinungen mit diesen selbst dem Grade nach einen strengen Parallelismus zeigen, doch braucht dies nicht notwendig der Fall zu sein.

Ähnlich wie mit der galvanischen verhält es sich auch mit der mechanischen Übererregbarkeit, auf die wir später eingehender zu sprechen kommen werden. Ihre Verbreitung unter älteren Kindern nennt z. B. neuerdings BENZIG[1]) überraschend groß, und zwar auch dann, wenn man anamnestisch spasmophilieverdächtige Individuen ausschließt (!): „Von 250 Schulkindern boten 156 = 62 vH. eines oder mehrere Zeichen einer mechanischen Übererregbarkeit der peripheren Nerven dar"; unter Erwachsenen sind dagegen auch diese Stigmen relativ selten.

Dieser gesamte psychophysische Komplex — tetanoide und eidetische Stigmen — kennzeichnet also, solange er sich in gewissen Grenzen hält, eine normale Konstitutionsfärbung des kindlichen und jugendlichen Organismus; wir nennen den ganzen Komplex dieser Stigmen „T-Komplex" und den Organismus, der ihn darbietet, „T-Typus". Damit bringen wir zum Ausdruck, daß dieser Typus zu dem klinischen Krankeitsbilde, das unter dem Namen Tetanie bekannt ist, eine Beziehung besitzt; zugleich aber soll dadurch, daß wir eine neue Bezeichnung prägen und jenen Komplex nicht einfach dem tetanoiden Zustand im klinischen Sinne einordnen, zum Ausdruck gebracht werden, daß diese Beziehung zu der Krankheit Tetanie eine viel lockerere ist als bei dem tetanoiden Zustand im klinischen Sinne. Letzterer Begriff bezeichnet schon eine latente Krankheit und fällt nur dann mit höheren Graden des T-Typus zusammen, wenn die betreffenden Individuen bereits eine Unterwertigkeit gegenüber normalen Lebensanforderungen zeigen. Dies ist aber selbst bei hochgradigeren Fällen vom T-Typus keineswegs immer der Fall. Natürlich gibt es zwischen T-Typus und tetanoidem Zustand im klinischen Sinne Übergänge. Indes wird man hierbei die Grenze des normalen Bereichs sehr weit ziehen müssen; denn auch AB allerhöchsten Grades brauchen, selbst bei Erwachsenen, keineswegs ohne weiteres pathologisch zu sein.

So betrachtet ein uns bekannter junger Mann (Studierender) seine sehr starken perseverierenden und ihn selbst mitunter ängstigenden AB, die manchmal auch von quälenden perseverierenden Vorstellungen begleitet sind, direkt als eine ihm verliehene Gabe, die ihn zu schriftstellerischem und dichterischem Schaffen befähigt. Er lehnt eine Behandlung seiner eidetischen Veranlagung ab, deren Äußerung oft schon den echten Halluzinationen nahekommt. Auch seiner sonstigen Konstitution und seinem Gesundheitszustande nach ist er durchaus nicht als krankhaft zu bezeichnen und sieht frisch und blühend aus, was auch seinem sonstigen subjektiven Allgemeinbefinden entspricht. Die hier behandelten Persönlichkeitscharakteristika sind eben sehr oft wertindifferent. Es hängt, wie uns lange Beobachtung einzelner weiterer Fälle unsres Materials lehrt, manchmal von Zufälligkeiten ab, ob sie sich wertgemäß oder wertwidrig entwickeln, ob z. B. die Anlage eines T-Typus zu unfruchtbarer Versunkenheit und zu Zwangserscheinungen führt oder zu konsequentem Handeln, ob mit andern Worten die Neurose „fruktifiziert" wird. Es kommt eben darauf an, die formalen Anlagen in die rechten Bahnen und auf wertvolle Inhalte zu lenken.

Aus solchen Beobachtungen ergibt sich, daß der T-Komplex zuweilen auch noch beim Erwachsenen, sei es teilweise oder im ganzen, bestehen bleibt; er ist dann als eine Art Partialinfantilismus aufzufassen. Das gleiche gilt vom B-Komplex. Solche Individuen zeichnen sich mitunter auch rein äußerlich durch ein auffallend jugendliches Äußere aus, wozu anscheinend noch weitere Partialinfantilismen treten können, ohne jedoch auch hier mit dem Begriff der Gesundheit unvereinbar zu werden[2]). Alles dies nimmt aber den klinisch anerkannten

[1]) BENZIG: Monatsschr. f. Kinderheilk. Bd. 22. 1922.

[2]) LOUIS BERMAN (New York, Columbia-Universität) fand im Gegensatz zu andern

Kriterien manifester und latenter Tetanie nichts von ihrer Bedeutung. Die Klinik arbeitet ja fast ausschließlich mit kranken Individuen, und damit ist bei der Anwendung der klinischen Kriterien der Tetanie und der latenten Tetanie gewöhnlich von vornherein jene Vorbedingung der Unterwertigkeit erfüllt, die wir verlangen müssen, wenn diese genannten Stigmen als Krankheitszeichen angesehen werden sollen. Es wurde aber in der Klinik aus verständlichen Gründen bisher meist übersehen, daß man die Stigmen selbst höherer Erregbarkeit auch unter völlig gesunden Menschen ebenso findet wie unter Kranken.

Es erhebt sich trotzdem die Frage, ob nicht auch klinische Beobachtungen unsere Auffassung von der normalen Natur eines T-Komplexes für Kinder, Jugendliche und manche Erwachsene rechtfertigen, und zwar auch ohne Berücksichtigung der eidetischen Anlage.

Wir finden bei ganz jungen Kindern nach den klinischen Erfahrungen in der Tat sehr häufig galvanisch eine Übererregbarkeit; die leichteste Form der anodischen Übererregbarkeit ist nach klinischen Urteilen, sogar unter gesunden Säuglingen, geradezu enorm verbreitet (FINKELSTEIN, ESCHERICH)[1]). Namhafte Kliniker haben daher von jeher Zweifel an der pathologischen Bedeutung solcher Erscheinungen, ohne Vorhandensein anderer krankhafter Kriterien, geäußert, so z. B. FINKELSTEIN[2]) in folgender Auslassung: „Wenn man systematisch eine große Anzahl künstlich genährter Kinder untersucht (gemeint sind Säuglinge, d. Verf.), die kein einziges Tetaniesymptom aufweisen, so zeigt sich, daß ein großer Prozentsatz die typische elektrische Übererregbarkeit (KÖZ zwischen 1,1 und 4,9 MA) besitzt; in einer Reihe von 100 solcher Individuen fanden sich nicht weniger als 30 vH. mit diesem Symptom behaftet. Füge ich hinzu die mit andern Tetanieerscheinungen oder Laryngospasmus in Beobachtung tretenden Fälle, so ergibt sich, daß innerhalb der Beobachtungszeit (November bis Juni) nicht weniger als 40—45 vH. sämtlicher untersuchten Kinder (alle über 3 Monate) das Symptom der elektrischen Übererregbarkeit darboten. Bei Brustkindern wurde kein einziger Fall eruiert — die Bedeutung der Tetanie und der tetanoiden Zustände für das Säuglingsalter geht also weit hinaus über die einer interessanten, aber ihrer Frequenz nach relativ anspruchslosen Neurose. Die Hinzurechnung der nur durch das ERBsche Phänomen gekennzeichneten Fälle stempelt sie zu einer der häufigsten und beachtenswertesten Anomalien des Kindes. — Ich sah viele Wochen lang KÖZ um 1,5 MA (! d. Verf.) herumschwanken, ohne daß jemals die geringsten Spuren anderer Zeichen (der Tetanie) erkennbar waren (mechanische Übererregbarkeit, Laryngospasmus, Krämpfe, Trousseau und Kontraktionen waren überhaupt sehr selten)". (Sperrdruck von uns; d. Verf.)

FINKELSTEIN äußert also sogar Zweifel daran, daß eine Kathodenöffnungszuckung unter 5,0 MA, die er wochenlang ohne sonstige Krankheitszeichen sogar um 1,5 MA herumschwanken sah[3]), stets eine pathologische Bedeu-

---

Erwachsenen bei stark „visuellen" Typen, „Schnellmalern", und mit Hilfe von „optischen Visionen schreibenden Literaten" röntgenologisch (?) keinerlei Andeutung für die physiologischerweise auftretende Verkalkung der Epiphyse, ferner auch sonstige klinische Zeichen des Juvenilseins, wie Behaarungstyp und anderes (nach persönlicher Mitteilung des erwähnten Forschers). Wir werden hierauf gelegentlich der Besprechung von Hautwiderstandsverhältnissen bei Eidetikern und Nichteidetikern zurückkommen.

[1]) ESCHERICH: Wien. klin. Wochenschr. 1907.

[2]) FINKELSTEIN: Fortschr. d. Med. 1902.

[3]) FINKELSTEIN untersuchte vermutlich am N. peroneus, einem von den weniger erregbaren Nerven, ein Umstand, der es besonders bemerkenswert erscheinen läßt, daß

tung besitze, während nach THIEMICH und MANN, wenigstens für Säuglinge, am Nervus medianus jede KÖZ schon nahe bei 5,0 MA als pathologisch anzusehen ist. Für die AÖZ haben letztere Autoren als normalen Mittelwert für junge Kinder den Wert 3,63 MA angegeben, den aber v. PIRQUET bei Säuglingen nach seinen am N. peroneus vorgenommenen Untersuchungen ebenfalls schon als Zeichen einer Übererregbarkeit bezeichnet; er nennt dies eine „anodische Übererregbarkeit“ und bezeichnet dies als einen besonders leichten Grad, immerhin aber schon als tetanieverdächtig[1]). Die Bedenken FINKELSTEINS, selbst eine KÖZ von 1,1 MA stets von vornherein als pathologisch anzusehen, galten ebenfalls für ganz junge Kinder und Säuglinge jenseits des 3. Lebensmonats, für die THIEMICH und MANN nach dem Gesagten schon bei sehr viel geringeren Übererregbarkeitsgraden eine stets pathologische Bedeutung dieser Zeichen beanspruchen; übrigens sind die von THIEMICH und MANN aufgestellten Normen, vor allem ihre strikte Forderung des Nachweises einer KÖZ höher als 5,0 MA für normale Verhältnisse, ziemlich allgemein in den Kliniken gebräuchlich geworden.

Wenn aber THIEMICH und MANN eine KÖZ unter 5,0 MA, wenigstens am N. medianus, in jedem Falle für ein ganz sicheres Zeichen mindestens latenter Tetanie bei ganz jungen Kindern erklären, so geben sie anderseits für die AÖZ selbst zu, daß sogar ein nahes Heranrücken letzterer an die ASZ, ihr Gleichzeitigauftreten mit ihr oder gar das Überwiegen einer AÖZ über die ASZ auch in normalen Fällen gefunden werden kann, obwohl sie anderseits doch wieder dieses Verhalten der Zuckungsformel für ein sicheres Tetaniezeichen erklären. So fanden sie unter normalen Kindern unter 35 Fällen in fünf Fällen ASZ = AÖZ, in zwei Fällen AÖZ vor der ASZ, wenngleich unter tetaniekranken Kindern solche Verhältnisse weit überwogen. Bemerkenswert ist daher in diesem Zusammenhange auch, daß STINTZING selbst unter normalen Erwachsenen an sämtlichen untersuchten Nerven zwar überwiegend die ASZ vor der AÖZ fand (72 vH.), aber auch auf Fälle stieß, wo die ASZ gleich der AÖZ war (14,2 vH.), oder die AÖZ sogar vor der ASZ auftrat (5 vH.). Die Verhältnisse liegen also viel komplizierter, als sie sich nach der THIEMICH-MANNschen und ebenso nach der v. PIRQUETschen Formel (S. 90) darzustellen scheinen[2]).

F. jene niedrigen Reizschwellenwerte noch als normal erklärt. Wir werden hierauf gleich noch näher eingehen.

[1]) v. PIRQUET (Wien. med. Wochenschr. 1906) fand am N. peroneus unter 200 untersuchten Säuglingen bei 36 vH. anodische, bei 3 vH. kathodische Übererregbarkeit. Alle diese Kinder waren mit Kuhmilch ernährt worden. Unter den Brustkindern des Säuglingsschutzes fanden sich dagegen zwar 28 vH. mit anodischer, aber keines mit kathodischer Übererregbarkeit. Hierbei sei aber nochmals als beachtenswert erwähnt, daß v. PIRQUET am N. peroneus untersuchte, der zweifellos weniger übererregbar ist, als z. B. der N. medianus, ein Punkt, auf den wir gleich noch näher eingehen werden (s. folg. Anm.).

[2]) Ein verhältnismäßig zu wenig berücksichtigter Punkt ist, wie bereits angedeutet, die schon von vornherein verschiedene Erregbarkeit verschiedener Nervenstämme am gleichen Individuum. Vielfach begegnet man Angaben der Literatur (vgl. oben) über Schließungs- und Öffnungszuckungen für Anode und Kathode ohne besondere Erwähnung der Nerven, an denen diese Befunde erhoben worden sind. Zwar ist es in der Kinderklinik im allgemeinen wohl üblich, den N. medianus zu untersuchen; trotzdem bedingt eine solche fehlende Angabe der Nerven sehr häufig schon eine bemerkenswerte Unsicherheit. So fanden z. B. THIEMICH und MANN die KSZ am N. medianus bei gesunden über 8 Wochen alten Kindern zwischen 0,7 und 2,0 MA, die AÖZ bei 3,63 MA (als normalen Mittelwert), während v. PIRQUET das Erscheinen jeder AÖZ unter 5,0 MA allgemein schon als leichte (anodische) Übererregbarkeit für die gleiche Altersstufe anspricht. THIEMICH hat später angegeben, daß auch eine KÖZ bei 5,0 MA vielleicht nur als ein zufälliger Mittelwert anzusehen ist, und daß die Normalwerte dieser Zuckung in Wirklichkeit höher liegen könnten, da bei seinen Untersuchungen möglicherweise einige leicht übererregbare Kinder mitbenutzt worden seien. Aber selbst bei Vorhandensein einer KÖZ unter 5,0 MA, die

Im Einklang mit den von uns geäußerten Zweifeln an der unumstößlichen Richtigkeit dieser sogenannten „THIEMICHschen Reaktion“, wenigstens für ältere, im gewissen Umfang aber vielleicht sogar für ganz junge Kinder, erklären neuerdings von Kinderklinikern auch BEHRENDT und FREUDENBERG die angeführte Anschauung schlechthin für die „Überspannung eines Prinzips, die sich keineswegs als fruchtbar erwiesen hat“[1]). Ganz uneinig jedoch ist man sich bis heute noch in jedem Falle über sogenannte Normalschwellen der galvanischen Erregbarkeit bei älteren Kindern. Für diese Altersstufen liegen überhaupt verhältnismäßig wenige eingehende Untersuchungen vor. Aber schon LUST[2]), HERBST[3]), SPERK[4]) u. a. fanden bei sicher spasmophiliefreien älteren Kindern, bei Zugrundelegung der obigen Maßstäbe, häufig eine ausgesprochene galvanische Übererregbarkeit. LUST fand z. B. in 44 vH. eine sehr frühe Öffnungszuckung sogar an der Kathode (an welchem Nerven ist leider nicht ausdrücklich gesagt)[5]). Er stellt hierbei deren pathologische und klinisch tetanoide Bedeutung von vornherein ausdrücklich in Frage, weil diese Kinder frei von Spasmophilie waren. HERBST fand bei gesunden älteren Kindern gelegentlich die AÖZ bei 1,85 MA und bemerkt, daß er sich daher v. PIRQUETS Ansichten über die pathologische Bedeutung jeder AÖZ unter 5,0 MA, wenigstens für ältere Kinder, nicht anschließen könne. Auch das Facialisphänomen besitze sogar ein Maximum der Erscheinung bei etwa 14 Jahren, und unter Geschwistern sei es gerade bei den älteren nicht selten häufiger, auch bei normalen Kindern; bei schwächlichen Kindern fehle es umgekehrt sogar öfters.

Schon ESCHERICH, THIEMICH und LUST haben ferner angegeben, daß die Normalwerte für ältere Kinder wahrscheinlich niedriger sind als die für junge Kinder ermittelten. Entsprechend gibt in neuerer Zeit STHEEMANN (a. a. O.) Normalwerte für ältere Kinder an, die man bei ganz jungen Kindern nach den üblichen Maßstäben schon als Zeichen drohenden Ausbruchs einer manifesten Tetanie anzusehen hätte. Nach ihm bewegen sich bei älteren Kindern am N. medianus KSZ kleiner als 0,6 MA, ASZ kleiner als 1,0 MA und AÖZ kleiner als 2,0 MA

(nach THIEMICH-MANN für Tetanie pathognomisch sein soll), nach v. PIRQUET als ein Zeichen noch höherer (kathodischer) Übererregbarkeit gilt als eine AÖZ unter 5,0 MA, ist nach weiteren klinischen Erfahrungen gegenüber einer Auffassung, die selbst erstere Verhältnisse stets als pathologisch und pathognomisch beurteilt, Skepsis am Platze. Zu alledem muß betont werden, daß der von uns benutzte N. ulnaris etwas empfindlicher ist als der von den meisten Autoren zu solchen Untersuchungen benutzte N. medianus, diese beiden aber wiederum empfindlicher als der N. peroneus, den v. PIRQUET prüfte. An letzterem liegen vor allem die ÖZn etwas weiter auseinander, wie bei den vorhergenannten Nerven und auch weiter entfernt von den SZn. Von allen drei genannten Nerven ist also der N. ulnaris am empfindlichsten für jede Veränderung der Erregbarkeit, was schon THIEMICH bemerkte. Aber gerade darum wurde er von uns benutzt, da es uns darauf ankam, als somatische Parallele für unsere so empfindlichen optischen Stigmen auch einen möglichst empfindlichen somatischen Indikator zu verwenden. Aus diesen Feststellungen ergibt sich also, daß die Erregbarkeitsverhältnisse einen strengen Vergleich immer nur innerhalb der Reizung ein und desselben Nerven zulassen, ein Umstand, der bei den Angaben mancher Autoren keineswegs immer genügende Berücksichtigung findet, und der ebenfalls dazu beiträgt, die hier obwaltenden Verhältnisse weiter zu komplizieren und zu verwirren. So muß man z. B. die v. PIRQUETschen Leitsätze für die Beurteilung seiner kathodischen Übererregbarkeitsgrade, die er am N. peroneus ermittelte, nach seiner eigenen Darstellung zweifellos so auffassen, als ob diese Gesetzmäßigkeiten eine allgemeine Gültigkeit für sämtliche Nervenstämme besäßen, und so sind diese Leitsätze ja ebenso zweifellos meist auch aufgefaßt und verwandt worden (vgl. S. 90).

[1]) BEHRENDT und FREUDENBERG: Beobachtungen bei Atmungstetanie. Klin. Wochenschr. 1923.

[2]) LUST: Münch. med. Wochenschr. 1910.

[3]) HERBST: Dtsch. med. Wochenschr. 1910.

[4]) SPERK: Wien. klin. Wochenschr. 1910.

[5]) Vgl. Anm. 2 S. 69 bzw. 70.

um die unteren Grenzen des Normalen[1]). Ähnliches stellt HOLMES (a. a. O.) fest, der am gleichen Nerven KSZ bei 0,3—1,4 MA; ASZ bei 1,5—2,7 MA; AÖZ bei 1,8—2,9 MA; KÖZ bei 3,8—4,9 MA als noch normal für ältere Kinder bezeichnet. Ferner sind nach HOLMES die Werte, die v. PIRQUET sowie THIEMICH und MANN[1]) als pathologisch bezeichnen, nur bis zum 5. Lebensjahr pathognomisch für Tetanie.

HOLMES' Werte für die galvanischen Reizschwellen sind nun nicht sehr verschieden von den unseren, freilich an dem etwas leichter erregbaren N. ulnaris bei gesunden älteren Kindern (Altersmittel 12,5 J.) gefundenen Grenzwerten: KSZ 0,2—2,8; ASZ 0,4—4,0; AÖZ 1,8—5,0; KÖZ 3,8—4,9; KSTe 4,3—4,9 MA (vgl. Tab. I A, S. 212 f.)[2]).

In neuester Zeit gibt auch BENZIG[3]) an, daß am N. medianus nach den üblichen Kriterien zweifellos galvanisch übererregbare ältere Kinder gefunden werden, die sich trotzdem auch bei längerer Beobachtung als unbedingt vollwertig und gesund erweisen. Er betont indessen, daß trotz dieser Befunde nach seinen Untersuchungen eine AÖZ bei 3,0 MA nicht allgemein als Grenzwert des Gesunden nach unten hin angesehen werden könne, und daß ein vollwertiger, nervengesunder Schüler nicht vor 4,0 MA, fast immer erst nach einer Stromzufuhr von 5,0 MA und mehr eine AÖZ aufweise. Er bezeichnet bei älteren Kindern das ERBsche Phänomen daher bei einer AÖZ vor 4,0 MA als positiv, selbst wenn die damit häufig vergesellschaftete Umkehr der anodischen Zuckungsformel (AÖZ kleiner als ASZ) ausbleibt. Mit solchem Maß gemessen, findet er nun in seinen Untersuchungsreihen unter mechanisch übererregbaren Schulkindern eine sehr große Anzahl von solchen, die auch galvanisch übererregbar sind (von 137 Kindern mit Facialisphänomen sind 37, also 27 vH., auch galvanisch übererregbar). Die „enorme“ Häufigkeit der mechanischen Übererregbarkeit in diesen Untersuchungsreihen scheint nun, wie BENZIG meint, dieser Erscheinung jeden pathognomischen Wert zu nehmen. Muß man aber hieraus nicht den Schluß ziehen, daß damit zugleich auch die bei denselben Kindern so häufig gefundene galvanische Übererregbarkeit, im Gegensatz zu BENZIGS angeführter Ansicht, ebenfalls nicht als pathologisch eingeschätzt werden dürfte? Es scheint also, daß BENZIG die unteren Grenzen der normalen galvanischen Erregbarkeit mit 4,0 bzw. 5,0 MA (vgl. oben) für die AÖZ entschieden viel zu hoch verlegt hat. Dies wird besonders deutlich angesichts seiner Befunde an zweifellos ganz normalen Kindern, die nach dem von BENZIG verwandten Maßstab trotzdem ebenso zweifellos eine galvanische „Übererregbarkeit“ aufweisen würden. Denn eine solche müßte doch wohl nach den angeführten Äußerungen BENZIGS beim Vorhandensein einer AÖZ unter 5,0 bzw. unter 4,0 oder gar bei 3,0 MA bestanden haben. Dies entspricht aber völlig den von uns noch als durchaus normal ermittelten Werten für AÖZ unter Schulkindern, wenigstens am N. ulnaris.

Ursache dieses Widerspruchs zwischen BENZIGS Befunden und seinen Schlüssen scheint also die Abneigung gewesen zu sein, klinische Anschauungen auf Grund

---

[1]) THIEMICH gab für ganz junge Kinder am gleichen Nerven als Durchschnittswerte an 1. für manifeste Tetanie: KSZ 0,63; ASZ 1,11; AÖZ 0,55; KÖZ 1,94 MA; 2. für latente Tetanie: KSZ 0,7; ASZ 1,15; AÖZ 0,95; KÖZ 2,23 MA.; 3. für abgelaufene Tetanie: KSZ 1,83; ASZ 1,72; AÖZ 2,3; KÖZ 7,9 MA; 4. normale Mittelwerte: KSZ 1,4; ASZ 2,24; AÖZ 3,63; KÖZ 8,22 MA.

[2]) Bei gesunden jugendlichen Erwachsenen (Altersmittel 18,5 Jahr) nach Tab. I B, S. 214 f.: KSZ 0,4—2,8 MA; ASZ 0,4—3,3 MA; AÖZ 2,5—4,8 MA; KÖZ (KSTe, ASTe) 3,8—5,0 MA. — Bei hochgradigen Eidetikern verschiedenen Alters, soweit sie nicht reine B-Typen waren (Tab. IV, S. 238): KSZ 0,2—1,7 MA; ASZ 0,2—2,8 MA; AÖZ 0,3—4,9 MA; KÖZ (KSTe, ASTe) 2,5—5,0 MA.

[3]) BENZIG: Monatsschr. f. Kinderheilk. 1921.

eines Tatsachenmaterials zu revidieren, das hier ebenfalls zunächst rein naturwissenschaftlich, d. h. ohne den in der Klinik sonst üblichen (negativen) Wert-gesichtspunkt des Krankhaften, gewonnen ist. BENZIG bemerkt, daß er sich mit seinen Normalwerten für die AÖZ (4,0 und 5,0 MA) bereits den von v. PIRQUET[1]) bei ganz jungen Kindern ermittelten Gesetzmäßigkeiten nähere. Diese charakterisieren jedes ganz junge Kind schon allein mit einer AÖZ unter 5,0 MA als leicht anodisch übererregbar; anderseits aber nennt z. B. FINKELSTEIN gerade diese Form der Übererregbarkeit bei ganz jungen und auch nichtspasmophilen Kindern enorm verbreitet und will sogar eine nach THIEMICHS Anschauungen sehr hochgradige kathodische Übererregbarkeit (KÖZ 1,1 MA) nicht in allen Fällen als krankhaft gelten lassen, da selbst solchen Kindern sonstige Tetaniezeichen fehlen können. THIEMICH und MANN bezeichneten am N. medianus als noch normale Mittelwerte eine KSZ bei 1,41 MA; ASZ bei 2,24 MA; AÖZ bei 3,63 MA und eine KÖZ erst bei 8,22. Es dürften also wenigstens sogenannte anodische „Übererregbarkeitsstufen" (AÖZ unter 5,0 MA), wenn sie allein auftreten, auch für junge Säuglinge jenseits der ersten Lebensmonate als eine normale Erscheinung anzusehen sein, selbst wenn die AÖZ ziemlich tief liegen sollte, vielleicht aber zuweilen sogar das Vorkommen geringer sogenannter kathodischer „Übererregbarkeit" (KÖZ unter 5,0 MA). Nach allem, was aus der Literatur hierüber zu ersehen ist, dürfte selbst ein solcher, an sich schon ziemlich hoher galvanischer Erregbarkeitgrad auch für ganz junge Kinder nicht immer und von vornherein ein Zeichen drohender Tetanie, also ein Krankheitssignal sein, sondern auch hier noch in verhältnismäßig weitem Umfange eine normale physiologische Erscheinung. Dies würde daher verhältnismäßig gut übereinstimmen mit den angeführten, auch von anderer Seite bei älteren Kindern schon aufgefundenen, hier noch stärker ausgeprägten Übererregbarkeitsverhältnissen, bei denen alle so gearteten Erscheinungen sicher nicht von vornherein pathologisch, sondern unbedingt in weitestem Umfange als normale Jugenderscheinungen anzusehen sind. Daß diese Verhältnisse noch in den Bereich des Physiologischen gehören und nur eine gewisse, keineswegs sehr enge Beziehung zur Krankheit Tetanie besitzen, tritt klar erst dann hervor, wenn man solche Untersuchungen nicht an krankem Material und auch nicht stets unter ausschließlich nosologischen Gesichtspunkten durchführt, sondern in physiologischer Blickeinstellung, wie wir es versuchten.

So befremdend solche Feststellungen gegenüber immerhin ziemlich anerkannten Anschauungen zunächst klingen mögen, eine eingehendere Überlegung wird diesen Widerspruch beheben. Hier verdienen namentlich einige Ausführungen THIEMICHS[2]) angeführt zu werden, die dieser Autor trotz seiner uns anscheinend entgegenstehenden Feststellung in einem ähnlichen Zusammenhange gemacht hat. THIEMICH sagt dort: „Für die Entstehung des Krampfes kommen zwei Dinge in Betracht, der krampfauslösende Reiz und die Erregbarkeit des Zentralnervensystems. Je größer die letztere ist, um so kleiner wird der erstere sein können, um den gleichen Effekt zu machen. In extremis, z. B. in einem gewissen Stadium der Strychninvergiftung, wird ein minimaler physiologischer Reiz genügen, um den Krampf auszulösen. Wir dürfen also nicht in allen Fällen von Krämpfen im Kindesalter denselben bzw. gleich intensiven Reiz erwarten, und wir dürfen, sofern es sich um Gifte als Krampferreger handelt, nicht nur nach solchen suchen, welche an gesunden Versuchstieren diese Fähigkeit zeigen." Mit andern Worten: wie das ganz junge Kind auch sehr viel geringere Dosen

[1]) v. PIRQUET: Wien. med. Wochenschr. 1906 (vgl. S. 90).

[2]) THIEMICH: Über Tetanie und tetanoide Zustände im ersten Kindesalter. Jahrb. für Kinderheilk. Bd. 51. 1900.

aller Medikamente erhält als ältere Kinder, weil sie bei ihm zur Wirkung genügen, so werden bei diesen ganz jungen Kindern auch Reize verschiedener Art höhergradige Erscheinungen auslösen können, zu deren Hervorrufung bei den älteren Kindern stärkere Reize erforderlich sind. Denn es addiert sich bei solchen ganz jungen Individuen zu diesen speziellen Reizbarkeitsverhältnissen noch eine ganz allgemeine, besonders jugendlichen und stark wachsenden Individuen (wie wachsenden Geweben überhaupt) eigene starke Überempfindlichkeit und Reizbarkeit unspezifischer Art hinzu. Ihr verlieh neuerdings ASCHENHEIM mit seiner „physiologischen Spasmophilie" junger Kinder einen prägnanten Ausdruck. So wird es verständlich, daß bei älteren Kindern, wie es schon verschiedenen Autoren auffiel, normalerweise eine mindestens gleichhohe galvanische Übererregbarkeit wie im Säuglingsalter vorzukommen pflegt, obwohl die Tetanie gerade bei ihnen selten ist und seltener fast wie bei Erwachsenen, bei denen die Erregbarkeit sogar eine geringere ist. Die Krämpfe sind eben noch von anderen Faktoren abhängig als von der galvanischen Erregbarkeit; gibt es doch sogar echte Spasmophilie, ohne jede galvanische Übererregbarkeit, sowohl bei ganz jungen Kindern[1]) wie bei Erwachsenen.

In diesem Sinne bemerkt auch LUST (a. a. O.): „Man wird vielleicht am besten die Lehre von der galvanischen Übererregbarkeit dahin formulieren können, daß das dauernde Fehlen einer anodischen, besser noch einer kathodischen Übererregbarkeit die Diagnose einer Spasmophilie ausschließt (obwohl es auch Fälle zweifelsfrei tetanoiden Laryngospasmus und eklamptischer Anfälle ohne galvanische Übererregbarkeit gibt), ihr Vorhandensein aber nur unter Berücksichtigung des klinischen Symptomenbildes in ausschlaggebender Weise für die Diagnose zu verwerten ist." Daß bei Erwachsenen die galvanische Übererregbarkeit im allgemeinen eine geringere als im Kindesalter und trotzdem die Tetanie wieder häufiger ist, bestätigt von neuem, daß die Beziehungen zwischen galvanischer Übererregbarkeit und dem Krankheitsbilde der Tetanie verhältnismäßig locker sind. Eine Erklärung für die steigende Häufigkeit der Krankheit Tetanie bei den Erwachsenen kann man wohl in steigenden Schädigungen des Lebens erblicken; diese aber müssen weniger auf die galvanische Übererregbarkeit als solche einwirken als vielmehr auf sekundäre Faktoren, welche letzten Endes eine Tetanie mit oder ohne galvanische Übererregbarkeit manifest zu machen pflegen. Die Häufigkeit der Krankheit Tetanie ist also, und zwar steigend mit dem Lebensalter, weniger an die Häufigkeit einer galvanischen Übererregbarkeit gebunden als an noch andere bisher undurchsichtige Faktoren[2]).

Im Säuglingsalter scheint nun, wie erwähnt, ein endogener tetaniefördernder Faktor schon die allgemeine physiologische Reizbarkeit und Übererregbarkeit zu sein, die einem stark wachsenden und darum besonders verletzlichen Organismus einschließlich seiner Zentralorgane und seines gesamten Nervensystems anhaftet

---

1) LUST a. a. O.

2) So nimmt nach LUST mit dem Lebensalter auch die pathognomische Bedeutung des „Peroneusphänomens" für die Diagnose Tetanie ab; dessen Vorhandensein sieht er im Säuglingsalter als durchaus pathognomisch für diese Krankheit an, während selbst die absolute Häufigkeit dieses Phänomens jenseits des 3. und 4. Lebensjahres in einem umgekehrten Verhältnis stehe zu seinem Wert für die Diagnose der Tetanie. Im Gegensatz hierzu gilt nach LUST z. B. für das Facialisphänomen im Säuglingsalter folgendes: „Fehlen des Facialisphänomens schließt die Diagnose einer manifesten Spasmophilie nicht aus, es fehlt vielmehr im Säuglingsalter sehr häufig, ungefähr in der Hälfte aller Fälle von manifester Spasmophilie". — „In mehreren Beobachtungen schwand das ERBsche Phänomen viel früher als der begleitende Stimmritzenkrampf, so daß bis zu 10 Tagen Laryngospasmus bei normaler galvanischer Erregbarkeit bestand... Das Facialisphänomen ist der allerunbeständigste und ungetreueste Begleiter des ERBschen Phänomens" (FINKELSTEIN, Fortschritte der Medizin 1902).

(„physiologische Spasmophilie" ASCHENHEIMS). Aus allem bisher Gesagten und aus Feststellungen namhafter Kliniker ist daher mit an Sicherheit grenzender Wahrscheinlichkeit zu entnehmen, daß ganz junge Kinder jenseits der ersten Lebensmonate unabhängig von der Verbreitung der Spasmophilie normalerweise mindestens eine ähnliche galvanische Übererregbarkeit besitzen als die älteren Kinder; mit der Krankheit Tetanie hat das aber nichts zu tun. Es wird sich nämlich späterhin erweisen, daß die galvanischen Erregbarkeitsverhältnisse in Wahrheit eine Prüfungsmethode für physiologische Umstände sind, die ihren tiefsten Grund im Ineinandergreifen von Funktionen des peripheren und des zentralen Nervensystems besitzen und deren Bedeutung den engen nosologischen Rahmen, in dem bisher alle diese Verhältnisse betrachtet wurden, weit überschreitet, wie wir sehen werden. Darüber hinaus aber spielt bei den galvanischen Erregbarkeitsverhältnissen am peripheren Nerven noch der Faktor der Beanspruchung eine große Rolle, und es läßt sich zeigen, daß man auch durch Beanspruchung eine Erhöhung der galvanischen Erregbarkeit in den betreffenden Nerven erreichen kann. Dieser Faktor spielt bei der Höhe der galvanischen Erregbarkeit in bestimmten Nervengebieten beim Erwachsenen eine wichtige Rolle, die sich hier nach dem Beruf und der Tätigkeit richtet (vgl. Tetanie als Schusterkrampf). Dieser Faktor schwankt aber nicht nur mit dem Beruf, sondern auch mit dem Alter in seiner Prädilektionsstelle, und zwar je nach der Erlernung und physiologischen Übung bestimmter Fähigkeiten. Hierauf werden wir später noch näher eingehen. Es sei hier nur erwähnt, daß bei den älteren Kindern nicht mehr im gleichen Maße wie bei den jüngeren die Erlernung und Übung der Motorik im Vordergrunde steht. Trotzdem haben auch ältere Kinder im allgemeinen auch im motorischen Nervengebiete noch eine sehr hohe galvanische Übererregbarkeit. Sollte diese daher nicht normalerweise auch bei ganz jungen Kindern ähnlich hoch sein, bei denen doch die Erlernung und Übung gerade der motorischen Funktionen eine besondere Rolle spielt?

Alles dies berührt nicht die klinisch ermittelte Tatsache, daß ganz junge Kinder schon bei einer gewissen Übererregbarkeit tatsächlich sehr oft eine wenigstens latente Spasmophilie zu besitzen scheinen. Nur wird hierbei, wie gesagt, zu leicht außer acht gelassen, daß nicht die galvanische Übererregbarkeit es ist, die die spasmophile Erkrankung bedingt.

Vor allem aber kann bei älteren Kindern unter ganz normalen Umständen eine selbst hochgradigere galvanische Übererregbarkeit vorhanden sein, ohne irgendeine Beziehung zur Tetanie zu besitzen; hierin stimmen unsere Erfahrungen auch überein mit den von Klinikern an nichtkrankem Material schon gefundenen Tatsachen. Scharf erkennbar jedoch treten die dargestellten Verhältnisse allein dann hervor, wenn man nur immer unter rein naturwissenschaftlich-physiologischem Gesichtspunkt an solche Untersuchungen herantritt und die Bewertungskriterien zunächst zurückstellt, die jede vom Krankheitsbegriff geleitete Forschung notwendig in sich schließt.

Eine derartige, von physiologischen Gesichtspunkten geleitete Untersuchung wird naturgemäß sehr erschwert in Gegenden, wo Tetanie und Spasmophilie sehr verbreitet sind. Hier ist das Gesamtverhalten der Bevölkerung infolge irgendwelcher unbekannter (geophysischer?) Faktoren im Sinne der Krankheit Spasmophilie verschoben, und zwar hier ganz allgemein und aus äußeren Gründen, ganz ähnlich wie beim jungen Kind aus dem inneren Grunde einer allgemeinen leichteren Verletzbarkeit, Anfälligkeit und allgemeinen Unterschwelligkeit gegen jedweden Reiz überhaupt[1]). Es wird daher gerade an sogenannten „Tetanie-

[1]) Diese ganz allgemeine Übererregbarkeit wurde übrigens auch an jungen Tieren verschiedener Art und in der Zoologie sogar bis herab zu den primitiven Metazoen verschiedenster

orten"[1]) nur schwer möglich sein, die physiologischen Verhältnisse von krankhaften Momenten zu trennen.

In solchem Sinne bilden daher auch BLÜHDORNS[2]) in Göttingen, einem Tetanieort, gewonnene Untersuchungsergebnisse keinen ausschlaggebenden Gegenbeweis gegen unsere Ausführungen über eine gewisse physiologische Übererregbarkeit auch junger Säuglinge, vor allem aber älterer Kinder. Aber auch seinen „spasmophilen Erwachsenen" (AÖZ kleiner als 3,5 MA) mißt ferner PERITZ[3]), der diesen Begriff aufstellte, nicht unter allen Umständen Krankhaftigkeit bei; auch ihm fiel übrigens schon auf, daß ganz allgemein bei Erwachsenen die galvanische Erregbarkeit geringer zu sein scheine wie bei Kindern.

Die Ergebnisse neuester experimenteller Arbeiten auf diesem Gebiete bestätigen die von uns hier vertretenen Anschauungen, die wir schon Jahre vor dem Erscheinen jener Arbeiten aus unserem Beobachtungsmaterial entnommen haben, und in unseren vorläufigen Mitteilungen (1920) zum Ausdruck brachten. BEHRENDT und FREUDENBERG[4]) unterschieden in ihren Beobachtungen bei Atmungstetanie einen „prätetanoiden Zustand" scharf von latenter und manifester Tetanie. Nach ihren Untersuchungen können wir „das Facialisphänomen der älteren Kinder und des Erwachsenen, wenn es isoliert oder mit anodischer Übererregbarkeit gepaart auftritt, als erste Stufe einer Ca-Ionenverarmung auffassen. Erst schwere Grade derselben führen auch zur kathodischen Übererregbarkeit, die man für latente Tetanie mitverlangt ... Wir sind aber auch nicht geneigt, die isoliert nachzuweisende mechanische Übererregbarkeit des Säuglings wie der älteren Kinder in enge Beziehungen zur Tetanie zu bringen, da konstitutionelle Momente jene leichte Ca-Ionenverarmung bedingen können. Ob diese den Träger mehr zur Tetanie disponiert, ist vorläufig nicht zu sagen. Die akzidentelle Tetanie trifft keineswegs solche Kinder in bevorzugtem Maße". Hierzu können wir noch bemerken, daß das, was BEHRENDT und FREUDENBERG im angegebenen Sinne als „prätetanoiden Zustand" bezeichnen und ausdrücklich von latenter und manifester Tetanie abtrennen, ganz unserem T-Typus entspricht. Auf die näheren Umstände bei der Entstehung dieses „prätetanoiden Zustandes" auf experimentellem Wege werden wir noch später eingehen (Kap. VII, 2). Es mag vorläufig genügen, festzustellen, daß dieser „prätetanoide Zustand" von BEHRENDT und FREUDENBERG in seinem inneren Wesen ganz und gar unserem T-Typus entsprechen dürfte, und daß letzterer daher auch nach den Ergebnissen dieser beiden Autoren mit der Krankheit Tetanie von vornherein und an sich nichts zu tun hat. Trotzdem geht die Tetanie meist parallel mit einer Erhöhung der galvanischen Übererregbarkeit. Wir müssen also vermuten, daß beides auf dem Umwege über einen Faktor, der jedoch nicht mit dem Auslösungsfaktor der Tetanie identisch zu sein braucht, innerlich miteinander zusammenhängt. Vielleicht ist jener Faktor zentral oder auf endokrinem Gebiet zu suchen (hiervon später). Auch BEHRENDT und FREUDENBERG geben bei ihrer Atmungstetanie die erstere Möglichkeit im Falle von Carpopedalspasmen zu. Auch fanden sie einen Fall, dessen ganze Konstitution nicht nur im Sinne eines prätetanoiden Zustandes, sondern tatsächlich im Sinne latenter Tetanie ver-

---

Art an jungen Individuen beschrieben. SOLTMANN, Jahrb. f. Kinderheilk. Bd. 12. 1878 (vgl. Kap. VII, 2b). — PEARL, zit. nach H. S. JENNINGS, Das Verhalten der niederen Organismen.

[1]) Marburg, wo unsre Untersuchung angestellt wurde, ist kein Tetanieort.

[2]) BLÜHDORN: Jahrb. f. Kinderheilk. Bd. 92. 1920. Zur Diagnose und Prognose der Spasmophilie unter besonderer Berücksichtigung des späteren Kindesalters.

[3]) PERITZ: Zeitschr. f. klin. Med. Bd. 77.

[4]) BEHRENDT und FREUDENBERG: Klin. Wochenschr. 1923; BEHRENDT und HOPMANN: a. gl. O. 1924.

schoben war. Wir möchten daher vorläufig aus später näher zu erörternden Gründen der Ansicht Ausdruck geben, daß besonders gerade bei den Tetaniekrämpfen der Kinder und Säuglinge ein zentraler Faktor eine noch größere Rolle spielen muß, während bei Erwachsenen die Angriffspunkte der tetanigenen Reize scheinbar immer mehr in die Peripherie rücken, wo sie BEHRENDT und FREUDENBERG suchen. Wir werden diesen Verhältnissen noch später (Kap. VII, 2) eine nähere Erörterung widmen. Hier sei schon aus der klinischen Beobachtung angeführt, daß manche Autoren bei der Tetanie erwähnen, sie beteilige bei Kindern ganz besonders zentrale Instanzen, während dieser Umstand bei Erwachsenen an Bedeutung zurückzutreten scheine.

Ferner ist die Häufigkeit der echten Krankheit Tetanie eine örtlich verschiedene, ebenso auch die Höhe der normalerweise vorhandenen galvanischen (mechanischen, sensorischen, sensiblen) Übererregbarkeit der Kinder und der Jugendlichen; dabei spielen auch (motorische) Übung und noch weitere, vorläufig unberechenbare akzidentelle Faktoren eine Rolle. Unter dem Einfluß aller dieser Faktoren wird es zu den verschiedensten Kombinationen von manifester Tetanie und galvanischer (mechanischer, sensorischer usw.) Übererregbarkeit in unsrem Sinne kommen können. An manchen Orten wird man schon bei geringeren Graden galvanischer und mechanischer Übererregbarkeit oder sogar bei sogenannter normaler Erregbarkeit echte Tetanie bzw. deren Latenzzustände antreffen, anderenorts dagegen auch bei hochgradiger Übererregbarkeit noch keinerlei Krankheitszeichen. Es scheint darum verständlich, wenn einzelne Autoren, die in tetaniereichen Gegenden untersuchten, fast stets schon irgendwelche echt spasmophile und krankhafte Erscheinungen nachweisen konnten (z. B. BLÜHDORN) und schon bei einer Übererregbarkeit, die anderenorts, wenigstens in einzelnen Fällen, noch für vollständig normal angesehen wurde (z. B. bei BENZIG). Man versteht anderseits auch, daß an einzelnen Orten sogar höhere Grade, wie kathodische Übererregbarkeit, von vornherein in ihrer pathologischen Natur angezweifelt, in anderen Gegenden aber unbedingt und immer für pathologisch gehalten werden mußten. Erst bei den allerhöchsten Graden der Übererregbarkeit, wenn z. B. Umkehr der Zuckungsformel vorkommt (AÖZ kleiner als ASZ), werden die Urteile der Autoren über die Bedeutung der jeweiligen galvanischen Erregbarkeitsverhältnisse einheitlicher. Aber schon H. SCHLESINGER bemerkte, daß sogar ein TROUSSEAUsches Phänomen nicht notwendig und stets von einer Tetanie begleitet sein müsse. Doch ist letzteres, als besonders krasser Fall, wohl doch nur als Ausnahme anzuführen, wenn es auch ganz besonders gut die große Unabhängigkeit der Krankheit Tetanie von der Übererregbarkeit der Nervenstämme demonstriert und eindringlich zu machen geeignet ist. (In unseren eigenen hier angeführten Fällen fand sich nie ein TROUSSEAUsches Phänomen.)

Das alleinige Vorhandensein selbst höherer Erregbarkeitsstigmen gestattet daher auch nach schon vorliegenden klinischen Erfahrungen nicht unter allen Umständen den Schluß, daß auch der eine Tetanie auslösende, sekundäre Faktor vorhanden ist, daß also die Krankheit Tetanie, sei es als manifeste oder auch nur latente, vorliegt. Es ist daher durchaus irreführend, von solchen Zuständen immer als von „latenter Tetanie“ zu sprechen. Die mehr oder weniger große Unabhängigkeit von Tetanie und jener Übererregbarkeit, die in dem normalen T-Typus hervortritt, zeigt sich auch in jenen Fällen von echter Tetanie mit motorischen Krämpfen, bei denen jede galvanische Übererregbarkeit am Nerven fehlt; umgekehrt sprechen hierfür auch die von BENZIG und LUST beschriebenen Fälle, die mit hochgradiger, zweifelsfreier galvanischer Übererregbarkeit einhergingen, und sich trotzdem auch bei längerer Beobachtung als zweifellos gesund und sicher nicht tetaniekrank herausstellten.

Dieses alles nimmt der klinisch feststehenden Bedeutung der galvanischen Übererregbarkeitszeichen am peripheren Nerven für die Krankheit Tetanie nichts von ihrem Gewicht. Es erschüttert daher auch nicht jene klinisch erwiesene Tatsache der fließenden Übergänge von geringgradiger tetanoider Übererregbarkeit bis zu echten manifesten Tetaniekrämpfen. Auch für diese — von uns stets unangetastet gelassenen — fließenden Übergänge sind die Versuche von BEHRENDT und FREUDENBERG ein experimenteller Beweis. Unsere Feststellungen befinden sich also nicht im Widerspruche mit den klinisch anerkannten Tatsachen, sondern sie zeigen nur eine besondere Seite des Spasmophilie- bzw. Tetanieproblems auf, dem man bisher vielleicht zu wenig Beachtung geschenkt hat. Und nur in diesem Sinne bedeuten sie eine gewisse Einschränkung von Verallgemeinerungen klinisch festgestellter Erfahrungstatsachen, die zwar immer das nosologische Moment berücksichtigen, aber dem physiologischen dabei zu wenig Aufmerksamkeit zuteil werden ließen. Dies betonen ja auch BEHRENDT und FREUDENBERG.

Als Antwort auf unsere anfängliche Frage können wir also sagen, daß auch schon aus den klinischen Erfahrungen, und zugleich schon ohne Berücksichtigung der eidetischen Anlage und ihrer sie normalerweise begleitenden somatischen Erregbarkeitsstigmen, hervorgeht, daß diese galvanischen Erscheinungen bei älteren Kindern, aber wahrscheinlich auch bei ganz jungen, in gewissem und sehr weitem Umfange einen normalen Jugendzustand darstellen, und zwar selbst in höheren Graden, solange nicht noch andere klinische Zeichen für einen echten Krankheitszustand im Sinne von Tetanie sprechen. Denn zu der Krankheit Tetanie gehört, wie erwähnt, im allgemeinen wahrscheinlich ein Auslösungsfaktor, der in den meisten Fällen scheinbar sogar unspezifischer Art ist. Die Erkrankung Tetanie, die durch ihn hervorgerufen wird, ist dabei in ihrer Erscheinungsform und Lokalisation in weitem Umfang, wenn auch nicht allein, bestimmt durch physiologische Erregbarkeitsverhältnisse, die in verschiedenen Lebensaltern und je nach dem Individuum, seinem Beruf oder seiner Beschäftigung, eine ungleiche, vielfach biologisch-bedeutsame Verteilung besitzen[1]). Dabei erscheint es schon von vornherein als selbstverständlich, daß diese Übererregbarkeit, je höher ihr Grad ist, um so näher dieser pathologischen Stufe liegen wird. Dies geht auch aus unserem Material hervor. Schließlich scheinen bei all diesen Phänomenen, ebenso wie bei der Krankheit Tetanie, außer der Beschaffenheit des peripheren Nerven, seiner Leitfähigkeit und Ansprechbarkeit, und der peripheren Faktoren überhaupt, auch neben den Verhältnissen der innersekretorischen Organe, noch zentrale Faktoren eine Rolle zu spielen. Und es liegen ferner verschiedene später noch zu streifende Gründe zu der Annahme vor, daß mit steigendem Lebensalter die Mitwirkung zentraler Faktoren abnimmt, in dem Maße, als die besonderen Umstände, welche die Erregbarkeitsverhältnisse beeinflussen, sich immer mehr nach der Peripherie verschieben (mit der Entwicklung sinkende „physiologische Integration" O. HERTWIGS, vgl. S. 291).

Bezeichnend für eine keineswegs von vornherein und stets pathologische bzw. pathognomische Bedeutung galvanischer bzw. mechanischer, sensorischer, sensibler Erregbarkeitsstufen des Jugendalters ist z. B. auch die bekannte Diskrepanz in der Häufigkeit der galvanischen Übererregbarkeit und der manifesten Tetanie bei älteren Kindern, die schon FISCHEL betont, und es wurde auch schon erwähnt, daß neuerdings HOLMES z. B. der „THIEMICHschen Erregbarkeitsreaktion"

---

[1]) Ganz Entsprechendes gilt auch für den B-Komplex (Näheres Kap. VII, 2).

ebenfalls jede pathognomische Bedeutung für Tetanie abspricht, wenn das 5. Lebensalter überschritten ist. Diese Diskrepanz zwischen der galvanischen Erregbarkeit und den klinischen Symptomen tritt auch bei Erwachsenen in verschiedenen Fällen hervor. Eine biologische und entwicklungsgeschichtliche Erklärung dieser Verhältnisse soll später versucht werden (Kap. VII, 2). Hier sei schon folgendes bemerkt: ganz junge Kinder zeigen, gemessen an den Verhältnissen bei Erwachsenen, eine Übererregbarkeit, und zwar physiologischerweise und in ähnlichem Umfange, wie sie in noch etwas verstärktem Grade die (in dieser Arbeit allein in Betracht gezogenen) älteren Kinder zeigen. Nur ist die motorische, pathologische Form der Tetanie, die zu Muskelkrämpfen (und auch Laryngospasmus) führt, bei Säuglingen häufiger als bei den älteren Kindern. Bei älteren Kindern dagegen äußert sich die Übererregbarkeit, die nach unseren klinischen Methoden am Nervensystem in gleichartiger Weise vorhanden ist, schon physiologischerweise vorwiegend auf sensorischem Gebiete, nämlich in eidetischen Erscheinungen, was bisher noch nicht beachtet wurde. Bei allen diesen Erscheinungen ist, genau wie sogar bei gewissen Formen der kindlichen Eklampsie, ein einheitlicher ursächlicher Zusammenhang anzunehmen[1]). Da man aber in der Klinik bisher ganz vorwiegend nur den motorischen und besonders den krankhaften Manifestationen einschließlich der Eklampsie tetanoider Genese Beachtung geschenkt hat, erklärt sich zwanglos, daß der Kreis der „manifest oder latent Tetanoiden" im bisherigen klinischen Sinne bei den jüngeren und jüngsten Kindern größer erschien, obwohl z. B. die physiologischen galvanischen Übererregbarkeitsverhältnisse bei den älteren Kindern mindestens so stark, sogar stärker ausgeprägt sind als bei ganz jungen.

Aus jener einseitigen und zu eng umgrenzten Beurteilung erklärt sich daher auch der Widerspruch in der verschiedenen nosologischen Bewertung der tetanoiden Konstitutionsstigmen in verschiedenen Lebensaltern. In Wahrheit erscheint die Übererregbarkeit dieses Konstitutionskomplexes bei älteren und jüngeren Kindern als eine gemeinsame und normale Eigentümlichkeit dieser Altersstufen, wenn man zum Vergleich den Erregbarkeitsgrad bei Erwachsenen heranzieht, der normalerweise ganz überwiegend geringer ist.

Vergleicht man also die galvanischen Erregbarkeitsverhältnisse bei Kindern und Jugendlichen mit denen bei Erwachsenen, so darf jedenfalls gesagt werden, daß die Erregbarkeit im Manifestationsbereich des T-Komplexes im Kindes- und Jugendalter eine normalerweise höhere ist. Dies erstreckt sich aber nicht nur auf die galvanischen Erregbarkeitsverhältnisse, sondern auf alle zum T-Komplex gehörenden Stigmen überhaupt (Entsprechendes gilt auch vom B-Komplex und seinen Stigmen). Die physiologischen wie pathologischen Manifestationen des T-Komplexes unterliegen dabei in den verschiedenen Altersstufen einem Wechsel ihres bevorzugten Erscheinungsgebietes. Das gilt für die Fälle, welche ganz in der Breite des Normalen liegen, wie auch für die schon als krankhaft zu bewertenden Fälle. Daher unterscheidet sich, wie auch ASCHENHEIM (a. a. O.) hervorhebt, auch die klinische Tetanie verschiedener Lebensalter und selbst Organismen (Tiertetanie) nicht durch die Art, sondern allein durch die

[1]) Vgl. Kap. VII, 2, ferner BEHRENDT und FREUDENBERG: Klin. Wochenschr. 1923.

wechselnde Lokalisation und Häufigkeit ihrer Symptome. Entsprechend kann sich dieser Konstitutionstypus auch bei Erwachsenen in verschiedenen Funktionsgebieten ausprägen, je nachdem das Individuum nach der einen oder anderen Seite hin stigmatisiert ist. Da bei der Verteilung der tetanoiden Stigmen auf verschiedene Funktionsgebiete, einschließlich des optischen, auch die Art der Beschäftigung eine Rolle spielt, so muß allen solchen Untersuchungen ein nach Beschäftigungsweise und muskulärer wie sensorischer Inanspruchnahme möglichst gleichartiges Material zugrunde gelegt werden, eine Forderung, die bei unserem Beobachtungsmaterial in erreichbarem Grade erfüllt war. Wir haben späterhin die Feststellung gemacht, daß z. B. auch sportliche Leistungen eine Übererregbarkeit der vorwiegend beanspruchten Muskeln und Nerven bedingen können, und ganz entsprechend hat sich herausgestellt, daß eine besondere Form des Unterrichts, die bei jungen Kindern die eidetische Anlage benutzt und pflegt, die sensorische Erregbarkeit in gesteigertem Maße hervortreten läßt, während andere Arten des Unterrichts, oder auch schon eine Vernachlässigung solcher Fähigkeiten, diese geradezu unterdrücken können[1]). Es verhält sich so, als ob sich bei solchen nach bestimmter Richtung beanspruchten Individuen die verfügbare Erregungsfähigkeit in gewissen Gebieten konzentrierte und anhäufte[2]).

Wie ausgeführt, hat die galvanische Übererregbarkeit keine eindeutige Beziehung zur Tetanie. Anderseits ist unbestreitbar, daß gerade bei Tetanie die galvanische und mechanische Nervenübererregbarkeit mit großer Konstanz auftritt. Zugleich hat sich nach den bereits angeführten Beobachtungen von BEHRENDT und FREUDENBERG bei Atmungstetanie[3]) ganz neuerdings ergeben, daß hier die „tetanigenen“ Reize fast ausschließlich ganz in der Peripherie, d. h. im Muskel selbst, ihren Angriffspunkt besitzen können. Hier können sie — nach den erwähnten Versuchen — unter Ausschaltung der motorischen Innervation (Denervierung durch Novokain) über die Blutbahn (durch Überlüftung = Ca-Dissoziation) wirksam werden. BEHRENDT und FREUDENBERG nehmen hierbei nur in eingeschränktem Umfange eine Mitwirkung nervöser „tonomotorischer“ Einflüsse (Vagus) im Sinne etwa der von E. FRANK vertretenen vegetativen Versorgung der Skelettmuskulatur an, die in der von E. FRANK angenommenen Art (Hypothese vegetativer, unmittelbar innervatorischer Einflüsse) heute (nach F. H. LEWY) „eher als widerlegt“ gelten muß, im Effekt jedoch (nämlich als vegetative Tonusänderung und Veränderung der muskulären Ansprechbarkeit auf die „alterative“ [animalische] Innervation) auch nach anderen Autoren heute angenommen werden kann (E. A. SPIEGEL u. a.). Auf jeden Fall aber ergibt sich bei den genannten Versuchen BEHRENDTS und FREUDENBERGS tatsächlich, daß die alterative motorische Innervation, da sie hier ausgeschaltet wurde (Denervierung durch Novokain), in ihrer Bedeutung für die Spasmen unter gewissen Umständen auch einmal ganz zurücktreten kann; selbst bei gewöhnlicher Tetanie wird eine Mitwirkung „zentralnervöser“ Faktoren von BEHRENDT und FREUDENBERG nur für bestimmte Fälle von Carpopedalspasmen als möglich zugegeben (extrapyramidale Reflexe). Sie verlegen daher die Entstehung der Spasmen, und demgemäß auch der leichteren Ansprechsfähigkeit aller Nerv-Muskelgebiete überhaupt, wenigstens bei ihrer Atmungstetanie, fast ganz allein in den Muskel selbst, weil die bei Reizung der peripheren Nerven nachweisbare galvanische Übererregbarkeit

---

[1]) Vgl. die demnächst erscheinende Monographie von H. FREILING: Über die psychologischen Grundlagen der Arbeitsschule.

[2]) „Körperlich tätige Lebensweise erhöht die Anspruchsfähigkeit der betreffenden Nerven“ (BRENNER: Elektrotherapie 1868).

[3]) BEHRENDT und FREUDENBERG: Klin. Wochenschr. 1923.

auch nach Ausschaltung des motorischen Nerven, die zentralwärts der Reizstelle erfolgte, bestehen blieb[1]). Die für die Erregbarkeitssteigerung maßgebenden Vorgänge spielen sich hier also im Muskel selbst ab; und diese Vorgänge sind es, die bei der gewöhnlichen klinischen Prüfungsmethode auf Reizung des Nerven hin in Erscheinung treten. Anderseits haben wir feststellen können, daß auch motorische Übung die galvanische Erregbarkeit erhöht, d. h., daß hier ebenfalls die Muskelzuckungen leichter eintreten. Es könnte die Veränderung der galvanischen Erregbarkeit durch Übung in manchen Fällen zum Teil auch in einer Erleichterung der Nervenleitung (Bahnung) mitbegründet sein, wofür mancherlei Gründe sprechen (vgl. oben). Aber auch die Muskelerregbarkeit selbst kann vielleicht neben der Bahnung des Nerven durch Übung gesteigert werden. Trifft beides zusammen, wie anzunehmen ist, —Steigerung der muskulären Anspruchsfähigkeit und erleichterte Nervenleitung —, so wird also die galvanische (und auch die mechanische) Erregbarkeit, die wir ja allein am Reizerfolg, den Muskelzuckungen, prüfen können, eine besonders große Steigerung erfahren. Alle Faktoren überhaupt, die die muskuläre Reaktion im Muskel selbst vermehren, werden daher die galvanische Zuckungsformel der Nervenstämme im Sinne einer Übererregbarkeit verändern, die sich in nichts von einer spezifischen Übererregbarkeit bei der Krankheit Tetanie unterscheidet. Wie wir sahen, kann dies in gewissem Ausmaß schon Übung erzielen[2]). Bei den Versuchen Behrendts und Freudenbergs beruht die Veränderung der Zuckungsformel vermutlich auf einer Ca-Dissoziation in den Geweben infolge vertiefter Atmung; der gleiche Erfolg wird aber auch auf endokrinem Wege eintreten können, z. B. bei Epithelkörperchen-insuffizienz, (der man ja ebenfalls einen Einfluß auf den Ca-Stoffwechsel zuschreibt und die man darum für die Tetanie verantwortlich macht), oder auch bei primär in anderen endokrinen Drüsen lokalisierten Störungen, vielleicht durch sekundäre Beteiligung der Epithelkörperchen. Wie bei allen endokrinen Vorgängen wird man aber — nach den neuesten Erkenntnissen über die zentrale Regelung der inneren Sekretion — auch hierbei zentrale Einflüsse (Stoffwechselzentren im Streifenhügel, vegetative Zentren usw. [F. H. Lewy a. a. O., u. a.]) nicht ganz ausschalten können, wie auch Behrendt und Freudenberg für gewisse Fälle zugeben. Die vegetativen zentralen Einflüsse werden also einerseits die endokrinen Drüsen, hier also die Epithelkörperchen (oder primär sogar andere mit ihnen in enger Wechselwirkung stehende endokrine Drüsen) beeinflussen können und damit durch deren Inkrete auf dem Umwege über die Blutbahn peripher (durch Ionenverschiebungen) wirksam werden, oder sie werden — wenigstens im Effekt im Sinne der E. Frankschen Anschauungen — vom Zentralorgan her selbst auch unmittelbar an den Erregbarkeitsverhältnissen in der Muskelsubstanz angreifen können (letzteres wohl ebenfalls durch Ionenverschiebungen). Alle diese verschiedenen physiologischen oder pathologischen Möglichkeiten werden sich in den Reizerfolgen am Muskel und somit auch an der galvanischen Erregbarkeit bemerkbar machen. Eine wesentliche Rolle beim Zustandekommen der Bewegungsvorgänge spielen aber auch, wie wir heute wissen, die extrapyramidal verlaufenden Reflexvorgänge. Einen verändernden Einfluß auf die Erregbarkeitsverhältnisse können darum schließlich auch die subcorticalen Zentren (Streifenhügel usw.) der extrapyramidal laufenden motorischen Reflex-

[1]) Bei gewissen Erscheinungen, wie z. B. auch beim Trousseauschen Phänomen, nehmen Behrendt und Freudenberg die Mitwirkung gewisser vegetativer im Sinne einer Vagusreizung bestimmbarer „tonomotorischer“ Einflüsse etwa im Sinne E. Franks an.

[2]) Vgl. hierzu auch unsere psychophysischen Sportsuntersuchungen beim Marburger Deutschen Akademischen Olympia. Vorl. Mitt.: Jaensch, E. R. und W. (unter Mitwirkung von K. Knipping): Sitzungsber. der Ges. zur Beförd. d. ges. Naturw. z. Marburg. Febr. 1925.

vorgänge (E. A. SPIEGEL[1])) ausüben, die bei der Bewegung „propriorezeptiv" durch die Vorgänge im Muskel ausgelöst werden, also auch bei künstlicher Nervenreizung arbeiten müssen, sofern durch diese Reizung Muskelzuckungen ausgelöst werden. Somit kann das Auftreten von galvanischer und mechanischer Übererregbarkeit bei Tetanie und beim T-Typus (T-Komplex) entweder auf einer besonders erleichterten Leitfähigkeit der motorischen Nerven beruhen, oder auf rein muskulärer Krampfneigung, oder auf gewissen diese Krampfneigung beeinflussenden, sowohl vegetativen wie über die motorischen Bahnen (extrapyramidal) laufenden zentralen subcorticalen Reflexen, oder sie kann von den verschiedensten endokrinen Drüsen ausgehen, sei es unmittelbar von ihnen oder von ihren zentralen und subcorticalen Zentren, wobei auf alle Fälle den Epithelkörpern, — seien sie nun primär oder sekundär, von der Peripherie oder vom Zentrum her beteiligt —, anscheinend eine hervorragende Rolle zufällt (vgl. hierzu Kap. VII, 2). Am stärksten wird die Erregbarkeitssteigerung sein, wenn mehrere dieser Faktoren im Sinne einer Steigerung der Phänomene zusammenwirken.

Ist der Effekt aller dieser verschiedenen physiologischen Faktoren unter gewissen pathologischen Bedingungen, die also sehr vielfältig sein können, eine Übererregbarkeit, so muß, um eigentliche manifeste Tetanie zu erzeugen, anscheinend noch irgendein auslösender Faktor hinzukommen, der scheinbar meist sogar unspezifischer Art sein kann; der eine oder andere dieser Faktoren, übrigens noch unbekannter Art, muß in sogenannten Tetaniegegenden örtlich sehr verbreitet sein. Daß dem so ist, beweisen unsere Feststellungen, die bei ganz normalen Individuen mitunter höhere galvanische Übererregbarkeitsgrade nachwiesen, als sie für manifeste klinische Tetanie erwartet werden konnten. Besonders eindeutig zeigt dies die ganz ungewöhnlich hochgradige galvanische Übererregbarkeit bei Sportsleuten im Training (vgl. S. 90, Anm. 3).

Um den T-Typus zu verstehen, ist es also gar nicht nötig, auf die Krankheit Tetanie zurückzugreifen; es genügt hierzu die Bezugnahme auf bekannte physiologische Vorgänge: es steigert sich beim T-Typus die Funktion eines komplizierten physiologischen „Wirkungskomplexes", der ganz allgemein bei der physiologischen Muskelleistung eine ausschlaggebende Rolle spielt, eines „Funktionszusammenhanges", dessen Reizanspruchsfähigkeit zusammen mit der Leitfähigkeit des peripheren Nerven für Reize verschiedener Art gemeinsam ihren Ausdruck findet in der galvanischen Erregbarkeit bzw. der Zuckungsformel und der mechanischen Erregbarkeit des peripheren Nerven, und dessen übersteigerte (pathologische) Leistung als Spasmus im allgemeinen erst durch sekundäre akzidentelle und pathologische Umstände zu krankhaften Erscheinungen, wie z. B. der klinischen Tetanie führt. (Entsprechendes gilt für den B-Komplex bzw. B-Typus[2]).)

Beim Neugeborenen, der hochgradig unempfindlich für galvanische und mechanische Reizung des peripheren Nerven ist, — ebenso wie seine Sinnesorgane noch relativ unempfindlich sind —, tritt erst allmählich, bis zu gewissem Grade vielleicht auf dem Wege einer Bahnung durch die Einwirkung der Außenreize, teilweise durch zentrale Umstände, eine höhere Reizempfindlichkeit auf. Wir erwähnten schon, daß sodann gerade eine besonders hochgradige Überempfindlichkeit im Motorischen diesen ganz frühen Mangel an Reizansprechbarkeit ablöst, und gleiches ist auch auf sensiblem und sensorischem Gebiete der Fall[3]).

[1]) SPIEGEL, E. A.: Zeitschr. f. d. ges. Neur. u. Psych. Bd. 81. 1923.

[2]) Gleiches gilt sinngemäß auch für die sensiblen Anteile dieser Wirkungskomplexe und ebenso für gewisse sensorische Phänomene (eidetische Erscheinungen) und ihre psychischen Äquivalente (vgl. S. 51, Anm. 1).

[3]) Vgl. hierzu CANNESTRINI: Das Sinnesleben der Neugeborenen. Berlin, Jul. Springer 1913.

Wir werden an anderer Stelle noch näher hierauf eingehen. Es mag zugleich erwähnt sein, daß das Gehirn der wenig empfindlichen Neugeborenen calciumreich sein soll, um dann calciumärmer zu werden, und nicht nur BEHRENDT und FREUDENBERG sehen bei ihren Atmungsversuchen zur Herbeiführung von Tetaniesymptomen und galvanischer und mechanischer Übererregbarkeit den Grund einer solchen Erregbarkeitsänderung in einer Ca-Ionenverschiebung. Abgesehen hiervon ist, wie alle wachsenden Gewebe, auch das Gehirn während des Wachstums und gerade zu Zeiten sprunghaft vorwärts schnellender Entwicklungsperioden ganz besonders ansprechbar auf Reize. Wenn sich also die galvanischen und mechanischen T-Stigmen im wesentlichen herleiten sollten 1. aus der Wirksamkeit eines physiologischen, endokrinen, zentralen (subcorticalen[1])) Wirkungskomplexes einschließlich seiner peripheren Adnexe (vegetative, endokrine; Tonusbahnen und motorische Reflexbahnen, idiomuskulärer Tonusapparat), 2. aus der Leitfähigkeit des peripheren Nerven und der Nerven überhaupt, die auch durch Beanspruchung gesteigert werden kann, so muß folgendes das Ergebnis sein: in dem Maße, als die Leitfähigkeit des peripheren Nerven überhaupt oder wenigstens in umgrenzten peripheren, besonders beanspruchten Gebieten mit fortschreitendem Lebensalter und in gewissen physiologischen Perioden, später mit Beruf und Beschäftigung mit stärker ausgesprochener Beanspruchung steigt, muß der Effekt eine Steigerung der galvanischen und mechanischen Reizbarkeit der Nervenstämme sein, die wir im Motorischen nur an den Muskelzuckungen kontrollieren und feststellen können, auf sensiblem Gebiete an ausstrahlenden Empfindungen usw.

Vermehrt sich in einem der genannten Faktoren die Funktion auch nur vorübergehend, entweder durch einseitige Beanspruchung der Nervenstämme infolge der Berufstätigkeit oder aber auch durch vermehrte physiologische Beanspruchung bestimmter Nervengebiete in gewissen Lebensperioden (z. B. im N. peroneus beim Erlernen des Gehens und Stehens, der Kehlkopfnerven beim Sprechenlernen, im N. facialis zur Zeit der Übung der Mimik, der Armnerven bei Übung von Handfertigkeiten und Entstehung der Gestikulation, wozu Entsprechendes auf sensorisch-sensiblem Gebiete tritt), so muß eine Erhöhung der galvanischen, mechanischen, sensiblen, sensorischen Erregbarkeit eintreten. Da nun auch das Zentralorgan währenddessen noch wächst, ja in einzelnen Perioden, z. B. in der Präpubertät und Pubertät eine stürmische Entwickung durchmacht und infolgedessen übererregbar ist, so wird, da auch die Leitfähigkeit der peripheren Nervengebiete aus den angegebenen Gründen immer noch wächst, eine noch etwas höhere galvanische (bzw. mechanische usw.) Erregbarkeit resultieren müssen als im Säuglingsalter. Nach Abschluß des Wachstums im Zentralorgan und daher bei geringerer Erregbarkeit desselben, und nach Abschluß jener Perioden besonderer physiologischer Beanspruchung peripherer Nervenstämme, muß darum mit weiter ansteigendem Lebensalter die galvanische (mechanische usw.) Erregbarkeit geringer werden. Sie wird hier dann vorwiegend durch Beruf und Beschäftigung und schon darum fast rein peripher bedingt sein, außerdem auch deshalb, weil es ein allgemeines Entwicklungsgesetz ist, daß Funktionen, an denen die Peripherie zuerst nur beteiligt ist, mehr und mehr von der Peripherie übernommen werden[2]). Auf diese Weise ist zu verstehen, warum sich die galvanische Erregbarkeit vom Alter des Kleinkindes bis zu dem des Erwachsenen im allgemeinen in absteigender Linie bewegt, einen gewissen erneuten Anstieg in späteren stürmischen Wachstumsperioden beim älteren Kinde besitzt, bei Erwach-

[1]) Dem T-Typus entsprechend bleiben hier psychisch wirksam werdende Einflüsse seitens der corticalen Sphäre außer Betracht (näheres im Kap. VII, 2).

[2]) Gesetz der absinkenden „physiologischen Integration“ HERTWIGS (vgl. S. 291).

senen aber wiederum in besonderen Berufsklassen (Arbeitertetanie!). — Von Sonderfällen, in denen, wie eben erwähnt, durch Übung eine besondere Anhäufung der Erregbarkeit in bestimmten Reizgebieten auftritt, wurde in unseren vorliegenden Beobachtungen zunächst geflissentlich abgesehen. Durch besondere Umstände wurde aber unsere Aufmerksamkeit auf derartige Fälle hingelenkt; unter gewöhnlichen Umständen dürften sie kaum zur Beobachtung gelangen.

Motorische Tetanie ist nun bei ganz jungen Kindern in dem Alter, wo die Motorik erlernt wird, sehr häufig und hier wahrscheinlich noch vorwiegend zentral bedingt; daher auch die Häufigkeit der tetanoiden Eklampsie in dieser Altersstufe. Bei älteren Kindern, bei denen die weitere Ausbildung sensorischer und sensibler Funktionen, daher auch die eidetischen und psychischen Äquivalente im Vordergrund stehen, ist die motorische Tetanie im Vergleich zum Säuglingsalter sogar selten. Bei Erwachsenen dagegen ist die Tetanie meist nur in bestimmten Berufen verbreiteter und im ganzen überhaupt nur spärlich vertreten; auch scheinen bei der Tetanie Erwachsener die peripheren Faktoren gegenüber den zentralen Einflüssen ganz überwiegend in den Vordergrund zu treten. Die biologischen Gründe hierfür bleiben einer späteren Erörterung vorbehalten; aber auch klinisch tritt bei der Tetanie der Erwachsenen die Übererregbarkeit des Zentralorgans zurück, die selbst im späteren Kindesalter noch eine größere Rolle spielt. Einiges in dieser Richtung deuteten wir schon an. Für ihre mehr periphere Bedingtheit spricht auch, daß die motorische Tetanie Erwachsener meist, nach dem Beruf verschieden, in bestimmt umgrenzten peripheren motorischen Nervengebieten auftritt; insbesondere scheinen überhaupt Muskelarbeiter vorzugsweise befallen zu werden. Die gegenüber der Tetanie älterer Kinder größere Häufigkeit der Erwachsenentetanie, wenigstens innerhalb gewisser Berufe, erklärt sich so zwanglos aus den steigenden Schädigungen des Lebens und bestimmter Beschäftigungen (Arbeitertetanie, Tetanie als Schusterkrampf, auch bei Schneidern sehr häufig). Daß die Tetanie bei Erwachsenen, wenigstens in bestimmten Berufen immerhin häufiger ist wie bei älteren Kindern, obwohl letztere im ganzen genommen eine absolut höhere galvanische und mechanische Erregbarkeit zeigen als die Gesamtheit der Erwachsenen, ist ein weiter Hinweis auf die relativ lockeren Beziehungen zwischen der Krankheit Tetanie und den nachweisbaren Graden der galvanischen und mechanischen Übererregbarkeit. Es ist also die Gefahr des Übergangs eines tetanoiden Konstitutionszustandes in die Krankheit Tetanie nicht nur nach verschiedenen Berufen, sondern auch nach verschiedenen Lebensaltern ganz verschieden groß. Hieraus erklärt sich in mancher Hinsicht auch die verschiedene Art der Bewertung, die in der Klinik alle tetanoiden Übererregbarkeitszeichen mit Rücksicht auf die Krankheit Tetanie in den verschiedenen Altersstufen erfahren. Die spezifische Bedeutung des Facialisphänomens z. B. ist für die Tetanie jüngerer Kinder ziemlich anerkannt. Seine besondere Häufigkeit und pathognomische Bedeutung entspricht hier etwa der Zeit, in der sich die Mimik stärker entwickelt, und schon früher ist darauf hingewiesen worden, daß z. B. die Zeit der besonderen Häufigkeit des Laryngospasmus gerade bei ganz jungen Kindern (Säuglingen) zusammenfällt mit der Zeit, in welcher die Sprache erlernt wird (Escherich, Aschenheim), während das Facialisphänomen nach Lust hier in der Hälfte aller Fälle von Spasmophilie sogar fehlen kann (vgl. oben). Im Säuglingsalter und etwa bis zum 3. Lebensjahr mißt Lust weiter auch dem Peroneusphänomen eine besondere Bedeutung für die Spasmophilie bei, und man könnte versucht sein, hierin eine gewisse zeitliche Parallele zur Erlernung des Gehens, Stehens und Laufens zu erblicken. Für ältere Kinder wird die spezifische Bedeutung des Facialisphänomens als zweifelhaft angesehen, für Erwachsene bestritten, weil die nosologische Bedeutung des Phänomens — sein Symptomwert als Hinweis auf die klassische motorische Form der Tetanie — in den verschiedenen Lebensaltern tatsächlich ungleich ist. Von allen tetanoiden Stigmen besitzen anscheinend die galvanischen noch die für alle Lebensalter festeste Bedeutung. Aber trotzdem muß aus den oben erwähnten Gründen auch das Facialisphänomen, wie übrigens schon THIEMICH bemerkte, gleich den anderen Stigmen der mechanischen (und galvanischen) Erregbarkeit in allen Lebensaltern als ein Ausfluß derselben tetanoiden Übererregbarkeit angesehen werden, die manchmal ganze Familien dauernd, wenn auch nur „skizzenhaft streifen kann" (FISCHL)[1]).

Die nosologische Bewertung tetanoider Stigmen kann aber für uns in diesem Zusammenhange nicht der leitende Gesichtspunkt sein und darum hier auch zunächst vernachlässigt werden, wo nicht besondere Umstände wie allgemeine Minderwertigkeit und Krankhaftigkeit es anders gebieten.

Um so unabweisbarer erhebt sich die Frage: Wann dürfen wir bei einem Individuum ein T-Stigma als normales Persönlichkeitsstigma als erwiesen ansehen, zunächst im Bereiche der galvanischen Reizschwellen?

Wir haben gesehen, daß die eidetische Anlage eine normale Jugendanlage ist, die sich auch durchaus normalerweise bei einzelnen Erwachsenen erhält. Wie sich nun die Jugendlichen galvanisch und eidetisch gegenüber dem Durchschnitt der Erwachsenen anders verhalten, so verhalten sich auch diejenigen Erwachsenen galvanisch anders, die sich diesen eidetischen Jugendtypus bewahrten; dies bestätigte sich bei den Nachprüfungen, die wir stets von neuem anstellten, in ganz ausgesprochener Weise immer wieder, besonders dann natürlich, wenn man einerseits wirkliche manifeste Eidetiker untersucht und sie vergleicht mit Erwachsenen, die gar nichts davon, auch nicht latent eidetische Anlagen besitzen. Der Parallelismus dieser optischen und somatischen Stigmen ist ebenso wie bei den Jugendlichen, so auch bei den Erwachsenen im Einzelfalle freilich nicht immer ein strenger, wohl aber tritt dieser Parallelismus selbst dann schon scharf hervor, wenn man z. B. eine größere Zahl erwachsener Eidetiker mit dem Durchschnitt der Er-

---

[1]) FISCHL, Fortschr. d. Med. 1909: „In wie eigentümlicher, ich möchte sagen skizzenhafter Form ein solcher tetanoider Zustand eine ganze Familie nur streifen kann, zeigt die folgende Beobachtung. Es handelt sich um die Gattin und die fünf Kinder eines seit 2 Jahren in Prag tätigen Kollegen. Die Dame, welche Anfang der Vierziger steht, und einen völlig gesunden Eindruck macht, sie ist lediglich Trägerin einer kleinen parenchymatösen Struma, soll in ihrer Kindheit viel und in intensiver Weise an Krämpfen gelitten haben, die bei ihr in so heftiger und gehäufter Art auftraten, daß sie von den Ärzten wiederholt aufgegeben wurde. Sie hat ihre sämtlichen 5 Kinder selbst gestillt, ohne während der Gravidität und Laktation irgendwelche Tetaniesymptome gezeigt zu haben. Momentan bietet sie ein lebhaftes Facialisphänomen dar, welches nach dem Bericht ihres Gatten vor einiger Zeit, als die Dame wegen ihrer Beschwerden, welche ihr die Struma verursachte, Schilddrüsentabletten nahm, besonders intensiv gewesen sein soll.

Als ich den jüngsten, 3 Jahre alten, prächtig entwickelten und geistig überaus geweckten Knaben wegen einer febrilen Indigestion behandelte, nahm ich in der Rekonvaleszenz zufällig Gelegenheit, ihn auf die Wange zu klopfen und entdeckte dabei ein äußerst lebhaftes Facialisphänomen. Ich ließ nun auch die anderen vier Kinder, drei Knaben und ein Mädchen im Alter von 13 bis je 7 Jahren, sämtlich blühende und kerngesunde Individuen, aufmarschieren und konstatierte bei allen die gleiche Erscheinung. Keines dieser Kinder soll, nach den anamnestischen Erhebungen, jemals an Laryngospasmus oder ähnlichen Zuständen gelitten haben, und nur der zweitälteste Knabe hatte im Alter von $1^1/_2$ Jahren zwei kurzdauernde eklamptische Anfälle, die ohne Hinterlassung von irgendwelchen Folgen rasch vorübergingen. Die geistige Entwicklung der Kinder ist eine völlig normale, ihre Lernfähigkeit ausgezeichnet und ihr körperliches Befinden entspricht, wie schon erwähnt, auch hochgespannten Anforderungen. Der Vater, ein kräftiger, robuster Mann, abgehärtet und passionierter Jäger, zeigt kein Facialisphänomen." Leider wurden die Kinder nicht galvanisch untersucht.

wachsenen vergleicht. Es kann also die Stärke der somatischen Erscheinungen, sogar im einzelnen Falle, streng parallel der Stärke der optischen Erscheinungen auftreten, doch braucht dies nicht der Fall zu sein. Für das Gros der Eidetiker aller Altersstufen ist dieser Parallelismus trotzdem deutlich. Mit anderen Worten: als T-Typus erweist sich auch derjenige Erwachsene, der am peripheren Nerven die für die jugendliche eidetische Phase charakteristischen Stigmen aufweist, einschließlich ihrer optischen und auch psychischen Äquivalente. Als normaler T-Typus erweist sich also derjenige Jugendliche und Erwachsene, der bei galvanischer Reizung die für die jugendliche eidetische Phase normalen Schwellenwerte der Zuckungsformel zeigt. Nach dem vorher Erwähnten bedeutet dies nicht, daß ein solcher Erwachsener gegenüber der Allgemeinheit erwachsener Individuen eine pathologische Abwandlung der Zuckungsformel darbietet, sondern nur, daß er innerhalb dieses Reizgebietes den jugendlichen Reaktionstypus bewahrt hat. Auch sonst ist es ja nicht von vornherein pathologisch, wenn ein Erwachsener sich noch bestimmte jugendliche Reaktionsweisen bewahrt hat. Wir möchten also verhüten, daß der in diesem Zusammenhang schon gebrauchte Ausdruck „Partialinfantilismus" irreführe, eine Möglichkeit, die naheliegt, weil er als klinischer Ausdruck auch schon wieder ein Werturteil enthält. Es wird aber ohne weiteres verständlich und ist auch schon aus der Erfahrung des täglichen Lebens bekannt, daß bei älteren Individuen eine gewisse Jugendlichkeit in den verschiedensten Äußerungen der Persönlichkeit oft eher einen Wert als einen Unwert darstellt; letzteres nur dann, wenn hierbei zugleich eine gewisse Unfähigkeit zutage tritt, auf dem Wege über jugendliche Reaktionsweisen die Beantwortung der Umweltreize zweckentsprechend zu gestalten. Das liegt aber nicht daran, daß solche jugendliche Reaktionsweisen an sich pathologisch wären, da sie ja unter anderen Umständen sogar wertvoll sein können. Es hängt vielmehr häufig nur von einer gewissen psychophysischen und auch geistigen Hygiene ab, ob die besondere Empfindlichkeit, die mit mancher jugendlichen Reaktionsweise verbunden ist, in einen Wert verwandelt wird oder nicht.

Wenn man unter solchen Gesichtspunkten unsere bisherigen Untersuchungsergebnisse überblickt, so zeigt sich tatsächlich, daß sogar unter nosologischen Gesichtspunkten ermittelte, im klinischen Sinne höhere Übererregbarkeitsgrade bei galvanischer Reizung am peripheren Nerven (jedenfalls am N. ulnaris) eine rein physiologische Bedeutung haben können: selbst gewisse höhere galvanische Übererregbarkeitsgrade, die in der Klinik meist als pathologisch betrachtet werden würden, sind, wenigstens am N. ulnaris, gar nicht selten ein somatisches Äquivalent noch normaler eidetischer Eigenschaften bestimmter Färbung. Sie sind daher in solchen Fällen, bei Abwesenheit sonstiger Krankheitszeichen, ebenfalls als normale körperliche Persönlichkeitsstigmata zu bezeichnen, denen nur unter besonderen Umständen die Eigenschaft einer Krankheit zukommt. Es wird hieraus gefolgert werden müssen, daß diese höheren galvanischen Erregbarkeitsgrade, wenigstens am Nervus ulnaris, auch in der Klinik nicht stets und von vornherein schon für Tetanie im nosologischen Sinne sprechen. Zweifel an der unbedingt pathognomischen Bedeutung unserer Stigmen sind, wie erwähnt, auch schon verschiedentlich von Klinikern ausgesprochen worden. Indessen immer wieder trat in der Klinik eine weitere Verfolgung solcher berechtigter Zweifel gegenüber den nosologischen Fragestellungen zurück. Die Entscheidung dieser Fragen konnte daher nur eine unter streng physiologischen Gesichtspunkten durchgeführte Prüfung dieser Erscheinungen bringen. Wir glauben mit unseren Untersuchungen die Antwort auf diese Frage wenigstens für den N. ulnaris gegeben zu haben. Entsprechendes gilt sinngemäß für alle weiteren hier angeführten Stigmen, und ebenso auch für die B-Stigmen, von denen der Satz J. BAUERS Geltung besitzt: „Die Erscheinungen der thyreotoxischen Konstitution können von Jugend an bestehen, ohne jemals mit dem Begriff der Gesundheit unvereinbar zu werden". Die Grenzen, in denen sich nach klinischen Anschauungen selbst höhere galvanische Übererregbarkeitsgrade noch innerhalb des Normalen bewegen, werden noch näher erörtert werden. — Dagegen dürfte das Auftreten eines TROUSSEAUschen Phänomens fast immer schon ein pathognomisches Kriterium sein; es war auch bei unserem Material bezeichnenderweise in keinem Falle nachweisbar. Aber selbst dieses Phänomen kann nach klinischen Feststellungen gelegentlich vorhanden sein, ohne daß es jemals zu spontanen Krämpfen kommen muß[1]). Ähnliches gilt bei galvanischer Reizung von der sogenannten Umkehr der Zuckungsformel (Auftreten einer AÖZ vor der ASZ).

Im einzelnen ist daher folgendes zu sagen: wir müssen bei der galvanischen Erregbarkeit einen „Jugendtypus" und einen „Erwachsenentypus" unterscheiden. Darüber hinaus gibt es einen fast immer schon „pathologischen Typus", der für alle Lebensalter ziemlich gleich ist.

v. PIRQUET bezeichnete das alleinige Auftreten einer KSZ mit oder ohne ASZ unter 5,0 MA als 1. Stufe der galvanischen Erregbarkeit und als die einzig normale; dies entspricht unserem „Erwachsenentypus". Es muß nach unseren Erfahrungen ergänzend hinzugefügt werden, daß hierbei 0,6 MA, vielleicht sogar 1,0 MA für die KSZ des Erwachsenentypus als unterer Schwellenwert zu gelten hat, und daß nach unseren Erfahrungen zugleich die KSZ vor der ASZ eintreten muß (KSZ kleiner als ASZ). Diese 1. Stufe nach v. PIRQUET, einschließlich der von uns angegebenen Besonderheiten, zeigt sich am N. ulnaris im allgemeinen nur bei Erwachsenen und dementsprechend im allgemeinen nur bei nichteidetischen Individuen aller Altersstufen (bzw. bei erfolgreich mit Kalk behandelten Eidetikern).

Innerhalb des Bereiches dieser Stufe, die wir soeben formuliert haben, bedeutet es nach unseren Erfahrungen (immer für den N. ulnaris) schon einen gewissen, freilich anscheinend geringen Grad von Übererregbarkeit, also eine Modifikation dieser 1. Stufe im Sinne des Jugendtypus, wenn die KSZ unter 0,6 MA, vielleicht sogar schon, wenn sie unter 1,0 MA liegt; im gleichen Sinne ist es zu bewerten, wenn die KSZ erst später als die ASZ oder mit ihr gleichzeitig auftritt, d. h., wenn der Schwellenwert der ASZ, ohne Rücksicht auf seine absolute Höhe, kleiner oder mindestens gleich groß ist, wie der Schwellenwert der KSZ. Jedenfalls sind diese jugendlichen Modifikationen der v. PIRQUETschen 1. Stufe bei Eidetikern in allen Lebensaltern häufig, häufiger noch bei Jugendlichen überhaupt[2]). Diese Stufe der galvanischen Erregbarkeit nach v. PIRQUET bezeichnen wir daher, — sofern die KSZ größer als 0,6 (bzw. 1,0) MA ist, die ASZ der KSZ folgt —, besser als charakteristisch für eine gegenüber der Jugendphase verminderten Erregbarkeit und als einen Erregbarkeitsgrad, der charakteristisch ist für die Allgemeinheit der weder manifest noch latent eidetischen Erwachsenen. Bei Eidetikern aller Altersstufen — fast durchgehend also bei der Allgemeinheit der Jugendlichen in der eidetischen Entwicklungsphase — fanden wir dagegen entweder die oben angegebene Modifikation der v. PIRQUETschen 1. Stufe (KSZ

[1]) H. SCHLESINGER (Zeitschr. f. klin. Med. 1891) stellt fest: „Es gibt tetanoide Zustände (v. FRANKL-HOCHWART), bei denen einzelne Symptome oder Kombinationen aller mit Ausnahme des Trousseau vorkommen. Aus manchem derselben kann sich eine Tetanie entwickeln."

[2]) v. PIRQUET mißt den von uns hervorgehobenen Erscheinungen bei seiner 1. Stufe keine Bedeutung bei. Unsere hierüber gemachten Erfahrungen gründen sich auf den Einfluß von Kalkzufuhr und Altersfortschritt und das Auftreten der feineren Modifikationen dieser Stufe bei eidetischen Individuen.

kleiner als 0,6 MA [bzw. 1,0 MA] oder ASZ kleiner als bzw. gleich KSZ) für sich allein auftretend oder in Kombination mit der 2. und 3. Stufe der galvanischen Erregbarkeit nach v. PIRQUET, welche Stufen ebenfalls wiederum allein und jede für sich auftreten können. KSZ < 0,4 MA nähert sich hierbei meist pathologischer Bedeutung.

Die Stufen 2 und 3 der galvanischen Erregbarkeit, die v. PIRQUET als (leichte) anodische (AÖZ kleiner als 5,0 MA) bzw. als (höhergradige) kathodische (KÖZ[1]) kleiner als 5,0 MA) Übererregbarkeit bezeichnet, finden sich in unserem Material bei den Eidetikern in ganz überwiegendem Maße, und zwar ohne Rücksicht auf die Altersklasse. Hierbei ist zu bemerken, daß v. PIRQUET schon die anodische Übererregbarkeit (Stufe 2) als sicher pathologisch bewertet, sobald die AÖZ unter 2,5 oder gar 2,0 absinkt, weiter wenn sie mit der ASZ gleichzeitig auftritt oder gar vor der ASZ liegt („Umkehr der Zuckungsformel"). Die kathodische Übererregbarkeit (Stufe 3), d. h. jedwedes Auftreten einer KÖZ (bzw. KSTe, ASTe) unter bzw. „kleiner als"[2]) 5,0 MA halten dagegen v. PIRQUET, ebenso THIEMICH-MANN u. a. in allen Fällen für hochgradig pathologisch, und es ist dies, wenigstens für Säuglinge, eine ziemlich anerkannte Regel geworden. Nach unseren Erfahrungen müssen wir trotzdem, vor allem für ältere Kinder und auch für gewisse Erwachsene, wenigstens die Stufe 2, in vielen Fällen sogar einschließlich ihrer höher zu bewertenden Modifikationen (z. B. AÖZ < 3,5)[3]), und selbst Stufe 3 in gewissen Grenzen, als eine normale Erregbarkeit des Jugendtypus bezeichnen: der normale Jugendtypus besitzt überwiegend AÖZ bzw. KÖZ (oder auch KSTe, ASTe) unter 5,0 MA, im allgemeinen zwischen 2,0 bzw. 3,0 und 5,0 MA. Im Sinne des Jugendtypus ist daher nach unseren Erfahrungen AÖZ von 2,0 und KÖZ (bzw. KSTe, ASTe) von 3,0 bis 5,0 MA in weitem Umfange als normal anzusehen. Der Jugendtypus zeigt also auf galvanische Reize einen höheren Grad der Ansprechbarkeit im Vergleich zur Gesamtheit der Erwachsenen, so daß selbst hochgradigere Abwandlungen der Zuckungsformel, die in der Klinik fast stets als pathologisch angesehen werden, nach unseren Erfahrungen nur dann nicht mehr als normal gelten können (wenigstens am N. ulnaris), wenn sie mit einer Unterwertigkeit des Individuums überhaupt einhergehen. Entsprechendes gilt für alle folgenden T-Stigmen ebenso wie auch für die Stigmen des B-Typus. Daß eine Unterwertigkeit allgemeiner Natur bei dem klinischen Material, an dem diese Feststellungen bisher gemacht wurden, wohl fast immer vorhanden war, führte zu der angegebenen nosologischen Auffassung der Stigmen, einer Auffassung, die im allgemeinen ziemlich unbestritten galt, ungeachtet verschiedener Zweifel, die daran auch schon von klinischer Seite geäußert worden sind.

G. PERITZ bezeichnete z. B. Erwachsene mit einer AÖZ unter 3,5 MA am N. medianus als spasmophil. Verschiedene dieser Individuen zeigten auch einen KSTe < 5,0 MA oder eine KÖZ bei 3,5—4,5 MA. In einigen Fällen trat die AÖZ sogar vor der ASZ auf. 80 vH. dieser Individuen hatten Facialisphänomen und höhergradige Muskelübererregbarkeit. PERITZ meint nun, daß alle diese Symptome nicht hingereicht hätten, um bei diesen Individuen einen pathologischen Zustand anzunehmen. Denn er fand solche Symptome auch bei Individuen, die keinerlei Beschwerden oder Klagen hatten.

[1]) Für die KÖZ kann nach unseren Erfahrungen gleichwertig nicht nur KSTe, sondern auch ASTe auftreten. AÖTe dagegen ist, wie schon ERB dargelegt hat, ein sehr hochgradiges Übererregbarkeitsstigma, das nur bei Tetanie vorkommt, und zwar fast nur bei sehr schweren Fällen.

[2]) Wir schreiben künftig „kleiner als": <, „größer als": >.

[3]) Vgl. hierzu PERITZ, G.: Zeitschr. f. klin. Med. Bd. 77. Er bezeichnet Erwachsene mit AÖZ < 3,5 als „spasmophil".

Er faßt dieses Symptombild daher nur als Ausdruck einer erhöhten „neuropathischen Krankheitsbereitschaft" auf, die nie manifest zu werden brauche. Anderseits aber fand er unter diesen Spasmophilen Leute mit Myalgien, Dermalgien, bald hier, bald dort herumziehend, Individuen, die vielfach als Neurastheniker oder Hysteriker angesehen wurden; ferner fand er solche, die zugleich Reizerscheinungen seitens des vegetativen Nervensystems zeigten, z. B. ASCHNERschen Bulbusreflex und respiratorische Arythmie.

Wenn wir nun unser Material in seiner Gesamtheit überblicken, so können wir endlich auch sagen, daß, am N. ulnaris, im äußersten Grenzfalle selbst eine AÖZ, die gleichzeitig oder vor der ASZ gefunden wird (also die im allgemeinen als sicher pathologisch angesehene Umkehr der Zuckungsformel) ebenfalls noch bei gesunden Individuen vorkommt. Meist wird eine solche AÖZ dann um 2,0 MA und darunter liegen. Ähnlich verhält es sich aber sogar mit einer KÖZ (bzw. KSTe, ASTe), die sehr früh, etwa um 2,5 MA auftreten können, ohne daß selbst hier in jedem Falle Zeichen eines pathologischen Zustandes vorhanden sein müssen. Es ist jedoch zuzugeben, daß in letzteren Fällen, besonders bei kathodischer Übererregbarkeit, der Verdacht eines pathologischen Zustandes schon näherrückt. Mitunter zeigen sich nämlich dann Akzidentien belästigender Art, oder es liegen anamnestisch bzw. familienanamnestisch echt spasmophile Erscheinungen vor. Fast sicher muß bei Nachweis des TROUSSEAUschen Phänomens eine wenigstens latente Spasmophilie im nosologischen Sinne angenommen werden. Das TROUSSEAUsche Phänomen war in keinem unserer Fälle vorhanden (Näheres vgl. Kap. V).

Die schon in dieser Einteilung zum Ausdruck kommende Stufenleiter der einzelnen Reizschwellen und Zuckungen ergibt sich auch aus der Kalkwirkung. Bildet sich nämlich unter Kalkdarreichung eine hochgradige Erregbarkeit zurück, so verschwinden zuerst gewöhnlich die höheren Grade: die ASZ tritt vor die AÖZ, die KÖZ (bzw. KSTe, ASTe) bis 5,0 MA verschwinden, später die AÖZ bis 5,0 MA. Im allgemeinen erst mit fortschreitender Kalkwirkung, manchmal aber auch schon gleichzeitig mit den erwähnten Veränderungen der Zuckungsformel, steigern sich die Reizschwellen für die KSZ, um den STINTZINGschen Normalschwellenwert 0,6 MA zu erreichen oder nach oben zu überschreiten; die ASZ tritt hinter die KSZ. Die KSZ scheint überhaupt im allgemeinen erst um die Mitte des zweiten Lebensdezenniums (mit Aufhören des äußeren Wachstums und der inneren Differenzierung?, vgl. Kap. VII, 3) diejenigen Werte zu erreichen, die STINTZING am N. ulnaris II als normalen Mittelwert für Erwachsene bezeichnet (KSZ 1,6 MA), d. h. in unserem Sinne erst dann, wenn das hier geschilderte psychophysische Jugendsyndrom im Laufe der Entwicklung ganz zurückzutreten pflegt. Zu gleicher Zeit scheinen normalerweise im allgemeinen auch die Öffnungszuckungen an Anode und Kathode (bzw. KSTe, ASTe) Reizschwellenwerte höher als 5,0 MA zu gewinnen. Es bedeutet dies aber zunächst nur, daß die Zuckungsformel rein physiologisch den Typus des (nicht mehr eidetischen) Durchschnittserwachsenen annimmt. Dieser entspricht der vorn angegebenen Stufe 1 der galvanischen Erregbarkeit nach v. PIRQUET, ausschließlich der leicht übererregbaren Modifikation im Sinne des Jugendtypus, die wir von ihr abtrennten. Nur bei Eidetikern oder latent eidetischen Individuen jedes Alters bleiben im allgemeinen, außer jener leicht übererregbaren jugendlichen Modifikation der Stufe 1, auch die erregbareren Stufen 2 und 3 (nach v. PIRQUET), sei es gemeinsam oder jede für sich allein erhalten. Trotz der teilweise recht hohen galvanischen Übererregbarkeit zeigten sich bei den untersuchten Individuen mit wenigen Ausnahmen keine Symptome der Tetanie oder andere Krankheitssymptome im eigentlichen Sinne des Wortes. Solche Ausnahmen, die aber ebenfalls nicht sicher pathologische Fälle betrafen[1]), zeigten öfters eine AÖZ kleiner oder gleich ASZ, also eine Umkehr der Zuckungsformel. Die galvanische Zuckungsformel ist somit für sich allein auch in letzteren Fällen noch manchmal lediglich als Konstitutionsstigma aufzufassen, wofern nicht noch andere klinische Symptome echter Tetanie oder andere Zeichen allgemeiner Unterwertigkeit vorliegen. Allerdings dürfte die eben angegebene Formel einen nicht selten schon pathologischen Grenzfall betreffen. Der Umstand, daß man sich aber meist an allgemein unterwertigen Fällen orientierte, erklärt auch die ungünstige prognostische Beurteilung frühspasmophiler und eklamptischer Säuglinge (THIEMICH, Neur. Zentralbl. 1907) und auch erwachsener Tetaniekranker (v. FRANKL-HOCHWART, Wien. med. Wochenschr. 1906). Es hat dies für unsere normalen T-Typen keine Geltung, mag aber für sicher pathologische T-Typen berechtigt sein.

Es versteht sich von selbst, daß auch andere periphere Nerven einer ganz gleichartigen Prüfung unterzogen werden können. Da es schwer wäre, eine so umfangreiche Untersuchung, wie sie hier mitgeteilt wurde, an mehreren Nerven praktisch durchzuführen, wurde darauf verzichtet. Aber auch in der Klinik begnügt man sich im allgemeinen mit der Untersuchung eines Nerven, die dann allerdings vollständig sein muß, d. h. die gesamte motorische Zuckungsformel umfassen soll. Die alleinige Prüfung lediglich der KSZ, wie es leider vielfach üblich ist, ist deshalb völlig unzureichend, weil sich auch trotz sehr hoher Schwellenwerte für KSZ im Verhalten der übrigen Zuckungen eine Übererregbarkeit bemerkbar machen kann. Aber es gibt sogar Fälle, in denen selbst die vollständige Prüfung mehrerer motorischer Nerven nicht ausreicht. Denn es kommt vor, daß sich eine galvanische Übererregbarkeit isoliert auf sensiblem Gebiet manifestiert (J. HOFFMANN, F. CHVOSTEK). Man wird also die Prüfung der galvanischen Erregbarkeit auf motorischem durch eine solche auf sensiblem Gebiet mindestens an einem Nervenstamme ergänzen müssen. Auf diese kommen wir nunmehr sogleich zu sprechen.

Das optische Äquivalent der galvanischen Übererregbarkeit (tetanoides AB [AB_{NB} oder AB_T bzw. NB]) ist ein besonders feines Reagens (vgl. Kap. V). Darum mußte es uns darauf ankommen, auch somatisch einen Indikator zu benutzen, der besonders feine Abstufungen der galvanischen Erregbarkeit anzeigt. Ein solcher feiner Indikator ist der N. ulnaris, wie schon von verschiedenen Klinikern hervorgehoben worden ist. Wir prüften immer einheitlich rechtsseitig.

Nach allem müssen wir die galvanischen Erregbarkeitsstufen in einen „Normaltypus des Jugendalters" und einen „Normaltypus des erwachsenen Lebensalters" scheiden. Innerhalb dieser Typen gibt es Stufen, die in allen Lebensaltern in verhältnismäßig gleicher Weise an pathologische Erscheinungen heranreichen. Dies besagt jedoch noch nicht, daß selbst diese pathologischen Erscheinungen stets identisch sind mit echter klinischer Tetanie im engeren Sinne oder ihrer Latenz (vgl. hierzu später Kap. V B). Tatsache ist nur, daß innerhalb der schon pathologischen Grade des T-Typus die Krankheit Tetanie eine wesentliche Rolle spielt, neben ihr aber auch noch andere Erscheinungen, welche innerhalb ganz anderer Krankheitsbilder auftreten, aber ebenfalls einen inneren Zusammenhang mit dem T-Komplex in der Konstitution zeigen. Hiervon wird später die Rede sein.

Wir teilen demnach am N. ulnaris dexter („N. uln. II am Olecranon", Reizstelle nach STINTZING) die galvanische Erregbarkeit („Qualitäten der Zuckungsformel") bis 5,0 MA Reizstärke folgendermaßen ein:

---

[1]) Auf die Abgrenzung von normalen und pathologischen Fällen unseres Materials wird in Kap. V B näher eingegangen werden.

Normaltypus der galvanischen Erregbarkeit		Pathologischer Typus
a) Erwachsener jenseits 24 Jahren (nach Vollendung von Wachstum und Differenzierung), Nichteidetiker[1]) aller Lebensalter	b) Kind und Jugendlicher (bei noch nicht vollendeter Differenzierung), Eidetiker[2]) aller Lebensalter	c) „Über"erregbarkeit im eigentlichen Sinne in allen Lebensaltern, oft pathologisch[3]), Neurosen eidetischer Färbung
Stufe Ia. KSZ > 0,6—1,0 MA* ASZ > KSZ	Stufe Ib. 0,3 < KSZ < 1,0—0,6 MA* ASZ ≦ KSZ	Stufe Ic. KSZ < 0,4 MA ASZ ≦ KSZ
Stufe IIa. 5,0 < AÖZ (darum fehlend)	Stufe IIb. 5,0 > AÖZ > 2,0 AÖZ > ASZ	Stufe IIc. AÖZ < 2,0 AÖZ ≦ ASZ
Stufe IIIa. 5,0 < KÖZ (KSTe, ASTe) (darum fehlend)	Stufe IIIb. 5,0 > KÖZ(KSTe,ASTe) > 3,0	Stufe IIIc. KÖZ (KSTe, ASTe) < 3,0

* Ein Bereich statt eines Einzelwertes ist angegeben, weil sich die Grenze nicht genau bestimmen läßt.

Alle obigen Reizschwellen gelten für den N. ulnaris dexter bis einschließlich 5,0 MA Reizstärke für die Reizstelle hart am oberen Ende der Rinne zwischen Condylus medialis und Olecranon („N. uln. II am Olecranon" nach STINTZING), geprüft mit der ERBschen Normalelektrode (3 qcm).

Es ist noch besonders hervorzuheben, daß innerhalb jeder Stufe schon das Vorhandensein einer einzigen Qualität die betreffende Stufe charakterisiert; für das Endergebnis gilt als ausschlaggebend immer die höchste überhaupt (bis 5,0 MA) nachweisbare Zuckungsqualität, deren jede einzelne unabhängig von den anderen auftreten kann.

Demgegenüber lautet die v. PIRQUETsche „Erregbarkeitsformel" (Wien. med. Wochenschr. 1907), mit der ERBschen Normalelektrode am Säugling bis 5,0 MA (am N. peroneus) geprüft, ganz allgemein:

1. Stufe. Normale Erregbarkeit:
   a) KSZ allein unter 5,0 MA;
   b) KSZ u. ASZ unter 5,0 MA;
2. Stufe. Anodische Übererregbarkeit:
   a) KSZ u. AÖZ unter 5,0 MA;
   b) etwas höhere Werte, daneben auch ASZ;
3. Stufe. Kathodische Übererregbarkeit:
   a) KSZ, ASZ, AÖZ, daneben auch KSTe bis 5,0 MA;
   b) typische „THIEMICHsche Reaktion": alle 4 Qualitäten (KSZ, ASZ, AÖZ, KÖZ), die KÖZ bei 2,7 MA.

Normale Erregbarkeit (1. Stufe) nachweisbar am Ende des ersten Lebensjahres, jüngere Kinder sind meist nach 1a erregbar.

Der normale Jugendtypus

der galvanischen Erregbarkeits- oder Zuckungsformel (b) ändert sich somit (am Nervus ulnaris II) vom Säuglingsalter (abgesehen von einer Frühperiode der Unempfindlichkeit bis etwa zum 3. Lebensmonat) über Kindheit und Jugendalter mit physiologischen Schwankungen aber allgemein absteigender Tendenz, um erst im ausgereiften Lebensalter, im Mittel etwa mit 24 Jahren, (jenseits des Abschlusses von Wachstums- und Differenzierungsvorgängen?) den oben (unter a) angegebenen

[1]) Zugleich unter Ausschluß auch latent eidetischer Fälle. < bedeutet: der Schwellenwert ist „kleiner als"... > bedeutet: der Schwellenwert ist „größer als".

[2]) Zugleich einschließlich latent eidetischer Fälle. Beim Säugling scheinen sämtliche unteren Grenzwerte etwas nach oben verschoben, liegen aber immer noch unterhalb von 5,0 MA, darüber nur in Stufe III b (vgl. S. 71, Anm. 1).

[3]) Unsere jüngsten Untersuchungen an Sportsleuten im Training (vgl. hierzu E. R. und W. JAENSCH und K. KNIPPING im Bericht über die wissenschaftlichen Ergebnisse der Untersuchungen anläßlich der Deutschen Akad. Olympia in Marburg a. L. 1924, vorl. Mitt. a. a. O.) beweisen, daß selbst diesen Erregbarkeitsstufen unter besonderen Verhältnissen keinerlei pathologische Bedeutung zukommt.

Normaltypus des Vollerwachsenen

anzunehmen, während unter pathologischen (genauer in vielen Fällen schon pathologischen) Verhältnissen in allen Lebensaltern der oben (unter c) angegebene

Pathologische oder „Übererregbarkeitstypus"

im eigentlichen Sinne auftritt. Keinesfalls aber, — das sei nochmals ausdrücklich hervorgehoben —, ist selbst letzterer „pathologischer Typus" immer ein Zeichen echter latenter Spasmophilie oder Tetanie bzw. einer Krankheit überhaupt. Sowohl die unter b genannten normalen, wie die unter c genannten schon meist pathologischen Stigmen sind nur ausschlaggebend für den T-Typus. Letzterer ist in jedem Falle zunächst allein der Ausdruck eines gesteigerten physiologischen Funktionskomplexes (T-Komplexes), dem in jedem Organismus und innerhalb ganz verschiedener Krankheitsbilder psychophysisch eine bestimmte, scharf zu umreißende und einheitliche, allgemeine physiologische, wie unter Umständen auch pathologische Bedeutung zukommt[1]). Dieser Typus ist, genau wie der B-Typus, an sich gegenüber der Frage von Gesundheit oder Krankheit indifferent. Seine Beziehung zur Krankheit Tetanie bzw. Spasmophilie und zu endokrinen Bewirkungen, die damit in engerer Verwandtschaft stehen, ist dabei nur eine und nicht einmal die allerwesentlichste seiner Eigenschaften, wie wir noch später genauer sehen werden (Kap. VII, 2), aber auch schon aus den hier beigebrachten Tatsachen zur Genüge erhellt. Die ebenerwähnten Beziehungen machten solche Zusammenhänge und den T-Typus nur erkennbarer und zunächst klinisch-methodisch greifbar, da uns diese Zusammenhänge die Methoden lieferten zur experimentellen und exakten Erfassung dieses T-Typus. Gleiches gilt auch von allen übrigen noch folgenden T-Stigmen, ihren Akzidentien und Äquivalente in jedem Gebiete. In ganz entsprechender Weise gilt das gleiche für den B-Komplex, seine Stigmen, Akzidentien und Äquivalente unter normalen und pathologischen Verhältnissen, und schließlich auch für den Fall des Zusammenwirkens beider psychophysischen Komplexe.

b) Galvanische Erregbarkeit auf sensiblem Gebiete.

Auch die sensible Erregbarkeit wurde an unserem Beobachtungsmaterial galvanisch untersucht. Sie zeigte sich in den weitaus meisten Fällen von eidetischer Anlage stärkeren Grades parallel der motorischen gesteigert; es fanden sich aber auch Fälle, wo die sensible Erregbarkeit bei geringer motorischer isoliert erhöht war. Dies war z. B. der Fall bei einer Neurasthenie mit angeblicher JAKSONscher Epilepsie (Fall 24, Kap. V C)[2]) und bei einem Falle mit sehr lebhaften taktilen AB (Fall 23, ebenda). Hier veränderte Kalk bereits nach 14tägigem bzw. längerem Gebrauch sowohl die Intensität der taktilen AB als auch die sensible galvanische Erregbarkeit (z. B. der KSE = Kathodenschließungsempfindung). —

F. CHVOSTEK[3]) berichtete schon früher über das Vorkommen ganz isolierter tetanoider Symptome. Darum schreibt er dem Verhalten der motorischen und

[1]) Und der wahrscheinlich auch eine einheitliche, biologische, somatisch-funktionelle und entwicklungsgeschichtlich-anatomische Verankerung etwa im (erweiterten) Sinne der F. KRAUSschen Vitalreihenketten besitzt (vgl. Kap. I, S. 33f. und VII, 2).

[2]) Diese klinische Diagnose war gestellt worden; viel wahrscheinlicher war jedoch nach unserem Befund und anderen Umständen das Vorliegen eines tetanoiden Zustandes mit Parästhesien und vorühergehender epileptiformer Äquivalente.

[3]) CHVOSTEK, F.: Zeitschr. f. klin. Med. Bd. 19. 1891.

auch der sensiblen Nerven auf galvanische oder mechanische Reize hin eine gewisse, ziemlich große Selbständigkeit zu.

Benutzt wurde zu diesen Untersuchungen der N. ulnaris (Reizstelle wie bei der motorischen Prüfung), ferner der Ramus cutaneus superficialis nervi radialis, der 2—3 Querfinger breit oberhalb des Processus styloideus radii durch Beklopfen mit der Fingerkuppe (oder auch mit dem faradischen Pinsel) vorher leicht aufgesucht werden kann (F. CHVOSTEK). Am N. ulnaris stören die motorischen Bewegungen die Feststellung der Sensibilität bei stärkeren Strömen erheblich. Wo wir ihn benutzten, schickten wir daher die Prüfung der sensiblen Schwelle (der KSE) dem Versuch mit der meist erst später auftretenden KSZ voraus und beschränkten uns an diesem Nerven dann im allgemeinen auf diese sensible Reizschwelle der KSE. Auch hier prüften wir, sowohl mit der Anode wie der Kathode, nie über 5,0 MA Reizstärke hinaus.

Es sei nun zunächst auf einige Angaben der Literatur über das Verhalten der sensiblen Nervenerregbarkeit bei galvanischer Reizung hingewiesen:

Nach F. CHVOSTEK, der eine kurze lokale (1), eine ausstrahlende (a) Empfindung (E) und einer Dauerempfindung (DE), d. h. eine von Schließung (S) bis Öffnung (Ö) des Stromes anhaltende Empfindung unterscheidet, liegen die normalen Werte für die einzelnen Empfindungsschwellen an Anode bzw. Kathode auf sensiblem Gebiet im Mittel wie folgt:

Nervus ulnaris, normal:

KSE l	1,1 MA	KDE l[1])	1,4 MA
a	2,4 „	a	3,8 „
ASE l	1,7—2,0 MA	ADE l	1,7—2.0 MA
a	3,0 MA	a	4,4 MA
AÖE a	3,3 „		

Für gesteigerte Empfindlichkeit spricht nach F. CHVOSTEK der niedrigere Schwellenwert und eine Verschiebung der Formel: frühe DE, welche häufig schon mit der SE zugleich auftritt. Dadurch kann KSDE vor ASE und AÖE zu liegen kommen. Bei eintretender Verminderung der sensiblen Übererregbarkeit scheine zunächst ein Hinausrücken der SDE zu erfolgen. Zur Illustration dieser Verhältnisse seien einige Fälle von „normaler" sensibler Erregbarkeit, einige Fälle von Übererregbarkeitsgraden bei klinischer Tetanie sowie einige Befunde gesteigerter Erregbarkeit bei Eidetikern vergleichsweise gegenübergestellt:

J. HOFFMANN[2]): Ramus cutaneus superficialis nervi radialis bei Gesunden:

	Beispiel 5 (eines 18jährigen):	Beispiel 3 (eines 19jährigen):
KSE a	1,4 MA	1,5 MA
AÖE a	2,2 „	2,2 „
ASE a	2,4 „	2,5 „
KDE a	3,5 „	3,4 „
KÖE a	8,0 „	

F. CHVOSTEK (a. a. O.): Nervus ulnaris, Fall von Tetanie eines 19jährigen Schneidergehilfen:

auf der Höhe der Erkrankung:		nach Besserung:	
KSE l	0,4 MA	KSE l	0,9 MA
a	1,9 „	KSDE l	2,0 „
KSDE a	2,0 „	KSE a	2,5 „
ASE l	2,5 „	KSDE a	2,5 „
ASDE a	2,6 „		
ASE a	2,6 „		
AÖE a	4,0 „		

---

[1]) KDE = KSDE.

[2]) HOFFMANN, J.: Dtsch. Arch. f. klin. Med. Bd. 43. 1888.

Als Beleg dafür, daß auch bei Gesunden sehr niedrige Werte vorkommen können, führt F. Chvostek einen 14jährigen (!) gesunden Knaben an:

Nervus supraorbitalis:

KSE l	0,2 MA	KSE a	0,3 MA	ASE l	0,3 MA
				a	0,5 „
KSDE l	0,2 „	KSDE a	0,5 „	AÖE a	0,6 „

Stellen wir dem letzteren und dem angeführten Falle von Tetanie die Fälle von gesunden Eidetikern gegenüber, so zeigt sich, daß unsere Jugendlichen und unsere Erwachsenen mit AB ganz ähnliche Werte aufweisen. Aus unseren eigenen jetzt anzuführenden Beispielen erhellt zugleich die Kalkwirkung und das gemeinsame Reagieren des gesamten psychophysischen Komplexes; auch die Reizschwellen bei motorischer Reizung sind zum Vergleich mitangeführt[1]):

Fall 1*. Gesunder Erwachsener, 32 Jahre, AB nach Vorlage und auch spontan auftretend. 26. I. 1920.

Ramus cutaneus superficialis nervi radialis (R. c. s. n. r.):

KSE $^{l}_{a}$	0,15 MA	ASE $^{l}_{a}$	0,3 MA	AÖE a	0,9 MA
KSDE a	0,3 „	ASDE a	0,8 „		

Nervus ulnaris:

KSZ	0,6 MA	ASZ	1,8 MA	AÖZ	3,8 MA

Dreimal täglich 1 g Calcium lacticum per os. Darauf Befund am 22. III. 20:

Ramus cutaneus superficialis nervi radialis:

KSE l	0,3 MA	ASE l	1,1 MA	AÖE a	1,0 MA
a	0,4 „	a	2,0 „		
KSDE a	1,2 „	ASDE a	3,8 „		

Nervus ulnaris:

KSZ	0,6 MA	ASZ	1,3 MA	KSE a 1,4 MA gegen 0,8 vorher.

AB abgeschwächt, keine spontanen AB mehr.

Fall 13. 11jähriger gesunder Knabe (vgl. oben Chvosteks 14 jährigen) mit sehr hochgradigen AB und NB. 12. III. 20.

Ramus cutaneus superficialis nervi radialis:

KSE a	0,1 MA	ASE a	0,4 MA	AÖE a	0,5 MA
KSDE a	0,4 „	ASDE a	0,7 „	KÖE a	0,8 „

Nervus ulnaris:

KSE a	0,2 MA	KSZ	0,7 MA	ASZ	0,4 MA
				AÖZ	3,3 „
				KÖZ	2,5 „

Dreimal täglich 1 g Calcium lacticum per os. Darauf Befund am 17. V. 1920:

Ramus cutaneus superficialis nervi radialis:

KSE a	0,6 MA	ASE a	0,6 MA	AÖE a	1,3 MA
KSDE a	0,8 „	ASDE a	1,0 „		

Nervus ulnaris:

KSE a	0,6 MA	KSZ	0,6 MA	ASZ	0,6 MA
				AÖZ	4,0 „

NB und AB schwächer und verkürzt; keine spontanen AB mehr, keine Angstgefühle.

Fall 19: 12jähriger gesunder Junge, hochgradige AB und NB.

Ramus cutaneus superficialis nervi radialis:

KSE l	0,8 MA	ASE l	1,0 MA	ASDE a	1,4 MA
a	0,9 „	a	1,3 „	KSDE a	0,95 „

Nervus ulnaris:

KSE a	0,5 MA	KSZ	0,4 MA	ASZ	0,7 MA
				AÖZ	4,8 „

[1]) In den angeführten Protokollen erst jenseits 5,0 MA auftretende Reaktionen bzw. Zuckungen sind nicht ausdrücklich aufgeführt. Die oben und späterhin mit einem Sternchen (*) bezeichneten Fälle wurden bei Kürzung des Manuskriptes (zwecks Drucklegung) in Kap. V C mit ausführlichen Protokollen aufgenommen, die übrigen fortgelassen (vgl. letztere in Tab. IV, S. 238/39 u. Kap. V B).

Nach 14 Tagen, Kalkdarreichung, wie oben, am 9. II. 1920:

Ramus cutaneus superficialis nervi radialis:

KSE l	0,9 MA	ASE l	2,7 MA	ASDE a	3,0 MA
a	2,0 „	a	2,8 „	KSDE a	3,0 „

Nervus ulnaris:

KSE a	0,8 MA	KSZ	0,8 MA	ASZ	1,0 MA

ABT und NB bedeutend abgeschwächt.

Tab. I A, Kap. V A. Fall 38, 11jähriger gesunder Knabe, keine Spur von AB.

Nervus ulnaris:

KSE a	1,8 (!) MA	KSZ	2,8 (!) MA	ASZ	4,0 (!) MA.

Es zeigt sich also, daß auch die sensiblen Erregbarkeitsschwellen bei gesunden Eidetikern verschiedener Lebensalter niedriger liegen als im allgemeinen bei gesunden Individuen, wenn man die Angaben F. CHVOSTEKS zugrunde legt. Ferner ergibt sich bei Untersuchung verschiedener Altersstufen, entsprechend den Verhältnissen bei motorischer Reizung (vgl. Tab. II, S. 218), daß die niedrigen sensiblen Reizschwellen bei den jüngeren Individuen durchweg häufiger waren als bei den älteren. Aber auch bei Erwachsenen sind die Reizschwellen meist niedrig, falls sie Eidetiker sind, wie aus unserem Material hervorgeht, und sie steigen hier wie dort schon durch geringe und protrahierte Kalkzuführung zugleich mit den motorischen Reizschwellen. Gleichzeitig werden die eidetischen Erscheinungen des T-Komplexes schwächer.

Es bestehen also auch hier die gleichen psychophysischen Zusammenhänge wie bei den motorischen Reizerfolgen:

Wir fanden bei Starkeidetikern für KSE a (am N. uln.) 0,1—1,6 MA (Mittel 0,59)[1]. Wenn wir damit F. CHVOSTEKS vorerwähnte Angaben vergleichen, so dürften die von ihm für eine „höhere" sensible Erregbarkeit angegebenen Kriterien bei der Mehrzahl unserer Eidetiker erfüllt sein. Denn die überwiegende Mehrzahl unserer jugendlichen und erwachsenen hochgradigen Eidetiker (Tab. IV) besitzt Werte für die KSE, die sich mit wenigen Ausnahmen meist um 0,8, 0,4 MA und darunter bewegen, also CHVOSTEKS Übererregbarkeit entsprechen. In der jüngeren Altersklasse (S. 212/214, Tab. I A) überwiegen auch ohne Rücksicht auf den eidetischen Grad die tieferen unter 0,6 MA liegenden Reizschwellen für KSE, und die Schwellenwerte oberhalb und bei 1,0 MA werden erst in der älteren Jahresklasse häufiger (Tab. I B, S. 214f. u. Tab. II). Ähnliches gilt für die übrigen Empfindungen, für die ASE, AÖE usw. Es scheint auch, als ob die Schwellenwerte der einzelnen Empfindungen, also der KSE, ASE, AÖE und KÖE, sich in ihrer Stufenfolge ähnlich verhalten wie die entsprechenden für die SZ und ÖZ: die ÖEn fehlen bei geringerer sensibler Empfindlichkeit unter 5,0 MA Reizstärke häufiger überhaupt, und sie verschwinden auf längere Kalkzuführung, wenn sie da waren, am frühesten oberhalb 5,0 MA. Auch hier scheint das frühe Auftreten einer KÖE einen höheren Empfindlichkeitsgrad zu bedeuten als das Auftreten einer frühen AÖE, das Auftreten von ÖEn (und DEn) bei schon geringen Schwellenwerten (unter 5,0 MA) immer schon einen gesteigerten Empfindlichkeitsgrad. Ähnliches, wie für den N. uln., gilt auch für den R. c. s. n. r.

II. Galvanische Untersuchung von Hirnnerven.

a) Galvanische Erregbarkeit des Nervus acusticus.

Die Untersuchung wurde nur in einigen Fällen durchgeführt, da sie eine erhebliche Belästigung der Versuchspersonen darstellt. Die Applikation der Elektroden geschah in der von ERB[2]) angegebenen Weise: eine Elektrode vor dem

[1]) Am „N. uln. II", vgl. S. 90 u. Tab. IV, S. 238, soweit es sich nicht um reine B-Typen handelt.

[2]) Zitiert nach CHVOSTEK, F.: Zeitschr. f. klin. Med., 1891.

Tragus, die indifferente in der entgegengesetzten Hand, Haut und Elektroden gut durchfeuchtet. Hierbei ist nach F. CHVOSTEK noch auf verschiedene Punkte zu achten, damit keine Irrtümer vorkommen. „Schwierig ist es, dem Kranken das Wesentliche klar zu machen. ERB und BRENNER haben auf diese Schwierigkeiten hingewiesen. Hervorzuheben ist, daß namentlich mit Anwendung stärkerer Ströme durch Muskelkontraktionen Geräusche hörbar werden, deren Entstehen zu eruieren eine eingehende Fragestellung erheischt. Es ist dies ein ‚Brummen' oder ‚Sausen', das sich jedoch nicht im Ohr selbst lokalisiert, sondern nach außen verlegt wird und dessen größte Intensität in der Gegend des Jochbeins angegeben wird."

F. CHVOSTEK fand bei Gesunden nur in 15 vH. überhaupt eine Klangreaktion (Kl), so lange und so hoch der Reizstrom erträglich war. Diese Erträglichkeitsgrenze ist sehr verschieden und liegt in einzelnen Fällen bei 15—20 MA. Wir untersuchten auch hier stets nur bis 5,0 MA. Höhere Ströme erregen meist schon Schwindelgefühl. Unter 20 Personen fand F. CHVOSTEK nur folgende drei positive Fälle: 1. KS Kl bei 3,5 MA; 2. KS Kl 14,0—19,0 MA; 3. KS Kl 14,0—15,0 MA.

Dabei bestand KS Kl und KS DKl (Dauerklang von S bis Ö) nur in Form einer äußerst schwach summenden oder undeutlich singenden Gehörsempfindung. Nie fand CHVOSTEK AS Kl oder AÖ Kl, außer bei Fall 1 bei 5,5 AS Kl. Bei 7 Tetaniekranken erhielt er dagegen 6 positive Resultate der Klangreaktion. Außer der Häufigkeit überraschte die geringe Stromstärke. Es genügten hier 2—5 MA, und nur in den bereits abklingenden Fällen wurden 6—10 MA zur Hervorrufung der Klangreaktion benötigt. Die Empfindung bestand in deutlichem Sausen, Singen, Pfeifen, Klingen. Auch v. FRANKL-HOCHWART bestätigt diese Angaben.

JOLLY[1]) fand Übererregbarkeit des Nervus acusticus auf galvanische Reizung auch bei Gehörshalluzinanten. Sein dritter Fall sei hier angeführt. Es handelt sich um eine Erkrankung, die von JOLLY nach alter Terminologie als „Hypochondrie mit abnormen Sensationen" (Parästhesien?!) bezeichnet wird, die zugleich auch mit optischen Halluzinationen, und zwar, wie JOLLY ausdrücklich bemerkt, „vom Typus der JOHANNES MÜLLERschen sogenannten phantastischen Gesichtserscheinungen"[2]) einherging. „Es bedeutet dies spontane optische Gesichtserscheinungen von größter Eindringlichkeit, von deren Unwirklichkeit man überzeugt ist" (JOLLY). Der Patient besaß also außer seinen „Gehörshalluzinationen" (akustische AB?!) richtige spontane optische AB. Wir werden später noch näher auf diesen und andere Fälle JOLLYS eingehen (Kap. IX). Bei der elektrischen Untersuchung des Nervus acusticus entstanden nun in diesem Falle intensive Zuckungen im Facialis, die wahrscheinlich als Übererregbarkeit des Facialis zu deuten sind, wobei auch der Nervus acusticus übererregbar gefunden wurde. Vielleicht handelte es sich hier überhaupt um die damals noch unbekannte latente Tetanie mit psychischer, sensorischer und sensibler Äquivalente, eine Vermutung, die später noch näher zu begründen sein wird. Eine Schizophrenie kommt kaum in Frage. Die hier an einem pathologischen Fall zutage tretende Beziehung zwischen galvanischer Übererregbarkeit von peripheren und Hirnnerven einerseits und dem Auftreten von optischen, akustischen und sensiblen AB, ebenso wie der Zusammenhang von Klangreaktion des Nervus acusticus und klinischer Tetanie nach den Schilderungen von F. CHVOSTEK, zeigte sich nun auch bei unseren normalen Eidetikern. F. CHVOSTEK untersuchte 20 gesunde Erwachsene und fand nur in 15 vH. überhaupt eine Klangreaktion am Acusticus, bei 7 Tetaniekranken dagegen fand er sie sechsmal positiv! 6 hochgradige Eide-

[1]) JOLLY: Zur Theorie der Halluzinationen. Arch. f. Psych. Bd. 4. 1874.

[2]) Vgl. Kap. V, Anhang: JOH. MÜLLERS Erkrankung einer „eigentümlich modifizierten Hypochondrie", mit Sensationen einhergehend (S. 268).

tiker, darunter 4 erwachsene(!), die von uns in gleicher Weise untersucht wurden, zeigten durchweg positive Klangreaktion, und 4 von diesen 6 durchweg positiven Fällen besaßen neben den optischen auch akustische AB! Der entsprechende Zusammenhang trat dann bei der Kalkzuführung im gemeinsamen Abklingen der Erscheinungen hervor. Eindrucksvoller als hierin könnte die Einheitlichkeit unseres ganzen psychophysischen Syndroms kaum zutage treten!

Einige Beispiele aus unserem Material mögen das Gesagte erläutern (vgl. hierzu Tab. IV, S. 238; die mit Sternchen bezeichneten Fälle befinden sich mit ausführlichem Protokoll in Kap. V C, die übrigen ausschließlich in Tab. IV u. Kap. V B):

Fall 1*. 26. I. 1920 (vgl. S. 93):
KS Kl 3,8 MA, „Brummen, in Pfeifen übergehend"; Entsprechendes bei KSD Kl 3,8 MA; (optische AB).
Dreimal täglich 1 g Calcium lacticum. Darauf Befund am 22. III. 1920:
KS Kl, KSD Kl, AS Kl } bis 5,0 MA nicht auslösbar.

Fall 9*: KS Kl 3,0 MA; „Brummen" (akustische und optische AB).

Fall 17: KS Kl, KSD Kl 0,6; AS Kl, ASD Kl 0,8 MA; AÖ Kl 0,7; KÖ Kl 0,9 MA; i-artig, wie „Zirpen" (akustische u. optische AB).

Fall 18: KS Kl, KSD Kl 2,2 MA; „Kontrabaß" und zugleich bei 1,1 MA Lichtempfindung. ASD Kl 2,8 MA; „Kontrabaß", etwas anders gefärbt (akustische und optische AB). Calcium, wie oben, 4 Wochen. Darauf Befund
am 18. II. 1920: KSD Kl 3,0 MA; ASD Kl 4,2 MA;
am 28. II. 1920: Klangreaktion bleibt bei der bis 9,0 MA gehenden Prüfung aus; bei 2,0 MA Lichtempfindung.

Fall 19: KS Kl, KSD Kl 3,8; AS Kl, ASD Kl 1,8 MA; „Brummen", bei KS und AS schon bei 0,2 zugleich Lichtempfindung (optische AB). Nach Calcium keine Reaktion mehr.

Fall 21: KS Kl 0,4 MA; AS Kl 1,3 MA; AÖ Kl 1,3 MA; KÖ Kl 0,4 MA; „Meisenzwitschern" (akustische und optische AB). Nach Calcium keine Reaktion mehr.

Im Vergleich mit den Chvosteksсhen Fällen galvanischer Übererregbarkeit des Acusticus fällt bei unseren gesunden Eidetikern die besonders niedrige Reizschwelle und die Häufigkeit des Vorhandenseins der Klangreaktion überhaupt auf; ferner, daß in der Mehrzahl der Fälle AS Kl und in einzelnen sogar AÖ Kl und KÖ Kl auftrat. Hiernach und nach Chvosteks Erfahrungen scheint die Stufenfolge der Klangreaktion von den niederen zu den höher zu bewerteten Empfindlichkeitsgraden in folgender Reihenfolge zu verlaufen: KS Kl, AS Kl, AÖ Kl, KÖ Kl. Bedeutet das Auftreten eines KS Kl am Acusticus bei erträglichen Reizstärken schon eine Übererregbarkeit, so beweist es eine noch höhere Übererregbarkeit, wenn dies schon unterhalb 5,0 MA geschieht und besonders, wenn hier ein AS Kl auftritt, eine abermals höhere, wenn innerhalb dieser Reizgrenzen eine AÖ Kl oder gar eine Klangreaktion bei KÖ erfolgt. Ähnliches scheint auch die Dauerreaktion zu bedeuten. Wir haben also hier wieder eine ähnliche Stufenleiter, wie sie auf motorischem und in gewissem Umfange auch auf sensiblem Gebiete vorhanden ist.

b) Galvanische Erregbarkeit der Geschmacksnerven und des Nervus opticus.

Die Zunge reagierte bei einigen Eidetikern bei sehr geringen Reizschwellen mit saurer Geschmacksempfindung (niedrigste gefundene Schwelle [Fall 9*, vgl. oben] 0,1 MA). Ebenso fiel es auf, daß bei einzelnen Eidetikern bei Prüfung des Nervus acusticus zugleich der Opticus schon bei auffallend niedrigen Stromstärken mit Lichtempfindungen reagierte (vgl. oben Fall 18, 19). In den oben angeführten Fällen erhöhte sich diese optische Reizschwelle durch die Kalkzuführung, während gleichzeitig auch die anfangs vorhandene Klangreaktion des Acusticus nun ausfiel (in Fall 9* u. 17 fehlte die Nachprüfung). F. Chvostek fand bei

Tetaniekranken eine Geschmacksempfindung erst bei 2,5 MA und erklärt sogar diesen Wert schon für ein Zeichen von Übererregbarkeit. v. FRANKL-HOCHWART[1]) bestätigt CHVOSTEKS Angabe, daß die Geschmacksnerven bei Tetanie übererregbar seien, fand aber bei der Reaktion des Opticus keine Unterschiede gegenüber dem normalen Verhalten.

III. Mechanische Untersuchung peripherer Nerven.

a) Mechanische Erregbarkeit auf motorischem Gebiete.

1. Nervus facialis.

F. CHVOSTEK[2]) bezeichnet sein Facialisphänomen als „ein feines Reagens" für die tetanoide „Funktionsstörung", . . . „selbst die mittleren und leichten Grade (v. FRANKL-HOCHWART 2 und 3) besitzen einen Wert für die Diagnose". CHVOSTEK schließt auf Grund seiner Beobachtungen, daß die große Mehrzahl dieser Fälle zur Tetanie in irgendwelchen Beziehungen stehe oder wenigstens zu solchen Erscheinungen, die eine engere Verwandtschaft zur Tetanie zu haben scheinen: „Auch die Erfahrungen der Klinik erweisen, daß fließende Übergänge von jenen einfachen Formen mit allein vorhandener mechanischer Übererregbarkeit ohne sonstige Erscheinungen zu solchen mit gleichzeitigen Parästhesien, Neigung zu Krämpfen, dann zu solchen, bei denen außerdem noch leichte Ansprechbarkeit der Nerven auf den elektrischen Strom konstatiert werden kann, bis endlich zu den ausgesprochenen Fällen von Tetanie existieren." THIEMICH verlangt[3]), daß das Facialisphänomen auch bei älteren Kindern aus der Reihe der bloß „nervösen" Stigmata zu streichen und auch im älteren Kindesalter als pathognomisches „Latenzsymptom der Tetanie" (? d. Verf.) anzusehen sei, wenn auch letztere oft eine dauernde symptomlose Konstitutionsanomalie des Nervensystems darstelle. „Facialisphänomen findet sich auch ohne latente Tetanie bei Erwachsenen auch bei anderen Neurosen. Es ist aber zweifelhaft, ob alle diese Fälle sorgfältig galvanisch untersucht sind (THIEMICH)." So fand H. SCHLESINGER[4]) unter 50 vollkommen gesunden, nicht nervösen Erwachsenen Facialisphänomen in einem Falle nur eben angedeutet, in einem zweiten Falle deutlich bei einem 25jährigen Arzt, der aber nach eigener Mitteilung bei Bewegungen häufig von Muskelkrämpfen befallen wurde, eine Erscheinung, die man in Form von Wadenkrämpfen besonders oft auch bei normalen Eidetikern in jedem Lebensalter findet. Nach SCHLESINGER sind auch die Wadenkrämpfe zu den tetanoiden Erscheinungen zu rechnen und kommen bei Kindern und gewissen Erwachsenen häufig vor. F. SCHULTZE[5]) erhielt nur zweimal bei anscheinend Gesunden eine Zuckung im Frontalast des N. facialis: der eine hatte Kribbelgefühle in den Armen, aber sonst kein deutliches Zeichen der Tetanie, der zweite litt an Neuralgien in den Fingern und Metakarpalgelenken. Beide hatten weder Krampfanfälle noch deutlich erhöhte elektrische Erregbarkeit der Nerven und Muskeln. Bei Kranken ganz verschiedener Art dagegen fand SCHLESINGER das Facialisphänomen sehr verbreitet. Unter 480 Untersuchten fand er es 161mal, und zwar die höchsten Grade außer bei Tetanie selbst, bei Hysterie, Neurasthenie und Tuberkulose. Bei letzterer hob zuerst v. FRANKL-HOCHWART das häufige Vorkommen des Phänomens hervor. SCHLESINGER geht soweit, hieraus den Schluß zu ziehen,

---

[1]) Zitiert nach J. HOFFMANN: Dtsch. Arch. f. klin. Med. Bd. 43.
[2]) CHVOSTEK, F.: Wien. klin. Wochenschr. 1907.
[3]) THIEMICH: Monatsschr. f. Kinderheilk. Bd. 1. 1903.
[4]) SCHLESINGER, H.: Ztschr. f. klin. Med. 1891.
[5]) SCHULTZE, F.: Dtsch. med. Wochenschr. 1882.

daß das Phänomen für jene Krankheiten, und zwar in der angegebenen Reihenfolge fallend, charakteristisch sei. Leider ist über die galvanische Erregbarkeit dieser Fälle nichts festgestellt. Neuerdings hat man aber bei Tuberkulose häufig eine elektrische Übererregbarkeit gefunden[1]). Es erscheint nicht allzu verwunderlich, daß eine allgemeine Veränderung des Stoffwechsels, wie sie besonders bei konsumierenden Krankheiten auftritt, eine, sich sonst vielleicht allein durch das Facialisphänomen dokumentierende Konstitutionsfärbung stärker in Erscheinung treten lassen kann, aber es beweist das noch nichts dafür, daß sie ein Zeichen drohenden Ausbruchs einer echten Tetanie oder überhaupt etwas irgendwie Pathologisches bedeutet.

Unsere Befunde sichern erneut die Tatsache, daß sich das Facialisphänomen in einem großen Prozentsatz aller gesunden Kinder überhaupt findet. Hierzu stimmen Angaben THIEMICHS; THIEMICH[2]) fand das Facialisphänomen gerade bei „eklatant nervösen" Kindern sogar relativ selten, dagegen oft mit „überraschender Intensität" bei Individuen, die „gar keinen nervösen Eindruck machten".

In Marburg fanden wir das Facialisphänomen bei älteren Kindern bei etwa 40 vH., und zwar bei gesunden Knaben und Mädchen fast gleich verbreitet, während der Prozentsatz der AB (einschließlich der Latenzfälle) sich in dieser Altersstufe um 80 vH. bewegte (also war das Verhältnis etwa 1 : 2). Die Häufigkeit des Phänomens nimmt nun bei unserem Material mit steigendem Alter ab, parallel zu der Abnahme der Häufigkeit und der Ausgeprägtheit eidetischer Grade sowie der galvanischen Erregbarkeit. Dies ließ sich durch Untersuchung der einschlägigen Jahresklassen feststellen. Wir fanden (Frühjahr 1920),

im Jahrgang 1905/09 (Durchschnittsalter 12,5 J.): bei 39,5 vH. Facialisphänomen (Tab. II, S. 218), bei 86,84 vH. eidetische Grade (das Verhältnis ist 1 : 2,2),

im Jahrgang 1896/1903 (Durchschnittsalter 18,5 J.): bei 12,5 vH. Facialisphänomen (Tab. II, S. 218), bei 25 vH. eidetische Grade (das Verhältnis ist 1 : 2,0).

Auch unter Zugrundelegung allgemeinerer Untersuchungsergebnisse für diese Erscheinungen (vgl. oben) bleibt dieses Verhältnis nahezu konstant.

Es erweist sich also, daß das Verhältnis der Häufigkeit des CHVOSTEKschen Facialisphänomens zu dem Vorkommen eidetischer Grade in den untersuchten Altersklassen mit großer Annäherung gleich ist, während die absolute Häufigkeit beider Erscheinungen nach der Pubertät anders als vor ihr ist, ohne daß dabei im Einzelfalle ein strenger Parallelismus zwischen der Ausprägung beider Phänomene bestünde; wohl aber zeigen beide Erscheinungen in ihrem Abklingen jenseits der Pubertät eine recht genaue Übereinstimmung.

Während ferner das Facialisphänomen unter Erwachsenen im allgemeinen selten ist, ist es nach unseren Feststellungen unter eidetischen Erwachsenen ziemlich häufig. Dem entspricht es auch, wenn G. PERITZ[3]) nachweisen konnte, daß es sich in 80 vH. seiner spasmophilen (anodisch übererregbaren) Erwachsenen findet, die er aber keineswegs als krank ansieht. Sie würden jedoch bei einer entsprechenden Nachprüfung nach unseren Erfahrungen sich sicherlich zum großen Teil als latente oder manifeste Eidetiker herausgestellt haben (vgl. S. 218, Tab. III).

Es zeigen sich hier also wieder dieselben Korrelationen, welche sich auch in der Kalkwirkung verraten. Denn wie alle anderen tetanoiden Stigmen nimmt in den gleichen Fällen unter Kalkzuführung auch das Facialisphänomen an Stärke ab und kann hier sogar dauernd verschwinden. — Schon F. CHVOSTEK bemerkte

[1]) WOLFF-EISNER: Münch. med. Wochenschr. 1920; vgl. auch Kap. VII, 6.
[2]) THIEMICH: Monatsschr. f. Kinderheilk. 1903.
[3]) PERITZ, G.: Zeitschr. f. klin. Med. Bd. 77.

nun, daß bei der überwiegenden Mehrzahl seiner Fälle mit blitzartigen, wenn auch nur geringgradigen Facialisphänomenen immer Erscheinungen angetroffen wurden, die ihre Zugehörigkeit oder engere Verwandtschaft mit der Tetanie nahelegen mußten, und es fügt sich diese Feststellung also vollständig in den Rahmen der auch hier behandelten Zusammenhänge. Freilich schließt dieser zweifellos bestehende Zusammenhang nicht notwendig, wie CHVOSTEK anzudeuten scheint, stets und von vornherein schon zugleich das negative Werturteil des Pathologischen in sich ein, ein Umstand, der sich fast stets in solchen klinischen Feststellungen bemerkbar macht, durch das Material der Klinik wohl verständlich wird, trotzdem jedoch eine Quelle von Fehlern werden kann, die eine rein naturwissenschaftliche Betrachtungsweise, wie die unsere, zu vermeiden sucht. Indessen zeigen solche klinische Beobachtungen sicherlich auch das eine deutlich: wir können das Facialisphänomen auch der geringeren und geringsten Grade nicht wesenhaft von den stärkeren und selbst den pathologischen Graden abtrennen; ferner beweisen sie, daß das Facialisphänomen in den verschiedensten Graden, wie alle andern T-Stigmen, auch isoliert vorkommen kann. Somit gewinnen wir in dem Facialisphänomen aller Grade ein weiteres Stigma des T-Typus. —

Die in unseren Untersuchungen benutzte Gradabstufung des CHVOSTEKschen Facialisphänomens legt die von PHELPS[1]) angeführte Einteilung zugrunde. Wir ergänzen sie nur noch durch die von F. SCHULTZE[2]) angegebene Modifikation seines höchsten Grades (CHVOSTEK I) und bezeichnen diese als CHVOSTEK Ia.

Die bei der Prüfung des Phänomens zu vermeidenden Fehlerquellen haben F. SCHULTZE (a. a. O.) und H. SCHLESINGER[3]) eingehend beschrieben. Es handelt sich im wesentlichen darum, zu verhüten, daß das Phänomen mit der mechanischen Erschütterung des Gewebes verwechselt wird, also mit den Zuckungen, die durch Beklopfen der mimischen Muskulatur selbst oder der Insertionsstelle der Muskeln am Knochen hervorgerufen werden.

Wir unterscheiden demnach folgende Grade:

CHVOSTEK Ia: blitzartige Zuckung im ganzen Facialisgebiet, schon durch Bestreichen mit dem Finger oder Hammergriff auslösbar. „Streicht man mit dem Finger kräftig über das Gesicht von oben nach unten, von der oberen Schläfenpartie beginnend, über die Mitte zwischen äußeren Augenwinkeln und Ohr bis zur Mitte der Kinnlade, so ergibt sich eine intensive Zuckung in allen Facialisästen“ (F. SCHULTZE a. a. O.). Wir fanden diesen Grad des Phänomens nur zweimal in unserem Material: in zwei schon ans Pathologische heranreichenden Fällen hochgradiger Eidetiker des T-Typus (Fall 7 und 9, Kap. V C).

Die folgenden Grade sind „durch Beklopfen der Wange unmittelbar vor dem aufsteigenden Unterkieferast, vom Jochbein bis zum horizontalen Unterkieferast“ mit dem Perkussionshammer auszulösen, „ohne einen der beiden Knochen zu berühren“ (H. SCHLESINGER a. a. O.):

CHVOSTEK I: blitzartige Zuckung im ganzen Facialisgebiet,
„ II: um Nase und Mund,
„ III: nur im Mundwinkel,
„ IV: nur im Lippenrot, nach SCHLESINGER Stärke 1 (d. h. schwächste Form des Phänomens; dieses ist „eben merkbar“).

Wir fanden (Frühjahr 1920) die verschiedenen Grade des Phänomens:

---

1) PHELPS: Die Tetanie. Handb. der Neurologie, her. von LEWANDOWSKY. Bd. IV.
2) SCHULTZE, F.: Münch. med. Wochenschr. 1911.
3) SCHLESINGER, H.: Zeitschr. f. klin. Med. 1891.

1. Unter 204 Jugendlichen (Jahrgang 1905/12) insgesamt:

Grad Ia in 2 Fällen
„ I „ 22 „
„ II „ 14 „
„ III „ 35 „
„ IV „ 4 „
77 Fälle.

Somit Facialisphänomen überhaupt in 37,7 vH.

2. Unter 38 gesunden Knaben (Jahrgang 1905/09) der Marburger Oberrealschule:

Grad I in 7 Fällen
„ II „ 0 „
„ III „ 8 „
15 Fälle.

Somit Facialisphänomen überhaupt in 39,5 vH.

3. Unter 24 gesunden Schülern (Jahrgang 1896/1903) der landwirtschaftlichen Winterschule in Marburg:

Grad I in 0 Fällen
„ II „ 1 Fall
„ III „ 2 Fällen
3 Fälle.

Somit Facialisphänomen überhaupt in 12,5 vH.

4. Unter 64 gesunden Mädchen (Jahrgang 1905/12) der Marburger Bürgerschule:

Grad I in 6 Fällen
„ II „ 4 „
„ III „ 9 „
„ IV „ 1 Fall
20 Fälle.

Somit Facialisphänomen überhaupt in 31,3 vH.

6 Geschwisterpaare wiesen gemeinsam das Phänomen auf. Einmal wurde ein gekreuztes Phänomen gefunden, indem auf Beklopfen der einen Gesichtshälfte die andere mitzuckte, eine Erscheinung, die auch H. SCHLESINGER schon beschrieb[1]). — Es dürfte sich allein schon aus dieser Übersicht ergeben, daß das Facialisphänomen selbst der höheren Grade nicht diejenige pathologische Bedeutung besitzt, die ihm z. B. F. CHVOSTEK noch zumaß. Vielmehr ist es ein unter Gesunden einer jugendlichen Altersstufe weit verbreitetes Stigma, besonders häufig unter bestimmten Eidetikern verschiedener Lebensalter (Tab. IV, S. 238).

2. Nervus ulnaris.

F. SCHULTZE[2]) bemerkt, es sei fast das Gewöhnliche, daß sich bei Untersuchung am N. radialis fast jedesmal durch Perkussion eine leichte motorische Erregbarkeit nachweisen läßt. Gereizt wurde hierbei die Umschlagstelle des Nerven um den Humerus. Es entsteht dabei eine Zuckung an der Hand. Am N. ulnaris[3]) läßt sich nun eine solche Zuckung nicht mit solcher Regelmäßigkeit auslösen, falls man nicht eine schmerzhafte Reizstärke anwendet. Es gelingt in-

[1]) SCHLESINGER, H.: Zeitschr. f. klin. Med. 1891. Neuerdings MORO: Klin. Wochenschr. 1923.

[2]) SCHULTZE, F.: Dtsch. med. Wochenschr. 1882. Nr. 2.

[3]) Reizstelle zwischen Condylus medialis s. internus und Olecranon, wie bei der motorisch-galvanischen Reizung (s. S. 90).

dessen nach F. SCHULTZE auch mit schwacher, nicht schmerzender Perkussion oft, „eine deutliche Flexion der beiden letzten Finger und Adduktion des Daumens zu erzeugen". Es kann kaum einem Zweifel unterliegen, daß diese bei Gesunden vorkommende Empfindlichkeit des N. ulnaris auf mechanische Reize, wie auch SCHULTZE bemerkt, eine Vorstufe der bei klinischer Tetanie vorgefundenen hochgradigen Steigerung der mechanischen Erregbarkeit der peripheren Nerven darstellt. SCHULTZE hebt hervor, daß man bei Prüfung des Phänomens zwar auf den Ernährungszustand des betreffenden Individuums immerhin achten möge, indessen finde sich der Unterschied in der Erregbarkeit auch bei gleich gut oder gleich schlecht Ernährten.

Wir fanden nun das Phänomen in der von F. SCHULTZE oben charakterisierten Ausprägung (Flexion der beiden letzten Finger und Adduktion des Daumens bei ganz leichtem Perkussionsschlag mit dem Hammer [+] bzw. sogar schon bei Beklopfen mit dem gekrümmten Finger [++]) unter Jugendlichen sehr häufig, bei Erwachsenen immerhin seltener (Tab. II), vorwiegend bei Eidetikern aller Altersklassen, die dann meist auch andere Stigmen des T-Komplexes aufweisen. Auf Kalkzufuhr verschwand das Phänomen nach Maßgabe der anderen. Eine besonders ausgeprägte Form des Phänomens besteht darin, daß es schon durch ganz leichtes Beklopfen des Nerven mit dem gekrümmten Finger stark auslösbar ist. Wir fanden es in dieser ausgeprägten Stufe (+++) bei hochgradigen Eidetikern aller Altersklassen häufiger (Tab. IV).

b) Mechanische Erregbarkeit auf sensiblem Gebiet.

1. Nervus ulnaris.

Bei Jugendlichen sehr häufig, bei Erwachsenen seltener, vorwiegend bei Eidetikern aller Altersklassen fanden wir die von J. HOFFMANN[1]) und F. CHVOSTEK[2]) bei Tetanie und Tetanoiden beschriebenen Empfindungsausstrahlungen, die sich schon bei leichtem Beklopfen der peripheren Nervenstämme mit gekrümmtem Finger einstellen. Wir gingen dabei des näheren nach der Methode vor, die H. SCHLESINGER und F. CHVOSTEK nach dem Vorgange von J. HOFFMANN verwandten. Hiernach ist sensible Übererregbarkeit dann anzunehmen, wenn die untersuchten Individuen auf leichtes Beklopfen mit dem gekrümmten Finger spontan angeben, daß sie ausstrahlende Empfindungen verspüren (+) bzw. das Verbreitungsgebiet des betreffenden Nerven beschreiben (++). Wir ließen bei unseren Untersuchungen die Vorsicht walten, die galvanische und mechanische Prüfung stets an verschiedenen Nerven vorzunehmen; am N. ulnaris prüften wir beides daher nicht an derselben Körperseite (vgl. Tab. I, II, IV). Die Reizstelle war die gleiche wie oben.

2. Ramus cutaneus superficialis nervi radialis.

Hier fanden sich beim Beklopfen mit dem gekrümmten Finger die gleichen Erscheinungen. Sie sind bei unseren T-Typen oft gemeinsam mit den übrigen Stigmen nachweisbar und wie diese durch Kalk beeinflußbar (Reizstelle s. S. 92).

Natürlich können zu allen diesen Prüfungen auch alle anderen peripheren Nerven in analoger Weise herangezogen werden. Nur im Interesse der einheitlichen Durchführbarkeit und besseren Vergleichbarkeit hielten wir uns stets an das angegebene Untersuchungsschema. Natürlich würde auch jede Übererregbarkeit auf motorischem oder sensiblem Gebiete, die sich an einem anderen peripheren Nerven auf galvanische oder mechanische Reizung hin nachweisen läßt, als T-Stigma zu gelten haben.

[1]) HOFFMANN, J.: Dtsch. Arch. f. klin. Med. 1888.
[2]) CHVOSTEK, F.: Zeitschr. f. klin. Med. 1891.

IV. Mechanische Untersuchung der Muskelerregbarkeit.

Bei den wenigen Fällen von eidetischem T-Typus, die innerhalb unseres Beobachtungsmaterials schon ans Pathologische grenzten, ließ sich bei Beklopfen der Muskeln mit dem Perkussionshammer eine sehr starke Querwulstung feststellen, die eine Nachdauer zeigte, ganz ähnlich wie das F. SCHULTZE[1]) bei Fällen von Tetanie geschildert hat. In einem solchen Falle fand sich eine starke Nachzuckung, wie sie v. BECHTEREW bei klinischer Tetanie beschrieb. Als niederer Grad dieser muskulären Übererregbarkeit trat das sogenannte „Harfenphänomen" am Brustmuskel bei Jugendlichen häufiger stark, bei Erwachsenen seltener, bei hochgradigen Eidetikern fast immer und oft stark auf (Tab. I, II, IV). Es besteht in einer sukzessiven und rasch abklingenden Muskelzuckung der einzelnen Partien des Musculus pectoralis major beim Bestreichen mit dem Hammergriff unter mäßigem Druck von oben nach unten (+). Auch hier äußern sich stärkere Grade schon in einer Nachzuckung (++).

V. Physiognomische und mimische Stigmen des T-Typus.

Allgemeiner Eindruck der Gesamtpersönlichkeit.

Es mag hervorgehoben sein, daß wir zur Formulierung dessen, was wir hier (und später auch beim B-Typus) zunächst als rein „eindrucksmäßig Erfaßbares" bringen, erst durch die jahrelange Verfolgung empirisch ermittelter Einzeltatsachen gekommen sind. Erst der rückschauende Überblick über unser ganzes, rein naturwissenschaftlich gewonnenes Material gibt uns das Recht zu solchen zusammenfassenden Charakteristiken, deren Richtigkeit uns die Praxis immer und immer wieder bewies. Von den zunächst vorwiegend an unseren gesunden Typen gemachten Beobachtungen kamen wir ferner zwangsläufig dazu, an dem klinischen und pathologischen Material der Medizinischen Univ.-Klinik Frankfurt a. M. die entsprechenden Parallelerscheinungen unserer Biotypen, und hier in pathologisch gesteigerter Form, zu beobachten. Alle Zusammenhänge aber, die hier über die zunächstliegenden und immer in den Vordergrund gestellten Beziehungen des T- bzw. B-Typus zu der Krankheit Tetanie und M. Basedow hinausgehen und auf andere Krankheitsbilder hinweisen, sind erst in Kap. VI und im 3. Abschnitt erörtert und auch durch Angaben aus der Literatur ergänzt. Ausnahmsweise mußten wir jedoch hier von unserem Prinzip abweichen, solches noch überwiegend „eindrucksmäßig" Erfaßtes in der Darstellung von den strenger empirisch ermittelten anderen physiognomischen und mimischen Tatsachen zu sondern. Aber diese Dinge gehören zugleich so sehr in den augenblicklichen Zusammenhang, daß wir sie nicht gut abtrennen konnten, ohne dem Ganzen zu schaden. Im Interesse der Gegenüberstellung wird manches hiervon erst eingehender beim B-Typus gebracht werden.

Im allgemeinen kann man sagen: die T-Typen zeichnen sich äußerlich, wenn sie ganz reine Fälle sind, und schon in völlig normaler Breite zunächst dadurch aus, daß ihnen, insbesondere ihren Augen bzw. auch ihrer Mimik, die maßgebendsten B-Stigmen fehlen. Wir bezeichnen diesen zunächst fast rein negativen Befund (Augen o. B.) jetzt als „T-Augen" bzw. „T-Gesicht" (vgl. Tab. IV, S. 238).

Es will dies das „Fehlen eines seelischen Faktors" in Augenausdruck bzw. Mimik besagen, und es gilt dies sinnentsprechend auch für die übrigen B-Stigmen. Es konnte dies empirisch festgestellt werden; ein biologischer Erklärungsversuch dafür ist im Kap. VII, 2 versucht worden. Als maßgebendstes B-Stigma haben wir (vgl. später Kap. III B), außer dem niedrigen und labilen Hautwiderstand (S. 152f.), vor allem den „seelisch betonten Ausdruck des Auges" zu betrachten, der meist zugleich von einem gewissen auffälligen Glanz begleitet ist, zugleich auch oft mit einem stärkeren Hervortreten (Protrusio bulb.) und einer gewissen Größe des Auges einhergeht. Letztere beiden sind gerade die Stigmen, die wir klinisch vor allem an „Basedowoiden" bemerken, und sie kommen meist begleitet von weiteren Stigmen des B-Typus vor, wie z. B. jenem beseelten Augenausdruck, der am ausschlaggebendsten für den B-Typus ist („B-Auge", s. a. u.). Protrusio und Größe des Auges kommen aber für sich auch ohne jenen beseelten Ausdruck vor („TB-Auge"); ja es kann umgekehrt manchmal selbst ein kleines und ganz und gar nicht protrusioniertes

---

[1]) SCHULTZE, F.: Münch. med. Wochenschr. 1911.

TB-Typus (B-Augen).

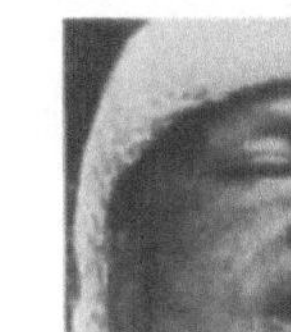

Abb. 3.

T-Typus (T-Augen).

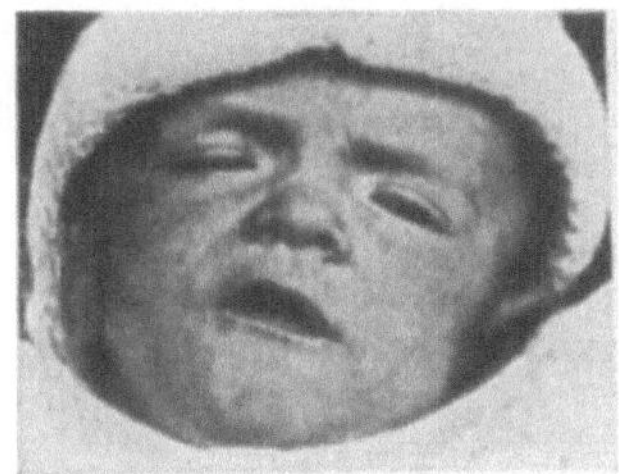

Abb. 4.

TB-Typus (B-Augen).

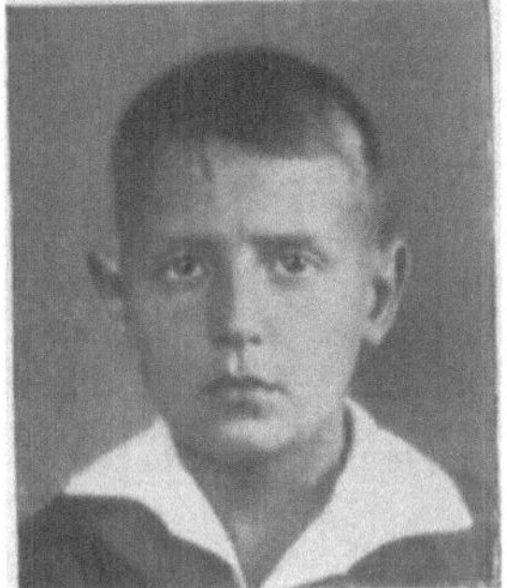

Abb. 5.

TB-Typus (TB-Augen).

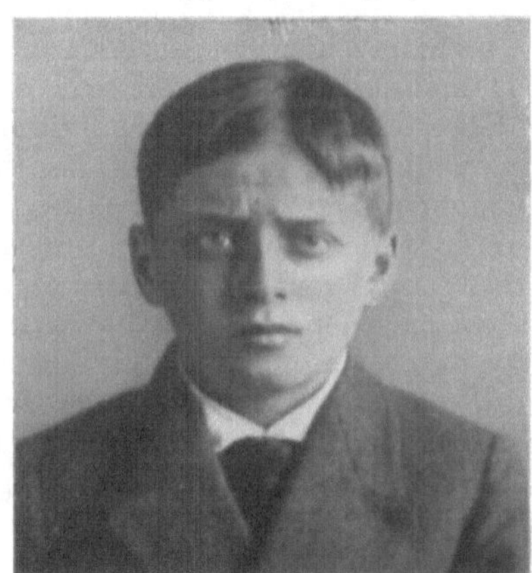

Abb. 6.

T-Typus (T-Augen).

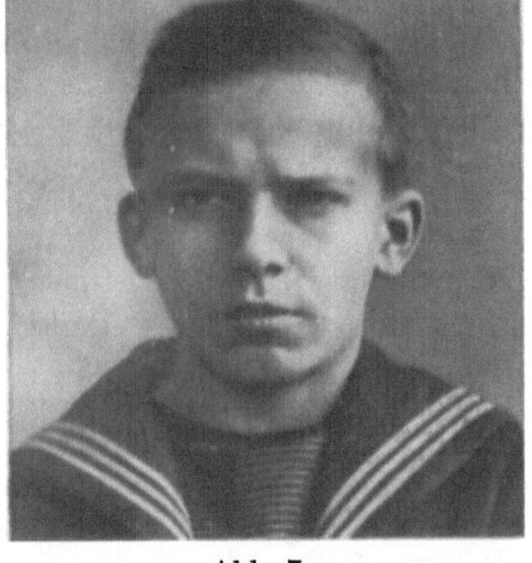

Abb. 7.

T-Typus (T-Augen).

Abb. 8.

TB-Typus (B-Augen).

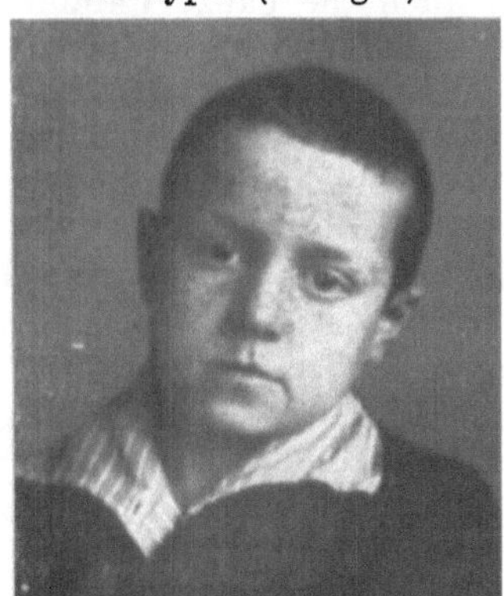

Abb. 9.

T-Typus (T-Augen).

Abb. 10.

Gruppe I, Abb. 3—10. **„Tetaniegesicht“ bei T- und TB- bzw. TB-Typen.**

(Vgl. hierzu den Text S. 102—112, die Abbildungen S. 109 und den Text S. 140—151; UFFENHEIMER: Jahrb. f. Kinderheilk. 1905, hieraus Abb. 3 u. 4; ferner GOLDSCHMID, E.: Physiognomik in der Pathologie, Virchows Arch., 1925, Bd. 254.)

Auge besonders stark jenen beseelten Augenglanz zeigen. Hierin zeigt sich also, daß der B-Typus eines Auges bis zu gewissem Grade unabhängig von „basedowoiden" Augenstigmen im eigentlich klinischen Sinne ist, obwohl das Vorhandensein letzterer den B-Typus gewissermaßen unterstreicht und ein vorzüglicher Begleitumstand des beseelten Augenausdruckes („Glanzauge" in unserem Sinne) ist, ohne daß letzteres sich in den klinischen B-Stigmen (z. B. „Glanzauge" im Sinne F. KRAUS') der Augen erschöpft. Wir haben versucht, für alle diese Möglichkeiten einige charakteristische physiognomische Abbildungen von Eidetikern zu bringen, die wir, je nach dem vorwaltenden Typus, in Gruppen I—III zusammenfaßten: Gruppe I (Abb. 3—10) und Gruppe II (Abb. 11—14) sucht den vorwaltenden T-Typus darzustellen, erstere denjenigen mit dem eigentlichen und krasser ausgeprägten mimischen „Tetaniegesicht" bei reinen T- und bei Mischtypen, letztere mit nur ausgesprochener Abwesenheit aller B-Stigmen („T-Augen" bzw. „T-Gesicht"), allenfalls mit Andeutung mimischer T-Stigmen; Gruppe III (Abb. 15—18) zeigt den physiognomisch ausschließlich vorwaltenden B-Typus („B-Auge", „B-Gesicht") mit bzw. auch ohne ausgesprochene klinische Stigmen der Augen.

Trotz nie ganz fehlenden Glanzes sind bei Erwachsenen und älteren Jugendlichen die Augen des reinen T-Typus (Abb. 8, 10, 11, 13) „matter" und weniger „sprechend" als die von Individuen mit einem auch nur leichten B-Einschlag (Abb. 6). Bei jüngeren Kindern zeigen sich „matte" Augen nur bei ganz ausgeprägter T-Komponente (Abb. 4, 7), oder vor allem bei abnorm schwacher Ausbildung des physiologischen B-Komplexes (Abb. 12), der ja als solcher an und für sich, ohne die ihm beim B- bzw. BT-Typus zukommende Übersteigerung, jedem Individuum eigen ist. Denn beide psychophysischen Komplexe (T- und B-Komplex) besitzen in jedem Organismus ihre Stelle. Das Kinderauge besitzt bekanntermaßen fast stets einen stärkeren Glanz. Das bloße Fehlen von B-Stigmen ist daher bei jüngeren Kindern ein im ganzen zwar seltenerer, dann aber gerade deutlicherer Hinweis auf den T-Typus als bei älteren Jugendlichen und Erwachsenen. Bei ihnen wird diese rein negative Feststellung ohne Nachweis weiterer, mindestens psychischer T-Stigmen im allgemeinen nicht ausreichen, um den Typus zu charakterisieren.

Das ganze Wesen der T-Typen ist aber meist schon ein anderes. Überall fehlt etwas, was man beim B-Typus und selbst den Mischfällen sofort bemerkt; sogar schon in der Art der Motorik, mit der uns solche Individuen gegenübertreten[1]). Hiervon wird wegen der Einfachheit der Gegenüberstellung bei der Behandlung des B-Typus näher die Rede sein, wie auch das Folgende dort weiter ergänzt werden soll. Die zum B-Typus gegensätzliche Art des T-Typus kann, genau wie die Sonderart des ersteren, auch die ganze Familie solcher Individuen durchgehend beherrschen. Letzteres waren aber, bis heute wenigstens, mehr erfühlbare als exakt feststellbare und meßbare Dinge. Trotzdem heben sich, nachdem man eine größere Reihe von Fällen exakt untersucht hat, der T- wie der B-(BT-) Typus, ebenso wie die noch zu erwähnenden „Untertypen" derselben, schon für das gefühlsmäßige Erfassen als etwas Eigentümliches ab. Aber nie darf auf Merkmale, die sich nicht schärfer festlegen lassen, eine Typeneinteilung begründet werden. In der Tat gründet sich unsere Typeneinteilung auf den Befund der genauen Einzeluntersuchung, vor allem der optischen und gewisser körperlicher Merkmale. Aber auch außerhalb dieser Untersuchungsgebiete, in denen ja auch schon die Gegensätzlichkeit zum B-Typus hervortritt, läßt sich der T-Typus (bisher) am besten charakterisieren durch den Vergleich mit diesem seinem Gegenpol. Bei näherem Zusehen und eingehenderer exakter Untersuchung finden sich beim reinen T-Typus keine ausgesprochen positiven B-Stigmen, am ehesten noch manchmal isoliert eine leichte respiratorische Arythmie (überhaupt Vagussymptome)[2]). Außer dieser zunächst überwiegend negativen Feststellung finden

[1]) Es sind neuerdings im Marburger Psycholog. Institut Arbeiten im Gange, die die positiven und, wenn auch anders wie beim B-Typus gearteten, so doch ebenso wertvollen Eigenschaften vor allem des normalen T-Typus stärker hervortreten lassen (vgl. S. 407).

[2]) Die Beteiligung solcher vegetativen Stigmen auch beim reinen T-Typus könnte als

sich ganz krasse physiognomische und mimische Zeichen des T-Typus nur in selteneren und sehr ausgeprägten, oft schon ans Pathologische streifenden oder wirklich pathologischen Fällen; alsdann aber bilden sie einen sehr deutlichen Hinweis. Eine ausgezeichnete Schilderung dieses charakteristischen „Tetaniegesichtes“ gab schon UFFENHEIMER, der auch jenen Ausdruck geprägt hat. UFFENHEIMER bemerkt von spasmophilen Säuglingen: „Es ist das spezifisch Kindliche aus ihren Zügen gewichen und an seine Stelle ein Ausdruck wie von Nachdenklichkeit und Sorge getreten (Abb. 3, Gruppe I). Das Gesicht macht einen ‚kniffllichen‘ Eindruck; es handelt sich wahrscheinlich um einen allerleichtesten Ausdruck dessen, was wir beim echten Tetanus als Risus sardonicus in einem Dauerkrampf der mimischen Muskulatur vorfinden (Abb. 4). Das Tetaniegesicht war auch noch in Stadien zu finden, wo sich die elektrische Erregbarkeit normal zeigte“ (Sperrdruck von uns, d. Verf.); manchmal, meint UFFENHEIMER, habe das Gesicht auch einen „verschlagenen“ Eindruck gemacht. Man könnte UFFENHEIMERS Schilderung noch einiges andere hinzufügen, was wir bei älteren Kindern und auch bei Erwachsenen fanden, für die, wie unsere Abbildungen zeigen, alles bisher Gesagte ebenso wie für die Säuglinge paßt (Gruppe I, Abb. 3, 9, 5 u. 4, 7, 6; Gruppe II, Abb. 14). Der Gesichtsausdruck von T-Typen ist mitunter ängstlich (Abb. 5), finster oder finster brütend (Abb. 7, 14), ja auch mißtrauisch, manchmal zugleich auch so, als wenn der Betreffende geblendet ins Licht sähe (Abb. 6). Das Mißtrauische oder Finstere herrscht (bei Vorhandensein mimischer T-Stigmen) vor, wenn die Augen klein (Abb. 7) und, verglichen mit dem B-Typus, auffallend matter sind (zu letzterem vgl. Abb. 7, 8, 10, Gruppe II, Abb. 11, 12). Das Ängstliche überwiegt (bei Vorhandensein mimischer Stigmen), wenn die Augen unter dem Einfluß eines geringen B-Einschlags größer erscheinen (Abb. 6) oder sogar einen seelischen Glanz zeigen (Abb. 5). Ein geringer Glanz ist ihnen natürlich wie allen Augen, besonders denen Jugendlicher eigen. Aber es fällt bei reinen T-Typen, auch wenn die mimischen Zeichen des Tetaniegesichtes fehlen, namentlich wenn Vergleichsindividuen herangezogen werden, gerade dieser „mattere“, weniger seelische Charakter des Glanzes auf (vgl. Gruppe II gegenüber Gruppe III), sogar schon gegenüber den Individuen, die bei ausgeprägtem T-Typus einen eben merkbaren Einschlag einer B-Komponente zeigen (Abb. 6); dies gilt besonders bei älteren Jugendlichen. Es zeigt aber mitunter selbst ein stärker an den B-Typus äußerlich erinnernder Glanz des Auges (Gruppe II, Abb. 14) doch nicht jene seelische Note, die z. B. in den Abbildungen der Gruppe III deutlich ist: wie die Abb. 6 in Gruppe I und Abb. 14 in Gruppe II zeigen, gibt der hier „blankere“ Eindruck der Augen ihnen jedenfalls nicht jenen seelisch betonten „Glanz“, der beim ausgeprägten B-Typus (vgl. Gruppe III, Abb. 15—18) dem Gegenüberstehenden warm entgegenschlägt, sondern dieser den T-Augen allenfalls noch zukommende Glanz besitzt hier gleichsam doch etwas Kühleres, nüchtern Abwägendes. Wo beim Tetaniegesicht ein glanzreicheres (ja ausnahmsweise leicht protrusioniertes) Auge vorliegt (Abb. 6), zeigt es also auch hier jenen ebenerwähnten nüchterneren Charakter, selbst dann, wenn eigentliche krassere mimische Kennzeichen des T-Typus in Fortfall kommen (vgl. Gruppe II, Abb. 14). Die geschilderten mimischen Kennzeichen des „Tetaniegesichtes“ können aber sogar ganz in Wegfall kommen, und doch kann die Art der Augen („T-Augen“) ein ganz besonders wesentliches Kennzeichen für den T-Typus sein (Abb. 11 u. 12); umgekehrt können ausgesprochene „B-Augen“ vorhanden sein und ein mimisches „Tetaniegesicht“ eine hier ganz starke T-Komponente anzeigen (Gruppe I, Abb. 3, 9, 5), die sich sogar in ihrem Einfluß über

ein Widerspruch angesehen werden. Dieser Widerspruch löst sich jedoch, wie an späterer Stelle gezeigt wird, auf (vgl. Kap. VII, 2, S. 333).

den immer besonders großen Einfluß einer B-Komponente behaupten und sich in der Persönlichkeit stark durchsetzen kann (TB-Typus). Das hierbei mehr eindrucksmäßig zu Erfassende sei daher nochmals zusammengefaßt: das Auge des reinen T-Typus ist „kalt", „nüchtern", „ohne seelischen Ausdruck", das des B-Typus „warm", „voll Seele", „voll seelischen Ausdrucks". Das T-Auge kann jedoch vorübergehend ein seelisches „Aufleuchten" zeigen. Manchmal tritt beim T-Typus als mimisches Kennzeichen an Stelle der Falten nur eine gewisse mimische Starre und Unbewegtheit des Gesichtes, etwas Maskenhaftes, wie wir es in Abb. 8, Gruppe I, bei einem Falle von Bronchotetanie (Medizinische Universitätsklinik Frankfurt a. M.) zur Darstellung zu bringen versuchten, bei dem auch die Art der Augen sehr charakteristisch ist (T-Augen). Hier handelt es sich also um einen schon pathologischen Fall des T-Typus, während besonders die in Gruppe II zur Darstellung gebrachten T-Typen gesunde Individuen sind, bei denen mitunter eine gewisse „Unverbindlichkeit" des Gesichtsausdruckes (Abb. 14), oft auch nur ein Fehlen der B-Stigmen (Abb. 11—12), mindestens, selbst beim Lächeln, eine gewisse „Reserviertheit" (Abb. 13) bemerkbar ist, meist im Gespräch daher eine geringere Mimik auffällt, also immerhin auch hier schon eine gewisse „Unbewegtheit" der Gesichtsmuskulatur (T-Gesicht), die in pathologischen Fällen den Eindruck der „Maske" hervorbringt. Jene maskenhafte Starre des Gesichtsausdrucks, — dies sei an dieser Stelle hervorgehoben, damit wir später einmal darauf zurückgreifen können —, finden wir auch bei klinischen Erkrankungen, die zunächst scheinbar nur in dieser physiognomischen Beziehung, aber, wie wir sehen werden (Kap. VII—XI) auch innerlich dem T-Typus verwandt sind.

Aber auch im Bereiche des Normalen gibt es Parallelen: im ungezwungenen Gesichtsausdruck der reinen T-Typen begegnen wir, wie erwähnt, einer mimischen Unbewegtheit, deren — gewollte — Äquivalente wir im täglichen Leben bei den verschiedenartigsten Individuen und hier besonders in bestimmten Situationen und Kreisen in dem sogenannten „offiziellen Gesicht" (= „gewollt unverbindlichem" Gesichtsausdruck) vor uns haben.

Von Pineles wurde ein weiteres Tetaniegesicht beschrieben, bei dem die Stirn keine Faltung zeigt, und das ganze Gesicht einen etwas gedunsenen Eindruck macht. Es erinnert an Gesichter, wie man sie nicht selten unter sogenannten „lymphatischen Kindern" findet. Da der T-Typus auch mit endokrinen Vorgängen in Zusammenhang steht, und diese sehr komplexer Natur sein können, so erscheint es nicht verwunderlich, daß gerade solche „gedunsenen" Tetaniegesichter unter Kindern gefunden werden können, welche manchmal, auch ohne Intelligenzstörung, einen besonderen (an den „submyxödematösen" Habitus erinnernden) Einschlag an der Haut zeigen[1]) oder auch, wie die sogenannten „Fettkinder", mehr vom Typus hypophysärer Fettsucht zu sein scheinen und teilweise der Dystrophia adiposogenitalis verwandt sein dürften. Mitunter können Individuen des T-Typus als Säuglinge (und auch später andeutungsweise bis ausgesprochen) ganz früh schon ein welkes, runzliches, auffallend greisenhaftes Gesicht zeigen, das manchmal vielleicht eine Beziehung besitzt zu dem Geroderma rein hypophysärer Zwerge, und das den Eltern früh aufzufallen pflegt. Ein literarisches Beispiel für solche Kinder und charakteristische Züge ihrer Physiognomie und ihres Charakters, wodurch zugleich die mimischen Stigmen des eigentlichen Tetaniegesichtes verstärkt werden können, scheint der Knabe Paul in Hermann Suder-

[1]) Es handelt sich hier vielleicht um ein Erhaltenbleiben gewisser Eigenarten der Säuglingshaut, deren dicke, sulzige Beschaffenheit bekanntlich stark an Myxödem erinnert. Sowohl der Säuglingshaut wie dem Frühmyxödem kommen aber besondere Bildungen am Capillarsystem zu, die man auch bei den bereits pathologischen Fällen unter den jugendlichen T-Typen nicht selten findet (vgl. später Kap. VII, 2, 3, S. 396 Anm. 2, S. 368).

MANNS „Frau Sorge“ zu sein, dessen ganze Schilderung dem Typus tetanoider Kinder in vielen Hauptzügen entspricht, seine ganze Persönlichkeit und auch sein eingehend beschriebenes Äußere, das auf ein mimisches Tetaniegesicht schon in der Wiege hinweist. Besonders bei den leicht an Myxödem erinnernden T-Typen erscheint das Gesicht im Gegensatz hierzu „gedunsen“, die Haut der Stirn verdickt; sie macht einen etwas unebenen Eindruck, der, wenigstens bei jüngeren Individuen, nicht geradezu in einer Faltenbildung besteht, aber sie wenigstens andeutet und zugleich einen mißtrauischen, unkindlichen Zug hervorbringt. Ältere Individuen der gleichen Konstitution zeigen dann, wie der Vater eines solchen Kindes, vorzeitig eine sehr faltige, gerunzelte Gesichtshaut, die eine Verwandtschaft zeigt zu den greisenhaft gerunzelten Gesichtern älterer Kretinen, ohne daß von einer Intelligenzstörung oder Myxödem die Rede sein kann (Gruppe I, Abb. 10), oder es bleibt die „Gedunsenheit“ dieses Gesichtes bestehen und die Faltenbildung tritt dann weniger hervor.

Verglichen mit dem geringeren Glanz, ja einer auffallenden Mattheit und Kleinheit der Augen und der Lidspalten des T-Typus, sind die Augen des B-Typus und seiner Mischtypen von ganz besonders auffallender und „hervorstechender“ Beschaffenheit: wie „auf der Knopfgabel geputzt“ stechen z. B. beim Betrachten einer Schulklasse solche Augen aus der Gesamtheit hervor, auch wenn sie nicht einmal so auffallend groß (wie in Abb. 17, Gruppe III) oder „vortretend“ sind (wie in Abb. 15, 16), also selbst wenn sie, wie in Abb. 18, weder eine Protrusio im engeren Sinne zeigen, noch eine besondere Größe des Auges oder der Lidspalte. Die T-Typen findet man alsdann am besten durch den Vergleich, indem man diejenigen Individuen herausgreift, deren Auge gar nichts von dieser besonderen Beschaffenheit und ihrem ausgesprochen *seelischen* Ausdruck erkennen läßt, also wenn man außer den schon mimisch Tetanoiden auch Individuen herausgreift, welche die Art der Augen zeigen, wie in Gruppe II, deren Physiognomien doch dabei weder die *ausgesprochenen* mimischen Falten wie in Gruppe I zu zeigen brauchen, auch wenn sie sogar, wie besonders in Abb. 14 (Gruppe II), einen gewissen anderen Glanz ohne seelischen Ausdruck („Blankheit“) zeigen. Im übrigen sind gerade die mimischen Tetaniegesichter, wenn man darauf achtet, selbst unter Erwachsenen häufiger, als man annehmen sollte, und wenn man vor allem schon auf Andeutungen des Tetaniegesichtes achtet, die schon in einem *habituellen* „etwas finsteren“ Gesichtsausdruck bestehen können, wie dies in diesem Grade bei Abb. 13, 14 der Gruppe II bereits vorhanden ist.

Die Haut erscheint bei hochgradigen T-Typen rauh, oft blaß, in schon pathologischen Fällen mitunter begleitet von einem eigentümlichen Stich ins Graue; sie ist dann mitunter wie welk und nicht straff im Tonus und anscheinend schlecht durchblutet. Es handelt sich hier nicht stets um eine wirkliche Anämie (eher mitunter, wie nach STHEEMANN bei Spasmophilen, um eine Anaemia spastica). Mitunter ist besonders bei schon fast pathologischen T-Typen, worauf hier nicht eingegangen werden kann, auch eine besondere Beschaffenheit der Hautcapillaren (Hypoplasie bzw. Hemmungs- oder Mißbildung) zu konstatieren (vgl. Kap. VII, 3 u. S. 307f., 396 Anm. 2).

Bei Prüfung des Hautwiderstandes findet sich bei reinen T-Typen *keine Erniedrigung* wie beim B-Typus und seinen Mischfällen (vgl. Kap. III B). Es tritt hier unter den angegebenen Versuchsbedingungen bei Schließung des Stromes kaum ein höherer Anfangsausschlag des Ampèremeters auf als höchstens bis etwa 0,5 MA, meist darunter. Bei Dauerschluß des Stromes tritt dann, *wenn überhaupt, nur sehr langsam* und *nur in sehr geringem Umfange* ein weiteres Absinken des Anfangswiderstandes ein, sich verratend durch ein langsames Weiterrücken der Nadel des Ampèremeters. Gleiche Verhältnisse finden wir aber auch bei Nicht-B-Typen, die zwar keine ausgesprochenen T-Typen, mit ihnen aber eng verwandt sind (vgl. S. 109, 140f. u. S. 356 Anm., Untertypen der Biotypen).

Beim Heraussuchen von reinen T-Typen aus einer größeren Anzahl von Individuen, z. B. aus einer Schulklasse, kommt es also zunächst darauf an, die B-Typen und ihre Mischfälle von allen denen zu sondern, die gar keinen basedowoiden Einschlag zu besitzen scheinen. Hierzu genügt zunächst der äußere Eindruck, insbesondere die geschilderte Art der Augen. Beim B-Typus kommt es hierbei ohne Rücksicht auf die äußere (klinische) Beschaffenheit in erster Linie auf das „sprechende Auge“ an. Daß in einzelnen Fällen sogar ein ganz leicht protrusioniertes Auge jenen unbeseelten Ausdruck des T-Typus zeigen kann, erwähnten wir schon[1]). Gleiches gilt auch von einer gewissen mehr äußerlich auffallenden, aber unbeseelten „Blankheit“ der Augen (vgl. Abb. 14, Gruppe II). Also weniger die Beschaffenheit, die äußerlich hervortritt, als der seelische Ausdruck des Auges ist für den B-Typus maßgebend, der bisher mehr erfühlbar bleibt. Es mag jedoch noch erwähnt werden, daß es E. R. JAENSCH neuerdings aufgefallen ist, daß Eidetiker mit starren Bildern gleichzeitig auch nicht jene weite, lebhaft spielende Pupille zu besitzen scheinen, die gerade für den B-Typus (und Jugendliche überhaupt) stets so charakteristisch ist (S. 146). Individuen des T-Typus zeigen also, selbst wenn sie Eidetiker sind, eher eine engere Pupille ohne lebhaftes Spiel. Weite und lebhaftes Spiel der Pupille scheint einer der Umstände zu sein, die dem Auge des B-Typus „Seele“ verleihen, deren Fehlen bei sonst verschiedener Beschaffenheit des Auges (bei Vorhandensein oder Nichtvorhandensein einer Protrusio, bei Größe, Kleinheit des Augapfels, Weite oder Enge der Lidspalten usw.) den „Mangel an Seele“ hervortreten läßt und den nüchtern-kühlen Ausdruck, der das Auge des T-Typus in jedem Falle, der einigermaßen ausgeprägt ist, kennzeichnet: das Auge des B-Typus ist scheinbar mehr auf Vorstellung und innere seelische Schwingungen eingestellt. Daher vielleicht das wechselnde Spiel der meist auf den Außenreiz nicht oder weniger akkommodierten Augen. Das Auge des T-Typus aber erscheint mehr auf den Außenreiz eingestellt, die Pupille wohl aus diesem Grunde enger oder doch wenigstens starrer[2]). Bei der näheren Untersuchung findet man dann unter den Nichtbasedowoiden einzelne reine und ausgesprochene T-Typen[3]), unter den übrigen mehr oder weniger ausgesprochene Mischtypen mit nur geringerem Überwiegen des einen oder anderen psychophysischen Komplexes. Natürlich können, wie schon unsere Abbildungen zeigen, auch unter den Basedowoiden Tetanoide sein, die, abgesehen von ihren „sprechenden“ B-Augen, im übrigen mimisch ein deutliches Tetaniegesicht zeigen (Abb. 3, 5, 9), und es gibt Individuen, deren Augen trotz eines äußerlich stärkeren Glanzes („Blankheit“) doch nüchterner, „frostiger“ und darum leerer und nicht selten wie unbeseelt erscheinen (Abb. 6, 14).

[1]) Solche Individuen (vgl. Abb. 6) findet man besonders leicht bei Klinikpatienten mit sog. „Thyreotoxikosen“ ohne eigentlichen Morb. Basedow, also mitunter z. B. auch bei Patienten mit dem KRAUSschen Kropfherz.

[2]) Diese Verhältnisse sind exakter Messung (mit dem Ophthalmometer) zugänglich. Untersuchungen hierüber sind im Institut von E. R. JAENSCH im Gange. Ganz allgemein darf jedoch noch bemerkt werden, daß in obigem Sinne das Auge des T-Typus vielleicht sogar anatomisch (zum mindesten funktionell) mehr „Reizleitungsorgan“, das Auge des B-Typus mehr „Vorstellungsorgan“ sein könnte (vgl. hierzu E. R. JAENSCH (I): XIII. „Die Organologie des Auges“); s. a. W. JAENSCH, Klin. Wochenschr. 1926.

[3]) Hierbei ist uns ferner aufgefallen, daß, wenigstens in Marburg, unter den Nichtbasedowoiden die hellere Haarfarbe zu überwiegen scheint, während die B-Typen und ihre Mischfälle eher eine dunkelere Haarfarbe zeigen. Bei Beachtung des „Glanzauges“ ist ferner von den hier in Rede stehenden Typen ein noch ganz besonderes Auge auszunehmen, das ebenfalls nicht den „beseelten“ Glanz des B-Typus zeigt, sondern einen „verstörten“ oder auch „erloschenen“ (subcorticalen?) Blick, und eines, das mehr an den „irren Glanz“ der Augen mancher schwerer Psychopathen und echter Geisteskranken erinnert.

Abb. 11.

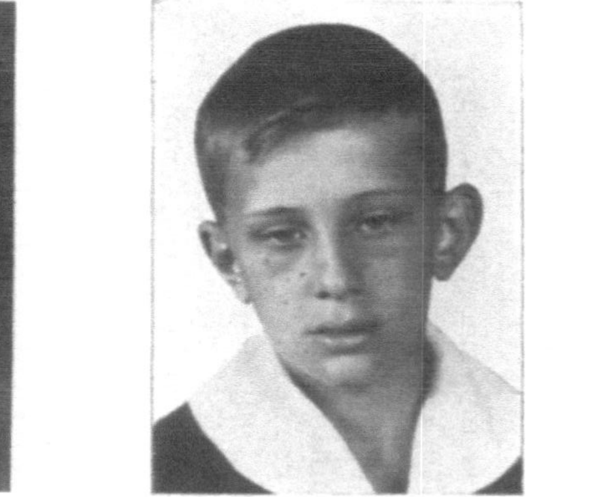

Abb. 12.

Abb. 13[2]).

Abb. 14[2]).

Gruppe II, Abb. 11—14. **T-Typus** (mit „T-Augen“), aber ohne krasse mimische Stigmen (= „T-Gesicht“), vgl. Text hierzu S. 102 bis 112 u. Abb. S. 103); die gleiche Physiognomie kommt auch dem „Untertypus des T-Typus“ zu (normalerweise ganz ohne gröbere somatische Stigmen). Mitunter zeigen sich auch hier wenigstens Andeutungen des UFFENHEIMERschen „Tetaniegesichtes“ (Abb. 13 u. 14); vgl. auch S. 140f.[1]).

Abb. 15.

Abb. 16.

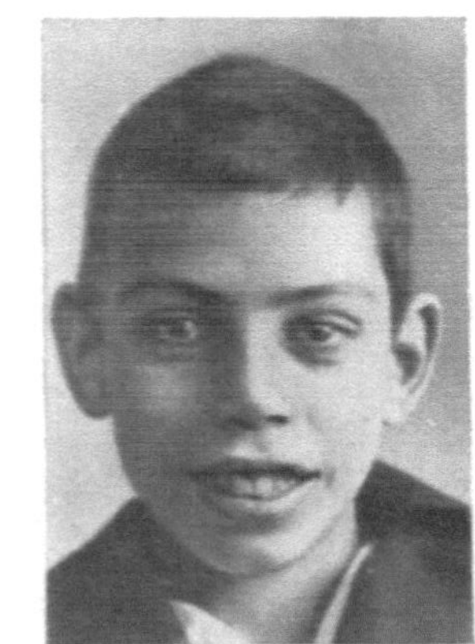

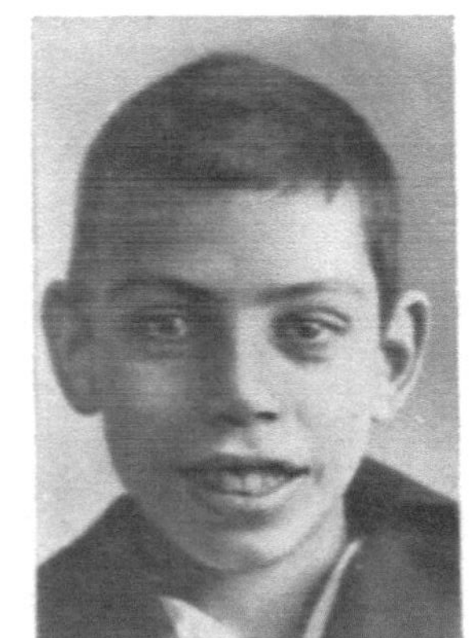

Abb. 17.

Abb. 18.

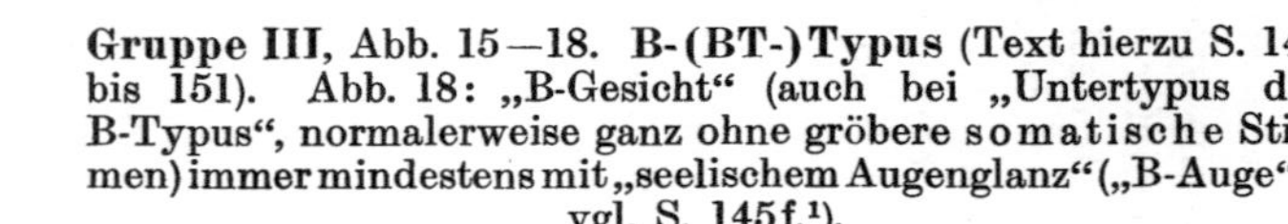

Gruppe III, Abb. 15—18. **B-(BT-)Typus** (Text hierzu S. 140 bis 151). Abb. 18: „B-Gesicht“ (auch bei „Untertypus des B-Typus“, normalerweise ganz ohne gröbere somatische Stigmen) immer mindestens mit „seelischem Augenglanz“ („B-Auge“); vgl. S. 145f.[1]).

[1]) Die Übereinstimmung der obengenannten bisher erwähnten Untertypen des T- bzw. B-Typus (weitere Untertypen siehe Kap. VI, VII) besteht in der feineren, experimentell feststellbaren, vor allem psychisch und funktionell nachweisbaren formalen Grundstruktur (vgl. S. 4, 51f.), die aber mindestens eine funktionell-somatische Übereinstimmung gewisser psychophysischer Grundprocesse (S. 469) voraussetzen darf: daß die entsprechenden gröberen somatischenStigmen auch hier jeweils in „typischer“ Weise mindestens parater liegen, zeigt das Experiment (z. B. Ermüdung S. 311, vgl. auch S. 112) und auch der pathologische Fall (Kap. VII, 3).

[2]) Gesunde eidetische Sportschüler einer Sport- und Turnanstalt („Trainingsgesicht“, vgl. S. 407).

Zu manchmal schon mehr pathologischen Fällen solcher Physiognomien gehört, wie erwähnt, wahrscheinlich auch jene Bleichheit, die STHEEMANN zur Anaemia spastica (vgl. oben) rechnet; in gewissem Umfange gehört eine bleiche Gesichtsfarbe (spastische Blässe?) auch zum normalen T-Typus. STHEEMANN weist bei seinen jugendlichen, schon mehr pathologischen spasmophilen Fällen auch auf die öfter auffallend halonierten Augen hin (Ausschluß von Onanie nötig!). Sie reagieren nach STHEEMANN nicht auf Arsen und Eisen, wohl aber gut auf Phosphorlebertran und antitetanische Behandlung überhaupt (vgl. Kap. VII, 5). —

Noch andere bei klinischer Tetanie beschriebene Symptome könnten für die hier geschilderten Zusammenhänge in Frage kommen und auch bei nichtpathologischen T-Typen geprüft und unter Umständen gefunden werden. Es wäre hier besonders an das Peroneusphänomen (LUST), das Beinphänomen (SCHLESINGER), das Atemphänomen (MASSLOW) zu denken. Auf ihre Prüfung wurde bei unseren Untersuchungen nicht eingegangen. In manchen Fällen fanden wir auch eine auffallende Steigerung der Sehnenreflexe.

Für die Wertigkeit der verschiedenen Stigmen des T-Typus stellt STHEEMANN (a. a. O.) nach Maßgabe der Schwere des klinischen Zustandsbildes folgendes Schema auf: es entspricht nach ihm

Erhöhung der mechanischen Erregbarkeit dem	I. Grad
„ „ galvanischen „ „	II. „
„ beider Erregbarkeiten „	III. „

der spasmophilen (bzw. tetanoiden) Anlage.

Auch die schon erwähnten Versuche von BEHRENDT und FREUDENBERG über Atmungstetanie[1]) geben uns Hinweise auf eine Stufeneinteilung und Bewertung der tetanoiden Symptome: bei diesen Versuchen über künstliche Hervorrufung von Tetanie durch Überlüftung des Blutes (und dadurch bewirkte Ca-Ionen-Verarmung?) zeigten sich die verschiedenen von uns angeführten tetanoiden Stigmen immer in derselben Reihenfolge, die auch mit STHEEMANNS eben angeführten Angaben übereinstimmt. Erst trat die mechanische Übererregbarkeit mit dem CHVOSTEKschen Facialisphänomen auf, weit eher, als man die elektrische Übererregbarkeit (im Sinne von THIEMICH! d. Verf.) am Medianus und Ulnaris nachweisen konnte. Doch besteht schon von Anfang an eine Veränderung in beiden Hinsichten. Denn: „Prüft man vom Beginn der vertieften Atmung an fortlaufend den Facialis elektrisch, so wird man ein stetiges Absinken der wirksamen Minimalreize finden. Nur wer sich auf den unberechtigten Standpunkt stellt, daß nur eine Kathodenöffnungszuckung kleiner als 5,0 MA Übererregbarkeit bedeutet (sogenannte THIEMICHsche Reaktion, d. Verf.), kann zu der Folgerung kommen, daß die Änderungen der mechanischen und galvanischen Erregbarkeit unabhängig voneinander verlaufen können[2]). Immerhin ergibt sich, daß die mechanische Übererregbarkeit klinisch eher erkennbar wird“ (BEHRENDT und FREUDENBERG, Sperrdruck von uns, d. Verf.). Genannte Autoren erbringen somit einen strengen experimentellen Beweis für die kasuistisch vielfach umstrittene enge innere Zusammengehörigkeit der verschiedenen T-Stigmen, die auch wir schon immer betont haben. Von den Übererregbarkeitszeichen bei der elektrischen Reizung ergab sich aus diesen Versuchen in

[1]) BEHRENDT und FREUDENBERG: Klin. Wochenschr. 1923.

[2]) Daß aber trotzdem außerhalb solcher Versuche eine in diesen Zusammenhängen mehrfach betonte sogar große Unabhängigkeit der verschiedenen tetanoiden Symptome voneinander besteht, dürfte vielleicht z. T. wenigstens mit individuellen Übungs- und Aufbrauchfaktoren zusammenhängen. Obige Bemerkung hebt nur die gemeinsame genetische Wurzel aller dieser Symptome hervor.

Übereinstimmung mit unseren eigenen empirischen Befunden, daß die Verschiebung der Erregbarkeit stets besonders leicht merkbar und frühzeitig sichtbar wird an dem Auftreten einer AÖZ unter 5,0 MA. Diese Angaben sind ein strenger experimenteller Beweis der von uns hervorgehobenen besonderen Bedeutung der AÖZ für die Beurteilung der normalen galvanischen Übererregbarkeit, und zugleich ein Beweis dafür, daß eine sehr feine Abstufung der hierbei vorkommenden Erregbarkeitsverhältnisse, wie wir schon immer behauptet haben, auch für normale Erregbarkeitsstufen am Nervensystem möglich ist, die in den oben herausgestellten Zusammenhängen von ausschlaggebender Bedeutung für die gesamte psychophysische Persönlichkeitsfärbung sind, wobei wir uns vorbehalten, noch weitere als die hier schon behandelten Belege dafür zu erbringen, daß es sich dabei, unter natürlichen, nichtexperimentellen Bedingungen, nicht immer nur um rein peripher bedingte Erscheinungen handelt, sondern um funktionelle Gesetzmäßigkeiten, die peripher und zentral je nach dem Individuum eine bestimmte anatomische und funktionelle Grundlage besitzen (Kap. VII, 2). Aus den Versuchen genannter Autoren ergibt sich aber, ganz entsprechend unseren empirischen Feststellungen über die Wertigkeit der einzelnen Stigmen für die Persönlichkeitsfärbung, eine aufsteigende Reihe, deren Stufenfolge freilich eine wechselnde ist, wenn man diese Stigmen je nach ihrer pathognomischen Bewertung für Tetanie verschiedener Lebensalter in Betracht zieht; für die Wertigkeit im Rahmen unserer Persönlichkeitsstigmen stimmt sie jedoch im allgemeinen mit der obenerwähnten STHEEMANNschen Angabe überein. Wir haben hiermit (BEHRENDT und FREUDENBERG) „die Reihe: Facialisphänomen — erniedrigte AÖZ — an Medianus oder Ulnaris — erniedrigte KÖZ ebendort, die für die Übererregbarkeitszustände jenseits des Säuglingsalters und der frühesten Kindheit als charakteristisch gilt, bei der Atmungstetanie wiedergefunden“. . „Wir deuten sie als Stufen der Ca-Ionenverarmung im Blut. Die umgekehrte Reihenfolge wird beim Verschwinden der Symptome beobachtet[1]) . . . Wir halten . . . auch beim Säugling die mechanische Übererregbarkeit für ein feineres, empfindlicheres Zeichen der Übererregbarkeit als die elektrische . . .“ „Wir haben mit dieser Auffassung die Übererregbarkeitszeichen in ein klares System gebracht und können nun das Facialisphänomen des älteren Kindes und Erwachsenen, wenn es isoliert oder mit anodischer Übererregbarkeit gepaart auftritt, als erste Stufe einer Ca-Ionenverarmung auffassen. Erst schwerere Grade führen auch zur kathodischen Übererregbarkeit, die man für latente Tetanie mitverlangt[2]) . . .“ „Das zeitliche Auftreten der Symptome bei der vertieften Atmung ermöglicht bereits gewisse Schlüsse.“ — „Nach 2—4 Minuten setzten Parästhesien (vgl. S. 126) ein, — zu dieser Zeit kann oft schon ein Facialisphänomen ausgelöst werden, das bald an Intensität zunimmt —, nun werden auch vasomotorische Erscheinungen beobachtet. Die Hände verfärben sich livid und fühlen sich kalt an, oft rötet sich das Gesicht und bekommt gleichzeitig jenen eigenartigen Ausdruck, den UFFENHEIMER als Tetaniegesicht beschrieben hat. — Die Steigerung dieses Phänomens führt zum Schnauzkrampf. Dann ist die Lidspalte verengt und häufig die

[1]) Vgl. unsere Beobachtungen bei Ca-Wirkung. Daß nach Aussetzen des Calciums gerade die feinsten Stigmen, besonders die optischen, obwohl sie zuerst verschwinden nicht immer auch zuerst wiederzukehren pflegen, sondern gerade oft eine besondere Dauerwirksamkeit des Calciums anzeigen, liegt daran, daß wir es hier nicht mit der einfachen Deckung eines Mangels, sondern mit sehr komplizierten Vorgängen, gerade in diesem Falle vor allem mit Hirnprozessen zu tun haben.

[2]) Letzteres gilt nach unseren Feststellungen sicher nicht in dieser uneingeschränkten Form (vgl. Kap. V B).

Stirn gerunzelt (Abb. 6, 7, 8, 10). — Schon vorher treten vorübergehend Sensationen in der epigastrischen Region auf, ein eigenartiges ziehendes Gefühl, das jedoch nicht von allen Personen angegeben wird und wohl im Zwerchfell zustande kommt. Schon in dieser ersten Phase aber kann meistens der Nachweis der elektrischen Übererregbarkeit geführt werden, — die Sehnenreflexe sind gesteigert (vgl. Kap. V C). Noch etwas später werden das TROUSSEAUsche und das SCHLESINGERsche Zeichen positiv und bald nehmen die Hände die bekannte für die Tetanie charakteristische Haltung auch spontan ein[1]."

Wir wenden uns nun zu den optischen Stigmen des T-Typus.

VI. Optische Untersuchung der zentralen Übererregbarkeit (Optische Stigmen)[2].

Wenn im folgenden von Nachbildern (NB) und Anschauungsbildern (AB) die Rede ist, so verstehen wir unter NB dem üblichen Wortsinn gemäß stets diejenigen Gesichtserscheinungen, die sich nach Fixation eines Beobachtungsobjektes (z. B. eines homogenen Farbquadrats) einstellen, unter AB dagegen die Phänomene, die schon nach ganz ungezwungener, also im allgemeinen mit wanderndem Blick durchgeführter Betrachtung eines Beobachtungsobjektes auftreten (vgl. Kap. I).

[1]) Dieser von BEHRENDT und FREUDENBERG geschilderte Vorgang ist mit anderen Worten die experimentelle Überführung jedes beliebigen Individuums in einen mehr oder weniger hochgradigen T-Typus. Daß man diese Versuche mit gleichem Erfolg an jedem Individuum machen kann, hoben BEHRENDT und FREUDENBERG hervor. Wir möchten darum unsere Beobachtung betonen, daß bei einem konstitutionellen T-Typus in unserem Sinne der Ablauf des ganzen Versuchs ein sehr viel schnellerer ist als bei einem Individuum, dessen Persönlichkeitstypus den Versuchserfolgen nicht entgegenkommt. Das steht nicht im Widerspruch zu der Feststellung genannter Autoren, die nur besagen will, daß zum Gelingen des Versuchs keine besonderen Versuchspersonen erforderlich sind, also nicht solche, die eine Disposition zur Krankheit Tetanie haben müssen. Es ist also im Gegenteil nur ein Beweis unserer Anschauung von der physiologischen Natur gewisser Grade des T-Typus und der physiologischen Anwesenheit eines steigerungsfähigen T-Komplexes fast in jedem Organismus (Kap. VII, 2). Wir konnten aber in der Medizinischen Klinik Frankfurt a. M. bei experimenteller Atmungstetanie außer den genannten somatischen Erscheinungen auch die entsprechenden optischen Äquivalente auftreten sehen (gesteigerte NB, ABT). Ihr Auftreten ordnete sich zeitlich dem Auftreten der feinsten Stigmen zu, um, meist nach dem Abklingen der stärkeren (nach eigenem Ansteigen in der Intensität) auch wieder zu verschwinden. Wir haben hier also einen strengen experimentellen Beweis der Zugehörigkeit der eidetischen Erscheinungen bestimmten Charakters zu dem somatischen T-Komplex, und zwar im positiven Sinne vor uns, wie wir ihn im negativen Sinne schon immer in dem gemeinsamen Rückgang aller dieser Phänomene auf Calcium sahen (vgl. S. 311f., entgegengesetzte Versuche mit Kaliumphosphat). Zugleich zeigen die hier angeführten Versuche BEHRENDTS und FREUDENBERGS die innere Berechtigung des von uns von vornherein und schon seit 1920 in unserer vorläufigen Veröffentlichung stets eingenommenen Standpunktes von dem physiologischen Vorhandensein und Bereitliegen des T-Komplexes, und der Anschauung, daß wir in der Beurteilung der Stigmatisierung eines Individuums auch die geringeren und isolierten Stigmen von den stärkeren Graden nicht trennen können, so daß demgemäß solche Fälle nicht von anderen abgesondert werden dürfen, bei denen die Stigmen in stärkerer Ausprägung und vermehrter Zahl vorliegen. Auch die Zugehörigkeit mancher von uns als Akzidentien bezeichneten Erscheinungen des T-Komplexes (z. B. von Parästhesien) zeigen die Versuche ganz eindeutig.

[2]) Alle hier angeführten Beobachtungen stützen sich nicht allein auf das in Kap. V B und C beigebrachte Material. Wenn für einzelne Beobachtungen im folgenden auf Einzelfälle des hier beigebrachten Materials verwiesen wird, so besagt dies demgemäß nicht, daß dies auch zugleich die einzige Unterlage für die gemachten Feststellungen ist. Denn das hier angeführte Material (Kap. V A—C) ist nur das innerhalb eines bestimmten und beschränkten Zeitraumes gesammelte Beobachtungsmaterial. Nichts aber von den schon damals gemachten Feststellungen steht im Widerspruch zu unseren späteren, an weiterem, viel größeren Material gemachten Befunden (vgl. z. B. auch S. 407). Letzteres konnte jedoch wegen Raummangel nicht auch noch ausführlich mitgeteilt werden.

Bei den von uns untersuchten Individuen mit Stigmen des T-Typus besteht meist eine verlängerte Nachdauer und eine größere Intensität und Dichte des normalerweise ja nur ziemlich schwach auftretenden, kurzdauernden, jedenfalls aber für gewöhnlich periodisch sichtbar werdenden und wieder verschwindenden („intermittierenden") physiologischen (negativen) Nachbildes. Wir verwandten zu dieser Prüfung im allgemeinen ein einfaches homogenes Farbquadrat (5 cm²) als Vorlage. Von den Besonderheiten dieser verstärkten NB bei komplizierteren Vorlagen wird noch später die Rede sein. Bemerkt sei noch, daß die eben angegebenen Eigenschaften sich nur auf NB beziehen, die unter den von uns immer angewandten experimentellen Versuchsbedingungen aufzutreten pflegen, wie sie in Kap. IV eingehend dargelegt sind. Es handelt sich demnach um NB, die experimentell durch nicht besonders intensive farbige Reize erzeugt werden, durch farbige Reize, wie sie auch im Alltagsleben vorkommen. Es kann indessen hinzugefügt werden, daß sich diese NB des T-Typus im Gegensatz zu den gewöhnlichen physiologischen Nachbildern ähnlich verhalten wie physiologische NB, die unter gewöhnlichen Umständen durch besonders kräftige optische Reize entstehen, oder unter anderen ganz besonders günstigen experimentellen Bedingungen, z. B. bei farbigen Vorlagen, die mittels Durchleuchtung erzeugt werden.

Während das gewöhnliche physiologische NB unter den vorwaltenden Verhältnissen des nichteidetischen Erwachsenen zu intermittieren pflegt, liegt eine Verstärkung des NB im Sinne des eidetischen T-Typus auch schon dann vor, wenn trotz nicht allzu langer Persistenz kein Intermittieren auftritt. Während ferner normalerweise (beim nichteidetisehen Erwachsenen) das positive, d. h. in der Farbe dem Vorbild entsprechende NB höchstens als eine sehr flüchtige, momentane Erscheinung vorkommt, — besonders nach kurzer, sehr intensiver Reizung —, und nur das komplementäre NB (sogenannte „negative Nachbild") einen einigermaßen dauerhafteren Charakter zeigt, kann bei unseren T-Typen unter Umständen auch ein dauerhafteres positives NB, ja in manchen sehr hochgradig eidetischen Fällen beim T- wie beim B-Typus, nur ein solches erzeugt werden (vgl. Fall 7 und 9, 13, f und g, Tab. IV. S. 238.). Meist sind dies sogenannte „Einheitsfälle" (E-Fälle, vgl. Kap. I), d. h. wie auch die Vp. sich verhält, ob sie die Vorlage fixiert, oder mit wanderndem Blick betrachtet, oder ob sie auch ohne Darbietung einer Vorlage sich das betreffende Objekt nur „vorstellt", stets entsteht auch schon bei einfachen homogenen Objekten ein urbildmäßiges, wirklich gesehenes optisches Phänomen. Dieses Phänomen könnte, z. B. der Erzeugungsweise nach, zunächst entweder als NB oder als AB aufgefaßt werden. Bei der näheren Untersuchung zeigt sich, daß sein Verhalten in solchen Einheitsfällen in vielen sonstigen Punkten auch mit denen der Vorstellungsbilder übereinstimmt, z. B. in den Größenwerten beim EMMERTschen Versuch, nur daß es eben, — ein Umstand, auf den nicht eindringlich genug hingewiesen werden kann —, genau wie NB und AB wirklich gesehen wird. Diese positiven optischen Phänomene verringern sich nun bei den T-Typen solcher Einheitsfälle (mit bestimmten Ausnahmen, vgl. Kap. VII, 5) hierdurch meist stark, und zwar gleichgültig, ob sie durch Fixation erzeugt, also schon nach ihrer Erzeugungsart ein NB sind, oder ein mit wanderndem Blick bzw. durch Vorstellungen willkürlich erzeugbares urbildmäßiges Phänomen darstellen. Bevor beim T-Typus diese Phänomene verschwinden kommt ein Stadium, in dem sie alle nur noch in Komplementärfarbe gegeben sind. Als Rudiment aller Erscheinungen bleibt nach der Calciumzufuhr — in den reagierenden Fällen — das gewöhnliche negative physiologische Nachbild allein zurück (Fall 7, 9, S. 247f.). In Einheitsfällen bei BT-Typen bewirkt dagegen Calciumzufuhr, daß außer einem dauernd unbeeinflußt bleibenden optischen Phänomen ($AB_{VB \text{ od. } B}$) gleichzeitig ein negatives NB, manchmal auch ein negatives $AB_{NB\,od.\,T}$ (vgl. Fall 20, S. 254f.), überhaupt erstmals sichtbar wird, wobei sich die Intensität und Nachdauer der negativen Phänomene auf weitere Calciumzufuhr ganz wie bei den T-Typen vermindert. Ist also im E-Falle eines T-Typus neben positivem AB zunächst ein ebenfalls positives NB nachweisbar, so geht dessen Beeinflussung parallel der Beeinflussung des AB durch Kalkzufuhr in der Weise vonstatten, daß alle diese positiven Phänomene einfach in negative übergehen, die geringgradigere eidetische Phänomene sind; d. h. es ändert sich bei allen die Farbe, und es findet nicht, wie bei den BT-Typen in E-Fällen, eine Aufspaltung in erhaltenbleibende positive AB_B, negative NB und AB_T statt (vgl. Fall 20); in Fall 17, 19, 21 (Tab. IV) liegen solche Spaltungsverhältnisse von vornherein ohne Kalkzufuhr vor, die selbst bei Fall 20 in gewissem Umfange schon von vornherein bestehen[1]). In E-Fällen des reinen B-Typus dagegen zeigt sich neben den auf Kalkzufuhr unbeeinflußt bleibenden positiven AB_B bzw. dem physiologischen NB keinerlei negatives Phänomen (vgl. Fall f und g, Kap. V B u. S. 238).

E-Fälle nannten wir solche, bei denen ein urbildmäßig, also positiv gefärbtes optisches Phänomen auftritt, gleichgültig wie das Verhalten der Vp. ist, d. h. ob die Vorlage fixiert oder mit wanderndem Blick betrachtet oder zunächst nur „vorgestellt" wird. Das Verhalten solcher E-Fälle ist also bei Kalkzufuhr, wie eben gezeigt wurde, je nach dem Typus verschieden. Es zeigt sich hier im E-Falle (bei Kalkzufuhr) beim T-Typus bei allen vorhandenen eidetischen Phänomenen (AB_T und NB) erst Umschlag der Farbe, dann Auslöschung; beim BT-Typus zeigt sich dagegen Erhaltenbleiben eines positiven Phänomens (AB_B) und Auftreten negativer (AB_T und NB). Diese negativen Phänomene pflegen dann in allen E-Fällen (T- und BT-Typus) bei weiterer Kalkzufuhr an Dichte, Nachdauer und Intensität weiter stark zurückzugehen; d. h. also, wir haben es bei der Kalkwirkung im E-Falle des reinen T-Typus mit einem gleichartigen eidetischen Phänomen (d. h. gleicher, hier den NB angehöriger Gedächtnisstufe) verschiedenen Grades zu tun, das erst urbildmäßig, dann komplementär ist (AB_{NB}). Im E-Falle des BT-Typus dagegen haben wir es mit einem Zerfall des ursprünglichen Einheitsphänomens in zwei ganz verschiedene Anteile zu tun: hier tritt aus der ursprünglichen Vereinigung der optischen B- und T-Komponente das optische Phänomen des B- und des T-Komplexes gesondert in Erscheinung; das der T-Komponente angehörende Phänomen wird, wie beim reinen T-Typus, durch Calcium abgeschwächt und dadurch neben dem zur B-Komponente gehörenden, unbeeinflußt bleibenden, urbildmäßigen optischen Phänomen manchmal erstmalig sichtbar; durch weitere Calciumzufuhr wird es ausgelöscht. Das der B-Komponente zugehörende Phänomen (AB_{VB}) bleibt dabei unberührt wie beim reinen B-Typus. Beim BT-Typus trennt sich mit anderen Worten das basedowoide AB ($AB_{VB} = AB_B$) aus seiner Vereinigung mit dem gesteigerten physiologischen NB und letzterem nahestehenden tetanoiden AB_{NB} (AB_T), und so werden diese negativen Phänomene für die Vp. manchmal überhaupt erstmalig sichtbar. Beim reinen T-Typus dagegen handelt es sich im E-Falle auch bei ungezwungener Betrachtung der Vorlage (Erzeugungsmodus wie bei AB) tatsächlich stets um NB und diesen ihrer Struktur nach innerlich nahestehende AB_{NB} (AB_T); in ihrer gelegentlich positiven Erscheinungsweise zeigt sich nur ihre besondere Hochgradigkeit, die dann bei Calciumzufuhr abnimmt und der negativen Erscheinungsweise Platz macht, so daß zuletzt, bei fortgesetzter Calciumzufuhr, von der ganzen Er-

[1]) Wir wissen aus den früher erwähnten Erfahrungen, daß die Calciumzufuhr ähnlich wie der Entwicklungsfortschritt wirkt. Hier handelte es sich um einen Fall, der in seiner Entwicklung gerade in die Aufspaltung der eidetischen Einheitsphase eintrat. E-Fälle bezeichnen wir späterhin mit Index E neben dem Grad der eidetischen Erscheinungen (Tab. IV, S. 238).

scheinungsreihe das gewöhnliche „physiologische negative NB“ in der normalen rudimentären Form bestehen bleibt, ohne daß irgendwelche andere eidetische Phänomene daneben vorhanden sind. Daß ein positives NB einen höheren Grad bedeutet als ein negatives, ist in den Untersuchungen des Marburger Psychologischen Instituts dargetan (vgl. auch die Ausführungen über Grade der eidetischen Anlage in Kap. I und IV). Auch wenn also ein solches positives NB im Falle reiner T-Typen im Anfang Stigmen der AB zeigt, z. B. im EMMERTschen Versuch, so beweisen die geschilderten Verhältnisse und die Reaktion des Phänomens auf Calcium trotzdem, daß es sich hier geradezu um NB oder ihnen ihrer Struktur nach innerlich nahestehende AB handelt, während die AB des reinen B-Typus und gewisse AB des BT-Typus auch im Falle energischer Kalkzufuhr sich ähnlich wie die Vorstellungsbilder (VB) verhalten, die ja im Gegensatz zu den NB mit Calcium auch nie ausgelöscht werden können, wohl aber auf psychische Einwirkungen ansprechen. Es handelt sich mit anderen Worten bei den T-Typen um NB, die in den höchsten Graden zu AB_{NB} gesteigert sind (AB_T), anderseits bei den B- und BT-Typen um buchstäblich sinnlich gesehene Vorstellungen ($AB_{VB} = AB_B$). Letztere treten in den E-Fällen des BT-Typus nach Calciumzufuhr erstmals gesondert (von den AB_T) in Erscheinung. Sie heben sich jetzt deutlich ab von den tetanoiden (NB-)Anteilen der ursprünglichen Einheitserscheinungen, da diese tetanoiden Anteile (NB und AB_T) unter dem Kalkeinfluß eine Abschwächung und damit einen Umschlag in die Komplementärfarbe erfahren. Obwohl also in E-Fällen in der Erscheinungsweise der AB_T und AB_B eine im Grenzfall sehr große Übereinstimmung bestehen kann, zeigen somit andere objektive Kriterien ihren tiefen wesenhaften Unterschied. Die Zahl solcher Unterschiede steigert sich in dem Maße, als sich die AB_T trotz Hochgradigkeit von der E-Phase entfernen, während gerade die entscheidendsten Eigenschaften der E-Phase (ihre Vorstellungsnähe) den AB_B auch im Nichteinheitsfalle immer erhalten bleiben. So können sogar AB_T, die der E-Phase noch sehr nahestehen oder geradezu E-Phänomene sind, auch die Eigenschaft zeigen (Fall 7 u. 25, Kap. V C), nach Erzeugung durch eine Vorlage oder auch bei spontaner Entstehung eine der Wirklichkeit fast entsprechende Erscheinungsweise darzubieten, eine Eigenschaft, die in stärkstem Grade dem B-Typus zukommt (vgl. Fall 26), auf dessen besondere Art wir später zu sprechen kommen; beim B-Typus kann Obiges auch im Nichteinheitsfalle vorkommen. Beim T-Typus wirkt das AB aber im allgemeinen, abgesehen von E-Fällen, selbst wenn es urbildmäßig auftritt, meist nur wie aufgemalt auf den Hintergrund (vgl. Fall 25, S. 259); beim B-Typus können dagegen selbst schwarze Silhouettenfiguren der Vorlage farbige Gesichter erhalten (Fall 26, S. 261), also im AB sogar wirklichkeitsnäher erscheinen als in der Vorlage.

Folgende näheren Ausführungen beziehen sich nunmehr auf sehr ausgeprägte Eidetiker mit AB von annähernd gleich hohem Grade (Grad IV und V, vgl. Kap. IV und Kap. V B, C, Tab. IV). Nur innerhalb solcher annähernd gleichhoher eidetischer Grade hat der Vergleich der Erscheinungsweise von AB des T- und B-Typus einen Sinn, denn nur in diesem Falle tritt der Unterschied der Typen deutlich hervor[1]). Hochgradige AB vom T-Typus, d. h. AB von großer optischer Dichte und Eindringlichkeit der Erscheinung aller Einzelheiten bleiben bei näherer Untersuchung im allgemeinen im Hinblick auf Schärfe der Einzelheiten, Wirklichkeitstreue und Beeinflußbarkeit durch Willen und Vorstellung (Plastizität) etwas zurück hinter den gleich hochgradigen

[1]) Diese relativen Unterschiede treten, wenn man genauer untersucht, meist auch schon in den E-Fällen bis zu gewissem Grade hervor. Umgekehrt gelten sie auch für die niederen eidetischen Grade, sind hier aber schwerer nachweisbar.

AB des B-Typus. Trotzdem kann nicht gesagt werden, daß der T-Typus auch in seinen hochgradigsten eidetischen Erscheinungen stets einfach überhaupt einen niedrigeren Grad der eidetischen Anlage repräsentiert, als ein B- oder BT-Typus mit ähnlich beschaffenen eidetischen Erscheinungen. Normalerweise allerdings reicht der reine T-Typus, auch in starker Ausprägung der eidetischen Erscheinungen, nur bis zu deren IV. Grad, während der V. Grad der eidetischen Anlage häufiger dem B- und BT-Typus vorbehalten bleibt; beim reinen T-Typus erreichen häufiger nur schon fast pathologische Fälle und E-Fälle auch den V. Grad (vgl. S. 185, 229, Tab. IV). Der Unterschied der Phänomene in solchen annähernd gleich hochgradigen eidetischen Erscheinungen verschiedener Biotypen ergibt sich aus dem Zuvorgesagten: Wir betrachten gleich hochgradige eidetische Erscheinungen beim T- bzw. beim B- und BT-Typus. Alsdann gehören sie verschiedenen Stufen des Sinnengedächtnisses (verschieden hohen Gedächtnisstufen) an, und es müssen daher „eidetischer Grad" und „Gedächtnisstufe" als zwei ganz verschiedenartige Klassifikationen auseinandergehalten werden (vgl. Kap. I und IV). Diese Verschiedenheit der Gedächtnisstufe bei den AB der verschiedenen Biotypen ist der Grund, weshalb, im Gegensatz zu den AB_B auch selbst niederen Grades, die AB_T auch des höchsten Grades fast immer auf Kalk ansprechen[1]). Letztere gehören trotz im Einzelfalle manchmal hoher Intensität, Dichte, Reichtums an Einzelheiten und Veränderlichkeit durch Vorstellungen und Willensakte, — was sie der Erscheinungsweise nach den AB_B äußerlich ähnlich machen kann, — einer anderen, niedereren Gedächtnisstufe an, nämlich der der NB. Daher zeigen selbst die hochgradigsten AB_T die der Gedächtnisstufe der NB eigentümliche Kalkreaktion und daneben, wie noch ausgeführt werden wird, öfters auch andere Kriterien, welche es ermöglichen, sie selbst in solchen Fällen noch von den AB_B zu unterscheiden, die ihrerseits stets der höheren Gedächtnisstufe der VB angehören, welche keine Kalkreaktion zeigt. Denn die AB_T behalten auch in den höchsten Graden noch weitere Eigenarten der ihnen eigentümlichen Gedächtnisstufe der NB, denen sie innerlich am nächsten stehen. Zu deren Eigenarten gehört außer der Kalkreaktion, daß sie trotz hohen eidetischen Grades zuweilen das EMMERTsche Gesetz erfüllen (vgl. z. B. Fall 6, S. 246), ferner trotz hoher Intensität und Dichte, Reichtums an Einzelheiten, eine immer noch geringere Deutlichkeit, Schärfe, endlich eine im allgemeinen geringe oder, wenn ausnahmsweise hochgradige, dann doch besonderen Gesetzmäßigkeiten unterliegende Veränderlichkeit; dem steht gegenüber die durchaus maximale Deutlichkeit, Schärfe der Einzelheiten und stets höchste Veränderlichkeit der AB_B, die eine innere Verwandtschaft zu den reinen Vorstellungen gut „visueller" Individuen besitzen. Reine AB_B gehören daher fast immer nur den höchsten Gedächtnisstufen an, die den Vorstellungen, also der absolut höchsten Gedächtnisstufe, schon sehr nahe kommen, wenn sie auch, — wie immer wieder betont werden muß —, stets wirklich gesehen werden. Allerdings kann bei Eidetikern vom B-Typus (ebenso bei den E-Fällen des T-Typus) der Fall vorkommen, daß zwischen AB und gewissen Vorstellungen, namentlich einfacher Objekte, kein Unterschied besteht. Das liegt aber dann daran, daß hier, beim Versuch sich etwas „vorzustellen", der betreffende Inhalt sofort gesehen wird, also das Vorstellungsbild sogleich zum AB (AB_B bzw. AB_T) wird, nicht aber umgekehrt das AB den Charakter der Vorstellungsbilder annimmt. Das kommt, wie gesagt, auch bei den E-Fällen der AB_T vor. Sieht man aber von diesen ab, so bleiben reine AB_T (trotz gleich hohen eidetischen Grades mit gewissen AB_B) immer innerhalb der niederen Gedächtnisstufe,

[1]) Ausnahmefälle finden in Kap. VII, 5 ihre nähere Erklärung. Ihr Vorhandensein durchbricht den Typus nicht.

also der der NB, wie bestimmte Kriterien zeigen. Denn das AB, das ja, wie in Kap. I erwähnt, in seinem Verhalten überhaupt eine Mittelstellung zwischen NB und VB einnimmt, steht beim T-Typus nach der Mehrheit der Kriterien und gerade nach den entscheidendsten Maßstäben dem NB näher, und zwar auch dort, wo es durch Vorstellungs- und Willensakte beeinflußbar ist. Gleich dem NB ist ein solches AB_T immerhin relativ starr, d. h. sowohl durch äußere experimentelle Einflüsse, Störungsreize usw., wie durch den Willen und die Vorstellung des Beobachters verhältnismäßig schwerer zu beeinflussen und abzuändern als das AB_B. In besonders ausgeprägten Fällen ist es von der Persönlichkeit selbst, besonders der Gesamtheit ihrer seelischen Funktionen, scheinbar völlig unabhängig: es erscheint dann vergleichbar einem eigenwilligen Spiel einer zu selbständiger Macht gelangten Sinneninstanz, deren dem Individuum selbst fremdartig erscheinende Eigengesetzlichkeit unheimlich und drückend empfunden werden kann. Diese relativ größere Selbständigkeit der tetanoiden optischen Phänomene und ihr Abgespaltensein von der Persönlichkeit besitzt, wie wir sehen werden (vgl. Kap. VII, 2), ihre somatische Parallele in der Besonderheit der körperlichen Stigmen des T-Typus. Umgekehrt zeigt der basedowoide Typus im Bereich der optischen wie somatischen Stigmen das gerade Gegenteil von „Abgespaltensein", nämlich eine innige „Durchdringung dieser Stigmen mit der Gesamtheit der übrigen Funktionen" der psychophysischen Persönlichkeit. Ein entsprechender Unterschied zeigt sich auch im Vorstellungsleben und dem höheren Seelenleben der beiden Biotypen. Diese relativ größere Selbständigkeit und Abgespaltenheit der tetanoiden optischen Phänomene zeigt sich hier, — manchmal sogar in den E-Fällen vom T-Typus —, auch darin, daß selbst hochgradige AB_T abklingen wie physiologische negative NB auch anderseits manchmal ebenso aufdringlich wie solche persistieren können, und zwar gegen den Willen und die willkürlich wach gerufenen Vorstellungen des Individuums. Ferner gehört hierher, daß die AB_T oft mit den Wahrnehmungs- und Vorstellungsinhalten in keinem erkennbaren Zusammenhang und darum durch sie nicht gerechtfertigt erscheinen, so daß sie dem Beobachter in der Wahrnehmung selbst wie ein „Fremdkörper" auftauchen (S. 251, Fall 9, die „rote Wand")[1]), ähnlich wie im Vorstellungsleben dieser Individuen perseverierende Vorstellungen („Vorstellungskrämpfe") wie „Fremdkörper" auftreten und als solche erlebt werden können. Ähnliches zeigt sich hier auch manchmal bei Willensimpulsen z. B. in Zwangsantrieben („Triebkrämpfe"[2]), vgl. Kap. V C, Fall 7 und 9).

Bei den B-Typen dagegen, — auch in Nichteinheitsfällen —, können sämtliche optische Erscheinungen durch den Willen und die Vorstellungen der Vpn. willkürlich beeinflußt bzw. erzeugt werden, und zwar auch ohne jedesmalige erneute Vorzeigung einer Vorlage, deren Vorweisung bei T-Typen auch in solchen Fällen meist erforderlich ist, wo die optischen Phänomene in Grenzfällen einer willkürlichen Beeinflussung zugänglich sind. Im allgemeinen können nur die Einheitsfälle des T-Typus, — von denen wir im Augenblick absehen wollen —, auch schon aus der bloßen Vorstellung heraus ohne Darbietung des Objekts AB erzeugen. Benutzt man einfachste Beobachtungsobjekte (homogen gefärbte Farbquadrate), so sind die AB des T-Typus — wieder abgesehen von E-Fällen — fast immer

---

1) Ähnliche spontan auftretende optische Phänomene konnten wir in der Medizinischen Univ.-Klinik Frankfurt bei einigen Individuen beobachten, die früher einmal wegen „katatoner" Schübe behandelt worden waren, zur Zeit der Beobachtung aber ein geordnetes Verhalten zeigten. In den vorliegenden Fällen haben diese Erscheinungen mit der Krankheit Schizophrenie jedenfalls nichts zu tun (siehe später; Kap. VII, 3 c).

2) Auf einer höheren Entwickelungsebene entspricht dem T-Typus der „Willenskrampf" bzw. „eindeutige Zielwille"; hiervon wird später noch näher die Rede sein.

komplementär, häufig sind sie es hier auch bei komplizierten Vorlagen, die ja unter allen Umständen leichter urbildmäßige AB ergeben. Beim reinen B-Typus kommen komplementäre AB nicht vor; ihr Vorhandensein dürfte mindestens auf das Mitwirken einer T-Komponente hinweisen.

Ist auch das NB dauernd urbildmäßig, besonders im Falle einfacher homogener Darbietungsobjekte (Farbquadrat), so spricht dies für einen noch stärkeren Grad der eidetischen Anlage, als wenn nur das AB urbildmäßig auftritt. Es betrifft dies dann meist E-Fälle des T-Typus (vgl. Kap. V C, Fall 7 und 9). Kompliziertere Beobachtungsobjekte, also Bilder, geben nämlich an sich weit leichter und darum häufiger urbildmäßige Färbung als einfache homogene Objekte. Nimmt man körperliche Objekte als Vorlage, so ist nur in den hochgradigsten Fällen eidetischer Anlage das AB_T (unter Umständen sogar das NB) dreidimensional; zumeist ist es beim T-Typus mehr der flächenhaften Erscheinung angenähert und komplementär zum Urbild, ähnlich wie das physiologische NB. Dreidimensionale Erscheinungsweise eines AB von einem körperlichen Gegenstand spricht zunächst nur für eine starke eidetische Anlage überhaupt. Nicht aber kann umgekehrt auf eine schwache eidetische Anlage geschlossen werden, wenn auch ein körperlicher Gegenstand nur zweidimensionale AB liefert; denn auch bei sehr ausgeprägten Eidetikern kommt das vor. Sind die Bilder trotzdem sehr deutlich, so handelt es sich meist um einen T-Typus.

Gar nicht selten verhalten sich selbst hochgradige AB_T, wieder abgesehen von Einheitsfällen, im EMMERTschen Versuch ganz entsprechend wie NB.

Das Hauptkriterium der AB_T ist also eine relative Starrheit, d. h. schwere Beeinflußbarkeit und weitgehende Abgespaltenheit von der Gesamtpersönlichkeit, ihrem Willen, ihren Vorstellungen und ihrem Seelenleben überhaupt, die sich auch dann noch von den Verhältnissen beim B-Typus deutlich abhebt, wenn beim T-Typus am AB gelegentlich willkürlich Veränderungen vorgenommen werden können oder ein AB auch ohne Vorlage erzeugt werden kann, wenn es also dem Willen und der Vorstellung, d. h. der Einflußsphäre des höheren Seelenlebens, wenn auch weniger als beim B-Typus, so doch immerhin etwas, unterworfen ist, was besonders in den hochgradigsten eidetischen Fällen des T-Typus vorkommen kann, selbst außerhalb der E-Fälle, bei denen es naturgemäß besonders häufig ist. Jene Akte der Veränderung gehen aber beim reinen T-Typus auch hier dann jedenfalls mühsamer und langsamer vor sich[1]), und unter Umständen nur unter gleichzeitiger Anwendung von Störungsreizen, die ja nach den Untersuchungen des Marburger Instituts (E. R. JAENSCH und P. BUSSE, E. R. JAENSCH und SCHWEICHER, u. a.) die Gedächtnisstufe der AB und damit zugleich ihren „Plastizitätsgrad" (= Veränderungsfähigkeit) erhöhen, d. h. die AB momentan im Sinne der beim B-Typus dauernd vorhandenen Verhältnisse verschieben[2]). Ebenfalls auf der geringeren und spezifischen Plastizität der AB_T beruht es, daß hier im allgemeinen höchstens solche Veränderungen möglich sind,

[1]) Diese relativen Unterschiede waren es, die zuerst auf die Verschiedenheti von AB_T und AB_B aufmerksam machten, vor allem auch jene objektiv in der Zeitdauer und auch subjektiv im Müheaufwand sich verratende gewisse Langsamkeit und Schwierigkeit der Veränderungen. Die genauere Analyse ergab dann, daß diese Unterschiede (vgl. unten) nicht einem geringeren Grad der eidetischen Phänomene des T-Typus ihren Ursprung verdankten, sondern den Unterschieden der Art des „Sehmaterials" bei AB_T und AB_B und den hier ganz verschiedenen Gesetzmäßigkeiten, nach denen Veränderungen in beiden Fällen vor sich gehen können. Diese Unterschiede entspringen der verschiedenen Gedächtnisstufe dieser Phänomene; sie bedingen eine verschiedene Art der Veränderungsfähigkeit und damit eine verschiedene „spezifische Plastizität".

[2]) Auf das Gleiche laufen die neuerdings von H. HENNING als „Komplexsynästhesie" geschilderten Beobachtungen hinaus (Zeitschr. f. Psychol. Bd. 92. 1923; Zeitschr. f. angew. Psychol. Bd. 22. 1923), in denen eine sehr dankenswerte Bestätigung zu erblicken ist.

die sich der in der Vorlage dargestellten Situation sachlich gut einfügen oder durch sie nahegelegt, wenn nicht gar herausgefordert werden, d. h. im wesentlichen nur solche, die durch einen Außenreiz (die Vorlage) in ihrer Entstehung unterstützt oder angeregt werden. Für den B-Typus fallen dagegen solche einschränkende Bedingungen weg; er kann in seinem AB_B auch fernliegende, durch die Vorlage oder den Außenreiz sachlich nicht nahegelegte und darum selbst phantastisch anmutende Abänderungen vornehmen. Indessen zeigen hier diese Veränderungen immer einen im Bereich des Möglichen liegenden sinnvollen Zusammenhang mit der Vorlage. Veränderungen dieser sinnvollen Art können ferner beim B-Typus unter Umständen auch von selbst auftreten, d. h. ohne Anregung durch den Willen der Vp. Die Bilder können hier unter Umständen kaleidoskopartige Veränderungen und Abwandlungen erfahren, wie sie auch GOETHE bei seinen Bildern beschrieben hat. Hierbei werden aber innerhalb dieser Veränderungen, sowohl den willkürlichen wie den unwillkürlichen, immer gewisse sinnvolle Zusammenhänge gewahrt. Es gilt mit andern Worten von diesen Abwandlungen immer die Charakteristik, die GOETHE von dem Verhalten seiner AB gab: es seien zwar hier „Gedächtnis und Einbildungskraft in den Sinnen selbst tätig", aber dieses „sinnliche Gedächtnis" und diese „sinnliche Einbildungskraft" seien „als einzelne begrenzte Kräfte der allgemeinen Seelenkraft unterworfen". GOETHE bot ja auch in seiner äußeren Persönlichkeit in ausgeprägter Weise den B-Typus dar (vgl. Anhang, Kap. V). Diese Beweglichkeit der AB_B tritt experimentell nachweisbar in der sogenannten „Fluxionserscheinung" hervor (vgl. Kap. IV), die beim reinen T-Typus fehlt. Bei den Veränderungen, die manchmal auch von T-Typen willkürlich an den AB vorgenommen werden können, wenn auch stets schwerer und mühsamer wie vom B-Typus, hat man ferner manchmal den Eindruck, als ob ein vorhandenes sinnliches, durch die Vorlage und ihren Außenreiz gegebenes „Sehmaterial" nachträglich unter dem Einfluß von Vorstellungen und Willensakten umgearbeitet, gewissermaßen wie eine bereitliegende Masse „umgeknetet" werden muß. Der Veränderungsbereich ist hier nicht so sehr gegeben durch den Sinnzusammenhang als vielmehr durch das Empfindungsmaterial, die Farbmaterie, so daß selbst dem Sinne nach ganz naheliegende Veränderungen manchmal nicht durchführbar sind, wenn sie der Farbmaterie (oder dem Sehmaterial)[1]) nach von der Vorlage weit abweichen (vgl. S. 259/261, Fall 25). Der Veränderungsbereich erweitert sich aber in dem Maße, als der T-Typus sich dem E-Falle des T-Typus nähert oder den Mischfällen vom BT-Typus. Umgestaltungen einer Figur erfolgen beim T-Typus etwa so, daß die Figur sich zunächst in einen undifferenzierten Farbfleck der gleichen Färbung umwandelt, aus dem sich dann, wie etwa beim Ausziehen eines Tintenklexes, die einzelnen Formelemente entwickeln, indem der Fleck Fortsätze vorstreckt und Einbuchtungen erfährt, ein Vorgang, der sich mit „amöboiden" Bewegungen vergleichen läßt und mit bemerkenswerter Langsamkeit abläuft, manchmal auch mit dem subjektiven Bewußtsein einer nicht ganz leichten Aufgabe verbunden ist. Auf die Aufforderung, eine Figur zu verdoppeln, etwa statt eines Soldaten zwei zu sehen, löst sich etwa von der ersten Figur ein gleichgefärbter Fleck wie eine farbige Wolke ab, aus dem sich dann das geforderte Objekt formt, indem zugleich die erste Figur blasser wird (vgl. Fall 25). Es kann also gewissermaßen nur mit dem vorhandenen Farb- oder Sehmaterial „gearbeitet" werden, und es ist dies auch wieder ein Vorgang, der die stärkste Bindung an das Sehmaterial, die Farbmaterie, zeigt, und von der Art, in der Vorstellungen im gewöhnlichen ungezwungenen Bewußtseinsverlaufe auftreten, weit abweicht. Ebenso zeigt

[1]) Bei den Anschauungsbildern JOHANNES MÜLLERS nannte es E. DU BOIS-REYMOND „Sehsinnsubstanz"; vgl. Anhang, Kap. V.

sich das Fehlen jener von GOETHE (also für den B-Typus) hervorgehobenen Unterordnung solcher Vorgänge unter die „allgemeine Seelenkraft" darin, daß sich Buchstaben oder sonstige Bildelemente sogar einer noch vor den Augen befindlichen Vorlage oft ganz unwillkürlich und von selbst verdoppeln, indem hier mit größter Schnelligkeit ein AB entstanden ist, ganz ähnlich, wie bekanntermaßen bei gesteigerten negativen Nachbildern neben der Kontur des dargebotenen Objektes eine Verdoppelung desselben infolge eines NB auftreten kann. So sah ein von uns in der Medizinischen Universitätsklinik Frankfurt beobachtetes tetanoides Kind, dessen Mutter und sämtliche Geschwister ausgesprochene tetanoide Erscheinungen besaßen, den Kopf vor ihm stehender Personen vielfach doppelt. In ausgeprägten Fällen kann unter Umständen bei derartigen Verdoppelungen wirklicher Objekte nach dem falschen Objekt und damit in die Luft gegriffen werden, z. B. beim Greifen nach einem Federhalter (vgl. Fall 9, S. 251; 25, S. 261). Bei Verdoppelung aller Buchstaben erscheint dann statt des zu lesenden Textes eine unentwirrbare Masse, die das Lesen dann manchmal unmöglich macht (weitere Fälle in Kap. VII, 5). Es können hier auch Erscheinungen auftreten, die keinerlei Grundlage im Vorstellen haben, wie z. B. eine farbige Wand, die sich vor die Buchstaben legt und das Lesen unmöglich macht, oder ein AB_T z. B. vom Kopf des Lehrers, der längere Zeit angesehen wurde. Aber selbst auf der Straße können solche Erscheinungen starke Belästigung verursachen (vgl. Kap. V C, Fall 7, 9). Hierher gehört auch, daß das AB_T Eigenschaften haben kann, die wir Wahrnehmungen in Vorstellung und Erinnerung nicht zuzuschreiben pflegen, z. B. die einer gewissen Durchsichtigkeit, während das AB_B ganz und gar wie der Gegenstand selbst erscheint, ebenso wie wir ihn auch in der Erinnerung in der Vorstellung haben (vgl. S. 256, Fall 20, das AB des roten Quadrats „wie das Pappquadrat selbst" erscheinend). Nur eine stärkere Unterstreichung charakteristischer Eigenschaften des Vorbilds, vor allem eine größere Ausgeprägtheit der Farben, kommt bei den AB_B und zwar sehr häufig vor; das ist aber auch wiederum eine Eigenschaft, die sie mit den gewöhnlichen visuellen Vorstellungen teilen[1]).

Immer wieder hat sich auch im Marburger Psychologischen Institut die schon von URBANTSCHITSCH beschriebene Beobachtung bestätigt, daß AB zuweilen in sehr eigentümlicher Weise auftauchen, ein Wort z. B. in der Art, daß zunächst bald hier bald da ein Buchstabe erscheint, mit Lücken dazwischen, die sich dann allmählich in richtiger Weise ausfüllen, wobei die Vp. während dieses ganzen Vorgangs noch nicht weiß und oft sehr gespannt darauf ist, was schließlich daraus werden wird[2]). Auch hier zeigt sich eine vom gewöhnlichen Erinnern ganz abweichende Reproduktionsart, die ebenfalls wieder auf das Fehlen der Unterordnung unter die „allgemeine Seelenkraft" hinweist, wie dies in gleicher Weise auch der große Physiologe JOHANNES MÜLLER in seiner Schrift „Phantastische Gesichtserscheinungen" von seinen AB geschildert hat, deren selbständiges, eigenwilliges Spiel er eingehend beobachtete und beschrieb, und das E. DU BOIS-REYMOND als selbsttätiges Eigenleben der „Sehsinnsubstanz" bezeichnete (vgl. Anhang, Kap. V). Hiermit steht in Einklang, daß vieles, was wir von JOHANNES MÜLLER wissen, wie besonders auch seine Physiognomie, im Gegensatz zu GOETHE, auf den T-Typus hindeutet (vgl. Abb. 26 und 27, S. 264 und 266).

Bei den eidetischen Phänomenen des T-Typus wird also bei Veränderungen, wie erwähnt, mit dem durch den Reiz der Vorlage gegebenen Farb- oder Sehmaterial gearbeitet; diese Veränderungen zeigen dabei die engste Bindung an

---

[1]) Vgl. MÜLLER, G. E.: Zur Analyse der Gedächtnistätigkeit und des Vorstellungsverlaufes. III. Teil. Leipzig 1913. § 123 Über affektive Umbildung und Symbolisierung.

[2]) Näheres in einer in Vorbereitung befindlichen Monographie von FREILING, H.: Über die psychologischen Grundlagen der Arbeitsschule.

das Farbmaterial, das im wesentlichen das alte bleibt (wieder abgesehen von den E-Fällen) und nur gleichsam umgearbeitet, innerhalb enger Grenzen abgewandelt, nicht ganz neu erzeugt wird. Bei den eidetischen Phänomenen des B-Typus dagegen strahlt das Farbmaterial gewissermaßen aus der Vorstellung und dem inneren Seelenleben überhaupt heraus, ist nur an diesen seinen Ursprungsort gebunden und verändert sich daher auch zwanglos mit den Veränderungen und Verknüpfungen der Vorstellungen selbst: es folgt den Gesetzen der Vorstellungen. Daher haben wir beim B-Typus eine weit größere Leichtigkeit und Flüssigkeit bei den willkürlichen Veränderungen der AB. Auch in vereinzelten Fällen des B-Typus kommt es allerdings vor, daß fernliegendere oder sogar durch die Vorlage sachlich gegebene, ja herausgeforderte Veränderungen nicht möglich sind. Hier liegen dann aber nach unserer Erfahrung bestimmte hemmende „Erlebniskomplexe" vor, die eben gerade beim B-Typus, — wie hier die Vorstellungen und die Inhalte des inneren Seelenlebens überhaupt —, auf die AB Einfluß gewinnen. Hierher gehört z. B. ein in der Frankfurter Medizinischen Universitätsklinik von Dr. KALK beobachteter Fall eines Schupowachtmeisters von ausgesprochenem B-Typus, der alle beliebigen Gegenstände und Figuren in einem nach Vorlagen erzeugten AB mit Leichtigkeit willkürlich hinzufügen konnte, nur einen Polizisten nicht, und bei dem dann die nähere Nachforschung ergab, daß er mit seinem Berufe sehr unzufrieden war und den Dienst bei der Schupo (Schutzpolizei) aufzugeben gedachte. In unserem Fall 18 konnten keine „Stilwidrigkeiten" gesehen werden, obwohl sonst der Vorlage und ihrem Charakter auch ganz fern liegende Dinge ohne Anstrengung jederzeit sofort willkürlich im AB sichtbar wurden[1]).

Endlich gehört zum T-Typus auch die Steigerung der NB, ihrer Intensität und Nachdauer bei Erzeugung durch eine Vorlage. Nicht nur bei einfachen Objekten (homogenes Farbquadrat), sondern auch bei Fixation komplizierter farbiger oder schwarzweißer Szenenbilder entstehen alsdann, selbst bei kurzer Fixation der Vorlage, sehr leicht NB. Sie können komplementär, zuweilen auch urbildmäßig sein, und sogar alle Einzelheiten der Vorlage deutlich zeigen. Bei so erzeugten optischen Phänomenen zeigen sich dann alle oben geschilderten Eigenschaften des AB_T in gesteigerter Form: willkürliche Veränderungen sind hier nahezu ganz unmöglich; unwillkürlich auftretende Veränderungen haben aber nichts mit den sinnvollen Abwandlungen der AB_B zu tun, sondern beschränken sich auf Verschiebungen, Verdichtungen und Umstellungen der gegebenen Bildinhalte, Überkreuzungen, Verstellungen durch die Vorlage erzeugter Figuren (Raumverlagerungen), mehr oder weniger geringfügige Abwandlungen und „Umknetungen" der gegebenen Farbmaterie. Wir finden hier Verhältnisse, die entfernt ähnlich denen sind, die wir in dem einen eigentümlichen Falle dort als „schizoid" bezeichneter AB fanden (vgl. Kap. VI). Aber auch letztere Veränderungen, wie die der AB_T und NB unterscheiden sich vom B-Typus mit seiner sinngemäßen, sinnvollen Beweglichkeit der eidetischen Phänomene, und zwar jener damals als „schizoid" bezeichnete Fall in besonders hohem Maße: hier waren diese Veränderungen weder an den Sinnzusammenhang von Abwandlungen gegebener Bildinhalte gebunden, noch schien ihnen jene dem T-Typus immer noch eigene Bindung an die Sehmaterie innezuwohnen. Sie erschienen mit anderen Worten völlig unverständlich: sie zeigten wieder eine ganz andere „spezifische Plastizität" (Kap. VII, 3 c).

Das AB_T charakterisiert sich endlich manchmal auch schon in der Selbstbeobachtung und im unmittelbaren Erleben, also nicht erst bei Versuchen, sondern schon in der Alltagserfahrung des Eidetikers als eine Erscheinung von besonderem

[1]) Vgl. auch JAENSCH, E. R. (II): Über psychische Selektion.

Charakter. Das AB_T besitzt ebenso wie das NB etwas sich Aufdrängendes, demzufolge es dem Eidetiker wie etwas von außen Kommendes erscheint, nicht wie etwas Selbsterzeugtes, das einen integrierenden Bestandteil seiner Persönlichkeit bildet. Es erscheint gewissermaßen als Ausfluß einer persönlichkeitsfremden, ichfremden[1]) Instanz, oder wie ein durch Außenreize erzeugtes belästigendes Nachbild. Es paßt nicht in den Vorstellungsablauf hinein und kann oft selbst mit größter Willensanstrengung nicht aus ihm verdrängt werden. Auch wenn nach Vorlage neue AB erzeugt werden, bleiben die früheren mitunter bestehen (vgl. auch O. KROH, § 16 II und III)[2]). So können die Bilder von früher Gesehenem auf der Buchseite erscheinen, perseverierende Bilder können u. U. die Schrift geradezu verdecken, und wie oben erwähnt, sich gegenseitig und die Wahrnehmung stören. So ist es verständlich, daß diese AB_T, besonders bei hohen Graden, als lästig empfunden werden können. Die Betreffenden stehen dann unter dem Einfluß dieser Erscheinungen wie unter einem seelischen Druck und sprechen deshalb auch nicht gern von ihnen. Mitunter ängstigen und verfolgen sie diese fremdartigen Erscheinungen, die ihnen auch mit Vorliebe Schreckhaftes und Trauriges vor Augen führen, und so oft die ganze Psyche in depressivem Sinne beeinflussen. Dieser depressive Zug scheint dann mitunter zu weichen, wenn die eidetischen Erscheinungen, besonders die pathologischen Grades, medikamentös ausgelöscht worden sind, was ja hier glücklicherweise gerade meist möglich ist. Auch hierin zeigt sich, daß diese Veränderungen, ebenso wie die eidetischen Phänomene des T-Typus, nicht primär im Vorstellungsleben und in der „allgemeinen Seelenkraft“ verankert sind. Zum Schlusse sei daher noch einmal darauf hingewiesen, daß wir in den hochgradigen Fällen des T-Typus, wie schon erwähnt, auch im Spiel der Vorstellungen eine ähnliche Zwangsmäßigkeit und Starrheit beobachten konnten, wie in den optischen Erscheinungen derselben Individuen. Hier tauchten immer wieder Vorstellungen auf, die wie Nachbilder von Außenreizen wirkten, nämlich aufdringlich, stets wiederkehrend und durch Willen und Vorstellungen nicht unterdrückbar. Auch Willensimpulse ähnlicher Art waren manchmal nachweisbar (vgl. Fall 7 und 9, Kap. V C). Ein Teil der depressiven Stimmungsfärbungen scheint manchmal auf solchen Erscheinungen zu beruhen, bei denen betont werden muß, daß es sich hier nicht um Nachwirkungen affektiv gefärbter „Erlebniskomplexe“ handelt, sondern meist um ganz gleichgültige und nebensächliche Dinge. Hierher gehört wohl auch die Erscheinung, die schon G. PERITZ bei seinen spasmophilen Erwachsenen beobachtete, nämlich die Neigung zu gewissen Angstneurosen und unmotivierten Angstzuständen, die auch in klinischen Schilderungen echter Tetanie eine Rolle spielen (vgl. Kap. IX), übrigens auch nach K. LANDAUERS neuerlichen Mitteilungen durch Calciumzufuhr günstig beeinflußt zu werden pflegen (vgl. Kap. X).

Hier handelt es sich also um seelische Zustände, die wiederum nicht in einem besonderen Abhängigkeitsverhältnis von der „allgemeinen Seelenkraft“, überhaupt nicht vom höheren Seelenleben, sondern gerade von physiologisch-chemischen Vorgängen somatischer Natur[3]) zu stehen scheinen, also von Vorgängen, die auf einer tieferen entwicklungsgeschichtlichen Ebene verlaufen als

[1]) Im Kap. VII, 2 werden wir Gelegenheit haben, genauer zuzusehen, unter welchen Bedingungen eine Erscheinung des körperlichen und seelischen Lebens „ichfremd“ erscheint, und welche somatisch- bzw. psychisch-funktionellen Verhältnisse und in manchen Fällen anatomisch-organischen Substrate es vermutlich sind, deren Hervortreten eine solche „Ichfremdheit“ zur Folge haben dürfte.

[2]) KROH, O.: Über subjektive optische Anschauungsbilder, Göttingen, Vandenhoeck und Ruprecht, 1922.

[3]) Auf einer gleichen Stufe stehen diejenigen Angstzustände, die dem inneren Mediziner häufiger als dem Psychiater vorkommen, z. B. Präcordialangst bei Coronarspasmus.

„komplexmäßig" psychisch verankerte Zwangsvorstellungen, die neuerdings unter dem Einfluß der Affektverdrängungstheorien — auch außerhalb des FREUDschen Kreises — immer noch fast allein Beachtung finden (STROHMAYER, HOFFMANN u. a.). Hierher gehören vielleicht auch diejenigen Zwangsvorstellungen, die sich bei Hirnkranken erst nach dem Auftreten von Zwangsbewegungen zeigen, und deren Vorkommen neuerdings beobachtet wurde[1]).

Hier handelt es sich also um seelische Veränderungen, bei denen die Aufdeckung ihres psychophysischen Entstehungszusammenhangs von allergrößter Bedeutung für das therapeutische Vorgehen sein muß. Es handelt sich hier um Zwangsvorstellungen, von denen man nicht erwarten kann, daß sie einer reinen Psychotherapie weichen werden. Es kommt naturgemäß vor, daß auch Phänomene, die ursprünglich auf diese Weise bedingt sind, nachträglich irgendwie (besonders in Mischfällen vom BT-Typus) „komplex"ähnlich motiviert werden. Indessen werden, wie wir öfter gesehen haben, nach dem „Abreagieren" einer solchen nachträglichen Motivierung einfach andere Motivierungen hervorgesucht, während die Erscheinungen selbst bestehen bleiben. Die Beziehungen dieser Art „Vorstellungskrämpfe" zu den Zwangsvorstellungen der endogenen Nervösen und der Erschöpfungsneurasthenie werden später erörtert werden.

Das optische Stigma des T-Typus kann gelegentlich auch isoliert vorkommen, d. h. ohne begleitende somatische T-Stigmen. Wenn es hochgradig ist, können wir das Zustandsbild dann auch als „optisches (bzw. psychisches) Tetanoid" bezeichnen. Dieses kann wie ein Alb über dem Individuum liegen, von dem befreit zu werden der Betreffende sehnlichst wünscht.

Die verhältnismäßig große Starrheit und Unveränderlichkeit in den AB_T und auch den VB des T-Typus ermöglicht es diesen Individuen oft, auch nach langer Zeit selbst unbedeutende Einzelheiten von früher Gesehenem und Erlebtem mit größter Wirklichkeitstreue zu schildern. Es ist dies eine Eigenschaft, die dann bei Jugendlichen und Kindern gewöhnlich auch der Umgebung auffällt, und diese manchmal in Erstaunen setzt, wie in dem Marburger Arbeitskreise mehrfach beobachtet worden ist. An späterer Stelle wird von den AB des großen Physiologen JOHANNES MÜLLER und denen GOETHES noch näher die Rede sein, von denen die AB MÜLLERS, wie schon kurz erwähnt, die Charakterkriterien des T-Typus, diejenigen GOETHES die Merkmale des B-Typus zeigen. Es entbehrt wohl nicht einer tieferen Bedeutung, wenn JOHANNES MÜLLER selbst, da wo er von diesem Unterschied spricht, die eine Geistesstruktur zu seiner eigenen naturwissenschaftlich gerichteten, die andere zu der dichterischen Anlage GOETHES in Beziehung setzt[2]).

Soweit sich unser inzwischen angewachsenes Material auch hierin schon heute übersehen läßt, scheinen unsere Biotypen auch in der Grundstruktur gewisser Charakteranlagen eine bestimmte und verschiedenartige Färbung zu besitzen. Jedenfalls zeigten Schuluntersuchungen, bei denen wir innerhalb der Klassen zunächst einmal rein äußerlich ausgeprägte B-Typen und ausgeprägte Nicht-B-Typen, unter denen sich ja, wie erwähnt, bei näherer Untersuchung auch die

[1]) K. GOLDSTEINS Mitteilungen auf dem Münchener Psychologenkongreß 1925. — Dem entspricht auch, daß Verf. mehrfach bei gewissen Encephalitikern im allerhöchsten Grad gesteigerte NB und auch AB_T nachweisen konnte.

[2]) Auf gelegentlich hierher gerichtete Anfragen, ob nicht vielleicht die eidetische Anlage zu Beobachtungs- und Aussagezwecken benutzt werden kann, ist zu sagen, daß für diesen Zweck vor allem der T-Typus in Betracht kommen dürfte. Es ist hierbei aber nicht notwendig, daß derselbe AB hat; auch schon die größere Starrheit des Vorstellungslebens und seiner Wahrnehmungen wird ihn für den genannten Zweck besonders geeignet erscheinen lassen, wie uns gelegentlich eigene Beobachtung lehrte (vgl. Anm. 1, S. 124).

reineren und reinen T-Typen zu finden pflegen, eine ganz verschiedenartige und fast immer übereinstimmende Verteilung bestimmter Schülerindividualitäten[1]). Hierbei richteten wir uns bei der Sonderung fast ausschließlich nach der Art der Augen, wie wir dies oben eingehend geschildert haben (vgl. auch Kap. III A, B). Diese Art der Verschiedenheit in den Schülerindividualitäten braucht freilich keineswegs in einer greifbaren Beziehung zur Höhe der Schulleistung zu stehen; denn sowohl T-Typus wie B-Typus besitzen hier ihre Vorteile wie ihre Nachteile.

Bei weniger ausgeprägten Typen wird die Grenze der verschiedenen eidetischen Phänomene nur dann richtig gezogen werden können, wenn man über ausgedehnte Vergleichserfahrungen verfügt, d. h. AB des B- und des T-Typus in großer Zahl untersucht hat, wie es hier geschehen ist. Wie überhaupt die Mischfälle zahlreich sind (BT-Typen), bei denen sich die B- und die T-Komponente auf verschiedenen Gebieten auswirkt, so kann es natürlich auch einmal vorkommen, daß die T-Komponente sich allein auf optischem Gebiet, die B-Komponente dagegen in den übrigen Richtungen manifestiert. Dies ist nicht etwa nur eine theoretisch konstruierte Möglichkeit, sondern eine Tatsache, auf die uns unser Beobachtungsmaterial unmittelbar hingeführt hat. Derartige Fälle sind somit kein Gegenbeweis gegen die Richtigkeit der hier vertretenen Typeneinteilung. Da auf biologischem Gebiet bei allen Typen Legierungen vorkommen, muß sich jede Typeneinteilung immer zunächst an den reinen, unvermischten Fällen orientieren.

In Zweifelsfällen entscheidet die positive Kalkreaktion, die bei reinen und physiologischen T-Typen und auch bei Mischtypen nur selten versagt und im allgemeinen nur dann, wenn die T-Komponente in der Konstitution sehr tief verankert ist[2]).

VII. Akzidentien des T-Typus.

Bisher war von Stigmen die Rede. Von Stigmen muß mindestens eines da sein, um einen Typus zu charakterisieren. Daß die verschiedenen Stigmen eine verschiedene Wertigkeit für die Färbung der Gesamtpersönlichkeit besitzen, wird später noch näher ausgeführt. Unterscheiden wir indessen, wie es Janet bei der Hysterie tat, zwischen den „Stigmen" und den „Akzidentien", so wären jetzt noch diese letzteren zu besprechen. Sie besitzen wahrscheinlich die gleiche Herkunft wie die Stigmen der Konstitution, können aber, ohne daß darum das Bild des Typus eine Einbuße erleidet, auch sämtlich fehlen.

Auch hier können wir an schon vorliegende klinische Erfahrungen bei Tetanie anknüpfen, nur daß diese immer über Erscheinungsformen berichten, die wir

---

[1]) Diese scheinen bei näherem Zusehen eine enge Beziehung zu den von A. Binet unterschiedenen beiden Schülertypen zu besitzen, von denen er den einen als den „objektiven" oder „Beobachtungstyp", den andern als den „subjektiven" oder „Deutungs- bzw. Vorstellungstypus" bezeichnet. „Man kann auch vom ersteren behaupten, er sei realistisch, positiv, vom zweiten, er sei träumerisch und in Betrachtungen versunken. Alle diese Unterschiede lassen sich auf eine Grundunterscheidung zurückführen, deren man sich wohl bewußt sein soll" (Binet, A.: Die neuen Gedanken über das Schulkind, übersetzt von G. Anschütz und W. J. Buttmann, Leipzig, E. Wunderlich, 1912, S. 215). Ersterer Typus, der „realistische", scheint unserem T-Typus, der „träumerische" unserem B-Typus und seinen Mischfällen verwandt und zwar auch über die eigentlichen Eidetiker hinaus. Es erscheint angebracht, auch in diesem Zusammenhange auf unsere Bemerkungen über Johannes Müller und Goethe hinzuweisen (S. 262). Auch die von Binet (a. a. O. S. 217) beigebrachten Aufsatztypen entsprechen ganz und gar unseren diesbezüglichen Erfahrungen (vgl. hierzu auch Kap. III A u. B, Physiognomik).

[2]) Für die Beeinflußbarkeit der T-Komponente durch Calcium gelten alle Einschränkungen, die auch klinisch für die Beeinflußbarkeit tetanoider Symptome durch Kalk bekannt sind; vgl. hierzu Kap. VII, 5.

bei physiologischen T-Typen nur in viel geringerer Ausprägung und darum oft nur andeutungsweise feststellen konnten.

v. Frankl-Hochwart bezeichnete schon 1891 epileptiforme Phänomene als eine vollwertige Äquivalente der tetanischen Muskelkrämpfe.

Wir glauben nun in leichten Absencen, in Form von „kurzem Wegbleiben" bei einzelnen unserer T-Typen oder Mischtypen, mitunter auch nur in vorübergehenden Schwindelgefühlen, eine rudimentäre Form der gleichen Erscheinung erblicken zu können; vielleicht handelt es sich hier mitunter um Gefäßspasmen[1]). Als wichtigsten Hinweis betrachten wir bei diesen an sich ja sehr vieldeutigen Symptomen den positiven Erfolg einer antitetanischen Behandlung, die naturgemäß bei echter Epilepsie oder epileptischer Äquivalente versagt, bei tetanoider Epilepsie jedoch Erfolg hat (Postpetschnigg). v. Jaksch[2]) z. B. berichtet auch bei klinischer Tetanie über Schwindelgefühle, auch über Drehschwindel. Eine gleiche Rolle scheinen gewisse periodisch exacerbierende Kopfschmerzen zu haben, die auf energische Kalkzufuhr verschwinden können. Weiterhin fanden wir bei manchen ausgeprägten Eidetikern Pavor nocturnus, Schlafreden, Schlafzukkungen und unruhigen Schlaf, Nachtwandeln, Furcht im Dunkeln, alles Erscheinungen, die auch Thiemich in seinem Bericht über die Entwicklung spasmophiler Säuglinge in der späteren Kindheit[3]) erwähnt. Nur handelt es sich bei unsern Kindern fast stets um sehr schwach ausgeprägte Formen dieser Erscheinungen; denn unser Material ist der Hauptsache nach ein solches von gesunden Schulkindern, die, wenigstens wegen der hier geschilderten Erscheinungen, kaum je vor die Augen des Arztes kommen. Daher kommt auch das, was Thiemich über die spätere Entwicklung seiner schwer eklamptischen Kinder mitteilt, für hier beschriebene Fälle nicht in Betracht. Er berichtet nämlich über später auftretende Intelligenzstörungen seiner einschlägigen Fälle. Auch Escherich[4]) hebt als klinisch interessant hervor, daß man bei früher an Tetanie erkrankten Kindern später häufig nervöse Störungen und Defekte feststellen kann. Natürlich handelt es sich hierbei um ausgesprochen pathologische Fälle. Es ist aber für jeden nur an klinisches Material gewöhnten Arzt erstaunlich zu hören, wieviel gesunde Kinder, die nie in die ärztliche Sprechstunde kommen, in der normalen eidetischen Entwicklungsphase bei einer Nachfrage in den Schulklassen andeutungsweise und sogar auch ausgeprägt ähnliche Erscheinungen besitzen. In gewissem Umfange gehören diese Dinge scheinbar zu den physiologischen Erscheinungen dieser Altersperiode, wie in der Motorik die Tölpelhaftigkeit, Tollpatschigkeit und der Stimmbruch, und sie haben durchaus nicht immer sogleich etwas Krankhaftes an sich. So bestätigt die Konstitutionsuntersuchung in gewissem Sinne den Ausspruch A. v. Strümpells[5]), man könne vielen Nervösen mit Recht sagen, daß ihre Beschwerden mit zunehmenden Jahren sich zu bessern pflegen. Gelegentlich konnte bei Individuen, die während längerer Zeiträume in unserer Beobachtung standen, das allmähliche Verschwin-

[1]) Vgl. hierzu auch Kap. VI, Kap. IX u. Kap. X sowie K. Landauers: „Epilotetanoid". Arch. f. Psych. u. Nervenkrankh. Bd. 66. 1922. — Verf. hatte Gelegenheit an der Chirurg. Klinik Frankfurt a. M. gemeinsam mit Herrn Dr. Sebening bei einem jungen Mädchen mit Trousseauschem Phänomen, galvanischer Übererregbarkeit, sehr gesteigerten Nachbildern beim Anlegen einer Gummibinde um den Arm sehr eindrucksvolle Capillarspasmen zu beobachten, die fleckweise den ganzen Arm überwanderten. Sollte nicht Entsprechendes auch an den Hirngefäßen denkbar sein? Es müßte sich wohl in vorübergehendem „Wegbleiben" äußern. — In anderen Zusammenhängen beschrieb Stertz ähnliche Erscheinungen für die Hirngefäße.

[2]) v. Jaksch: Zeitschr. f. klin. Med. 1890.

[3]) Thiemich: Neur. Zentralblatt 1907.

[4]) Escherich: Münch. med. Wochenschr. 1907.

[5]) v. Strümpell, A.: Lehrbuch der Nervenkrankheiten.

den dieser Erscheinungen mit dem Altersfortschritt unmittelbar festgestellt werden. Die geschilderten Erscheinungen verschwanden übrigens, oder besserten sich wenigstens, auf antitetanische Behandlung hin (vgl. Kap. VII, 5, Behandlung pathologischer Fälle durch therapeutische „Differenzierung").

Viele klinische Veröffentlichungen sprechen noch von weiteren Begleiterscheinungen bei Tetanie, die auch in unserem Rahmen Beachtung verdienen: v. JAKSCH[1]) berichtet über Schmerzen und Parästhesien (vgl. Kap. V B, Fall 2), die oft auch nach Schwinden aller Tetaniesymptome noch fortbestehen; Gleiches berichtet F. SCHULTZE. F. CHVOSTEK sowie CURSCHMANN schilderten sensorische Erscheinungen und Sensationen verschiedenster Art (Ameisenlaufen, herabschießende Wärme, Prickeln und blitzartige Schmerzen). Andere Autoren berichten über Ähnliches: „Pamstigsein", Gefühl des Eingeschlafenseins der Glieder, Irradiationen an den Nerven bei leichtem Druck. Neuerdings hat CURSCHMANN über einige interessante Fälle von sensorischer und sensibler Tetanie berichtet[2]). Ähnliches konnte andeutungsweise auch bei manchen unserer Fälle beobachtet und durch die spezifische Behandlung gebessert oder gar behoben werden. Auch manche Enteralgien scheinen hierherzugehören, in der Magengegend, in der Gegend der Gallenblase z. B. (vgl. S. 268 u. Kap. VII, 3 b).

In offensichtlichem Zusammenhang mit der sensorischen und sensiblen Tetanie CURSCHMANNS stehen die echten Halluzinationen in den von uns aus der Literatur angeführten Fällen von echter Tetanie und den gelegentlichen Pseudohalluzinationen von Individuen unseres Beobachtungsmaterials (vgl. Kap. IX), die nicht einmal im eigentlichen Sinne krank sind. Öfters waren leichte Muskelkrämpfe zu beobachten, vor allem Wadenkrämpfe. Es wird auch einer Reihe spezifischer Phänomene Erwähnung getan werden müssen, die z. B. schon LAPINSKY als vollwertige psychische Äquivalente der tetanischen Muskelkrämpfe bezeichnet hat: depressive Zustände, Phobien, Angstanfälle, Reizbarkeit und Charakterveränderungen, psychische Erscheinungen, die in weitem Umfange, besonders in den Entwicklungsjahren, häufig auch bei gesunden Kindern die Sorge der Eltern bilden und in gewissem Umfange auch in einzelnen Zügen manchmal dem sogenannten „epileptischen Charakter" nahekommen, mitunter sogar „schizophrene Züge" andeuten[3]). Wir werden später auf solche Dinge noch weiter eingehen.

O. KROH schildert in seiner 1922 erschienenen Monographie[4]) unseren tetanoiden Schülertypus wie folgt: „Der typisch Tetanoide ist oft unruhig, ängstlich, unsicher und mißtrauisch. Eine geringe geistige Beweglichkeit, gelegentlich auch ungenügendes Fortschreiten mit dem Gange des Unterrichtes, können ihn zu einem wenig angenehmen Schüler machen, bei dem auch ernster Fleiß in keinem mir bekannten Falle hervorragende Leistungen zeitigte. Nicht immer ist er ausgesprochener Träumer; sein Interesse für die einzelnen Unterrichtsfächer bewegt sich nur selten in Extremen. Völlige Ablenkung vermag bei ihm AB von obsessiver Natur zu bewirken, wie sie für die schweren Fälle typisch sind. Sein Mitteilungsdrang ist meist gering, nur wenigen erschließt er sein Herz. Darum verschweigt er auch öfter die Existenz der AB." — „Gerade während der Pubertät zeigen viele Knaben eine verträumte Trägheit, die sie den tetanischen Träumern

---

[1]) v. JAKSCH: Zeitschr. f. klin. Med. 1890.

[2]) CURSCHMANN, H.: „Über sensible und sensorische Tetanie". Münch. med. Wochenschr. Nr. 35. 1919. Gewisse Erscheinungen solcher Fälle, besonders der von CURSCHMANN angeführten, erinnern zugleich an Erscheinungen, die auch bei Schizophrenen beobachtet werden, z. B. krankhafte „Organgefühle". Hier haben sie allerdings mit Schizophrenie nichts zu tun (vgl. Kap. VII, 3 c). Siehe auch folgende Anmerkung.

[3]) Vgl. hierzu WILDERMUTH, H.: „Schizophrene Züge beim gesunden Kind", Zeitschr. f. d. ges. Neur. u. Psych. Bd. 86. 1923; vgl. Anm. 1, S. 127.

[4]) KROH, O.: Subjektive Anschauungsbilder bei Jugendlichen. Göttingen 1922.

verwandt macht. Dazu paßt auch ganz die früher erwähnte Tatsache, daß in jenem Alter ein Überwiegen der negativen Bildfarben im AB zu beobachten ist." (Vgl. O. KROH a. a. O., Fall II und III, S. 188 und 190, die mit unseren Fällen 9 und 7, Kap. V B und C identisch sind[1])).

VIII. Die verschiedene Wertigkeit der Stigmen für die Gesamtpersönlichkeit, mit Bemerkungen über die Gründe dieser verschiedenen Wertigkeit.

Auch für die von uns hier durchgeführte, in der Breite des Normalen liegende Typencharakterisierung dürfte nach unseren Erfahrungen die von BEHRENDT und FREUDENBERG ermittelte Stufenfolge der somatischen Stigmen Geltung besitzen, und sie steht auch im Einklang mit unseren früheren Feststellungen, die schon vorliegende klinische Erfahrungen (besonders von STHEEMANN) zum Vergleich heranzogen.

Die mechanische Übererregbarkeit allein dürfte auf motorischem wie auf sensiblem Gebiete gegenüber den galvanisch nachweisbaren Stigmen für die Gesamtpersönlichkeit von weniger ausschlaggebender Bedeutung sein, dafür aber immer ein feiner Indikator gerade für geringere Verschiebungen des Stoffwechsels. Die optischen Stigmen stellen einen ganz besonders feinen Indikator hierfür dar, der aber für die Persönlichkeitsfärbung — wegen der Beziehung zu den Wahrnehmungs- und Vorstellungsprozessen — von besonders ausschlaggebender Bedeutung sein dürfte. Die Wertigkeit unserer Stigmen ist also eine verschiedene, ob man die eben erwähnten feineren oder gröberen Stigmen nur nach der vorher angeführten Stufenfolge beurteilt, oder ob man sie nach ihrer nosologischen Bedeutung für die Krankheit Tetanie rangiert, und hier wieder ist ihre Bedeutung eine verschiedene für die verschiedenen Lebensalter; sie ist wiederum eine andere, wenn man sie, wie wir es hier vor allem tun wollen, unter dem Gesichtswinkel ihres jeweils verschiedenen Einflusses auf die Färbung der Gesamtpersönlichkeit in unserem Sinne betrachtet. Das optische Stigma z. B. vermag also wegen seiner engen Beziehungen zu dem Vorstellungsleben der Persönlichkeit trotz seiner besonderen Feinheit, infolge deren es sich so leicht einstellt, auch bei schwächerer Ausprägung einen viel größeren Einfluß auf alle Lebensäußerungen eines Individuums zu gewinnen als gröbere somatische Stigmen, selbst wenn sie sogar in größerer Zahl auftreten. Von letzteren ist das Facialisphänomen bzw. die mechanische Übererregbarkeit ein sehr feines Reagens; die galvanische Übererregbarkeit ist dasjenige Stigma, welches im einzelnen feinere Abstufungen anzuzeigen in der Lage ist. Das Vorhandensein galvanischer und mechanischer Übererregbarkeit zusammen ist ausschlaggebender für die Gesamtperson als ihr isoliertes Auftreten. Die Stigmen der idiomuskulären Übererregbarkeit dürften einzeln kaum zu verwenden sein. Mimische Zeichen sind es nur unter Ausschaltung mancher Fehlerquellen, dann aber sind sie oft als ganz eindeutige Hinweise zu verwenden. Es braucht wohl nicht hervorgehoben werden, daß der T-Typus ein um so ausgesprochener ist, je mehr Stigmen und je hochgradiger die einzelnen vertreten sind, d. h. also, je größere und umfassendere Teilgebiete der Persön-

[1]) Besonders im Hinblick auf gewisse, an Erscheinungen bei Schizophrenie erinnernde Wesenszüge, auf die oben schon hingewiesen wurde, erscheint auch die Schilderung eines anscheinend gleichzeitig tetanoiden Knaben bemerkenswert, die FRIEDRICH HUCH in seinem Knabenroman „Mao" (Fischers Bibliothek zeitgenöss. Romane, Berlin) gibt. Es handelt sich hier anscheinend um einen ganz pathologischen Fall schon mehr echt psychotischer Provenienz. Indessen treten solche eingestreute „schizophrene" Züge, wie auch andere Autoren berichten, nicht selten auch bei normalen (?) Kindern auf (WILDERMUTH, a. a. O. s. o.). Sie haben mit unserem „T-Typus" und „T-Komplex" nur in präpsychotischen Fällen besonderer Art gewisse Beziehungen (Kap. VII, 3 c).

lichkeit diesen Typus ausgeprägt zeigen. Dies gilt für den T-Typus in viel höherem Grade als für den sogleich zu behandelnden B-Typus, bei dem selbst isolierte Stigmen und auch solche, die allein in der Körperperipherie nachweisbar sind, eine größere Bedeutung für die Färbung der Persönlichkeit besitzen wie beim T-Typus. Wie wir später kurz auseinandersetzen werden (Kap. VII, 2), hat beim B-Typus jeder Teil der Gesamtpersönlichkeit einen größeren Anteil an dem Vorgang der Reizbeantwortung: Reize, die beim B-Typus auf irgendeinen Teil der Persönlichkeit wirken, gewinnen hierbei im stärksten Maße Einfluß auf das ganze Individuum und sein Verhalten. Denn der B-Typus charakterisiert sich, kurz gesagt, somatisch durch eine Übererregbarkeit desjenigen Nervensystems, dessen eine Hauptfunktion es ist, die einzelnen Teile des Organismus untereinander zu verbinden, sie aufeinander abzustimmen und ausgleichend zu wirken. Reize, die auf irgendeinen Teil des Individuums einwirken, verteilen sich unter dem Einflusse des vegetativ-autonomen Gesamtsystems, sei es nun, wie herrschende Theorien annehmen, mit oder auch ohne Vermittlung der Hormone[1]), auch in ganz andere, nicht unmittelbar von dem Reiz getroffene Teile der Gesamtperson. Zugleich zeigt sich, daß sowohl die optischen Erscheinungen des B-Typus wie die ihn auszeichnenden (vegetativen) nervösen Systeme solche sind, die ganz besonders stark gerade auf psychische Reize ansprechen. Und dieser Funktionstypus ist gerade derjenige, der sich in weiten Teilen des vegetativ-autonomen Systems auswirkt. Es geht diese Auswirkung des Reizerfolges um so stärker vor sich, als ja beim B-Typus schon eine gewisse Übererregbarkeit jener Systeme vorliegt, vielleicht sogar, wie man annehmen könnte, eine viel stärkere und ganz besonders beschaffene rein anatomische Ausbildung des vegetativ-autonomen Nervensystems überhaupt. Was aber für den von außen kommenden Reiz gilt, gilt auch für Reizzustände innerhalb des vegetativ-autonomen Nervensystems und des Organismus selbst.

Das entspricht vollständig der von uns zunächst rein empirisch gewonnenen Beobachtung, daß sich der B-Typus auch beim Vorhandensein nur isolierter B-Stigmen jederzeit in der Gesamtpersönlichkeit und auch in den eidetischen Erscheinungen stärker durchzusetzen pflegt als der T-Typus beim Vorhandensein nur isolierter T-Stigmen. Hierin kam also rein empirisch die überwiegende Bedeutung selbst einzelner B-Stigmen für die Gesamtpersönlichkeit zum Ausdruck, im Unterschied zu der beschränkteren Bedeutung einzelner T-Stigmen für die Gesamtperson. Reize, die die motorischen, sensorischen und sensiblen Nerven, in deren Bereich sich ja gerade die T-Stigmen lokalisieren, von außen oder von innen treffen, wirken sich ferner — im Gegensatz zu diesen Verhältnissen bei den B-Stigmen — fast lediglich und ausschließlich in deren Verbreitungsgebiet selbst und darum isoliert aus. Übererregbarkeit besonders dieser peri-

[1]) Vgl. hierzu eine Arbeit des Groninger Physiologen Hamburger, H. J.: Klin. Wochenschr. Bd. 28. 1923: „Über eine neue Form von Zusammenwirkung zwischen Organen" (durch bisher noch unbekannt gewesene „sympathische und vagische Reizstoffe"). Die Verhältnisse sind sehr komplex; vgl. auch F. H. Lewys „Fernsender-Theorie", a. a. O., ferner Zondek, H. und Reiter, T.: Klin. Wochenschr. Bd. 29. 1923: „Hormonwirkung und Kationen": „Die Hormone sind nicht an und für sich, sondern nur im Rahmen einer bestimmten Elektrolytkonstellation Träger der ihnen als spezifisch zugeschriebenen Wirkungen." — — „Wir glauben" (nach F. Kraus und S. G. Zondeks Arbeiten über Beeinflussung der Elektrolytverhältnisse an der Zellmembran auf vegetativem Wege) „daß das vegetative Nervensystem als ein Bindeglied zwischen Hormon- und Erfolgsorgan jenem die optimalen Bedingungen für seine Wirksamkeit ermöglicht und damit seinerseits der Regelung des hormonalen Gleichgewichts dient". Vgl. auch ferner Asher, L.: „Prinzipielle Fragen zur Lehre von der inneren Sekretion." Klin. Wochenschr. 1922.

pheren, isolierten Nervengebiete ist aber ein Stigma des T-Typus, und die Reizerfolge innerhalb dieser eng umschriebenen, isolierten Reizfelder, mit denen wir die Stigmen des T-Typus prüfen, erwiesen sich als solche, die genau wie seine optischen Erscheinungen von psychischen, willens- oder vorstellungsmäßigen Reizvorgängen unabhängig sind, dagegen alle zusammen z. B. auf Kalk ansprechen. Der T-Typus charakterisiert sich daher als „biologischer Reaktionstypus" betrachtet (Kap. VII, 2) und strukturmäßig als ein solcher, bei dem Reizerfolge sich in bestimmt umschriebenen Reizfeldern und darum auch stets in bestimmter eindeutiger und starrerer Weise auswirken. Da die Reizerfolge beim T-Typus im Gegensatz zum B-Typus ein so umschriebenes Wirkungsfeld besitzen, so wird ein T-Stigma peripherer Teilgebiete des Individuums für dessen Gesamtpersönlichkeit von weniger ausschlaggebender Bedeutung sein als selbst ein vereinzeltes B-Stigma für dessen Träger. Nicht zu vergessen ist des Übungsfaktors, der auch einzelne Teilgebiete ohne Rücksicht auf die Gesamtperson beeinflussen kann. Etwas anders verhält es sich wohl nur bei denjenigen Fällen des T-Typus, die vorwiegend zentral bedingte Stigmen und ihre Äquivalente zeigen (AB_T, Vorstellungskrämpfe u. a.), oder auch dann, wenn größere und besonders wichtige Teilgebiete der Persönlichkeit durchgehend in tetanoider Weise stigmatisiert sind (Physiognomie, Motorik usw.). Wahrscheinlich wird in einem solchen Fall, in dem weite Teilgebiete der Persönlichkeit einheitlich den T-Typus zeigen, für diesen auch eine überwiegend zentrale Ursache vorhanden sein[1]).

Diese Unterschiede im Verhalten der beiden Typen beruhen wahrscheinlich zugleich auf anatomischen und biologisch entwicklungsgeschichtlichen Unterschieden zwischen dem zerebrospinalen und dem autonom-vegetativen Nervensystem, innerhalb deren die T- bzw. die B-Stigmen lokalisiert sind, und zu denen die innersekretorischen Besonderheiten jeweils eine besonders enge Beziehung besitzen, welche einerseits den T-, anderseits den B-Typus auszeichnen. Diese Verhältnisse sind sehr verwickelt. Wir werden ihnen daher erst später eine besondere Betrachtung widmen (Kap. VII, 2). Schon aus dem bisher Gesagten geht aber hervor, daß mancherlei endokrine Drüsen beim T- bzw. B-Typus eine Rolle spielen, wenn auch immerhin daran festgehalten werden kann, daß beim T-Typus eine gewisse Präponderanz der Epithelkörperchen und beim B-Typus eine solche der Schilddrüse anzunehmen ist. Ähnlich verwickelt verhält es sich beim Ionenstoffwechsel dieser verschiedenen Typen. Auch hier erschöpft sich speziell der T-Typus nicht in einer Besonderheit des Calciumstoffwechsels. Trotzdem spielt beim T-Typus gerade der Calciumstoffwechsel eine führende Rolle. Entsprechendes gilt vom B-Typus und den ihm zugeordneten Eigentümlichkeiten des Stoffwechsels.

IX. Biologischer und nosologischer Symptomwert der Stigmen.

Wir zeigten, daß im Individualleben, abgesehen von einer anfänglichen Periode der Unempfindlichkeit gegen galvanische Reize (nach A. WESTPHAL bis etwa zur 8. Lebenswoche)[2]), auf die dann ein Stadium der Überempfindlichkeit folgt, die galvanische (mechanische), motorische, sensorische, sensible Erregbarkeit sich vom frühen Kindesalter ab im allgemeinen in absteigender Linie bewegt. Eine ähnliche Erscheinung zeigt sich auch im Gebiete des Hautwiderstandes

[1]) Man wird aber auch hier stets im Auge behalten müssen, daß es selbst bei zentral oder vorwiegend zentral bedingten Stigmen vorkommen kann, daß sich ein Typus zum Beispiel nur in einer Richtung, in allen anderen aber der gegensätzliche Typus durchsetzt. Es kommt also tatsächlich auch vor, daß ein äußerlich basedowoides Individuum tetanoide AB haben kann.

[2]) WESTPHAL, A.: Arch. f. Psych. Bd. 26. 1894.

gegen den galvanischen Strom, dessen Erniedrigung zu den B-Stigmen gehört. A. WESTPHAL fand nämlich, daß auch der Hautwiderstand in den ersten Lebenswochen, verglichen mit dem Hautwiderstand der Erwachsenen sehr stark erhöht ist, während er bei Jugendlichen, also älteren Kindern, nach unseren Feststellungen (vgl. Kap. III B) im allgemeinen besonders niedrig und labil zu sein pflegt, wenn man die entsprechenden Verhältnisse bei Erwachsenen zum Vergleich heranzieht. Es zeigt sich also, daß die anfängliche Unempfindlichkeit gegen galvanische Reize auf motorischem Gebiet, die auch für das sensible Gebiet gilt[1]), auch im Gebiete des B-Komplexes, nämlich in den genannten Hautwiderstandserscheinungen eine Parallele hat, eine Parallele zur Unempfindlichkeit im frühesten Säuglingsalter und zur Überempfindlichkeit auf allen erwähnten Reizgebieten im späteren Kindesalter. Sowohl T-Komplex wie B-Komplex lassen also, nach einer anfänglichen Periode großer Unempfindlichkeit, im späteren Kindesalter beide gerade Zeichen der Übererregbarkeit erkennen, die, wie wir teilweise bereits gezeigt haben, mit dem fortschreitenden Lebensalter an Stärke abnehmen. Was wir als B-Komplex bezeichnen, erfährt im Alter der Pubertät nun durch unterstützende Faktoren eine Steigerung, die als „Pubertätsbasedowoid" hinlänglich bekannt ist. Basedowoid und Basedow, Tetanoid und Tetanie sind aber keineswegs mit dem B- bzw. T-Komplex einfach gleichzusetzen. Allerdings sind jene krankhaften Zustände ihrem Symptomenbild nach Steigerungsformen des B- und T-Komplexes. Zur Krankheit gehört jedoch hier wie dort außer einer allgemeinen Unterwertigkeit wahrscheinlich noch eine meist vielleicht sogar unspezifische auslösende Ursache, der man wohl bisher, im Gegensatz zur Tetanie, gerade beim Morbus Basedow und dem krankhaften Basedowoid zu wenig Beachtung geschenkt hat. T- und B-Komplex besitzen wahrscheinlich in jedem Organismus eine bestimmte entwicklungsgeschichtlich begründete und anatomisch-funktionell verankerte Stellung. So kommt es, daß die Krankheit Tetanie oder der Morbus Basedow im späteren Lebensalter auch bei von Haus aus gegensätzlichen Typen zum Ausbruch kommen kann, wie die klinische Erfahrung zeigt. Es wird aber alsdann die Krankheit jeweils nach dem genotypisch vorhandenen Biotypus ein verschiedenes Gepräge tragen können, und auch die Stärke ihrer Erscheinungen und ihre Eigenart wird hiervon etwas abhängen. Dies berührt aber nicht die inneren Beziehungen des B-Typus zum Basedowoid und Morbus Basedow bzw. des T-Typus zur Tetanie. Denn der „Typus" und der „psychophysische Komplex" als solcher ist nicht identisch mit irgendeiner klinischen Krankheitseinheit und bestimmt auch in anderen Krankheitsbildern, die mit Tetanie und Morbus Basedow nosologisch nichts zu tun haben, die nähere Ausprägung des Symptombildes. Aus der somit bestehenbleibenden relativen Unabhängigkeit vom B-Typus und Morbus Basedow erklärt sich auch die Anschauung mancher Autoren, daß die echte Basedowsche Krankheit späterer Lebensalter von dem krankhaft gesteigerten Basedowoid (ausgeprägteren B-Typ in unserem Sinne) als eine besondere Erkrankung abgespalten werden müsse (R. STERN). Sie stellen daher zwei Formen des Basedow einander gegenüber, einen, dessen rudimentäre Wurzeln bis ins frühe Jugendalter zurückreichen, und einen später entstehenden Morbus Basedow ohne konstitutionelle Vorbedingungen. Ersterer soll darum prognostisch als schwerer zu bewerten sein. Dies liegt also vielleicht daran, daß hier die Krankheit, bzw. der auslösende Faktor, eine Konstitution vorfand, die in allen Teilen so beschaffen war, daß der typische und biologisch adäquate Krankheitszustand sich auf schon vorhandene physiologische Verhältnisse aufsetzte und sie als Grundlage vorfand, während er bei

[1]) CANNESTRINI: Das Sinnesleben der Neugeborenen. Leipzig: Julius Springer 1913.

anderen Konstitutionen erst vollkommen neue Verhältnisse hervorrufen mußte. Der Schwellenwert des Auslösungsfaktors, der zu einem bestimmten Grade der Erkrankung führen muß, wird im ersteren Falle kleiner sein, und darum die Krankheit bei gleicher Stärke des auslösenden Faktors schwerer als im zweiten Falle. Das ist zunächst alles kein genügender Grund, zwischen diesen verschiedenen Basedowarten eine scharfe Grenze nach ihrem biologischen Wesen zu ziehen, die für die Prognose natürlich ihre Berechtigung haben mag. Es kann aber sogar eine Übererregbarkeit im vegetativ-autonomen System, deren Zeichen mit allen Basedowsymptomen identisch sind, auch über das Jugend- und Kindesalter hinaus da sein, selbst in höheren Graden, ohne darum stets einen latenten Morbus Basedow zu beweisen oder befürchten zu lassen[1]). Lediglich eine Disposition zu schwereren Formen dieser Krankheit ist, selbst im Falle ganz verschiedener Auslösungsbedingungen, bei höhergradigem B-Typus vorhanden. Gleiches gilt von anderen „Hyperthyreosen". Das heißt aber ebenfalls wieder nicht zugleich, daß in solchen Fällen dieser Morbus Basedow immer im Latenzstadium vorhanden war. Denn es zeigt sich ja, wie im vorigen Abschnitt bei dem tetanoiden Syndrom (T-Komplex), daß auch das basedowoide Syndrom (B-Komplex) eine in gewissem und sehr weitem Umfange normale Erscheinung ist. Würde man also solche Stigmen immer schon als latente Krankheitszeichen auffassen, weil die gleichen in gesteigerter Form auch bei krankhaften Zuständen vorhanden sind, so würde noch manch andere physiologische Erscheinung als Symptom einer latenten Krankheit aufgefaßt werden müssen. In den ersten Lebenswochen findet sich z. B. nach A. Westphal, wie schon angeführt, ein besonders hoher Hautwiderstand, den wir aber auch bei Myxödem finden können. Indessen wird es wohl niemandem einfallen, diese Erhöhung des Hautwiderstandes bei Säuglingen für den Ausfluß eines drohenden und krankhaft myxödematösen Zustandes oder gar für latentes Myxödem zu erklären; ebensowenig wird man die bei Säuglingen nachzuweisenden besonderen „Jugendformen der Hautcapillaren" als ein Zeichen von latentem Kretinismus ansehen, weil wir diese bei Kretinen in besonders ausgeprägter Form ebenfalls finden. Nur innerhalb eines besonderen Gesamtzustandes und bei einer allgemeinen biologischen Unterwertigkeit des Individuums oder einzelner seiner Teile gewinnen trotzdem auch letztere Stigmata eine spezifische Bedeutung[2]). Entsprechend können wir auch die Erniedrigung des Hautwiderstandes bei B-Typen nicht schon für ein Latenzzeichen des Morbus Basedow ansehen, weil wir diese Erniedrigung ganz besonders ausgeprägt bei dieser Krankheit finden (F. Chvostek). Wohl aber können wir trotzdem alle diese Hauterscheinungen sowohl bei gesunden Säuglingen, bei B-Typen als auch bei Myxödem und Morbus Basedow in eine gewisse Beziehung zu bestimmten Funktionen auch der Schilddrüse setzen oder zum mindesten zu zentralen Instanzen, die ständig auf alle endokrinen Drüsen selbst wie auch auf ihre zentralen Vertretungen einen besonderen Einfluß ausüben[3]). Wir sehen also auch hier wieder, wie beim T-Typus und seinen Stigmen und wie bei der Krankheit Tetanie, daß physiologische Verhältnisse gewisser Entwicklungsstufen auch als Krankheitssymptome auftreten können; daß aber dabei die Wertigkeit dieser Verhältnisse als Krankheitssymptom von der allge-

[1]) Vgl. hierzu die Bemerkung von J. Bauer: „Die Erscheinungen der thyreotoxischen Konstitution können von Jugend an bestehen, ohne jemals mit dem Begriff der Gesundheit unvereinbar zu werden."

[2]) Jaensch, W.: Münch. med. Wochenschr. 1921, Nr. 35 und die anderen vorn erwähnten vorläufigen Mitteilungen: ferner Kap. VII, 2, 3.

[3]) Höhlengrau des 3. Ventrikels? Hierüber u. a. handeln wir in einer vorläufigen Mitteilung, W. Jaensch und W. Wittneben a. a. O., vgl. auch Kap. VII, 3.

meinen biologischen Beschaffenheit des Individuums abhängt, und daß man somit kein Recht hat, solche Zeichen stets und immer schon von vornherein als Latenzzeichen einer Krankheit anzusehen.

In diesem Sinne sind daher also auch die Stigmen des B-Typus zu verstehen, nämlich als normale Persönlichkeitsstigmen, die nur unter ganz bestimmten Verhältnissen eine Wertigkeit als Krankheitssymptome erhalten (Kap. VII, 6).

Es besteht nun wahrscheinlich nicht allein beim T-Komplex, sondern auch beim B-Komplex eine gewisse rassenmäßige Verankerung und auch eine Abhängigkeit von örtlichen und geophysischen Faktoren. In bezug auf den T-Komplex glauben wir die Anschauung vertreten zu können, daß selbst die geringen, aber örtlich sehr verschiedenen Kalkmengen des gewöhnlichen Wassers auf den wachsenden Organismus einen antitetanoiden Einfluß ausüben könnten, obwohl bei der klinisch-therapeutischen Medikation des Kalkes bei krankhaften tetanoiden Zuständen schon von Anfang an sehr hohe Dosen und dann stets steigende Mengen erforderlich sind. In unseren eigenen, ganz vorwiegend ja nichtpathologischen Fällen genügten nach unseren Erfahrungen, wenigstens für die optischen Äquivalente des tetanoiden Zustandes, meist schon sehr geringe Dosen. Aus den von verschiedenen Mitarbeitern des Marburger Psychologischen Instituts in den verschiedensten Gegenden Deutschlands ausgeführten Untersuchungen ergibt sich aber, daß die Häufigkeit und das Vorkommen der ausgeprägten AB in den gleichen Altersklassen örtlich sehr verschieden ist[1]), und es bestätigte sich dabei, bisher wenigstens, öfters die Erfahrung, daß die an ausgeprägten AB ergiebigen Orte nicht selten zugleich solche mit kalkarmem, die unergiebigen Orte solche mit kalkreichem Wasser sein können[2]). Nach den Veröffentlichungen des Wiener Ohrenklinikers V. Urbantschitsch[3]) über die AB scheint deren Verbreitung in Wien eine besonders große zu sein, und zwar auch unter Erwachsenen. Die von ihm untersuchten Fälle zeigen in der Erscheinungsweise der AB vorwiegend diejenigen Eigenschaften, die wir für den B-Typus charakteristisch fanden[4]). In Übereinstimmung damit steht die Häufigkeit von

[1]) Bei solchen Vergleichen wurde, wie es geboten ist, auch auf die Bedeutung der Jahreszeiten (Tetaniemonate) geachtet. — Daß nach neueren Untersuchungen des Marburger Instituts die Stärke der eidetischen Anlage bei Schulkindern des gleichen Ortes auch klassenweise verschieden stark ausgeprägt sein kann, und daß dieser Umstand in gewissem Umfange auch mit der Art des Unterrichts in Zusammenhang zu stehen scheint (H. Freiling), ist kein Gegengrund gegen den Einfluß der als wichtig erkannten geophysischen Verhältnisse. Denn wie überall bei biologischen Vorgängen, so wird auch hier die Übung und Beanspruchung vorhandener Eigenschaften eine Rolle spielen (vgl. unsere Ausführungen über den Übungsfaktor, Kap. III A).

[2]) Bestätigende und zustimmende Bemerkungen auch bei M. Zillig, Über eidetische Anlage und Intelligenz (Fortschritte d. Psychologie, herausg. von K. Marbe, V. Bd. 1922). — Im Trinkwasser erscheint der Kalk in der natürlichsten und darum wohl dem Körper genehmsten und deshalb vielleicht schon in kleinster Menge wirksamsten Form. Auf solchen spezifischen Wirkungen gerade kleinster Mengen bestimmter Salze und chemischer Substanzen, vielleicht auch in besonderer Kombination und gemeinsam mit anderen solchen natürlichen Wässern zukommenden Eigenschaften beruht ja auch die Wirkung vieler Mineralwässer. F. Müller (Dtsch. med. Wochenschr. 1922) führt einen ähnlichen Gedanken aus für die Förderung der Blutbildung durch Eisen und Arsen: „Noch nicht genügend erklärt erscheint mir die einwandfrei festgestellte Tatsache, warum Trinkkuren von eisenhaltigen Mineralwässern, die nur zwischen 0,03—0,1 g Ferrohydrokarbonat im kg Wasser enthalten, und bei denen pro Tag nicht immer die sonst zur Wirkung notwendige Eisenmenge von 0,1 bis 2,0 g aufgenommen wird, ebensogut, wenn nicht besser auf die Behebung der Anämie wirken, als Eisenpillen oder Eisentropfen".

[3]) Urbantschitsch, V.: Über subjektive optische Anschauungsbilder 1907.

[4]) Daß unter den Schülern Wiens der eidetische B-Typus besonders vorwaltet, ist inzwischen durch umfassende und sorgfältige Untersuchungen von H. Zeman (Ztschr. f. Psychol. 96. 1924) nachgewiesen worden.

Basedow in Wien, der dort noch eine größere Rolle spielt als die Tetanie, die zwar auch verbreitet ist, aber vorwiegend auf gewisse Gewerbe- und Bevölkerungsschichten beschränkt bleibt. In gleichem Zusammenhange steht auch die von BREUER, EPPINGER und anderen Autoren hervorgehobene Tatsache der Jodüberempfindlichkeit der Wiener Bevölkerung. Denn Jodüberempfindlichkeit ist als eine dem Basedow und dem Basedowoid eigentümliche Erscheinung bekannt. Die süd- und oberdeutsche Bevölkerung soll überhaupt eine viel größere Jodempfindlichkeit besitzen wie die der norddeutschen Tiefebene[1]); übereinstimmend hiermit wies z. B. nach Jodgebrauch in Basel fast jeder Mensch eine Vermehrung der Pulsfrequenz auf, in Göttingen nur 25 vH., in Berlin nur etwa 12—14 vH. Es bestehen also hier starke örtliche Unterschiede, die auch im Jodgehalt der Schilddrüse selbst zutage treten. Letzterer ist sehr wechselnd nach Klima, Rasse und Bodenbeschaffenheit (HIS, ZONDEK)[2]). Die Größenverhältnisse der Schilddrüse unterliegen ganz entsprechenden örtlichen Schwankungen. So wiegt eine normale Schilddrüse[3])

in Kiel 25 g,
in Berlin 20 g,
in München 39 g.

Dies steht also in guter Übereinstimmung mit den vorerwähnten verschiedenen Empfindlichkeitsschwellen der norddeutschen bzw. süddeutschen Bevölkerung; mit steigender Größe bzw. steigendem Gewicht der Schilddrüse (größerem Jodgehalt?) steigt auch die Empfindlichkeit gegen Jod. Es wäre also denkbar, daß ähnliche Umstände, wie sie für den Kalkgehalt des Wassers gelten und für den tetanoiden Komplex dieses Erscheinungskreises eine Rolle zu spielen scheinen, auch für den B-Komplex mit von Bedeutung sein könnten. Hier ist an Jod oder das ihm nahestehende Rhodan zu denken. Die Häufigkeit basedowoider Symptome steht nach verschiedenen Erfahrungen, wie z. B. der Wiener Ärzte (nach EPPINGER), anscheinend zum Teil auch mit unter dem Einflusse des Trinkwassers, denn ihre Verbreitung veränderte sich in Wien z. B. deutlich nach Einrichtung der neuen Hochquellenwasserleitung. Daß ferner auch für das Auftreten des endemischen Kropfes, der ja ebenfalls eine gewisse Beziehung zu den basedowoiden Symptomen besitzt, manchmal ähnliche und komplizierte Verhältnisse mit zugrunde liegen könnten, bemerkte schon F. CHVOSTEK, der die Verbreitung dieser Erscheinungen und die Verbreitung der Tetanie aus solchen Gründen in eine gewisse Parallele setzt. Eine Erfahrungstatsache ist es, daß gerade auch Kropf und ihm verwandte Erscheinungen (Basedowoid, vgl. oben) mit Veränderungen der Trinkwasserzuleitung in ganzen Ortschaften zur Abnahme gebracht werden können, andererseits gibt es in manchen Gegenden direkt als „Kropfbrunnen“ bezeichnete Quellen, aus denen zum Militärdienst Einzuziehende trinken, um einen Kropf zu bekommen und dadurch von der lästigen Dienstpflicht freizuwerden (Beobachtungen österreichischer und italienischer Militärärzte)[4]).

---

1) MATTHES: Differentialdiagnose innerer Krankheiten.

2) HIS, ZONDEK: Sitzungsber. d. Berlin. Ver. f. inn. Med. u. Kinderheilk., Klin. Wochenschr. Nr. 15. 1923.

3) Zitiert nach SCHWENKENBECHER: Klin. Wochenschr. 1922.

4) Vgl. hierzu auch ZONDEK, H.: Klin. Wochenschr. Nr. 15. 1923, Sitzungsber. d. Ver. f. inn. Med. u. Kinderheilk., Berlin; ferner die bekannten Arbeiten von L. ADLER über die Wichtigkeit des Gehalts des Wassers an chemischen Substanzen für die Entwicklung der Kaulquappen und den Einfluß klimatischer Verhältnisse auf die Schilddrüse beim Winterschlaf der Tiere (ADLER, L.: Arch. f. exp. Pathol. u. Pharmakol. 1920), ferner ZONDEK u. REITER: Hormonwirkung und Kationen. Klin. Wochenschr. 1923; STIEVE: Über den Einfluß der Umwelt auf die Lebewesen. Ebenda Nr. 26. 1924; ferner Kap. VII, 5.

Wir möchten ferner nach unseren eigenen Erfahrungen und denen der Klinik mit ultraviolettem Licht bei den genannten Symptomenkomplexen der Vermutung Ausdruck geben, daß auch lichtarme Wohnungsverhältnisse bei der Verbreitung solcher Zustände eine Rolle spielen können. Auf den Einfluß der Wohnungsverhältnisse bei Tetanie (ebenso des Kropfes) und deren vorwaltende pathologische Verbreitung in sozial niedrig stehenden Bevölkerungsklassen mit ärmlichen, ungesunden Wohnungsverhältnissen ist schon immer, namentlich seitens der Wiener Ärzte, hingewiesen worden. Aber auch die Lage von Wohnungen in dunstreichen Tälern oder stauberfüllten Großstädten könnte hier eine ähnliche Rolle spielen. Denn es läßt sich auf experimentellem Wege zeigen, daß die ultravioletten Strahlen, die ja von so großem Einfluß z. B. auch auf die galvanische Erregbarkeit des Nervensystems sind, und sich demgemäß auch bei der Therapie tetanoider Zustände bewährt haben, schon durch geringe Dunstschichten verschiedenster Art eine starke Schwächung, ja völlige Absorption erfahren[1]). Jodgaben, ganz besonders sehr geringe, spielen aber auch bei der Kropfbehandlung und Prophylaxe ebenso wie bei der des Basedowoids eine Rolle. Eine ähnliche Bedeutung hat die Trinkwasserbeschaffenheit vielleicht auch für den Kretinismus[2]). Erwähnenswert scheint ferner in diesen Zusammenhängen auch eine Beobachtung von MATTHES[3]), der bei einem Brunnenbauer jedesmal, nachdem er an einem bestimmten Brunnen in der Jenaer Gegend gearbeitet hatte, thyreotoxische Beschwerden feststellen konnte, bis es schließlich zu einem richtigen Basedow kam. Wie in diesem Falle der Zusammenhang der anfangs bestehenden Thyreotoxikose mit der echten Basedowkrankheit durch den Einfluß des Brunnens, — wie dieser Einfluß auch näher zu deuten sei —, in gleitenden Übergängen zum Ausdruck kam, so gehören solche Übergänge von Basedowoid zur Basedowkrankheit zu den klinisch auch sonst bekannten Tatsachen (R. STERN). Zweifelhaft ist nach EPPINGER freilich, wieweit der von R. STERN aufgestellte Begriff des Basedowoids[4]) mit vollem Recht immer noch als Ausdruck eines Hyperthyreoidismus aufgefaßt werden darf, wobei noch erwähnt werden soll, daß man neuerdings die Basedowkrankheit, also auch wohl das mit ihr in enger Beziehung stehende Basedowoid, als den Ausdruck einer komplizierten polyglandulären Störung ansieht, bei der freilich immer noch der Schilddrüse eine besondere Rolle eingeräumt wird[5]).

---

[1]) Vgl. hierzu KESTNER, O.: Wirkung der Strahlung auf den Menschen. Sitzungsber. d. biochem. Ver. Bern. Klin. Wochenschr. Nr. 13, 554. 1924.

[2]) Es mag hier erwähnt werden, daß man heute speziell den Trinkwasserverhältnissen keine allein ausschlaggebende Rolle mehr beimißt. Bestehen bleibt nur das eine, daß es Umweltsfaktoren sind, welche die betreffenden Wirkungen ausüben, und nur einer dieser Faktoren, die allerdings an bestimmte Örtlichkeiten geknüpft sind, könnte manchmal im Wasser gesucht werden, obwohl über die hier obwaltenden Kausalzusammenhänge auch heute noch Unklarheit herrscht. Eine gewisse vorwiegende Bedeutung scheint in diesem Zusammenhang gerade Kropf- bzw. Kretinismusgegenden eigentümlichen Verhältnissen des Jodstoffwechsels zuzukommen. Vgl. Kap. VII, 5 und JAENSCH, W., und WITTNEBEN, W.: Archikapillaren, endocrines System u. Schwachsinn. Sitzungsber. d. II. Dtsch. Kongr. f. Heilpäd. Berlin: Julius Springer 1925.

[3]) MATTHES: Differentialdiagnose innerer Krankheiten. Berlin 1919. S. 328.

[4]) STERN, R.: Jahrb. f. Psych. u. Neur. 1911.

[5]) KRAUS, F. (Sitzungsber. d. Ver. f. inn. Med. u. Kinderheilk. Berlin. Klin. Wochenschr. Nr. 15. 1923): „Der Morbus Basedow ist ein pluriglanduläres Syndrom, das nur im Zusammenhang mit den übrigen hormonalen Korrelationen und dem gegenseitigen Einfluß des Wechselspiels der Zentren des Zentralnervensystems zu erklären ist." — „Allerdings steht die Erkrankung der Thyreoidea im Vordergrund." — „Die Wechselbeziehungen zum Zentralnervensystem berechtigen zu der Annahme einer Wirkung im Sinne von Spiegelregulationen" . . . (der Salzkorrelationen). — Es verhält sich vermutlich alles hier ganz entsprechend wie nach den neueren Auffassungen bei der Tetanie und den ihr zugrunde

F. CHVOSTEK bezeichnet einen Symptomenkomplex, wie Capillarpuls, Klopfen größerer Gefäße, erregte Herzaktion mit angedeutetem Pulsus celer, leichte Arythmie bei Atemschwankungen und typischem Pulsus irregularis perpetuus ausdrücklich gesondert als „kardiovasculäre Neurose", die nur, wenn hierzu eine Struma und ausgesprochene Tachykardie tritt, eine Hyperthyreose wahrscheinlicher mache. Selbst andere Begleiterscheinungen, die doch ebenfalls eine Hyperthyreose sehr wahrscheinlich machen könnten, wie Neigung zu Schweißen, Andeutung von typischen Augensymptomen, sammetartige Beschaffenheit der Haut, glaubt CHVOSTEK ebenfalls nicht mit Sicherheit auf eine Hyperthyreose zurückführen zu sollen, und zwar deshalb, weil solche Eigenschaften eben als normale Personalcharaktere (!) schon in normaler Breite erblich seien, und auch darum, weil eine leichte Reizbarkeit des Herzens durch physische (!) Anstrengungen, wie sie hier häufig zutage tritt, dem hyperthyreotischen Herzen nicht zukommen soll (zitiert nach EPPINGER)[1]). Nach EPPINGER ist, solange nicht genaue Blutbefunde in solchen Fällen vorlägen, und auch die Schilddrüse auf vasculäre Symptome nicht näher untersucht sei, über den hyperthyreotischen Ursprung solcher Erscheinungen ein bestimmtes Urteil nicht abzugeben. Ähnlich läge es mit dem Tremor, der sogar in Kombination mit Tachykardie auch durch andere Zustände, z. B. durch Tabak- oder Bleiintoxikation, ausgelöst werden könne. So sei selbst ein leichter Grad von Exophthalmus zuweilen bei Bleiintoxikation merklich. Indessen könne letzterer aber trotzdem immerhin als ziemlich ausschlaggebend für Hyperthyreoidismus gelten. EPPINGER fügt hinzu, daß ein leichter Grad von Exophthalmus im Sinne einer Hyperthyreose „nichts zu besagen habe" (d. h. doch wohl in bezug auf M. Basedow). Es fehle eben, um mit FRIEDRICH V. MÜLLER zu reden, an einer Reaktion auf Hyperthyreoidismus[2]).

Sollte es sich aber in Fällen von Protrusio bulbi, z. B. bei Blei- und Tabakintoxikationen, nicht öfters um gesteigerte Personalcharaktere vom B-Typus handeln, die häufig ebenso auch bei Tuberkulose auf endotoxischem Wege entstehen? Zählen ja doch gerade die merkwürdig glänzenden Augen, die nicht immer auf gleichzeitigen Temperatursteigerungen beruhen, schon zu den im täglichen Leben bekannten Persönlichkeitsstigmen Tuberkulöser. Aber auch klinisch finden sich bei Beginn der Lungentuberkulose häufig auch andere thyreotoxische Erscheinungen. Erwähnt sei GOLDSCHEIDERS Auslassung (Sitzungsber. d. Ver. f. inn. Med. u. Kinderheilk., Berlin, Klin. Wochenschr. Nr. 13. 1924): „Die Bezeichnung Basedowsche Krankheit ist nur für prägnante Fälle zu reservieren;

---

liegenden Funktionsverschiebungen der endokrinen Drüsen und des Blutchemismus. Nur daß bei der Tetanie bei diesen Vorgängen den Epithelkörperchen jene Vorzugsstellung eingeräumt wird, die man bei der Basedowschen Krankheit trotz allem immer noch der Schilddrüse zubilligt (vgl. Kap. VII, 2).

[1]) EPPINGER: Die Basedowsche Krankheit. Handb. d. Neurol. v. LEWANDOWSKY Bd. 3/4.

[2]) Vgl. hierzu KOCHER, TH.: Die funktionelle Diagnostik der Schilddrüsenerkrankungen. Ergebn. d. Chirurg. u. Orthopädie 1911. Hier kommt ferner neben den verschiedensten hier zum Teil angeführten klinischen Symptomen und dem Blutbild auch die Gefrierpunktserniedrigung des Blutes und die Verminderung der Gerinnungsfähigkeit desselben bei Hyperthyreose in Frage; ebenso aber die gesamte pharmako-dynamische Prüfung des vegetativen Nervensystems (vgl. v. BERGMANN, G.: Status des vegetativen Nervensystems. Zeitschr. f. d. ges. Neur. u. Psych. Erg.-Bd. 7, 423. 1919) und die Stoffwechseluntersuchungen, auf die wir bei unserem Material aus leicht verständlichen Gründen verzichten mußten, die aber sicherlich auch bei der weiteren Verfolgung unserer normalen Personaltypen in der Klinik eine Rolle zu spielen berufen sein dürften, eine Lücke, die wir später noch auszufüllen gedenken. Schließlich fänden hier auch Untersuchungen nach ABDERHALDEN ihren Platz. Vgl. auch v. BERGMANN, G. u. BILLIGHEIMER, E.: Handb. d. Inn. Med. II. Aufl. Bd. 5, 2. 1926.

daneben gibt es eine Neurose mit endokrinen, vornehmlich Basedowerscheinungen und außerdem eine toxische Neurose des vegetativen Nervensystems, letztere beide als Thyreotoxikosen zusammengefaßt." — „Das KRAUSsche Kropfherz findet sich auch bei gewöhnlichem Kropf ohne Basedow, ist im allgemeinen symptomlos, kann aber auch starke kardiovasculäre Störungen verursachen. Es bestehen zahlreiche Übergänge, so daß eine Klassifikation schwierig ist." — Bei aller Trennung verschiedenartigster thyreogener Krankheitsbilder ist eine einheitliche Auffassung aller jener verschiedenartigsten Symptomenkomplexe möglich, die wir bei gemeinsamem Auftreten in gewissen Formen der Basedowschen Krankheit ohne weiteres als hyperthyreotische anerkennen: allen gemeinsam ist eine Steigerung des B-Komplexes im Sinne eines Hervortretens des B-Typus. Ein Glied in der Kette des B-Komplexes und ein besonders wichtiges scheint die Schilddrüse zu sein. Es liegt also, besonders bei einer von nosologischen Gesichtspunkten absehenden Betrachtungsweise, wie hier, kein Grund vor, selbst einzeln auftretende Stigmen, wie z. B. isolierte Herzerscheinungen bzw. leichten Exophthalmus bei Bleiintoxikation, von den „echten" Basedowerscheinungen zu trennen und ihnen eine besondere Stellung einzuräumen, genau so, wie wir auch geringgradige und vereinzelte Stigmen des tetanoiden Zustandes nicht von den hochgradigen echter Tetanie zu trennen vermochten. Allen gemeinsam wird sich wahrscheinlich immer die einheitliche und schon normalerweise vorhandene Konstitutionsfärbung bzw. funktionelle Richtung erweisen, deren psychophysische Stigmata im Einzelfalle nicht nur ganz verschieden verteilt, sondern außerdem auch wahrscheinlich in verschiedenartigster Weise, genau wie bei Tetanie, durch sekundäre und unspezifische Schädigungen eine Steigerung erfahren können, ein Umstand, der im Gegensatz zur Tetanie bei der Basedowschen Krankheit verhältnismäßig noch wenig Beachtung gefunden hat. Auch F. CHVOSTEK betont, daß wir ohne Beachtung des konstitutionellen Momentes in der Erkenntnis des Wesens der Basedowschen Krankheit nicht weiterkommen würden[1]). Nach solchen Anschauungen würde demgemäß, ganz entsprechend wie bei den verschiedenen Erscheinungsformen der Tetanie, die Art der sogenannten „thyreogenen" Erkrankung weitgehend abhängig sein von der verschiedenen Lokalisation der B-Stigmen im Personalcharakter vor der Erkrankung, und selbst weniger davon, ob sie primär wirklich von der Schilddrüse oder wovon sie sonst hervorgerufen sein könnten.

Es scheint uns also, daß bei allen diesen Überlegungen schon der Charakter des klinischen Basedowoids als eines ganz normalerweise vorkommenden Personaltypus zu wenig berücksichtigt wird, weil alle diese Verhältnisse zu sehr unter einseitig nosologischen Gesichtspunkten und zugleich meist rein endokrinen Fragestellungen beurteilt zu werden pflegen[2]). So löst sich auch EPPINGERS Einwurf auf, daß R. STERN bei Aufstellung seines „Basedowoid" den Fehler begangen habe, aus der Übereinstimmung der Krankheitssymptome auf die nosologische Identität der Fälle zu schließen. Es kommt eben weniger auf die nosologische Identität als auf die Identität des Funktionstypus an, der sowohl als normaler wie als pathologischer vorkommen und trotz aller Verschiedenheit der Erscheinungen ein gleichartiger sein kann. Die von R. STERN für das Basedowoid als charakteristisch bezeichneten Symptome decken sich daher im wesentlichen mit den Stigmen des von uns als B-Typus bezeichneten Symptomenkom-

[1]) CHVOSTEK, F.: Zeitschr. f. angew. Anat. u. Konstitutionslehre Bd. 1. 1913.

[2]) So sagt WIELAND (zitiert nach SCHIFF): „Wenn es richtig wäre, leichte Augenstörungen oder Struma selbst bei Fehlen von Exophthalmus oder Nachweis einer relativen Lymphocytose für die Diagnose „Basedow" als bezeichnend anzusehen, so wäre Basedow in einer abortiven Form beim Kinde eine außerordentlich häufige Erkrankung."

plexes, der unter Vermeidung jeder nosologischen Bewertung nach rein naturwissenschaftlicher Methode aufgestellt, sich im wesentlichen als ein normaler Personalcharakter erwiesen hatte. Die Äußerungsformen des normalen T-Typus können auf die allerverschiedensten Einwirkungen und Schädigungen hin eine Steigerung in ein schon krankhaftes Ausmaß erfahren. Das beweisen die Erfahrungen beim tetanoiden Zustand in der Klinik (F. Chvostek). Ebenso wie die auslösenden Schädigungen, die beim tetanoiden Zustand (T-Typus) gelegentlich zu Tetanie führen können, unmittelbar mit den Epithelkörperchen oder mit dem Kalkstoffwechsel nichts zu tun haben müssen, ebenso können auch beim B-Typus Schädigungen und Erkrankungen, die keinen erkennbaren Zusammenhang mit der Schilddrüsenfunktion zeigen, die Kennzeichen dieses Personaltypus zu krankhaften Graden steigern, und dies auf verschiedensten Teilgebieten der Gesamtpersönlichkeit in ganz verschiedenem Ausmaße, je nach Verteilung der Stigmen schon vor der Erkrankung. Hierdurch erklären sich die verschiedenen Unterarten des Morbus Basedow von der thyreotoxischen Störung bis zum neuropathischen Basedow. Auch nach R. Stern kann das Basedowoid in den verschiedensten Abstufungen schon sehr früh vorhanden sein, und auch in ganz rudimentärer Form mit isolierten Symptomen auftreten, ohne jemals zu einer eigentlichen Krankheit zu führen[1]). Es verhält sich dies also alles genau entsprechend wie beim tetanoiden Zustand bzw. der Tetanie. Die Personaltypen sind von uns auf rein empirischem Wege lediglich durch die bei ihnen beobachteten Erscheinungskomplexe charakterisiert worden, und die Aufstellung dieser Typen setzt darum keinerlei Hypothesen voraus über den Zusammenhang mit Vorgängen im Bereich der endokrinen Drüsen. Gleichwohl scheinen sogar bestimmte Kriterien des Hyperthyreoidismus, die von Eppinger nachdrücklich als Beweis der inneren Zusammengehörigkeit der einzelnen Stigmen gefordert werden, auch hier nachweisbar zu sein. Hierbei müssen wir uns allerdings bewußt bleiben, daß der Hyperthyreoidismus nicht der letzte Grund aller Erscheinungen ist, sondern nur ein Glied in einer größeren Kette, von der in einzelnen Fällen einzelne Glieder besonders hervortreten können. Dies braucht durchaus nicht immer die Hyperthyreose zu sein. Nach Kocher ist nun aber für eine Hyperthyreose das Blutbild entscheidend, auf dessen Wichtigkeit auch Eppinger und Hess hinweisen. Bei diesem Kocherschen Blutbilde handelt es sich um eine starke relative Vermehrung der Lymphocyten (bis 60 vH.), eine polynucleäre Leukopenie, also Verminderung (bis 40 vH.) der Leukocyten und außerdem nach Eppinger und Hess um eine starke Eosinophilie, die nach diesen schon bei 6 vH. charakteristisch für „Vagotonie“[2]) sein soll, welche letztere ja mit in das Bild dieser Erkrankungsformen gehört. Dieses Blutbild soll zugleich ein Frühsymptom des Morbus Basedow sein. Das Postulat dieses Blutbildes kann aber bei unseren Eidetikern, die ja in der Mehrzahl einen Einschlag des B-Typus besitzen, mit gutem Recht als recht häufig erfüllt gelten. Fanden wir doch hier die Verhältnisse des Kocherschen und Eppingerschen Blutbildes nicht selten in ausgesprochener Weise, allerdings nicht in einer nach dem Typus ausgesprochen verschiedenen Zusammensetzung. Eine spezifische nosologische Bedeutung kommt also auch ihm offenbar nicht zu:

---

[1]) „Die Erscheinungen der thyreotoxischen Konstitution können von früher Jugend an existieren, ohne je mit dem Begriff der Gesundheit unvereinbar zu werden“ (J. Bauer).

[2]) Daß der Eppinger- u. Hesssche Ausdruck „Vagotonie“ ein schiefes Bild von der hier vorliegenden „vegetativen Stigmatisierung“ gibt, wird später deutlich werden. Es handelt sich bei dieser sog. „Vagotonie“ um eine Stigmatisierung im vegetativen Gesamtsystem, nicht nur im Vagus-, sondern auch im Sympathikusbereich (Kap. VII, 2a).

Blutbild von Eidetikern hohen Grades.

<table>
<tr><th>Typus</th><th>Name, Alter</th><th>Große Lympho-cyten</th><th>Kleine Lympho-cyten</th><th>Neutroph. polynucl. Leukocyten</th><th>Monozyten</th><th>Eosinophile Zellen</th><th>Mastzellen</th></tr>
<tr><td>B</td><td>H. Ka. 20 Jahre</td><td>1</td><td>47</td><td>40</td><td>6</td><td>6</td><td>—</td></tr>
<tr><td>BT</td><td>H. K. 12 „</td><td colspan="2">42</td><td>39</td><td>4</td><td>14</td><td>1</td></tr>
<tr><td>BT</td><td>F. Ko. 22 „</td><td colspan="2">42</td><td>45</td><td>7</td><td>6</td><td>—</td></tr>
<tr><td>TB</td><td>H. E. 13 „</td><td>1</td><td>34</td><td>60</td><td>2</td><td>2</td><td>1</td></tr>
<tr><td>TB</td><td>J. C. 11 „</td><td>1</td><td>26</td><td>57</td><td>5</td><td>10</td><td>1</td></tr>
<tr><td>TB</td><td>L. K. 14 „</td><td colspan="2">61</td><td>27</td><td>4</td><td>7</td><td>1</td></tr>
<tr><td>TB</td><td>H. O. 11 „</td><td>1</td><td>37</td><td>55</td><td>5</td><td>2</td><td>—</td></tr>
<tr><td>TB</td><td>W. N. 13 „</td><td colspan="2">67</td><td>24</td><td>5</td><td>4</td><td>—</td></tr>
<tr><td>Tв</td><td>H. D. 13 „</td><td>2</td><td>27</td><td>74</td><td>3</td><td>5</td><td>—</td></tr>
<tr><td>Tв</td><td>W. P. 16 „</td><td colspan="2">38</td><td>53</td><td>3</td><td>5</td><td>—</td></tr>
<tr><td>T</td><td>A. K. 14 „</td><td colspan="2">34</td><td>50</td><td>3</td><td>12</td><td>0,5</td></tr>
<tr><td>T</td><td>A. P. 12 „</td><td>2</td><td>34</td><td>50</td><td>8</td><td>5,5</td><td>—</td></tr>
<tr><td>T</td><td>F. v. H. 19 „</td><td colspan="2">41</td><td>50</td><td>8</td><td>1</td><td>—</td></tr>
<tr><td></td><td>im Durchschnitt</td><td colspan="2">41</td><td>48</td><td>5</td><td>6,2</td><td>0,4</td></tr>
</table>

Bezeichnenderweise ist eine relative Lymphocytose, Leukopenie und Eosinophilie auch als eine normale Eigenschaft des kindlichen Blutbildes beschrieben[1]), und der B-Typus wie der T-Typus gehört zu den Erscheinungen einer bestimmten normalen Jugendepoche. Labiler Puls, der ebenfalls bezeichnenderweise als juveniler Puls gilt, wird von Eppinger selbst, genau wie das Blutbild, auch als ein Frühsymptom der Hyperthyreose angegeben; dies scheint aber leicht verständlich zu sein, wenn bei solchen Kranken, wie sicherlich oft, zunächst ein normaler B-Typus bzw. BT-Typus vorgelegen hat[2]). Der ebenfalls hierhergehörende Aschnersche Bulbusreflex, den Aschner selbst sehr verbreitet im Kindesalter

[1]) Bemerkenswert in dem entwicklungsgeschichtlichen Rahmen, in den wir versuchen werden T- und B-Typus zu stellen, und in Beziehung auf obenerwähnte Angaben über das Blutbild und seine Verhältnisse bei Kindern, Erwachsenen, Basedowischen und Eidetikern sind auch einige Bemerkungen von V. Schilling (Das Blutbild. Jena: G. Fischer 1924, S. 138): „Verschiedentlich wurde hervorgehoben, daß die Angaben über das Blutbild in der ganzen Besprechung stets nur für den gesunden erwachsenen Menschen gelten. Wie die ganze embryonale Entwicklung in gewisser Wiederholung die phylogenetische Entwicklung wiederholt, so schreitet auch die rote Blutbildung von großen kernhaltigen Erythrocyten, die bei den Reptilien und Amphibien dauernd in ähnlicher Form bleiben, zu den kernlosen Erythrocyten embryonal allmählich fort. Noch der Neugeborene besitzt die letzten vereinzelten kernhaltigen Elemente als fast regelmäßigen normalen Blutbefund. Gleichzeitig erfolgt die Entfaltung des leucocytären Systems, indem (auch phylogenetisch) die lymphoiden Elemente und die echten Lymphocyten den jugendlichen und zuerst stark vorwiegenden Bestandteil bilden, unter zunehmendem Auftreten lympholeukocytärer und granulocytärer Elemente ..." Das Blutbild „ist daher dem Blutbilde des Erwachsenen erst vom 6. Jahre an einigermaßen vergleichbar ..." (Sperrdruck von uns, d. Verf.), „auch die Eosinophilen sind manchmal reichlich (bis 5 vH.) ... die Lymphocyten verhalten sich entgegengesetzt wie (bei Erwachsenen) die Neutrophilen, steigend von 30 vH. bis 62 vH., Mitte der 4. Woche auf 75—80 vH., wo sie bleiben."

Wenn also aus verschiedenen anderen Feststellungen hervorgehoben worden ist, daß dem Krankheitsbilde des Morbus Basedow infantilistische Züge anhaften, so scheint dies auch für das Kochersche Blutbild dieser Krankheit und zugleich für Eidetiker überhaupt Geltung zu besitzen, und zugleich scheint dieser Umstand auch in der Phylogenese (vgl. oben) nicht ohne Parallelvorgang zu sein. — Eosinophilie infolge von Darmparasiten kam in obiger Tabelle nicht in Betracht.

[2]) Auch beim reinen T-Typus kann unter Umständen eine Hyperthyreose Protrusio bulb. hervorrufen. Und zwar wird dann auch hier die Konstitution etwas nach dem B-Typus hin verschoben. Indessen wird ein solcher Fall den sogenannten „Thyreotoxikosen" immer noch näherstehen als dem Falle eines M. Basedow, der aus dem jugendlichen Basedowoid hervorgeht, etwa dem „großen M. Basedow" oder seiner neuropathischen Form.

fand (ebenso neuerdings BENZIG), wird von ASCHNER der „Patellarsehnenreflex des vegetativen Nervensytems" genannt. Seine Häufigkeit im Kindesalter geht parallel der Häufigkeit des erniedrigten Hautwiderstandes bei den Jugendlichen, den wir in eine Beziehung setzen konnten zu dem psychogalvanischen Reflexphänomen, das GILDEMEISTER neuerdings als „Teilerscheinung eines allgemeinen autonomen Reflexes" zu erweisen suchte (vgl. später). Es ist eben die „allgemeine Stigmatisierung im vegetativen System", die das Lebensalter des Kindes in normaler Breite mit dem Morbus Basedow gemein hat, so daß man nicht recht einsieht, warum einer Auffassung aller dieser Formen auch bei der Basedowschen Krankheit als Ausdruck einer biologisch einheitlichen, und zwar konstitutionellen Erscheinung viel im Wege stehen sollte. Auch das Symptom des erniedrigten Leitungswiderstandes der Haut gegen den konstanten Strom ist einerseits beim echten Basedow bekannt und auch von uns in solchen Fällen stets bestätigt, andererseits ganz besonders ausgeprägt bei unseren B-Typen nachgewiesen worden; dort zeigt es sich in stärkster, hier in mittlerer Ausprägung[1]), in gewissem Ausmaß bei fast allen Jugendlichen, ausgenommen die reinen T-Typen, die ihre Erhöhung des Hautwiderstandes wieder mit Tetaniekranken gemeinsam haben. H. ALBRECHT hat die Hautwiderstandserniedrigung mit gutem Grund als vegetatives (sympathisches) Reizsymptom erklärt, und die Beziehungen, die diese Hautwiderstandserniedrigung auch zum psychogalvanischen Reflexphänomen zu besitzen scheint, weisen wohl in der gleichen Richtung. Können doch nach allen neueren Erfahrungen bei der Basedowschen Krankheit vorwiegend auch sympathische Reizsymptome, wie dieses, und ebenso vagische Reizsymptome, wie z. B. die Eosinophilie, nicht voneinander getrennt werden und kommen meist gemeinsam vor. Auch dieses Symptom gliedert sich also zwanglos in die Reihe der bei B-Typus—Basedowoid—Morbus Basedow zu beobachtenden „vegetativ-autonomen" Symptome ein. Erwähnt werden mag hier noch die Weite der Pupillen, welche ebenso wie das auffallend lebhafte Pupillenspiel bei Jugendlichen überhaupt, besonders aber bei den B-Typen, in den Untersuchungen des Marburger Instituts von Anfang an immer wieder aufgefallen war, Verhältnisse, die zur Zeit noch exakter nachgewiesen werden. Auch bei echtem Basedow wird über das Vorkommen solcher Symptome berichtet.

Wir finden also, daß alle die genannten B-Stigmen, einschließlich gewisser Veränderungen des Blutbildes nach klinischen Gesichtspunkten gerade vielfach als Frühsymptom der Basedowschen Krankheit angesehen werden. Das nimmt kein Wunder, da wir ja solche Stigmen schon als eine normale Jugendeigentümlichkeit aufzeigen konnten, die auch Erwachsenen noch normalerweise zukommen kann. Aber auch klinische Erfahrungen sehen solche Stigmen als noch normal und gerade den Jugendlichen eigentümlich an. Ihre Beziehungen zur Basedowschen Krankheit werden jedoch erst deutlich dadurch, daß sie sich nicht nur als juvenile Eigenschaften, sondern überwiegend gerade als Eigentümlichkeiten jugendlicher B-Typen (bzw. BT-Typen) erweisen. Die Hyperthyreose aber ist nur ein Glied dieser Kette übergreifender Zusammenhänge, das selbst im Rahmen der Basedowkrankheit nicht Alleinbedeutung beanspruchen kann, ebensowenig wie die anderen mit ihr im Zusammenhang stehenden endokrinen Faktoren. Hier verdient daher die interessante und sehr bezeichnende Feststellung erneute

[1]) Man hat die von CHVOSTEK hervorgehobene Hautwiderstandserniedrigung bei Morbus Basedow später aus der Reihe der „Basedowsymptome" gestrichen, und zwar weil dieses Phänomen häufig auch bei Gesunden gefunden wird. Dies sind aber die B-Typen. Die zeitweilige Vernachlässigung des konstitutionellen Momentes und das einseitige Fahnden nach grob pathologischen und allein hyperthyreotischen Zusammenhängen erklärt die geringe Beachtung dieses Stigmas.

Betonung, daß dem Basedowbilde überhaupt infantile Züge anhaften (Vermehrung der Lymphocyten, bestehender Thymus, offenbleibende Epiphysenfugen, infantile Verhältnisse am Genitalapparat (KLOSE, LIESEGANG, LAMPÉ). —

Wir gehen nun zur Charakterisierung dieses B-Typus über. Die klinischen Stigmen der echten Basedowkrankheit finden sich bei ihm in abgeschwächter Form in allen Kombinationen und Abstufungen. Es gestaltet sich daher die Schilderung der Stigmen des B-Typus wesentlich einfacher, und wir können unsere Darstellung eng an die Schilderungen der klinischen Symptome der Basedowschen Krankheit anlehnen. Hierbei bleiben wir uns wiederum stets bewußt, daß es sich in unseren Fällen im allgemeinen nur um Rudimentärsymptome bei durchaus gesunden Menschen handelt, die hier also nur als normale Persönlichkeitsstigmen auftreten.

B. Der B-Typus.

I. Physiognomische und mimische Stigmen des B-Typus.

Allgemeiner Eindruck der Gesamtpersönlichkeit[1]).

Wenn wir beim T-Typus die mimischen Kennzeichen und die physiognomischen Charakteristika im ganzen als weniger auffallend, wenn auch als ebenso wesentlich, an den Schluß der Aufzählung der T-Stigmen setzten, und sie häufig nur in negativer Hinsicht als Widerspiel zum B-Typus (bzw. BT-Typus) schildern konnten, so müssen wir sie hier beim B-Typus (bzw. BT-Typus) umgekehrt als durchaus in einem positiven Sinne auffallende, unmittelbar in die Augen springende Kriterien gerade an den Anfang stellen. Denn diese Stigmata setzen sich im allgemeinen sogar schon bei geringer Ausprägung in der ganzen Physiognomie des Individuums durch, ja sie können auch schon in solchen Fällen der Gesamtpersönlichkeit ihren eigentümlichen Stempel aufprägen[2]), der sich auch schon für den unmittelbaren Eindruck bemerkbar macht.

Dieser Eindruck der Gesamtpersönlichkeit des B-Typus bezieht sich — ebenso wie beim T-Typus — nicht allein auf die Art der Augen, von denen sogleich noch näher die Rede sein soll. Das Mienenspiel, die ganze Persönlichkeit scheint eine andere zu sein, meist selbst dann, wenn sie nur einen geringeren Einschlag des B-Typus zeigt, und anderseits eine etwa vorhandene ausgesprochene T-Komponente sich daneben, nicht überwiegend bemerkbar macht. Denn selbst physiognomisch ausgesprochene B-Typen können ja immerhin mimisch ein Tetaniegesicht zeigen (Abbildungen Gruppe I)[3]). Die Art jedoch, wie uns ein B-Typus schon äußerlich entgegentritt, ist z. B. auch nach der Seite der Motorik etwas Besonderes und bis zu gewissem Grade Gegensätzliches zum T-Typus. Bei

---

[1]) Wie schon der Terminus „Eindruck“ besagt, gehen wir an dieser Stelle unserer Ausführungen stofflich und auch darstellerisch einmal ausnahmsweise von unserem Grundsatz ab, empirisch-exakt Ermitteltes von nur eindrucksmäßig gewonnenen Erfahrungen in der Darstellung zu trennen. Dies geschieht aber nur deshalb, weil sich das hier zu erörternde „Eindrucksmäßige“ von den exakt zu ermittelnden Tatbeständen, ohne ihnen Gewalt anzutun, nicht abtrennen läßt. Zweitens weil es uns darauf ankommt, ebenso wie dem exakt messenden Wissenschaftler auch dem mehr auf seinen „Eindruck“ angewiesenen Praktiker (auch unter den Pädagogen) brauchbare Hinweise für weitere Beobachtungen zu geben. Wir haben indessen alle Veranlassung zu der Vermutung, daß sich auch solche „Eindrücke“ einer exakten Tatsachenermittelung zugänglich erweisen werden. Es sei noch hinzugefügt, daß die sich auf die pathologischen Fälle beziehenden Angaben sich auf Beobachtungen des Verf.'s am Krankenmaterial der Mediz. Univ.-Klinik Frankfurt a. M. stützen.

[2]) Dieses schon erwähnte, zum Verhalten der T-Stigmen gegensätzliche Verhältnis wird später (Kap. VII, 2) seine biologische Begründung finden.

[3]) Vgl. hierzu S. 103 u. 109 die Abbildungen des T- u. B-Typus.

letzterem bemerken wir entweder gar nichts Auffallendes — weder in der Motorik noch in den Augen — oder allenfalls eine gewisse Steifheit bzw. die streng sachlich abgezirkelte Gemessenheit scharf zweckumrissener und unbedingt zielsicherer Bewegungen[1]). In bestimmten pathologisch gesteigerten Fällen wird diese sachlich-sparende Zielbedingtheit zur motorischen Monotonie (Fehlen physiologischer Mitbewegungen) oder zur spastischen Enge, so daß der Bewegung gerade eben noch die Erreichung ihres Zieles oder Zweckes erhalten bleibt. Oder wir bemerken auch in scheinbarem Gegensatz hierzu, besonders in gewissen anderen, schon pathologischen Fällen, — die sämtlich eine innere Beziehung zum T-Komplex haben (vgl. Kap. VII, IX—XI) —, einen motorischen Überfluß, der sich manchmal bis zu ausfahrenden, choreatischen oder athetotischen, zum mindesten ungeschickt tölpelhaften und ungeschlachten Gesamtbewegungen steigern kann. Alle diese Bewegungsarten, die in ausgesprochener Form die Motorik echter großer Krankheitsbilder charakterisieren, können wir im Rudiment hier auch im Normalen beobachten. Die wahrscheinliche innere Beziehung aller dieser Erscheinungen zum T-Komplex werden wir dabei später einer näheren Deutung unterziehen.

Aber selbst solcher Überfülle der Motorik des T-Typus ist in jedem Falle etwas ganz anderes eigen als der nicht immer ebenso sicher arbeitenden, höchstenfalls überflüssig-brillierenden, meist nur lässig-graziösen oder aber unruhig-quecksilbrigen — in mittlerer Breite rhythmisch-harmonisch-abgerundeten — Motorik des B-Typus (bzw. BT-Typus). Beim T-Typus etwas Eckiges, Kantiges, wie das exakte Einschnappen von Bremshebeln in Zahnräder (vgl. später, die „Bremsreflexe“ E. A. Spiegels), hier ein weicher Fluß reibungslos ineinander wogender Bewegungsrhythmen; dort ein scheinbar sachlich-zweckmäßiger Ablauf zielvoll in Gang gesetzter und dann selbsttätig, innerhalb der mittleren Breite auch unbedingt sicher ablaufender reiner Mechanismen, aber freilich auch mitunter — besonders stark im Pathologischen — ein Ausfahren von Gliedmaßen, wie unbeseelter Maschinenteile, die, sich selbst überlassen und der Gleitschienen entbehrend, sinnlos umherspießen (Chorea, Athetose). Beim B-Typus aber, auch dort, wo der Zweck mit einem geringeren Aufwand von Bewegungen ebenso sicher und zielvoll erreicht werden könnte, stets ein Etwas in dem Fließen des Muskelspiels, das man am besten als „Beseelung“ oder aber, im wertnegativen Falle, als seelisch bedingte Manieriertheit bezeichnen kann. Nicht nur der eidetische Erscheinungskomplex des B- bzw. BT-Typus, von dem wir dies schon erwähnten, sondern auch seine Motorik ist eben „der allgemeinen Seelenkraft untergeordnet“[2]), und zwar in jedem Augenblicke, während beim T-Typus auch die Motorik von dieser abgespalten scheint, genau wie die entsprechenden optischen Erscheinungen dieses Typus und seine Reizbeantwortungen im weitesten Sinne überhaupt. Beim B-Typus und seinen Mischformen ist dagegen die Gesamtpersönlichkeit in ihrer Totalität jeweils und in jedem Augenblicke in allen ihren Lebensäußerungen gewissermaßen selbst anwesend, und zwar in jeder ihrer verschiedenartigsten Reizbeantwortungen, empfindungsmäßiger, sensorischer, sensibler, psychischer, vorstellungsmäßiger und anscheinend auch motorischer Art. Beim T-Typus laufen dagegen alle Reizbeantwortungen innerhalb der ihnen von der Entwicklung zugewiesenen Reizfelder selbständig ab (vgl. Nachbild, AB_T), während die Gesamtpersönlichkeit selbst als solche von ihnen unabhängig, ab-

[1]) Nach F. H. Lewy (vgl. später) ist das „unbedingt Sichere“ der vorzügliche Charakter extrapyramidaler (subcorticaler) Motorik; vgl. hierzu F. H. Lewy a. a. O., ferner A. Homburgers Arbeiten und Kap. VII, 2.

[2]) Goethes Ausdruck für die Art seiner eigenen eidetischen Erscheinungen. Goethe gehört zum B-Typus (vgl. Anhang, Kap. V).

gespalten bleibt; bei ihr sind die einzelnen Reizbeantwortungen im weitesten Sinne der „allgemeinen Seelenkraft“ nicht untergeordnet.

Auch dort, wo wir beim B-Typus und seinen Mischformen eine ans Pathologische erinnernde oder wirklich schon pathologische Bewegungsform feststellen können, bleibt dieser Gegensatz zum T-Typus und seinen entsprechenden Reaktionen bestehen: wie die beim T-Typus von der normalen Mitte abweichende Motorik, so zeigt auch ihr Extrem im Pathologischen jeweils die jenem Typus eigentümliche Art der Bewegungsform, jene Abgespaltenheit von der Persönlichkeit und ihrer „allgemeinen Seelenkraft“. Wir sehen hier scheinbar sinnlos gewordene Mechanismen sich ziel- und zwecklos in den gewollten Ablauf der Bewegungen drängen, sie gegen den Willen des Individuums verändernd, manchmal sogar ihren gewollten Ablauf verhindernd oder einengend, oder gar zu Bewegungen zwingend, die dem Willen und Wollen des Individuums ganz entgegengerichtet, zum mindesten ihm nicht entsprechend sind. Hier kann dann — besonders bei normalen und dabei hochintellektuellen T-Typen — eine gewisse motorische „Lahmheit“ und Ungeschicklichkeit Platz greifen. Dieser Bewegungstypus erklärt sich hier aus der hochgradigen Verselbständigung der intellektuellen Sphäre. Ganz anders beim B-Typus (BT-Typus) und seinen Bewegungsformen. Hier ist es, selbst im pathologischen Falle, nie das sinnlos gewordene, weil scheinbar völlig vom Individuum losgelöste, krankhaft gesteigerte oder hemmende selbständige Spiel seelenloser und seelenfremder Funktionen, sondern hier hängen dann „Lahmheiten“, Hemmungen, Unsicherheiten, Übertriebenheiten, Geschraubtheiten oder Manieriertheiten der Bewegungen auch wieder völlig ab von psychischen Momenten, die aber immer mit der seelischen Persönlichkeit, zum mindesten gewisser psychischer Teilinhalte derselben (affektiv betonter „psychischer Komplexe“ oder Affekte), wenn auch unter der Schwelle des Bewußtseins, in Kontakt bleiben. Sei es, daß es sich um „Erlebniskomplexe“ handelt, die aus dem Bewußtsein verdrängt werden, oder um rein affektive Seelenregungen, die auch dann noch ihre Herrschaft über weite Gebiete der Gesamtpersönlichkeit und ihrer Reizbeantwortungen behalten, und die sich beim B-Typus (bzw. BT-Typus) in der Motorik schon im normalen Bereich als Pathos des unbewußten Gestenspiels oder als seelische Anmut und Grazie auswirken können; im krankhaften Falle hysterischer Zustandsbilder, die, wie sich zeigen wird, ohne mit dem B-Typus identisch zu sein, eine biologische Beziehung zum B-Typus besitzen, treten alle diese Erscheinungen auf als zweckvoller Ablauf der „psychisch-neurotischen Automatie“ (nach E. Kretschmer: „Hysterie“). In dem nicht in das Bewußtsein fallenden Teil der Gesamtpersönlichkeit vermag sich beim B-Typus also ebenfalls eine Abspaltung motorischer (oder anderer) Reaktionen zu vollziehen: es bleibt aber hier trotzdem innerhalb dieses abgespaltenen Teilinhaltes ein mit der Gesamtpersönlichkeit zusammenhängendes Moment auch für die Motorik bestehen. Seien es also bewußte oder nicht bewußte Persönlichkeitsäußerungen, die sich der Motorik des B-Typus im Normalen oder Pathologischen als „beseelte“ Eigenart mitteilen, diese läßt sich stets unterscheiden von der in normaler wie pathologischer Breite mehr automatenhaft-mechanischen und unbeseelten, seelenfremden Motorik des T-Typus. Das alles ist nicht etwa Konstruktion, sondern das Ergebnis immer wiederholter vieljähriger Erfahrungen und Beobachtungen. Im Falle des T-Typus sind sowohl die normalen wie die pathologischen Formen der Motorik der „allgemeinen Seelenkraft“ in jedem Augenblick weniger untergeordnet als in der Motorik des B-Typus und seiner Mischformen. — Bei schon pathologischen T-Typen findet sich gar nicht selten ein geringerer Intellekt als beim B-Typus (vgl. hierzu O. Kroh a. a. O.), dagegen oft große motorische Kraft und Geschicklichkeit oder dementsprechend eine ausgesprochene praktische Begabung (gar nicht selten z. B. bei ausgesprochenen Schwergewichts-Athleten und -Boxern). Bei stark und ganz ausgeprägten intellektuellen Tetanoiden (z. B. Gelehrtentypen) finden wir aber — wie erwähnt — gerade eine ganz besonders große motorische Hilflosigkeit in den (subcorticalen[1])) Gesamtbewegungen (vgl. S. 267, JOH. MÜLLER), die ganz das Gegenteil einer nach „extrapyramidalem Typus" (siehe unten) sich gestaltenden Motorik darzustellen scheint[2]). Es bleibt dann aber auch hier zum mindesten bestehen, daß die Motorik der Gesamtpersönlichkeit[1]) letzterer beim T-Typus weniger als beim B-Typus untergeordnet erscheint. Bei hierhergehörigen, ausgesprochen unterentwickelten Individuen, z. B. Schwachsinnigen, finden wir entsprechend nicht selten ein krankhaftes Hervortreten der Motorik des T-Komplexes (z. B. amyostatischen Symptomenkomplex, motorischen Infantilismus), während B-Typen unter Schwachsinnigen bei aller tatsächlichen motorischen Ungeschicklichkeit immer noch eine gewisse größere Gefälligkeit und Grazie zeigen können[2]).

---

[1]) Kleine Einzelbewegungen (Pyramidenbahn, Cortex!) bilden hierbei eine Ausnahme; vgl. Kap. VII, 2; S. 267, u. unten Anm. 2.

[2]) In ganz auffälliger Übereinstimmung finden wir nach Abschluß unserer Arbeit die angedeuteten Tatbestände mit einigen Angaben aus einem kürzlich erschienenen Werke F. H. LEWYS („Die Lehre vom Tonus und der Bewegung". Berlin: Julius Springer 1923). Wir können es uns nicht versagen, einige in diesem Zusammenhang bedeutsame Sätze LEWYS wörtlich anzuführen: bei der Besprechung verschiedener motorischer Bewegungstypen bemerkt jener Autor (a. a. O.) S. 485: 1. „Überblickt man ein größeres auf diese Weise gewonnenes Kurvenmaterial von Hemiplegikern, Paralysis agitans-Kranken und Tabischen, und vergleicht diese Bilder mit denen sogenannter gesunder Menschen, so kann man sich des Eindruckes nicht erwehren, daß die ersteren sozusagen karrikierte Formen dreier auch unter Normalen vorkommender vorzugsweiser Bewegungstypen darstellen. Betrachtet man die normalen Typen von konstitutionellem Gesichtspunkte, so handelt es sich bei den einen um Menschen des schizothymen Typs KRETSCHMERS, beim andern um vorwiegend zyklische, bei den dritten um asthenische (hypodyname). Besonders deutlich kommt der Typ dieser Leute im Grad ihrer Geschicklichkeit und ihren gewöhnlichen Gesten zum Ausdruck"... Aus der Ähnlichkeit der Bewegungsart „wird dann die Annahme nahegelegt, daß es auch unter den normalen Menschen solche gibt, die konstitutionell mehr nach extrapyramidalen und solche, die mehr nach corticalem Typ muskeltätig sind" (vgl. oben, Näheres Kap. VII, 2). — „Man könnte also vielleicht mit einer gewissen Berechtigung sagen, ein Mensch wird und ist so, wie er sich bewegt" (LEWY, F. H.: a. a. O., S. 537, Sperrdruck von uns, d. Verf.). Wenn LEWY nun in diesem Zusammenhang „extrapyramidal" (subcortical) und „cortical" als Bewegungstyp auch zunächst nur als unterscheidende „Kennworte" gebraucht wissen und damit keine lokalisatorischen Vermutungen aussprechen will, so werden wir später dennoch sehen, daß trotzdem eine gewisse Berechtigung zu lokalisatorischen Erwägungen besteht, wenn man, von anderer Seite kommend, auch diese Bewegungstypen sich zwanglos einem größeren Zusammenhange einordnen sieht. Nach LEWY ist hierbei „das unbedingt Sichere" das Kennzeichen gerade des extrapyramidalen Bewegungstypus.

LEWY weist nun (S. 485 a. a. O.) auf etwaige Beziehungen der von ihm (zunächst vergleichsweise) als „corticaler Bewegungstyp" gekennzeichneten Motorik mit den schizothymen, der von ihm vorwiegend „extrapyramidal" genannten Motorik mit dem cyclothymen Seelentypus (nach KRETSCHMER) hin. Noch schärfer betont LEWY solche möglichen Beziehungen auf S. 508 und 536—537 seines Werkes (vgl. hierzu auch S. 133 f. und S. 525). Indessen kehrt sich beim näheren Zusehen dieser Vergleich jener vorläufigen Feststellungen mit unseren Ergebnissen scheinbar geradezu um. Denn nach dem Vorhergesagten und unserer voraufgehenden allgemeineren Typencharakteristik wird sich niemand dem Eindrucke entziehen können, daß im Hinblick auf die KRETSCHMERschen Seelentypen der B- und BT-Typus nach unserer Schilderung eher dem „cyclothymen Formkreise" E. KRETSCHMERS, die T-Typen aber eher dem „schizothymen Formkreise" irgendwie nahezustehen scheinen; nach LEWYS Angaben über die konstitutionellen Beziehungen zu den genannten Seelentypen jedoch würde es sich der Motorik nach gerade umgekehrt verhalten. Dieser scheinbare Widerspruch wird in Kap. VII, 4 eine nähere Aufklärung erfahren, wo wir auf das Verhältnis unserer Typen in bezug auf die von KRETSCHMER aufgestellten näher eingehen werden. Hier mag es genügen, festzustellen, daß auch F. H. LEWY solche Beziehungen zwischen Gesamtpersönlichkeit, Motorik und psychischen Typen über-

Ganz ähnlich verhalten sich die beiden so verschiedenen Biotypen auch ihrer Umgebung gegenüber. Selbst diese ist beim B-Typus und seinen Mischformen der zu ihr in Beziehung stehenden Persönlichkeit und „ihrer allgemeinen Seelenkraft" bis zu gewissem Grade mit untergeordnet, zum mindesten mit einbezogen in die seelischen Ausstrahlungen und Umweltbeziehungen des Individuums; sie bildet für dieses gleichsam ein umfassenderes, weiteres Ich. Der T-Typus zeigt demgegenüber auch hier wieder eine größere Abgespaltenheit in allen Reaktionen und Reizbeziehungen zur Umwelt[1]). Daher erscheint uns selbst für das subjektive Empfinden und den unmittelbaren seelischen Eindruck ein T-Typus anders als ein B-Typus (bzw. BT-Typus): dort die „gläserne Wand", gegebenenfalls gesteigert bis zur eisigen Unnahbarkeit, im Pathologischen bis zur völligen Apathie, Dumpfheit und Affektlosigkeit, im noch Normalen mitunter sich äußernd als verletzende Gefühlskälte, philiströse Gefühlsverarmung oder geistige Enge; im mittleren Falle des Normalen einfach als das Ausbleiben jedes persönlich-menschlichen Kontaktes bei erfolgender Begegnung (sogenannte „offizielle Haltung"). Dies kann auch hochintellektuellen und geistig hochstehenden T-Typen eigen sein. Beim B-Typus glaubt man dagegen — im Umkreis solcher Menschen fast körperlich fühlbar — einen Bezirk seelischer Ausstrahlungen wahrzunehmen, die sich dem andern, sofern er dafür empfänglich ist, sofort mitteilen: wie selbst in unwirtlichster Umgebung ein Feuer, wie in trostlosester Hütte die Herdflamme im Umkreis ihrer Strahlen einen mehr traulich-erfühlbaren als stets schon wirklich auch wärmenden Bezirk schafft, so webt um solche Menschen ein nicht mehr scharf Erfaßbares, das sie uns aber von vornherein angenehm und anziehend zu machen

---

haupt für möglich, wenn nicht gar für wahrscheinlich hält. Es mag noch bemerkt werden, daß obige Widersprüche sich deshalb auflösen lassen, weil sowohl ein T- wie aber auch ein B-Typus in KRETSCHMERschem Sinne „schizothym" sein kann, und zwar deshalb, weil jene Typen KRETSCHMERS seelisch und körperlich überhaupt keine biologische Grundformen darstellen und LEWY mit seinem Vergleich zwischen corticalem Bewegungstyp einerseits (und extrapyramidalem Bewegungstyp andererseits) mit schizothymen (bzw. cyclothymen) psychischen Typen äußerliche Unterschiede trifft, deren eigentliches Wesen sich aufklärt, wenn man diese Verhältnisse an grundlegenderen Maßstäben einer biologischen Typisierung nachprüft. Denn der KRETSCHMERsche schizothyme Typus z. B. kommt einmal dem T-Typus zu, er kann aber unter Umständen auch für den B- bzw. BT-Typus Geltung besitzen, ohne übrigens in beiden Fällen irgendetwas mit „Schizophrenie" zu tun haben zu müssen. Die KRETSCHMERschen Seelentypen sind mit anderen Worten keine fundamentalen Biotypen.

[1]) Auch hier wieder kann, wie in den optischen Erscheinungen, auf den sehr jugendlichen Stufen der Einheitsfälle der Unterschied zwischen T- und B-Typus, wie bereits erwähnt, eine gegenseitige Annäherung erfahren. Im Falle solcher T-Typen ist dann der Kontakt und die Beziehung zur Umwelt auch in seelischer Beziehung noch ein engerer, aber trotzdem geringer als bei E-Fällen des B-Typus, und im Laufe der Entwicklung schneller zurücktretend als beim B-Typus und seinen Mischformen. Wie wir im Kap. VII, 2 näher ausführen werden, scheinen beim T-Typus diese in der E-Phase ebenfalls noch besonders engen Beziehungen von Gesamtpersönlichkeit und Reizbeantwortungen überwiegend charakterisiert zu sein einmal durch eine enge und eindeutige Bindung an Reize der Außenwelt selbst, und zwar unter geringerer Einflußnahme affektiver Verarbeitungen, zweitens aber, besonders im Laufe der späteren Entwicklung (außerhalb der E-Phase), überhaupt weniger geknüpft an psychische, psychosensorische und höhere Reizvermittelung und Sinnesvorgänge als an die auf einer entwicklungsgeschichtlich niederen Ebene verlaufenden Innen- und Außenreize niederer und gröberer Art, also physiologisch-chemische und mehr körperlich-empfindungsmäßige Veränderungen. Die eigentlichen seelischen Funktionen stehen hier stark für sich. Auch hier wird, besonders in Mischfällen, mitunter innerhalb einer Persönlichkeit ein Dominanzwechsel möglich sein, nicht nur innerhalb physiologischer Breite, sondern auch bei pathologischen Fällen. Es gibt aber über solche phänotypische Schwankungen hinaus, für die die Mischfälle natürlich eine besonders geeignete Zusammensetzung haben, auch genotypisch vorwiegend nach der einen und vorwiegend nach der anderen Seite eingestellte Persönlichkeiten: dies sind eben die reinen Typen (vgl. S. 33f.).

pflegt, das uns meist sofort mit ihnen verbindet und bewirkt, daß wir uns unwillkürlich ihnen zuneigen. — Diese Schicht seelischer Ausstrahlung, die die Grenze von Persönlichkeit zu Persönlichkeit überbrückt, umwebt aber nicht allein die Menschen der Umgebung solcher Individuen. Sie umgreift auch ihre dingliche Umwelt und wirkt über diese hinaus weiter um sich in den weiten Bezirk ihres Handelns, Denkens, Wollens und Schaffens. Für den Außenstehenden deutlich merkbar, stärker aber noch ihrem eigenen subjektiven Empfinden gegenwärtig, hier oft aufs leidenschaftlichste erlebt, fühlen sich solche Individuen mit unsichtbaren Fäden an ihre Umgebung gebunden. Oft erst die Trennung von gewohnter Umgebung, liebgewordenem Schaffen oder lieben Menschen macht ihnen diese ihre besondere Gebundenheit deutlich. — Ganz anders der T-Typus (mit oder ohne gröbere somatische Stigmen [Untertypus])[1]! Abgespalten von seiner Umgebung, kühl gegen sich und die anderen, den andern oft innerlich fremd, beantwortet er einfach die Eindrücke, die ihm jeweils von außen zukommen, mit zweckmäßigen und affektlosen Reaktionen; oder aber er ist in seinen Lebensäußerungen bestimmt von einer inneren, oft rein intellektuellen, also im gewöhnlichen Sinne ebenfalls nicht affektiv erlebten Welt, die ihm allein ihre Gesetze diktiert; und so ruht er — von außen gesehen unbewegt — ein in sich selbst geschlossener Ring, dem die Eindrücke der Umwelt nichts anzuhaben scheinen. Es kann dies Ausdruck sein einer gewissen seelischen Leere, oder aber einer hohen Intellektualität, für die es Affekte nicht gibt, — zugleich aber auch Ausdruck einer Überempfindlichkeit, die namentlich gerade ins körperlich Schmerzhafte geht, hier lange nachwirkt, und so die Persönlichkeit nötigt, zwischen sich und der Umgebung Scheidewände aufzurichten. Hier kann ein solcher nüchtern-klarer, affektloser Mensch gerade eine „mimosenhafte" Empfindlichkeit zeigen. Der T-Typus kann sehr tiefen Gehalt besitzen — oder leer sein. Der B-Typus ist immer und auf jeden Fall etwas, wenn auch manchmal nur für die — wechselnde Umgebung. Freilich hat alles dies an sich mit Werten nichts zu tun, wie wir auch schon früher ausdrücklich feststellten. Jede dieser Arten von Menschen besitzt im Gegenteil ihre Vor- und ihre Nachteile in Beziehung auf ihre Umwelt und auf eigene Leistung.

Ganz entsprechende Unterschiede scheinen auch in der Willensart beider Typen zu bestehen, ferner im Vorstellungsleben und im Charakterlichen: beim T-Typus überwiegt das Starre, Feste, eindeutig Gerichtete auch hier. Es kann bis zu geistiger Enge fortschreiten. Beim B-Typus ist das Fließende, Fluktuierende, Wechselnde vorherrschend. Für hochwertige Dauerleistungen scheint ein Einschlag von beiden Komplexen am günstigsten zu sein. Was endlich die Stimmungslage des B- bzw. BT-Typus anlangt, so erscheint sie gegenüber den reinen T-Typen durchaus labil und schwankend: „himmelhoch jauchzend, zu Tode betrübt" dürfte der richtige Ausdruck für sie sein, während die Stimmungslage des T-Typus eindeutiger und im allgemeinen eher depressiv ist.

Es wurde schon erwähnt, daß viele Eidetiker mit gutem AB jenes lebhafte, „sprechende" Auge besitzen, das mit zu jener Kategorie gehört, die F. Kraus als „Glanzauge" bezeichnet. Dies verleiht dem Antlitz der B-Typen (Abb. der Gruppe III) nicht zuletzt jenes sogenannte „Strahlen" eines offen fröhlichen Gesichtes, das bei Jugendlichen häufig gefunden und gern angetroffen wird, bei

[1]) T-Typen (ihrer funktionellen Struktur nach) ohne gröbere somatische Stigmen bezeichneten wir als „Unterfall des T-Typus" (vgl. S. 109; Entsprechendes gilt für den „Unterfall des B-Typus" (vgl. S. 146). Weitere Untertypen unserer Biotypen vgl. Kap. VI; Kap. VII, 3; Kap. VIII; Kap. XII. Bei allen diesen Untertypen machen sich im Falle pathologischer Steigerung die entsprechenden somatischen Stigmen schärfer bemerkbar. Ähnliches gilt scheinbar auch für den Fall der Ermüdung.

geistig oder seelisch hochstehenden Erwachsenen manchmal geradezu an das Göttliche erinnern kann und wohl eine wesentliche Mitursache dafür war, daß man GOETHE als den „Olympier" bezeichnete[1]).

Die zarte Haut des B-Typus zeigt oft auf leise Gemütserregung hin einen lebhaften Wechsel der Durchblutung. Sie ist fein und durchsichtig und meist von geradezu seidenweicher Beschaffenheit. Nicht selten sind solche Individuen dunkelhaarig, und lange dunkle Wimpern können in solchen Fällen das Bild jenes schönen, manchmal großen, in feuchtem Schimmer glänzenden Auges vervollständigen, das uns außer bei Kindern und Jugendlichen oft auch an Frauen besonders auffällt[2]). Auch GOETHE, BISMARCK und FRIEDRICH DER GROSSE z. B. besaßen solche Augen. Ihre weite, lebhaft spielende Pupille gibt ihnen dazu jene Tiefe und Unerforschlichkeit, die bei großen Männern von Geist und tieferfassendem Verstande, bei Frauen von unergründlicher Seele zu sprechen scheint, und die wir bei Kindern wohl auch als „Märchenauge" bezeichnen. Können sie besonders bei jungen Mädchen und Knaben eine Art verträumter Schüchternheit zur Schau tragen, so blitzen sie bei anderen Buben, beim Jüngling und beim jungen Manne mitunter voll Kühnheit und tatfrohem Ungestüm. Sie sind ein schillerndes Spiegelbild des Inneren, das hinter ihnen lebt, und, was sie auch wiedergeben mögen, immer scheint uns, daß in ihnen eine lebhafte, vom Erleben des Augenblickes und von Stimmung vibrierende Seele fast körperlich zu uns spricht. Ihr schwingendes Leben durchmißt bald Höhen, bald Tiefen, und das Leuchten dieser Augen verrät oft ein unruhevolles, schweifendes Suchen, das bald hier, bald dort Interesse nehmend, so ganz anders anmutet als der starrere, scheinbar unbeseelte, strenger auf den äußeren Reiz eingestellte Blick der Tetanoiden, der prüfend und abwägend einzeln die Dinge zu durchdringen sucht, sie langsamer, aber vielleicht manchmal gründlicher erfassend, während jene anderen Beweglicheren schnell und oft flüchtiger über vieles hingleiten, dafür vielleicht manches mühelos nur erfühlen, was die ersteren mit zielvoller Starrheit mehr verstandesgemäß einzeln zu ergründen suchen (vgl. später: JOH. MÜLLER und GOETHE). Aber nicht allein in dieser mehr intuitiven Form lassen sich die physiognomischen Persönlichkeitsstigmen des B-Typus, insbesondere auch ihrer Augen, erfassen[3]). Hierbei braucht, wie Abb. 18 (Gruppe III) zeigt, das Auge des B-Typus nicht einmal groß zu sein, wenn es nur den eigentümlichen, seelischen Glanz zeigt („Untertypus des B-Typus")[4]). Größe und Grad der Protrusio kann dabei ebenfalls ganz verschieden sein, wie die Abb. 18—15 zeigen: während die Augen in Abb. 16 in bezug auf die Größenverhältnisse und die Protrusio den Durchschnitt nur eben überschreiten und in etwas stärkerem Maße jenen besonderen „Glanz" aufweisen, zeigt Abb. 17 besonders große Augen ohne stärkere Protrusio, Abb. 15 kleinere Augen als Abb. 17, dafür aber stärker

---

[1]) In einem wissenschaftlichen Kreise tauchte einmal eine bekannte Persönlichkeit von physiognomisch sehr ausgeprägtem B-Typus auf. Man charakterisierte dann den Eindruck, den sie hinterlassen hatte, gesprächsweise gelegentlich mit den Worten: „Wie ein Gott!"

[2]) Daß solche Augen auch als Rasseeigentümlichkeit z. B. bei Romanen, Südslawen und anscheinend auch Indern vorherrschen, wird in anderen Arbeiten des Marburger Instituts dargetan werden.

[3]) Vgl. später. Schon in Kap. III A, S. 108, erwähnten wir ferner, daß E. R. JAENSCH bereits auffiel, daß Eidetiker mit starren AB (ABT) jenes lebhafte Spiel der weiten Pupille des B-Typus nicht zu besitzen scheinen und daß das Auge des B-Typus mehr Vorstellungsorgan (im Sinne E. R. JAENSCH [I]: XIII. Organologie des Auges), das Auge des T-Typus mehr Reizleitungsorgan zu sein scheint. Auch letzteres dürfte gewissen Rassetypen, hier mehr nordisch-germanischen Ursprunges, entsprechen, eine Annahme, zu der auch schon die Alltagserfahrung eine gewisse Berechtigung gibt (vgl. hierzu z. B. den nüchtern kalten Ausdruck des englischen Rassetypus).

[4]) Vgl. S. 109 u. S. 4, ferner S. 145 Anm.

und schon auffallender noch als bei Abb. 16 vortretende Augen. Bei allen aber zeigte die Pupille sich groß und dunkel, die Iris in lebhaftem Spiel; das Auge hat (gegenüber Gruppe II) einen besonderen Glanz, besser einen „beseelten" Glanz, „es spricht", wie man zu sagen pflegt[1]). Mit allem diesem geht also unsere Definition des Glanzauges, indem sie weitere Merkmale hinzufügt, noch hinaus über das sogenannte „Glanzauge" von F. KRAUS, zu dem etwas Protrusio und auch eine gewisse Größe stets gehört.

Dieses schwingende Leben der Pupillen, dieses Auf und Ab ihres mit den seelischen Regungen aufs engste verknüpftem Tonus ist ja der Ausdruck einer besonderen Labilität und Übererregbarkeit des vegetativen Nervensystems[2]), ein Umstand, welcher auch schon durch G. v. BERGMANN (u. a.) bei seinen „vegetativ stigmatisierten Konstitutionen" als ein hervorstechendes Merkmal bezeichnet wurde, zu denen ja unser B- bzw. BT-Typus gehört[3]). Diese Labilität und Übererregbarkeit des gesamten vegetativ-autonomen Nervensystems, die wir gerade in der auf und ab schwingenden Weite der Pupillen besonders auffällig und sichtbar, ja sogar meßbar vor uns haben, diese Übererregbarkeit der Gesamtheit derjenigen nervösen Organisationen, die aufs engste mit den psychischen Funktionen höherer Ordnung, vor allem mit den Affekten verknüpft sind, das ist gerade das beherrschende und hervorstechende Stigma des B-Typus. Die Übererregbarkeitszeichen auf diesem Gebiete sind aber alle zugleich identisch mit den Symptomen der Basedowkrankheit[4]), sobald sie nämlich eine pathologische Steigerung erfahren. Weit

[1]) Dieser Glanz des B-Auges ist scharf zu unterscheiden von dem sogenannten „irren Glanz" der Augen einer Gruppe von Geisteskranken und Psychopathen, deren Auge trotz dieses Glanzes tot, seelenlos, „nicht sprechend" ist.

[2]) Übrigens scheint sogar die Farbe der Iris, die bei B-Typen (in unsrem Beobachtungsmaterial) meist dunkler ist als bei T-Typen, weitgehend von Reizzuständen, insbesondere im sympathischen Anteil des vegetativen Nervensystems abhängig zu sein; vgl. hierzu KAUFMANN, FR.: Neurogene Heterochromie der Iris. Klin. Wochenschr. 1922 und CURSCHMANN, H.: Intermittierende neurogene Heterochromie der Iris. Klin. Wochenschrift 1922.

[3]) G. v. BERGMANN hat immer betont, daß diese Übererregbarkeit das gesamte vegetativ-autonome System umfaßt, meist mit einer gewissen, aber fast nie ausschließlichen Präponderanz einzelner Teilgebiete im individuellen Falle. Jedenfalls ist der von ihm geprägte Ausdruck „vegetativ stigmatisierte Konstitution" in solchem Sinne zu verstehen. Vgl. hierzu auch v. BERGMANN, G.: Status des vegetativen Nervensystems. Zeitschr. f. d. ges. Neur. u. Psych. Refer. u. Erg.-Bd. 7. 1913. S. 429. — BÜSCHER: Klin. Wochenschr. 1923. S. 1651. — LEWY, F. H. (a. a. O., S. 375—376). — Neuerdings v. BERGMANN u. BILLIGHEIMER: Handb. d. Inn. Med. V, 2. 1926.

[4]) Nach übereinstimmender Ansicht aller maßgebenden Kliniker läßt sich auch bei der Basedowschen Krankheit eine Scheidung von sympathischen und vagischen Anteilen im Krankheitsbilde nicht durchführen. Wohl aber kann der eine oder andere Anteil hierbei eine gewisse, wenn auch nicht ausschlaggebende Bevorzugung erfahren. F. H. LEWY (a. a. O.) sagt über diese Verhältnisse Folgendes: „Sympathicus und Vagus sind im Effekt antagonistisch; um aber die Funktionen, die von ihnen beherrscht werden, nicht von einem Extrem ins andre fallen zu lassen, müssen sie in ihrer Wirkungsweise synergistisch sein (DRESEL)" ... Schon aus dem Wegfall einer gemeinsamen Endstrecke im vegetativen System (im Gegensatz zum alterativen Vorderhornneuron) entfalle die (anatomische) Begründung einer simultanen antagonistischen Hemmung (Wagebalkentheorie EPPINGER und HESS') und es resultiere die (Zweckmäßigkeit und) Notwendigkeit einer sukzessiven Kontrastwirkung im vegetativen System. „Durch Wegfall der zwangsmäßig erfolgenden alternierenden oder reziproken Tätigkeit vermehrt sich auch die Möglichkeit einer dissoziierten Tätigkeit des Vagus und Sympathicus; d. h. eine herauf- oder herabgesetzte Reizschwelle in einem von beiden kann eher zu einem nicht antagonistisch kompensierten Erregungszustand, sei es im Vagus, sei es im Sympathicus führen. Nicht zu verwechseln mit dieser Erregbarkeitssteigerung ist, wie DRESEL mit Recht betont, ein erhöhter oder verminderter Tonus im gesamten vegetativen System oder in Teilen desselben" .. wie es v. BERGMANN für seine „vegetativ Stigmatisierten" verlangt hat (Sperrdruck von uns, d. Verf.).

reichen dabei, wie unsere Untersuchungen zeigen, auch beim B-Typus diese Stigmen in die Breite des Normalen hinein. Ganz analog den Verhältnissen, wie sie für die Stigmen des T-Typus geschildert wurden, liegt also auch beim B-Typus oft keinerlei Veranlassung vor, selbst höhergradige Stigmen, oder Fälle, in denen sie sehr zahlreich und ausgeprägt sind, stets von vornherein schon als krankhaft anzusprechen, wofern man solche Untersuchungen unter physiologischem Gesichtswinkel an normalen Individuen durchführt. Auch die Stigmen des B-Typus sind daher als normale Persönlichkeitsstigmen anzusehen, außer wenn andere Gründe für eine Krankheit sprechen oder wenn — in Grenzfällen — einzelne Stigmen schon eine wirklich pathologische Hochgradigkeit zeigen. Aber wegen dieser Zusammenhänge und fließenden Übergänge zur echten Krankheit, hier also vor allem und in erster Linie dem Morbus Basedow, können wir uns bei der Schilderung der Stigmen des B-Typus an die klinischen Latenzzeichen der Basedowschen Krankheit halten, was im folgenden auch geschehen wird. Hierbei bleiben wir uns bewußt, wie schon früher erwähnt, daß als die pathologische Steigerungsform des B-Typus einschließlich seiner psychischen Äquivalente in erster Linie die sog. neuropathische Form des Morb. Basedow anzusehen ist, daß dieser Umstand aber — abgesehen von nosologischen Gesichtspunkten — nichts gegen das Vorliegen des B-Typus auch in andern Basedowformen einschließlich der sog. Thyreotoxikosen besagt.

II. Klinische Stigmen von Seiten der Augen.

Die Augen zeigen die von G. v. Bergmann, G. Katsch und K. Westphal[1]) gekennzeichneten Stigmen des vegetativen Nervensystems: das Schwimmende im Blick (Glanzauge), den lebhaften Wechsel der Pupillenweite, mäßig gesteigerte Weite der Lidspalte, in schon krasseren Fällen eine gewisse Protrusio bulbi. Es sind dies Symptome, die R. Stern auch bei seinem „Basedowoid", einer schon ans Pathologische grenzenden Form dieser Konstitution, beschreibt. Letzterer Begriff umfaßt Fälle, bei denen nach R. Stern[2]) auch nur vereinzelte der oben geschilderten Kardinalsymptome des ausgeprägten Basedowleidens vorhanden sein können, andere dagegen fehlen, und bei denen besonders eine starke Protrusio bulborum regelmäßig vermißt wird.

„Eventuell vorhandene Augensymptome beschränken sich auf mäßige Weite der Lidspalten, auf das Schwimmende im Blick, auf die Starre des Ausdruckes, auf gewisse Seltenheit des Lidschlages" (R. Stern). Die Starre des Ausdruckes ist im Gegensatz zu dem obenerwähnten „starreren Blick" der Tetanoiden vielleicht besser durch „starrenden Ausdruck" zu ersetzen. Es bedeutet dies nicht ein Haftenbleiben des Blickes, sondern eher eine Art „Glotzen", ein leichtes Vortreten der Augen (Protrusio bulborum oder — anders — Klaffen der Lidspalte). „Das Phänomen von Moebius (Konvergenzschwäche) ist gar nicht selten; das v. Graefesche Zeichen (Zurückbleiben des oberen Augenlides bei Augenschluß) seltener und dann auch nicht konstant. Natürlich gibt es auch ganz rudimentäre Formen" (R. Stern)[3]).

---

[1]) v. Bergmann, Katsch, G. und Westphal, K.: Münch. med. Wochenschr. 1913; Mitt. a. d. Grenzgeb. d. Med. u. Chirurg. 1913; Dtsch. Arch. f. klin. Med. 1914.

[2]) Stern, R.: Jahrb. d. Psych. u. Neur. Bd. 32, S. 236. 1911.

[3]) Es wird vielleicht eingewandt werden, daß Glanzauge und Basedowauge, besonders die klinischen Zeichen der Protrusio, manchmal gar nichts miteinander zu tun zu haben scheinen, daß also demgemäß vom einfachen Glanzauge, das gar nicht groß zu sein braucht, fließende Übergänge zum Basedowauge, nicht anzunehmen seien. Demgegenüber sei festgestellt, daß alle, auch die Latenzzeichen der Basedowkrankheit die Kriterien des nor-

Der Ausdruck Basedowoid bezeichnet eben meist schon einen krankhaften Grad des B-Typus oder der vegetativ stigmatisierten Konstitution. Es ist mit ihm bereits, wie auch sein Name andeuten soll, ein verkleinertes Bild der Basedowschen Krankheit gemeint, die sich, soweit ihre Symptome in unserem Rahmen berücksichtigt werden müssen, wie folgt, an bestimmten Augensymptomen charaktersiert. Sie alle können beim B-Typus entweder zu mehreren oder auch einzeln, manchmal rudimentär vorhanden sein, dürfen aber jedenfalls auch in stärkerer Ausprägung, noch als normale Persönlichkeitsstigmen gelten. Sie sind, genau wie die T-Stigmen, bei Jugendlichen überhaupt häufiger als bei älteren Individuen, wenigstens in ihren stärkeren Graden (vgl. Tab. II, S. 218). Wir halten uns des weiteren an die klinische Darstellung der einschlägigen Symptome und folgen hierbei H. EPPINGERS Referat „Die Basedowsche Krankheit" (im Handbuch der Neurologie, herausgegeben von M. LEWANDOWSKY, Bd. IV):

1. Protrusio bulborum (bei hohem Grade „Glotzaugen", Hervortreten der Bulbi aus den Augenhöhlen). Am besten im Profil zu sehen. Ihre Intensität ist schwankend und durchaus nicht parallel mit dem Grade der Erkrankung. Sie wird oft verwechselt mit

2. Klaffen der Lidspalten, beruhend auf einer abnormen Retraktion des oberen Lides. Das Klaffen findet sich, gleich der Protrusio, manchmal auch einseitig, und von seiner Intensität gilt das gleiche wie von 1. „Durch das Klaffen wird bewirkt, daß selbst bei grellem Licht und bei ruhigem Blicke ober- und unterhalb der Cornea ein beträchtlicher Anteil der Sklera zu sehen ist; besteht gleichzeitig Protrusio, so kann das noch viel mehr zur Geltung kommen." Dieses Symptom ist oft sehr frühzeitig vorhanden. „Das Klaffen läßt oft einen geringen Grad von Protrusio stärker einschätzen, als es tatsächlich der Fall ist. Umgekehrt kann eine deutliche Prominenz durch fehlendes Klaffen bemäntelt werden."

3. v. GRAEFEsches Phänomen: „Dieses Phänomen besteht darin, daß beim Blick aus der Horizontalen oder aus einer etwas gehobenen Blickebene, nach unten, das obere Lid der Abwärtsbewegung des Bulbus nicht folgen kann, sondern zurückgehalten wird. Wenn die Lidbewegungen einsetzen, so sind dieselben ruckweise, also nachhinkend, ohne daß das obere Lid den normalen Tiefstand zu erreichen braucht. Auch umgekehrt ist die Zusammenbewegung gestört, indem nämlich das obere Lid sich gleichsam auf eigene Faust bewegt und energischer nach oben rückt als der Bulbus. Manchmal sieht man allerdings auch, daß beim Blick nach oben die Bulbi eine Strecke allein gehen, ohne Mitbewegung der Lider nach aufwärts rücken. Bei mildester Erkrankungsform zeigt sich, daß erst beim Senken des Blickes ein mehr oder weniger breiter Streifen der Sklera

malen Glanzauges zum mindesten erkennbarer machen und in spezifischer Weise verstärken. Darüber hinaus soll nicht geleugnet werden, daß es Fälle gibt, wo ausschließlich thyreotoxische Stigmen an einer genotypisch nicht zum B-Typus gehörenden Person vorkommen. Zwar wird auch hier dann eine gewisse Verschiebung der Gesamtperson im Sinne unseres B-Typus stattfinden. Trotzdem wird man sagen können, daß ein solcher Morbus Basedow im allgemeinen weniger tief von der Gesamtpersönlichkeit Besitz ergreift und vielleicht auch leichter verläuft. Es scheint hier übrigens der tiefere Grund dafür zu liegen, weshalb R. STERN solche Basedowfälle von jenen anderen trennte, deren spezifische Stigmata bis in frühe Jugend zurückreichen und diesenfalls von ihm als Basedowoid bezeichnet wurden. Letztere sind aber auf alle Fälle mit unseren B-Typen identisch und sogar auch im Bereiche einfacher Glanzaugen ohne Protrusio und eigentliche Basedowzeichen. In beiden Fällen ist also die krankmachende Verschiebung der Gesamtpersönlichkeit doch die gleiche und nur im Ausmaß und in ihrer Verteilung verschieden, weil im letzteren Falle eine spezifische Persönlichkeitsfärbung der eigentlichen Krankheit entgegenkam. Diese Verschiebung liegt also schon in der gleichen Richtung auch dort vor, wo im klinischen Sinne nur F. KRAUS' „Glanzauge" vorhanden ist. Das zeigen auch die Fälle von Jodbasedow bei Glanzaugenträgern ohne früher bemerkbar gewesene auffälligere Latenzzeichen der eigentlichen Krankheit.

zu sehen ist." Auszuschließen sind natürlich die verwandten Symptome, die bei Lähmungen oder Paresen der Augenmuskeln auftreten.

4. „Unter dem STELLWAGschen Phänomen versteht man die Seltenheit und Unvollständigkeit des unwillkürlichen Lidschlages. Während beim normalen Menschen in der Minute drei bis zehn Abwärtsbewegungen des oberen Lides erfolgen, können dazu beim Basedowiker mehrere Minuten vergehen."

5. F. KRAUS' „Glanzauge". Das Auge hat einen eigentümlichen feuchten Glanz; zum Teil ist dafür nach EPPINGER das STELLWAGsche Symptom verantwortlich zu machen, zum Teil auch eine zeitweilig gesteigerte Tränensekretion, „die wohl auf die verminderte Beschattung der Augen infolge der weiten Lidspalte zurückzuführen ist". Wahrscheinlich sind aber in erster Linie rein nervöse Momente maßgebend; denn auch über unmotiviertes Tränenträufeln wird in solchen Fällen berichtet und ebenso umgekehrt über abnorme Trockenheit der Augen. Während ersteres als Frühsymptom gilt, soll letzteres eher dem späteren Verlauf der eigentlichen Basedowkrankheit eigentümlich sein.

6. Auch über abnorme Weite der Pupillen bei Basedowikern wird gelegentlich berichtet. SATTLER allerdings sah sie unter 91 Fällen nur zweimal; uns indessen ist jederzeit die außerordentlich große Pupille unserer Jugendlichen, besonders derjenigen vom B-Typus, aufgefallen.

7. Das MOEBIUSsche Symptom (Insuffizienz der Konvergenz). „Läßt man einen Gegenstand, z. B. Finger, bei horizontaler oder leicht gesenkter Blickebene fixieren und nähert ihn nun allmählich, so kann der normale Mensch den ganz nahe herangebrachten Gegenstand lange und ohne Beschwerde fixieren; nicht so der Basedowiker. Die Augen — fast nie gleichzeitig beide — weichen bald nach außen. MOEBIUS sagt: 'Die Augen blicken nach rechts oder links und nur ein Auge sieht den Gegenstand. Die Patienten sehen demnach auch keine Doppelbilder.'" Auch Myopen können das Phänomen zeigen. Nach SATTLER haben sogar Individuen mit einer Myopie von mehr als 10 Dioptrien das Phänomen immer. Dieser Umstand ist also zu beachten, wenn er auch in unsrer Aufstellung hier nicht in Betracht kam.

Wie EPPINGER betont, können alle Augensymptome unabhängig voneinander vorkommen und auch einseitig sein, ja selbst in ausgesprochenen Fällen fehlen. Man sieht das Klaffen der Lider und ebenso das v. GRAEFEsche Phänomen nach EPPINGER gelegentlich auch bei Nicht-Basedowischen. Beide Erscheinungen seien nicht unbedingt als Frühsymptom eigentlicher Basedowkrankheit anzusehen. Auch WILBRAND und SAENGER fanden gelegentlich das v. GRAEFEsche Symptom bei völlig Gesunden in mehr oder weniger starker Ausprägung. Hierin zeigt sich deutlich, daß diese Symptome normale Konstitutionszeichen sein können, und daß sie nicht stets oder wenigstens nur unter bestimmten Bedingungen krankhafte Eigenschaften darstellen.

Wir unsererseits fanden das MOEBIUSsche Phänomen ebenfalls bei gesunden Jugendlichen sehr häufig, und zwar in abnehmendem Maße mit dem Altersfortschritt (vgl. S. 218, Tab. II). Ferner fallen bei gesunden Jugendlichen ganz allgemein und bei erwachsenen Eidetikern vom B-Typus die weiten Pupillen auf, deren lebhaftes Spiel, weiter der feuchte Glanz ihrer Augen; auch beobachteten wir bei Kindern überhaupt, besonders beim B-Typus häufiger als beim Erwachsenen eine mäßige Erweiterung der Lidspalte (nie dagegen beim reinen und ausgesprochenen T-Typus). Gar nicht selten ist auch eine leichte Protrusio bulborum, die später mit fortschreitendem Alter wieder geringer wird, ja ganz verschwinden kann; mitunter ist auch ein v. GRAEFEsches Phänomen vorhanden. — Die großen glänzenden Kinderaugen sind ja bekannt. Von ihnen bis zur Protrusio bulborum kann eine einheitlich aufsteigende Stufenleiter bestehen[1]) (vgl. Abb. Gruppe III). Der Glanz solcher Augen wird mit zunehmendem Alter geringer und bleibt nur bei einigen Individuen bestehen. Diese zeigen dann besonders häufig noch verschiedene andere B-Stigmen und Grade eidetischer Eigentümlichkeiten (vgl. S. 218, Tab. III). Außer den Augensymptomen treten beim Basedow noch andere Erscheinungen auf, die gleichfalls zur Charakterisierung des B-Typus herangezogen werden müssen.

III. Stigmen des Pulses und der Herztätigkeit.

Beim ausgesprochenen Basedow besteht häufig Tachykardie; d. h. der Pulsschlag ist dauernd beschleunigt, auch bei vollkommener Ruhelage. Es kann anfallsweise Herzklopfen auftreten. Es besteht ferner Labilität des Pulses bei der Atmung: Beschleunigung bzw. Verlangsamung bei tiefem Ein- und Ausatmen, leichter zu prüfen nach tiefer Einatmung und Anhalten des Atems, sogenannte respiratorische Arythmie oder Pulsus irregularis respiratorius, eine Erscheinung, die bezeichnenderweise direkt als infantiler Atemtypus beschrieben worden ist (Makenzie). Aber auch bei einfacher, eine Zeitlang fortgesetzter Beobachtung zeigen sich manchmal vor allem psychisch bedingte Schwankungen der Pulsfrequenz. In ähnlichen Fällen kann auch durch Druck auf das Auge (Aschnerscher Bulbusreflex), oder durch Reizung der Nasenschleimhaut, z. B. durch Tabakrauch oder Ammoniak, Bradykardie erzeugt werden. Jenny nennt bei Jugendlichen den Aschnerschen Reflex einen physiologischen, gewissermaßen „den Patellarsehnenreflex des vegetativen Nervensystems und sehr verbreitet im Kindesalter“; wir können dies bestätigen. Auch Benzig[2]) fand dieses Phänomen bei seinen Schuluntersuchungen an einem Viertel der Kinder: es war auch bei elektrisch nicht übererregbaren Kindern vorhanden; diese wiesen aber vielfach Anzeichen einer erhöhten Reizbarkeit des vegetativen Nervensystems auf (B-Typen, d. Verf.). Wir fanden nun, daß diese auch von uns bei Jugendlichen der eidetischen Altersstufe so besonders häufig nachgewiesenen vegetativen Pulsstigmen mit fortschreitendem Alter an Häufigkeit abnehmen und späterhin ausgesprochener gerade bei Eidetikern vom B-Typus gefunden werden (vgl. Tab. I—IV, Kap. V). Dem entspricht auch die Angabe von G. Peritz[3]), der das Aschnersche Phänomen bzw. den Pulsus respiratorius auch bei „spasmophilen Erwachsenen“ fand, also bei Erwachsenen, die außer diesem vegetativen Stigma auch am peripheren Nerven den jugendlichen Übererregbarkeitsgrad zeigten (BT-Typen, d. Verf.!)[4]) und bei entsprechender Untersuchung sich vielleicht zum mindesten als latent eidetisch erwiesen hätten. Nach Peritz findet sich das Phänomen in ganz verschiedenem Grade, manchmal ausgesprochen, mitunter nur angedeutet. Diese Phänomene leiten über zu weiteren Stigmen des vegetativen Gesamtsystems, die für unsere Typencharakteristik in Betracht kommen (vgl. hierzu Tab. II. S. 218).

---

[1]) Hiervon besitzen bis zu gewissem Grade eine besondere Stellung, wie bemerkt, Fälle von Protrusio bulbi bei Basedowerkrankungen bzw. Thyreotoxikosen nicht früher schon basedowoid stigmatisierter Individuen. Diese thyreotoxischen Erscheinungen lassen das B-Auge, wenn es vorher schon vorhanden war, besonders bemerkbar werden, sie unterstreichen gewissermaßen seine Eigenarten; andererseits kann jenen ersteren die „Beseelung“ des Auges fehlen, die zum B-Typus gehört. Es können eben auch genotypisch reine T-Typen einmal eine Thyreotoxikose bekommen. Die Verschiebung der Gesamtpersönlichkeit im Sinne des B-Typus ist hier dann weniger durchgreifend, trotzdem aber angedeutet und nachweisbar.

[2]) Benzig: Spasmophile und Neuropathie. Monatsschr. f. Kinderheilk. 1921.

[3]) Peritz: Zeitschr. f. klin. Med. Bd. 77.

[4]) Peritz: Zeitschr. f. klin. Med. Bd. 77.

IV. Stigmen seitens der Haut.

1. Hier ist zunächst die Erhöhung der vasomotorischen Reflextätigkeit der Hautcapillaren zu nennen. Basedowiker zeigen große Neigung zu psychisch bedingtem schnell wechselndem Erröten und Erblassen. Ebenso häufig ist Dermographismus, entweder in Rötung oder in Blaßwerden der gereizten Hautstelle bestehend. Diese Reaktion kann schon bei geringen Reizen bis zur Quaddelbildung fortschreiten.

Die klinischen Darstellungen dieser Symptome bei Basedow übergehen die Tatsache, daß diese Reaktionen auch bei gesunden Kindern häufiger als bei Erwachsenen sind, die ja für gewöhnlich auch im allgemeinen geringere Neigung zum Erröten zeigen als Kinder. Hierher gehört auch das leicht eintretende Schwitzen und Schweißigsein der Hände. Auch dieses Phänomen kann psychisch bedingt sein, und es ist eine Alltagserfahrung, die sehr viele an sich kennen; besonders Schulkinder schwitzen unter solchen Umständen leicht an den Händen, z. B. ehe sie eine Aufgabe aufsagen müssen. Erwachsene haben darunter weniger zu leiden, ebenso wie der Erwachsene bei geringen psychischen Anlässen im allgemeinen weniger leicht als die Jugendlichen Herzklopfen bekommt oder von „Erröten" befallen wird, die B-Typen unter Erwachsenen meist ausgenommen[1]).

2. Ferner ist hier zu erwähnen das Vigourouxsche Zeichen des erniedrigten galvanischen Hautwiderstandes, dessen Vorkommen F. Chvostek bei echtem Morbus Basedow bestätigte[2]). Kahler[3]) führte dieses Phänomen auf die eben geschilderten vasomotorischen Hauterscheinungen zurück. Ob diese Deutung zutrifft, muß zunächst dahingestellt bleiben. Wenn die vasomotorischen Erscheinungen einen Einfluß auf dieses Phänomen besitzen, so ist er wahrscheinlich kein ausschlaggebender. Ebenso muß vorläufig noch offen bleiben, in welcher Weise die Erniedrigung des Hautwiderstandes und die bei Morbus Basedow von Chvostek zugleich gefundene starke Labilität dieses Hautwiderstandes bei Durchleitung von Dauerströmen, — Erscheinungen, die wir auch bei unseren B-Typen nachweisen konnten —, womöglich auch mit einer höheren Ansprech-

[1]) Wir verweisen auf die auf S. 67 Anm. 2 angeführten, mit allem Vorbehalt wiedergegebenen Befunde des Amerikaners L. Berman, die wir einer persönlichen Mitteilung verdanken. Er will bei erwachsenen Individuen, unter denen wir vorwiegend Eidetiker, und besonders BT-Typen glauben vermuten zu müssen, eine mangelnde physiologische Involution der Epiphyse festgestellt haben. Es erscheint daher in diesem Zusammenhang erwähnenswert, daß O. Marburg der Epiphyse eine besondere Beziehung zur Erweiterung der Kopf- und Darmgefäße zuschreibt (zitiert nach F. H. Lewy a. a. O., vgl. hierzu auch die Fernsendertheorie des letzteren für die Epiphyse), und daß nach O. Marburg auch die Dicke und Rauhheit der Haut eine gewisse Beziehung zur Epiphyse vermuten läßt. Wir kommen nämlich späterhin noch auf die besondere sammetartige Beschaffenheit, die Zartheit und Dünne der Haut bei B- bzw. BT-Typen zu sprechen, die im Gegensatz zu der Rauhheit der Haut bei reinen T-Typen steht. In diesem Zusammenhang ist es daher immerhin erwähnenswert, daß O. Marburg bei Tieren mit feiner, temperaturempfindlicher Haut eine große, bei Dickhäutern und Panzerechsen dagegen eine auffallend kleine Epiphyse fand. Wir werden später (vgl. optische Stigmen) darauf zu sprechen kommen, daß bei erwachsenen Eidetikern der T-Typus seltener ist, der B-Typus sich anscheinend länger und leichter erhält. Es könnte dies in den eben angedeuteten Zusammenhängen bemerkenswert sein, wenn man einerseits angeführte Befunde Bermans, die physiologische Involution der Epiphyse und die eigentümlichen und verschiedenen Hautverhältnisse bei T- bzw. B-Typen nebeneinanderhält. Hier könnte sich wieder der Einfluß von Wirkungszusammenhängen in Zentralorgan und Peripherie (vgl. Kap. I u. VII, 2) bemerkbar machen; übrigens fällt der Unterschied der Hautbeschaffenheit des T- und B-Typus auch bei gewissen galvanischen Reaktionen der Haut meßbar auf und entsprechend auch bei Tetanie- und Basedowkranken (vgl. später).

[2]) Chvostek, F.: Zeitschr. f. klin. Med. 1891.

[3]) Kahler, O.: Studien über den elektr. Widerstand d. menschlichen Haut bei Morbus Basedow. Prager Zeitschr. f. Heilk. IX. 1888. — Gaertner: Wien. Jahrb. d. Gesellsch. d. Ärzte. 1882.

barkeit auf das psychogalvanische Reflexphänomen von VERAGUTH[1]) zusammenhängen, denn auch für dieses Phänomen war eine eindeutige Erklärung bisher noch nicht zu erzielen. Indessen sind gewisse innere Zusammenhänge der genannten Hauterscheinungen zu vermuten[2]).

Wenn wir auch bisher hierüber keine genaueren Untersuchungen anstellen konnten[3]), so ist mit an Sicherheit grenzender Wahrscheinlichkeit zu vermuten, daß die B-Typen bzw. BT-Typen diejenigen sind, bei denen das psychogalvanische Reflexphänomen gegenüber anderen Individuen, vor allem den reinen T-Typen gegenüber, eine besondere Intensität zeigen dürfte. Das läßt außer anderen später zu erörternden biologischen Gründen schon die Tatsache vermuten, daß die B-Typen neben stark erniedrigtem Anfangswiderstande bei Dauerschluß des Stromes viel stärkere Schwankungen im Hautwiderstand zeigen als andere Individuen, besonders als die reinen T-Typen. Vor allem aber werden bei B-Typen psychische Einflüsse eine ausschlaggebendere Rolle spielen, darunter namentlich auch die Aufmerksamkeit[4]), auf deren Bedeutung beim psychogalvanischen Reflexphänomen A. A. GRUENBAUM[5]) hinwies; zeigt sich doch, daß psychischen Faktoren überhaupt bei den Reaktionsweisen des B-Typus, seinen körperlichen, wie seinen hier besonders behandelten sensorischen (optischen), ein besonderer Einfluß zukommt, der z. B. den T-Typen fehlt. In denselben Zusammenhang gehört offenbar auch das von H. ALBRECHT[6]) geschilderte Phänomen der umschriebenen Herabsetzung des Gleichstromwiderstandes der menschlichen Haut bei gynäkologischen Neurosen, das offenbar eine Verwandtschaft mit den Headschen[7]) Hautzonen zu haben scheint.

Was H. ALBRECHT bei seinen Neurosen an umschriebener Körperstelle fand und als vegetativ vermittelt ansah, ist beim B-Typus bzw. beim echten Basedow, wie wir sehen werden, eine allgemeine Eigenschaft der gesamten Haut. Wir dürften daher nicht fehlgehen, wenn wir hier konstitutionelle, wahrscheinlich zentral und peripher durch das vegetative System, durch Hormone und Ionenverhältnisse vermittelte Einwirkungen auf das Verhalten der Haut vermuten, die ja auch bei den B-Typen fast stets jene besondere, meist sammetartige Beschaffenheit besitzt, die klinischerseits für den echten Morbus Basedow beschrieben wird. Wie aber auch der tiefere innere Zusammenhang von Hautwiderstand, vegetativem Tonus, hormonalen Verhältnissen und psychischen Einflüssen sein mag, wir begnügen uns hier mit der rein empirischen Feststellung der Tatsachen und wenden uns zunächst dem Phänomen des herabgesetzten Hautwiderstandes zu.

H. ZONDEK und T. REITER (Klin. Wochenschr. 1923) wiesen experimentell nach, daß die Hormone nicht bedingungslos, sondern nur im Rahmen bestimmter Elektrolyt-

[1]) VERAGUTH: Das psychogalvanische Reflexphänomen. Berlin 1913. — GILDEMEISTER, M.: Psychogalvanisches Reflexphänomen. Münch. med. Wochenschr. 1913.

[2]) GILDEMEISTER, M.: Der galvanische Hautreflex als Teilerscheinung eines allgemeinen autonomen Reflexes. Pflügers Arch. f. d. ges. Physiol. 1922 (hier auch Angaben über individuelle Verschiedenheit der Ausprägung des VERAGUTHschen Phänomens). Vgl. ferner hierzu EINTHOVEN, W. und ROOS, J.: Pflügers Arch. f. d. ges. Physiol. Bd. 189. 1921. — BUJAS: Die physischen Bedingungen des galvanischen Phänomens. Bericht über den VII. Kongr. f. exp. Psychol. zu Marburg 1921. Jena 1922. — GEORGI, F.: Arch. f. klin. Med. 1921, u. a.

[3]) Wir gedenken sie bei Gelegenheit noch nachzuholen.

[4]) Vgl. Kap. VI.

[5]) GRUENBAUM, A. A.: La réflexe psychogalvanique et sa valeur psychodiagnostique. Archives Néerlandaises de physiologie V. 1920.

[6]) ALBRECHT, H.: Die umschriebene Herabsetzung des Gleichstromwiderstandes der menschlichen Haut. Leipzig, Vogel, 1921.

[7]) HEAD: Sensibilitätsstörungen der Haut bei Visceralerkrankungen. Deutsch herausgegeben von SEIFFER, Berlin 1908. Ferner REUTER, E.: „Über Sensibilitätsstörungen" und andere „Reflexsymptome" bei Eingeweideerkrankungen. Med. Diss. Marburg 1918.

konstellationen wirken, für die die günstigsten Bedingungen auf vegetativem Wege eingestellt werden. Eine ähnliche Auffassung äußerte in einer persönlichen Bemerkung gegenüber dem Verf. auch Herr Prof. SPIRO-Basel. Diese Elektrolytkonstellationen sind aber sicherlich auch für den Hautwiderstand nicht gleichgültig, sowohl für den Anfangswiderstand wie für sein schnelleres Absinken bei Stromschluß bzw. bei psychischen Einwirkungen. Wenn wir nun bei verschiedenen Typen ein verschiedenes Verhalten des Hautwiderstandes finden, bei den B-Typen ein anderes als bei den T-Typen (vgl. auch später CHVOSTEKS Befunde bei Tetanie gegenüber Basedow), so ist zu vermuten, daß bei dem Hautwiderstand dieser Typen außer den vegetativen Bewirkungen an den Phasengrenzen der Zellen (vgl. LEWY a. a. O., S. 464—465) auch zugleich die Hormone eine Rolle spielen, die ja für diese Typen eine hohe Bedeutung besitzen. Eine verschiedene und auffällige Beschaffenheit der Haut, die auch schon rein äußerlich auffällt, ist jedenfalls eine bekannte Begleiterscheinung auch mancher krankhafter Veränderung innersekretorischer Vorgänge; so sind z. B. gewisse Arten von Hautbeschaffenheit gerade bei Schilddrüsenstörungen (Hypothyreose, Myxödem, Kretinismus) bekannt, aber auch bei Störungen des Kalkstoffwechsels, z. B. bei Spätrachitis, bemerkt worden.

Ganz besonders die von CHVOSTEK herausgestellte Verschiedenheit des galvanischen Hautwiderstandes bei Tetanie- und Basedowkranken dürfte ein Beweis sein für die tiefe konstitutionelle Verankerung dieser Erkrankungsgruppen, der unseres Erachtens immer noch viel zu wenig Beachtung geschenkt wird. Es müssen bei der Verschiedenheit dieser Hautphänomene ganz verschiedenartige, tief im Organismus und prämorbid begründete konstitutionelle Bedingungen vorliegen, die dann bei irgendwelchen akzidentellen Schädigungen häufig auch die Art der Erkrankung einheitlich bestimmen.

„Nach dem FARADAYschen Gesetz (zit. nach F. H. LEWY a. a. O.) ist Stromintensität und chemischer Umsatz direkt proportional. Das würde also heißen, daß jeder Änderung in der Strommenge eine Veränderung des Elektrolytengleichgewichts und damit eine Erregung entspricht. Das trifft für Momentanreize von gewisser Stärke auch tatsächlich zu (vgl. hierzu Anfangswiderstände bei galvanischer Hautreizung, d. Verf.). — Anders liegen die Verhältnisse bei langdauernden Reizen" (vgl. später das Verhalten des T- und B-Typus bezüglich des Hautwiderstandes bei längerdauerndem Stromschluß, d. Verf.). „Ihnen setzt sich die Polarisation entgegen — ihre Wirkung macht sich um so mehr bemerkbar, in je kürzerer Zeit polarisatorische Konzentrationsänderungen ausgelöst werden." — „Die eine Schließungs- oder Öffnungserregung bedingende Konzentrationsänderung der Elektrolyte an Phasengrenzen (der Zellen, d. Verf.) ist einer exakten Messung zugänglich" (NERNST, TSCHERMAK, zit. nach F. H. LEWY, a. a. O.). T- und B-Typus verhalten sich bezüglich ihres Hautwiderstandes bei kurzem und länger dauerndem Stromschluß nun so, daß bei dem momentanen Stromschluß beim B-Typus der Anfangswiderstand sofort kleiner ist als beim T-Typus, demgemäß sich sofort ein größerer Amperemeterausschlag einstellt. Bei Dauerschluß aber müßte die sich den Elektrolytverschiebungen entgegenstellende Polarisation beim T-Typus größer und ausgiebiger sein, da letzterer den Anfangswiderstand länger und hartnäckiger festhält als der B-Typus. T- und B-Typus könnten sich also bezüglich ihres Hautwiderstandes durch die Schnelligkeit, mit der Elektrolytveränderungen an den Phasengrenzen auftreten, unterscheiden, die beim B-Typus größer sein würde, und vor allem labiler gegen psychische, vegetativ vermittelte Einflüsse, andererseits müßte beim T-Typus die Fähigkeit der Polarisation stärker sein, die sich diesen Verhältnissen bei mehr als momentan einwirkenden galvanischen Reizen entgegenstellt und bewirkt, daß der Anfangswiderstand länger erhalten bleibt als beim B-Typus bzw. BT-Typus. Die Polarisation verhält sich innerhalb dieser Vorgänge also hier ganz ähnlich wie das NB im optischen Gebiet: es ist das eindeutige negative, das Gleichgewicht der Kräfte wiederherstellende Prinzip biologisch-einfacher Selbststeuerungsvorgänge. In ganz ähnlicher Weise faßt E. R. JAENSCH das NB-Phänomen im Optischen als den Erfolg von Selbststeuerungsvorgängen auf; sobald es sich lediglich um physiologisch-chemische Vorgänge handelt, entbehren dieselben höherer psychischer Verarbeitungen; so erklärt sich dann die strenge, auch zeitliche Abhängigkeit dieser Wirkungserfolge vom Reiz. Dies scheint überhaupt ein Wesensmerkmal aller zum T-Komplex gehörenden Reaktionen zu sein, worauf wir später näher eingehen werden. Hier genüge dieser vorläufige Hinweis. Die Schnelligkeit und Labilität der galvanischen Hautwiderstandsreaktion des B-Typus sowie ihre starke Ansprechbarkeit auf höhere psychische Reize würde sich, um bei dem vorhergehenden optischen Vergleich zu bleiben, ähnlich wie das dem NB fernerstehende AB verhalten, also wie das AB vom B-Typus, und es würde dementsprechend die Polarisation, die dem NB-Charakter entspricht, im wahrsten Sinne des Wortes gewissermaßen ein galvanisches Nachbild sein, und somit auch hier, ganz in der Peripherie des Organismus, wieder den gleichen Typus zeigen, wie letzten Endes auch die zentralen Prozesse des T-Komplexes. Auch hier also dürfen wir wieder an die Vitalreihenkettentheorie in unserem erweiterten entwicklungsgeschichtlichen Sinne der Wirkungszusammenhänge denken. Ganz ähnlich scheint sich die Eigenart des Auges bei B- und T-Typus zu verhalten, das, auch als peripheres Organ, hier wiederum den gleichen Typus zu zeigen scheint, wie die zentralen Reaktionsorgane und, wie wir das bereits erwähnten, beim B-Typus (bzw. BT-Typus) mehr Vorstellungsorgan, beim T-Typus mehr Reizleitungsorgan zu sein scheint (vgl. die erwähnte Organologie des Auges bei E. R. JAENSCH (I), Abschn. XIII). Aus allem dürfte sich ergeben, daß bei bestimmten Biotypen der Funktionsmodus der zentralen wie auch der peripheren Reaktionsfelder bzw. Organe ein biologisch in sich übereinstimmender zu sein scheint; vielleicht gilt Gleiches zum Teil sogar von ihrer anatomischen Beschaffenheit. Jedenfalls dürfte nicht zu viel gesagt sein, wenn wir darum das unterschiedliche Verhalten auch der peripheren Hautwiderstandserscheinungen für ein ebenso ausschlaggebendes Stigma des B- bzw. T-Typus halten, wie die galvanische Zuckungsformel für den T-Typus, bzw. die zentralen eidetischen Erscheinungen für beide Biotypen.

F. CHVOSTEK fand, daß sich der Hautwiderstand gegen den galvanischen Strom bei Tetaniekranken nicht anders verhält wie bei Gesunden: er ist für gewöhnlich hoch und wenig veränderlich. Dagegen fand er bei Basedowfällen einen leicht herabsetzbaren Widerstand. CHVOSTEK faßt dieses gegensätzliche Verhalten wie folgt zusammen: „Wir fanden also (bei Tetaniekranken) einen hohen Anfangswiderstand, der sich dadurch äußert, daß die Nadel (des Galvanometers) bei einer Elementenzahl, bei welcher bei leicht herabgesetztem Widerstand bereits ein namhafter Ausschlag erzielt wird, keine oder nur eine äußerst geringe Lokomotion zeigt. Wir sahen, daß die relativen Widerstandsminima (mit Bezug auf den jeweils eingeschalteten Strom) erst nach längerer Zeit allmählich erreicht wurden, und für ein und dieselbe Kraft bedeutend höher gelegen sind als bei leicht herabsetzbarem Widerstand (wie beim Basedowkranken), bei welchem sie sich rasch einstellen.“ Wir fanden nun das gleiche Phänomen bei unseren B-Typen und deren Mischformen; am hochgradigsten fanden wir es (Universitätsklinik Frankfurt a. M.) in Fällen von echtem Morbus Basedow. Es steht also tatsächlich das Verhalten des Hautwiderstandes bei Morb. Basedow in einem Gegensatz zu dem gleichen Verhalten bei „Gesunden“ im Sinne CHVOSTEKS, in einem schärferen aber zu normalen T-Typen und Tetaniekranken, dagegen in einem weniger scharfen zu den normalen B-Typen. Hier zeigen sich sogar fließende Übergänge.

Wird ein erniedrigter Hautwiderstand gefunden, so lassen sich gewöhnlich auch noch andere Stigmen des B-Typus nachweisen. Damit ist von neuem gezeigt, wie häufig sich das Phänomen bei Gesunden findet, ein Umstand, den man in der Tat auch schon gegen die anfangs behauptete spezifische Bedeutung der Hautwiderstandserniedrigung als Symptom der Basedowkrankheit ins Feld geführt hat. Aber gerade hierin und in ihrem meist gemeinsamen Auftreten mit anderen zum B-Komplex gehörenden Symptomen, einschließlich der eidetischen Anlage, zeigt sich ihr konstitutioneller Charakter, und dieses Stigma gewinnt darum in den hier beschriebenen Zusammenhängen an Wert.

Es ist ferner eingewandt worden, daß das Phänomen lediglich von dem Durchfeuchtungszustande der Haut abhängig sei. Um diesem Einwand nach Möglichkeit zu begegnen, durchfeuchteten wir die zu prüfenden Hautstellen und die Auflagerungsstelle der indifferenten Elektrode, ebenso wie diese selbst, zuvor aufs sorgfältigste und rieben die Haut vor der Untersuchung mit einer nicht zu harten Bürste jedesmal vorher bis zum Eintritt einer lebhaften Rötung, ohne daß jedoch eine Unterlassung dieser Vorsichtsmaßregel eine wesentliche Beeinflussung des Phänomens zur Folge gehabt hätte. Dieser Umstand scheint also die Annahme hinfällig zu machen, daß das Phänomen auf dem Durchfeuchtungszustande der Haut bzw. der Tätigkeit der Schweißdrüsen beruhe. Die Genese des Phänomens liegt wahrscheinlich viel tiefer in dem Zustand der Haut selbst und ihren Zellengrenzschichten sowie in Eigenschaften der Körper- und Gewebsflüssigkeiten begründet, Verhältnisse, die sämtlich unter vegetativen und auch endokrinen Einflüssen stehen und darum durch vegetativ bzw. endokrin bedingte Jonenverschiebungen abgeändert werden.

Die Methode unseres eigenen Vorgehens war folgende: Die indifferente Elektrode (Anode) lag auf der Brust, die Kathode (STINTZINGS Normalelektrode) wurde auf die Ellenbeugeinnenseite aufgesetzt, und zwar mit leichtem Druck, so daß sie mit ihrer ganzen Fläche die Haut berührte. Diese Stelle wählten wir, weil an ihr die Haut bei fast allen Menschen annähernd gleich zart und weich ist, und weil dieser Ort zugleich für die nachfolgenden Untersuchungen am Nervus ulnaris besonders bequem liegt. Vorher war der Strom durch Veränderung des beweglichen Widerstandes mittels eines konstanten Widerstandes, der zunächst den Körper der Vp. ersetzte, auf eine bei allen Untersuchungen stets gleichbleibende, von den unvermeidlichen Schwankungen im städtischen Stromnetz (220 Volt) unabhängige Stärke eingestellt worden, so daß das Amperemeter bei Stromschluß und Einschalten dieses konstanten Widerstandes stets einen bestimmten, stets gleichen Ausschlag zeigte, der etwa dem mittleren Ausschlag des Amperemeters bei der Hautwiderstandsprüfung entsprach (0,5 MA). Bei dem oben beschriebenen Aufsetzen der Kathode (3 qcm) auf die Ellenbeuge, also bei Schließung des Stromes, zeigte sich dann im einzelnen folgendes: es zeigte sich bei reinen T-Typen niemals ein größerer Amperemeterausschlag als bis 0,5 MA höchstens, meistens sogar ein geringerer (um 0,2 MA), und dieser Ausschlag blieb zugleich bei längerem Stromschlusse bestehen oder vergrößerte sich nur wenig; wenn überhaupt, dann sehr langsam. Bei B-Typen oder Mischtypen dagegen, die mit genau dem gleichen Strom geprüft wurden, sprang die Nadel des Amperemeters fast immer sofort auf 0,5—1,0 MA und selbst höher, um bei anhaltendem Stromschlusse sich meist sofort, teilweise mit großer Geschwindigkeit, auf noch höhere Werte einzustellen. Es war also nicht nur der Anfangswiderstand der Haut, verglichen mit den Verhältnissen bei den T-Typen, erniedrigt, sondern es erfolgte auch bei Fortdauer der Durchströmung ein weiteres schnelles Absinken des schon deutlich erniedrigten Anfangswiderstandes (relatives Widerstandsminimum CHVOSTEKS). Wenn bei B- oder Mischtypen (BT-Typen) in einzelnen Fällen ein ziemlich hoher Anfangswiderstand nachgewiesen wurde, so verriet sich dann trotzdem die B-Komponente in der Mehrheit der Fälle wenigstens in einem schnellen Sinken des Widerstandes bei Stromschlußdauer. Oft zeigten sich dann auch noch andere B-Stigmen.

Wir fanden die Widerstandserniedrigung der Haut, soweit die in Tab. I A u. B u. Tab. II S. 218 vertretenen Fälle in Frage kommen, die fast ausschließlich Mischfälle vom BT-Typus sind, in der jüngeren Altersklasse bedeutend häufiger und ausgeprägter als in der älteren Jahresklasse. Wie bei den galvanischen Reizschwellen und den Stigmen der mechanischen und optischen Übererregbarkeit (AB und NB des T-Komplexes) und wie bei den anderen B-Stigmen, so sehen wir auch hier fortschreitend mit dem Alter eine Abnahme der Reizempfindlichkeit der Haut, die darin ihren Ausdruck findet, daß bei der älteren Jahresklasse die Neigung zur Hautwiderstandserniedrigung abnimmt. Diese geringere Ansprechbarkeit der Haut auf den galvanischen Strom in der älteren Jahresklasse kommt in einer Vermehrung der niederen, die Steigerung dieser Phänomene in der jüngeren Altersklasse in einer vermehrten Häufigkeit höherer Anfangsausschläge des Amperemeters zum Ausdruck, zugleich aber auch in einer vermehrten Neigung zur sekundären Hautwiderstandserniedrigung bei anhaltendem Stromschluß[1]). Durchschnittlich ist also der Hautwiderstand in der jüngeren Alters-

[1]) Mit letzteren Erscheinungen dürfte vermutlich auch (vgl. oben) eine vermehrte Ansprechbarkeit auf das psychogalvanische Phänomen einhergehen.

klasse geringer, und zugleich neigt er stärker zu weiterer Abnahme als bei den älteren Individuen. Auch dieses Phänomen ordnet sich also ein in den bisher geschilderten Umkreis von Erscheinungen, welche mit fortschreitendem Lebensalter ein Absinken der Reizanspruchsfähigkeit (im allgemeinsten Sinne) meßbar erfassen lassen, und es bestätigt sich zugleich wieder die spezifische Beziehung dieser Erscheinungen zu bestimmten psychophysischen Funktionstypen.

Wir fanden nämlich folgende Amperemeterausschläge:

in der jüngeren Altersklasse (vgl. Tab. I A, S. 212—214)	in der älteren Jahresklasse (vgl. Tab. I B, S. 214—217)
Anfangsausschläge des Amperemeters bei Stromschluß (in MA) (vgl. auch Tab. II, S. 218)	
1,0 und größer als 1,0 in 18,42 vH.	in 0 vH.
0,8 und größer als 0,8 „ 21,05 vH.	„ 8,33 „
größer als 0,4 „ 39,47 vH.	„ 20,83 „
0,4 „ 31,58 vH.	„ 29,17 „
0,2 „ 28,95 vH.	„ 45,83 „

Das Absinken der Reizanspruchsfähigkeit im Gebiete des Hautwiderstandes zeigt sich auch hier wieder fortschreitend von der jüngeren zur älteren Jahresklasse, und zwar in steigender Häufigkeit der niederen und sinkender Häufigkeit der höheren Amperemeterausschläge; letztere zeigen, wenn die Ergebnisse für die verschiedenen Typen zunächst zusammengefaßt werden, in der jüngeren Altersklasse ihre größte Häufigkeit, die niedersten dagegen ihre größte Häufigkeit innerhalb der älteren Jahresklasse. Von unseren hochgradigen Eidetikern zeigten einen durchschnittlichen Amperemeterausschlag

(Tab. IV, S. 238) { die reinen T-Typen von 0,34 MA (Fall 1—7, a, b, c, d)
die Mischtypen von 0,77 MA (Fall 8—21)
die reinen B-Typen von 1,53 MA (Fall 22, f, g).

Echte Fälle von Basedowscher Krankheit zeigten, wie Verf. inzwischen mehrfach feststellen konnte (Medizinische Universitätsklinik Frankfurt a. M.), einen Anfangsausschlag von 2,0—4,0 MA und mehr, zugleich ein geradezu rapides Absinken des Hautwiderstandes bei länger anhaltendem Stromschluß (vgl. auch Fall 26, S. 261).

Bei dieser Untersuchung handelt es sich nicht um absolute, sondern um relative Werte. Ähnliche Werte für den Hautwiderstand wie bei unserer eigenen Marburger Versuchsanordnung erzielten wir in Frankfurt a. M. (städt. Stromnetz 120 Volt) mit dem in den meisten Kliniken üblichen Pantostaten von Reiniger, Gebbert & Schall, wenn wir den Gang des Dynamo auf Marke 6, den galvanischen Strom auf Marke 2 des Ausziehkontaktes stellten und nun den Ausschlag der Nadel am Amperemeter ablasen[1]). Es ergaben sich dann die gleichen Werte wie an unserer eigenen Versuchsanordnung in Marburg a. L. (städt. Stromnetz 220 Volt). Es ist überdies leicht, in ähnlicher Weise sich überall brauchbare Vergleichswerte zu schaffen, indem man B-Typen, Basedowfälle, und andererseits solche Individuen untersucht, die erstens nicht die charak-

[1]) Bei unseren ersten galvanischen Untersuchungen an Nerven, die noch mit dem Pantostaten der Mediz. Univ.-Klinik in Marburg (Dir. Prof. G. v. Bergmann) stattfanden, und bei denen Herr Priv.-Doz. Dr. Scharnke (z. Z. Oberarzt der Psychiatr. Univ.-Klinik Marburg) Verf. freundlicherweise technische Hilfe leistete, benutzten wir das an diesem Apparat angebrachte Amperemeter, nachdem wir es im physikalischen Institut auf seine Genauigkeit hatten prüfen lassen. Später benutzten wir bei unserer eigenen Untersuchungsanordnung ein geeichtes Präzisionsinstrument ($\frac{1}{10}$ MA Gradeinteilung).

teristische oft fast sammetweiche Hautbeschaffenheit des B-Typus, zweitens auch sonst keinerlei vegetative Stigmatisierung aufweisen, und deren Augen nicht nur jedes Basedowzeichen, sondern auch selbst jener beseelte Glanz des Auges (vgl. oben) fehlt, der an sich schon für ein B-Stigma angesehen werden muß, wie auch die Augen sonst beschaffen sein mögen. Die Hautbeschaffenheit letzterer Individuen entspricht dann meist, auch bei der eben geschilderten galvanischen Prüfung, dem Verhalten der Haut bei T-Typen. Das besagt, es verhält sich bei T-Typen die Haut so, wie F. CHVOSTEK es bei seinen Hautwiderstandsprüfungen an Tetaniekranken vorfand, bei denen der Hautwiderstand auffallend höher war wie bei Basedowfällen. Es ist das nicht das gleiche, als wenn F. CHVOSTEK bemerkt, daß sich bei Tetaniekranken der Hautwiderstand nicht anders verhielt wie bei Gesunden. Denn es wurde später gefunden, daß die von CHVOSTEK bei Morbus Basedow festgestellte Hautwiderstandserniedrigung sich häufig ebenfalls bei Gesunden findet. Es besagt das eben, daß man auf diese Weise auch unter Gesunden zwei verschiedene Typen feststellen kann, nämlich solche, die sich in bezug auf den Hautwiderstand wie Tetanie- und andere, die sich wie Basedowkranke verhalten, ohne darum krank zu sein! Wenn wir also die Hautwiderstandsverhältnisse als Merkmal zur Unterscheidung verschiedener Individuen innerhalb der gesunden Breite verwenden, so zeigt sich, daß ein Teil dieser Gesunden bei dieser Prüfung sich als B-Typen erweist, in hochgradigen Fällen sich geradezu wie echte Basedowkranke verhält, ein anderer Teil wie die T-Typen bzw. Tetaniekranken, beide ohne krank zu sein. Es bedeutet dies nicht, wie angenommen wurde, daß diesen Unterschieden keinerlei Bedeutung beizumessen sei. und daß dieses verschiedene Verhalten wegen seiner Verbreitung unter Gesunden keinerlei Bedeutung für die Basedowsche Krankheit bzw. Tetanie besitze; sondern ganz im Gegenteil zeigt sich hierin, wie wir dies bisher bei allen unseren Stigmen nachweisen konnten, der gleitende Übergang von Krankheitssymptomen bei Tetanie und Basedow in die Breite des Normalen hinein, als der eines Persönlichkeitsstigmas, das keine Krankheit, sondern zunächst nur eine bestimmte Persönlichkeitsfärbung beweist; andererseits aber wird hierin die Bedeutung des konstitutionellen biologischen Momentes für die beiden genannten Krankheiten besonders deutlich.

Außer diesen Stigmen seitens der Haut beobachteten wir bei unseren B-Typen noch weitere Erscheinungen, die in krankenhaftem Ausmaße ebenfalls bei echtem Morbus Basedow eine Rolle spielen.

V. Feinschlägiger Fingertremor.

Er ist ein weiteres Stigma des B-Typus und wird zugleich vielfach als Frühsymptom Basedowscher Krankheit angesprochen. Nach unseren Beobachtungen findet er sich aber auch bei Gesunden und besonders häufig bei Jugendlichen und Individuen, die auch andere Stigmen des B-Typus zeigen. Natürlich ist die Ausschließung von Tremor aus anderen Ursachen erforderlich (vgl. Tab. II, S. 218)[1].

VI. Geringe Halsverdickung infolge leichter Schilddrüsenvergrößerung.

Hierunter ist nicht von vornherein eigentlicher „Kropf" zu verstehen, sondern, außer dem sogenannten „Schulkropf", nur eine eben etwas leichter palpable Schilddrüse (echter Kropf findet sich nach SCHWENKENBECHER in Marburg in 15 vH. der Bevölkerung). Geringe Halsverdickung findet sich bei Jugendlichen

[1]) Grobschlägiger Tremor gehört nach K. LANDAUER (vgl. Kap. X) zum tetanoiden Syndrom.

häufiger als bei Erwachsenen, bei letzteren häufiger bei Eidetikern insbesondere vom B-Typus, auch unter Berücksichtigung der jahreszeitlichen Schwankungen (vgl. hierzu Tab. II, S. 218).

Wir zeigten, daß die Hautwiderstandserniedrigung bzw. die Häufigkeit ihrer höheren Grade in der höheren Altersklasse seltener war als in der jüngeren. Wir bezeichneten aus guten Gründen diese Hautwiderstandserniedrigung als ein Stigma des B-Typus, dessen Stigmen sämtlich, — einschließlich der Augensymptome, Pulssymptome, der Schilddrüsenvergrößerung usw. (vgl. Tab. II, S. 218) —, wenigstens was die stärkeren Grade anlangt, in der jugendlichen Altersklasse fast durchgehend eidetischer Individuen vom BT-Typus häufiger sind als in der älteren Jahresklasse somatisch gleichartig beschaffener Individuen, bei denen auch optische AB parallel mit diesem Absinken der basedowoiden und tetanoiden Übererregbarkeit seltener werden. Ordnet man aber Erwachsene verschiedenen Lebensalters nach den eidetischen Anlagen, trennt man also unter ihnen Eidetiker und Nichteidetiker, so finden sich unter den erwachsenen Eidetikern (vgl. Tab. III, S. 218) B-Stigmen der Augen, die hier nach unseren Erfahrungen als besonders ausschlaggebende herausgegriffen wurden, fast durchgehend, unter Nichteidetikern dagegen nur selten. Dies ergibt sich, wenn wir eidetische Fälle überhaupt, ohne Rücksicht auf Grad und Typus, der Untersuchung zugrunde legen. Ziehen wir dagegen Eidetiker etwa gleichen Grades, auch verschiedenen Alters, also auch Jugendliche in Betracht, so zeigen sich somatische B-Stigmen mit besonderer Stärke und Ausbreitung innerhalb einer Persönlichkeit gerade in Fällen einer besonderen Art eidetischer Phänomene, die wir sogleich näher charakterisieren werden (vgl. Tab. IV, S. 238). Es verhält sich also hier ganz entsprechend wie bei den T-Stigmen; man erhält auch hier immer denselben Parallelismus, ob wir die Individuen nach eidetischen Anlagen oder somatischen Stigmen in verschiedenen Lebensaltern einer Rangordnung unterwerfen, oder ob wir die verschiedenen Lebensalter miteinander vergleichen.

In allen diesen B-Stigmen sehen wir kurzweg Zeichen einer vermehrten Erregbarkeit des gesamten vegetativen Nervensystems ohne Rücksicht auf dessen verschiedene Anteile[1]). Nicht nur die Erfahrungen der Klinik, sondern auch experimentelle Ergebnisse beweisen, daß das vegetative System eine besondere Affinität zu einer erregbarkeitssteigernden (sensibilisierenden) Eigenschaft des Schilddrüsensekretes besitzt. Andererseits muß auch die Basedowsche Krankheit und das Basedowoid immer noch überwiegend als Ausdruck einer Hyperfunktion der Schilddrüse angesehen werden, wenn auch nicht ohne sehr komplizierte Mitwirkung anderer Verhältnisse. Wenn wir nun (in der Medizinischen Universitätsklinik Frankfurt a. M.) beobachten konnten, daß eine Schilddrüsenresektion AB vom B-Typus, die durch Kalk nicht beeinflußbar waren, abschwächte, und daß umgekehrt übertriebene Schilddrüsenzufuhr in einem von uns beobachteten Falle eidetische Fähigkeiten weckte[2]), so stehen wir nicht an, diese Verhältnisse für einen ausschlaggebenden Hinweis darauf anzusehen, daß unsere Ausführungen über die Zusammenhänge zwischen AB und vegetativer Stigmatisierung bzw. auch

[1]) Vgl. Anm. 3 u. 4, S. 147 u. Kap. VII, 2.

[2]) Vgl. Schoendube (Mediz. Univ. Klinik Frankfurt a. M.): „Zur thyreosexuellen Insuffizienz", Zeitschr. f. klin. Med. 1924. Hier veränderte sich zugleich auch der Hautwiderstand, der während der Thyreotoxikose (herbeigeführt durch unmäßige Einnahme von Thyreoidin) Werte zeigte, wie sie sonst nur der Morbus Basedow aufweist, nach Absetzen des Thyreoidins im Sinne einer Erhöhung, während eidetische Erscheinungen und die Stoffwechselbilanz eine entsprechende Veränderung (Erniedrigung) erfuhren.

Schilddrüsenfunktion und basedowoidem Konstitutionskomplex (B-Komplex) in der Tat zu Recht bestehen.

Es bleibt nur noch übrig, auf die eben erwähnte besondere Art der AB_B, die wir schon bei der Charakterisierung der AB_T vielfach vergleichsweise heranziehen mußten, näher einzugehen.

VII. Optische Untersuchung der zentralen Übererregbarkeit (optische Stigmen).

Die AB vom B-Typus fügen sich wegen ihrer maximal hohen Biegsamkeit (spezifische Plastizität des B-Typus) leicht und vollständig dem Vorstellungsablauf ein. Sie werden darum nicht, wie beim T-Typus, als ein dem Vorstellungsablauf und der Persönlichkeit fremdes und ihr aufgedrängtes Element empfunden. Sie sind in jedem Falle „der allgemeinen Seelenkraft“ untergeordnet (Goethe), und ihr Sehmaterial, das auch hier im ganz buchstäblichen Sinne den Charakter der Empfindung hat, strahlt aus der Vorstellung, wie überhaupt aus dem allgemeinen Seelenleben selbst heraus. Wohl aus diesem Grunde haben die Betreffenden auch kein Verlangen danach, von ihrer Eigentümlichkeit befreit zu werden, im Gegensatz zu manchen Individuen vom T-Typus, die, wie erwähnt, nicht gern von ihren AB sprechen, da sie wie ein lähmender, fremdartiger Druck auf ihnen lasten können. Aber auch die Angehörigen des B-Typus sprechen sich zu niemandem über ihre Anschauungsbilder aus, jedoch aus einem ganz anderen Grunde: die Anschauungsbilder erscheinen ihnen, dank ihrer oben geschilderten Beschaffenheit und Art des Auftretens als etwas so Normales, Natürliches, Selbstverständliches, daß sie sie fast stets für eine allgemeine Eigenschaft des Menschen halten, auch bei anderen erwarten und sie darum gar nicht als etwas Besonderes und Bemerkenswertes ansehen, was der Erwähnung wert wäre. Gilt dies alles schon von Erwachsenen[1]), so erst recht von Jugendlichen mit ihrer Unbefangenheit. Es mag zunächst erstaunlich erscheinen und ist auch den psychologischen Arbeiten des Marburger Instituts im ersten Anfang entgegengehalten worden, daß eine unter Jugendlichen derart verbreitete Erscheinung doch nicht hätte so lange verborgen bleiben können. Eine Hauptursache ihres langen Verborgenbleibens besteht eben darin, daß aus den angeführten Gründen die Selbstaussprache über diese Erscheinungen zu unterbleiben pflegt, und der ganze Erscheinungskreis darum nur mittels der Technik

[1]) Am ehesten bleiben die so starken AB_B des B-Typus über die Pubertät hinaus bestehen, und sie sind darum unter den nicht sehr zahlreichen erwachsenen Eidetikern am stärksten vertreten. So erklärt sich die von E. R. Jaensch nun schon mehrfach gemachte Erfahrung, daß man auch unter Erwachsenen, denen von den eidetischen Tatsachen Mitteilung gemacht worden ist, die Eidetiker oft nur mittels des systematischen Experimentes herausfinden kann, sofern nicht irgendein Zufall auf anderem Wege die Aufmerksamkeit auf die eidetische Veranlagung hinlenkte und der Aufdeckung zu Hilfe kam. Es ist sogar schon mehrfach vorgekommen, daß starkeidetische Studierende mit Aufmerksamkeit und Interesse einer Vorlesung über die eidetischen Tatsachen beiwohnten, ohne daß sie auf den Gedanken gekommen wären, alles dies könne sie persönlich etwas angehen. Sie meldeten sich darum auch nicht, trotz der Bitte des Vortragenden, daß diejenigen, welche an sich selbst diese Besonderheit beobachteten, ihm hiervon Mitteilung machen möchten. Sie wurden später befragt, weshalb sie gar nicht auf den Gedanken gekommen wären, daß sie selbst zu den Eidetikern gehören könnten. Als Grund gaben sie an, es sei von Anfang an von dieser Veranlagung immer als von einer „besonderen Eigentümlichkeit“ die Rede gewesen; von ihrer eigenen Veranlagung aber hätten sie geglaubt, daß sie etwas so Selbstverständliches, jedem Menschen Zukommendes sei, daß ihnen der Gedanke völlig fern gelegen hätte, sie selbst könnten zu den in besonderer Weise Veranlagten gehören, von denen der Vortragende immer gesprochen hätte.

der experimentellen Psychologie ans Licht gezogen werden konnte. Es ist uns immer wieder aufgefallen, wie selbst hochgradige Anschauungsbilder, die schon an der Grenze des Pathologischen standen, der Umgebung der Jugendlichen — ihren Angehörigen und Lehrern — völlig verborgen geblieben waren. Je näher nun aber die starkeidetischen Jugendlichen der Grenze des Pathologischen oft stehen, je mehr sie im Interesse der physischen wie psychischen Hygiene und Krankheitsprophylaxe eine besondere Aufmerksamkeit erfordern, um so wichtiger dürften Methoden sein, die es gestatten, solche „Disponierte" systematisch herauszufinden, und dies auf einer jugendlichen Altersstufe, wo der Organismus noch wandlungsfähig ist, wo ein Typus von ausgesprochener Besonderheit noch vor dem Übergang in Krankheit bewahrt, oder unter Umständen gerade wegen seiner Besonderheit zu einem für die Gesamtheit besonders wertvollen Menschen herangebildet werden kann[1]).

Das AB des B-Typus ($AB_{VB\,=\,B}$) nun ist von größter Deutlichkeit, Dichte und Intensität, Schärfe der Einzelheiten, bei körperlichen Vorlagen vollkörperlich und selbst bei einfachen homogenen Vorlageobjekten urbildmäßig. Es verhält sich gegenüber Calciumzufuhr immer refraktär. Zugleich ist es aufs stärkste, leichteste und schnellste beeinflußbar und veränderlich durch äußere experimentelle Maßnahmen, sowie durch den Willen und die Vorstellungen des Beobachters. Zuweilen erleidet es ganz von selbst, wenigstens ohne erkennbaren äußeren oder inneren Anlaß, kaleidoskopartige Abwandlungen. Im allgemeinen läßt es sich, — anders wie beim T-Typus —, auch ohne Wiederdarbietung der Vorlage aus der bloßen Erinnerung jederzeit und mühelos wiedererzeugen. Manchmal ist ein gewöhnliches physiologisches negatives Nachbild auch unter den dafür günstigsten Bedingungen überhaupt nicht hervorzubringen; es entsteht vielmehr sofort ein Phänomen, das selbst bei einfachen Vorlageobjekten, wie farbigen homogenen Quadraten, urbildmäßig gefärbt ist und, obzwar es gesehen wird, in allen wesentlichen anderen Beziehungen die Kriterien der VB zeigt, sich zugleich auch als kalkresistent erweist. Hier handelt es sich dann um reine B-Typen (vgl. Fall f, g, Tab. IV). Mitunter aber, und zwar selbst bei starker eidetischer Anlage, kann hier außer und neben diesem AB ein physiologisches negatives NB von gewöhnlicher Dauer und Stärke vorhanden sein (vgl. Fall 22, Tab. IV). Bei reinen B-Typen dieser Art können also die negativen NB trotz ausgeprägter AB_B in ganz normaler Form auftreten, d. h. sich so verhalten wie im allgemeinen bei erwachsenen und nichteidetischen Individuen. Es besteht mit anderen Worten beim reinen B-Typus zuweilen eine reinliche Scheidung zwischen den AB_B und NB, im Gegensatz zu den Mischtypen (BT-Typen), bei denen sich die eidetische Anlage häufig zugleich auch in den NB verrät, indem deren Verhalten in der Richtung auf das Verhalten der AB verschoben erscheint, und im Gegensatz zu den reinen T-Typen, bei denen das Verhalten auch selbst hochgradiger AB_T, z. B. beim EMMERTschen Versuch, gerade in der Richtung auf die physiologischen NB verschoben sein kann. Bei Mischtypen tritt ferner manchmal erst nach Kalkdarreichung die basedowoide und tetanoide Komponente der optischen Erscheinungen auseinander: es zeigt sich dann bei fixierender Betrachtung der Vorlage überhaupt erstmals ein physiologisches negatives NB neben dem bei ungezwungener Betrachtung entstehenden positiven AB_B, während vorher bei jeder Betrachtungsweise, bei ungezwungener Betrachtung wie bei Fixation, immer nur ein urbildmäßig gefärbtes AB entstand. Ja, es kommt vor,

[1]) Der Psychiater R. SOMMER faßte in einem Referat, das er dem Psychologenkongreß in Leipzig (1923) über die Lehre von den Individalitäten erstattet hat, einen Teil seiner Ausführungen in dem Satze zusammen: „10 Prozent Psychose sind notwendig".

daß in solchen Fällen dreierlei deutlich voneinander zu unterscheidende Phänomene auftreten: nämlich außer dem physiologischen negativen NB und neben dem urbildmäßigen AB_B, das dabei zugleich keine Kalkreaktion zeigt, noch ein auf weitere Kalkzufuhr reagierendes komplementäres AB_T (vgl. z. B. Fall 20, Kap. V C). — Auch das AB des B-Typus kann ebenso wie seine psychische Äquivalente isoliert auftreten, d. h. ohne begleitende körperliche B-Stigmen. Wir können daher in hochgradigen Fällen dieser Art von einem „optischen (bzw. psychischen) Basedowoid" sprechen.

Eine ganz ähnliche Flüssigkeit, Biegsamkeit und Anpassungsfähigkeit an die Umweltreize, ebenso wie an die Vorgänge des inneren Seelenlebens, zeigt sich auch im Spiel der Vorstellungen und Willensimpulse des B-Typus bzw. BT-Typus, die hierin gegenüber den T-Typen im allgemeinen einen gewissen Vorteil besitzen. Indes kann dieser Vorteil dann zum Nachteil werden, wenn die Beweglichkeit aller dieser Vorgänge zugleich eine abnorm leichte Ablenkbarkeit zur Folge hat, die dem T-Typus nicht zukommt; denn ihm ist, vermöge einer gewissen Starrheit aller seiner Reaktionen auf Innen- und Außenreize, zugleich eine gewisse Beharrlichkeit eigen, die einen der vorteilhaftesten Charakterzüge des T-Typus bildet. Wo die Starrheit zu Zwangsmäßigkeit, zu Pedanterie, Philistrosität und zu psychischer Enge führt, kann auch dieser relative Wert natürlich wieder zu einem Unwert werden, wie wir es überhaupt hier mit seelischen Strukturen zu tun haben, mit deren Konstatierung an sich über Wert oder Unwert der Persönlichkeit nichts ausgesagt ist. Wahrscheinlich wird sich gerade bei der Mischung beider Typen eine für hochwertige Dauerleistungen besonders günstige Eigenart ergeben. Die Stärke des B-Typus liegt in der Leichtigkeit, Impulse zu empfangen und zu geben, die aber ebenso leicht ihre Richtung ändern und abbiegen, während der T-Typus zur zähen Festhaltung und Durchführung des einmal Begonnenen neigt. Ist ferner die Stimmungslage des T-Typus, besonders in pathologischen Fällen, fast eindeutig depressiv, so neigt die Stimmungslage des B- bzw. BT-Typus von vornherein zu starken Schwankungen. Auch die Reaktionen des vegetativen Nervensystems, dessen leichte Ansprechbarkeit und Labilität durch seine starke Vorherrschaft den B-Typus körperlich charakterisiert, sind im Grunde ambivalent. Ebenso ist auch die Stimmungslage des B- und BT-Typus ambivalent, und sie kann innerhalb größerer Phasen allerdings nach der einen oder anderen Seite hin von einer gewissen Dauer sein. Es ist aber gerade das Schwankende dieser Stimmungslage, welches beim B-Typus und seinen Legierungen im Psychischen hervortritt und hier ein Äquivalent zu bilden scheint zu den entsprechenden vegetativ-nervösen, mit dem höheren Seelenleben eng verkoppelten Schwankungen, z. B. zu der schwankenden Weite der Pupillen, und auch seinem labilen Hautwiderstand, welche beide Erscheinungen ja wahrscheinlich auch Ausdruck der Tonusschwankungen im vegetativen Nervensystem sind, eines Nervensystems, dessen Funktionen gerade beim B-Typus eine besonders enge Verknüpfung zeigen mit den Schwankungen des Gemüts und der seelischen Stimmungslage.

Eine Bemerkung in E. R. Jaensch: „Über den Aufbau der Wahrnehmungswelt" (Leipzig: Joh. A. Barth 1923), wonach bei eidetischen Untersuchungen von „apsychonomen", d. h. besonders von stark beweglichen B-Bildern zunächst besser abzusehen sei, hat zu Anfragen Anlaß gegeben, ob man sich bei Untersuchungen über optische Anschauungsbilder auf T-Fälle zu beschränken habe. Hierauf ist zu antworten, daß eine solche Beschränkung nicht erforderlich ist, und daß die Frage nach dem Typus bei eidetischen Untersuchungen, die nur dem Verhalten der AB und nicht der ganzen Persönlichkeit gewidmet sind, an Bedeutung zurücktritt und hier nur bei ganz reinen Typen, vor allem der Nicht-E-Fälle mit hochgradigen AB, ins Gewicht fällt[1]). Der reine T-Typus und der reine B-Typus dieser Art sind nun aber tatsächlich verhältnismäßig selten gegenüber den die Überzahl bildenden Mischfällen, in denen neben der einen der beiden Komponenten in mehr oder weniger starkem Maße auch die andere nachweisbar ist. Die Typenuntersuchung allerdings muß gerade von den Fällen ausgehen, die den Typus rein repräsentieren. Die psychologische Untersuchung aber, die das durchschnittliche Verhalten der AB feststellen will, wird besonders von dem reinen B-Typus mit seiner besonders großen Labilität aller Erscheinungen am besten zunächst absehen. Hierauf allein bezog sich die erwähnte Bemerkung. Von dem damaligen bereits sehr großen Material waren unter diesem Gesichtspunkt in der Tat nur wenige Fälle ausgeschieden worden (von schätzungsweise etwa 100 nur 2). Wäre die Rücksichtnahme auf das hiesige Material allein bestimmend gewesen, so hätte also jene einschränkende Bemerkung auch wegbleiben können. Wenn sie trotzdem hinzugefügt wurde, so war vor allem die — inzwischen auch bestätigte — Vermutung leitend, daß die Verteilung der Typen eine örtlich, wahrscheinlich auch rassenmäßig[2]) verschiedene ist, und daß vielleicht anderwärts diejenigen Fälle verbreiteter sind und gerade das Durchschnittsverhalten darstellen, die hier nur verhältnismäßig selten auftraten und sich vom Durchschnittsverhalten deutlich abhoben.

Als sicher darf ja aber jetzt schon gelten, daß die Typen ferner auch eine Beziehung haben zur Struktur ihrer eigenen Wahrnehmungswelt. Indessen soll hierauf nicht eingegangen werden, weil die entsprechenden Verhältnisse im Marburger Psychologischen Institut erst noch Gegenstand genauerer Untersuchung sind. Dagegen sollen noch einige allgemeinere Bemerkungen Platz finden. Es besteht im allgemeinen in der Medizin und der klinischen Betrachtungsweise die Ansicht, daß Verhaltungsweisen, die psychischer Beeinflussung zugänglich sind, mit exakten Untersuchungsmethoden nach Art der Naturwissenschaften nicht erforscht und festgestellt werden können, in einer streng naturwissenschaftlichen Beobachtungsart daher ausgeschieden werden müssen, und in der Klinik ist es eine weit verbreitete Gepflogenheit, alle sogenannten „funktionellen", m. a. W. psychisch hervorrufbaren und beeinflußbaren Reaktionen dem Bereich der „Hysterie", also wieder einer Krankheit, zuzuweisen. Solche Erscheinungen pflegt man dann meist, wenn sie nicht sehr hochgradig und störend, also nicht wirklich krankhaft und echt hysterisch sind, für unwesentlich zu halten, und man ist meist der Meinung, daß ganz allgemein dort, wo solche psychische

[1]) Für die Typenuntersuchung sind solche Fälle am geeignetsten, die gerade noch an der Grenze der E-Phase stehen. Hier zeigen sich bei beiden Typen noch hochgradige AB und die Unterschiede treten doch scharf hervor, weil die ausgleichende E-Phase schon teilweise ausgeschaltet ist. In niederen eidetischen Graden aber sind die hier ebenfalls geltenden Typenunterschiede wegen der Geringgradigkeit der Phänomene experimentell schwerer nachweisbar. Ferner darf man nicht den Fehler begehen, wie S. Fischer und H. Hirschberg (Zeitschr. f. d. ges. Neur. u. Psych. 1924), körperlich ausgeprägte B-Typen mit ausgeprägten T-Typen in bezug auf die bei ihnen vorhandenen eidetischen Erscheinungen ohne weiteres zu vergleichen. Denn es ist ja keineswegs gesagt, daß vorhandene eidetische Erscheinungen bei dergestalt herausgesuchten Individuen gleiche Grade zeigen. Ebenso wäre es verfehlt, unsere Typen dergestalt nachzuprüfen, daß man äußerlich ausgeprägte Typen, z. B. beliebige Erwachsene, auf die bei ihnen vorhandenen AB prüft und damit ohne weiteres glaubte, den eidetischen Typus festgestellt zu haben, während man jederzeit zunächst den Grad der vorhandenen eidetischen Erscheinungen zu bestimmen hat, der ja auch schon in gewissem Umfang Starrheit bzw. Flüssigkeit von eidetischen Phänomenen bestimmt (vgl. Kap. IV und unsere Erwiderung auf die Arbeit von Fischer u. Hirschberg, Zeitschr. f. d. ges. Neur. u. Psych. 1925).

[2]) Vgl. E. R. Jaensch: „Zur differentiellen Völkerpsychologie". Vortrag gehalten auf dem Kongreß f. experiment. Psychologie, Leipzig 1923. Bericht über den VIII. Kongreß f. exper. Psychologie, her. v. K. Bühler. Jena 1924.

Faktoren in der Persönlichkeit eines Individuums eine Rolle spielen, eine mit naturwissenschaftlichen Mitteln arbeitende exakte Untersuchung keine Stelle mehr hat. Manchem Kliniker geben solche Fälle auch Anlaß, philosophische Betrachtungen anzustellen, ganz im Sinne etwa jener älteren Psychologie, die aber in ihrem eigenen Gebiet längst aufgegeben und durch die exakte experimentelle Methode im Geiste der Naturwissenschaften ersetzt ist. Solche Betrachtungen wirken dann wie eine respektvolle, aber zugleich etwas kühl-abwehrende Verneigung vor einer fremden Macht, deren Bedeutung man zwar anerkennen muß, deren Gebiet aber von dem eigenen durch scharfe Grenzen getrennt und mit der ein Bündnis wegen völlig verschiedener Artung nicht möglich ist. Diese Einstellung ist in der Art der Forschungsmethoden begründet, welche in der Klinik noch heute die fast allein beherrschenden sind. Diese Methoden richten sich fast durchweg auf unveränderliche Dauerzustände, die mit pathologisch-anatomischen oder histologisch-chemischen Methoden feststellbar sind. Erst in neuerer Zeit vollzog sich hierin ein Umschwung, indem man, — ohne das Recht jener erwähnten Methoden anzutasten —, daneben mehr und mehr auch zur Beachtung funktioneller und wandelbarer somatischer Zustände schritt, deren Feststellung sich ebenfalls schon der gewöhnlich üblichen anatomischen und histologischen Methodik nicht selten entzieht. Hier tritt nun auch das Wechselverhältnis von Medizin und Psychologie in seine Rechte. Denn es ist gerade die Aufgabe einer psychologischen Forschungsweise auch in der Medizin, methodische Hilfsmittel zu schaffen zur Analyse auch solcher Zustände, deren funktionelle Beeinflußbarkeit, wenn auch psychische Faktoren mitwirken, bisher die Veranlassung war, die betreffenden Zustandsbilder in der Klinik meist ohne weiteres in einen engeren oder weiteren Zusammenhang mit der Krankheit Hysterie zu stellen. Zwar werden wir sehen, daß der B-Typus eine gewisse Beziehung zu echt hysterischen Reaktionen besitzt; es verhält sich aber nicht so, daß der B-Typus etwa mit Hysterie zusammenfiele. Gerade das ist unsere Aufgabe, herauszustellen, daß bei bestimmten Persönlichkeitsgruppen der Einfluß psychischer Faktoren auf die Reaktionen in weitestem Umfang eine durchaus normale und physiologische ist, der mit der Krankheit Hysterie von vornherein nichts zu tun hat, d. h. auch nicht einmal etwa eine leichte hysterische Anlage darstellt. Es wird sich zeigen, wovon später noch die Rede sein wird, daß B-Typus und hysterische Reaktionen nur in einzelnen Zügen eine Übereinstimmung zeigen. Es ist dies aber eine Übereinstimmung, die keine Wesensgleichheit darstellt und eine Gleichsetzung beider Erscheinungskreise in keiner Weise rechtfertigen würde.

Zum Schlusse sei bemerkt, daß sich unsere Ausführungen, genau wie beim T-Typus, auf Beobachtungen stützen, die weit über das in dieser Arbeit angeführte Material hinausreichen. Dieses angeführte Material betrifft nur einen kleinen Teil des Gesamtmaterials, das damals gerade in Untersuchung stand, dessen Untersuchungsergebnisse aber auch mit unseren späteren immer wiederholten Befunden sich bisher nie in Widerspruch gesetzt haben.

VIII. Akzidentien des B-Typus.

Die Frage, welche Akzidentien dem B-Komplex angehören, ist schwerer zu klären als die entsprechende Frage beim T-Typus, da wir hier der so oft entscheidenden Kalkreaktion entraten müssen, die uns auch in Mischfällen über die Natur der einen oder anderen Erscheinung aufzuklären imstande war. Auch sind unter Jugendlichen reine B-Typen noch seltener als reine T-Typen, wenigstens bei unserem Material; bei anderen Stämmen und Rassen mag es sich anders verhalten. Die hierher gehörigen Fragen werden darum noch einer weiteren

Beobachtung auf Grundlage eines größeren Materials auch unter Erwachsenen bedürfen. Einiges indessen können wir heute schon aussagen, wenn dabei in Rechnung gezogen wird, daß wir dem „B-Typus“ kurz auch diejenigen Mischtypen unseres Materials zurechnen, bei denen dieser Komplex in der Gesamtpersönlichkeit immerhin bei weitem überwog, auch wenn es sich um BT-Typen handelte: alle diese BT-Typen können auf psychische Einwirkungen hin gelegentlich Stigmen und auch Akzidentien zeigen, die ihrem eigentlichen Wesen nach T-Stigmen bzw. -Akzidentien sind. Es ändert dieser Umstand an den spezifischen Erscheinungen des T-Typus nichts, denn es ist dies nur darauf zurückzuführen, daß T- und B-Komplex sich hier in engem funktionellen Zusammenwirken (in enger Koppelung) befinden. Wenn also z. B., wie dies bei Kindern leicht geschieht, im Affekt oder durch Schmerz und Gemütsbewegungen ein Facialisphänomen vorübergehend nachweisbar wird, so ist nicht, wie K. LANDAUER (vgl. hierzu später Kap. X) dies tut, das Facialisphänomen selbst als ein Äquivalent des Affekts anzusehen, sondern (im Sinne F. H. LEWY's) nur die affektiv hervorgerufene und vegetativ bewirkte Herabsetzung der Sperrschwelle im Muskel für den Eintritt einer Zuckung bei mechanischem Schlag auf diesen alterativen Nerven. Denn erst auf diesen Schlag hin wird ja das Facialisphänomen ausgelöst und nicht durch eine Innervation, die durch den Affekt veranlaßt würde. Hierbei muß die Möglichkeit offen gelassen werden, daß sich auch die Sperrschwelle für die willkürliche Innervation erniedrigt, wenn solche Verhältnisse Platz greifen[1]). Es ist daher mit der Möglichkeit zu rechnen, daß die sogenannten „schmerzlichen Zuckungen“ in der mimischen Muskulatur, die bei Gemütserregungen sozusagen unbeabsichtigt eintreten, auf dem gleichen Vorgang beruhen. Immer aber dürfte auch hier der Nachdruck auf die infolge des Affekts auf vegetativem Wege veränderte Sperrschwelle im Muskel oder Nerven zu legen sein, und die nun erfolgenden Zuckungen dürften etwa auf der gleichen Ebene stehen wie krampfende Muskelzustände, die v. BECHTEREW bei Tetaniekranken stets nur bei gewissen Bewegungen auftreten sah, beim Strecken des Fußes oder Armes: z. B. eine Mundbewegung, etwa beim Sprechen, löst hier dann eine Zuckung aus, wenn die Sperrschwelle vegetativ herabgesetzt ist.

Die B-Typen zeigen sich meist von außerordentlich lebhaftem Temperament, psychisch außerordentlich beeindruckbar, überwiegend heiterer, fröhlicher Stimmung, in die sich meist nur kürzere depressive Phasen einschieben. Sie sind aber in jeder Beziehung leicht erregbar und auch schnellem Stimmungswechsel unterworfen. Hier fließen Dinge, die wir bei den Akzidentien des T-Typus als Andeutung sogenannten „epileptischen Charakters“ anführten, mit den auch bei B-Typen, am stärksten natürlich bei den Mischtypen vom BT-Typus, bemerkbaren Erscheinungen zusammen; hierher gehören ferner auch Dinge, die wir schon in dem Abschnitt über Physiognomik und allgemeinen Eindruck erwähnten. Beim B-Typus ist z. B. die schnelle Umsetzung psychischer Erregungen in motorische Reaktionen bemerkenswert (vegetative Herabsetzung der Sperrschwelle? s. o.), während diese Umsetzung bei rein Tetanoiden verlangsamt ist, dafür dann aber nachhaltiger und unter größerem Innervationsaufwand erfolgt, weshalb die Reaktion kräftiger ausfällt. (Wirkt die Reaktion bei B-Typen lediglich wie ein beschleunigter psychomotorischer Reflexablauf, dessen momentan

[1]) Nach F. H. LEWY muß man damit rechnen, daß schon die bloße Absicht einer solchen Bewegung auf vegetativem Wege eine Bereitstellung der für die Muskelreaktion günstigen Ionenverhältnisse zur Folge hat. Es wäre nach Lage aller Dinge beim B-Typus damit zu rechnen, daß eine solche vorstellungsmäßig veranlaßte Bereitstellung der für die beabsichtigte Bewegung günstigen Ionenverhältnisse schneller verläuft als beim T-Typus. Vgl. hierzu Kap. VII, 2a.

hochgehende Wellen sich aber wieder schnell glätten, so hat man beim T-Typus im gleichen Falle oft das Gefühl einer gewissen Stauung der Reize, bevor dann eine starke Explosion mit ebenfalls kräftiger und langer Nachwirkung eintritt. Die Ursache hierfür liegt vielleicht auch darin, daß die psychische Sphäre mit den motorischen Reflexabläufen, in die sie ja stets modifizierend eingreift, beim T-Typus auch zentral weniger eng verkoppelt ist, während andererseits die motorischen Reflexabläufe rein als solche hier eine Übererregbarkeit und gesteigerte Anspruchsfähigkeit zeigen). Mitunter klagen die B-Typen über Herzbeschwerden, die meist in einer vor allem psychisch leicht eintretenden Tachykardie oder ebensolcher respiratorischer Arythmie bestehen. Schweißhände und motorische Unruhe bei geringstem psychischen Anlaß, leichte Ermüdbarkeit, ausgesprochene Magerkeit, psychisch starke Ablenkbarkeit bilden weitere Begleiterscheinungen schon mehr ans Pathologische grenzender Fälle. Besonders bei Frauen fiel in der v. BERGMANNschen Klinik gerade bei B-Typen eine recht häufige Neigung zu psychisch bedingten Temperatursteigerungen auf.[1]) In der Literatur über „Neurasthenie“ sind verschiedentlich Fälle von angeblich „akuter Neurasthenie“ beschrieben worden, die unter Fieber einhergingen und zeitweilig eine Infektionskrankheit vortäuschten. Fälle dieser Art, wie sie besonders von BOUCHUT und von R. v. KRAFFT-EBING[2]) beschrieben wurden, mögen vielleicht gleichfalls den ebenerwähnten Zustandsbildern angehört haben.

O. KROH (a. a. O.) schildert unsern basedowoiden Schülertypus wie folgt: „Demgegenüber (d. h. gegenüber dem T-Typus) ist der Basedowoide von starker psychischer Labilität. Ihn beherrscht das jeweilige Interesse. Wo er interessiert ist, folgt er dem Unterricht mit großer Aufmerksamkeit; lebhafte Beteiligung und Mitteilungseifer zeugen dafür. Das hindert nicht, daß er auch einmal abirrt. Zu starke AB können sein Interesse völlig absorbieren. Er verfolgt ihren Ablauf mit gesteigerter Aufmerksamkeit, die Umwelt, auch Schule und Unterricht werden vergessen. Ganz besonders besteht diese Gefahr dann, wenn der Unterrichtsstoff oder die Unterrichtsart das Interesse nicht wachzurufen vermögen. In solchen Fällen überläßt er sich, wenn nicht Selbstzucht oder Furcht eine Beteiligung erzwingen, sehr leicht dem Strom seiner Bilder.“ In pathologischen Fällen kann eine solche Bilderfolge geradezu den Charakter einer Ideenflucht annehmen (vgl. O. KROH a. a. O., S. 187, Fall I).

IX. Nachtrag: Synästhesien; Einfühlung; psychodiagnostische Registriermethoden.

1. Spätere Untersuchungen des Marburger Psychologischen Instituts haben einen engen Zusammenhang zwischen der eidetischen Anlage und der zu Synästhesien aufgedeckt, d. h. zu Mitempfindungen, die bei Erregung eines Sinnesgebietes in einem anderen auftreten. Auf diese erst neuerdings gefundenen Zusammenhänge wird später (Kap. XII) noch näher eingegangen werden. Auch GOETHE, der ja zu den eidetischen B-Typen gehört, hat in hervorragendem Maße solche Synästhesien gehabt, und der Schluß liegt daher nahe, daß beim B-Typus vielleicht besonders gewisse komplexe Synästhesien mit psychisch-affektivem Einschlag (z. B. bei Musik)[3]) gerade eine besondere Rolle spielen könnten, wenn dies nicht schon durch unser vorliegendes Material bis zu gewissem Grade wahr-

[1]) Vgl. hierzu TOENNIESSEN, E.: „Die Bedeutung des vegetativen Nervensystems für die Wärmeregulationen und den Stoffwechsel“. Klin. Wochenschr. 1923.

[2]) v. KRAFFT-EBING, R.: Nervosität und neurasthenische Zustände. Wien 1900. 2. Aufl. S. 44.

[3]) Ein besonders schönes literarisches Beispiel für akustisch-optische Synästhesien ist der Knabe Amadeus und sein Vater in Hermann Stehrs „Geschichten aus dem Mandelhause“, Berlin 1920, S. Fischer.

scheinlich gemacht würde. Denn beim B- und BT-Typus besteht ja eine besonders starke Abhängigkeit aller Funktionen voneinander. Im gleichen Sinne sprechen auch H. HENNINGs neuere Mitteilungen über „Komplexsynästhesien" (Zeitschr. f. Psychologie 92. 1923), auf die an anderer Stelle näher eingegangen werden soll. Sie verwenden hauptsächlich die von E. R. JAENSCH sogleich im Beginn der eidetischen Untersuchungen eingeführte und in zahlreichen — schon veröffentlichten und namentlich noch unveröffentlichten — Marburger Arbeiten benutzte Methode, während der Beobachtung eines Anschauungsbildes, überhaupt Gedächtnisbildes oder Wahrnehmungsgegenstandes, auf einem anderen besonders dem akustischen Sinnesgebiet einen Reiz zu geben. Die von HENNING hierbei erzielten Ergebnisse decken sich dabei in weitem Umfang mit den Befunden der Marburger Arbeiten. — Ähnlich scheinen die neuerdings vom Marburger Psychologischen Institut untersuchten „Einfühlungsvorgänge" beim B-Typus stärker zu sein. Ihr von E. R. JAENSCH neuerdings für seinen „Pubertätstypus" nachgewiesenes allgemeines Hervortreten jenseits der eidetischen Phase scheint mit einem allgemeineren Hervortreten des B-Typus überhaupt in dieser Entwicklungsperiode in Parallele und ursächlichem Zusammenhang zu stehen. Es handelt sich scheinbar um eine neue (sensitive) Valenz des B-Komplexes neben seiner eidetischen. Indessen dürften auch in der eidetischen Phase E-Fälle beider Typen sowohl bezüglich der Synästhesien als auch der Einfühlungsvorgänge wiederum eine gegenseitige Annäherung erfahren, genau wie in den eidetischen Erscheinungen.

2. Eine willkommene methodische Ergänzung für die Feststellung von B-Stigmen mit klinisch-exakten Mitteln ist enthalten in der soeben in der Zeitschr. f. d. ges. Neurol. u. Psychiatrie 85. 1923 erschienenen Arbeit von A. A. WEINBERG[1]). Es mag hier überhaupt ausgesprochen und betont sein, daß wir uns bisher infolge unseres rein empirischen Vorgehens fast ausschließlich darauf beschränkten, sozusagen quantitativ das vermehrte Vorhandensein vegetativer Stigmen und Reizerscheinungen bei den B-Typen festzustellen. Aber schon die voraussichtlich engen Beziehungen des von uns als B-Stigma benutzten Hautwiderstandes zum „psychogalvanischen Reflexphänomen" weisen unmittelbar auf einen sehr wichtigen Punkt in dem Problem der Stigmen des B-Typus: zwar scheint schon die quantitativ vermehrte Zahl von vegetativen Reizerscheinungen überhaupt im Grunde ein Merkmal des B-Typus zu sein, ganz besonders aber auch die qualitative Beschaffenheit der vorhandenen vegetativen Stigmen. Es handelt sich nämlich bei echten B-Stigmen um eine vegetative Reizbarkeit, die vor allem gerade auf psychische Reizkategorien hochgradig anspricht, während es sehr wohl eine vegetative Reizbarkeit gibt, der vor allem chemische und pharmakologische Reize adäquat sind und die, wie wir sehen werden, ohne aus dessen biologischem Charakter herauszufallen, gerade dem T-Typus in vermehrter Weise zukommen kann. Trotz alledem erweisen sich auch schon bei der von uns bisher allein verwandten mechanischen Reizmethode die Stigmen seitens des vegetativ-autonomen Nervensystems beim B-Typus vermehrt und zugleich als übererregbar (vgl. hierzu Tab. IV).

Gerade für diese „psychovegetativen" B-Stigmata (vgl. Kap. VII, 2a) aber sind die erwähnten neuen Methoden eine willkommene Ergänzung unserer Methodik. Alles dies ändert jedoch nichts an der Tatsache, daß es auch mit der von uns geschilderten Methodik gelingt, den B-Typus festzustellen, weil ihm eben überhaupt, auch rein quantitativ, eine Vermehrung der vegetativen Stigmen zukommt. Man hat klinischerseits

[1]) Es handelt sich um „psychodiagnostische Registriermethoden"; vgl. ferner BERGER, H.: Über körperliche Äußerungen psychischer Zustände. Jena 1904, G. Fischer. — WEBER, E.: Der Einfluß psychischer Vorgänge auf den Körper. Berlin 1910.

bisher, wenn vom Nachweis vegetativer Reizerscheinungen die Rede ist, sich fast ausschließlich der chemisch-physiologischen und pharmakologischen Prüfung bedient und selbst dort die psychischen Reize außer acht gelassen, wo es sich gerade darum handelte, auf dem Umwege über den Nachweis einer vegetativ übererregbaren Konstitution auch die psychische Labilität des betreffenden Individuums und die Neigung zur Psychogenie von Erkrankungen experimentell festzulegen und zu ermitteln. In einem ähnlichen Sinne bemerkt auch F. H. LEWY (a. a. O.) neuerdings, „daß wir durch Reizung des Vagus bzw. des Sympathicus eine direkte Beeinflussung (z. B. des Muskeltonus) nicht hervorrufen können, zeigt uns wieder einmal, daß für diese beiden Nerven unsere Reizmethode offenbar nicht adäquat ist". Dies gilt offenbar aber auch für den hier von uns behandelten Zusammenhang: Die eigentlich adäquaten Reize zum Nachweis echter B-Stigmen sind, wie wir schon hervorhoben, die psychischen. Denn die klinischerseits bisher fast ausschließlich zur Prüfung vegetativer Übererregbarkeit verwandten chemisch-physiologischen Reizkategorien gehören zum T-Typus. Der hier zunächst fast ausschließlich quantitative (mechanische) Nachweis vegetativer B-Stigmen führte nur deshalb zu einem Resultat, weil dem B-Typus wahrscheinlich auch quantitativ und anatomisch eine Vermehrung vegetativer Elemente zukommt, dabei aber doch qualitativ und physiologisch eine besondere, nämlich vor allem auf psychische Einflüsse ansprechende Reizbarkeit („Reaktionstypus") dieser nervösen Elemente.

Viertes Kapitel.

Optische Untersuchungsmethoden.

I. Versuchsanordnung[1]).

An der Längskante eines längeren schmalen Tisches (bei unseren Untersuchungen 2,20 m lang) wird ein Zentimetermaß angebracht. Die Versuchsperson (Vp.) sitzt an einer Schmalseite dieses Tisches, das Fenster im Rücken. Ihr Kopf ist bei genaueren Versuchen durch eine Kopfstütze mit verstellbaren Seitenbacken fixiert (vgl. Abb. 19, wo allerdings die dem Betrachter zugekehrte Seitenbacke der Kopfstütze abgenommen ist), und zwar befinden sich die Augen der Vp. genau oberhalb und seitlich vom Nullstrich des Zentimetermaßes. Vor der Vp., 50 cm von ihren Augen entfernt, befindet sich eine mit mattem dunkelgrauem[2]) Papier bezogene Holztafel (40 ×60 cm), die mittels einer an ihrer Rückseite angebrachten einfachen Handhabe leicht und rasch in verschiedene Entfernungen vom Auge der Vp. gebracht werden kann (in unserer Abbildung steht diese Tafel aus technischen Gründen der photographischen Aufnahme auf Entfernung 150 cm von

[1]) Eine fertige Zusammenstellung der zu dieser Versuchsanordnung und im Interesse der Gewinnung vergleichbarer Versuchsergebnisse erforderlichen Hilfsmittel einschließlich der Bildvorlagen usw. ist zu beziehen durch Herrn Universitätsmechaniker C. WINGENBACH, Frankfurt a. M., Psychologisches Institut d. Universität.

[2]) Lange Versuchserfahrung hat ergeben, daß bei der Mehrheit der untersuchten Individuen für die Beobachtung der Anschauungsbilder am günstigsten eine Projektionsfläche von einem bestimmten mittleren Dunkelgrau ist, welches etwa dem subjektiven Augengrau gleichkommen dürfte, d. h. dem Grau, das bei gutem Lichtabschluß der Augen das Gesichtsfeld zu erfüllen scheint, und das keineswegs das tiefste Dunkelgrau, — populär gesprochen „Schwarz" — ist, welches wir sehen können. Nur verhältnismäßig selten stößt man auf Vpn., bei denen die Anschauungsbilder mit zunehmender Dunkelheit (Schwärze) des Projektionsschirmes immer deutlicher werden, und in ganz seltenen Fällen liefert umgekehrt gerade eine heller Projektionsschirm für die Beobachtung die günstigsten Bedingungen. Das durchschnittlich günstigste Grau beträgt, auf dem MAXWELLschen Kreisel eingestellt: 50° Weiß + 310° Tuchschwarz.

den Augen der Vp.). Auf dieser Tafel ist die „Vorlage“, die zur Erzeugung des Anschauungsbildes dient, angebracht, und auf ihr erblickt dann die Vp., nachdem die Vorlage weggenommen ist, auch das Anschauungsbild. Die Tafel dient also als Träger der Vorlage und zugleich als Hintergrund für die Projektion des Anschauungsbildes, weshalb sie im folgenden als „Projektionsschirm“ bezeichnet werden soll. Besonders geeignet ist eine von uns später vorwiegend benutzte Form des Projektionsschirms, die gleichzeitig gestattet, diesen auch wie ein Lesepult in schräger Stellung vor die Vp. auf die Tischplatte zu legen. (Vgl. hierzu den in Abb. 19 sichtbaren Projektionsschirm, dessen schräg zulaufende Stützen mit einem in der Abbildung nicht sichtbaren Querbalken als Handhabe versehen sind.) Im Notfalle läßt sich manches vereinfachen. Der Kopf der Vp. kann z. B. in einfachster Weise schon dadurch fixiert werden, daß man sie anhält, die Ellenbogen auf den Tisch zu stützen und den Kopf mit den Händen in der angegebenen Stellung festzuhalten. Die Entfernung der Vp. vom Fenster, das sich hinter ihrem Rücken befindet, war bei unseren Versuchen stets eine solche, daß bei einer Entfernung des Projektionsschirmes 50 cm vom Auge der Vp., — „Grundstellung“ wollen wir diese Stellung hinfort nennen —, stets eine möglichst gleichmäßige Beleuchtung von mittlerer Tageshelligkeit bestand und

Abb. 19.

störende Schatten vermieden wurden. Es wurde dabei besonders darauf Wert gelegt, daß hinsichtlich der Beleuchtung immer möglichst gleiche Lichtverhältnisse bestanden, und daß vor allem der Projektionsschirm bei der Einprägung der Vorlagen (Beobachtungsobjekte) in der Grundstellung immer möglichst von gleichem, mittelhellem Tageslicht getroffen wurde. Dies wurde unter Umständen durch geeignete Abblendung (Jalousien usw.) erreicht. In einer Anzahl vergleichender Versuchsreihen bei künstlichem Licht wurde die konstante Beleuchtung im verdunkelten Raum durch eine Osramlampe hergestellt. Tagesbeleuchtung ist im allgemeinen weitaus vorzuziehen, wie überhaupt in jeder Hinsicht möglichst naturgemäße, ungekünstelte Bedingungen den Vorzug verdienen. Es kommt bei vergleichenden Untersuchungen zwar darauf an, die Beleuchtungsstärke möglichst konstant zu halten; genauere und messende Angaben über die im Beobachtungsraum herrschende Helligkeit sind trotzdem nicht nötig, da sie den Charakter der Bilder in weitem Umfang unbeeinflußt läßt[1]). Am meisten ist

[1]) Es besteht kein Widerspruch zwischen dieser Tatsache und der vorerwähnten, daß die Deutlichkeit der Bilder unter Umständen sehr stark von der Farbe des Hintergrundes abhängen kann, auf dem sie beobachtet werden. Vermöge der sogenannten „angenäherten Farbenkonstanz der Sehdinge“ (E. Hering) behalten die Sehobjekte ihre Farben, und

von der im Beobachtungsraum herrschenden Helligkeit noch die Dauer und optische Dichte der NB abhängig. Die Zahlen, die später für die Dauer der NB oder AB angeführt werden sollen, gelten stets für eine mittlere Tageshelligkeit. Die Entfernungen des Projektionsschirmes vom Auge der Vp., die in den Versuchen vorkommen, können praktischerweise auf der Tischplatte mit Kreidestrichen (vgl. Abb. 19) angezeichnet werden, da sie auf dem Zentimetermaßstab oft nicht schnell und sicher genug gefunden werden, wenn der Projektionsschirm rasch in eine andere Stellung gebracht werden soll. Die Tischplatte muß eine hinreichende Länge besitzen, braucht aber nicht besonders breit zu sein. Die verschiedenen Stellungen des Projektionsschirmes bezeichneten wir wie folgt:

Entfernung vom Auge der Versuchsperson:

50 cm = Stellung a („Grundstellung")
100 „ = „ b
150 „ = „ c
35 „ = „ d
20 „ = „ e

Die Vorlagen bestanden in Pappquadraten von 5 cm Seitenlänge, die mit farbigem Papier bezogen waren. Sie wurden mittels eines an den beiden oberen Ecken der Quadrate befestigten Fadens auf dem Projektionsschirm in Augenhöhe der Vp. aufgehängt. Die Fadenschlinge lief über die obere Kante des Projektionsschirmes bis zu einem auf dessen Rückseite befindlichen Stift, mittels dessen sie festgehalten wurde. Die dargebotenen Objekte lagen somit der Vorderseite des Projektionsschirmes flach auf und konnten von der Rückseite aus durch Abhebung der Fadenschlinge von dem Stift schnell und bequem abgenommen werden. Das gute Aufliegen der Bildvorlagen auf dem Projektionsschirm wird durch eine minimale, kaum merkliche Schrägstellung seiner Flächenwand erreicht.

In der Regel wurden ziegelrote Quadrate benutzt, gelegentlich auch solche von blauer, gelber und grüner Farbe, die durchweg der Serie „HERINGscher Papiere" entnommen sind. Als weitere „Vorlagen" wurden bunte Tierbilder, Bilder von Blumen, Häuschen, Bäumen und Sträuchern usw. verwandt, wie man sie, aus Papier oder dünnem Pappdeckel ausgestanzt, als Kinderspielzeug in den Papierläden kaufen kann. Auch sie wurden in der oben angegebenen Weise an Fadenschlingen befestigt oder auf dem in „Lesepultstellung" vor der Vp. schräg auf die Tischplatte aufgelegten Projektionsschirm dargeboten. Letzteres geschah insbesondere in Fällen, wo wir weniger das Größenverhalten der AB und NB in verschiedener Entfernung des Projektionsschirmes zu messen beabsichtigten, als vielmehr die nach Wegnahme der Vorlage entstandenen Erscheinungen in allen ihren Einzelheiten und eventuell auch ihren Veränderungen beobachten lassen wollten. Es war dies also besonders bei Darbietung „komplizierter" Vorlageobjekte der Fall. Hierzu verwandten wir besonders oft die sogenannten „Münchener Bilderbogen" oder andere schwarze Silhouettenzeichnungen, aber auch kleine bunte Bilder mit vielen Einzelheiten, vielen verschiedenen Farben, immer mit scharf umrissener Zeichnung des Details (vgl. Abb. 20 u. 22). Die Figuren können also bunt oder schwarz sein. Die Größe des ganzen Bildes soll 9×12 cm im allgemeinen nicht überschreiten. Die auf den Bildern dargestellten Figuren sollen in einem inneren Zusammenhang miteinander stehen. Darbietung von einfachen, geometrischen Figurenzeichnungen, aufgemalte Buchstaben, Worte

somit die Graunuancen auch ihre „scheinbaren Helligkeiten" in weitem Umfange bei, wenn sich die Beleuchtung selbst in erheblichem Ausmaß ändert. Die „scheinbare Färbung" jenes dunkelgrauen Projektionsschirmes ist also von der im Beobachtungsraume herrschenden Helligkeit in weitem Umfang unabhängig.

oder Figurengruppen, die ohne innere Beziehung zueinander künstlich zusammengestellt sind, liefern oft weit weniger günstige Resultate und bleiben darum hier, wo es sich um die allgemeinsten Untersuchungsmethoden handelt, besser außer Betracht[1]). Figurengruppen sollen also immer einen „szenischen Zusammenhang" haben. Endlich verwandten wir kleine Spiel- und Nippesfiguren (bis zur Höhe von 8 cm), um auch von dreidimensionalen Objekten AB zu erzeugen.

Die Größenmessungen erfolgten mittels eines Zirkels mit Spitzen, die in einiger Entfernung noch gut sichtbar sein müssen (Stahlspitzen oder beinerne Spitzen). Die Messung des Zirkelspitzenabstandes wurde an einem Lineal vorgenommen, das mit einer auf halbe Millimeter genauen Einteilung versehen ist und handlich neben dem Versuchsleiter (Vl.) auf dem Tische liegt. Indem der Vl. den Projektionsschirm mit der einen (rechten) Hand bedient, kann er mit der anderen (linken) bequem mit dem Zirkel die Messungen durchführen, indem er dessen Spitzenabstände nach Weisung der Vp. ändert. Alles dies läßt sich in angegebener Weise am leichtesten durchführen, wenn Tisch und Vp. sich in einer solchen Stellung befinden, daß der vor der Längsseite des Tisches stehende Vl. die Vp. an der Schmalseite des Tisches zur linken Hand sitzen hat. Mit seiner linken Hand bedient der Vl. Zirkel und Lineal und hat dann die Rechte frei zum Versetzen des Projektionsschirmes und zum Abhängen der Vorlage (Abb. 19).

II. Prüfungsmethoden.

A. Prüfung der Nachbilder (NB).

a) Prüfung der Nachdauer (ND).

Das farbige Quadrat hängt auf dem Projektionsschirm, der Vp. gegenüber in Augenhöhe (Abb. 19). Die Mitte des Quadrates ist durch einen schwarzen Punkt markiert, der Projektionsschirm steht in Grundstellung (a); der Vl. verdeckt zunächst das farbige Quadrat mittels eines dem Grund gleichfarbigen Pappstückes und beobachtet den Sekundenzeiger einer auf dem Tisch liegenden Uhr, am besten einer Stoppuhr. Die Normalexpositionszeit des Farbquadrates betrug bei unseren NB-Versuchen 15 Sekunden (15″). Nach einem Vorbereitungskommando „bitte" wird bei „jetzt" (Sekundenzeiger einer gewöhnlichen Taschenuhr auf Stellung 45″, Vorbereitungskommando einige Sekunden vorher) das verdeckende Pappstück entfernt und das Farbquadrat zur Beobachtung freigegeben. Die Vp., die vorher entsprechend instruiert war, fixiert fest die durch den schwarzen Punkt bezeichnete Mitte des Quadrates. Nach 15″ (Sekundenzeiger auf Stellung 60″) wird das Quadrat schnell dadurch entfernt, daß man die Fadenschlinge von dem Stift auf der Rückwand des Projektionsschirmes abhängt. Die Vp. sieht, *wie es ihr vorher aufgetragen worden ist, mit möglichst unbewegtem Blick, ohne Kopfwendung beim Sprechen mit dem Vl.*, weiter auf die Stelle des Schirmes, an der das farbige Quadrat gehangen hat. Sie gibt mit kurzen Worten an, was sie sieht, z. B.: „Grünes (bzw. blaues, blaugrünes) Quadrat, scharfer Rand"; denn es kommt einerseits auf die Färbung an, — ob das jetzt Gesehene komplementär zur Vorlage oder urbildmäßig, d. h. gleichfarbig mit der Vorlage erscheint —, andererseits auf die vorhandene oder nicht vorhandene *Schärfe des Randes*. Der Vl. notiert die Angaben der Vp. immer zugleich mit der Zeit, die er an der Uhr oder Stoppuhr fortlaufend abliest. Das NB kann entweder sofort nach Wegnahme der Vorlage oder auch erst nach einigen Sekunden erscheinen. Als Beispiel geben wir ein Protokoll. Das Pluszeichen bedeutet das Auftauchen des Bildes, das Minuszeichen sein Verschwin-

[1]) Vgl. E. R. Jaensch (II), V. Abschn.: P. Krellenberg u. VI. Abschn.: E. R. Jaensch.

den, eine Mehrheit solcher Zeichen am Schlusse eines Versuchs bezeichnet das dauernde und endgültige Ausbleiben. Der Farbencharakter wird mit „p“ als positiv oder urbildmäßig notiert; im anderen Falle mit „k“ als komplementär oder negativ; „un“ bedeutet unscharfen, „sch“ scharfen Rand. Der Anfang eines Protokolls würde also etwa lauten: 3″ + sch, k, wenn das NB erst 3 Sekunden nach Wegnahme der Vorlage, oder: + sch, k, wenn es sofort erscheint. Statt k und p zu notieren, kann man besser auch kurze Farbenangaben machen, etwa „blgr“ = blaugrün. Die Farbe des NB weicht nämlich öfters von der komplementären Färbung etwas ab, und zwar im allgemeinen in gesetzmäßiger Weise (vgl. den Abschnitt über „Objektive Kontrollen“). Das NB ist gewöhnlich intermittierend sichtbar. Nach einigen Sekunden wird also die Vp. im allgemeinen angeben, daß das NB verschwunden ist; im Protokoll würde dann also etwa weiterhin zu lesen sein: 6″—; nach weiterer Beobachtung würde etwa: 12″+ sch, 15″—, 19″+ un notiert werden. Genauere Bemerkungen können natürlich, je nach Angabe der Vp., gemacht werden, also vielleicht: 19″+ Farbe blasser, 25″—, 28″+ nur noch ein Fleck, 32″ schwächer, 40″ — — —. Es empfiehlt sich, auch nach scheinbarem Dauerverschwinden des NB immer noch längere Zeit weiterbeobachten zu lassen, da das NB noch nach überraschend langer Zwischenzeit wieder auftauchen kann. Meist muß dem eigentlichen Versuch ein Vorversuch voraufgehen, der noch nicht zu Protokoll genommen wird, und der die Vp. nur mit dem Charakter der zu beobachtenden Erscheinungen und dem erforderlichen Verhalten sowie den in Betracht kommenden sprachlichen Bezeichnungen bekannt macht. Nach einer kleinen Erholungspause erfolgt dann der eigentliche Versuch. Besonders wichtig ist eine solche Vorbereitung bei Kindern und ungebildeten Personen. Man wiederholt ferner am besten den Versuch nach einer weiteren Pause mit andersfarbigen Pappquadraten. Ein Kriterium für die Zuverlässigkeit der Angaben ist bei Kindern und ungebildeten Personen z. B. schon die richtige Angabe der Farbe des NB, die, wie erwähnt, der eigentlichen komplementären Farbe nahesteht, aber in einer bestimmten, hier nicht näher interessierenden Weise davon abweicht[1]). Der Kürze wegen notieren wir darum trotz solcher Abweichungen die Farbe beim NB und AB einfach als „komplementär“. Angenommen etwa, es würde ein NB von einem roten Quadrat (abgekürzt: r Qu) mittels einer Darbietung von 15 Sekunden erzeugt; die Versuchsbedingungen und die Versuchsergebnisse wurden dann in unseren Protokollen nach folgendem Schema notiert:

NBrQu 15″ : 3″+ sch, blgr, 10″—, 12″+ sch, 15″—, 19″+ un, Farbe schwächer, 25″—, 28″ + nur Fleck, 32″— schwächer, 40″ — — —.

Vorstehendes Beispiel würde zugleich etwa dem Normalbefund bei erwachsenen Nichteidetikern entsprechen. Oft aber ist das NB in solchen Fällen noch viel kürzer, zuweilen nur wenige Sekunden sichtbar und von vornherein unscharf begrenzt. Hier erreicht man dann nur bei noch längerer Exposition ein

[1]) Nach den Ergebnissen einer noch unveröffentlichten Untersuchung des Marburger Psychologischen Instituts von F. Broer (Über das Purkinjesche Phänomen) lassen sich diese Abweichungen der NB-Farbe von der eigentlichen Komplementärfarbe in einfacher Weise charakterisieren, wenn man den Tatsachenkreis des Purkinjeschen Phänomens mit heranzieht. Als „Purkinjesches Phänomen“ bezeichnet man die Tatsache, daß beim Sehen in der Dämmerung sowohl die Helligkeitsverhältnisse wie auch die Töne der Farben eine Änderung erfahren. Dies vorausgeschickt, lassen sich die Abweichungen der NB-Farbe von der eigentlichen Komplementärfarbe nach F. Broers Untersuchungen in einfacher Weise so charakterisieren: Die Farbentöne der negativen NB sind von den Komplementärfarben im selben Sinne, wenn auch weniger weit verschoben, wie beim Purkinjeschen Phänomen die Farbentöne im Dämmerungssehen gegenüber denen im Tagessehen (vgl. unten „Objektive Kontrollen“, S. 204).

einigermaßen scharf umrandetes NB. Sehr oft ist es hier bei der angegebenen Beobachtungsdauer (15″) und den gewöhnlichen Verhältnissen des Tageslichtes gar nicht in deutlicher Form zu erzeugen. Bei Eidetikern sind manchmal nur AB nachweisbar, d. h. auch das bei Fixation entstehende Bild ist schon ein AB, das man, wie wir sehen werden, vom NB experimentell unterscheiden kann. Mitunter, aber nur selten, sind auch bei Eidetikern die NB ganz kurzdauernd. Eine Steigerung der Nachbilddauer wäre anzunehmen, wenn das NB während der oben notierten Zeit ohne Intermittieren dauernd zu sehen ist, oder wenn es mit oder ohne Intermittieren bis zu seinem endgültigen Verschwinden doch mindestens die gleiche Intensität und Randschärfe besessen hätte wie am Anfang, oder wenn das NB, selbst mit Intermittieren und vielleicht sogar in der Intensität schwächer und weniger randscharf werdend, in der Dauer die angegebene Zeit wesentlich überschritten hätte. In ausgeprägten eidetischen Fällen fanden wir — immer bei Zugrundelegung der geschilderten Untersuchungsmethoden — eine Nachbilddauer bis zu 400″ und mehr[1]). Da die erhaltenen Ergebnisse auch schon bei nichteidetischen Erwachsenen eine gewisse Schwankungsbreite zeigen, lassen sich Normalwerte nur sehr schwer und nicht mit völliger Schärfe festlegen; indessen heben sich nach einiger Spezialerfahrung und Gewinnung von Vergleichsmaßstäben die abnormen Werte aus dem immer nur ungefähr abgrenzbaren Gebiet des Normalen deutlich genug heraus. Mitunter zeigen schon diese (bei strenger Fixation entstehenden) NB wesentliche Charakterzüge der AB und sind dann also schon als rudimentäre AB zu betrachten. Hierauf wird sogleich noch näher eingegangen werden.

b) Prüfung im Emmertschen Versuch.

Man kann ein NB in verschiedene Entfernungen projizieren, indem man den Projektionsschirm, auf dem es gesehen wird, in verschiedene Entfernungen vom Auge bringt. Die Größe, in der das NB hierbei gesehen wird, ist bestimmt durch das Emmertsche Gesetz (E-Gesetz). Dieses besagt, daß die lineare Größe des NB genau proportional zur Entfernung des Projektionsschirmes wächst und abnimmt: Die Seitenlänge eines Nachbildes von einem roten Quadrat von 5 cm^2 muß also in doppelter Entfernung auf 10 cm (Stellung b, vgl. oben), in dreifacher Entfernung auf 15 cm (Stellung c) wachsen, bzw. bei kürzerer Entfernung des Projektionsschirmes gegenüber der Grundstellung entsprechend abnehmen (in Stellung d auf 3,5, bei e auf 2,0 cm). Die Änderungen lassen sich durch Messung mit dem Zirkel sehr genau feststellen[2]). Im allgemeinen geht der Versuch wie folgt vor sich: Das NB wird zunächst in der Grundstellung (a), d. h. in 50 cm Entfernung vom Auge erzeugt. Nach Wegnahme des Farbquadrates wird dann der Projektionsschirm in andere Entfernungen gebracht: Stellung b $= 100$ cm, Stellung c $= 150$ cm, e $= 20$ und d $= 35$ cm. Der Vl. mißt nun bei jeder dieser Stellungen des Projektionsschirmes die Nachbildgröße, indem er nach Anweisung des Beobachters den Zirkel zunächst an das NB heranbringt und dann so einstellt, daß seine Spitzen nach Angabe der Vp. genau die seitlichen Ränder des Nachbildes berühren. Da das NB im allgemeinen den Augenbewegungen folgt, muß die Vp. angehalten werden, den Blick in möglichst unveränderter Richtung

[1]) Wenn J. Froebes (Lehrbuch der experimentellen Psychologie I) davon spricht, daß NB bis zu 15 Minuten dauern können, so waren hier entweder stärkere Lichtreize wirksam als bei unseren Versuchen verwandt wurden, oder es handelte sich um Eidetiker.

[2]) Die Genauigkeit, mit der die Vpn., sowohl Kinder wie Erwachsene, hierbei zu arbeiten pflegen, überrascht selbst den hierin Erfahrenen immer wieder, so z. B. wenn von der Vp. selbst Wiederholung der Messung verlangt wird, weil sie glaubt, sich um Millimeter geirrt zu haben.

festzuhalten, eine Forderung, die auch gewöhnlich unschwer erfüllt wird. Der Versuch wird etwa wie folgt notiert: NBrQu 15″ : b/10,0 blgr. (d. h. blaugrün). Ist das NB, das ja bei Nichteidetikern nur kurze Zeit anhält, nach dieser Messung verschwunden, so wird es in Stellung a des Projektionsschirmes zunächst neu erzeugt und der Schirm dann in eine andere Stellung, etwa c, gebracht. Normalerweise ergibt sich c/15,0 cm; entsprechend: d/3,5 cm, e/2,0 cm. Ist dagegen die NB-Dauer gesteigert, so kann das NB oft unmittelbar nacheinander in verschiedenen Stellungen ausgemessen werden, ohne daß es zwischendurch von neuem in der Grundstellung erzeugt zu werden braucht. Für Nichteidetiker, also vor allem für den Durchschnitt der Erwachsenen, ist die Allgemeingültigkeit des E-Gesetzes festgestellt. Dagegen folgt bei Eidetikern das NB dem E-Gesetz oftmals nicht[1]). Bei den AB ist es das gewöhnlichste Verhalten, daß sie vom E-Gesetz abweichen. Wenn auch schon die NB von diesem Gesetz abweichen, dann verhalten sie sich hinsichtlich der Größe ähnlich wie die AB, sind daher selbst schon als rudimentäre eidetische Phänomene anzusprechen. Bei Versuchen mit so gearteten NB ergeben sich bei den verschiedenen Stellungen des Projektionsschirmes beispielsweise etwa folgende Werte: NBrQu 15″ : b/8,2, c/11,5, d/3,8 oder auch als Beispiel eines Falles, der ebenfalls häufig ist: d/2,3 (also in den ferneren Stellungen Verkleinerung, in den nahen Vergrößerung oder Verkleinerung gegenüber dem, was nach dem E-Gesetz zu erwarten wäre).

Die Abweichung vom E-Gesetz ist nach den hiesigen Erfahrungen gewöhnlich am stärksten in den ferneren Stellungen jenseits b und außerdem in den ganz nahen Stellungen (d und e). Von größter Wichtigkeit ist es, bei den Beobachtungen darauf zu achten, daß das NB bei jeder Messung völlig scharfen Rand zeigt. Natürlich sind nur Beobachtungen, die dieser Forderung entsprechen, für das Erfülltsein oder Nichterfülltsein des E-Gesetzes beweisend. Ist die Forderung der Randschärfe nicht erfüllt, so muß der Messung eine Neuerzeugung des NB vorausgeschickt werden; ist jene Forderung überhaupt unerfüllbar, — auch bei Verlängerung der Einprägungszeit —, so muß dieser Versuch abgebrochen werden. Bei Eidetikern, die auch deutliche NB haben, ist diese Forderung aber fast stets und ohne weiteres erfüllt. Ist sie unerfüllbar, erscheint also das NB auch bei langer Fixation nicht scharf begrenzt, sondern nur als verschwommener Fleck, so spricht dies schon sehr stark gegen das Vorhandensein einer eidetischen Anlage vom T-Typus.

Die Abweichung vom E-Gesetz besteht in der Regel darin, daß das NB eine Tendenz zeigt, bei Entfernung des Projektionsschirmes vom Auge der Größe nach konstanter zu bleiben, als das E-Gesetz es erfordert (also einen „höheren Invarianzgrad“ zu zeigen)[2]). Das NB wächst also dann weniger stark bei der Entfernung und verkleinert sich weniger stark bei der Annäherung des Projektionsschirmes an das Auge. Nur in sehr seltenen Fällen zeigt die Abweichung vom E-Gesetz ein umgekehrtes Verhalten auch in den ferneren Stellungen (vgl o.): das NB nimmt dann stärker zu oder ab, als es das E-Gesetz vorschreibt.

Oft wird bei solchen Versuchen von Eidetikern spontan angegeben, daß sie Einzelheiten, z. B. den Fixierpunkt auf dem Quadrat im NB mitsehen. Dieses Auftauchen von Einzelheiten ist eines der am meisten charakteristischen Zeichen des AB[3]), und spricht schon einigermaßen für eidetische Anlage. Dieses NB ist dann eben kein reines NB mehr, sondern steht bereits dem AB nahe. Auch

---

[1]) Vgl. E. R. Jaensch (II), II. Abschnitt: E. Gottheil.

[2]) Invarianztendenz = Tendenz, den einmal vorhandenen Eindruck, hier die einmal gesehene Größe festzuhalten. Vgl. E. R. Jaensch (II), I. Abschnitt: P. Busse: Über die Gedächtnisstufen.

[3]) Vgl. S. 175, Abschnitt c.

diese Beobachtung zeigt wieder, daß die NB der Eidetiker mit dem AB eng verwandt sind[1]).

In Fällen, in denen eigentliche AB nach der später folgenden Methode nicht nachweisbar sind, sind wir demnach imstande, auf die eben angegebene Art eine, — wie wir es in diesem Falle nennen —, „latente" eidetische Anlage aufzudecken. Dies geschieht also, indem wir auch schon beim NB gewisse Verhaltungsweisen auffinden können, die zu den charakteristischen Merkmalen der AB gehören: das besondere Größenverhalten, entsprechend demjenigen der AB bei verschiedenen Entfernungen des Projektionsschirmes, sowie das Auftauchen von Einzelheiten selbst schon beim einfachen Farbquadrat, z. B. Sichtbarwerden des Fixierpunktes. Auf solche Weise gelingt es also u. U., auf dem Umwege über das NB eine eidetische Anlage aufzudecken. Indessen ist damit noch keineswegs gesagt, daß sich in solchen Fällen bei Verwendung komplizierterer Sehobjekte AB nicht außerdem auch noch direkt nachweisen lassen; denn komplizierte Sehobjekte ergeben, weil mehr Interesse erweckend, erfahrungsgemäß besonders leicht AB. — Neuerdings haben S. Fischer und H. Hirschberg[2]) noch zwei weitere Tests zum Nachweis latenter eidetischer Anlage auf dem Umwege über das NB angegeben. Wir geben sie hier wieder, da sie auch unseren eigenen Erfahrungen entsprechen, ohne daß wir diese bisher schon einmal ausdrücklich formuliert hätten. Nach S. Fischer und H. Hirschberg ist mindestens latente eidetische Anlage auch dann anzunehmen, wenn das NB nicht sofort nach Wegnahme der Vorlage auftaucht, sondern erst nach einer Latenzzeit, scharfe Erscheinungsweise vorausgesetzt; zweitens ist mindestens latente eidetische Anlage anzunehmen, wenn das entstandene NB bei Messung schon in unverändert bleibender Grundstellung des Projektionsschirmes eine Größenänderung gegenüber der Vorlage aufweist, eine Erscheinung, die ebenfalls im Marburger Psychologischen Institut sehr oft beobachtet worden ist und darum von uns bestätigt werden kann.

c) Fixation komplizierter Vorlagen.

Eine weitere Methode des Nachweises eidetischer Anlage auf dem Umwege über das NB, d. h. also bei Fixation des Sehobjektes, kann Verf. aus eigenen Erfahrungen ganz neuerdings hinzufügen, ohne daß dieser Test in dieser Arbeit bereits Verwendung gefunden hat. Wie nähere Untersuchungen zeigten, wird bei dieser Erzeugungsart eidetischer Phänomene vor allem die T-Komponente erfaßt, deren ganzem Charakter diese Erzeugungsart entgegenkommt. Läßt man ein nicht zu großes kompliziertes Szenenbild, etwa nach Art der Münchener Bilderbogen (vgl. Abb. 20), ganz wie bei unserem oben geschilderten gewöhnlichen Vorgehen zur Erzeugung von NB bei einfachen homogenen Farbquadraten, ebenfalls fest fixieren, indem man einen Fixierpunkt in der Mitte des Bildes bestimmt, so entsteht nach Wegnahme der Vorlage manchmal ein NB mit mehreren Einzelheiten der Vorlage, manchmal weist es überraschend viele, auch vom Fixierpunkt weit abliegende oder gar alle Einzelheiten der Vorlage auf; vor allem aber zeigt es manchmal urbildmäßige Färbung und mitunter Verstellungen (Lagewechsel, „Raumverlagerung") oder gar Umkehrungen aller oder einzelner der in der Vorlage enthaltenen Figuren[3]) und Raumverhältnisse (Spiegelbild): alles dies also bei fester Fixation und unter Verhältnissen, unter denen andere Personen überhaupt kein NB erhalten (relativ kurze Fixation [15″], kompliziertes, unter Umständen zart gezeichnetes, in Farbe und Zeichnung keines-

[1]) Vgl. E. R. Jaensch (II), II. Abschnitt, E. Gottheil: Über das latente Sinnengedächtnis der Jugendlichen.

[2]) Fischer, S., und Hirschberg, H.: Zeitschr. f. d. ges. Neur. u. Psych. H. 1/3. 1924.

[3]) Vgl. hierzu E. R. Jaensch (I), V. Abschnitt: E. R. Jaensch, Über Raumverlagerung.

wegs besonders eindringliches Objekt). Es zeigt sich hier manchmal, daß T-Typen zuweilen überhaupt nur bei Fixation eidetische Phänomene aufweisen. Bei Messung in Grundstellung des Projektionsschirmes können auch in diesen Fällen die Figuren oder das ganze Bild in der Größe, wie es dem FISCHER-HIRSCHBERGschen Test (vgl. oben) entspricht, von der Vorlage abweichen. Alle diese charakteristischen Züge beweisen, daß in solchen Fällen das entstehende optische Phänomen, obwohl durch Fixation, also sicher nachbildartig entstanden, trotzdem kein reines NB mehr ist, sondern ein NB, das deutlich Züge der AB trägt ($AB_{NB} = AB_{T}$). Der B-Typus dagegen kann hierbei ganz ähnliche AB erhalten, wie die, welche bei ihm auch ohne Fixation leicht entstehen. Es handelt sich, worauf an früherer Stelle schon näher eingegangen

Abb. 20.

worden ist, beim T-Typus und bei Fixation um eine Form der NB, die den tetanoiden ohne Fixation erzeugten AB sehr nahesteht, ja deren Eigenschaften in Übersteigerung und meist ganz reiner Form besitzt: gewisse Züge dieser Phänomene erinnern an AB, die Mehrzahl aber wieder gehört den NB an. Vor allem ist die Entstehungsweise (Fixation) nachbildmäßig. Charakteristisch ist ferner die besondere Bindung der (hier sogar mitunter unwillkürlich) auftretenden Veränderungen weniger an den inneren Sinn der Vorlage als an die Farbmaterie bzw. das Sehmaterial. Es handelt sich also in solchen Fällen um Vpn., die eine Steigerung gerade der NB-Phänomene aufweisen, die ja, wie wir vorn ausgeführt haben, dem T-Komplex angehören.

Nachtrag während des Druckes.

Es hat sich in Weiterverfolgung dieses Verfahrens herausgestellt, daß man auf diese Weise die T-Komponente nachweisbarer eidetischer Erscheinungen wirksamer und reiner als bisher erfassen kann. Es hat sich bestätigt, wie schon in dieser Arbeit erwähnt, daß man Persönlichkeiten findet, die mit einfach anschauender Betrachtung einer Vorlage („Anschauungstest") kaum eidetische Anlage aufweisen, bei Fixation (15″ bei mittlerer Tageshelligkeit) einer komplizierten Vorlage („Fixationstest") aber manchmal sogar höchste eidetische Grade (s. u.). Umgekehrt findet man solche, die nur mit Anwendung des „Anschauungstest" als Eidetiker erkannt werden können. Ersteres Verhalten ist für den T-Typus, letzteres Verhalten für den B-Typus (bzw. BT-Typus) charakteristisch. Es entspricht eben die Erzeugung durch Fixation der eigensten Reizbeantwortungsform des T-Typus und der eidetischen T-Komponente. Das so entstehende Phänomen bezeichnen wir als AB_{NB} (der Index NB bezieht sich auf die Erzeugungsart); es erweist sich bei näherer Untersuchung als ein AB_T. Da, wie öfters betont, die große Mehrzahl der Individuen den T- wie den B-Komplex in ungleichem Mischungsverhältnis, meist aber beide Anteile besitzt, so sind wir bei genauen Massen- und auch bei Einzeluntersuchungen neuerdings dazu übergegangen, zur Feststellung der eidetischen Anlage beide Erzeugungsarten zu verwenden; es hat sich als praktisch erwiesen, für die Feststellung der T-Komponente ausschließlich ein kompliziertes Schwarz-Weißbild (z. B. Abb. 20) zu verwenden und dabei ganz streng die Fixationszeit von 15″ bei mittlerer Tageshelligkeit einzuhalten. Hierzu wählt man einen Punkt in der Mitte des Bildchens, in Abb. 20 z. B. das Spiegelchen unter dem Koffer. Bei diesem Vorgehen erhält man fast unmittelbar das in diesen zentralen Funktionen vorhandene Mischungsverhältnis der eidetischen T- und B-Komponente. Die so entstehenden Phänomene der T-Komponente teilten wir in vier Grade:

Grad 0: Nichts Wesentliches sichtbar (allenfalls die Umrandung der Vorlage als Schatten oder einige Flecken).
Grad I: Einige wenige Einzelheiten sind sichtbar, aber unscharf.
Grad II: Einige Einzelheiten scharf da.
Grad III: Die Mehrzahl der Einzelheiten da, aber unscharf.
Grad IV: Alle Einzelheiten sichtbar, deutlich und scharf umrissen, völlig getreue deutliche und vollständige Wiedergabe der Vorlage.

Die Färbung, ob negativ (komplementär) oder positiv (urbildmäßig) bzw. intermediär (bei schwarzen Figuren grau) setzten wir in den Index (1, 3 bzw. 2). Grad IV^3 bedeutet also, daß das hochgradigste AB_T von schwarzen Figuren schwarz gefärbt ist. Es ist dies bei dieser Erzeugungsweise der höchste mögliche Grad des eidetischen Phänomens ($AB_{NB\text{ od. }T}$). Die Projektionsfläche wird hierbei am besten tiefschwarz gewählt.

Diese Gradeinteilung für die T-Komponente kommt nur bei Erzeugung des AB durch Fixation eines Schwarz-Weißbildes in Betracht und durchbricht nicht die in dieser Arbeit niedergelegte Methodik für die Feststellung der eidetischen Anlage überhaupt und ihrer Grade für T- und B-Komponente. Wurde aber die Fixationsmethode neben jener angewandt, so richtete sich die Feststellung des Grades der B-Komponente für sich nach der in dieser Arbeit und schon früher für die Feststellung der eidetischen Anlage überhaupt verwandten Gradeinteilung (siehe S. 184f.). Diese Ergebnisse wurden durch unsere Untersuchungen anläßlich des Marburger Deutschen Akademischen Olympia 1924 erneut bestätigt (E. R. JAENSCH, W. JAENSCH und K. KNIPPING)[1]).

Es sei nochmals betont, daß diese Bemerkungen in keiner Weise die in der vorliegenden Arbeit niedergelegte Methode durchbrechen, sondern sie nur ergänzen. — Es wird sich für diesen „Fixationstest" die ausschließliche Verwendung stets der gleichen Vorlage (Abb. 20) empfehlen.

Im folgenden bringen wir weitere Tests zum Nachweis der Steigerung des NB-Phänomens; die Nachdauer wurde schon behandelt.

d) Prüfung der optischen Dichte.

Das NB wird wieder in der Grundstellung des Projektionsschirmes erzeugt, das fixierte Objekt (hier am besten ein homogenes, z. B. das rote Pappquadrat) vom Schirm abgenommen und dann über dem Projektionsschirm an der Stelle des NB ein optisch inhomogener Hintergrund angehalten, z. B. ein schwarzweißes Streifenmuster (etwa wie in Abb. 21a), dessen Eindringlichkeit um so größer ist, je breiter die Streifen sind. Es wird nun geprüft, ob dieser Hintergrund durch das NB hindurch gesehen wird. Außer schwarz-weißen Streifen, ähnlich der Wandverkleidung der Schilderhäuser („Schilderhaushintergrund"), be-

[1]) Vorl. Mitt.: Sitzungsber. d. Ges. z. Bef. d. ges. Naturw. zu Marburg, 11. Febr. 1925; ausführlich bei G. Fischer, Jena, 1926 in einer Sammlung der Untersuchungen Marburger Institute „Zur Physiologie und Psychologie der Leibesübungen", herausg. von P. SCHENK.

nutzten wir auch buntfarbige, mehr oder weniger ausgeprägte Muster, besonders ein Ziegelmuster in roter Farbe (dies nannten wir „Ziegelhintergrund“, Abb. 21 b), oder einen schiefergrauen, schuppenartigen, eine Dachbekleidung darstellenden Hintergrund („Schuppenhintergrund“, Abb. 21 c), Aufklebepapiere, wie sie von Kindern zum Bekleben von Papphäuschen, ihrer Wände und Dächer benutzt werden. Dieser Test dient dazu, die Stärke und optische Dichte der NB und namentlich dann eine etwaige spätere Abschwächung durch medikamentöse Beeinflussung festzustellen. Nach ihrer Eindringlichkeit geordnet, wirkt der Schilderhaushintergrund am stärksten, schwächer der Ziegel-, am schwächsten der

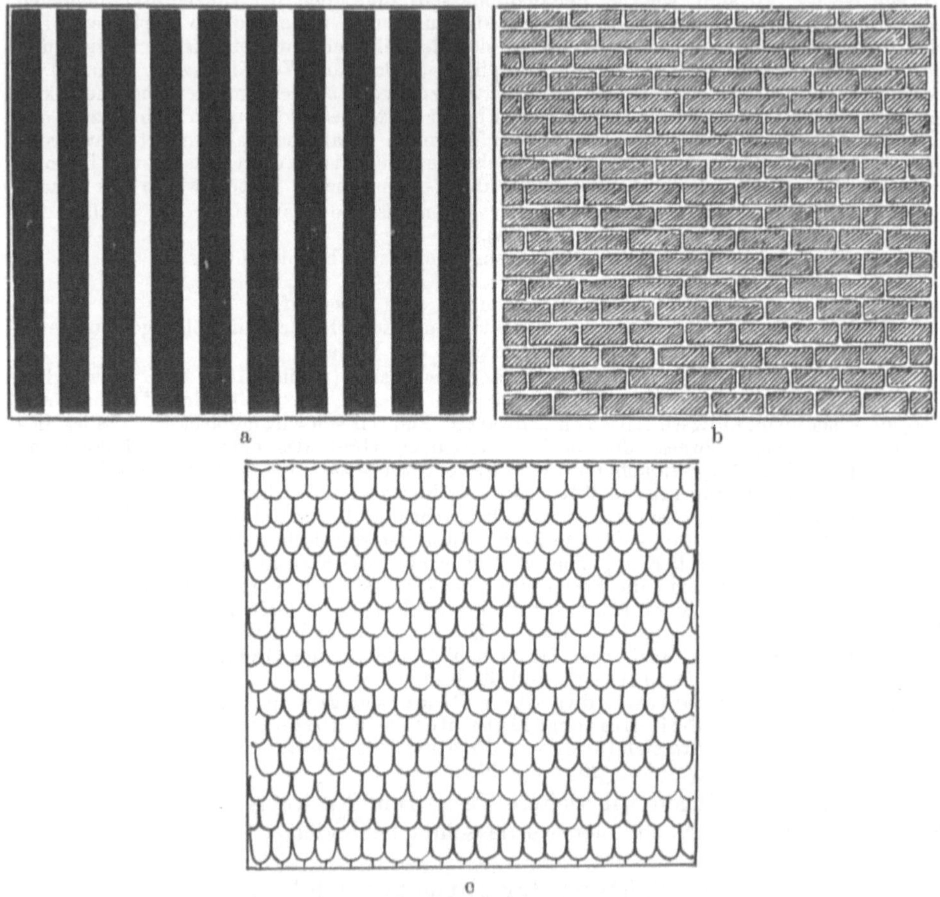

Abb. 21.

Schuppenhintergrund. Natürlich muß der Versuch, wenn ein Vergleich zulässig sein soll, unter im wesentlichen gleichen Beleuchtungs- und Fixationsbedingungen (15″ bei mittlerer Tageshelligkeit) angestellt werden, die bei allen NB-Versuchen ausschlaggebender sind als bei den AB-Versuchen (s. u.).

Ein sehr dichtes und hochgradiges NB kann selbst den eindringlichsten Hintergrund für den Beobachter vollständig verdecken, ein weniger dichtes läßt ihn mehr oder weniger durchscheinen, je nach Maßgabe seiner Eindringlichkeit. Nur stark ausgeprägte NB lassen den sehr eindringlichen Schilderhaushintergrund ganz unsichtbar werden; der weniger eindringliche Ziegelhintergrund ist oft in Fällen noch unsichtbar, wo der Schilderhaushintergrund schon durchscheint; noch weniger eindringlich ist der Schuppenhintergrund. Mit steigender Abschwächung des NB wird nun der Hintergrund durch dieses hindurch oft erst eben gerade sichtbar, dominiert dann immer mehr und verdrängt schließlich das NB vollständig.

Wir haben also in dem Test einen Maßstab für die optische Dichte (Undurchsichtigkeit) und die Ausgeprägtheit der NB, zugleich aber auch für die Ausgeprägtheit der eidetischen Anlage überhaupt, wie wir bei der Beschreibung der Prüfungsmethoden der AB sehen werden; denn auch auf die AB läßt sich dieses Verfahren anwenden. Bei ihrer Erzeugung kommt es aber auf die Beobachtungsbedingungen (Beleuchtung, Betrachtungsdauer) weniger an. Hier allerdings hielten wir gleiche Bedingungen inne (s. u.).

B. Prüfung der Anschauungsbilder (AB).

a) Grundversuche und Vorlagen.

Eine einfache Prüfung des NB wird der Untersuchung auf AB am besten jedesmal vorangeschickt. Es wird dadurch erreicht, daß die Vp. versteht, was wir mit „Sehen" eines Bildes meinen. Sie wird aber nun in möglichst einfacher und abgekürzter Form durchgeführt, um eine Beeinflussung der nachfolgenden AB-Versuche tunlichst zu vermeiden. Sie beschränkt sich also in der Sitzung, in der auf AB untersucht werden soll, auf die einfache Erzeugung eines NB und die Angabe seiner Farbe, unter Ausschluß von Zeitmessungen und anderen weitergehenden Ermittlungen. Die NB-Prüfung verfolgt hier nur den Zweck, der Vp. verständlich zu machen oder noch einmal in Erinnerung zu bringen, was es heißt, etwas *sehen*, ohne daß ein wirklicher Gegenstand da ist; und zwar muß ihr die Möglichkeit des Vorkommens solcher Gesichtserscheinungen durch eine Beobachtung erläutert werden, zu deren Anstellung *jedermann*, auch der Nichteidetiker, befähigt ist. Nun ist aber das negative NB das einzige derartige subjektive Gesichtsphänomen, auf dessen Vorhandensein man bei jedermann rechnen darf, ob ihm die eidetische Anlage nun fehlt oder zukommt. Der Verwechslung mit bloßen Vorstellungsbildern wird so am sichersten vorgebeugt. Zugleich wird der Vp. durch diese Prüfung zu Bewußtsein gebracht, daß sich der Untersuchende nicht täuschen läßt, da wir die Komplementärfarben einschließlich der Abweichungen der NB-Farben von den Komplementärfarben (F. Broer) kennen und darum eine richtige Angabe sofort zu bestätigen vermögen, eine offenbare Irreführung dagegen sogleich mit einiger Wahrscheinlichkeit durchschauen würden.

Die Untersuchung der AB erfolgt dann in ganz ähnlicher Weise wie die der NB, nur mit dem Unterschied, daß die Vp. bei der Erzeugung der AB die Vorlage *nicht fixiert*, sondern bei *ungezwungenem natürlichem Verhalten, also im allgemeinen mit wanderndem Blick* betrachtet. Meist genügt hier eine kürzere Betrachtungszeit, mitunter ist eine längere erforderlich (s. u.). Wir boten die Vorlage hier im allgemeinen 10 Sekunden dar. Die Protokollierung ist entsprechend wie bei den NB-Versuchen.

Wir beginnen mit ABrQu 10″. Es muß sich nun zeigen, ob ein wirkliches AB vorhanden ist. Diesenfalls sieht die Vp., ganz wie beim NB, entweder ein urbildmäßig oder komplementär zur Vorlage gefärbtes Quadrat mit *scharfen Rändern. Auf die Randschärfe ist wieder das größte Gewicht zu legen.* Entsteht auf diese Weise durch bloßes Betrachten mit *ungezwungenem wanderndem Blick, also ohne Fixation*, bei 10″ langer Betrachtungsdauer ein *randscharfes Bild* des Quadrats, so darf schon eine schwache eidetische Anlage als vorhanden angenommen werden, selbst wenn keine weiteren Einzelheiten des Quadrats auftauchen, wie z. B. der schwarze Punkt in der Mitte der Vorlage, der bei den NB-Versuchen als Fixierpunkt diente. Komplementär gefärbte AB gelten hierbei als niedrigerer Grad, urbildmäßig, also mit der Vorlage gleich gefärbte AB des einfachen homogenen Quadrats zeigen einen höheren Grad der eidetischen Anlage an. Urbildmäßige Färbung der AB ist hier bei stärker eidetischen B-Typen fast stets verwirklicht, bei den T-Typen nur bei höchster Ausprägung der eidetischen Erscheinungen. Wird nur ein verschwommener Fleck gesehen, besonders auch bei weiterer Steigerung der Expositionszeit, so darf schon mit einiger Wahrscheinlichkeit auf Fehlen einer eidetischen Anlage vom T-Typus geschlossen werden. Man wiederholt diesen Versuch nun an anderen Beobachtungsobjekten, die reicher an Einzelheiten und darum interessanter sind, mit der Aufforderung an den Beobachter, sich alle Einzelheiten der Vorlage mit großer Aufmerksamkeit und aufs genaueste anzusehen[1]), wobei die Beobachtungszeit jetzt im allgemeinen länger gewählt werden muß (20—60″ oder bei genaueren Untersuchungen: solange es die Vp. für nötig hält). Wenn das Bild des Quadrates nur komplementär und überhaupt nur schwach ausgeprägt erscheint, ist damit noch nicht gesagt, daß positiv gefärbte oder wenigstens an Einzelheiten reichere AB überhaupt nicht erzeugbar sind. Bei den hiesigen Untersuchungen hat sich immer wieder gezeigt, daß eine bildliche Vorlage, die an Einzelheiten reicher und darum interessanter ist, positiv gefärbte AB auch dann ergeben kann, wenn die homogenen Quadrate als Vorlagen nur komplementär gefärbte AB lieferten. Geeignet sind Bilder von Häuschen, Tieren, sowie szenischen Vorgängen, alles in möglichst ausgeprägter Zeichnung, — wenn bunt, auch scharf umgrenzter Färbung der Einzelheiten —, möglichst im Interessenkreis der untersuchten Individuen liegend, sinnfällig, eindringlich für ihre Aufmerksamkeit, tunlichst nach irgendeiner Richtung ein wenig gefühlsbetont. Optisch eindringlich, und darum oft sehr geeignet, sind schwarze Silhouettenbilder auf weißem Grund[2]). Um bequemer von der Aufmerksam-

[1]) Intelligenteren Vpn. kann man noch sagen, daß ein ausschließliches Hingegebensein an die sinnlichen Inhalte des Bildes und ein Vermeiden von Reflexionen der Erzeugung des AB günstig ist. In den meisten Fällen ist eine solche nicht ganz leicht zu gebende Instruktion glücklicherweise überflüssig. Bei der überwiegenden Mehrzahl der Eidetiker ist ein besonderes inneres Verhalten zu der Erzeugung des AB gar nicht nötig, oder es ist durch die Natur der eidetischen Veranlagung ohne weiteres nahegelegt und stellt sich darum ganz von selbst ein. Reflexionen über das Dargestellte, wörtliche Charakterisierung seiner Inhalte oder gar ein darauf gegründetes Auswendiglernen derselben müssen unter allen Umständen vermieden werden. Aber auch die Ausschließung dieser Verhaltungsweisen macht bei den Eidetikern kaum je besondere Maßnahmen oder Instruktionen erforderlich, da ihnen die Einprägung der sinnlichen Inhalte etwas ganz Natürliches und Naheliegendes ist. Wir machten übrigens die Beobachtung, daß Kinder, Jugendliche und ungebildete Erwachsene sich bei Beobachtung und Beschreibung der auftauchenden Phänomene am ungezwungensten und natürlichsten gaben. Zweifel darüber, ob die eidetischen Phänomene wirklich gesehen oder nur vorgestellt waren, gab es hierbei sowohl bei Vp. wie Vl. nur in ganz seltenen Fällen. Gewisse Schwierigkeiten können hier, wenn überhaupt, am leichtesten noch bei halbgebildeten Erwachsenen entstehen, die manchmal fürchten, sich irgendeine Blöße zu geben, mitunter sogar, wie wir einmal fanden, zweifellos gesehene AB und sogar die physiologischen NB (!) verleugnen können, weil ihnen mitunter, bei fehlender Natürlichkeit des Wesens, das Sehen von nicht wirklich Vorhandenem unmöglich oder krankhaft erscheint und sie darum Bedenken tragen, die Phänomene zuzugeben.

[2]) Vgl. z. B. die schon im „Bericht über den VII. Kongreß für experimentelle Psychologie in Marburg“ (Jena 1922) abgebildete Vorlage (Abb. 20). Gute Dienste leistete im Marburger Institut, besonders für ausführliche Bildschilderungen durch Starkeidetische, der Münchener Bilderbogen „Was alles am Morgen geschieht“ (Verlag von Braun & Schneider, München). Ungünstig für die Erzeugung des AB ist manchmal allzu große Gleichartigkeit der verschiedenen auf der Vorlage dargestellten Gegenstände (so z. B. bei den bekannten Silhouettenpostkarten von DIEFFENBACH). Ungünstig sind auch Bildvorlagen mit verschwommen ineinander fließenden Farben und Konturen der Einzelheiten, ebenso Zeichnungen geometrischer Figuren, Buchstaben, womöglich gar zu sinnlosen Silben

keit erfaßt werden zu können, sollen die Vorlagen nicht zu ausgedehnt sein; wir wählen sie im allgemeinen etwa 9 × 12 cm oder kleiner, allerhöchstens etwa 15 × 15 cm. Es ist wichtig, mit einem gewissen Vorrat von Bildern an solche Untersuchungen heranzutreten und verschiedene Vorlagen dabei zu benutzen, weil sehr oft erst bei einer für die Vp. gerade besonders interessanten Vorlage die AB mit einem Male sich zeigen, während sie vorher ausblieben, oder daß sie wenigstens in deutlicherer, detailreicherer Form auftreten als bei anderen, für die Vp. weniger eindringlichen und interessanten Vorlagen. So ergaben z. B. die Massenuntersuchungen an jüngeren Schülern durchweg einen höheren Prozentsatz von Eidetikern, wenn dabei auch Tierbilder benutzt wurden, als dann, wenn nur Häuschenbilder oder andere Darstellungen verwandt wurden, die das Interesse und die Aufmerksamkeit der Jugendlichen nicht im selben Maße zu erregen vermögen wie die Tierbilder. Diese eigentümliche Auslese, die das Sinnengedächtnis somit trifft, wurde in den psychologischen Untersuchungen des Marburger Instituts als „Selektion" bezeichnet[1]). Je nach der Stärke der eidetischen Anlage werden nach Wegnahme des Bildes einige wenige Einzelheiten oder größere Teile gesehen, oder es erfolgt eine wirklichkeitsgetreue Wiedergabe des ganzen Bildes, sei es in komplementärer oder urbildmäßiger Färbung, gelegentlich selbst teilweise komplementär, teilweise urbildmäßig. Mitunter empfiehlt sich bei der Beobachtung des AB — also nach Wegnahme der Vorlage — eine leichte Abdunkelung des Projektionsschirmes, die das Auftreten von AB oft begünstigt[2]). Sie ist leicht zu erreichen mit Hilfe eines Tuches, das über Schirm und Vp. gehalten wird. Mitunter werden die AB auch nur bei geschlossenen Augen gesehen. In jedem Falle, der auf anderem Wege nichts ergab, wird man also nach Darbietung einer Vorlage auch einmal die Augen schließen lassen und zusehen, ob hierbei vielleicht ein Bild vor den Augen auftaucht. Bei einigermaßen intelligenten Vpn. unterlasse man auch nicht, danach zu forschen, ob Anschauungsbilder, — die man hier zweckmäßig als „Gesichtserscheinungen" bezeichnen wird —, zuweilen von selbst und ungewollt bei besonderen Gelegenheiten aufgetreten sind. Derartige spontan auftretende Anschauungsbilder finden sich bei affektiv gefärbten Erlebnissen oder in Affektzuständen manchmal schon bei sehr schwacher eidetischer Anlage und können darum zuweilen den einzigen Hinweis auf eine solche darstellen. Wenn bei keiner Vorlage AB direkt zu erzeugen sind, kann immer noch die Abweichung der NB vom EMMERTschen Gesetz auf indirektem Wege den Nachweis einer schwachen eidetischen Anlage erbringen. Ein Auftreten von beliebigen willkürlich erzeugbaren AB, d. h. von AB, die ohne Vorlage bloß aus der willkürlich herbeigeführten Vorstellung heraus sichtbar werden, ohne daß wir in solchen Fällen nicht auch nach irgendeiner Vorlage hätten AB erzeugen können, beobachteten wir bisher noch nie. Wenn FISCHER und HIRSCHBERG von solchen Fällen sprechen und

---

kombiniert, aber auch in einzelnen Worten und Sätzen. Solche Vorlagen können höchstens bei NB-Erzeugung in Anwendung kommen (und bei Sonderuntersuchungen über die NB-nahen ABT). Es empfiehlt sich jedoch, im allgemeinen für die NB-Versuche die gleichen Vorlagen wie für die AB anzuwenden, wenn hierbei komplizierte Vorlagen verwandt werden. Von letzteren begünstigen die optisch eindringlichen Schwarzweißbilder das Hervortreten von NB-nahen Phänomenen (vgl. S. 175f., Abschnitt c).

[1]) Vgl. E. R. JAENSCH (II), VI. Abschnitt: E. R. JAENSCH.

[2]) Nur in seltenen Fällen führt umgekehrt eine Aufhellung des Gesichtsfeldes zu einer Verdeutlichung der AB (vgl. z. B. Pädagogische Warte H. 9, 1924, Bericht über einen Magdeburger Vortrag von E. R. JAENSCH, wo die AB des vorgeführten Eidetikers unter solchen Umständen deutlicher wurden). Je nachdem die Eidetiker die Bilder auf hellem oder dunklem Grund besser sehen, bezeichnen wir sie als hell- oder dunkeloptimal. Die durchaus überwiegende Mehrheit der Eidetiker ist also dunkeloptimal. Über „Helloptimalität" vgl. auch E. R. JAENSCH (II); VI. E. R. JAENSCH: Über physische Selektion.

auf die Unmöglichkeit hinweisen, sie in unserer Gradeinteilung unterzubringen, so handelte es sich hier wohl um Fälle, die ausgeprägte Selektion aufwiesen und bei gewissen, ihren selektiven Tendenzen besonders entgegen kommenden Vorlagen wohl auch AB nach Vorlage gezeigt haben würden, wenn dies auch bei den von FISCHER und HIRSCHBERG benutzten, wenig zahlreichen und darum offenbar nicht genug variierten Vorlagen nicht in Erscheinung trat.

Abb. 22. Natürliche Größe.

Als Vorlage benutzten wir außer den homogenen Farbquadraten und szenischen Darstellungen meist noch folgende Bilder, die in den nachfolgenden Versuchen eine besondere Rolle spielen und darum hier kurz beschrieben werden sollen: Das „Giebelhäuschen" stellte die Vorderfassade eines Bauernhauses dar, in bunten Farben ausgeführt. Es ist durchsetzt mit Fachwerk, zeigt bunte Fensterläden, Haustür und verschiedene andere Einzelheiten, wie Treppenstufen vor der Tür, Bank an einer Hausseite, Blumen mit verschiedenen bunten Blüten vor einigen Fenstern usw. Es hatte im ganzen einen überwiegend gelblichen Farbton und war aus einem für Kinder zum Aufbau kleiner Papphäuschen bestimmten Bilderbogen herausgeschnitten (Abb. 22 gibt hierfür ein beliebiges Beispiel). Das in den folgenden Versuchen als Vorlage kurz mit „Soldat" bezeichnete Anschauungsobjekt war eine kleine, etwa 6 cm hohe Celluloidfigur eines Knaben in einem blauen Kittel, weißen Strümpfen und Schuhen, mit rötlichem Gesicht und einem dreieckigen sogenannten „Papierhelm" auf dem Kopfe, wie ihn Kinder sich zum Soldatenspielen anzufertigen und aufzusetzen pflegen. Die als „Blumentöpfchen" bezeichnete, ebenfalls figürliche Vorlage entstammte einem Puppenhause. Es war ein rotes Holztöpfchen von der doppelten Größe eines Fingerhutes mit eingefügter grüner Blattpflanze mit rosa-weißen Blüten. Es war zusammen mit der Pflanze etwa 6 cm hoch. Die Tier- oder Baum- und Buschbilder stammten ebenfalls aus Kinderbilderbogen, teilweise aus sogenannten „Stammbuchbildern", die früher sehr üblich waren; meist waren sie auf dünne Pappe geklebt und ausgeschnitten. Ihre Größe ging nicht über das Format 9 × 12 cm hinaus; meist waren sie kleiner. Die zu dem später zu beschreibenden „Fluxionsversuch" benutzten Vorlagen hatten etwa die Form einer 1 („Eins"), waren aus rotem Papier geschnitten und zeigten verschiedene Winkelneigung des kleinen gegen den größeren Balken, die beide gleich breit waren (Abb. 23 a—c). Wir nannten diese Figuren („Einser") auch manchmal „Haken". Die ebenfalls zum Fluxionsversuch benutzten Blätter des Schneebeerstrauches (Abb. 24 a—c) haben die Eigentümlichkeit bei gleicher Grundstruktur verschieden geformt zu sein, indem sie, auch am selben Strauch, verschieden zahlreiche und verschieden tiefe Einkerbungen zeigen. Man wählt von diesen ovalen, ziem-

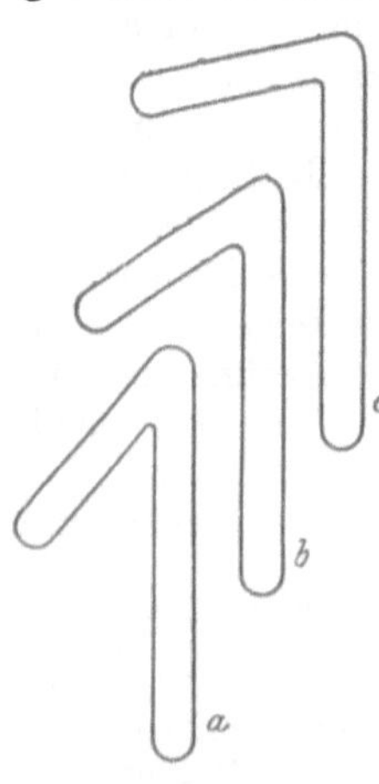

Abb. 23 a—c. 1/3 natürlicher Größe.

lich breit ausladenden Blättern solche von annähernd gleicher Größe aus, am Rande mit 1—4 und mehr Einkerbungen, die mit wachsender Zahl gleichzeitig auch an Tiefe zunehmen. Man klebt diese verschiedenen, aber gleichgroßen, gepreßten Blätter auf einen weißen Pappstreifen, so daß die Zahl und Tiefe

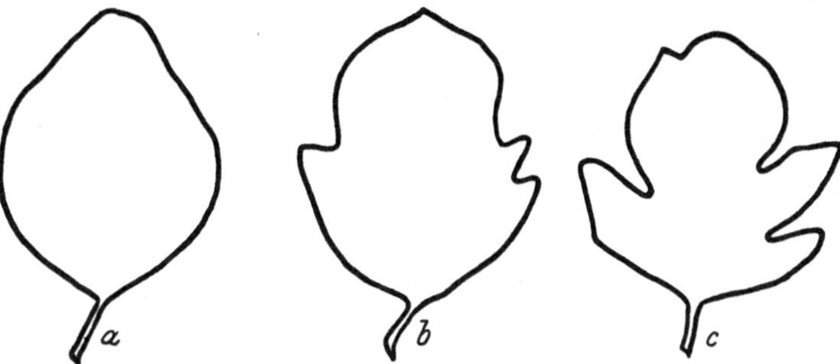

Abb. 24 a–c. 1/3 natürlicher Größe.

der Einkerbungen der Blätter von links nach rechts hin wächst, und bietet dann die einzelnen Blätter nacheinander zur Beobachtung dar, indem man immer nur eines freigibt und die übrigen abdeckt. Bei manchen Vpn. erhält man noch bessere Resultate mit lebenden, nicht gepreßten Blättern (Selektion).

b) Prüfung der optischen Dichte und der Nachdauer. Der Emmertsche Versuch.

Ganz wie beim NB, kann nun auch beim AB die optische Dichte ermittelt werden. Hier ergibt sich, daß gute Bilder der B-Typen den Hintergrund gewöhnlich völlig verdecken, während dies bei den T-Typen nur bei den höchsten Graden der eidetischen Anlage der Fall ist. Ferner zeigt sich, daß die Nachdauer der B-Bilder meist eine praktisch unbegrenzte ist, indem es nur von dem Willen der Vp. abhängt, das Bild beliebig lange festzuhalten. Im Gegensatz hierzu können gerade manche, vor allem hochgradige T-Bilder, wenn sie einmal aufgetreten sind, durch keinerlei Willensanstrengung verdrängt werden. Besonders gilt dies von den spontan sich aufdrängenden und wider Willen und Vorstellung auftauchenden AB. Nach Vorlage erzeugt, verhalten sich, wie schon erwähnt, die AB des T-Typus vielfach ganz ähnlich wie die NB, indem sie auch gegen den Willen der Vp. nach und nach bei der Beobachtung abblassen und nach einer gewissen Zeit vollständig verlöschen. Beim B-Typus hingegen hängt der Fortbestand oder das Erlöschen der AB von psychischen Faktoren ab. Sie bleiben bestehen, solange die Vp. an die Vorlage denkt und sie sich vorstellt, und sie verschwinden in dem Augenblick, wo der Beobachter seinem Vorstellungsverlauf willkürlich eine andere Richtung erteilt. Die messende Untersuchung der Nachdauer hat hier keinen Sinn; sie würde immer nur zur Feststellung einer praktisch unbegrenzten Dauer der AB führen, da diese hier nur vom willkürlichen Vorstellen abhängt. — Wo die Messung einen Sinn hat und durchführbar ist, da erfolgt sie in ganz entsprechender Weise wie bei den NB-Versuchen. — Ebenso wie bei den NB, kann auch bei den AB ermittelt werden, wie sich ihre Größen bei Projektion in verschiedene Entfernungen verhalten, ob sie also dem Emmertschen Gesetz gehorchen oder davon abweichen. Das kann besonders in Fällen negativer AB von besonderem Wert sein für die Entscheidung der Frage, ob wir es mit einem NB oder einem AB zu tun haben. Allerdings zeigen auch sichere AB vom T-Typus, die trotz ihrer Hochgradigkeit, zumal bei einfachen homogenen Objekten, vorwiegend negative Färbung besitzen, gar nicht selten eine große Annäherung an die Werte des EMMERTschen Gesetzes oder sogar dessen genaue Erfüllung, obwohl sich ihre AB-Natur aus anderen Gründen beweisen läßt (z. B. durch Sehen von Einzelheiten, Entstehung bei Betrachtung der Vorlage mit wanderndem Blick, urbildmäßige Färbung usw.). Dieses Größenverhalten kann also beim reinen T-Typus sogar bei urbildmäßigen AB vorkommen.

c) Prüfung auf Körperlichkeit.

Zur Entscheidung der Frage, ob ein körperliches, d. h. dreidimensionales Vorbild auch im Anschauungsbilde körperlich oder aber flächenhaft erscheint, wird ein kleiner vollkörperlicher Gegenstand vor dem Projektionsschirm dargeboten, etwa unser „Soldat", das „Puppenblumentöpfchen"
kleine, am besten bunte Figur („Nippesfigur"). Der Gege
mit schwarzem Tuch bedeckten Unterlage, etwa einem
dem in „Grundstellung" befindlichen Projektionsschirm.
wie vorher, indem der Gegenstand nach anfänglicher
wird, worauf die Vp. von ihm ein AB erzeugt. Wie eine
als sogenannte „Rundplastik" gearbeitet sein kann, aber
weniger erhabenes Relief, das somit entweder der Rund
ebenen Bilde näher stehen kann, ganz so kann auch das
der Körperlichkeit zeigen. Es kann, wenn die Vorlage
vollkörperlich wie eben sein, aber auch die verschiedens
Erscheinungsweise darbieten, also mannigfache Zwischen
und vollkörperlicher Erscheinungsweise einnehmen. Es
perliche AB und überhaupt AB von gut ausgeprägtem
prägten Eidetikern vorkommen, und daß die höheren
im allgemeinen auf eine stärkere eidetische Anlage hinw
umgekehrte Schluß — von fehlender Körperlichkeit auf
Anlage — nicht statthaft. Auch bei recht ausgeprägten
AB von körperlichen Vorlagen flächenhaft sein; es handel
um Fälle vom T-Typus, vorausgesetzt, daß eine starke,
B-Typus ermöglichende eidetische Anlage da war. Vollkö
AB haben, gleichstarke eidetische Fähigkeiten vorausge
Typen, die T-Typen nur in den der E-Phase (Einheitsph
men. Zu erwähnen ist noch, daß körperliche Vorlagen
meist zugleich urbildmäßige AB zuweilen auch
ergeben, die sonst, d. h. bei Verwendung flächenhafter Vorlagen
täre AB erhalten. Der körperliche Charakter der Vorlagen
Färbung der AB einen ähnlichen Einfluß ausüben, wie
von Interessantheit der Vorlage[1]). Die verschiedenen Grade der Körperlichkeit macht man den Vpn. zuvor an verschieden stark vorspringenden Reliefs und kleinen Büsten klar. Die Durchführung dieser Prüfung setzt etwas intelligentere Vpn. voraus. — Beispiel eines Versuchsprotokolls:

AB Soldat 10″: körperlich, urbildmäßig; bzw. bei einer anderen Vp.: reliefartig, komplementär.

d) Die Ermittelung des Grades der eidetischen Anlage.

Wir können je nach der Ausgeprägtheit der eidetischen Anlage verschiedene Grade derselben unterscheiden[2]). Auf Grund der vorerwähnten Prüfungen ist

[1]) Vgl. E. R. JAENSCH (II), VI. Abschnitt: E. R. JAENSCH: Über psychische Selektion.

[2]) Die Unterschiede von eidetischem Grad, Gedächtnisstufe und auch Einheitsphase (E-Phase s. u.) wurden in Kap. I schon dargelegt (Näheres S. 185ff.).

es möglich, den Grad der eidetischen Anlage, der bei dem in Untersuchung stehenden Individuum verwirklicht ist, zu bestimmen. Folgende Gradeinteilung hat sich uns bewährt[1]):

Grad 0: Der Befund ist völlig negativ. Erzeugbar ist nur ein NB von normaler Beschaffenheit und normalkurzer Dauer.

Grad I: Ohne Fixation entsteht kein Bild. Die eidetische Anlage ist nur auf dem Umwege über das NB nachweisbar; dieses zeigt Züge des AB, z. B. Abweichung vom EMMERTschen Gesetz, entweder ohne weiteres, oder nur bei gleichzeitiger Einwirkung eines Störungsreizes, z. B. eines Pfiffs[2]).

Grad II: Fixation ist nicht mehr in allen Fällen erforderlich; äußerst schwache AB sind auch direkt nachweisbar, jedoch nur bei einfachen Objekten (homogenes Farbquadrat), nicht bei komplizierten. Auch einige Stigmen der AB sind vorhanden (z. B. Abweichung vom EMMERTschen Gesetz, Größen- und Formabweichungen des AB bei Pfiff).

Grad III: Es entstehen, auch ohne Fixation, schwache bis mitteldeutliche AB von unkomplizierten Objekten; auch von komplizierten Objekten sind mindestens einige Einzelheiten sichtbar, sei es nach Vorlage oder in spontanen Bildern.

Grad IV: Auch von komplizierten Objekten entstehen deutliche und vollständige AB der Vorlage (begleitet von ausgiebigen Stigmen der AB).

Grad V: Es sind in allen Einzelheiten äußerst deutliche AB nachweisbar, die ein gutes und allseitiges Experimentieren mit den Bildern gestatten, so daß die hierher gehörenden Individuen als Vpn. besonders erwünscht sind.

Die eidetischen Grade bringen zugleich das Verhältnis des jeweilig in Untersuchung stehenden Phänomens zur E-Phase zum Ausdruck; denn sie zeigen die Ausprägung des Sehmaterials (bzw. der Farbmaterie) an, an dessen höchste Grade allein die Verwirklichung der E-Phase gebunden ist, und zwar gleichgültig, ob der Charakter der AB mehr dem der NB oder mehr dem der VB nahesteht, gleichgültig also, ob die AB einer niederen oder höheren Gedächtnis„stufe“ angehören, wobei immer wieder betont sei, daß alle diese Phänomene wirklich gesehen werden. Beim reinen T-Typus ist jeder Grad der Ausgeprägtheit des Sehmaterials innerhalb der niederen (maximal NB-verwandten) Gedächtnisstufe verwirklicht, beim reinen B-Typus innerhalb der höheren (maximal VB-verwandten) Gedächtnisstufen. Je nachdem innerhalb der jeweiligen Gedächtnisstufe die eidetischen Phänomene der E-Phase näher oder ferner stehen, ist ihr Grad ein höherer oder ein niederer; und ebenso gilt umgekehrt: je höher der Grad, um so näher stehen sie der E-Phase, je niedriger der Grad, um so entfernter sind sie von der E-Phase. Beim T-Typus, bei dem durch Calcium der eidetische Grad verringert werden kann, zeigt sich dies deutlich: sobald man durch Calciumgaben das Sehmaterial verringert und abschwächt, wird die E-Phase verlassen. Beim BT-Typus bleibt die E-Phase im Falle einer Calciumeinwirkung dann nur in Beziehung auf das AB_B, d. h. die B-Komponente des eidetischen Phä-

[1]) E. R. JAENSCH (II), III. Abschnitt: E. R. und W. JAENSCH: Über die Verbreitung der eidetischen Anlage im Jugendalter. Nur wird, was dort „Stufe“ der eidetischen Anlage genannt worden war, hier als „Grad“ bezeichnet, um einer Verwechslung dieser verschiedenen „Grade“ der eidetischen Anlage mit den verschieden hohen Gedächtnisstufen vorzubeugen; außerdem ist eine kleine Änderung des Wortlauts erfolgt, die im Interesse genauerer Präzisierung unserer Kriterien nötig war.

[2]) Der Störungsreiz verschiebt das Verhalten aller eidetischen Phänomene in der Richtung nach den VB hin; insbesondere nähert er den Plastizitätsgrad der AB, d. h. ihre Beweglichkeit und Veränderlichkeit, derjenigen der VB an, wie neuerdings auch H. HENNING durch Versuche, die er als solche über „Komplexsynästhesie“ bezeichnet, bestätigte. Ganz allgemein gesagt, verschiebt der Störungsreiz die Gedächtnisstufe nach oben [E. R. JAENSCH (II), I. Abschnitt: P. BUSSE (und andere Marburger Arbeiten)].

nomens (AB_{VB}), erhalten, weil deren Sehmaterial und ihr Grad durch Calcium nicht abgeschwächt wird, und weil die Beschaffenheit und Gedächtnisstufe dieser AB auch außerhalb der eigentlichen E-Phase schon ein ähnliches Verhalten wie in ihr gewährleistet; denn zur Charakteristik der AB in der E-Phase gehört auch ihre — trotz buchstäblichster Sichtbarkeit — mit den VB verwandte Struktur, die den AB_B unter allen Umständen eignet. Beim T-Typus dagegen zeigen die eidetischen Phänomene ($AB_T = AB_{NB}$ bzw. NB) nur in der E-Phase gewisse Ähnlichkeiten mit der Struktur der VB, besonders hinsichtlich der Plastizität (Beweglichkeit, Veränderlichkeit).

Der Grad wird bestimmt nach der oben angegebenen Skala. Weil eine solche Einteilung sowohl für T- wie B-Typus gelten muß, um zunächst überhaupt das Aussuchen gleich stark ausgeprägter Eidetiker zu gestatten, deren Typus und damit ihre Gedächtnisstufe wir nachher miteinander vergleichen können, so mußten die Tests für den Grad sich auf Eigenschaften beschränken, die in erster Linie durch die Ausprägung des Sehmaterials der eidetischen Erscheinungen bestimmt sind. Darum beschränken sich diese Feststellungen darauf, ob überhaupt AB oder wenigstens einige AB-ähnliche Züge des auftauchenden Phänomens vorhanden sind, und ferner auf ihre Deutlichkeit (Intensität) und Reichtum (Menge) an Einzelheiten, also darauf, ob nur von einfachen oder auch von komplizierten Vorlagen schwache, mitteldeutliche, deutliche AB, ob solche mit einigen oder allen Einzelheiten bzw. in allen Einzelheiten äußerst deutliche AB mit hochgradig ausgeprägtem Sehmaterial vorhanden sind. Es werden also die Kriterien berücksichtigt, die die Menge, Deutlichkeit und Intensität des Sehmaterials (d. h. den Grad) bestimmen, dagegen bleiben diejenigen Kriterien unberücksichtigt, die in hohem Maße abhängig sind von der Qualität (der Gedächtnisstufe), also davon, ob das AB mehr den Nachbild- oder Vorstellungscharakter zeigt, wozu auch die „spezifische Plastizität"[1]) und in gewissem Umfange auch die Färbung gehört.

Es handelt sich bei der Feststellung des Grades, um ein Bild zu gebrauchen, wie bei Lösungen um die Gesamtmenge der Flüssigkeit und ihre Konzentration, bei Feststellung der Gedächtnisstufe um die Art der gelösten Stoffe und die Viskosität. Die Konzentration ist abhängig von der Gesamtmenge und unabhängig von der Art der gelösten Stoffe. Die Viskosität aber steht im Zusammenhang vor allem mit der Art der gelösten Stoffe und erst in zweiter Linie mit ihrer Konzentration in der Gesamtmenge. In ganz entsprechender Weise verhält sich innerhalb hier obwaltender Umstände Grad, Gedächtnisstufe und spezifische Plastizität, also spezifische, an die Gedächtnisstufe geknüpfte Beweglichkeit, während die Beweglichkeit und Veränderlichkeit überhaupt schon allein mit dem Grad steigt. Ähnlich verhält es sich mit der Färbung der AB. So wie also in dem gebrauchten Beispiel die Viskosität immer noch stärker abhängig ist von der Art der gelösten Stoffe einer Lösung und erst in zweiter Linie von ihrer Konzentration[2]), so verhält es sich auch mit der spezifischen Plastizität und der Fär-

[1]) Wir bezeichneten (Kap. I und II) als „spezifische Plastizität" (der Gedächtnisstufen) lediglich die spezifische für Typus und Gedächtnisstufe verschiedene Veränderlichkeit und willkürliche Hervorrufbarkeit bzw. Auslöschbarkeit durch Vorstellungs- und Willensakte (also gewissermaßen ihre besondere Modalität). In Beziehung auf eidetische Eigenschaften überhaupt, ohne Rücksicht auf die eidetischen Typen und einzelnen Gedächtnisstufen, wächst aber mit der Dichte, Intensität, Deutlichkeit, Reichtum und Schärfe der Einzelheiten, Körperlichkeit auch ganz allgemein und quantitativ etwas die Veränderlichkeit, willkürliche Hervorrufbarkeit und Auslöschbarkeit durch Vorstellungs- und Willensakte.

[2]) In Lösungen wird z. B. bei gleicher Konzentration die Viskosität der Flüssigkeit abhängig sein davon, ob wir es mit einer Salzlösung oder z. B. mit einer Lösung kolloidaler Substanzen zu tun haben.

bung in ihrer Beziehung zu höherer Gedächtnisstufe und höherem eidetischem Grad: Sie sind in erster und ganz überwiegender Weise abhängig von der Art des Sehmaterials, also der Gedächtnisstufe, und nur weniger, erst in zweiter Linie vom höheren Grad der eidetischen Erscheinungen und damit von der Annäherung an die E-Phase.

Die spezifische Plastizität ist daher bei der Feststellung des vorhandenen Grades nicht berücksichtigt. Es bleibt jedoch bestehen, daß die Beweglichkeit und Veränderlichkeit überhaupt mit steigendem Grad etwas zunimmt. Es zeigt sich jedoch später, bei näherer Untersuchung, daß selbst eine hochgradige Beweglichkeit und Veränderlichkeit eine verschiedene und verschiedenen Gesetzmäßigkeiten unterworfene ist, je nachdem wir es mit hochgradigen AB höherer oder niederer Gedächtnisstufen (d.h. vom B-Typus oder T-Typus), also je nachdem, mit welcher spezifischen Plastizität wir es zu tun haben. Das Auftreten einer gewissen Beweglichkeit und Veränderlichkeit überhaupt, das sich (im weiteren Sinne) mit höherem eidetischem Grad und in der Nähe der E-Phase stets einstellt, ist also kein unmittelbarer Hinweis auf den Typus, wohl aber ist die „spezifische Plastizität" in erster Linie durch die Gedächtnisstufe und damit durch den Typus bestimmt[1]).

Ähnlich verhält es sich mit einem anderen Kriterium, das wir in Kap. I schon anführten, und das ebenfalls bis zu gewissem Grade sowohl mit steigendem Grad wie mit steigender Gedächtnisstufe zusammenhängt, mit der negativen bzw. positiven Färbung. Auch sie ist in unserer Gradeinteilung unberücksichtigt geblieben, da sie, ähnlich wie die Beweglichkeit, sehr weitgehend von der Gedächtnisstufe und erst in zweiter Linie vom Grad abhängig ist, wie sich noch zeigen wird. Darum überwiegen z. B., bei gleichhohem eidetischem Grad des B-Typus und T-Typus, beim B-Typus, dessen AB der hohen Gedächtnisstufe angehören, immer die urbildmäßigen Farben, wie ja auch die reinen VB im allgemeinen urbildmäßig sind[2]). Umgekehrt dagegen liegen die Verhältnisse beim T-Typus, wie auch die physiologischen Nachbilder kaum je andauernd positiv sind; nur in der E-Phase selbst oder in ihrer unmittelbaren Nähe, also auch schon mit steigendem Grad, erfolgt hier eine gewisse gegenseitige Annäherung.

Weniger von der Gedächtnisstufe als vom Grad der Erscheinungen, und zwar in absteigender Linie, hängen dagegen ab: die Wirklichkeitstreue, die Körperlichkeit, die Dichte und schließlich der Reichtum, die Schärfe und Deutlichkeit der Einzelheiten. Aus diesem Grund berücksichtigten wir bei unserer Gradeinteilung die letzteren Eigenschaften an erster Stelle.

e) Eidetischer Grad, Gedächtnisstufe, Einheitsphase und Biotypus.

Demnach ergibt sich die Beziehung von Gedächtnisstufe, eidetischem Grad, E-Phase, T-Typus (T-Komplex), B-Typus (B-Komplex) und auch Vorstellung (VB) und Wahrnehmung (Wa), die ja, wie in Kap. I berichtet wurde, ebenfalls aus der E-Phase hervorgehen, aus umstehendem Schema (siehe S. 188 Abb. 25).

Dieses Schema (Abb. 25) stellt eine Erweiterung des im Kap. II dargestellten Schemas (siehe Abb. 2 S. 42) dar. Außer den Gedächtnisstufen, die in Abb. 2 u. 25 auf der Abszisse a—f aufgetragen sind, sind hier auch noch die eidetischen Grade berücksichtigt und auf der Ordinate aufgetragen. Gemäß dem eben Gesagten steigen letztere in jeder Gedächtnisstufe für sich an und nähern sich damit gleichzeitig der E-Phase, die in Abb. 25 durch den Streifen n—m dargestellt ist. An Stelle der

[1]) Auf der Nichtberücksichtigung dieser Verhältnisse beruht ein großer Teil der Einwände, die Fischer und Hirschberg gegen unsere Typeneinteilung erhoben haben, und die daher rühren, daß sie die Plastizität (Beweglichkeit) überhaupt schon für ein sicheres Kennzeichen des Typus hielten, während als ein solches nur die spezifische Plastizität in Betracht kommt.

[2]) Vgl. hierzu Kap. I, S. 20, Anm. 2.

in Abb. 2 durch die Punkte n, m gekennzeichneten größten Deutlichkeit, Ausprägung, Veränderlichkeit und Lebhaftigkeit der AB ist in Abb. 25 der Streifen n—m getreten; er soll die E-Phase kennzeichnen, die ja allen Gedächtnisstufen eigen sein kann und in jeder einzelnen den höchstmöglichen Grad der eidetischen Phänomene darstellt. Je nach dem eidetischen Grad kann man sich, näher oder entfernter von dem Streifen n—m (E-Phase), zu a—f eine Parallele gezogen denken, auf der die verschiedenen Gedächtnisstufen enthalten sind. Im Gegensatz zu Abb. 2 ist hier auch die Wahrnehmung (Wa) mit hinzugenommen, und zwar auf derselben Seite der Abszissenachse, wo auch die VB stehen, da die Struktur der Wahrnehmungswelt trotz ihres unmittelbar sinnlichen Charakters mit der der Vorstellungswelt in entscheidenden Merkmalen übereinstimmt (J. v. KRIES, E. R. JAENSCH)[1]. Damit wird symbolisch auch das Verhältnis von eidetischem Grad, Gedächtnisstufe und E-Phase ausgedrückt, wie wir es auseinandergesetzt haben: in jeder Gedächtnisstufe entfernt sich der fallende Grad von der E-Phase. Innerhalb der E-Phase besteht trotz ihres einheitlichen VB-Charakters dennoch

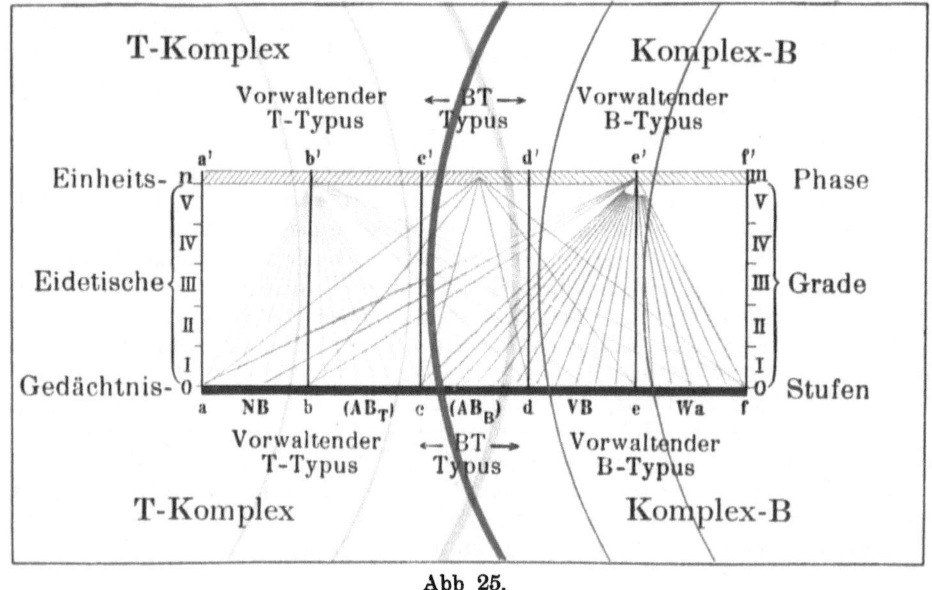

Abb 25.

ein Unterschied der eidetischen Phänomene, je nach dem vorwaltenden Typus. Zwar enthalten die Phänomene der Einheitsphase bei beiden Typen (bis zu ge-

[1]) Auf der Abszissenachse selbst, entsprechend der Gedächtnisstufe 0, d. h. der im üblichen Sinne vollständig fehlenden eidetischen Anlage, gibt es streng genommen eigentliche AB überhaupt nicht. Trotzdem hat es einen guten Sinn, selbst hier von latenten AB zu reden und sie — zum Zeichen ihrer Latenz — in Klammern beizufügen; denn nach einer noch unveröffentlichten Untersuchung des Marburger Instituts von A. KOBUSCH (Nachweis der Gedächtnisstufen im Vorstellungsleben normaler Erwachsener [Marburger Phil. Diss.]) wird auch beim nichteidetischen Erwachsenen unter dem Einflusse gewisser Verhaltungsweisen der Aufmerksamkeit und sonstiger experimentell variierbarer Faktoren das Verhalten der VB in der Richtung auf das der AB verschoben (Senkung der Gedächtnisstufe). — Vgl. ferner auch JAENSCH, W.: Münch. med. Wochenschr. Nr. 26. 1922 und die Sportsuntersuchungen (E. R. und W. JAENSCH und K. KNIPPING) beim Marburger Akademischen Olympia. — Ebenso ist es sinnvoll, den vorwaltenden T- bzw. B-Typus auch unterhalb der Linie a—f (eidetischer Grad = 0) zu markieren; denn, wie in Kap. I ausgeführt, gilt der Typus ja auch für Nichteidetiker und für Wahrnehmung und Vorstellung, die aus der eidetischen Einheit hervorgehen.

wissem Grade selbst bei ganz reinen Typen) Komponenten aus den niederen und den höheren Gedächtnisstufen, aber in der Einheitsphase (Streifen n—m) des vorwaltenden B-Typus (Punkt e') überwiegen immer noch die Komponenten aus den höheren Gedächtnisstufen, in der des vorwaltenden T-Typus (Punkt b') überwiegen immer noch die Komponenten aus den niederen Gedächtnisstufen, obwohl bei beiden Typen die E-Phase stets einen weitgehenden VB-Charakter trägt (wenngleich alle diese Phänomene im buchstäblichen Sinne gesehen werden). Diese Herkunft der Komponenten ist angedeutet durch Verbindungslinien, die die betreffenden Punkte des Streifens n—m mit den auf der Abszisse a—f angegebenen Gedächtnisstufen verbinden. Das Überwiegen der Anteile aus den niederen Gedächtnisstufen beim vorwaltenden T-Typus kommt dadurch zum Ausdruck, daß der Punkt b', der die Einheitsphase mit vorwaltendem T-Typus darstellt, mit dem linken Teil der Abszisse, d. h. mit den niederen Gedächtnisstufen, durch sehr zahlreiche Grade verbunden ist, mit dem rechten Teil der Abszisse, d. h. mit den höheren Gedächtnisstufen, dagegen nur durch wenige Grade. Bei der Einheitsphase mit vorwaltendem B-Typus (Punkt e') verhält es sich genau umgekehrt; daher ist e' durch sehr zahlreiche Grade mit dem rechten Teil, durch sehr wenige mit dem linken Teil der Abszissenachse verbunden. In der Einheitsphase des BT-Typus stammen dagegen die Anteile in gleichmäßiger Weise aus den niederen und aus den höheren Gedächtnisstufen, d. h. in gleicher Weise aus dem linken und aus dem rechten Teil der Abszissenachse, weshalb von diesem Punkte (E-Phase des BT-Typus) aus nach dem linken und nach dem rechten Teil der Abszissenachse gleich viele Linien laufen. Auch die Farbe ist dementsprechend gewählt: Die Anteile, aus denen sich die Einheitsphase des vorwaltenden B-Typus zusammensetzt, also die von e' nach der Abszissenachse, nach den Punkten der verschiedenen Gedächtnisstufen gehenden Geraden sind blau gezeichnet, die Anteile, aus denen sich die Einheitsphase des T-Typus zusammensetzt, gelb. Dementsprechend sind die Anteile des BT-Typus in der Mischfarbe dieser beiden Pigmente, nämlich grün, wiedergegeben und ebenso der die Einheitsphase darstellende Streifen n—m, zum Zeichen dafür, daß die Einheitsphase stets B- und T-Komponente zugleich enthält. Die Pfeile zu beiden Seiten des BT-Typus deuten an, daß auch er etwas in der einen oder anderen Richtung verschoben sein kann (B_T-Typus oder T_B-Typus).

Wir ersehen nun aus dem Schema weiterhin, wie sich beim T-Typus entsprechend NB, AB_T, VB und Wa (bzw. NB, AB_B, VB, Wa beim B-Typus) aus der E-Phase mit absteigendem eidetischem Grad und damit auftretender Spaltung der E-Phase entwickeln, sich von ihrer gemeinsamen Wurzel (eben dieser E-Phase) trennen und auseinandertreten.

Auch bei diesen der Einheitsphase fernen Fällen (niedere eidetische Grade, einschließlich der Nichteidetiker, also auch eidetischer Grad $= 0$) zeigen aber alle optischen und visuellen Phänomene noch eine Verschiedenheit je nach dem Typus, und zwar je nach dem Typus der Einheitsphase, also je nach dem Punkt des Streifens n—m, aus dem sie — sei es in der Individual- oder in der Gattungsentwicklung — hervorgegangen sind. Das kommt im Schema dadurch zum Ausdruck, daß durch alle diese der E-Phase selbst fernstehende Phänomene (d. h. im Schema durch alle Parallelen zur Abszissenachse und durch letztere selbst) die von den Punkten des Streifens n—m aus gezogenen Verbindungslinien hindurchgehen, indem sie so die genetische Wurzel des betreffenden Falles (Grades) in der E-Phase (Punkte des Streifens n—m) mit ihm selbst verbinden und diesen Fall (Grad) daher zugleich rückläufig auf seine genetische Wurzel in der E-Phase gleichsam projizieren. Durch die Zahl der projizierenden Verbindungslinien, die von den verschiedenen Gedächtnisstufen der niederen Grade zur E-Phase der verschiedenen

Typen (Punkte des Streifens n—m) gehen, ist dann die nähere oder fernere Beziehung zum T- (bzw. B-) Typus zum Ausdruck gebracht.

Nach den niederen Gedächtnisstufen (Abschnitte der Linie a—f, linker Teil) gehen z. B. viele Projektionslinien von b′, der Einheitsphase des vorwaltenden T-Typus aus, dagegen nur weniger von e′, der Einheitsphase des vorwaltenden B-Typus, umgekehrt ist es beim B-Typus. Dies bringt zum Ausdruck, daß bei den Fällen, die sich genetisch aus der Einheitsphase des vorwaltenden T-Typus ableiten, in allen eidetischen Graden die NB und überhaupt die Phänomene der niederen Stufe in starkem Übergewicht sind gegenüber den Phänomenen der höheren Stufe; umgekehrt beim B-Typus. Dabei besagt die Redeweise von dem „Übergewicht der niederen Gedächtnisstufen", daß die NB besonders stark ausgeprägt, d. h. von großer Intensität und langer Dauer sind, und daß die nie ganz fehlende Komponente niederer Stufe[1]) auch in den AB und selbst in den VB hier stark vorwiegt, weil eben alle Phänomene der E-Phase des T-Typus entstammen und darum durchgehend gewisse Charakterzüge dieses Typus bewahren. Dies gilt selbst für die VB der Nichteidetiker (Grad 0), wofern sie sich aus der entsprechenden E-Phase (Punkt b′) entwickelt haben, wie im Schema zum Ausdruck kommt[2]). Beim B-Typus verhält sich alles entsprechend umgekehrt. Darum bleibt der ganze rechte Teil der Figur oben und unten, von der Einheitsphase und den höheren Graden ab bis zu den Nichteidetikern (Grad 0) hin, dem psychophysischen B-Typus nahe, der ganze linke Teil entsprechend dem psychophysischen T-Typus. Symbolisieren wir nun den gesamten B-Komplex mit allen seinen physischen und psychischen Merkmalen, Äquivalente und Akzidentien durch einen dick gezeichneten blauen Kreis, den gesamten T-Komplex durch einen dick gezeichneten gelben Kreis, so fällt der rechte Teil des ganzen Schemas vorwiegend in den blauen Kreis, der linke vorwiegend in den gelben Kreis hinein. Der Zusammengehörigkeit der in jedem der beiden Typen zusammengefaßten Merkmale, die durch unsere empirischen Feststellungen gegeben war, entsprang dann weiterhin der theoretische Versuch (Kap. VII, 2), die Wahrscheinlichkeit auch ihrer einheitlichen organischen Verankerung aufzuzeigen, und diese beiden großen, den Typus des Individuums in allen seinen Lebensäußerungen beherrschenden psychophysischen Komplexe ganz im Sinne einer Erweiterung der von F. Kraus stark betonten Theorie der Vitalreihenketten aufzufassen, ihre einzelnen Lebensäußerungen (Äquivalente) auf den allerverschiedensten Reaktionsgebieten und Partialsystemen des menschlichen Individualwesens als die Verwirklichung ihnen eigentümlicher biologischer Valenzen (vgl. S. 33, 34), deren Dominanz, Anordnung und Lokalisation im Einzelindividuum zwar schwanken kann, immer aber (somatisch und psychisch) die charakteristischen Merkmale des Biotypus (psychophysischen Komplexes) tragen, dem sie mindestens funktionell-somatisch angehören, wobei die Gesamterscheinung des Individuums durch den Einfluß des jeweilig dominierenden psychophysischen Gesamtkomplexes genotypisch — in geringerem Umfang auch phaenotypisch — bestimmt wird.

Jeder dieser durch eine dickere Kreislinie umgrenzten psychophysischen Komplexe dürfte wiederum in entwicklungsgeschichtlich-biologisch verschiedenwertige Schichten zerfallen. Dies suchen die dünner gezeichneten Sektoren anzudeuten.

Beide Komplexe sind in jedem Individuum vertreten. Darum ist auch ein Dominanzwechsel möglich; auch kann die Art ihres Zusammenwirkens ungleich, ihr enges oder loses miteinander verkoppeltes Zusammenwirken verschiedenartig sein. Dieses Schema will zugleich andeuten, daß sich die Be-

[1]) Wie sich z. B. in der Untersuchung von A. Kobusch zeigt.

[2]) Soweit es sich in der Vorstellungssphäre von Nichteidetikern des T-Typus überhaupt um visuelle VB handelt (vgl. S. 201 ad Punkt 17).

sonderheiten der eidetischen Erscheinungen, die wir hier experimentell nachweisen können, auch auf die Vorstellungen und selbst auf die Wahrnehmungen erstrecken. Denn alle zusammen entsprossen ja der E-Phase. Es ließ sich, wie in Kap. I auseinandergesetzt wurde, experimentell nachweisen, daß Vorstellungen und Wahrnehmungen auch jenseits der eidetischen Phase noch weitgehend Züge zeigen, wie wir sie in hohem Maße besonders in der eidetischen Phase bemerken können. Hier bestehen nun, wie in andern Arbeiten des Marburger Psychologischen Instituts bereits gezeigt werden konnte, tiefgreifende Unterschiede zwischen T- und B-Typus. Entsprechende Unterschiede gelten daher in gleichen Fällen auch für Wahrnehmung und Vorstellung. Nicht nur das eidetische Phänomen, sondern auch Wahrnehmung und Vorstellung zeigt beim T-Typus in verschiedenem Ausmaße immer noch bestimmte Kriterien der niederen, beim B-Typus der höheren Gedächtnisstufe. Dies gilt, wie das Schema symbolisiert, auch für Nichteidetiker (Grad 0). So sind insbesondere beim T-Typus auch die Vorstellungen starrer, oft perseverierend, eindeutig an die Umweltreize geknüpft, ganz ähnlich wie die NB, deren allgemeine Eigenart, wie die Eigenart der niederen Gedächtnisstufen überhaupt, hier auch die eidetischen Erscheinungen, ja selbst die VB beherrscht. Aber auch die Wahrnehmungen verhalten sich hier in ähnlicher Weise. Allen Erscheinungen fehlt die Durchdringung mit höheren psychischen Vorgängen. Darum sind auch die Vorstellungen hier starrer, und die Wahrnehmungen sind eindeutiger von den Reizen der Außenwelt abhängig, geben diese in gewöhnlicher Sprache „objektiver" wieder. Beim B-Typus ist das anders: Schon die eidetischen Erscheinungen werden hier weitgehend von psychischen Einflüssen beherrscht, sie sind fließend wie die VB, und ihr Fluktuieren zeigt weniger die Beziehung zum Außenreiz selbst als zu den inneren Beziehungen der Dinge untereinander, die sich den Sinnen nicht unmittelbar darbieten, sondern nur durch höhere seelische Funktionen erfaßbar sind; vor allem zeigt es aber die Beziehungen zur auffassenden Persönlichkeit. Ganz ähnlich verhalten sich hier auch die Wahrnehmungen. Auch sie können weitgehend von psychischen Faktoren abhängig sein, von psychischen Faktoren beeinflußt werden. Ganz besonders üben diesen Einfluß Gefühle und Affekte aus. Alles dieses kommt als Ausfluß der eidetischen Phase je nach dem Typus auch noch Nichteidetikern zu.

Es ist noch zu bemerken, daß wir die untersuchten Individuen immer dem höchsten eidetischen Grade zuordneten, der bei ihnen überhaupt auf irgendeinem der angeführten Wege nachweisbar war. Im allgemeinen kann ein Individuum, das willkürlich hochgradige AB erzeugen kann, dies auch nach Vorlage. Wenn es nicht zu gehen scheint, liegt es nur an den eidetischen Selektionserscheinungen und an der Auswahl der Vorlagen bei den Versuchen. Denn wie schon früher angeführt wurde, ergeben manchmal nur bestimmte, dem Individuum interessantere Vorlagen AB, andere dagegen nicht. Sind nur vereinzelt spontan auftretende, d. h. nicht willkürlich erzeugte AB vorhanden, so bedeutet dies einen schwachen Grad von eidetischer Anlage, der sich manchmal, aber nicht immer, auch experimentell nachweisen läßt. Sahen einzelne Individuen von komplizierten Vorlagen nur Umrisse, eine homogene etwa graue Farbe (z. B. bei Schwarzweißbildern) und keine Einzelheiten, so galt der Test „Erzeugung von AB nach komplizierter Vorlage" für uns als nicht erfüllt[1]).

Alle verschiedenen Grade der eidetischen Anlage können sich bei B- wie bei T-Typen finden. Abgesehen von den eigentlichen E-Fällen, zeigen hochgradige Eidetiker des reinen T-Typus, die der E-Phase noch sehr nahestehen, Grad IV häu-

[1]) Das sei besonders auch gegenüber FISCHER und HIRSCHBERG bemerkt.

figer als Grad V, während bei hochgradigen eidetischen B-Typen fast immer Grad V vorhanden ist. Dies liegt daran, daß auch hochgradige AB beim T-Typus stets in gewissem Sinne noch der Gedächtnisstufe der NB nahebleiben, die selbst in der E-Phase hinter den B-Bildern im allgemeinen in bestimmter Weise zurückstehen, z. B. im Hinblick auf die Wirklichkeitstreue und Schärfe der Einzelheiten. Aber dieser und andere Unterschiede der Typen ergeben sich bei gleichhohem Grade erst bei eingehenderer Untersuchung.

Wir haben nun gesehen, wie wir sowohl für den B-Typus wie für den T-Typus den eidetischen Grad feststellen konnten. Wir wählen zum ersten Vergleich der Typen ausschließlich Eidetiker der beiden höchsten eidetischen Grade IV und V, wo die Unterschiede der beiden Typen sich, soweit es sich nicht um Einheitsfälle selbst handelt, am deutlichsten nachweisen lassen. Es sind also für diesen Nachweis die Fälle am geeignetsten, die der E-Phase nicht mehr angehören, aber ihr noch nahestehen. Es wird nun darauf ankommen, in diesen beiden hohen Graden die Phänomene voneinander schärfer zu unterscheiden. In der E-Phase selbst kann von allen nachfolgenden Unterschieden im Grenzfalle manchmal nur die Kalkreaktion die Entscheidung des T-Typus ermöglichen. Einige Unterschiede beider Typen wurden schon bei der Prüfung der Nachdauer, des EMMERTschen Gesetzes, der Intensität (Dichte) und Körperlichkeit erwähnt.

Wir kommen nun zu der Untersuchung der spontanen und willkürlichen Veränderlichkeit der AB, ihrer willkürlichen Beeinflussung bzw. Hervorrufung und Auslöschung, also der Plastizität im spezifischen Sinne, sowie ihrer Farbmaterie (Sehmaterial).

f) Prüfung der Veränderlichkeit.

1. Spontane Veränderlichkeit, Farbmaterie. Der Versuchsplan ist so entworfen, daß sich alle Versuche tunlichst leicht und bequem in einer Sitzung durchführen lassen, alles einigermaßen Entbehrliche und Längerdauernde also vermieden wird.

Man läßt das AB zunächst etwas länger beobachten und fragt, ob hierbei etwa ganz von selbst (d. h. auch ungewollt) Veränderungen auftreten. Bei manchen Vpn. von ausgesprochenem B-Typ treten während längerer Beobachtung eines AB ganz von selbst Veränderungen auf. Vor allem durch Störungsreize (nicht zu leisen Pfiff) können beim B-Typ solche Veränderungen besonders leicht ausgelöst werden. So verwandelte sich z. B. einmal ein rotes Quadrat im Anschauungsbild auf einen Pfiff[1]) hin in eine Lokomotive, wobei vor allem der Pfiff Ansatzpunkt für das Auftreten gerade dieser Veränderung darstellen mochte und ihr wohl die Richtung gewiesen hat. In einem anderen Falle „flatterte“ das Quadrat, besonders bei Störungsreizen, auf dem ganzen Schirm herum, „rotierte wie ein Motor“ usw.; kurz, es treten im einfachen wie auch komplizierten AB die verschiedensten Abwandlungen gegenüber der Vorlage auf, die fast immer eine gewisse, freilich manchmal sehr fern liegende innere Beziehung zur Vorlage erkennen lassen. Immer aber folgt beim B-Typus eine solche Veränderung vorwiegend dem inneren Sinnzusammenhang und der Bedeutung des in der Vorlage Dargestellten; immer besteht die Abwandlung in einer irgendwie sinnvollen, wenn auch manchmal phantastischen Verknüpfung der Vorgänge oder Figuren der Vorlage untereinander und mit neu auftauchenden Bildern. Diese Bindung an Sinn und Bedeutung zeigt sich ferner in der Neigung der AB_B, sich

---

[1]) Der Störungsreiz verschiebt, wie erwähnt, das Verhalten der Anschauungsbilder, — obwohl sie nach wie vor im buchstäblichen Sinne gesehen werden —, in der Richtung auf das Verhalten der Vorstellungen und verleiht ihnen damit etwas von deren spezifischer und immer höherer „Plastizität“, so daß sie nun Abwandlungen und Veränderungen leichter zugänglich werden.

auch nach Vorlage zu noch lebenswahreren Farben und Formen umzuwandeln. So können z. B. auf der Vorlage schwarze Silhouettenfiguren hier im AB richtige, lebenswahre farbige Gesichter und Kleider, volle körperliche Formen zeigen. Zum mindesten sind sie urbildmäßig; sie können sich hier auch leichter spontan beweglich zeigen. Beim T-Typus erscheinen sie, wenn auch hochgradig klar und scharf, im besten Falle ebenfalls schwarz (also immerhin urbildmäßig), weit öfter komplementär, bei körperlichen Objekten nicht vollkörperlich; ferner nicht wie die Objekte in Wirklichkeit aussehen, sondern „wie aufgemalt", und fast nie zeigen sie, jedenfalls meist nie ohne Anstoß von außen, — also etwa durch eine Anregung des Vls. oder auf Pfiff —, irgendwelche Bewegung. Vor allem aber ist die Art der Veränderungen, wenn solche möglich sind oder gar spontan auftreten, eine grundsätzlich andere als bei den AB_B. Sie sind, wenn sie auftreten, weniger an den sinnvollen Zusammenhang als an das Sehmaterial und die Farbmaterie der Vorlage gebunden, und an die einfachen sinnesphysiologischen Abwandlungen dieses Sehmaterials. Sie können sich z. B., zumal bei spontanen Veränderungen, in Umstellungen einzelner Figuren (Raumverlagerung), oder auch Verschiebungen und Verdrehungen an einzelnen Figuren, manchmal auch darin äußern, daß einfach ein Spiegelbild des Ganzen entsteht[1]). Die Veränderungen können auch durch die Farbmaterie nahegelegt sein, indem z. B. aus einer homogenen Farbe der Vorlage ebenso gefärbte Gestalten auftauchen, oder auch aus den Farben, die auf Grund elementarer sinnesphysiologischer Gesetze im eidetischen Phänomen entstehen (so z. B., wenn sich ein Grau neben einem Rot der Vorlage im AB wegen des gesteigerten Kontrastes in den AB blaugrün färbt, oder das Rot sich wegen der gesteigerten „simultanen Lichtinduktion" im AB über das benachbarte Grau ausbreitet[2]).

Das Sehmaterial, das bei B- und T-Typus solchen verschiedenen Gesetzmäßigkeiten gehorcht, ist daher wahrscheinlich seinem Ursprung und seiner Entstehungsweise nach ein ganz differentes; denn es reagiert beim T-Typus auf Kalk, also auf chemische Einflüsse, beim B-Typus dagegen nur auf psychische Einwirkung. Es gehorcht beim T-Typus chemisch-somatischen, beim B-Typus fast ausschließlich höheren, seelischen, zerebralen Faktoren. Auch hierin verhalten sich die AB_T ähnlich wie die reinen NB, die AB_B ähnlich wie die reinen VB. Die NB kann man durch Calcium auslöschen, die VB nicht, wohl aber unterstehen die letzteren den Gesetzen und Einwirkungen der gesamten psychischen Sphäre. Spontanes Verlöschen der AB geht beim T-Typus so vor sich, daß die AB ganz allmählich verblassen, unscharf und undeutlich werden wie NB. Sie bleiben mitunter gegen den Willen, oder sie verlöschen vorzeitig gegen den Willen der Vp. Ganz anders beim B-Typus; auch hier wieder besteht völlige Abhängigkeit von den Vorstellungen oder psychischen Faktoren. Wenn die Vp. will, ist das Bild auf der Stelle verschwunden. Wenn sie es will, ist es sofort wieder da. Beim T-Typus zeigen sich im letzteren Falle oft erst farbige oder indifferente „Wolken", aus denen sich allmählich das AB formt[3]).

---

[1]) Vgl. E. R. Jaensch (I): V. E. R. Jaensch, Über Raumverlagerung.

[2]) Vgl. Jaensch, E. R.: Grundfragen der Farbenpsychologie: V. B. Herwig, VI. E. R. Jaensch.

[3]) Noch in mancherlei anderen hier nicht verwandten Versuchsanordnungen dürften sich ähnliche Unterschiede des Typus zeigen. Wir machten späterhin in dieser Richtung schon einzelne weitere Erfahrungen: z. B. kann man den Kopfneigungsversuch (E. R. Jaensch [I]: I. P. Busse) verwenden. Die starke Neigung von komplizierten Vorlagen (z. B. eines Baumes) ist dabei ein stärkerer Hinweis auf die T-Komponente, als wenn sich etwa das AB eines hellen Papierstreifens bei Kopfneigung stark mitneigt. Ähnliches gilt von der Prüfung des Verhaltens der AB gegenüber den Werten des Emmertschen Gesetzes. Ganz allgemein begünstigen hierbei kompliziertere Vorlagen stets das Hervortreten von

2. Systematische Prüfung auf willkürliche Veränderlichkeit und Hervorrufbarkeit bzw. Auslöschung der AB (Spezifische Plastizität). a′) Mit komplizierten Vorlagen. Man nimmt diese Prüfung der AB in der Weise vor, daß man von einem Gegenstand, z. B. von dem von uns viel gebrauchten „Giebelhäuschen“, oder einem „Szenenbild“, ein AB erzeugen läßt. Zunächst fragt man ganz allgemein und ohne jede nähere Angabe, ob die Vpn. irgendwelche Veränderungen in den AB anbringen können. Wenn dies der Fall ist, notiert man sie. Verneint die Vp. unsere Frage, so gibt man nun selbst gewisse Abänderungen an, mit der Aufforderung an die Vp., zuzusehen, ob sich diese Veränderungen im AB anbringen lassen.

Schon eine solche Aufforderung oder gar eine mehrmalige ist beim B-Typus nicht erforderlich. Stellen sich aber die Veränderungen erst auf eine solche Aufforderung hin ein, so können diese um so leichter vorgenommen werden, je mehr sie durch die Bildsituation schon nahegelegt werden und je besser sie in diese hineinpassen[1]). Je fernliegendere Veränderungen gelingen, um so „plastischer“, d. h. biegsamer, veränderlicher sind somit die Bilder. Die Fähigkeit zur Durchführung auch fernliegender Veränderungen, und damit ein hoher Plastizitätsgrad der Bilder, findet sich vor allem beim B-Typus. Es wird z. B. verhältnismäßig vielen Vpn. gelingen, vor dem „Häuschen“ einen Wagen vorfahren zu sehen, dagegen werden im allgemeinen nur Beobachter mit schon recht „plastischen“ Bildern imstande sein, ganz unmittelbar vor dem Hause eine Eisenbahn vorüberfahren zu sehen, da dieser Vorgang im allgemeinen zu dem Bilde des Häuschens nicht passen wird[2]). Man kann so eine Skala von Veränderungen nach dem Grad ihrer Schwierigkeit aufstellen und danach den Veränderlichkeitsgrad der einzelnen Bilder abschätzen. Er pflegt bei den Individuen vom B-Typus ein besonders hoher zu sein und anscheinend überhaupt nur bei stärkerer Ausprägung einer B-Komponente höhere Grade anzunehmen. Ein solcher Versuch mit den AB unseres hierzu viel benutzten „Giebelhäuschens“ geht etwa wie folgt vor sich:

Vp. und Projektionsschirm in Grundstellung. Erzeugung eines AB durch Darbietung des Giebelhäuschens, Darbietungsdauer 10″ oder länger (AB Giebelhäuschen 10″).

Instruktion: „Was kann verändert werden?“

Hier zeigt sich nun, daß die Vpn. vom reinen T-Typus, zuerst wenigstens, meist völlig versagen, während Mischtypen und vor allem ausgesprochene B-Typen oft sofort mit großer Schnelligkeit etwa folgendermaßen antworten: „Ich kann eine Straße vor dem Häuschen sehen, ein Wagen fährt vor, der Kutscher steigt ab und geht in das Haus“ usw. „Daneben stehen Bäume; ich sehe eine Fahnenstange auf dem Hause mit einer flatternden Fahne.“ Oder es wird ein Balkon gesehen, kurz, es erscheinen Teilinhalte, die auf der Vorlage selbst nicht dargestellt und auch im AB anfänglich nicht vorhanden waren. Es kann die Fensterzahl verändert werden, die Tür sich öffnen und schließen und jemand heraustreten. Bei

---

VB-, einfache homogene Vorlagen das Hervortreten von NB-Verhaltungsweisen. Die Verwendung komplizierterer Vorlagen verhält sich also ähnlich wie die Einführung von Störungsreizen, die ja die eidetischen Phänomene — ohne ihren Typus zu durchbrechen — vorübergehend in der Richtung auf das Verhalten der VB verschieben können.

[1]) Diese hier benutzte Untersuchungsmethode ist einer noch unveröffentlichten Arbeit von E. R. Jaensch entnommen.

[2]) Je nach der Beschaffenheit des Häuschens wird die Anbringung dieser Abwandlung eine mehr oder weniger große Unstimmigkeit darstellen, und darum, wenn sie durchführbar ist, einen mehr oder weniger hohen Plastizitätsgrad der Bilder anzeigen. Das von uns benutzte Bild stellte ein Häuschen von altdeutscher Bauart dar und war darum zu obiger Abwandlung in hohem Maße unstimmig (Abb. 22, S. 182); ein Bahnwärterhäuschen hätte diese Abwandlung begünstigt.

einem ausgesprochenen Fall von B-Typus „spazierten“ auf einen Pfiff (Störungsreiz) hin sämtliche Fenster zur Dachluke hinein und zur Türe wieder heraus, eine Abwandlung, die durch ihren hohen, ja phantastischen Grad von Abweichung gegenüber der Vorlage für einen bedeutenden Plastizitätsgrad der AB spricht. Schon wenn man nachhelfen muß durch Fragen, ob dies oder jenes gesehen oder verändert werden kann, weist dies auf einen geringeren Plastizitätsgrad hin, für den auch ein sehr langsames Auftreten der von der Vp. selbst hervorgerufenen Veränderungen spricht. Bei reinen T-Typen lassen sich überhaupt nur in den ausgesprochensten Fällen von AB, also nur bei AB höchsten Grades, Veränderungen vornehmen, und es fällt auch dann immer noch eine gewisse Langsamkeit des Auftretens dieser Veränderungen auf gegenüber den entsprechenden Verhältnissen bei den B-Typen. Bei näherer Analyse zeigt sich dann, daß diese Langsamkeit in einem vom B-Typus ganz verschiedenartigen „Modus“ solcher Veränderungen ihren Grund hat. Dies gilt sowohl für willkürliche als auch unwillkürlich auftretende Veränderungen der AB. Wo beim stark eidetischen T-Typus immerhin Veränderungen in größerem Umfang möglich sind, entscheidet aber letzten Endes ganz eindeutig auch die Kalkreaktion, indem der Kalk die AB des T-Typus aufhebt oder abschwächt, die des B-Typus dagegen unberührt läßt. Die Veränderlichkeit der AB kann ferner auch bei Vorweisung noch anderer Objekte geprüft werden, z. B. Sehen von Bewegungen im AB von Tieren, die in der Vorlage in ruhiger Haltung dargestellt waren, Weiterentwicklungen, Bewegungen, Veränderungen in Szenenbildern usw.

Wenn der Vp. bei den zuletzt geschilderten Versuchen aufgetragen wird, daß sie zusehen möge, ob sich eine bestimmte, näher bezeichnete Veränderung im AB anbringen lasse, so ist ihr diese Veränderung zunächst in Gestalt von Vorstellungen gegeben, und es handelt sich nun darum, diese Vorstellungen in AB umzusetzen. Einen entsprechenden Unterschied erhält man daher, wenn man die vor dem Projektionsschirm sitzende Vp. auffordert, lebhaft an etwas zu denken mit der Absicht, das Vorgestellte als AB zu sehen. Auch hier handelt es sich, ganz wie bei den vorigen Versuchen, um eine Umsetzung von Vorstellungen in AB. Dementsprechend gelingt auch dieser Versuch am leichtesten bei den reinen B-Typen und nächstdem bei Mischfällen mit einem starken Einschlag vom B-Typus[1]). Hier erscheint oft ohne jede Schwierigkeit, sofort in höchster Deutlichkeit und urbildmäßig gefärbt, jedes gewünschte Bild, — bei körperlichen Objekten vollplastisch —, und es bleibt unverändert so lange bestehen, als die Vp. es will. Bei den T-Typen findet sich Ähnliches nur in Fällen mit Bildern von allerhöchstem Grade, aber selbst dann kommt das Bild schwerer, erst nach längerer Anstrengung, und gehorcht in keiner Weise so prompt dem Willen und dem Vorstellungsverlauf der Vp. wie das B-Bild. Ganz entsprechend verlaufen die Versuche zur willkürlichen Erzeugung von AB ohne jedesmalige Vorweisung einer Vorlage, die bei reinen T-Typen (abgesehen von E-Fällen) fast immer erforderlich ist.

Auch noch auf andere Weise kann die Veränderlichkeit und willkürliche Hervorrufbarkeit der Anschauungsbilder in Erscheinung treten, wie aus Folgendem hervorgeht.

b′) Äußerungsformen der Veränderlichkeit bei einfachen, homogenen Vorlagen und in niederen eidetischen Graden. Das Anschauungsbild hat, besonders natürlich wieder beim B-Typus, in verschiedenem Grade die Neigung, sich an gleichzeitig gegebenen Wahrnehmungsinhalten der Form nach anzugleichen. Es kann daher auf Projektionsschirmen von verschiedener Gestalt

[1]) Aber nicht bei allen Vpn., die Veränderungen anbringen können, gelingt der zuletzt erwähnte Versuch. Er erfordert zugleich einen hohen Grad der eidetischen Anlage.

unter Umständen verschiedene Formen annehmen. Zur Prüfung solcher Angleichungserscheinungen, die, — wo überhaupt —, am ehesten auf einen Pfiff hin auftreten, nimmt man statt des gewöhnlichen Projektionsschirmes verschieden geformte Pappschirme, auf die man das AB des Quadrats nach seiner vorherigen Beobachtung auf dem gewöhnlichen Projektionsschirm projizieren läßt. Diese Schirme können sternförmig, kreisrund oder von jeder beliebigen anderen Gestalt sein[1]). Ganz von selbst schon verraten sich sehr veränderliche AB manchmal durch solche Angleichungserscheinungen auch bei Anwendung unseres gewöhnlichen rechteckigen Projektionsschirmes, und zwar am ehesten wieder auf einen Pfiff hin. Steht der Projektionsschirm in der gewöhnlichen Weise, ist er also ein auf der Breitseite stehendes Rechteck, so erscheint bei sehr „plastischen" Bildern das AB eines Quadrats etwa als ein der Umrißlinie des Schirmes ähnlich gestaltetes Rechteck; es wird dagegen zu einem auf der Schmalseite stehenden Rechteck, wenn man den Projektionsschirm um 90° dreht und damit zu einem derartigen Rechteck macht. Während hierbei AB von einfachen Objekten, wie Quadraten, nicht allzu selten umgestaltet werden, spricht es für einen noch höheren Veränderlichkeitsgrad, wenn auch ein AB komplizierter Objekte, wie z. B. das AB eines Giebelhäuschens, solche Umgestaltungen, die dann geradezu phantastisch wirken, erfahren kann. Ebenfalls für einen außerordentlich hohen Plastizitätsgrad spricht es, wenn auch selbst die durch Fixation erzeugten NB solche Veränderungen zeigen. Auch hierbei sind die Bilder um so starrer bzw. um so veränderlicher, je ausgesprochener die T- bzw. B-Komponente der Vp. ist. Indessen treten diese spontanen Gestaltsangleichungen nicht allzu häufig auf, und zwar nur bei recht plastischen AB. Das Auftreten solcher Angleichungserscheinungen kann darum keineswegs in allen Fällen, selbst stärkerer Plastizität, erwartet werden; wohl aber bildet die Feststellung solcher Angleichserscheinungen stets eine wertvolle Ergänzung der schon auf dem vorerwähnten Wege erhaltenen Befunde.

In entsprechender Weise kann man prüfen, ob Objekte, z. B. homogene Farbquadrate auch ohne jedesmalige Vorzeigung der Vorlage willkürlich gesehen werden können, oder nicht. Der B-Typus sieht sie meist sofort, und zwar „wie das Quadrat selbst", „wie die Pappe", also ganz so, wie das Objekt in Wirklichkeit beschaffen ist; der T-Typus sieht sie, — in den seltenen Fällen, in denen hier die Erzeugung von AB aus der Vorstellung heraus überhaupt möglich ist —, nach einiger Anstrengung bestenfalls wie einen „Schein", d. h. etwa wie ein Nachbild, also „wie aufgemalt" oder, was die genaueste Beschreibung zu sein scheint, wie das von einem Projektionsapparat oder einer Laterna magica entworfene Bild. Im ersteren Falle ist das Bild dementsprechend auch urbildmäßig, im letzteren komplementär, positiv hier nur in E-Fällen oder solchen, die der E-Phase noch nahe stehen, aber auch hier dann nicht „wie das Pappquadrat selbst", sondern „wie aufgemalt" auf den Projektionsschirm.

c′) Prüfung auf Fluxion. Zu den Veränderungen gehören vor allem auch die Bewegungen. Entsprechend ihrer Neigung zu Veränderungen überhaupt zeigen die AB des B-Typus auch besonders leicht Bewegungserscheinungen, während die Bilder des T-Typus, entsprechend ihrer größeren Starrheit, dazu neigen, in Ruhe und bewegungslos zu erscheinen. Wir können also die Ergebnisse der bisherigen Prüfung des Typus auch dadurch ergänzen und sichern,

---

[1]) Nach Untersuchungen von J. Schweicher in einer noch unveröffentlichten Arbeit des Marburger Instituts. — H. Freiling hat dann bei stark eidetischen Jugendlichen ähnliche Angleichserscheinungen sogar in den Wahrnehmungen wirklicher Gegenstände feststellen können (vgl. E. R. Jaensch (I): XI. Freiling, H.: Über die räumlichen Wahrnehmungen der Jugendlichen in der eidetischen Entwicklungsphase).

daß wir ein Objekt darbieten, das in Ruhe oder in Bewegung gesehen werden kann, je nachdem bei der betreffenden Vp. eine Neigung besteht, die AB in Ruhe oder in Bewegung zu sehen. Bekanntlich kann man bei jedermann eine Bewegungswahrnehmung dadurch hervorrufen, daß man sehr rasch nacheinander eine Reihe von Objekten darbietet, die Phasen eines Bewegungsvorgangs sein könnten. Hierauf beruht ja die Möglichkeit, mittels des Kinematographen Bewegungserscheinungen wiederzugeben. Man könnte z. B. drei um einen gemeinsamen Punkt sich gruppierende, einen spitzen Winkel miteinander bildende Striche (1, 2, 3) mit Hilfe einer einfach herzustellenden Einrichtung mit dem Projektionsapparat rasch hintereinander darbieten. Je nachdem man sie nun in der Reihenfolge 1, 2, 3 oder in entgegengesetzter Reihenfolge (3, 2, 1) sehr schnell hintereinander exponiert, wird der Beobachter eine Linie sehen, die sich in der einen Richtung aufrichtet oder aber in der anderen sich senkt. Mit diesen Bewegungserscheinungen in der Wahrnehmung, die sich bei jedermann hervorrufen lassen, haben wir es hier nun allerdings nicht zu tun; aber ganz entsprechende Bewegungserscheinungen können auch im AB auftreten, wenn wir Vorlagen einprägen lassen, deren Inhalt, — wie die obigen Striche —, aufeinanderfolgende Phasen eines Bewegungsvorganges sein könnten. Je nachdem nun in den AB eine Neigung zum Bewegungssehen besteht oder fehlt, werden die nacheinander eingeprägten Vorlageobjekte im AB hinterher zu einer Bewegungserscheinung Anlaß geben oder aber ruhend gesehen werden. — Der Projektionsschirm liegt in dem nunmehr anzustellenden Versuch in „Lesepultstellung“ vor der Vp. Wir bieten nacheinander aus Papier geschnittene „Eins“-ähnliche Haken dar, am besten von roter Farbe mit etwa $^1/_2$ cm breiten Balken, mit kleinerem, mittlerem und großem, in letzterem Falle fast 90° betragendem Winkel zwischen beiden Balken (Abb. 23, S. 182). Diese Haken werden der Vp. kurz hintereinander auf dem Projektionsschirm, möglichst an gleicher Stelle, dargeboten. Um schnell entfernt werden zu können, tragen sie einen Faden. Die Länge der möglichst kurz zu wählenden Expositionszeit richtet sich nach den Werten, die bei der betreffenden Vp. früher als eben hinreichend zur Erzeugung eines AB ermittelt wurden. Die T-Typen sehen nun vorwiegend ein ruhendes AB, entweder nur den zuletzt dargebotenen „Einser“ (Haken), oder alle drei nebeneinander oder auch aufeinander, d. h. den Vertikalbalken mit allen drei Querbalken zugleich. B-Typen und Mischtypen sehen dagegen vielfach eine Bewegungserscheinung, die die drei dargebotenen Vorlagen als Phasen einer Bewegung miteinander verbindet und hier „Fluxion“ genannt werden soll. Man fragt am besten, ob das Bild ruhig ist oder sich bewegt. Ist letzteres der Fall, so wird es von den Vpn. oft schon ganz von selbst angegeben; verschiedene sagten in der den B-Typen stets naheliegenden einfühlenden und personifizierenden Redeweise: „Der Zeiger winkt“.

Ein entsprechender Versuch kann mit verschieden gestalteten Blättern des Schneebeerstrauches[1]) gemacht werden, die in bestimmter Reihenfolge auf einen weißen Pappstreifen aufgeklebt sind, und zwar so, daß die im übrigen der Form und Größe nach möglichst gleichartigen Blätter von links nach rechts hin mit immer zahlreicheren und immer tieferen Einkerbungen versehen sind. Man bietet nun diese Blätter der Reihe nach von links nach rechts dar, jedes ungefähr ebenso lange wie oben die Einser, indem man immer nur ein Blatt freigibt und die übrigen durch weiße Pappstücke abdeckt. Bietet man diese verschieden geformten Blätter, — im einfachsten Falle drei Stück —, hintereinander auf dem Schirm

[1]) Der Schneebeerstrauch zeigt in ausgeprägtem Maße diese Erscheinung der „variierenden“ Blätter (vgl. Abb. 24, S. 183).

dar, so haben Vpn., die bei den „Einsern" die „Fluxion" sahen, die entsprechende Erscheinung gewöhnlich auch hier; d. h. sie sehen ein Blatt mit wogenden, allmählich sich einkerbenden und dann sich wieder ausgleichenden Rändern. Die einzelnen Vorlagen erscheinen also auch hier wieder, ganz wie oben die Einser, als Phasen eines Bewegungsvorgangs[1]).

An dieser Stelle wäre noch einmal besonders der grundsätzlich verschiedenen Art und Weise zu gedenken, in der sich die Abwandlung der AB, ihre willkürliche Veränderung, Hervorrufung bzw. Auslöschung beim T- und B-Typus abspielt. Weiter wäre zu erinnern an die bisher schon teilweise erwähnten Unterschiede bei spontanen Veränderungen und spontanem Auftreten ohne Vorzeigung der Vorlage, bei spontanem Verlöschen, bei Prüfung auf optische Dichte und Körperlichkeit, Seh- oder Farbmaterial, Färbung, EMMERTsches Gesetz, Fluxion, Kalkreaktion. Da die hierbei auftretenden Unterschiede teilweise schon früher (Kap. III A und B) und auch in diesem Kapitel stellenweise Erwähnung finden mußten, so können wir uns hier zum Teil auf Stichworte beschränken, um gleichzeitig zum Schluß über alle diese Phänomene noch einmal eine Übersicht zu geben, die in erster Linie für hochgradig eidetische Fälle gilt[2]). Am besten geschieht dies in Form einer

g) Gegenüberstellung von T- und B-Typus.

Alles bisher Gesagte galt vorwiegend für Nichteinheitsfälle und Fälle, die den Einheitsfällen höchstens noch nahestehen, alle aber hochgradig sind. Im Einheitsfalle selbst verwischen sich die aufgeführten Unterschiede bis zu gewissem Grade, bleiben aber *teilweise* auch hier noch bestehen; ebenso bleiben sie für Nichteidetiker in gewissem Umfange gültig, indem hier, wie schon erwähnt, auch in der Vorstellungssphäre gewisse den niederen Gedächtnisstufen eigentümliche Verhaltungsweisen und „Tendenzen" hervortreten können[3]). Diese lassen sich auch experimentell ans Licht ziehen (z. B. durch Kaliumphosphat, Hyperventilation und durch Beanspruchung der Motorik im Sport; vgl. hierzu die einschlägigen Arbeiten a. a. O.). Bei schwächeren eidetischen Phänomenen sind die Unterschiede auch vorhanden, aber weniger leicht exakt nachweisbar. Es sei hierzu noch erwähnt, daß ein AB_T bzw. AB_B naturgemäß nicht stets *alle* die erwähnten Stigmen zeigen muß, um sich als solches zu charakterisieren. Es liegt dies ja auch schon in dem Begriff des Stigmas.

In Zweifelsfällen zeigt die Kalkreaktion dort, wo sie eintritt, ganz eindeutig den Charakter der AB an. AB, die am besten bei Fixation komplizierter Objekte entstehen, also NB, die durch verschiedene Kriterien einen AB-Charakter erkennen lassen, zeigen die Kriterien des T-Typus in besonders deutlicher Form. In Fällen, wo die Einheitsphase selbst die gewöhnliche Wahrnehmung mit einbegreift, können die einen oder die anderen Merkmale der verschiedenartigen Typen in den Wahrnehmungen selbst nachgewiesen werden, ganz ebenso wie ja auch die Wahrnehmung des Nichteidetikers noch bis zu gewissem Grade von seinem psychophysischen Typus abhängig ist.

[1]) Die Blätter, womöglich besonders die echten gepreßten Blätter, erleichtern das Eintreten spontaner Fluxionserscheinungen, weil diese (bedeutungs- und sinnvolle) Art der Vorlage die VB-Komponente verstärkt. Tritt bei wirklichen Blättern als Vorlage keine Fluxion auf, so ist das ein stärkerer Hinweis auf den T-Typus als das Fehlen der Fluxion bei nur aufgezeichneten Blättern als Vorlage bzw. beim „Hakenversuch".

[2]) An solchen wurden die aufgeführten Kriterien ermittelt (nahe der E-Phase stehende Fälle, ohne selbst ganz ausgesprochene E-Fälle zu sein, d. h. Grad IV u. V unsrer auf S. 185 angegebenen Gradskala).

[3]) Solche „Tendenzen", wie z. B. die Perseveration, können sich auch bei völlig Avisuellen bemerkbar machen, zu denen Nichteidetiker des T-Typus häufig gehören (vgl. S. 201, Punkt 17).

Kriterium:	T-Typus (ABT)	B-Typus (ABB)
1. Willkürliche Veränderungen (leichter auftretend bei Pfiff).	Oft unmöglich; wenn eintretend, dann langsamer, subjektiv nicht selten mit einer gewissen Anstrengung verbunden.	Immer möglich, schnell und leicht, subjektiv ohne jede Anstrengung.
	Veränderungen, falls überhaupt möglich, sind weniger an den inneren Zusammenhang als an das durch die Vorlage einmal erzeugte Seh- und Farbmaterial gebunden. Die Veränderung geht demgemäß etwa so vor sich, daß das vorhandene Sehmaterial sich wie eine bereitliegende Masse „umkneten“ läßt.	Die Veränderungen sind gebunden an ihren inneren (logischen) Zusammenhang und völlig unabhängig vom Sehmaterial. Jedwedes Sehmaterial kann jederzeit leicht und mühelos auch völlig neu erzeugt werden, entsprechend den Erfordernissen des Sinnzusammenhangs der auf der Vorlage ursprünglich dargestellten Bildinhalte.
	Es treten Abspaltungen und Verschiebungen, „Raumverlagerungen“, spiegelbildliche Umstellungen des Sehmaterials, z. B. von Figuren ein. Die Figuren können sich auch umbilden, und zwar in ähnlicher Weise wie bei einer „amöboiden“ Bewegung, die hier unter Vorstellungseinflüssen von dem Farbmaterial ausgeführt wird (Umknetung, Umlagerung).	An Stelle der Abspaltung, Verschiebung, „Raumverlagerung“ und „Umknetung“ des vorhandenen Sehmaterials tritt die sinnvolle, nur durch den Bedeutungszusammenhang geforderte Verwandlung, nötigenfalls mit Neuerzeugung von Farbmaterial aus der bloßen Vorstellung heraus.
	Die Grenzen der Veränderungsmöglichkeit sind mehr durch das vorhandene Sehmaterial als durch den inneren (sachlichen oder logischen) Zusammenhang bestimmt. Allenfalls sind derartige Veränderungen möglich, wenn sie durch die Vorlage sehr nahegelegt oder geradezu herausgefordert werden.	Die Grenzen der Veränderlichkeit sind nicht durch das Sehmaterial gegeben, sondern durch die Forderung der sinnvollen Verknüpfung; daher sind auch fernliegende Veränderungen möglich. Etwaige Grenzen sind der Veränderungsmöglichkeit durch psychische Hemmungen und Erlebniskomplexe (Abneigung gegen bestimmte Vorlagen oder AB, Stilwidrigkeiten usw.) gesetzt.
2. Spontan auftretende Veränderungen (leichter bei Pfiff).	Kommen höchstens in ähnlicher Weise vor, wie es oben von Umbildungen, Umstellungen (Raumverlagerungen), Verschiebungen des Sehmaterials, Spiegelbildern dargelegt wurde, sind aber im allgemeinen überhaupt selten.	Sinnvolle Abwandlungen, manchmal selbst fernliegender und phantastischer Art, leichter auf Pfiff, manchmal aber schon von selbst bei längerer Betrachtung der AB eintretend. Zu diesen sinn- und bedeutungsgemäßen Abwandlungen gehört auch, daß z. B. schwarze Figuren der Vorlage im AB wirklichkeitsgetreue Farben und Gesichter erhalten können, namentlich aber, daß dargestellte Szenen sich fortsetzen.
3. Willkürliche Hervorufung ohne erneute Vorzeigung der Vorlage, oder überhaupt ohne Vorlage.	Außerhalb der E-Phase meist unmöglich; wenn möglich, dann selbst in Fällen, die der E-Phase sehr nahe stehen, langsamer als beim B-Typus vor sich gehend, subjektiv oft mit einer gewissen Anstrengung verbunden. Zuerst sind etwa einige Flecken sichtbar, „wie Wolken“, die sich meist erst allmählich zum Bild formen.	Immer möglich; unmittelbar und sofort steht das Bild da, subjektiv ohne Anstrengungsgefühl, stets auch außerhalb der E-Phase.

Kriterium:	T-Typus (AB$_T$)	B-Typus (AB$_B$)
4. Spontanes Entstehen.	Wenn überhaupt vorhanden, dann oft fremdartiger, nicht zum Vorstellungsablauf oder den gegenwärtigen Wahrnehmungen passender Bildinhalt, manchmal als unangenehm, unheimlich empfunden, ängstlicher Art, auch depressiv gefärbt und depressiv stimmend; Änderung dieses Charakters bzw. Auslöschung der Bilder durch Calcium[1]).	Als zur Persönlichkeit gehörend empfunden, jeweils passend in den Vorstellungsablauf, nur bei primär psychischer Verstimmung depressiv gefärbt, auch hier also bedingt durch den psychischen Gesamtzustand der Persönlichkeit.
5. Willkürliche Auslöschung.	Oft unmöglich; Bild perseverierend, auch wenn an anderes gedacht wird.	Immer sofortiges Verschwinden des AB, sobald an etwas anderes gedacht wird.
6. Spontanes Verlöschen.	Langsames und allmähliches Abklingen der Erscheinung, Verminderung von Dichte, Schärfe, Zahl der Einzelheiten; weiterhin sind nur noch einige Flecke zu sehen, schließlich gar nichts mehr. Der Vorgang kann auf psychischem Wege gewöhnlich in keiner Weise beschleunigt oder verlangsamt werden, nur in den der E-Phase nahen Fällen tritt langsam eine erneute Verdeutlichung ein, wenn an Einzelheiten des verschwindenden Bildes gedacht wird.	Sobald an etwas anderes gedacht wird oder der Wille dazu da ist, ist das AB nicht mehr zu sehen; es ist auf der Stelle verschwunden.
7. Färbung und allgemeine Erscheinungsweise.	Selten und meist nur in der E-Phase urbildmäßig, öfter komplementär zum Vorbild, auch selbst bei komplizierter Vorlage. „Wie aufgetuscht" auf den Hintergrund, nicht ganz und gar „wie die Vorlage selbst", sondern mehr wie ein „Schatten" oder „Schein", „wie das von einem Projektionsapparat entworfene Bild".	Fast immer urbildmäßig, und zwar auch außerhalb der E-Phase. Lebensvolle Farben, oft selbst dann, wenn in der Vorlage nur schwarze Silhouettenfiguren (z. B. von Menschen) vorhanden sind. Wie die Vorlage selbst, beim roten Pappquadrat z. B. „wie die Pappe selbst". Bei Bildern als Vorlage: nicht nur als Bild, sondern wie der dargestellte Gegenstand selbst (z. B. nach Vorlage eines Landschaftsbildes: AB der Landschaft selbst).
8. Optische Dichte, Schärfe der Einzelheiten.	Manchmal verhältnismäßig gering.	Immer sehr ausgesprochen.
9. Körperlichkeit.	Manchmal gering; außerhalb der E-Phase im allgemeinen höchstens reliefartig.	Immer vollkörperlich.
10. Emmertsches Gesetz.	Selbst bei urbildmäßigen AB manchmal erfüllt; manchmal sogar in Fällen, die der E-Phase nahestehen, auf jeden Fall meist andere Werte als die, die sich normalerweise beim VB ergeben.	Stets und auch außerhalb der E-Phase Werte, die abweichen von denen, die das Emmertsche Gesetz fordern würde. Die Werte entsprechen etwa denen, die sich normalerweise bei VB ergeben.

[1]) Vgl. auch Kap. VII, 5, Auslöschung eidetischer Eigenschaften des T-Typus bei Versagen der Calciummedikation.

Kriterium:	T-Typus (AB_T)	B-Typus (AB_B)
11. Nachdauer.	Zeitlich begrenzt, meist aber ausgiebig lange, unbeeinflußbar durch Willen und Vorstellung.	Im Prinzip unbegrenzt, völlig abhängig von Willen und Vorstellung.
12. Subjektive Reaktion der Gesamterscheinung gegenüber.	Manchmal lästig, fremdartig, wie ein Alb, von außen aufgedrängt und der Persönlichkeit wie etwas Fremdes erscheinend. Lieber verschwiegen, weil die Erscheinung oft als ein Druck auf der Persönlichkeit lastet.	Von innen aus der Persönlichkeit herausquellend und daher als etwas Selbstverständliches hingenommen, als zum eigenen Ich Gehörendes empfunden. Auch hier wird meist zu andern nicht davon gesprochen, aber nur weil die AB als etwas durchaus Naturgemäßes und darum Nichterwähnenswertes erscheinen.
13. Fluxion	Nicht vorhanden oder nur gering.	Vorhanden und ausgesprochen.
14. Reaktion auf Calcium.	Positiv (abgesehen von physiologisch tiefer verankerten [z. B. gewissen E-Fällen] oder durch einen besonderen Krankheitsprozeß ausgelösten Fällen)[1].	Durchweg negativ.
15. Reaktion auf psychische Einflüsse.	Fehlend oder nur in geringem Umfang vorhanden.	Positiv und stark.
16. *Nachbilder (NB)*	Nachdauer des NB verlängert, Dichte und Intensität gesteigert, mitunter sogar von komplizierten Objekten, selbst bei zarterer Zeichnung und Färbung und bei verhältnismäßig kurzer Fixation (15″) in allen Einzelheiten vollständig und leicht entstehend, manchmal sogar urbildmäßig gefärbt (AB_{NB}).	Mitunter gewöhnliche physiologische NB, zuweilen leichte Steigerung der NB, ihrer Dichte und Intensität, aber nicht in dem Grade wie beim T-Typus. (Dies gilt nur für reine B-Typen, nicht für BT-Typen.)
17. *Beschaffenheit der Vorstellungen.*	Perseverierend, starr. Nichteidetiker dieses Typus sind nach neueren Untersuchungen besonders oft fast avisuell[2]).	Fluktuierend, beweglich; auch bei Erwachsenen mehr oder weniger eidetisch, Nichteidetiker mindestens gut visuell[2]).
18. *Gesamteindruck der Persönlichkeit.*	Verschlossen, mürrisch, „polternd", oder schüchtern, ängstlich, „lahm", langsam; andererseits zuverlässig, beständig. Stimmungslage „ernst", einheitlich oder vorwiegend depressiv; wenn intelligent, zuverlässige Intelligenz; manchmal hervorragende sportlich-körperliche Leistungen. Im wertnegativen Falle: geringe intellektuelle Veranlagung, geistige Enge bei mitunter guter praktischer Begabung. Neigung zu wahnhaftem oder fanatischem Verfolgen einzelner Ideen oder zu stuporöser Enge.	Offen, flink, gewandt; im allgemeinen fröhlich, aber oft wechselnder Stimmung, launisch, unbeständig, meist gute Intelligenz, die aber nicht selten nur blendend, flatterhaft und ohne Dauerleistung ist; künstlerisch-ästhetische Neigungen mit oder ohne höhere Intelligenz. Im wertnegativen Falle: ideenfluchtartiger Vorstellungsverlauf, vielfältig interessiert, aber flach; Neigung zu manisch-inkohärentem Verhalten.

[1]) Vgl. Kap. VII, 3a, b; 5; Kap. IX.
[2]) Nach neueren Untersuchungen des Marburger Psych. Institutes (H. Möckelmann).

III. Kontrollversuche zur Sicherung der Angabe, daß die Bilder wirklich gesehen werden.

Vielleicht könnte noch ein gewisses Bedenken dagegen bestehen, daß wir in den eidetischen Fragen so oft auf die Angaben unserer Vpn. angewiesen waren. Demjenigen freilich, der selbst auf diesem Gebiet tätig gewesen ist und immer wieder gesehen hat, mit welcher Sicherheit und Bestimmtheit die einschlägigen Angaben gemacht werden, wird ein solches Bedenken kaum kommen. Gleichwohl mögen hier, in Anlehnung an die psychologischen Arbeiten des Marburger Instituts, noch ganz kurz die Wege gekennzeichnet werden, auf denen man zu objektiven Kontrollen der von den Vpn. gemachten Angaben gelangen kann, wodurch die Methoden des letzten Restes von subjektivem Charakter, der ihnen vielleicht noch anzuhaften scheint, entkleidet werden. Wir können uns hierbei um so eher kurz fassen, als diese, — in den meisten Fällen gar nicht einmal nötige —, Kontrolle für die Mehrheit der von uns benutzten Vpn. durch Arbeiten des Marburger Instituts schon gewährleistet worden war.

1. Zur Sicherung und objektiven Bestätigung der Angabe, daß die Bilder wirklich gesehen werden, kann schon die genaue Beschreibung eines Anschauungsbildes dienen, das nach hochkomplizierter Vorlage erzeugt ist. Das Anschauungsbild des Starkeidetikers hält leicht und mühelos überaus zahlreiche und auch unwesentliche Einzelheiten fest, um deren rein gedächtnismäßige Festhaltung man sich mittels der gewöhnlichen Vorstellungen vergeblich bemühen würde[1]). Die Angabe solcher unwesentlicher Einzelheiten (genaue Beschreibung der Kleidung oder der Hand- und Fußstellung einer dargestellten Person, Durchzählen der Fenster einer Hausfront, der Bäume einer Allee usf.) wirkt hier besonders überzeugend.

2. Überzeugend wirkt hier namentlich auch die Verhaltungsweise der Vp.: ihr aufmerksames Hinblicken nach außen und auf den Projektionsschirm, ganz wie bei der aufmerksamen Betrachtung eines wirklichen Bildes; ihre den dargestellten Einzelheiten nachgehenden und sie verfolgenden Blickbewegungen bei der Schilderung des AB, bei lebhaften Kindern besonders auch starke Ausdrucksbewegungen, unter Umständen lebhaftes Hinzeigen auf die geschilderten Einzelheiten, Näherheranrücken an den Projektionsschirm, wenn zunächst undeutliche Einzelheiten durch verstärkte Aufmerksamkeit zu höherer Deutlichkeit gebracht werden sollen, ganz entsprechend der Gewohnheit, bei Betrachtung wirklicher Bilder zum Zwecke des genaueren Sehens näher an das Bild heranzugehen.

Nicht minder überzeugend ist das allmähliche Auftauchen der AB und die Art ihres Auftauchens überhaupt. Eine Frage des Versuchsleiters nach der näheren Beschaffenheit einer Einzelheit kann etwa zunächst nicht beantwortet werden, ein deutlicher Beweis dafür, daß die betreffende Einzelheit dem gewöhnlichen Gedächtnis, dem der Vorstellungen, entfallen ist. Nach einiger Zeit verdeutlicht sich, namentlich unter gesteigerter Aufmerksamkeit, die betreffende Bildstelle, und die gesuchte Einzelheit kann dann angegeben und genau beschrieben werden.

Oft erfolgt auch das Auftauchen der Einzelheiten in ganz anderer Weise als beim gewöhnlichen Sicherinnern. Von einer mehrstelligen Zahl oder einem längeren Wort, — etwa einem Firmenschild oder einer Plakataufschrift der Vorlage u. dgl. —, taucht bald hier bald dort eine Ziffer bzw. ein Buchstabe auf,

---

[1]) Vgl. hierzu das Protokoll einer Bildbeschreibung in der 1. Beilage des Referats von E. R. Jaensch im „Bericht über den VII. Kongreß für experimentelle Psychologie in Marburg 1921". Jena 1922.

alle Elemente an ihrem richtigen Orte, aber zunächst noch getrennt voneinander durch leere Stellen, die sich dann allmählich füllen, indem die dorthin gehörigen Elemente in derselben regellosen Weise auftauchen. Oft ist die Vp. bis zum Auftauchen des letzten Elementes unsicher und sichtlich gespannt, was schließlich daraus werden wird. Ganz geläufige Worte, wie „Gasthaus" oder „Eingang" können nach den Erfahrungen des Marburger Instituts in dieser langsamen, sukzessiven Art auftauchen. Auf diese Weise aber taucht ein Wort, und besonders ein geläufiges Wort, in der gewöhnlichen Rückerinnerung niemals auf; hier liegt somit etwas ganz anderes, ein wirkliches Wiedersehen vor. Natürlich kann es auch vorkommen, ja es ist der häufigere Fall, daß das Wort im Anschauungsbild, — wie das Bild überhaupt oder wenigstens größere Teile desselben —, sofort simultan und mit einem Schlage da ist; nur sind die etwas selteneren Fälle der vorerwähnten Art, — bei denen es sich wohl durchweg um den T-Typus handeln dürfte —, besonders geeignet, auch einen beharrlichen Skeptiker zu überzeugen.

Die eben besprochenen Kontroll- und Sicherungsmittel sind nur dort anwendbar, wo die Vp. von einer komplizierten Vorlage ein an Einzelheiten reiches AB erhält; der Anwendungsbereich dieser Hilfsmittel ist darum notwendig auf Fälle mit sehr ausgeprägter eidetischer Anlage beschränkt. Die folgenden Kontrollmethoden sind von uneingeschränktem Anwendungsbereich, zum Teil wenigstens gerade auch in den wenig ausgeprägten Fällen leicht anwendbar und dabei zugleich von stärkerer Beweiskraft.

Diese wegen der Breite ihres Anwendungsbereichs und ihrer Beweiskraft wichtigsten Kontrollmethoden beruhen durchweg darauf, daß die AB in weitem Umfang ganz entsprechenden Gesetzen folgen wie die gewöhnlichen Gesichtsempfindungen und -wahrnehmungen, Gesetzen, von denen der nichtfachlich Gebildete, und darum im allgemeinen auch unsere Vpn., keine Ahnung haben kann. Wenn wir trotzdem immer wieder feststellen können, daß die AB diesen der Vp. unbekannten Gesetzen gehorchen, so können die im Sinne jener Gesetze auftretenden Erscheinungen ganz sicher nicht vorgetäuscht sein. Die AB müssen, da sie den der Vp. unbekannten Gesetzen der Gesichtswahrnehmungen folgen, wirklich gesehen werden; es bleibt auch für den Skeptischen und Widerstrebenden keine andere Möglichkeit der Deutung. — Der Bericht hierüber kann an dieser Stelle nur kurz sein und darum auf Vollständigkeit keinen Anspruch machen. Es genügt hier, den allgemeinen Weg aufzuzeigen, auf dem wir uns über das bloße Vertrauen in die Angaben der Vp. erheben und die Ergebnisse eidetischer Untersuchungen über jeden Zweifel sicherstellen können. Wir dürfen uns hier um so eher kurz fassen, als sich in der Praxis diese genauen Kontrollmethoden fast immer erübrigen werden. Interessenten mögen auf die einschlägigen Veröffentlichungen des Marburger Instituts verwiesen werden, in denen die Gesetze, denen die AB folgen, festgestellt und damit ebenso viele Kontrollmethoden geliefert worden sind; denn jeder einzelne Nachweis, daß die AB einer bestimmten Vp. einer für die AB festgestellten und der Vp. natürlich unbekannten Gesetzmäßigkeit folgen, ist ein Beweis dafür, daß die Bilder von der betreffenden Vp. wirklich gesehen werden, und daß weder Mißverständnis noch Täuschung vorliegt.

3. Die einfachste und selbst bei schwächster eidetischer Anlage durchführbare Kontrolle wird schon durch die Farbe der komplementären AB geliefert, da unsere Vpn. die Komplementärfarben nur in selteneren Fällen kennen werden. Auf keinen Fall kennen sie die Abweichungen von der Komplementärfarbe, die nach den Untersuchungen von F. BROER[1]) bei NB und AB aufzutreten

[1]) Aus dem Psychologischen Institut in Marburg, zurzeit noch unveröffentlicht (Marburger Phil. Diss. 1923).

pflegen und in einer ganz entsprechenden, nur weniger ausgiebigen Verschiebung des Farbentons bestehen, wie sie bei dem sogenannten PURKINJEschen Phänomen, d. h. im Dämmerungssehen, in der Gesichtsempfindung bei uns allen auftritt (vgl. S. 172, Anm.). Man denke sich alle überhaupt vorkommenden Farbennüancen in der Reihenfolge aufgetragen, in der sie im Spektrum auftreten, am besten in kreisförmiger Form, wie in dem sogenannten Farbenkreis nach EWALD HERING[1]). Die Reihe aller vorkommenden Farbennuancen wird ganz ungezwungen zu einer in sich geschlossenen, in Kreisform auftragbaren, wenn man die am rechten Ende des Spektrums immer weniger bläulich, immer mehr rötlich werdenden Violetttöne durch solche von noch stärkerer Rötlichkeit ergänzt, bis der Anschluß an das rote Ende des Spektrums wieder erreicht und die Gesamtheit der Farbentöne somit in einer geschlossenen Kreislinie dargestellt ist. Denkt man sich die Gesamtheit der Farbennuancen in dieser Weise aufgetragen, dann läßt sich die Abweichung, die die Farbe der negativen NB und AB gegenüber der Komplementärfarbe zeigt, nach der Untersuchung von BROER folgendermaßen charakterisieren: es gibt für jede Vp. Stellen, im allgemeinen zwei Stellen des Farbenkreises, die gleichsam eine „anziehende Kraft“ ausüben. Die Abweichungen der NB- und AB-Farbe von der eigentlichen Komplementärfarbe erfolgt in dem Sinne, als ob die Komplementärfarben hinsichtlich ihrer Nuance immer in der Richtung auf jene „anziehenden Stellen“ verschoben wären. Die stärkste „anziehende Kraft“ besitzt hierbei ein bestimmtes, schon etwas violettes Blau. Alle in dessen Umgebung liegenden Farben, also die rötlichblauen bis roten und andererseits die grünlichblauen bis grünen Farbtöne erscheinen in der Richtung auf dieses Violettblau verschoben, so daß die bläulichen Nuancen in den negativen NB und AB im allgemeinen ins Übergewicht gelangen. Da nun aber in der Lage der anziehenden Stellen, bei diesem inneren Farbensinn wie beim Farbensinn überhaupt, nicht unerhebliche individuelle Verschiedenheiten bestehen, so darf man die Verläßlichkeit der von einer Vp. gemachten Angaben nicht etwa schon dann in Zweifel ziehen, wenn die Farben der negativen NB und AB einmal in etwas anderem Sinne, als es bei den meisten Individuen der Fall ist, von der eigentlichen Komplementärfarbe abweichen.

Dieses einfachste Kontrollverfahren ist auch bei ganz schwacher eidetischer Anlage durchführbar, bei der ja die AB immer nur in der Komplementärfarbe (bzw. in einer ihr nahestehenden Farbe) erscheinen. Aber auch bei Starkeidetikern wird man das Verfahren im allgemeinen anwenden können; denn abgesehen von den allerausgeprägtesten Fällen lassen sich ja bei Wahl einer hinreichend einförmigen, homogenen, uninteressanten Vorlage im allgemeinen auch hier komplementäre NB und AB erzielen. — Man läßt bei derartigen Untersuchungen die von der Vp. im NB oder AB gesehenen Farben am besten in einem Farbenatlas aufsuchen, der nach dem Prinzip des OSTWALDschen Farbenatlas aufgebaut sein kann, aber eine etwas kleinere Zahl von Nuancen enthalten sollte, die sich leichter und schneller überschauen läßt. Für alles Nähere muß auf die Arbeit von F. BROER verwiesen werden, deren Manuskript hier zitiert wurde.

4. Eine wichtige Kontrolle liefern auch Versuche über das soeben schon gestreifte PURKINJEsche Phänomen selbst. Diese Erscheinung besteht bekanntlich in folgendem. Man wählt aus einer Anzahl von Farben, etwa farbigen Papieren, zwei Farben, eine langwellige und eine kurzwellige, z. B. ein Rot und ein Blau, so aus, daß beide bei gutem Tageslicht in gleicher Helligkeit erscheinen. Setzt man nun die Helligkeit dieser beiden Farben in gleichmäßiger Weise herab und

---

[1]) HERING, E.: Grundzüge der Lehre vom Lichtsinn. 1. Lief. S. 42. In: GRAEFE-SAEMISCH, Handb. der Augenheilk. 2. Aufl.

dabei auch die des ganzen Beobachtungsraumes[1]), indem man z. B. den ganzen Raum durch Herablassen der Vorhänge verdunkelt, so ändern sich in ganz ausgeprägtem Maße die Helligkeitsverhältnisse und in geringerem Umfang auch die Nuancen der Farben. Die kurzwelligen, also besonders die blauen Farben erfahren in ausgeprägtem Maße eine relative Aufhellung, die langwelligen, besonders die roten, ebenso ausgeprägt eine relative Verdunklung. Wenn also die blaue und die rote Farbe bei vollem Tageslicht gleich hell erschien, so erscheint nun bei herabgesetzter Beleuchtung das Blau bedeutend heller als das Rot. Diese Änderung der Helligkeitsverhältnisse, einschließlich der dabei auftretenden Nuanceänderungen, bezeichnet man als „PURKINJEsches Phänomen". Das PURKINJEsche Phänomen besteht nun in ganz entsprechender Weise auch in den negativen NB und AB, und oft, wenngleich nicht ebenso konstant, auch in den urbildmäßigen AB[2]). Der Versuch verläuft hier folgendermaßen. Man bringt eine langwellige und eine kurzwellige Farbe nebeneinander an und läßt von diesem Farbenpaar ein AB einprägen. Nach einer Betrachtungszeit von der Länge, die bei der betreffenden Vp. zur Erzeugung eines AB hinreicht, wird das Farbenpaar weggenommen, so daß jetzt allein das AB sichtbar ist. Die beiden Farben des Paares waren so ausgewählt, daß der Vp. bei Beobachtung im vollen Tageslicht das AB beider Farben gleich hell erscheint. Verdunkelt man nun den Beobachtungsraum, so treten im Anschauungsbild (mit der angegebenen Einschränkung) entsprechende Helligkeits- und Nuanceverschiebungen auf, wie sie bei gewöhnlichen Lichtempfindungen bekannt sind und hier unter der Bezeichnung „PURKINJEsches Phänomen" zusammengefaßt werden. Voraussetzung für die Beweiskraft solcher Versuche ist natürlich, daß der Vp. der Tatsachenkreis des PURKINJEschen Phänomens nicht schon bekannt ist. Es dürfen also vor Anstellung dieser Versuche keine Beobachtungen über das PURKINJEsche Phänomen im gewöhnlichen Sehen mit der betreffenden Vp. angestellt werden. Ist diese Bedingung erfüllt, so ist es wieder ein Beweis für die Verläßlichkeit der von der Vp. gemachten Angaben, wenn die mannigfachen und vielfältigen, aber scharf charakterisierten Helligkeits- und Nuanceänderungen, die wir unter dem Namen „PURKINJEsches Phänomen" zusammenfassen, in den Anschauungsbildern auftreten; es ist ein Beweis dafür, daß die Vp. das, was sie uns angibt, auch wirklich *sieht*.

5. Nicht allein die Farben, sondern auch die *räumlichen Eigenschaften* der AB können zu Kontrollen benützt werden[3]). Bekanntlich bestehen zwischen der räumlichen Erscheinungsweise eines Beobachtungsobjektes und seinen wirklichen räumlichen Eigenschaften mannigfache Abweichungen oder „Inkongruenzen", Abweichungen, die man in populärer Sprache als „optische Täuschungen" zu bezeichnen pflegt. Hängt man z. B. drei Fadenlote in gleichem Abstand nebeneinander so auf, daß ihre Fußpunkte eine gerade Linie, die Lote selbst also eine Ebene bilden, dann *erscheinen* diese drei in einer Ebene befindlichen Fäden durchaus nicht immer in einer Ebene, wenn der Beobachter die Fadenebene aus

---

[1]) Es genügt nicht, die Helligkeit der beiden Farben allein herabzusetzen, sie also etwa durch Aufstellung eines lichtabhaltenden Schirmes in dem sonst hell bleibenden Raum zu beschatten; vielmehr ist es nach den klassischen Versuchen E. HERINGS (Pflügers Arch. f. d. ges. Physiol. Bd. 60) eine für das Auftreten des PURKINJEschen Phänomens unerläßliche Vorbedingung, daß der ganze Raum verdunkelt wird und das Auge sich darum bei der Beobachtung im Zustande der *Dunkelanpassung* befindet.

[2]) Hinsichtlich einiger leicht erklärlicher Ausnahmen, wie für alles Nähere überhaupt, muß auf die einschlägigen Arbeiten des Psychologischen Instituts in Marburg verwiesen werden, die hier aus den Manuskripten zitiert werden.

[3]) Vgl. E. R. JAENSCH (II): II. E. R. JAENSCH und F. REICH: Über die Lokalisation im Sehraum.

verschiedener Entfernung betrachtet, die Stirnebene parallel zur Fadenebene und den Blick auf den Mittelfaden gerichtet. Im allgemeinen läßt sich nun ein gewisser mittlerer Beobachtungsabstand — am häufigsten bei ungefähr 1 m — auffinden, von dem aus die Fadenebene auch wirklich als Ebene erscheint. Der Bereich dieser Abstände, aus denen die drei Fäden ohne Tiefenunterschied, also „abathisch" erscheinen, wird nach P. v. LIEBERMANN[1]) „abathische Region" genannt. Je nachdem man sich nun von der abathischen Region aus der von den drei Fäden gebildeten Ebene nähert oder sich von ihr entfernt, scheint im allgemeinen der mittlere Faden vor die beiden Seitenfäden zu treten oder hinter sie zurückzugehen. Dieses Phänomen ist in der Sinnesphysiologie unter dem Namen „HERING-HILLEBRANDsche Horopterabweichung" bekannt. Eben dieses Phänomen des Vortretens oder Zurücktretens des Mittelfadens bei Annäherung oder Entfernung besteht aber oft auch im AB, d. h. auch dann, wenn die Vp. nicht eine wirkliche Fadenebene beobachtet, sondern von einer solchen ein AB erzeugt und dann in verschiedener Entfernung von dem Orte desselben Aufstellung nimmt. Hierbei ist der Grad der Inkongruenz, d. h. der Grad des Vor- und Zurücktretens beim Mittelfaden, allerdings stärker als bei den entsprechenden Versuchen an wirklichen Fäden. Es ist ferner zu beachten, daß die angegebene „Inkongruenz" nur die häufigste ist, also diejenige Erscheinung, die unter den angegebenen Beobachtungsbedingungen am öftesten auftritt. Es kommen aber auch bei Versuchen an wirklichen Fäden noch ganz andere „Inkongruenzen" und Erscheinungen vor, wenn man eine größere Anzahl von Individuen in der angegebenen Weise untersucht. Es ergeben sich also, je nach den Beobachtungserscheinungen, die man von den Individuen bei dem Versuch erhält, verschiedene „Typen" von Vpn. und auch Inkongruenzerscheinungen. Untersucht man nun verschiedene eidetische Vpn., so findet man bei ihnen ganz wie bei anderen Beobachtern, diese verschiedenen Typen der Inkongruenz verwirklicht. Gleichzeitig aber kann man — und das ist das Wesentliche — die Feststellung machen, daß die Eidetiker in den Anschauungsbildern jeweils denselben Typus der Inkongruenz aufweisen wie bei Beobachtung wirklicher Fadenobjekte, und daß die Inkongruenzerscheinung im Anschauungsbild — bei gleicher Art — nur quantitativ ausgeprägter ist als im gewöhnlichen Sehen der betreffenden Vp., d. h. bei der Beobachtung wirklicher Objekte.

Aber auch in diesem erweiterten Sinne ist die sogenannte HERING-HILLEBRANDsche Horopterabweichung nur eine unter den zahlreichen Inkongruenzerscheinungen, von denen die Lehre von den räumlichen Wahrnehmungen zu berichten weiß. Auch zu zahlreichen anderen „Inkongruenzen" und Wahrnehmungsphänomenen überhaupt läßt sich die entsprechende Parallelerscheinung in Anschauungsbildern nachweisen, die dann von gleicher Art, aber meist quantitativ stärkerer Ausprägung ist. Aber auch die Wahrnehmungen wirklicher Gegenstände verhalten sich in der eidetischen Entwicklungsphase vielfach ganz ähnlich wie die Anschauungsbilder, zeigen also jene Inkongruenzphänomene in ausgeprägterer Form als es normalerweise, d. h. bei Nichteidetikern der Fall ist. So kann schließlich auch die Untersuchung der Wahrnehmungen (wirklicher Gegenstände), nicht nur die der Anschauungsbilder, in den Dienst der Kontrolle gestellt werden, allerdings nur in ausgeprägteren Fällen.

Aus dieser nahen Beziehung, die in der eidetischen Jugendphase zwischen dem Verhalten der AB und dem der Wahrnehmungen wirklicher Gegenstände besteht, erkennt man auch schon die Bedeutung dieser eidetischen Entwicklungphase

[1]) v. LIEBERMANN, P.: Zeitschr. f. Sinnesphysiol. Bd. 44. 1910.

für den Aufbau der Wahrnehmungswelt. Unter dem leitenden Gesichtspunkt dieser Fragestellung sind die räumlichen Eigenschaften der AB in der aus dem Marburger Institut erschienenen Monographie „Über den Aufbau der Wahrnehmungswelt" (E. R. JAENSCH [I]) untersucht worden. Alles, was in diesen und verwandten Arbeiten des Instituts, an die wir uns anlehnten, über das Verhalten der AB und der Wahrnehmungen in der eidetischen Entwicklungsphase an Gesetzmäßigkeiten ermittelt wurde, kann ganz ebenso wie die vorerwähnten Gesetzmäßigkeiten auch zu Kontrollzwecken benutzt werden.

6. Durch diese Hinweise wird vielleicht schon ein Bedenken zum Schweigen gebracht worden sein, das sich nicht gegen die Verläßlichkeit einzelner Vpn. wendet, sondern genereller Art ist. Sollte gleichwohl noch ein gewisses Bedenken dagegen bestehen, daß bei diesen Untersuchungen in ausgiebigem Maße die Angaben von Jugendlichen benutzt werden, so wäre darauf hinzuweisen, daß uns bei allen Untersuchungen immer eine, wenngleich kleinere Zahl Erwachsener vom bleibenden eidetischen Typus zur Verfügung stand, ein Umstand, der es möglich macht, die Angaben der Jugendlichen, — die schon durch die erwähnten objektiven Methoden nachgeprüft worden waren —, auch noch durch den Vergleich mit den Befunden an Erwachsenen fortlaufend zu kontrollieren. Überdies haben die Erfahrungen des Marburger Instituts immer wieder gezeigt, daß sich gerade Jugendliche bei eidetischen sowohl wie bei Wahrnehmungsuntersuchungen vielfach als hervorragend geeignete Beobachter erwiesen, vielleicht weil ihr Interesse den Gegenständen der Sinneswelt schon von Natur stärker zugewandt ist als der Geist des gewöhnlich akstrakter gerichteten Erwachsenen.

7. Verschiedene Mißverständnisse der eidetischen Tatbestände, von denen wir Kenntnis erhalten, nötigen dazu, noch einmal mit größtem Nachdruck zu betonen, daß die optischen AB, — auch die, welche als VB-nahe charakterisiert wurden —, etwas wesenhaft anderes sind als die visuellen Vorstellungen. Man hat darauf hingewiesen, daß man sich einen Tatbestand oder Vorgang einerseits in „innerlich bildhafter" Weise, d. h. als visuelles Vorstellungsbild, vergegenwärtigen, daß man andererseits aber von ihm auch ein völlig „unanschauliches", also auch nicht einmal „innerlich bildhaftes" „Wissen" von ihm haben kann, und man hat die eidetischen Tatbestände gelegentlich so aufgefaßt, als ob etwa unter VB-nahen AB einfach der erstere der genannten beiden Fälle, also der des „visuellen Vorstellungsbildes", zu verstehen sei. Diese Auffassung verkennt durchaus das grundsätzlich Neue und Eigenartige der AB gegenüber den visuellen VB, und es ist nur im höchsten Maße verwunderlich, daß man es einem wissenschaftlichen Arbeitskreise zutrauen kann, er könne auf den Gedanken kommen, ein so uraltes Bestandstück der Psychologie, wie es die Lehre von der visuellen VB ist, als etwas Neues auszugeben. Die AB, auch die von uns als VB-nahe bezeichneten, werden im buchstäblichen, optischen Sinne gesehen, ganz so wie die NB, mit deren Untersuchung ja bei uns auch immer begonnen wird, um den Versuchspersonen die eigentümliche Erscheinungsweise der AB klar zu machen. Bei den nur „innerlich bildhaften" Erlebnissen der visuellen VB kann keine Rede davon sein, daß es sich hier um etwas buchstäblich Gesehenes, buchstäblich Optisches handelte. Im übrigen aber, also abgesehen davon, daß sie immer im streng buchstäblichen Sinne gesehen werden, können AB in ihrem Verhalten den visuellen VB nahe- oder genau gleichkommen, was eben durch

die Charakterisierung „VB-nahe AB" zum Ausdruck gebracht wird. In reinen Fällen dieser Art handelt es sich eben um buchstäblich sichtbar, buchstäblich optisch werdende VB, damit aber um Erlebnisse, die, bei aller formalen Verwandtschaft des Verhaltens, von den VB wesenhaft verschiedene Phänomene sind[1]).

Fünftes Kapitel.

Einiges aus dem Untersuchungsmaterial.

A. Der psychophysische T- und B-Komplex mit steigendem Altersfortschritt.

In den Tab. I A, B S. 212/217 sind die Ergebnisse niedergelegt, die die psychophysische Untersuchung der Quarta der Oberrealschule (Durchschnittsalter 12,5 Jahre) und einer Klasse der Landwirtschaftlichen Winterschule (Durchschnittsalter 18,5 Jahre) in Marburg geliefert hat. Diese Klassen wurden nach den in Kap. III A und B und Kap. IV beschriebenen Methoden durchgehend auf somatische und optische Stigmen untersucht. Die optisch-psychologische Untersuchung wurde von dem Verfasser gemeinsam mit E. R. JAENSCH durchgeführt. Optische und somatische Untersuchungen fanden in strengem Parallelismus im März 1920 statt, also in einem der sogenannten Tetaniemonate (Januar bis März), in denen, wie ja bekannt, latente Tetaniezeichen leicht eine Steigerung erfahren. Da bei Mischfällen, die hier allein vertreten sind, zwischen dem einen Anteil der eidetischen Eigenschaften (T-Komplex) und tetanoiden Zuständen eine enge Beziehung besteht, „so dürfte unsere Klassenuntersuchung die Verbreitung der eidetischen Anlage, die sich hier als fast durchgängig herausstellte, im optimalen Lichte erscheinen lassen"[2]).

Aus den Tab. I A und B lassen sich die oben dargestellten Beziehungen zwischen T-, B-Stigmen und eidetischer Anlage ablesen. Hierbei wurde kein Unterschied zwischen eidetischen Erscheinungen verschiedener Grade gemacht, ebensowenig zwischen dem Typus der AB, da alles Mischfälle waren und zugleich ganz verschiedene eidetische Grade vertreten waren, während sich ja der Typus deutlich nur innerhalb gleich hoher Grade abhebt. Die Tab. II gibt ferner eine Übersicht über die prozentuale Häufigkeit der untersuchten Stigmen in den beiden verschiedenen Altersklassen nach Tab. I. Aus Tab. II S. 218 ersehen wir:

1. daß die höheren Erregbarkeitsgrade in der jüngeren Altersklasse häufiger, die niederen Erregbarkeitsgrade seltener sind als in der höheren Altersklasse. Alles dies gilt von der galvanischen wie von der mechanischen Erregbarkeit, und zwar ebensowohl auf motorischem wie auf sensiblem Gebiete. Ebenso sind die B-Stigmen in der jüngeren Altersklasse mit geringerer, in der höheren Altersklasse mit größerer Häufigkeit vertreten: das Glanzauge bzw. die anderen Augenstigmen, der Fingertremor, die Halsverdickung, der erniedrigte Hautwiderstand gegenüber dem galvanischen Strom; von einigen B-Stigmen sind wenigstens die stärkeren Grade bei der höheren Altersklasse seltener. Dabei walten in der höheren Altersklasse gewisse Bedingungen ob, die manche hierher gehörende

[1]) Um noch einen besonders kompetenten Selbstbeobachter heranzuziehen, sei auf die Selbstschilderung verwiesen, die der Philosoph und Psychologe A. RIEHL von seinen eidetischen Phänomenen in einem an E. R. JAENSCH gerichteten Briefe gegeben hat, und worin die AB von den visuellen VB ausdrücklich und aufs schärfste unterschieden werden (E. R. JAENSCH [II]: VI. E. R. JAENSCH: Über psychische Selektion).

[2]) Vgl. JAENSCH, E. R. (II): III. JAENSCH, E. R. und W.: Über die Verbreitung der eidetischen Anlage im Jugendalter.

Erscheinungen eher häufiger und in einem verstärkten Grade hätten vermuten lassen, da der hier oft bereits einsetzende Alkohol- und Tabakmißbrauch für den Fingertremor, eventuell auch für kardiale Erscheinungen eine nichtspezifische, nicht konstitutionelle Entstehungs**möglichkeit** setzen konnten. Gleichwohl nahm auch der Fingertremor und der Grad der kardialen Erscheinungen im Durchschnittsalter von 18,5 Jahren gegenüber dem Durchschnittsalter von 12,5 Jahren bedeutend an Häufigkeit ab. Wegen des MÖBIUSschen Zeichens sei bemerkt, daß Kurzsichtige, bei denen dieses Stigma aus anderen Gründen auftritt (vgl. S. 150), sich unter den Vpn. nicht befanden, (Gleiches gilt später für Tab. IV).

Ganz parallel zu diesem Absinken der Häufigkeit und der Gradstufen der T- und B-Stigmen von der jüngeren zu der höheren Altersklasse sinkt nach Tab. II auch die Häufigkeit und die Gradstufe des optischen Stigmas, d. h. der eidetischen Anlage; denn die Prozentzahlen der Eidetiker überhaupt, — wobei die Prozentzahlen zunächst ohne Rücksicht auf die Höhe der eidetischen Grade bestimmt wurden —, sind in der niederen Altersklasse größer. Ebenso ist aber auch der Mittelwert des Grades bei eidetischer Anlage in der niederen Altersklasse viel größer als in der höheren. Hierzu stimmt, daß auch der Mittelwert der Nachdauer der physiologischen Nachbilder in der niederen Altersklasse größer ist als in der höheren. Auch die Häufigkeit tetanoider Akzidentien sinkt von der niederen zur höheren Altersklasse.

2. Tab. III S. 218 berichtet endlich über die Untersuchung von älteren erwachsenen Vpn. ganz verschiedenen, teilweise sogar hohen Lebensalters auf galvanische T-Stigmen und B-Stigmen. Hierbei ergibt sich, daß in der Gruppe der Eidetiker unter diesen Erwachsenen auch die somatischen Stigmen wiederum ausgesprochener sind als unter den nichteidetischen Erwachsenen, daß also auch hier optische und somatische Stigmen einen parallelen Gang zeigen. **Dieser Parallelismus gilt also für die verschiedenen Lebensalter in gleicher Weise: auch die verhältnismäßig seltenen Eidetiker unter Erwachsenen verhalten sich in Beziehung auf die Häufigkeit der somatischen T- und B-Stigmen ganz überwiegend wie die Jugendlichen**, unter denen die eidetische Anlage bis zu einer gewissen Altersstufe hin, wenn man die Rudimentärfälle hinzunimmt, weithin, ja fast allgemein verbreitet ist; und dies ist der Fall, obwohl es sich auch hier **keineswegs** um **neuropathische** Individuen, **sondern** um **gesunde** Menschen handelte. **Die Nichteidetiker unter Erwachsenen verhalten sich dagegen überwiegend etwa wie mit Kalk behandelte Jugendliche.** Dies gilt vor allem, wenn man in den Bereich „eidetisch" selbst die schwächsten Grade, also auch die „latenten" Fälle miteinbezieht und nur die dann noch übrigbleibenden Erwachsenen als „nichteidetisch" bezeichnet. Die in Tab. III aufgeführten „Eidetiker" waren alle höchsten (und manifesten) Grades; die erwähnten Unterschiede traten daher um so schärfer hervor, zumal die, „Nichteidetiker" derselben Tabelle, wie eben angegeben, nicht einmal „eidetische Latenzfälle" enthielten (vgl. hierzu auch Kap. VII, 6).

3. Ordnet man ferner, wie in Tab. I A geschehen, innerhalb der niederen Altersklasse die Jugendlichen, — wie hier z. B. —, nach dem Grade ihrer tetanoiden somatischen Stigmatisierung, so zeigt sich, daß in der Gruppe mit den höheren Graden der Übererregbarkeit auch der Mittelwert der nachweisbaren eidetischen Grade ein größerer ist als in der Gruppe mit geringgradiger Stigmatisierung[1]). Dies ist um so bemerkenswerter, als in letzterer Gruppe die Zahl der Individuen sogar doppelt so groß ist; denn dieserhalb wäre bei der weit verbreiteten

[1]) Die für die Trennung dieser beiden Gruppen (Nr. 1—13 u. 14—38) maßgebenden Gesichtspunkte wurden Kap. III, S. 62 auseinandergesetzt.

eidetischen Eigentümlichkeit der Jugendlichen aus Gründen der mathematischen Wahrscheinlichkeit hier eher eine größere Häufigkeit auch der höheren eidetischen Grade zu erwarten: trotzdem ist der Durchschnittswert der eidetischen Grade hier kleiner.

Wir erhalten also immer den gleichen Parallelismus der optischen und somatischen Stigmatisierung, d. h. eine gleichläufige Zu- und Abnahme der gesamten psychophysischen Stigmatisierung überhaupt: gleichgültig, ob wir die Individuen nach ihren optischen oder somatischen Merkmalen in Reihen ordnen, gleichgültig ferner, ob Individuen einer und derselben Altersklasse oder Individuen verschiedener Altersklassen dieser Reihenordnung unterworfen werden.

4. Der entsprechende Parallelismus zeigt sich, wie aus den folgenden Abschnitten dieses Kapitels hervorgeht, in der Kalkwirkung, die auf optischem und somatischem Gebiete bei den tetanoiden Erscheinungen, wenn sie eintritt, überall eine parallel laufende positive[1]), bei den optischen und somatischen Stigmen des B-Typus dagegen eine durchgehend negative ist, während hier optisch wie somatisch psychische Reize von Belang sind, und zwar in höherem Maße als beim Durchschnitt. Auch dieser Parallelismus gilt für alle Altersklassen. Die spezifische Wirkung des Kalkes äußert sich auch in Mischfällen, und zwar darin, daß sie die hier vorhandenen optischen und somatischen Stigmen vom T-Typus elektiv beeinflussen kann, demnach also auch hier ihre spezifische Wirkung entfaltet. (Die entgegengesetzte Wirkung entfaltet, wiederum psychophysisch, z. B. Kaliumphosphat oder Hyperventilationstetanie bei ihrer experimentellen Erzeugung [S. 112 Anm. u. S. 311f.].)

5. Es ergibt sich schließlich aus dem Versuchsmaterial der folgenden Abschnitte dieses Kapitels, daß die AB vom B-Typus auch ganz überwiegend von somatischen B-Stigmen begleitet sind, die AB vom T-Typus dagegen ganz überwiegend von somatischen T-Stigmen. Insbesondere zeigt sich aber die verschiedene „spezifische Plastizität“ der Bilder, und zwar auch dann, wenn die AB im Falle beider Typen (in der Nähe der E-Phase, im Grenzfall in der E-Phase selbst) bis zu gewissem Grade beweglich sind, spontan oder durch Vorstellungs- bzw. Willensakte, also wenn sie in jedem Falle auf psychische (höhere) Reizkategorien ansprechen. Im allgemeinen aber sind es (außerhalb der E-Phase) nur die eidetischen Erscheinungen des B-Typus, die maximal auf psychische (höhere) Reizkategorien reagieren, während die des T-Typus maximal auf chemisch-physiologische (niedere) Reizkategorien ansprechen. Ganz entsprechend verhalten sich die somatischen Stigmen dieser Typen. —

Technisch sei hier kurz noch Folgendes bemerkt:

Die verschiedenen Reizschwellen bei galvanischer Reizung sind in den nachfolgenden Tabellen I—IV bzw. auch im Text mit den gleichen Abkürzungen wie bisher bezeichnet (KSZ, ASZ, KSE, ASE usw.); die Zahlen hinter ihnen be-

---

[1]) Der von H. Henning (Zeitschr. f. angew. Psychol. Bd. 22, 388. 1923) ohne näheren Bericht über die Einzelheiten seiner Untersuchung gemachten Bemerkung, daß er von Calcium lacticum keine Wirkung gesehen habe, können wir gegenüber unseren detaillierten Ergebnissen eine Beweiskraft nicht zugestehen. Es ist bei Henning nicht einmal etwas darüber gesagt, ob eine Auswahl der für die Kalkmedikation überhaupt geeigneten Fälle stattgefunden hat, deren Richtlinien hier erstmals genauer angegeben sind. — Nachtrag bei der Korrektur: nach den Ausführungen seiner inzwischen erschienenen wertvollen Schrift „Psychologie der Gegenwart“ (Berlin 1925, Mauritius-Verlag) muß angenommen werden, daß sich Henning inzwischen von der Wirkung der Kalkmedikation überzeugt hat. Henning nennt hier neben Kalk ferner auch Magnesium als wirksam.

deuten stets Milliampère (MA). Es ist zu lesen: AB = Anschauungsbild (Index E an der Gradbezeichnung bedeutet „E-Fall"), NB rQu = Nachbild des „roten Quadrates", ND = Nachdauer, N. uln. = Nervus ulnaris, N. peron. = Nervus peroneus, R.c.s.n.r. = Ramus cutaneus superficialis nervi radialis, N. acust. = Nervus acusticus, KSKl = Kathodenschließungsklang, ASKl usw., l. = links, r. = rechts; nur bei KSE, ASE usw. ist zu lesen: l. = lokal, a. = ausstrahlend. — Alle galvanischen Prüfungen wurden bei allen Qualitäten der Zuckungsformel, wie stets, nur bis 5,0 MA durchgeführt, wenn es nicht ausdrücklich anders bemerkt ist. Nicht angegebene Reizschwellen liegen also oberhalb 5,0 MA. TROUSSEAUsches Phänomen wurde in keinem Falle gefunden, und daher nicht besonders aufgeführt. Es ist ferner zu lesen: Augen o. B. (ohne Befund) = „Abwesenheit aller für Augen des B-Typus sprechenden Kriterien" = „T-Augen", meist zugleich mit „T-Gesicht", d. h. alsdann auch Abwesenheit der mimischen Stigmen des eigentlichen „Tetaniegesichts" nach UFFENHEIMER wie Fehlen eines „seelischen Faktors in der Mimik" (= „B-Gesicht"); „T-Gesicht" im eben erklärten Sinne = „Augen o. B." (so in unseren alten Protokollen [im Kap. V C] vermerkt) wurde in Tab. IV (Kolum. 1) mit +, das **eigentliche** (UFFENHEIMERsche) „Tetaniegesicht" mit **+** vermerkt (vgl. S. 238/39)[1]). Es ist ferner zu lesen: Par. = Parästhesien = ausstrahlende Empfindung, Zuck. = Zuckung an den Fingern, Chv. = CHVOSTEKsches Facialisphänomen, Harf. = Harfenphänomen, Protr. = Protrusio bulbi, Möb. = MÖBIUSsches Phänomen, R. A. = Respiratorische Arhythmie, H. R. = Hautreflexe, Fingtr. = Fingertremor (feinschlägig), H. W. = Hautwiderstand, o. B. = ohne Befund; — (Minuszeichen) bedeutet „nicht vorhanden", + (Pluszeichen) bzw. ++ oder +++ bzw. ± bedeutet „in verschieden hohem Grade (geringerem oder höherem) vorhanden"; in den Protokollen (Kap. V C) bedeutet + bzw. — bei eidetischen Erscheinungen ihr Auftreten bzw. Verschwinden, in Tab. IV, Kolum. 27 positive oder negative Kalkwirkung, in Kolum. 22/23 den Grad der Veränderlichkeit.

[1]) Es ist also besonders hervorzuheben, daß das „T-Gesicht" von dem (oft an der Grenze des Pathologischen stehenden) eigentlichen „Tetaniegesicht", wie S. 102—112 auseinandergesetzt, zu unterscheiden ist. — „T-Gesicht" bzw. „Tetaniegesicht" und „T-Augen" ebenso wie „B-Gesicht" und „B-Augen" kommen meist miteinander zusammen vor, können aber mitunter gerade auch dissoziiert voneinander und demnach seltener in entgegengesetzter Kombination auftreten (vgl. Abb. S. 103). Das Gleiche gilt von den klinischen Stigmen des B-Auges („Glanzauge" im Sinne F. KRAUS d. h. Protrusio, Größe usw.) und dem maßgebenderen „seelischen Augenglanz" des „B-Auges" in unserem Sinne (vgl. Abb. S. 109). Dies berührt nicht die jeweils innere Zusammengehörigkeit obiger T- oder B-Erscheinungen (vgl. S. 335 f.). — Im allgemeinen haben wir das „T-Gesicht" in Tab. I—III und im Text nicht besonders hervorgehoben oder uns mit negativen Hinweisen (in Beziehung auf fehlenden B-Typus z. B. vor allem mit „Augen o. B.") begnügt. In Tab. I—III ist „Glanzauge" (= „B-Auge" meist mit „B-Gesicht") nur dort vermerkt, wo gleichzeitig eine gewisse Protrusio und Größe bemerkbar war. In der Tab. IV (S. 238/39) haben wir die Fälle mit „Augen o. B." = „T-Augen" meist zugleich mit „T-Gesicht" besonders hervorgehoben, indem wir in der entsprechenden Rubrik der Tabelle, die sich auf die Physiognomie bezieht, ein Pluszeichen setzten, das mimische (UFFENHEIMERsche) eigentliche „Tetaniegesicht" aber mit einem fettgedruckten Pluszeichen vermerkten. Gerade letzteres kommt nicht selten auch mit klinisch stärker stigmatisierten B-Augen (Basedow-Augen) zusammen vor (vgl. Abb. S. 103). Ebenso vermerkten wir in Tab. IV das protrusionierte und zugleich seelische Glanzauge bzw. Protrusio ohne „seelischen Glanz" (TB-Auge) mit fettgedruckten Buchstaben, das nur seelische „Glanzauge" („beseelter Augenglanz" = „B-Auge" meist zugleich mit „B-Gesicht") mit gewöhnlichen Buchstaben. — Einen leichten „Glanz" d. h. sowohl eine gewisse „Blankheit" als auch „seelischen Ausdruck" zeigen die Augen der Jugendlichen normalerweise durchweg (S. 146, 104). Aus diesem Grunde wurden in Tab. I—III — in den weniger auf den Einzelfall eingehenden Untersuchungen — überhaupt nur die gleichzeitig auch etwas protrusionierten (d. h. auch klinisch stigmatisierten) B-Augen als „Glanzaugen" vermerkt; ein eigentliches Tetaniegesicht war hier in keinem Falle vorhanden.

Tabelle I **Verteilung der Stigmen des T- und B-Komplexes**

A. Oberrealschule Marburg a. L. Jahrgang 05—09.

Lfd. Nr.	Name und Geburtstag	Galvanisches Verhalten geprüft am Nervus ulnaris dexter						Verhalten bei mechanischer Reizung, geprüft am			
		Motorische Zuckungsformel bis 5 MA Reizstärke					sensibel	Nervus ulnaris sinister		Nervus facialis	Harfenphänomen
		KSZ	ASZ	AÖZ	KÖZ	KSTe	KSE a	Parästhesie	Zuckung		
	1	2	3	4	5	6	7	8	9	10	11
	T-Komplex										
1	Theodor H. 8. 5. 05.	0,3	0,8	2,0	—	—	0,2	—	—	III	+
2	Walter R. 20. 6. 07.	1,0	1,0	1,8	3,8	—	0,4	+	+ + +	—	+ +
3	Hans Schü. 9. 7. 08.	0,6	1,8	2,0	—	4,3	0,6	—	+	III	+
4	Karl Schm. 30. 10. 05.	0,8	0,9	2,0	—	4,5	0,1	—	+ +	I	+ +
5	Alfred St. 25. 1. 07.	1,0	2,0	—	—	4,9	0,4	+	+	—	+
6	Heinrich F. 8. 6. 06.	0,2	0,8	4,1	—	—	0,2	+	+ +	—	—
7	Sigmund C. 31. 11. 09.	0,4	0,4	2,8	—	—	0,2	+	—	I	+
8	Abraham C. 5. 7. 06.	0,4	3,0	3,0	—	—	0,4	+	+	—	—
9	Konrad Rsch. 4. 1. 07.	0,4	1,6	3,0	—	—	0,4	+	+ +	Ir III l	+ +
10	Emanuel L. 11. 10. 06.	0,4	0,6	3,0	—	—	0,3	—	—	—	—
11	Kurt U. 9. 7. 06.	0,4	1,0	4,0	—	—	0,3	+	—	—	—
12	Heinr. R. 9. 10. 07.	0,5	0,8	3,0	—	—	0,2	+	+ +	—	+
13	Konrad L. 25. 7. 07.	0,6	1,0	2,5	—	—	0,2	+ +	+	—	+
14	Adolf Schi. 8. 4. 06.	0,6	0,8	2,8	—	—	0,6	—	—	—	—
15	Alfred L. 21. 5. 09.	0,6	1,4	3,0	—	—	0,4	—	+	III r	—
16	Alfred G. 28. 9. 08.	0,6	1,8	3,5	—	—	0,3	+	—	—	+ +
17	Paul B. 28. 4. 06.	0,6	2,0	4,0	—	—	0,5	+	—	—	—
18	Heinrich B. 26. 1. 08.	0,7	2,0	3,1	—	—	0,6	+	+	III	+ +
19	Otto A. 2. 9. 06.	0,7	0,8	4,0	—	—	0,6	—	+	III	+
20	Heinr. M. 6. 3. 06.	0,8	1,8	3,0	—	—	0,3	—	+ +	—	—
21	Wilhelm Sp. 21. 11. 07.	0,8	1,6	3,3	—	—	0,3	—	—	—	—

sowie der AB in verschiedenen Altersklassen. Frühjahr 1920.

Durchschnittsalter 12,5 Jahre. Quarta.

Bemerkungen Akzidentien	Augenbeschaffenheit („Glanzauge" vermerkt nur bei gleichzeitiger Protrusio)	Möbius	Hautwiderstand	Respiratorische Arythmie	Hautreflexe	Fingertremor	Halsverdickung	NB rQu ND bei 15″ Exposition	Grad der AB	Mittelwert Tab I A II, 63
12	13	14	15	16	17	18	19	20	21	
	B-Komplex									
Dunkelfurcht, Schmelzdefekte		+	0,4	—	—	—	+	64″	IV	Mittelwert III, 38 (Nr. 1—13)
Spontanbilder ängstlicher Art	Glanzauge	+	1,0	+ +	+ +	+	—	400″	V	
Dunkelfurcht		+	0,4	—	—	—	—	85″	III	
Nachtwandeln, Schwindelfühle		—	1,0	—	+ +	—	—	30″	V	
		—	0,6	—	—	—	+	64″	IV	
Schmelzdefekte	Glanzauge	+ +	0,2	+ +	+ +	+	+	115″	IV	
Dunkelfurcht		—	0,2	—	+	+	—	14″	III	
Dunkelfurcht, Spontanbilder		—	0,4	—	+	—	—	0″	II	
		—	0,4	—	—	—	—	30″ ohne Intermittieren	IV	
		+	0,2	—	+	+	—	46″	I	
		+ +	0,2	+	+	+	+	48″	II	
Früher Spontanbilder		—	0,2	—	+	+	—	52″	II	
Dunkelfurcht, Pavor nocturnus	Glanzauge	+	0,4	+ +	—	+	+	160″	V	
Ohnmachten, Parästhesien		+	0,4	—	+	—	+	60″	II	Mittelwert II, 24 (Nr. 14—38)
		+	0,2	+	—	+	—	90″	II	
Schmelzdefekte, Rachitis		+ +	0,6	+	—	+	—	60″	III	
	Glanzauge	—	0,2	—	+	—	—	0″	V	
Schmelzdefekte, früher Rachitis		—	0,6	+	—	+	+	30″	IV	
		—	0,4	+	—	—	—	20″	III	
		+	1,0	—	—	+ +	+	36″	II	
		—	0,2	+	+ +	+	+	0″	0	

Tabelle I (Fortsetzung). **Verteilung der Stigmen des T- und B-Komplexes**

A. Oberrealschule Marburg a. L. Jahrgang 05—09.

Lfd. Nr.	Name und Geburtstag	Galvanisches Verhalten, geprüft am Nervus ulnaris dexter: Motorische Zuckungsformel bis 5 MA Reizstärke: KSZ	ASZ	AÖZ	KÖZ	KSTe	sensibel: KSE a	Verhalten bei mechanischer Reizung, geprüft am Nervus ulnaris sinister: Parästhesie	Zukkung	Nervus facialis	Harfenphänomen
	1	2	3	4	5	6	7	8	9	10	11
		T-Komplex									
22	Wilhelm W. 3. 8. 07.	0,8	2,0	4,3	—	—	0,6	+	+	I	+
23	Fritz L. 10. 5. 08	1,0	2,2	2,9	—	—	0,6	—	—	I	+
24	Fritz W. 11. 6. 08	1,0	1,0	3,0	—	—	1,0	—	+ +	I	+
25	Heinr. L. 16. 1. 06	1,0	2,0	3,0	—	—	0,8	—	—	—	+ +
26	Herbert K. 8. 3. 09	1,0	1,5	3,5	—	—	0,3	—	+ +	—	—
27	Karl Schn. 20. 11. 07	1,0	1,5	4,3	—	—	0,8	—	—	—	—
28	Eduard Schn. 12. 3. 06	1,0	1,8	4,3	—	—	0,8	+	—	I	+ +
29	Herbert S. 7. 3. 08	1,0	2,0	4,9	—	—	0,2	+	+	III	+ +
30	Wolfgang Sch. 18. 1. 07	1,0	4,0	5,0	—	—	0,2	+	+	III r	+ +
31	Karl W. 28. 5. 07	1,0	2,8	5,0	—	—	0,6	—	+	—	+
32	Fritz C. 23. 6. 07	1,3	1,3	4,0	—	—	0,2	+	—	—	+ +
33	Herbert St. 30. 4. 09	2,9	4,0	5,0	—	—	0,6	+	+ +	III	+ +
34	Hans W. 29. 1. 07	1,0	4,0	—	—	—	1,0	—	—	—	+ +
35	Georg M. 21. 10. 05	1,8	2,0	—	—	—	0,8	—	+	—	+
36	Konrad Rach. 2. 3. 08	1,8	2,8	—	—	—	1,8	—	—	—	—
37	Julius D. 15. 1. 08	2,4	3,5	—	—	—	2,0	—	—	—	+
38	Karl R. 22. 2. 09	2,8	4,0	—	—	—	1,8	—	—	—	—

B. Landwirtschaftliche Winterschule Marburg a. L.

Lfd. Nr.	Name und Geburtstag	KSZ	ASZ	AÖZ	KÖZ	KSTe	KSE a	Parästhesie	Zukkung	Nervus facialis	Harfenphänomen
1	A. N. 15. 6. 01	0,4	0,4	2,8	—	—	0,2	—	—	III	+
2	K. H. 31. 11. 03	0,4	0,8	4,8	4,0	—	0,6	—	+	—	—
3	D. C. 20. 4. 01	1,7	1,3	4,0	3,8	—	1,3	—	—	—	—

sowie der AB in verschiedenen Altersklassen. Frühjahr 1920.

Durchschnittsalter 12,5 Jahre. Quarta.

Bemerkungen Akzidentien	Augenbeschaffenheit („Glanzauge“ vermerkt nur bei gleichzeitiger Protrusio)	Möbius	Hautwiderstand	Respiratorische Arythmie	Hautreflexe	Fingertremor	Halsverdickung	NB rQu ND bei 15″ Exposition	Grad der AB / Mittelwert Tab I A II, 63	
12	13	14	15	16	17	18	19	20	21	
	B-Komplex									
		—	0,6	+	+ +	+	—	0″	0	Mittelwert II, 24 (Nr. 14—38)
Pupillendifferenz		—	1,3	+ +	+ +	+	+	35″ ohne Intermittieren	II	
Spontanbilder bunter Farbenklexe		—	0,6	—	—	+	—	40″	II	
	Glanzauge	+ +	0,2	+	+ +	+	+	300″	V	
		—	0,4	—	+	—	—	10″	0	
		—	0,4	—	—	—	—	18″	II	
		—	0,4	—	+	+	+	60″	IV	
	Glanzauge	—	0,2	+	+	+	+	65″	III	
Spontanbilder, Zwangsvorstellungen		—	0,2	—	—	—	—	60″	II	
		+ +	0,8	+	—	—	+	60″	II	
		+ +	0,4	—	—	+	+	45″	I	
		+ +	1,2	+ +	+	+ +	—	24″	II	
		—	0,6	—	—	—	—	60″	I	
		+	1,8	+ +	+ +	+	+	32″	V	
		—	0,4	—	—	+	+	0″	0	
		+ +	1,0	+ +	—	+	—	68″	IV	
		—	0,6	—	—	—	—	0″	0	

Jahrgang 96—03. Durchschnittsalter 18,5 Jahre.

Bemerkungen Akzidentien	Augenbeschaffenheit	Möbius	Hautwiderstand	Respiratorische Arythmie	Hautreflexe	Fingertremor	Halsverdickung	NB rQu ND bei 15″ Exposition	Grad der AB	
Dunkelfurcht		—	0,4	+	+	+	+	67″	IV	Mittelw. Tab I B. 0,54.
		+	0,8	+	+ +	+	+	18″	0	
		+	0,4	+	+ +	—	—	185″	I	

Tabelle I (Fortsetzung). **Verteilung der Stigmen des T- und B-Komplexes**

B. Landwirtschaftliche Winterschule Marburg a. L.

Lfd. Nr.	Name und Geburtstag	Galvanisches Verhalten, geprüft am Nervus ulnaris dexter: Motorische Zuckungsformel bis 5 MA Reizstärke: KSZ	ASZ	AÖZ	KÖZ	KSTe	sensibel: KSE a	Verhalten bei mechanischer Reizung, geprüft am Nervus ulnaris sinister: Parästhesie	Zukkung	Nervus facialis	Harfenphänomen
	1	2	3	4	5	6	7	8	9	10	11
		T-Komplex									
4	F. F. 15. 1. 03	0,6	1,0	—	—	ASTe 4,5	0,5	—	—	—	+ +
5	H. K. 23. 4. 03	0,4	0,6	—	—	—	0,8	—	—	—	—
6	C. M. 25. 1. 02	0,5	2,0	3,6	—	—	0,5	—	+	—	+
7	O. D. 11. 11. 99	0,5	2,0	4,8	—	—	0,2	+	+	—	—
8	P. M. 3. 1. 02	0,5	0,6	—	—	—	0,6	—	+	—	+
9	K. S. 26. 8. 99	1,0	1,0	2,5	—	—	0,4	—	—	—	+
10	H. H. 18. 10. 02	0,6	0,8	2,7	—	5,0	0,5	—	—	—	+
11	K. M. 18. 1. 00	0,6	0,5	3,2	—	—	0,6	—	—	—	—
12	L. K. 16. 1. 99	0,6	0,8	4,2	—	—	0,3	+	+	—	+
13	W. M. 3. 12. 01	0,6	1,3	4,0	—	—	0,4	—	—	—	+
14	F. H. 7. 12. 01	0,8	1,1	4,0	—	—	0,6	—	+	IIr	+
15	K. Sch. 7. 12. 03	1,0	1,5	3,8	—	—	0,8	—	—	III	+
16	F. K. 8. 2. 99	1,0	1,1	3,8	—	—	0,8	—	—	—	+
17	A. K. 11. 2. 02	1,6	1,6	3,8	—	—	0,6	—	+	—	+
18	F. D. 20. 8. 02	0,6	1,2	—	—	—	0,6	—	+	—	+ +
19	G. Sch. 6. 7. 02	1,0	1,2	—	—	—	0,6	—	+	—	+ +
20	R. S. 24. 10. 01	1,5	2,5	—	—	—	0,5	—	—	—	—
21	O. D. 16. 9. 01	1,5	3,1	—	—	—	2,0	—	—	—	+
22	F. Ph. 3. 10. 99	1,7	2,7	—	—	—	2,1	—	+	—	+
23	H. K. 10. 4. 02	2,0	3,0	—	—	—	0,6	—	—	—	+
24	J. W. 9. 6. 96	2,8	3,3	—	—	—	1,8	—	—	—	—

sowie der AB in verschiedenen Altersklassen. Frühjahr 1920.

Jahrgang 96—03. Durchschnittsalter 18,5 Jahre.

Bemerkungen Akzidentien	Augenbeschaffenheit („Glanzauge" vermerkt nur bei gleichzeitiger Protrusio)	Möbius	Hautwiderstand	Respiratorische Arythmie	Hautreflexe	Fingertremor	Halsverdickung	NB rQu ND bei 15″ Exposition	Grad der AB — Mittelwert Tab. IB 0,54
12	13	14	15	16	17	18	19	20	21
		B-Komplex							
Schmelzdefekte		+	0,2	—	+	+	—	45″	0
		—	0,2	—	+	—	—	35″	0
		+	0,2	+	+	—	—	18″	0
		+	0,2	+	+	+	—	10″	0
		—	0,2	—	—	—	—	37″	0
		—	0,3	+	+	—	—	45″	0
		+ +	0,4	+	+	—	+	14″	0
		+	0,2	—	—	—	—	0″	0
		—	0,4	+	+	—	+	16″	0
		—	0,2	+	+	—	—	12″	0
Wadenkrampf	Glanzauge	+ +	0,2	+	+	—	—	109″	I
		+	0,8	—	+	+	+	50″	0
		—	0,6	+ +	—	—	—	54″	0
		—	0,6	—	—	—	—	0″	0
		+	0,2	+	+ +	—	+	145″	III
		—	0,4	—	—	—	+	23″	0
		—	0,4	—	—	—	—	22″	0
		—	0,2	—	—	—	+	0″	0
		+	0,4	+	—	+	—	60″	II
		—	0,6	—	—	+	—	72″	II
		—	0,2	—	—	—	—	0″	0

Mittelwert 0,54. (Nr. 1 – 24)

Tabelle II. Verteilung von T- und B-Stigmen auf die in Tab. I untersuchten Altersklassen (Häufigkeitszahlen v. Hundert [vH.]).

Art und Grad des T-Stigmas	T-Komplex 12,5 Jahr	T-Komplex 18,5 Jahr
KSZ > 1,0 MA	15,79	29,17
KSZ 0,6 MA	15,79	25,0
KSZ 0,5 MA	2,63	12,5
KSZ 0,4 u. < 0,4 MA	18,42	12,5
AÖZ > 5,0 MA	15,79	41,67
AÖZ bis 5,0 MA	84,21	58,33
AÖZ < 5,0 MA	76,32	58,33
KÖZ (KSTe, ASTe) bis 5,0	10,53	16,67
KÖZ (KSTe, ASTe) < 5,0	10,53	12,5
AÖZ, KÖZ (KSTe, ASTe) > 5,0 MA	13,16	37,5
AÖZ, KÖZ (KSTe, ASTe) bis 5,0 MA	(94,74) 86,84	(75,0) 62,5
AÖZ, KÖZ (KSTe, ASTe) < 5,0 MA	(86,84) 78,95	(70,83) 62,5
(geklammerte Werte bei Zählung aller ÖZ'n u. STe)		
AÖZ bis 3,0 MA	42,11	12,5
AÖZ bis 2,5 MA	13,16	4,17
ASZ = oder < KSZ	10,53	25,0
KSEa 0,6 u. < 0,6 MA	76,32	70,83
KSEa < 0,6 MA	55,26	37,5
KSEa 1,0 u. > 1,0 MA	13,16	16,67
Parästhesie	47,37	8,33
Zuckung	55,26	41,67
Zuckung + +	23,7	0
Facialisphänomen	39,5	12,5
Facialisphänomen I. Grades	18,42	0
Harfenphänomen + +	31,58	12,5

Art und Grad des B-Stigmas	B-Komplex 12,5 Jahr	B-Komplex 18,5 Jahr
Glanzauge (mit etwas Protrusio und Größe)	15,79	4,17
Möbius + +	21,05	8,33
Hautwiderstand (Ampèremeterausschlag)		
von 0,2 MA	28,95	45,83
„ 0,4 MA	31,58	29,17
> 0,4 MA	39,47	20,83
hierunter sind Werte		
von 0,8 u. > 0,8 MA	21,05	8,33
„ 1,0 u. > 1,0 MA	18,42	0
Respir. Arythmie + +	18,42	4,17
Hautreflexe + +	21,05	12,5
Fingertremor	60,53	29,17
Halsverdickung	44,74	33,33
Eidetische Phänomene		
Manifeste Eidetiker (Grad II—V)	78,95	16,67
Eidetische Grade (I—V)	86,84	25,0
Mittelwerte vorhandener eidetischer Grade	II, 63	0,54
Mittelwert der ND des NB rQu 15″	60,03″ z. T. ohne Intermittieren	43,21″ mit Intermittieren

In Tabelle I A ist der Mittelwert der eidetischen Grade in der Gruppe mit der höheren galvanischen Erregbarkeit (Nr. 1—13) III, 38 gegenüber II, 24 in der Gruppe mit der geringeren Erregbarkeit (Nr. 14—38), obwohl in letzterer die Anzahl jugendlicher Individuen doppelt so groß ist.

Tabelle III. Psychophysische Stigmatisierung bei normalen älteren erwachsenen Individuen, Eidetikern und Nichteidetikern (Durchschnittsalter 30,8 Jahr). Galvanische Stigmen bis 5,0 MA Reizstärke.

Eidetiker (Durchschnittsalter 28,5 Jahre)									Nichteidetiker (Durchschnittsalter 32,9 Jahre)								
Name	Alter	KSZ	ASZ	AÖZ	KÖZ	KSTe	ASTe	Glanzauge[1])	Name	Alter	KSZ	ASZ	AÖZ	KÖZ	KSTe	ASTe	Glanzauge[1])
L. M.	32	0,6	1,8	3,8	—	—	—	—	Bie.	42	1,1	2,4	—	—	—	—	—
H. Br.	28	0,7	0,4	3,0	—	—	—	—	Wi.	45	1,5	2,0	—	—	—	—	—
R. F.	23	0,4	0,7	—	3,2	—	3,0	+	Hg.	29	0,9	1,8	—	—	—	—	—
F. Ko.	22	1,5	2,0	—	2,5	—	—	+	G.	25	2,6	3,5	—	—	—	—	—
Mö.	20	0,4	0,6	4,6	—	—	—	+	B.	24	2,5	3,7	—	—	—	—	—
P.	25	2,5	3,5	4,5	—	—	—	+	N.	31	1,2	2,2	—	—	—	—	—
W. Ko.	28	1,5	1,7	—	—	4,5	5,0	+	Fr.	34	0,9	1,6	—	—	—	—	—
A. Kay	50	0,4	1,0	3,0	1,5	—	—	+	R.	34	1,0	1,0	—	—	—	—	—
									Z.	32	0,9	1,8	3,8	—	—	—	+
Im Mittel	28,5	1,0 MA	AÖZ, KÖZ (STe) bis 5,0 MA = 137,5 vH.					75,0 vH.	Im Mittel	32,9	1,4 MA	AÖZ, KÖZ (STe) bis 5,0 MA = 11,1 vH.					11,1 vH.

[1]) Wie in Tab. I. u. II. bewertet (vgl. Anm. 1, S. 211).

Aus der Tabelle III ist ersichtlich, daß in der Gruppe der Eidetiker die Reizschwellen für die SZ'n und ÖZ'n im allgemeinen niedriger sind und die Häufigkeit von ÖZ'n bzw. STe unter 5,0 MA sogar so viel größer ist, daß in der Gruppe der Nichteidetiker ihr Vorkommen fast gar nicht in Betracht kommt. Ebenso verhält es sich mit dem „Glanzauge" als hervorstechendstem Stigma des B-Typus. Zu bemerken ist für die Eidetikergruppe, daß die hier vertretenen Individuen durchweg hochgradige Eidetiker waren, während die Nichteidetikergruppe auch nicht einmal Latenzfälle enthielt. — *Wir könnten diese Tabelle nach Belieben erweitern, verzichten aber darauf, da es, was hier betont sein mag, an dem Ergebnis nach unseren Erfahrungen nichts ändert. Es gilt letzteres überhaupt für die gesamte Aufstellung, wofern eingewandt werden sollte, daß die Berechnung obiger Verhältniszahlen ein größeres Material umfassen müßte, um bindend zu sein. Daß die obigen Aufstellungen in der Tat bindend sind, beweist die Tatsache, daß die angeführten Entsprechungen auch über das ausdrücklich mitgeteilte Material hinaus statistisch und sogar experimentell erhärtet werden konnten, ferner aber, daß alle berechneten Prozentzahlen auch unter sich, d. h. für die einzelnen Reizschwellen untereinander diejenige Gesetzmäßigkeit erkennen lassen, die nach ihrem allgemeinen Verhalten zu erwarten war (vgl. auch Kap. VII, 6).*

Alles hier beigebrachte Material ist also nur ein Beispiel.

B. Einzeluntersuchung der 1920 in unserem Material vorhandenen hochgradigen Eidetiker[1]).

Im Folgenden bringen wir eine genaue Darstellung einer größeren Reihe von Fällen durchweg hochgradiger Eidetiker, die optische und somatische Verhältnisse in gleicher Weise berücksichtigt. Bei fast allen diesen Fällen wurde auch die Kalkzuführung vorgenommen. — Diese Darstellung einzelner Fälle ist eine Ergänzung zu dem zusammenfassenden Bericht in Kap. III (S. 112 u. S. 160). Letzterer gibt eine Übersicht über ein zeitlich und zahlenmäßig umfassenderes Material, aus dem die hier näher beschriebenen Fälle die hochgradigsten sind, die damals in einer bestimmten Zeitspanne für uns erreichbar waren.

Alle hier angeführten eidetischen Fälle gehören nur den höchsten und zwar ungefähr gleichhohen Graden dieses optischen Erscheinungskreises an (Grad IV—V). Fast alle stehen sehr nahe der E-Phase, nur einzelne ganz in ihr. Die Tab. IV am Schluß dieses Abschnittes (S. 238/39) stellt noch einmal in übersichtlicher Weise alles zusammen, was nachfolgend ausgeführt wird. Einige Beispiele von Protokollen hierzu befinden sich im Kap. V C (S. 244). — Alle die unten aufgezeigten Unterschiede lassen sich bis zu gewissem Grade auch in der E-Phase selbst zeigen und gelten ferner auch, — allerdings weniger leicht nachweisbar —, für die niederen Grade (*ebenso, nach neueren Feststellungen des Marburger Psychologischen Instituts, für Wahrnehmungen und Vorstellungen* [vgl. S. 32f.]).

Alle angeführten Individuen sind mit wenigen Ausnahmen solche, die sich nicht nur selbst gesund dünkten und von anderen als Gesunde betrachtet wurden, sondern auch, wie unsere eigene jahrelange (in der kleinen Stadt Marburg leicht durchführbare) Beobachtung lehrte, wirklich gesunde Menschen waren. Wichtige Eigenschaften ihrer Persönlichkeit, die sie damals zum Teil immerhin als unangenehm empfinden mochten, teilen sie, ebenso wie die ihnen als angenehm zum Bewußtsein kommenden, mit der überwiegenden Mehrzahl der Jugendlichen dieser Altersklassen überhaupt, ohne darum krank zu sein oder Eltern wie Lehrern krank zu erscheinen. Ältere Individuen entsprechender Artung waren aber ebenfalls von eigentlichen Krankheiten frei. Nur wo die eine oder andere Erscheinung einen gewissen Grad überschreitet, könnte man auf beschränktem Funktionsgebiet von einem ans Pathologische grenzenden Zustand sprechen. In der Regel jedoch konnte auch dies erst aus einer genaueren Analyse des Falles ersehen

---

[1]) Abgesehen ist hier also von den zahlreichen Fällen, an denen wir auch weiterhin diese Befunde nachprüfen und bestätigen konnten.

werden und war bis zu unseren Untersuchungen der Umgebung meist verborgen geblieben oder von ihr doch kaum stärker beachtet worden.

1. Das klinisch-somatische Verhalten der untersuchten Individuen.

a) Das Verhalten der untersuchten Individuen in Beziehung auf einzelne Stigmen und Akzidentien.

Was finden wir zunächst bei der Betrachtung der galvanischen Erregbarkeitsschwellen und sonstigen Stigmata und Akzidentien bei den hier vertretenen Eidetikern des Grades IV und V, unter denen sich die verschiedensten Altersklassen befinden?

Für die KSZ ergibt sich am Nervus ulnaris (Reizstelle II nach STINTZING), daß (soweit in Tab. IV T-Typen oder BT-Typen in Betracht kommen, also in 25 Fällen)[1]), die Reizschwellen nur in seltenen Ausnahmen (3 unter 25 Fällen) über 1,0 MA liegen; häufiger (7mal unter 25 Fällen) liegen sie sogar unter 0,6 MA, in der Mehrzahl der Fälle zwischen 0,6 und 1,0 MA (15mal unter 25). Die Werte von 0,6 selbst und diejenigen eben oberhalb und unterhalb sind ebenfalls sehr häufig. — Im allgemeinen läßt sich sagen, daß bei hochgradigen Eidetikern aller Altersklassen die Reizschwellen für KSZ niedriger liegen als der von STINTZING für Erwachsene angegebene Durchschnitt. Dieser beträgt am Nervus ulnaris II für KSZ 1,6 MA, bei unseren Fällen (Tab. IV) aber nur 0,72 MA, wobei die Grenzwerte nach STINTZING für Erwachsene am gleichen Nerven 0,6—2,6 MA, bei den hier allein in Rede stehenden Eidetikern verschiedenen Alters in Tab. IV dagegen nur 0,2—1,7 MA betragen; in Tab. III[2]) sind für erwachsene Eidetiker die Grenzwerte für KSZ 0,4—2,5 MA, der Mittelwert ist jedoch 1,0; der Mittelwert für KSZ bei den erwachsenen Nichteidetikern der Tab. III ist dagegen 1,4 MA und die Grenzwerte sind 0,9—2,6 MA.

Wir haben ferner gesehen, daß es als Übererregbarkeitszeichen anzusehen ist, wenn die ASZ einen gleichgroßen oder kleineren Schwellenwert wie die KSZ hat. Während dies nach STINTZING unter Erwachsenen überhaupt nur sehr selten vorkommt (in 1 bzw. 2 vH.), findet es sich in Tab. IV unter 25 eidetischen Fällen des Grades IV und V und verschiedenen Alters 5mal (in 20 vH.). Ferner liegt hier die AÖZ in 25 Fällen 20mal, also fast durchweg, unter 5 MA, was nach v. PIRQUET als Zeichen einer leichten (anodischen) Übererregbarkeit zu gelten hat, und zwar um so mehr, je tiefer sich die AÖZ befindet; eine hochgradige Übererregbarkeit bedeutet es, wenn die AÖZ sogar vor der ASZ oder mit ihr gleichzeitig auftritt. Unter diesen 20 Fällen einer AÖZ unter 5,0 MA befinden sich nun 11 mit einer AÖZ zwischen 3,0 und 5,0 MA, wobei wieder die niedrigeren nahe an 3,0 und bei 3,0 MA selbst liegenden Schwellenwerte häufiger sind; 9mal befinden sie sich sogar unter 3,0 MA, und unter diesen Fällen 4mal sogar unterhalb 2,0 MA, wobei die AÖZ zugleich 2mal gleichzeitig mit der ASZ auftritt, und in 3 Fällen ihr sogar vorangeht. In 13 unter den 25 Fällen haben wir ferner sogar eine KÖZ (KSTe bzw. ASTe) bis 5,0 MA, also die hochgradige kathodische Übererregbarkeit nach v. PIRQUET, wobei diese kathodischen Übererregbarkeitsschwellen unter diesen Fällen 4mal sogar schon unterhalb 3,0 MA auftreten.

---

[1]) Fall Nr. 1—21 u. a—d.

[2]) In dieser Tabelle III befinden sich erwachsene Eidetiker hochgradiger experimentell nachweisbarer AB und Erwachsene ohne jede auch latente eidetische Anlage. Trotzdem weisen auch schon bei nur geringeren eidetischen Graden in allen Altersklassen die galvanischen Verhältnisse auf eine Übererregbarkeit hin gegenüber den Individuen, bei denen sich diese eidetische Anlage nicht einmal auf Umwegen nachweisen läßt, die also nicht nur keine experimentell nachweisbaren AB besitzen, sondern auch keinerlei Anlage hierzu im Latenzstadium (Kap. VII, 6).

Damit rückt die KÖZ schon recht nahe an die Anodenzuckungen bzw. die KSZ, ein Umstand, den THIEMICH und MANN als ein schon pathologisches Zeichen auffassen[1]). Mechanische Übererregbarkeitszeichen höheren Grades (Chvostek I) finden wir unter unseren 25 Fällen 8mal, darunter 2mal die von F. SCHULTZE angegebene besonders hochgradige Modifikation des CHVOSTEKschen Facialisphänomens, die wir mit Chvostek Ia bezeichneten; 15mal fanden wir unter den 25 hochgradig eidetischen Fällen Facialisphänomen verschieden hohen Grades überhaupt. Hochgradige mechanische Übererregbarkeit am Nervus ulnaris (bezeichnet mit +++) finden wir 4mal, 16mal überhaupt gesteigerte Erregbarkeit an diesen Nerven. Ähnlich steht es mit anderen tetanoiden Phänomenen; ein eigentliches Tetaniegesicht (+) war 5mal nachweisbar, TROUSSEAUsches Phänomen dagegen in keinem Falle, ebenso in keinem Falle echte (manifeste) Tetanie. Die AB dieser Fälle zeigten im allgemeinen den IV. und V. Grad der eidetischen Anlage, und zwar wird letzterer höchster Grad auch in Mischfällen der immer ausschließlichere, je näher diese Fälle dem ausgeprägten B-Typus stehen, während selbst unter ausgeprägten und hochgradigen reinen T-Typen der Grad IV verhältnismäßig häufiger ist. E-Fälle sind in unserem Material unter den reinen und fast reinen T-Typen zweimal vertreten (Fall 7 u. 9), unter den Mischtypen und reinen B-Typen viermal (Fall 13, 20, f, g). Die beiden letzten mit Buchstaben bezeichneten Fälle f und g entfallen hierbei auf die in der Tabelle vertretenen drei reinen B-Typen. Aus unserem Material geht aber zugleich hervor, worauf wir noch näher eingehen werden, daß die Stärke der AB, d. h. ihr Grad, nicht etwa davon abhängig ist, ob die betreffenden Individuen nahe am B-Typus oder immer an der Grenze des Pathologischen stehen: es können vielmehr ganz hochgradige Eidetiker aller Altersklassen beider Typen normale oder schon pathologische Individuen sein und ausgesprochene Nichteidetiker Neuropathen. Konnten wir aber eben feststellen, daß die hochgradigen Eidetiker in unserem Material mehr oder weniger ausschließlich im bisherigen klinischen Sinne die somatischen Zeichen einer „latenten Tetanie" aufwiesen, so spricht dies wiederum dafür, daß die bisherige klinische Abgrenzung genannter Krankheitsbilder, wie wir schon früher ausgeführt haben, einige Einschränkungen und Modifikationen erfahren muß. Hierzu muß zunächst nochmals hervorgehoben werden, daß echte manifeste Tetanie in keinem Falle vorhanden war, und daß selbst das TROUSSEAUsche Phänomen nirgends nachweisbar war. Es mag dabei bemerkt werden, daß Marburg a. L., woher diese Fälle stammen, nicht als „Tetanieort" anzusehen ist, obwohl wir hier unter einer so großen Anzahl Individuen nach klinischen Kriterien eine Verschiebung der Konstitution im tetanoiden Sinne feststellen konnten. Wenn demgegenüber die gleichen Verhältnisse an sogenannten Tetanieorten nachgeprüft werden sollten, so wird sich wahrscheinlich zeigen, daß solche hochgradig eidetischen Fälle dort allerdings der echten klinischen Tetanie näher zu stehen scheinen, als es in Marburg der Fall ist, ein Umstand, der, wie früher ausgeführt wurde, z. B. die Erkennung der physiologisch vorhandenen galvanischen Erregbarkeitsverhältnisse bei normalen Individuen verschiedener Lebensalter stets so sehr erschwert, wenn nicht unmöglich gemacht hat, weil in solchen Gegenden die Konstitution der gesamten Bevölkerung tatsächlich in Beziehung auf eine Disposition zur Krankheit Tetanie verschoben ist. Hierfür sind noch unbekannte örtliche Noxen verantwortlich zu machen (Kap. VII, 5). Zwischen einer Verschiebung der Konstitution in unserem

---

[1]) Ganz entsprechende Verhältnisse ergeben sich auch aus den in Tab. III aufgeführten hochgradig eidetischen Fällen.

Sinne und dem Vorhandensein einer Disposition zur Krankheit Tetanie ist aber ein scharfer Unterschied zu machen. In einzelnen Fällen waren allerdings atypische Muskelkrämpfe spontaner Art vorhanden, die jedoch unter Jugendlichen überhaupt ein sehr häufiges und keineswegs ein außergewöhnliches oder gar krankhaftes Vorkommnis sind. Wenn sie vielleicht trotzdem eine gewisse Verwandtschaft zu den typischen Tetaniekrämpfen und zu dem tetanoiden Erscheinungskreise überhaupt besitzen (wie auch andere Erscheinungen, die vereinzelt auftraten und die wir unter „Akzidentien des T-Typus“ geschildert haben, z. B. Pavor nocturnus, Nachtwandeln usw.), so liegt das wohl daran, daß sowohl die echte Tetanie als auch die normale Konstitution der Jugendlichen bzw. der Eidetiker überhaupt Beziehungen zu einer besonderen Übererregbarkeit besitzen, ohne daß letztere von vornherein und immer mit dem Latenzstadium der klinischen Tetanie identisch ist, oder auch überhaupt immer als Krankheit anzusehen wäre. Von dem gewöhnlichen, auch unter ganz normalen Kindern häufigen Aufschrecken im Schlaf oder beim Einschlafen (Schlafzuckungen) bis zu dem tetanoiden Pavor nocturnus bzw. Nachtwandeln hin bestehen wahrscheinlich fließende Übergänge, ebenso vielleicht von gewissen einfachen Schwindelzuständen bis zu richtigen Absencen[1]). Diese Dinge verhalten sich zu echter Krankheit wahrscheinlich ebenso, wie der „prätetanoide“ Zustand im Sinne Behrendt und Freudenbergs zum tetanoiden Zustand und zur manifesten Tetanie. Dieser prätetanoide Zustand ist aber in funktioneller und physiologischer Beziehung identisch mit unserem T-Typus bzw. den Auswirkungen des T-Komplexes. — Ganz Entsprechendes gilt für die Stigmen des B-Komplexes bei unseren Eidetikern vom reinen B-Typus (Tab. IV, Fall 22, f u. g) und seinen Mischfällen in weitestem Sinne (Fall 8—21) und ihr Verhältnis zum B-Typus bzw. M. Basedow.

b) Das Verhalten der untersuchten Individuen hinsichtlich ihres Gesamtzustandes.

Wie verhalten sich nun diese hochgradig eidetischen Individuen, wenn wir nicht nur, wie bisher, einzelne Symptome, sondern ihren Allgemeinzustand in Rechnung ziehen, zu der Fragestellung der Grenzen von „normal“ und „pathologisch“? Eine Berücksichtigung der Gesamthaltung des Individuums wird hierbei eine sicherere Entscheidung dieser Frage erlauben, wie die Beurteilung nach einzelnen Symptomen, über deren nosologische Bedeutung man, wie wir sehen werden, je nach Lage des Falles Zweifel haben kann.

Zunächst muß festgestellt werden, daß keines dieser Individuen zu uns als Kranker kam; selbst die Fälle 7 und 9, die wir zuerst untersucht und immer schon als fast pathologisch bezeichnet hatten, galten als zwar „etwas nervös“, nicht aber als kranke Kinder. Alle unsere Vpn. entstammten der Schule oder dem Hörerkreis der Universität, und ihr engerer hier besprochener Kreis war keineswegs unter irgendwelchen nosologischen Gesichtspunkten ausgewählt worden, sondern nur unter dem Gesichtswinkel hochgradiger eidetischer Anlage, die ja eine normale Jugendanlage darstellt. Vereinzelte Klagen und kleinere oder größere Beschwerden einzelner offenbarten sich erst nach eingehender Fragestellung und Untersuchung. Nach üblichem Maßstab gemessen, entstammten also diese Individuen der Sphäre normaler, gesunder Allgemeinheit. Wenn wir nun aber trotzdem einen klinischen Maßstab anlegen wollen, so soll hier untersucht werden, welche der Individuen nach ihrer Gesamthaltung und nach

[1]) Vgl. hierzu Stier, E.: Zeitschr. f. d. ges. Psychol. u. Neurol. Bd. 80. 1923; K. Landauer, a. a. O. später; ferner Kap. VII.

allerstrengstem Maßstab immerhin als sogenannte „Neuropathen" bezeichnet werden könnten. Mit diesem Ausdruck soll zunächst nur eine allgemeine und überwiegend funktionelle — nicht grobsomatische — „nervöse" Unterwertigkeit („Neuropathie") bezeichnet werden. Später wollen wir zusehen, ob wir an der Hand unserer Fälle nicht auch zu einer strengeren Definition des Begriffes der „Neuropathie" ebenso wie der „Psychopathie" und deren etwaiger feinerer somatischer Grundlagen kommen können, wenigstens in bestimmten Fällen (Kap. VII, 3—6, XI); denn schon allein die Bestimmung beider Begriffe schwankt bei den verschiedenen Autoren. Unter eine allgemeine schon fast „neuropathische" Unterwertigkeit dürften bei Anlegung eines solchen besonders strengen Maßstabes von diesen 25 Fällen des T- und BT-Typus 8 Fälle fallen, aber auch sie sind in obigem Sinne nur vorübergehend als „neuropathisch" zu bezeichnen, nur für die Zeit der Untersuchung; denn auch sie haben sich ganz normal, teilweise sogar robust weiterentwickelt[1]). Ihre Namen sind in Tab. IV *kursiv* gedruckt. Unter den reinen B-Typen finden wir noch einen weiteren derartigen Fall. — Wir fragen uns nun: wie verhalten sich hier in diesen zunächst einmal kurz als „*neuropathisch*" bezeichneten Fällen die galvanischen Schwellenwerte gegenüber den übrigen Individuen, die wir zur Zeit der damaligen Beobachtung sicher als Nichtneuropathen anzusehen Grund haben? — Von den reinen B-Fällen sehen wir noch ab.

Was zunächst die KSZ anlangt, so ist zuzugeben, daß für letztere in Tab. IV bei einigen der „neuropathischen" Fälle (Fall 2, 7) besonders niedrige Schwellenwerte vorliegen (0,4; 0,5 MA). Andererseits finden wir solche und sogar einzelne niedrigere Werte in Tab. I u. IV auch bei ganz normalen Individuen (Tab. IV, Fall 3, 10, 17, 19, 21; I A, 1, 6—12; I B, 1, 2, 5—8). In Tab. IV finden wir ferner die niedrigste Reizschwelle für KSZ von 0,2 MA gerade bei einem Nichtneuropathen (Fall 10), einige höhere Reizschwellen dagegen bei einzelnen „Neuropathen" (Fall 9, 11, 12). Einmal unter den 8 „neuropathischen" Fällen finden wir die ASZ vor der KSZ (Fall 13), aber auch bei ganz normalen Jugendlichen kommt sie mindestens gleichzeitig mit der KSZ vor (Tab. I A, Fall 2, 7, 24, 32; I B, Fall 1, 9, 17); zweimal (I B, Fall 3, 11) liegt sie vor der KSZ. Gleiches ist auch in Tab. IV bei nichtneuropathischen Individuen der Fall (Fall 4, 15, a, d). Die AÖZ finden wir am N. uln. in dem schon fast pathologischen Falle 9 bei der gleichen Reizschwelle wie die ASZ bei 1,9 MA, am N. peroneus ebenfalls mit der ASZ eintretend; in zwei weiteren Fällen der Gruppe der ‚Neuropathen" finden wir die AÖZ am Nervus ulnaris sogar im Übergewicht über die ASZ, entweder bei gleicher Reizschwelle an Stärke (Fall 2) oder früher als ASZ auftretend (Fall 7). Wie steht es nun hiermit bei Normalindividuen? Denn ein solches Verhalten der AÖZ und ASZ wurde von THIEMICH-MANN als Zeichen einer hochgradigen, fast immer pathologischen Übererregbarkeit angesehen, ebenso wie auf jeden Fall eine KÖZ unter 5,0 MA. Was zunächst ein Gleichsein der AÖZ mit der ASZ oder ein Überwiegen der ersteren über die letztere anlangt, so läßt sich mit Bezug auf unser Material sagen, daß dies zwar auch bei normalen Individuen gefunden werden kann (Tab. IV, Fall d, 20; I A, Fall 8), daß es aber hier im ganzen nur selten ist und häufiger bei schon neuropathischen Individuen vorkommt. Eine AÖZ ohne gleiche Schwelle für ASZ oder Umkehr der Zuckungsformel, aber nahe um 2,0 MA, also sehr tief liegend, findet sich nach unseren Erfahrungen in einer ganzen Reihe von

---

[1]) Es ist also der Begriff der „Neuropathie" hier in sehr weitem und umfassenden Sinne gebraucht: es handelte sich hier höchstens um vorübergehende Disharmonien bei der Entwickelung (vgl. Kap. VII, 3).

Fällen auch bei normalen Individuen (I A, Fall 1—4, 13; I B, Fall 9; IV, Fall a, 15); obwohl v. Pirquet schon ein letzteres Verhalten der AÖZ fast immer als pathologisch anspricht, liegt die AÖZ im normalen Falle d sogar bei 0,3 MA. Eine AÖZ um 3,0 MA findet sich unter Jugendlichen oder Eidetikern aller Altersklassen ganz normalerweise häufig, wobei zu bemerken ist, daß Thiemich-Mann als eben noch normalen Mittelwert der AÖZ, wenigstens bei jungen Kindern, 3,62 MA angegeben haben. Man kann aber sagen: eine AÖZ von 3,0—5,0 MA ist normalerweise bei Jugendlichen und Eidetikern aller Altersklassen eine fast durchgängige Erscheinung. Aber sogar eine KÖZ (KSTe, ASTe) unter 5,0 MA war auch unter normalen Eidetikern aller Altersklassen ein gar nicht seltenes Vorkommnis, und sie fand sich unter Normalen ebenso wie unter den hier als „Neuropathen" bezeichneten Individuen sogar bis 1,5 MA (Tab. III) herunter, zugleich ohne daß zur Zeit, später oder anamnestisch Zeichen einer latenten Tetanie, also einer echten Krankheit bestanden hätten. 8 Fälle von einer solchen kathodischen Übererregbarkeit (KÖZ [KSTe, ASTe] bis 5,0 MA) gehörten den Nichtneuropathen an (Tab. IV, Fall 3, d, 6, 14, 15, 18, 20, 21); 5 der 8 „Neuropathen" besaßen sie ebenfalls (Fall 2, 7, 11, 12, 13). Zweimal fand sich bei den „Neuropathen" die KÖZ (KSTe, ASTe) unter 3,0 MA (Fall 7, 13), zweimal aber auch unter den 8 Nichtneuropathen mit kathodischer Übererregbarkeit (Fall 15, 18). Der eine der letzteren Fälle redete im Schlaf (Fall 15), sein jüngerer Bruder zeigte Spasmus nutans, der vielleicht ebenfalls eine gewisse Beziehung zum T-Komplex besitzt (Kap. VII); er selbst hatte Tetaniegesicht und Chvostek I. Der andere der Fälle (Fall 18) zeigte, bemerkenswert für solche Zusammenhänge, Wadenkrämpfe und besaß eine labile Herztätigkeit. Die beiden „Neuropathen" mit KÖZ (bzw. KSTe) unter 3,0 (Fall 7 und 13) zeigten beide Pavor nocturnus, Fall 13 auch Nachtwandeln und Parästhesien, Fall 7 ferner Zwangsvorstellungen, anamnestisch Laryngospasmus. Beide zeigten auch ängstlich gefärbte, sich aufdrängende Spontanbilder.

Nur in Fall 7 und 11 der in Tab. IV zu den „Neuropathen" zählenden Individuen fanden wir, und zwar lediglich anamnestisch, als sicheres Tetaniesymptom einen Laryngospasmus, in Fall 7 auch unter den Geschwistern vorhanden. Bei Fall 7 fanden wir am N. ulnaris KSZ 0,4, AÖZ 2,0, ASZ 2,5, KSTe 2,5, am N. peroneus und N. ulnaris 0,3 MA für KSE, Chvostek Ia, kein Tetaniegesicht; bei Fall 11 fanden wir KSZ 1,1, ASZ 1,5, AÖZ 4,1, KÖZ 4,2, Chvostek I, Tetaniegesicht. Diese beiden Fälle unseres Materials stehen der klinischen Tetanie am nächsten, da bei beiden Laryngospasmus, wenigstens anamnestisch, nachweisbar war. Diese beiden Fälle zeigten daher unter den untersuchten Individuen immerhin eine hochgradigere Summation von Tetaniezeichen. Ähnlich hochgradige Zeichen sogenannter latenter Tetanie zeigte auch Fall 9, bei dem jedoch wiederum, selbst anamnestisch, keine echten Tetaniesymptome nachweisbar waren, wohl aber ein Tetaniegesicht, Zwangsvorstellungen und ängstliche Spontanbilder. Bei Fall 11 dagegen finden wir, obwohl bei ihm anamnestisch Laryngospasmus nachweisbar ist, die KSZ ziemlich hochliegend, keine Umkehr der Zuckungsformel an der Anode, eine KÖZ erst bei 4,2, während wir andererseits in dem ganz normalen Falle d und 20 sogar die Umkehr der Zuckungsformel finden und die AÖZ sogar weit unter 2,0 MA; ähnlich finden wir in dem normalen Falle 21 KSZ 0,4, KÖZ 3,2, ASTe 3,0 und in dem normalen Falle 18 KÖZ schon bei 2,5 MA, allerdings keine Umkehr der Zuckungsformel. Entsprechende Verhältnisse zeigen sich in Tab. III, bei der auch nur Gesunde vertreten sind.

Das Facialisphänomen war unter unseren sogenannten „Neuropathen" und Normalen häufig, bei hochgradigen Eidetikern aller Altersklassen war es besonders häufig und zwar bei jugendlichen hochgradigen Eidetikern fast durchgängig nachweisbar. Den höchsten Grad (Chvostek Ia) fanden wir aber nur bei 2 der schon fast pathologischen Fälle (Fall 7, 9). Ähnliches läßt sich vom ausgesprochenen Tetaniegesicht (Rubrik 1, Tab. IV) und einer hochgradigen mechanischen Übererregbarkeit am N. ulnaris sagen; indessen kommt beides auch bei normalen Individuen vor. Ähnlich verhält es sich auch mit den mitunter isoliert hochgradigeren sensiblen Symptomen auf mechanische und galvanische Reize hin.

Entsprechendes kann auch vom basedowoiden Syndrom gesagt werden: wir fanden vegetative Stigmata höheren Grades und Augensymptome keineswegs in ihrer Stärke verschieden, je näher oder ferner die Individuen schon pathologischen Zuständen standen, aber besonders häufig die stärkeren Erscheinungen bei hochgradigen Eidetikern vom B-Typus: die Stärke dieser psychophysischen Stigmatisierung ist mit anderen Worten innerhalb des T- wie des B-Komplexes in gewissen, sehr weiten Grenzen nicht stets von vornherein Ausdruck einer „Neuropathie“, d. h. eines echt krankhaften Zustandes, sondern Ausdruck einer besonderen, vorwiegend Jugendlichen, aber auch gewissen Erwachsenen eigenen Reaktionsart auf Umweltreize; sie bedeutet im Sinne von LUBARSCH also keineswegs von vornherein eine „Disposition“ (= Disposition zu Krankheit), sondern in weitem Umfange zunächst ein normales Konstitutionsstigma bestimmter psychophysischer „Reaktionstypen“ (vgl. Anm. 2, S. 1f.). In gewissem und sehr weitem Umfange sind daher diese Stigmata normale Persönlichkeitszeichen insbesondere der Jugendlichen und bestimmter Erwachsener. Nur in Fällen allgemeiner Minderwertigkeit erlangen sie die Wertigkeit eines Krankheitssymptoms bzw. die Wertigkeit von Symptomen einer Disposition zu Krankheiten bestimmter (biologischer) Wesensart (vgl. 3. Abschnitt).

Von Akzidentien unserer hochgradigen Eidetiker ist folgendes zu sagen: ausgesprochener Pavor nocturnus bestand zur Zeit der Beobachtung noch bei Fall 7, 11, 13, 19 der Tab. IV. Die ersten drei Fälle gehören zu den „Neuropathen“, Fall 19 ist aber sicher kein Neuropath, sondern ein gesunder, frischer, übermütiger Junge, der sich, wie sein älterer Bruder, auch späterhin kräftig und robust entwickelte, wie überhaupt so gut wie alle hier aufgeführten jugendlichen Individuen und selbst die als „Neuropathen“ bezeichneten[1]). In Fall 19 und 13 war damals, zur Zeit der ersten Beobachtung, außerdem Nachtwandeln feststellbar; Fall 13 rechneten wir zu den „Neuropathen“. Nur anamnestisch bestand früher Pavor nocturnus bei Fall 6, 12, 15, 16, 17, Nachtwandeln früher bei Fall 2 und 20. Zu den „Neuropathen“ ist hiervon der Fall 2, 12 zu zählen. Leichte Absencen bestanden damals bei zwei „Neuropathen“, Fall 5 und b, Schwindelgefühl bei dem ebenfalls zu den „Neuropathen“ zählenden Falle 11. Nächtliches Aufschrecken, leichte Parästhesien und Muskelkrämpfe verschiedenster Art, wie z. B. harmlose Wadenkrämpfe, kommen auch bei Nichtneuropathen häufig vor und sind überhaupt unter Jugendlichen enorm verbreitet; dies ist nicht nur in Marburg der Fall, wie sich ergibt, wenn man einmal unter Schülern nach solchen Dingen fahndet. Auch in Tab. I A finden wir in Fall 4 einmal Nachtwandeln und Schwindel bei einem Knaben, der sicher nicht neuropathisch war, und ebenso bei einigen anderen: Pavor nocturnus (Fall 13), vorübergehende Ohnmachten und auch Parästhesien bei Fall 14 usw.; Fall 13 und 4 (Tab. I A) waren zugleich auch hochgradige Eidetiker (Grad V). Wir finden aber in dieser Tabelle

[1]) Wir konnten dies durch unsere jahrelange Beobachtung in der kleinen Stadt leicht feststellen.

ebenso wie in Tab. IV den eidetischen Grad V auch bei anderen Individuen, die keine derartige Symptome zeigen. Ähnlich verhält es sich mit anderen Erscheinungen, die wir auch in der Klinik öfters selbst bei normalen Individuen bemerken. So fanden wir in zwei Fällen Neigung zu unmotivierten Temperatursteigerungen anamnestisch bei einem „Neuropathen" (Tab. IV, Fall 5) und auch noch kurz vor der Beobachtung bei einem Nichtneuropathen (Tab. IV, Fall 20), der früher auch leichte Crampi (Schreibkrampf) und mitunter auch Tachykardie gehabt hatte; letzteres zeigte zur Zeit der Beobachtung auch der nichtneuropathische Fall 18. Bei Fall 8 (Tab. IV) finden wir bei einem nichtneuropathischen Individuum mit gedunsenem Tetaniegesicht aber ohne galvanische Übererregbarkeit mit sehr starken Anschauungsbildern vom T-Typus eine Neigung zu häufiger Urticaria, von der vielleicht auch eine Beziehung zu tetanoiden Stoffwechselveränderungen (Ödembereitschaft) angenommen werden kann[1]).

Es ergibt sich also keine strenge Beziehung zwischen Stigmen, die gemeinhin als Latenzzeichen echter Tetanie angesehen werden, auch nicht zwischen allgemeineren sog. „neuropathischen" Symptomen und einer dauernden Unterwertigkeit, d. h. Krankheit des Individuums, bzw. gar zu echter Tetanie. Entsprechendes gilt von den Verhältnissen zwischen den basedowoiden Stigmen, ihren Akzidentien und M. Basedow.

Wir glauben in diesen Erscheinungen vielmehr gewisse, meist passagere und oft funktionell-physiologische Unstimmigkeiten des Kindheits- und Jugendalters erblicken zu können, die nicht einzeln herangezogen, sondern nur im Rahmen der Gesamtperson und ihrer Entwicklung gewertet werden dürfen. Entsprechende Unstimmigkeiten treten in der Entwicklung ja auch in der Motorik hervor und können hier, worauf A. Homburgers schöne Arbeit[2]) hinweist, geradezu den Eindruck von Symptomenkomplexen hervorrufen, die bei schweren neurologischen Erkrankungen auftreten. Nichts wäre aber verfehlter, als z. B. die motorischen Unstimmigkeiten der Pubertät, die ja schon dem Laien bekannt sind, von vornherein als Krankheitssymptom aufzufassen. Naturgemäß findet der Kliniker solche Erscheinungen besonders durchgängig und ausgeprägt bei echt kranken Individuen. Wenn man sie dann bei Schüleruntersuchungen wiederfindet, ist man leicht geneigt, sie von vornherein als Krankheitssymptome anzusprechen. Längere Beobachtung lehrt aber, daß dieser Schluß nicht immer ein richtiger ist. Auch in der Motorik haben wir das Gleiche; aus dem ungeschlachtesten, fast ataktisch ungeschickten und in jeder Beziehung manchmal körperlich und psychisch unzulänglichen Individuum entwickelt sich gar nicht selten ein gewandter, behender, brauchbarer und blühender Jüngling. Aber selbst dort, wo bei Erwachsenen gewisse Erscheinungen des Jugendalters fixiert bleiben, bedeuten sie nicht immer eine Unterwertigkeit im Sinne von Krankheit. Auch hier können sie wertindifferente Persönlichkeitsstigmen bleiben oder sogar wertvollen Besitz bedeuten.

Wir finden also, um es zusammenzufassen, daß Erscheinungen, die gewöhnlich nur unter klinischen und nosologischen Gesichtspunkten betrachtet werden, in sehr weitem Umfange normale Stigmata der Persönlichkeit insbesondere der Jugend und vereinzelter Erwachsener mit bleibendem Jugendtypus sind. Nur in Fällen allgemeiner Minderwertigkeit erlangen sie die Wertig-

---

[1]) Vgl. hierzu Phelps's Tetaniereferat in Lewandowskys Handbuch d. Neurologie; ferner S. 459.

[2]) Homburger, A.: Zur Gestaltung der normalen menschlichen Motorik und ihrer Beurteilung. Zeitschr. f. d. ges. Neurol. u. Psychol. 1923, H. 1/3.

keit eines Krankheitssymptoms bzw. eines Zeichens einer Disposition zur Krankheit. Im tetanoiden Syndrom sind hiervon am N. ulnaris (II) auszunehmen und als meist schon pathologisch anzusehen eine ASZ, die über die KSZ überwiegt, mit ihr gleichzeitig oder vorher auftritt, wofern die KSZ sehr tief liegt (< 0,4 MA); indessen kommt selbst dies noch bei normalen Individuen vor. Im Bereiche mechanischer Stigmen dürfte Chvostek I etwa auf der gleichen Stufe stehen. Eine AÖZ ferner, die, selbst mit Umkehr der Zuckungsformel, schon vor 2,0 MA auftritt, kann ausnahmsweise auch bei Normalen vorkommen, wird aber meistens ein pathologisches Kennzeichen bleiben. Ganz ähnlich verhält es sich mit der KÖZ, die sogar unter 3,0 ausnahmsweise auch bei normalen Individuen vorkommen kann, und zwar in allen Lebensaltern. Eine AÖZ zwischen 2,0 und 5,0 MA und eine KÖZ (bzw. KSTe, ASTe) zwischen 3,0 und 5,0 MA sind dagegen an sich nur Kennzeichen einer gewissen jugendlichen Reaktionsart, ebenso wie eine KSZ unter 0,6 (bzw. 1,0) MA, und sie bedeuten nur dann etwas Krankhaftes, wenn der Gesamtzustand des betreffenden Individuums zu Krankheit disponiert ist. Bei der KSZ fanden wir bei normalen Jugendlichen als seltene Ausnahme sogar 0,2 MA, häufiger schon 0,4 MA. Unter 0,4 liegende Werte erscheinen aber im allgemeinen eher als schon pathologisch anzusprechen zu sein, und der Schwellenwert von 0,4 MA dürfte wohl daher normalerweise, selbst für Jugendliche, kaum den Durchschnitt darstellen. Wir dürfen die sicher normalen Werte im allgemeinen wenigstens etwas höher suchen (0,5 MA und höher)[1]. Gleichzeitig kann innerhalb dieser Grenzen beim normalen Jugendtypus die ASZ vor der KSZ liegen. Fast durchgehend finden wir obige noch normale Stigmen bei hochgradigen, aber ganz normalen Eidetikern aller Altersstufen, ebenso die anderen Stigmata von mechanischer Übererregbarkeit höheren Grades, ausgenommen die höchsten, stets schon pathologischen Grade, z. B. Chvostek Ia. Ähnlich verhält es sich auch mit den übrigen, den galvanischen und mechanischen sensiblen und den B-Stigmen, deren pathologische Grenzen sich im allgemeinen weniger scharf umreißen lassen als die angegebenen (vgl. Kap. III A, B die einschlägigen Abschnitte).

Besonders sei aber hervorgehoben, daß auch sogar dort, wo schon echt pathologische Grade da sind, es sich selbst hier fast nie um latente Tetanie bzw. M. Basedow handelt, sondern um verschiedenartige Reizüberempfindlichkeiten allgemeinerer Natur (formale Reaktionsarten), die in vielen Fällen nur vorübergehend durch gewisse Entwicklungsvorgänge hochgestellt und besonders geartet sind[2]. Gleiches gilt von den eidetischen Stigmen und auch den körperlichen Stigmen des B-Typus. Es ist aber ferner bezeichnend, daß unter den reinen B-Typen in unserem Material der einzige Fall war, welcher als „Neuropath" deutlich hysteroide Züge aufwies und daher vielleicht besser als „Psychopath" bezeichnet würde, wie wir noch sehen werden (Kap. XI).

Entsprechendes gilt schließlich auch von den Akzidentien, welche man, ebenso wie die Stigmen der Typen, auch als Ausdruck einer verstärkten Reaktionsfähigkeit ansehen kann, die ihren Ursprung in der allgemeinen Übererregbarkeit des jugendlichen (oder eidetischen) Organismus hat, und zwar hier einer Reaktionsfähigkeit auf endogene Reize, so wie die Stigmen vor allem auf äußere Reize

[1]) Unsere neueren Untersuchungen an Sportsleuten (E. R. Jaensch, W. Jaensch und K. Knipping) beweisen jedoch, daß im Training selbst ganz niedrige Schwellenwerte noch normal sein können (Sitzungsber. d. Ges. z. Bef. d. ges. Naturw. zu Marburg, 1925; vgl. S. 90); wie weit sie allerdings Übertraining bedeuten können, ist noch zu ermitteln.

[2]) Unsere Sportsuntersuchungen (s. o.) zeigen, daß auch der Beanspruchungsfaktor Gleiches bewirkt; abschwächend wirkt bei Entwickelungsgestörten physiologische oder therapeutische Differenzierung, vgl. hierzu Kap. VII, 3, 5, 6.

antworten: nicht unter allen Umständen sind alle diese Erscheinungen, selbst wenn sie höhergradig sind, Ausdruck einer krankhaften Minderwertigkeit. Denn 1. verlieren sie sich, wie die Anamnesen zeigen und die weitere Beobachtung lehrt, mitunter auch dort, wo sie stärker vorhanden waren, mit den Jahren und zwar ohne daß hierbei der formale Typus eine durchgreifende Änderung erfahren müßte (nachträgliche Differenzierung, vgl. Kap. VII, 5, 6), und 2. kann unter Umständen auch noch bei Erwachsenen diese Reizbarkeit häufig gerade einen besonderen Wert darstellen.

2. Das psychisch-optische Verhalten der untersuchten Individuen.

Wir gehen nun dazu über, die eidetischen Erscheinungen der hier betrachteten hochgradigen Fälle in Beziehung auf den T- und B-Typus näher zu analysieren.

Die eidetischen Versuche, die in den wiedergegebenen Fällen vorkommen, wurden durchgehend folgendermaßen bezeichnet:

Als „Versuch 1": die Bestimmung der Nachdauer (ND) des AB und NB. Vorlage „Rotes Quadrat" („rQ", vgl. hierzu S. 168 u. 171f., ferner S. 183f., Kap. IV).

Hierbei werden im Gegensatz zu der im Text von Kap. IV eingehaltenen Reihenfolge stets die AB zuerst untersucht, weil die NB letztere sonst beeinflussen könnten. Bei Massenuntersuchungen dagegen, also erstmaligen Untersuchungen der betreffenden Vpn., empfiehlt es sich, die in den optischen Untersuchungsmethoden (Kap. IV) angegebene Reihenfolge (erst Untersuchung des NB, dann des AB) einzuhalten, da man mit Hilfe des NB am leichtesten in der Lage ist, zunächst einmal der Vp. klarzumachen, wie die gesuchten optischen Erscheinungen etwa beschaffen sind, und was wir unter „Sehen" derselben verstehen. Hier untersuchte Fälle waren schon vor dieser Untersuchung gradmäßig bestimmt, so daß obiges Vorgehen möglich war.

„Versuch 2": Willkürliche und spontane Veränderlichkeit der AB, willkürliche Hervorrufbarkeit bzw. Verdrängbarkeit derselben. Vorlage „Giebelhäuschen" oder andere kompliziertere farbige Vorlagen, Tierbilder, Szenenbilder (Münchner Bilderbogen) usw. Ferner Fluxionsversuch mit „roten Haken", „Schneebeerstrauchblättern" (vgl. S. 179—183, Abb. 20 S. 176, 192f.).

„Versuch 3": EMMERTsches Gesetz im AB und NB, teilweise unter Störungsreiz (Pfiff) geprüft (vgl. S. 173, 183).

„Versuch 4": Grad der Körperlichkeit oder des Reliefs. Vorlage „Blumentöpfchen", „Soldatenfigur" (vgl. S. 182, 184).

„Versuch 5": Die optische Dichte der AB bzw. NB, bestimmt durch Feststellung des Hindurchscheinens oder Unsichtbarwerdens verschieden eindringlich gefärbter Hintergründe. Benutzt wurden „Schuppen-, Ziegel- und Schilderhaushintergrund" (vgl. S. 177, 178, 183).

Ordnet man die Fälle nach dem Ergebnis der körperlichen Untersuchung, so erhellt in anschaulicher Weise (vgl. Tab. IV, S. 238/39) der fließende Übergang vom T-Typus zum B-Typus. Auf optischem Gebiet zeigt sich dies in dem Übergang von dem ganz starren, rein nachbildmäßigen tetanoiden AB (AB_T) über immerhin schon „bewegbare", die aber noch Kalkreaktion zeigen und relativ schlecht auf psychische Einwirkungen reagieren, zu den äußerst beweglichen AB vom B-Typus (AB_B), die auf Kalk nicht ansprechen, dafür um so stärker auf psychische Reize; und entsprechend verhalten sich die Fälle in somatischer Hinsicht. Zwischen beiden Grenzgebieten liegt ein Gebiet von Mischformen, bei denen entweder durch die Kalkreaktion oder, selbst wenn letztere negativ ist, durch einige weitere Kriterien der noch vorherrschende T-Typus in Erscheinung tritt, in anderen Fällen ähnlich der B-Typus, je nach den beherrschenden Zügen des jeweiligen Falles. Alle diese Erscheinungen werden bei den einzelnen Untergruppen näher erläutert werden. Hierbei sehen wir mit Absicht davon ab, innerhalb dieser Rangordnung einzelnen Einheitsfällen oder diesen noch sehr nahestehenden Fällen eine Sonderstellung zuteil werden zu lassen, da alle Fälle ziemlich gleichgradig sind: selbst in den hier vertretenen Nichteinheitsfällen handelt es sich immer nur um die höchsten eidetischen Grade IV und V, die den E-Fällen alle mehr oder weniger noch nahestehen; denn der Unterschied von Grad IV und V ist kein sehr durchgreifender (S. 185) und auch in bezug auf die körperliche Stigmatisierung (die in unserer Rangordnung maßgebend war) kein entscheidender. Wir haben nun früher eingehend dargelegt, daß in bestimmter Weise der Einfluß der E-Phase selbst beim reinen T-Typus einen, wenn auch nur äußerlichen B-Charakter der eidetischen Erscheinungen bedingen kann. Es zeigt sich daher ein (fließender) Übergang vom T- zum B-Typus entsprechend unseren obigen Bemerkungen in der nachfolgenden Rangordnung unserer Fälle nicht etwa darum, weil wir es, je näher dem B-Typus und schließlich bei diesem selbst, einfach häufiger mit E-Fällen oder der E-Phase besonders nahestehenden Eidetikern, und vorher beim T-Typus einfach mit schwächeren, späterhin also mit stärker eidetischen Fällen zu tun haben, wodurch der Eindruck eines fließenden Übergangs des T- zum B-Typus entstünde. Wir haben uns bei der Aufstellung unserer Rangordnung vielmehr allein nach der körperlichen Stigmatisierung gerichtet, und so kommt es, daß auch schon beim T-Typus der E-Phase besonders nahestehende Fälle rangieren, wenn auch zugegeben werden muß, daß die E-Phase und auch Grad V beim B-Typus immerhin häufiger sind als beim T-Typus. Das Recht unseres Vorgehens, die Rangordnung nach den körperlichen Stigmen aufzustellen, bestätigt sich aber darin, daß sich hierbei der B-Typus (ohne jede Rücksicht auf der E-Phase besonders nahestehende Fälle) in unserer Rangordnung völlig entscheidend erst von den Fällen an durchsetzt, in denen die B-Stigmen körperlich und physiognomisch ganz beherrschend geworden sind (Fall 17) und zwar ohne daß ihnen, wie noch in Fall 11—16, doch ein überstarker T-Komplex entgegensteht (TB-Typen). Von Fall 17 an zeigen sich demgemäß dann auch starke Fluxionserscheinungen, die bis dahin nur schwächer sind oder ganz fehlen, während auch früher schon, unter den T-Typen, einzelne immerhin „bewegbare" AB auftraten. Wenn wir aber auch innerhalb der noch reinen T-Fälle die optisch bewegbaren und darum B-Charaktere zeigenden in unserer Rangordnung näher den Fällen mit optisch völlig ausschlaggebendem und beherrschendem B-Typus finden, so geschah dies deshalb, weil bei letzteren Fällen auch somatisch schon vereinzelte B-Stigmen nachweisbar waren oder, selbst bei Fehlen solcher, die größere Beweglichkeit der AB auf eine B-Komponente hinwies. Denn bei an sich gleich hochgradigen Fällen, wie hier, ist die größere Beweglichkeit eidetischer Phänomene, wie sich zeigt, in allererster Linie bedingt durch den vorliegenden psychophysischen Typus.

Die Kalkwirkung zeigt sich in den reagierenden Fällen als Abschwächung der Erscheinungen:

1. auf somatischem Gebiet im Verschwinden der T-Stigmen, also der Übererregbarkeitszeichen am peripheren Nerven auf äußere Reizung, Verschwinden des Facialisphänomens, der Zuckungen und ausstrahlenden Empfindungen bei leichtem Beklopfen, also mechanischer Reizung des Nervus ulnaris; bei galvanischer Reizung zeigt sich hier die Verminderung der Übererregbarkeit im Verschwinden der Öffnungszuckungen unter 5 MA für Anode und Kathode, in dem Höherrücken der Schwellenwerte für die KSZ, dem Überwiegen der KSZ über

die ASZ, dem Höherrücken der sensiblen Reizschwellen (KSE, KSDE), mitunter im Auseinandertreten von lokaler und ausstrahlender KSE, dem Höherrücken der Reizschwelle für KSKl oder dessen Verschwinden am Nervus acusticus überhaupt, schließlich auch im Nicht-mehr-Auftreten von Akzidentien des T-Typus und der muskulären Übererregbarkeitszeichen (Harfenphänomen). Alles dies war auch in später beobachteten, hier nicht angeführten Fällen bemerkbar.

2. Auf optischem Gebiet zeigt sich die Kalkwirkung durch Verkürzung der Nachdauer bei AB_T und NB, herabgesetzte Plastizität, steigende Durchsichtigkeit der beobachteten AB und NB beim Hintergrundversuch als Hinweis auf verminderte optische Dichte, im geringeren Grad von Körperlichkeit (Abnahme der Tiefe, Übergang der vollkörperlichen in reliefartige, der reliefartigen in flächenhafte Bilder), verändertem Ausfall des EMMERTschen Versuches (Annäherung an das Verhalten der reinen NB), Auftreten komplementär gefärbter AB auch dort, wo früher nur urbildmäßige entstanden. Endlich zeigt sich die Kalkwirkung oft in der Auslöschung der Anschauungsbilder überhaupt, wenigstens der unter experimentellen Versuchsbedingungen nachweisbaren, insbesondere aber auch der spontan auftretenden, oder darin, daß in Fällen, wo früher von einer Vorlage Einzelheiten gesehen wurden, nur noch knapp die Umrisse sichtbar sind.

Schließlich verrät sich die Kalkwirkung bei Mischfällen in einer Art Aufspaltung der beiden Komponenten, indem tetanoide AB (AB_T) und basedowoide AB (AB_B) aus ihrer ursprünglichen Verkoppelung heraus einzeln in Erscheinung treten. Das erklärt sich so, daß die optische T-Komponente des eidetischen Phänomens in komplementäre Färbung umschlägt, weil sie abgeschwächt wird. Hierdurch wird sie erstmalig neben der unbeeinflußt positiv bleibenden B-Komponente des eidetischen Phänomens bemerkbar. Lediglich durch diesen Ausfall einer starken begleitenden T-Komponente kann das AB_B durch Calcium manchmal eine gewisse, bei weiterer Kalkzufuhr sich dann nicht mehr verringernde anfängliche Abschwächung erfahren (vgl. hierzu Kap. V C, Fall 20). Denn auf den gesamten somatischen und optischen B-Komplex ist der Kalk ohne Wirkung, wenigstens in den von uns verwandten Dosen (bis 6 g Calcium lacticum pro die). Alles Weitere geht aus der Besprechung der einzelnen Fälle in den Protokollen hervor, zu deren Erläuterung wir jetzt schreiten.

Die Gruppe I (Fall 1—16, a—d) unterscheidet sich trotz in sich verschiedenartiger Erscheinungsweisen der AB doch wesentlich von der Gruppe II (Fall 17 bis 22, f, g) und zwar auch in den Fällen von Gruppe I, die somatisch schon eine Beimischung von B-Stigmen zeigen. Allerdings zeigen die AB auch in der Gruppe I in denjenigen Fällen, die an späterer Stelle ihrer Rangordnung auftreten und darum somatisch schon reichlicher B-Stigmen aufweisen, gelegentlich schon gewisse Züge, die dem B-Typus eignen; daneben besitzen sie aber andere Kennzeichen, die für den T-Typus charakteristisch sind, der in der Gruppe I selbst in den Annäherungs- und Übergangsfällen zum B-Typus (T_B- bzw. TB-Typus) stets noch überwiegt, während in der Gruppe II der B-Typus völlig beherrschend ist und auch Mischfälle hier somatisch wie optisch ein Überwiegen des B-Typus zeigen (BT-Typus). Einzelheiten werden bei den Untergruppen angeführt werden.

Im allgemeinen kann gesagt werden, daß die AB in den Fällen der Gruppe I, trotz mancher Übergangserscheinung zum beweglichen Typus, auch bei den Mischfällen hier noch eine entscheidende Verwandtschaft mit den NB besitzen. Diese hier durchweg noch nähere Verwandtschaft des AB mit dem NB tritt z. B. darin hervor, daß die AB, einmal erzeugt, entweder allmählich von selbst verblassen und abklingen wie NB, oder auch gegen den Willen der Vp.

perseverieren und „nicht fortgeschafft werden können“ (Fall 7), daß sie ferner wie die NB auf Calcium reagieren, ausgenommen einige besondere Fälle, in denen aber auch die somatischen T-Stigmen refraktär gegen Kalk sind, wo also eine tiefere, durch die Kalkmedikation nicht mehr zu beeinflussende Verankerung des T-Komplexes zu bestehen scheint (vgl. S. 399). Diese NB-Verwandtschaft der AB tritt (weniger in echten E-Fällen) auch darin hervor, daß die AB zur Erzeugung im allgemeinen einer Vorlage bedürfen. Das dem NB in allen Fällen noch näher verwandte Verhalten der AB dieser Gruppe tritt manchmal auch objektiv darin hervor, daß die AB hier trotz ihres hohen Grades im EMMERTschen Versuch ganz nachbildmäßige Größenwerte zeigen können. Aber auch hiervon abgesehen, hat man den Eindruck, daß diese noch überwiegend tetanoiden AB, auch wenn sie in einzelnen Fällen durch die Vorstellungen und den Willen in gewissem Umfang veränderlich sind, eine solche Abwandlung nur mit einiger Mühe über sich ergehen lassen: es muß sozusagen das nachbildmäßig vorhandene und durch die Vorlage erzeugte Farb- und Bildmaterial mit einem gewissen Müheaufwand seitens der Vpn. durch Vorstellungen „zurechtgeschoben“ werden. Dieser Vorgang ließ sich später seinem inneren Wesen nach näher analysieren und als spezifisch tetanoide Plastizität von der spezifischen Plastizität des B-Typus scharf trennen. Der mehr oder weniger hohe Grad von Anstrengung, den eine Veränderung hier, der Vp. auch subjektiv deutlich merkbar, erfordert, zeigt sich objektiv auch in der Langsamkeit, mit der selbst im Falle der bewegbaren AB dieser Gruppe die Veränderungen eintreten. Auch bedürfen diese Veränderungen zu ihrem Auftreten fast immer eines gewissen Anstoßes von außen in Gestalt einer Aufforderung durch den Versuchsleiter. Eine Anregung durch den Vl. ist auch in den, — ohnehin seltenen —, Fällen dieses Typus meist nötig, wo die willkürliche Hervorrufung solcher AB auch ohne Betrachtung der Vorlage immerhin möglich ist. Alle Anstrengung wird aber in dieser Richtung vergeblich, sobald durch das Calcium das Bild- bzw. Farbmaterial ausgelöscht ist, mit dem in dieser Gruppe die Vpn. arbeiten, ähnlich wie mit einer bereitliegenden Masse, aus der man durch Umknetung die verschiedensten Gebilde formen kann.

In den Fällen der Gruppe II tritt nun den tetanoiden eidetischen Erscheinungen, die in Mischfällen der Gruppe II nebenher zum Teil auch hier noch nachweisbar sind, ein seinen Haupteigenschaften nach wesentlich anderes AB scharf gegenüber, und zwar im selben Maße, wie sich hier gegenüber den tetanoiden Stigmen mit wachsender Rangzahl (vgl. Tab. IV, S. 238) — auch somatisch — immer mehr die basedowoiden Stigmen durchsetzen, um bei den letzten Fällen dieser Gruppe II (22, f, g) nur noch allein nachweisbar zu sein. Die gewöhnlichen NB zeigen hier nicht immer eine Steigerung oder fehlen. Die in der Tab. IV, Kolumne 20 bei Fall f u. g angeführten Phänomene sind gar keine NB, sondern schon AB_B. — Das Farb- und Bildmaterial dieser basedowoiden AB läßt sich dabei, genau wie die somatischen B-Stigmen dieser Gruppe, durch Calcium nicht auslöschen; es ist auch bei einfachen homogenen Objekten als Vorlage oder auch ohne eine solche urbildmäßig und klingt, einmal erschienen, nicht, wie es ja bei den NB bzw. AB_{NB} oder AB_T geschieht, allmählich von selbst ab. Es perseveriert auch nicht gegen den Willen der Vp., sondern bleibt nur so lange, als die Vp. es wünscht, um dann mit einem Male zu verschwinden, und es erscheint ebenso ohne weiteres wieder, sobald die Vp. an das Bild denkt, ohne daß hierzu eine erneute Betrachtung der Vorlage notwendig würde. Es strahlt also gewissermaßen unmittelbar aus der Vorstellung selbst heraus, und tritt auch dann noch jederzeit mühelos und prompt auf bloßes Vorstellen hin scharf in Erscheinung, wenn in einigen der hierher gehörigen Fälle außerdem und gleichzeitig nachweisbare nachbildmäßige AB durch Calcium ausgelöscht oder abgeschwächt worden sind. Alle Veränderungen, selbst solche, die phantastischer Art sind und durch die Vorlage kaum nahegelegt werden, sind bei den B-Bildern möglich, falls nicht gewisse seelisch bedingte Hemmungen — psychische Komplexe — solchen Veränderungen hindernd entgegenstehen. Manchmal erleidet das B-Bild sogar von selbst kaleidoskopartige Veränderungen, besonders leicht auf Störungsreize hin (z. B. bei Pfiff). Veränderungen, die bei T-Bildern möglich sind, erstrecken sich im Gegensatz hierzu meist nur auf naheliegendere und womöglich durch die Vorlage herausgeforderte Abwandlungen, und man hat deutlich den Eindruck, daß diesen Veränderungen Grenzen gesetzt sind, die mehr gebunden erscheinen an die durch die Vorlage hervorgerufene Farbmaterie des AB als an den inneren sinnvollen Zusammenhang. Letzteres ist gerade bei den B-Bildern vorwiegend der Fall. Alles in allem ist aber auch in Übergangs- und Mischfällen bei stärkerem Einschlag des T-Typus das AB starrer, bei vorherrschendem B-Typus dagegen flüssiger. Das kommt auch darin zum Ausdruck, daß in ersterem Falle Fluxionserscheinungen fast durchgehend fehlen oder nur schwächer sind, im letzteren Falle durchgehend in stärkerem Maße vorhanden sind.

Besprechung einzelner Beispielsfälle[1]).

I. Gruppe. Fall 1—16, a—d. Überwiegen der (tetanoiden) Cerebrospinalen Stigmatisierung (T-Typus).

Untergruppe A: Tetanoid Stigmatisierte bei ausgesprochenem Fehlen (basedowoider) Vegetativer Stigmatisierung im Sinne G. v. Bergmanns.

I, A: Fall 1*, 2, 3, 4, 5, a.

Der T-Typus zeigt sich somatisch im Vorhandensein von tetanoiden Stigmen bei Abwesenheit von B-Stigmen; nur ein positiver Möbius ist in Fall 4 vorhanden. Diese Abwesenheit von B-Stigmen verrät sich vor allen Dingen an den Augen („T-Augen") und der Physiognomie („T-Gesicht"). In den eidetischen Erscheinungen zeigt sich der T-Typus bei Spontanbildern in der sich aufdrängenden Art, ihrer Eigenschaft, nur bei Erzeugung nach Vorlage, ganz nach Art der Nachbilder ohne Zutun bzw. aktives Darandenken der Vp. zu entstehen, in ihrer Nichtverdrängbarkeit, wenn sie einmal da sind, ihrer Nichtbeeinflußbarkeit und Nichthervorrufbarkeit durch Willens- oder Vorstellungsakte, in der fehlenden Fluxion, in der selbst von komplizierteren Vorlagen fast immer komplementären Färbung. Der T-Typus zeigt sich ferner in dem spontanen Abklingen der AB nach experimenteller Hervorrufung durch eine Vorlage, ganz entsprechend dem Nachbildverhalten, das in allen Fällen trotz der Hochgradigkeit der Erscheinung im Emmertschen Versuch hervortritt, schließlich in der positiven Kalkreaktion.

Während die Kalkwirkung die nach Vorlage erzeugten AB verblassen läßt,

[1]) Zwecks Kürzung der umfangreichen Protokolle (Kap. V C) waren schon ursprünglich einige Fälle nur in der Tab. IV S. 238 dieses Kapitels angeführt worden (die mit Buchstaben bezeichneten Fälle). Beim Druck ergab sich leider die Notwendigkeit weiterer Kürzungen. Von dem gesamten Material konnten nur einige Beispielsfälle gebracht werden, deren Nummerbezeichnungen aber unverändert blieben. Soweit diese Fälle in Kap. V C enthalten sind, wurden sie in den Überschriften der einzelnen oben zu besprechenden Untergruppen und in Tab. IV mit einem Sternchen bezeichnet. Fall 23 und 24 (Gruppe III) sind nicht in Tab. IV angeführt, weil sie in einem besonderen Zusammenhange stehen, Fall 25 und 26 (Gruppe IV) desgleichen, weil es spätere Beobachtungen sind.

die spontanen AB zum Verschwinden bringt und das anfangs gesteigerte physiologische NB abschwächt, erfolgt parallel damit eine im allgemeinen durchgreifende Beeinflussung der galvanischen und mechanischen somatischen T-Stigmen. Einige gleichzeitig zugleich zurückgehende Akzidentien, in Fall 1 Schlafzuckungen, in Fall 2 und 4 Parästhesien, in Fall 3 und 4 Muskelkrämpfe, verraten hierdurch ihre Zugehörigkeit zum tetanoiden Erscheinungskreise, zu dem wahrscheinlich auch das in Fall 2 anamnestisch nachgewiesene Nachtwandeln gehört (Kap. VII). Fall 1 ist auch familienanamnestisch bemerkenswert; hier zeigen sich familiär Erscheinungen, die in den Umkreis tetanoider Phänomene gehören. In Fall 5 zeigt sich die tetanoide Stigmatisierung vor allem auf sensiblem Gebiete, wo sie auch in Fall a, 4, 3, 1, bei letzterem zugleich am Nervus acusticus hervortritt. Die in Fall 5 schon fast pathologischen Grade der sensiblen Übererregbarkeit stehen in Parallele zu dem Grad der eidetischen Erscheinungen, die in diesem Falle besonders in den Spontanbildern hohen Wirklichkeitscharakter zeigen. Physiognomisch ist hier ein ausgesprochenes Tetaniegesicht vorhanden. Dem schon pathologischen Grade dieses Falles entsprechen auch Akzidentien sehr ausgesprochenen Charakters, wie häufige Ohnmachten und Parästhesien stärkeren Grades. Trotz ihrer Hochgradigkeit sind auch hier die nach Vorlage erzeugten AB selbst von komplizierten Objekten komplementär gefärbt und starr, die Fluxion fehlt; ferner zeigen spontan auftauchende Bilder einen sich aufdrängenden Charakter und, obwohl die Vp. mit ihrem Willen und Vorstellungsleben auf eine Beseitigung dieser Bilder hinzuarbeiten sucht, keine Verdrängbarkeit. Meist weist auch ihr Inhalt unangenehme und furchterregende, vom Individuum selbst abgelehnte Sachverhalte auf, die das höhere Seelenleben des Betreffenden dann sekundär in eigenartiger Weise beeinflussen (entsprechendes in Fall 1 u. a vgl. 7, 9 u. a.). Die Vp. verweigerte leider eine Kalkbehandlung. Bei Fall a ist noch zu bemerken, daß hier schon allein Ganzbestrahlungen mit ultraviolettem Licht ausreichten, um eine Änderung der galvanischen Erregbarkeit herbeizuführen und zugleich auch eine Abschwächung der eidetischen Disposition[1]). Später wurde auch hier Calcium gegeben.

Daß eine ins Gewicht fallende B-Komponente in diesen Fällen wirklich fehlt, geht einmal daraus hervor, daß die B-Stigmen im einzelnen nicht nachweisbar sind. Vor allem aber zeigt sich diese Abwesenheit der B-Komponente schon im äußeren Aussehen, in der Physiognomie der Vpn., namentlich an der Eigenart ihrer Augen, die durch das Fehlen jeden basedowoiden Einschlages gekennzeichnet sind (Augen o. B. = „T-Augen"). Hierin zeigt sich, auch bei Fehlen eines Tetaniegesichtes mit mimischen Stigmen, nach unserer immer wieder bestätigten Erfahrung ein wesentlicher Unterschied der reinen T-Typen vom B-Typus und den Mischtypen, bei welchen auch schon ein geringer Einschlag einer B-Komponente meist sofort an den Augen bemerkbar wird und sich gewöhnlich auch in der Gesamtpersönlichkeit sehr stark durchsetzt, wenn diesem B-Einschlag nicht zugleich eine ganz überwiegend starke T-Komponente die Wage hält und sich deshalb der Mehrzahl der Charaktere der Gesamtpersönlichkeit doch bemächtigt (vgl. hierzu Fall 11—16, Fall 25, Kap. V C und Abb. S. 103).

I, A: Fall b, c, d, 6*, 7*.

Auch in diesen Fällen haben wir ebenfalls noch reine T-Typen vor uns, was auch physiognomisch zum Ausdruck kommt (T-Gesicht). Nur Fall c weist als

---

[1]) Ultraviolettes Licht wirkt ja nach klinischen Erfahrungen antitetanoid (vgl. Kap. VII, 5, insbesondere S. 400, Anm. 1 und S. 396, Anm. 2).

B-Stigma eine geringe respiratorische Arythmie auf. Aber obwohl die Bewegbarkeit der Bilder sich hier von Fall zu Fall schon steigert, und obwohl sie in wachsendem Maße, — am ausgeprägtesten, schon in Fall 7 —, willkürlich hervorrufbar sind, stehen dem andere Kennzeichen gegenüber, die auch in solchen Grenzfällen trotz allem den T-Charakter als die eidetisch und somatisch vorherrschende Komponente erweisen. Wie die näher geschilderten Fälle 6 und 7 zeigen, die, wie alle Fälle dieser Gruppe, eidetischen Grad V haben, Fall 7 hat sogar urbildmäßige NB und AB vom Farbquadrat, 6, 7, c letztere von komplizierten Vorlagen, geht die Veränderung und das willkürliche Hervorrufen von AB doch mühsamer vor sich und nicht so prompt wie bei den B-Typen; ohne Vorlage können im allgemeinen nur schon bekannte Bilder als AB hervorgerufen werden; auch lassen sich die AB, wenn sie einmal da sind, ebenso wie in der vorigen Gruppe, nicht ohne weiteres wieder entfernen, d. h. die Vpn. können sie nicht willkürlich verschwinden lassen; ferner fehlt die Fluxion. Die AB verhalten sich also trotz relativer Bewegbarkeit in verschiedener Beziehung mehr dem Charakter der Nachbilder ähnlich, unabhängiger von der Vorstellung und von psychischen Akten überhaupt. Man hat bei den Veränderungen einmal durch Vorlage erzeugter AB den Eindruck, daß das vorhandene Bildmaterial, die durch die Betrachtung der Vorlage im Sehen erzeugte „Farbmaterie", nur unter einem gewissen Müheaufwand umgearbeitet und gleichsam „umgeknetet" werden kann, daß aber wesentlich neue Farbmaterie nicht erzeugbar ist. Diese Unabhängigkeit von den Vorstellungen kommt in Fall 7 auch darin zum Ausdruck, daß eidetische Phänomene, besonders die längere Zeit nach der Kalkbehandlung wieder auftretenden, sich in der Weise verändern und abwandeln, daß zwar kein logischer, d. h. in der Vorstellung gegebener Zusammenhang mit dem Inhalt der Vorlage besteht, daß dagegen das rein sinnliche Material, die Farbmaterie, trotz der Veränderung des Bildinhalts im wesentlichen dieselbe bleibt. Bei den eidetischen Bildveränderungen des B-Typus hingegen wahren die Veränderungen der AB, auch die ohne Zutun der Vpn. auftretenden, am ehesten gerade diesen inneren logischen Zusammenhang der Bildinhalte, während die Farbmaterie, also das sinnliche Material, beim B-Typus in weitem Umfang und anscheinend ohne jede Schwierigkeit ein ganz anderes werden kann (vgl. Fall 20). Nun ist es aber, — im Unterschied zu dem durchgängigen Verhalten der NB und dem durchschnittlichen Verhalten der AB, — gerade für die Vorstellungen charakteristisch, daß sie in erster Linie den inneren, logischen Zusammenhang mit dem Darstellungsinhalt der Vorlage wahren, daß sie hingegen mit deren sinnlichem Material, mit ihrer Farbmaterie, in viel freierer Weise schalten können. Darin nun, daß die AB des B-Typus diesen selben Grundzug zeigen, verrät sich wieder, daß sie in ihrer Struktur und ihrem Verhalten den Vorstellungen nahestehen, wenngleich sie in ganz buchstäblichem Sinne — und zwar in höchster Deutlichkeit und Ausgeprägtheit — gesehen werden. Umgekehrt zeigen die hier besprochenen Fälle (und später noch oft beobachtete ihnen ähnliche) wesentlich Wahrung des sinnlichen Materials, also der Farbmaterie[1]), nicht selten ohne Wahrung des inneren logischen Zusammenhangs mit den auf der Vorlage dargestellten Inhalten. Hierin zeigt sich, daß diese eidetischen Erscheinungen in ihrem Verhalten von den Vorstellungen (VB) sehr weit entfernt sind und vielmehr den NB nahestehen, deren Verhalten auch sonst von den Vorstellungen unabhängig erscheint. Die gleiche Unabhängigkeit von Vorstellungen und psychischen Akten zeigt sich in Fall 7 auch darin, daß das tetanoide AB zwar motorischen Augenbewegungen folgt,

[1]) Vgl. auch Fall 25 u. 26, Kap. V C; wir konnten die an diesen Beispielen des T- und B-Typus dargestellten Verhältnisse an einem großen Material ähnlicher Fälle immer von neuem bestätigen.

und sich mit ihnen auf andere Hintergründe verlagert, während es bloßer Aufmerksamkeitsverlagerung im allgemeinen nicht gehorcht, eine Eigenschaft, die bei den Nachbildern am schärfsten hervortritt. Dies war auch in Fall 2 sehr deutlich. Wie wir sehen werden, verhalten sich die AB vom B-Typus auch in dieser Beziehung anders (vgl. Fall 20, 22, 26, Kap. V C). Die in alledem hervortretende nahe Verwandtschaft der tetanoiden AB mit den NB kommt trotz hohen eidetischen Grades bei Fall 6 ganz entsprechend dem Zuvorgesagten auch im EMMERTschen Versuch zum Vorschein, der ganz nachbildmäßige Werte ergibt und damit die Nachbildverwandtschaft der AB auch von dieser Seite beweist. In Fall 7 zeigt sich dieser T-Typus weiterhin auch in der außerordentlichen, hohen Persistenz der durch Vorlage einmal erzeugten oder spontan aufgetretenen AB, die eine willkürliche Verdrängung nicht erlaubten. Ferner verrät sich hier, wie in den anderen ähnlichen Fällen, der T-Typus mit seiner NB-Ähnlichkeit der AB in der Erscheinung, daß die AB wie NB allmählich verblassen, weiter durch den besonders bei spontanen AB oft bedrohlichen, den eigentlichen Vorstellungen und damit der Gesamtpersönlichkeit fremdartigen Charakter der Bilder, demzufolge sie sich der Vp. geradezu gegen ihren Willen aufdrängen, ganz so wie lästige Nachbilder (Fall 7). Der gleiche zwangsmäßige Zug kommt hier auch in bestimmten Erscheinungen des Vorstellungslebens zum Durchbruch: es bestehen ausgeprochen perseverierende Vorstellungen und auch Zwangsantriebe. Daß wir auch solche Wesenszüge zum T-Typus rechnen müssen, wird noch näher begründet werden, indem sich die verschiedenen Typen als verschiedene biologische Reaktionsformen erweisen: jede einem Typus zugeordnete Reaktionsform ist ihrem formalen Charakter nach von einer bestimmten, wesenhaft gleichartigen Struktur, welche Funktionen des psychophysischen Organismus man auch in Betracht zieht. Aber schon an dieser Stelle muß einleuchtend sein, daß das Zwangsmäßige, wenn es bei einem und demselben Individuum von ausgesprochenem somatischen T-Typus zugleich in den Anschauungsbildern, in den Vorstellungen und selbst im Spiel der Willensimpulse auftritt, auf eben diesen T-Typus als eine gemeinsame psychophysisch-biologische Wurzel aller dieser Zwangsmäßigkeit und Starrheit hinweist.

Ferner ist der Fall 7 anamnestisch und auch familienanamnestisch bemerkenswert, indem hier familiär tetanoide Züge hervortreten. Fall 6 zeigt Parästhesien und Muskelkrämpfe, früher Pavor nocturnus, Fall b Parästhesien und Absencen, Fall 7 noch jetzt Pavor nocturnus, Erscheinungen, die auf Kalkzufuhr verschwanden. Sowohl in Fall 6 wie in Fall 7 entspricht die Hochgradigkeit der AB der Hochgradigkeit der somatischen Stigmatisierung, die bei Fall 7 in allen ihren Erscheinungen schon einen ans Pathologische grenzenden Charakter trägt: litt er doch als Säugling sogar an Laryngospasmus, obwohl es sich auch bei diesem Knaben nach üblichen Maßstäben jetzt um einen gesunden Menschen handelt, dessen Eigenarten der Umgebung kaum als direkt krankhaft auffallend gewesen waren. — Hier bestehen auch akustische AB.

Zusammenfassend ist also zu sagen: in den eben erwähnten Fällen finden sich zwar auch einzelne Merkmale, die bei höherer Ausprägung dem B-Typus eigentümlich sind, eine gewisse Veränderlichkeit der AB, relative willkürliche Hervorrufbarkeit; hierzu kommt mitunter eine (in Fall 7 selbst im NB bei homogenen Objekten) schon urbildmäßige Färbung und große Wirklichkeitsnähe. Gleichwohl zeigt sich der T-Charakter der Bilder in anderen Eigentümlichkeiten, die bei sonst ähnlicher Erscheinungsweise dem echten AB vom B-Typus abgehen. Der T-Typus zeigt sich ferner somatisch in der Abwesenheit von B-Stigmen und tritt schließlich in allen Fällen auf optischem wie somatischem Gebiet in der Kalkwirkung besonders schön hervor, zumal die

Wirkung in allen Fällen an somatischen wie optischen Erscheinungen auch nach Absetzen des Calciums mehr oder weniger andauert, besonders auffallend auf optischem Gebiet: weder willkürlich noch nach Vorlage ließen sich auch nach Absetzen des Kalks später wieder in früherer Stärke AB erzeugen, wie die Nachprüfungen zeigten. Zunächst waren sie in einzelnen Fällen überhaupt nicht mehr nachweisbar. Aber auch somatisch blieb eine Abschwächung der Stigmen zum Teil deutlich bemerkbar, indem wenigstens einige der höchsten Grade auch nach Absetzung des Kalkes nicht wiederkehrten. Selbst im Vorstellungsleben schien bei Fall 7 eine Abschwächung der Zwangsmäßigkeiten bestehen zu bleiben.

Untergruppe B: Tetanoid Stigmatisierte mit vereinzelten vegetativen Stigmata.

I, B: Fall 8, 9*, 10.

Bei guter Bewegbarkeit und zum Teil sogar willkürlicher Hervorrufbarkeit der AB sind hier auch somatisch schon eine Reihe von B-Stigmen vertreten. Diesen stehen indessen T-Stigmen in so ausgesprochenem Grade gegenüber, daß der T-Typus in den AB und im Gesamteindruck der Persönlichkeit noch überwiegt, obwohl im allgemeinen, wie schon erwähnt, auch schon geringe B-Stigmen sich stärker durchzusetzen pflegen, außer eben, wenn ihnen, wie hier, ein besonders ausgesprochener T-Komplex gegenübersteht: in Fall 8 und 9 haben wir ein Tetaniegesicht, in allen Fällen Kalkreaktion, in Fall 9 sehr hochgradige galvanische und mechanische T-Stigmen. Dem entspricht, daß trotz der gegenüber den vorhergehenden Fällen größeren Bewegbarkeit der AB immer noch in besonderen Eigenschaften der Bilder und der Persönlichkeit der überwiegende T-Typus deutlich wird. Die Bewegbarkeit der Bilder zeigt daher auch in diesen Fällen wenigstens nicht jene gerade dem B-Typus eigene selbständige Abwandlungsfähigkeit aus sich heraus (vgl. Fall 20); die Veränderungen bedürfen vielmehr auch hier gewissermaßen immer erst eines Anstoßes von außen durch den Versuchsleiter, auch fehlen Fluxionserscheinungen, und in Fall 8 und 10 haben wir beim Emmertschen Versuch nachbildmäßiges Verhalten der AB. In Fall 9 steht die Bewegbarkeit der AB im Versuch mit dem Giebelhäuschen dem B-Typus schon ziemlich nahe, desgleichen im Emmertschen Versuch. Indessen sprechen auch hier wieder außer der Kalkreaktion viele Züge für den T-Typus: Persistenz einmal aufgetretener AB wider Willen, also störendes, nachbildmäßig perseverierendes Auftreten trotz urbildmäßiger Färbung des NB und AB auch vom einfachen Quadrat, persönlichkeitsfremde Spontanbilder ängstlichen Inhalts; selbst in der gewöhnlichen Wahrnehmung treten fremdartige, durch keinerlei Vorstellungen herbeigeführte optische Erscheinungen auf („rote Wand"). Auch liegt hier körperlich eine fast ans Pathologische grenzende, überwiegend tetanoide Stigmatisierung vor, die auch familiär nachweisbar ist. Die entsprechende Neigung zu Zwangsmäßigkeiten zeigt sich auch hier, ganz wie in Fall 7, in gewissen Erscheinungen des Vorstellungslebens. Der Hochgradigkeit der optischen Phänomene geht in Fall 9 (wie in Fall 7) eine entsprechend hochgradige somatische Stigmatisierung im Sinne des T-Typus parallel, die schon ans Pathologische grenzt. Neben optischen AB zeigen sich hier auch akustische AB, und zugleich auch eine früh auftretende Klangreaktion bei galvanischer Reizung des Hörnerven. Besonders deutlich beweist die Zugehörigkeit dieser Fälle zum T-Typus die Kalkreaktion, die — wiederum optisch und somatisch — auch eine gewisse Dauerwirkung zeigt. Auch in Fall 9 zeigte sich diese selbst in den Erscheinungen des Vorstellungslebens, indem die Neigung zu Zwangsvorstellungen nachließ. Fall 8 ist ein solcher, in dem eine Konstitutionseigenart, hier also die tetanoide, sich nur optisch, also isoliert in einem Funktionsgebiet auswirkt, indem diese

Eigenart gleichzeitig durch positiven Ausfall der Kalkreaktion bei seinen auch von komplizierten Vorlagen komplementären AB, ebenso wie in Fall 10, hervortrat.

Auf die in den Fällen 8—10 somatisch auftretenden B-Stigmen hatte der Kalk, ebenso wie in allen folgenden Fällen, keinen Einfluß, wenigstens nicht in den von uns verwandten Dosen. Daß sich im Fall 10 trotz reagierender AB somatisch die galvanische Übererregbarkeit fast refraktär gegenüber dem Calcium verhielt, daß also die Kalkreaktion bei dem optischen Stigma erfolgt, bei einem anderen Stigma dagegen beinahe ausbleibt, ist eine Erscheinung, die sich in später angeführten Fällen noch mehrfach findet, und die ihre Ursache wohl in einer besonders tiefen konstitutionellen Verankerung des T-Komplexes und einiger seiner Merkmale haben muß. Eine solche müssen wir vor allem in denjenigen Fällen annehmen, die trotz eines auf Grund aller anderen Zeichen deutlichen T-Typs überhaupt keine Kalkreaktion zeigen. Der Fall 10 leitet somit zu den folgenden Fällen mit schon deutlicherem somatischem B-Einschlag (Protrusio ohne seelisches Glanzauge) über, wo der Kalk bei den galvanischen Stigmen ebenfalls eine durchgreifende Wirkung vermissen ließ, optisch (also an den feinsten Stigmen) aber noch deutlich einwirkte. Trotz bereits stärkerer basedowoider Stigmatisierung zeigt in den Fällen 11—12 sich schon hierin immer noch der überwiegende T-Charakter, der auch sonst in Erscheinung tritt. So verhalten sich auch die weiter folgenden Fälle 13—16 noch ziemlich gleichartig mit den Fällen 11—12, obwohl in 13—16 die Kalkwirkung auch optisch nur schwach ist. Diese AB stehen alle, genau wie die körperliche Stigmatisierung, auf der Grenze des B- und T-Typus; auch somatisch sind es also Annäherungs- bzw. Übergangsfälle, deren eidetische Phänomene bei verschiedenem Verhalten, das in dem oder jenem mehr dem B- oder T-Typus zuneigt, im ganzen jedoch immer noch näher dem T-Typus steht.

I, B: Fall 11 und 12 (Annäherungsfälle).

T- und B-Stigmen sind gemischt; die beweglichen und willkürlich hervorrufbaren AB zeigen aber, — vor allem bei spontanem Auftreten —, immer noch einen persönlichkeitsfremden, sich aufdrängenden, ja beängstigenden Charakter und reagieren auf Kalk, obwohl dessen Wirksamkeit somatisch weniger durchgreifend ist. Im Fall 11 ist ferner trotz äußerer B-Stigmen der Augen (Protrusio) mimisch ein deutliches Tetaniegesicht vorhanden. Wie in Fall 12 fehlt aber der seelische Augenglanz (Glanzauge = B-Auge). Hier liegen zum Teil anamnestisch tetanoide Erscheinungen sogar pathologischen Grades vor, wie starker Pavor nocturnus und Stimmritzenkrampf. In Fall 11 ist ersterer noch vorhanden und hin und wieder auftretendes Schwindelgefühl, die beide auf Kalkzuführung verschwanden. Fall 12 zeigt ferner Erscheinungen, die man als Andeutungen „epileptoiden Charakters“ ansehen könnte. In dem Maße indessen, als hier im Gegensatz zu den Fällen 8—10 die basedowoide Konstitutionskomponente auch schon physiognomisch deutlicher bemerkbar wird, treten bereits Fluxionserscheinungen in den AB auf, die bis zu dieser Stelle unserer Rangordnung der Fälle fehlten. Wie schon in Fall 10 der vorigen Gruppe, finden wir auch hier somatisch nur schwache Kalkreaktionen, während die Kalkwirkung optisch im Gegensatz zu der folgenden Gruppe noch gut ist. Man muß daher hier wie in den folgenden Fällen an eine tiefere Verankerung des tetanoiden Konstitutionskomplexes denken (Kap. VII, 5, 6), da es sich ja trotz schon deutlicherer somatischer B-Komponente und urbildmäßiger Färbung komplizierter AB noch immer um AB mit starkem tetanoidem Einschlage handelt; auch die NB zeigen in Fall 12 starke Nachdauer.

Tabelle IV. **T-, B- und Mischtypen ungefähr gleicher eidetischer Grade (IV—V),**

Nummer des Falles, Kap. V B, C.	Alter	Name („Neuropathen" in Kursivschrift)	Eidetischer Grad	T-Komplex. Höhere Erregbarkeitsstigmen in Fettdruck: T-Gesicht (+) Tetaniegesicht (+)	Galvanisch (N. uln. dext.): Motorische Zuckungen bis 5,0 MA: KSZ	ASZ	AÖZ	KÖZ	KSTe	sensibel: KSE a	Mechanisch: N. uln. sin.: Par.	Zuck.	N. facialis (Chvostek.)	Harfenphänomen	Akzidentien, Bemerkungen	B- Höhere Erregbar- durch die höhere Zahl: Starkausgeprägte, zugleich klinische B-Stigmen der Augen fettgedruckt	Möbius
				1	2	3	4	5	6	7	8	9	10	11	12	13	14
1*	32	L. M.	IV	+	0,6	1,8	3,8	—	—	0,8	—	—	—	—	Schlafzuckungen	Augen o. B.	—
2	15	*H. v. B.*	V	+	0,5	1,0	1,0	—	3,6	1,6	+	+++	III	++	Parästhesien, früher Nachtwandeln	Augen o. B.	—
3	19	F. v. H.	V	+	0,5	1,0	3,0	4,0	—	0,5	+	++	Ir III l	+	Wadenkrämpfe	Augen o. B.	—
4	28	H. Br.	IV	+	0,7	0,4	3,0	—	—	0,6	++	+	—	+	Muskelkrämpfe (atypisch), Parästhesien	Augen o. B.	+
5	21	*Ro.*	IV	+	0,6	0,7	wegen sensibler Überempfindlichk. abgebrochen			0,1	++	++	—	+	Parästhesien, Absencen, Temperatursteigerung	Augen o. B.	—
a	11	K. Sch.	IV	+	0,6	0,2	2,5	—	—	0,4	++	++	—	—	—	Augen o. B.	—
b	21	*F. R.*	V	+	0,6	0,7	—	—	—	0,1	++	+++	—	+	Parästhesien, Absencen	Augen o. B.	—
c	18	M. T.	V	+	0,8	1,0	2,8	—	—	0,8	+	+	III	+	—	Augen o. B.	—
d	14	A. K.	V	+	0,6	0,5	0,3	4,8	—	1,0	+	—	I	+	—	Augen o. B.	—
6*	15	B. V.	V	+	1,0	1,7	4,9	4,6	—	0,6	+	+	Ir III l	+	Parästhesien, Muskelkrämpfe (atypisch), früher Pav. noct.	Augen o. B.	—
7*	12	*A. P.*	V_E	+	0,4	2,5	2,0	—	2,5	0,3	+	+++	Ia	++	Pavor nocturnus, als Säugling Laryngospasmus	Augen o. B.	—
8	16	W. P.	V	+	1,7	2,0	—	—	—	0,8	—	—	—	—	Urticarianeigung	Augen o. B.	+
9*	13	*H. D.*	V_E	+	1,0	1,9	1,9	—	—	1,1	+	++	Ia	++	—	Augen o. B.	—
10	19	Ew. M.	V	+	0,2	0,4	2,8	—	—	0,2	—	—	III	+	—	Augen o. B.	—
11	14	*A. M.*	IV	+	1,1	1,5	4,1	4,2	—	0,6	+	—	Ir III l	++	Pavor nocturnus, Schwindelgefühle, als Säugling Laryngospasmus	Leichte Protr.	+
12	13	*W. N.*	V		1,0	1,7	3,0	3,8	—	0,6	+	+++	III	++	Früher Pavor nocturnus	Protrusio	+
13	11	*H. O.*	V_E		0,7	0,4	3,3	2,5	—	0,2	—	+	III	+	Pavor nocturnus, Nachtwandeln, Parästhesien	Glanzaugen	—
14	14	L. K.	V		0,6	2,8	3,0	—	4,3	0,4	—	—	I	++	Unruhiger Schlaf	Glanzaugen	++
15	11	J. C.	V	+	0,8	0,8	2,0	2,8	—	0,8	—	—	Ir III l	±	Schlafreden, früher Pav. noct.	Glanzaugen	+
16	13	H. E.	IV		0,8	2,0	4,3	—	—	0,6	+	+	III	++	Früher Pavor nocturnus	Glanzaugen	—
17	20	Mö.	V		0,4	0,6	4,6	—	—	0,8	+	+	—	+	Wadenkrämpfe, früher Pav. noct.	Glanzaugen	+
18	22	F. Ko.	V		1,5	2,0	—	2,5	—	0,6	+	—	—	—	Wadenkrämpfe, „Nervöses Herz"	Glanzaugen	++
19	12	H. K.	V		0,4	0,7	4,8	—	—	0,5	+	+	—	+	Nachtwandeln, Pavor nocturnus	Glanzaugen	+
20*	13	E. M.	V_E		0,6	2,2	1,2	—	5,0	0,4	+	++	III	++	„Nervöses Herz", früher Nachtwandeln, Schreibkrampf, Temperatursteigerung	Stellwag, Glanzaugen	+
21	23	R. F.	V		0,4	0,7	—	3,2	ASTe 3,0	0,4	—	—	—	—	—	Glanzaugen	—
22*	20	H. Ka.	V		1,0	4,3	—	—	—	0,8	—	—	—	—	—	Glanzaugen	+
f	12	B. G.	V_E		1,0	1,1	—	—	—	0,8	—	—	—	—	Starke psychische Ablenkbarkeit	Glanzaugen	+
g	22	*R. G.*	V_E		2,8	3,6	—	—	—	2,8	—	—	—	—	Hysterischer Einschlag	v. Gräfe, Glanzaugen	+++

Kalkwirkung, Verhalten der AB und NB und der somatischen Stigmen (vgl. S. 211).

Komplex keitsstigmen markieren sich der Kreuze in Fettdruck					Eidetisches Verhalten							Verhalten bei Kalkzuführung. Reaktion + oder −				
					Nachbilddauer u. -färbung bei NB rQu 15″	Anschauungsbild	je nachdem + oder −					somatisch		optisch		
Hautwiderstand	Respiratorische Arythmie	Hautreflexe	Fingertremor	Halsverdickung		Färbung bei AB rQu — *bei komplizierten Vorlagen*	Veränderlichkeit (wenn mit Fluxion, in Fettdruck)	Willkürliche Hervorrufbark. u. Verdrängbark.	Bemerkungen	Typus	Behandelt mit Kalk	Galv.	Mech.	NB	AB	Gruppenbezeichnung
15	16	17	18	19	20	21	22	23	24	25	26	27				
0,2	—	—	—	—	80″ kompl.	kompl. *kompl.*	—	—	Sichaufdrängende persönlichk.-fremde Spontanbilder KS Kl 3,8	T	ja	+		+	AB_T +	Untergruppe A, Gruppe I
0,4	—	—	—	—	62″ kompl.	kompl. *kompl.*	—	—	—	T	ja	+	+	+	+	
0,4	—	—	—	—	53″ kompl.	kompl. *urbildm.*	—	—	—	T	ja	±	+	+	+	
0,4	—	—	—	—	48″ kompl.	kompl. *kompl.*	—	—	—	T	ja	+	+	+	+	
0,4	—	—	—	—	53″ kompl.	kompl. *kompl.*	—	—	Spontanbilder schreckhaften Charakters	T	—					
0,4	—	—	—	—	45″ kompl.	kompl. *kompl.*	—	—	Spontanbilder schreckhaften Charakters	T	ja	+	+	+	+	
0,3	—	—	—	—	80″ kompl.	kompl. *kompl.*	—	—	—	T	ja	+	+	+	+	
0,2	+	—	—	—	175″ kompl.	kompl. *urbildm.*	±	—	—	T	ja	+	+	+	+	
0,4	—	—	—	—	60″ kompl.	kompl. *kompl.*	±	—	—	T	ja	+	+	+	+	
0,2	—	—	—	—	132″ kompl.	kompl. *urbildm.*	±	±	—	T	ja	+	+	+	+	
0,4	—	—	—	—	180″ urbildm.	urbildm. *urbildm.*	±	+	Schwerverdrängbare spontane u. willkürlich schwer hervorrufbare Bilder, Zwangsvorstellungen, akust. AB	T	ja	+	+	+	+	
0,3	—	—	+	+	130″ kompl.	kompl. *kompl.*	+	+	—	T_B	ja			+	+	Untergruppe B, Gruppe I
0,3	++	—	+	—	30″ o. Intermitt. urbildm.	urbildm. *urbildm.*	+	+	Schwerverdrängbare Spontanbilder, Zwangsvorstellungen, akust. AB, KS Kl 3,0	T_B	ja	+	+	+	+	
0,4	+	—	+	+	70″ kompl.	kompl. *kompl.*	±	—	—	T_B	ja	±	+	+	+	
0,5	+	+	—	+	34″ kompl.	kompl. *urbildm.*	+	±	Sichaufdrängende Spontanbilder beängstigender Art	TB	ja	±	+	+	+	
1,7	++	++	+	—	380″ kompl.	kompl. *urbildm.*	+	+	Angsterregende, sich aufdrängende Spontanbilder; „epileptoider" Charakter	TB	ja	—	+	+	+	
1,9	—	++	+	—	80″ urbildm.	urbildm. *urbildm.*	±	+	Angsterregende, sich aufdräng. Spontanb., unmotivierte Angst	TB	ja	±	±	±	±	Untergrp. C, Gruppe I
0,4	—	++	—	+	58″ kompl.	kompl. *kompl.*	—	±	„	TB	ja	—	+	—	±	
1,0	++	—	+	+	210″ kompl.	kompl. *urbildm.*	+	+	„	TB	ja	—	+	±	±	
0,6	+	—	+	+	69″ kompl.	kompl. *kompl.*	—	±	„	TB	ja	—	—	—	±	
1,0	++	++	+	—	62″ kompl.	kompl. u. urbildm. *urbildm.*	+	+	Akustische AB KS Kl 0,6	BT	ja	—	±	+	AB_T kompl. + / AB_B urbildm. —	Untergruppe D, Gruppe II
0,6	+++	++	+	+	150″ kompl.	urbildm. *urbildm.*	++	++	Akustische AB KS Kl 2,2	BT	ja	+	+	+	—	
0,5	++	—	+	+	120″ kompl.	kompl. u. urbildm. *urbildm.*	++	++	KS Kl 3,8	BT	ja	+	±	+	AB_T + / AB_B —	
0,6	++	+++	+	+	110″ kompl.	kompl. u. urbildm. *urbildm.*	+++	++	—	BT	ja	+	±	+	AB_T + / AB_B —	
1,0	+++	+++	+	—	80″ kompl.	kompl. u. urbildm. *urbildm.*	++	++	Akustische AB KS Kl 0,4	BT	ja	+	+	+	AB_T + / AB_B —	
0,6	+++	+++	+	+	50″ kompl.	urbildm. *urbildm.*	++	++	—	B	ja			+	—	Untergrp. E, II
1,0	++	++	—	+	∞ urbildm.	urbildm. *urbildm.*	++	++	—	B	ja			—	—	
3,0	++	++	+	+	∞ urbildm.	urbildm. *urbildm.*	++	++	Früher M. Basedow, zeitweilige hysterische Lähmungen	B	—				AB_B	

Untergruppe C: Tetanoid Stigmatisierte mit Vegetativer Stigmatisierung.

I, C: Fall 13, 14, 15, 16 (Übergangsfälle).

Merkmale des T- und B-Komplexes sind in diesen Fällen optisch wie somatisch ziemlich gleich stark vertreten. Die B-Komponente setzt sich hier physiognomisch noch stärker durch wie bisher („Glanzauge"). Trotzdem spricht aber die hier selbst optisch nur eben merkbare Kalkreaktion nicht für einen völlig überwiegenden B-Typus der AB, zumal die tetanoiden somatischen Stigmen ebenfalls auf Kalk wenig, z. T. gar nicht reagieren, so daß auch hier eine besonders tiefe Verankerung des gleichzeitig somatisch vorhandenen T-Komplexes angenommen werden muß. Vor allem weisen aber in diesen Fällen auch die optischen Phänomene trotz relativer Beweglichkeit immer noch auf einen stark tetanoiden Einschlag der AB hin: in diesen Fällen fehlt sogar wieder die Fluxion, die willkürliche änderung der AB erfolgt mit einer gewissen Trägheit, ebenso ihre willkürliche Ver-Hervorrufung. Parästhesien, Nachtwandeln, Schlafreden, Pavor nocturnus, unmotivierte Angst, unruhiger Schlaf, alle diese hier vorliegenden Erscheinungen sind als Akzidentien des T-Typus zu betrachten und reagierten auf Kalk z. T. sogar gut. In Fall 14, 16 zeigen die an sich hochgradigen AB auch bei komplizierten Vorlagen negative Färbung; willkürlich sind AB nur andeutungsweise hervorzurufen. Spontanbilder tragen bei allen beängstigenden Charakter, alles wieder Merkmale, die auf den T-Typus hinwiesen. In Fall 15 finden wir trotz basedowoider Stigmen der Augen mimisch ein Tetaniegesicht, anamnestisch, wie bei allen, tetanoide Erscheinungen; auch zeigen die AB und NB auf Kalk immerhin Abschwächung, indem AB, die ursprünglich positiv gefärbt waren, nach Kalkwirkung nur noch in komplementärer Färbung auftreten. In Fall 16 haben wir von vornherein negative Bildfärbung auch bei komplizierten Objekten, aber in den AB können immerhin Veränderungen vorgenommen werden; willkürlich sind AB nur andeutungsweise zu erzeugen, und nach Vorlage auftretende AB zeigen im Emmertschen Versuch ein nachbildmäßiges Verhalten. Die NB zeigen z. T. starke Nachdauer, mindestens große Dichte. Im großen ganzen zeigt sich also, wenn auch nicht ausschließlich, eine starke T-Komponente, daneben aber, wenn auch noch nicht überwiegend, eine schon ausgesprochenere, vor allem körperlich stark bemerkbare B-Komponente. Dies verrät sich vor allem in dem Vorhandensein von „B-Augen" mit oder ohne Protrusio (in Tab. IV als **Glanzauge** bzw. Glanzauge angeführt).

Bei der nun folgenden Gruppe II tritt ein grundsätzlich anderes Verhalten gewisser eidetischer Phänomene scharf in Erscheinung.

II. Gruppe. Fall 17—22, f, g. Überwiegen der (basedowoiden) Vegetativen Stigmatisierung im Sinne G. v. Bergmanns (B-Typus).

Untergruppe D: Ausgesprochen Vegetativ Stigmatisierte bei Tetanoider Stigmatisierung.

II, D: Fall 17, 18, 19, 20*, 21.

In Fall 17 überwiegt trotz vorhandener T-Komponente zum erstenmal somatisch und optisch die B-Komponente völlig, ebenso auch physiognomisch. Das negative Nachbild ist entsprechend der auch körperlich nachweisbaren T-Komponente meist ebenfalls noch verstärkt, dagegen steigt in dieser Gruppe die Häufigkeit des Falles, daß schon von homogenen Vorlagen (durchgängig von komplizierten) urbildmäßige AB zu erzeugen sind, die in keinem Falle dieser Gruppe durch Kalk beeinflußbar sind. Daß solche AB im Fall 17 nur bei geschlossenen Augen gesehen werden, kann nach unseren Erfahrungen hieran nichts ändern.

Diese AB sind mühelos und prompt der willkürlichen Beeinflussung zugänglich, stets urbildmäßig, und ebenso mühelos und prompt auch ohne jedesmalige vorherige Betrachtung der Vorlage und von jeder beliebigen bloßen Vorstellung her in jedem beliebigen Augenblicke leicht zu erzeugen. Sie sind stets so lange da, als die Vp. es will, d. h. sie klingen nicht nach einer Weile von selbst ab, wie dies bei den NB und den NB-ähnlichen tetanoiden AB der Fall ist. Sie sind auch nicht gegen den Willen der Vp. länger da, als es gewünscht wird, d. h. sie drängen sich nicht zwangsmäßig auf; sie kommen und gehen mit der Vorstellung und zeigen also nicht ein den NB, sondern ganz und gar ein den Vorstellungsbildern ähnliches Verhalten. Hier fehlen auch persönlichkeitsfremde sich aufdrängende Spontanbilder. Die enge Verwandtschaft mit den VB zeigt sich auch im EMMERTschen Versuch. Fluxion ist ausgesprochen da. Zugleich zeigt sich, vor allem auf Störungsreiz hin (Pfiff), eine Neigung zu spontanen Veränderungen der AB aus sich selbst heraus, die bei Fall 20 besonders hochgradig ist. Das nebenher auftretende negative NB und AB_T erleidet wieder gemeinsam mit den somatischen T-Stigmen (letztere verschieden stark aber durchgängig) durch den Kalk auch hier eine Einbuße an Intensität.

In allen diesen Fällen tritt somit das willkürlich erzeugbare, auch von einfachen, homogenen Quadraten urbildmäßige, äußerst leicht veränderliche AB vom B-Typus (AB_B) schärfstens allen tetanoiden somatischen wie optischen Erscheinungen gegenüber. Besonders sinnfällig läßt sich dieser Unterschied dort demonstrieren, wo neben den AB_B, selbst ohne Kalkzufuhr, n e b e n h e r von vornherein auch Bilder von ausgesprochenem T-Charakter nachweisbar sind: gesteigerte NB oder AB_T, die ebenso wie die somatischen tetanoiden Erscheinungen dieser Fälle auf Kalk reagieren und damit wieder ihre Zugehörigkeit zum T-Komplex verraten. In Fall 20 tritt erst nach Kalkzuführung n e b e n dem AB_B ein komplementäres AB_T und NB auf, die beide auf weitere Kalkzufuhr weiter abgeschwächt werden, während das bestehenbleibende positiv gefärbte AB_B weiter unbeeinflußt bleibt. Eine gewisse anfangs auftretende Abschwächung auch dieses Phänomens ist auf den Wegfall der in ihm vorher aufgegangenen T-Komponente zurückzuführen, die nun nach ihrer Abschwächung komplementär und darum für sich bemerkbar wird. Indem so die gesteigerten NB, AB_T und die tetanoiden somatischen Stigmen dieser Fälle auf Kalk reagieren, die AB_B und sonstigen B-Stigmen derselben Persönlichkeiten dagegen hiervon ganz unberührt bleiben, tritt der Unterschied beider psychophysischen Komplexe aufs deutlichste in Erscheinung.

Untergruppe E: Ausgesprochen Vegetativ Stigmatisierte ohne Tetanoide Stigmatisierung.

II, E: Fall 22*, f, g.

Diese Fälle endlich zeigen A b w e s e n h e i t a l l e r T-S t i g m e n, auf optischem Gebiet (Fall 22) mäßige, kaum erhöhte Stärke der physiologischen NB, sofern überhaupt solche auftreten und nicht an ihrer Stelle sofort AB entstehen (f, g), die dann B-Typus zeigen; es fehlen nachbildmäßige tetanoide AB, wie sie in der vorigen Gruppe noch zu verzeichnen waren, hingegen besteht somatisch wie physiognomisch eine völlig vorherrschende basedowoide Stigmatisierung. Die eidetischen Phänomene sind ausschließlich und eindeutig vom basedowoiden Charakter nach allen ihm zugehörigen Kriterien, einschließlich der Fluxion, und sie verraten diesen Charakter auch in dem negativen Ausfall der Kalkreaktion. In Fall f, g zeigt auch das bei Fixation entstehende, bezeichnenderweise auch bei einfacher Vorlage urbildmäßige optische Phänomen willkürlich lange, also beliebig lange Dauer und bei f refraktäres Verhalten gegen Kalk. Hierdurch verrät sich, daß wir es hier gar nicht mit einem NB zu tun haben, wie z. B. im Falle 7 und 9, da ja ein solches auf Kalk schwächer wird, sondern mit einem AB, und zwar vom B Charakter[1]). Es handelt sich also hier um B-Fälle ganz reinen Charakters, da hier nicht einmal mehr, wie in den Mischfällen, eine Aufspaltung des Phänomens durch den Kalk bewirkt wird. Solche reine Fälle zeigen, daß dem B-Komplex einschließlich seiner optischen Phänomene auch in jenen anderen Fällen eine Selbständigkeit zukommt, wo begleitende T-Stigmen vorhanden sind. Es tritt diese Selbständigkeit in diesen Fällen um so schärfer in Erscheinung, als hier bei Abwesenheit aller somatischen und optischen tetanoiden Stigmen und Besonderheiten sogar die Verlängerung des komplementären physiologischen NB, das laut seiner Kalkbeeinflußbarkeit auch zum T-Komplex gehört, in Fortfall kommt, in Fall f und g das NB überhaupt. Auch konnten wir in den Beispielen von Fall 22 an keinerlei tetanoide Akzidentien mehr feststellen. Besonders bemerkenswert ist in Fall 22 auch die sehr auffallende Unabhängigkeit der basedowoiden AB von Augenbewegungen und ihre enge Verkoppelung mit der rein psychischen Funktion der Aufmerksamkeitsverlagerung. Diese Eigenschaft trat schon in Fall 20 in Erscheinung. Sie bedeutet einen weiteren Unterschied zwischen basedowoiden AB und tetanoiden AB; denn bei letzteren bemerkten wir gerade ein gegenteiliges Verhalten: wie z. B. Fall 2 und 7 zeigten, sind die hier nachweisbaren tetanoiden AB gerade eng mit den motorischen Augenbewegungen verkoppelt und bleiben völlig unbeeinflußt von den rein psychischen Akten der Aufmerksamkeitsverlagerung, ein Verhalten, das, wie unsere Versuche immer wieder zeigten, am schärfsten bei den physiologischen NB hervortritt. Die entgegengesetzte Verhaltungsweise der basedowoiden AB, also ihre enge Verkoppelung gerade mit dem psychischen Akte der Aufmerksamkeitswanderung und ihre Unabhängigkeit von Augenbewegungen, beweist (wenigstens in diesen Fällen) wieder die enge Verwandtschaft der basedowoiden AB mit den VB, ebenso wie das umgekehrte Verhalten der tetanoiden AB deren enge Verwandtschaft mit den NB bestätigt.

Das in den Fällen f und g auftretende urbildmäßige NB ist also, wie oben ausgeführt, hier schon ein AB_B und trägt seinem Verhalten nach in keiner Weise mehr NB-Charakter, wie dies auch im EMMERTschen Versuch (in Fall f ferner durch negative Kalkreaktion) hervortrat, der ein von den NB ganz und gar abweichendes Verhalten ergab. Leider ließ sich Vp. g auf eine Kalkmedikation nicht ein, da sie auch nur die entfernte Möglichkeit einer Abschwächung der ihr unentbehrlichen eidetischen Veranlagung befürchtete, so fern diese Möglichkeit hier auch lag[2]). In Fall g war sogar, während die tetanoiden Stigmen einschließlich ihrer zentralen Äquivalente fehlten, früher eine echte Basedowsche Krankheit vorhanden gewesen, von der Latenzzeichen damals noch nachweisbar waren (vgl. Tab. IV). In diesen Fällen tritt also die Selbständigkeit des B-Komplexes und ihr zugehöriger eidetischer Erscheinungen besonders scharf hervor. Zugleich zeigt sich hier deutlich der Charakter der Einheitsfälle, deren Eigenart wir an früherer Stelle genauer auseinandergesetzt haben, sowie die besondere Neigung gerade der B-Fälle oder Mischfälle zum Auftreten der E-Phase. Es mag immerhin hervorgehoben werden, daß diese beiden reinen B-Typen (f, g) und

---

[1]) Es ist ein NB nur der Erzeugung nach (denn wir reden bei Erzeugung des Phänomens durch Fixation gewöhnlich von „NB"), aber es ist kein NB dem Verhalten nach (AB_B).

[2]) Wir erwähnten, daß sogar in T-Fällen, insbesondere des Einheitstypus, die Kalkreaktion ausfallen kann. Hier sind dann aber auch somatische T-Stigmen vorhanden, wie z.B. galvanische Übererregbarkeit, die sich dann ebenfalls gegen Kalk refraktär verhalten.

außerdem noch Fall 20, 13 und 9, die ja Mischtypen sind, innerhalb der hier gesammelten etwa gleichhochgradigen Fälle diese E-Phase zeigen bzw. ihr wenigstens noch sehr nahestehen. Unter den ganz reinen T-Typen (Fall 1—7) dagegen zeigte nur Fall 7 im Beginn der Beobachtung die E-Phase. Bei den T-Typen scheint nämlich die E-Phase nach unseren Erfahrungen auch im Verlaufe des Altersfortschrittes rascher abzuklingen als bei B- bzw. Mischtypen. Abschließend ist zu dieser Frage noch zu bemerken, daß sich die Unterschiede in der Erscheinungsweise der optischen AB von T- und B-Typus in gewissem Umfang und um so mehr ausgleichen, je näher beide der E-Phase stehen: in allen Fällen ist dann die Plastizität der AB eine größere. Aber selbst in solchen Fällen kommen trotzdem diesen beiden Arten von AB — nicht nur subjektiv, sondern auch objektiv — verschiedenartige Kriterien zu, die gestatten, sie auch hier voneinander zu unterscheiden, zumal wenn man über einige Spezialerfahrung verfügt. Denn die „spezifische Plastizität" des T- und B-Typus bleibt eine deutlich verschiedene auch selbst bei hohem eidetischen Grade und sogar in echten E-Fällen. Ganz entscheidend wirkt eine positiv ausfallende Kalkreaktion.

Zum Schluß sei noch erwähnt, daß sich alle genannten Eigenschaften der tetanoiden AB in Übersteigerung zeigen, wenn es in solchen Fällen gelingt, auch von komplizierten Objekten durch Fixation ein optisches Phänomen zu erzeugen, das sich durch bestimmte Züge als AB_T erweist (AB_{NB}). Die Erzeugung eines solchen AB_T ist manchmal gerade in Fällen möglich, wo sich mit wanderndem Blick überhaupt kein eidetisches Phänomen erzeugen läßt.

Unabhängig von der vorhergehenden Aufstellung bringen wir noch zwei Fälle, die wir mit ähnlichen Methoden untersuchten, die aber nach anderer Richtung hin bemerkenswert sind.

III. Gruppe. Sonderfälle. Fall 23* und 24*[1]).

In den beiden Fällen 23 und 24 haben wir Zustandsbilder vor uns, bei denen sich mechanisch und galvanisch die Übererregbarkeit ganz besonders auf sensiblem Gebiete nachweisen läßt. Fall 23 besitzt dazu vorwiegend sensible AB, Fall 24 „herumziehende Sensationen". Bei ersterem sind Erscheinungen nachweisbar, die an Ähnliches bei Unfallsneurose erinnern. Fall 24 wurde bisher als Neurasthenie aufgefaßt und die Anfälle als epileptiform, vielleicht vom Jacksontyp. Letzteres scheint ohne jede konstitutionelle Mitbedingtheit unwahrscheinlich, da es sich bei dem hier vorliegenden Trauma höchstens um eine vorübergehende Störung geringer Art gehandelt haben kann; da diese Anfälle später völlig ausblieben. Vielmehr könnte auch hier an den Erscheinungen der von uns nachgewiesene tetanoide Zustand mindestens mit die Schuld tragen. Beide Fälle zeigten auf Kalkzufuhr eine Intensitätsabnahme ihrer Erscheinungen. Die Beachtung der tetanoiden Komponente bei diesen beiden Individuen dürfte vor allem im Zusammenhang mit ihren AB_T bzw. NB besonders wertvoll sein, weil sensible Übererregbarkeit und auch sensible AB sowie „herumziehende Sensationen" endogenen Ursprunges vermutlich in Zustandsbildern, die man als Fälle von Neurasthenie oder mitunter als Unfallsneurose anspricht, eine Rolle spielen dürften, eine Verwandtschaftsbeziehung, die auch in den obigen Fällen unverkennbar ist, und deren tiefere biologische Wurzel späterhin aufgezeigt werden soll.

---

[1]) Nicht in Tab. IV enthalten, weil in einem anderen Zusammenhange stehend.

IV. Gruppe. Ausgesprochene Biotypen (T- und B-Typus). Fall 25* und 26*[1]).

Als Nachtrag erwähnen wir noch zwei Beispiele des T- bzw. B-Typus, weil diese beiden Fälle die oben auseinandergesetzten Unterschiede und Gegensätzlichkeiten trotz in beiden Fällen bewegbarer Bilder besonders schön aufweisen. Auch sonst sind beide Fälle gute Repräsentanten ihres Typus. Um Wiederholungen zu vermeiden, verweisen wir an dieser Stelle nur auf die in Kap. V C enthaltenen Protokolle dieser Fälle (S. 259 f.)

Zusammenfassung.

Wir fanden in den vorhergehenden Fällen AB von ganz verschiedener Erscheinungsweise:

1. AB von nachbildähnlichem Charakter, die ebenso wie die NB und die zugehörigen körperlichen Stigmen relativ wenig auf psychische Reize, wohl aber meist sehr gut auf Kalk reagieren und sich gegen diesen gewöhnlich nur in einigen solchen Fällen refraktär verhalten, in denen auch die somatischen T-Stigmen nicht auf Calcium ansprechen. Sie sind durch Vorstellungen, durch den Willen, überhaupt durch psychische Akte nur in beschränktem Maße beeinflußbar und verhalten sich gegenüber der Gesamtpersönlichkeit wie eine Art Fremdkörper; dies sind die tetanoiden AB (AB_T). Individuen, die solche eidetische Erscheinungen zeigen, sind somatisch „Tetanoid (cerebrospinal) Stigmatisierte"; es sind, bei Abwesenheit einer B-Komponente, die reinen T-Typen, in Mischfällen mit überstarker T-Komponente T_B- bzw. TB-Typen.

2. AB, die in ihrem ganzen Verhalten wie sinnlich-empfindungsmäßig erlebte, also gleichsam als Gesichtsempfindungen hinausprojizierte Vorstellungen wirken, durchaus abhängig vom Vorstellungsleben, von Willens- und anderen psychischen Akten sind und auf Kalk nicht reagieren, ebenso wie die entsprechenden somatischen Stigmen, bei denen jedoch ebenfalls gerade psychische Reize wirkungsvoll sind. Diese AB sind der Gesamtpersönlichkeit völlig untergeordnet, bilden einen integrierenden Bestandteil derselben und werden auch als ein solcher empfunden. Das sind die basedowoiden AB (AB_B). Hierher gehörende Individuen sind somatisch „Vegetativ (basedowoid) Stigmatisierte" im Sinne G. v. BERGMANNS; es sind die reinen B-Typen, — oder bei gleichzeitigem Vorhandensein einer T-Komponente —, BT-Typen.

Zwischen beiden Persönlichkeitsfärbungen vom reinen T- und B-Typus finden sich fließende Übergänge; dem entspricht die Tatsache, daß die Mehrzahl der Eidetiker optisch wie somatisch Stigmen beider aufgezeigten Typen darbietet: die am häufigsten nachweisbare psychophysische Konstitution der Eidetiker entspricht daher dem BT- bzw. TB-Typus. Doch lassen sich auch in solchen Mischfällen, besonders unter Kalkwirkung die verschiedenen Anteile des T- und B-Komplexes sogar in einer und derselben Persönlichkeit gewöhnlich scharf unterscheiden. In anderen Fällen tritt der T- und B-Typus von vornherein isoliert auf. Hieraus ist die Berechtigung herzuleiten, beide Typen als etwas wesenhaft Verschiedenes anzusehen und die Mischfälle als eine Legierung dieser beiden wesenhaft verschiedenen Anteile zu betrachten.

C. Einige Versuchsprotokolle der beobachteten Fälle (Frühjahr 1920)[2]).

Der Leser könnte den Eindruck haben, daß es sich bei allen nachfolgend beschriebenen Phänomenen um pathologische Erscheinungen handelt; das ist — wie wiederholt erwähnt — nicht der Fall. Daß ein solcher Eindruck entstehen kann, liegt lediglich daran, daß

[1]) Wie die III. Gruppe nicht in Tab. IV enthalten, weil spätere Beobachtung.

[2]) Alle hierunter vorkommenden Abkürzungen und Zeichen wurden bereits früher (S. 211, 228 u. Kap. III, IV) näher erläutert.

solche Untersuchungen an normalen Individuen bisher nicht durchgeführt wurden, und daß man darum gar nicht weiß, was alles in der Breite des Normalen vorkommt. — Es konnte hier im Interesse der Kürze nur ein Teil der beobachteten Fälle gebracht werden.

Fall 1. L. M., Lehrer, 32 Jahre. T-Typus. Grad IV.

26. I. 20. Gesunder, kräftiger und wohlgenährter Mann, etwas bleiche Gesichtsfarbe. Besondere Erkrankungen haben nie bestanden, ist zur Zeit nur etwas abgearbeitet. Wie früher in solchen Perioden, klagt er auch heute darüber, daß ihn, sogar tagsüber, Bilder verfolgen. Er sieht in solchen Zeiten vorwiegend eine tote Ratte, auch wenn er im Amt seiner Beschäftigung nachgeht, was ihn oft erheblich stört. Sie befindet sich irgendwo in der Luft, z. B. vor seinem Pult. Er führt das vorwiegende Erscheinen der Ratte darauf zurück, daß er in der Jugend vor einem solchen Tier einmal sehr erschrocken ist (!). Nachts schrickt er manchmal aus dem Schlafe auf (Schlafzuckung) und sieht dann die gleiche Erscheinung (!). Vorgestern erst war dies noch besonders ausgeprägt. Er kann danach nicht mehr einschlafen. Sein kleines Söhnchen hat Rachitis, der ältere zeigt Pavor nocturnus.

Optische Untersuchung:

1. AB rQu **10″**: blaßblau, Rand scharf, wird dauernd blasser, 20″ verkleinert sich, 25 wird Rechteck, 40 —, 45 + ganz kleines graues Quadrat, 50 rötet sich etwas, 60 nimmt schiefe Lage an, 80 —, 150 + scharf, in ursprünglicher Größe, grau, 165 — — —.
   NB rQu **10″**: blau, scharfer Rand, 7″ —, 13 +, 18 + blasser, 20 —, 25 + noch blasser, 30 verblaßt ganz, 35—38 noch etwas blasser, eben noch deutlich, 43 —, 45 + ganz blaß, 48 ebenso, danach sofort weg — — —.
2. AB Giebelhäuschen 10″: nichts.
   „ 15″: graue Umrisse, keine Einzelheiten.
   „ **20″**: alle Einzelheiten da, Farbe bläulich (Urbild gelblich), Bild bleibt starr; V e r ä n d e r u n g e n, w i l l k ü r l i c h e s V e r s c h w i n d e n l a s s e n auch nach mehrmaliger Aufforderung n i c h t m ö g l i c h.
   N a c h a l l m ä h l i c h e m V e r s c h w i n d e n w i l l k ü r l i c h n i c h t h e r v o r r u f b a r. W i l l k ü r l i c h e s E r z e u g e n v o n AB o h n e V o r l a g e n i c h t m ö g l i c h. Fluxion: fehlt.
3. AB rQu 10″: a/5,1; b/10,0; c/15,2.
5. AB rQu **20″**: blau, scharfer Rand, Schilderhaushintergrund wird von AB verdeckt.

Klinische Untersuchung:

Bleiche Gesichtsfarbe, Augen o. B., keine B-Stigmen, H. W. 0,2.
Galvanisch, r. N. uln.: KSZ 0,6, ASZ 1,8, AÖZ 3,8; sensibel KSE a 0,8 MA.
Mechanisch, l. N. uln.: Par. —, Zuck. —; Chv. —, Harf. —.

R. c. s. n. r.:	N. acust.:
KSE $^{l}_{a}$ 0,15 MA, ASE $^{l}_{a}$ 0,3, AÖE a 0,9 MA.	KSKl } 3,8 MA. Brummen,
KSDE a 0,3 „ ASDE a 0,8 MA.	KSDKl } in Pfeifen übergehend.

Es besteht subjektiv große Empfindlichkeit gegenüber dem galvanischen Strom.

3 × 1,0 g Calcii lactici pro die[1]).

1. III. 20. Optische Untersuchung:

1. AB rQu **10″**: blaugrün, **unscharf**, 20″ blasser und kleiner, 30 —, 40 + blasser, 50 — — — —.
   NB rQu **15″**: blaugrün, **scharf**, sehr deutlich, 6″ —, 7 +, 10 —, 15 + matt, 25 kleiner, 32 vergrößert, 40 —, 45 + verkleinert, 55 ganz blaß, aber **scharf**, 60 grau, 70 schrumpft, 80 — — —.
5. AB rQu **20″**: scharf, blau, Schuppenhintergrund wird durch das AB hindurchgesehen.

22. III. 20. Optische Untersuchung:

1. AB rQu **10″**: blau, **unscharfer** Rand, langsam verblassend, 20″ — — — —.
   NB rQu **15″**: blau, **unscharfer** Rand, 3″ —, 5 +, 9 —, 11 + blasser, 19 —, 20 + sehr blaß, 32 —, 35 +, 45 —, 46 + **nur Fleck**, verblaßt, 56 — — —.
2. AB Giebelhäuschen **20″**: **nur die Umrisse, unscharf**, keinerlei Einzelheiten.
5. AB rQu **20″**: blau, **unscharf**, Schuppenhintergrund wird hindurchgesehen.

Klinische Untersuchung:

Galvanisch, r. N. uln.: KSZ 0,6, ASZ 1,3; sensibel KSE a 1,4 MA.

---

[1]) Calcium lacticum saccharo obductum (Merck) in Kompretten zu 0,5, die uns von der Firma Merck-Darmstadt in dankenswerter Weise zur Verfügung gestellt wurden.

R. c. s. n. r.:			N. acust.:	
KSE 1 0,3 MA,	ASE 1 1,1 MA,	AÖE a 1,0 MA.	KSKl	bis 5,0 MA nicht nachweisbar
a 0,4 „	a 2,0 „		KSDKl	
KSDE a 1,2 „	ASDE a 3,8 „		ASKl	

Hat jetzt niemals mehr „die Ratte" oder anderes derart gesehen. Schläft besser und hat keine Schlafzuckungen mehr.

Fall 6. B. V., Schüler, 15 Jahre. T-Typus. Grad V.

Früher Pavor nocturnus und Angst ins Dunkle zu gehen, wo er immer allerhand Gestalten sah. Ziemlich bleich, aber „drahtig" aussehender Junge, hochaufgeschossen, treibt viel Sport. Beim Baden im kalten Wasser Kribbelgefühle in den Händen, auch besteht Neigung zu häufigen Wadenkrämpfen und Krämpfen der Muskulatur in der Kniekehle; das Bein wird dann ganz steif. Er fühlt sich jedoch gesund und ist sportlich sehr leistungsfähig.

11. XII. 19. Optisch:

1. ABrQu **10″**: scharf, blau, 6″—, 10″+, 14 —, 17+, 19 —, 22+, 24 —, 28+, 33 —, 36+, 40 —, 43+, 45 —, 49+, 53 —, 55+, 59 —, 60 + verschwommen, 69 —, 75+, 80 —, 84+, 89 ganz verschwommen, — — —.
   NBrQu **15″**: scharf, blau, 6″—, 8″+, 11 —, 14 —, 19+, 23 —, 28+, 34 —, 35+, 41 —, 44+, 50 —, 52+, 54 —, 57+, 59 —, 61+, 68 —, 71+, 74 —, 80+ verschwommen, 91 —, 96+, 100 —, 106+, 109+, 110 —, 119+, 123 —, 127+ ganz verschwommen, 132 — — —.
2. AB Giebelhäuschen 5″: Farbe wie Urbild (gelb), alle Einzelheiten. Willkürliches Verschwindenlassen erzeugter AB ist unmöglich, Veränderungen sind nur nach ausdrücklicher Aufforderung und mit einer gewissen Langsamkeit möglich, auch gehen sie subjektiv „mühsam" vor sich; in gleicher Weise, wenn das AB ohne Vorlage willkürlich erzeugt wird, deren Vp. im allgemeinen zur Erzeugung von AB bedarf (außer bei der Vp. schon bekannteren Vorlagen). Man hat nicht nur den Eindruck, daß die vorhandene Farb- oder Bildmaterie, die durch die Vorlage erzeugt wurde, durch Vorstellungsakte gewissermaßen „umgeknetet" werden muß, was eine gewisse Anstrengung erfordert: auch die Vp. selbst schildert den Vorgang in dieser Weise (vgl. auch Fall 25). Das AB klingt allmählich ab, ganz wie ein NB.
   Fluxion: nicht vorhanden.
3. ABrQu 5″: b) 10,0 — b) 10,0 (7,9; mit Knarre)
   c) 15,3 — c) 13,2 (9,4)
   d) 3,0 — d) 3,2 (5,8) — a) 5,1 (5,1) — e) 2,3 (6,9)
   Es zeigt sich die NB-Verwandtschaft des AB trotz seiner Hochgradigkeit (Grad V!) in den Messungsergebnissen (mit Knarre [Störungsreiz] nach den VB-Verhältnissen verschoben; vgl. Anm. S. 192).
4. AB Blumentöpfchen 5″: vollständig wie Urbild, auch vollkörperlich.
5. AB Giebelhäuschen 5″: Schuppengrund wird **verschwommen** hindurchgesehen.

Klinisch:

Galvanisch, r. N. uln.: KSZ 1,0, ASZ 1,7, AÖZ 4,9, KÖZ 4,6; sensibel KSE a 0,6 MA.
Mechanisch, l. N. uln.: Zuck. +, Par. +; Chv. I r, III l, Harf. +.
Augen o. B., Möb. —, Hals o. B., R. A. —, H. W. 0,2, H. R. —, Fingtr. —.

4 × 0,5 g Calc. lact. pro die.

19. XII. 19. Optisch:

1. ABrQu 10″: scharf, bläulich, 6″—, 12″+, 13 verschwommen, 18 —, 22+, 27 — — —.
   NBrQu 15″: scharf, bläulich, 4″—, 7″+, 13 —, 17+, 22 —, 27+ verschwommen, 30+, 34 —, 40+, 45 — — —.
2. AB Giebelhäuschen 5″: / „ 15″: } **nur Umrisse**, gelb gefärbt wie Urbild, keine Einzelheiten mehr.
4. AB Blumentöpfchen 5″: **flach, nur Umrisse**, Topf rot, Blume weiß, d. h. Farbe urbildmäßig.
5. AB Giebelhäuschen 5″: Schuppengrund wird **deutlich** hindurchgesehen, nur Umrisse, Farbe urbildmäßig.

Klinisch:

Galvanisch, r. N. uln.: KSZ 1,0, ASZ 2,0; sensibel KSE a 0,8 MA.
Mechanisch, l. N. uln.: Par. —, Zuck. —; Chv. III beiderseits, Harf. —.

3. I. 20. Optisch:
1. ABrQu 10″: scharf, bläulich, 5″—, 8″+, 11 — — —.
NBrQu 15″: scharf, bläulich, 8″—, 11″+, 15 —, 20 verschwommen, 23 — —.
2. AB Giebelhäuschen 5″: nur Umrisse, gelb wie Urbild, keine Einzelheiten.
4. AB Blumentöpfchen 5″: flach, nur Umrisse, keine Einzelheiten; **Farbe indifferent.**
5. AB Giebelhäuschen 15″: nur Umrisse, urbildmäßig, Schuppengrund wird deutlich hindurchgesehen.
Klinisch:
Galvanisch, r. N. uln.: KSZ 1,0, ASZ 1,1 MA; sensibel KSE a 0,9.
Mechanisch, l. N. uln.: Par. —, Zuck. —; Chv. III beiderseits, Harf. —.

15. I. 20. Optisch:
1. ABrQu 10″: **unscharf**, nur wie ein Hauch, bläulich, 7″—, 15″+ verschwimmt ganz, 25 — —.
NBrQu 15″: **unscharf**, bläulich, 9″—, 15″+, 18 —, 20+ verschwimmt, 33 — —.

27. I. 20. Optisch:

1. ABrQu 10″:	**nichts.**	NBrQu 15″:	**nichts.**	2. AB Giebelhäuschen 15″ u. 20″: **nichts.**
„ 15″:		„ 15″:		
„ 20″:		„ 20″:		

Klinisch:
Galvanisch, r. N. uln.: KSZ 0,7, ASZ 1,3; sensibel KSE a 0,8 MA.
Mechanisch, l. N. uln.: Par. —, Zuck. —; Chv. IV, Harf. —.
Hat jetzt nie mehr Parästhesien oder Crampi gehabt. **Das Calcium wird abgesetzt.**

4. III. 20. Optisch:
1. ABrQu 10″: **unscharf**, 8″—, bläulich.
NBrQu 15″: **scharf**, bläulich, 8″—, 12+ verschwommen, 15 —, 22 +, 30 — —.
2. AB Giebelhäuschen 15″: **nichts.**
„ 20″: **blauer Fleck** (also jetzt **komplementär**, da die Vorlage gelblich war). Nur einen Augenblick da.
Klinisch:
Galvanisch, r. N. uln.: KSZ 0,2, ASZ 0,4; sensibel KSE a 0,2 MA.
Mechanisch, l. N. uln.: Par. —, Zuck. +; Chv. III beiderseits, Harf. —.

2. VIII. 20. Optisch:
1. AB Fuchs **10″, 20″, 30″: nichts.**
AB Giebelhäuschen 10″, 20″, 30″: **nichts Wesentliches (blauer** Fleck).
NBrQu 15″: blau, **scharf,** 12″—, 15 verschwommen, 20 —.
Klinisch:
Galvanisch, r. N. uln.: KSZ 0,2, ASZ 0,8, AÖZ 4,5; sensibel KSE a 0,4 MA.
Mechanisch, l. N. uln.: Par. —, Zuck. +; Chv. III l., II r., Harf. +.
Hatte nie mehr Parästhesien und Crampi.

Fall 7. A. P., Schüler, 12 Jahre. T-Typus. Grad V_E.

Als Kind laryngospastische Anfälle, an denen ein Bruder als Säugling sogar zugrunde gegangen ist. Auch der ältere Bruder, jetzt völlig gesund und sogar robust, hat beim Zahnen an „Krämpfen“ gelitten. Er selbst hatte noch mit 5 Jahren „Krämpfe“ mit Zuckungen und ziehenden Schmerzen im Leib (Enteralgie?!). Der Arzt sprach damals angeblich von „Gallenkolik“ (vgl. S. 268). Später war der Knabe immer ängstlich und sehr empfindlich. Er litt an ausgesprochenem Pavor nocturnus, der ihn auch heute noch manchmal überfällt. Er schreckt dann nachts auf, schreiend und mit kaltem Schweiß bedeckt, und weiß hinterher nicht, was vorgegangen war.

Bilder, die er gesehen hat, oder die in der Schule an der Wand hängen, sieht er tagsüber beständig vor sich. Beim Lesen von Büchern sieht er diese Bilder beständig zwischen den Zeilen, so daß sie ihn stören, da er sie durch keinerlei Anstrengung verdrängen kann. Nur in den Morgenstunden gelingt es ihm darum, Neues zu lernen, vor allem ist Auswendiglernen allein in den Morgenstunden möglich, da zu dieser Zeit jene Bilder am schwächsten sind. Am deutlichsten sind sie in der Dunkelheit und in der Dämmerung. Er geht daher um diese Tageszeit nur ungern und am liebsten nur in Begleitung auf die Straße oder auch in den dunklen Hausflur. Er pfeift alsdann, um sich selbst Mut zu machen. Im Vorgarten seines elterlichen Hauses begegnen ihm des Abends Eulen und allerhand Getier, vor dem er sich fürchtet, und wovon Bilder ihn noch lange verfolgen. Manchmal hört er auch Schreien und Pfeifen und muß sich dann die Ohren zuhalten. Vor allem verfolgt ihn auch bei Tage das Bild eines Affen, das im Klassenzimmer hängt. Der Affe droht ihm mitunter und scheint sich ihm zu nähern, um ihm etwas zu tun. Sein ganzes Wesen ist aus diesem Grunde von Ängstlichkeit erfüllt. Er hält sich des Abends, wenn er Vogelstimmen hört, die Ohren zu, — ohne Erfolg —, und ist dauernd in Bereitschaft, allerlei Schreckhaftes sehen und hören zu müssen. Sein Vorstellungsleben bietet, auch soweit es sich nicht nur auf diese optischen und akustischen Erscheinungen bezieht, ähnliche Züge von Ängstlichkeit und Zwangsmäßigkeit. Er fürchtet immer, etwas vergessen zu haben, kleine Versäumnisse beschäftigen ihn mit quälenden perseverierenden Vorstellungen; mitunter muß er nachts aufstehen, „um etwas an seine richtige Stelle zu legen". Auch bei mehrfachem Besuch im Institut „muß seine Mütze stets am gleichen Nagel hängen"; sonst ist er beunruhigt.

Der Knabe ist seit $2^{1}/_{2}$ Jahren dauernd in Beobachtung des Instituts. Im allgemeinen bedarf Vp. jetzt zur Erzeugung eines AB einer Vorlage (außer bei schon bekannten Vorlagen). Er hat aber während dieser ganzen Zeit ohne Unterbrechung AB von großer Intensität und hoher Wirklichkeitsnähe gehabt. (Vgl. hierzu auch Fall 9.)

7. X. 19. Optisch:

1. ABrQu 10″: urbildmäßig (rot), scharf, klingt allmählich ab, wie das NB, vgl. unten. NBrQu 15″: rot, scharf; so ohne Intermittieren da bis 80″, dann intermittierend abklingend, 180″ — —.
2. In folgendem Versuch wurde die jeweilige Vorlage (sog. „Pressbilder") 5″ vorgewiesen und dann nach 15″ Pause die nächste dargeboten, alles vor dem mit dunkelgrauem Papier bezogenen Projektionsschirm als Hintergrund (Größe der Vorlagen vgl. Kap. IV).

AB Vorlage 5″:	Anschauungsbilder (durchweg urbildmäßig):
Kirche:	da, urbildmäßig.
Haus:	Kirche und Haus.
2. Haus:	kommt hinzu.
Blumenstrauß:	nur die drei Häuser sichtbar.
Ziege:	wie vorher, jedoch Ziege dabei.
Hirsch:	drei Häuser, Ziege, Hirsch.
Bär:	kommt hinzu, alle Tiere stehen vor den Häusern.
Steinbock:	links Steinbock, rechts die Häuser, davor sämtliche Tiere. Vp. kann alle bis in jede Einzelheit schildern.
Bär mit Baumstamm:	kommt zu den anderen Tieren hinzu.
50″ Pause:	das ganze Bild ist danach noch sichtbar.
Elefant:	die Häuser rücken aneinander, dann kommt ein Zwischenraum, dann Kirche; der Bär steht etwas weiter nach rechts mit den anderen Tieren. Der Elefant hat ein Haus beiseite gedrückt.
1′ Pause:	sämtliche bisherige AB sind danach noch zu sehen und werden genau beschrieben.
Soldat, deutscher Reiter:	Kopf und halber Leib des Reiters tritt zu den anderen Bildern hinzu.
45″ Pause:	ein Haus fehlt, Ziege nur noch halb zu sehen, der halbe Reiter und die anderen Bilder, alle noch mit allen Einzelheiten.
Tiger:	tritt zu den anderen Bildern hinzu.
40″ Pause:	wie vorher.
Palme:	tritt zu den anderen Bildern, und zwar hinter eines der Häuser.
30″ Pause.	
Linde:	tritt neben die Palme; es sind noch alle Bilder zu sehen.
20″ Pause.	
Kosak zu Pferd:	Kosak nur halb, kein Pferd, sonst alles wie vorher, kann alles genau beschreiben.
45″ Pause.	
Pappel:	sieht alles außer der Ziege, die an dem einen verschwundenen Haus gestanden hat; die Pappel steht bei den anderen Bäumen.
15″ Pause.	
Schweizerhaus:	es steht auf dem anderen Haus, „es sind schon zuviel Figuren, sie haben nicht mehr Platz" (d. h. auf dem Schirm).

2 Minuten nach Schluß der Darbietungen sieht Vp. auch noch alles, kann alles genau aufzählen; das ganze Bild bleibt völlig starr. Vp. meint, sie würde die Bilder auch noch nach einer Stunde beim Lesen auf der Buchseite, dann aber ganz klein wiedersehen; auch wenn Vp. über die Straße geht, sieht sie sie vor sich, nur blasser. Fluxion: fehlt.

In der Kirche, wenn Vp. sich langweilt, sagt sie zu sich: „Aff' jetzt kommst“, dann sieht sie das Bild und kann nun nicht mehr aufpassen, weil der Affe dann dauernd sichtbar bleibt und nicht „fortgeschafft“ werden kann.

Es sei noch erwähnt, daß Bilder, wie z. B. der Affe, und auch Bilder nach Vorlage zuweilen völligen Wirklichkeitscharakter annehmen. Dies ist ein Wesenszug, der im allgemeinen leichter den B-Bildern zukommt und der hier, aus vorn näher auseinandergesetzten Gründen, trotz des T-Typus der AB, der sich anderweitig deutlich dokumentiert, nur deshalb auftritt, weil wir es mit einem Einheitsfalle des T-Typus zu tun haben (vgl. auch Fall 9).

9. X. 19. Als sich Vp. vor den Projektionsschirm setzt, sieht sie sofort wieder alle neulich erzeugten Bilder. Sie werden genau aufgezählt und beschrieben; sie sind wie neulich alle urbildmäßig und bis in die kleinsten Einzelheiten hinein unverändert und starr.

Es wird ein neuer Versuch angestellt: mit anderen Bildvorlagen als den vom letzten Male wird ein neues Bild erzeugt, dessen Figuren zunächst ohne weiteres zu den alten hinzutreten. Später trennte sich dann der neue Bildkomplex von dem alten, die beiden Komplexe standen dann gesondert nebeneinander. Es wurde ein besonders großer Projektionsschirm zur Anwendung gebracht, der Raum für beide Bildkomplexe bot. Mit der Vermehrung der Figuren des neuen Bildkomplexes trat allmählich eine Verminderung der früheren Figurenzahl auf, auch wurde das alte Bild im ganzen allmählich blasser, bis es nach einmaligem völligen Verschwinden — für die Vp. selbst überraschend — plötzlich wieder in alter Frische und Farbigkeit neben dem neuen Bildkomplex stand.

13. X. 19. Klinisch:

Galvanisch, r. N. uln.: KSZ 0,4, AÖZ 2,0, ASZ 2,5, KSTe 2,5; sensibel KSE a 0,3 MA.
Galvanisch, r. N. peroneus: sensibel KSE a 0,3 MA.
Mechanisch, l. N. uln.: Zuck. + + + (Schließung der Hand), Par. +; Chv. 1a, Harf. + +, R. A. —, H. W. 0,4, Fingtr. —, Hals o. B., Augen o. B., Möb. —, H. R. —.
Pseudoclonus patellaris, Sehnenreflexe sehr gesteigert.

4 × täglich 0,5 Calc. lact.

Hierzu sei bemerkt, daß diese Calciumverordnung unseren ersten tastenden Versuch in dieser Richtung darstellte. Die Vp. kannte den Zweck unseres Versuches natürlich nicht (wie auch alle anderen Vpn.). Wir selbst waren uns über den Ausgang völlig im Unklaren. Bereits nach 2 Tagen untersuchten wir erneut; hierbei waren wir über die bereits deutliche Abschwächung der AB selbst aufs höchste überrascht. **Der Kalk wird weiter eingenommen.**

17. X. 19. Nach zweitägiger Kalkzufuhr versuchte Vp. vorher gesehene Bilder im Buch zwischen den Zeilen zu sehen; sie konnte es bereits nicht mehr fertig bringen; auch den Affen sah sie nicht mehr und konnte auch seine Erscheinung nicht mehr herbeiführen. Vp. verspürt dies als eine Erleichterung, ist aber selbst darüber verwundert.

Optisch: es werden hintereinander mit je 15″ Pause, je 5″ lang, folgende Vorlagen vorgezeigt: Stiefmütterchen, Rose, Flieder, Strauch: **Die Vp. sieht nichts.** Verlängerung der Exposition.

AB Reiter 10″: **ganz „dünn“** zu sehen, urbildmäßig, **bald fort.**
„ 10″: wie vorher, **ganz blaß,** bald fort, nach 1 Minute wieder da und **sofort wieder weg.**
AB Esel 10″: **nichts;** nach kurzer Zeit da, **ganz blaß;** kein Reiter mehr da.
AB Schwan 10″: **ganz blaß** da, kein Esel, kein Reiter, **bald fort.**
AB Elefant 10″: **nichts.**

Exposition der Vorlagen je 20″ lang bei leichter Verdunkelung des Zimmers, dazwischen immer 5″ Pause.

AB Reiter **20″:** nur der Reiter selbst, **ganz blaß,** kein Pferd.
„ **20″:** wie vorher, **sehr blaß, etwa $^1/_2$ Minute da,** um dann zu verschwinden.
AB Esel **20″:** sieht wieder den Reiter ohne Pferd, **ganz blaß;** den Esel **nicht. Alles gleich fort.**

Die weitere Vorweisung von verschiedenen Tierbildern und anderen Gegenständen mit gleicher Expositionszeit ergibt ein völlig negatives Resultat, ein ganz ungewöhnliches und überraschendes Verhalten, da der Knabe in $2^1/_2$jähriger Beobachtungszeit bei oftmaliger Untersuchung ohne jedes Schwanken und ohne jede Unterbrechung der Erscheinungen stets AB höchsten Deutlichkeitsgrades gezeigt hatte. Die Vornahme einer galvanischen Untersuchung unterblieb, da der Knabe sich weigerte, eine solche vornehmen zu lassen.

20. X. 19. Optisch:

NB **grün** Qu **20″**: **blau, unscharf,** 3″—, 4″+, 6″—, 8+, 10 — —. Die Farbe der Vorlage war ein stark gesättigtes **Gelb**grün. Wenig gesättigte Farben ergaben heute überhaupt kein NB (gesättigte Farben ergeben im allgemeinen leichter NB).

NB r(wenig gesättigt) Qu **20″**: **nichts.**

NB **rot**(gesättigt) Qu **20″**: **grün, unscharf,** 2″—, 3″+, 4″—, 5+, 6 — —.

NB **blau** Qu **20″**: **braun, unscharf,** 3″—, 4″+, 6 — — —.

Es ist das erstemal, daß bei der Vp. negative NB auftreten! In allen Fällen schildert Vp. das NB als einen annähernd viereckigen Fleck mit ziemlich unscharfen, fast verschwimmenden Rändern, so daß ein Versuch zur Messung der Größenänderung in verschiedenen Entfernungen des Projektionsschirms scheitert; auch verschwindet das NB sofort beim Versetzen des Schirms. Früher gelang dies bei der sehr langen Nachdauer des damals stets urbildmäßigen NB stets mit größter Leichtigkeit, und eine einmalige Erzeugung des NB reichte hierfür aus. **AB** sind heute, zum ersten Male seit $2^1/_2$-jähriger Beobachtung, **überhaupt nicht mehr hervorzurufen.**

Eine galvanische Untersuchung war auch heute noch nicht möglich; Vp. ist nicht dazu zu bewegen. Chv. ist nicht mehr auslösbar. Mechanische Reizung ergibt am N. uln. noch deutlich Zuck. und Par.

Vp. sagt: „Es ist gar nicht schön, daß ich keine Bilder mehr sehe.“ — „Warum bedauerst du das?“ — „Wenn ich ein Buch angesehen habe, und es waren schöne Bilder drin, dann war es schön, wenn ich sie wiedersah.“ — Er hatte aus unserer kleinen Jugendbibliothek ein Buch mitgenommen und beklagt nun, daß der Versuch mißlang, die darin gesehenen schönen Bilder wiederzusehen, was er zu Hause versucht hatte. Er empfindet es aber als eine große Erleichterung, daß er den Affen jetzt nicht mehr sieht, und daß er sich daher auch vor dem Dunklen nicht mehr fürchtet. Er meint, er habe deshalb nicht mehr so Angst wie früher und läßt sich daher auch nicht mehr, wie bisher, abends von der Nachhilfestunde abholen. Früher ging er des Abends nie allein heim. Auch äußerlich macht er einen viel weniger verschüchterten Eindruck als vordem. **Er nimmt das Calcium weiter.**

8. XI. 19. Nach Angaben der Mutter schläft der Knabe jetzt dauernd gut, ohne aufzuwachen, auch ist er nach ihrer Beobachtung auffallend wenig ängstlich im Vergleich zu früher. Leider ist er immer noch nicht zu einer Wiederholung der galvanischen Untersuchung zu bewegen.

Der Chvostek ist nach wie vor negativ; mechanisch am N. uln.: Par. ±, Zuck. ±.

26. XI. 19. Endlich gelingt es, eine erneute galvanische Untersuchung herbeizuführen:

Galvanisch, r. N. uln.: KSZ 1,0, ASZ 1,1, AÖZ 3,5; sensibel KSE a 0,6 MA.
[früher: KSZ 0,4, AÖZ 2,0, ASZ 2,5, KSTe 2,5; sensibel KSE a 0,3]

Mechanisch, l. N. uln.: Par. ±, Zuck. —; Chv. —, Harf. +.
[früher: Par. +, Zuck. + + + ; Chv. Ia, Harf. + +].

Sehnenreflexe noch gesteigert, kein Klonus.

Hat AB weder spontan noch auf Vorlage hin. Er macht jetzt einen geradezu forschen Eindruck und ist nicht mehr so verträumt wie vorher, schläft nachts ruhig und hat nie mehr Pavor nocturnus gehabt; auch die Neigung zu Zwangsvorstellungen ist geringer geworden.

Das Calcium wird abgesetzt (26. XI.).

15. XII. 19. Hat in letzter Zeit wieder unruhiger geschlafen, ist aufgeschreckt und hat nachts auch manchmal geschrien (Angaben der Mutter). Er selbst gibt an, schon wieder andeutungsweise AB gesehen zu haben. Chv. —.

30. XII. 19. Klinisch:

Galvanisch, r. N. uln.: KSZ 0,8, ASZ 1,0, AÖZ 3,8; sensibel KSE a 0,6 MA.
Mechanisch, l. N. uln.: Par. ±, Zuck. —; Chv. —, Harf. ±.

Optisch:

NB r Qu **20″**: **grün,** 6″— — (bis zuletzt **scharfer** Rand).

AB gr Qu **10″**: ein ganz **verschwommener** Fleck, bald verschwindend.

AB Bär **30″**: **nichts.**

AB Fuchs **30″**: **nichts.**

Spontan sah er vor dem Schlafengehen an der Zimmerdecke manchmal bunte Vierecke.

15. I. 20. Klinisch:

Galvanisch, r. N. uln.: KSZ 0,6, ASZ 1,8, AÖZ 3,3; sensibel KSE a 0,6 MA.
Mechanisch, l. N. uln.: Par. +, Zuck. +; Chv. —, Harf. +.

Optisch: Bei Vorzeigung von Vorlagen verschiedenster Art sieht er jetzt wieder ein deutliches AB auf dem Projektionsschirm, aber nicht ein der Vorlage entsprechendes AB, sondern stets dasjenige seines eigenen Gesichtes. Außerdem tauchen andere Menschen auf. „Ach, was Menschen!" ist immer sein Ausruf. Nach seiner Angabe sieht er sich auch jetzt häufig spontan selbst. Nur von einem Chinesenkopf gelingt es jetzt, ein richtiges AB nach Vorlage zu erzeugen. Verändern kann er nichts daran. Als ihm ein Buch vorgelegt wurde, sah er darin ein AB vom Kopf des Verfassers, über die Seiten des Buches hinausragend und die Buchschrift verdeckend. Verändern kann er nichts an den Mienen des Gesichtes; nach 5 Minuten ist es immer noch da. Beim Wegsehen vom Schirm ist es in der Luft, vor den Augen. Es folgt immer der Bewegung des Blickes und der Augen; bei Kopfneigung steht es schief in entsprechendem Winkel. Beim Hinblicken auf den Schirm und Aufmerksamkeitsverlagerung nach seitwärts, ohne Augenbewegung, bleibt es an seinem Platz; erst bei Ausführung einer Augenbewegung folgt es spontan und verlagert sich auf den Hintergrund, der jeweils angeblickt wird (z. B. die Zimmerwand). Dabei vergrößert es sich etwas.

18. II. 20. Hat jetzt **spontan** sehr deutliche, vollkörperliche, urbildmäßige AB, im Dunklen auch von sich selbst. Ohne daß er daran denkt, tauchen sie vor ihm auf, auch wenn er sich Mühe gibt, kann er es nicht verhindern; sie wirken darum oft störend. Er sieht Tiere und Menschen, vor allem Fußballspieler, oft mit ihrer ganzen Umgebung, wie eine richtige Wahrnehmung; verändern kann er nichts daran. Wenn er sich Mühe gibt, etwas als AB zu sehen, kommt nichts; nur dann gewöhnlich, wenn er gar nicht will, steht es plötzlich da, auch bei geschlossenen Augen.

NBrQu **20″**: einen Augenblick da, **blau, scharfrandig,** } also jetzt in **beiden** Fällen
ABrQu **10″**: **grün, scharfrandig** einen Augenblick da } **komplementär.**

Der Versuch, AB von komplizierten Vorlagen zu erzeugen, mißlingt.

Klinisch:

Galvanisch, r. N. uln.: KSZ 0,4, ASZ 1,0, AÖZ 1,9, KSTe 4,3; sensibel KSE a 0,4 MA.
Mechanisch, l. N. uln.: Par. +, Zuck. +; Chv. —, Harf. +.

17. III. 20. Sieht **spontan** öfters Sterne, Fußballspieler und andere Dinge, die er gar nicht sehen will. Auf beliebige Bildvorlagen hin erscheinen verschiedenfarbige Sterne, gleichgültig, was die Vorlage darstellt, wohl aber meist im Zusammenhang mit ihrer Farbqualität; eigentliche AB fehlen, NB sind wieder stärker. Er schläft recht unruhig, ist aber im allgemeinen auch heute noch weniger ängstlich als früher.

Galvanisch, r. N. uln.: KSZ 0,3, ASZ 0,8, AÖZ 2,8, KSTe 4,4; sensibel KSE a 0,3 MA.
Mechanisch, l. N. uln.: Par. +, Zuck. + +; Chv. —, Harf. +.

Fall 9. H. D., Schüler, 13 Jahre. T_B-Typus. Grad V_E.

Der Vater, einer künstlerisch veranlagten Familie entstammend, ist Architekt und besitzt AB, die zwar bei der Berufsarbeit manchmal Verwendung finden, indessen auch in lästiger und störender Form auftreten können. Mutter zeigt Chv. III, Schwester Chv. I r, III l. Bleicher Junge mit „knifflichem" Gesichtsausdruck (Tetaniegesicht); war nie ernstlich krank, klagt aber seit mehreren Jahren über starke Unlustgefühle. Er hat sehr hochgradige, stark perseverierende AB von sich aufdrängendem Charakter. Er sieht z. B. den Kopf des Lehrers, auf den er kurz vorher hingeblickt hatte, beim Lesen auf der Seite seines Buches, und zwar mit solcher Deutlichkeit, daß er die Schrift verdeckt. Es kam auch vor, daß er den Kopf vor ihm stehender Personen doppelt sah. Mitunter sieht er auf der Straße „wie eine rote Wand", die ihn am Sehen hindert, sich zwischen ihn und die Wirklichkeit schiebt, so daß er ganz unsicher wird. Er sieht in Spontanbildern Leichenbegängnisse und traurige Bilder aller Art. Selbst ganz kurz betrachtete Dinge erscheinen ihm als AB und tauchen dann als solche, besonders in der Nacht wieder auf. Sieht er ein Haus mit grünen Fensterläden oder einer anderen aufdringlichen Farbe (z. B. rot), so kommt es vor, daß diese Farbe sich wie eine rote Wand vor das Haus stellt und dieses verdeckt. An die Schultafel Geschriebenes behält er „im Nu", denn er sieht die ganze Tafel mit den Schriftzügen vor sich und liest einfach ab. Nicht immer haben die AB ausgesprochen traurigen und beängstigenden Charakter, aber auch dann drängen sie sich ihm wider Willen und Vorstellung auf und stören ihn dadurch. Auch auf der Straße kommen manchmal Bilder und nehmen seine Aufmerksamkeit zwangsmäßig in Anspruch. Sein Vorstellungsleben ist ebenfalls von Zwangsvorgängen beherrscht. Die Mütze hängt er (wie Fall 7), immer an den gleichen Platz, weil er sich sonst beunruhigt fühlt; auch andere Gegenstände muß er an bestimmte Stellen legen. Beim Zeitungslesen muß er immer zuerst in die Familienanzeigen sehen, „denn es könnte jemand Verwandtes gestorben sein". Seine Träume zeigen bestimmte Szenen ängstlichen Inhalts immer wiederkehrenden Charakters, Erschießungen, Ertrinken usw. Er hat auch akustische AB, hört nachts Klavierspielen, Töne und Stimmen. In $2^1/_2$jähriger Beobachtung waren die AB des Knaben und ihre Eigenschaften ohne Schwankungen unverändert geblieben. Im allgemeinen bedarf Vp. jetzt zur Erzeugung von AB einer Vorlage, außer bei schon bekannten Vorlagen.

25. X. 19. Klinisch:

r. N. uln.:	KSZ 1,0 MA	l. N. uln.:	KSZ 1,8 MA	Sensibel
	ASZ 1,9 „		ASZ 1,1 „	r. N. uln.: KSE a 1,1 MA r. N. peron.: KSE a 1,3 MA
	AÖZ 1,9 „		AÖZ 1,1 „	r. N. acust.: KSKl 3,0 MA (Brummen)
r. N. peron.:	KSZ 1,3 MA	l. N. peron.:	KSZ 1,8 MA	
	AÖZ 2,0 „		AÖZ 2,8 „	Zunge: 0,1 MA scharfer Geschmack.
	ASZ 2,0 „		ASZ 2,8 „	

l. N. uln.: Zuck. + +, Par. + ; Chv. Ia (unter Mitzucken der anderen Seite), Harf. + +. H. R. —, H. W. 0,3, R. A. + +, Fingtr. +, Möb. —, Hals o. B., Augen o. B.

Optisch:

1. ABrQu 5″: Farbe wie Urbild, nach **3 Minuten** noch **unverändert** scharfrandig da, obwohl starke Störungsreize eintraten (es ging ein Mitarbeiter durch das Zimmer). Er würde das Bild nach seiner Aussage 1 Stunde und länger sehen, wenn er auf den Schirm blickte. Nur um ihn nicht zu sehr zu beanspruchen, wird der Versuch nach 3 Minuten abgebrochen.

   NBrQu 15″: zuerst einen Augenblick komplementär, dann sofort urbildmäßig, ohne Intermittieren 30″ scharfrandig da, worauf es verschwindet.

2. AB Elefant 1″: urbildmäßig mit allen Einzelheiten zu sehen, nach kurzer Pause weitere Exposition:

   AB Tiger 1″: Elefant und Tiger urbildmäßig da. Nach einer kurzen Pause verschwinden beide von selbst (wie NB).

   AB Bär 1″: nach 2 Minuten noch unverändert da; Elefant und Tiger sind inzwischen auch wiedergekommen. Die Figuren bewegen sich nicht; das Bild bleibt starr.

   AB Fuchs 1″: alle vorherigen AB sind allmählich wie NB verblaßt und verschwunden, Fuchs da, urbildmäßig.

   „Wenn ich ruhig vor dem Projektionsschirm sitzen bleiben würde, würden die Bilder noch sehr lange so sichtbar sein.“ Erst wenn er zum Fenster hinaussieht, verschwinden sie endgültig. Er sieht jetzt auf dem Schirm den Kopf des Versuchsleiters, ebenso auf der weißen Tischplatte und auf einem aufgeschlagenen Buch, über das er an den Rändern hinausragt und die Buchstaben der Seiten darin verdeckend. Er kann dem Kopf einen Helm aufsetzen. Wenn er nach der Wand blickt, wird der Kopf nicht größer, folgt aber völlig der Augenbewegung. Auch willkürlich kann er ihm schon bekannte Bilder hervorrufen. Wenn er z. B. über den „Pilgrimstein“ — eine eintönige Straße — geht, unterhält er sich dadurch, daß er Bilder hervorruft. Er sieht aber auch solche von Dingen, die er noch nie gesehen zu haben glaubt. Meist sind sie „widerwärtiger Art“. Wenn sie einmal da sind, ist es schwer, sie wieder wegzubringen.

   AB Giebelhaus 5″: Instruktion, er möchte versuchen zu sehen: „ein Wagen mit Pferden kommt vorgefahren.“ „Ja, ich sehe es; es ist ein Leiterwägelchen, ein Junge lenkt es, er hat sich auf die Lehne gesetzt und sieht den Pferden zu.“ Frage, ob andere Veränderungen möglich sind. „Ja, jetzt ist ein Gerüst am Haus, die Weißbinder pinseln und laden einen Wagen mit Stangen ab; jetzt kommt die Trambahn und der Wagen muß ausweichen.“ Frage, ob ein Löwe vor dem Hause gesehen werden kann: „Ja, aber nur, wenn er im Käfig sitzt.“ Ein Elefant kann in die Szene kommen, aber nur Balken tragend, sonst nicht. Willkürliches Auslöschen der einmal erzeugten Bilder gelingt nur sehr schwer. Veränderungen erfolgen nur auf Aufforderung.

   Fluxion: fehlt.

3. **ABrQu** 5″: b) 5,0 c) 5,7 d) 5,6 a) 5,5 }
   NBrQu 30″: b) 5,5 c) 5,1 d) 5,1 a) 5,4 } Farbe urbildmäßig.

   Zu a) 5,4: Vp. hatte zuerst 5,2 angegeben, verlangt Wiederholung: „Es könnte ein bischen größer gewesen sein“. Dies spricht für die Exaktheit und Objektivität der Beobachtungen.

4. AB Blumentöpfchen 5″: vollkörperlich, urbildmäßig, scharf.
NB „ 15″: ebenso (es ist also ein AB).
VB „ 2″: Instruktion: „Bloß daran denken“ d. h. die Vorlage „sich vorstellen“. Trotzdem sieht er nach kurzer Pause ein AB des Dargestellten.

5. ABrQu 5″: Ziegel- und Schilderhaushintergrund **werden ganz verdeckt.**

Von heute ab 2× täglich 0,5 g Calc. lact.

31. X. 19. Nach seiner Angabe sind die AB jetzt von geringerer Persistenz und ziemlich verschwommen; auch drängen sie sich nicht mehr von selbst auf, und er kann sie auch nur noch mit besonderer Mühe und größter Aufmerksamkeitsanstrengung willkürlich hervorrufen. Er hat seiner auswärts befindlichen Mutter hierüber aus **eigenem Antrieb** geschrieben, da er wie von einem Alb erlöst ist.

Klinisch:

Galvanisch, r. N. uln.:	KSZ 0,8	AÖZ 2,0	ASZ 3,2 MA
l. N. uln.:	KSZ 1,8	AÖZ —	ASZ 3,5 „
r. N. peron:	KSZ 2,0	AÖZ —	ASZ 4,0 „
l. N. peron.:	KSZ 1,7	AÖZ —	ASZ 3,3 „

Mechanisch, l. Uln.: Zuck. + +, Par. + ; Chv. Ia, Harf. ±.
B-Stigmen unverändert.

Optisch:

2. AB Giebelhaus 5″: Bild **schwächer,** jedoch urbildmäßig und scharf. Die Veränderungen gehen jetzt langsamer und schwerer vor sich.

4. AB Blumentöpfchen 5″: körperlich, urbildmäßig, aber **unscharf.**
NB „ **15″**: ebenso.
VB „ 2″: nur wenn er länger und angestrengt daran denkt, kommt ein AB (im Gegensatz zu früher, wo es fast sofort kam).
VB Tintenfaß (soll es sich ohne Vorlage vorstellen): ein AB kommt **erst nach 10″** lebhaften Darandenkens (früher kam es fast momentan).

1. ABrQu 5″: **urbildmäßig** scharfrandig da, **nach 22 Sekunden verschwunden.**
5. ABrQu 5″: Ziegel- und Schilderhausgrund **schimmern durch.**
3. ABrQu 5″: b) 5,0 c) 5,8 d) 5,2 a) 5,3 Farbe wie **Urbild.**
NBrQu **30″**: b) **8,5** c) **15,2** d) **4,0** a) **5,0** Farbe **bläulich,** also dauernd **kompl.** (am 25. X. 19. urbildm.), auch die Größenwerte sind verändert!

Es ist das erstemal in $2^1/_2$jähriger Beobachtung, daß bei D. ein komplementäres Nachbild dauernd auftritt und sich in seinem Größenverhalten dem Emmertschen Gesetz annähert; früher wurde dies nie beobachtet (s. oben). Vgl. hierzu auch Fall 7.

Von nun ab 4× täglich 1,0 g Calc. lact.

8. XI. 19. Nach Aussage der Vp. sind die AB nun noch bedeutend schwächer.

15. XI. 19. Optisch:

1. ABrQu **5″**: **nichts.**
ABrQu 10″: **erst nach 15″ da,** scharf, nach 29″ fort; die Farbe jetzt **auch hier zum erstenmal nicht urbildmäßig, sondern komplementär.**

2. AB Giebelhäuschen **5″**: **nichts.**
„ **20″**: **nichts.**
„ **30″**: **nichts.**

3. **ABrQu 10″**: nach Fortrücken des Projektionsschirmes b) **nichts.**
„ **15″**: b) **10,5**
„ **15″**: c) **14,5**
} Wegen der kurzen Nachdauer des AB muß beim Emmertschen Versuch die Exposition verlängert, die Vorlage vor jeder Messung gezeigt und das AB dadurch neu hervorgerufen werden. Seine Farbe ist **komplementär;** es ist scharfrandig und es verhält sich **auch bei den Messungen** jetzt wie ein **NB!**
„ **15″**: nach 1″ fort; wiederholt: d) **3,9.**
„ **15″**: nach 1″ fort; wiederholt: a) **5,2.**

NBrQu 30″: b) 9,9
„ 30″: c) 14,3
„ 30″: d) 3,8
„ 30″: a) 5,2
} Farbe **komplementär, scharf;** auch hier ist wegen kurzer Nachdauer vor jeder Messung wenigstens erneute Erzeugung des NB erforderlich. Das Emmertsche Gesetz ist annähernd erfüllt, die Werte sind fast die gleichen wie beim AB im obigen Versuch!

4. AB Blumentöpfchen 5″, 10″, 20″, 30″, 40″: **nichts.**
NB „ 5″, 10″, 20″, 30″, 40″: **nichts.** Das gleiche **negative** Ergebnis mit anderen Vorlageobjekten komplizierter Art.

Eine galvanische Untersuchung war leider nicht möglich. **Die Kalkzufuhr wurde fortgesetzt.**

20. XII. 19. Hat nie mehr AB gehabt, fühlt sich wie erlöst von ihnen. Befund noch geringer wie bei letzter Untersuchung. Chv. I. **Kalk abgesetzt.**

10. I. 20.

1. AB rQu **15″**: nur ganz geringer Schimmer, **unscharf**, etwas heller als Hintergrund, ohne Eigenfarbe, bald fort.
NB rQu **15″**: **nichts; 30″: blaugrün, unscharf,** bald fort; **40″**: einen Augenblick **scharf** da, blaugrün, fort.
Bei komplizierten Vorlagen **negatives** Ergebnis.
Klinisch:
Galvanisch, r. N. uln.: KSZ 0,7, ASZ 2,8; sensibel KSE a 1,0 MA.
Mechanisch, l. N. uln.: Par. —, Zuck. —; Chv. I, Harf. —.
R. A. + +, Fingtr. +.

} Immer noch Abschwächung von AB und NB bei einfachen u. komplizierten Objekten; galv. u. mech. geringere Erregbarkeit gegen früher.

20. I. 20. In letzter Zeit Schlaf wieder unruhiger, auch manchmal Kopfschmerzen.
Klinisch:
Galvanisch, r. N. uln.: KSZ 0,4, ASZ 0,6, AÖZ 4,5, KSTe 4,0; sensibel KSE a 0,3 MA.
Mechanisch, l. N. uln.: Par. +, Zuck. —; Chv. I, Harf. +.
R. A. + +, Fingtr. +. H. W. 0,3.
Optisch:
1. AB rQu **15″**: nur 1″ da, Ränder hell, **scharf, keine Eigenfarbe.**
NB rQu **15″**: ganz schwach, **unscharf, grün,** 15″ schwächer, 50″ nur noch heller Fleck, 90″ weg.

10. II. 20. Klinisch:
Galvanisch, r. N. uln.: KSZ 0,2, ASZ 0,4, AÖZ 3,5, KSTe 3,9; sensibel KSE a 0,3 MA.
Mechanisch, l. N. uln.: Par. +, Zuck. —; Chv. I, Harf. +.
R. A. + +, Fingtr. +
Optisch:
1. NB rQu **15″**: **scharf, grün,** 15″ nur noch Fleck, 50″ scharfes Viereck, 60″ größer, 70″—, 80″ kleiner Fleck, 90″ — — — —.
AB rQu **15″**: zeichnet sich auf dem Schirm, heller als dieser, **scharf** ab, besitzt aber **keine Eigenfarbe** (nur wie ein Schatten auf dem Hintergrund); sofort wieder weg.
AB Gesicht **10″: nichts.** AB Gesicht **20″, 30″, 40″: nichts.** AB Giebelhaus **20″, 30″, 40″: nichts.** Willkürlich wird **nichts** hervorgerufen.

Fall 20. E. M., Schüler, 13 Jahre. BT-Typus. Grad V_E.

Zwischen dem 9. und 10. Jahr öfters Temperatursteigerungen ohne jede erkennbare Ursache, manchmal bis 40°; den Ärzten war dies stets unerklärlich. Er hatte dabei auch tachykardische Anfälle. Indessen wurde das Wohlbefinden nicht sonderlich gestört. Während des Fiebers hatte er stets lebhafte Gesichtserscheinungen. Vielfach wurde er nachtwandelnd gefunden, noch bis vor $^1/_2$ Jahr. Vor 2 Jahren klagte er über hin und wieder auftretende ziehende Schmerzen im rechten Arm. Er konnte dabei in der Schule plötzlich nicht weiter schreiben (Schreibkrampf). Der Arzt hat ihn damals ausgelacht und gesagt, er solle sich zusammennehmen. Er konnte es aber nicht ändern. Jedenfalls war für die Erscheinung auch keine nachweisbare Ursache zu finden. Trotzdem sei sie sehr unangenehm gewesen. Es handelt sich um einen blühend gesunden, keineswegs etwa hysterischen, dunkelhaarigen, sehr lebhaften Jungen; er besitzt auffallend große, glänzende Augen mit lebhaftem Spiel weiter Pupillen, weiter Lidspalte, ihm selbst aufgefallenen seltenen Lidschlag, positivem Möbius. Die Hautreflexe sind sehr lebhaft, es besteht bei weicher, feiner Haut Dermographie, Fingtr. +, R. A. + +, H. W. 0,6, der Hals ist leicht verdickt. Die Sehnenreflexe sind sehr gesteigert.

31. X. 19. Klinisch:

Galvanisch,	r. N. uln.:	KSZ 0,6	AÖZ 1,2	ASZ 2,2	KSTe 5,0 MA
	l. N. uln.:	KSZ 0,6	AÖZ 1,8	ASZ 2,2	KSTe 5,0 „
	r. N. peron.:	KSZ 0,8	AÖZ 3,4	ASZ 4,8	KSTe — „
	l. N. peron.:	KSZ 1,8	AÖZ —	ASZ 2,0	KSTe — „
sensibel,	r. N. uln.:	KSE a 0,4 MA.			
	l. N. uln.:	KSE a 0,4. „			
Mechanisch,	l. N. uln.:	Par. +, Zuck. + +,			
	r. N. uln.:	Par. +, Zuck. + +; Chv. III, Harf. + +.			

Optisch:

1. ABrQu 5″: **rotes scharfrandiges Quadrat**; auch der Punkt in der Mitte wird mitgesehen. Es bleibt **unbegrenzt lange da, solange er will.** Kann das Bild auch jederzeit **ohne Vorlage wiedererzeugen und sofort auch wieder verschwinden lassen.**

NBrQu 15″: da, scharf, **blau**, persistierte 50″ deutlich, ohne zu intermittieren, war bis dahin scharfrandig und verschwand nach etwa weiteren 60″, während welcher Zeit es, nunmehr intermittierend, schwächer und schwächer wurde, 110″ — —.

2. Er kann **willkürlich jedes beliebige**, auch den üblichen Vorlagen fernliegende **Bild ohne jede Vorlage erzeugen**, kann auch die **Farbe** daran **willkürlich** und **mühelos ändern.** Diese Fähigkeit bezieht sich auch auf **wirkliche** Wahrnehmungsobjekte. Er kann z. B. ein auf der Straße vorübergehendes Pferd willkürlich in ganz beliebiger Farbe sehen. Vor etwa $^1/_2$ Jahr ging es noch leichter als jetzt, indessen ist seine Bemühung auch heute noch stets prompt von Erfolg begleitet, wenn er z. B. das Pferd grün oder blau sehen will. Mitunter sind dabei Hilfsvorstellungen nötig.

3. ABrQu 5″: b) 4,9 **rot** b) 4,8 (4,8 mit Pfiff)
c) 4,5 c) 4,5 (4,7)
a) 4,5 d) 4,0 (5,5).

NBrQu 15″: b) 10,0 **blau** (mit Pfiff wird es unruhig, ändert die Größe unter Zuckungen, ist schließlich, bald kleiner, bald größer werdend, 8,0)
c) 15,2 (10,5 unter Zuckungen)
d) 3,4 (4,8 unter Zuckungen).

4. AB Blumentöpfchen 5″: **vollkörperlich, urbildmäßig.**

5. ABrQu 5″: Ziegelgrund wird **verdeckt.**
ABrQu 5″: Schilderhausgrund wird **verdeckt.**

5. XI. 19. Optisch:

2. AB Giebelhäuschen 5″: urbildmäßig, alle Einzelheiten. —
Ein neulich gesehener Leiterwagen erscheint **spontan.** Bei längerem Betrachten kommt also **ohne Aufforderung** Bewegung in das AB: Menschen kommen und gehen. Wenn er will, kann er das Häuschen vergrößern. Es fällt ihm jedoch auf, daß die Veränderungen früher mit noch größerer Schnelligkeit vor sich gingen. — Pfiff: „Die Fenster verschwinden in eine Ecke — jetzt setzen sie sich neben die Tür — jetzt geht eines zur Dachspitze hinauf, jetzt gehen alle über das Dach weg und kommen zur Tür wieder herausspaziert.“ Der AB wird auch bei längerem Betrachten nicht schwächer, er ist aber nur so lange und unverändert stark da, als er es sehen will.

Fluxion:

a) AB Schneebeerstrauchblätter je 5″: sieht alle 3 Formen übereinandergelegt, einzelne „gucken“ unter den Rändern der anderen hervor. — Jetzt: 1. Form liegt auf 2., die 3. daneben. — Pfiff: „Die 3 Blätter steigen auf dem Schirm nach oben, kriechen zusammen; jetzt sind sie in der Luft. — Nanu!?“

b) AB rote Haken 10″: sieht 2 rote Haken; sie bewegen sich nach oben, kreuzen sich dabei in immer größeren Drehungswinkeln, gehen über den oberen Rand des Schirmes hinaus und kommen am unteren Rand des Schirmes wieder zum Vorschein, wo sie sich, unter Drehungen, sich überkreuzend, nach oben bewegen, auf diese Weise eine Art Kette bildend. — Wiederholung und Pfiff: erst liegen die 3 Haken übereinander. Sie beginnen sich **spontan** zu bewegen; auf Pfiff verteilen sie sich über die ganze Tafel und hüpfen auf ihr herum. **Alle Phänomene sind nach Belieben lange sichtbar.**

2× täglich 0,5 g Calc. lact.

8. XI. 19. Optisch:

1. ABrQu 5″: **scharf, unbegrenzt, urbildmäßig da**; sofort weg, — ebenso wieder da, wenn er **will.** Seine Dichte zeigt jedoch heute eine ganz **geringe** Abschwächung, indem immerhin einzelne Punkte des homogenen Hintergrundes (glänzende Bleistiftpunkte) durchschimmern.

NBrQu 15″: zuerst scharf, bei 50″ nur noch wie ein Hauch, dann nur noch Fleck, bei 103″ — — —, Farbe **blau.**

3. ABrQu 5″: rot, scharfrandig.
b) 5,5 (5,5 mit Pfiff, zuckt flackernd, bald kleiner, bald größer werdend, hin und her, immer wieder zur alten Größe zurückkehrend).
c) 6,0 (Pfiff — „Ach! eine kleine Lokomotive ist da.“ Über dieser ist etwas Rotes zu sehen; dann zieht es sich zusammen und erscheint als Kesselfeuer an der Lokomotive).

d) 4,8 (Pfiff -- rotierte ganz schnell, „wie ein Motor", wurde zugleich viel größer).
a) 4,8 (Pfiff — steht auf seinen Ecken und ist vergrößert auf 8,0).
NBrQu 15″: blau, scharf. b) 10,0 (7,8)
c) 14,5 (8,5)
d) 3,5 (weg).

4. AB Blumentöpfchen 5″: körperlich, urbildmäßig.
5. ABrQu 5″: der Schilderhaushintergrund schimmert eben merklich durch, Farbe rot. Auch willkürlich aus der bloßen Vorstellung heraus kann das AB des roten Quadrates immer noch unverändert erzeugt werden.

3× täglich 1 g Calc. lact.

12. XI. 19. Optisch:

1. ABrQu 5″: **blau, scharf,** nach 8″———. Vp. ist 2 Jahre in ununterbrochener Beobachtung des Instituts. In dieser Zeit waren die AB stets unverändert, urbildmäßig. Heute tritt zum ersten Male ein **komplementär** gefärbtes **AB** (ABT) auf! Trotzdem kann das **rote** AB (ABB) willkürlich und ohne Vorlage auch heute beliebig erzeugt werden und auch sofort verschwinden, wenn er es will. NBrQu 15″: blau, scharf, 10″—, 14″+, 19 —, 25+, 35 —, 45+ nur noch ganz schwacher Schatten, 60—, 65+, 80———. Vor der Kalkzufuhr war bis zu 50″ Nachdauer kein Intermittieren vorhanden, auch danach war das NB mit Intermittieren noch lange nachweisbar (bis 110″).
3. ABrQu 5″: **blau** („wie ein Schein"). **AB**rQu 1″: **rot** („wie das Pappquadrat selbst").

b) 8,5	dem NB-Verhalten angenähert (ABT)	b) 4,9	wie früher dem VB-Verhalten angenähert (ABB).
c) 9,5		c) 5,9	
d) 3,5		d) 5,1	

Es handelt sich mithin um zwei verschiedene Formen von AB (**AB**T u. **AB**B).

4. AB Blumentöpfchen 5″: körperlich, urbildmäßig.
5. ABrQu 5″: blau, scharf, die weißen Striche des Schilderhausgrundes sind durchzusehen und haben im Bereich des AB einen bläulichen Schimmer. Willkürlich kann er außerdem unverändert das rote Quadrat sehen, und dieses verdeckt unverändert jeden Hintergrund in der vorher beschriebenen Weise.

16. XI. 19. 4× täglich 1,0 g Calc. lact. 26. XI. 19. 3× täglich 2,0 g Calc. lact.

4. XII. 19. Klinisch:

Galvanisch, r. N. uln.: KSZ 1,1, ASZ 2,0, AÖZ 4,0; sensibel KSE a 1,0 MA.
Mechanisch, r. und l. N. uln.: Par. +, Zuck. +; Chv. —, Harf. +.
B-Stigmen unverändert.

8. XII. 19. Optisch:

1. ABrQu 5″: **nichts.** ABrQu 10″: **blauer Schimmer ohne Rand.** Das blaue, komplementäre **AB**T ist also durch den Kalk weiter stark und deutlich abgeschwächt worden, das **NB** ebenso:
NBrQu 15″: blau, scharf, **bald nur Fleck,** 10″—, 14+, 18 —, 23+, 25 ———.
Das **rote,** urbildmäßige AB (**AB**B) kann auch heute noch unverändert, wie bisher, willkürlich gesehen werden, aber stets erst, sobald das NB oder komplementäre AB (**AB**T) abgeklungen ist. Sobald er dann an das rote Quadrat denkt, ist es da. Dieses Phänomen ist also durch den Kalk in keiner entscheidenden Weise beeinflußt. Seine im Gegensatz zum NB und ABT ganz geringgradige Abschwächung muß lediglich auf den Ausfall des T-Anteils als eidetischer Komponente des ursprünglichen Einheitsphänomens aufgefaßt werden (s. o.). Dies kennzeichnet das B-Phänomen als etwas von den beiden komplementären Erscheinungen des NB und ABT Verschiedenes, während deren Zusammengehörigkeit wiederum in der gemeinsamen Kalkreaktion hervortritt. Auch daß das rote AB erst zu sehen ist, wenn das blaue ABT oder das NB abgeklungen ist, kennzeichnet die Verschiedenheit der Erscheinungen.
2. An dem willkürlich erzeugbaren roten AB und urbildmäßigen AB des Giebelhäuschens können nach wie vor alle beliebigen Veränderungen vorgenommen werden. Nach wie vor kann jedes beliebige AB auch ohne Vorlage erzeugt werden.
3. ABrQu 5″ und 10″: es kann kein Emmertscher Versuch gemacht werden, da nur ein schwacher blauer Schimmer zu sehen ist.
NBrQu 15″: b) 9,9 c) 15,2 d) 3,5 (vor jeder Messung ist Neuerzeugung nötig).
Das **rote,** urbildmäßige AB, willkürlich ohne Vorlage erzeugt:
b) 5,2 c) 6,3 d) 4,3 a) 4,5 („wie das Pappquadrat selbst").
Es ist also unverändert gegen früher. Es scheint beim Fortrücken des Projektionsschirmes feststehen zu bleiben, obwohl „es so ist, als ob der Schirm auf das AB eine Kraft ausübt, um es fortzuziehen, aber es doch nicht vermag". „Das NB dagegen

ist wie ein Schein der Laterna magica auf der Leinwand" („wie aufgetuscht" in Fall 25), es kann nur auf dem Hintergrund gesehen werden, dem es sich durchaus und in jedem Falle, auch bei Verbiegungen desselben, anschmiegt. Indem das rote Quadrat als AB beim Fortrücken des Schirmes seinen Platz nicht verändert, sieht es richtig aus wie das Pappstück der Vorlage selbst und verändert gleichzeitig auch kaum seine Größe. Das komplementäre AB dagegen (vgl. oben) wurde deutlich größer beim Fortrücken des Schirmes und schmiegte sich ihm wie ein Hauch an (verschiedener „Invarianz-" und „Kohärenzgrad"). Fluxion wie früher.

Das **rote**, urbildmäßige AB kann aber auch bei fortgerücktem Schirm willkürlich, und zwar ohne Augenbewegungen und ohne Größenveränderung, unmittelbar auf den Projektionsschirm verlegt werden; es genügt hierzu, daß die Aufmerksamkeit, — was selbst bei seitwärts gerichtetem Blick möglich ist —, auf den Hintergrund gerichtet wird; dann legt sich das rote AB an ihn heran. Das NB dagegen kann weder vom Schirm entfernt werden, noch kann es auf den Schirm verlegt werden, ohne daß Augenbewegungen gemacht werden, d. h. ohne daß der Schirm selbst fixiert wird, wenn es sich zunächst an einer anderen Stelle, z. B. an der Wand seitwärts vom Projektionsschirm, befindet. Das ABB gehorcht also einem rein psychischen, das NB (bzw. ABT) nur einem motorischen Akt.

4. **Jedes beliebige Bild** kann **mit** und **ohne** Vorlage, von körperlichen Objekten **vollkörperlich** und immer **urbildmäßig** erzeugt werden.
5. Jeder Hintergrund wird durch das willkürlich erzeugte rote AB fast völlig verdeckt.

Klinisch:

Galvanisch, r. N. uln.: KSZ 1,8, ASZ 3,0; sensibel KSEa 0,8 MA.
Mechanisch, r. und l. N. uln.: Par. ±, Zuck. ±; Chv. —, Harf. +.
B-Stigmen unverändert. **Der Kalk wird abgesetzt.**

30. I. 20. Klinisch:

Galvanisch, r. N. uln.: KSZ 0,8, ASZ 1,0; sensibel KSE a 0,6 MA.
Mechanisch, r. und l. N. uln.: Par. +, Zuck. + ; Chv. —, Harf. +.
B-Stigmen unverändert.

1. **Rotes AB** jederzeit wie vorher willkürlich erzeugbar und **unverändert.**
   NBrQu 15'': grellblau, scharfer Rand, 12''—, 15''+, 18 —, 25+, 29 —, 35+, 38 —, 42+, 45 —, 47+ schwächer in der Farbe, 60 —, 65+ grau, 70 —, 75 +, 80 —, 85 + grau, nur schwach, unscharf, 100—, 115+ ganz schwach, 120—, 130+, 133 — — —.

Die Nachbilder sind jetzt so stark, daß sie ihn stören. Es rührt dies wohl daher, daß sie nach völliger Aufspaltung der eidetischen Einheit jetzt völlig für sich stehen. Mitunter können sie sich von vorher nur kurz angesehenen Dingen auf anderen Wahrnehmungsgegenständen wie ein Schleier bemerkbar machen. Hat er vorher weiße Objekte gesehen, so können beim Betrachten anderer diese anders gefärbten eine ganz weiße Farbe annehmen. Blaue, d. h. komplementäre AB (ABT) sind aber nicht nachweisbar; es sind nur noch ABB und NB zu erzeugen, letztere jetzt wieder verstärkt.

Fall 22. H. Ka., Student, 20 Jahre. B-Typus. Grad V.

Gesunder, frischer Mensch, in schlagender Verbindung aktiv, tritt auch vielfach auf Mensur.

Klinisch: Leicht vortretende Glanzaugen, Pupillen mit lebhaftem Spiel, sehr feine Haut, Hals leicht verdickt, sehr lebhafte Hautreflexe und ausgesprochene respiratorische Arythmie, auch Bulbusdruckreflex deutlich vorhanden, H. W. 0,6, Möb. +, Fingtr. +.

Galvanisch, r. N. uln.: KSZ 1,0, ASZ 4,3; sensibel KSEa 0,8 MA.
Mechanisch, l. N. uln.: Zuck. —, Par. —; Chv. —, Harf. —.

1. 2. Jedes beliebige AB kann sofort ohne Vorlage urbildmäßig und auch vollkörperlich erzeugt werden. Bei längerem Betrachten der AB treten **spontane** Bewegungen darin auf. Das AB ist da, solange er will; er kann sofort, wenn er will, beliebig die Farbe ändern; überhaupt sieht er jeden Gegenstand, den man verlangt, sofort an jeder beliebigen Stelle des Raumes und ohne sich des dunklen Hintergrundes am Projektionsschirm bedienen zu müssen. Wenn er das rote Quadrat auf dem Projektionsschirm betrachtet hat, sieht er im AB den Schirm mit und kann beide zusammen verlagern. Bei Blickwanderung nach seitwärts, während die Aufmerksamkeit an der alten Stelle verharrt, folgt das Bild nicht den Augenbewegungen. Bei Aufmerksamkeitswanderung nach der Seite, auch ohne Augenbewegung, wandert der ganze Projektionsschirm mit dem roten Quadrat nach seitwärts; die wirkliche Wahrnehmung dieser Sehobjekte an ihrer alten Stelle im Raum ist dabei ausgelöscht. Auch am Giebelhäuschen kann jede willkürliche Veränderung sofort und prompt ausgeführt und gesehen werden. Alles, was er denkt, sieht er sogleich: er schließt die

Augen, macht sich eine Vorstellung, und wenn er dann die Augen öffnet, sieht er alles sinnlich.

Fluxion stark vorhanden.

NBrQu 15″: scharf, grün, 12″—, 13 + verschwommen, 25 —, 40 + ganz verschwommen, 42 + ganz groß und verschwommen, 50 — — —.

Das NB folgt nur Augenbewegungen seitwärts, dagegen folgt es nicht, wenn allein die Aufmerksamkeit verlagert wird.

3. ABrQu 5″: b/5,1 c/4,9 **(rot).**
NBrQu 15″: b/9,5 c/14,0 **(grün).**

5. Jedes **AB** verdeckt einen Hintergrund jeder Art völlig, das **NB** läßt ihn durchschimmern.

Täglich 6 × 1 g Calc. lact. 3 Wochen.

9. III. 20. Das **AB** ist in allen seinen Eigenschaften völlig **unverändert.**

NBrQu 15″: grün, **unscharf,** 8″—, 10+, 13+, 22 ganz verschwommen — —.

Alle B-Stigmen unverändert.

Fall 23. H. Kö., Primaner, 17 Jahre. TB-Typus. Grad III. Sensible AB.

Gesunder Mensch. Es bestehen taktile AB, nebenher auch optische, aber die AB der oberflächlichen und tiefen Sensibilität stehen im Vordergrunde. Nach dem Schlittschuhlaufen hat Vp. ferner noch stundenlang die Empfindung des Gleitens und Bogenfahrens. Die Fingerspitzen sterben ihm früh beim Waschen leicht ab. Vp. hat vor 10 Jahren durch Sturz von einem Felsen einen Armbruch erlitten. Noch heute verspürt er jedesmal einen intensiven Schmerz in der Bruchstelle, wenn er an dem Felsen vorüberkommt oder lebhaft an den Unfall denkt. Vp. erinnert sich, als Kind im Dunkeln Figuren und Gestalten gesehen zu haben.

16. II. 20. Versuch I: Berührung der Haut mit Zirkelspitze. — Nach einigen Minuten kommt bei lebhaftem Darandenken die Berührungsempfindung wieder.

Versuch II: Berührung mit 2 Zirkelspitzen. — Nach einigen Minuten als 2 Berührungsempfindungen wiederkehrend.

Versuch III nach einiger Zeit: Aufs neue daran denken. — Die getrennte Berührung der beiden Spitzen wird nicht mehr empfunden, überhaupt nicht die Berührung mit einem bestimmten Gegenstand. Es ist mehr ein unbestimmtes, jedoch deutliches Gefühl an der Hautstelle vorhanden.

Versuch IV: Mit dem Finger wird über eine durch erhabene Leistchen eingeteilte Taststrecke gefahren. — Bei Wiederholung der Fingerbewegung in der Luft besteht deutliche Empfindung der vorher gefühlten Taststrecke mit ihren Leistchen.

Versuch V: Armbewegungen. — Sie sind dann auch nach einer Weile bei lebhaftem Darandenken zu verspüren.

Versuch VI: Kälte- und Wärmeempfindung läßt sich nach einmaliger Berührung mit kaltem und warmem Wasser im Reagenzgläschen auch später willkürlich durch bloße Vorstellung hervorrufen.

1. ABrQu 10″: schwach, hellblau, Ränder nicht scharf.
ABrQu **20″**: hellblau, Rand **scharf,** intermittierend da, abklingend nach 60″.
NBrQu **15″**: **scharf,** hellblau, 9″—, 12+ deutlich, 20 —, 25 verschwommen, 30 —, 32+, 47 —, 60 ganz verschwommen, 85 — — —.

2. AB Giebelhaus 20″: dunkelblau **(komplementär)** mit einigen Einzelheiten.

Klinisch:

Galvanisch, r. N. uln.: KSZ 0,8, ASZ 1,0; sensibel KSE a 0,4 MA.
Mechanisch, l. N. uln.: Par. + + +, Zuck. +; Chv. —, Harf. —.

R. c. s. n. r.:	KSE	l 0,2	ASE	a 2,0 MA
	KSE	a 0,4	AÖE	a 2,1 „
	KSDE	a 0,9	ASDE	a 4,0 „

Augen o. B. R. A.±, Hals leicht verdickt, H. R. + +, H. W. o. B., Fingtr. —, Möb. —.

4 × 1 g Calc. lact. pro die.

23. III. 20. Die Erzeugungsmöglichkeit der taktilen AB und der AB der tieferen Sensibilität, sowie die Schnelligkeit ihres Auftretens ist bei Versuch I—VI bedeutend geringer geworden.

1. ABrQu **20″**: blau, **unscharf,** 6″—, 8+, 10 —, 13 +, 19 — — —.
NBrQu **15″**: blau, **unscharf,** 16″—, 22+, 30 —, 37 schwächer +, 43 —, 50 immer schwächer werdend, Rand noch da, 70 —, 75 verschwommener Fleck, 80 — — —.

Klinisch:

Galvanisch, r. N. uln.: KSZ 0,8, ASZ 1,3; sensibel KSE a 1,2 MA.
Mechanisch, l. N. uln.: Par. —, Zuck. +; Chv. —, Harf. —. R. A. ±, H. R. + +.

R. c. s. n. r.: KSE a 0,8 ASE a 1,8 MA.
KSDE a 2,0 ASDE a 3,9 ,,

Leider war eine weitere Beobachtung nicht möglich, da Vp. Marburg verließ.

Fall 24. Dr. R., Oberlehrer, 28 Jahre. T-Typus. Grad 0.

Als Junge sehr starke Dunkelfurcht. Als 18jähriger Kopftrauma mit Bewußtlosigkeit. Später im Schlaf epileptiforme Anfälle. Jetzt öfters noch Muskelzuckungen außerordentlich intensiver Art mit motorischem Effekt, vor allem in den Oberschenkeln. Gelegentlich einer kleinen Operation nach einer Narkose Wachhalluzinationen. Das gleiche war der Fall nach den früher stattgehabten „epileptiformen“ Anfällen. Er sah damals deutlich ein Tier. Anfälle dieser Art hat er nicht mehr, aber er ist sehr „nervös“ und neigt zu allerhand Beschwerden, die stets als „neurasthenisch“ angesprochen werden: verspürt verschiedenartige im Körper herumziehende Sensationen. Anfangs glaubte man, daß es sich bei seinen epileptiformen Anfällen um solche vom Jacksontypus gehandelt haben könne. Indessen verschwanden diese Anfälle mit den Jahren von selbst.

12. II. 20. Optisch:

1. NBrQu 15″: **scharf**, blau, 7″—, 16 +, 20 —, 26 + ganz schwach, 30 —, 32 + sehr undeutlich, 55 — — —. „Die Nachbilder waren früher so intensiv, daß sie oft störend wirkten, jetzt sind sie geringer.“
ABrQu 10″, 20″: **nichts**. Auch von komplizierten Objekten ist nichts zu erzeugen.
3. NBrQu 15″: b) 10,0 c) 15,0.

Klinisch:

Galvanisch, r. N. uln.: KSZ 0,6, ASZ 0,4; sensibel KSEa 0,6, ASEa 0,8 MA.
Mechanisch, r. N. uln.: Par. + + +, Zuck. +;
Mechanisch, l. N. uln.: Par. + + +, Zuck. +;
Chv. —, Harf. —.
Augen o. B., H. R. —, R. A. —, Fingtr. —,
H. W. o. B., Hals nicht verdickt.
4 × täglich 1 g Calc. lact.

sensibel l. N. uln.:
KSE l 0,2 ASE l 1,0 AÖE l 2,0
KSE a 0,6 ASE a 1,7 AÖE a 3,8
KSDE a 1,0 ASDE 2,0.
R. c. s. n. r.:
KSE a 0,2 ASE a 0,8 MA.
KSDE a 0,6 AÖE a 0,6 ,,

26. II. 20. Optisch:

NBrQu 15″: **unscharf**, blau, 7″—, 9 ganz schwach, 12 —, 22 Fleck — — —.

Klinisch:

Galvanisch, r. N. uln.: KSZ 0,6, ASZ 0,3 MA; KSEa 1,8 MA; l. N. uln.: KSEa 1,5 MA. Die sensible Prüfung läßt sich am N. uln. heute nicht weiter durchführen, weil infolge Abschwächung der sensiblen Empfindlichkeit die feine subjektive Beobachtung der jetzt höherliegenden weiteren sensiblen Ausstrahlungen (ASE z. B.) durch die dann entsprechend stärkeren motorischen Zuckungen erschwert wird. Mechanisch, r. u. l. N. uln.: Par. u. Zuck. —.

R. c. s. n. r.: KSE l 0,2 ASE l 1,4 AÖE l 1,3 MA.
KSE a 0,6 ASE a 4,2 AÖE a 4,3 ,, } Auch subjektiv ist die
KSDE a 1,8 ASDE a 4,2 } Empfindung stumpfer.

Vp. gibt an, daß sie weniger Ermüdbarkeit spürt und keinerlei „im Körper und den Extremitäten herumziehende Sensationen empfindet, wie früher“.

Fall 25. H. M., Schüler, 10 Jahre. T_B-Typus. Grad V_E (vgl. S. 399).

Eigentümlicher Junge, der sich von den Kameraden abschließt. Die Mutter gibt an, er scheine nur in ihrer Gegenwart „aufzutauen“, jedoch glaube sie gar nicht einmal, daß der Knabe mit allzuviel Innigkeit an ihr hänge. Er lernt zu Haus seine Lektionen gut und genau, etwas mühsam, dafür aber dann um so schärfer in der Auffassung. Fragen beantwortet er meist langsamer wie andere, jedoch oft richtiger. Trotz guter Einprägung seiner Lektionen zu Haus, die die Mutter überwacht, versagt er vielfach beim Abhören dieser Lektionen durch den Lehrer. Dieser klagt über seine verträumte Art, die ihn träge erscheinen läßt, manchmal sogar beschränkt, während er bei anderen Gelegenheiten unaufgefordert Proben tiefgehenden Verständnisses und Interesses und einer schärferen, oft für die Umgebung geradezu überraschenden Auffassungsgabe an den Tag legt. So kann er z. B. nach Ausflügen noch nach Wochen von irgendwelchen Beobachtungen in Natur und Wald oder sonstigen Dingen erzählen, die den anderen damals entgangen sind. Er *sieht* diese Dinge *wirklich noch vor sich*. Bei Museumsbesuchen stellt sich meist ebenfalls nachträglich heraus, daß er mehr gesehen hat als seine Begleiter. So ist er einerseits sehr aufgeweckt, anderseits, und gerade dort, wo es darauf ankommt, oft nicht zu gebrauchen, so besonders in der Schule; er ist mit anderen Worten „problematisch“ (Ausdruck seines Lehrers). In der Schule ist ihm immer, „als ob etwas auf ihn drückte“. Aber auch auf der Straße und im Freien ist ihm manchmal so „eigentümlich zumute“. Das beschäftigt ihn dann derart, daß er an gut bekannten Leuten vorbeiläuft, ohne sie zu sehen. Näheres vermag er hierüber nicht anzugeben; es sei ein unbestimmtes Gefühl. Im Dunkeln verspürt er Angst, weiß aber nicht warum. Im Schlaf redet er oft; nicht selten knirscht er dabei auch mit den Zähnen, „als ob die Zähne in Splitter gehen müßten“ (Aussage des Vaters). Oft hat er schreckhafte Träume. Im allgemeinen ist er sanft, aber verschlossen; reizbar wird er bei Ermüdung. Sein Charakter ist zuverlässig; einmal Begonnenes wird mit großer Hartnäckigkeit durchgeführt, z. B. konstruktive Basteleien, denen er mit großem Eifer nachgeht. Häufig sind bei ihm Wadenkrämpfe, besonders im Frühjahr; ferner hatte er die Gewohnheit, in eigentümlicher Weise mit den Achseln zu zucken („Schulterzwang“) und auch sonst kleine motorische Stereotypien, z. B. bei Tisch, wo er ruhig sitzen soll, mit den Fingern zu spielen usw. Im Vorstellungsleben bestehen leichte Zwangsmäßigkeiten. Er befürchtet leicht, etwas vergessen zu haben oder versehentlich seine Schranktür nicht zugeschlossen zu haben. Es ist nicht selten, daß er einen aufgefangenen Gedanken nicht loswerden kann. Solche subjektive Angaben macht der Knabe, der ein ausgesprochenes Tetaniegesicht (bei leichtem Glanzauge) zeigt, mit einem ganz auffallenden Ernste und merkbar mit größter Gewissenhaftigkeit. Man hat durchaus das Gefühl, daß keine oberflächlichen Angaben leichthin gemacht werden, was auch der Vater im Hinblick auf sein sonstiges Verhalten vollauf bestätigt. Obwohl diese Angaben mancherlei Dinge betreffen, die das Befinden und die ganze, meist gedrückt erscheinende Stimmungslage des Knaben tief berühren und darum eigentlich von ihm mit einer gewissen inneren Anteilnahme vorgebracht werden müßten, spricht er alles, was er aussagt, äußerlich wenigstens, mit einer völligen Unbewegtheit aus. Es macht den Eindruck, als ob er von einem dritten, ihm gleichgültigen Menschen spräche, und ihn dies eigentlich gar nichts anginge. Einen ähnlichen Eindruck erweckt er auch in der Schule, und die Lehrer bezeichnen dies als Interesselosigkeit, geistige Trägheit und Gleichgültigkeit. In Übereinstimmung mit diesem Eindruck steht bei allem, was er spricht, seine Miene: sein Gesicht zeigt dabei eine ausgesprochene Unbewegtheit; es behält immer den gleichen, etwas bekümmerten Ausdruck bei, den ihm die typischen mimischen Stigmen seines Tetaniegesichtes geben. Übrigens zeigt der Vater das gleiche.

Nach Aussage der Eltern zeigte der Knabe sein merkwürdiges Wesen verstärkt in den Herbst- und Frühjahrsmonaten. Lebertran bekam ihm immer auffallend gut.

Der Knabe zeigt sonst körperlich frische Farben, ist ziemlich kräftig und gut gewachsen. Außer den üblichen Kinderkrankheiten anamnestisch ohne Besonderes. Eltern sind beide gesund.

Galvanisch, N. uln. dext.: KSZ 0,6, ASZ 0,8, AÖZ 2,7; sensibel KSE a 0,3 MA; er ist äußerst überempfindlich gegen den Strom: äußert bereits sehr bald stark unangenehme und schmerzliche Sensationen.

Mechanisch, N. uln. sin: Par. + +, Zuck. +; Chv. —, Harf. —.

H. W. 0,2, R. A. —, H. R. —, Fingertr. + +, Hals o. B., Möb. —, leichtes Glanzauge.

Optisch:

1. ABrQu 10″: **blaugrün**, scharf. **Sehr lange Nachdauer**; von **selbst** verblassend.
   NBrQu 15″: **blaugrün** scharf, 10″ etwas verschwommen, 20″—, 56″ da, aber undeutlich, 100″+ schärfer, 120″ es ist scharf aber grau wie der Hintergrund, außenherum ein dunkler Rand, 145″—, 175″+ ganz schwach, grau, 215″ wird schärfer, 240″ noch da, 270″ noch da, 295″—, 310″ + ganz matt, grau, 350″ + sehr matt, vergeht allmählich — —. Soll lebhaft daran denken. Frage: „Kommt es jetzt deutlich wieder?“ — „Nein.“

2. AB Münchner Bilderbogen 20″: sämtliche Figuren deutlich da, urbildmäßig **schwarz**, alle Einzelheiten werden ausführlich geschildert. Es erscheint nicht wie eine wirkliche Szene, sondern wie „aufgetuscht“, eben wie die Vorlage (bei B-Bildern ist das AB oft anders, „lebensvoll“, nicht wie die Vorlage; es wird im AB mitunter zu einer richtigen Straßenszene, und die schwarzen Figuren des Bilderbogens erhalten Farben wie richtige Menschen (vgl. den folgenden Fall eines B-Typus). Bei längerer Betrachtung bleibt das AB völlig ruhig. Mit intermittierender Schärfe und Deutlichkeit bleibt das AB bis zu 4 Minuten da und verklingt dann allmählich, indem es immer blasser und verschwommener wird. Solange es überhaupt noch da ist, wird es, — bei angestrengtem Vorstellen —, nachdem es gegen Willen und Vorstellung schon unscharf und blasser geworden ist, mit einiger Anstrengung nur etwas deutlicher. Nachdem das AB vollständig abgeklungen ist, erfolgt ohne erneute Vorzeigung der Vorlage die Frage: „Kannst du es jetzt wieder sehen, wenn du es willst?“ — Nach längerer Anstrengung: „Ja, etwas kommt es wieder, aber nur einiges und ganz undeutlich; wie ein Schatten.“

Erneute Erzeugung des AB nach Vorlage wie oben: auf dem Bild ist die schwarze Silhouettenfigur einer Dame, die einen Regenschirm trägt. „Kann aus dem Schirm ein Stock werden?“ Nach längerer Zeit: „Es bleibt ein Regenschirm, ich kann das nicht sehen.“

Im Vordergrund des Bildes befindet sich ein Schuljunge, der hingestürzt ist. „Kannst du sehen, daß der Junge jetzt aufsteht?“ — „Das geht nicht.“ — Nach $^1/_2$ Minute: „Jetzt geht es, er steht auf.“ — Wie ging das vor sich?“ — „Zuerst war es ein aufrechter schwarzer Fleck, dann wurde der Junge daraus.“

Des weiteren befinden sich auf dem Bilde zwei nebeneinander strammstehende Soldaten. „Geht es, neben ihnen einen dritten Soldaten zu sehen?“ — „Nein.“ — „Recht kräftig daran denken!“ — Nach 1 Minute: „Jetzt geht es.“ — „Schildere einmal näher, wie das nun auf einmal ging.“ — „Sie haben sich auseinandergeschoben; außen von dem einen Soldaten war dann ein Fleck und daraus ist dann ein dritter Soldat geworden. Er ist auch schwarz; der mittlere Soldat ist aber jetzt ganz undeutlich und viel blasser.“

„Auf dem Bilde ist auch ein Reiter. Kann er vorwärts reiten?“ — „Nein.“ — Nach einer Weile: „Ja, er schiebt sich vorwärts.“

Erneute Erzeugung des AB nach Vorlage. Ohne Vorlage kann Vp. keine AB erzeugen. „Kannst du das Bild jetzt verschwinden lassen, wenn du es nicht mehr sehen willst?“ — Nach einer Weile: „Es bleibt da; es wird aber von selbst etwas schwächer.“ Spontan hat er auch AB, z. B. vom Kopfe des Lehrers in der Schule. Es kann beim Lesen auf der Buchseite die Buchstaben verdecken, ohne daß es ihm gelingt, dies Bild willkürlich fortzubringen. Manchmal sieht er die Buchstaben und Worte im Buche wirr durcheinandergeworfen oder nur wie einen Farbstreifen. Er kann dann nicht lesen. Der Versuch ergibt, daß es sich hier um äußerst rasch entstehende ABT der Schrift handelt (ABNB), die sich bei Augenbewegungen über die wirkliche Schrift schieben und dieselbe verdecken. Mitunter sieht er Gegenstände doppelt, z. B. seinen Federhalter, so daß er schon nach dem falschen, also dem AB, gegriffen hat. Manchmal also ist ein solches spontanes AB nicht von einem wirklichen Gegenstand zu unterscheiden, mitunter aber ist es auch durchsichtiger, letzteres nur bei Verdoppelungen des wirklichen Gegenstandes. Fluxion nicht vorhanden.

3. ABrQu 10″: a) 4,5 b) 3,9 c) 3,2 }
NBrQu 15″: a) 4,2 b) 4,8 c) 6,5 } Farbe **blaugrün.**

Nach aufmerksamer Betrachtung des wirklichen Quadrates bleibt das Quadrat auf dem Projektionsschirm hängen; der Projektionsschirm wird in Entfernung b und c gebracht. Größe des wirklichen Quadrates erscheint bei Messung mit dem Zirkel: a) 4,3, b) 4,0, c) 3,7. Es besteht also auch Größenänderung (hier Verkleinerung), wie auch im AB s. o.) wirklicher Wahrnehmungsgegenstände (vgl. S. 29f.).

4. Tierfigur wird nach Vorlage vollkörperlich und urbildmäßig gesehen.
5. ABrQu 10″: da, blaugrün. Schilderhausgrund wird durchgesehen, d. h. die weißen Streifen zeigen eine grünliche Farbe; auf den schwarzen Streifen sieht er gar nichts. ABrQu 10″: da, blaugrün. Ziegelhintergrund wird völlig verdeckt.

Bei Verbiegungen des Hintergrundes verbiegt sich das AB mit. Die B-Bilder bleiben hiervon unbeeinflußt, sie sind invariant gegenüber dem Hintergrunde, genau wie die Vorstellungsbilder, während sich die NB den Hintergründen anschmiegen [vgl. hierzu die Arbeit von Gösser aus dem Psychologischen Institut in Marburg E. R. Jaensch (II: IV. Abschn.)]. Bei Festhaltung eines Fixationspunktes auf dem Hintergrund verschiebt sich das AB nur bei gleichzeitigen Augenbewegungen, nicht schon auf Aufmerksamkeitsverlagerung hin. Bei Drehung des Kopfes der Vp. um seine eigene Achse oder bei seitlicher Kopfneigung folgt das AB der Bewegung.

Fall 26. E. B., Verkäuferin, 17 Jahre. B-Typus. Grad VE.

Vp. war stets ein sehr lebhaftes Kind. Sie neigte zu Träumereien und war von einem aufgeschlossenen, anschmiegsamen Wesen. Sie hatte stets viele Freundinnen, die sie aber oft wechselte. Hierin zeigte sie zuweilen eine fast unbegreifliche Launenhaftigkeit. Oft genügte ein kleiner Anlaß, ihre beste Freundin fallen zu lassen. Dann mochte sie diese gar nicht mehr sehen. Sie war sehr lenksam, jedoch schwer bei der Stange zu halten. Früh fiel bei ihr eine starke Phantasietätigkeit auf. Sie erzählte alles Mögliche, angeblich Erlebtes, das oft unglaubhaft erschien. So kam sie selbst bei den Eltern in den Verdacht der Lügenhaftigkeit. Schon früh zeigte sie einen starken Nachahmungstrieb und „schauspielerte“ gern Bekannte oder Lehrer, wie überhaupt ältere Personen, denen sie in komischer Weise „nachäffte“. Sie hatte zu allem gute Anlage und viel Geschick, brachte es aber nie über gewisse Anfänge hinaus. Kaum angefangene kleine Handarbeiten ließ sie bald liegen und vollendete selten etwas. Sie war keineswegs ängstlich, konnte aber mitunter, z. B. wenn sie erschrak, leicht in Weinen ausbrechen. Gelegentlich eines unbedeutenden kleinen

Unfalls verfiel sie einmal in einen Zustand von „Starre“, der ihren Eltern großen Schrecken einjagte, da sich hierbei auch „Krämpfe“ zeigten. Kurz nachher war sie aber wieder völlig munter. Nur einmal, einige Jahre später, kehrte dieser Zustand wieder, als ihr ein Lieblingswunsch verweigert worden war. Als die besorgten Eltern ihr die Erfüllung ihres Wunsches zusagten, um ihr bei dieser „Erkrankung“ eine Freude zu machen, wurde sie überraschend schnell wieder munter und lebhaft. In der Zeit der Pubertät steigerte sich ihre Launenhaftigkeit, so daß sie selbst in der Schule manchmal Schwierigkeiten hatte. Sie konnte dann mitunter Lehrer wie Eltern und Kameradinnen geradezu quälen. Ihre Intelligenz war gut. Sie besaß eine sehr schnelle Auffassungsgabe. Trotzdem waren ihre Leistungen nicht über mittelmäßig, da sie nie recht bei der Sache war. Später wurde sie ernster und zuverlässiger, indessen zeigte sie stets eine gewisse Oberflächlichkeit. Ihre meist heitere Stimmung wechselt noch heute leicht und verfällt von einem Extrem ins andere. Sie hat außer den gewöhnlichen Kinderkrankheiten stets beste Gesundheit gezeigt und hat eine frische, gesunde Gesichtsfarbe, große, leicht vortretende und von schwarzen Wimpern beschattete Glanzaugen; ihr Mienenspiel ist lebhaft, die Bewegungen graziös. Der Hals zeigt in der Gegend der Schilddrüse eine leichte Verdickung. Der Wuchs ist bei aller Zierlichkeit kräftig und wohlproportioniert. Die Menstruation ist normal.

Galvanisch, N. uln. dext.: KSZ 1,0, ASZ 2,5; sensibel KSE a 0,6 MA.

Mechanisch, N. uln. sin.: Par. —, Zuck. —; Chv. —, Harf. —.

H. W. 1,5, R. A. + +, H. R. + +, Fingtr. + +, Hals leicht verdickt, Möb. +, Glanzauge, leichte Protrusio bulbi.

1. **AB**rQu 10″: **rot**, scharfrandig, Punkt in Mitte sichtbar. Nachdauer **beliebig** lange.
   NBrQu 15″: **rot**, scharfrandig, Punkt in Mitte sichtbar. Nachdauer **beliebig** lange.
   NBrQu 20″: **grün**, scharfrandig, einen Augenblick ohne Punkt, dann sofort wie oben.
   Ohne Vorlage, nur vorgestellt: **rotes**, scharfrandiges AB, so lange da, als sie will; verschwindet sofort, wenn sie es wünscht, kommt sofort wieder, sobald sie es will.
2. Münchner Bilderbogen 20″: Alle Figuren, alle Einzelheiten da; alle in der Vorlage schwarzen Figuren und Gesichter besitzen **richtige** menschliche Gesichtszüge, Farben und Kleider. Bei längerem Hinsehen beginnen sie sich ganz spontan zu bewegen, die Szene belebt sich. Die Vp. kann auch auf Wunsch die verschiedensten nicht in der Vorlage enthaltenen Figuren hinzusehen. Alle erscheinen sofort, ruckartig. Wenn sie will, ist das Bild ebenfalls sofort auch ganz verschwunden. Wenn sie will, ist es sofort wieder da. An sämtlichen Figuren können alle beliebigen Veränderungen angebracht werden. Alles geht leicht und ohne Schwierigkeit. Jedes beliebige AB kann sofort und mühelos ohne Vorlage erzeugt werden.
3. ABrQu 10″: a) 5,2 b) 5,3 c) 4,3 **Rot.**
   NBrQu 15″: a) 5,2 b) 5,0 c) 4,8 **Rot.**
4. Tierfigur wird vollkörperlich und urbildmäßig gesehen.
5. ABrQu 10″: Jeder Hintergrund verschwindet völlig hinter dem AB. Letzteres sieht genau aus wie das Pappquadrat. Bei Verbiegungen des Hintergrundes bleibt das AB völlig aufrecht stehen, als sei es das Pappquadrat selbst.

Bei Festlegung eines Fixationspunktes auf dem Hintergrund verlagert sich das AB ohne jede motorische Augenbewegung schon bei bloßer Aufmerksamkeitsablenkung. Bei Drehung des Kopfes der Vp. um seine eigene Achse oder bei seitlicher Kopfneigung bleibt das AB auf dem Hintergrund an der alten Stelle stehen. Fluxion und Synästhesie (Farbenhören) stark vorhanden, akustische AB.

Anhang.

Historische Persönlichkeiten im Lichte der aufgestellten Typencharakteristik: Goethe und Johannes Müller. Ein Vergleich.

Von GOETHE und dem berühmten Physiologen JOH. MÜLLER ist es bekannt, daß sie optische Anschauungsbilder besessen haben, und zwar teils aus Selbstschilderungen, teils aus Berichten zeitgenössischer Persönlichkeiten, die durch Beruf und Veranlagung besonders darauf eingestellt und geeignet waren, derartige auf der Grenze von Natur und Geist liegende Eigentümlichkeiten zu beachten und mit der Genauigkeit des Naturforschers zu beschreiben. Diese optischen Anschauungsbilder von JOHANNES MÜLLER und GOETHE vergleicht nun E. DU BOIS-REYMOND in seiner Gedächtnisrede auf JOH. MÜLLER[1]) folgendermaßen:

[1]) Abhandl. d. königl. Akad. d. Wiss. in Berlin, aus dem Jahre 1859. Berlin 1860.

„Übrigens gebot MÜLLER nicht willkürlich über jene Bilder: trotz dem unaufhörlichen, einen ganzen Abend hindurch fortgesetzten, quälenden Bemühen, ein lebhaftes Rot im Sehfelde zu sehen, gelang ihm dies nur ein einziges Mal und nur auf Augenblicke, GOETHE hingegen besaß die Gabe, die bunte Rosette eines gotischen Fensters willkürlich einbilden zu können; hatte er aber dergestalt das Thema angegeben, so erging sich gleichsam seine Sehsinnsubstanz in Variationen darüber, indem die Blume, die Rosette sich unablässig von innen heraus veränderte, völlig wie die Bilder der erst später erfundenen Kaleidoskope[1]).“ ... „Ein Unterschied zweier Naturen,“ sagt JOH. MÜLLER selbst, der sich gelegentlich einmal mit GOETHE hierüber besprach, „wovon die eine die größte Fülle der dichterischen Gestaltungskraft besaß, die andere aber auf die Untersuchung des Wirklichen und des in der Natur Geschehenden gerichtet ist[2]).“

GOETHE besaß durch seinen Biotypus auch die Fähigkeit zur Synästhesie (S. 166); ein Beispiel hierfür findet sich in seiner „Campagne in Frankreich“, wo er unter dem 19. bis 22. Sept. 1792 über ein solches Erlebnis gelegentlich eines „Versuchsrittes“ in die Feuerzone berichtet: ins Artilleriefeuer geraten, hatte er das Gefühl „als wäre man an einem sehr heißen Orte, und zugleich von derselben Hitze völlig durchdrungen, so daß man sich mit demselben Element, in welchem man sich befindet, vollkommen gleich fühlt“; ... zugleich war es, „als wenn die Welt einen gewissen braunrötlichen Ton hätte“ (vgl. hierzu Kap. XII). Bezeichnenderweise fügt er ausdrücklich hinzu, daß es sich keineswegs um Blutwallungen handelte und daß diese Empfindungen „nur durch die Ohren“ entstanden. Ein Teil seiner Farbenlehre erklärt sich überhaupt aus dieser synästhetischen Eigenschaft: z. B. der Abschnitt über die „Sinnlich-sittliche Wirkung der Farben“ und ihr „Verhältnis zur Tonlehre“. An vielen Stellen seiner Farbenlehre und seiner Werke überhaupt begegnen wir ähnlichen Angaben neben seinen Eigenschilderungen mehr oder weniger ausschließlich eidetischer Erlebnisse, die immer den Stempel des B-Typus tragen. Interessanterweise schildert er in seiner Farbenlehre unter „Pathologische Farben“ auch ausgesprochen (in unserem Sinne) tetanoide eidetische Phänomene und erwähnt, daß sie stärker seien bei Individuen mit Neigung zum Krampf (!), bei leerem Magen und bei „Hypochondristen“, worunter wohl im heutigen Sinne Neurastheniker zu verstehen sind (vgl. S. 268).

Nach obiger Schilderung weisen die Anschauungsbilder GOETHES ganz eindeutig auf den B-Typus hin, womit auch die GOETHE-Bildnisse in Einklang stehen (Abb. 26). Ganz entsprechend zeichnen GOETHES Persönlichkeit auch Berichte seiner Zeitgenossen; aus ihnen geht zugleich auch mancher andere für den B-(bzw. BT-)Typus charakteristische Zug hervor: GOETHES lebhafter Stimmungswechsel, das lebhafte Spiel seiner Augen (Pupillen), die auffallende Beteiligung körperlicher Begleiterscheinungen seiner stark affektbetonten seelischen Regungen, seine Motorik und seine Gesten, in ganz der gleichen Weise, wie dies unsere eigenen Schilderungen „vegetativ stigmatisierter“ Individuen (B- bzw. BT-Typen) nicht besser betonen können.

EMIL SCHÄFFER berichtet in seinem Buche „GOETHES äußere Erscheinung“ (Leipzig, Inselverlag 1914), auf Grund literarischer Dokumente seiner Zeitgenossen, über Äußerungen verschiedener zeitgenössischer Persönlichkeiten, von denen wir nachfolgend einige Stichproben geben (Sperrdruck von uns, d. Verf.):

---

[1]) Den hier noch folgenden Zusatz „... ohne daß es ihm je gelang, die hervorsprossende Schöpfung zu fixieren“, haben wir oben im Text fortgelassen, weil sie an dieser Stelle vielleicht irreführend wirken kann, da sie den ersten Satz über die willkürliche Hervorrufbarkeit der AB GOETHES und ihre völlige Unterordnung unter die Vorstellungen, — „unter die allgemeine Seelenkraft“, wie GOETHE es ausdrückt —, aufzuheben scheinen könnte. In Wahrheit kommt ja doch die willkürliche Hervorrufbarkeit der AB GOETHES scharf zum Ausdruck, ebenso in anderweitigen Angaben über ihre Plastizität und ihren Wirklichkeitscharakter, die ebenfalls maßgebende Stigmen solcher eidetischer Erscheinungen vom B-Typus sind. Hier jedoch handelt es sich lediglich um das Phänomen der ebenfalls zu den B-Bildern gehörenden und willkürlich unbeeinflußbaren Fluxion (S. 196).

[2]) Aus JOH. MÜLLER: Phantastische Gesichtserscheinungen. Coblenz 1826; vgl. S. 124, Anm. 1.

Graf HANS GABRIEL TROLLE-Wachtmeister, 1804: „...Nie zuvor habe ich ein Antlitz gesehen, welches sich mit dem GOETHES vergleichen ließe. So männlich schöne Gesichtszüge, die so deutlich das Gepräge der Elevation, der Energie und der Genialität tragen oder ein solches Feuer, wie es aus seinen großen schwarzbraunen Augen blitzt, vermag man sich nicht vorzustellen". (vgl. Abb. 26 u. Abb. d. Gruppe III, S. 109).

STEPHAN SCHÜTZE, 1806/1807 und später: „Das Merkwürdigste war, ihn fast jedesmal in einer anderen Stimmung zu sehen, so daß, wer ihn mit

Abb. 26.

einem Male zu fassen glaubte, sich das nächste Mal gewiß gestehen mußte, daß er ihm wieder entschlüpft sei. Man hatte bald einen sanft-ruhigen, bald einen verdrießlich-abschreckenden (auch Kummer drückte sich bei ihm gewöhnlich durch Verdrießlichkeit aus), bald einen sich absondernden, schweigsamen, bald einen beredten, ja redseligen, bald einen episch-ruhigen, bald — wiewohl seltener — einen feurig-aufgeregten, begeisterten, bald einen ironisch-scherzenden, schalkhaft-neckenden, bald zornig-scheltenden, bald sogar einen übermütigen GOETHE vor sich. — Diese große Verschiedenheit oder Menge von Stimmungen war bei GOETHE etwas ganz Natürliches, ja Notwendiges; ... die höchste

Glorie umleuchtete ihn erst in Augenblicken der Begeisterung, wenn ein lebhaftes Rot die Wangen überflog, deutlicher der Gedanke auf der erhabenen Stirn hervortrat, himmlischer noch die Strahlen seines Auges glänzten und sein Antlitz sich zum Ausdruck einer göttlichen Anschauung verklärte. . .“

Wolf Graf Baudissin, Mai 1809: „. . . wie er anfing, lebhafter zu erzählen und zu gestikulieren, wurden die beiden schwarzen Sonnen noch einmal so groß und glänzten und leuchteten so göttlich, daß, wenn er zürnt, ich nicht begreife, wie ihre Blitze nur zu ertragen sind . . .“

Martin Hieronymus Hudtwalcker, Mai—Juni 1809: „Sein Blick ist hinreißend, und wenn vollends eine Träne sein Auge füllt, was ihm im Feuer seiner Begeisterung und bei seiner sittlichen (gemeint ist wohl ‚gefühlsmäßig-affektiven‘) Reizbarkeit nicht selten begegnet, so möchte gewiß jeder Jüngling ihm um den Hals fallen und jedes Mädchen an seine Brust.“

Dietrich Georg Kieser, Dezember 1813: „. . . Ich sah ihn nie so furchtbar heftig, gewaltig, grollend; sein Auge glühte, oft mangelten die Worte, und dann schwoll sein Gesicht; und die Augen glühten und die ganze Gestikulation mußte dann die fehlenden Worte ersetzen.“

Friedrich von Matthison, April 1815: „. . . Selten schuf die Natur wohl ein Auge von gediegenerem Feuerstoff, als das Auge Goethes, welches noch leuchtet und glänzt wie vor 30 Jahren . . .“

G. v. Mutius bemerkt (a. a. O. s. u.): „Goethe“ (— er war ja Eidetiker und B-Typus, wahrscheinlich BT-Typus —) „war begabt mit aller leidenschaftlichen Begeisterungsfähigkeit, mit allem Schwung und Feuer der solche Menschen höhertragenden seelischen Stimmungsphase, aber ebenso mit aller Tiefe und Zerrissenheit ihrer seelischen Depressionen[1]). Er war keineswegs jener Goethe, wie ihn gerade heute viele zu sehen glauben, ein Götterliebling, dessen langes Leben wie ein einziger herrlicher Sommertag scheint.“ — „Täuschen wir uns nicht, unter der sieghaften Geste des Gelingens, die Goethes Persönlichkeit wie kaum eine andere auszeichnet, liegt eine erdenschwere Welt der Mühsal und des Kampfes.“ — „Wir dürfen den Preis nicht vergessen, den Goethe für die überwältigenden Werte seines Daseins zu zahlen hatte, welcher sogar diese Werte mitbedingt und mitgeschaffen hat:“

„Alles geben die Götter, die unendlichen,
Ihren Lieblingen ganz,
Alle Freuden, die unendlichen,
Alle Schmerzen, die unendlichen, ganz.“

„So erschließt der Götterliebling selber uns sein Lebenslos. Offenbar liegt der Ton hier auf den Schmerzen.“ Dabei war Goethe der Gesündesten einer. „Eine ungeheure Gesundheit — das Wort in einem umfassenden, auch alles Geistige einschließenden Sinn verstanden — lebt sich vor uns aus[2]).“ Dies muß man trotz allem Auf und Nieder in diesem Leben feststellen. —

Die Anschauungsbilder von Johannes Müller (eines Schuhmachersohnes![3])) dagegen zeigen den Charakter des T-Typus, wie deutlich hervortritt,

---

[1]) Diese Depressionen des B-Typus unterscheiden sich scharf von den somatogenen dumpf empfundenen Depressionen des T-Typus (s. a. sp.), wenngleich letztere bei BT-Typen natürlich auch vorkommen (vgl. Kap. X, XI u. S. 428f.).

[2]) v. Mutius, Gerhard: Vortrag geh. bei Eröffnung der Kopenhagener Goethe-Ausstellung 1924, Deutsche Allgemeine Zeitung.

[3]) Tetanie wird wegen ihres häufigen Auftretens bei Schuhmachern auch als „Schusterkrampf“ bezeichnet.

wenn man den oben wiedergegebenen Bericht mit unserer früheren Charakteristik der T-Bilder vergleicht. Im Einklang hiermit stehen die Schilderungen seines Antlitzes und seiner Persönlichkeit, die ebenso eindeutig auf den T-Typus hinweisen, wie die GOETHES auf den B-Typus. Finden wir bei GOETHE das große durchseelte Auge dieses Persönlichkeitstyps, so zeigt uns JOHANNES MÜLLER die charakteristischen Züge, die UFFENHEIMER schon als Tetaniegesicht gekennzeichnet hat (vgl. Abb. 27 u. Abb. Gruppe I S. 103; Gruppe II, S. 109).

Abb. 27.

Die zeitgenössischen Schilderungen seiner Persönlichkeit stehen hiermit in Einklang: „Welcher Gegensatz," sagt RUDOLF VIRCHOW[1]) mit Bezug auf MÜLLER, „wenn das sonst so finstre oder doch kalte Gesicht mit dem Ausdruck herzlichen Wohlwollens sich klärte ... und es wie warmer Sonnenblick durch das Gewölk hervorbrach ..." „Das dunkle Auge, das so finster aussah, wenn es grübelte, das so hell aufleuchten konnte (vgl. S. 106), wenn es lächeln wollte, war gebrochen. Die starke Falte des Forschers war gesunken"

[1]) VIRCHOW, RUDOLF: Johannes Müller, eine Gedächtnisrede. Berlin 1858. S. 44. Sperrdruck von uns, d. Verf.

(VIRCHOW S. 38). In UPHUES' Johannes-Müller-Denkmal in Coblenz ist diese Falte (Tetaniegesicht) aufs deutlichste ausgeprägt.

Auch in anderen zeitgenössischen Berichten treten diese Züge hervor, so in folgender Schilderung von WILHELM WUNDT[1]): „JOHANNES MÜLLER war klein von Statur, aber dabei eine durch sein ausdrucksvolles Gesicht imponierende Persönlichkeit, ein düsterer Ernst war ihm auf die Stirne geprägt, und der Eindruck der schwermütigen Falten dieser Stirn wurde durch die nie rastenden, zuckenden Bewegungen seines Angesichts noch verstärkt. Und doch konnte die Schwermut dieses Angesichts in der Unterredung für Momente dem Ausdruck der Güte und Teilnahme weichen."

Aus E. DU BOIS-REYMONDS Gedächtnisrede (a. a. O.) entnehmen wir noch folgende Angaben:

„Das erste, was sich dauernd darbot, war eine tiefe Verschlossenheit, die nicht in sich hineinblicken ließ, und die man in besonderen Augenblicken überraschen mußte, um etwas mehr zu sehen als den gleichmäßigen Ausdruck der mit einer Art von Schwermut gefärbten Energie, womit er seine geistigen Zwecke verfolgte ..."

„In der Unterhaltung war er nicht gerade sehr produktiv. Dazu war er zu sehr mit dem jedesmaligen Gegenstande seiner Arbeiten gesättigt, auf den unwillkürlich alle geistigen Wege zurücklenkten ..."

„Die Nachrichten aus JOH. MÜLLERS Kindheit zeigen ihn uns als einen sinnigen, in sich gekehrten, gelegentlich aber lebhaft ausbrechenden Knaben, der bei allem, was er tat und trieb, mit ganzer Seele und dem eifrigsten Ernste war, und jedes begonnene Unternehmen mit hartnäckiger Ausdauer zu Ende führte ..." „In dem Buche über die phantastischen Gesichtserscheinungen erzählt MÜLLER selbst, wie er oftmals durch die Fenster des Wohnzimmers im elterlichen Hause am Jesuiterplatz die rußig verfallene Wand des Nachbarhauses betrachtend, in den Umrissen des abgefallenen und stehengebliebenen Kalks allerlei Gesichter erblickte;" „... es scheint dies freilich als ein phantasiereichen Kindern gemeinsamer Zug; aber während bei tausend Kindern dieses Spiel der Einbildung spurlos vorübergeht, wird es bei JOHANNES MÜLLER zum Keim jener denkwürdigen Studien über die Sinne, welche diesen Teil der Physiologie von Grund aus umgestaltet haben." Aus JOH. MÜLLERS Studentenzeit berichtet DU BOIS-REYMOND: „und doch (trotz seines rastlosen Studiums) findet er noch Zeit, heute als guter Gesell den Kreis der Kommilitonen durch die wunderlichsten Verzerrungen seines mächtigen Gesichtes zu ergötzen, an dem er (jenen unverständlich) jeden einzelnen Muskel vor dem Spiegel der Willkür zu gehorchen gelehrt hatte ...[2])" Von JOH. MÜLLERS Gesamtbewegungen sagt VIRCHOW (a. a. O.): „Auch besaßen die Bewegungen des Rumpfes und der Glieder nicht jene Leichtigkeit und Gefälligkeit, welche natürliche Anlage oder frühe Gewöhnung erzeugen". MÜLLER bewegte sich besonders in früheren Jahren ausgesprochen ungeschickt und hilflos (VIRCHOW)[3]). Über die Gesichtserscheinungen äußert sich DU BOIS-REYMOND (a. a. O.) weiterhin: „Am leichtesten traten bei MÜLLER die Phantasmen ein, wenn er ganz wohl war, wenn keine besondere

---

[1]) WUNDT, WILHELM: Erlebtes und Erkanntes. Stuttgart 1920. S. 108. Sperrdruck von uns.

[2]) Vielleicht dürfte dieser Fähigkeit eine gewisse Übererregbarkeit des Facialis entgegengekommen sein (vgl. Anm. 1. S. 143).

[3]) Vgl. hierzu (Kap. III B, S. 143): Bewegungsmodus ausgesprochen intellektueller T-Typen in Bezug auf die Gesamtbewegungen des Körpers.

Erregung in irgendeinem Teil des Organismus geistig oder psychisch obwaltete, besonders aber, wenn er gefastet hatte[1]), wo dieselben dann eine wunderbare Lebendigkeit erreichten.“ Aus späteren Jahren hören wir: „Den übermäßigen Anstrengungen, denen er sich jahrelang, die Nacht in den Tag, den Tag in die Nacht verwandelnd, unausgesetzt hingegeben hatte, erlag endlich vorübergehend seine sonst so zähe Natur . . .“ „MÜLLER verfiel in einen Zustand nervöser Reizbarkeit, worin er unter anderem kleine Stöße in den Fingern empfand, sobald er die Hand und die Finger zu sehr anstrengte[2]), verbunden mit einem Gefühl äußerster Abspannung . . .“ MÜLLER . . . malte „seine Lage sich ins düsterste aus . . . gab in traurigster Entmutigung seine Vorlesung wieder auf“. Sein Arzt bezeichnete die Erkrankung als eine „eigentümlich modifizierte Hypochondrie“. MÜLLER glaubte ein Rückenmarksleiden zu haben[3]). Aus späteren Jahren hören wir noch: „Einige Male wird er unter tiefer Mißstimmung von Schmerzen in der Lebergegend befallen, in deren Gefolge auch einmal Gelbsucht erschien. Er deutete dies Leiden auf Krampf des Gallenganges und bekämpfte es erfolgreich durch große Gaben Opium[4]).

Die Starrheit des Vorstellungsverlaufs der Tetanoiden tritt uns in folgender Angabe entgegen: „In seiner letzten Periode hatte MÜLLER die Art, sich jedesmal ausschließlich in den Gegenstand zu versenken, mit dem er gerade beschäftigt war. Er behielt von dem übrigen gegenwärtig gleichsam nur, was er für den täglichen Bedarf seiner Vorlesungen brauchte. Alles übrige hielt er sich fern mit einer Starrheit, die dem Uneingeweihten als die blasierteste Teilnahmlosigkeit erscheinen konnte, und die sich in ihrer Wirkung nach außen auch nur wenig davon unterschied[5]). So hat er die vornehmsten Versuche der heutigen Physiologie über Gegenstände, die ihm früher das glühendste Interesse einflößten, nie gesehen. Das Stereoskop, das von Hrn. BRÜCKE entdeckte Leuchten der menschlichen Augen, die daran sich knüpfende Erfindung des Augenspiegels durch Hrn. HELMHOLTZ, haben den Verfasser der Vergleichenden Physiologie des Gesichtssinnes gleichgültig gelassen . . .“ „Dabei war MÜLLER ein großer Meister des Zeichnens an der Tafel. Es war ein hoher Genuß, ihn eine sich entwickelnde Tierform durch eine Reihe von Zwischenstufen allmählich zur vollendeten Gestalt über-

[1]) Vgl. S. 423 über den Einfluß des Hungers auf die AB.

[2]) Tetanoide Parästhesien (?), Andeutungen von Spasmen, die nur bei bestimmten Bewegungen auftreten, im Sinne der Schilderung v. BECHTEREWS (bei Bewegungen sich bemerkbar machende Spasmen bei Tetaniefällen).

[3]) Vgl. Kap. IX, S. 432 JOLLYS Fall von „Hypochondrie mit Sensationen“, zugleich auch die deutlich sich markierende Neigung MÜLLERS zu gewissen Zwangsvorstellungen und unsere Ausführungen über Akzidentien (z. B. Enteralgie) des T-Typus, S. 126, ferner Kap. XI; es handelt sich hier zweifellos um eine Neurasthenie infolge Erschöpfung.

[4]) Vgl. hierzu WESTPHAL, K.: Muskelfunktion, Nervensystem und Pathologie der Gallenwege. Berlin: Julius Springer 1922. — Ders.: Klin. Wochenschr. Nr. 25. 1924; vgl. S. 322, 371; neuerdings KATSCH. G.: Klin. Wochenschr. Nr. 24, S. 1066. 1926.

[5]) Eine ähnliche scheinbare Teilnahmslosigkeit, eine scheinbar geringe seelische Anteilnahme an den Dingen seiner Umwelt und den Begebenheiten innerhalb seiner Umgebung zeigen auch JOHANNES MÜLLERS Briefe (vgl. Briefe von JOH. MÜLLER an ANDREAS RETZIUS, herausgegeben von GUSTAV RETZIUS. Stockholm 1900). Es steht hierbei die naturwissenschaftlich und leidenschaftslos registrierende Art, mit der MÜLLER in kurzen Sätzen, meist ohne Übergang und oft völlig ohne inneren Zusammenhang, ohne ein inneres gedankliches bzw. seelisches Band, Mitteilungen über wissenschaftliche Versuche, Untersuchungen und Experimente, Erlebnisse von sich und seiner näheren und weiteren Umgebung, seiner Familie, seiner Verwandtschaft und Freundschaft, trauriger oder erfreulicher Art, aneinanderreiht, in manchmal eigenartigem Gegensatz zu dem Gegenstand der Mitteilungen, der ihn selbst oft heftig erschüttert hatte.

führen zu sehen. Diese aus der unfehlbaren Sicherheit der Anschauung, die ihm eigen war, entspringende Fertigkeit ließ weder ihn noch seine Zuhörer die in England und Frankreich üblichen Wandtafeln vermissen, welche zwar viel Zeit ersparen, auch durch die Dauer des Eindrucks nützlich sind, dem Zeichnen an der Tafel aber an erläuternder Kraft insofern nachstehen, als die Zuhörer die Dinge nicht gleichsam vor ihren Augen werden sehen"[1]). —

Wir haben hier ausgeprägte Biotypen vor uns, die zugleich aufs genaueste beschrieben sind. Die allgemeine psychophysische Konstitutionslehre muß von ausgeprägten Typen ausgehen, worauf es dann leicht gelingt, die entsprechenden, hier besonders klar hervortretenden Züge nachträglich in dem Gros der weniger ausgeprägten Fälle wiederzufinden (vgl. S. 45f.).

Wir konnten im Falle dieser beiden historischen Persönlichkeiten in verschiedensten Auswirkungsgebieten die biologische Formalstruktur des T- und B-Typus (Kap. VII) wahrscheinlich machen. Den durch diese Formel ausgedrückten Unterschied dieser beiden Männer brachte JOH. MÜLLER selbst (vgl. S. 263) rein gefühlsmäßig schon zum klaren Ausdruck. Wir finden alles in restloser Übereinstimmung mit dem von beiden Männern selbst geschilderten, so ganz verschiedenen, uns wohl bekannten Charakter ihrer eidetischen Eigenschaften. Wir konnten feststellen, daß die formale Struktur, die in den Anschauungsbildern am deutlichsten zum Ausdruck kommt, in weitestem Ausmaße die körperlichen wie die geistigen Lebensäußerungen dieser beiden so markanten und in gewissem Sinne so gegensätzlich gearteten Persönlichkeiten beherrscht. Es wäre vielleicht nicht allzu schwer, noch mehr Beispiele unserer Biotypen der Literatur wie der Geschichte zu entnehmen[2]). Die hier angeführten Persönlichkeiten kann man in jeder Beziehung als zwei klassische Vertreter des T- bzw. B-Typus ansehen und als ein bestätigendes Beispiel für die innere Berechtigung der hier vertretenen Anschauungen (vgl. S. 31f).

Sechstes Kapitel.

Eidetische Zustände besonderer Färbung als Hinweis auf weitere Differenzierungen innerhalb der aufgezeigten psychophysischen Konstitutionstypen.

Im Verlaufe neuerer Untersuchungen des Marburger Psychologischen Instituts[3]) ergab sich, daß man bei bestimmten Eidetikern während der Beobachtung des AB, vor allem bei Erwachsenen, mehrfach einen „eidetischen Zustand" findet, der von dem gewöhnlichen Verhalten bei einfachen Wahrnehmungen und beim Betrachten gewöhnlicher AB in bestimmter Weise abweicht. Es lassen sich aber auch hier wieder ganz bestimmte Typen unterscheiden, die nicht ganz beziehungslos erscheinen zu den bisher aufgestellten T- bzw. B-Typen, aber in bestimmter Weise anders sind. Beiden ist in ihrem „eidetischen Zustand" gemeinsam eine Art „Versunkenheit", die die gesamte Empfindungswelt in bestimmter, jedoch verschiedenartiger Weise beeinflußt. Bei dem einen Typus wird beim Erzeugen und aufmerksamen Betrachten eines AB das periphere Gesichtsfeld eingeengt. Es tritt andeutungsweise das auf, was man in ausgeprägtem Maße, besonders

---

[1]) Über die Zeichenfähigkeit der Eidetiker vgl. JAENSCH, E. R.: Über die Kunst des Kindes und das Wesen der Kunst (in Vorbereitung).

[2]) Das seelische Porträt einer anderen der Geistesgeschichte angehörenden Persönlichkeit vom B-Typus, die wie GOETHE den Eidetikern zuzurechnen ist, zeichnete E. R. JAENSCH in seinem Artikel „Zum Gedächtnis von ALOIS RIEHL". Kantstudien XXX. 1924.

[3]) Vgl. E. R. JAENSCH (II), V. Abschnitt: KRELLENBERG, P.

bei Hysterischen, „konzentrische Gesichtsfeldeinengung“ nennt, in gewissem Umfange aber auch bei normalen Personen findet[1]). Entsprechend ist die Sinnesempfindlichkeit auch auf anderen Gebieten, z. B. die Tastempfindlichkeit der Haut, herabgesetzt: beim Aufsetzen zweier Spitzen eines Tasterzirkels mit veränderlichem Abstand zeigt sich, daß die Schwellenwerte für den Abstand zweier eben noch getrennt empfundenen Berührungspunkte bedeutend größer werden, daß mit anderen Worten im „eidetischen Zustand“ dieser Individuen noch zwei Punkte als einheitliche erscheinen, die im gewöhnlichen Bewußtseinszustand des Betreffenden als zwei verschiedene Tastberührungen bezeichnet werden. Diese Erhöhung der Tastschwelle für Berührungsreize kann hier in einzelnen Fällen bis zur Unempfindlichkeit gegen Nadelstiche fortschreiten. Der Körper kann für die betreffende Person dann gänzlich aus der Empfindung und dem Bewußtsein ausfallen; nur das AB ist da und erfüllt allein das Bewußtsein.

Diese Einschränkung der Empfindungsfähigkeit erstreckt sich hier wahrscheinlich auf alle Sinnesgebiete. Das gesamte Bewußtsein und die gesamte Erregbarkeit scheint sich hier auf einen bestimmten, eng begrenzten Bezirk zu konzentrieren, auf den die Aufmerksamkeit hingelenkt ist, während alles, was sonst noch gleichzeitig an Reizen auf den Organismus eindringt, nur in stark abgeschwächtem Maße oder gar nicht zum Bewußtsein gelangt und von dem eigentlichen Ich und der Persönlichkeit gleichsam abgespalten ist. Ein solcher Zustand bewirkt also, daß dem betreffenden Individuum das Bewußtsein (und die bewußte Herrschaft) über den übrigen Körper fast völlig verloren geht, wenn die Aufmerksamkeit durch Willen oder Vorstellung in bestimmter Weise fixiert ist. Die Vp., die diese Erscheinungen in dem Beobachtungsmaterial des Marburger Instituts bisher am ausgeprägtesten darbot, — ein Erwachsener (Akademiker) —, ist ein ausgesprochener Eidetiker, zeigt indes nichts, was auf einen T-Komplex hindeutet, wohl aber einige Latenzzeichen von Basedowscher Krankheit, an der er auch früher tatsächlich, aber nur vorübergehend gelitten hat (Tab. IV, Fall g). Er hatte damals eine ausgesprochene Vergrößerung der Schilddrüse und mußte deshalb um diese Zeit weitere Kragen tragen. Sowohl die krankhaften Basedowsymptome wie die starke Schilddrüsenschwellung verschwanden eines Tages gelegentlich eines psychischen Traumas. Hin und wieder leidet der Betreffende an passageren, zweifellos funktionellen und psychogenen Lähmungen. Es sei noch erwähnt, daß es sich um einen hochbegabten Menschen handelt. Wir glauben nun in dem eben geschilderten Verhalten der Vp. im eidetischen Zustande hysteroide Züge abgeschwächter Form erblicken zu müssen, die den Betreffenden auch sonst, wie angedeutet, charakterisieren, während wir ihn, nach seinem eidetischen und somatischen Verhalten, zunächst als reinen B-Typus bezeichnen müssen. Aber gerade den B-Typus kennzeichnet ja die Eigenart, daß in allen seinen Reaktionen psychische Faktoren eine besondere Rolle spielen und zugleich auch alle Reaktionen aufeinander einen großen Einfluß ausüben, zu einem großen Teil gerade auf Grund der Durchdringung aller seiner Funktionen mit psychischen Faktoren (vgl. hierzu Kap. III B, Kap. VII, 2 b). Es erhebt sich die Frage, ob es nicht gelingen könnte, mit Hilfe solcher Untersuchungsmethoden, wenn sich unsere eben erwähnte Annahme bestätigen sollte, rudimentäre und sonst vielleicht nicht erkennbare hysterische Konstitutionskomponenten aufzudecken. Auch könnte die experimentelle Analyse von hysteroiden Eidetikern vielleicht einen Weg bieten, sowohl in der Erkenntnis vom Wesen der Hysterie als auch

[1]) Vgl. hierzu auch Jaensch, E. R.: Zur Analyse der Gesichtswahrnehmungen. Experimentell-psychologische Untersuchungen nebst Anwendung auf die Pathologie des Sehens. 4. Erg.-Bd. d. Zeitschr. f. Psychologie. Leipzig 1909. Joh. Ambr. Barth.

der besonderen Eigenart hysterischer Halluzinationen bzw. auch der sog. negativen Halluzinationen Hysterischer einen Schritt weiterzukommen. Scheinbar spielt hier der Faktor der Aufmerksamkeit und gewisse Aufmerksamkeitsfixierungen, die wohl nicht zu Bewußtsein zu kommen brauchen, eine besondere Rolle, wofern diesem Umstand eine besondere psychophysische Konstitution, — eben etwa im Sinne des B-Typus —, entgegenkommt. Aus später zu erörternden biologischen Gründen scheint hierbei, wie in diesem Falle, der B-Typus sogar eine ausschlaggebende Vorbedingung zu bilden. Denn bei ihm wirken sich psychische Faktoren, wie etwa Aufmerksamkeitserscheinungen, auf Grund seiner psychophysischen soeben angedeuteten Sonderart ganz anders und viel stärker aus als schon manchmal bei anderen Individuen. Die große und allgemeingültige Bedeutung der Aufmerksamkeit für das periphere Sehen und die Gesichtsfeldgrenzen hat E. R. JAENSCH schon vor langer Zeit dargetan (Anm. 1. S. 270)[1]. Er zeigte experimentell, daß das AUBERT-FOERSTERsche Ge-

[1]) Vgl. S. 153, Anm. 5 eine Arbeit über die Aufmerksamkeit als ausschlaggebenden Faktor beim psychogalvanischen Reflexphänomen bestimmter Persönlichkeiten, ferner die bald erscheinende Arbeit von A. SPIER aus dem Marburger Psychologischen Institut. Diese Arbeit enthält die Selbstschilderung der eidetischen Phänomene der obenerwähnten Vp. In diesem Falle fällt trotz starker dem B-Typus eigener Durchdringung aller Funktionen untereinander (seiner „psychophysischen Integration", vgl. hierzu Kap. VII, 2b) die lose Verkoppelung aller sonst so fest miteinander verbundenen Schichten des Sinnengedächtnisses auf. Diese Dissoziabilität ist sonst nur in der Hypnose bemerkbar. Hier aber tritt sie im vollen Wachzustande auf: die verschiedenen Schichten werden einzeln eingeschaltet. Trotz starker gegenseitiger Durchdringung (B-Typus) haben wir hier also eine große, rein von psychischen Faktoren abhängende Spaltbarkeit der Persönlichkeitskomponenten vor uns, wobei der Faktor der Aufmerksamkeitsvorgänge, wie wir hier sehen, eine beherrschende Rolle zu spielen scheint; vielleicht ist also dieser Typus nur ein Sonderfall des B-Typus und mit den bei der Hysterie hervortretenden Sonderzuständen verwandt (vgl. hierzu auch J. WITTMANNS Würdigung des Einflusses der Aufmerksamkeit als maßgebendem Faktor beim Ablauf psychophysischer Funktionen. Arch. f. d. ges. Psychol. Bd. 45, H. 3/4. 1923; vgl. hierzu S. 270 und ebendort Anm. 1). Ein psychophysisch zum Teil ähnlich organisierter Fall scheint das sogenannte „Phänomen" Tho Rhama zu sein, der sich auch der „europäische Fakir" nennt und zur Zeit in ganz Europa gastiert. Verfasser hatte Gelegenheit ihn in Berlin, leider nur kurz, zu untersuchen. Bis auf manche seiner Experimente, die, wie seine sog. „Tierhypnosen", nur einen bekannten Trick darstellen, während andere, ernster zu nehmende, noch genauerer Prüfung bedürfen, zeigt er Reaktionsfähigkeiten, die ähnlich liegen wie obiger Fall, andererseits aber auch gewisse Berührungspunkte mit dem später zu schildernden Fall M. (TB-Typus) aufweisen: Tho Rhama zeigte nach dem hier mit allem Vorbehalt wiedergegebenem Untersuchungsergebnis und für gewöhnlich keinerlei Anschauungsbilder oder gesteigerte Nachbilder. Er ist ferner alles andere als ein Hysteriker. Soweit aber bei der nur einmaligen und kurzen Untersuchung festgestellt werden konnte (mehr war technisch unmöglich), besaß er die Fähigkeit, willkürlich auch von unkomplizierten Objekten AB urbildmäßig zu erzeugen, sobald er nur einige ganz geringe Anstrengungen machte, sich in seine „Autohypnose" zu versetzen, wie er den Zustand einer Art kataleptischen Bewußtseinstrübung mit gleichzeitiger motorischer Erregung und Muskelspannung (s. u. Fall M.) nennt, in den er sich zu einigen seiner Versuche durch eine bestimmte Art der Aufmerksamkeitsfixierung willkürlich zu versetzen pflegt. Die auf diese Art dann willkürlich aus der Vorstellung erzeugbaren AB traten also hier schon auf, bevor es zu dem bewußtlosen Stadium seiner „Autohypnose" kam (vgl. auch den „eidetischen Zustand" oben genannter Vp. vom B-Typus). Die in diesem „eidetischen Zustand" Tho Rhamas erzeugten eidetischen Phänomene verhielten sich bei Messung nach EMMERT nicht nachbildmäßig, sondern durchaus Vorstellungen entsprechend, obwohl sie gesehen wurden. Der objektive Nachweis des Gesehenwerdens der Phänomene gelang durch Vorhandensein des Tho Rhama mit Sicherheit unbekannten PURKINJEschen Phänomens in einem ohne Vorlage aus der Vorstellung heraus erzeugten rot-blau gefelderten Streifen. Bei Beobachtung dieser Phänomene sank die Empfindlichkeitsschwelle für Tastempfindungen an der Hand erheblich gegenüber vorher (s. S. 270). Am eindrucksvollsten war es, daß Tho Rhama beim Versuch, ihm den Augenhintergrund zu spiegeln, die Pupillen willkürlich erweitern (oder auch verengern) konnte. Die Loslösung der Pupillenreaktion vom Lichtreiz und ihre absolute Unterstellung unter die Herrschaft

setz über die seitliche Sehschärfe, — wonach kleine nahe Objekte noch auf einem weiteren, also seitlicheren Bezirk der Netzhaut erkannt werden als große ferne —, in verkleinertem Maßstab die gleichartige, jedoch ganz physiologische Erscheinung darstellt, die bei dem hysterisch eingeengten Gesichtsfeld schon immer aufgefallen war, hier aber oft Befremden erregt und als „röhrenförmiges Gesichtsfeld“ den Verdacht der Simulation mehrfach nahegelegt hatte (SCHMIDT-RIMPLER u. a.), wogegen OPPENHEIM, WOLLENBERG u. a. die Echtheit des Phänomens vertraten. Durch die experimentelle Analyse des AUBERT-FOERSTERschen Phänomens, von dem somit die Grundeigentümlichkeiten der hysterischen und auch gewisser organischer Gesichtsfeldeinschränkungen (A. PICK, K. GOLDSTEIN, K. KLEIST) nur eine pathologische Steigerungsform darstellen, konnte E. R. JAENSCH zeigen, daß die seitliche Sehschärfe von zwei Komponenten abhängt, einer „I.“, die nur von den anatomischen Verhältnissen der Netzhaut abhängt, nämlich von der mit dem Seitenabstand von der Fovea abnehmenden Funktionstüchtigkeit der lichtrezeptorischen Aufnahmeapparate, und von einer „II.“ zentraleren, die von höheren Prozessen, besonders von der scheinbaren Größe (Sehgröße) und der dadurch bedingten leichteren oder schwereren Überschaubarkeit des Gesichtsfeldes abhängt, letzten Endes also von Faktoren der Aufmerksamkeit.

Die hier in Rede stehende Vp. war imstande, willkürlich verschiedene Stufen des Sinnengedächtnisses (NB, AB_B, VB) gewissermaßen „einzuschalten“. Es fiel hierbei auf, daß diese Vp. als Unterstützung dieses Vorganges sich stets gewisser eigentümlich rhythmisch wiegender Bewegungen des Oberkörpers bediente. Nicht allein aber die erwähnten motorischen Begleiterscheinungen und unterstützenden Bewegungen erlauben hier einen vorsichtigen Hinweis auf die neuen Arbeiten von K. GOLDSTEIN und W. RIESE[1]), in denen genannte Autoren das Hervortreten von primitiven Bewegungskoordinationen und von Mitbewegungs- bzw. Stellreflexen bei in bestimmter Weise erfolgender Aufmerksamkeitsablenkung beschrieben, ohne daß hierbei Hypnose im Spiele ist. Eine gewisse Analogie zwischen der auf obige Weise erfolgten psychischen Einschaltung primitiverer optisch-sensorischer Funktionen und dem Hervorrufen jener Funktionen einer primitiven Motorik ist jedenfalls unverkennbar. Ebenso unverkennbar ist aber auch eine Analogie dieser Vorgänge (Einschaltung entwicklungsgeschichtlich verschieden hochstehender psycho-sensorischer Funktionsschichten auf psychogenem Wege) zu der von E. KRETSCHMER als charakteristisch für den hysterischen Zustand beschriebenen psychogenen Einschaltung primitiverer Willensschichten (Hypobulik) bei Ausschaltung der höher entwickelten Willensfunktionen (Zweckwille). Hierauf kommen wir später noch einmal näher zu sprechen.

Es erscheint schließlich auch erwähnenswert, daß bei dieser Vp. die galvanische Erregbarkeit des N. ulnaris ebenso wie der Hautwiderstand kaum eindeutig feststellbar war, da in wiederholten Untersuchungen ein außerordentlich großes Schwanken dieser Phänomene, offenbar abhängig von psychischen Einstellungen, auftrat: während wiederholter hintereinander erfolgender Untersuchungen schwankte das galvanische Phänomen zwischen dem Typus der Erwachsenen und hochgradigem Erb, der Hautwiderstand zwischen dem des T-Typus und dem des Basedowikers krankhaften Grades; vielleicht handelt es sich in beiden Fällen hier um Veränderungen des Hautwiderstandes: je geringer

---

der höheren psychischen Sphäre erwies hier das Vorliegen des B-Typus, dem er auch physiognomisch entsprach. Trotz greller Lichtquelle und längerer intensiver Beleuchtung verhielten sich seine Pupillen willkürlich wie die eines stark atropinisierten Auges (vgl. S. 313). Auf Atropin konnte daher, um das Spiegeln zu ermöglichen, hier verzichtet werden.

[1]) GOLDSTEIN, K. u. RIESE, W.: Über induzierte Veränderungen des Tonus. Klin. Wochenschr. 1923.

dieser ist, um so geringer muß wohl auch die Reizschwelle am peripheren Nerven bei galvanischer Reizung werden, ein Umstand, der indessen nur in Einzelfällen, wie hier, eine besondere Rolle spielt und sonst vernachlässigt werden kann[1]).

Im gewissen Sinne entgegengesetzt verhält sich ein anderer Typus während des eidetischen Zustandes. Hierher gehört namentlich der schon früher erwähnte Fall M.[2]). Vp. M. hat die Fähigkeit, je nach der inneren Verhaltungsweise, die sie bei der Betrachtung der Vorlage einschlägt, sowohl negative wie positive AB zu erzeugen. Auch treten Vergrößerungen wirklicher Sehdinge bei ihr auf (Makropsie). Diese Erscheinung ist freilich bei den Eidetikern keine ungewöhnliche oder pathologische; vielmehr kommt es bei stark ausgeprägten Fällen häufig vor, daß auch die Wahrnehmungen wirklicher Dinge verändert sind, insbesondere auch die Werte der scheinbaren Größe[3]). In dem erwähnten Falle handelt es sich um einen 16jährigen jungen Mann mit sehr deutlichen AB und sehr stark verlängerter Nachdauer des physiologischen NB, galvanischer Übererregbarkeit, mit UFFENHEIMERschem Tetaniegesicht, im übrigen somatisch zugleich mit einem B-Einschlag (TB-Typus). Bei diesem jungen Manne besteht aber in ganz besonders ausgeprägtem Maße Makropsie und sogar Raumverlagerung bei der Wahrnehmung wirklicher Dinge, Erscheinungen, die zuerst in gelegentlicher Selbstbeobachtung hervortraten, dann aber auch durch Versuche nachweisbar waren: auf der Straße wachsen Menschen, Bäume und Häuser oft riesengroß. Diese ängstigende und quälende Erscheinung wird noch unangenehmer und verwirrender durch begleitende Empfindungen: die Makropsie ist bei ihm von einem unangenehmen vom Magen zur Kehle aufsteigenden, teils schwindelerregenden, teils zusammenschnürenden Gefühl begleitet. Hierbei kann sich der Schwindel so weit steigern, daß es bis zu leichten Absencen kommt. Psychisch bestehen bei ihm ausgesprochene Zwangsvorstellungen, Zwangsantriebe, unmotivierte Angst. Während bei geringerer Ausprägung des eidetischen Zustandes bei ihm nur komplementäre AB auftreten, ist das Erscheinen positiver AB, — das ja im allgemeinen einen höheren Grad darstellt —, und die Vergrößerung wirklicher Sehobjekte bei dieser Vp. an die höheren Grade der Versunkenheit in den eidetischen Zustand geknüpft, den sie in gewissem Maße auch willkürlich herbeiführen kann. „Der Körper gerät dabei in eine fieberhafte Erregung, unter krampfartiger Anspannung der Muskeln, die den Körper wie starr machen. Damit verbunden ist ein Angstgefühl und ein Übelkeitsempfinden, das, wie unter einem auf der Brust lastenden Druck die Kehle heraufsteigt.“ Sein „Ich“-Bewußtsein erscheint ihm dann nicht mehr an seine körperliche Raumstelle gebunden, sondern gleichsam raumlos, wie beziehungslos zum Raum. Die Stimme des Versuchsleiters erscheint nur noch ganz schwach und scheint „aus der Unterwelt“ zu kommen (Vorstufe einer Absence? d. Verf.).

---

[1]) In diesem Falle hätte die galvanische Erregbarkeit am peripheren Nerven vielleicht unter Zuhilfenahme des „Stabilisierungsverfahrens“ nach R. SOMMER festgestellt werden müssen, welches die Schwankungen des Hautwiderstandes nahezu ganz beseitigt. R. SOMMER wandte sein Stabilisierungsverfahren allerdings hauptsächlich an, um den Einfluß der durch die nassen Elektroden wachsenden Durchfeuchtung der Haut auf die Größe des Hautwiderstandes auszuschalten. Hier handelt es sich indessen gar nicht um eine Folge von Durchfeuchtung, sondern um endogene, vielleicht psychisch-vegetativ vermittelte Hautwiderstandsveränderungen. — Bei unseren Feststellungen der galvanischen Erregbarkeit wandten wir zum Zwecke der Stabilisierung von vornherein stets eine gründliche Durchfeuchtung der Haut an (vgl. hierzu S. 58). — R. SOMMER beschrieb sein Verfahren im „Bericht über den Kurs der Elektrodiagnostik“ in der „Klinik f. psychische u. nervöse Krankheiten“, herausg. v. R. SOMMER. X. Bd. 2. Heft, 1917.

[2]) Vgl. JAENSCH, W.: Sitzungsber. d. Ges. z. Beförd. d. ges. Naturwiss. zu Marburg, Nov. 1920.

[3]) Vgl. E. R. JAENSCH (I), XI. Abschnitt: FREILING, H.: Über die räumlichen Wahrnehmungen der Jugendlichen in der eidetischen Entwicklungsphase.

Der Gesichtsfeldumfang betrug hierbei ganz im Gegensatz zu dem vorher geschilderten Typus im gewöhnlichen Zustand 118°, im eidetischen Zustand 153°, und entsprechend dieser Verschärfung der Sinnesleistung wurde im eidetischen Zustand bei 3,5 cm Spitzenabstand des Tasterzirkels doppelte Berührung erkannt, während im gewöhnlichen Zustand derselbe Abstand als einfacher Eindruck empfunden wurde (KRELLENBERG Zeitschr. f. Psychol. Bd. 88). — Oftmalige Wiederholung der Versuche in großen zeitlichen Abständen ergab in diesem und dem vorgenannten Falle immer wieder übereinstimmende Ergebnisse. Es erscheint erwähnenswert, daß sich bei dieser Vp. unter dem Einflusse ihres spezifischen eidetischen Zustandes die auch gewöhnlich schon vorhandene galvanische Klangreaktion am N. acusticus im Sinne einer noch höheren Übererregbarkeit verschob (W. JAENSCH).

Schon früher bezeichnete Verfasser[1]) diesen Fall, ob mit Recht oder Unrecht, bleibe dahingestellt, als einen solchen mit vielleicht epileptiform zu nennenden Zügen: ausgeprägtere Auraerscheinungen[2]), Größenänderung der Sehdinge (Makropsie)[3]), gesteigerte Erregbarkeit der Sinnessphären (s. o.), ferner auffallende Erregbarkeit und Krampfneigung in der motorischen und vasomotorischen Sphäre[4]). Mitunter tritt auch eine starke psychische Erregbarkeit hinzu[5]).

---

[1]) Sitzungsber. d. Ges. z. Beförd. d. ges. Naturwiss. zu Marburg, Nov. 1920.

[2]) Hier könnte man einwenden, daß Andeutungen solcher Erscheinungen schon bei normalen Zuständen, bei Angst auftreten können, daß man sie daher kaum als charakteristisch für einen epileptiformen Zustand in Anspruch nehmen könne. Allein es kann kaum ein bloßer Zufall sein, daß solche Erscheinungen, die in ausgeprägter Form vorwiegend an Epileptischen beobachtet wurden, in abgeschwächtem Maße in unseren jugendlichen Fällen gerade mit einem tetanoiden Konstitutionskomplex (der auch hier in hohem Maße vorhanden war [Tetaniegesicht!]) gar nicht so selten angetroffen werden; scheint diese tetanoide Konstitutionskomponente doch auch nach schon vorliegenden klinischen Erfahrungen eine wahrscheinlich gar nicht so ferne Beziehung mindestens zu gewissen epileptiformen Zuständen, vielleicht sogar auch manchmal zur genuinen Epilepsie zu besitzen (vgl. hierzu auch Anm. S. 275 u. 276f.).

[3]) Wollte man hiergegen einwenden, daß Makropsie bei Epileptikern zwar bekannt sei, aber immerhin klinisch sehr selten festgestellt wurde, so wäre dem entgegenzuhalten, daß es sich dort, wo die Feststellung erfolgte, fast immer nur um ähnlich auffällige und ausgeprägte Erscheinungen, wie im vorliegenden Falle, gehandelt haben wird; und solche sind in dieser Ausprägung in der Tat auch in unserem Material sehr selten, der erwähnte ist bisher der einzige Fall, der diesen Grad der Erscheinung zeigt. Indessen lassen sich schwächer ausgeprägte und ohne Anwendung weiterer Hilfsmittel verborgen bleibende Makropsieerscheinungen bei ausgesprochenen Eidetikern sogar sehr häufig nachweisen, wenn man mit feineren Methoden daraufhin prüft. Diese Erscheinungen bestehen, ohne daß die betreffenden Individuen ein Bewußtsein davon haben, oder ohne sie wenigstens als etwas Eigentümliches zu empfinden. Da es sich nun dort, wo bei Epileptikern über Makropsie berichtet wird, wohl immer um die auffällige, selbstbemerkte Form dieser Erscheinung gehandelt hat, so könnte man immerhin erwarten, daß man bei solchen Individuen noch häufiger als bei gewöhnlichen Eidetikern auf derartige Erscheinungen stoßen dürfte, wenn man mit feineren Methoden prüfen würde, wie es bei jenem Eidetiker geschah, und vor allem vielleicht, wenn man hierzu epileptische Eidetiker heranzöge. Erwähnenswert zu diesem Falle und seinen Sensibilitätsverschiebungen an der Haut im eidetischen Zustand erscheint ferner, daß von L. FOCHER (Dtsch. med. Wochenschr. Nr. 13. 1923) ganz neuerdings Unregelmäßigkeiten und Asymmetrien der mit dem SPEARMANschen Ästhesiometer gemessenen Schwellenwerte der räumlichen Wahrnehmungen an der Haut als ein neues diagnostisches Hilfsmittel zur interparoxysmalen Erkennung selbst der genuinen Epilepsie angegeben worden sind.

[4]) Hierher gehören vielleicht mitunter Andeutungen von Absence, die bei einzelnen eidetischen Individuen bis zum völligen „Wegbleiben" gesteigert sein können. Gesteigerte Erregbarkeit der Sinnes- und der psychischen Sphäre gehört ebenfalls zu den klassischen Erscheinungen epileptischer und epileptiformer Anfälle, und es können sich solche psychische Veränderungen manchmal lange vor Beginn eigentlicher epileptischer Krämpfe bemerkbar machen. Manchmal mögen sie vielleicht sogar die einzigen Erscheinungen einer epileptischen Färbung der Persönlichkeit darstellen (vgl. hierzu O. BINSWANGER: Pathogenese und Therapie der Epilepsie und Hysterie. Zeitschr. f. ärztl. Fortbild. Bd. 17/18. 1911).

[5]) Andeutungen von psychischer Erregbarkeit ähnlich der des sogenannten „epilep-

Die geschilderten Erscheinungen sind nun immerhin Phänomene, die beim epileptischen Symptomenkomplex besonders häufig und gerade in dieser Verknüpfung vorkommen; man darf dabei an Fälle, die mit den hier geschilderten empfindlichen Methoden ermittelt und untersucht sind, hinsichtlich der Ausprägung der Erscheinungen nicht denselben Maßstab anlegen, den man in der klinischen Betrachtung meist nur an stark ausgeprägten Fällen gewonnen hat. Gerade die Schranken zu durchbrechen, die der Erkenntnis feinerer Zusammenhänge durch jene oft noch recht groben Methoden gesetzt sind, ist ja nicht zum wenigsten das Ziel dieser Arbeit. Wenn wir somit in den geschilderten Erscheinungen auch keine grob epileptischen oder epileptiformen Manifestationen vor uns hätten, so scheint uns doch aus der Art des geschilderten Symptomenkomplexes die Verpflichtung zu erwachsen, auf solche möglichen Beziehungen hinzuweisen und damit vielleicht weitere Untersuchungen anzuregen. Dysmegalopsien werden freilich auch bei Hysterischen gefunden, und es konnte gezeigt werden, daß solche Erscheinungen überhaupt mit dem Vorhandensein von starken optischen AB zusammenhängen und in derartigen Fällen häufig sind[1]). Es stellte sich aber heraus, daß solche Dysmegalopsien, ebenso wie Raumverlagerungen (d. h. Ortsverlagerungen der Sehdinge) bei den Eidetikern mit Aufmerksamkeits*wanderungen*, also im allgemeinen auch mit Augenmuskelbewegungen verknüpft und durch sie hervorgerufen sind[2]). Besonders wenn derartige Veränderungen zusammen mit anderen motorischen Reizerscheinungen auftreten wie in diesem Falle, wo im eidetischen Zustand eine krampfhafte Anspannung der Muskulatur besteht, könnten solche Makropsien zwanglos als innervatorische Reizerfolge aufgefaßt werden, und somit auch schon hierdurch in die Nähe anderer und größerer epileptiformer Muskelphänomene rücken. Wie erwähnt, können Makropsieerscheinungen bei sehr zahlreichen Eidetikern durch besondere Versuchsumstände hervorgerufen werden, indem man z. B. nach aufmerksamer Betrachtung der Vorlage den Projektionsschirm in größere Entfernung rückt und die benützte Vorlage darauf hängen läßt[3]). Hierbei erfährt in sehr vielen Fällen die Vorlage, also das wirkliche Objekt, eine Vergrößerung; das wirkliche Objekt verhält sich dann also ähnlich wie ein AB, das ja auch an Größe zuzunehmen pflegt, wenn es in wachsende Entfernung projiziert wird. Bei dem hier in Rede stehenden Fall M. sind aber solche begünstigenden Veranstaltungen zur Hervorbringung der Makropsie gar nicht nötig. Individuen wie M. sehen die realen Sehdinge, in diesem Falle also die Vorlage, schon in „Grundstellung" des Projektionsschirmes vergrößert[4]), und zwar ohne weiteres, besonders nach etwas längerer Betrach-

tischen Charakters" sind ja selbst in den normalen sogenannten Flegeljahren gar nicht seltene Erscheinungen: z. B. Jähzorn und unmotivierte motorische Wutausbrüche. Vielleicht offenbaren sich in solchen Fällen vorübergehend latente Anlagen und Konstitutionsfärbungen, die sich bei anderen Individuen bis zu pathologischen Dauerzuständen steigern können. Vielleicht aber handelt es sich hierbei — außerhalb echter genuiner Epilepsie oder epileptiformer Zustände — nur um formal ähnliche Unausgeglichenheiten und Unstimmigkeiten innerhalb des Zentralorgans in der Entwicklung, wo ja auch in der Motorik gewisse Veränderungen vorübergehend auftreten, die wir in stärkster Form sogar bei schweren Hirnerkrankungen verschiedenster Art dauernd wiederfinden (A. HOMBURGER).

[1]) Vgl. H. FREILING, a. a. O.

[2]) Wenigstens normalerweise und für gewöhnlich besteht diese Verknüpfung, wenn sie auch mittels besonderer Versuche, die im Interesse der genaueren Analyse der Erscheinungen angestellt wurden, vorübergehend auf experimentellem Wege gelöst werden konnten (vgl. E. R. JAENSCH (I), VIII. Abschnitt: FREILING, H. u. JAENSCH, E. R.: Der Aufbau der räumlichen Wahrnehmungen.

[3]) H. FREILING, a. a. O.; ferner S. 29.

[4]) Vgl. hierzu und zu diesen Ausführungen insgesamt: JAENSCH, E. R.: Zur Richtigstellung und Ergänzung. Zeitschr. f. Psychologie. Bd. 22. 1922, dazu eine noch unveröffentlichte Arbeit des Marburger Instituts von Fräulein GIERS.

tung. Man könnte vielleicht gegen die hier als möglich bezeichneten Zusammenhänge der Makropsie mit epileptiformen motorischen Reizerscheinungen, hier also Augenmuskelbewegungen (besser muskulären Spasmen), noch den Einwand erheben, daß die an Absence erinnernden Zustände bei der Hervorrufung dieser Makropsie durch Vertiefung des eidetischen Zustandes bei echter Epilepsie keine Parallele finde, weil ein epileptischer Anfall niemals willkürlich hervorgerufen werden kann, auch selbst bei der Affektepilepsie (BRATZ) im allgemeinen nicht, (bei deren Patienten übrigens BRATZ selbst von begleitenden lebhaften Sinnestäuschungen berichtet)[1]). Gegenüber diesem Einwand wäre darauf hinzuweisen, daß Fälle von so rudimentärer Form, wie sie hier allein in Frage kamen, wohl noch nie in ähnlicher Weise untersucht worden sind. Vor allem aber wäre zu bemerken, daß Absencen und Makropsien sowie Ortsveränderungen der Sehdinge (sogenannte „Raumverlagerungen") die hier in Frage kommenden Individuen auch unwillkürlich gleichsam überfallen und ängstigen können, wie unser Fall M. zeigt.

In dem eidetischen Zustand dieser Vp. haben wir nun freilich ebenfalls, ähnlich wie bei dem vorher geschilderten an Hysterie anklingenden Typus, eine Art Versunkenheit. Sie besteht aber bei der vorher erwähnten Vp. darin, daß das Bewußtsein und die gesamte Erregbarkeit sich gewissermaßen auf ein bestimmtes, von der augenblicklichen Aufmerksamkeit abhängiges und darum sehr enges Reizfeld zusammenziehen, also sozusagen sich auf einen Punkt zusammenballen, während der übrige Teil der Persönlichkeit unempfindlicher oder fast empfindungslos werden kann. In dem eidetischen Zustand derjenigen Individuen hingegen, deren Konstitution wir in gewisse Nähe epileptiformer Zustände glaubten rücken zu müssen, scheint die Erregbarkeit auf den verschiedensten Gebieten zuzunehmen und sich im Gegensatz zu jenen anderen eher peripherwärts auszubreiten: die optische Sinnesempfindung ist geschärft, das Gesichtsfeld bedeutend erweitert, die Tastschwelle ist erniedrigt, und die motorischen Zentren (Subkortex) befinden sich anscheinend in einem erhöhten Zustand von Reizbarkeit und Spannung, ebenso vielleicht auch entsprechende sensorische Zentralinstanzen. Wie sich nun der Reizzustand der motorischen Zentren peripher in muskulären Spannungen äußert, könnte die Steigerung der sensiblen Empfindlichkeit an der Peripherie eine Folgeerscheinung des gleichen Reizzustandes entsprechender sensorischer Zentralinstanzen sein, soweit sie eine enge Beziehung zum T-Komplex haben dürften (vgl. hierzu Kap. VII, 2). Zu der peripheren Auswirkung solcher sensorischer Zentralinstanzen (mindestens ihres Funktionstypus) und ihres Reizzustandes könnte auch die Auraempfindung gehören (vgl. hierzu z. B. die „Thalamusschmerzen" der Encephalitiker)[2]).

---

[1]) Da sich diese optischen Erscheinungen der BRATZschen „Affektepileptiker" vorwiegend bei jugendlichen Individuen fanden, so dürfte man in der Annahme kaum fehlgehen, daß es sich bei den Fällen dieser Art Epilepsie um epileptiforme Zustände von zum Teil mindestens latent eidetischen Individuen gehandelt haben mag, die der „tetanoiden Epilepsie" bei TB-Typen nahestehen könnten und die auch zu dem „Epilotetanoid" K. LANDAUERS eine enge Beziehung besitzen dürften. Vgl. hierzu BRATZ: Dtsch. med. Wochenschr. 1907, LANDAUER, K.: Arch. f. Psychiatrie Bd. 66. 1922.

[2]) Nach den in Kap. VII, 2 angeführten Vermutungen über die Vertretung des T-Komplexes innerhalb corticaler und subcorticaler Funktionsschichten bzw. der tetanoiden Komponente der eidetischen Phänomene mit ihren besonderen Veränderungsmechanismen und Valenzen, Gesetzmäßigkeiten, die wir bis zu gewissem Grade auch beim ABT bemerken können, — in gesteigerter Form beim echten NB —, könnte man daher für die Entstehung der Makropsie und Raumverlagerung in der wirklichen Wahrnehmung solcher Individuen, wenigstens für manche Fälle, auch mit Vorsicht folgende Möglichkeit erwägen: besonders in Fällen, die dem eidetischen E-Typus sehr nahestehen, also darum besonders auch in TB-(bzw. BT-)Fällen, die die E-Phase ja, wie wir früher feststellten, meist nicht

Daß manche der oben geschilderten Vorgänge in unserem Fall M. zum Teil und bis zu gewissem Grade auch durch willkürliches Sichversetzen in den eidetischen Zustand herbeigeführt werden konnten, entspricht dem gleichzeitigen Vorhandensein einer B-Komponente bei dieser Vp.; es handelte sich ja hier um einen Mischtypus. Beim reinen T-Typus dürfte auch noch diese willkürliche Komponente der Erscheinungen wegfallen.

Wir können also die Vermutung aussprechen, daß wir es im Falle solcher Erscheinungen, die in die Nähe epileptiformer Zustände rücken, bei Eidetikern mit einem Sonderfall des T-Typus zu tun haben dürften (T_E-Typus). Der Fall M. wird nur kompliziert dadurch, daß wir es hier mit einem Individuum zu tun haben, dessen nebenher vorhandene B-Komponente die Reinheit des Typus verwischt, ganz entsprechend den Verhältnissen wie bei der Affektepilepsie und dem Epilotetanoid K. LANDAUERS (vgl. Kap. X u. XI).

Wir haben vorn davon gesprochen, daß wir es im Falle von Eidetikern, die scheinbar in die Nähe von hysteriformen Zuständen gerückt werden müssen, vielleicht mit einem Sonderfall des B-Typus zu tun haben dürften (B_H-Typus), und wir haben dies schon näher begründet. Hier schien es sich bei der Herbeiführung des eidetischen Zustandes um ein rein psychogenes Phänomen der Aufmerksamkeitsveränderung und -einengung[1]) zu handeln. Demgemäß rückte das Ich-Bewußtsein hier sozusagen konzentriert auf einen von der Aufmerksamkeitsfunktion bestimmten Punkt. Hierdurch wurde für die übrigen Teile der Persönlichkeit eine Art Ausschaltung herbeigeführt[2]). Bei dem zuletzt angeführten

---

nur länger bewahren, sondern überhaupt vorzugsweise zeigen, könnte sich Makropsie vielleicht auch einmal ohne motorische Innervationsbeteiligung, wie oben erwähnt (d. h. ohne die Vermittelung innervatorischer zentral bedingter motorischer Reizerscheinungen), als zentrale NB-Valenz, wie in den AB, auch in den Wahrnehmungen unmittelbar selbst durchsetzen; der Erfolg könnte dann vielleicht das Auftreten der dieser Gedächtnisstufe bzw. ihren zentralen (subcorticalen?) Valenzen eigentümlichen Gesetzmäßigkeiten subcortiformer Struktur auch in der Wahrnehmung selbst sein, da wir ja z. B. Größenveränderungen bei Projektion in die Ferne im AB_T bzw. NB (T-Komponente) vorzugsweise beobachten und für diese Gedächtnisstufe gerade als charakteristisch bezeichnen mußten, während, wie in Kap. VII, 2 näher ausgeführt wird, Grund zu der Vermutung besteht, daß z. B. die eidetische B-Komponente und ihre eigentümlichen Funktionsabläufe eine engere Beziehung zu den corticalen Reaktionen und ihren cortiformen Gesetzmäßigkeiten besitzen, zu denen ja auch die gewöhnlichen Wahrnehmungen und die VB mit ihren Eigengesetzen gezählt werden dürften. Vgl. hierzu auch S. 278, Anm. 1f; 187f.

[1]) Zur Frage eines etwaigen Unterschiedes zwischen funktionellen hysteriformen und hysterischen Reaktionen und möglicherweise somatisch-konstitutionellen Prozessen bei einer gewissen schweren und habituellen Form der Krankheit Hysterie erscheint es von Bedeutung, daß es KLEIST neuerdings gelang, bei Hirnverletzten organisch verankerte und lokalisierbare Aufmerksamkeitseinschränkungen und Veränderungen optischer Prozesse festzustellen. Vortrag, gehalten im Ärztlichen Verein, Frankfurt a. M. 4. II. 24. Vgl. hierzu auch WITTMANN, J.: Über die Funktion der Aufmerksamkeit beim Aufbau der Gedächtnisfunktionen. Pflügers Arch. f. d. ges. Psychol. Bd. 20, H. 3/4. 1923.

[2]) Dieser Vorgang ließe sich bei Individuen mit starker Durchdringung aller Funktionsabläufe mit psychischen Faktoren und aller Funktionen untereinander überhaupt (B-Typen) sehr wohl verstehen. Gerade dieser gegenwärtige enge Funktionszusammenhang aller Funktionen beim B-Typus und ihre Abhängigkeit besonders von psychischen Faktoren (vgl. S. 271, Anm.) müßte auch der Aufmerksamkeitsfunktion innerhalb ebensowohl sensorischer, sensibler wie auch anderer Phänomene einen ganz besonderen Platz sichern. Ähnliches gilt daher vielleicht auch von der Bewußtheit, insbesondere der Ich-Bewußtheit der Gesamtpersönlichkeit in jedem Bewußtseinsaugenblicke. Wenn das Ich-Bewußtsein als ein heller Punkt zu verstehen wäre, der von immer dunkleren und immer unschärfer umrissenen konzentrischen Kreisen umgeben ist, indem das Ichbewußtsein, in jedem Augenblick dementsprechend unklarer und unschärfer ausgeprägt, entferntere Bewußtseinsinhalte nur schwach und dumpf mitumfaßt, so müßte man diese konzentrischen Kreise sich hier in unserem Falle um denjenigen Punkt gezogen denken, auf den jeweilig die Aufmerksamkeit konzentriert ist (vgl. S. 289f. Petit). Dieser Punkt kann aber in seiner

Falle M. (T_E-Typus) war zwar auch eine gewisse Versunkenheit im eidetischen Zustand vorhanden, aber doch in ganz anderer, grundsätzlich verschiedener Art: hier breitete sich trotz der Versunkenheit, trotz eines ebenfalls vorhandenen besonderen Bewußtseinszustandes eine vermehrte Reizansprechbarkeit im ganzen übrigen Organismus und scheinbar in allen Sinnesgebieten aus, und zwar anscheinend überwiegend unabhängig vom Willen und bestimmter Fixation der Aufmerksamkeit. Hierin scheint sich gerade auch besonders deutlich der T-Typus dieser Erscheinungen zu dokumentieren. Im Sinne späterer (Kap. VII, 2) aber oben schon kurz angedeuteter Ausführungen über die möglicherweise subcorticale bzw. subcortiforme Natur des T-Komplexes könnte man also daran denken, daß wir es bei der „Versunkenheit" im eidetischen Zustande des T_E-Typus und seiner vermehrten motorischen wie sensiblen Reizanspruchsfähigkeit mit einer „Isolierungserscheinung" tieferer Zentren (bzw. ihrer funktionellen Valenzen) und ihrer Auswirkungen in der Peripherie des Organismus etwa im Sinne der von H. FISCHER-Gießen, für die eleptiformen Mechanismen ausgesprochenen Vermutung zu tun haben könnten[1]): im Sinne unserer in Kap. VII, 2 näher begründeten Anschauungen

Lage zur Gesamtpersönlichkeit an ganz verschiedener Stelle in einer ganz verschiedenen Funktionsschicht z. B. hier in verschiedenen Gedächtnisstufen lokalisiert sein, und umfaßt jeweils nur diesen einen engen Bezirk. Das bei einem Individuum mit einer wie oben beschriebenen Reaktionsart unter solchen Bedingungen (B_H-Typus) zutage tretende Phänomen wäre dann im Grunde eine gewisse Insuffizienz der Aufmerksamkeitsfunktion, die sich dann einstellt, wenn die Aufmerksamkeit bewußt oder unbewußt psychisch auf einen Punkt fixiert ist und unter diesen Bedingungen (B_H-Typus) weniger als bei andern Individuen in der Lage ist, Bewußtseinsinhalte, die nicht diesem engen Bezirk angehören, mitzuumfassen. Die starke gegenseitige Durchdringung aller Funktionen untereinander und ihre gleichzeitige Durchdringung mit einem psychischen Faktor, wie dies dem B-Typus entspricht, wäre hier — beim B_H-Typus — somit gerade die Ursache einer Dissoziabilität der Persönlichkeit auf psychischer Grundlage, die vielleicht eine Sonderform des B-Typus darstellen könnte, die konstitutionell zur Hysterie disponieren müßte (Auftreten „psychischer Zentren" = „Erlebniskomplexe", S. 292 und Kap. VII, 2b). Zugleich scheint ein solches Phänomen in die Nähe der JANETschen Theorie der „Ich-Schwäche" als Grundursache hysterischer Reaktionen zu rücken.

[1]) FISCHER, H. u. SCHLUND, F.: Zeitschr. f. d. ges. Neurol. u. Psychiatr. Bd. 72/73; FISCHER, H.: ebenda Bd. 48, 50, 56, 57; Dtsch. Zeitschr. f. Nervenheilk. Bd. 71. 1921; Dtsch. med. Wochenschr. Bd. 52. 1920: Krampffähigkeit ist nicht lediglich Fähigkeit des Gehirns, sondern des Gesamtorganismus. „Der Mechanismus der Krampfreaktion deckt sich meines Erachtens im wesentlichen mit dem Mechanismus, auf dem die motorischen Reaktionsformen des Organismus überhaupt ablaufen." „In der Peripherie dieses Mechanismus sind u. a. die Nebennieren von hervorragender Bedeutung, und zwar von derselben, die diesen Organen für die Muskelarbeit überhaupt zukommt." Nach H. FISCHER scheint dabei weniger das willkürliche motorische System (Pyramidenbahn) als vielmehr das extrapyramidale motorische und das vegetative Nervensystem für den epileptischen Krampf verantwortlich, und die motorischen Krämpfe erscheinen nur als die sinnfälligste Phase des Gesamtanfalls. Im wesentlichen komme es auf Stoffwechselschwankungen hinaus, deren Ursache in Reizerscheinungen vegetativer Systeme (vgl. u. Kap. VII, 2a) zu suchen ist. Diese haben nach FISCHER eine zentrale und eine periphere Komponente. Innerhalb letzterer spiele bei der Epilepsie außer der Nebenniere der Epithelkörperchenapparat und chronische Alkoholintoxikation eine Rolle. Wir haben hier, ohne daß es ausgesprochen wird, eine Auffassung vor uns ganz im Sinne der F. KRAUSschen Vitalreihenkettentheorie, die wir an späterer Stelle (S. 293f.) einer biologischen Erweiterung unterziehen konnten (vgl. hierzu auch S. 33, Anm. 2, S. 34, Anm. 1, 2). Interessant in unseren Zusammenhängen erscheint auch FISCHERS tierexperimentelle Feststellung, daß junge Tiere krampffähiger sind als ausgewachsene. — Ferner: „Die Krampffähigkeit der einzelnen erwachsenen Tiere ist nicht gleich groß" — und sie ist meßbar. — Die zentraltraumatische Komponente bei der tierexperimentellen Krampffähigkeit läßt sich bis zum gewissen Grade unabhängig von ihrer peripheren Komponente prüfen." Bei der Epilepsie denkt FISCHER an zentrale Isolierungserscheinungen, an die Enthemmung subcorticaler vegetativer bzw. motorischer Zentren. Vielleicht ist auch der epileptische Dämmerzustand etwas funktionell Ähnliches und der Mechanismus etwa ein ähnlicher wenigstens in Beziehung auf die hierbei in Funktion bleibenden Systeme wie beim hysterischen Dämmerzustand, ebenso vielleicht beim teta-

um ein Übererregbarwerden tieferer Zentren (Subcortex) durch funktionelle Enthemmung und demgemäß ein stärkeres Hervortreten ihres Funktionstypus (d. h. Reaktionsweisen) im Gesamtorganismus. Bei Mischfällen im Sinne des hier erwähnten Sonderfalles, wie in unserem Falle M. (T_EB-Typ), können solche Erscheinungen bis zu gewissem Grade durch willkürliche Einstellung und durch Affekte zustande kommen (wie das Facialisphänomen z. B. bei Kindern im Schmerz oder der Erregung), bei reinen T_E-Typen dürften sie aber der gewöhnlichen tetanoiden Epilepsie POSTPETTSCHNIGGS am nächsten stehen, und dann selbst vom Typus der echten genuinen Epilepsie nicht mehr allzuweit entfernt sein. Namhafte Kliniker vertreten ja sogar die Anschauung, daß zwischen den tetanoiden Zuständen und der symptomatischen Epilepsie, vielleicht selbst der genuinen Epilepsie Beziehungen bestehen[1]). Epileptiforme Anfälle und Erscheinungen

---

noiden Nachtwandler, selbst beim Schlaf (vgl. hierzu auch Abschn. 3c, Kap. VII). Nur die Art, wie die Außerfunktionssetzung der übergeordneten zentralen Systeme erfolgt und der Typus des jeweils vermutlich verschiedenen Gesamtzusammenhanges, in dem gewisse Systeme funktionsfähig bleiben (vgl. Kap. VII, 2b, Art der Koppelung der Organsysteme), könnte vielleicht den entscheidenden Unterschied in jedem Falle ausmachen, während eine in jedem Falle isoliert in Funktion tretende biologische Valenz die gleiche bleiben würde: der subcorticale Komplex. Nach FISCHER ist ja auch der Krampf, der zum T-Typus gehören dürfte, „ein Symptom, das über jeder pathogenetischen Krankheitseinheit steht". Nach R. SOMMER (Bericht über den 7. Kongr. f. exper. Psychol. zu Marburg 1921) ist der Krampf „ein biologisch uralter Vorgang, der beim Menschen und anderen Säugetierarten eine pathologische Bedeutung hat, während er auf niederer Tierstufe noch als etwas Physiologisches erscheint".

[1]) Schon 1891 hat v. FRANKL-HOCHWART ausgesprochen, daß Epilepsie (gemeint ist symptomatische Epilepsie) ein Tetaniesymptom sein kann, ja daß sie manchmal das einzige manifeste Symptom dieser Erkrankung darstellt; von einer epileptiformen Komponente der Tetanie spricht auch CURSCHMANN. Eine derartige Epilepsie kann nach A. WESTPHAL der Tetanie vorausgehen, mit ihr gleichzeitig da sein oder ihr folgen (A. WESTPHAL: Berl. klin. Wochenschr. 1901). Fälle, in denen, wie bei einem von WESTPHAL mitgeteilten, in ein und demselben Krampfanfall eine Mischung tetanoider und epileptiformer Komponenten konstatiert werden konnte, sind selten, aber nach WESTPHALS Anschauung beweiskräftig für die engen Beziehungen beider Erkrankungen. Die von F. SCHULTZE (Dtsch. Zeitschr. f. Nervenheilk. Bd. 7) und FREUND (Wien. med. Wochenschr. 1899) gemachten Beobachtungen, bei denen typische Tetaniestellung der Arme und Finger während des epileptischen Anfalls auftrat, stehen dem WESTPHALschen Falle offensichtlich sehr nahe. Bei diesem war auch eine sehr frühe AÖZ und ein Überwiegen derselben über die ASZ vorhanden. WESTPHAL weist weiter darauf hin (a. a. O.), daß „die maniakalischen und halluzinatorischen Verwirrtheitszustände, wie sie bei Tetanie beschrieben sind, in vielen Zügen den Charakter derjenigen psychischen Störung tragen, die auch nach epileptischen Anfällen oder als Äquivalente von Anfällen beobachtet werden". Vielleicht könnte man in den bei Tetanie zuweilen auftretenden abnormen Geruchsempfindungen (AB des Geruchs) Vorstufen von olfaktorischen Auraerscheinungen sehen, die bei Epilepsie in ausgesprochener Form auftreten. HEUBNER ferner beobachtete bei epileptischen Anfällen relativ häufig Laryngospasmus (Tetaniesymptom!) auch bei Erwachsenen. Bei der häufigen Verknüpfung von B- und T-Komplex verdient hier auch R. STERNS Beobachtung Erwähnung, daß Epilepsie bei dem jugendlichen Basedowoid häufig vorkomme. Sehr lesens- und beachtenswert erscheinen uns auch in diesem Zusammenhange aus der älteren Literatur GRIESINGERS frühe Aufzeichnungen „Über epileptoide Zustände" (Arch. f. Psychiatrie 1868/69), die sicher wert sind, innerhalb dieser Problemstellungen aufs neue beachtet zu werden. Aus den einschlägigen Fällen von WESTPHAL, INFELD, J. HOFFMANN geht ferner hervor, daß operative Strumektomie, bei der ja früher sehr häufig auch die Epithelkörperchen mitentfernt wurden, nicht nur von Tetanie, sondern gleichzeitig auch von Epilepsie gefolgt sein kann. Dasselbe ist bekannt von thyreopriven Versuchstieren, bei denen große und kleine Anfälle auftreten können. v. FRANKL-HOCHWART fand auch bei tetaniefreien Epileptikern häufig CHVOSTEKsches Facialisphänomen in starker Ausprägung. CURSCHMANN meint, daß mit Sicherheit ein Zusammenhang zu bestehen scheine zwischen Schilddrüse und Nebenschilddrüse einerseits und dem Auftreten von Epilepsie, sogar echter Epilepsie anderseits. Zwar werden Zusammenhänge zwischen Tetanie und echter Epilepsie, namentlich seit den Untersuchungen von THIEMICH-BIRK und POSTPETSCHNIGG, der eine besondere, mit galvanischer Übererregbarkeit einhergehende „tetanoide Epilepsie" abgrenzte, von

bei T-Typen oder Mischtypen vom B-Typus mit starkem T-Komplex erscheinen daher als etwas dem T-Typus (bzw. T-Komplex) ganz Gemäßes und sind vielleicht nur eine besondere Abart desselben. O. BINSWANGER berichtet von epileptiformen Zuständen bei Jugendlichen, die eine gute Prognose zeigen. Vielleicht haben solche Fälle etwas mit diesem T_E-Typus zu tun. Die Absenceerscheinungen würden sich, — wofern sie sich nicht als vasomotorische Äquivalente auffassen lassen (vgl. oben) —, im Rahmen oben geschilderter Isolierungserscheinungen ebenfalls gut verstehen lassen: wenn zwischen Cortex und tieferen Zentren sozusagen eine funktionelle Spaltung erfolgte, würde nicht nur deren Enthemmung und damit vermehrte motorische und sensorisch-sensible Tätigkeit verständlich, sondern es würde auch erklärlich, warum, wie im Fall M., im eidetischen Zustand das körperliche Ich wie abgespalten und beziehungslos zur geistigen Ichpersönlichkeit, die wir mit ihrer Bewußtseinssphäre m. E. an der Cortex lokalisieren können, und zum gewöhnlichen Wahrnehmungsraum erscheint. Die Absenceerscheinungen könnten bei diesen Typen zugleich auch mit vasomotorischen Vorgängen in Verbindung gebracht werden, die STHEEMANN

den meisten Autoren geleugnet. Demgegenüber betont jedoch ASCHENHEIM: „Wir haben gelernt (ASCHENHEIM a. a. O.), in einem Teil der nicht tetanischen kindlichen Eklampsien nichts anderes als die ersten Anzeichen einer ‚genuinen Epilepsie' zu sehen ..." „BIRK gibt folgende differentialdiagnostische Punkte zwischen tetanischer und epileptischer Eklampsie an, die meiner Ansicht nach aber nur einen bedingten Wert haben: die epileptischen Krampfanfälle treten nach ihm 1. viel seltener auf (z. B. alle 4 Wochen ein Anfall), sie machen 2. keinen Unterschied zwischen Brust- und Flaschenkindern und sind 3. unabhängig von der Jahreszeit; die Kinder sind 4. nie elektrisch übererregbar; es versagt 5. die übliche antitetanische Therapie, insbesondere die Frauenmilch." ASCHENHEIM hält also trotz dieser Einwände „die Brücke zwischen Tetanie und Epilepsie für geschlagen". In diesem Zusammenhang erscheint auch der von THIEMICH (Jahrb. f. Kinderheilk. 1900) zitierte Fall von HÜBENER erwähnenswert: dieser sah in einem Falle Krämpfe ohne galvanische Übererregbarkeit, 5 Tage später ERBsches Phänomen, aber keine Krämpfe. CURSCHMANN sah bei einem kleinen Mädchen nach einem epileptischen Anfall jedesmal Erhöhung des Chvostek und Trousseau. Alles dies läßt vermuten, daß mit dem Nachweis der galvanischen Übererregbarkeit nach POSTPETSCHNIGG die Abgrenzung tetanoider epileptiformer Anfälle von echter Epilepsie keineswegs allein möglich ist, daß vielleicht ganz scharfe Grenzen hier überhaupt nicht existieren. In diesem Sinne äußert sich auch THIEMICH gerade bei Erwähnung des HÜBENERschen Falles: „Zu beachten ist, daß die Übererregbarkeit, die wir exakt nur an den motorischen, sensiblen und Sinnesnerven nachweisen können, sich wahrscheinlich nicht auf diese beschränkt, sondern mehr oder weniger auch das zentrale Nervensystem betrifft, und wenn dies nicht stets gleichzeitig und gleich intensiv erfolgt, so können auch hierdurch mannigfache Kombinationen der verschiedenen Symptome bedingt werden." THIEMICH hält aber trotzdem an der Annahme fest, daß die Spasmophilie nichts mit der Epilepsie zu tun habe, während HEUBNER typisch spasmophile Kinder später Epileptiker werden sah, wie dies ebenso auch ASCHAFFENBURG (Arch. f. Kinderheilk. Bd. 46. 1907) bemerkt, der sich des Gedankens nicht erwehren kann, „daß vielleicht doch ein engerer Zusammenhang der Spasmophilie mit der Epilepsie besteht". Vielleicht ist eben das beiden gemeinsame Moment in einer Enthemmung bzw. Reizung der tieferen Ganglien zu sehen, das natürlich auf funktionellem Wege ebenso zustande kommen kann, wie durch fortschreitende Zerstörung der Hirnrinde bei der genuinen progressiven epileptischen Demenz. Verschieden, aber verwandt wäre der Gesamtzusammenhang, in dem die gleichen Symptome als Auswirkung von Reizung oder Enthemmung gleicher Zentralinstanzen, mindestens bestimmter funktioneller zentraler Valenzen (T-Typus) auftreten. — Von neueren Arbeiten zu diesen Fragen erscheint die von J. VOLLMER, „Zur Pathogenese der genuinen Epilepsie und deren funktionellen Beziehungen zur Tetanie" hier besonders erwähnenswert (Klin. Wochenschr. Bd. 19. 1923). Wichtig erscheint auch die ganz neuerdings von E. FEUCHTWANGER angeregte Bestrebung, auch innerhalb der sogenannten genuinen Epilepsie eine Gruppe abzuscheiden, die sich als „cerebrale Epilepsie" zu bestimmten Hirndefekten verschiedenster Provenienz zuordnen läßt (Klin. Wochenschr. Bd. 19. 24): „Jedenfalls zeigt ... die Problemlage, daß man mit der Heranschaffung des Materials als Grundlage für die kausal-empirische Bearbeitung der schwierigen Epilepsiefrage noch lange nicht fertig ist" (FEUCHTWANGER a. a. O.).

bei älteren Kindern als Äquivalente frühinfantiler tetanischer Krämpfe bezeichnet. Seit POSTPOTSCHNIGG kennen wir ja eine symptomatische „tetanoide Epilepsie", die im Gegensatz zu anderen Formen mit galvanischer Übererregbarkeit und anderen Tetaniesymptomen einhergeht. Indessen gehören vielleicht auch noch andere Fälle, die man bisher mangels geeigneter Kriterien als sogenannte „genuine Epilepsie" abtrennte, wenigstens zum Teil noch in den Kreis der im klinischen Sinne tetanoiden Erscheinungen. Denn selbst bei echter klinischer Tetanie gibt es ja Fälle, wo z. B. die galvanisch feststellbare Übererregbarkeit ganz fehlen kann (WESTPHAL). Zum mindesten könnte also sehr wohl der Funktionstypus der tetanoiden wie der genuinen Epilepsie in bezug auf die zentral ins Übergewicht geratenden Valenzen ein weitgehend ähnlicher sein, wenn auch bei letzterer organische Veränderungen im Vordergrunde stehen. Denn gerade auch bei schwer frühspasmophilen Kindern wurden z. B. später Intelligenzstörungen beobachtet, die auf organische Veränderungen hindeuten (THIEMICH), und wie sie ähnlich auch bei der genuinen Epilepsie vorkommen. Es erscheint daher nicht zu viel gesagt, daß weitere Studien eidetischer Zustände und ihrer gesamten psycho-physischen Erscheinungen uns vielleicht auch in der Erkennung von Zusammenhängen zwischen Tetanie und Epilepsie weiterbringen könnten. Denn gerade die rudimentären Formen, denen man bisher wohl kaum genügend Aufmerksamkeit zugewendet hat, sind mit unseren Methoden besonders angreifbar. Beachtet man hingegen nur die gröbsten Erscheinungsformen, so wird sicher die Erkennung der Beziehungen verschiedener Zustände zueinander erschwert; denn gerade an den rudimentären Fällen werden die fließenden Übergänge der verschiedenen Zustände ineinander und damit ihre wechselseitigen Beziehungen am ehesten in Erscheinung treten. So dürfte es z. B. durch Aufdeckung von Rudimentärformen verschiedener Zustandsbilder, wie sie durch unsere Typenuntersuchungen ermöglicht wird, vielleicht gelingen, auch das bisher noch wenig geklärte Bild der sogenannten Neuropathie oder Psychopathie, das wohl mehr ein Symptombild als ein Krankheitsbild ist, in seine biologischen und genetischen Elemente aufzulösen (Kap. XI).

Der Vollständigkeit halber sei hier an dieser Stelle auch auf jenen bisher in unserem Material nur einmal vertretenen Fall hingewiesen, dessen AB den Gedanken an eine echt schizophrene Färbung nahelegten, wenn auch zunächst mit aller Reserve. Auch hier dürfte das Studium vielleicht echt schizophrener Züge von Vorstellungs- und Wahrnehmungsinhalten leichter und fruchtbarer durchzuführen sein als bei ausgeprägten Schizophrenen, deren psychischer Allgemeinzustand ein experimentelles Arbeiten mit ihnen nur selten zulassen dürfte. Es sei hierzu noch hervorgehoben, daß wir in dem gleich anzuführenden Falle mit Absicht von „schizophrener" Färbung gesprochen haben, im Unterschied zu dem von E. R. JAENSCH bei einer früheren Veröffentlichung dieses Falles noch gebrauchten Ausdruckes „schizoid"[1]). Wir vermuten demgemäß hier echt präpsychotische Züge im Gegensatz zu der zur Zeit besonders unter dem Einfluß der KRETSCHMERschen Terminologie und Lehre erfolgten Ausdehnung des Ausdruckes „schizoid" auch auf gewisse und allzu verschiedenartige normale Individualcharaktere. Wie wir an einer späteren Stelle näher ausführen werden (Kap. VII, 4) kann das, was KRETSCHMER als „schizoid" bezeichnet, unter Umständen einmal sowohl für den T-Typus wie für den B-Typus zutreffen, ohne daß von Schizophrenie die Rede sein muß. Hier dagegen sind tatsächlich schizophren-präpsychotische Züge gemeint, womit aber immer noch nicht gesagt

---

[1]) Vgl. E. R. JAENSCH (I), V. Abschnitt: JAENSCH, E. R.: Über Raumverlagerung. Beilage: Über eine besondere Art von Bildern. Vgl. auch Kap. VII, 3c, Kap. XII.

zu sein braucht, daß ein solcher Fall, wie dieser, unbedingt der Psychose verfallen müßte[1]): „Dieser Fall zeigt eine starke Beweglichkeit und Veränderlichkeit der AB, die an die Bilder des B-Typus erinnern könnte, aber sich doch wesentlich von ihnen unterschied ... Die entstehenden Neuzusammensetzungen (der AB, d. Verf.) hatten wieder oft nichts gemein mit den natürlichen und bekannten Zusammenhängen der Wirklichkeit, so daß sie das Gepräge des Sinnlosen trugen ... Die spontanen Veränderungen der Bilder des B-Typus sind von ganz anderer Art. Sie entstehen nicht durch sinnlose Zerspaltung der Gegebenen, sondern entweder durch kontinuierliche Abwandlung oder mit einem Schlag; jedenfalls ist das entsprechende Produkt nicht sinnlos, sondern entspricht irgendeinem bekannten inneren Zusammenhang, der auch wieder mit dem gegebenen sachlichen Komplex des Vorbildes in einem verständlichen, in der Erfahrung vorkommenden oder wenigstens möglichen Zusammenhang steht. Fälle von der Art des hier geschilderten sind selten ..." (E. R. JAENSCH a. a. O.).

Wenn wir damit unsere Erfahrungen über die Gesetzmäßigkeiten vergleichen, unter denen das Seh- bzw. Farbmaterial der AB_B und der AB_T Abwandlungen und Veränderungen unterliegt (vgl. Kap. IV), so haben wir es hier mit einer wiederum ganz anderen Plastizität und einer anderen Art der Abwandlung zu tun; sie erscheint weder an psychische und Faktoren des inneren, logischen Zusammenhangs gebunden wie beim B-Typus, noch vorwiegend an das Sehmaterial selbst und den optischen Komplex der Vorlage wie beim T-Typus; die hier auftretende Abart trägt den Stempel des völlig Unberechenbaren, Sinnlosen, „primär unverständlichen Geschehens" (E. KÜPPERS) schizophrener Färbung[2]).

Endlich sind Untersuchungen über die hypnotischen und posthypnotischen Bildererscheinungen in Angriff genommen worden und damit zugleich der Versuch, auch diese Zustände mit psychophysischen Methoden zu charakterisieren und abzugrenzen[3]). Schon jetzt läßt sich sagen, daß der Zustand hypnotischer Färbung, auch wenn er mit Gesichtserscheinungen verknüpft ist, wieder einen ganz besonderen Charakter besitzt. Vor allem ist dabei ein Umstand auffallend, der sich sofort jedem aufdrängt, der Eidetiker einmal gesehen hat[4]). Nie ist bei den gewöhnlichen Eidetikern (T- und B-Typen) während der Einprägung und Beobachtung der AB eine Art Schlaf wie im eidetischen Zustand hypnotischer Färbung vorhanden; weit eher könnte man sagen, daß diese, sagen wir Normaleidetiker, niemals wacher und regsamer sind als bei der Beobachtung der AB. Es kann auch keine Rede davon sein, daß die Vpn. in diesem Zustand, während der Beobachtung der AB, unter der Herrschaft des Versuchsleiters stünden, da sie ja z. B. im Normalfalle aufs schärfste widersprechen, wenn man versucht, ihnen irgend etwas zu suggerieren, was sie nicht wirklich sehen. Im Gegensatz hierzu könnte man jedoch der Vermutung Ausdruck geben, daß die oben geschilderten beiden besonderen eidetischen Bewußtseinszustände, die wir nach unseren näheren Ausführungen hierüber mit einer Formel kurz als T_E- bzw. B_H-Typus bezeichnen möchten, eine gewisse Beziehung besitzen könnten zu den beiden hauptsächlichsten Typen der hypnotischen Zustände, sofern ein solcher herbeigeführt worden

[1]) Vgl. hierzu WILDERMUTH, H.: Schizophrene Züge bei gesunden Kindern. Zeitschr. f. d. ges. Neur. u. Psych. Bd. 86. 1923.

[2]) Einige Hinweise auf die Möglichkeit, selbst solches „primär unverständliche Geschehen" einem sinnvollen Zusammenhang einzuordnen, erhalten wir aus neusten Forschungsergebnissen E. R. JAENSCHS. Vgl. hierzu Kap. XII; ferner Kap. VII, 3c.

[3]) LACHMUND, H. und JAENSCH, W. (noch unveröffentlicht).

[4]) Vgl. hierzu auch FISCHER, S. u. HIRSCHBERG, H.: Zeitschr. f. d. ges. Neur. u. Psych. H. 1/3. 1924.

ist. Ganz allgemein dürfte der reine T-Typus vermutungsweise seiner ganzen Eigenart nach überhaupt einer hypnotischen (also psychischen) Beeinflussung wenig zugänglich sein oder doch vielleicht relativ weniger als seine Mischfälle vom TB-(BT-)Typus oder reine B-Typen. Bei den hypnotischen Zuständen kann man nun nach den bekannt gewordenen Tatsachen dieses Gebietes außer dem Grade der Hypnose von zwei großen gegensätzlichen Gruppen verschiedener Färbung sprechen: nämlich einer aktiven Form erhöhter und einer passiven Form herabgesetzter Erregbarkeit. Der herbeigeführte oder herbeiführbare Grad der Hypnose dürfte dabei wenig, wenn auch immerhin etwas vom Individualtypus der betreffenden Persönlichkeit abhängen, in hohem Maße dagegen der Typus oder die Färbung der Hypnose, also die Frage, ob die aktive Form erhöhter oder die passive Form herabgesetzter Erregbarkeit auftritt. Wir müssen vielleicht, ähnlich wie bei den AB eidetische Grade und Gedächtnisstufe, bei der Hypnose Grad und Art auseinanderhalten. Auch schon der Grad der Hypnose könnte dabei, dies sei nebenher bemerkt, bei allen Menschen eine gewisse Beziehung zum Hervortreten verschiedener Gedächtnisstufen besitzen, obgleich — wie noch einmal hervorgehoben sei — nicht die Umkehrung hiervon gilt, so daß die eidetischen Phänomene und ihre Stufen und Grade also nichts Hypnotisches sind.

Schultz-Jena hat in experimenteller Selbstbeobachtung in den optischen Erscheinungen der Hypnose hier einige Stufen unterschieden, von denen die höhere, das „visualisierte Denken“ eine Beziehung zum B-Typus (bzw. B-Komplex) und die tiefere Schicht der optisch-hypnotischen „Fremderlebnisse“ eine gewisse Verwandtschaft zu der Gedächtnisstufe der NB (bzw. T-Komplex) zu besitzen scheint, der die AB_T angehören[1]). Auch hier scheint es sich um eine psychogene „Einschaltung“ entwicklungsgeschichtlich verschieden hochstehender psychosensorischer Systeme bzw. ihrer Valenzen zu handeln. Die Färbung der Hypnose jedoch, ihre im Einzelfalle mehr aktive oder passive Form mit erhöhter bzw. herabgesetzter Reizanspruchsfähigkeit dürfte in höherem Maße noch als der herbeiführbare Grad der Hypnose vom Individualtypus der hypnotisierten Vp. abhängen. Und zwar erscheint die aktiv-übererregbare Form nicht ohne Beziehung zu den bei unserem T_E-Typus beobachteten Erscheinungen: so findet sich bei letzterem Typus[2]) der Hypnose eine motorisch-muskuläre Übererregbarkeit, sich äußernd in krampfartigen Bewegungen, teils in einer Verfeinerung des Muskelsinns, Überempfindlichkeit des Geruchssinns, Verkürzung der Reaktionszeiten und Erhöhung der Gedächtnisleistungen. Trömners[3]) Versuche bei drei Hypnotisierten ergaben, „daß im partiellen Schlaf sich die Empfindlichkeit gegen Licht um mehr als das Zehnfache, gegen Schall um etwa das Dreifache, gegen Wärme ums Sechsfache, gegen Gerüche ums Drei- bis Fünffache dem Wachsein gegenüber steigern ließ“. N. Ach beobachtete bei der Hypnose als Wirkung des „eingeengten Bewußtseinszustandes eine erhebliche Steigerung der Arbeitsleistung beim Zusammenzählen einstelliger Zahlen“. Die passiv-untererregbare Form der Hypnose dagegen scheint nicht ohne Beziehungen zu Erscheinungen des vorn geschilderten eidetischen Zustandes vom B_H-Typus: Herabsetzung der Bewegungstätigkeit, die bis zur Lähmung führen kann, Störung und Verminderung

---

[1]) Schultz-Jena, J. H.: Monatsschr. f. Psychiatrie u. Neurol. Bd. 49, H. 3. Diese Erscheinungen weisen zugleich wiederum eine gewisse Beziehung zu den hypnagogen Halluzinationen auf, ganz ähnlich wie im motorischen Gebiete das Nachtwandeln und der den hypnagogen Halluzinationen selbst aufs engste verwandte Pavor nocturnus, das Schlafreden und die Schlafzuckungen eine Beziehung zum T-Komplex und seinen motorischen Valenzen zu haben scheinen (vgl. hierzu Kap. VII, 2, 3).

[2]) Zitiert nach Dessoir, M.: Vom Jenseits der Seele. Stuttgart: Enke 1920. S. 62 ff.

[3]) Trömner, E.: Journ. f. Psychol. u. Neurol. 1912, Erg.-Heft 1, S. 347.

der Empfindlichkeit des Muskeltiefensinns. Wenn z. B. die Vp. einen Gegenstand aufhebt oder niedersetzt und nicht sicher ist, ob sie nicht zu viel oder zu wenig tut; die Zunge gehorcht ihr nicht ganz leicht und „Döllken hat aus eigener Erfahrung das allmähliche Schwächerwerden der verschiedenen Sinnesempfindungen beschrieben; die Reaktionszeiten dehnen sich, zum Erlernen sinnloser Silben sind mehr Wiederholungen als sonst vonnöten“[1]).

Bei diesen verschiedenen Erscheinungsformen der Hypnose könnten also unsre Individualtypen sehr wohl eine Rolle spielen.

Es dürfte demnach nicht zu viel gesagt sein, wenn wir von Anwendung der hier aufgezeigten psychophysischen Untersuchungsmethoden auch für diese zuletzt genannten Probleme eine gewisse Förderung erwarten. —

Die Voranstellung dieses Kapitels vor den nun folgenden Abschnitt geschah mehr oder weniger aus Gründen, die in der Entstehung der vorliegenden Arbeit selbst ihre Ursache besitzen: manches wird erst in dem nachfolgenden Kapitel seine tiefere biologische Durchleuchtung erfahren, die unsre oben geäußerten und schon früher gehegten Vermutungen rechtfertigt, Auffassungen, zu denen wir aber — wiederum empirisch — erst durch die Ergänzung unsrer Methodik durch die Capillarmikroskopie und weitere Untersuchungen und Studien beim Überblick über unser gesamtes Untersuchungsmaterial und am Ende unsres Weges gelangten. — Wenn wir also im folgenden eine Theorie und Biologie des T- und B-Typus herauszustellen suchen werden und hierdurch zu einer Biologie der menschlichen Persönlichkeit gelangen, die auch bereits ins rassenkundliche Gebiet hinüberleitet, so wird trotzdem immer erkennbar sein, wieweit wir hierzu durch weitere empirische Untersuchungen und Versuche gelangten, und was an folgendem rein theoretische Erörterung darstellt. Gleichzeitig werden hierdurch Wege sichtbar werden, auf denen wir voraussichtlich einmal zu einer Überwindung der heute in der Medizin noch fast völlig alleinherrschenden Symptomatologie gelangen werden, ebenso zu einer völligen Verschiebung des therapeutischen Schwergewichts in das Gebiet der Individual- und Rassenprophylaxe, und es scheint, als ob sowohl in der inneren Medizin wie in der Psychiatrie ein neuer therapeutischer Optimismus hieraus einige Berechtigung ziehen könnte.

---

[1]) Zitiert nach Dessoir, M.: Vom Jenseits der Seele. Stuttgart: Enke 1920. S. 63.

Dritter Abschnitt.

Zusammenfassende klinische Betrachtung der Biotypen, zugleich ein Versuch der Aufzeigung ihrer wahrscheinlichen biologischen Bedeutung.

A. Einige Grundlinien zu einer anthropologischen, medizinisch-physiologischen und klinisch-pathologischen Biologie.

Siebentes Kapitel.

Zur Organologie der psychophysischen Persönlichkeit.

„Lesern, welche aus irgendwelchen Gründen allgemeinen Erörterungen gern aus dem Wege gehen, empfehle ich, das ... Kapitel zu überschlagen. Für mich hängt allerdings die Ansicht des Ganzen und die Ansicht des Einzelnen so zusammen, daß ich beide nur schwer zu trennen vermöchte."

E. Mach, Die Analyse der Empfindungen, Vorwort der ersten Auflage.

1. Die allgemeineren Grundlagen unserer Untersuchungen und nachfolgender Betrachtungen.

Im folgenden wollen wir den Versuch machen, von den Ergebnissen unserer Untersuchungen ein Gesamtbild zu geben und dieses einem größeren biologischen Rahmen einzufügen.

Stets wurde so vorgegangen, daß wir voraussetzungslos die Tatsachenforschung voranstellten.

Daß sich nach jahrelanger Arbeit alle diese Tatsachen zugleich zu einem teilweise grundsätzlich neuen Gesamtbilde zwanglos zusammenschließen, ist wohl ein Hinweis für die Richtigkeit des eingeschlagenen Weges. — Wenn sich die Dinge mitunter von ganz neuen Seiten zeigen, läßt sich zuweilen die Einführung neuer Termini und neuer Kategorien nicht umgehen. Der Fortschritt in der Forschung scheitert nicht gerade selten mit daran, daß man sich gewöhnlich so schwer entschließt, die Erscheinungen einmal losgelöst von älteren Anschauungen und ganz unbefangen einfach für sich sprechen zu lassen. Dies kann geschehen, ohne dabei den gebührenden Respekt vor überlieferten Erfahrungen und gesicherten Einsichten zu verletzen. —

Eine alte und bis vor kurzem allgemein herrschende Anschauung geht dahin, daß eine scharfe Trennungslinie zu ziehen sei zwischen körperlichem und geistigem Geschehen, und damit ergibt sich eine scharfe Scheidewand zwischen dem Gebiet, das die Naturwissenschaft und demjenigen, welches die Geisteswissenschaft seit jeher für sich in Anspruch nahm.

In weiten Kreisen der Wissenschaft steht diese Anschauung noch unerschüttert da. In der Fachpsychologie ist sie so gut wie allgemein aufgegeben; aber auch hier wird vielfach noch eine scharfe Trennungslinie gezogen zwischen dem elementaren Seelischen, das nach Art einer sinnesphysiologischen, also naturwissenschaftlich eingestellten Methodik erforscht werden kann, und dem höheren seelischen Geschehen, das solchem Vorgehen unzugänglich sei. Demgegenüber bewegten sich unsere Untersuchungen von vornherein in einer neuen Grundeinstellung, die durch das Aufzeigen einer vielfältigen Schichtenstruktur im Seelenleben gegeben war. Ihre Wahrscheinlichmachung geht auf E. R. JAENSCH und seinen Arbeitskreis zurück, und eben diese Schichtenstruktur ist mit jener Zweiteilung unverträglich. — Diese Grundtatsache des Vorhandenseins einer Schichtenstruktur im Seelenleben wird man sich im folgenden stets gegenwärtig halten müssen. Sie gilt, — wie unsere Untersuchungen zeigen —, auch für das biologische und psychophysische Geschehen in weiterem Sinne. Im Bereiche der menschlichen Persönlichkeit, mit der allein wir es hier zu tun haben, lehren diese Untersuchungen, daß auch die höchsten geistigen Vorgänge schichtenweise auf entwicklungsgeschichtlich tiefer stehenden psychophysischen Strukturen erwachsen. Bei letzteren sind die somatisch-psychischen Wechselbeziehungen noch ganz handgreiflich und viel weniger zu verkennen als in höheren Schichten des psychischen Geschehens. — Alle bisherigen Ergebnisse zeigen dementsprechend, daß sich selbst hier zwischen psychologischer und physiologischer Betrachtung keine strenge Scheidewand aufrichten läßt, daß man mit anderen Worten auch höhere geistige Vorgänge nicht völlig losgelöst vom Somatischen betrachten kann. Es ist bezeichnend für die vielfach noch herrschende gegensätzliche Einstellung, daß in einzelnen Veröffentlichungen über psychologische Gegenstände z. B. darüber gespottet wird, daß es psychologische Arbeiten über höhere und höchste geistige Vorgänge beim Menschen gibt, bei denen sich der Verfasser veranlaßt gesehen hat, ausführlich auf sinnesphysiologische Dinge einzugehen. Wenn KLAGES diesen Autoren die Anschauung unterlegt, als ob die Beschaffenheit der Sinnesorgane einen Einfluß auf den Ablauf höchster geistiger Vorgänge immer und in jedem Falle ausüben könnte und dies bemängelt[1]), so ist darauf hinzuweisen, daß hier, — wie dem auch sei —, die Heranziehung sinnesphysiologischer Betrachtung überhaupt aus einem ganz anderen Grunde geschieht; denn schon das sogenannte sinnesphysiologische und mit sinnesphysiologischen Methoden zu erforschende Geschehen zeigt in weitem Umfange die Strukturen des psychischen Geschehens. Insbesondere die unter Leitung von E. R. JAENSCH durchgeführten Arbeiten haben zwischen diesen elementaren sinnesphysiologischen Schichten und den hohen des Vorstellungslebens einen gleitenden Übergang gezeigt, hauptsächlich durch den Nachweis des vermittelnden eidetischen Zwischenreiches[2]). Auf den verschiedenen Schichten, z. B. bei den Nachbildern, den Vorstellungsbildern und den dazwischen liegenden, bald diesen, bald jenen näherstehenden Anschauungsbildern wiederholen sich immer wieder übereinstimmende Strukturen. Diese im elementaren und im höheren Geschehen übereinstimmenden Strukturen lassen sich auf den elementaren Schichten am eindringendsten erforschen, weil hier experimentelle Hilfsmittel und Methoden anwendbar sind, die sich von sinnesphysiologischen so gut wie gar nicht unterscheiden[3]). Bei dieser Übereinstimmung wandelt

[1]) KLAGES, L.: Prinzipien der Charakterologie. Leipzig: Joh. Ambr. Barth, 1921.

[2]) Aber auch sonst gehört zum festen Bestande der Wahrnehmungslehre die Überzeugung, daß in allen Wahrnehmungsvorgängen schon psychische Strukturen erkennbar sind. HELMHOLTZ sagt im Eingang der Wahrnehmungslehre (Handbuch der physiologischen Optik, III. Abschnitt): „Diese Untersuchung tritt notwendig zum Teil in das Gebiet der Psychologie ein.“ v. KRIES (Allgemeine Sinnesphysiologie, Leipzig 1923) räumt psychologischen Fragestellungen im Interesse der Sinnesphysiologie einen breiten Raum ein.

[3]) Auch v. KRIES (Allgemeine Sinnesphysiologie, Vorwort) sagt: „Unter den Arbeiten

sich aber doch die Beschaffenheit der Strukturen von unten nach oben hin in einer bestimmten Richtung ab, und zwar in dem Sinne, daß die schon in den elementaren Schichten nicht fehlenden zentralen, psychischen Funktionsanteile immer stärker hervortreten und die Funktionen gegenüber der Beschaffenheit und dem Wechsel der Reize immer unabhängiger werden, ihnen gegenüber eine immer höhere „Invarianz" gewinnen (E. R. JAENSCH).

Aus diesem Grunde ist auf den höchsten Schichten vieles nur rein von der zentralen Sphäre, also nur rein psychologisch zu verstehen. Wegen des gleitenden Überganges der Schichten und ihrer weitgehenden Strukturübereinstimmung gelangen also beide Betrachtungsweisen zu ihrem Recht: die Betrachtungsweise, die ganz dem Vorgehen der Sinnesphysiologie folgt, und eine rein psychologische, welche in gewissem Sinne dem Verfahren der geisteswissenschaftlichen Psychologie (im Kreise der Schule DILTHEYS „Strukturpsychologie" genannt) nahesteht[1]).

---

der Psychologen sind viele, die sich nach Fragestellung und Methodik der in der Sinnesphysiologie geläufigen Art des Vorgehens vollständig anschließen."

[1]) E. R. JAENSCH hat darum für die Erforschung von Vorgängen des höheren Seelenlebens ein „kombiniert-experimentell-strukturpsychologisches Verfahren" ausgebildet (vgl. Ber. über d. 8. Psychologenkongr. in Leipzig 1923. Jena: G. Fischer). Nicht zu verwechseln ist „Strukturpsychologie" in solchem und oben angedeutetem Sinne mit der These des Ideenkreises von KÖHLER, WERTHEIMER und KOFFKA, die gemeinhin unter dem Schlagwort der sogenannten „Gestaltpsychologie" bekannt geworden ist. Letztere Lehre schließt zugleich in sich die KÖHLERsche These von der Wirksamkeit der sogenannten „physikalischen Gestalten" innerhalb der Wahrnehmungsvorgänge. Diese physikalistische Theorie und ihre pseudoexakte Beweisführung hat mit biologischen Wirkungs- und Strukturzusammenhängen in obigem Sinne nichts gemeinsam. Es bedeutet nicht nur einen historischen, sondern auch einen tatsächlichen Irrtum, wenn neuerdings (z. B. von GRUHLE, MAYER-GROSS u. a.) versucht wird, nachzuweisen, daß in der Lehre von biologischen Strukturzusammenhängen eine „Auswirkung" der „Gestaltpsychologie" oder gar eine Wesensgleichheit mit den KÖHLERschen (physikalischen) „Gestalten" zu sehen sei. Die tatsächliche Wesenheit echter physikalischer Gestalten aus dem unorganischen Bereiche der Physik in den organischen Bereich der Biologie ohne weiteres übertragen zu haben, ist gerade der — übrigens nicht schwer zu durchschauende — Fehlgriff KÖHLERS gewesen, der als ein solcher bereits nahezu allgemein durchschaut ist, und der sogar neuerdings von Autoren, die diesem Kreise der „Gestaltpsychologen" nicht fernstehen, öffentliche Ablehnung erfahren hat (z. B. von GRUHLE in der Wandervers. in Baden-Baden 1925). Damit fällt aber im Bereiche der Biologie die sogenannte „Gestaltthese" im KÖHLERschen Sinne völlig in sich zusammen. Soweit die Behauptung der „Gestalttheoretiker" neu ist, stellt sie nur einen Fehlgriff und Rückschritt dar. An Stelle des fast in allen anderen psychologischen Arbeitskreisen jetzt herrschenden Bemühens, die eigentümlichen Ganzheitseigenschaften des psychischen Lebens streng-empirisch zu erforschen, setzt die „Gestalttheorie" gänzlich hypothetische Spekulationen über physikalische Hirnprozesse, die den Bewußtseinsvorgängen angeblich entsprechen sollen, Spekulationen, deren physiologische und biologische Unzulänglichkeit und deren in sich widerspruchsvollen Charakter auch G. E. MÜLLER aufgedeckt hat (Komplextheorie und Gestalttheorie, Göttingen 1923). Es wird immer zunehmend erkannt, wie verfehlt es war, die Ganzheitseigenschaften des Psychischen und des Organischen von einem Gebiet her aufhellen zu wollen, wo sie gerade am wenigsten ausgesprochen sind, nämlich von dem Gebiet des physikalischen Geschehens aus, und wie sehr darum das Wort des ungarischen Forschers PIKLER zutrifft: „Das KÖHLERsche Buch mit seiner — ich darf im Interesse der Sache leider keine andere Bezeichnung anwenden — verkehrten Gelehrsamkeit wird, und nicht einmal in sehr später Zeit, als wertvolles Zeugnis dessen figurieren, wie verständnislos die ganze bisherige experimentelle Psychologie für das Wesen des Lebens war (PIKLER, J.: Schriften zur Anpassungstheorie des Empfindungsvorganges. 4. Heft, S. 87. 1922). Unzutreffend ist hieran nur dies, daß die Irrtümer, die der KÖHLERschen Gestalttheorie zugrunde liegen, unter den gegenwärtigen Vertretern der experimentellen Psychologie weit verbreitet seien. Wie entschieden diese Einseitigkeiten der sogenannten Gestalttheorie gerade im Gebiet der Psychologie zurückgewiesen werden, dafür ist ein Beispiel unter vielen die scharfe Ablehnung, die KARL BÜHLER (Die geistige Entwicklung des Kindes. 3. Aufl. 1922. Vorwort, S. IX) diesen Bestrebungen widerfahren läßt:

Wir beobachten ontogenetisch (wahrscheinlich auch phylogenetisch) bestehende niedere seelische Funktionsschichten z. B. nach Art der eidetischen. Hier gelingt es, zu somatischen Funktionsschichten tatsächlich sogar sehr enge Beziehungen aufzuweisen. Wegen der Strukturübereinstimmung dieser primitiven und der höheren seelischen Schichten gelingt es, von dieser Seite her nicht nur zu elementaren, sondern auch zu höheren Funktionsabläufen somatisch-funktionelle Korrelatbeziehungen aufzuweisen. So können durchgehende Struktureigenschaften der Schichten, besonders die mit der Konstitution zusammenhängenden Eigenschaften, von den elementaren Schichten her aufgehellt werden. Umgekehrt tritt der zentrale, also psychische Faktor, der gleichfalls alle Schichten durchdringt, am deutlichsten in den höheren und höchsten Schichten in Erscheinung, die vor allem einer rein psychologischen Analyse zugänglich sind. So gewinnt man also Einsicht in Sein und Werden der höheren Schichten, wenn man diese letzteren im Zusammenhang mit den niederen betrachtet, welche nach sinnesphysiologischer Art erforscht werden können, und ebenso gewinnt man Einsicht in Sein und Werden der niederen Schichten, wenn man seinen Blick immer zugleich auch auf die höheren, einer rein psychologischen Zergliederung sich erschließenden Schichten gerichtet hält[1]). Die mehr naturwissenschaftlich und die mehr geisteswissenschaftlich gerichteten Betrachtungsweisen schließen sich also nicht aus, sondern fordern einander.

Wir teilen daher nicht die Meinung jener, die das ehrliche Bemühen einer anders gearteten, aber dem gleichen Ziele zustrebenden Forschungsrichtung von vornherein spöttisch ablehnen, wie dies z. B. LUDWIG KLAGES[2]) tut, dessen Schriften seitens mancher Psychiater neuerdings eine auffallende Beachtung finden. Auf die Einstellung von KLAGES und der ihm darin Folgenden passen BLEULERS Worte[3]): „Sie haben meine Behauptung glänzend gerechtfertigt, daß die philosophische[4]) Schulung das Verständnis solcher biologischer Gedanken bis

„Nehmen wir hinzu, daß nach seiner (d. h. K. KOFFKAS) und W. KÖHLERS Auffassung auch das physikalische Geschehen von Gestalten beherrscht wird, so ergibt sich freilich ein Weltbild von überwältigender Geschlossenheit und Simplizität: Elektrizität, Schwerkraft und menschliches Denken sind auf einen Nenner gebracht. Mag man selbst oder mögen andere zusehen, wie sie aus dieser berauschenden Einheitsformel die nüchterne Alltagsmannigfaltigkeit wieder herausrechnen.“ Das Neue an der „Gestalttheorie“ also ist nicht zutreffend, und das Zutreffende daran ist nicht neu. Mit ganz anderer Tiefe als in den Spekulationen der „Gestalttheoretiker“ ist die Bedeutung der Ganzheiten und Inbegriffe schon in der Mitte des vorigen Jahrhunderts in der „organischen Weltanschauung“ des Philosophen ADOLF TRENDELENBURG herausgearbeitet worden, in den psychologischen Grundlehren W. WUNDTS, in der geisteswissenschaftlichen Forschung W. DILTHEYS, in der Strukturpsychologie SPRANGERS, in der biologisch fundierten „Ganzheitsforschung“ von HANS DRIESCH, E. und S. BECHER und anderen, und auch in fast allen streng empirisch, d. h. im wahrhaften Sinne naturwissenschaftlich gerichteten Kreisen der experimentellen Psychologie ist man zur Zeit mit diesen wichtigen und uralten, keineswegs erst von den sogenannten „Gestaltpsychologen“ entdeckten, wohl aber von ihnen auf eine abwegige Bahn gedrängten Problemen beschäftigt. (Vgl. hierzu die in Vorbereitung befindliche Monographie von JAENSCH, E. R.: „Zur Grundlegung der philosophischen Anthropologie“, voraussichtlich bei Dr. Benno Filser in Augsburg erscheinend).

[1]) J. v. KRIES hat schon vor langer Zeit darauf hingewiesen, daß ein Verständnis der Vorgänge der räumlichen Wahrnehmung nur möglich ist, wenn man zur Erklärung die Psychologie der Vorstellungen heranzieht. Zu einem tieferen Verständnis dieser Zusammenhänge hat aber erst die „eidetische Unterbauung“ der Wahrnehmungslehre geführt (JAENSCH, E. R.: Über den Aufbau der Wahrnehmungswelt 1923.)

[2]) KLAGES, L.: Prinzipien der Charakterologie. Leipzig: Joh. Ambr. Barth, 1921.

[3]) BLEULER, E.: Biologische Psychologie. Zeitschr. f. d. ges. Neurol. u. Psychiatrie 1923. 83.

[4]) Gemeint sind hiermit konstruktiv-philosophische Gedankengänge, nicht aber

zur Unmöglichkeit erschwere (ähnlich wie es eine einmal erlernte Muttersprache den meisten Menschen unmöglich macht, eine andere ohne fremden Akzent zu sprechen[1])..." „Ich behaupte nun aber (E. BLEULER a. a. O.) bis zum Beweis des Gegenteils, daß es keine psychische Funktion gibt, die nicht im Keim auch im Zentralnervensystem nachweisbar wäre[2])." — „Wenn man bis jetzt immer meinte, eine solche Auffassung ablehnen zu müssen, so war es einerseits, weil man sich einige psychische Erscheinungen wie die ‚Vernunft', die ‚Moral' und namentlich das ‚Bewußtsein' nicht einfach als Funktionen des Nervensystems vorstellen konnte, vor allem aber aus vielerlei nicht wissenschaftlichen Gründen in die Betrachtung der psychophysischen Phänomene glaubte Ideen hineintragen zu müssen, die nicht aus der Beobachtung stammen." —

E. R. JAENSCH und sein Arbeitskreis konnte die Schichtenstruktur der seelischen Funktionsabläufe nachweisen, denen, — wie wir hier zeigen können —, auch biologisch-somatische Funktionsschichten entsprechen. Es ergab sich, daß jeder dieser Schichten gewisse immanente Gesetzmäßigkeiten innewohnen, die sich (im normalen oder pathologischen Falle) je nach der augenblicklich gerade in Funktion stehenden bzw. nach der genotypisch vorherrschenden Schicht oder bestimmter Valenzen derselben von selbst verwirklichen, und zwar auf den niederen Schichten ohne Beteiligung des Faktors, den wir als das bewußte „Ich" anzusehen gewöhnt sind. In ähnlichem Sinne äußert DESSOIR hierzu folgendes:

„Die Formung im Bewußtsein verleiht den seelischen Inhalten ihren Sinn. Ein einzelnes, der Verbindung entzogenes Element ist nahezu sinnlos. Sprechen wir von einer Einheit in der Folge der Bewußtseinsmomente, so besagt dieser Ausdruck, daß ein sinnvoller Zusammenhang vorliege. Die so verstandene Einheit schließt demnach eine Mehrheit sich folgender Zusammenhänge nicht aus. — Ähnliches gilt für die gleichzeitige Vereinigung seelischer Erlebnisse. Was ich gleichzeitig sehe und höre, empfinde ich als Bestandstück innerhalb eines Ganzen. Das Gesamterlebnis gleicht einer Einheit, aus der einzelne Teile sich stärker herausheben. Man hat diese Beziehung aufeinander mißverstanden, indem man sie mit dem Ich verwechselte und behauptete, die Teile würden ‚durch ihre Zugehörigkeit zu dieser Einheit als meine Inhalte charakterisiert' (CORNELIUS, H.: Zeitschr. f. Psychol. u. Physiol. d. Sinnesorg. Bd. 43, S. 41). Der deutlichste Gegenbeweis liegt in den ziemlich verbreiteten Erfahrungen sogenannter Depersonalisation. ‚Unter Depersonalisation ist ein momentan sich einstellender, meist auch vorübergehender Zustand zu verstehen, während dessen alles, was wir wahrnehmen, uns fremd, neu, eher Traum als Wirklichkeit zu sein scheint; die Menschen, mit denen wir uns unterhalten, auf uns den Eindruck machen, bloße Maschinen zu sein: auch die eigene Stimme uns fremd, wie diejenige eines anderen, in die Ohren klingt; und wir im allgemeinen das Gefühl haben, nicht selbst zu reden und zu handeln, sondern nur als müßige Zuschauer unser Handeln

---

etwa die Betrachtungsweisen der streng empirisch und experimentell verfahrenden Psychologie. BLEULER schrieb gelegentlich E. R. JAENSCH, die Marburger psychologischen Arbeiten seien „reinste Naturwissenschaft" und sollten darum auch äußerlich von den Gedankengängen der Philosophen aufs schärfste abrücken. Wenn BLEULER temperamentvoll hinzufügt, „den Philosophen müßte ihre nur verwirrend wirkende Beschäftigung mit Psychologie eigentlich verboten werden", so sehen wir hierin, wie aus Obigem schon hervorgeht, ein Zuweitgehen ins entgegengesetzte Extrem, das aber nicht unverständlich ist angesichts des Kultus, der gegenwärtig auch in klinischen Fächern mit rein philosophischen, durchaus nicht auf streng empirischer, geschweige denn naturwissenschaftlicher Grundlage errichteten Gedankengebäuden getrieben wird. In dieser Hinsicht möchten wir den Kult, der in gewissen Kreisen, deren wissenschaftliches Streben ein durchaus ernstes ist, z. B. mit den Schriften von L. KLAGES, PALAGYI u. a. getrieben wird, geradezu als eine Gefahr bezeichnen. Man wird solchen geistreichen Schriftstellern im Einzelfalle gewiß nicht die Höhe ihrer intuitiven Anschauung absprechen wollen, die Gesamtheit ihrer Schriften als Wissenschaft zu nehmen, wäre Hineinverpflanzung der Mystik in den Bereich der Forschung.

[1]) Vgl. hierzu: JAENSCH, E. R. (Über den Aufbau der Wahrnehmungswelt, XII. Abschn.) Der Umbau der Wahrnehmungslehre und die KANTischen Weltanschauungen.

[2]) Vgl. hierzu neuerdings BLEULER, E.: Die Psychoide als Prinzip der organischen Entwicklung. Berlin: Julius Springer 1925.

und Reden zu beobachten' (HEYMANS, G.: Zeitschr. f. Psychol. u. Physiol. d. Sinnesorg. Bd. 36, S. 521). Aus dieser ganz zutreffenden Beschreibung ersieht man sofort, daß gegebenenfalls die seelischen Erlebnisse im Bewußtseinszusammenhange verbleiben und trotzdem ihr gewohntes Verhältnis zum Ich einbüßen können. Folglich ist die Verknüpftheit nicht einerlei mit dem Ich; jene kann für sich stehen und ebenso dieses. Deswegen erscheint mir auch die Bezeichnung Depersonalisation unglücklich gewählt und innerhalb der normalen Breite der Erscheinungen durch den besser passenden Ausdruck ,Fremdheitsgefühl' ersetzbar. Selbst in den krankhaften Verfestigungen und Verstärkungen des Zustandes liegt nicht eigentlich eine „Entpersönlichung vor. A. PICK (Arch. f. Psychiatrie u. Nervenkrankh. Bd. 38, H. 1) erzählt von einer Frau, die darüber klagte, daß sie sich selbst nicht mehr kenne . . . Auch in diesem Fall beharrt das Gefühl des Ichs als eines Inbegriffs von Verrichtungen und stellt sich den seelischen Inhalten gegenüber; selbst hier also verschwindet das Ich keineswegs. — Nachdem wir die Gleichsetzung des Ichs mit dem simultanen Zusammenhang abgelehnt haben, sind wir um so mehr verpflichtet, diesen Zusammenhang schärfer ins Auge zu fassen. Die ältere Lehre von einer punktförmigen Einheit wird jetzt ziemlich allgemein, und mit Recht, aufgegeben. In besserer Übereinstimmung mit der inneren Erfahrung ist das Wort von einer Organisation um einen Mittelpunkt. Man darf — in einer freilich sehr unvollkommenen Vergleichung — den Bewußtseinsaugenblick einen Kreis nennen, dessen Rand schwarz, dessen Mittelpunkt weiß und dessen dazwischen liegende Teile abgestumpftes Grau sind, oder eine Mehrheit konzentrischer Kreise, die sich nach innen zu allmählich aufhellen. Wie dieser Befund der Selbstbeobachtung sich mit den hergehörigen Hauptbegriffen der Psychologie am besten darstellen und erklären läßt, bleibt allerdings eine strittige Frage. Die Begriffe Bewußtseinsgrad, intellektuelle Aufmerksamkeit und Apperzeption sind am häufigsten verwendet worden, entweder in fast gleicher Bedeutung oder mit ausdrücklicher Sonderung. Ich für meinen Teil bin nach wie vor der Überzeugung, daß die Tatsachen zu festen, scharfen Unterscheidungen keinen Anlaß geben, daß vielmehr die Klarheitsgrade des Bewußtseins mit den Gebieten der Apperzeption bzw. Perzeption und mit der größeren oder geringeren Beachtung durch die Aufmerksamkeit zusammenfallen" (DESSOIR, M.: Vom Jenseits der Seele. Stuttgart: Enke 1920. S. 31/32. Sperrdruck von uns. Der Verf.).

Es gilt also nicht schlechthin, daß „wir denken", sondern wenigstens mit Bezug auf die niederen Schichten muß gesagt werden, diese Schichten „denken in uns", d. h. es verwirklichen sich in ihnen die ihnen innewohnenden (immanenten) Gesetzmäßigkeiten des Funktionsablaufs. E. R. JAENSCH konnte sogar zeigen, daß die verschiedenen Schichten — jede für sich — auch ihre eigenen Wertgesichtspunkte besitzen, die sich ohne Mitwirkung des seiner selbst bewußten Ich von selbst in dem Sinne verwirklichen, daß die nächsthöhere Schicht die Funktionen der entwicklungsgeschichtlich nachgeordneten Schicht kontrolliert und korrigiert bzw. in bestimmter Weise verfeinert.

Der Nachweis dieser Schichtenstruktur, der ihr entsprechenden Gedächtnisstufen und der ihnen immanenten Gesetzmäßigkeiten nahm seinen Ausgang von dem Studium und der Erforschung des eidetischen Erscheinungskreises. Dieser ist ein verhältnismäßig primitiver. — Wir haben vorn schon gesagt, daß auf primitiver Stufe die Beziehungen zwischen psychischen und somatischen Funktionsabläufen verhältnismäßig viel leichter durchschaubar sind als auf höherer Entwicklungsstufe. Es gelang daher hier leichter, echte psychophysische Funktions- und Wirkungszusammenhänge nachzuweisen, als wenn man allein von den höchsten geistigen Funktionsschichten ausgeht, wie es z. B. E. KRETSCHMER tut, und dann sogleich den anatomischen Körperbau hiermit in Beziehung zu setzen versucht (E. KRETSCHMER). Nicht dadurch können die psychophysischen Zusammenhänge ans Licht gezogen werden, daß man immer sogleich höchste seelische Funktionen mit ganz elementaren und sozusagen ganz äußerlichen grobanatomischen Verhältnissen vergleicht, sondern nur dadurch, daß man elementare seelische Funktionen, zunächst wenigstens, ebenfalls zu funktionellen somatischen Vorgängen, und zwar zu verhältnismäßig schon hochdifferenzierten funktionell-somatischen Vorgängen in Beziehung setzt. Hierauf wiesen wir schon in der Einleitung hin. Die Körperbautypen sind der Niederschlag somatischer Funktionen. Ehe wir darangehen können, solche gröbere somatische Strukturen (noch dazu nach ihrer rein äußerlichen grobanatomischen Form) wie Körperbauformen mit psychischen Funktionsabläufen und sogar, nach dem Vorgange E. KRETSCHMERS, mit solchen höchster Rangordnung (Charaktereigenschaften) in Beziehung zu setzen, müssen wir erst die weit engeren Beziehungen von psychischen und somatischen Funktionsabläufen kennen lernen. Dies geschieht am einfachsten in seelischen Primitivschichten. Hierbei kann ganz dahingestellt bleiben, ob wir die psychischen Funktionen als Ausfluß somatischer Vorgänge anzusehen haben oder, wie die Psychovitalisten (H. DRIESCH und E. BECHER) annehmen, daß das Somatische als Niederschlag von Funktionen anzusehen ist, die sich unter dem Einfluß psychischer Richtkräfte vollziehen, oder ob noch andere Möglichkeiten zutreffen, z. B. die von E. R. JAENSCH angedeutet[1]). — In unseren Untersuchungen konnten wir nun bis jetzt zwei große psychophysische Funktions- und Wirkungszusammenhänge von biologisch einheitlicher Struktur und innerer funktioneller Abhängigkeit nachweisen. Wir wollen nun diese beiden großen und übergreifenden psychophysischen Funktionskomplexe genetisch betrachten und so versuchen, ihre besondere, empirisch ermittelte Reaktionsart (formale Struktur) zu verstehen, der immer jeweils gleiche psychophysische Grundprozesse zugrunde liegen müssen. — Wir können dabei von dem durch O. HERTWIG eingeführten Begriff der „physiologischen Integration" ausgehen. Er besagt, daß auf entwicklungsgeschichtlich niederer Stufe — also bei niederen Organismen — viele Funktionen auch höherer Entwicklungsstufen im Keim schon angelegt sind, und daß Funktionen, die auf niederer Stufe gemeinsam in ein und demselben Funktionssystem ausgeübt werden, mit steigender Entwicklung Eigenleben und auch eigene Organe gewinnen, stets aber irgendwie der Ganzheit des Organismus unterstellt bleiben[2]). Da wir es hier nun mit dem Menschen, also einem an sich schon hochdifferenzierten Organkomplex zu tun haben, so können wir den Ausdruck „physiologische Integration" durch „Koppelung der Organsysteme" ersetzen und damit die Art bezeichnen, wie die verschiedenen und hochdifferenzierten Organe und Funktionen

[1]) In der II. Beilage des Referates in dem Bericht über den 7. Kongr. f. exp. Psychol. in Marburg 1921. Jena: G. Fischer 1922.

[2]) Vgl. HERTWIG, O.: Das Werden der Organismen. Jena 1916. Nach O. HERTWIG sinkt die „physiologische Integration" mit der Höhe der Entwicklung: erstens es steigt mit der Höhe der Entwicklungsstufe die Differenzierung der verschiedenen Funktionen. Während diese verschiedenartigen Funktionen auf niederer Stufe entweder von dem einheitlich arbeitenden Gesamtorganismus oder von einem einheitlich arbeitenden Organsystem gemeinsam vollzogen werden, bildet sich später für jede einzelne Funktion ein besonderes Organ. Auf niederer Stufe besitzen also Teile eines Organismus eine oft vielfache Funktionsbestimmung, d. h. ihre Reizansprechbarkeit und Leistungsfähigkeit ist keine eng umschriebene einfache, sondern vielfache (sie ist „mehrdeutig"). Wo noch keine besonderen Organe für einzelne Funktionsbestimmungen vorhanden sind, ist der Gesamtorganismus von „mehrdeutiger" Funktionsrichtung (z. B. bei der Amöbe, deren Protoplasma der Fortbewegung dient, ebenso aber auch der Aufnahme und Ausscheidung der Nahrung, der Atmung, Fortpflanzung usw.). Mit sinkender Integration und stärkerer Differenzierung von verschiedenen Organsystemen werden daher deren Funktionen immer „eindeutiger" im Sinne ihrer Leistungen und Reiz-Reaktionszuordnungen: es verhält sich zweitens so, daß diese verschiedenen Organsysteme, — je nach der Höhe der physiologischen Integration mehr oder weniger —, „als zugehörige Teile von einem höheren Ganzen . . ., außer von ihren eigenen Gesetzen, auch noch von den Gesetzen der ihnen übergeordneten, durch ihre Gemeinschaft neugebildeten Lebenseinheit beherrscht" werden . . . „Differenzierung und Integration sind (also) zusammengehörige und einander ergänzende Begriffe, wie das Ganze und seine Teile, oder wie Ursache und Folge. Sie können überall verwandt werden, wo lebende Teile zu einem zusammengesetzten System gesetzmäßig verbunden werden."

(einschließlich der psychischen) durch Leitungssysteme zusammengefaßt sind und zusammenwirken. (Nähere Erläuterungen und gewisse Einschränkungen später.)

Diese Koppelung, d. h. das Zusammenwirken und Ineinandergreifen der verschiedenen psychophysischen Organsysteme, kann mehr oder weniger eng sein, entsprechend dem höheren oder niederen Grad der Differenzierung und der Art ihrer funktionellen Koppelung bzw. Integration.

Auf der höheren Entwicklungsstufe, mit der wir es hier zu tun haben, beim Menschen, wird die Art der Koppelung außer durch den somatischen Differenzierungsgrad ganz besonders stark durch das Eingreifen seelischer Faktoren beherrscht. Dies nennen wir die „psychophysische Integration". Deshalb brauchen wir keineswegs einer Theorie zuzuneigen, die das seelische Geschehen dem physiologischen scharf entgegensetzt. Vielmehr ist mit „psychophysischer Integration" nur eine besondere Koppelung psychophysischer Prozesse mit somatischen Grundprozessen festgestellt. Es wird später deutlich werden, warum sich eine solche Trennung als notwendig und sachlich gefordert erweist.

Abgesehen von diesem auf besondere Art vereinheitlichenden Faktor kann hierbei die physiologische Koppelung der zusammenwirkenden Funktionen genotypisch sogar eine sehr wenig enge sein und doch vermöge einer besonderen seelischen Momentaneinstellung des Individuums (z. B. im Affekt) phänotypisch ein hoher Grad von seelischer Koppelung (psychophysischer Integration) erreicht werden, nämlich dann, wenn das seelische Erlebnis ein solches ist, daß die gesamte Persönlichkeit von ihm momentan völlig beherrscht und ergriffen wird. Es gibt nun aber Individuen, bei denen infolge ihrer besonderen psychophysischen Organisation dieser Faktor genotypisch einen solchen Einfluß besitzt, daß auch schon seelische Reize gewöhnlicher Stärke von größeren Teilen der Gesamtpersönlichkeit und für längere Dauer reaktiv Besitz ergreifen und sich in ihr auch im somatischen Gebiet auswirken. Hier können dann an Stelle der vorgebildeten somatisch-anatomischen Zentren im Zentralorgan mit gleicher Wertigkeit „psychische Zentren" auftreten, die sich der vorgebildeten niederen Funktionen mit der gleichen Wirksamkeit bemächtigen können, wie es physiologischerweise den anatomischen Zentren zukommt, die jenen niederen Zentren übergeordnet sind: es sind dies „komplex"haft fixierte Erlebnisinhalte.

Neben der engeren oder lockereren physiologischen Koppelung verschiedener Organsysteme, die der physiologischen Integration Hertwigs bei niederen Organismen entspricht, kommt also beim Menschen diese ebengenannte besondere Form der Integration bzw. ihre Zentrenbildung hinzu, die wir als „psychophysische Integration" bezeichnen, und unter der wir den Grad der Durchdringung verschiedenster auch somatischer Funktionen mit höheren seelischen Funktionsabläufen und demgemäß besondere Art der Unterstellung unter eine seelische Ganzheit verstehen wollen. Es wird sich zeigen, daß diese psychophysische Integration für den T- und den B-Komplex (bzw. den T- und den B-Typus) eine verschiedene Bedeutung besitzt, die entwicklungsgeschichtlich zu verstehen ist.

Um über das Wesen der beiden genannten großen psychophysischen Funktionskomplexe, die wir empirisch ermittelten, auch von dieser biologischen und entwicklungsgeschichtlichen Seite her Klarheit zu gewinnen, wollen wir vom vegetativ-autonomen Nervensystem und seinen Funktionsweisen ausgehen. Dieses Vorgehen erscheint berechtigt, weil gerade das vegetative Nervensystem eine besonders starke, schon im Alltagsleben bekannte Beziehung zu gewissen seelischen Funktionen (z. B. den Affekten) besitzt. Dann aber auch, weil auf diesem Gebiete gerade in letzter Zeit vielfach von anderer Seite genügend Vorarbeit geleistet worden ist, deren Sichtung unter den empirisch gewonnenen neuen Gesichtspunkten erforderlich erscheint. Späterhin werden wir dann näher auf die Frage der Koppelung (einschließlich der Leitungsart der Koppelungssysteme) und der psychophysischen Integration zurückkommen.

So wird die Frage der vegetativ-somatischen menschlichen Organologie zu einer Frage der psychophysischen Persönlichkeit überhaupt, sowohl nach der somatischen als auch nach der seelischen Seite hin: die menschliche Persönlichkeit ist „psychophysisch neutral" (F. KRAUS); sie muß von der somatischen wie von der psychischen Seite her begriffen werden. Damit wird dann aber auch deutlich, wie die Frage vom „Ich" in seiner Beziehung zur Außenwelt und zur Innenwelt der psychophysischen Persönlichkeit, — innerhalb normaler Persönlichkeitsfärbungen und auch innerhalb pathologischer Zustände —, einer weiteren Aufklärung zugeführt werden könnte.

Hieraus und aus dem folgenden wird daher deutlich werden, daß dieser Versuch in höherem Maße als bisherige, in ähnlicher Richtung strebende, der Vielgestaltigkeit der psychophysischen Erscheinungen, — dem „psychophysischen Problem" überhaupt —, gerecht wird, seine Stellung zugleich in schärferer Weise innerhalb sowohl psychologischer wie neurologischer und konstitutioneller Betrachtungsweisen umreißt und ihm darüber hinaus sogar bereits innerhalb eines weiteren Rahmens eine gewisse Stellung zuzuweisen vermag, von der aus fast unmittelbar und mit den gleichen naturwissenschaftlichen Methoden der Weg in das Reich der philosophischen Wissenschaft und in Betrachtungsweisen führt, die heute leider noch immer von seiten naturwissenschaftlich gerichteter Forscher als etwas abseits von ihren Wegen Liegendes angesehen werden[1]). Zugleich lassen sich so auch therapeutische Möglichkeiten verstehen, die empirisch ermittelt wurden.

2. Zur normalen Psychophysiologie der Persönlichkeit.

a) Ein Versuch, den T- und B-Komplex als zentral und peripher einheitliche psychophysische Wirkungszusammenhänge subcortiformer (palaeencephaler) bzw. cortiformer (neencephaler) Reaktionsform zu verstehen[2]).

Wir werden jetzt einmal versuchen, — wie wir es uns am Schlusse des vorigen Abschnittes vorgenommen haben —, von der Seite der vegetativ-autonomen Nervenfunktionen her in die psychophysischen Zusammenhänge einzudringen.

Die Lehre vom vegetativen Gesamtnervensystem befindet sich ohne Zweifel im Stadium einer Umbildung und Neuorientierung. Die EPPINGER und HESSsche Lehre vom vago-sympathischen Wagebalkensystem ist nicht haltbar. Wenn auch eine rein anatomische Trennbarkeit vom Vagus und Sympathicus bestehen bleibt, so lassen sich doch diese Systeme funktionell und auch klinisch nicht streng im Sinne EPPINGERS und HESS' voneinander scheiden. Denn der wirkliche Funktionsmodus von Vagus und Sympathicus, der immerhin in gewissem und weitem Umfange als ein antagonistischer zuzugeben ist, läßt sich im Sinne von EPPINGER und HESS weder mit der rein anatomischen Einteilung zur Deckung bringen, noch stimmt die Theorie genannter Autoren mit den wirklich vorliegenden funktionellen Verhältnissen überein. Dies soll aber dem fruchtbaren Einfluß jener These nichts von ihrem hohen Werte nehmen.

---

[1]) Vgl. hierzu KLEIST, K.: Die gegenwärtigen Strömungen in der Psychiatrie. Sonderdruck aus der Allg. Zeitschr. f. Psychiatrie u. psych.-gerichtl. Med. Bd. 82. 1925.

[2]) Die Termini „subcortiform" bzw. „cortiform" sollen ausdrücklich andeuten, daß hiermit nur formale, zunächst rein funktionelle Typen zu verstehen sind, und daß der Gegensatz von T- und B-Komplex oder ihr Zusammenwirken nicht allein in derjenigen Art zu verstehen ist, in der heute schon in mehrfachen Veröffentlichungen von einem Unterschied subcorticaler oder corticaler Funktionszusammenhänge sowie ihrer Gegensätzlichkeit und ihrem Zusammenwirken die Rede ist (vgl. auch später).

Schon BIEDL z. B. sprach es einmal aus, daß die Art der Funktion von Vagus und Sympathicus überhaupt gar nicht primär festgelegt erscheine, noch weniger ihr strenger Antagonismus. Man habe aus anderen entwicklungsgeschichtlichen Analogien und aus klinischen Erfahrungen heraus sogar anzunehmen, daß sowohl im Vagus wie im Sympathicus, also in jedem für sich, antagonistische Funktionsmöglichkeiten präformiert seien, eine Ansicht, die vor allem klinische Beobachtungen zu stützen scheinen, z. B. die mitunter beobachtete paradoxe Wirkung verschiedener Pharmaka u. a.[1]).

Schon seit geraumer Zeit wurde ferner die Lehre von den „zentral-vegetativen Zentren" im Corpus striatum, Zwischenhirn (vegetative Zentren im Höhlengrau des 3. Ventrikels, hypothalamischer Region und Medulla oblongata [„vegetativer Oblongakern", „sympathischer Vaguskern" nach F. H. LEWY u. a.])[2]) in die Debatte geworfen und durch anatomische, klinische und experimentelle Befunde gestützt, die auch neueren klinischen Erfahrungen bei Hirnprozessen (besonders der Paralysis agitans, Encephalitis lethargica usw.) zu entsprechen scheinen. Hierdurch komplizierte sich also das Problem des vegetativen Nervensystems scheinbar noch mehr. Trotzdem machten sich von gewissen Seiten, und teilweise gerade in innerem Zusammenhange mit diesen Forschungsergebnissen, Ansichten geltend, die andererseits, nicht zuletzt gerade aus Anlaß dieser Befunde, auf eine Vereinfachung der Auffassung dieses komplizierten Systems hinweisen.

F. KRAUS und seine Mitarbeiter begannen damit, an Stelle des „vegetativen Nervensystems" den weiteren Begriff „vegetatives System" zu setzen und die Lehre aufzustellen, daß erstens die Wirkung der Vagus- und Sympathicusfunktion in der Verschiebung von Ionen (Verschiebungen vor allem innerhalb des Kalium-Calciumantagonismus) bestehe, und daß zweitens diese Ionenverschiebungen, wenn sie auf andere Weise unmittelbar herbeigeführt werden, der Vagus- und Sympathicuswirkung gleichzu-

---

[1]) BIEDL: Die nervöse und hormonale Beeinflussung der Verdauungstätigkeit. Wien. med. Wochenschr. Jg. 72, S. 885 u. 935. 1922: In ein und derselben Nervenbahn können antagonistisch wirkende Impulse ablaufen, woraus eine vierfache nervöse Beeinflussung resultiert. Nach neuesten Untersuchungen ist ferner eine scharfe Trennung innervatorischer und hormonaler Wirkungen nicht möglich (vgl. auch später).

[2]) Vgl. hierzu LEWY, F. H.: Die Lehre vom Tonus und der Bewegung. Berlin: Julius Springer 1923. Ferner GREVING, R.: Zur Anatomie, Physiologie und Pathologie der vegetativen Zentren. Zeitschr. f. d. ges. Anat., Abt. 3: Ergebn. d. Anat. u. Entwicklungsgesch. Bd. 24, S. 348—413. 1922. — MÜLLER, L. R. u. GREVING, R.: Über den Aufbau und die Leistungen des Zwischenhirns und über seine Erkrankungen. Med. Klinik, 1925. Nr. 16/17. — LANGE, JOH.: Lage und Tätigkeit der vegetativen Zentren im Zwischenhirn. Zeitschr. f. d. ges. Neurol. u. Psychiatrie 1923. 83: „Das Zwischenhirn, das sich aus dem Vorderhirnbläschen entwickelt hat, gehört stammesgeschichtlich zu den ältesten Teilen des Gehirns. Schon bei den niederen Wirbeltieren ist es ausgebildet. Es tritt daher zusammen mit den übrigen Teilen des Gehirnstammes als Palaeencephalon in einen gewissen Gegensatz zu dem Neencephalon, der Hirnrinde. — In ähnlicher Weise kann man auch innerhalb des Zwischenhirns Teile abtrennen, die sich durch ihr verschiedenes phylogenetisches Alter unterscheiden lassen. EDINGER hat die entwicklungsgeschichtlich älteren Teile des Zwischenhirns als Archithalamus (Palaeothalamus) den neueren Ganglienmassen, dem Neothalamus gegenübergestellt. — Die vegetativen Funktionen haben ihre Zentralstelle in dem entwicklungsgeschichtlich alten Teile des Zwischenhirns, also besonders in jenem Hirngebiet, das wir anatomisch als Hypothalamus bezeichnen. Dieses stellt nach EDINGER bei den tiefstehenden Wirbeltieren anatomisch und funktionell den höchsten Hirnteil dar, der alle Regulationen beherrscht." (Vgl. auch LANGE, JOH.: Zeitschr. f. d. ges. Anat., Abt. 1: Zeitschr. f. Anat. u. Entwicklungsgesch. Bd. 24. 1922). — „Dieser Palaeothalamus besteht auch genau mit den gleichen Verbindungen bei den Säugern fort. Er wird aber dadurch wesentlich komplizierter, daß einige seiner Ganglien Anschluß an das Neencephalon gewinnen und, sich in Zellen und Fasern enorm vergrößernd und komplizierend, einen Neothalamus bilden" (EDINGER).

setzen sind in dem Sinne, daß die Vaguswirkung einem relativen Kalium-, die Sympathicuswirkung einem relativen Calciumüberschuß entspricht (von KRAUS experimentell am Herzen erwiesen). Hierbei darf aber der ebengenannte Ionenantagonismus nicht in dem gleichen strengen Sinne aufgefaßt werden, wie dies früher in der EPPINGER und HESSschen Lehre des vago-sympathischen nervösen Antagonismus der Fall war. Daß man die von F. KRAUS und seinen Mitarbeitern ausgesprochene Gleichsetzbarkeit von Vagus- und Sympathicuswirkung mit Kalium-Calciumwirkung im allzu wörtlichen Sinne nahm und daher beide als streng antagonistische Zuordnung etwa im Sinne der älteren EPPINGER- und HESSschen Theorie auffaßte, ist unsres Erachtens einer der Gründe dafür, daß weithin das verkannt wird, was in Wirklichkeit diese Gleichsetzung von vegetativer Nervenwirkung und gewissen Ionenkonstellationen bedeuten soll und zu bedeuten hat. Wie sie in Wahrheit zu verstehen ist, wird aus den folgenden Ausführungen hervorgehen[1]). Wir wissen heute z. B. ferner, daß dieser Kalium-Calciumantagonismus in weitem Umfange ebenso durch den Antagonismus von Alkalosis-Acidosis u. a. ersetzbar ist, wobei es gleichgültig ist, wie diese Zustände herbeigeführt werden. Auf die Verhältnisse des Kalium-Calciumantagonismus kam man wenigstens klinischerseits teilweise zuerst vom Studium der Calciumwirkung bei den tetanoiden Zuständen, bei denen man einen relativen Ca-Mangel annimmt. Letzteren führte man nach langen Irrwegen der Forschung zunächst eindeutig auf gewisse endokrine Bewirkungen, nämlich eine Epithelkörperchen-insuffizienz zurück. Heute wissen wir, daß diese bei weitem nicht allein Ursache tetanoider Zustände ist; ja es erscheint zweifelhaft, ob die Epithelkörperchen selbst sekundär immer mit beteiligt sind, wenn die primären Ursachen an anderer Stelle liegen. Denn wir wissen heute, daß auch andere endokrine Drüsen primär im Sinne eines tetanoiden Zustandes wirken können[2]). Wir wissen aber auch, daß diese Zustände wahrscheinlich alle in gewissem Sinne auch unmittelbar von den obengenannten Zentralstationen des vegetativen Nervensystems, die indessen ebenfalls die endokrinen Drüsen beherrschen, rein vegetativ-nervös, d. h. unter Vermeidung der endokrinen Drüsen als Zwischeninstanzen, ihren Ausgangspunkt nehmen können. Wir wissen ebenso, daß alle diese Zustände ebenso auch von der Peripherie des Organismus her ausgelöst werden können (Tetanie bei chirurgischen Eingriffen [MELCHIOR], Atmungstetanie [BEHRENDT und FREUDENBERG], Phosphattetanie durch Injektionen in die Blutbahn, Guanidintetanie). Es kann also ein tetanoider Zustand (und zwar stets in funktionell und formal gleichförmiger Weise) auf ganz verschiedenen Wegen entstehen, bei denen sowohl periphere, zentrale, endokrine wie ganz allgemeine blutchemische Verhältnisse die Ursache sein können.

F. KRAUS war es, der unter den inneren Klinikern in vorderster Reihe die Beziehungen zwischen „vegetativem System" (in obigem weiteren Sinne), Cortex einerseits und Subcortex andererseits hervorhob und von letzterem als von einer „Tiefenperson" sprach, deren besonders enge Beziehung zu diesem „vegetativen System" über die vegetativen Zentren des Corpus striatum, Zwischenhirns und der Med. oblongata sich überall in der Gesamtheit eines Individuums auswirke. Ein ihm nahestehender Forscher, F. H. LEWY, hat im vorigen Jahre in einer umfang-

[1]) Vgl. hierzu KRAUS, F. und Mitarbeiter: Die Stellung der Ionen im Organismus. Klin. Wochenschr. 1924; ferner KRAUS, F.: ebenda 1923; daselbst auch ZONDEK u. REITER, DRESEL u. a., ebenfalls a. a. O. 1924.

[2]) LEICHER (Dtsch. Arch. f. klin. Med. 141) zeigte, daß Thyreoidea, Hypophyse und Nebennieren bei Hyperfunktion den Kalkspiegel im Serum senken, bei Hypofunktion erhöhen; Epithelkörperchen und Ovarien wirken umgekehrt. — Im frühen Kindesalter finden sich ferner auch unter den Ausfallserscheinungen der Thymusdrüse galvanische Übererregbarkeit (tetanoides Stigma), das gleiche bei Kastration.

reichen Veröffentlichung[1]) die Beziehungen von vegetativem System, Muskeltonus und Bewegungsvorgängen sowie namentlich den Einfluß der vegetativen Zentren auf diese Erscheinungen untersucht, ein Einfluß, der von ganz prinzipieller Bedeutung auch noch für andere Funktionszusammenhänge im menschlichen Organismus ist. Anknüpfend an die schon früher gemachten Versuche von E. FRANK und seinem Mitarbeiterkreise[2]) macht LEWY den Versuch, die Rolle der sogenannten „vegetativen Innervation" zu klären. Er lehnt die FRANKsche These eines direkten innervatorischen Einflusses der vegetativen Nerven auf die Bewegungsvorgänge fast völlig ab, ohne jedoch die Möglichkeit ihrer Geltung für bestimmte Fälle vollkommen auszuschließen. Für gewöhnlich jedoch habe das vegetative Nervensystem weitgehenden Einfluß allein auf die besondere Art und Weise, wie jeweils der Muskel auf alterative (willkürlich-innervatorische) Bewegungsimpulse antwortet. Hierbei spielen Vagus- und Sympathicusbewirkungen in verschiedenem Mischungsverhältnis der beiden Anteile eine entscheidende Rolle, die er jedoch nicht als „antagonistisch", sondern mit DRESEL als „synergetisch" bezeichnet. Er bestreitet weder für Mensch noch Säugetier, daß hierbei das Verhältnis der Beteiligung vagischer und sympathischer Elemente in der Funktion wie auch sogar rein anatomisch eine individuell wie auch stammesgeschichtlich wechselnde sein könne. Er verzichtet aber darauf, diese beiden Elemente allzu scharf auseinanderzuhalten, da sie, wie er meint, jeweils in verschiedener, aber stets „zweckmäßiger" Weise zusammenwirken. So spricht er denn auch, dieses synergetische Zusammenwirken andeutend, von einem „sympathischen Vaguskern" im Zentralorgan, dem er die Bezeichnung „vegetativer Oblongatakern" zulegen möchte. „Bisher nahm man (stillschweigend) an, daß entsprechend dem pharmakologisch differenten, ja antagonistischen Verhalten des Vagus und Sympathicus auch ihre anatomische Lokalisation (d. h. die ihrer Zentren) im Zentralnervensystem an verschiedener Stelle sein müsse (F. H. LEWY, a. a. O., S. 368) ..." LEWY zieht zur Klärung dieser Verhältnisse auch die Phylogenese des Vagus und Sympathicus heran: „Mit dem sympathischen Nervensystem der höheren Tiere, wenigstens morphologisch vergleichbare Strukturen, treten (phylogenetisch) erstmalig bei den Arthropoden auf" (a. a. O., S. 372) ... „Es liegen ... hier (bei diesem sogenannten ‚Sympathicus') Verhältnisse vor, die dem Sympathicus höherer Tiere nicht unähnlich sind." „Für die Beurteilung des sympathischen Nervensystems (auch beim Menschen, d. Verf.) ist von großem Interesse, daß dieser sogenannte „Sympathicus" sich ontogenetisch von einer deutlich abtrennbaren unpaaren ektodermalen Verdickung ableiten läßt, die sich als sogenannter Mittelstrang vom Ektoderm ablöst ... Damit soll der Zusammenhang (LEWY, a. a. O., S. 374) des Sympathicus mit dem Zentralnervensystem nicht in Frage gestellt werden. Aber es muß doch betont werden, daß das vagische System ein wirklich aus der Cerebrospinalachse ausgewanderter, wenn man so sagen will, vorgeschobener Teil eines Hirnnervenkernes ist (vgl. hierzu auch LEWY, S. 370), dessen genetischen Zusammenhang mit dem Zentralnervensystem wir als primär dem des Sympathicus gegenüberstellen müssen, der erst sekundär die Verbindung mit diesem aufnimmt" ... „Infolgedessen müssen wir mit der Möglichlichkeit rechnen, daß auch beim höheren Tier vielleicht zuerst periphere sympathische Apparate (nachträglich) in das Rückenmark hineinverlegt sein könnten" ... „Nach den MÜLLERschen

[1]) Vgl. hierzu LEWY, F. H.: Die Lehre vom Tonus und der Bewegung. Berlin: Julius Springer 1923.

[2]) FRANK, E. u. Mitarbeiter: Klin. Wochenschr. 1923 u. a. O.

Untersuchungen kommen ... (nämlich) für den Sympathicus (auch beim Menschen) Ursprungszellen in Frage, ... für die wir vielleicht eine Analogie in dem unpaaren Mittelstrang der Arthropoden finden, der bei diesen die Matrix des Sympathicus der niederen Tiere bildet (S. 374) ..."

L. R. Müller (Die Lebensnerven. Berlin: Julius Springer 1924, S. 315) berichtet auch über Versuche des Amerikaners Kuntz, die für einen wenigstens teilweise verschiedenen Ursprung von Vagus und Sympathicus sprechen: „Es zeigte sich ... (bei den verschiedensten Tierembryonen übereinstimmend, d. Verf.), daß die Anlagen des Sympathicus sich auch dann entwickelten, wenn die Spinalganglien und die hinteren Wurzeln fehlten; hingegen wurden sie nicht gebildet, wenn die vorderen Wurzeln durch Zerstörung der ventralen Hälfte des Medullarrohres in ihrer Entstehung gehindert wurden." Hierdurch bestätigte sich die schon früher von Kuntz behauptete Annahme, „daß die Mehrzahl der in den Sympathicus einwandernden Zellen von den intermediären Teilen der Medullarrohrwandung stammen. Nur ein kleiner Teil von Zellen geht von den Spinalganglien aus". Wenn auch diesem experimentellen Ergebnis andere von Erik Müller und Sven Ingvar entgegenstehen, so verdienen andererseits andere Versuchsergebnisse von Kuntz Erwähnung, die einen gewissen genetischen Unterschied zwischen Sympathicus und Vagus unterstreichen könnten. „Verhindert man nämlich durch einen operativen Eingriff bei Embryonen die Entstehung der Sympathicusanlagen, so verläuft die Entwicklung der ‚Vagusplexus' ungestört. Sie wird aber verhindert, wenn man die Vagi entfernt hat"; nach diesem Forscher werden daher die „Vagusplexus" von Zellen gebildet, die „auf dem Wege des Vagus von den Vagusganglien und den Wandungen des Hinterhirnes aus peripheriewärts ziehen". Ebenso konnte E. Müller erweisen, daß bei „Hühnerembryonen im Magen- und Darmkanal zweierlei Arten von Zellen" nachweisbar sind, „von denen die zuerst vorhandenen vom Vagus ausgegangen sind und ... zu typischen multipolaren Ganglienzellen werden. Erst später wandern mit Sympathicusnerven sympathische Zellen ein". Demgegenüber steht der sichere Ursprung des N. vagus als 10. Hirnnerv und damit unmittelbarer Abkömmling des Hirnstammes.

„Morphologisch charakteristisch sind bei den Kranioten die Fasern des sympathischen Systems durch die mangelnde oder ganz geringe Entwicklung eines Markmantels ..." Beim Säugetier „sind die meisten, wenn nicht alle Organe sowohl vagisch wie sympathisch innerviert. Diese Doppelinnervation scheint im Bauplan der Tiere tief begründet ..." „Diese beiden Anteile sind aber für die verschiedenen Eingeweide von unterschiedlicher funktioneller Bedeutung (Lewy, a. a. O., S. 375) ..."

Wir stellen fest und werden darauf später wieder zurückkommen, daß der Vagus gegenüber dem Sympathicus ein unmittelbarer Abkömmling der ältesten Hirnteile (des Hirnstammes = Palaeencephalon L. Edingers bzw. des Subcortex) ist, während Feststellungen aus der Phylo- und der Ontogenese (L. R. Müller u. Lewy, S. 374) dafür sprechen, daß z. T. wenigstens der Sympathicus primär einen gegenüber dem Zentralnervenrohr selbständigeren Herkunftsort besitzt, also kein unmittelbarer Abkömmling des Palaeencephalon ist, wie der Vagus, sondern erst später Anschluß an das Zentralorgan gewinnt, und es kann daher auch durchaus sein, daß dieser Anschluß nicht bei allen Individuen die gleiche Verbindung mit allen Hirnabschnitten gewinnt. Wir werden später an die Möglichkeit anknüpfen, daß die sekundäre Anschaltung des Sympathicus und damit des ganzen reciproken vegetativ-autonomen Systems vielleicht nicht immer allein in der gleichen Hirnschicht, etwa dem Zwischenhirn, erfolgt. Wegen des synergetischen Zusammenwirkens von Vagus und Sympathicus müßte die Art der Anschaltung des Sympathicus im Zentralnervensystem, z. B. ob mehr subcortical oder mehr cortical, immer auch auf die Funktion des Vagus zurückwirken, was jedoch auch mit der angenommenen gemeinsamen Vertretung von Vagus und Sympathicus im Zentralorgan nicht im Widerspruch zu stehen brauchte. Betreffs der zentralen Vertretung des Vagus und Sympathicus im Zwischenhirn betont auch L. R. Müller die

Schwierigkeit der Entscheidung darüber, welchem der beiden genannten Systeme sie angehöre. Ja, er geht so weit zu sagen, daß man sogar zu Unrecht einen scharfen Unterschied mache zwischen cerebrospinalem (animalischem) und vegetativ-autonomem System. Es erhebt sich daher im Hinblick auf verschiedene menschliche Biotypen die Frage, ob es nicht überhaupt beim Menschen verschiedene Arten von Gesamtnervensystemen gibt (wenigstens in funktioneller Hinsicht), bei denen dann ein vermehrtes Hervortreten entweder des Vagus oder Sympathicus, oder beider, sich aus den besonderen Verhältnissen solcher vielleicht primär verschieden angelegter Gesamtnervensysteme erklären könnte. Hierauf kommen wir noch näher zu sprechen. — Erst die Einführung psychologisch-experimenteller Methoden ergab diesen letzteren Gesichtspunkt und damit aber auch die Möglichkeit, sogar im vegetativ-autonomen System eine schärfere funktionelle Trennung durchzuführen, die dabei auf die Trennung von Vagus und Sympathicus im früheren Sinne, — ohne daß letztere eine hierfür entscheidende Bedeutung besitzt —, nicht ganz zu verzichten braucht. Wie LEWY (a. a. O. S. 376) ausdrücklich hervorhebt, gelingt eine solche Trennung genetisch und morphologisch sehr wohl bis zu gewissem Grade, während sie auf funktionellem Gebiete kaum durchführbar war. Bisher verwandte man hierzu aber nur pharmakologische Methoden. Das Bild ändert sich, sobald man neben solchen physiologisch-chemischen auch andere Reizqualitäten einführt, besonders die der experimentell-psychologischen Methode zugänglichen. Die Begründung der Arbeitsteilung zwischen Vagus und Sympathicus aus der Phylogenese steht noch aus; wir werden hierauf an späterer Stelle noch einmal zurückkommen. Es mag vorläufig festgestellt werden, daß alle hier in Betracht kommenden Organe zugleich vagisch und sympathisch innerviert sind. Hierzu bemerkt DRESEL (zitiert nach LEWY, a. a. O., S. 376/77): „Sympathicus und Vagus sind im Effekt antagonistisch, um aber die Funktionen, die von ihnen beherrscht werden, nicht von einem Extrem ins andere fallen zu lassen, müssen sie in ihrer Wirkungsweise synergetisch sein.“ LEWY folgert weiterhin, daß diese synergetische Wirkungsweise im vegetativen System schon aus dem Wegfall einer gemeinsamen Endstrecke (im Gegensatz z. B. zum alterativen Vorderhornneuron) hervorgehe, so daß die Begründung einer simultanen antagonistischen Hemmung im Sinne der EPPINGER und HESSschen Wagebalkentheorie schon aus anatomischen Gründen wegfalle. Es ergebe sich vielmehr schon aus der anatomischen Anordnung, daß der Effekt im Einzelfalle ohne Rücksicht auf die jeweilige Verteilung der vagischen und sympathischen Anteile entstehe, deren Beteiligungsverhältnis allerdings in gewissem Umfange ein phylo- und auch ontogenetisch vorgebildetes sein mag. Es resultiere aber ferner hieraus die Möglichkeit einer Kontrastwirkung: „Durch Wegfall der zwangsmäßig erfolgenden alternierenden oder reziproken Tätigkeit vermehrt sich auch die Möglichkeit einer dissoziierten Tätigkeit des Vagus und Sympathicus; d. h. eine herauf- oder herabgesetzte Reizschwelle in einem von beiden kann eher zu einem nicht antagonistisch kompensierten Erregungszustand, sei es im Vagus, sei es im Sympathicus, führen.“ In diesen Ausführungen ist, wenn wir recht sehen, ausgedrückt, daß nach Wegfall der strengen Vorstellung des Antagonismus eine Erregungssteigerung des Sympathicus nicht notwendig eine Erregungsabschwächung im Vagus herbeiführen müsse, sondern daß sogar die umgekehrte Möglichkeit offen bleibt, d. h. eine Erregungssteigerung z. B. des Sympathicus könne kontrastiv, — mit Rücksicht auf die Hervorbringung des Effektes, an dem sie immer beide zusammenwirken —, unter Umständen sogar eine Erregungssteigerung des Vagus herbeiführen. Wie DRESEL mit Recht betont, wäre dieser Zustand nicht zu verwechseln mit einem dauernd erhöhten

Tonus im gesamten vegetativen Nervensystem, wie es G. v. BERGMANN für seine „vegetativ Stigmatisierten" verlangt[1]). Wir wollen letzteren Punkt zunächst beiseite stellen, aber noch zusammenfassend bemerken, daß wir nach allem Vorhergesagten besser nicht mehr von Vagotonie und Sympathicotonie bzw. ihren Mischzuständen zu reden hätten, sondern daß der Ausdruck einer „vegetativen Stigmatisierung" im Sinne G. v. BERGMANNS sehr gut zum Ausdruck bringt, was DRESEL mit einer Tonuserhöhung im gesamten vegetativen System oder Teilen desselben verstanden wissen will, wofern man nur zwischen einer dauernden und einer vorübergehenden Tonuserhöhung unterscheidet und die erstere den „vegetativ Stigmatisierten" vorbehält.

Aus allem bisher Gesagten ergibt sich, daß Vagus und Sympathicus in ihrem gegenseitigen Zusammenwirken auf einen bestimmten Effekt hin zusammengeordnete „Funktionskomplexe" (Wirkungszusammenhänge) beherrschen, innerhalb deren die jeweilige Wirkungsweise von vagischen und sympathischen Anteilen keineswegs immer eine einfach antagonistische ist, sondern besser als eine synergetische bezeichnet wird. Ganz Entsprechendes zeigte E. A. SPIEGEL[2]) für die extrapyramidale Motorik in ihrem Zusammenwirken von teilweise antagonistischen Muskelgruppen (vgl. auch LEWY, a. a. O.), deren Zusammenspiel im Hinblick auf ihren Effekt trotzdem als synergetisch zu bezeichnen ist. Die oberste Zentralstation der synergetischen extrapyramidalen motorischen „Bremsreflexe" SPIEGELS ist im Corpus striatum der subcorticalen Ganglien zu suchen. Hier werden zweckmäßige Muskel- und Extremitätensynergismen reflexmäßig koordiniert, die durch die willkürliche Innervation gewissermaßen aus einer Sperrung entlassen (cortico-subcorticale Bahnen O. FOERSTERS?) und gleichzeitig durch die corticale motorische Sphäre (Pyramidenbahn) in neue und feinere Modifikationen der Bewegungszusammenordnung umdirigiert werden. Kehren wir jedoch zu den vegetativen Synergismen zurück, die in ihren zweckvollen und reflexmäßigen Zusammenordnungen nach LEWY, SPIEGEL u. a. ebenfalls im Corpus striatum eingestellt werden und obige motorischen Reflexe zweckmäßig begleiten. F. KRAUS und seine Mitarbeiter zeigten, daß im weiten Umfang die vagische und sympathische Wirkungskomponente innerhalb gewisser vegetativer Funktionskomplexe, z. B. am Herzen, experimentell ersetzt werden kann durch ein Übergewicht der Kalium- bzw. Calciumionen in der Durchströmungsflüssigkeit des Herzens, daß also hier mithin der vagisch-sympathische „Antagonismus" dem Kalium-Calciumantagonismus gleichzusetzen ist. Wir erinnern uns hier daran, daß sich innerhalb gewisser funktioneller Abläufe die Ersetzbarkeit des Kalium-Calciumverhältnisses auch durch andere gleichsinnig wirkende Verhältnisse (biologische Äquivalente) erweisen ließ (z. B. Alkalosis-Acidosis bei Spasmophilie). Dieser sogenannte Kalium-Calciumantagonismus ist daher ebenfalls ganz wie das vagisch-sympathische Zusammenwirken, das er im Effekt ersetzt, besser als synergetisch zu bezeichnen, und zwar in dem Sinne, daß dadurch einheitliche vegetative Funktionskomplexe in Gang gesetzt werden, die unter anderem auch den Effekt der willkürlichen Innervation beeinflussen. Dies läßt sich mit dem bedingt-synergetischen Antagonismus von Kalium und Calcium im einzelnen ebenso vereinigen wie der bedingte Antagonismus von Vagus und Sympathicus, der im Sinne gewisser, auf bestimmte Wirkungszusammenhänge eingeschalteter Funktionskomplexe nach DRESEL (vgl. oben) trotzdem einen Synergismus bedeutet. Fußend auf allen diesen Umständen, und insbesondere der Ersetzbarkeit der Nervenwirkung durch Ionenverschie-

---

[1]) Vgl. hierzu v. BERGMANN, G., KATSCH, G. u. WESTPHAL, K. a. a. O.

[2]) Vgl. hierzu SPIEGEL, E. A.: Klin. Wochenschr. 1923.

bungen, wies daher die KRAUSsche Schule schon lange darauf hin, daß man, statt vom vegetativen „Nervensystem" zu sprechen, besser von einem „vegetativen System" rede und darunter verstünde ein funktionelles Zusammenwirken von vegetativen Nerven und bestimmten Ionenkonstellationen[1]), die ein aufeinander bezogenes System darstellen, bei dessen näherer Untersuchung und weiterer Erforschung es vielleicht auch einmal gelingen könnte, bestimmte und verschiedene Funktionstypen zu unterscheiden[2]).

Weiterhin zeigten ZONDEK und REITER im Tierexperiment[3]), daß auch die Wirkung des endokrinen Systems und seiner Drüsensekrete weitgehend abhängig ist von gewissen Ionenkonstellationen, insofern sie für das Eintreten der spezifischen Wirkung der Hormone von größter Bedeutung sind. Diese Ionenkonstellationen im Organismus, die für die spezifische Wirkung der Hormone jeweils ein günstiges „Ionenmilieu" schaffen, hängen dabei umgekehrt wieder weitgehend vom vegetativen System im obigen Sinne ab, letzteres wieder von den vegetativen Zentren, deren oberste Station ins Corpus striatum verlegt wird, wo die Funktionslage des vegetativen Systems (subcortical) auf einer bestimmten Spiegeleinstellung des Ionenmilieus im Organismus reflexmäßig festgehalten wird, während im vegetativen Oblongatakern Entsprechendes nur für einzelne Organe geschehen soll. Die vegetativen Funktionen des Striatum stellen also unter Benutzung der die Organe vegetativ repräsentierenden Kerne tieferer Hirnteile, die ihm entwicklungsgeschichtlich und darum auch funktionell nachgeordnet sind, das „vegetative System" auf ein bestimmtes Zusammenwirken aller Organe des Gesamtorganismus ein. Mit anderen Worten: es wird im Corpus striatum (subcortical) eine bestimmte Art des Zusammenwirkens aller Organe reflexmäßig festgehalten, einschließlich, wie wir bisher sahen, der endokrinen, der vegetativen Funktionen, der Ionenkonstellationen, gewisser motorischer Muskelfunktionen; dieses Zusammenwirken kann aber schließlich durch noch viele andere biochemische Verhältnisse, z. B. Alkalosis-Acidosis u. a. gleichsinnig hervorgerufen werden, die jedoch ebenfalls vom Corpus striatum her reguliert werden. Alles dies besitzt wiederum seine Rückwirkung z. B. auch auf den Effekt der willkürlichen vom Cortex ausgehenden Innervation. Zugleich besteht im Corpus striatum eine ähnliche Zusammenordnung von Muskelgruppen und Bewegungskombinationen, die reflexmäßige Bewegungskomplexe herbeiführt. Denn das Corpus striatum kann ja, wie wir schon erwähnten, auch als oberstes Zentrum der sogenannten „extrapyramidalen (subcorticalen) Motorik" angesehen werden, die gleichzeitig die reflexmäßig festgelegte elementare Grundlage aller, auch der willkürlichen (corticalen) Bewegungszusammenhänge ist. Alle die obengenannten Auswirkungen des „vegetativen Systems" (im weiteren Sinne) begleiten letztere motorischen Funktionen jeweils in der ihrer Wirkungsrichtung angepaßten Weise und besitzen ebenfalls im Corpus striatum ihre oberste Reflexstation. Hier sei also zunächst allein festgestellt, daß alle obengenannten motorischen und vegetativen Synergismen einheitlich im Corpus striatum zusammengeordnet und reflexmäßig koordiniert zu werden scheinen.

Das Corpus striatum gehört zu seinem überwiegenden Teile dem Subcortex an und damit dem uralten Palaeencephalon. Was wir heute als „Subcortex"

[1]) E. BILLIGHEIMER nutzte diese Verhältnisse therapeutisch aus durch Verbindung der Digitaliswirkung mit der Calciumwirkung, wodurch erstere gesteigert wurde; vgl. hierzu BILLIGHEIMER, E.: Vergleichende Untersuchungen über die Wirkung und Wirkungsweise des Calcium und der Digitalis. Zeitschr. f. klin. Med. Bd. 100, H. 5. 1924.

[2]) Vgl. hierzu KRAUS, F. u. Mitarbeiter: Die Stellung der Ionen im Organismus. Klin. Wochenschr. 1924.

[3]) Vgl. hierzu ZONDEK u. REITER: Hormonwirkung und Kationen. Klin. Wochenschr. 1923.

bezeichnen, deckt sich mit nicht ganz scharfen Grenzen auch mit dem EDINGERschen Palaeencephalon der Wirbeltierreihe. Dessen verschiedene Schichten nähern sich allmählich, — in gleitenden Übergängen —, in Struktur und Funktion den neencephalen Hirnschichten, und zwar scheinbar innerhalb aller zugehörigen Ganglien und Systeme[1]). Im großen und ganzen ist die Funktion von Subcortex oder Palaeencephalon mit dem identisch, was F. KRAUS schon einmal als „Tiefenperson" bezeichnet hat[2]); die Hirnrinde deckt sich mit dem in der Entwicklungsreihe erst später auftretenden Neencephalon EDINGERS. Zum besseren Verständnis alles folgenden müssen wir noch einige entwicklungsgeschichtliche Tatbestände erwähnen.

„Im Palaeencephalon werden (nach L. EDINGER) uralte, unbewußte, instinktmäßige Handlungen und Vorgänge sowohl motorischer (vgl. oben) wie sensorischer und vegetativer Natur reflexmäßig koordiniert" (zitiert nach LEWY a. a. O.). Zum Palaeencephalon gehören außer dem überwiegenden Teile des Corpus striatum (Nucleus caudatus und Nucleus lentiformis = Neostriatum im strengen Sinne), der Globus pallidus (Archistriatum) usw., große Teile des Thalamus opticus (Archithalamus), das zentrale Höhlengrau, die hypothalamische Region, Teile der Medulla oblongata (vegetativer Oblongatakern nach LEWY), Teile des Kleinhirns (Archicerebellum) usw. Es sind Hirnteile, deren Existenz von der Höhe der menschlichen Entwicklungsstufe hinab bis zu den Amphibien und noch weiter hinunter in der Entwicklungsreihe eine verhältnismäßig einheitliche ist.

„Die Durcharbeitung der Tierreihe hat ergeben (zit. nach L. EDINGER): daß der ganze Mechanismus vom Rückenmarksende bis zum Riechnerven bei allen hohen und niederen Vertebraten im Prinzip überall ganz gleichartig angeordnet ist, daß also für die einfachsten Funktionen durch die ganze Reihe hindurch gleichartige Unterlagen bestehen, einerlei, ob es sich um einen Menschen oder um einen Fisch handelt. Diesen basal liegenden Hirnteil, den ältesten, kann man Palaeencephalon nennen." — „Zu diesem altererbten Primärapparat gesellt sich von den Selachiern an, sicherer erst von den Amphibien, das Neencephalon..." „Das Neencephalon ist der Träger der Hirnrinde . . ." „Das Urhirn arbeitet so maschinenmäßig, daß wir da, wo es allein vorhanden ist, mit aller Sicherheit voraussagen können, was das Tier tun wird, wenn ihm ein bestimmter Reiz zugeführt wird. Sein Apparat liegt allen Bewegungen zugrunde. Er ist von einer Maschine nur dadurch unterschieden, daß er durch lange Einwirkungen in mäßigem Grade zu einigen Veränderungen seiner Leistung gebracht werden kann." Er ist Träger von „Rezeptionen und Motus (nicht Wahrnehmungen und Handlungen)" und ihre Verknüpfung sind mehr oder weniger „feste Relationen"; das Neencephalon dagegen leistet Wahrnehmungen und Handlungen, und EDINGER schlägt für diese Vorgänge die Namen „Gnosis und Praxien" vor, ihre Verknüpfung nennt er „Assoziationen"[3]).

„Da es nun sicher ist, daß das Palaeencephalon ganz unverändert fortbesteht, wenn auch ein Neencephalon in noch so großer Ausbildung sich dazugesellt, so liegt gar kein Grund vor, die bei einer Tierklasse einmal als palaeencephal erkannten Handlungen etwa bei höheren Tieren anders aufzufassen, anders zu lokalisieren. Wir können vielmehr nun eine ganze Reihe von Handlungen als allen Vertebraten gegeben ansehen und zusehen, wie sich auf diese neuartige aufbauen, wenn dem Palaeencephalon ein neuer Hirnteil sich zugesellt. Dem Palaeencephalon gehören alle Sinnesrezeptionen und Bewegungskombinationen. Es vermag einzelne neue Relationen zwischen beiden zu knüpfen, aber es vermag nicht Assoziationen zu bilden, Erinnerungsbilder aus mehreren Komponenten zu schaffen.

[1]) Gemeint sind die verschiedenen Schichten des Streifenhügels, des Thalamus opticus und des Cerebellums usw. Von letzterem können wir hier zunächst absehen. Es gilt nach neueren Anschauungen u. a. als ein neutrales Kräfte- oder Tonusreservoir (ohne eigene Koordinationen?), gewissermaßen als ein Akkumulator mit komplizierter Funktion (vgl. hierzu GOLDSTEIN, K.: Die Funktionen des Kleinhirns. Klin. Wochenschr. 1924).

[2]) Vgl. hierzu den Vortrag von F. KRAUS in der Berlin. med. Ges. Ref. Klin. Wochenschr. 1923. Neuerdings Derselbe: Die Tiefenperson, Thieme, Leipzig, 1926.

[3]) Es wird Aufgabe exakter psychologisch-experimenteller Weiterforschung sein, worin diese von EDINGER nur in großen Zügen angedeuteten tiefgreifenden Unterschiede des näheren bestehen. Ihr Vorhandensein ist nicht abzuleugnen. Mangels eingehender Analyse halten wir uns vorläufig an EDINGERS Formulierungen.

Es ist Träger aller Reflexe und vieler Instinkte ..." „Durch die Trennung palaeencephaler Handlungen von neencephalen gewinnen wir unter anderem auch für die Sinnesphysiologie ganz neue Gesichtspunkte und Fragestellungen..." „Während also die palaeencephalen Handlungen, die Rezeptionen und Motus bei Mensch und Tieren weiter bestehen, — unser Gehen und Stehen, unsere Haltung und Orientation, alle Bewegungen des Neugeborenen gehören hierhin —, gesellt sich zu ihnen mit dem Auftreten der Hirnrinde die Fähigkeit zu Gnosis und zur Praxie ..." Mit ihrem Auftreten erscheinen zuerst höhere psychische Funktionen, zuerst Affekte, später schon bei einigen Tieren, vor allem beim Menschen „die Fähigkeit, die eigenen Wahrnehmungen zu verstehen und danach die Handlungen einzuleiten, zu unterdrücken oder zu ändern, schließlich den Erfolg der Handlung zu beurteilen und danach einzurichten. Diese Fähigkeit und nur diese mag man als Handlungen mit Bewußtsein bezeichnen."

„Es wird für die Psychologie des Menschen und der Tiere zweckmäßig werden, der Möglichkeiten ständig zu gedenken, die der vorhandene Apparat für die einzelnen Seelentätigkeiten bietet... Wenn die Begriffe des Bewußtseins, der Intelligenz usw. präziser gefaßt und die betreffenden Fähigkeiten erst da angenommen werden, wo wir ohne diese Hypothese nicht auskommen, dann gewinnen wir der Psychologie ganz neue Fragestellungen und einen anderen Standpunkt" (L. EDINGER, Bau und Entwicklung der nervösen Zentralorgane. Leipzig: Vogel 1911. Sperrdruck von uns. Der Verf.).

Den Funktionstypus des Palaeencephalon bezeichnete L. EDINGER als einheitlich reflexmäßig, eindeutig (einsinnig) an den Reiz geknüpft; höhere seelische Begleiterscheinungen in unserem Sinne, insbesondere Affekte, begleiten diese Hirnorganisationen und ihre Funktionen noch nicht. Das Palaeencephalon ist nach EDINGER der Träger aller Reflexe, primitiver, psychisch noch unverarbeiteter Empfindungen und allenfalls dumpfer instinktähnlicher seelischer Primitivregungen. Erst vom Auftreten eines Neencephalon in der Tierreihe, nennenswert erst von den Reptilien an, macht sich das Auftreten von Affekten im eigentlichen Sinne bemerkbar. Zugleich bezeichnet EDINGER die Reaktionsart dieser höheren Hirnorganisation, die beim Menschen im wesentlichen mit der Hirnrindenfunktion zusammenfällt, als eine solche, die zeitlich nicht mehr streng an den Reiz geknüpft verläuft, nicht mehr eindeutig ist, sondern mehrdeutig (mehrsinnig) und zugleich höhere psychische Begleiterscheinungen zeigt (von den Affekten an). Repräsentiere das Palaeencephalon in der Art seiner Verknüpfung uralter instinktmäßiger Handlungs- und Funktionskomplexe feste „Relationen", die einen Neuerwerb von Funktionen und neuen Relationen nur in ganz geringem Umfange gestatten (etwa im Sinne der bedingten Reflexe PAWLOWS), so kennzeichne sich im Neencephalon die Art und Weise der Verknüpfung von Handlungen, die dabei stets die festgelegten Urfunktionen des Palaeencephalons gewissermaßen als „Werkzeuge" (E. KÜPPERS) mitbenutzen, schon auf niederer tierischer Stufe durch eine größere Ähnlichkeit mit dem, was wir auf menschlicher Stufe als „Assoziationen" zu bezeichnen pflegen. Wir können deshalb von einem „palaeencephalen" bzw. von einem „neencephalen Funktionstypus" sprechen, und wir wollen alle funktionellen Möglichkeiten, die einerseits im Palaeencephalon, andererseits im Neencephalon verwirklicht sind, als „palaeencephale" bzw. „neencephale Aktionsbereitschaften" bezeichnen. Dieser Ausdruck gilt nach allem oben Gesagten sowohl für cerebrale (zentrale), intracerebrale als auch für peripher hervortretende Bewirkungen und ihre verschiedenen Teilkomponenten. Zwischen zentralen und peripheren Komponenten kann man demnach innerhalb bestimmter genetischer Wirkungszusammenhänge keinen scharfen Trennungsstrich ziehen; denn diese „Aktionsbereitschaften" umfassen zentrale wie periphere Funktionskomplexe einheitlicher Herkunft.

F. H. LEWY hat in seinem obenerwähnten und sonst so ausführlichen Buche die entwicklungsgeschichtliche Stellung der von ihm betonten subcorticalen vegetativen Zentren und ihrer obersten Stationen im Corpus striatum zu Palaeencephalon und Neencephalon verhältnismäßig kurz behandelt, und zugleich auch an verschiedenen Stellen in nicht widerspruchsloser Weise, wenigstens wenn man bei der Betrachtung dieser komplizierten Verhältnisse sich zunächst einmal an die EDINGERschen Auffassungen hält. Und an diese wollen wir uns zunächst in heuristischem Sinne halten, um in der Diskussion über diese Tatbestände im Rahmen der bisherigen Feststellungen eine Verständigungsbasis zu schaffen. LEWY hat an einer Stelle seines Buches betont, daß beim Menschen die Funktionsverknüpfung der striären Bewegungskombinationen und ihrer vegetativen Begleiterscheinungen mit den Affekten primär und immer eine sehr enge ist. Es ist dies wohl für gewisse Fälle zuzugeben, bringt aber in dieser allgemeinen Fassung Unklarheiten in Verhältnisse, die bei einer strengeren empirischen und entwicklungsgeschichtlichen Fassung, etwa im Sinne EDINGERS, verständlicher werden. So spricht LEWY an einer anderen Stelle: „Fassen wir die Aufgabe des Streifenhügels (Corpus striatum + Glob. pallidus) kurz zusammen, so kommt in ihm, weit über die Einzelhandlung hinaus, die Zuordnung der vegetativen Begleiterscheinungen affektiver oder richtiger instinktiver Kollektivhandlungen zustande“ (Sperrdruck von uns, d. Verf.). Wir wollen uns daher in Zukunft an letztere Fassung halten, die, der EDINGERschen Darstellung entsprechend, die Zusammenordnung der instinktiven Reaktionen und Relationen in das Palaeencephalon verlegt, und wir wollen also von den Affekten im menschlichen Sinne die gegenüber dem Neencephalon entwicklungsgeschichtlich tieferstehenden seelischen Primitivregungen scharf trennen und unter ihnen dumpfere, mit anderen Worten primitivere Funktionen verstehen, die wir kurz als „Instinkte“ bezeichnen wollen[1]).

Wenn wir nun zunächst bei dem Palaeencephalon bleiben und alle seinen funktionellen Auswirkungen auf motorischem, sensorischem, sensiblem und psychischem Gebiete im eben näher gekennzeichneten Sinne ins Auge fassen, so haben wir einen entwicklungsgeschichtlich bestimmten Funktionskomplex vor uns. Diesen Funktionskomplex können wir auch als einen einheitlichen psychophysischen, palaeencephalen Biotypus bezeichnen, da er ja in der Entwicklungsgeschichte vom Menschen bis herunter zu den niederen Vertebraten durch eine bestimmte Art auch auf unserer Entwicklungsstufe noch erhaltener Hirnteile repräsentiert wird, die in der Phylogenese von den Selachiern an bis fast noch hinauf zu den Amphibien alleinherrschend sind. Obwohl von den Reptilien an das Palaeencephalon nicht mehr der einzige Hirnteil ist, bleibt es in der Entwicklungsreihe aufwärts erhalten, und damit auch der ihm entsprechende psychophysisch einheitliche Funktionskomplex, und zwar bis zum Menschen hinauf. Er ist noch heute im wesentlichen identisch mit dem Funktionstypus des Subcortex oder Palaeencephalon. Über dem Palaeencephalon aber entsteht, von den Reptilien an immer differenzierter, im Zentralorgan das Neencephalon, welches einen neuen Biotypus repräsentiert, und zwar somatisch wie psychisch, also psychophysisch, und dieses Neencephalon, das im wesentlichen die Hirnrinde[2]) ist, verwendet unter Benutzung der uralt überkommenen Funktionskomplexe (Aktionsbereitschaften) des Palaeencephalons diese Funktionen nach neuen Gesetzmäßigkeiten, die dem nun herrschenden neencephalen (corticalen) Biotypus entsprechen und zwar in seinen cerebralen (zentralen) und intracere-

[1]) Es würde dies der Annahme einer geschichteten Struktur des „Emotionalen“ entsprechen.

[2]) Eine solche für die Zwecke der Darstellung scharf trennende Fassung der Phylogenese schließt fließende Übergänge sowohl der organischen Hirnstruktur wie ihrer Funktionen zwischen Palaeencephalon und Neencephalon (Subcortex und Cortex) keineswegs aus.

bralen Bewirkungen ebenso wie in deren peripheren Erfolgsfunktionen. Als somatischen Repräsentanten des letzteren haben wir im großen und ganzen das Großhirn oder die Hirnrinde und die Auswirkung ihrer Funktionen in der Peripherie auf dem Wege über das gesamte Nervensystem, über die endokrinen Drüsen wie über den Blutchemismus usw. anzusehen. Im großen und ganzen haben wir in dem Zusammenwirken dieser entwicklungsgeschichtlich älteren und der jüngeren Organisationen im menschlichen Zentralorgan ebenso wie in der Peripherie des Organismus wesentlich das Phänomen vor uns, das wir zentral und peripher als das Zusammenwirken „subcorticaler" (bzw. „subcortiformer") und corticaler (bzw. „cortiformer") „Aktionsbereitschaften" im psychophysischen Organismus bezeichnen können. Dieses wechselseitige Zusammenwirken muß sich in allen motorischen, vegetativen, endokrinen, sensiblen, sensorischen Funktionen bemerkbar machen. Jene „Aktionsbereitschaften" sind also jeweils vorhandene und zur „Aktion" bereitliegende Verwirklichungen bestimmter entwicklungsgeschichtlich vorgebildeter Valenzen der verschiedenen psychophysischen Komplexe (vgl. Kap. I). Da Palaeencephalon (Subcortex) und Neencephalon (Cortex) stets zusammenwirken, so kann das relative Übergewicht des einen über das andere im Einzelfalle in einer Veränderung der Gesamtfunktion hervortreten. So spricht neuerdings u. a. Ewald davon, daß mancherlei pathologische Erscheinungen sich erklären könnten, wenn der Hirnstamm (Subcortex) einmal gegenüber der Hirnrinde in ein funktionelles Übergewicht gerät. Hier würde es sich dann funktionell um ein Übergewicht subcorticaler bzw. palaeencephaler Aktionsbereitschaften gegenüber echt corticalen bzw. neencephalen handeln. Wir wollen demgegenüber, — ohne letztere Möglichkeit außer acht zu lassen —, in erster Linie eine Sonderart der Gesamtfunktion, sei sie nun genotypisch oder phänotypisch bedingt, sei sie normal oder pathologisch, ins Auge fassen, darin bestehend, daß sich in bezug auf alle Hirnschichten einschließlich der Hirnrinde rein formal der Ablauf ihrer Funktionen in dem Sinne zu gestalten vermag, die wir oben schon mit „subcortiform" bzw. „cortiform" zu kennzeichnen suchten. Es würde dies zu bedeuten haben, daß die „subcortiforme" Reaktionsform nicht etwa nur durch diejenigen Hirnteile bestimmt wird, die wir anatomisch als Subcortex ansprechen. Entsprechendes gilt für den „cortiformen" Reaktionstypus. Lewy sucht zu zeigen, daß der Übergang vom Palaeencephalon zum Neencephalon ein gleitender ist, insofern als gewisse Teile des Palaeencephalon schon eine Art Rindenstruktur erhalten können. Wenn dies möglich ist, muß auch mit der Möglichkeit gerechnet werden, daß Teile des Neencephalon (Hirnrinde) noch palaeencephale Struktur haben; so würde auch von entwicklungsgeschichtlicher Seite erhellen, daß es sehr wohl einen Sinn hat, auch innerhalb der Rindenfunktion, also der neencephalen, von paläencephaler (oder „subcortiformer") Reaktionsart zu reden und umgekehrt. Vielleicht, daß die jetzt von mehreren Seiten dem feineren Bau des Gehirns gewidmeten „cytoarchitektonischen" Studien zu einer deutlicheren Sonderung dieser verschiedenen Anteile führen; vielleicht aber bestehen genotypisch oder entstehen phänotypisch funktionelle Unterschiede der angedeuteten Art auch noch dort, wo sich anatomische Unterschiede auch mit diesen feineren Hilfsmitteln nicht nachweisen lassen. — Unabhängig hiervon bleibt aber bestehen, daß der „subcortiforme" Reaktionstypus gerade an dem Punkte der Entwicklungsgeschichte am schärfsten hervortritt, wo es sich um Organismen handelt, die nur den Subcortex besitzen, also rein „palaeencephal" sind. Der „cortiforme" Reaktionstypus wird sich vom „subcortiformen" besonders dort deutlich abheben, wo das Neencephalon soeben erst in deutlicher Ausprägung zum Palaeencephalon hinzutritt. Hier treten in deutlicher Überhellung jene Unterschiede in der Reaktionsform in Erscheinung, die schon L. Edinger hervorhob und deren Bedeutung er auch für die Psychologie des Menschen schon voraussah. In gleicher Weise läßt sich dieser Unterschied beim Menschen am besten charakterisieren, wenn wir auch hier für seine Beurteilung die subcorticalen und die corticalen Aktionsbereitschaften gewissermaßen als Paradigma betrachten, für ihr normales oder pathologisches Zusammenwirken aber beide oben angedeutete Möglichkeiten im Auge behalten, d. h. entweder ein wirkliches Übergewicht entwicklungsgeschichtlich niederer Funktionsschichten über die höheren, oder nur in dem Sinne, daß die höheren, ohne selbst ausgeschaltet zu sein, die formale Reaktionsform der niederen annehmen können und umgekehrt.

Nach dieser entwicklungsgeschichtlichen Abschweifung können wir zu Einzelfunktionen zurückkehren und an den ersterwähnten palaeencephalen Funktionstypus anknüpfen. Seine Einschaltung im Corpus striatum und den nachgeordneten vegetativen Zentren bestimmt im Sinne phylo- und ontogenetisch festgelegter Funktionskomplexe die jeweilige Beteiligung von vagischen und sympathischen Funktionselementen, ihre jeweilige Synergie oder ihren Antagonismus. Dieser Funktionstypus wird also weniger bestimmt sein durch die vorwiegende Beteiligung sei es vagischer, sei es sympathischer Nervenelemente; denn dieser Typus besteht in der Einschaltung eines bestimmten einheitlichen Wirkungszusammenhanges, der immer als ganzer in Kraft tritt und nur unter besonderen Verhältnissen in seine Teilfunktionen dissoziiert wird. Im allgemeinen mag man hierbei nach Lewy sagen, daß der Sympathicus mit „einem Katalysator bei bestimmten Fermentprozessen vergleichbar ist, deren Ablauf er zwar nicht qualitativ beeinflußt, wohl aber beschleunigt“; je nach dem Biotypus reagiert aber das ganze vegetative System anders.

Wir können nach allem Vorhergesagten in den vegetativen Funktionen zwei große, entwicklungsgeschichtlich begründete Komplexe unterscheiden, einen solchen palaeencephaler bzw. subcortiformer und einen solchen neencephaler bzw. cortiformer Reaktionsform, die jeder für sich demgemäß einen „echten“ (genetischen) Biotypus repräsentieren, dessen Auswirkungen auf allen Reaktionsgebieten psychophysisch einheitlich sein müßten, d. h. sowohl zentral, intrazentral und peripher, und nach der psychischen wie nach der physischen Seite innerhalb gewisser formaler Grundstrukturen dem betreffenden Biotypus entsprechend. Wir haben nun oben auseinandergesetzt, was wir im Sinne F. Kraus' und seiner Mitarbeiter unter „vegetativem System“ verstehen und wie wir diesen Begriff noch erweitern können. Im Sinne obiger Biotypen können wir uns nun schärfer dahin ausdrücken, daß wir innerhalb eines in unserem Sinne erweiterten „vegetativen Systems“ entwicklungsgeschichtlich strenger von einem „palaeencephalen“ (subcorticalen bzw. subcortiformen) und einem „neencephalen“ (corticalen bzw. cortiformen) vegetativen System sprechen können, zu dem wir nach F. Kraus und anderen sowohl die vegetativen Nervenbewirkungen als auch die endokrinen Funktionen und die spezifischen Ionenkonstellationen usw. hinzurechnen können. Wir können nach allem Vorhergesagten nunmehr die Bedeutung dieses „vegetativen Systems“ im Sinne Kraus' nach zwei Seiten hin erweitern: wir können den verschieden hochstehenden vegetativen Systemen (palaeencephalen — neencephalen) zurechnen die auf diesen verschiedenen Entwicklungsstufen in verschiedener Art und Ausprägung vertretenen sensorischen und psychischen Äquivalente, d. h. also Funktionen, die erfahrungsgemäß auf das vegetative System wirken wie auch umgekehrt von ihm beeinflußt werden. Wir können ihnen andererseits aber auch zurechnen verschiedene Funktionsweisen der Motorik, von denen wir heute ebenfalls solche corticaler und subcorticaler Natur zu unterscheiden pflegen (C. u. O. Vogt, O. Foerster, K. Kleist,

K. GOLDSTEIN, A. HOMBURGER u. a.), auf deren Ablauf die vegetativen Funktionen auf dem Umwege über gewisse Ionenverschiebungen durch Tonusänderungen (vgl. z. B. Tonusänderung bei Tetanie) ebenfalls einen nachweisbar entscheidenden („tonischen") Einfluß ausüben, die aber zugleich (in Gestalt der extrapyramidalen „statischen" Bremsreflexe E. A. SPIEGELS) — ebenso wie jene „tonischen" Vorgänge — im Corpus striatum als oberster Station auch „statisch" koordiniert werden:

„Tonus ist (zitiert nach LEWY S. 474) ein elastischer Spannungszustand des Muskels mit sehr geringem Energieverbrauch und oxydativem Stoffwechsel und bei Verwendung der üblichen Apparatur ohne (kurzwelligen) biphasischen Aktionsstrom. — ..... „die Spannungsänderung (ist) von einem langwelligen phasischen Strom begleitet (‚Tonusstrom'). Zum Auftreten und zur graduellen Veränderung des Spannungszustandes bedarf es einer reflektorisch ausgelösten Erregung." Diese Erscheinung ist scharf von der echten Innervation zu unterscheiden und kann trotz völliger Muskelruhe stark schwanken; wir bezeichnen sie hier kurz als „tonisch". Tonische Spannungsänderungen (Veränderungen des Tonus auf Grund nervöser „Erregung") verlaufen über das vegetativ-autonome Nervensystem oder werden durch äquivalente (endokrine, blutchemische usw.) Bewirkungen hervorgerufen. Tonische „Erregungen" sind also scharf von echten Innervationen zu unterscheiden. Letztere verlaufen innerhalb des „animalischen" cerebrospinalen Nervensystems; sie können propriorezeptiv als Reflexe im Muskel ausgelöst werden, z. B. im Sinne der statischen „extrapyramidalen (subcorticalen) Bremsreflexe" E. A. SPIEGELS oder auch als willkürliche (corticale) Innervationen auftreten. Wir bezeichnen hier beide letztere Arten von reaktiver Bewegungsauslösung im Sinne echter Innervation und unter Beteiligung des cerebrospinalen Nervensystems kurz als „alterative" Erscheinungen. Sie sind von einem kurzwelligen biphasischen „Aktionsstrom" begleitet[1]). Unter „tonisch" haben wir also nach unseren bisherigen Darlegungen im Bereiche des subcorticalen Funktionskomplexes alle Auswirkungen der zugehörigen vegetativen, endokrinen, blutchemischen usw. Verhältnisse zu verstehen, die unter gewöhnlichen Verhältnissen den wechselnden Spannungszustand der subcorticalen motorischen Aktionsbereitschaften in Ruhe oder Bewegung bedingen. Daß — vor allem unter besonderen Umständen hervortretend — auch eine corticale „tonische" Komponente angenommen werden muß, wird später deutlich werden. Von der Möglichkeit, daß auch die tonische Komponente einmal im Sinne echter Innervation wirken könnte, soll vorläufig abgesehen werden. Diese Möglichkeit scheint für gewisse Fälle in der Tat gegeben zu sein. Für gewöhnlich wirken im Bereiche bestimmter Funktionskomplexe die „tonische" und die „alterative" Komponente (nach obiger Definition) immer zusammen, erstere „bereitstellend", letztere „auslösend". Das schließt nicht aus, daß sie sich unter bestimmten experimentellen, vielleicht auch unter gewissen pathologischen Bedingungen einmal voneinander dissoziieren können und daß sogar tonische echte Innervationen vorkommen können (s. S. 337f.).

Entsprechende Verhältnisse und Abhängigkeiten gelten vermutlich „alterativ" (d. h. für die Innervationen auf dem Wege über die Pyramidenbahn und unmittelbar cortico-subcorticale Bahnen) und „tonisch" (psychisch-vegetativ) auch für die corticale Sphäre[2]). Wenn wir uns bewußt bleiben, wie entscheidend die von den verschieden hochstehenden Zentralstationen ausgehenden vegetativen Einflüsse in weitem Sinne zugleich die Reaktionen an der Körperperipherie beherrschen, die Muskelfunktion, die sensible Funktion usw., so können wir zu „vegetativen Systemen" (im weitesten Sinne entwicklungsgeschichtlich bedingter psychophysischer Funktionskomplexe) auch Reaktionen und Aktionsbereitschaften an der Peripherie des Organismus hinzurechnen. In diesem Sinne können wir z. B. die galvanische Erregbarkeit am peripheren Nerven, die unter absichtlicher Ausschaltung jeder willkürlichen (corticalen) Innervation festgestellt wird, als das Produkt des Zusammenspiels der verschiedensten subcortical reflexmäßig eingestellten Faktoren betrachten. In engerem Sinne deutete

[1]) Vgl. hierzu auch KRAUS, F. u. ZONDEK, S. G.: Zur Lehre vom Aktionsstrom. Dtsch. med. Wochenschr. 1921. Nr. 50.

[2]) Das zur Zeit bekannte Material über den Eingriff psychischer (m. E. corticaler) Vorgänge in den Stoffwechsel (und damit über die Tonusänderungen der Muskulatur auch in den Ablauf der Bewegungsvorgänge) ist zusammengestellt bei HEYER, G. R.: Das körperlich-seelische Zusammenwirken in den Lebensvorgängen. J. F. Bergmann 1925.

schon FREUDENBERG gewisse galvanische Übererregbarkeitszeichen als vegetatives (vagisches) Reizsymptom. Hierher gehört aber auch das Verhalten des Hautwiderstandes bei galvanischer Durchströmung, den die jeweilige Stärke der Polarisation eindeutig bestimmt (vgl. Kap. III B). Sie hängt ab von gewissen Ionenkonstellationen an den Phasengrenzen der Zellen. Wir müssen annehmen, daß die „Spiegeleinstellung" dieser Ionenkonstellationen ebenfalls wieder subcortical geregelt ist, aber wahrscheinlich weitgehend ebenso von gewissen psychisch und darum vielleicht cortical bedingten Ionenkonstellationen abhängig ist, wie die Veränderung des galvanischen Leitungswiderstandes der Haut beim psychogalvanischen Reflexphänomen (VERAGUTH) nach GILDEMEISTER zeigt; es scheint eine besondere Beziehung zu psychisch-vegetativen Bewirkungen zu haben. Das Verhalten des psychogalvanischen Reflexphänomens ist nach GILDEMEISTER vegetativ bedingt und auf Ionenverschiebungen an den Phasengrenzen der Hautzellen zurückzuführen. Er bezeichnet dieses Phänomen als „Teilerscheinung eines allgemeinen und autonomen Reflexes" und brachte hierfür triftiges Material bei[1]). Da wir ein „corticales" und ein „subcorticales vegetatives System" (bzw. neencephales-palaeencephales) bereits an früherer Stelle unterscheiden konnten und diesen verschiedenen vegetativen Systemen gewisse Äquivalente scheinbar auf jedem Funktionsgebiet zuordnen können, wie hier z. B. innerhalb vegetativautonomer Nervenwirkung, so scheint sich zu ergeben, daß die menschliche Persönlichkeit nach ihrer vegetativen Seite (im weitesten Sinne) zentral wie peripher in ihrer jeweiligen Funktionsfärbung eine Resultante aus dem Zusammenwirken eines „vegetativen Systems" oder besser vegetativen Funktionskomplexes subcorticaler bzw. corticaler und demgemäß wesentlich palaeencephaler (subcortiformer) bzw. neencephaler (cortiformer) Reaktionsform (formaler Struktur) zu sein scheint. Wir wollen diese „vegetative" Struktur des menschlichen Organismus („vegetativ" in des Wortes allgemeinster Bedeutung) als „konzentrische Schichtenstruktur der psychophysischen Person" bezeichnen. Der Ausdruck „konzentrisch" ist hierbei nur bildlich gebraucht. Er will besagen, daß jeweils um ein Zentrum im Zentralorgan herum, entwicklungsgeschichtlich mit immer höher sich differenzierenden Zentren, im Organismus auch peripher eine Schicht entsprechender Struktur entsteht, die mindestens funktionell nachweisbar ist.

Diese konzentrische Schichtenstruktur tritt aber nicht allein funktionell hervor, sondern läßt sich auch in anatomischen Strukturen nachweisen, z. B. an den Capillargefäßen im Zentralorgan und der Peripherie des Organismus. Verf. konnte nachweisen, daß bei Säuglingen die Hautcapillaren unmittelbar nach der Geburt eine Struktur zeigen, die sich bereits in den ersten Lebensmonaten völlig verändert, und zwar scheinbar in dem Sinne, wie die Capillaren der entwicklungsgeschichtlich höher differenzierten Hirnteile sich von denen der entwicklungsgeschichtlich älteren und primitiveren unterscheiden[2]). Nach F. H. LEWY (S. 164) bilden nämlich (im Streifenhügel) „besonders in den dorsalen Partien des mittleren und äußeren Gliedes" im Globus pallidus (=Archistriatum, d.Verf.) die Gefäße ein „wunderknäuelartig" verzweigtes Capillarsystem . . . „dessen Gefäßwände . . . sich färberisch abweichend verhalten" von den Capillaren z. B. des Neostriatum und der Rinde. „Das Capillarnetz des Neostriatum ist, anders als im Globus pallidus, weitverbreitet und fein verzweigt und verhält sich bei Silberimprägnation annähernd wie das der Rinde." Der Säugling ist nach O. FOERSTER zuerst ein Thalamus-Pallidum-Wesen, und er zeigt in der Tat bei der Geburt an der Haut ähnliche „wunderknäuelartige" Capillaren, wie sie dem Globus pallidus (Archistriatum) ständig zukommen. In den ersten Lebensmonaten differenzieren sie sich in immer feinerer Weise schließlich bis zu haarnadelförmigen „Papillarschlingen", unterhalb deren das primitive Grundnetz der „archicapillären Gefäßschichten"

[1]) Vgl. hierzu GILDEMEISTER, M.: Zur Physiologie der menschlichen Haut. Pflügers Arch. f. d. ges. Physiol. 1923.

[2]) Vgl. hierzu JAENSCH, W. u. WITTNEBEN, W.: Archicapillaren, endokrines System und Schwachsinn. Sitzungsber. d. 2. dtsch. Kongr. f. Heilpädagogik, München 1924, hrsg. von E. LESCH. Berlin: Julius Springer 1925.

nach einer gewissen (vorübergehenden und normalerweise wieder verschwindenden) Umbildung („Intermediärstadium“ Th. Höpfners) als Rete subpapillare bestehen bleibt. Nach den neuesten Ergebnissen unserer Capillaruntersuchungen (Th. Höpfner u. W. Jaensch)[1]) müssen wir die Schicht der haarnadelförmigen Endcapillaren (Papillarschlingen) als eine grundsätzlich neue, in unmittelbarer Fortsetzung der tiefen zuführenden Gefäße entspringende „neocapilläre“ Gefäßschicht den „archicapillären“ Schichten (Grundnetz und [deziduäre] Intermediärschicht) gegenüberstellen. Es kommt diese Entwicklung im allgemeinen und unter normalen Verhältnissen innerhalb des ersten Lebensjahres zum Abschluß (W. Jaensch und A. Löwenthal). Es scheint, als ob dieser Differenzierungsprozeß, der an den Hautgefäßen beobachtbar ist[2]), in einem gewissen zeitlichen Parallelismus steht zu der Markreifung auch der oberhalb der pallidären Schicht gelegenen Hirnabschnitte. Bei mangelnder Differenzierung und Entwicklung des Zentralorgans, bei gewissen infantilen Schwachsinnsformen (auch bei gewissen neuropathischen Zuständen, die auf mangelnder Differenzierung des Nervensystems zu beruhen scheinen) bleiben die entsprechenden Differenzierungsprozesse auch an der Haut aus. Es scheint sich dieser Zusammenhang daraus zu erklären, daß es sich hier primär um vorwiegend ektodermale Entwicklungsstörungen handelt. Dem würde auch entsprechen, daß in vielen solcher Fälle am Augenhintergrund, an den Netzhautgefäßen, besondere Gefäßverhältnisse bemerkbar sind (s. u.). Der Augenhintergrund (die Netzhaut) geht ja wiederum aus dem Gehirn selbst hervor; Netzhaut, Haut und Hirn sind ektodermale Organsysteme. Es kommt also bei ektodermalen Entwicklungsstörungen vor, daß die Hautgefäße, wie man demnach direkt sagen könnte, ihren ursprünglichen „pallidären“ (archistriären) oder palaeencephalen Charakter beibehalten. Wir nannten diese Entwicklungshemmung daher eine „archicapilläre“ und sprachen in solchen Zusammenhängen von „archicapillärem Schwachsinn“ und „archicapillären Neurosen“. Die Vasoneurosecapillaren im Sinne Otfried Müllers und Parrisius' ferner stellen sich uns dar als „produktive Kümmerformen der neocapillären Schicht“ (der ‚Papillarschlingen‘). Sie finden sich besonders bei Psychopathien und Psychoneurosen, sind aber auch bei somatogenen Neurosen, nicht selten in besonderer Form, vorhanden. Die Archischichten und ihre produktiven Kümmerformen finden sich im allgemeinen nur bei schwereren Differenzierungsstörungen, vorwiegend bei Schwachsinnsanlage. Alle diese Formen kommen aber auch bei im allgemeinen normaler Intelligenz gemeinsam vor[3]). Es konnte ferner schon gezeigt werden, daß ebenso phylogenetisch (mit der Ausbildung höherer Hirnorgane) auch an der Haut entsprechend andere Strukturen an den Capillaren auftreten. Affen, die den Anthropoiden noch näher stehen (überhaupt Primaten oder optoide Individuen?), zeigen als normal ausgewachsene Exemplare an der Haut ebenfalls schon die haarnadelförmigen Neocapillaren der menschlichen Erwachsenen. Niedere Wirbeltiere (alle olfaktoiden Individuen?) zeigen als beherrschende Schicht auch bei ausgewachsenen und völlig differenzierten Individuen die Archicapillaren bzw. ihre produktiven Kümmerformen („Pseudoneocapillaren“). Der Frosch (Kaltblüter), der nur über ein Palaeencephalon verfügt, zeigt an der Haut nur ganz flach verlaufende, netzartig verschlungene Gefäße. Der menschliche Säugling zeigt schon nach der Geburt ein etwas komplizierteres Gefäßnetz (Primitivnetz). Es mag aber erwähnt werden, daß er sich, wie Raudnitz zeigte, noch wie die Kaltblüter verhält, die in ihrer Eigentemperatur abhängig von ihrer Umgebung (homoiotherm) sind: er wird durch kalte Übergießungen kälter. Krehl und Schnitzler (zitiert nach Lewy) konnten zeigen, daß bei Säugetieren dieses homoiotherme Verhalten nach Abtrennung des Zwischenhirns vom Mittelhirn, oder exakter nach Ausschaltung des Tuber cinereum eintritt. Wenn demnach auch eine Abhängigkeit der Wärmeregulierung von bestimmten Zentralapparaten besteht, so ist andererseits die Temperaturregulierung wiederum abhängig auch von maßgebenden allgemeineren zentralen Entwicklungsverhältnissen, die sich keineswegs allein auf die speziellen Zentralinstanzen beziehen, die der Temperaturregulierung im engeren Sinne vorstehen. Hier ist an die Beschaffenheit der Haut und ihre archicapilläre Gefäßstruktur bei Myxidioten zu erinnern, die häufig eine Untertemperatur aufweisen, die sehr wohl in obigem Sinne durch eine Annäherung an homoiotherme Temperaturver-

[1]) Vgl. hierzu Höpfner, Th. (ebenso Jaensch, E. R., Scholl, K. und Jaensch, W.) im Sitzungsber. der 15. Jahresversammlung der deutschen Ges. der Nervenärzte 1925, Dtsch. Zeitschr. f. Nervenheilk. Bd. 88. 1925.

[2]) Mittels der Hautcapillarmikroskopie am Lebenden nach Otfried Müller und Mitarbeitern.

[3]) Näheres bei Höpfner, Th. a. a. O. Dtsch. Zeitschr. f. Nervenheilk. 1925; ferner ebendort bei Jaensch, W.: Archicapillaren oder „hypoplastische Neocapillaren“ (Sonderform V. Th. Höpfners) z. B. bei Chondrodystrophie als Ausdruck mesenchymaler Differenzierungsstörung. Die Gefäße gehören dem Mesenchym an; scheinbar richten sie sich aber besonders häufig in ihrer Entwicklung nach dem Organsystem, innerhalb dessen engerem Zellverbande sie stehen (in der Haut z. B. auch bei ektodermaler Differenzierungsstörung).

hältnisse zu erklären sein könnte. Ist doch die Homoiothermie letzten Endes überhaupt etwas entwicklungsgeschichtlich Uraltes.

Schärfer markieren sich die oben geschilderten zentral-peripheren Strukturübereinstimmungen in bezug auf die Gefäß- und Gehirndifferenzierung (neencephale bzw. palaeencephale Capillaren auch an der Haut) immer in den krasser sich unterscheidenden Fällen. So markieren sich diese Entsprechungen im Sinne der konzentrischen Schichtenstruktur innerhalb der menschlichen Entwicklungsstufe am schärfsten bei hochgradigem „archicapillärem" Schwachsinn (bzw. gewissen schweren archicapillären Neuropathen), beim Säugling der ersten Lebenstage einerseits und bei völlig normalen erwachsenen Menschen mit völlig normalen Capillaren andererseits. Ebenso markieren sich solche Entsprechungen auch phylogenetisch am schärfsten an den am meisten einander entgegengesetzten Polen: selbst unterhalb des eigentlichen Anthropoiden finden wir bei normalen ausgewachsenen Individuen noch die Hautcapillarform des erwachsenen Menschen als Endcapillaren (Neocapillaren). Die menschlichen Säuglingscapillaren der ersten Lebenstage finden wir innerhalb ausgewachsener Stadien erst wieder bei niederen Wirblern. Schon das ausgewachsene Kaninchen oder die Maus, das Meerschweinchen besitzen Capillarformen, die nach ihrer Differenzierung schon etwas oberhalb der menschlichen Säuglingscapillaren der ersten Lebenstage zu stehen scheinen. Es handelt sich aber um „Pseudoneocapillaren" der Archischichten. Wir haben oben gesagt, daß sich ähnliche Entsprechungen auch nicht selten am Augenhintergrunde „archicapillärer" Schwachsinniger und entsprechender Neuropathen finden (W. Jaensch u. W. Wittneben a. a. O.). Es handelt sich hier um noch feinere Unterschiede wie vorher, die wiederum schärfer bemerkbar werden, wenn wir vor allem phylogenetisch weit auseinanderliegende Individuen untersuchen, insbesondere scheinbar, wenn wir zwischen optoiden und olfaktoiden Wirblern vergleichen. In diesem Sinne scheint auch eine sich schärfer abhebende Beziehung zu bestehen zwischen der Höhe der Differenzierung der auf höchster Stufe (Primaten) haarnadelförmig aufsteigenden Neocapillarschlingen und der Differenzierung der eigentlichen Netzhautgefäße, die den Opticus durchbohren und sich auf der Netzhaut ausbreiten (angiotischer Augenhintergrund). Der anangiotische Augenhintergrund[1]) wird jedenfalls als der primitivere angenommen. Ihm fehlen die aufsteigenden, den Opticus nach oben überschreitenden eigentlichen Netzhautgefäße noch völlig. Diese scheinen normalerweise, wenigstens bei den Primaten, der Neoschicht anzugehören, wie die Endschlingen des Hautcapillarsystems (Papillarschlingen) derselben: die Neoschicht der Hautcapillaren (Papillarschlingen) entspringt, wie wir vorn ausführten, unmittelbar aus den tieferen zuführenden größeren Gefäßästen des Hautgefäßsystems und ist kein Abkömmling des Grundnetzes (der Archischichten), des späteren Rete subpapillare, mit dem sie scheinbar erst nachträglich in Verbindung tritt. Es scheint hier also ein analoges Verhältnis vorzuliegen, wie auch bei den Netzhautgefäßen, von denen teils angegeben wird, sie entsprängen immer der Arteria ophthalmica und träten stets erst nachträglich mit der Chorioidea in Verbindung, während selbst beim Menschen andere Autoren, wenigstens für Ausnahmefälle, einen teilweise unmittelbaren Ursprung der Netzhautgefäße aus der Chorioidea annehmen. Vielleicht ist eben beides in bestimmten Fällen verwirklicht: sehr primitive Formen der Netzhautgefäße scheinen Abkömmlinge der Gefäßschicht der Chorioidea bzw. der Choriocapillaris zu sein ähnlich den „Pseudoneocapillaren" der Archischichten bei den Hautgefäßen. Hier ist z. B. an die sog. „cilio-retinalen" Gefäße zu denken, deren Vermehrung neben der Verkürzung, Schlängelung und feinen Verästelung der echten Opticusgefäße ein schon festgestelltes Merkmal unserer capillärveränderten Schwachsinns- und Neuropathiefälle ist, andrerseits ein primitives Merkmal niederer Wirbler (pseudoangiotischer Augenhintergrund)[1]). (Es würde die Chorioidea bzw. Choriocapillaris in solchem Sinne etwa den Archischichten der Hautgefäße entsprechen müssen [Grundnetz und Intermediärschicht]; im gleichen Sinne erschiene ferner die Arteria hyaoidea, die ja deziduär ist, als ein Abkömmling unserer ebenfalls deziduären Intermediärschicht der Gefäße.) Die eigentlichen Opticusgefäße aber könnten auch entweder echte Neoformen sein oder Pseudoneoformen, d. h. im letzteren Falle Abkömmlinge der Chorioidea oder Choriocapillaris, deren alleiniges Vorhandensein (anangiotischer Augenhintergrund) tatsächlich ein besonders primitives Stadium zu sein scheint. Im ersteren Falle, also als echte Neoformen, wären die Netzhautgefäße dann allein Abkömmlinge der Arteria ophthalmica (wie die echten Neocapillaren an der Haut Abkömmlinge der tiefen zuführenden Hautgefäße), um erst nachträglich mit der Chorioidea (bzw. dem Rete subpapillare) in Verbindung zu treten. Zwischen beiden Endstadien gibt es alle Übergänge, die sich

[1]) „Anangiotisch", d. h. ohne eigentliche sich auf der Netzhaut (innerhalb des Auges) ausbreitende Netzhautgefäße; die Ernährung der Netzhaut erfolgt hier durch Diffusion von der Chorioidea her. — „Pseudoangiotisch" = Ursprung der Netzhautgefäße aus der Chorioidea, wie bei den cilio-retinalen Gefäßen (Lindsay-Johnson, Graefe-Saemisch).

auch in der phylogenetischen Reihe unter verschiedenen Individuen sogar einer Tierklasse ebenso bemerkbar machen, wie unter verschiedenen menschlichen Individuen. Gleiches gilt von den Hautgefäßen. Vor allem besteht in allen diesen Verhältnissen ein wichtiger Unterschied zwischen Wild- und Domestikationsformen derselben Tiergattung. Verf. wird dementsprechende Befunde an anderer Stelle ausführlicher veröffentlichen. (Vgl. hierzu auch GRAEFE-SAEMISCH, Leipzig, 1903, Kap. XI. S. 8 ad 3, f, S. 19-21.)

Für das Bestehen einer „konzentrischen Schichtenstruktur" des psychophysischen Organismus sprechen mithin nicht nur beim Menschen vorliegende schon in vivo feststellbare Verhältnisse, sondern ebensowohl ontogenetische wie phylogenetische Sachverhalte[1]). Wir müssen uns im Sinne der Forschungsergebnisse E. R. JAENSCHS und seines Arbeitskreises bei dieser „konzentrischen Schichtenstruktur" nur gegenwärtig halten, daß in den entwicklungsgeschichtlich höher stehenden vegetativ-somatischen Schichten der Persönlichkeit die zugehörigen psychischen Vorgänge in steigendem Maße „Invarianz" und Eigenleben gewinnen, d. h. also, daß sie von exogenen und endogenen Reizen immer unabhängiger werden und darum mit steigender Entwicklung auch eine abnehmende „psychophysische Integration" (Durchdringung mit den somatischen Funktionen) zeigen; hierüber später noch Näheres.

Wir wollen jetzt wieder zu Einzelfunktionen zurückkehren und wieder an Vagus und Sympathicus anknüpfen. Es wurde schon gesagt, daß es weniger auf das quantitative anatomische Verhältnis dieser beiden großen nervösen Systeme ankomme als auf die Art ihres funktionellen Zusammenwirkens. LEWY läßt indessen die Frage offen, ob es nicht unter Menschen wie Tieren solche gibt, bei denen auch schon rein quantitativ und anatomisch das Verhältnis von Vagus- und Sympathicusfasern ein verschiedenes ist. Hierbei wollen wir uns noch daran erinnern, daß entwicklungsgeschichtlich der Vagus engsten Anschluß an das Palaeencephalon besitzt, anders als der Sympathicus. Denn der Vagus ist, wie schon erwähnt, im Gegensatz zum Sympathicus ein aus dem Urhirn selbst stammender, sogenannter echter Hirnnerv. Wir wollen indessen diese letzteren Erwägungen vorläufig beiseite stellen. Auch ist ja, soweit klinischerseits hier eine sich dauernd bewährende Heraushebung von vegetativ-autonomen Funktionstypen vorgenommen wurde, deren Charakterisierung nicht auf anatomische Betrachtungen gegründet worden, sondern auf klinisch-funktionelle, so vor allem auf die „vegetativ Stigmatisierten" im Sinne von G. v. BERGMANN und seinen Mitarbeitern, als deren Wesensmerkmal eine dauernde Funktionserhöhung im vegetativen Gesamtsystem oder seinen Teilen zu verstehen ist. Es handelt sich hier um Individuen, bei denen die verschiedensten klinischen Kennzeichen eine besonders lebhafte Tätigkeit des vegetativen Gesamtsystems verraten, um Individuen mit meist weicher, feuchter Haut, weiten, lebhaft spielenden Pupillen, glänzenden, großen Augen mit schwimmendem Blick, lebhaften Hautreflexen usw. Es sind kurzum Individuen mit einem sogenannten „basedowoiden" Gesamthabitus. Sie heben sich schon äußerlich deutlich als eine besondere Klasse von Menschen aus der Gesamtheit der anderen Individuen heraus. Sie scheinen selbst unter gewöhnlicher klinischer Betrachtungsweise auch schon rein äußerlich einen gewissen Gegensatz zu bilden zu Individuen, denen all das oben Geschilderte abgeht, die aber von dem v. BERGMANNschen Arbeitskreis bisher nicht näher charakterisiert wurden. Um die „vegetativ Stigmatisierten" klinisch auch mit exakteren Methoden von der Allgemeinheit abzugrenzen, schlug seinerzeit G. v. BERGMANN vor, pharmakologisch den Status des vegetativen Nerven-

[1]) Vgl. hierzu auch DÜRKEN, B.: Über Entwicklungskorrelationen zwischen Extremitäten u. Nervensystem b. Rana fusca, Biol. Zentr.-Bl. 1925 Nr. 9; LEBEDINSKY, N. G.: Isopotenz homologer Körperteile, Abh. z. theor. Biolog. hg. v. J. SCHAXEL. H. 22. 1926.

systems zu erheben. Hier zeigte sich jedoch, daß dieser Versuch mißlang; denn auch andere Individuen wiesen mit dieser Methode eine ähnliche chemophysiologische Erregbarkeit auf.

Es zeigte sich nun in unseren eigenen Untersuchungen, daß es mit Untersuchungsmethoden, die nicht allein die somatogene, sondern auch die psychische Reizempfindlichkeit berücksichtigen, also mit psychophysischen Methoden gelingt, diese „vegetativ Stigmatisierten" von anderen Typen deutlich abzugrenzen.

Im folgenden wollen wir uns nun so verhalten, als ob wir von allem dem oben Gesagten nichts wüßten. Wir wollen uns aufs neue zunächst einmal ganz naiver und unbefangener Betrachtung hingeben, rein naturwissenschaftlich registrierender Methode, nach der auch die nachfolgend noch einmal zusammengefaßten Ergebnisse psychophysischer und psychologischer, experimenteller und klinischer Forschung gewonnen wurden. Diese bleiben bestehen, dies sei ausdrücklich hervorgehoben, auch wenn das eben Gesagte ungültig wäre, und man könnte selbst sogar die ganze Lehre von der inneren Sekretion usw. auslöschen, ohne daß nachfolgende Ergebnisse rein naturwissenschaftlicher Betrachtungsweise umgestoßen würden.

Schon 1920 wies Verf. auf die Verwendbarkeit gewisser psychophysischer Methoden auch für klinische Fragestellungen hin, die uns gerade hier, im Rahmen einer Untersuchung über das vegetative Nervensystem, beschäftigen soll. Diese Methodik baut sich in ihrem psychologischen Teil auf der von E. R. JAENSCH und seinem Arbeitskreis geschaffenen experimentell-psychologischen Untersuchungstechnik der sogenannten „subjektiven optischen Anschauungsbilder" (eidetischen Erscheinungen) auf, die erwiesenermaßen als eine, wenn auch in verschiedenem Grade ausgeprägte, weithin verbreitete Eigenschaft der Jugendlichen bis etwa zum 14. Lebensjahre zu gelten haben (Kap. I).

Diese Erscheinungen der optischen Sphäre sind mit den physiologischen Nachbildern vergleichbar, ohne aber mit ihnen identisch zu sein: es handelt sich um Phänomene, die einerseits Eigenschaften dieser physiologischen Nachbilder besitzen, andererseits gewisse Eigenschaften der eigentlichen Vorstellungen bzw. der „Vorstellungsbilder" haben und unter allen Umständen gesehen werden. Trotz dieses einheitlich den Gesichtsempfindungen nahestehenden Charakters der sogenannten Anschauungsbilder konnten unter ihnen, bei gleich hochgradiger Ausprägung der Phänomene, trotzdem zwei große und verschiedenartige Typen unterschieden werden, nämlich ein solcher, bei dem die nachbildartigen Elemente relativ überwiegen, und ein solcher, bei dem die vorstellungsbildartigen Eigenschaften relativ das Übergewicht besitzen, obwohl beide Arten eidetischer Phänomene in buchstäblichem Sinne gesehen werden. Je nach dem überwiegenden Typus, dem nachbildnahen bzw. vorstellungsnahen, wurde von „T- bzw. B-Typus" gesprochen. Es konnte der Nachweis geführt werden, daß den optischen Erscheinungen des Nachbildtypus im Somatischen ein Funktionskomplex klinisch tetanoider Natur entsprach, dessen Parallelismus zu den optischen Erscheinungen vom überwiegenden Nachbildcharakter einerseits aus größeren Untersuchungsreihen hervorging, andererseits daraus, daß unter experimenteller Abwandlung der Versuchsbedingungen immer der gleiche psychophysisch-einheitliche Funktionskomplex hervorgerufen bzw. unterdrückt werden kann (z. B. Steigerung des psychophysischen T-Komplexes [tetanoiden Komplexes] mittels Kaliumphosphat, durch Erzeugung von Atmungstetanie, durch starke Beanspruchung der motorischen Funktionen[1]); Unterdrückung des gleichen Kom-

[1]) Vgl. hierzu BEHRENDT u. FREUDENBERG: Klin. Wochenschr. 1923; ferner JAENSCH, E. R., JAENSCH, W. u. KNIPPING, K. in dem Bericht über die Ergebnisse der medizinischen und psychologischen Untersuchungen anläßlich des Marburger Akadem. Olympia 1924, Vorl. Mitt. im Sitzungsber. d. Ges. z. Bef. d. ges. Naturwiss. zu Marburg a. L., Febr. 1925. — JAENSCH, W.: Münch. med. Wochenschr. Nr. 26. 1922. Inzwischen konnten wir in der Medizinischen Klinik in Frankfurt a. M. zwei zweifellos durch Hyperventilation (vgl. oben) entstandene Fälle von Tetanie feststellen und bei diesen das Auftreten und Abklingen der galvanischen und mechanischen Phänomene parallel mit den

plexes z. B. durch Calciumgaben). Aus diesen Gründen wurde von den optischen Anschauungsbildern mit überwiegendem Nachbildcharakter auch der Ausdruck „optisches Tetanoid" gebraucht, und der Typus, der funktionell durch die Steigerung obiger psychophysischer Erscheinungen und ihrer psychischen und somatischen Äquivalente besteht, der sich zugleich in bestimmten grundsätzlichen Verhaltensweisen eines gesamten Individuums und aller seiner Reaktionen (selbst gewissen Verhaltensweisen der Vorstellungen und Wahrnehmungen) experimentell nachweisbar manifestiert[1]), „tetanoider" bzw. „T-Typus" genannt. In ganz entsprechender Weise verhielt sich psychophysisch einheitlich ein anderer Funktionskomplex. Er trat bei Individuen hervor, welche optische Anschauungsbilder besaßen, deren vorwaltender Charakter — obwohl auch sie buchstäblich gesehen werden — überwiegend vorstellungsnahe ist, d. h. mit anderen Worten, in höherem Grade als die optischen Anschauungsbilder mit überwiegendem Nachbildcharakter von psychischen Einwirkungen abhängig ist, ohne etwa als hysterisch angesprochen werden zu können. Die Anschauungsbilder mit überwiegendem Nachbildcharakter stellen hierzu einen gegensätzlichen Typus dar, indem sie ähnlich wie die physiologischen Nachbilder (ohne mit ihnen identisch zu sein) von höheren psychischen Einwirkungen unabhängiger und zugleich persönlichkeitsfremd sind, dem Individuum also wie von außen aufgedrängt erscheinen. Der andere Typus optischer Anschauungsbilder (der vorstellungsnahe) ist also ein stärker auf psychische, vorstellungs- und willensmäßige und auch affektive Einwirkungen reagierender Funktionstypus, der z. B. auf Calcium- bzw. Kaliumphosphatgaben nicht reagiert, aber, wie gezeigt werden konnte, ebenso wie im anderen Falle der T-Typus, weite Funktionsgebiete einer gesamten Persönlichkeit beherrschen kann: die Wahrnehmungswelt, das Vorstellungsleben, ebenso wie die formale Grundstruktur der höheren geistigen Funktionen, die mit dem Vorstellungsleben in Verbindung stehen, dabei aber auf der anderen Seite auch den allgemeinen Ablauf gewisser somatischer Grundfunktionen. Daß die Anschauungsbilder ebensowohl eine Beziehung zu den Wahrnehmungen wie zu den Vorstellungen zeigen, erklärt sich daraus, daß sie entwicklungsmäßig die Wurzel beider Erlebnisklassen sind; sie bilden (zunächst auch ohne Unterscheidung der beiden genannten Typen) die sogenannte ursprüngliche „eidetische Einheit" von Wahrnehmung und Vorstellung, die nach E. R. JAENSCH (vgl. Kap. I) die eigentliche seelische und optisch-sensorische Grundeigenschaft der Entwicklungsfrühphase ist; wo diese ursprüngliche Einheit von Wahrnehmung und Vorstellung, wie bei den Jugendlichen vom sogenannten „Einheitstypus", ontogenetisch nicht mehr nachweisbar ist, da muß angenommen werden, daß dem betreffenden Individuum das Resultat dieser Entwicklungsvorgänge schon als ein fertiger ererbter Erwerb zugefallen ist. Das wird durch die Tatsache wahrscheinlich gemacht, daß auf primitiven Entwicklungsstufen und beim Naturmenschen ein der eidetischen Einheit besonders nahestehendes Erleben vorzuherrschen scheint[2]).

Aber selbst wenn die Anschauungsbilder zurücktreten, zeigen auch die Vorstellungsbilder und ebenso die Wahrnehmungen noch, ihrer formalen Grundstruktur und Beschaffenheit nach, den entsprechenden Typus, den die Anschauungsbilder darboten, was auch auf Grund des dargelegten Entwicklungszusammenhanges des Hervorgehens der Wahrnehmung und der Vorstellung aus einer ursprünglichen eidetischen Einheit verständlich ist. Wahrnehmung und Vorstellung beherrschen weitgehend auch die höheren Lebensäußerungen eines Individuums, somit aber nicht bei allen Individuen in übereinstimmender Weise, da aus den angegebenen Gründen ihr Grundcharakter schon genotypisch kein einheitlicher ist und sich je nach dem vorherrschenden psychophysischen Typus abwandelt. Dies kann genotypisch der Fall sein, in kleinerem Umfange auch phänotypisch.

Es konnte nun nachgewiesen werden, — mutatis mutandis ähnlich wie bei dem psychophysischen T-Komplex —, daß die optischen Erscheinungen von überwiegendem Vorstellungscharakter bei dem anderen Typus eine somatische Parallele besitzen in einem In-den-Vordergrund-Treten gewisser vegetativ-autonomer Reaktionen, wobei aber diese Reaktionen hier hervorragend gerade auf psychische und vorstellungsmäßige Reize ansprechen. Es handelt sich hier um den schon erwähnten Konstitutionstypus, den G. v. BERGMANN und sein Arbeitskreis schon 1911 klinisch als „vegetativ stigmatisierte Konstitution" bezeichnet hat, und die sich durch eine im gesamten vegetativen System vorhandene Übererreg-

---

optischen Phänomenen beobachten und, nach Abklingen aller dieser Erscheinungen, später auch erneut experimentell AB bzw. hochgradige NB hervorrufen, parallel mit den körperlichen tetanoiden Erscheinungen; ein Beweis für den inneren Zusammenhang gewisser eidetischer Erscheinungen mit dem tetanoiden Erscheinungskreise.

[1]) Vgl. hierzu die demnächst erscheinende Arbeit von A. KOBUSCH über die Verschiebbarkeit der Gedächtnisstufe im normalen Vorstellungsleben (aus dem Marburger Psychologischen Institut).

[2]) Vgl. hierzu JAENSCH, E. R.: a. a. O.

barkeit auszeichnet. Wegen der Verwandtschaft dieses letzteren Typus mit basedowoiden Erscheinungen im klinischen Sinne wurde, sinngemäß zum „T-Typus“ und seiner Verwandtschaft mit klinisch-tetanoiden Erscheinungen, vom „B-Typus“ gesprochen. Individuen, welche in ihren optischen Anschauungsbildern diesen B-Typus zeigen, nämlich eine erhöhte psychogene Reaktionsfähigkeit, zeigen auch in ihren somatischen Erscheinungen in hervorstechender Weise eine gerade auf psychogene Reize stark ansprechende „vegetative Stigmatisierung“, die eben den B-Typus somatisch charakterisiert, eine Tatsache, die neu hinzugekommen ist, während die bisherige Auffassung von dem Wesen der vegetativen Stigmatisierung im Sinne G. v. BERGMANNS nur pharmakologische vegetative Empfindlichkeiten und den äußeren Eindruck dieser Persönlichkeiten ins Auge faßte. Es handelt sich, wie beim T-Typus, um normale Funktionskomplexe, die allerdings in fließenden Übergängen auch zu den entsprechenden pathologischen Symptomen führen können (Tetanie und [neuropathischer] Morbus Basedow). Beide Funktionskomplexe sind in jedem Organismus angelegt, der dominierende aber beherrscht meist auch die Gesamterscheinung der Persönlichkeit. Allerdings kommen beide Funktionskomplexe auch in Verbindung vor. Letzterenfalls wurde von „BT-Typus“ gesprochen. Der BT-Typus läßt sich als die „Konstitutionsformel“ der Mehrzahl aller Eidetischen und überhaupt Jugendlichen erweisen, und ebenso besitzt diese Konstitutionsformel für ältere Individuen, welche bleibende Starkeidetiker sind, überwiegend Geltung. Dies gilt sowohl somatisch wie psychisch. Ebenso kann aber auch der T-Typus später bestehen bleiben. Solche Individuen zeigen dann oft hochgradige NB (ABNB). Damit ist zugleich gesagt, daß die Ausprägung dieser Funktionskomplexe zwar ein normaler Jugendtypus ist, daß aber auch Erwachsene, die keineswegs immer Kranke sein müssen, einen solchen Jugendtypus dauernd bewahren können. — Der BT-Typus ist somatisch gekennzeichnet sowohl durch tetanoide Stigmata, z. B. höhere galvanische und mechanische Erregbarkeitsstufen der peripheren Nervenstämme, wie durch vegetative Stigmatisierung im Sinne G. v. BERGMANNS. Obwohl diese Verbindungen von B- und T-Komplex und somit der BT-Typus der häufigste Fall ist, konnten auch reine B- und T-Typen nachgewiesen werden. Letztere unterscheiden sich dann auch schon durch ihr äußeres Aussehen: der reine T-Typus besitzt ein verhältnismäßig kleines, nicht auffallend glänzendes, manchmal ausgesprochen matteres Auge von „nüchternem“, „kaltem“ Ausdruck; mitunter zeigt er einen physiognomischen Ausdruck, der mehr oder weniger ausgesprochen die Züge des sogenannten UFFENHEIMERschen „Tetaniegesichtes“ aufweisen kann. Dieses kennzeichnet sich mimisch durch eine gewisse „Verkniffenheit“ des Gesichtsausdruckes, eine mißmutige, manchmal sogar ängstliche Physiognomie[1]); mitunter jedoch fällt an dem Gesichtsausdruck und auch den Augen einfach nur das vollständige Fehlen dessen auf, was in ausgeprägter Form gerade die Physiognomie des B- bzw. BT-Typus auszeichnet, wobei dieses Fehlen gewisser Kennzeichen des B-Typus beim reinen T-Typus eine gewisse Gegensätzlichkeit zum B-Typus bildet, vor allem zu jenem großen strahlenden Auge des B-Typus, dessen Ausdruck meist lebhaft ist und stets von starken seelischen Schwingungen belebt wird. Dieser Gegensatz des B-Typus (bzw. BT-Typus) zum reinen T-Typus zeigt sich auch an der Art seiner Pupille, die, weniger wie beim T-Typus, auf den von außen kommenden Reiz eingestellt ist, als vielmehr auf die innere Vorstellungswelt, so daß sie deren seelische Schwingungen mit einem lebhaften Spiel begleitet. Diese Unabhängigkeit vom Außenreiz kann hier nach mehrfach gemachten Einzelbeobachtungen auch im Bereiche des durchschnittlichen sog. Psychoreflexes der Pupille besonders weit gehen (vgl. hierzu exakte Untersuchungen bei C. KÖHLER, Marburg. phil. Diss. 1925, Über die Pupillenreaktion usw.).

Der T- und B- (bzw. BT-) Typus der Eidetiker unterscheidet sich vor allem auch durch den verschiedenen Charakter der eidetischen Erscheinungen, die, wie schon erwähnt, bei beiden Typen auch auf somatischem Gebiet vollwertige Äquivalente besitzen. Beim T-Typus steht hier eine erhöhte galvanische und mechanische Erregbarkeit im Vordergrunde, die sowohl auf motorischem wie auf sensiblem Gebiet am peripheren Nerven nachweisbar ist, mit anderen Worten, die im klinischen Sinne als Latenzzeichen der Tetanie bekannten Syndrome, die in weitem Umfange als der Ausdruck einer Verschiebung der Ionenkonstellation im Körper zu Ungunsten des Calciums gegenüber dem Kalium anzusprechen zu sein scheint, wie man jetzt fast allgemein annimmt. Trotzdem kann man schon heute sagen, daß auch dieses nicht der letzte Grund ist, denn es

[1]) Vgl. hierzu auch PERITZ, E.: Einführung in die Klinik der inneren Sekretion. Berlin: S. Karger 1923. S. 250 u. a.; ferner JAENSCH, W.: Klin. Wochenschr. 1926 Nr. 10.

können diese Verhältnisse z. B. auch durch ein Überwiegen einer Alkalosis bzw. Acidosis im Körperchemismus ersetzt werden[1]). Ganz entsprechend wie bei der Tetanie reagieren diese somatischen Stigmen des T-Typus auf Calciumgaben mit einer Abschwächung ihrer Intensität, ebenso aber auch die optischen Anschauungsbilder des T-Typus, genau wie die physiologischen Nachbilder. Alle Erscheinungen verstärken sich parallelgehend z. B. durch Kaliumphosphatgaben, genau wie bei der Tetanie. Hierdurch dokumentiert sich die innere Zusammengehörigkeit aller Syndrome im Somatischen einschließlich ihrer optischen Äquivalente. Früher nahm man an, daß primär und allein eine Insuffizienz der Epithelkörperchen das zum Entstehen tetanoider Erscheinungen erforderliche „Ionenmilieu" hervorrufen könne. Heute wissen wir, daß denselben Effekt primär andere endokrine Drüsen und zentrale Bewirkungen, zum Teil auf Umwegen über das vegetative Nervensystem[1]), oder motorische Zentren und gewisse experimentelle Bedingungen hervorrufen können (z. B. Überlüftung des Blutes durch Atmung[2]), Einspritzungen in die Blutbahnen, z. B. Phosphattetanie, usw.). Alle Symptome der Tetanie bzw. ihrer Latenzzustände kommen weit verbreitet im Bereiche des Normalen vor. Zeigt ein reiner T-Typus auch Stigmata im vegetativen Nervensystem, so sind es meist ausschließlich Vagussymptome. Dies entspricht auch den klinischen Erfahrungen bei echter manifester Tetanie. Der B-Typus charakterisiert sich im Gegensatz hierzu durch ein auffallendes In-den-Vordergrund-Treten einer vegetativen Stigmatisierung überhaupt, also durch einen erhöhten Tonus im vegetativ-autonomen Gesamtsystem, seiner vagischen und seiner sympathischen Anteile, meist zugleich Hand in Hand mit einem gleichzeitigen Vorhandensein auch tetanoider Stigmata im peripheren Nervensystem. Im Gesamthabitus der äußeren Erscheinung jedoch tritt hier auch in Mischfällen (den BT-Typen) die Auswirkung der „vegetativen Stigmatisierung" (d. h. der B-Komponente) vollständig in den Vordergrund: diese Individuen zeigen einen ausgesprochenen „basedowoiden Habitus", also Glanzauge, weite, lebhaft spielende Pupille, verschiedene Grade der Protrusio bulborum, feuchte, feine Haut mit lebhaftem Farbenwechsel, nicht selten eine gewisse Schwellung der Schilddrüse usw. Hierbei ist ferner hervorzuheben, daß die bei diesem Typus überwiegende und völlig im Vordergrund stehende „vegetative Stigmatisierung" zugleich eine ganz besonders starke psychogene Reaktionsfähigkeit zeigt, während die mehr oder weniger ausgesprochenen Vaguszeichen, die auch beim reinen T-Typus vorkommen können, dort weniger stark auf psychische Reize ansprechen wie beim B-Typus. Sie zeigen aber beim T-Typus gerade auf somatogene Reize hin eine mitunter so starke Überempfindlichkeit, daß bei nur pharmakologisch erfolgender Prüfung des vegetativen Nervensystems auch der T-Typus eine gleichgroße, meist allerdings überwiegend vagische vegetative Übererregbarkeit zeigen kann, wie sie für die „vegetativ Stigmatisierten" (B-Typen) als charakteristisch angenommen wurde. Es lassen sich somit rein pharmakologisch B- und T-Typus meist nicht voneinander trennen[3]): bei den B-Typen überwiegt die psychogene Reizüberempfindlichkeit im vegetativen Gesamtnervensystem wie in allen Reaktionsgebieten. Eine Anwendung psychophysischer Untersuchungsmethoden gestattet daher die Trennung des

[1]) Vgl. hierzu Behrendt u. Freudenberg: a. a. O. Freudenberg spricht gewisse Grade der galvanischen Übererregbarkeit neuerdings als „vagisches Reizsymptom" an, z. B. die KÖZ $<$ 5,0 Milliampère. Neuerdings: Behrendt u. Hopmann: Klin. Wochenschr. 1924. Nr. 49.

[2]) Vgl. Anm. 1; vgl. ferner hierzu Landauer, K.: „Das Tetanoid". Arch. f. Psychiatrie u. Nervenkrankh. 1922. 66.

[3]) Es liegt dies daran, daß die äußerlich als B-Typen Erscheinenden meist BT-Typen sind. Der reine B-Typus zeigt allein eine stärkere psychogene Reaktionsfähigkeit.

B- und des T-Typus. Dies hat sich uns daher auch schon als klinisch brauchbar erwiesen. M. GILDEMEISTER bezeichnet (a. a. O.) die Verhältnisse des Hautwiderstandes bei Durchleitung eines konstanten elektrischen Stromes als „Teilerscheinung eines allgemeinen autonomen bzw. vegetativen Reflexes". Sowohl der gewöhnliche Leitungswiderstand der Haut wie ganz besonders gerade auch die Größe der Veränderung bei Einwirkung psychischer Reize über das Zentralorgan auf den Hautwiderstand schwanken, wie GILDEMEISTER sich neuerdings ausdrückt, „von Individuum zu Individuum nach bisher nicht durchschaubarer Gesetzmäßigkeit". Wir konnten nun feststellen, daß der Hautwiderstand bei Schließung eines konstanten Stromes beim T-Typus ein verhältnismäßig hohes Anfangsminimum zeigte, das dann bei Dauerschluß des Stromes auch weiterhin nahezu konstant blieb. Beim B-Typus bzw. BT-Typus jedoch zeigte der Hautwiderstand im Augenblicke des Stromschlusses sofort ein sehr niedriges Widerstandsminimum, das sich bei Dauerschluß meist rasch noch weiter erniedrigte. Betrachtet man die ganze Reaktionsfähigkeit des B- und T-Typus, so kann schon heute als wahrscheinlich bezeichnet werden, daß ganz entsprechend auch das eigentliche sogenannte psychogalvanische Reflexphänomen bei B-Typen (bzw. BT-Typen) gegenüber reinen T-Typen einen viel größeren Anfangsausschlag und eine viel größere Empfindlichkeit wird besitzen müssen als beim reinen T-Typus. Es würde dies jedenfalls dem Typus der Reaktionsfähigkeit entsprechen, der auch in sonstigen Reaktionsgebieten des B-Typus bisher schon festgestellt werden konnte. Zugleich aber zeigte sich — selbst ohne Anwendung eigentlich psychischer Reize — beim B-Typus die größere Beeinflußbarkeit der Hautwiderstandserscheinungen und ihre größere Labilität auch schon einfach bei der Durchleitung eines konstanten Stromes durch die Haut. Neben der allgemein erhöhten Erregbarkeit im vegetativen System, die andererseits schon in einer rein zahlenmäßig größeren Anwesenheit vegetativer Stigmen beim B- (bzw. BT-) Typus gegenüber dem T-Typus zum Ausdruck kommt[1]), können wir also beim B-Typus bzw. BT-Typus von einer erhöhten Ansprechbarkeit des vegetativen Gesamtsystems (und zwar ohne Rücksicht auf die Unterscheidung von Vagus und Sympathicus), vor allem aber von einer solchen auf psychische Reize sprechen, während der T-Typus stärkere vegetative Ansprechbarkeit höchstens auf somatische Reize zeigt. Es hat sich daher als praktisch erwiesen, im Laufe dieser Untersuchungen von Vagus und Sympathicus ganz abzusehen und von einem „psychovegetativen" und einem „physiovegetativen System oder Reflexbogen" zu sprechen. Ersterer ist beim B- und BT-Typus, letzterer beim reinen T-Typus überwiegend ansprechbar. Berücksichtigt man trotzdem im klinischen Sinne die Beteiligung des Vagus und die des Sympathicus bei beiden Typen gesondert, so kann man sagen: der physiovegetative Reflexbogen besitzt anscheinend überwiegend Beziehungen zum vagischen, der psychovegetative Reflexbogen anscheinend überwiegend Beziehungen zum vagischen und sympathischen Nervensystem. Der Ausdruck „Vagotonie" im Sinne von EPPINGER und HESS ist demnach völlig irreführend. Schon nach EPPINGERS Beschreibung des „Vagotonikers" ist letzterer mit dem BT-Typus identisch. In Wahrheit aber scheint der wirkliche „Vago"toniker eher dem reinen T-Typus nahezustehen, der schon rein im Äußeren gar nichts mit dem B-Typus gemeinsam hat; letzterer entspricht dem „vegetativ Stigmatisierten" G. v. BERGMANNS. Es wäre daher zu wünschen, daß in der klinischen Terminologie dieser Widerspruch beseitigt würde, indem man künftig statt in der bisherigen irreführenden Weise von

[1]) z. B., wenn man eine Reihe vegetativer Stigmen, deren Auswahl ziemlich willkürlich sein kann, bei den verschiedenen Typen zahlenmäßig festlegt (vgl. Tab. IV, S. 238).

„Vagotonikern" (nach EPPINGER und HESS) von „vegetativ Stigmatisierten" (nach G. v. BERGMANN) spricht und den Ausdruck „Vagotoniker" nur bei echten Fällen von wirklich isoliert gesteigerter Vaguserregbarkeit verwendet; meist sind dies T-Typen. Außer der verschiedenartigen Reaktionsfähigkeit im vegetativen System besitzen bei beiden Typen die endokrinen Funktionen und bestimmte Ionenkonstellationen einen großen Einfluß. Und zwar scheinen beim T-Typus gemäß seiner Beziehungen zum Bilde der klinischen Tetanie mitunter auch gewisse Funktionen der Epithelkörperchen (im Sinne einer Epithelkörpercheninsuffizienz) eine Rolle zu spielen; ebenso andere biologische Bewirkungen verschiedenster Genese, auf endokrinem, vegetativem oder blutchemischem Gebiete, die aber alle in gleicher Richtung wie die Insuffizienz der Epithelkörperchen wirken (ohne immer primär von ihnen selbst ausgehen zu müssen), d. h. alle oft ganz differenten Faktoren, die in jedem Organismus das Hervortreten der gleichen biologischen Funktionszusammenhänge des T-Komplexes bzw. T-Typus auslösen oder mindestens mit ihrem Hervortreten in Korrelation stehen. Biologisch übereinstimmend ist hier dann im Effekt vielleicht die Entstehung gleichsinniger Ionenkonstellationen. In ganz entsprechender Weise scheint beim B- bzw. BT-Typus die Schilddrüse in bestimmter Weise, nämlich im Sinne einer Überfunktion (ohne daß dies primär immer von ihr selbst ausgehen muß) im Vordergrund zu stehen, ebenso aber auch andere biologische Bewirkungen auf vegetativer, endokriner oder blutchemischer Wirkungsebene; hier zugleich anscheinend ganz besonders auch auf psychischer Ebene verlaufende Bewirkungen, von denen jede für sich jeweils den gleichen, dem B-Typus entsprechenden biologischen Funktionskomplex hervorruft oder mindestens mit ihm in enger Korrelation steht. Jede dieser verschiedenen Bewirkungen bildet im Zusammenhang der Gesamtheit aller, einem einheitlichen psychophysischen Funktionskomplex zukommender Auslösungsfaktoren lediglich einen einzigen Ausschnitt, der niemals allein für das Ganze genommen werden kann. Jedes einzelne aber der innerhalb eines solchen Funktionskomplexes auf die verschiedensten Bewirkungen und Auslösungsfaktoren hin auftretende funktionelle Stigma teigt jeweils den Typus (formale Struktur) des betreffenden psychophysischen Gesamtfunktionskomplexes.

Von diesen verschiedenen Umständen, die stets gleichsinnig z. B. in bezug auf eine tetanoide Stoffwechselverschiebung wirken, hat die Epithelkörperchen- oder Nebenschilddrüsen-Insuffizienz eine besonders enge Beziehung zur Krankheit Tetanie; die vollständige Entfernung der Epithelkörperchen ruft jedenfalls stets manifeste Tetanie hervor. Sie bewirkt daher vielleicht beides, im konstitutionellen Sinne vorbereitend, also tetanoid machend, zugleich aber vielleicht endotoxisch (durch Fortfall einer entgiftenden Wirkung?) und damit die manifeste Tetanie (motorische Krämpfe) auslösend. F. BLUM (ref. in der Klin. Wochenschr. 1924, S. 1337) zeigte nämlich, daß der Ausbruch von Krämpfen unterbleibt, wenn parathyreoidektomierte Tiere, z. B. Katzen, denen übrigens zur vollständigen Erreichung dieses Zweckes auch die ganze Schilddrüse mitentfernt wurde, mit Milch und Blut gefüttert und fleischlos ernährt wurden; es entstehen aber sofort Krämpfe, sobald man solchen Tieren Fleisch verabreicht. BLUM schließt daraus, daß das Epithelkörperchensekret, welches bei normalen Tieren die Tetanie verhindert, sich auch in Milch und Blut befindet, und ferner, daß durch Fleischnahrung tetaniefördernde Stoffwechselgifte in vermehrter Weise entstehen (z. B. Guanidine). — Damit es zum Auftreten eigentlicher klinischer Tetanie kommt, ist jedenfalls, wie mehrfach erwähnt, meist das Hinzukommen eines Auslösungsfaktors zu der konstitutionellen Anlage erforderlich, dessen Natur aber wahrscheinlich keineswegs spezifisch sein muß, sondern in weitem Umfange verschiedenartig sein kann, wenn auch vielleicht gewisse Toxine hier eine bevorzugte Rolle spielen (z. B. Guanidine). Die klinischen Erfahrungen beweisen nämlich, daß eine echte Tetanie mit Krämpfen beim Vorhandensein eines höhergradigen tetanoiden Zustandes im gleichen Falle zu verschiedenen Zeiten durch die verschiedenartigsten interkurrierenden klinischen Faktoren und auch experimentell durch die verschiedensten Noxen ausgelöst werden kann (F. CHVOSTEK). Auch im Tierexperiment kann die Tetanie nach experimenteller Epithelkörperchenschädigung, z. B. durch die Einspritzung der verschiedensten Gifte stets und in immer gleich typischer Weise hervorgerufen werden

(C. RUDINGER)[1]). Hierbei scheinen die Unterschiede der klinischen Erscheinungsformen der Tetanie einerseits vom Personaltypus und, wegen dessen Beziehungen zum Alter, auch vom Alter des Individuums abzuhängen, vorausgesetzt, daß dem auslösenden Faktor nicht gerade eine spezifische Affinität zu einer bestimmten Körpersphäre zukommt. Die Lokalisation der in allen Lebensaltern einheitlichen tetanoiden Übererregbarkeit (des T-Typus) schwankt in ihrer jeweiligen Präponderanz nach Personaltypus, Alter und Beschäftigung. Ähnliches gilt für die Beziehungen von Schilddrüse, B-Typus und Morbus Basedow. Wie sich diese eigenartigen Affinitäten bestimmter endokriner Faktoren zu unseren psychophysischen Komplexen verstehen lassen, wird später deutlich werden.

Vielleicht hat man beim Morbus Basedow im Gegensatz zur Tetanie bisher auch zu wenig nach sekundär auslösenden Faktoren gesucht, die das echte BASEDOWsche Krankheitsbild auf Grund konstitutioneller Vorbedingungen hervorbringen. Wir konnten zeigen, daß der B-Typus stärker zu psychogenen Reaktionen neigt, und daß daher psychische Einwirkungen selbst schwächerer Art, und naturgemäß besonders leicht stärkere psychische Traumen, bei ihm eine ganz besondere Wirksamkeit zeigen und die Fähigkeit haben, sich in der Gesamtpersönlichkeit und allen ihren Reizbeantwortungen stark durchzusetzen. Deshalb ist es vielleicht bemerkenswert, daß das psychische Trauma als häufiger Auslösungsfaktor der BASEDOWschen Krankheit klinisch bereits anerkannt ist, ganz im Gegensatz zu den klinischen Erfahrungen bei Tetanie, die man nach unseren Anschauungen biologisch als eine Erkrankungsart ganz besonders derjenigen Funktionssysteme zu betrachten hat, bei denen psychische Auslösungsfaktoren im allgemeinen kaum in Betracht kommen oder nur Sonderfällen vorbehalten bleiben (BT-Typus). Ebenso ist es umgekehrt eine klinisch feststehende Tatsache, daß beim Morb. Basedow eine einfache Beruhigungstherapie, insbesondere auch psychische Beruhigung, eine oft sehr schnelle und auffällige Besserung selbst schwerer Fälle herbeizuführen in der Lage ist, während dies bei Tetanie keineswegs der Fall ist. Hier wirkt dagegen eine einzige Calciumspritze oft Wunder.

Alle diese Verhältnisse liegen also beim B-Typus und Morb. Basedow ganz entsprechend und ebenso bei Tetanie und beim T-Typus sich entsprechend, in jedem der beiden Fälle aber grundzätzlich anders; wie dem aber auch sei, *unsere Typenaufstellung ist rein empirisch und von theoretischen Überlegungen ganz unabhängig.*

Wir haben bereits festgestellt, daß es sich bei allen diesen Vorgängen um das Hervortreten gewisser einheitlich zusammengeordneter, auf gewisse Wirkungszusammenhänge gerichteter psychophysischer Funktionskomplexe handelt, die in jedem Organismus parat liegen und die entwicklungsgeschichtlich genetisch präformiert erscheinen. Als zwei solche große psychophysische Funktionskomplexe konnten wir den Funktionskomplex vom T- und vom B-Typus unterscheiden. Wir wollen diese daher einfach T- und B-Komplex nennen. Als psycho-sensorische Äquivalente des T- und B-Komplexes fanden wir gewisse verschiedenartig angelegte eidetische Erscheinungen, die beim T- wie beim B-Typus charakteristische Merkmale darboten. Diese Charakterzüge ergaben sich je nach dem vorherrschenden Typus der Anschauungsbilder der eidetischen Phase, so daß wir an den Anschauungsbildern sowohl den vorwaltenden Typus feststellen können, wie auch die Verknüpfung dieses jeweils vorherrschenden Typus mit den somatisch-funktionellen Erscheinungen des T- wie des B-Komplexes. Die grundlegenden Unterschiede zwischen T- und B-Typus, die wir an Eidetikern leicht studieren können, *gelten aber über die Eidetiker hinaus auch für Nichteidetiker, mit anderen Worten für alle Individuen.* Denn aus den oben auseinandergesetzten genetischen Verhältnissen, die dem entwicklungsgeschichtlichen Aufbau unserer Wahrnehmungs- und Vorstellungswelt entspringen[2]), besitzt *der B- und T-Typus auch Geltung für gewisse Grundverhaltungsweisen der Wahrnehmungs- und Vorstellungswelt bei Nichteidetikern, die sich hier ebenfalls experimentell nachweisen ließen. Dieselben formalen Unterschiede treten sogar in Grundverhaltungsweisen des höheren Seelenlebens hervor,* wie uns die Beobachtung

[1]) RUDINGER, C.: Zeitschr. f. exp. Pathol. u. Therapie 1909.
[2]) Vgl. hierzu JAENSCH, E. R.: a. a. O. u. Kap. I.

lehrt[1]). Es konnte mithin gezeigt werden, daß T- und B-Komplex als psychophysisch einheitliche Funktionskomplexe im Sinne psychophysischer „Reaktionstypen“ aufzufassen sind, die bis zu gewissem Grade in jedem Organismus angelegt sein müssen. Ihr jeweiliges Mischungsverhältnis bestimmt formale Grundverhaltungsweisen aller Reaktionen der verschiedensten psychophysischen Reaktionsgebiete eines Individuums. Der dominierende psychophysische Komplex kann dabei der Gesamtheit aller Reaktionen einer Persönlichkeit in gewissem Umfange den Stempel aufdrücken und damit meist auch ihrem Äußeren. Dies sind die reinen Typen. Meist sind aber T- und B-Komplex in einem Individuum in ungefähr gleichem Mischungsverhältnis aufweisbar. Der B-Komplex pflegt sich dabei auch schon bei geringerer Ausprägung in der Gesamtpersönlichkeit und dem Äußeren eines Individuums stärker durchzusetzen. Dies erklärt sich aus seiner besonderen Eigenschaft, auch immer zugleich größere Teile des Individuums in seinen Wirkungsbereich einzubeziehen, während die Reaktionsart des T-Typus stets in beschränkteren Reaktionsfeldern verläuft. (Die Gründe hierfür werden sogleich deutlich werden.) Es kommt indes auch vor, daß sich der eine Typus nur nach einer Seite hin, z. B. im Äußeren, durchsetzt, nach allen anderen Richtungen hin aber der andere Komplex. Letzteres scheint aber meist eine starke Dysharmonie der Gesamtpersönlichkeit herbeizuführen und fast immer „neuropathisch“ zu sein. Alle diese Mischfälle kann man als BT-Typen bezeichnen, die reinen Typen sind verhältnismäßig selten.

Im allgemeinen kann nach unseren Feststellungen gesagt werden, daß beim T-Typus bzw. T-Komplex die Reaktionen innerhalb isolierter Reaktionsgebiete abzulaufen pflegen, relativ unabhängig und losgelöst von der Gesamtpersönlichkeit, unmittelbar an den Reiz gebunden und daher relativ starr und eindeutig (einsinnig) sind, überwiegend somatogen und zugleich relativ unabhängig von höheren psychischen Einflüssen. Beim B-Typus bzw. B-Komplex verlaufen die Reaktionen weniger isoliert innerhalb einzelner Reizfelder, daher diffuser, stets mehr oder weniger unter gleichzeitiger Beteiligung von Reizgebieten, die nicht unmittelbar vom Reiz getroffen werden, also mehr oder weniger unter Beteiligung der Gesamtpersönlichkeit und zugleich höherer psychischer Faktoren, darum weniger eindeutig vom Reiz selbst bestimmt, d. h. weniger starr, sondern mehrdeutig (mehrsinnig) und mehr oder weniger zeitlich unabhängig vom Reize selbst.

Wenn wir die Möglichkeit näher untersuchen, die aufgefundenen somatischen Erscheinungen unserer Typen organisch in den Kreis allgemeinerer biologischer Reaktionsweisen einzuordnen, wie wir dies schon für verschiedene Funktionen unserer Biotypen andeuteten, so ergibt sich folgendes:

Der B-Typus ist somatisch ausgezeichnet durch eine Stigmatisierung im vegetativautonomen Nervensystem. Letzteres entspricht funktionell etwa den Nervennetzen gewisser niederer Organismen, z. B. einzelner Cölenteraten. Bei diesen ist die Reizleitung eine diffuse, sich nach allen Seiten hin ausbreitende, und sie ist verschieden von der auf bestimmten vorgeschriebenen Bahnen verlaufenden Reizleitung des cerebrospinalen Nervensystems, dessen Stigmatisierung gerade den T-Typus auszeichnet. Tiere, die nur über Nervennetze verfügen, reagieren auf einen stärkeren Reiz von außen, der irgendeine Stelle ihres Körpers trifft, mit ihrem ganzen Körper. Zwar werden auch in den Nervennetzen noch im gewissen Umfang gewisse Reizleitungen und Reizerfolge bevorzugt, tatsächlich indessen leitet das Nervennetz nach allen Richtungen. Aber selbst bei den höheren Wirblern (und einschließlich des Menschen) ist im vegetativ-autonomen Nervensystem noch ein jenem entwicklungsgeschichtlich sehr frühen Nervensystem in mancher Hinsicht nicht nur nach dem anatomischen Bau, sondern vor allem nach Art der Funktion entsprechendes System erhalten. So zeigt sich die eben geschilderte Art der Reizleitung nach

[1]) Es ist dies nicht charakterologisch im höheren Sinne zu verstehen. Denn bei der Bildung der eigentlichen höheren Charakterfunktionen bilden sekundäre Erlebniskomplexe von Person zu Person wechselnde, rein individuelle Unterschiede.

allen Richtungen auch noch beim Menschen innerhalb dieses vegetativ-autonomen Nervensystems. Hierfür lassen sich nicht nur physiologische, sondern auch klinische Tatsachen in großer Zahl anführen[1]). Die Unterschiede aber im Bau der beiden großen verschiedenen Nervensysteme der höheren Wirbler, des vegetativ-autonomen wie des cerebrospinalen, ließen an sich schon den Schluß auf ein solches Verhalten zu, selbst wenn nicht die entwicklungsgeschichtlichen Tatsachen hierfür sprächen; denn der Bau des vegetativen Nervensystems ist ein sogenannter syncytischer, d. h. netzartig zusammenhängender, der Bau des cerebrospinalen Nervensystems der höheren Tiere aber ein synhaptischer, d. h. aus einzelnen sich berührenden, aber nicht miteinander verschmelzenden Neuronen bestehender[2]). In ersteren erschiene daher, wenigstens nach noch nicht eindeutig widerlegten histologischen Befunden, auch schon anatomisch die Vorbedingung für eine durchaus diffuse Weiterleitung auf beliebige Körperstellen einwirkender Reize gegeben (vgl. hierzu z. B. auch Synästhesien als Stigma des B-Typus; siehe auch später). In dem cerebrospinalen System indessen zwingt scheinbar schon der anatomische Bau die Weiterleitung des Reizes in bestimmte Reizfelder, die im Gegensatz zum vegetativen Nervensystem voneinander isolierter sind. Hier ist die Reaktion eindeutig reflexmäßig festgelegt, isoliert, dort mehrdeutig und diffus, das ganze Individuum mehr oder weniger in seiner Gesamtheit umfassend.

Indem wir nun einerseits den T-Typus als einen solchen charakterisiert haben, der im Gebiete der cerebrospinalen Nerven stigmatisiert ist, den B-Typus als einen solchen, dessen Wesen in einer Stigmatisierung im vegetativen System besteht, könnte es als ein Widerspruch erscheinen, wenn wir auch für den T-Typus immerhin gewisse vegetative Funktionen als gelegentlich mitwirkend feststellten. Dieser scheinbare Widerspruch löst sich, wie wir noch näher sehen werden, unter entwicklungsgeschichtlichen Gesichtspunkten ganz ungezwungen auf. Das gleiche gilt von der Feststellung, die wir oben erneut wiederholten, daß innerhalb des T- wie des B-Komplexes gewisse endokrine Faktoren eine bestimmte Präponderanz zu besitzen scheinen (Epithelkörperchen beim T-Komplex, Schilddrüse beim B-Komplex).

T- und B-Typus sind einheitliche psychophysische Reaktionstypen, bei denen — wie schon aus der Beziehung zur Krankheit Tetanie und dem Morbus Basedow folgt — auch endokrine Faktoren einen großen Einfluß haben, ohne jedoch für sich allein die ausschlaggebenden somatischen Eigenschaften dieser Typen zu sein. Vielmehr haben nach allem Vorerwähnten einen ganz ähnlichen Einfluß wahrscheinlich gewisse Ionenverhältnisse, vegetative, zentrale und periphere Faktoren, Funktionen wie organische Systeme. Trotz ihrer Vielheit und ihrem gegenseitigen Zusammenwirken lassen sich aber beim B- wie beim T-Komplex *durchgehend durch alle diese Faktoren* einheitliche biologische Linien erkennen, — zusammengeordnete und biologisch in bestimmter formaler Richtung zielende psychophysische Wirkungszusammenhänge —, die wahrscheinlich entwicklungsgeschichtlich begründet sind. Die erwähnten endokrinen Funktionen sind innerhalb solcher Wirkungszusammenhänge nur *ein Glied* in der Gesamtheit dieser psychophysischen Funktionskomplexe, die jeder für sich einen besonderen Biotypus repräsentieren; ihre besonderen endokrinen Bedingungen sind aber aus sogenannten „*phasenspezifischen*" (H. Fischer) Verhältnissen des endokrinen Systems d. h. *aus ihrer spezifischen Bedeutung innerhalb bestimmter Entwicklungsphasen* erklärbar. Dies steht auch in Einklang mit gewissen Versuchsergebnissen z. B. über die Epithelkörperchen-

---

[1]) Vgl. hierzu Head: Sensibilitätsstörungen der Haut bei Visceralerkrankungen. Berlin 1898. — Kauffmann, Fr.: Sympathicusheterochromie der Iris als Fernsymptom, z. B. bei Cholelithiasis. Klin. Wochenschr. 1922. — Stahl, R.: Über Fernwirkung im Organismus, Herdreaktion und vegetatives Nervensystem. Ebenda 1923. — Reuter, E.: Über Sensibilitätsstörungen und „Reflexsymptome" bei Eingeweideerkrankungen. Inaug.-Diss. Marburg 1918. — v. Bergmann, G.: „Das Schmerzgefühl der Eingeweide." Arch. f. klin. Chirurg. Bd. 121. 1922 und andere Arbeiten s. b. Kauffmann.

[2]) Die verschiedenen Ansichten über den Bau des cerebrospinalen Nervensystems, die auf Grund neuerer Forschungen die Annahme eines synhaptischen Zusammenhanges glauben ablehnen zu müssen, werden wir später näher berühren. Hier sei, — um Mißverständnisse zu vermeiden —, einstweilen nur hervorgehoben, daß es uns vor allem auf die Funktion ankommt, so daß wir von dem Streit der Histologie unabhängig sind.

funktionen. Wir haben gesagt, daß T- und B-Typus in gewissen jugendlichen Entwicklungsphasen jeweils eine besonders große Rolle spielen. Insbesondere die Spasmophilie (Kindertetanie) scheint auch nach manchen Klinikern (ASCHENHEIM) in gewissem Umfange eine physiologische Eigentümlichkeit besonders ganz früher Lebensabschnitte zu sein. ISELIN[1]) fand nun auch an Tieren Entsprechendes, z. B. daß jugendliche Ratten besonders empfindlich sind gegen die Exstirpation der Epithelkörperchen, noch empfindlicher die Nachkommen parathyreoidektomierter Ratten[2]). Diese Befunde scheinen zu zeigen, daß die Epithelkörperchen, die eine enge Beziehung zum Kalkstoffwechsel haben, ihre Funktion besonders in frühester Jugend ausüben[3]), ähnlich der Thymusdrüse, eine Annahme, die schon ERDHEIM ausgesprochen hatte (a. a. O.) auf Grund seines Befundes, daß bei Erwachsenen eine Fettdurchwachsung der Epithelkörperchen stattfinde (ähnlich der Regression der Thymusdrüse), die in der Kindheit stets fehlen soll. Es sind ja auch Skeletterkrankungen, wie Rachitis, bei der ebenfalls der Kalkstoffwechsel stark beteiligt ist, und die vielleicht gewisse Beziehungen zum Thymus hat[4]) (v. METTENHEIM), gerade auch dem Kindesalter eigentümlich, und zwischen Rachitis und Spasmophilie (kindliche Tetanie) bestehen ebenfalls ziemlich enge Beziehungen[5]); andererseits ist das Vorhandensein des Thymus ebenfalls vorwiegend an das jugendliche Alter geknüpft. Die Epithelkörperchenexstirpation setzt ferner bei der Ratte im Dentin der Nagezähne, die während des ganzen Lebens nicht zu wachsen aufhören, von sich aus Veränderungen, die den rachitischen entsprechen (ERDHEIM)[6]). FLEISCHMANN[7]) sah die bei den Tetanieratten vorgefundenen Schmelzdefekte auch bei den Tetaniekindern, und zwar an den Stellen, welche gerade zur Zeit des Bestehens der Tetanie im Wachstum begriffen waren. ISELIN fand bei jungen parathyreoidektomierten Ratten auch sonst Veränderungen des wachsenden Knochens, die sehr an Rachitis erinnerten. „Daß mit zunehmendem Alter eine Atrophie (ferner auch) der Schilddrüse zu vermuten ist, geht aus physiologischen Befunden hervor. MAGNUS-LEVY sowie BAUMANN und ROOS zeigten, daß die Schilddrüse im Alter jodärmer wird. Ferner ist bekannt, daß totale Entfernung der Schilddrüse bei alten Leuten nicht von der gleichen Kachexie gefolgt sein muß, wie in der Jugend. Daraus geht hervor, daß die Schilddrüse im Alter nicht mehr die gleiche Rolle spielt, wie in der Jugend" (zitiert nach LEWY, a. a. O.). Im gleichen Zusammenhang verdient auch die Feststellung Erwähnung, daß die fötale Schilddrüse kaum Jod enthält, und daß diese jodarme Schilddrüse im Froschlarvenversuch unwirksam ist, ebenso wie die Schilddrüse neugeborener Kinder (C. WEGELIN und J. ABELIN)[8]). Vieles deutet somit darauf hin, daß die einzelnen Glieder mindestens der branchiogenen endokrinen Drüsen[9]) (Epithelkörperchen, Thymus, Schilddrüse), wenn sie auch phylo- und ontogene-

---

[1]) ISELIN: Dtsch. Zeitschr. f. Chirurg. 1908. 98.

[2]) Für ein erbliches Moment bei Tetanie sprechen ferner sowohl klinische Erfahrungen wie auch unsere Beobachtungen (vgl. Kap. V C, Fall 1, 7, 9 z. B.).

[3]) ERDHEIM: Frankfurter Zeitschr. f. Pathol. Bd. 7. 1911.

[4]) Vgl. hierzu BIRKS Referat über die Thymusdrüse im Bericht über die Verhandlungen der Dtsch. Ges. f. Kinderheilk., Göttingen 1923. Monatsschr. f. Kinderheilk. Bd. 27, H. 4. 1924.

[5]) LEBSCH hat die tetanoide Disposition mit dem Status rachiticus sogar gleichgesetzt (zitiert nach MELCHIOR: Klin. Wochenschr. 1923. 18). Schon ESCHERICH fand, daß Rachitis und Spasmophilie einen gemeinsamen Frühjahrsanstieg zeigen. Selbst Spätrachitis Erwachsener wird häufig von Tetanie begleitet.

[6]) ERDHEIM: Mitt. a. d. Grenzgeb. d. Med. u. Chirurg. Bd. 15.

[7]) FLEISCHMANN: Wien. klin. Wochenschr. 1907.

[8]) Zitiert nach SCHIFFS Referat über die Schilddrüse aus den Verhandl. d. Dtsch. Ges. f. Kinderh., Göttingen 1923. Monatschr. f. Kinderheilk. Bd. 27, H. 4. 1924.

[9]) d. h. die aus den Kiemenspalten hervorgehenden.

tisch in der Wirbeltierreihe von Anfang an fast alle vorhanden zu sein scheinen, für verschiedene Phasen der Entwicklung funktionell eine verschiedene, eben eine „phasenspezifische“ Bedeutung besitzen. Ähnliches dürfte für die Geschlechtsdrüsen gelten. Auch für die Phylogenese könnte ein solcher Gesichtspunkt fruchtbar sein. Denn wenn auch alle Teilorgane der branchiogenen Drüsen bei niedrigstehenden Wirbeltieren fast immer nachweisbar sind, so besagt dies noch nichts über ihre Funktion, die für verschiedene Entwicklungsphasen auch in der Phylogenese eine verschiedene sein könnte, wie dies für die Ontogenese schon fast als erwiesen gelten kann. Um so bemerkenswerter erscheint es, daß nach E. UHLENHUTH gewisse Höhlensalamander, die sich sehr häufig nur bis zum Larvenstadium entwickeln, überhaupt keine Schilddrüse besitzen sollen (zitiert nach SCHIFF, a. a. O.), und daß es nach C. HART andererseits gelingt, durch Schilddrüsenfütterung beim Axolotl überraschend schnell dieselbe Weiterentwicklung zu bewirken, die nach den berühmten Versuchen von M. v. CHAUVIN auch dadurch erreicht werden kann, daß man den Axolotl zwingt, am Lande zu leben, d. h. also, ihn zwingt, den Entwicklungsfortschritt vom Wasser- zum Landtier zu machen. Hier zeigte sich also einerseits eine „phasenspezifische“ Stellung der Schilddrüse, andererseits aber auch die Tatsache, daß innerhalb solcher phasenspezifischer Funktionen der endokrine Faktor nicht der einzig ausschlaggebende sein kann. Wenn also der endokrine Faktor bei den Versuchen von M. v. CHAUVIN überhaupt mitwirkt, dann wirkt er hier nur innerhalb größerer (hier also sogar „erlebnishafter“) Zusammenhänge.

(Wenn sich eine solche funktionell verschiedene phasenspezifische Wertigkeit einzelner endokriner Drüsen für verschiedene Entwicklungsstadien noch weiter erweisen sollte, so würde dies von größter Bedeutung sein. So kann man auch einzelne endokrine Drüsen innerhalb bestimmter entwicklungsgeschichtlich bedingter Wirkungszusammenhänge für sich gesondert als Paradigma nehmen für die biologisch-einheitlichen Bewirkungen [formale Wirkungsrichtung] aller Funktionen, die innerhalb solcher Funktionskomplexe zusammengeschlossen sind und daher auch zentral in einheitlicher Weise repräsentiert werden. Sie sind aber zugleich Glieder dieser Funktionskomplexe, deren bereits bekannte Beziehungen zu den klinischen Symptomenbildern der Tetanie und des Morbus Basedow, von denen bei dieser Typenaufstellung Ausgang genommen wurde, gestatten, die formale Struktur des B- und des T-Komplexes bzw. des T- wie des B-Typus nicht nur in anschaulicher und gegenständlicher Weise zu formulieren, sondern sie auch klinisch [insbesondere somatisch-funktionell] und methodisch zu erfassen.)

Der T-Typus ist im wesentlichen rein reflexmäßig eingestellt, zeigt an sich wenig Neigung zu psychogener Reaktion, wohl aber zu somatogener Überempfindlichkeit. Zu psychogener Reaktion neigt der T-Typus, — bei mittlerer Reizstärke —, nur in enger Funktionsgemeinschaft mit dem B-Typus, d. h. als BT-Typus. Der T-Typus ist ferner starrer und eindeutiger in allen seinen Lebensäußerungen. Der B-Typus dagegen ist in allen seinen Lebensäußerungen unstarrer, fluktuierender und neigt hochgradig zu psychogenen Reaktionen, ohne mit der Hysterie gleichgestellt werden zu können. Alles dies läßt sich sowohl an zentralen wie an peripheren Reaktionen des Gesamtorganismus feststellen.

Halten wir nun diese rein empirisch ermittelten Funktionstypen und Funktionskomplexe, deren tatsächliche Existenz von der Richtigkeit genetischer Erklärungen, wie der folgenden, ganz unabhängig ist, mit allem früher hier Erwähnten zusammen, so dürfte nicht zuviel gesagt sein, wenn wir mit Vorsicht der Annahme Ausdruck geben, daß der T-Typus eine enge Beziehung zum Subcortex (Palaeencephalon) bzw. zu subcortiformen Reaktionsweisen im Zentralorgan zu besitzen scheint und zu deren reflexmäßiger Auswirkung in der Peripherie des Organismus, der B-Typus zum Cortex (Neencephalon) bzw. einem cortiformen Reaktionstypus und dessen entsprechender Auswirkung an der Peripherie des Organismus. Denn, wenn wir den von uns rein empirisch ermittelten Reaktionstypus unserer beiden Biotypen, den wir soeben ausdrücklich noch einmal zusammenfaßten, mit der vorn angeführten EDINGERschen Formulierung des palaeencephalen und neencephalen Reaktionstypus vergleichen (s. S. 301/302), springt die erwähnte Übereinstimmung unmittelbar in die Augen (vgl. auch S. 244).

Wir haben schon erwähnt, daß von endokrinen Faktoren beim T-Typus (T-Komplex) die Epithelkörperchen, beim B-Komplex die Schilddrüse eine besondere Rolle spielen. Wofern nun der T-Komplex eine wesentliche Beziehung zum Subcortex, mindestens seinen Reaktionsweisen besitzt, so stünde hiermit in Übereinstimmung, daß neuerdings Wiener Autoren z. B. auch gewisse Erscheinungen der Paralysis agitans, bei der subcorticale Bewegungsstörungen eine besondere Rolle spielen, mit Störungen der Epithelkörperchenfunktionen in Verbindung bringen; denn dieser Umstand würde zu unserer oben geäußerten Vermutung stimmen, daß innerhalb biologisch-entwicklungsgeschichtlich begründeter Reaktionsformen verschiedene endokrine Organe eine besondere phasenspezifisch erklärbare Präponderanz besitzen (Epithelkörperchen beim T-Komplex, Schilddrüse beim B-Komplex usw.). So lassen sich auch wirklich verschiedene klinische und experimentelle Tatsachen dafür anführen, daß die Schilddrüsenhormone eine ganz besondere Affinität zu den höheren Hirnabschnitten (Cortex) zu besitzen scheinen. Hiermit steht nicht im Widerspruch, daß sie naturgemäß in gewissem Umfange auch auf die tieferen Zentren wirken, die eine besondere Beziehung zum funktionellen T-Komplex haben. [So fand VOLMER, daß die Stoffwechselbeschleunigung bei Hyperthyreose auch im Sinne einer Alkalosis (also tetanoid machend) wirkt (vgl. die Häufigkeit der BT-Typen).] Zu solchen biologischen Beziehungen innerhalb entwicklungsgeschichtlich verschiedener Funktionskomplexe gehört vielleicht auch die elektive Affinität gewisser Giftstoffe zu gewissen Hirnabschnitten. So greifen nach LEWY (a. a. O.) gewisse Giftstoffe und Bakterientoxine eher an den höheren und entwicklungsgeschichtlich jüngeren Zentren an, die Schwermetallsalze eher an den tieferen und entwicklungsgeschichtlich älteren. SPATZ benutzte diese Affinität zu seiner Eisenreaktion der subcorticalen Zentren. Abbauprodukte der Leber ferner z. B. scheinen ebenfalls eine besondere Affinität zu den tieferen Hirnzentren zu besitzen. LEWY gelang es, durch Leberschädigungen experimentell Veränderungen am Corpus striatum hervorzubringen. „Ebenso können akute und chronische Erkrankungen der Leber mit Veränderungen im Streifenhügel verknüpft, vielleicht sogar von solchen gefolgt sein" (LEWY a. a. O.). Diese elektiven Affinitäten bedingen aber sogar noch Unterschiede innerhalb dieser subcorticalen Ganglien: „Es scheint, als ob (innerhalb des Streifenhügels, d. Verf.) die kleinen granulären Zellen (neostriäre Elemente, n. LEWY) dieser Gegend wie der Rinde eine größere Empfänglichkeit für gewisse toxische Schädigungen, vor allem bakterieller Natur besitzen, während die Schwermetallsalze und die endogenen Stoffwechselprodukte eher an den palaeostriären Elementen angreifen" ... (LEWY a. a. O., S. 559). Solche elektive Affinitäten beziehen sich bei Überwiegen eines Biotypus vielleicht aber nicht allein auf die zentralen Anteile gewisser einheitlicher Funktionskomplexe, sondern gemäß dem konzentrischen Schichtenbau auch auf den übrigen Organismus. So ist es aus Laboratoriumsversuchen hinlänglich bekannt, wie verschieden verschiedenartige Versuchstiere auf bestimmte Gifte und besonders auch Narcotica reagieren. Vielleicht ließe sich in diese Empfindlichkeitsverhältnisse von phylogenetischen Gesichtspunkten aus eine Ordnung hineinbringen in dem Sinne, daß bei verschiedenartigen Versuchstieren je nach der Höhe der Entwicklung ihres Zentralorganes auch verschiedene toxische Empfindlichkeiten obwalten. Auf einer gleichen Ebene könnten aber auch gewisse Überempfindlichkeiten beim Menschen stehen, u. a. ein Teil der sogenannten Idiosynkrasien. So ist z. B. die Jodüberempfindlichkeit, die eine gewisse Beziehung zum Schilddrüsenstoffwechsel besitzt, bei basedowoiden Individuen bekannt, andererseits die eigentümliche Toleranz der Tetaniekranken gegen Jod. Zu erwähnen ist hier ebenfalls die besonders häufige Entstehung der Tetanie bei Schwermetallsalzvergiftungen (Schriftsetzertetanie), dann auch die besondere Häufigkeit des Jodbasedow. Ähnliche Entsprechungen gelten vielleicht auch für gewisse psychische Äquivalente der beiden großen psychophysischen Komplexe. Wir haben schon oben gesagt, daß gewisse depressive Stimmungslagen bei Tetanoiden zu beobachten sind und mit einem funktionellen Übergewicht des T-Komplexes in Beziehung zu stehen scheinen. Hierher gehören daher (wegen der Beziehungen zur Spasmophilie) vielleicht auch ein Teil der rachitogenen Depressionen und die depressiven Gemütslagen mancher Leberkranken, die ja sogar im Volksmunde eine Rolle spielen. Andererseits deuten gewisse Erregungszustände bei Basedowkranken auf die corticale Sphäre (den B-Komplex) hin. K. LANDAUER schildert (a. a. O.) den von uns schon früher hervorgehobenen, bis zu gewissem Grade gegensätzlichen Charakter der Tetanoiden und Basedowoiden in seinem Krankenmaterial wie folgt: „Das Wesen der tetanoiden Form ist dahin charakterisiert, daß ihr etwas Zwangsmäßiges, daher Wesensfremdes, als krankhaft Empfundenes anhaftet. Die des Basedow dagegen fließt aus der Persönlichkeit natürlich und ungebrochen: der Basedow ist quecksilbrig, daher die häufig gezogene Parallele (ZIEHEN) zwischen Manie und Basedow. Diese Kranken sind stets selbst in Bewegung, wollen selber dies und das. Der Tetanoide dagegen, eher phlegmatisch, wird von unbekannten Gewalten gehetzt und aufgepeitscht, aber kaum zu Unternehmungen getrieben.“ Es entspricht dies ganz dem, was auch wir schon früher von der allgemeinen Verhaltungsweise solcher Typen ausgesprochen haben.

Wir haben soeben zu zeigen versucht, daß Gründe bestehen, den vorwiegenden T-Typus aus dem überwiegenden Einfluß subcorticaler bzw. subcortiformer d. h. formal-palaeencephaler Funktionen zu verstehen, den überwiegenden B-Typus aus dem überwiegenden Einfluß corticaler bzw. cortiformer d. h. formal-neencephaler Reaktionen, den BT-Typus aus dem Zusammenwirken beider Funktionskomplexe bzw. Funktionstypen[1]).

Der T-Typus würde somit als der überwiegend palaeencephale, subcortiforme Biotypus zu bezeichnen sein, und zwar im großen ganzen etwa im Sinne der EDINGERschen Formulierung dieses großen entwicklungsgeschichtlich bestimmten Reaktionstypus. Der B-Typus würde dementsprechend im Zentralorgan und in der Peripherie den anderen großen entwicklungsgeschichtlich bestimmten Biotypus von corticalen bzw. cortiformen, neencephalen Reaktionstypus darstellen. Beide Reaktionstypen können, wie wir zeigen konnten, noch weiter differenziert werden[2]). Sie sind aber zwei ganz beherrschende Typen. Sie bleiben bestehen, selbst wenn man sogar im Hinblick auf ihre Beziehungen zur Krankheit Tetanie und zum Morbus Basedow die Lehre von der inneren Sekretion ganz aufgehoben dächte. Sie gelten nicht nur für Eidetiker, sondern für die menschliche Persönlichkeit überhaupt. Beide Typen besitzen daher nicht nur in psychologischer und psychiatrischer Hinsicht, sondern auch in der innerklinischen Betrachtungsweise eine nicht leicht zu unterschätzende Bedeutung, die heute schon als erwiesen gelten kann[3]). In Beziehung auf die Verhältnisse des vegetativen

[1]) Jeder dieser konzentrischen Funktionsschichten scheint eine besondere Stellung im Verhältnis zum bewußten „Ich“ zuzukommen. Wir führten vorn schon aus (S. 289 u. Anm. 2, S. 277), daß das Bewußtseinsfeld in einem bestimmten Augenblick mit einem Kreis verglichen werden kann, dessen Rand dunkel, dessen Mittelpunkt hell ist, wozwischen alle Übergänge denkbar sind; mit anderen Worten vergleichbar einer Mehrheit konzentrischer Kreise, die sich nach innen zu allmählich aufhellen. In den hellen Mittelpunkt ist das seiner selbst bewußte Ich zu verlegen. Je nach der Art des funktionellen Ablaufs kann durch Aufmerksamkeitsverlagerung der hellste Punkt des seiner selbst bewußten Ich sich verlagern und verändern innerhalb des Individuums. Sofern man von bestimmten organisch vorgebildeten Schichten spricht, die bestimmten seelischen Schichten entsprechen würden (psychische Äquivalente), müssen wir den hellen Mittelpunkt der konzentrischen Bewußtseinsschichten in die höchsten vorstellungsmäßigen seelischen Schichten, d. h. in die Cortex, verlegen. Ebenso müssen wir, sofern wir von vegetativ-somatischen Funktionskomplexen und ihren zentralen Vertretungen reden, — nach allem Vorhergesagten —, den hellsten Punkt des seiner selbst bewußten Ich (in dem konzentrischen Bewußtseinssystem; vgl. oben) ebenfalls in die Cortex bzw. den B-Komplex verlegen. Alles was als Auswirkung des T-Komplexes, seiner formalen Struktur oder seiner organischen und vegetativ-funktionellen Substrate anzusehen ist, würde in den dunkleren peripheren Kreisen der konzentrischen Bewußtseinsstruktur zu suchen sein und demgemäß stets als „ichfremd“, „persönlichkeitsfremd“ oder auch als krankhaft, mindestens wie von außen aufgedrängt erscheinen. Alles dies entspricht aber tatsächlich den beim T- bzw. B-Komplex und den durch sie jeweils charakterisierten Personaltypen beobachtbaren Erscheinungen.

[2]) Beziehungen des B-Typus zur Hysterie ergeben sich in normaler Breite nur in besonderen Fällen, ebenso wie Beziehungen des T-Typus zu epileptiformen Reaktionsweisen. Vgl. hierzu Kap. VI u. VII, 3.

[3]) Vgl. hierzu eine später erscheinende Arbeit von W. JAENSCH und H. KALK (aus der Medizinischen Universitätsklinik Frankfurt a. M.); ferner ebenso eine später erscheinende Dissert. von CLÖSS (aus der Medizinischen Universitätsklinik Frankfurt a. M.) u. Abschn. 3—6 d. Kap.

Nervensystems können wir im Hinblick auf beide Typen heute schon, wenigstens heuristisch, statt vom Vagus und Sympathicus oder einem von beiden von einem psycho- bzw. physiovegetativen Reflexbogen reden. Ersterer Reaktionstypus im vegetativen Nervensystem entspricht dem B-Typus, und er gehört dem psychophysischen B-Komplex, dem „vegetativen System“ (in des Wortes weitester Bedeutung) des B-Typus an, letzterer dem psychophysischen T-Typus, bzw. T-Komplex, einem „vegetativen System“ entwicklungsgeschichtlich etwas anderen Ursprungs — beide verschiedener formaler Funktionsrichtung.

In dem eben angedeuteten Zusammenhange kennzeichnen sich aber die hier aufgezeigten Personaltypen auch als ganze Individuen als Verwirklichung bestimmter Formen der Reizbeantwortung, durch die sich der Organismus gegenüber den Umweltreizen zu behaupten sucht. Und die Art der Selbstbehauptung eines Organismus gegenüber den Umweltreizen ist im Laufe der Phylo- wie der Ontogenese je nach der Entwicklungsphase und individueller Sonderentwicklung eine verschiedenartige.

Diese Betrachtung erfolgte damit im Sinne jener neueren, mit besonderem Nachdruck von dem Chirurgen A. Bier[1]) verteidigten Teleologie, die in der wissenschaftlichen Medizin eine durchaus berechtigte Stelle hat.

Man kann ja unschwer nachweisen, daß jeder der Typen eine einheitliche Reaktionsform darstellt und sowohl auf physischem wie auch psychischem Gebiet durch eine übereinstimmend charakterisierte Reaktionsweise seine Selbstbehauptung gegenüber den Umweltreizen ausübt. Hierbei spielen die zentralen und peripher-nervösen Apparate, die endokrinen und die Ionenkonstellationen und ihre zentralen und peripheren Vertretungen eine sehr wesentliche, aber nicht jeweils allein ausschlaggebende Rolle[2]); und dieser Umstand erweist daher die Berechtigung unserer Art der Aufstellung unserer Typen, die zwar von bestimmten miteinander in Korrelation stehenden Symptomen klinischer Krankheitsbilder ihren Ausgang nahm, ohne sich aber auf eine bestimmte anatomische Verankerung festzulegen. Hier suchten wir ja unsere empirisch gefundenen Typen lediglich in heuristischem Sinne und theoretisch als echte menschliche Biotypen biologisch entwicklungsgeschichtlich bedingter Struktur zu verstehen.

Der Umstand, daß diese Reaktionstypen weitgehend auch für die Breite des Normalen Geltung besitzen, rechtfertigt aber auch aufs neue gewisse moderne Anschauungen über Konstitution und Disposition zu Erkrankungen, die nicht

---

[1]) Bier, A.: Hyperämie als Heilmittel. Leipzig: Vogel 1893.

[2]) „Alle Konstitution ist geworden unter dem wesentlichen Einfluß des ständig unter äußeren Bewirkungen stehenden endokrinen Systems.“ Hart, C.: Konstitution und endokrines System. Zeitschr. f. angew. Anat. u. Konstitutionslehre Bd. 6. 1920. H. Zondek und Th. Reiter (Klin. Wochenschr. 1923, 20) wiesen neuerdings nach, daß die Hormone nicht an und für sich, sondern nur im Rahmen einer bestimmten Elektrolytkombination Träger der ihnen als spezifisch zugeschriebenen Wirkung sind. Sie erklären durch solche Änderungen des Ionenmilieus auch umschriebene Lokalisationen und Formen endokriner Erkrankungen und ihrer Abortiverscheinungen. Hier ist z. B. auch an Einflüsse des örtlich verschiedenen Trinkwassers und anderer geophysischer Faktoren zu denken. Daß diese nicht gleichgültig sein können für das Werden aller Organismen in ihrem Bereiche, beweisen z. B. die Versuche von Herbst, dem es an Echinodermen gelang zu zeigen, daß Beimengungen verschiedener chemischer Stoffe zum Wasser, in dem man die Tiere hält, bei verschiedenen Individuen immer wieder die gleichen, scheinbar spezifischen Strukturbesonderheiten erzeugten (zit. nach Driesch, Philosophie des Organischen). In diesem Zusammenhange mag auch an unsre hiesige Feststellung erinnert werden, daß die Häufigkeit von Eidetikern in gewissem Umfange auch mit dem mehr oder weniger starken Kalkgehalt des örtlichen Trinkwassers in Beziehung zu stehen scheint. (Vgl. hierzu auch M. Zillig: Fortschritte d. Psychologie, hrsg. von Marbe, Bd. V. 1922.)

unerwähnt bleiben können. So scheidet LUBARSCH die „Konstitution" im strengen Sinne scharf von der „Disposition zur Erkrankung", die immer schon einen biologischen Unwert in sich schließt. Die Konstitution im Sinne LUBARSCHS soll nur alles das in sich einbegreifen, was die an sich wertindifferente Reaktionsform des Individuums auf Umweltreize bestimmt. Konstitution im Sinne LUBARSCHS würde also bedeuten die Art, wie ein Individuum vermöge seiner ihm erblich überkommenen genotypischen Anlage seine Selbstbehauptung gegenüber den Umweltreizen durchführt. Da dies in zweckmäßiger Form auf verschiedene Weise geschehen kann, wie schon die Entwicklungsgeschichte beweist, so wird man im Sinne eines so verstandenen Konstitutionsbegriffes verschiedene Reaktionstypen unterscheiden können. Von einem so verstandenen Konstitutionsbegriff, der in gewissem Umfange auch noch phänotypisch Abwandlungen zugänglich ist, unterscheidet LUBARSCH scharf eine „Disposition zu Erkrankungen". Es entspricht dies auch der von F. KRAUS vertretenen Anschauung, daß von dem Begriff der Persönlichkeitsstruktur Wertgesichtspunkte zunächst ferngehalten werden müssen, die ja mit dem klinischen Begriff der „Disposition", im Sinne einer „Disposition zur Erkrankung", schon stets verbunden sind.

Die Frage von Konstitution und Disposition ist eine schon sehr alte, und man hat ihre Lösung auf den verschiedensten Wegen angestrebt. Gerade in den oben angeführten psychophysischen Untersuchungen scheint nun im Sinne LUBARSCHS und KRAUS', v. D. VELDENS und anderer die überwiegende Bedeutung des funktionellen Momentes und der funktionellen Stigmen den Forderungen der genannten Autoren für den weiteren Ausbau der Konstitutionslehre weit entgegenzukommen. Zugleich entspricht unsere Art der klinischen Persönlichkeitserfassung KRAUS' Forderung, letzteres sowohl von der somatischen wie von der psychischen Seite her zu unternehmen, da, — wie KRAUS sich ausdrückt —, „die menschliche Persönlichkeit psychophysisch neutral" sei[1]). Frühere klinische Betrachtungsweisen des Konstitutionsproblems, die vorwiegend an die Körperbautypen und den äußeren Habitus anknüpfen, müssen ferner unzulänglich erscheinen, wenn es erwiesen werden konnte, daß gewisse einheitliche phychophysische Reaktionstypen im allgemeinen nicht mit einheitlichen Körperbautypen einhergehen, oder höchstens sekundär, sofern diese von den wirklich primären funktionellen Verhältnissen abhängen. Wenn wir z. B. bedenken, wie verschieden allein schon die endokrinen Gesamtfunktionen, die ja besonders weitgehend den Körperbautypus mitzubestimmen scheinen, bei trotzdem gleichartigem psychophysischem Reaktionstypus sein können, so gewinnen wir hierbei schon einen guten Einblick, in welchem Maße der Körperbautypus unabhängig sein kann von dem psychophysischen Reaktionstypus[2]). Dies erhellt schon daraus, daß beide Haupttypen sowohl für Männer wie für Frauen Geltung besitzen, wenn auch der B-Typus bei den Frauen im allgemeinen häufiger ist als der dort im ganzen seltenere T-Typus. An dem Übersehen dieses Punktes scheiterten daher bisher manche Versuche, weitere Aufklärungen über die Konstitution, über Reaktionsformen und Krankheitsdispositionen zu erhalten. Schon die Trennung von Reaktionsform und Disposition zu Erkrankungen im Sinne LUBARSCHS, ferner die Betrachtung der Körperbauform losgelöst von den Fragen der funktionellen Reaktionsweise, wie es hier versucht wurde, deutet den Fortschritt der Betrachtungsweisen an, zugleich aber auch die wachsenden Schwierigkeiten, die sich dann allerdings bis ins Unlösbare erhöhen, wenn man bei der

---

[1]) Vgl. hierzu KRAUS, F.: Pathologie der Person.

[2]) Vgl. hierzu näheres Kap. VII, 4.

gleichzeitigen Berücksichtigung des Körperlichen und Seelischen hier unmittelbar sogleich die höchsten seelischen Schichten mit anatomisch-körperlichen Eigenschaften in Beziehung setzt. Dies hat von psychiatrischer Seite neuerdings E. KRETSCHMER[1]) versucht. Seine Untersuchungsergebnisse sind zurzeit Gegenstand der Diskussion von berufenerer Seite und teilweise schon jetzt erheblicher Bestreitung. Wir wollen uns hier eines Urteils enthalten, da wir uns später noch eingehender über diesen Gegenstand äußern werden. Wir wollen hier nur methodisch bemerken, daß die Verknüpfung von somatischen Funktionsabläufen mit psychischen in seelischen Primitivschichten, wie z. B. der eidetischen Phase, innerhalb deren wir hier rein empirisch die Aufstellung des T- und B-Typus vornahmen, eine verhältnismäßig sehr enge ist. Vom innerklinischen Standpunkte aus aber müssen wir feststellen, daß eine Art psychologischer Forschung, wie diejenige E. KRETSCHMERS, die von den Körper bautypen ausgeht, anknüpft an Betrachtungsweisen, die, wie schon angedeutet, in der inneren Medizin bereits als längst überwunden gelten. Hier hat man schon lange begonnen, das funktionelle Moment in den Vordergrund zu rücken und dem äußeren Habitus eine sekundäre Rolle zuzuweisen. Der äußere Habitus ist zwar besonders weitgehend von endokrinen Organen abhängig, diese aber nach neueren Forschungen wiederum primär vom vegetativen System im weitesten Sinne, insbesondere also primär von zentralen Instanzen (Zwischenhirn). Wir können daher nach unseren Untersuchungen hierzu aussagen, daß die endokrinen Drüsen sogar in weitem Umfang erst sekundär selbst den äußeren Habitus zu bestimmen scheinen, und daß es primär ganz zentrale vegetative Bewirkungen sein dürften, die am weitgehendsten alle nachgeordneten Wachstums- und Differenzierungsprozesse bestimmen[2]), und damit auch den äußeren Habitus und die Körper bauformen, die aber, bei ihrer oft weitgehenden Verschiedenheit innerhalb eines Biotypus, für den formalen Reaktionstypus keine entscheidende Bedeutung besitzen.

Indem wir zuerst ausgingen vom vegetativen Nervensystem und dessen Stellung im Gesamtorganismus untersuchten, fanden wir, daß auch die übrigen funktionellen Systeme in ihrer gegenseitigen Stellung zueinander, und jedes für sich, primär wesentlich durch gewisse Funktionstypen im vegetativen System bestimmt zu werden scheinen, deren Typus dann auch die Gesamtheit aller nachgeordneten Funktionsabläufe beherrscht. Als zwei solche beherrschende Biotypen fanden wir rein empirisch den T- und B-Typus. Innerhalb des vegetativ-autonomen Nervensystems scheint dem T- bzw. dem B-Typus der physio- bzw. der psychovegetative Reaktionstypus zu entsprechen. Schließlich können wir aber auf die Übereinstimmung beider Typen hinweisen mit denjenigen, die schon L. EDINGER als Reaktionstypus palaeencephaler und neencephaler Lebewesen herausstellte. Wir konnten weiterhin auf gewisse rein klinische Tatsachen hinweisen, die bei entsprechenden Funktionsabläufen auf Beziehungen zum Subcortex bzw. Cortex hindeuten und deren besonderen Reaktionsformen (subcortiforme bzw. cortiforme). Subcortex und Cortex sind aber in einem hier allein in Betracht kommenden weiten Sinne (dieser grob anatomischen Begriffe) etwa identisch mit Palaeencephalon und Neencephalon, ihr funktioneller Reaktionstypus ist formal identisch mit dem Ablauftypus der Funktionen innerhalb dieser beiden großen Hirnabschnitte. Man muß sich hierbei ferner gegenwärtig halten, daß zum Cortex bzw. Neencepha-

---

[1]) Vgl. hierzu KRETSCHMER, E.: Körperbau und Charakter. Berlin: Julius Springer 1922.

[2]) Zentrum der Differenzierung im zentralen Höhlengrau nach L. EDINGER? Vgl. hierzu JAENSCH, W. u. WITTNEBEN, W.: Archicapillaren, endokrines System und Schwachsinn, im Sitzungsber. d. 2. dtsch. Kongr. f. Heilpädagogik. J. Springer 1925.

lon nicht nur gewisse Teile des Neostriatum und des Neothalamus, sondern ebenso auch des Neocerebellum gehören, daß wahrscheinlich aber auch gewisse Zwischenschichten bestehen, die schließlich zu den eigentlich subcorticalen bzw. palaeencephalen Schichten, dem Archistriatum, Archithalamus, Archicerebellum usw. überleiten. Je mehr hier die Cytoarchitektonik vordringt, um so feiner geschichtet scheint sich ja das Zentralorgan zu erweisen. Wenn nun feststeht, daß entwicklungsgeschichtlich Teile des Palaeencephalon Hirnrindenstruktur annehmen können, so muß auch die umgekehrte Möglichkeit offen gelassen werden, daß gewisse Teile der Rinde schon in ihrer Entstehung palaeencephale Struktur haben (und sie nicht erst durch krankhafte Veränderungen annehmen). Es kann aber durchaus sein, daß sich solche Verhältnisse ganz und gar nur im Funktionellen abspielen und sich dauernd einem anatomischen, womöglich cytoarchitektonischen Nachweise entziehen werden. In letzterem Falle, — bei Vorhandensein von Zentralorganen mit durch alle ihre Schichten durchgehender subcortiformer bzw. cortiformer Struktur, mindestens im Funktionellen —, bedurften wir daher nicht der Annahme einer besonderen Schaltung des Sympathicus, um die besondere Art der psychovegetativen Reaktionsweise im gesamten vegetativautonomen System zu verstehen. Da das vegetativ-autonome System nur ein Teil des gesamten Nervensystems ist, und wenn dieses durchgehend durch alle seine Schichten und Partialsysteme eine cortiforme Struktur oder Reaktionsweise aufwiese, so wäre es schon hierdurch verständlich, warum die Funktionsweise des vegetativ-autonomen Systems beim B-Typus eine cortiforme, also psychovegetative ist, während sie im Gegensatz hierzu beim T-Typus mit einer subcortiformen Struktur seines Gesamtnervensystems und dessen Funktionsweisen eine physiovegetative subcortiforme sein würde, ohne daß darum eine wesentlich andere Schaltung von Vagus oder besonders des Sympathicus (etwa eine corticalere Schaltung, vgl. hierzu oben S. 297) angenommen werden müßte. Es würde hier also vollauf ausreichen, einfach von physiovegetativen bzw. psychovegetativen Funktionsweisen im nervösen Gesamtsystem zu sprechen, und man könnte hierbei die Frage, ob überwiegend vagische oder sympathische bzw. vagische und sympathische Bewirkungen vorliegen, ganz beiseite lassen. Trotzdem bliebe aus den auseinandergesetzten entwicklungsgeschichtlichen und auch aus empirischen Gründen bestehen, daß der Vagus eine engere Beziehung zum physiovegetativen Reflexbogen (subcortiformer = palaeencephaler Formalstruktur) besitzt.

In den unseren beiden Biotypen entsprechenden eidetischen Erscheinungen gelang es nun, optisch-sensorische eidetische und darum elementar-psychische Funktionen als zentrale Äquivalente der entsprechenden somatischen Funktionskomplexe empirisch und teilweise auch experimentell zu erweisen. Innerhalb dieser Funktionskomplexe kommt gerade ihren zentralen Komponenten (vegetativen Nerven- und Zentrenbewirkungen im eigentlichen Sinne) gewöhnlich eine beherrschende Rolle zu: auch die eidetischen Erscheinungen sind ja zentrale Phänomene. In diesem Sinne gewinnen daher diese optischen Komponenten der zentralen Funktionen unserer psychophysischen Komplexe eine besondere Bedeutung: an ihnen tritt experimentell nachweisbar deutlich der Gesamttypus hervor, mittels dessen die Gesamtheit aller Funktionen innerhalb eines Organismus, mindestens innerhalb einzelner besonders beherrschender und übergreifender Funktionskomplexe eines Organismus, zusammengeschlossen ist. Hierbei bestimmt sich der Gesamttypus nach dem jeweils dominierenden psychophysischen Komplex, dessen (empirische) funktionell-somatische und (hypothetische) entwicklungsgeschichtliche Abhängigkeit wir oben eingehend erläutert haben.

Da dieser an den eidetischen Erscheinungen nachweisbare Typus aus empirisch ermittelten Gründen ontogenetisch auch die Grundzüge der Wahrnehmungs- und Vorstellungswelt eines Individuums grundsätzlich beeinflußt, so müssen wir in diesen Feststellungen eine Bestätigung der Vermutungen F. KRAUS' sehen, der in seiner Pathologie der Person es aussprach, daß sich der jeweilige Typus, der in einem Einzelindividuum die Art des funktionellen Zusammenschlusses aller Teilorgansysteme repräsentiert, am deutlichsten und schärfsten vielleicht in der Art des Vorstellungslebens und gewisser anderer zentraler Funktionen äußern könnte, die den Vorstellungen und ähnlichen Funktionen nahestehen, oder deren innerer Zusammenhang mit diesen höchsten Funktionen des Organismus sich erweisen läßt. Das war hier der Fall.

So besteht kein Gegengrund, wenigstens zunächst allein heuristisch die Hypothese auszusprechen, daß der T-Typus (T-Komplex), der auch eine Gesamtpersönlichkeit beherrschen kann, in seinem Charakter bestimmt wird von psychophysischen Grundprozessen und formalen (subcortiformen) Funktionsweisen, die schon phylogenetisch dem Palaeencephalon zukommen, und daß der B-Typus (bzw. B-Komplex) wesentlich von psychophysischen Grundprozessen und formalen (cortiformen) Funktionsweisen bestimmt wird, die genetisch dem Neencephalon zukommen. Wir fanden ja, ganz unabhängig von den vorher auseinandergesetzten entwicklungsgeschichtlichen und funktionellen Forschungsergebnissen, von ganz anderer Seite herkommend und rein empirisch, daß die Funktionsweisen des auf diese Weise ermittelten psychophysischen T- und B-Komplexes vollkommen den schon von EDINGER ermittelten Funktionsweisen palaeencephaler bzw. neencephaler Organisation entsprechen. Die menschliche Gehirnorganisation setzt sich aber aus beiden entwicklungsgeschichtlich gewordenen Anteilen palaeencephalen und neencephalen Ursprunges zusammen, die in ihren Hauptzügen identisch sind mit dem, was man zugleich als Subcortex und Cortex bezeichnet. Alles muß gleichzeitig und auf allen Reaktionsgebieten auch auf die peripheren Ausstrahlungen dieser Systeme bezogen werden. Wir teilen also nicht die Meinung gewisser Tendenzen in der Psychiatrie, nunmehr die Grundlage möglichst vieler Funktionen und Funktionsstörungen derselben gerade besonders im Hirnstamme (Palaeencephalon) zu suchen, im Gegensatz zu früher, wo man die Ursache aller geistigen Abarten und Sonderarten fast ausschließlich in der Hirnrinde suchte. Unsere Befunde und die sich auf ihnen gründenden Überlegungen weisen scharf auf eine Anteilnahme der verschiedensten Schichten bei den psychophysischen Funktionen (und darum auch psychophysischen Störungen) hin. Die Rolle, die hierbei die großen motorischen (Streifenhügel) und sensorischen Ganglien (Thalamus) innerhalb dieser Schichten spielen, wird noch zu klären sien. Gleiches gilt vom Cerebellum und seinen neencephalen wie palaeencephalen Anteilen. Es liegt daher durchaus im Bereiche der Möglichkeit, und würde dies schon aus Analogieschlüssen zu ähnlichen Verhältnissen innerhalb anderer entwicklungsgeschichtlich verschieden zusammengesetzter Systeme verständlich sein, daß es einerseits Menschen geben könnte, bei denen sowohl in der Peripherie des Organismus wie auch im Zentralorgan, und zwar sogar mitunter in allen seinen Schichten, der funktionelle und vielleicht sogar organische Anteil palaeencephaler Struktur durchaus überwiegt gegenüber den entsprechenden Verhältnissen neencephaler Struktur, und umgekehrt. Eine solche Annahme würde zugleich damit im Einklang stehen, daß die Mehrzahl der Individuen beide Anteile, wenn auch in stets wechselndem Mischungsverhältnis enthält. Sie würde aber auch das Fehlen von B-Stigmen bei den reinen T-Typen verständlich machen, und daß es andererseits auch reine B-Typen (also mit einem nicht nachweisbaren, nicht übererregbaren, T-Komplex) gibt, daß also der eine Komplex, wenngleich er wohl immer bereit liegt, oft nicht nachweisbar sein kann; und dies würde verständlich machen, daß auch Individuen gefunden werden, die keine B-Typen sind, ebenso aber auch nicht die Übererregbarkeit der T-Typen erkennen lassen, obwohl sie in ihrer psychophysischen Organisation den T-Typen in vielen anderen Beziehungen nahestehen (mangelnde psychophysische Integration; vgl. später). Wir wollen diesen — meist ausgesprochen intellektuellen — Typus vorläufig als Untertypus des T-Typus bezeichnen. Er ist ausgezeichnet durch eine besonders enge funktionelle Strukturverwandtschaft zum T-Typus, ohne mit ihm immer völlig identisch zu sein. Er ist hier noch nicht näher untersucht (vgl. hierzu Abschnitt 4 dieses Kapitels; Kap. III, S. 109 u. 140 f. und S. 4, 52). Ebenso wurde früher schon erwähnt, daß wir auch einen B-Typus fanden, der körperlich nur wenig von den gröberen Stigmen des Basedowoiden zeigt, mit ihnen aber die funktionelle Struktur gemeinsam hat. Wir bezeichneten ihn vorläufig als Untertypus des B-Typus. Dieser Untertypus des T- bzw. B-Typus betrifft solche Individuen, bei denen sich ihre psychophysisch besondere Struktur (T- bzw. B-Typus) fast ausschließlich in den feineren funktionellen Verhältnissen nachweisbar zeigt, besonders in denen, die sich einer experimentell-psychologischen Analyse oft allein zugänglich erweisen, bei denen sich also „jene besonderen Faktoren, die den Typus bestimmen, nur auf psychischem Gebiet stärker auswirken, während bei anderen die entsprechenden somatischen Eigenschaften im Vordergrunde stehen", mindestens äußerlich gröber und daher merkbarer in den Vordergrund gerückt sind (vgl. hierzu S. 4 und Abb. S. 109). — Es würde dies alles zu erklären vermögen, warum gerade der T- und der B-Typus so beherrschende menschliche Typen sind, und warum die große Mehrzahl der Menschen im wechselnden Mischungsverhältnis BT-Typen sind.

Zusammenfassung.

Wir können nunmehr den Begriff des „vegetativen Systems" im Sinne F. Kraus' erweitern und T- und B-Komplex in des Wortes übertragenem Sinne als zwei große „psychophysische vegetative Systeme" bezeichnen, um so mehr, als man unter „vegetativen" Vorgängen ja überhaupt alle Vorgänge versteht, die, mehr oder weniger unabhängig von unserem wachen Bewußtsein, alles Leben überhaupt unterhalten. Um aber einer Verwechslung mit enger umschriebenen Begriffen für das „vegetative System" vorzubeugen, wollen wir auch in Zukunft lieber den Ausdruck „T- und B-Komplex" beibehalten.

Innerhalb des psychophysischen T- und B-Komplexes können wir nun anstatt von Vagus und Sympathicus und ihrem „bedingt antagonistischen Synergismus" von einem „physio- bzw. psychovegetativen Reflexbogen" sprechen, der erstere würde dem T-Typus, der letztere dem B-Typus entsprechen. Damit ist jetzt zugleich gesagt, daß der erstere primär und überwiegend abhängig zu sein scheint vom Subcortex, der letztere vom Cortex, oder besser, daß ersterer subcortiforme, letzterer cortiforme Reaktionsweisen zeigt. Damit haben wir von Lewy noch offen gelassene Lücken zunächst nur in heuristischem Sinne ausgefüllt und schärfere Unterscheidungen getroffen, deren Brauchbarkeit sich aber, wie wir sagen können, auch rein klinisch bereits erwiesen hat[1]). Damit haben wir also auch den Krausschen Begriff einer „Tiefenperson" enger umschrieben und müssen diese „Tiefenperson" dem psychophysischen T-Komplex zuweisen. Wir müssen uns aber darüber klar sein, daß dieser Begriff der „Tiefenperson" allein für solche Fälle Sinn hat, in denen es sich um ein wirkliches Hervortreten „tieferer", d. h. entwicklungsgeschichtlich älterer Hirnabschnitte und ihrer Sonderfunktion, also z. B. des T-Komplexes im engeren Sinne handelt. Wo aber der T-Typus oder subcortiforme Typus die formale Struktur der Gesamtpersönlichkeit und ihrer verschiedenen Schichten, daher auch der höheren und höchsten beherrscht, verliert der Be-

[1]) Unsere schon früher erwähnten weiteren Arbeiten werden dies zeigen.

griff „Tiefenperson“ seinen Sinn und wirkt irreführend. Es erscheint daher ratsam, von einer „Tiefenperson“ und ihrem Wirksamwerden oder Hervortreten nur dort zu sprechen, wo es sich wirklich um ein echtes Hervortreten „tieferer“, d. h. z. B. subcorticaler Funktionskomplexe handelt. Mit alledem ist zugleich gesagt, daß der physiovegetative Reflexbogen den Funktionstypus der subcorticalen bzw. palaeencephalen Anteile des Zentralnervensystems besitzt, mit anderen Worten, daß seine Reaktionsweise subcortiform, also relativ eindeutig, eng an den Reiz geknüpft ist, überwiegend somatogene Reizempfindlichkeiten zeigt, und daß sie zugleich weniger abhängig ist von höheren psychischen Begleiterscheinungen. Seine Reaktion ist, was den Typus seiner Reaktionsfähigkeit und was die Reizkategorien anlangt, auf die er besonders antwortet, vorwiegend von endogenen und exogenen Bedingungen abhängig, die der entwicklungsgeschichtlichen Stellung des Palaeencephalon und palaeencephaler Organismen zu ihrer Innen- und Umwelt auch phylogenetisch zukommen, ohne daß hiermit gesagt ist, daß hierdurch der Gesamttypus des betreffenden Individuums auf ein entwicklungsgeschichtlich niederes Niveau heruntergedrückt und daher im wertnegativen Sinne abgewandelt wäre. Wir haben ja stets von vornherein hervorgehoben, daß unsere Biotypen völlig wertindifferent sind. In diesem Sinne können sie sowohl bei physisch wie psychisch hochstehenden Individuen vorkommen, ebenso aber auch bei Minderwertigen, z. B. bei Schwachsinnigen und Idioten oder bei Neuropathen und Psychopathen. Hierauf kommen wir noch des Näheren zu sprechen. — Wenn wir also in solchem Sinne von einem palaeencephalen (subcortiformen) Reaktions- oder Persönlichkeitstypus sprechen, so will das in rein formaler Hinsicht besagen, es ist seine Abhängigkeit von Innen- und Außenreizen in einer entwicklungsgeschichtlich tiefer stehenden Kategorie von Umwelt- und Innenweltbedingungen zu suchen, die auf der tiefen Entwicklungsstufe palaeencephaler Wesen weniger in seelischen Beziehungen zur Außenwelt und Innenwelt besteht, als in Beziehungen somatogener und chemischer Natur sowie in Bedingungen z. B. des Ionenmilieus der Umgebung und der endogenen blut- und kolloidchemischen Vorgänge. Nur niedrig stehende, primitive, dumpfseelische Begleiterscheinungen schwingen bei diesen noch überwiegend rein somatischen Abhängigkeiten und Funktionen mit und werden wohl auch teilweise wiederum selbst durch diese Funktionen hervorgerufen, mischen sich aber bei solchen Individuen auch in den Ablauf ihrer höheren seelischen Funktionen, deren formale Struktur auf höherer Ebene zugleich wieder in typischer Weise gestaltend; denn die formale Struktur spielt in den verschiedenen Schichten des menschlichen Seelenlebens noch die entsprechende Rolle, die ihr in den Frühphasen der Entwicklung zugewiesen war[1]). Es sind dies seelische Strukturen (ebenso wie körperliche), deren Vorhandensein in unserem Organismus besonders von einer allein und ausschließlich an Freud orientierten Richtung noch immer stark übersehen wird, ohne daß aber durch diese Feststellung der Freudschen Lehre und ihrer Bedeutung irgendwie Abbruch getan werden soll. Es kommt aber gerade darauf an, dieser Schichtenstruktur des menschlichen Seelenlebens Beachtung zu schenken, ein Punkt, der bisher allzuoft übersehen wird. Innerhalb dieser Schichtenstruktur verdienen die niederen psychophysischen Schichten die gleiche Beachtung wie die höheren, an denen

[1]) Vgl. hierzu die Beeinflussung von dumpfen Verstimmungs- und Depressionszuständen (die bei T-Typen auch in der normalen Breite vorherrschen) z. B. bei Tetaniekranken durch Calciuminjektionen; vgl. hierzu K. Landauers klinische Studie über „Das Tetanoid“ im Arch. f. Psych. u. Nervenkr. Bd. 66, sowie Weichbrodts Vortrag auf dem Neurologenkongreß in Baden-Baden 1924, Sitzungsbericht.

die FREUDsche Lehre allein orientiert ist[1]). Denn nur auf diese Weise gelingt es, in das scheinbar unübersehbare Chaos des menschlichen Seelenlebens Ordnung hineinzubringen. — Mit allen diesen eben gekennzeichneten subcortiformen Funktionsabläufen des psychophysischen Organismus (bzw. Funktionsabläufen, die ihrer formalen Struktur und gewissen psychophysischen Grundprozessen nach mit niederen Schichten übereinstimmen), steht die Wirkungsweise des physiovegetativen Reflexbogens in engster Korrelation.

Indem wir den psychovegetativen Reflexbogen dem B-Typus zuweisen, bzw. dem B-Komplex und damit den Funktionsabläufen überwiegend neencephaler Struktur, ist zugleich gesagt, daß der psychovegetative Reflexbogen den Funktionstypus der corticalen bzw. neencephalen Anteile des Zentralnervensystems besitzt, mit anderen Worten, daß seine Reaktionsweise cortiform, also mehrdeutig, d. h. verhältnismäßig unabhängig vom Reiz und zugleich auch zeitlich nicht eng an den Reiz geknüpft ist, überwiegend psychogene Reizempfindlichkeiten zeigt, und daß sie zugleich aufs höchste abhängig ist von höheren psychischen Begleiterscheinungen, von den Affekten im menschlichen Sinne aufwärts. Seine Reaktionsfähigkeit steht mit anderen Worten innerhalb von Abhängigkeiten von endogenen und exogenen Reizkategorien, die der entwicklungsgeschichtlichen Stellung des Neencephalon und neencephaler Organismen zuerst zukommen. D. h., es ist die Abhängigkeit von Innen- und Außenreizen in eine entwicklungsgeschichtlich höher stehende Kategorie von Umwelts- und Innenweltsbedingungen zu verlegen, die auf der höheren Entwicklungsstufe neencephaler Wesen überwiegend in psychischen Beziehungen zur Außen- und Innenwelt bestehen, während die Reizbeziehungen somatogener und chemischer Natur sowie die Bedingungen des Ionenmilieus von Umgebung und endogenen Vorgängen hier mit steigender Entwicklung zurücktreten, ohne dadurch beim Menschen die Abwesenheit höherer seelischer Beziehungen zur Umwelt auszuschalten. Es handelt sich auch hier wieder nur darum, daß beim cortiformen Typus auch die höheren seelischen Funktionsabläufe eine formal andere Struktur besitzen als beim subcortiformen Typus und eine spezifisch andere Färbung als die, die sich aus dem Vorwalten physiovegetativer Verhältnisse, also somatogener Bedingtheiten herleiten. Das enthält keinerlei Werturteil. Es läßt sich dies z. B. schon daran zeigen, daß es sich bei letzteren Umständen häufig um nichts anderes als gewisse aus der körperlichen Sphäre stammende Stimmungslagen handelt. So ist der subcortiforme T-Typus eher und dauernder depressiv und der B-Typus eher freudig gestimmt, dafür aber zugleich um so wechselnder in der Stimmungslage. Bei allen Funktionsabläufen neencephaler Struktur schwingen seelische Begleiterscheinungen höherer Entwicklungsstufen von den Affekten an mit, und sie können funktionelle Vorgänge auch im Somatischen hervorrufen und umgekehrt. Letzteres geschieht um so stärker, je geringer noch die mit der Entwicklung überhaupt ansteigende Loslösung (Invarianz, E. R. JAENSCH) der höheren psychischen Strukturen von ihren äußeren Reizbedingungen und somatischen Äquivalente vorgeschritten ist (sinkende Integration), also ganz allgemein bei jugendlicheren Individuen[2]), während die Integration beim B-Typus immer stärker und immer eine besondere bleibt (s. u.).

[1]) Vgl. hierzu auch JAENSCH, E. R.: Sitzungsber. der 15. Jahresvers. d. dtsch. Ges. d. Nervenärzte, Cassel, 1925. Dtsch. Zeitschr. f. Nervenheilk. 1925. JAENSCH, E. R. (II): VI. Über psychische Selektion (Eine experimentell-psychologische Untersuchung mit Anwendung auf den psychischoanalytischen Fragenkreis). JAENSCH, W.: Sitz.-Ber. d. I. Allg. ärztl. Kongr. f. Psychotherapie, Baden-Baden, 1926, bei C, Marhold-Halle.

[2]) Wir führten früher aus, daß die höheren psychischen Vorgänge immer unabhängiger (invarianter) von Reizeinwirkungen niederer Art werden um so abhängiger aber von Reizeinwirkungen höherer Art, z. B. Erlebniskomplexen.

Mit allen diesen oben gekennzeichneten cortiformen Funktionsabläufen des psychophysischen Organismus steht die Wirkungsweise des psychovegetativen Reflexbogens in engster Korrelation.

Dabei wollen wir von den üblichen anatomischen Begriffen des vagischen und sympathischen Nervensystems zunächst ganz absehen. Es genügt, daß wir an Stelle dieser anatomischen Systeme funktionelle Systemzusammenhänge setzen konnten, deren Existenz experimentell erweisbar ist und deren theoretische Begründung auch zu keiner der bisher bekannten und bereits festgestellten Tatsachen sich in Widerspruch setzt. Die oben auseinandergesetzten verschiedenartigen Abhängigkeiten des physio- und psychovegetativen Reflexbogens von Reizkategorien entwicklungsgeschichtlich verschiedener Rangordnung macht aber verständlich, weshalb die weitere Erforschung und z. B. die Erhebung des „Status des vegetativen Nervensystems" (G. v. BERGMANN) allein mit chemischen und pharmakologischen Methoden in vieler Richtung die an sie geknüpften Erwartungen enttäuschen mußten. Der Status des vegetativen Nervensystems läßt sich exakt nur erheben, wenn man für seine entwicklungsgeschichtlich verschieden hoch stehenden Funktionselemente reizadäquate Reize verwendet, und darum über den somatischen Reizen auch die psychischen nicht vergißt. Innerhalb solcher Fragestellungen spielt die Frage „Vagus oder Sympathicus" erst eine sekundäre Rolle, deren Verfolgung, vor allem unter genetischen Gesichtspunkten, allerdings vielleicht ebenfalls weitere Aufklärungen verheißt. Deshalb mag hier immerhin noch einmal erwähnt werden, daß bei reinen T-Typen ebenso wie bei Tetaniekranken klinisch fast allein ein Hervortreten von Vagussymptomen bemerkbar wird. In diesem Sinne soll ferner noch einmal hervorgehoben werden, daß neuerdings FREUDENBERG gewisse Kennzeichen der galvanischen Übererregbarkeit, die ja vor allem dem T-Typus und den Tetaniekranken eigentümlich sind, wie z. B. das frühe Auftreten einer Kathodenöffnungszuckung am peripheren Nerven, ganz im Sinne dieser Ausführungen ebenfalls schon als „vagisches Reizsymptom" anspricht[1]), obwohl sich diese Übererregbarkeit hier besonders am peripheren Nerven dokumentiert. Bei B- und BT-Typen dagegen, ebenso wie beim Morbus Basedow, zeigt die hier schon äußerlich bemerkbare und darum stärker hervortretende „Stigmatisierung des vegetativen Nervensystems" im Sinne G. v. BERGMANNS fast immer zugleich vagische und sympathische Anteile. Wir bemerken dies hier nur rein registrierend und überlassen es weiterer Forschung festzustellen, wie diese Tatsachen sich zu den physiovegetativen und psychovegetativen Funktionszusammenhängen verhalten. Wir erinnern aber an dieser Stelle daran, daß, wie wir schon im Beginn unserer Ausführungen erwähnten, der Vagus onto- und phylogenetisch als echter Hirnnerv unmittelbar aus dem Palaeencephalon herauswächst, daß hingegen der Sympathicus ontogenetisch z. T. sekundär mit dem Zentralnervensystem in Verbindung zu treten scheint. Hierbei mag es vielleicht sogar vorkommen, daß er, besonders in gewissen Fällen, unmittelbaren Anschluß auch an die neencephalen Hirnabschnitte erhält, und daß er sodann der Sphäre des höheren Seelenlebens auch unmittelbarer unterstellt ist als der immer primär palaeencephale Vagus. Dieser extreme Fall wird indessen gar nicht angenommen werden müssen, wenn es sich um Nervensysteme handelt, bei denen eine bestimmte Art ihrer formalen cortiformen Gesamtstruktur sowie ferner ihrer inneren Koppelung (näheres später) solche Beziehungen von vornherein erleichtert. Der Vagus besitzt also nach allen bisherigen Feststellungen

[1]) Klin. Wochenschr. 1924. Vgl. auch BEHRENDT u. FREUDENBERG: Ebenda 1923 und BEHRENDT u. HOPMANN, R.: „Über nichttetanoide Erregbarkeitsveränderungen". Ebenda Nr. 49. 1925.

hierüber mindestens funktionell zum Palaeencephalon eine unmittelbarere und engere Beziehung als der Sympathicus. Daraus erhellt, daß man mindestens sagen kann: der Vagus besitzt zum T-Komplex aus entwicklungsgeschichtlicher Bedingtheit heraus eine etwas engere Beziehung als der Sympathicus. Hieraus würde verständlicher werden können, warum der physiovegetative (palaeencephale) Reflexbogen des T-Typus überwiegend über den Vagus verläuft, der psychovegetative (neencephale) Reflexbogen des B-Typus überwiegend über Vagus und Sympathicus. Die Feststellung, daß beim T-Typus auch Stigmata im vegetativen Nervensystem vorkommen können, obwohl seine Stigmatisierung vorwiegend doch im Bereiche des cerebrospinalen Nervensystems liegt, enthält also jetzt keinen Widerspruch mehr (vgl. hierzu S. 318f., Petit). Dieser scheinbare Widerspruch hat sich aufgelöst, insofern es sich bei den vegetativen Stigmen des T-Typus um physiovegetative, beim B-Typus aber um psychovegetative handelt, die sich völlig ohne Widerspruch in den Gesamtrahmen einer biologischen Auffassung des T- wie des B-Komplexes einfügen, wie wir sie hier auseinanderzusetzen suchten.

Der B-Typus (bzw. der BT-Typus) stellt somit eine vertiefte Erfassung derjenigen Konstitutionen dar, die G. v. Bergmann und seine Mitarbeiter seit 1911 als „vegetativ stigmatisierte Individuen" ansprachen[1]). Genannte Autoren wiesen damals darauf hin, daß dieser Konstitutionstypus in der inneren Klinik, z. B. bei der Ulcuskrankheit, eine zu beachtende Rolle spiele, ebenso auch bei anderen innerklinischen Erkrankungen, aber wahrscheinlich vorwiegend nur, wenn sie, — wie wir heute schon glauben mit aller Vorsicht hinzufügen zu können —, gewissen funktionell-psychogenen Neurosen nahestehen dürften[2]). Der T-Typus scheint dagegen überwiegend zu somatogenen Neurosen zu neigen. Hier ergab sich nun — auf der Grundlage der experimentell-psychologischen Untersuchung der eidetischen Erscheinungen und ihrer psychophysischen Korrelationen — die Herausstellung der vorn auseinandergesetzten besonderen, psychophysisch einheitlichen Reaktionsformen des T- wie des B- bzw. BT-Typus. Letztere wurden in noch unveröffentlichten Arbeiten des Marburger Psychologischen Instituts einer eingehenderen experimentell-psychologischen Analyse unterzogen (W. Neuhaus, V. Lucke), ebenso die des T-Typus (H. Möckelmann), und das Studium des B-Typus lieferte auch bereits Beiträge zur differentiellen Völkerpsychologie[3]).

Diese beiden Komplexe, der T- und B-Komplex, bedeuten für alle diese Verhältnisse zwei große genetisch bedingte Funktionsklassen, deren Unterscheidung zurückgeführt werden kann auf zwei große Einschnitte, die sich in der Entwicklungsgeschichte der höheren Organismen markieren und deren scharfe Herausstellung wir vor allem L. Edinger verdanken.

Schon Edinger sprach es aus, daß die Beachtung dieser beiden großen Entwicklungsabschnitte und ihrer besonderen Reaktionsformen von größter Tragweite sein müsse für die Psychologie, aber auch für die mit ihr in engster Beziehung stehenden anderen wissenschaftlichen Disziplinen. Er sprach es aus, daß dies dann fruchtbar werden würde, wenn es

---

[1]) Vgl. hierzu auch v. Bergmann, G.: Referat im Sitzungsber. d. dtsch. Kongr. f. inn. Med. Kissingen 1924; ferner v. Bergmann, G.: Die korrelativen Funktionen des autonomen Nervensystems, Bd. XVI, Jg. 10 des Handb. d. norm. u. patholog. Physiologie. J. Springer (im Druck); Handb. d. Inn. Mediz. Bd. V, 2, 2. Aufl. (Mohr u. Staehelin), 1926.

[2]) Vgl. hierzu das Referat der entsprechenden Arbeiten von W. Jaensch und H. Kalk in Jaensch, W. u. Wittneben, W.: Sitz.-Ber. d. 2. dtsch. Kongr. f. Heilpäd. 1925; ferner Jaensch, W.: Dtsch. Zeitschr. f. Nervenh., Bd. 88, 1925.

[3]) Vgl. hierzu Jaensch, E. R.: Zur differentiellen Völkerpsychologie, im Ber. üb. d. 8. Kongr. f. exp. Psychol. in Leipzig 1923; ferner ders.: Pädagogische Warte. Mai 1924; ferner die noch unveröffentlichte Arbeit von W. Neuhaus (Marburger phil. Diss. 1925), die sich eingehendst mit der psychologischen Struktur des B-Typus befaßt.

einmal gelingen könnte, ausgehend von der psychologischen Forschung, diesen entwicklungsgeschichtlich verschiedenen Funktionstypen und Hirnorganisationen gewisse Funktionsabläufe psychischer und physischer also psychophysischer Art zuzuordnen[1]).

Unsere hier dargelegten Feststellungen und Überlegungen scheinen im Sinne dieser Intentionen von EDINGER zu liegen, und wir glauben daher mindestens in heuristischem Sinne die augenfällige Übereinstimmung dieser von so verschiedenen Seiten gewonnenen Forschungsergebnisse feststellen zu müssen. Hiermit soll ausdrücklich hervorgehoben werden, daß wir diese Übereinstimmungen vorläufig nur als heuristische betrachten, die dazu dienen sollen, eine geeignete Basis für weitere Fragestellungen zu schaffen. Darüber hinaus müssen wir aber erneut betonen, daß die von uns empirisch gewonnenen Tatsachen gänzlich unabhängig von jeder Theorie bestehen bleiben, auch dann, wenn sich in späterer Zeit die hier vorgetragene Theorie mit weiteren Tatsachen einmal nicht mehr in Einklang bringen ließe.

Da wir innerhalb der hier aufgezeigten psychophysischen Systeme, — innerhalb der Gesamtstruktur der psychophysischen Persönlichkeit —, auch dem „vegetativen Nervensystem" eine besondere Stellung zuweisen konnten, so wird vielleicht die Beachtung der hier aufgezeigten Zusammenhänge auch für die weitere Erforschung dieses Systems und daher auch für größere Fragenkomplexe der Inneren Medizin neue Ergebnisse zeitigen können.

Gleichzeitig müßte die Beachtung solcher Gesichtspunkte aber auch für die Psychophysiologie psychiatrischer Erscheinungskomplexe und ihr näheres Verständnis fruchtbar werden. Hier dürften wir daher auch fruchtbar einzudringen vermögen in die psychophysische Entstehung von gewissen Erscheinungen wie der sogen. „Depersonalisation", wie wir bereits andeuteten; denn alles, was zum T-Typus gehört, wird in allen formal gleichen Schichten als „persönlichkeits- oder ichfremd" empfunden. Ferner könnte man auf diese Weise auch z. B. dem Pavor nocturnus, dem Nachtwandeln, also gewisser von uns als Akzidentien bezeichneten Funktionen des T-Komplexes näherkommen. Aber auch gewisse Dämmerzustände und andere krankhafte Veränderungen der psychophysischen Persönlichkeit, bei denen sowohl dem T- wie dem B-Komplex immer ein bestimmter Wirkungsanteil zukommen müßte, könnten verständlicher werden. Es handelt sich eben bei mannigfachen Krankheitsbildern und Störungen der psychophysischen Persönlichkeit um ein isoliertes Hervortreten bestimmter psychophysischer Schichten oder Funktionsweisen, die sonst durch übergeordnete oder prinzipiell anders gerichtete gehemmt und modifiziert werden, die aber alle mindestens im Rudiment bei jedem Individuum bereit liegen und angelegt sind. Der T-Komplex aber wird, besonders bei seinem krankhaften Hervortreten, (subjektiv und objektiv) immer in viel höherem Grade als „ich- bzw. persönlichkeitsfremd" empfunden werden, als die Auswirkungen des B-Komplexes. Die jeweilige Beteiligung beider Komplexe wird bei funktionellen Störungen in weitem Maße vom Individualtypus abhängig sein, ebenso ihre Ausprägung in den verschiedenen Reaktionsgebieten. Das gilt von den Besonderheiten und

[1]) Wir möchten aber noch einmal hervorheben, daß alle unsere Ergebnisse bei den psychophysischen Untersuchungen zunächst rein empirisch gewonnen wurden, rein registrierend, und daß sie vor allem gänzlich unabhängig gewonnen wurden von jeder Absicht, etwa im obigen Sinne, eine psychophysische Verknüpfung herauszustellen. Vielmehr ergab erst nach Jahren der empirischen Forschung der Vergleich unserer Endergebnisse mit den anderweitig vorliegenden entwicklungsgeschichtlichen Forschungsergebnissen die oben auseinandergesetzten Beziehungen psychophysischer Reaktionsformen zu gewissen Tatsachen der Entwicklungslehre, die also beide in gänzlicher Unabhängigkeit voneinander und mit gänzlich verschiedenen Methoden gewonnen wurden.

krankhaften Veränderungen der Motorik, von der Sensibilität, den sensorischen Erscheinungen und schließlich auch von der Wahrnehmungs- und Vorstellungswelt. Auf alle diese Erscheinungen kann ein krankhaftes Hervortreten des T- oder B-Komplexes, insgesamt oder einzelner ihrer Valenzen, in gesteigertem oder besonders in pathologisch verändertem Funktionszustande nicht ohne Rückwirkung bleiben, die sich auch in der gemütlichen Stimmungslage und in dem Ablauf der verschiedenen Funktionen (Temperament, Tempo) bemerkbar machen wird. Auch in gewissen Grundhaltungen des höchsten seelischen Lebens werden solche Veränderungen „Umschichtungen" der psychophysischen Persönlichkeit bewirken müssen. Bei allen diesen Vorgängen müssen wir aber zu ihrem Verständnis nicht allein die verschiedenen psychophysischen Komplexe bzw. den Biotypus und ihre einzelnen Valenzen berücksichtigen, sondern unser Augenmerk auch richten auf den Gesamtzusammenhang zwischen und in diesen Komplexen von Organsystemen und ihrem psychophysisch-funktionellen Äquivalente: es sind mit anderen Worten die Fragen der Koppelung und der Leitung innerhalb und zwischen den psychophysischen Komplexen und die Frage der Rolle des seelischen Faktors in ihnen, denen wir uns nunmehr zuwenden. Sie sind zwar z. T. bereits Ausdruck (Valenzen) des jeweils vorliegenden Biotypus bzw. des in Funktion stehenden psychophysischen Komplexes, können aber — besonders unter pathologischen Verhältnissen — auch unabhängig vom Biotypus bzw. von dem ihm entsprechenden psychophysischen Komplex und seinen übrigen Valenzen als selbständige Faktoren in allen Schichten formal wirksam werden, sobald entsprechende psychophysische Prozesse obwalten, und erfordern daher auch eine gesonderte Betrachtung, die im folgenden gegeben werden soll.

b) Die primordiale (primitiv-archaische), die sekundäre (physiologische) Koppelung der Organsysteme und die psychophysische Integration.

Wir haben oben gesagt, daß wir auf so hoch differenzierter Entwicklungsstufe, wie der des Menschen, statt von einer „physiologischen Integration" (im Sinne O. Hertwigs), die für niedere Organismen in Betracht kommt, von der „Koppelung der Organsysteme" zu sprechen haben. Ferner erwähnten wir, daß wir auf dieser menschlichen Stufe, sofern hier von Integration noch die Rede sein kann, von einer „psychophysischen Integration" sprechen müssen. Unter „psychophysischer Integration" wollten wir die Art der Durchdringung somatisch funktioneller Reizerfolge mit höheren psychischen Faktoren verstehen, die auf der neencephalen Entwicklungsstufe, vor allem beim Menschen, eine besondere Rolle spielt, und deren Zusammenwirken gleichzeitig mit der jeweils vorliegenden Art der Koppelung der Organsysteme, einschließlich der Leitungsart dieser Koppelungssysteme zwischen und in ihnen, erst ein verständlicheres Bild von dem Reaktionsablauf im menschlichen Organismus zu geben vermag. Hierbei wollen wir von vornherein der Mißdeutung vorbeugen, wir könnten der Meinung sein, die anatomischen und histologisch nachweisbaren Verhältnisse vermöchten die ungeheure Mannigfaltigkeit funktioneller Möglichkeiten und möglicher Variationen im Ablauf des psychophysischen Geschehens in jedem Falle wiederzuspiegeln. Obwohl alle unsere Betrachtungen der anatomisch nachweisbaren Struktur der nervösen Zentralorgane Rechnung zu tragen suchen, sind wir doch weit davon entfernt, die Möglichkeiten der Funktionen durch diese anatomischen Strukturen für völlig und stets in bestimmter Richtung festgelegt zu halten. Ganz im Gegenteil scheint sich uns in der anatomischen Struktur nur ein einziger Ausdruck einer bestimmten und vielleicht mit Auftreten eines gewissen Funktionstypus häufigsten, sozusagen gangbarsten Konstellation von Leitungs- und Koppelungsverhältnissen zu behaupten, ohne daß aber darum die Funktion in jedem Augenblick und immer nur an diesen anatomisch ausgedrückten Funktionstypus gebunden ist. Die Funktion ist vielmehr „plastisch“, und die anatomischen Verhältnisse sind, nach gegenwärtig sich durchringenden Anschauungen (s. unten BETHE und GOLDSTEIN u. a.), vielfach nur ein Ausdruck des eingeschliffensten Funktionsmodus[1]). Mit Nachdruck ist diese „Plastizität“ schon vorher von E. R. JAENSCH hervorgehoben und durch die Analyse des Aufbaues der Wahrnehmungsfunktion dargetan worden. Ihr experimenteller und empirischer Nachweis am jugendlichen Organismus, — wo sie am größten ist —, ist gerade das Hauptergebnis der Monographie von E. R. JAENSCH „Über den Aufbau der Wahrnehmungswelt“, wo auch die Bedeutung dieser „Plastizität“ für den Aufbau der räumlichen Wahrnehmungen eingehend herausgearbeitet ist. Mit dem empirischen Nachweis dieser Plastizität ist fast jede Einzeluntersuchung der genannten Monographie beschäftigt, und die allgemeinere Bedeutung dieses „hohen Plastizitätsgrades“ für die Auffassung geistigen Lebens und geistiger Entwicklung überhaupt ist am Schlusse (S. 551 ff.) der genannten Monographie ausführlich dargelegt. (Vgl. hierzu ferner auch: Über die Vorstellungswelt der Jugendlichen usw., herausgegeben von E. R. JAENSCH: V. KRELLENBERG, P.: Über die Herausdifferenzierung der Wahrnehmungs- und Vorstellungswelt aus der originären eidetischen Einheit. Ztschr. f. Psychologie Bd. 88. 1921.) Insofern bewegen sich unsere Ausführungen ganz in der Richtung jener neuerdings auch von A. BETHE und K. GOLDSTEIN mit Schärfe vertretenen Anschauung von der „Plastizität des Nervensystems“[2]), die K. GOLDSTEIN im Hinblick auf das Verhältnis von Funktion und anatomischer Struktur in folgendem zum Ausdruck brachte: „Funktionell gleichartige Teile gewinnen allmählich eine bestimmte gleichmäßige Struktur, die die Wirkung bestimmter adäquater Reize begünstigt. Hier zeigt sich die Bedeutung der anatomisch nachweisbaren Struktur für die besonders häufigen, dem Organismus besonders adäquaten Leistungen[3]).“ Genau diese Gesichtspunkte hatte schon E. R. JAENSCH in unmittelbarer und strenger Anlehnung an seine empirischen Befunde der Wahrnehmungslehre zugrunde gelegt, indem er zeigen konnte, daß die allmähliche Ausbildung fester Netzhautraumwerte in der eben angegebenen Weise vor sich geht (a. a. O., besonders im VIII. Abschnitt: Der Aufbau der räumlichen Wahrnehmungen).

In allen bisherigen Untersuchungen spielten die Reizerfolge bei galvanischer Reizung des peripheren Nerven eine wesentliche Rolle. Wir suchten zu zeigen, daß wir mit einer galvanischen Reizung eindeutig reflexmäßig eingestellte „palaeencephale Aktionsbereitschaften“ auslösen, und zwar gilt dies jenseits des Säuglingsalters. Es gibt nun in der Ontogenese des Menschen eine Periode, und zwar die unmittelbar nach der Geburt liegende Zeit, in welcher wir mit der galvanischen Reizung des Nerven durch Auslösung der dann vorhandenen Aktionsbereitschaften keine ruckartige Zusammenziehung der Muskulatur erhalten, wie beim Jugendlichen und Erwachsenen, sondern eine wurmartig kriechende,

---

[1]) Vgl. auch das auf S. 326 über den Funktionsmodus und anatomischen Körperbau Gesagte.

[2]) Vgl. hierzu JAENSCH, E. R.: Über den Aufbau der Wahrnehmungswelt 1923; BETHE, A.: Sitzungsber. d. Wandervers. südwestdtsch. Neurologen u. Psych. Baden-Baden 1925.

[3]) Vgl. hierzu GOLDSTEIN, K.: Zur Theorie der Funktion des Nervensystems. Arch. f. Psych. Bd. 74, H. 2/4; BETHE, A. u. GOLDSTEIN, K.: Plastizität des Zentralnervensystems Handb. d. normalen u. pathol. Physiologie Bd. 15, J. 6. Berlin: Julius Springer.

schleppende, mit anderen Worten eine Zusammenziehung und Bewegung der Muskeln, die sehr stark an die Bewegungen glatter, vegetativ innervierter Muskulatur erinnert. Wir bezeichnen das als „tonische", um die Verwandtschaft mit dem Charakter vegetativ bedingter Bewegungsart zum Ausdruck zu bringen (d. h. hier im Sinne einer echten Innervation „tonisch" bedingt, vgl. S. 306). Hier fehlt offenbar in weitem Umfang die „alterative", d. h. die reflektorische Komponente im Sinne der statischen (palaeencephalen) Bremsreflexe E. A. SPIEGELS und die willkürliche (neencephale) Innervation (vgl. S. 306) in der parat liegenden Aktionsbereitschaft; um diese Zeit ist nun der Säugling nach O. FOERSTER lediglich ein „Thalamus-Pallidumwesen". Es handelt sich daher scheinbar fast ausschließlich um palaeencephale Aktionsbereitschaften, die wir bei galvanischer Reizung peripherer Nerven in Gang setzen; sie tragen aber einen „tonischen" Charakter. Es ist sehr wahrscheinlich anzunehmen, daß auch die intrauterinen Kindsbewegungen einen noch überwiegend ähnlichen primordialen (primitiv-archaischen) Charakter besitzen. Aber nicht genug damit, über diese rein tatsächlichen funktionellen Feststellungen hinaus ergibt sich aus älteren Angaben der Literatur, daß, außer der (primordialen) Marklosigkeit weiter Hirngebiete, auch die besondere histologische Struktur sogar der peripheren Nervenstämme des Säuglings diesem primordialen („tonischen") Funktionstypus entspricht, was in diesem Zusammenhang sehr wichtig ist. Wir halten uns hier an A. WESTPHAL[1]).

„In der vortrefflichen Gewebelehre des menschlichen Körpers von KOSSEL und SCHIEFFERDECKER finden wir folgende Bemerkungen über das in Entwicklung begriffene periphere Nervensystem. ‚Die peripherischen Nerven besitzen, wenn sie auch im Beginn der Entwicklung nicht von einer Markscheide umgeben sind, doch schon sehr früh eine bindegewebige Hülle, später werden sie zu einem großen Teil auch markhaltig.' ... ‚Bei den niedersten Wirbeltieren, dem Amphioxus, den Cyclostomen, finden sich auch im ausgebildeten Zustande nur marklose Nervenfasern, also im Zentralnervensystem nackte Achsenzylinder, bei den peripherischen Nerven umhüllt von der SCHWANNschen Scheide. Es entspricht diese Tatsache dem entwicklungsgeschichtlichen Befunde bei den höheren Tieren.' ... ‚Der Zustand der peripherischen Faser als einfacher Achsenzylinder mit SCHWANNscher Scheide ist also in peripherischen Nerven der höheren Tiere nur ein vorübergehender'" (Sperrdruck von uns, d. Verf.).

A. WESTPHAL fährt dann a. a. O. fort: „Wir sehen ..., daß sich mannigfache Angaben über den Zustand der jugendlichen peripheren Nervenfaser in der Literatur finden ...; es sind das fast durchgehend vereinzelte, kurze Bemerkungen, aus denen hervorgeht, daß die Markentwicklung bei der Geburt im peripheren Nerven noch eine unvollkommene ist, und daß diese jugendlichen Fasern sich auch noch in anderen Punkten, von denen ich hier nur Reichtum und Größe der Kerne sowie ihre protoplasmatische Umgebung, unausgebildete Einschnürungen hervorhebe, von der erwachsenen Nervenfaser unterscheiden" (Sperrdruck von uns, d. Verf.). Nach A. WESTPHAL ergibt sich, „daß die anatomischen Befunde an den peripherischen Nerven Neugeborener nicht nur das eigentümliche Verhalten der Nerven gegen elektrische Reizung in gewissen frühen postembryonalen Zeiten erklären, sondern auch interessante Einblicke in andere Gebiete gestatten"; vor allem: „Wir haben Beziehungen der entwicklungsgeschichtlichen (histologischen) Tatsachen zu den experimentell hervorgerufenen Erscheinungen an peri-

[1]) Zitat aus WESTPHAL, A.: Arch. f. Psychiatrie u. Nervenkrankh. 1894. 26.

pherischen Nerven, sowie die Berührungspunkte mit pathologischen Prozessen festzustellen versucht.“ A. WESTPHAL wies, kurz gesagt, eine im postembryonalen Stadium des Menschen vorhandene, nämlich bei dem jungen Säugling nachweisbare, starke Durchsetzung der peripherischen Nervenstämme mit marklosen Fasern nach, also mit Fasern, die ein wesentliches Grundmerkmal mit weiten Gebieten des bleibenden vegetativ-autonomen Nervensystems teilen. Diese anatomische Verwandtschaft scheint sogar noch weiter zu gehen. Der Bau des vegetativ-autonomen Systems auch im ausgewachsenen Zustande ist nicht nur ein auf weiten Gebieten markloser, sondern zugleich ein sogenannter „syncytischer“, d. h. netzartig zusammenhängender; ihm fehlt die Art des Baues der ausgereiften cerebrospinalen Nerven, welchen man im Gegensatz hierzu als einen „synhaptischen“ zu bezeichnen pflegt. Letzteres will besagen, daß die cerebrospinalen Nerven aus verschiedenen, nur streckenweise einheitlichen, sich untereinander nur berührenden und voneinander trennbaren Neuronen zusammengesetzt sind; hierbei wird, — nach lange vorherrschenden Anschauungen —, das Überspringen der Erregung von einem Neuron zum anderen gewährleistet nicht durch einen kontinuierlichen, netzartigen Zusammenhang der Neuronen, wie beim vegetativ-autonomen System und seinem „syncytischen Zusammenhang“, sondern lediglich durch den engen anatomischen Kontakt (VERWORN), durch den „synhaptischen Zusammenhang“. Bei den ausgewachsenen cerebrospinalen Nerven wird der sogenannte synhaptische Zusammenhang der einzelnen Neuronen (Teilstrecken des Nervensystems) darauf begründet, daß sich zwischen den einzelnen Neuronen histologisch lediglich eine Berührung, aber kein kontinuierlich bestehender Übergang der Zellverbände feststellen läßt (VERWORN). Wenn neuerdings andere Forscher (BETHE, APATHY) dennoch fibrilläre Verbindungen nachweisen konnten und deshalb die Anschauung vom synhaptischen Bau des cerebrospinalen Nervensystems ablehnen, so ist aber scheinbar auch noch nicht ganz sicher, wieviel bei solchen überaus feinen Untersuchungen mitunter auf die Untersuchungsmethode zurückzuführen ist, und es muß daher hier sogar die Frage offen bleiben, ob nicht weitere Methoden später Anlaß zu noch ganz anderen Anschauungen geben könnten[1]). Vielleicht sogar könnte sich auch der Widerstreit der Meinungen teilweise auf eine individuell verschiedene Beschaffenheit des Materials zurückführen lassen. Bestehen bleiben dürfte jedoch die unleugbare Tatsache, daß, wie dem auch sei, der bei vollendeter Entwicklung dem echten „Syncytium“ immer noch näherkommende histologische Bau allein dem vegetativ-autonomen Nervensystem eigen ist, und daß demgegenüber, bei gleicher Untersuchungsmethodik, das cerebrospinale Nervensystem einen Bau erkennen läßt, der, wenigstens an leichter bemerkbaren und gröberen Strukturen, deutlich in kleinere Abschnitte zerfällt, denen beim vegetativ-autonomen System größere und zusammenhängende Provinzen gegenüberstehen. Und dem entspricht ferner vor allem auch die empirisch ermittelte und ebenso unleugbare Tatsache, daß die Funktion beim ausgereiften cerebrospinalen System sich in Reiz- und Reaktionsfelder gliedert, die sich im allgemeinen sogar an die gröber hervortretenden histologisch bemerkbaren Abschnitte (Neuronen) halten. Vielleicht ist ja auch der Bau des cerebrospinalen Systems und die Gliederung seiner Reaktionsfelder individuell verschieden. Unsere späteren Überlegungen legen dies sogar nahe. Auf eine größere mindestens funktionelle Gliederung im cerebrospinalen System deuten vielleicht auch die Einschnürungen der Achsencylinder hin, und von diesen Einschnürungen sagt A. WESTPHAL ausdrücklich, daß

[1]) Ähnliches kam in den einschlägigen Vorträgen der Wanderversammlung südwestdeutscher Neurologen und Psychiater 1925 in Baden-Baden zum Ausdruck.

sie im Zustande des cerebrospinalen Nerven kurz nach der Geburt teilweise ebenfalls noch unvollkommen sind. Diese Angabe deutet also mindestens darauf hin, daß im frühkindlichen Stadium die anatomische Verwandtschaft der cerebrospinalen Nerven mit der Struktur des vegetativ-autonomen Nervensystems nicht allein auf die in weitem Umfang marklose Beschaffenheit beschränkt ist. Hiermit steht in Übereinstimmung, daß diese Beschaffenheit zugleich auch in weitem Umfange die „funktionelle Gliederung in Abschnitte" (Reiz- und Reaktionsfelder) vermissen läßt, die dem ausgereiften cerebrospinalen Nervensystem zukommt. Es ergibt sich daher, daß in jenem postembryonalen Stadium mindestens die Funktion des gesamten Nervensystems dem „netzartigen Zusammenhang" noch stärker angenähert zu sein scheint, der immer größere Provinzen des Gesamtorganismus als Reaktionsfelder umfaßt als der späterhin stärker gegliederte cerebrospinale Anteil des Gesamtnervensystems[1]), an dessen gegliederter Funktion im ausgereiften Stadium kein Zweifel besteht. Ebensowenig zweifelhaft und durch viele klinische Tatsachen belegbar ist es aber, daß in frühkindlichem Alter alle nervösen Funktionen überhaupt untereinander eine stärkere wechselseitige Beeinflußbarkeit zeigen, und daß sich lokale Reizerscheinungen verschiedenster Art durch Vermittelung des Nervensystems auch an den entferntesten Körperprovinzen stärker bemerkbar machen können als späterhin, ein Umstand, der durch die oben hervorgehobenen anatomischen Befunde in ein besonders helles Licht rückt und die Annahme nahelegt, daß auch außerhalb des eigentlichen vegetativ-autonomen Systems zeitweilig ein stärkerer funktioneller innerer Abhängigkeitsgrad der Teile des Gesamtnervensystems vorliegt, der sehr wohl auf einem ursprünglich überwiegend syncytialen Funktionscharakter des Gesamtnervensystems beruhen könnte. Ein solcher „netzartiger (syncytialer) Funktionszusammenhang" kommt daher ursprünglich dem gesamten Nervensystem überhaupt in der primordialen Anlage zu, wofür wir später noch weitere anatomische Belege anführen werden, und bleibt im ausgereiften Stadium des gesamten Nervensystems in stärkerer Weise lediglich seinem vegetativ-autonomen Anteil erhalten. Vor allem aber entspricht dieser Gegensatz den funktionellen Besonderheiten dieser verschiedenen Nervensysteme, die wir immer in den Vordergrund stellen. Es bewirkt dann vielleicht die Markreifung die Ablösung des „netzartigen Zusammenhangs" mit syncytialer Funktion durch eine „Gliederung in Abschnitte" (isolierte Reiz- bzw. Reaktionsfelder) mit „synhaptischem Funktionscharakter"; vielleicht ist die Markreifung aber überhaupt nur ein schon sekundäres Begleitsympton einer solchen primären Änderung des Funktionstypus, und letztere nicht erst von der Markreifung abhängig. A. Westphal suchte den am peripheren Nerven empirisch feststellbaren primordialen Funktionstypus mit seiner histologisch erkennbaren vegetativen oder quasivegetativen Durchsetzung zu erklären, die in dieser ontogenetischen Entwicklungsperiode wahrscheinlich für das ganze Zentralorgan und Nervensystem (also Palaeencephalon und Neencephalon) gilt und auch phylogenetische (primitiv-archaische) Parallelen besitzt (Amphioxus, Cyclostomen).

Wir haben nun oben (S. 370f.) erwähnt, daß beim Säugling unmittelbar nach der Geburt, insbesondere innerhalb ektodermaler Organgebiete, zu denen ja auch das Nervensystem gehört, eine primordiale (primitiv-archaische) Struktur z. B. der Hautgefäße („Archicapillaren") nachweisbar ist, und daß diese Struktur bis zu gewissem Grade auch den Entwicklungszustand des Nervensystems und Zentralorgans widerspiegelt. Es bezieht sich dies nicht nur auf den

[1]) Wir möchten also nochmals betonen, daß wir den Hauptnachdruck auf die „Funktion" legen und nicht auf den mehr oder weniger noch strittigen Bau der Nerven, so daß unsere Darstellung von diesen noch unentschiedenen Fragen unabhängig ist.

Säugling, sondern ebenso auf Fälle infantilistischen („archicapillären") Schwachsinns älterer Individuen, ebenso wie auf gewisse Neuropathien, die, wie sich zeigen läßt, auf einer primären Entwicklungshemmung oder einer Entwicklungsmißbildung beruhen (vgl. später „archicapilläre" und „neocapilläre Neuropathien oder Neurosen"). Denn durch frühzeitige therapeutische Beseitigung der Entwicklungshemmung oder -mißbildung lassen sich auch diese Zustände einschließlich der primordialen oder mißbildeten Gefäßstruktur verändern. Das heißt doch wohl, daß zwischen diesen Erscheinungen ein ursächlicher Zusammenhang bestehen muß. Wir nannten aus onto- und phylogenetischen Gründen diese beim Säugling erkennbaren primordialen Hautgefäße „Archicapillaren", die höherstehenden „Neocapillaren" und sprachen bei ihrem Erhaltensein im obigen Sinne schon früher von „archicapillärem Schwachsinn" bzw. „archicapillärer" oder „neocapillärer Neurose"[1]). Es scheint sich also so zu verhalten, wenigstens soweit die erwähnten Befunde A. Westphals es bereits nahelegen, daß einer primitiv-archaischen Struktur des Hautgefäßsystems (den Archicapillaren des Säuglings) auch eine primitiv-archaische Struktur (und vor allem ein primitiv-archaischer Funktionstypus) auch des cerebrospinalen Nervensystems zeitlich parallel geht. In diesem Sinne können wir daher die durch A. Westphal im frühen Säuglingsalter nachgewiesene Beschaffenheit weiter Gebiete des cerebrospinalen Nervensystems als eine „archineurotische" bezeichnen, und wir können sodann sinngemäß von „Archineuronen" bzw. von einem „Archineurium" sprechen, womit aber in erster Linie wiederum stets die funktionelle Sonderart dieser primitiv-archaischen nervösen Koppelungs- und Leitungssysteme gemeint sein soll. Die „archineurotische" Funktion und schließlich auch in weiterem Umfange die anatomische Struktur ihrer nervösen Systeme bleibt im ausgereiften Nervensystem allein seinem vegetativ-autonomen Anteil erhalten, liegt aber auch im cerebrospinalen Nervensystem mindestens funktionell noch parat, um hier — nach allgemeinen biologischen Gesetzmäßigkeiten — unter pathologischen Umständen wieder hervorzutreten, wenn die höheren Funktionen abgebaut werden. Die wesentlichen Kennzeichen der archineurotischen Struktur würden neben der Art ihrer Funktion ihr postembryonal noch ausgesprochener syncytischer Bau und zugleich ihre in großen Teilen bestehende Marklosigkeit sein. Vielleicht würde man bei näherem Zusehen auch in der Muskulatur des Säuglings Parallelerscheinungen finden, worauf auch Westphal hinwies. Verweilen wir noch einen Augenblick bei ähnlichen Tatsachen, die Soltmann bereits 1878 (Jahrb. f. Kinderheilk. 11) an jungen Tieren nachgewiesen und hier einer ähnlichen Deutung unterzogen hatte. C. Westphal bestätigte jene Angaben von Soltmann. Er fand beim Säugling eine Untererregbarkeit gegen galvanische Reize bis zur 8. Lebenswoche, an deren Stelle dann eine Übererregbarkeit tritt; ferner fand er die besondere Art der bei der galvanischen Reizung auftretenden Reaktionen der Säuglingsmuskulatur, die dann A. Westphal näher beschrieb und anatomisch zu begründen suchte. Soltmann hatte aber gleiche Tatsachen schon früher für junge Tiere beschrieben: während bei erwachsenen Tieren und bei jungen menschlichen Individuen „jenseits jener ersten Lebensperiode (1.—8. Lebenswoche) die Contraction der Muskeln ‚jäh und brüsk' geschieht, eine schnelle Contraction, eine schnelle Extension, ist die Bewegungserscheinung beim Neugeborenen langsamer und träger, sie hat etwas Schlep-

[1]) Vgl. hierzu Jaensch, W. u. Wittneben, W.: „Archicapillaren, endokrines System und Schwachsinn", Sitzungsber. des II. Dtsch. Kongr. f. Heilpädag. herausgegeben von E. Lesch, Julius Springer 1925; ferner Jaensch, W. und Höpfner, Th.: Sitzungsber. der 15. Jahresvers. der Dtsch. Ges. d. Nervenärzte, Cassel, 3.—5. Sept. 1925, Dtsch. Zeitschr. f. Nervenheilk. Bd. 88. 1925; vgl. hierzu auch d. Kap. Abschn. 3—6.

pendes und Kriechendes" (SOLTMANN, a. a. O.). Sie trägt mit anderen Worten jenen Charakter, der bei Degeneration der peripheren Nerven beim Erwachsenen auch der Typus der muskulären sogenannten „Entartungsreaktion" ist. SOLTMANN bemerkt ferner, daß die nach dieser ersten Lebensperiode einsetzende galvanische Übererregbarkeit sogar höher erscheint als bei erwachsenen Individuen, und das entspricht vollkommen unseren Befunden. In einer späteren Arbeit zeigte SOLTMANN, daß das Gleiche für die sensible Sphäre gilt[1]), nur hat die Übererregbarkeit auf sensiblem Gebiet, die auch hier die anfängliche Untererregbarkeit[2]) ablöst, ihren Beginn etwas später als die motorische Übererregbarkeit (in der 11.—12. Lebenswoche). SOLTMANN fand nun anatomisch, daß auch beim neugeborenen Tier sowohl im Ischiadicus als auch im Vagus die Zahl der marklosen Fasern größer ist als beim erwachsenen, und häufig fand er im mikroskopischen Gesichtsfeld Fasern, „die nur streckenweise markhaltig sind, streckenweise wieder marklos und wo eine Markscheide vorhanden ist, ist sie zarter, weniger dick und im Niveau des Kernes unterbrochen . . ." (SOLTMANN, a. a. O.). „Die Wichtigkeit dieser Befunde SOLTMANNS hebt C. WESTPHAL ausdrücklich hervor (zitiert nach A. WESTPHAL, a. a. O.), indem er sagt: 'Gewiß sind diese Tatsachen, wenn man sie — beim Menschen — mit der später und bei der Geburt noch nicht vollendeten Entwicklung der Pyramidenseitenstrangbahnen zusammenhält, sehr interessant und fordern vor allem zur genauen Untersuchung der peripheren Nerven (und Muskeln) der Neugeborenen auf.'"

Über die Entwicklung des cerebrospinalen Nervensystems entnehmen wir O. HERTWIGS Lehrbuch der Entwicklungsgeschichte des Menschen und der Wirbeltiere (Jena: G. Fischer, 1915) folgendes (S. 562): „So leicht die Entstehung von Gehirn und Rückenmark zu verfolgen ist, so groß sind die Schwierigkeiten, welche das periphere Nervensystem den auf seinen Ursprung gerichteten Untersuchungen entgegensetzt. Handelt es sich doch um histologische Vorgänge feinster Art, um das erste Auftreten markloser Nervenfibrillen und ihre Endigungsweise in zarten, aus mehr oder minder undifferenzierten Zellen zusammengesetzten Embryonen. Wer nun weiß, wie schwierig es schon ist, bei einem ausgewachsenen Tiere marklose Nervenfibrillen in Epithellagen oder im glatten Muskelgewebe zu verfolgen und über ihre Endigungsweise ins reine zu kommen, wird es verständlich finden, daß hinsichtlich der Entwicklung der peripheren Nerven manche und gerade die interessantesten Fragen noch Gegenstand von Kontroversen sind. Nur in einem Punkt herrscht Klarheit. Er betrifft die Entwicklung der Spinalknoten . . ." Aber auch hier herrschen zwei verschiedene Ansichten über die weitere Entwicklung der Zellmassen, die sich zu Spinalganglien ausbilden. „Nach HIS, SAGEMEHL und LENHOSSEK sollen sich die einzelnen Ganglienanlagen vom Nervenrohr vollständig ablösen und an seiner Seite ohne jeglichen Zusammenhang mit ihm eine Zeitlang liegen bleiben." Erst später wird durch auswachsende Nervenfibrillen vom Rückenmark her, umgekehrt vom Ganglienknoten her oder von beiden Richtungen die Verbindung wieder hergestellt. „Andere Forscher lassen die Ganglienanlage . . . mit dem Rückenmark dauernd verbunden sein durch einen dünnen Zellstrang, der sich zur hinteren Wurzel umbildet." — „Die Verschiedenheit in diesen Angaben hängt mit den verschiedenen Auffassungen zusammen, welche über die Entwicklung der peripheren Nerven überhaupt bestehen." „Die alte Majorität der Forscher nimmt an, daß das periphere Nervensystem sich aus dem zentralen entwickelt, daß die Nerven aus dem Gehirn, dem Rückenmark und den Ganglien hervorwachsen und ununterbrochen bis in die Peripherie dringen, wo sie erst mit ihren spezifischen Endorganen in Verbindung treten." — Die Anschauungen über diese Vorgänge gehen jedoch auseinander „Nach HIS, KÖLLIKER, SAGEMEHL, LENHOSSEK usw. sind die hervorsprossenden Nervenfasern nur die Ausläufer der im Zentralorgan gelegenen Ganglienzellen, die zu kolossaler Länge auswachsen müssen, damit sie ihren Endapparat erreichen . . ." „Einen völlig entgegengesetzten Standpunkt . . . hat HENSEN in der Frage nach dem Ursprung des peripheren Nervensystems eingenommen, indem er hauptsächlich mit physiologischen Bedenken[3]) der Lehre vom Auswachsen der Nervenfasern entgegengetreten ist." Aus solchen Bedenken heraus „hält HENSEN die An-

[1]) SOLTMANN: Jahrb. f. Kinderheilk. 1878. 12 u. 1879. 14.

[2]) Vgl. hierzu CANNESTRINI: Das Sinnesleben der Neugeborenen. Berlin: Julius Springer, 1913.

[3]) Näheres siehe HERTWIG, O.: a. a. O. S. 565f.

nahme für notwendig, daß die Nerven niemals ihrem Ende zuwachsen, sondern stets mit demselben verbunden sind.“ Nach seiner Ansicht, die er durch einige Beobachtungen zu stützen versucht, hängen die embryonalen Zellen zum großen Teil durch feine Verbindungsfäden zusammen. Wenn sich eine Zelle teilt, soll sich auch der Verbindungsfaden spalten, und auf diese Weise ein ‚unendliches Netzwerk von Fasern‘ entstehen. Aus diesem sollen sich die Nervenbahnen entwickeln, während der Rest verkümmert (zit. nach O. HERTWIG).“ — Die physiologischen Bedenken HENSENS gegen ein primäres Auswachsen der Neuronen aus dem Gehirn „verdienen gewiß alle Beachtung (O. HERTWIG a. a. O.). Sie lassen sich bei weiterem Durchdenken des Gegenstandes noch leicht vermehren . . .“ Entschieden ablehnenden Stimmen anderer gegenüber einer solchen Anschauung „verdient gewiß die Stimme KUPFFERS (1891) Beachtung: ‚Keine meiner Beobachtungen (am Ammocoetes) widerstreitet der Anschauung, alles deutet vielmehr darauf hin, daß die Fibrillen als Ausläufer von Zellen entstehen, aber nicht allein von Zellen der Ganglien und des Zentralorganes, sondern auch derjenigen Zellen, die, in Ketten aneinandergereiht, die ersten Anlagen peripherer Nerven bilden. Dieses angenommen, erscheint es mir am wahrscheinlichsten, daß das Wachstum der Fibrillen an den dorsalen Nerven in beiden Richtungen sich vollzieht, zentripetal sowohl wie zentrifugal. Denn wenn die Anlagen die Ausbildung erreicht haben, daß sie neben den Zellen auch Fibrillen aufweisen, erscheinen die Zellen auseinandergerückt und an beiden Enden, dem zentralen wie dem peripheren, in feine Fäden auslaufend. Eins glaube ich mit Bestimmtheit aussprechen zu dürfen, daß die Anlagen der dorsalen Nerven sowohl in der frühesten Phase der Zellketten, wie auch später, wenn bereits Fibrillen erschienen sind, stets den Zusammenhang mit dem Zentralorgan bewahren...“ Hierzu bemerkt STRASSER (1892), „daß durch das Gewicht dieser Tatsachen die Anschauung, die ihre hauptsächlichsten Vertreter in KÖLLIKER und HIS gefunden habe, von Grund aus erschüttert sei...“ — Ebenso vertritt APATHY energisch die Ansicht (zitiert nach O. HERTWIG), daß „vor der Entstehung der den Reiz leitenden Primitivfibrillen bereits die Wege selbst vorhanden sind, auf welchen die wachsenden Primitivfibrillen in einer Richtung die Ganglienzellen, in der anderen die Sinneszellen erreichen; es sind die Intercellularbrücken, Protoplasmafortsätze, welche von der ersten Teilung der Eizelle an die Zellen eines Organismus, direkt oder indirekt, beständig miteinander verbinden, ganz wie es der vor langer Zeit ausgedrückten Auffassung HENSENS entspricht, der sich in neuester Zeit u. a. SEDGWICK angeschlossen hat, welche ich aber auf Grund meiner Untersuchungen ... bereits vor 7 Jahren als unvermeidlich erklärt habe.“ Auch DOHRN widerspricht der Ansicht vom Auswachsen nackter Achsenzylinder als Verlängerung der Vorderhirnganglienzellen (HIS und KÖLLIKER) mit Entschiedenheit. Nach O. HERTWIGS und seines Bruders Ansicht „sind protoplasmatische Verbindungen der Zellen die Grundlage, aus der sich die Nervenfibrillen entwickeln. Von HENSEN weichen wir darin ab, daß wir die Verbindungen nicht von Zellbrücken ableiten, die aus der Zeit der Furchungsprozesse herrühren; wir nehmen vielmehr an, daß auf einer frühen Embryonalperiode ursprünglich getrennte Zellen nachträglich durch Verschmelzung von Protoplasmafortsätzen Verbindungen eingehen...“ „HENSEN lehrt also einen primären, wir einen sekundär entstehenden protoplasmatischen Zellverband, welcher der spezifischen Ausbildung eines Nervensystems vorausgeht und sich zu einer Zeit ausbildet, wo die nervösen Zentral- und Endorgane noch näher zusammenliegen. HELD hat dieser Urform des Nervensystems in seiner kürzlich erschienenen, sehr beachtenswerten Monographie über die Entwicklung des Nervengewebes den sehr passenden Namen eines ‚Neurencytiums‘ gegeben“. Aus dem Neurencytium bildet sich das typische Nervensystem dann in der Weise heraus, daß „... einzelne Protoplasmaverbindungen durch Bildung spezifischer Nervensubstanz in einen Nervenfibrillenplexus umgewandelt werden“ (O. HERTWIG). Ähnliche Ansichten vertreten BETHE, OSCAR SCHULTZE, BRACHET, HELD. Letzterer faßt seine Ansicht dahin zusammen: „Alles deutet darauf hin, daß das Nervenwachstum in organischer Zusammengehörigkeit mit der vorher entwickelten Plasmaverbindung“, oder, wie es an anderer Stelle heißt, „auf Grund einer vorhandenen Plasmabahn erfolgt“ (zitiert nach O. HERTWIG a. a. O.). Von den SCHWANNschen Zellen wäre noch zu bemerken, daß ihre Bildung in irgendeiner Weise gleichzeitig und mindestens etwa zu gleicher Zeit erfolgt, wie die der Neurofibrillen. Nach der einen Ansicht sind sie ein ganz sekundäres Produkt, nach anderer Ansicht beteiligen sie sich an der Bildung der Fibrillen. Neuere Befunde BETHES scheinen letztere Ansicht zu stützen, da die SCHWANNschen Zellen auch bei der Regeneration von Nerven beteiligt erscheinen.

Die Synhapsen sind daher wahrscheinlich ebenfalls in frühen Entwicklungsstadien noch „Verschmelzungen“ und treten erst früher oder später, vielleicht darum auch mit individuellen Unterschieden mehr oder weniger als echte Synhapse (Kontakte) auf.

Unsere Auffassung von dem Vorhandensein von postembryonalen „Archineuronen“ in Gestalt der noch marklosen Nervenbahnen bzw. eines ihrer Anlage noch vorangehenden „Archineuriums“ würde demnach der Annahme einer primordialen (primitiv-arachaischen) „Urform des Nervensystems“ (HELD) entsprechen, erstere Form (die „Archineuronen“) im Hinblick auf den tatsächlich zuerst marklosen Zustand des Nervensystems bei schon vorhandenen Bahnen, letztere Form (das „Archineurium“), als eine noch primitivere im Hinblick auf die HELDsche Annahme eines uranfänglichen „Neurencytiums“, der auch nach O. HERTWIGS Ansicht nicht nur nichts im Wege steht, sondern die sogar durch Tatsachen gefordert erscheint.

Zugleich würde sie sich der BETHEschen Auffassung über den fibrillären Zusammenhang des cerebrospinalen Nervensystems einfügen, ohne deshalb doch der Annahme einer späterhin mindestens funktionell eintretenden Gliederung in Abschnitte (Neuronen, Reizfelder) zu widersprechen. Wie sich diesen funktionellen Tatsachen die anatomisch-histologischen Feststellungen auch einmal einfügen mögen, die Funktionsart dürfte entscheidend bleiben.[1]) Und dieser wollen wir uns daher auch ferner allein zuwenden. Alles aber, was von den peripheren Nerven gilt, müßte im Sinne des „konzentrischen Schichtenbaues“ auch vom Zentralorgan selbst und seinen Bahnen und Zentren gelten.

Bei der Geburt ist der Säugling nach O. FOERSTER ein Thalamus-Pallidum-Wesen. Das ihn auszeichnende „Bewegungsspiel“ (Athetose) steht nach O. FOERSTER der Generalisierung einer pallidären Athetose nahe; d. h. zugleich, daß seine Bewegungen Massenbewegungen sind, an denen jederzeit große Anteile des Gesamtkörpers beteiligt sind. Diese „generalisierte“ Säuglingsathetose hätte also nicht allein pallidären Ursprung, wie nach herrschender Anschauung auch die Athetose des Erwachsenen, sondern zugleich auch im Gegensatz zu jener pallidären Charakter, d. h. den Charakter der „Massenbewegung“. „Wenn es richtig ist, daß die angeborene generalisierte Athetose auf einem angeborenen Neostriatumdefekt (VOGT und FOERSTER) beruht, dann muß es Aufgabe des Neostriatums sein, auf Impulse vom Thalamus hin, das athetotische Bewegungsspiel des ‚Thalamus-Pallidum-Wesens‘ durch hemmende Beeinflussung des Pallidums (über die striopallidäre Bahn) zu sistieren und so ‚Haltung‘ zu erzeugen“ (E. KÜPPERS). Unter „Haltung“ versteht KÜPPERS hier das Vorhandensein mindestens eines festen Körperstammes, der an der Bewegung nicht mitbeteiligt ist, so daß die Bewegung, — anders als im obigen Falle —, nur eine Bewegung von Gliedmaßen ist, wie bei der Athetose des Erwachsenen (KÜPPERS, E.: Zeitschr. f. d. ges. Neurol. u. Psychiatrie 1923).

Bei diesem Bewegungsspiel des Neugeborenen fehlt aber nicht nur diese gröbere „Haltung“ im Körperstamm, sondern es fehlen auch weitgehender noch andere funktionelle Merkmale, die bei einem ausgereiften Nervensystem im Falle einer Athetose bemerkbar sind.

Das dauernde Bewegungsspiel des Thalamus-Pallidum-Wesens steht einer generalisierten Athetose nur nahe; denn die athetotischen Bewegungen, wie sie sich in ihrer echten Form beim erwachsenen Athetose-Patienten zeigen, enthalten in den meisten Fällen zugleich die charakteristischen funktionellen Zeichen der Mitwirkung von extrapyramidalen Bremsreflexen und namentlich noch feinerer Bewegungskoordinationen, also von statischen Reflexen, die in dem besonderen Charakter der Bewegungen zum Ausdruck kommt. Denn sie sind trotz ihres langsamen Verlaufs nicht allein oft scharf gegeneinander abgesetzt, vielmehr handelt es sich überhaupt nicht um „Massenbewegungen“, sondern um Bewe-

[1]) Vgl. hierzu S. 339, Anm.

gungen nur in kleinerem Umfange und an umgrenzter Stelle. Die athetotischen Massenbewegungen pallidären Charakters beim Säugling besitzen aber darüber hinaus noch ein ganz anderes Merkmal, das sie von der echten Athetose ganz prinzipiell und fast immer unterscheidet. E. KÜPPERS beschreibt dies folgendermaßen: es geht „eine Bewegung gleitend in die andere über, indem jede als solche einen Komplex von neuen Reizen erzeugt, der reaktiv zunächst die Bewegung auslöst oder unterstützt". Es trägt dieses Muskel- und Gliedmaßenspiel, wie andere Autoren noch schärfer bemerken, unmittelbar den Charakter der „Peristaltik", die als eine uralte Bewegungsgrundlage anzusehen ist[1]). Bei der echten Athetose hingegen gehen die einzelnen Bewegungsphasen selten gleitend ineinander über, sondern sind oft scharf gegeneinander abgesetzt, wie dies bei der Mitwirkung von (statischen) Bremsreflexen der Fall ist. Zugleich entbehren sie den Charakter der pallidären Massenbewegung. Es besteht Grund zu der Annahme, daß im Pallidum Bewegungskombinationen nach größeren Körperabschnitten (somatotopisch) zusammengeordnet und lokalisiert sind. Hiernach würde man das Auftreten von Massenbewegungen, an denen größere Teile des Körpers beteiligt sind, bei einem Thalamus-Pallidum-Wesen wohl verstehen können, nicht aber jenen ganz besonderen „peristaltischen" Charakter des frühkindlichen „Bewegungsspiels". Daß hier noch ein ganz besonderes Moment mitspielt, bringt auch O. FOERSTER schon dadurch zum Ausdruck, daß er dieses Bewegungsspiel als einer generalisierten Athetose Erwachsener nur „nahestehend" bezeichnet. Dieses „Bewegungsspiel" der Säuglingsphase trägt, obwohl wir es hier zum Teil wenigstens schon mit markreifen Nervenbahnen zu tun haben, also noch weitgehend den Charakter vegetativ innervierter glatter Muskulatur, bei der die Erregungen des einen Abschnittes ohne funktionelle Isolierung voneinander „gleitend" in den anderen überspringt. Sollte diese funktionelle Eigenart vielleicht in einem Funktionstypus zu suchen sein, für den das Bestehen eines Archineuriums (etwa im Sinne des HELDschen Neurencytiums) eine passende anatomische Grundlage abgeben würde? Der gleiche Funktionstypus würde auch bei schon vorhandenen, zum Teil nicht ausgereiften, dem marklosen (tonischen) Funktionstypus nahestehenden Leitungswegen (archineurotischen Bahnen) weitgehend erhalten bleiben können, also auch vorhanden sein können, ob nebenher noch ein Rest des Archineuriums besteht oder nicht. Weisen doch neuere neurologische Forschungen immer schärfer darauf hin (z. B. K. GOLDSTEIN a. a. O.), daß es in immer höherem Maße nötig erscheint, das funktionelle Moment gegenüber der rein anatomischen Struktur in den Vordergrund zu stellen.

Es ist ferner zweifellos, daß sich die verschiedenen Zentren nicht beziehungslos zueinander entwickeln, sondern organisch auseinander hervorgehen, daß hier also innere biologische und funktionelle Zusammenhänge bestehen, die ihnen auch schon vor der Markreifung eigentümlich sein müssen, die ja bei der Geburt im allgemeinen nur in Teilen des Pallidum und des Thalamus vollzogen ist. Es ist also anzunehmen, daß sogar auch gewisse Teile des Neencephalon und auch noch nicht markreife sonstige palaeencephale Teile des Zentralorgans auch beim Thalamus-pallidum-Wesen schon zusammenwirken, und zwar beide im Sinne jenes tonisch-vegetativen Funktionstypus. Die sogenannte „Markreifung" wäre

[1]) „... es ist das Verdienst von K. GOLDSTEIN und P. SCHUSTER, darauf hingewiesen zu haben, daß bei gewissen Störungen der Kleinhirntätigkeit diese urälteste Bewegungsgrundlage in den krankhaften Willkürbewegungen, z. B. der oberen Gliedmaßen, wieder hervortritt" (zitiert nach HOEPFNER, TH.: Die Grundlagen der Behandlung der assoziativen Aphasie. Die Hilfsschule Jg. 18, H. 4. 1925). Auch letzterer Umstand besonders verdient hier im Rahmen unserer funktionellen Betrachtungen Erwähnung (s. u.).

schließlich nur die Vollendung und Ausgestaltung von Bahnen, die, sogar zum Teil anatomisch nachweisbar, schon vorher bestehen. Sie ist, wie wir oben schon bemerkten, vielleicht nur der somatische Ausdruck einer Änderung des funktionellen Leitungs- und Koppelungstypus, nicht aber deren ursächliche Veranlassung und alleinige Grundlage. Wir wissen, daß die Markreifung teilweise schon im Mutterleib erfolgt, daß sie später allerdings gefördert wird durch die Einwirkung von Außenreizen (Edinger). Von Geburt an sind also zweifellos Bahnen vorhanden und diese „reifen", indem sie sich zugleich mit Markscheiden umgeben. Das besagt aber nicht, daß sie vorher überhaupt keine Funktion besitzen. Vielleicht könnte man daher diese Markscheidenbildung besser als den Ausdruck einer Änderung ihrer ursprünglichen Funktionen im gesamten Zentralorgan (Cortex und Subcortex) deuten, als den Ausdruck einer nunmehr völligen Isolierung und Festlegung der Funktion, die bewirkt, daß die Erregungen nunmehr in einer einzigen und bestimmten eindeutigen (einsinnigen) Richtung geleitet werden und auch unabhängiger werden von Erregungen, die in Nachbarbahnen laufen, während sich vorher diese Erregungen, da die sie leitende Bahn noch der isolierenden Schicht entbehrte, in mehrfacher Richtung zerstreuten und gegenseitig beeinflußt haben könnten. Dies könnte mit oder ohne die Annahme allerprimitivster syncytialer Verbindungen (im Sinne eines Archineuriums), die vor der Markreifung noch bestehen, den besonderen Funktionstypus des „Bewegungsspiels" des Säuglings erklären. Die vor der Markreifung anzunehmende Leitfähigkeit aller Bahnen und Zentren würde eine primitive Art der Koppelung aller Hirnsysteme oder Hirnschichten bedeuten, die wir daher als „primordiale Koppelung" bezeichnen und als eine primitiv-archaische Form der Koppelung der nach der Markreifung Platz greifenden und somit erst „sekundären", für den Erwachsenen „physiologischen Koppelung" aller Schichten des Zentralorgans gegenüberstellen wollen. Die primordiale Koppelung würde also den Charakter einer mehrdeutig (mehrsinnig) gerichteten Leitung tragen, die die Funktion des gesamten Zentralnervensystems der vegetativen Funktion nahe rücken könnte, also einer mehrdeutigen, diffusen, d. h. bei Einwirkung irgendeines Reizes auch an umgrenzter Stelle stets größere Teile des Organs umfassenden Koppelung, wie wir sie in den „Nervennetzen" vor uns haben, deren Eigenart, wie wir schon gezeigt haben, sowohl der anatomischen Beschaffenheit des postembryonalen Gesamtnervensystems als auch der Funktion des späteren menschlichen vegetativen Nervensystems mindestens funktionell näher steht als der Sonderart des cerebrospinalen Nervensystems in späteren markreifen Entwicklungsstadien. Hierzu würden auch die vorerwähnten Befunde Soltmanns und C. und A. Westphals an den peripheren Nerven des Säuglings stimmen, die einer solchen Beschaffenheit des Zentralnervensystems überhaupt entsprechen könnten. Wenn wir nun in Zukunft von „Archineuronen" bzw. „Archineurium" sprechen werden, so meinen wir damit vorzüglich den der vegetativ-autonomen Nervenleistung angenäherten primordialen (primitiv-archaischen) Funktionstypus im cerebrospinalen Nervensystem, der hier entwicklungsgeschichtlich vorgebildet erscheint und darum bereit liegt, um unter Umständen krankhaft hervorzutreten, während er in bestimmten Perioden der frühesten Ontogenese physiologisch zu sein scheint. Daß er auch bei Erwachsenen und im cerebrospinalen Nervensystem funktionell hervortreten kann, zeigen K. Goldsteins und P. Schusters Befunde bei Kleinhirnstörungen (Anm. 1, S. 344); was für die Peripherie des Organismus gilt, zeigt sich hier auch am Zentralorgan. In solchem funktionellen Sinne wird also „primordiale Koppelung" in Zukunft das Auftreten des

„archineurotischen bzw. primordialen Koppelungstypus“ innerhalb von Subcortex oder Cortex (Palaeencephalon oder Neencephalon) oder in beiden zusammen und beider untereinander zu bedeuten haben; es wird hierbei gleichgültig sein, ob dies auf Grund noch bestehender archineurotischer (markloser) Bahnen bzw. von Verbindungen im Sinne eines Archineuriums (Neurencytiums) denkbar ist, oder ob dies auch durch Neubildungen möglich wäre, wobei damit gerechnet werden muß, daß ein solcher Funktionstypus vielleicht auch auftreten kann, ohne daß überhaupt innerhalb histologisch bemerkbarer Strukturen irgendwelche Änderungen auftreten. Wir können hier also sinngemäß von primordialen (primitiv-archaischen) Aktionsbereitschaften sprechen, deren entwicklungsgeschichtliche Wurzel ontogenetisch in frühembryonale Entwicklungsphasen zurückweist und hier, — dies gilt wenigstens bei den höheren Wirblern —, nur in frühen Embryonalperioden physiologisch sein dürfte. Für Menschen aller Kulturstufen gibt es in physiologischer Breite, wie es scheint, nur eine einzige Ausnahme, bei der jener primitiv-archaische Koppelungstypus aller Organsysteme in einem ausgereiften und in einem physiologischen Funktionszustande befindlichen Zentralorgan wieder Platz greift. Hiervon wird später noch näher die Rede sein. — Wir können also diesen primitiv-archaischen (primordialen) Koppelungstypus sämtlicher entwicklungsgeschichtlich verschieden hoch stehenden Hirnschichten als einen besonderen (man kann sagen embryonalen) Gesamtzusammenhang (Koppelungstypus) aller Organsysteme und als eine primordiale Aktionsbereitschaft derselben den früher erwähnten palaeencephalen und neencephalen Aktionsbereitschaften des ausgereiften Nervensystems gegenüberstellen, die stets ein markreifes (nicht mehr embryonales) Zentralnervensystem zur Voraussetzung haben. Das „Bewegungsspiel“ des Neugeborenen trägt noch überwiegend den Charakter und Funktionstypus der primitiv-archaischen Aktionsbereitschaft. Letztere kommt ontogenetisch primär sowohl dem Neencephalon wie dem Palaeencephalon und ihren peripheren Äquivalente zu; hierauf werden wir später zurückkommen.

Besonders wichtig ist innerhalb der Hirnzentren das Verhältnis von Palaeencephalon und Neencephalon zueinander auch noch aus weiteren Gründen. Nach Flechsig reifen im Cortex (Neencepalon) die motorischen Bahnen ausnahmslos erst nach schon erfolgter Markreifung der sensiblen Bahnen. Im Subcortex (Palaeencephalon) dagegen finden sich markreife motorische Bahnen schon zu einer Zeit, wo die sensiblen hinteren Wurzeln noch ohne Markscheiden, also embryonal erscheinen. „In dieser Hinsicht besteht ein bemerkenswerter Gegensatz zwischen Großhirnrinde und verlängertem Mark“ (Subcortex) — „in der Großhirnrinde ist also der Reflex die Primärform der motorischen Betätigung“ (weil sich hier die motorischen Funktionen offensichtlich erst unter dem Einfluß der sensiblen ausbilden und Reizbeantwortungen dieser darstellen). „Alle Willkürhandlungen entstehen aus Rindenreflexen, gründen sich auf psychisch-reflektorische Vorgänge, — eine für die Auffassung der Willensentwicklung bedeutsame Tatsache.“ — Die subcorticale Motorik dagegen bildet sich nach dem Dargelegten schon aus, wenn die sensiblen Funktionen noch nicht entwickelt sind. Flechsig nahm daher eine primäre „Automatie“ wesentlicher Teile mindestens der subcorticalen Apparate an: „Hierdurch wird es ... wahrscheinlich, daß für die niederen Hirnteile die Automatie ... die Primärform der zentralen Funktionen darstellt. Die sensiblen Fasern wirken nach ihrer Fertigstellung auslösend, evtl. regulierend auf Zentren ein, welche schon vorher existierten und funktionstüchtig waren" (FLECHSIG: Lokalisation der geistigen Vorgänge. 1896. Sperrdruck von uns, d. Verf.). Diese schwierige Annahme einer „Automatie" erübrigt sich aber, wenn die sensiblen Bahnen, wie alle übrigen, schon vor der Markreifung irgendwie leitend sind.

Wir glauben daher nicht fehlzugehen mit der Annahme, daß eine gewisse Leitfähigkeit nicht allein den schon bei der Geburt markreifen Teilen zukommen dürfte, und daß sie somit mit unserer primordialen Koppelung zwischen Neencephalon und Palaeencephalon und innerhalb dieser Zentren selbst identisch sein könnte. Denn wie beim Säugling kurz nach der Geburt der periphere Nerv, der noch nicht völlig markreif ist, schon auf galvanische Reizung reagiert, d. h. leitet, ebenso muß wohl folgerichtig auch eine Leitfähigkeit aller derjenigen Teile des Zentralorgans angenommen werden, die sich zur gleichen Zeit in einem noch ähnlichen Zustande befinden und mindestens eine „Automatie" zeigen.

An Stelle der primordialen (primitiv-archaischen) und ursprünglich diffusen, weite Teile des Zentralorgans miteinander verbindenden und mehrdeutigen (mehrsinnigen) Weiterleitung von Reizen tritt also im Laufe der frühen Ontogenese, mit der Reifung, die eindeutig gerichtete, einsinnige, sekundäre, physiologische Koppelung in Wirksamkeit, die ein exaktes und isoliertes Ineinandergreifen der einzelnen Teilsysteme gewährleistet oder sie mindestens begleitet.

Der gesamte Organismus baut sich nach entwicklungsgeschichtlichen Gesetzmäßigkeiten auf. In dem „peristaltischen" Bewegungsspiel des Neugeborenen haben wir vielleicht die älteste physiologische (TH. HÖPFNER, a. a. O.) vegetativ-„tonische" Bewegungsgrundlage vor uns, die von der späteren, alterativen (statisch-reflexmäßigen und willkürlichen) Bewegung überbaut wird. Die früheste (primordiale) auf dem Wege über den motorischen Nerven auslösbare Muskelfunktion, die wir durch die galvanische Reizung beim Neugeborenen erhalten, ist also seiner echt innervierten gleich, zeigen aber beide zu dieser Zeit zunächst noch ganz den Bewegungscharakter vegetativer (tonischer) Innervation und glatter Muskulatur am Erfolgsorgan (hier dem Muskel). Wie wir gesehen haben, entspricht diesem Funktionstypus in dieser Zeit in ausgesprochener Weise auch der histologische Bau des peripheren Nerven und vielleicht, wie schon WESTPHAL andeutete, in vieler Hinsicht sogar auch der Bau der Muskulatur beim Säugling. Die vegetativen Endösen und Endschlingen, die BOEKE anatomisch in den Aufsplitterungen der motorischen Nerven nachwies, sind daher vielleicht nur die Überbleibsel der ursprünglichen, primordialen anatomischen Struktur des peripheren Nerven und des Zentralnervensystems, die in Einzelfällen auch noch im späteren Jugendalter, vielleicht sogar auch bei manchen undifferenzierten Erwachsenen teilweise erhalten bleiben könnte, um bei pathologischen Zuständen hier dann wieder leichter in Wirksamkeit zu treten als in anderen Fällen. Es schließt das aber nicht aus, daß die gleiche primordale Aktionsbereitschaft auch einmal in einem ausgereiften Nervensystem Platz greift: dies ist, wie wir heute annehmen dürfen, sogar ohne anatomische Veränderung denkbar.

Es würde dies alles in gewissen Grundzügen der Ansicht E. FRANKS und seiner Mitarbeiter entsprechen, die eine vegetative Versorgung der Skelettmuskulatur als eine primitive, tonische Muskelinnervation aufgefaßt wissen wollen, der sich die alterative (statische und willkürliche) Innervation nach allgemeinen biologischen Gesetzmäßigkeiten erst überordnet. Dafür wäre vielleicht die Markreifung der Ausdruck. Nach ihr nimmt der Charakter der galvanischen Nerv- und Muskelreaktion ihren gewöhnlichen, zuckenden Reaktionstypus an. Der Fehlgriff, den FRANK und seine Mitarbeiter bei der Entwicklung ihrer Theorie begingen, ist vielleicht nur der, daß sie die nur in jener frühen Periode echt innervatorisch „tonische" Funktion stets nur dem vegetativen Nervensystem des erwachsenen Menschen zuzuschreiben geneigt sind, während diesem in Wirklichkeit wohl von der ursprünglich „tonisch"-innervatorischen Funktion des gesamten Nervensystems späterhin nur noch die Tonuseinstellung, d. h. die Einstellung der Funktionsbereitschaft geblieben ist, mit der der Muskel auf die alterative und willkürliche Innervation reagiert. Der primordiale Funktionstypus einer vegetativ-tonischen Innervation liegt aber anscheinend selbst sogar im cerebrospinalen Nervensystem noch bereit (primitiv-archaische Aktionsbereitschaft). Jedenfalls legen dies die oben erwähnten Befunde von GOLDSTEIN und SCHUSTER nahe.

Wir haben schon früher erwähnt, daß die primitive und durch galvanische Reizung auslösbare Muskelfunktion beim Säugling eine Übereinstimmung zeigt mit dem Charakter der muskulären sogenannten Entartungsreaktion, die bei Degeneration peripherer Nerven im Muskel nachweisbar wird. Beide Arten, die muskuläre Säuglingsreaktion und die Entartungsreaktion am Muskel des erwachsenen Menschen, tragen den Charakter vegetativ innervierter Muskelbewegung. Es ist nun ein weithin gültiges biologisches Gesetz, daß beim Abbau höherer übergeordneter Funktionen die primitiveren nach ihren Eigengesetzlichkeiten zur Herrschaft gelangen. Es ist ein weiteres allgemeines biologisches Gesetz, daß gewisse Reaktionsarten, die auf primitiver Stufe in höherem Maße unter Beteiligung des Gesamtorganismus verlaufen (physiologische Integration HERTWIGS) bei Weiterdifferenzierung sich immer mehr auf Teilsysteme beschränken. Dieses Gesetz von der mit steigender Entwicklung geringer werdenden physiologischen Integration gilt, wie wir vorn erwähnten, für niedere Organismen. Für hochorganisierte Organismen mit bereits hochdifferenzierten Organsystemen und Zentren läßt sich das gleiche Gesetz sinngemäß dahin formulieren, daß hier alle Funktionen zunächst in höherem Grade unter Mitwirkung der Zentren und Zentralinstanzen vor sich gehen und mit steigender Entwicklung von ihnen immer unabhängiger und selbständiger werden: d. h. die Funktion rückt mit immer größer werdender Selbständigkeit der Teilsysteme in immer höherem Maße vom Zentralorgan in die Peripherie. Es könnte daher der Erscheinungstypus dieser muskulären d. h. peripheren und partiellen Entartungsreaktion vielleicht nur ein gleicher, an umschriebener peripherer Stelle auftretender sein, wie bei Veränderungen, die sich (infolge degenerativer Erscheinungen) bei Inkrafttreten eines primordialen Funktionstypus in Teilen sogar des cerebrospinalen Nervensystems oder in Zentralinstanzen, die weite Gebiete beherrschen, an weiten Muskelgebieten manifestieren, besonders leicht daher vielleicht bei undifferenzierten Individuen mit noch stärkerer physiologischer Integration, bei denen infolge dieser Entwicklungshemmung womöglich auch anatomisch gewisse Strukturen des Nervensystems erhalten geblieben sind, die dem Wiederauftreten eines primordialen Funktionstypus Vorschub und der Degeneration zunächst noch Widerstand leisten[1]). In diesem Sinne könnte man daher bei gewissen pathologischen Zuständen auftretende Spannungs- und Haltungsänderungen weiter Nerv-Muskelgebiete, wie z. B. die Flexibilitas cerea, als eine unter dem Einfluß entarteter Zentren stehende Art „generalisierter Entartungsreaktion“ deuten, bei der die primordiale Funktionskomponente durch den Abbau der höheren Funktionen auch im cerebrospinalen Nervensystem selbst erneut und mitunter sogar echt innervatorisch in Kraft tritt. Wir haben es also vielleicht gar nicht nötig, immer und in allen Fällen zur Erklärung solcher Zustände auf das eigentliche vegetative Nervensystem zurückzugreifen, wenn wir sie genetisch zu verstehen suchen: in gewissen primitiven Funktionsschichten kann der gleiche Funktionstypus vielleicht auch einmal rein funktionell und rein cerebrospinal auftreten, ob seiner Einschaltung hier anatomische Strukturen entgegenkommen (Undifferenziertheit) oder nicht. In ersterem Falle wird dies naturgemäß leichter geschehen.

Wenn nun ein solches Inkrafttreten der primordialen Funktion weiter Nerv-Muskelgebiete unter dem Einfluß von Zentren innerhalb eines funktionellen oder organischen Zerfalls des Zentralnervensystems vor sich geht und gleichzeitig übergeordnete Funktionen in anderen Teilen des Zentralnervensystems erhaltenbleiben, so würde es immerhin verständlicher werden, daß es auch zur Fixation einmal willkürlich, z. B. auch unbewußt angenommener Haltungen kommen kann, wie wir dies z. B. bei gewissen psychiatrischen Krankheitsbildern finden. Alles dies könnte also sogar erklärbar werden, selbst ohne daß man dem eigentlichen vegetativen Nervensystem oder diesem primordialen Funktionstypus des cerebrospinalen Systems echt innervatorische Einflüsse zuschreiben muß, eine Möglichkeit, die trotzdem für gewisse andere Fälle nicht ausgeschlossen zu werden braucht.

In dem Maße, als die marklose primordiale Struktur des Zentralnervensystems nach EDINGER unter dem Einfluß der Außenreize immer stärker zurücktritt, beginnen die willkürlichen Innervationen und statischen Reflexe innerhalb des cerebrospinalen Nervensystems zu überwiegen, d. h. die subcorticalen Bremsreflexe (extrapyramidale Motorik) und die corticalen Willkürbewegungen (über die Pyramidenbahn und cortico-subcortical laufend). Damit tritt (nach WESTPHALS Feststellungen frühestens jenseits der 8. Lebenswoche) bei galvanischer Reizung (Auslösung subcorticaler Aktionsbereitschaften, vgl. oben) und auch bei willkürlicher Innervation an Stelle der wurmartig kriechenden, tonischen Bewegung die ruckartig zuckende Bewegungsform des späteren Säuglingsalters, die ganz

[1]) Hier verdient Erwähnung, daß z. B. die vegetativen Fasern bei Degenerationsprozessen am längsten erhalten bleiben.

der Bewegungsform des Erwachsenen entspricht und zugleich derjenigen Form, die wir im Tetaniespasmus vor uns sehen (krampfend-zuckende Muskelbewegung). Hiermit steht in Einklang, daß echte Spasmophilie und ihre tetanisch-zuckenden Muskelkrämpfe nicht selten erst jenseits dieser ersten Lebensperiode beobachtet zu werden pflegen, während vorher tonische Krampfzustände häufig sind.

Hierzu stimmt auch, daß im gleichen Maße als die alterative (willkürliche und statische) Innervation gegenüber der primordialen vegetativen (tonischen) Innervation das Übergewicht gewinnt, die galvanische „Übererregbarkeit“, auftritt, die ein Hauptsymptom der Spasmophilie ist und an Stelle der anfänglichen galvanischen „Untererregbarkeit“ tritt. Diese „Untererregbarkeit“ scheint hier hauptsächlich darin zu bestehen, daß der Charakter der muskulären Reaktion anfangs überhaupt ein anderer ist und eine Untererregbarkeit vortäuscht, indem ihm die schnell zuckende „tetanische“ Bewegungskomponente fehlt, die das Begleitsymptom der später auftretenden galvanischen Übererregbarkeit und der echten Spasmophilie ist. Dabei mag die Feststellung F. H. Lewys erwähnt werden, daß z. B. beim ausgereiften Nervensystem des Erwachsenen Kaliumüberschuß (= Ca-Dissoziation = Spasmophilie) funktionell die tonische, schleppende gegenüber der alterativen, flinken Komponente der Bewegungsphänomene in den verschiedensten Nervenmuskelgebieten ins Übergewicht zu bringen vermag, während Calciumüberschuß ein verstärktes Hervortreten der letzteren bewirkt. Wir hätten es also bei der Umwandlung der anfänglichen „Untererregbarkeit“ des Säuglings in eine „Übererregbarkeit“ zunächst nur mit einer Änderung des Funktionstypus zu tun, der aber auch noch in der übererregbaren alterativen Phase in den Nerv-Muskelgebieten parat liegen muß, um hier u. U. in veränderter Form (ev. als Spasmus) hervortreten zu können: „Reizt man (Lewy a. a. O.) glatte Muskulatur unter Bedingungen, die ihre Lebensfähigkeit nicht in Frage stellt, so verhält sich ihre Erregbarkeit entgegen älteren Angaben nicht wesentlich anders als die quergestreifte, nur daß durchschnittlich stärkere Reize erforderlich sind.“ Diese Verhältnisse sind bemerkenswert im Hinblick auf die primordiale Struktur des Nervensystems der Säuglinge in der „untererregbaren Phase“, in der schon Westphal eine entsprechende anatomische Struktur auch der Muskulatur vermutete, und fordern daher zur Untersuchung auch der Säuglingsmuskulatur jener „untererregbaren“ (archaischen) Phase auf, in der auch eine archicapilläre Gefäßstruktur herrscht.

Das Auftreten der frühkindlichen galvanischen Übererregbarkeit aber fällt ferner zeitlich etwa zusammen mit der Ausreifung des Pallidums und Neostriatums und seiner Bremsreflexe, während ja die Reifung des Cortex noch nicht vollendet ist. Anscheinend in dem Maße, als sich die Reifung der Hirnrinde vollzieht, der man einen dämpfenden Einfluß auf die nachgeordneten Apparate zuschreibt, sinkt die galvanische Übererregbarkeit wieder ab[1]). Nur einmal noch erhebt sich die galvanische Übererregbarkeit, die von der 8. Lebenswoche an bis zu dem Lebensalter des Erwachsenen im allgemeinen absteigt, zu einem vorübergehend sogar noch höheren Gipfel. Dies geschieht in den zentralen Umstellungs- und Umgruppierungsvorgängen in Präpubertät und Pubertät (vorübergehende Enthemmung?). So zeigen ältere Kinder auch in normaler Breite eine höhere galvanische Übererregbarkeit als die Erwachsenen und teilweise eine höhere wie die Säuglinge. Es ist zu vermuten, daß außer gewissen zentralen Faktoren hierbei auch periphere, endokrine Drüseneinflüsse mitspielen, die ja auch in diese Funktionen eingreifen (vgl. Kap. III A).

Die alterative und statische Innervation tritt also innerhalb des Gesamtnervensystems ontogenetisch erst in langsamer Entwicklung auf, auf die auch die Außenreize einen Einfluß ausüben, und ordnet sich den primordial vorgebildeten, tonisch-vegetativen motorischen und archaisch-innervatorischen Aktionsbereitschaften über. Bei der Bewegung des vollentwickelten Erwachsenen unterstützen sich beide: der primordiale Funktionsanteil verbleibt im allgemeinen dem vegetativ-autonomen System und setzt hierbei nur noch bestimmte Einstellungen, Spannungszustände des Muskels, die dann in den Dienst der auslösenden alterativen (statischen und willkürlichen) Komponente treten, die eine Funktion des höher organisierten cerebrospinalen Teiles des Gesamtnervensystems wird. Nur unter besonderen experimentellen und pathologischen Umständen kann diese physiologische Arbeitsteilung und Verknüpfung der tonischen und alterativen Funktionen wieder gelöst werden: mitunter kann vielleicht selbst sogar im cerebrospinalen System der primordiale Funk-

[1]) Soltmann erklärte sogar schon die Neigung der Neugeborenen zu tonischer Kontraktion und schleppender Innervation durch die mangelnde Ausbildung höherer Gehirnzentren, auf die schon Colley hinwies, aber „um diese Zeit (d. h. jenseits der 8. Lebenswoche mit ihrer Untererregbarkeit, d. Verf.) ist die Erregbarkeit der peripheren Nerven eine bereits sehr große, ja vielleicht größere als beim Erwachsenen, während umgekehrt die Hemmungsmechanismen, die Willensfähigkeit (die psychomotorischen Rindenzentren) zwar in Ausbildung begriffen, aber noch keineswegs so mächtig, so fixiert sind in ihrer Wirkung, daß sie der leichten Übertragbarkeit von Reflexen einen festen Riegel vorzuschieben vermöchten.“

tionstypus wieder zur Herrschaft gelangen (ganz Entsprechendes gilt wahrscheinlich für die sensible und sensorische Sphäre). Dissoziiert voneinander treten die beiden Komponenten in den Atmungsversuchen von BEHRENDT und FREUDENBERG schon an normalen Individuen in Erscheinung[1]).

Können wir vielleicht in den intrauterinen „Kindesbewegungen" fast noch rein vegetativ innervierte Muskelbewegungen vermuten, so erscheint das Bewegungsspiel des Neugeborenen allenfalls aus tonischen und alterativen (statischen) Impulsen gemischt, wobei zunächst erstere absolut überwiegen. Falls bei den „Kindesbewegungen" schon statisch alterative Anteile bei der Bewegung mitwirken, so könnten sie höchstens den ältesten Teilen des Subcortex angehören, die nach KÜPPERS Vermutung die Orientierung des Organismus gegenüber der Schwerkraft besorgen und dementsprechend vielleicht bei wechselnder Lage und wechselnden Schwerkraftsverhältnissen die Orientierung des Kindeskörpers im Mutterleibe.

Die Formen der zunächst noch fast überwiegend subcorticalen (extrapyramidalen) Motorik, die mit der Markreifung (mindestens jenseits der 8. Lebenswoche) das „peristaltische Bewegungsspiel" ablösen, arbeiten reflexmäßig, treten also in zwangsmäßiger, eindeutiger Bindung an äußere und innere Reize (z. B. propriorezeptive im Muskel[2])) auf, und zugleich ohne höhere psychische Begleiterscheinungen (T-Typus); sie haben im Corpus striatum ihr oberstes Zentrum. Ebendort befindet sich das oberste Zentrum für den vegetativen Anteil, der ursprünglich (phylo- und ontogenetisch) wahrscheinlich auch die späterhin sogenannten cerebrospinalen Nerven mitumfassend, solange sie anatomisch noch auf gleicher Stufe und in dieser Phase stehen, selbständige Innervationen setzen kann, nach voller Entwicklung (Markreifung) aber nur noch eine Tonuseinstellung des Muskels, eine Funktion, die dann den bleibenden vegetativ-autonomen Nerven vorbehalten bleibt und im Bereiche des Subcortex (Palaeencephalon) als eindeutiger (einsinniger) Reflex auf äußere und innere, vor allem chemisch-physiologische Reize hin reguliert wird (T-Typus), weshalb wir die Funktion dieses subcorticalen vegetativen Reflexbogens als physiovegetativ bezeichneten. Seine Wirksamkeit ist im wesentlichen dem Parasympathicus (= Vagus) gleichzusetzen. In dem Maße, als sodann die Hirnrinde ausreift und anatomisch wächst, bemächtigt sich nun die willkürliche, nicht mehr nach Art des Reflexes eindeutig an den Reiz gebundene Innervation seitens des Neencephalon der Herrschaft über diese jetzt einsinnigen palaeencephalen Aktionsbereitschaften, und zwar auf dem Wege über die Pyramidenbahn und auf den cortico-subcorticalen Wegen. Mit ihr gleichzeitig tritt der psychovegetative Reflexbogen auf, der sich dem palaeencephalen physiovegetativen Reflexbogen überordnet und ihn damit der Einflußsphäre des Cortex zugänglich macht. Er ist wesentlich Funktion des Vagus und Sympathicus. Wir haben also auf der höheren, der corticalen Funktions-

[1]) Man weiß, daß der Tetaniespasmus mit gewissen Aktionsströmen am Muskel einhergeht, daß gewöhnliche Aktionsströme vorkommen, wenn alterative Impulse beteiligt sind (willkürliche oder statische). So ist es auch bei der Atmungstetanie von BEHRENDT und FREUDENBERG. Nun zeigte sich aber der gleiche Tetaniespasmus bei Ausschaltung des alterativen Nerven (Denervierung durch Umspritzung mit Novocain). Dies beweist, daß an der Muskelkontraktion beim Tetaniespasmus nicht nur der alterative Nerv beteiligt ist, sondern vorwiegend der Muskel selber und allenfalls noch andere Einflüsse, die BEHRENDT und FREUDENBERG auf eine vegetativ regulierte Ionenkonstellation (Ca-Dissoziation) im Muskel zurückführen. Hier fehlten dann die (gewöhnlichen) Aktionsströme (vgl. S. 306), obwohl der Spasmus der gleiche blieb, ja sogar unter Umständen noch stärker werden konnte. „Der ‚fehlende' Aktionsstrom oder richtiger die Abwesenheit kurzwelliger (bi-)phasischer Ströme (die die Form des Aktionsstromes bei alterativen Bewegungsphänomenen bei der üblichen Apparatur ist) ist aber das charakteristische Zeichen einer nicht tetanischen (nicht statischen oder willkürlichen = nicht alterativen) Erregung (LEWY, F. H.: a. a. O.)," d. h. also das charakteristische Zeichen eines tonisch-vegetativ innervierten Phänomens, z. B. aber auch eines rein peripheren, rein muskulären Spasmus, der aber jener tonisch-vegetativen nervösen Leistung (einer echten tonischen Innervation bzw. einer Tonuseinstellung) der Erscheinung nach gleichkommen kann.

[2]) D. h. auf Reize hin, die im Muskel selbst bei seiner Tätigkeit entstehen.

schicht, ebenfalls wieder eine tonische und eine alterative Funktionskomponente. Sie zeigen den B-Typus; im allgemeinen wirken sie zusammen, werden sich aber vielleicht unter besonderen Umständen auch hier voneinander dissoziieren können.

Wir haben früher gesehen, daß innerhalb gewisser motorischer Funktionen die tonischen und alterativen Anteile einen funktionellen Zusammenhang zeigen in dem Sinne, daß ihr Funktionseffekt gewissen Ionenverschiebungen äquivalent ist, d. h. durch Ionenverschiebungen in gewissem Umfange gleichsinnig ersetzbar ist. Ferner wurde gezeigt, daß diese Ionenverschiebungen auf ganz verschiedenem Wege hervorrufbar sind, so z. B. durch endokrine Faktoren, vegetativ-nervöse Einflüsse, Änderungen des Blutchemismus infolge von Einspritzungen (z. B. bei Phosphattetanie), medikamentöse Beeinflussung per os (z. B. Kalium- bzw. Calciumdarreichung), Überlüftung (z. B. bei Atmungstetanie) usw.

Bleiben wir in einer der beiden von uns unterschiedenen Entwicklungsschichten, so zeigen nach Markreifung alle die auf verschiedensten Wegen hervorrufbaren Funktionszustände im motorischen, aber auch auf sensiblem, sensorischem Gebiete und ihre niederen oder höheren psychischen Äquivalente einen bestimmten Typus, einen anderen Funktionstypus bei der subcorticalen (palaeencephalen) Funktionsschicht als bei der corticalen (neencephalen): der der subcorticalen Funktionsschicht für alle ihre verschiedenen Valenzen (motorische, sensible, sensorische, psychische Äquivalente) zugeordnete Funktionstypus ist der T-Typus, der der corticalen Funktionsschicht und ihren Äquivalente zugeordnete Funktionstypus ist der B-Typus. Von reinem B-Typus oder T-Typus sprechen wir, wenn wir Persönlichkeiten im Auge haben, bei denen die betreffenden Funktionsweisen, — die subcorticalen bzw. corticalen —, innerhalb der Gesamtpersönlichkeit vorwalten, entweder durch ein wirkliches Überwiegen von Subcortex oder Cortex oder nur in der Form, daß sich der Funktionsmodus aller Schichten entweder „subcortiform“ oder „cortiform“ verhält. „B- und T-Typus“ sind also in dieser Betrachtung nicht bloß Charakteristika für gewisse besondere Individuen, sondern Charakteristika für durchweg, — also bei allen Individuen —, vorhandene Funktionsschichten, und die Individuen vom reinen B- bzw. T-Typus erscheinen jetzt als Menschen, bei denen die eine bzw. die andere Funktionsschicht bzw. ihr Funktionstypus in größtmöglichster Reinheit und Isoliertheit sichtbar wird. Von beiden scharf zu trennen ist der archaische Funktionstypus. Auch er kann alle Schichten beherrschen.

Wenn wir dagegen die spezifisch verschiedenen Reaktionsweisen oder deren anatomische Substrate selbst ins Auge fassen, reden wir von B- und T-Komplex (bzw. B. und T-Komponente)[1]). Mit dieser Terminologie läßt sich sagen: der

[1]) Hierbei ist, wie früher dargelegt, im Auge zu behalten, daß jeder dieser beiden psychophysischen Komplexe (Wirkungszusammenhänge) somatisch wie psychisch, also z. B. auf motorischem, sensiblem, sensorischem und psychischem Gebiet, eine Reihe von äquivalenten Erscheinungen umfaßt, die in ihrem spezifischen Typus bestimmt sind durch die Entwicklungsschicht, der jeder der beiden großen psychophysischen Komplexe entstammen. Wir gingen immer zunächst aus von den eidetischen Äquivalente dieser Komplexe und zogen im Laufe der Untersuchung nacheinander auch die übrigen äquivalenten Erscheinungen der jeweiligen Entwicklungsschicht in Betracht. Von Äquivalente sprachen wir so lange, als es sich um Erscheinungen handelte, die zu gleicher Zeit, — in der gleichen Entwicklungsphase —, mit den eidetischen Erscheinungen auftraten. Wir haben aber vorn schon betont, daß wir den Begriff der Äquivalente noch erweitern müssen. Jedem der beiden psychophysischen Komplexe entsprechen außer den Äquivalente, die innerhalb einer bestimmten Entwicklungsphase des Einzelindividuums gleichzeitig manifest werden, auch noch andere äquivalente Erscheinungen, die in diesem Sonderfalle nicht hervortreten mögen, wohl aber in einem sonst ähnlich gearteten Falle und damit ihre Zugehörigkeit zu dem gleichen psychophysischen Komplex bzw. Typus erweisen, um so mehr, als sie auf derselben Grundeigentümlichkeit beruhen wie die übrigen Merkmale (Valenzen). Es ist dies eine Erscheinung, die in der allgemeinen Biologie ihre Parallelen besitzt (vgl. Anm. 2, S. 34).

T-Komplex ist dem B-Komplex im allgemeinen untergeordnet, untersteht seiner Einflußsphäre, insofern sein Funktionszustand durch das Eingreifen des ihm übergeordneten B-Komplexs modifiziert wird. Beim reinen T-Typus fällt diese Herrschaft des B-Komplexes weg und der T-Komplex tritt stärker in Erscheinung als beim Durchschnittsmenschen mit ausbalancierter B- und T-Komponente. Umgekehrt tritt beim B-Typus der B-Komplex reiner und stärker in Erscheinung als bei Menschen mit ausbalancierter B- und T-Komponente. Der T-Komplex steht hier stärker unter der Einflußsphäre des B-Komplexes als sonst. Dementsprechend sind die Menschen vom ausgeprägten B-Typus nicht selten Angehörige von SIGAUDS Type cérébral. — Im allgemeinen wirken nun innerhalb des T- wie des B-Komplexes diejenigen Funktionen zusammen, die, wie dargelegt, äquivalente Wirkungen hervorbringen. So z. B. finden sich bei dem Tetaniespasmus innerhalb seiner nervösen Grundlagen eine „alterative" und ebenso eine „tonische" d. h. vegetative Wirkungskomponente. Erstere zeigt den (gewöhnlichen) kurzwelligen, letztere den langwelligen Aktionsstrom. Beide sind nach LEWY auch im normalen Muskel (letztere hier allerdings nur unter besonderen Versuchsbedingungen immer) nachweisbar. Es steckt gewissermaßen in jedem quergestreiften Muskel zugleich die Funktion eines glatten: die „tonische" Komponente der Muskelbewegung. Aber auch die endokrinen und die Ionenverhältnisse usw. wirken bei ihr mit. Der Tetaniespasmus kommt im allgemeinen unter Beteiligung statischer Innervationen zustande; dann zeigt er einen kurzwelligen Aktionsstrom. Er kann aber auch ohne statische nervöse Komponente und daher ohne gewöhnlichen Aktionsstrom zustandekommen, z. B. vegetativ, aber ebenso auch rein blutchemisch und rein muskulär oder endokrin bedingt sein. Dann könnte er allenfalls einen langwelligen Aktionsstrom zeigen. Es kann eben das Zusammenwirken der bei einem Phänomen physiologischerweise synergetisch in Funktion tretenden verschiedenen Wirkungskomponenten eines Typus unter experimentellen oder pathologischen Bedingungen aufgehoben werden[1]), und es kann dann jede Komponente für sich ein Phänomen hervorrufen, das den gleichen hier also den tetanoiden Funktionstypus zeigt, der ebensowohl tonisch wie alterativ (vgl. S. 306) entstehen kann, immer aber ein markreifes Nervensystem voraussetzt.

Es gibt nun im Gebiete der menschlichen Pathologie motorische Erscheinungen verschiedenster Art, über deren Wesen man heute noch sehr im unklaren ist. Hier ist z. B. an die schon erwähnte Flexibilitas cerea, die katatonische Starre, hysterische und andere Starrezustände zu denken. Bei den meisten dieser Zustände sind die Angaben der Autoren über das Vorhandensein von Aktionsströmen schwankend, deren kurzwelliges biphasisches Auftreten zweifelsfrei die Beteiligung einer alterativen und überhaupt nervös-innervatorischen (also einer statischen bzw. einer willkürlichen) über das cerebrospinale System laufenden Bewirkung beweisen würde. SPIEGEL selbst bemerkt hierzu, daß mit dem weiteren Ausbau der Methoden immer mehr Zustände scheinbarer Stromlosigkeit sich aus oscillatorischen Erregungen zusammengesetzt erweisen würden, wie dies der willkürlichen bzw. statischen Erregung entspricht: „So wurden in jüngster Zeit für die hypnotische Katalepsie, bei der übrigens schon FRÖHLICH und MEYER eine geringe Unruhe des Saitengalvanometers feststellen konnten, durch REHN, WEIGEL, ferner bei der Bulbocapninkatalepsie durch DE JONG, beim Parkinsonrigor durch REHN, bei der Katatonie durch HÖVER oszillierende Muskelströme nachgewiesen . . . So fand auch BUYTENDYCK bei der Enthirnungsstarre geringgradige Aktionsströme".

[1]) Das beweisen die Beobachtungen BEHRENDTS und FREUDENBERGS bei der Atmungstetanie (Klin. Wochenschr. 1923), ebenso neuere Arbeiten von BEHRENDT und KLONK (ebenda Nr. 29. 1924); BEHRENDT und HOPMANN (ebenda Nr. 49. 1924).

Wir müssen jetzt die Möglichkeit offen lassen, daß die Verschiedenheit und Unsicherheit obiger Angaben nicht allein dem Mangel der Untersuchungstechnik zugeschrieben werden darf, sondern daß diese äußerlich gleich erscheinenden Vorgänge tatsächlich bald mehr nervös-tonisch und bald mehr alterativ bedingt sein können, ebenso aber vielleicht auch manchmal endokrin, blutchemisch, muskulär usw., also mitunter überhaupt ohne nervöse Grundlage, und daß sie daher bald mit, bald ohne den gewöhnlichen Aktionsstrom verlaufen können bzw. nur mit solchen Aktionsströmen, die auch noch bei nicht alterativ-nervös bedingten Muskelphänomenen auftreten können, die aber beide in ihrem ganz verschiedenen Charakter bei bestimmter Versuchsanordnung nach LEWY sogar im normalen Muskel nachweisbar sind (siehe hierzu LEWY, S. 90f.; oben S. 306). Dies wird in weitem Umfange abhängen einerseits von dem Personaltypus des betreffenden Individuums, unter Umständen aber auch bei gleichem Personaltypus davon, ob bei diesen Zuständen die vegetativ-tonische von der alterativen (willkürlichen bzw. statischen) Komponente aus irgendwelchen pathologischen Gründen dissoziiert ist und daher für sich die betreffenden Wirkungen erzeugt, oder ob überhaupt die nicht nervösen Wirkungskomponenten den gleichen funktionellen Zustand (Komplex) hervorgebracht haben. Innerhalb „tonisch" bedingter Phänomene obiger Art wird es zugleich auch solche geben, die mehr physiovegetativ bedingt sind und andere, die mehr auf psychovegetative Einflüsse zurückzuführen sind, wieder andere auf archaisch-tonische. Ferner wird die Frage sein, wieweit an diesen Zuständen nicht manchmal das cerebrospinale Nervensystem selbst durch Einschaltung seines „tonischen" primordialen Funktionstypus (seiner eigenen primordial-archaischen Aktionsbereitschaft) beteiligt ist.

O. HERTWIG hat bei niederen Organismen von „Integration" gesprochen und darunter auch mit verstanden, daß ein Organ mehrfache Funktionen ausübt, die später an verschiedene Organe verteilt werden (S. 291, Anm. 2). Auch wenn verschiedene Organsysteme schon ausgebildet und die Funktionen an diese bereits verteilt sind, kann trotzdem durch die Koppelung der Organsysteme ein ähnlicher Erfolg entstehen, wie bei noch hochgradiger physiologischer Integration bzw. geringgradiger Differenzierung. Es werden z. B. im Zustand der Integration die Funktionen a und b vom Organ A noch gemeinsam besorgt:

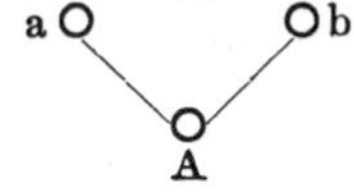

Später a nur von A und b nur von B:

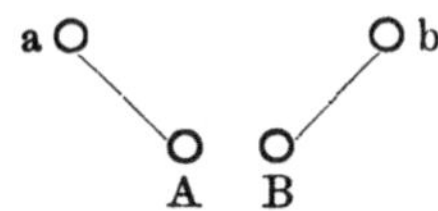

Wenn nun aber A und B, diese beiden bereits differenzierten Organsysteme, miteinander eng verbunden oder gekoppelt sind, kann auch hier wieder durch die Tätigkeit von A zugleich die Funktion a und b hervorgerufen werden:

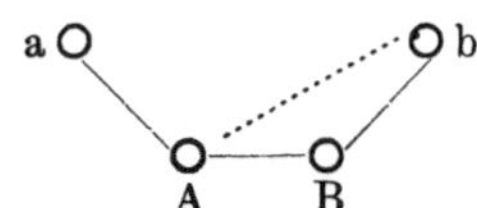

Wir haben nun auf menschlicher Entwicklungsstufe von zwei Formen der Koppelung gesprochen, von einer primordialen und einer sekundären. Die primordiale findet sich ontogenetisch auf frühen, die sekundäre auf einer späteren

Entwicklungsstufe. Zugleich ist in frühen phylogenetischen Entwicklungsstufen die physiologische Integration eine höhere als in späteren. Es scheint sich also so zu verhalten, daß bei vorhandenen Organsystemen (z. B. auf menschlicher Stufe) die primordiale Form der Koppelung der physiologischen Integration noch näher steht, die sekundäre ihr ferner.

Mit fortschreitender Entwicklung verselbständigen sich immer mehr die Organsysteme und werden, jedes für sich, auf einen engeren Funktionsbereich eingeschränkt. Gleiches wie für die Phylogenese gilt auch für die Ontogenese. Der Tetaniespasmus insbesondere, an dem beim Kind noch zentrale Faktoren einen wesentlichen Anteil haben, wird daher auch in der Ontogenese mehr und mehr eine Funktion des Muskels selbst. So können wir die Erfahrungstatsache erklären, daß beim Kind in weitem Umfang auch außerhalb und fern vom Muskel einsetzende Einflüsse in weitem Umfang Tetanie auslösen können, beim Erwachsenen dagegen, eine gewisse Disposition vorausgesetzt, viel ausschließlicher Faktoren, die auf bestimmte periphere Muskeln einwirken oder wenigstens auf die Nerven, die diese peripheren Muskelgebiete im engeren peripheren Bezirk beherrschen; zugleich entspricht es auch der klinischen Erfahrung, daß die Krankheit Tetanie (bzw. Spasmophilie) bei Kindern stets in höherem Grade den Gesamtorganismus ergreift und auch in höherem Grade unter Beteiligung zentraler Faktoren vor sich geht als beim Erwachsenen, wo sie meist nur auf periphere Gebiete beschränkt ist.

Es scheint sich daher auch so zu verhalten, daß in niederen (besonders vielleicht phylogenetisch niederen) Entwicklungsphasen mit noch stärkerer Integration oder engerer Koppelung die Muskeln mehr oder weniger überhaupt nur in Verbindung mit den ihnen zugeordneten Nervengebieten (und vielleicht auch deren zentraleren Adnexen) gewisse Leistungen hervorbringen können. Dies würde zu erklären vermögen, warum Behrendt und Freudenberg bei der Atmungstetanie des erwachsenen Menschen einen durch die Hyperventilation hervorgerufenen Tetaniespasmus auch nach Denervierung (Umspritzung durch Novocain) innerhalb des entsprechenden Muskelgebietes bestehen bleiben sahen, während ein entsprechender, beim Versuchs**hund** durch Phosphateinspritzungen in die Blutbahn hervorgerufener Tetaniespasmus nach Ausschaltung des zugehörigen Nerven durch Novocain nicht bestehen blieb. Letztere Beobachtung stammt von Freudenberg und Laewen (Klin. Wochensch. 1923). Vielleicht würde der Behrendt- und Freudenbergsche Versuch auch beim Menschen anders ausfallen, wofern man hier als Versuchspersonen **junge Kinder** nehmen würde, und unter Umständen würden sich vielleicht sogar gewisse reine Typen von erwachsenen Versuchspersonen wenigstens graduell verschieden verhalten. Es liegt immerhin die Vermutung nahe, daß ein reiner T-Typ im Falle des Tetaniespasmus durch Hyperventilation ein Erhaltenbleiben dieses Spasmus in ausgeprägterem Maße zeigen könnte als z. B. ein B-Typus oder BT-Typus. Denn dem B- bzw. BT-Typus kommt wahrscheinlich überhaupt eine stärkere Integration (engere Koppelung) zu. Ihm ist aber zugleich eine ganz besondere Art der Integration eigentümlich; auf diese kommen wir jetzt zu sprechen.

Mit der Entwicklung des Neencephalon, dessen Beziehung zum B-Komplex (B-Typus) wir auseinandersetzten, setzt nämlich eine ganz neue Form der Integration ein: die Funktionen, in weitem Umfange auch die somatischen, treten in Abhängigkeit vom Neencephalon und damit auch von Affekten und Vorstellungen.

Man könnte noch zweifelhaft sein, ob wir hier mehr von Integration oder mehr von Koppelung zu reden haben, und ebenso könnte man zweifelhaft sein, ob beim B- und T-Komplex das Verhältnis von Integration und Koppelung das gleiche ist, nämlich so, wie wir es vorher geschildert haben. Wir neigen nämlich dazu, beim B-Komplex überhaupt eine stärkere Integration anzunehmen als beim T-Komplex, weil beim B-Typus das vegetativ-autonome Gesamtnervensystem in **allen** seinen Teilen übererregbar ist, also die Reaktionsweise vorwiegend bestimmt: wir haben vorher ausgeführt, daß, sofern beim T-Komplex überhaupt von Integration geredet werden kann, dies dann der Fall ist, wenn seine primordiale Koppelung der Integration noch einigermaßen nahesteht; diese primordiale Koppelung zeigt eine Art Funktionstypus des vegetativ-autonomen Systems, dessen starkes Hervortreten den B-Typus charakterisiert. Beim T-Typus ist aber eine vegetative Stigmatisierung, sofern eine solche überhaupt nachweisbar ist, immer nur auf Teilgebiete des vegetativ-autonomen Systems, auf den Vagus beschränkt; in ihrer Hauptsache liegen ja die Stigmen des T-Typus auf cerebrospinalem (alterativem) Gebiete. Da nun die Koppelung auf dem Wege über einen vegetativ-autonomen Funktionstypus der primordialen angenähert zu sein scheint, die Koppelung auf dem Wege des alterativen Systems sekundär ist, so haben wir beim B-Typus mit seinem bedeutenden Übergewicht von vegetativ-autonomer Erregbarkeit wieder eine Art primordialer (nunmehr aber psychovegetativ-neencephale), in gewissen Grundzügen also wiederum eine der HERTWIGschen physiologischen Integration näher stehende Koppelung anzunehmen, beim T-Typus mit seinem Übergewicht des cerebrospinalen, isolierten Systems eine sekundäre, der HERTWIGschen physiologischen Integration fernerstehende Koppelung, die nur in besonderen frühen Entwicklungsphasen, — bei noch vorhandener archaischer (hier physiovegetativ-palaeencephaler) Koppelung —, eine gewisse Annäherung an die HERTWIGsche physiologische Integration haben kann, auch dort, wo wir es, wie beim menschlichen Organismus, auch in frühen Entwicklungsphasen schon mit komplizierten Organsystemen zu tun haben. Der B-Typus ist gegenüber dem T-Typus mit anderen Worten überhaupt der stärker integrierte, zugleich aber ist diese Integration eine stark vorwaltend psychovegetative. Da wir beim T-Typus, sofern wir dort überhaupt von einer Integration reden können (höchstens in besonders frühen Entwicklungsphasen, z. T. noch in der eidetischen Einheitsphase[1]) oder aber unter pathologischen Umständen) im allgemeinen nur von Koppelung zu reden haben, und wenn schon eine gewisse Integration vorliegt, diese einen überwiegend physiovegetativen Charakter trägt, so können wir die beim B-Typus immer in höherem Grade vorhandene Integration im Unterschied dazu als eine psychophysische (bzw. psychovegetative) Integration bezeichnen. Der B-Typus besitzt also gegenüber dem T-Typus eine stärkere psychophysische Integration, d. h. es können bei ihm vom Neencephalon sehr viele, auch somatische Wirkungen ausgehen, die beim Durchschnitt der Menschen dem Wirkungsbereich des Neencephalon, besonders seinen höheren Schichten (Affekte, Vorstellungs- und Willensleben) entzogen sind.

Der B-Typus wird also bewirken können, daß hier mitunter Erlebnisinhalte („Erlebniskomplexe") geradezu unmittelbar an Stelle echter anatomischer „Zentren" treten können („Bildung psychischer Zentren")[2]) und daß sich, bewußt

[1]) Hieraus scheint sich biologisch zu erklären, warum z. B. in der eidetischen E-Phase, die beim B- wie beim T-Typus eine noch engere Koppelung zu besitzen scheint, (weil sie ontogenetisch besonders primitiv ist), eine Annäherung der eidetischen Phänomene des T-Typus an die des B-Typus erfolgt, ebenso aber auch eine Annäherung beider Typen aneinander innerhalb sonstiger Reaktionsarten und Umweltbeziehungen (Kohärenzerscheinungen).

[2]) Hier hat die Psychoanalyse und die Psychotherapie ihre ihr von der Entwicklung zugewiesenen Angriffspunkte. — (Die „Plastizität" des Nervensystems [S. 336f.] legt sogar die Möglichkeit nahe, daß solche „psychische Zentren" als erster Niederschlag von „Erlebniskomplexen" in der Ontogenese wie auch der Phylogenese mitunter die Vorläufer einer erworbenen und dann schließlich auch vererbbar werdenden anatomischen Strukturveränderung sein könnten (Engramme), also die Vorläufer anatomischer Zentren. [Vgl. hierzu JAENSCH, E. R.: Über den Erwerb der festen Netzhautraumwerte beim ontogenetischen Aufbau der Wahrnehmungsfunktion, S. 28, Anm. 1, 4; S. 6, Nachwort und BLEULER, E.: Die Psychoide als Prinzip der organischen Entwicklung. Berlin: Julius Springer 1925.] Es wären dies Vorgänge von solcher Feinheit, wie sie freilich bisher noch nicht in den Umkreis jener auch heute noch so arg umstrittenen Problemstellung über die Möglichkeit des Neuerwerbs vererbbarer Eigenschaften einbezogen worden sind.)

oder unbewußt, psychische Reize verschiedenster Art (exogene und endogene) gegebenenfalls bis zu kataleptischer Starre und Flexibilitas cerea somatisch auswirken, und daß in ihrem Gefolge Lähmungen und u. a. auch Sensibilitätsstörungen aller möglichen Art im Somatischen sich werden durchsetzen können, und zwar ohne jede Rücksicht auf die cerebrospinale Nervenverteilung und Muskelinnervation. Je reiner solche Erscheinungen dem B-Typus angehören, insbesondere, je reiner das Individuum, welches derartige Erscheinungen zeigt, diesen Typus repräsentiert, um so schwerer wird, bei Verwendung der üblichen Apparatur, bei dystonischen Syndromen der Nachweis von (kurzwellig-biphasischen) Aktionsströmen sein, die immer für eine Mitwirkung der alterativen cerebrospinalen Innervation sprechen, während langwellige, phasische Aktionsströme auch bei der vegetativ-tonischen Erregung vorkommen, nach Lewy sich aber nur bei verfeinerter Untersuchungstechnik und dann sogar am normalen Muskel, hier als Ausdruck der Tonus„einstellung", zeigen.

Die hohe psychophysische Integration des B-Typus bzw. des BT-Typus, welche letztere gerade im weiten Umfang die besondere psychophysische Konstitution des Kindesalters darstellt, wird bewirken, daß z. B. auch bei der Erregung irgendeines beliebigen Sinnesgebietes Reaktionen auch auf anderen Sinnesgebieten auftreten können, die selbst nicht unmittelbar vom Reiz getroffen werden (Synästhesien). So erklärt sich vielleicht auch, daß gerade bei diesem Typus akustische Störungsreize bei der Betrachtung von optischen AB letztere in ganz besonders durchgreifender Weise verändern können, daß ferner, wie im Psychologischen Institut in Marburg gezeigt werden konnte, Synästhesien verschiedenster Art im frühen Kindesalter überaus weit verbreitet sind (H. Freiling). So erklärt sich vielleicht auch, daß sich gerade beim BT- oder B-Typus auch später z. B. Muskelempfindungen wie Zerren oder zusammenpressende Reize so stark im Gesamtorganismus durchsetzen, daß nicht nur in optischen Anschauungsbildern, sofern solche nachweisbar sind, sondern sogar in den gewöhnlichen Wahrnehmungen Veränderungen vorgehen, die sich sogar in einer Veränderung der Sehschärfe äußern können. Es ist dies eine Erscheinung, die, wie E. R. Jaensch zeigen konnte, in gewissen Entwicklungsphasen, in denen bei fast allen Individuen, wenn auch manchmal nur ganz vorübergehend, gewisse sensitive Valenzen in den Vordergrund treten, sehr häufig ist, und die wahrscheinlich mit einem in den Vordergrundtreten des B-Komplexes im Zusammenhang steht. Da es sich hierbei u. a. um den „sensitiven Pubertätstyp" (E. R. Jaensch) handelt, so ist hier an die Weiterdifferenzierung der Cortex in dieser Periode ebenso zu erinnern, wie an die Pubertätsschilddrüse. Auch bei voll Erwachsenen sind nach dem Ergebnis der einschlägigen Marburger Arbeiten diese Erscheinungen bei B- bzw. BT-Typen stärker als bei T-Typen, verschieden aber auch etwas nach der Art der angewandten Reize, d. h. ob sie mehr auf somatischer oder psychischer Ebene verlaufen. Es ist eben die enge Durchdringung, vor allem die seelische Durchdringung aller Funktionen („psychophysische Integration") ein Grundmerkmal des B-Typus bzw. B-Komplexes, während beim T-Typus bzw. T-Komplex alle Funktionen mehr oder weniger voneinander abgespalten und in hohem Maße verselbständigt sind[1]). Das zeigen hier nicht nur die eidetischen Erscheinungen, sondern vor allem auch die Eigenschaften

[1]) Gleiches gilt entsprechend für die in dieser Arbeit ebenfalls schon erwähnten Unterformen des B- und T-Typus: den oft hochgradig intellektuellen T-Typus, der meist gröbere somatische Stigmen des T-Typus vermissen läßt, und den entsprechenden B-Typus, den körperlich oft allein der „beseelte Augenglanz" auszeichnen kann (vgl. hierzu S. 4, 109, 140—148); Entsprechendes gilt für die in Kap. VI erwähnten weiteren Unterformen des B- und T-Typus, den T_E- bzw. B_H-Typus (vgl. hierzu auch Kap. VII, 4, Kap. VIII) und

des höheren Vorstellungslebens, die der Wahrnehmungswelt und schließlich auch motorische Besonderheiten des T-Typus. Es ist ferner die Reaktionsform der neencephalen (corticalen bzw. cortiformen) Funktionsschicht nicht eine einsinnige, bestimmten äußeren und inneren Reizen eindeutig zugeordnete, wie die Reaktionsformen der palaeencephalen (subcorticalen bzw. subcortiformen) Funktionsschicht. Zwischen die Reize und ihre Beantwortungen schieben sich hier immer psychische Faktoren, die jeweils die Reaktion abzuändern vermögen. Da das Neencephalon die Fähigkeit besitzt, die Reize der Außenwelt als Engramme aufzubewahren, sind seine Reaktionen auch nicht notwendig an den unmittelbar vorangegangenen Reiz geknüpft und darum auch in zeitlicher Hinsicht weniger an den Reiz gebunden. Das Neencephalon besitzt die Fähigkeit, diese Engramme zu verarbeiten und zu verknüpfen, gemäß den jeweils an den Organismus herantretenden Aufgaben. Ihm kommen phylo- und ontogenetisch zuerst Affekte zu, und auf dieser Grundlage entwickeln sich späterhin schichtenweise die höheren geistigen Eigenschaften. Zugleich ist an das Neencephalon die Fähigkeit des Bewußtseins geknüpft. Zuerst noch eng an die somatischen motorischen, sensorischen und sensiblen Vorgänge gebunden, mit ihnen noch stark psychophysisch integriert, tritt mit steigender Entwicklung mit immer größerer Selbständigkeit das „Ichbewußtsein" auf, und damit tritt, — mit sinkender psychophysischer Integration und steigender „Invarianz" (im Laufe der Entwicklung) —, das geistige „Ich" mit immer größerer Selbständigkeit der Außenwelt und den körperlichen Seiten der Persönlichkeit gegenüber. Es ist ein wesentliches Kennzeichen der mit steigender Entwicklung sinkenden psychophysischen Integration, daß die psychischen Äquivalente der psychophysischen Funktionsabläufe eine immer stärker werdende Invarianztendenz zeigen. Diese Invarianztendenz ist ein allgemeines Kennzeichen der Entwicklung alles Seelischen überhaupt, wie wir im allgemeinen Teil dieses Kapitels und auch früher schon (Kap. I) auseinandergesetzt haben. Irgendeine Art „Ich" mag sich somit auch auf anderen entwicklungsgeschichtlichen Stufen selbst phylogenetisch finden. Auch ontogenetisch, im Kindesalter, ist das „Ich" anders als später beim Erwachsenen: es ist anfänglich noch enger mit den somatischen Funktionsabläufen verknüpft und darum hier auch vom Somatischen her noch stärker beeinflußbar. Später gewinnen die geistigen Strukturen dagegen — mit ihrer steigenden Invarianz — eine immer stärker ausgeprägte eigene Struktur, die, — in ihren Grundzügen sowohl genotypisch als auch phänotypisch von den tieferen Schichten her mitbestimmt —, immer weniger vom Körperlichen her beeinflußbar wird.

Eine entsprechende Entwicklung macht wahrscheinlich die Willensfunktion durch, die ja zum „Ich" immer in besonders nahe Beziehungen gesetzt wurde (W. Wundt), und in einer solchen wohl auch steht. Somit sind auch im Bereiche des Ich und der Willensfunktion verschieden hohe Schichten zu unterscheiden: niedere, die eine weitgehende, und höhere, die eine geringere (selbst innerhalb des B-Komplexes wechselnde) psychophysische Integration erkennen lassen. Ganz niedere Willensschichten und vielleicht auch hier vorhandene Ich-Funktionen werden wohl auch selbst dem wirklich subcorticalen T-Komplex zugerechnet werden müssen, die im normalen Falle indessen meist in höherem Grade als selbst niedere Schichten oder subcortiforme Funktionsweisen[1]) des B-Komplexes als dem eigentlichen geistigen „Ich" fremd und nicht „persönlichkeitsadäquat" erscheinen.

---

die in Kap. VII, 3 a—c erwähnten Kümmerformen aller dieser Typen (KB-, KT- [usw.] Typen) und ihre Mischformen.

[1]) Das gilt nur von ganz reinen oder an der Grenze des Pathologischen stehenden T-Typen und namentlich Krankheitsfällen. Aber auch bei normalen und hochwertigen

Auch innerhalb der Willens- und Ich-Funktionen wird also die richtige Ausbalancierung und auch die Koppelung innerhalb von B- und T-Komplex, ebenso wie zwischen ihnen, also zwischen Neencephalon und Palaeencephalon (oder Cortex und Subcortex) bzw. die formale subcortiforme oder cortiforme Gesamtstruktur aller psychophysischen Schichten dem Gesamtcharakter eines Individuums eine gewisse Ausgeglichenheit verleihen oder mehr oder weniger stark sich widersprechende Züge[1]). Zugleich wird das Übergewicht des einen psychophysischen Komplexes über den anderen, also bei reinen B- und T-Typen, auch dem Typus des Ich oder seiner Willensfunktionen seinen einheitlichen Grundzug aufdrücken. Ganz Entsprechendes müßte sich dann auch in bestimmten charakterlichen Grundzügen äußern, zugleich aber auch z. B. in den Wahrnehmungsvorgängen.

Von einer psychophysischen Integration kann nun bei den verschiedensten Funktionen gesprochen werden, genau wie bei den Besonderheiten der AB_B bzw. AB_{VB} im engeren Sinne auch bei der eidetischen Einheitsphase im weiteren Sinne, also bei B- und T-Tpus, so ebenfalls z. B. bei dem Verhältnis von Motorik und Affekt im Sinne der Ausdrucksmotorik. Es gibt Entwicklungsstufen und entsprechend auch echte (genetische) Biotypen, also auch Individualtypen, bei denen der Affekt mit den motorischen Ausdrucksbewegungen aufs engste (bzw. auf eine besondere Art) verkoppelt ist, darum mit deren Unterdrückung oder auch Auswirkung aufhört (oder in besonderer Art beeinflußt wird) und darum auch durch Beeinflussung der Ausdrucksbewegungen selbst entscheidend verändert werden kann[2]). Auf höheren Entwicklungsstufen löst sich diese Einheitsphase auf in Affekt als seelischen Funktionsablauf und motorische Anteile, die jede für sich bis zu gewissem Grade verselbständigt sind. Hier also erst können sie sich besonders leicht voneinander dissoziieren. In ganz ähnlicher Weise läßt sich zwischen gewissen Stufen des Willens, motorischer Handlung und Affekt eine noch umfassendere Einheitsphase aufzeigen. Es gibt wahrscheinlich entwicklungsgeschichtlich bedingte Funktionsschichten, in denen nicht nur eine Einheit von Affekt und Wille, sondern sogar eine solche von Affekt, Wille und Motorik besteht[3]). In die ersteren haben wir vorwiegend den sogenannten hypobulischen

---

T-Typen zeigen hier die höchsten geistigen Schichten (Cortex) wenigstens die formale Struktur der tieferen (T-Komplex), ohne mit diesen völlig identisch zu sein (E. R. Jaensch und H. Möckelmann; vgl. auch S. 293, Anm. 2); wohl aber müssen wir nach allem Vorliegenden annehmen, daß der mindestens funktionell-somatische Grundproceß eines formal gleichen Biotypus in allen Schichten immer der gleiche ist: z. B. der psychophysisch in sich genetisch einheitliche T-Typus (vgl. Kap. VII. 2). Entsprechendes gilt vom B-Typus und ebenso auch für alle psychophysischen Schichten.

[1]) Vgl. hierzu auch Kap. VII, 3 c.

[2]) Dieser Gesichtspunkt erscheint wichtig für die psychophysisch-pädagogische Seite einer sogenannten „Ausgleichungs"- oder „korrigierenden Gymnastik", bei der man bisher fast allein der körperlichen Korrektur das Augenmerk zugewendet hält oder, wie bei der sog. rhythmischen und Ausdrucksgymnastik (Bode u. a.) bzw. der mehr tänzerischen Gymnastik (v. Laban u. a.) zu einseitig die Bewegungsform des psychophysisch integrierten Biotypus (B-Typus) in den Vordergrund rückt, die nicht für jeden Individualtypus die biologisch adäquate oder auch „ausgleichende" Gymnastikform (in psychophysischem Sinne) darstellt. Ähnliches gilt psychophysisch für die „formende" Wirkung der Leichtathletik, die umgekehrt gerade dem T-Typus biologisch adäquat erscheint (vgl. hierzu Anm. 1, S. 407 u. S. 6).

[3]) Die gleichen Entwicklungsgesetzmäßigkeiten des Fortschreitens von primordialen Funktionen zu einer Aufspaltung und Verselbständigung der einzelnen in der Urfunktion vorhandenen Valenzen läßt sich an den verschiedensten Sinnesgebieten und Funktionen zeigen. H. Henning (Die Psychologie der Gegenwart. Berlin: Mauritiusverlag 1925) bemerkt in seinem Exkurs über die Eidetik und die „Metamorphose der Seele" hierzu folgendes: „Die verschiedenen Sinnesgebiete machen, wie ich fand, die Metamorphose verschieden weit durch. Schon beim Gehör fehlen uns negative Nachbilder, beim Gleichgewichtssinn werden Erwachsene nach langen Drehungen durch positive eidetische Bewe-

Willen E. KRETSCHMERS zu verlegen. In je tiefere Entwicklungsphasen bzw. Schichten wir aber hinabsteigen, um so undifferenzierter wird dieser hypobulische Wille, um so mehr umschließt er zugleich noch andere Funktionen, nach unten also z. B. die Motorik, nach oben zugleich (s. Anm. 3, S. 358) manchmal auch Vorstellung und Wahrnehmung. Dies wird deutlich ganz besonders, wenn wir gewisse infantilistische Schwachsinnige beobachten. Aber auch bei normalen Menschen kann sich der Willenstypus verändern, je nach der Entwicklungsschicht, die in bestimmten Fällen zeitweilig in Funktion gesetzt ist. Dies hat für gewisse pathologische Zustände seine besondere Bedeutung.

Der Wille im höchsten Sinne also löst sich als geistige Sondererscheinung erst allmählich ab von Funktionen, mit denen er auf primitiver Stufe noch eine untrennbare psychophysische Einheit bildet. Das Seelenleben mit seiner Durchdringung und Übereinanderordnung der verschiedenen Funktionsanteile höherer und niederer Entwicklungsstufen läst sich nur so verstehen, daß erstens die Funktionen verschiedener Schichten entwicklungsgeschichtlicher Genese für sich begriffen werden müssen und zugleich in ihren Wirkungen aufeinander. Wir haben vorhin schon gesagt, daß auf der höheren Entwicklungsstufe immer die niedere aufbewahrt bleibt und durch übergeordnete Funktionszusammenhänge überbaut wird.

Da die nervösen Koppelungs- und Funktionssysteme im Zentralorgan und der Peripherie des Organismus innerhalb dieses Schichtensystems und als Faktoren dieser Schichten, die sich auch selbständig auswirken können (vgl. S. 335), nach allem Vorhergesagten nicht unberücksichtigt bleiben können, so spielt die Art dieser nervösen Systeme, ihre Funktion und Gesetzmäßigkeit, ihre Koppelung, Leitfähigkeit und der Grad der psychophysischen Integration naturgemäß eine sehr wichtige Rolle bei dem Ablauf des physiologischen ebenso wie des pathologischen psychophysischen Geschehens. Die sekundäre (physiologische) Koppelung der Organsysteme bzw. Funktionskomplexe der psychophysischen Persönlichkeit würde also in diesem Sinne als ein typischer Faktor (Valenz bzw. Potenz) des T-Komplexes, die „psychophysische Integration" als ein typischer Faktor (Valenz bzw. Potenz) des B-Komplexes aufzufassen sein. Die primordiale (primitiv-archaische) Koppelung aber würde ein „phasenspezifisch" besonderer, außerhalb des T- und B-Komplexes stehender und in gewissen Entwicklungsperioden ihnen beiden vorübergehend zukommender Koppelungsfaktor (Valenz bzw. Potenz des Zentralorgans überhaupt) sein, dessen genetische Wurzel außerhalb und daher „phasenspezifisch" unterhalb aller psychophysischen Koppelungstypen oder Schichten (Biotypen) zu liegen scheint, die auf der Entwicklungsstufe der höheren Wirbler innerhalb normaler Entwicklungsformen in Betracht

gungsbilder im Schwindel belästigt, und bei den niederen Sinnen, Geruch, Geschmack, Schmerz usf. sind wir Erwachsene heute noch genau so Eidetiker, wie das Kleinkind auf der ganzen Linie. Anschauliche Geruchs-, Geschmacks-, Schmerzvorstellungen gibt es auch für den Erwachsenen noch nicht, nur Ersatzvorstellungen, welche ohne Anschaulichkeit ein Wissen darum mitführen. Kommt ein anschauliches Bild, dann ist es eidetisch, es riecht, schmeckt und schmerzt „wirklich". Wo ein anschauliches Schmerzbild reproduziert wird, da tut dieser „eingebildete" Schmerz, wie man ihn zu nennen beliebt, ebenso weh, wie ein wirklicher (vgl. hierzu Kap. V, C, Fall 23, 24), während eine bloße Erinnerung an frühere Schmerzen, etwa an die Geburtswehen, niemals schmerzt. So ließen die gesamten Gesetzmäßigkeiten der Eidetik sich an Erwachsenen bequem untersuchen, worüber mein Handbuch des Geruches berichtet" (Der Geruch, ein Handbuch. Leipzig: Barth 1924). — „Wir haben bisher nur von der Phase der Volleidetik gesprochen, in welcher erstens Wahrnehmung und zweitens eidetische Bilder erlebt werden. Zeitlich vor ihr liegt ein Einheitstypus, in welchem Wahrnehmung und eidetische Bilder, überhaupt alle anschaulichen Erlebnisse (also zugleich auch die des Geruchs, Geschmacks usw., d. Verf.) noch eine Einheit bilden; ich schlug vor, hier vom ‚Urbild' zu sprechen" (H. HENNIG a. a. O., vgl. hierzu auch Derselbe: Zeitschr. f. Psych. Bd. 92. 1923; weitere Literatur a. a. O.).

kommen, sobald wir es nicht mehr mit embryonalen oder eben noch postembryonalen bzw. — wie wir sehen werden — schwer pathologischen Erscheinungen bestimmter Art zu tun haben[1]). Hierbei ist stets im Auge zu behalten, daß die menschliche Persönlichkeit nach ihrer somatischen Seite hin durchaus die Struktur zu zeigen scheint, die wir schon früher als eine „konzentrische Schichtenstruktur“ gekennzeichnet haben. Es will dies besagen, daß jeweils einer Entwicklungsschicht im Zentralorgan auch eine ihrer psychophysischen Funktion nach gleichartige Struktur in den peripheren Teilen des Individuums entspricht. Phylo- und ontogenetisch ändert sich zugleich mit der herrschenden Schicht des Zentralorgans auch die entsprechende Struktur der Peripherie: um jedes Zentrum des Zentralorgans ordnet sich in diesem Sinne „konzentrisch“ eine periphere Schicht der somatischen menschlichen Persönlichkeit. Tritt in pathologischen Fällen eine Umschichtung der psychophysischen Persönlichkeit ein, so geschieht dies meist ebenfalls konzentrisch, d. h. zentrale Vorgänge verändern auch die Peripherie, bis zu gewissem Grade vielleicht auch umgekehrt die Peripherie das Zentrum. Es kann dies aber auch ohne grobsomatische Veränderungen vor sich gehen. Die psychischen Äquivalente dieser Schichten werden phylo- wie ontogenetisch von den niederen zu den höheren Schichten überhaupt immer unabhängiger von den somatischen Funktionsabläufen, die jeder dieser Schichten entsprechen. Sie gewinnen ihnen gegenüber eine immer stärkere „Invarianz“, sie gerade werden, — um in dem gleichen Bilde zu bleiben —, in immer stärkerem Grade „exzentrisch“.

c) Einige spezielle Lokalisationsfragen innerhalb des T- und B-Komplexes.

Wir haben gesehen, daß wir die Funktionen des T- und B-Komplexes in großen Zügen und mit einiger Wahrscheinlichkeit im Zentralorgan zu lokalisieren vermögen, soweit sich unsere hier vorgetragenen Anschauungen überhaupt mit bestimmten lokalisatorischen Erwägungen der Nervenfunktionen vertragen (vgl. S. 336). Im Rahmen dessen soll nun Entsprechendes für die eidetischen Valenzen des T- und B-Komplexes des Näheren versucht werden.

Wir ziehen zum Vergleich die Motorik heran, über deren lokalisatorische Verhältnisse wir durch die Forschung bereits recht gut informiert sind. — In jeder Bewegung ist die Funktion der entwicklungsgeschichtlich verschieden hohen motorischen Koordinationszentren enthalten. Wir können hierbei z. B. pallidäre und striäre (subcorticale) Koordinationszentren unterscheiden, deren Kenntnis uns das eingehende Studium der Pathologie der Bewegungsstörungen vermittelt hat. Wir wissen aus zahlreichen neueren Arbeiten über die Motorik, vor allem dank der bahnbrechenden Arbeiten des Ehepaares Vogt, O. Foerster's und anderer, daß in den subcorticalen motorischen Hirnzentren verschiedenartige motorische Funktionsschichten repräsentiert sind; jede Schicht stellt Wirkungszusammenhänge von Bewegungsphänomenen, also Koordinationssysteme dar. Früher noch nicht völlig gesicherte Befunde haben auf diesem Gebiet durch cytologische Arbeiten von H. Spatz neuerdings besonders auch eine physiologisch-chemische und histologische Bestätigung erfahren (z. B. die Eisenreaktion subcorticaler Zentren nach Spatz). Die funktionellen Verhältnisse im Zusammenwirken dieser Koordinationssysteme und mit der Cortex haben besonders neuerdings E. A. Spiegel, Homburger (und seine Mitarbeiter)[2]), Kleist, Goldstein, Küppers, Lewy u. a. studiert. Wir können nach allem außer von subcorticalen auch von corticalen Bewegungskoordinationen sprechen, und wir wissen, daß wir in der normalen und pathologischen Motorik die Auswirkung cortico-subcorticaler Beziehungen sehen müssen; vor allem wissen wir heute, wie wenig die corticale Pyramidenbahn allein zu leisten vermag. Besonders A. Homburger hat nun in sehr anschaulicher Weise geschildert, wie schon innerhalb physiologischer Umstellung im Zentralorgan, z. B. bei den

[1]) Eine einzige physiologische Ausnahme wird später Erwähnung finden.

[2]) Vgl. hierzu Homburger, A.: Zeitschr. f. d. ges. Neur. u. Psych. Bd. 85; Höpfner, Th.: ebenda, Bd. LXXXIX; schon 1912 machte Th. Höpfner, seiner Zeit weit vorauseilend, den Versuch, im Aufbau der Sprache einen Schichtenbau nachzuweisen (Zeitschr. f. Pathopsychologie. Bd. I, H. 2/3), vgl. a. Ders.: Zeitschr. f. d. ges. Neur. u. Psych. Bd. XCIV: Stottern u. assoziative Aphasie; neuerdings: Derselbe, Grundriß der Psychogenen Störungen der Sprache in „Psychogenese und Psychotherapie körperlicher Symptome“, herausgeg. von O. Schwarz. Julius Springer, Wien 1925.

Differenzierungsprozessen in der Präpubertät und Pubertät, die einzelnen motorischen Koordinationssysteme (mindestens ihr Funktionstypus) innerhalb der Bewegungen selbst merkbar funktionell hervortreten, die ursprüngliche Bewegungsart abzuändern vermögen und sich in ihr durchsetzen können. Ja, es kann nach ihm gesagt werden, wie auch LEWY angibt, daß man nahezu alle Bewegungsabarten, die den großen Krankheitsbildern der Motorik eigen sind, in rudimentärer Form auch bei normalen Menschen beobachten kann.

Ähnlich wie bei der Motorik liegen auch die Verhältnisse bei der Wahrnehmung und den eidetischen Erscheinungen. Auch hier können entwicklungsgeschichtlich verschieden hohe Funktionsschichten sich jederzeit funktionell durchsetzen. Innerhalb der eidetischen Erscheinungen gehört nun nach allem Vorhergesagten die T-Komponente vermutlich der subcorticalen (palaeencephalen), die B-Komponente der corticalen (neencephalen) Schicht des Zentralorgans an, mindestens subcortiformen bzw. cortiformen Valenzen desselben. Es erhebt sich nun die Frage, ob wir auch noch genauere Vermutungen darüber anstellen können, wo innerhalb der beiden genannten großen Hirnabschnitte gerade auch die eidetischen Erscheinungen ihren Sitz haben oder vielleicht besser, welche Hirnabschnitte bzw. welcher Hirnfunktionstypus bei der eidetischen T- oder B-Komponente in hervorragender Weise mitwirken könnten.

L. EDINGER bemerkt, „daß im Thalamus (opticus) ein mächtiger Apparat gegeben ist, welcher Eindrücke aus der Peripherie durch irgendwelche Umschaltungen, vielleicht mit mannigfachen Assoziationen, dem Großhirn übermittelt, und welcher Prozesse, die im Großhirn vorgehen, umgekehrt den tieferen Zentren zu übermitteln vermag".

Wir glauben der Vermutung Raum geben zu dürfen, daß bei der eidetischen T-Komponente, die im wesentlichen vom Außenreiz abhängig ist und von chemisch-physiologischen Faktoren, von (höheren) psychischen Faktoren dagegen unabhängig, überwiegend Funktionen der subcortiformen oder palaeencephalen Thalamusanteile (Archithalamus) mitwirken könnten, während bei der eidetischen B-Komponente, die wir als nach außen projizierte empfindungs- oder wahrnehmungsmäßig erlebte Vorstellungen bezeichneten, wesenhaft diejenigen Teile des Thalamus opticus mitwirken könnten, deren neencephaler Charakter zwar noch nicht völlig als erwiesen gelten kann, obwohl die Existenz überwiegend neencephaler und mehr dem Cortex näher stehender Teile des Thalamus opticus (Neothalmus) immerhin durch die Tatsachen gefordert erscheint. Es wird auch die Frage zu klären sein, welche Rolle innerhalb dieser Vorgänge das Verhältnis der sogenannten primären (subcorticalen) Sehzentren zur corticalen Sehsphäre spielen dürfte. Wir haben also zu der Teilung der Motorik in eine subcortiforme und eine cortiforme Komponente eine Parallele in der eidetischen T- und B-Komponente. Da die T- und B-Komponente ebenso für die Wahrnehmungsvorgänge selbst eine Rolle spielen, so müßte das Obige ebenso für die eigentlichen Wahrnehmungen Geltung besitzen.

Innerhalb des T-Komplexes konnten wir die eidetischen Phänomene durch Veränderungen der Ionenkonstellation experimentell beeinflussen (Calcium schwächt sie ab — Kaliumphosphat verstärkt sie usw.). Da die Ionenkonstellationen wiederum in bestimmter Weise vegetativen, endokrinen, peripheren und zentralen Einflüssen äquivalent sind (d. h. durch diese Faktoren ersetzbar sind), so folgt daraus, daß die eidetischen Phänomene und ihre Äquivalente (motorisch-nervöse, sensible, psychische usw.) innerhalb des T-Komplexes ebenfalls durch die Gesamtheit jener Faktoren, und zugleich bis zu gewissem Grade auch von jedem einzelnen selbst her, endogen modifizierbar und hervorrufbar sein müssen, also auch durch pathologische Abwandlungen und Funktionsverschiebungen innerhalb jener Faktoren. Alle diese wirken physiologischerweise und für gewöhnlich synergetisch. Es wird aber Fälle geben, wo sie sich voneinander dissoziieren. Innerhalb des B-Komplexes werden bei den entsprechenden Vorgängen stets psychische Faktoren höherer Ordnung eine wesentlichere Rolle spielen, hier primär vor allen Dingen auch „Erlebnisreize". Beim T-Komplex dagegen werden primär immer eher somatische, d. h. Stoffwechselverhältnisse, eine Rolle spielen und zugleich gröbere, überwiegend organische, toxische usw. Einflüsse der Außenwelt oder — endogen — des Organismus.

Alle diese Verhältnisse werden insbesondere auch bei psychiatrischen Krankheitsbildern mit ihren vielfachen Sensationen, motorischen Störungen und allen Stufen der „Sinnestäuschung" eine Beachtung verdienen. Auf Grund der beiden verschiedenen genetischen Komponenten ist es wahrscheinlich, daß die endogen vermittelten Erregungen der Sinnesorgane einen ganz verschiedenartigen, teils mehr corticalen, teils mehr subcorticalen Ursprung besitzen, verschieden nach der Ursache der Erkrankungen und der Art der Reizeinwirkung, verschieden wohl aber auch nach dem Typus des betreffenden Individuums, der der Einwirkung bestimmter endogener oder exogener, höherer oder niederer Reizkategorien, d. h. mehr psychogener oder somatogener Reize entgegenkommt. Zugleich werden innerhalb des T- und B-Komplexes, wie schon oben erwähnt, auch bei den sensorischen und sensiblen Erscheinungen und deren psychischen Äquivalente alle die obengenannten verschiedenen Faktoren entweder gleichzeitig und synergetisch, oder

— gerade unter pathologischen Verhältnissen — auch dissoziiert voneinander mitwirken können. Es wird hier teilweise sodann zu einem Antagonismus verschiedener Funktionen auch innerhalb einer Schicht kommen können oder auch zu einer Vorherrschaft subcortiformer, cortiformer oder archaischer Reaktionsformen und Koppelungstypen in allen Schichten der psychophysischen Persönlichkeit.

Ganz Entsprechendes gilt ja wahrscheinlich auch von den motorischen Effekten. Besteht dieser Parallelismus tatsächlich, dann werden auch motorische Phänomene auf diesen verschiedenartigen Wegen zustande kommen können und vom Somatischen her hervorgerufen und modifiziert werden können: mitunter unter Vermeidung alterativer, d. h. im Sinne unserer Definitionen willkürlicher oder statischer Impulse, vor allem durch Änderungen der Ionenkonstellationen, durch vegetative, aber auch selbst, ohne jede nervöse Vermittelung, durch endokrine oder sonstige blutchemische Wirkungen; schließlich wird dies — vor allem beim B-Typus — auch psychogen in gleicher Weise entstehen können. Es werden also hier unter pathologischen Verhältnissen unter Umständen Faktoren eine Rolle spielen, deren Einfluß in den normalen Verhältnissen nicht so scharf hervortritt.

3. Zur pathologischen Psychophysiologie der Persönlichkeit.

a) Schwachsinn bei Differenzierungsstörungen[1]).

Wir haben schon oben erwähnt, daß sich entsprechend dem konzentrischen Schichtenbau der somatischen Seite der psychophysischen Persönlichkeit an dem Differenzierungszustande der Capillaren z. B. an der Haut („Capillarhemmung“ bzw. „Mißbildung“) in gewissem Umfang ablesen läßt, wie der Differenzierungszustand z. B. der ektodermalen Organsysteme beschaffen ist, also außer dem der Haut auch der des Zentralnervensystems. Denn beide Organe sind ja ektodermalen Ursprung. Daß die Gefäße dem Mesenchym angehören, erscheint mit einer überwiegend an das Ektoderm gebundenen Entwicklungsstörung, die an den Gefäßen erkennbar ist, nicht unvereinbar: die Gefäße richten sich anscheinend vorzugsweise nach dem Organ, in dem sie liegen; entodermalen Entwicklungsstörungen entsprechen Gefäßmißbildungen innerhalb der Organe des inneren Keimblattes — (obwohl es von diesem Gesetz auch Ausnahmen gibt, z. B. Capillarveränderung an der Haut bei Chondrodystrophie ohne Intelligenzmangel, rein mesenchymale Störung). Hier zeigt sich die Entwicklungsstörung der Capillargefäße also an entodermalen Organsystemen lokalisiert. Die ektodermale Entwicklungshemmung oder Mißbildung ist oft auch an der Gefäßverteilung im Augenhintergrunde (Netzhautgefäße) erkennbar (S. 309). Die Netzhaut bildet sich ja aus einem vorgestülpten Gehirnteil, also ebenfalls aus ektodermalen Keimblattgebieten[2]). Alles Vorerwähnte gilt auch zugleich für Mißbildungen in der Entwicklung, kurz für alle Differenzierungsstörungen (Anm. 1).

Wir sind uns bewußt, daß mittels der Capillarmikroskopie nur ein Teil dieser Differenzierungsstörungen schärfer erfaßbar wird, daß es darüber hinaus Differenzierungsstörungen gibt, die etwa gleichartig zu bewerten wären, und die zwar nicht an den Capillaren, dafür aber vielleicht an anderen Struktur- und Funktionsverhältnissen erkennbar sein könnten. In diesem Sinne stimmen wir H. Curschmanns Diskussionsbemerkung auf der 15. Jahresvers. der Ges. deutsch. Nervenärzte (Cassel, 3. Sept. 1925) zu, wenn er meint, es dürften die Ergebnisse der Capillarmikroskopie in unserem Sinne (in bezug auf Differenzierungsstörungen) „nicht im Sinne eines dominierenden Stigmas *überschätzt* werden. Diese Befunde ergeben vielmehr ein weiteres somatisches Symptom der Dysplasie und Dysfunktion“ . . . *indessen, so können wir hinzufügen, trotz allem ein solches,* das infolge der bei ihm obwaltenden *besonderen Verhältnisse der leichten metho-*

---

[1]) Unter Differenzierungsstörung soll in Zukunft sowohl einfache Entwicklungshemmung wie auch „kümmernde“ Entwicklung im Sinne von Mißbildungen verstanden werden (produktiver Kümmerwuchs bzw. Korrekturformen [Th. Höpfner] primären Kümmerwuchses).

[2]) Vgl. bei E. R. Jaensch (I), XIII. Abschnitt „Organologie des Auges“, den Nachweis, daß die Sehfunktion in hohem Maße die Struktur der Hirnfunktion zeigt, entsprechend der Natur des Auges als Gehirnorgan. Auch unter diesem Gesichtspunkt ist zu erwarten, daß gerade die Capillarprüfung am Augenhintergrund in psychophysischer Hinsicht besonders aufschlußreich sein muß.

dischen Erkennbarkeit und der Möglichkeit seiner Beurteilung und Aufdeckbarkeit bereits in den ersten Lebensjahren eine ganz frühzeitige prophylaktische Behandlung ermöglicht (Abschn. 5 d. Kap.), und das auf die Notwendigkeit zu einer Behandlung schon zu einer Zeit hinweist, wenn noch gar keine Störungen auffällig geworden sind. Zugleich gibt es kaum ein anderes Stigma, das so leicht und bequem und ohne größere Hilfsmittel gestattet, die Ergebnisse einer Therapie objektiv zu beobachten; ganz besonders aber ist das Stigma der Capillarhemmung und -mißbildung (Differenzierungsstörung) deshalb nicht leicht zu überschätzen, weil sich praktisch ergeben hat, daß an ihm gleichzeitig diejenigen Individuen frühzeitig erkennbar sind, die eine größere Aussicht auf eine therapeutische Beeinflußbarkeit ihrer Störung besitzen, und zwar sowohl innerhalb archicapillärer wie innerhalb neocapillärer Differenzierungsstörungen für sich gesondert: die capillär undifferenzierteren Individuen sind stets noch differenzierbarer (s. u.).

Bei ektodermalen Hemmungsbildungen wird nun das ganze Individuum in allen seinen Teilen besonders stark beeinträchtigt, offenbar weil in erster Linie das innerhalb der ektodermalen Organsysteme liegende Zentralorgan mit allen seinen weithin das vegetative Leben beherrschenden Zentren beteiligt ist. Es scheinen solche Entwicklungshemmungen vom Zwischenhirn auszugehen, bei denen dann sekundär auch die Hirnrinde in ihrer Entwicklung zurückbleibt; gleichfalls sekundär scheint dann auch der — jeweils sehr verschiedenartig gestaltete — endokrine Faktor zu sein, der die besondere Färbung des Einzelfalles in seiner äußeren Erscheinung und seinem Körperbau bestimmen kann. Auch die endokrinen Drüsen sind ja dem Zwischenhirn nachgeordnet. Sie liegen gewissermaßen in der Peripherie des Organismus; aber auch in der Peripherie zeigen sich hier starke Hemmungsbildungen, z. B. an der Haut, die an dem Erhaltenbleiben frühinfantiler Gefäßformen erkennbar sind, die auch in der Phylogenese eine Parallele besitzen. Wir nannten diese entwicklungsgeschichtlich tiefstehenden Hautgefäße „Archicapillaren" und den durch sie ausgezeichneten Schwachsinn „archicapillären Schwachsinn"[1]); auch die ältesten Hirnteile (z. B. das Archistriatum = Glob. pallidus) haben diese „archicapilläre Gefäßstruktur", wie Literaturangaben zeigen (S. 307).

Wir haben schon ausgeführt, daß es sich bei solchen Schwachsinnsformen wahrscheinlich um primär zentral bedingte Störungen handelt, die vielleicht insbesondere vom Zentralhöhlengrau ausgehen könnten, das L. Edinger schon immer als Zentrum aller Differenzierungsvorgänge bezeichnet hat. Im Zentralhöhlengrau, in den hypothalamischen Zentren usw., kurz im Zwischenhirn, liegen ja diejenigen Nervenkerne, die weitgehend den Stoffwechsel, die Ionenkonstellationen und auch die endokrinen Drüsen in ihrer Funktion beherrschen.

So vielseitig sicherlich auch die endokrinen Faktoren sein können, die jene Zustände sekundär begleiten und ausgestalten mögen, im Vordergrunde stehen hypothyreotische und hypohypophysäre Färbungen (oft mit Veränderungen der Sella turcica); meist ist aber äußerlich der endokrine Faktor nicht eindeutig bestimmbar. Viele dieser schweren (echten) Schwachsinnsformen zeichnen sich einheitlich durch ein Erhaltenbleiben der frühinfantilen Hautcapillaren (Archicapillaren) aus, sofern sie therapeutisch und überhaupt noch einer nennenswerten Weiterentwicklung zugänglich sind[2]). Entwicklungshemmungen infolge Geburts-

[1]) Vgl. Jaensch, W. u. Wittneben, W.: Sitzungsber. des II. Dtsch. Kongr. f. Heilpädagogik, Julius Springer 1925. — Vgl. hierzu ferner E. R. u. W. Jaensch, Th. Höpfner, K. Scholl, im Sitzungsber. der 15. Jahresvers. d. dtsch. Ges. der Nervenärzte 1925, Dtsch. Zeitschr. f. Nervenheilk. 1925. Weitere einschlägige Arbeiten erscheinen 1926 ausführlicher voraussichtlich in der Zeitschr. f. Kinderforschung (W. Jaensch und Mitarbeiter).

[2]) Gewisse infantile Schwachsinnszustände mit „normalen" Capillaren (Pseudoneocapillaren!) scheinen — über die Entwicklungshemmung hinaus — meist noch schwerere Mißbildungen zu sein, da sie bei ausdifferenzierten Organsystemen, erkennbar an den Capillaren (s. o.), über den mangelhaften Status nicht hinauswachsen und darum auch therapeutisch nicht weiter entwickelt werden können (s. a. Anm. 1 S. 365). — Vgl. zu Obigem

trauma z. B. und anderer spezifischer Prozesse sind natürlich hiervon ausgenommen. Innerhalb dieser Gruppe archicapillärer Schwachsinnsformen bildet der echte endemische Kretinismus eine bestimmt geartete Untergruppe, die sich vielleicht im Sinne FINKBEINERS dadurch erklären könnte, daß innerhalb bestimmter Bevölkerungen, eben solcher mit endemischem Kretinismus, bei allgemeiner verbreiteten Entwicklungsstörungen, die oft mit der Verbreitung einer „Kropfnoxe" parallel gehen, erbbiologische Blutbeimischungen primitiv-archaischer Menschenrassen eine Rolle spielen. Es würde dies jedenfalls erklären können, warum in Kropfgegenden überall archicapilläre Entwicklungsstörungen und Schwachsinnsformen sehr häufig sind, ganz überwiegend häufiger jedenfalls als im allgemeinen in Nichtkropfgegenden, wo sie nur vereinzelt bleiben, echter endemischer Kretinismus aber nicht in allen Kropfgegenden vorkommt. Außer der sogenannten Kropfnoxe scheint auch ausgesprochene Inzucht der Verbreitung archicapillärer Differenzierungsstörungen Vorschub zu leisten. Während in gewissen Kropfgegenden, wie z. B. der Schweiz und Steiermark, bei allen archi-

---

neuerdings K. GOLDHAMER u. A. SCHÜLLER, Varietäten d. Sella turcica, Fortschr. a. d. G. d. Röntgstr. Bd. XXXIII. 6. 1925. — Man wird uns in dieser Arbeit schwerlich eine Überschätzung der anatomischen und morphologischen Formen vorwerfen können (vgl. S. 335f.), da sie — ohne obige Formen in ihrer Bedeutung zu unterschätzen — als das Ausschlaggebendste immer die Funktion in den Vordergrund rückte. Wenn nun in vielen Arbeiten festgestellt wird, daß die Sella-Form noch gar nichts über die Funktion der Hypophyse auszusagen vermöge, so ist das unzweifelhaft richtig. Falsch ist es aber ebenso, wenn diese Feststellung damit begründet wird, daß man sehr stark veränderte und unregelmäßige Sellen antrifft, ohne daß ihre Träger irgendwelche klinische Zeichen einer Hypophyseninsuffizienz zeigen. Denn hiermit sind stets nur die groben klassischen Formen der Hypo- oder Hyperhypophysie gemeint, wie sie hinlänglich bekannt sind. Wir aber müssen demgegenüber auf Grund empirischer Erfahrungen mit der Capillarmikroskopie, Sellabild und Hypophysentherapie (vgl. Kap. VII, 5) feststellen, daß der äußerlich erkennbare Eindruck eines Individuums unbedingt der Capillarmikroskopie in unserem Sinne bedarf, ehe das Individuum als völlig normal zu gelten hat; damit aber muß dieser Maßstab auch für die Bewertung von Sellaformen gefordert werden. Denn wir wissen ja (vgl. später), daß Hypophysenunterwertigkeit bei Differenzierungsstörungen auch rein neuropathischer Form scheinbar eine noch ungeahnte Rolle zufällt, und daß eine große Gruppe auch solcher (manifester und latenter, vor allem jugendlicher) Neuropathen ebenfalls capilläre Differenzierungsstörungen zeigt. Nun haben LAZAR und WIESER (Sitzungsber. d. II. Deutsch. Kongr. f. Heilpädag., herausg. von E. LESCH, Julius Springer 1925) bei Debilen und Idioten, bei denen ja die Capillardifferenzierungsstörung nach unsern Feststellungen (W. JAENSCH und W. WITTNEBEN) so häufig, vielleicht, wie wir heute hinzufügen können, auch bei sogen. „normalen" Capillaren (meist sind dies Pseudoneocapillaren) sogar durchgängig ist, folgendes feststellen können: von 140 Imbezillen und Idioten besaßen nur 2 Fälle eine normale Sellaform, während bei den übrigen Fällen mit normaler Sella (36) wenigstens die Reste einer pathologischen Veränderung am Periost der Sella oder in der Hypophyse nachweisbar waren. Bei den Gasstoffwechseluntersuchungen fanden sie in 100 vH. Unterfunktion der Hypophyse; ähnliches, wenn auch weniger eindeutig zeigten die Fermentreaktionen. — Wenn man also in Zukunft an eine systematische Untersuchung der Sellabefunde herangehen sollte, so müßte — um zu einer Aufstellung wirklich normaler Standardformen verschiedener Lebensalter zu kommen — eine ähnlich genaue Methodik verlangt werden. Wir glauben aber, daß die Hautcapillarmikroskopie in strengem Parallelismus zur Röntgenaufnahme der Sella und unter gleichzeitiger Berücksichtigung des Allgemeinstatus obige umständlichere Methodik in gewissem Umfange zu ersetzen vermag. Dann wird sich voraussichtlich zeigen, daß Individuen — seien es nun Schwachsinnsfälle oder (vgl. später) latente oder manifeste Neuropathen — mit den verschiedensten Capillarbildern im Sinne unserer „Differenzierungsstörung" und bei ganz verschiedenartiger Symptomatologie einen auch röntgenologisch nachweisbaren Sellabefund besitzen, der auf eine Störung an der Hypophyse hinweist, zumal wenn sich therapeutisch — bei Jugendlichen — ein entsprechender Erfolg zeigt. Ganz ähnliches gilt scheinbar vom Wirbler überhaupt. Der Mensch ist hiervon nur ein Sonderfall (vgl. S. 366f.). Für schwer veränderte Sellaformen kann diese Annahme heute schon als erwiesen gelten; gleiches gilt für Besonderheiten am Augenhintergrunde (vgl. S. 307f.).

capillären Entwicklungshemmungen der echte endemische Kretinismus überwiegt, überwiegen in anderen Kropfgegenden andere archicapilläre sowie neocapilläre Entwicklungshemmungen (Psychophysische Kropfäquivalente).

FINKBEINER (Die kretinische Entartung. Berlin: Julius Springer, 1923) glaubt seine Hypothese auf Grund von osteometrischen Vergleichen von Kretinenknochen und den Knochenresten fossiler Menschenrassen aufstellen zu können. Gleichzeitig konnte er mit einiger Wahrscheinlichkeit dieselben Beziehungen zwischen osteometrischen Verhältnissen des Knochenbaues von Kretinen und noch lebenden primitiven Menschenrassen nachweisen, von denen er den Pygmäenstamm der Weddas auf Ceylon nennt und hierzu bemerkt, daß im Norden Europas eine ähnliche Beziehung scheinbar den Lappen zukomme. Diese Beziehung zeige sich auch in gewissen Eigenarten der Motorik von Lappen und Kretinen, die primitive Merkmale aufweise. Besteht diese innere Beziehung tatsächlich, so müßte sich dies auch innerhalb anderer Verhältnisse erweisen lassen (FINKBEINER). Wir selbst haben beim Kretinismus die archicapilläre Hautgefäßbildung immer stark ausgeprägt gefunden. Wir fanden hier, wenn die Hautgefäße immerhin bereits etwas differenzierter sind, wie dies in geringgradigeren Fällen auch von echtem Kretinismus und bei älteren Kretinen vorkommen kann, fast regelmäßig, — bei älteren Individuen auch in schwereren Fällen —, allenfalls die „Pseudoneocapillaren". Letztere sehen den echten Papillarschlingen der Neocapillarschicht ähnlich, stellen sich aber morphogenetisch (vgl. hierzu S. 307f.) als Abkömmlinge der Archischichten (des Grundnetzes [späteren Rete subpapillare] und der Intermediärschicht der Kathedral- und Sattelformen) dar und zwar im Sinne produktiver Kümmerformen derselben. Es sei an dieser Stelle nochmals erwähnt, daß dagegen der reine Neurosetyp der sogenannten Vasoneurosecapillaren nach O. MÜLLER und PARRISIUS sich nach unseren Feststellungen (TH. HÖPFNER und W. JAENSCH) als Abkömmling der Neocapillarschicht und als die produktive Kümmerform der letzteren erwiesen hat[1]). Dies soll auch für später zu erwähnende Verhältnisse nochmals hervorgehoben sein. Der Coriumsaum über den Capillaren ist bei den Archischichten einschließlich ihrer produktiven Kümmerformen (Pseudoneocapillaren) flacher, bei den echten Neocapillaren und ihren produktiven Kümmerformen (Neurosecapillaren) im allgemeinen gezackter. Pseudoneocapillaren stehen, besonders bei älteren Individuen, oft büschelförmig. Bei archicapillären Individuen fanden wir außerdem besonders oft eine Sellaveränderung. Die Sella war mitunter sehr klein, flach oder unregelmäßig; mitunter war bei normaler Größe der Eingang sehr verengt. Sodann fanden wir bei archicapillären Individuen auch einen besonderen Kopfindex: der weiteste Kopfumfang dividiert durch die Entfernung der Nasenwurzel zum Processus occipitalis (Länge der Hirnbasis) war hier durchschnittlich über 3,0, bei echten Kretinen fanden wir Werte bis 3,7. Bei Kindern mit Normalcapillaren fanden wir für obigen Kopfindex durchschnittlich Werte unter 3,0. Wir deuteten dies als Ausdruck einer primären Zwischenhirnverkürzung, die sich sehr wohl in der Kürze der Hirnbasis im Verhältnis zum größten Kopfumfang ausdrücken könnte[2]). Außerdem fanden wir bei den archicapillären Individuen selbst bei Emmetropie auch an den Netzhautgefäßen Besonderheiten: Vermehrung und besondere Zartheit der größeren Gefäße, opticusnahe Verzweigungen, Überkreuzungen, Schlängelungen (s. S. 309). Mitunter sah es so aus, als ob die Gefäße nach innen in den Opticus hineingezogen seien, so daß auf diese Weise eine Verkürzung der großen Gefäße eintrat, die nicht so weit, wie sonst, in die Peripherie hineinstrebten, so daß schon hierdurch ihre Abzweigungen nahe an den Opticus zu liegen kamen. Wenn dies auch kein immer und für jeden archicapillären Fall konstanter Befund ist, so doch ein häufigerer als bei Individuen mit Normalcapillaren. Ähnliches gilt für capillarveränderte auch neocapilläre Neuropathen. — Wegen der von FINKBEINER behaupteten inneren Beziehungen zwischen Lappländern und Kretinen unserer Breiten erschien es wünschenswert, alle diese Verhältnisse versuchsweise an einigen Lappen zu untersuchen. Ein günstiger Umstand kam uns zu Hilfe. Zufällig befanden sich in diesem Jahr seit langer Zeit einige Lappenfamilien (aus Kittilae, Enontekiö [Hetta], Inare) in Deutschland. Ihr Führer, Herr Maler DUBBICK-Halle, gestattete Verf. die capillarmikroskopische Untersuchung an seinen Schützlingen. Tatsächlich zeigten diese Lappen verschiedensten

[1]) Außer diesen Formen unterschieden wir noch eine neocapilläre „hypoplastische Sonderform" mit und ohne produktive (hypoplastisch-produktive) Kümmerformen (vgl. HÖPFNER, Dtsch. Zeitschr. f. Nervenheilk. 1926, Sitzungsber. der 15. [Casseler] Neurologentagung), einhergehend mit „neocapillärer Intelligenzschwäche" bzw. entsprechenden Neurosen (s. u.).

[2]) Diese Verhältnisse bedingen dann eine „eingezogene Nabenwurzel"; die oben erwähnten Wedda besitzen eine solche ganz ausgesprochen (nach E. FISCHER); ihre Durchschnittskörpergröße ist 157,6 cm, die der Lappen 152,3 cm, der später erwähnten Tibetaner 167,5 cm (aus „Die Kultur der Gegenwart", 3. Teil, 5. Abt. Anthropologie von G. SCHWALBE und E. FISCHER; B. G. Teubner, Leipzig 1923).

Alters (vom 12wöchigen Säugling und einem 7monatlichen Kleinkinde an waren alle Altersstufen bis ins Greisenalter vertreten) eine deutliche Capillarverschiebung im Sinne der Hemmungsbildung, obwohl es sich hier um ganz besonders aufgeweckte Lappenfamilien handelte, da nach Aussage von Herrn DUBBICK andere niemals zu einer solchen Reise zu bewegen gewesen wären. Capillarverschiebung im Sinne archicapillärer Hemmungsbildung kommt bei uns auch in ganzen Bevölkerungen vor und geht hier meist mit Schwachsinnszuständen bzw. latenter („kompensierter") oder manifester („dekompensierter") Neuropathie („endogener Nervosität") einher. Die Art der Capillaren bei diesen Lappen schwankte zwischen normaler und archicapillärer Struktur mit einer überwiegenden Tendenz zu der letzteren. Und zwar zeigten gerade zwei alte Individuen, die von ihrem Führer als rein lappisch bezeichnet wurden, Gefäße, die mit ausreichender Sicherheit als archicapilläre Pseudoneocapillaren angesprochen werden konnten. Sie standen büschelförmig (vgl. oben), und der Coriumsaum über ihnen war fast flach. Ähnliches zeigten auch einige jüngere Individuen. Das jüngste, nur 12 Wochen alte Kind zeigte nur ganz feine, zarte, kaum erkennbare Horizontalzüge (Grund- oder Primitivnetz [vgl. TH. HÖPFNER a. a. O.]), wie Verf. sie bei gleichaltrigen Kindern unserer Breiten bisher nur selten sah; auch der Coriumsaum war noch ganz flach. Bei Nachuntersuchung, einige Monate später, bestand noch rein archicapilläre Struktur, auch bei dem zweiten Kleinkinde. Bei einigen der Erwachsenen fanden wir sicher ausgesprochene Neocapillaren. Einige waren bezeichnenderweise (?) nicht mehr reine Lappen und auch in ihrer äußeren Erscheinung anders, im Wuchs größer, im Gang ohne das „Trotten" der echten Lappen. Bei allen Individuen wurde auch der oben erwähnte Schädelindex gemessen. Er schwankte zwischen 3,0 und 3,4 (!); sein Mittelwert war 3,15. Er verhielt sich also so, wie wir dies bei archicapillären Individuen aus unserem Material kennen. Wir geben unsere Befunde bei den wenigen von uns untersuchten Lappen (17) mit allem Vorbehalt wegen ihrer prinzipiellen Wichtigkeit wieder, und wir bemerken ausdrücklich, daß wir dies nur rein registrierend tun; wir werden an anderer Stelle näher auf sie eingehen. Sie sollen nur andeuten, wie innerhalb aller der hier aufgezeigten Probleme der Feststellung der erwähnten Verhältnisse eine hohe, vielleicht auch ethnologische Bedeutung zukommt, insbesodere eine Bedeutung innerhalb der pathologischen Physiologie der Persönlichkeit, ebenso wie in ihren Beziehungen zur normalen Entwicklungsgeschichte und Rassenkunde. Die Lappen sind ein sehr primitiver Nomadenstamm. Die untersuchten Individuen waren durchaus aufgeweckt und normal. Es wäre verfehlt, sie wegen solcher Verhältnisse und wegen ihrer Primitivität als pathologisch bezeichnen zu wollen. 10 Individuen wurden in der Mediz. Univ.-Klinik Frankfurt a. M. einer Röntgenphotographie der Sella turcica unterworfen. Ein Teil der Befunde ist nicht ganz eindeutig; einige der Sellen sind sicher normal; einige andere lassen Veränderungen der Sella sicher erscheinen. Es ist aber immerhin bemerkenswert, daß sich unter den 10 Sellen 3 sicher veränderte befanden, von denen eine einem der beiden oben erwähnten sicher reinen Lappen angehört, während die Sella des anderen oben besonders erwähnten reinen Lappen immerhin als „zweifelhaft normal" zu bezeichnen ist. Bei 5 Individuen konnten wir auch den Augenhintergrund spiegeln (Netzhautgefäße s. S. 309). Es zeigte sich, — bis auf einen Fall, der die gleichen Verhältnisse in etwas geringerer Ausprägung aufwies —, eine Vermehrung der großen Gefäße, die außerdem ziemlich kurz waren und opticusnahe Gefäßabzweigungen zeigten, ein Befund, wie er uns bei archicapillären Schwachsinnigen und gewissen Neuropathen (vgl. oben) sehr häufig begegnet ist, jedenfalls bei ihnen häufiger als bei Normalindividuen mit normalen Capillaren. Hierzu ist vielleicht bemerkenswert, daß von Reisenden aus Lappland mehrfach berichtet wird, die Kinder der Lappen entwickelten sich auffallend langsam, und es zeige sich auch eine ziemlich starke Kindersterblichkeit; vielfach verbreitet seien unter den Lappländern auch „Verkümmerungen am Knochensystem". Auch sind die Lappen fast durchweg von kleinem Wuchse (vgl. Anm. 2, S. 365). Wir geben solche Mitteilungen ohne Gewähr wieder, erinnern aber daran, daß z. B. bei Chondrodystrophie ebenfalls starke Capillarveränderung vorkommt, und daß andererseits auch Hypophysenveränderungen bei dieser Erkrankung beschrieben sind. Da der Knochendifferenzierung das Aussprossen der Blutgefäße vorausgeht, so könnte eine hier vielleicht rassenmäßig bedingte archicapilläre Gefäßhemmung oder -mißbildung, wie hier wohl vorhanden, auch umgekehrt chondrodystrophische, vielleicht auch rachitische Prozesse begünstigen. Diese Mitteilungen sollen indessen nur zu weiteren Untersuchungen anregen, die wir durchzuführen nicht in der Lage sind. Es zeigt sich hier vielleicht gerade, wie stark ein Persönlichkeitsmerkmal unter besonderen Umständen auch ein normaler Individual- vielleicht sogar mitunter Rassencharakter sein kann. Es zeigte sich uns das Entsprechende an Tieren, daß es nämlich auch gewisse Varianten (oder auch festgezüchtete Mutationen) gibt, die sich z. B. von den Wildformen derselben Rasse durch eine entsprechende Abweichung der Gefäßverhältnisse an der Haut und scheinbar auch am Augenhintergrund auszeichnen. Wir finden solche Varianten (oder auch Mutationen festgezüchteter Art) vor allem unter den domestizierten Tieren. Hiervon wird an anderer Stelle noch mehr zu reden sein[1]). Auch ähnliche Sellaveränderungen kommen dort vor[2]). Obige Befunde an den Lappenfamilien bedürfen selbstverständlich einer Nachprüfung auf breiterer Basis. — Genau wie in unserem früheren Beobachtungsmaterial zeigten sich die erwähnten Merkmale wieder am stärksten bei den Säuglingen und Kindern[3]), ebenso am stärksten scheinbar bei den am reinsten lappischen Individuen. Es ist dies um so bemerkenswerter, als Verf. andererseits ebenso die sieben zur Zeit in Deutschland befindlichen tibetanischen Lamas capillarmikroskopieren konnte, die bei der Aufführung des Mount Everest-Films in Berlin unter Führung des englischen Kapitäns Noël mitwirkten (Expeditionsteilnehmer der von der Königl. Geographischen Gesellschaft zu London unternommenen dritten Mount-Everest-Expedition). Diese lamaistischen Priester entstammen dem Gyandtsekloster südlich Lhassa in Tibet. Sie gehören einem obzwar intelligenten, so doch ebenfalls sehr primitiven Volksstamm an, der noch dazu in der gebirgigsten Gegend der Welt und unter sehr kümmerlichen Lebensbedingungen lebt. Obwohl gerade hier die äußeren Lebensverhältnisse (Hochgebirge, c. 4000 m ü. d. M.) der unter nicht annähernd ähnlichen Bedingungen in europäischen Gebirgsgegenden besonders häufig auftretenden kretinischen Entartung entgegenkommen (während solche Verhältnisse für Lappland nicht zutreffen), zeigten diese wenigen Tibetaner völlig normale Capillaren und zwar mit völliger Sicherheit durchgängig echte Neocapillaren. Der Versuch einer eidetischen Untersuchung bei den Lappen (Dr. Freiling) ergab immerhin mit einiger Sicherheit eine Verlängerung der Nachbilddauer. Gleiches konnte Verf. auch bei den Lamas feststellen. Bei ihnen war scheinbar auch schon in der Ausgangsstellung des Projektionsschirmes (vgl. Kap. IV) die Seitenlänge eines Nachbildes gegenüber dem Urbild stark vergrößert (mit allem Vorbehalt). Die Intensität des Nachbildes schien gesteigert (ABnb?). Eine ganz entsprechende Beobachtung machte Verfasser 1921 im Laufe gemeinsamer Untersuchungen mit E. R. Jaensch an 24 annamitischen Soldaten.

Wir können alle Individuen mit archicapillärer Hemmung auf unserer Entwicklungsstufe unter dem Begriff eines Kümmertypus (= K-Typus) zusammenfassen. Ihre jeweilige Persönlichkeitsfärbung, — abgesehen von den spezifischen Auswirkungen eines besonderen endokrinen Faktors, der indessen den Typus nicht zu durchbrechen braucht, — bestimmt sich entscheidend danach, welcher von den beiden großen psychophysischen Wirkungskomplexen, der T- oder der B-Komplex, im Charakter ihrer Reaktionen auf Umwelt- und Innenreize überwiegt. Wir können demnach von KT- und KB- bzw. KBT-Typen sprechen.

Von den eidetischen Erscheinungen solcher K-Typen können wir heute bereits aussagen, daß diese Individuen, die in den Hilfsschulen für Schwachbefähigte besonders in Kropfgegenden sehr häufig sind, relativ häufiger und länger als Normalschüler gleichen Alters die eidetische Phase festhalten[4]). Daß die eide-

[1]) Nach Studien des Verfassers [zum Teil auch am Tiermaterial des Institutes für Vererbungsforschung Berlin-Dahlem (Direktor Prof. E. Baur)], die andernorts ausführlicher veröffentlicht werden. Der normale Charakter („normal“ d. h. hier wertpositiv im Sinne fortschreitender Entwicklung) gröberer organischer Mutationen ist allerdings ganz allgemein mehr als zweifelhaft; ganz besonders gilt dies für den menschlichen Bereich von archicapillären Formen (vgl. hierzu Nachwort).

[2]) Vgl. Arbeiten der Lehrkanzel f. Tierzucht und Bodenkultur in Wien, 2. Band, 1923, C. Gerold, 1925, Adametz, L.: Unters. über die brachycephalen Alpenrinder, Brachycephalie u. Mopsschnauzigkeit als Domestikationsmerkmal im allgemeinen.

[3]) Bei älteren Individuen verwischen vielfach sekundäre Veränderungen und produktive Weiterbildungen (Kümmerformen und Korrekturformen Th. Höpfners) etwas den ursprünglichen Schichtenbau der Gefäße (Hautcapillaren), ohne an diesem selbst Grundsätzliches zu verändern.

[4]) Unter Hilfsschülern fanden besonders zahlreiche Eidetiker M. Zillig in Würzburg, Fortschr. d. Psychol., herausg. v. K. Marbe, Bd. 5. 1922; ebenso H. Zeman in Wien, Zeitschr. f. Psychol. 1925; neuerdings M. Kirek in Göttingen, Untersuchungen zur Psychol. u. Pädagogik V, 1. Göttingen 1925. Die lange Festhaltung der eidetischen Phase in den Hilfsschulen besitzt außer der infantilen Hemmungsbildung, die bei den Hilfsschülern sehr häufig ist, in ihrem Erhaltenbleiben auch ein unterstützendes Moment in der sogenannten Arbeitsschulmethode, die, wie H. Freiling zeigen konnte, ganz durchweg eine Festhaltung der eidetischen Phase befördert und in den Hilfsschulen allgemeiner und ausschließlicher eingeführt ist. Vgl. hierzu Freiling, H.: Die psychologischen Grundlagen der Arbeitsschule. (In Vorbereitung.)

tische Phase bei Unintelligenten auch im Falle des Einheitstypus sehr häufig eine starrere Form zu zeigen scheint als durchschnittlich bei normalintelligenten und besonders intelligenten Individuen des Schulalters, dafür sprechen jedenfalls die Untersuchungen von KAROLINE SCHMITZ[1]) aus dem Marburger Institut, ebenso die Befunde von V. LUCKE und W. NEUHAUS[2]). Die Untersuchungen K. SCHMITZ' ergaben ferner bei schwächerer und mittelstarker eidetischer Anlage keine eindeutige Korrelation zwischen Intelligenz und eidetischer Disposition. Es fanden sich unter eidetischen Individuen solche der allerverschiedensten, insbesondere auch der höchsten und niedersten Intelligenzstufen. Wohl aber ergab sich bei Starkeidetikern, die dem Einheitstyp noch nahestanden, zwischen der Intelligenzhöhe und der näheren Beschaffenheit der eidetischen Anlage eine Beziehung insofern, daß starre eidetische Erscheinungen mit relativ geringer, bewegliche mit relativ hoher Intelligenz verknüpft waren. Dieses Resultat ist ohne weiteres verständlich, weil ja in der Einheitsphase und in den ihr noch nahestehenden Fällen die AB noch in engster Verknüpfung mit dem Vorstellungsleben stehen und hier also im einen Falle dessen unbewegliche, im anderen dessen beweglichere Verhältnisse widerspiegeln, was bei den schwächeren Eidetikern nicht der Fall ist. Es ist also unberechtigt, wie zuweilen, z. B. von M. KIREK geschehen ist, aus der häufigeren Verbreitung der eidetischen Anlage bei Hilfsschülern den Schluß zu ziehen, daß die eidetische Anlage mit höherer Intelligenz unverträglich sei. Dem steht schon allein die Tatsache entgegen, daß die eidetische Anlage sich so oft bei hervorragenden Persönlichkeiten der geistigen Welt als vorhanden erwiesen hat[3]). Es scheint jedoch so zu sein, daß die Starrheit der Bilder bei Schwachsinnigen damit in Zusammenhang steht, daß die subcorticalen (palaeencephalen) Funktionen hier gegenüber den corticalen in noch stärkerem (meist nicht nur formalem) Übergewicht als beim normalen T-Typus herrschen, indem die corticale Schicht (B-Komplex) vielfach überhaupt nur mangelhaft ausgebildet ist. Die gleiche Starrheit und Unbeweglichkeit zeigt sich bei solchen Individuen dann auch im Ablauf der Vorstellungen. Dem außerordentlichen, hier meist wohl nicht allein formalen Übergewicht der subcorticalen Zentren entspricht bei solchen Schwachsinnigen oft auch ihre große motorische Unruhe und Zappeligkeit, die Häufigkeit motorischen Infantilismus im Sinne A. HOMBURGERS und seiner Mitarbeiter. Die mangelnde Differenzierung selbst der subcorticalen Funktionsschicht zeigt sich in dem bei Debilen häufigen amyostatischen Symptomenkomplex, ihrer selbst bei nicht schwer Gestörten oft eigenartigen und ungeschickten Motorik überhaupt. Hier ist vielleicht auch auf die gerade bei debilen Säuglingen besonders häufige Spasmophilie hinzuweisen, bei der Capillarhemmung nicht selten ausgesprochen vorhanden ist (vgl. S. 124—126).

Wir sehen also, daß bei archicapillärem Schwachsinn sowohl psychologisch wie auch im Motorischen und Somatischen Ausfälle und Störungen zu beobachten sind, die zentral wie peripher einheitlich einem Überwiegen tiefer stehender Schichten der psychophysischen Persönlichkeit zuzuschreiben sind. Hierher gehören daher auch andere schon genannte psychologische Besonderheiten, die in gleicher Weise zu deuten sind, und auf die hier näher einzugehen zu weit abführen würde; hier ist vor allen Dingen an die hypobulischen Willensmechanismen im Sinne KRETSCHMERS zu denken, negativistische Symptome, und die vor allem

[1]) SCHMITZ, KAROLINE: Marburger phil. Diss. 1923 (zur Zeit noch unveröffentlicht).

[2]) Herr Dr. NEUHAUS war so freundlich Verf. mitzuteilen, daß er in der Ev. Hilfsschule II in Essen in einer Klasse von 18 Kindern 17 hochgradige Eidetiker fand, darunter kein Kind mit beweglichen AB.

[3]) Vgl. z. B. JAENSCH, E. R.: Zum Gedächtnis von ALOIS RIEHL. Kantstudien Bd. 30. 1925, ferner Anhang Kap. V.

bei den B-Fällen unter den K-Typen stark vermehrte Neigung zur psychogenen Neuropathie. Auf der positiven Seite sind dagegen selbst bei Fehlen einer sogenannten Schulintelligenz manchmal auch bei Hilfsschülern Fähigkeiten zu verzeichnen, die man am besten mit dem Ausdruck einer „praktischen Begabung“ bezeichnen könnte. Nach V. LUCKES vom Marburger Psychologischen Institut aus angestellten Beobachtungen findet man dies nicht so selten gerade bei KB-Typen, während die KT-Typen im allgemeinen überhaupt lebensunbrauchbarer sind, ohne daß sie darum nicht auch eine gewisse körperliche Geschicklichkeit an den Tag legen können; die KT-Typen sind aber auch äußerlich meist unharmonischer.

Wir begnügen uns hier mit diesen Andeutungen, da diese Kümmerformen unserer Typen an anderer Stelle eine eingehendere Behandlung erfahren und noch genauer beschrieben werden sollen. Es genügt uns hier aufzuzeigen, wie auch diese Formen sich in den hier angedeuteten Rahmen einfügen. In sehr vielen Fällen läßt sich ferner feststellen, am schärfsten und bequemsten mit der Capillarmikroskopie, daß ähnliche Störungen schon bei den Eltern solcher Individuen vorliegen, indem auch sie nicht selten Capillarhemmung oder Mißbildung zeigen, selbst dann, wenn ein Intelligenzdefekt weniger deutlich hervortritt. Letzteres kann bei KB-Typen besonders leicht übersehen werden: oft sind sie äußerlich sehr harmonisch gestaltet.

So scheint also diese Methodik auch Bedeutung für das Studium der erblichen Verhältnisse solcher Kümmerformen gewinnen zu können, die besonders in Kropfgegenden weit verbreitet sind und hier von geophysischen Faktoren weitgehend abhängig zu sein scheinen (Kropfnoxe). Freilich spielt auch die Inzucht vielfach eine fördernde Rolle innerhalb dieser Erscheinungen (Kumulation sonst rezessiver Minus-Varianten [vgl. Anm. 1—3, S. 367] durch Myxovariation). Gleiches gilt leider bis zu gewissem Grade überhaupt von allen Domestikationsfolgen[1]) z. B. auch von dem sozialen Milieu, den Ernährungs- und Wohnverhältnissen (Vitamin mangel, fehlende Besonnung, Alkohol-, Lues-Degeneration u. a.); vgl. S. 310.

b) Neurosen bei Differenzierungsstörungen.

Alles, was hier über die Beziehungen zum Capillarsystem gesagt wurde, gilt nun auch von gewissen Neurosen bzw. Neuropathien, z. B. endogener Nervosität auf gleicher Grundlage (ektodermale Differenzierungsstörung). Auch bei Neuropathien irgendwelcher Art können sich — bei intakter und sogar guter Intelligenz — besondere Hautcapillarformen zeigen. Es gibt Neuropathien mit echten Archicapillaren, aber auch solche, bei denen wir lediglich die produktiven Kümmerformen der neocapillären Schicht (vgl. hierzu S. 307f.) vorfinden; sehr häufig sind verschiedene Capillarschichten und ihre verschiedenen produktiven Kümmerformen vertreten (primitiv-archaische oder archaisch-intermediäre Einbrüche in die neocapilläre Schicht, s. oben). Wir können dann von mehr oder weniger reinen archicapillären oder neocapillären Neuropathien (T-Typus) bzw. Psychopathien (B-Typus) sprechen[2]). Hier liegt wahrscheinlich eine nur ungleichmäßige bzw. eine kümmernde Differenzierung in den ektodermalen Organsystemen vor, und es kommt hier eine Unausgeglichenheit im normalen Zusammenwirken der verschiedenen psychophysischen Funktionen in einer Neuropathie zum Ausdruck.

Außer an der Haut finden wir auch hier häufig Veränderungen an dem Gefäßbild der Netzhaut gegenüber Individuen, die ein ganz normales Hautcapillarsystem besitzen. Neuropathien auf einer solchen Grundlage findet man nicht selten gerade bei den ganz ausgeprägten reinen und hochgradigen, fast schon pathologischen Fällen unserer Typen, sowohl beim T- wie beim B-Typus. Je nach der ursprünglichen Anlage des Individuums scheint dann der T- bzw. B-Komplex in ein pathologisches Übergewicht geraten zu sein.

[1]) Dies läßt sich im Tierversuch (auch experimentell?) und hier ebenfalls an der Differenzierungsstörung der Capillaren in vivo nachweisen. Hierüber wird a. O. berichtet werden.

[2]) Zu letzteren gehören, vor allem wenn es sich um reine Formen dieser Art handelt, z. B. auch die Vasoneurosen nach O. MÜLLER und PARRISIUS; vgl. hierzu TH. HÖPFNERS Referat in der Dtsch. Zeitschr. f. Nervenheilk. im Sitzungsber. der 15. Jahresvers. der Dtsch. Ges. d. Nervenärzte, 1925; ferner a. gl. O. auch E. R. JAENSCH u. W. JAENSCH, K. SCHOLL.

Nicht selten finden sich dann hier auch besonders hochgradige, schon pathologische eidetische Erscheinungen. Diese Neurosen tragen beim Überwiegen des T-Komplexes überwiegend somatische Züge, d. h. überwiegend die Züge einer somatogenen Neuropathie und gehören damit oft dem an, was man heute als endogene Nervosität bezeichnet. Die Erscheinungen können sich — trotz ihrer somatogenen Ursprünge — auch hier überwiegend in der psychischen Sphäre äußern, sind hier aber meist als sekundär entstanden anzusehen. (Hier ist entsprechend an wirkliche Organleiden zu denken, deren Einfluß nicht selten besonders früh in seinen Rückwirkungen auf die psychische Sphäre bemerkbar wird und hier dann leicht als rein psychisch bedingter Verstimmungszustand gedeutet wird. Die psychische Sphäre, die bei T-Typen besonders leicht von der somatischen Seite beeinflußbar ist, ist ja überhaupt der feinste Indikator für oft schon geringgradige Funktionsverschiebungen, um so mehr daher auch für körperliche Erkrankungen, die auch sonst mitunter besonders früh an entfernteren Reaktionsgebieten bemerkbar werden können, und erst spät an den Organgebieten, an denen sie spielen [vgl. gastrische Form der Phthisis incipiens]). Beim Überwiegen des B-Typus zeigt dagegen das Zustandsbild schon primär eine stärkere psychische Färbung und oft auch psychogene Züge in der Ätiologie und Symptomatologie. Es handelt sich hier dann mehr um Zustandsbilder vom Charakter der Psychopathie, die sich sehr häufig dem hysterischen Zustandsbild nähern können. Individuen beider Art finden wir aber auch nicht selten, wenn sich ein gewisser Schwachsinn dazu gesellt, unter sogenannten asozialen Psychopathen. Hiervon bleibt unberührt, daß auch bei normaler und vollständiger Differenzierung auf funktionellem Wege durch Erschöpfung, Intoxikation oder überwertige Erlebnisreize ganz entsprechende Krankheitszüge manifest werden können. Bei psychischen Reizen von mittlerer Stärke wird — ceteris paribus — vor allem der B-Typus und BT-Typus stärker zu psychogenen Störungen neigen als der T-Typus. Die Färbung einer solchen Neurose bestimmt sich also nach den einwirkenden Schädlichkeiten, in sehr maßgebender Weise aber nach dem überwiegenden Personaltypus. Beim B-Typus wird daher z. B. auch die im Bereiche der Vorstellungen sich bewegende psychoneurotische Überbauung einer primär körperlichen Störung stärker sein als beim T-Typus.

Auch hier kann die primäre Ursache der Differenzierungsstörung zentral (im Zwischenhirn bzw. im Höhlengrau?) gesucht werden; es zeigen sich aber auch nicht selten endokrine Faktoren, z. B. Veränderungen der Sella (und damit der Hypophyse), die weniger in Größen- als in Formveränderungen dieses Organs bestehen. Der auch hier wohl oft sekundäre endokrine Faktor tritt aber äußerlich noch viel weniger merkbar in Erscheinung wie bei den archicapillären Schwachsinnsfällen. Nicht selten sind bei diesen Neuropathien hyperthyreotische oder auch tetanoide Zustandsbilder. Der endokrine Faktor kann hierbei ferner — sofern er eindeutig bestimmbar ist, wie z. B. durch den Nachweis einer Schilddrüsenvergrößerung oder Sellaveränderung — in verschiedenen Fällen ein- und derselbe sein, während die Symptome der Neurose und auch der vorliegende Biotypus ganz verschiedenartig sind[1]). Meist spielt auch hier das relative Übergewicht des T- oder B-Komplexes eine große Rolle. Therapeutisch tritt, — sofern es sich um kausale Therapie handelt, die besonders bei Jugendlichen aussichtsreich ist —, die Symptomatologie stark in den Hintergrund, deren Wichtigkeit für eine symptomatische Begleittherapie darum nicht vermindert wird. Bei Individuen etwa jenseits des 24. Lebensjahres (mit Abschluß der Wachstums- und Differenzierungsprozesse) wird ja auch vielfach die symptomatische Therapie die einzig mögliche bleiben, da mit durchgreifenden Veränderungen mittels einer kausalen Therapie (Differenzierung) nach unseren Erfahrungen im allgemeinen nur unterhalb jener Jahresgrenze zu rechnen ist, und zwar um so eher, je jünger das betreffende Individuum ist und je stärker (innerhalb der verschiedenen Schichten) die Capillarhemmung ausgesprochen war. Therapeutisch wichtig ist, daß auch die Jugendstadien der produktiven Kümmerformen der Neocapillaren („Neurosetyp"), die wir früher als „Sprossungsformen" bezeichneten, bei Jugendlichen sich unter einer differenzierenden Therapie normalisieren können.

Außer den eben beschriebenen und in ganz kurzen Zügen umrissenen zentralen, weil überwiegend ektodermalen, archicapillären und neokapillären Neurosen gibt es nun entsprechende scheinbar auch auf überwiegend entodermalen Organgebieten, z. B. am Magendarmkanal, wahrscheinlich auch an den Gallenwegen und anderen Organen des Intestinaltractus (vgl. hierzu W. Jaensch und H. Kalk, referiert bei W. Jaensch und W. Wittneben a. a. O.). Wir haben oben gesagt, daß die produktiven Kümmerformen der Neocapillaren identisch sind mit den sogenannten Vasoneurosecapillaren nach Otfried Müller und Parrisius. Sie kommen nicht selten mit archicapillären Einsprengungen vor (archaische Einbrüche). Über ihr gehäuftes Vorkommen auch ohne letzteres bei Neurosen des Inte-

[1]) Vielleicht liegt es z. B. auch an einem sekundären endokrinen Faktor, wenn das Zustandsbild etwa, wie gewisse Formen der Neurasthenie, einen „torpiden" Charakter trägt. Hier ist manchmal an Hypothyreosen zu denken.

stinaltractus und ihr gleichzeitiges Auftreten an den Lippenschleimhäuten solcher Patienten berichtete schon OTFRIED MÜLLER und einzelne seiner Mitarbeiter. Sie beschrieben auch die hochcontractile Funktion dieser Gefäße, die unser Mitarbeiter HÖPFNER bestätigen konnte. O. MÜLLER und PARRISIUS betonten vor allem die Neigung dieser Gefäße zu einem spastisch-atonischen Funktionsmodus; diesem Funktionsmodus haftet in seiner Ambivalenz ein primitiver Charakter an, der bei Trägern solcher Capillaren auch in anderen Funktionen des Individuums zum Ausdruck kommen kann. Auch hierauf wies O. MÜLLER schon hin. Er sprach davon, daß bei seinen Vasoneurotikern der „Disharmonie des Capillarbildes" nicht selten auch eine Disharmonie im Bereiche der höheren, insbesondere psychischen Funktionen eigentümlich sei. Verfasser untersuchte gemeinsam mit H. KALK solche Individuen mit den eidetischen Methoden (Frankfurter Mediz. Univ.-Klinik). Hier ergab sich, daß selbst diese als Erwachsene auch in zentralen Funktionen immerhin häufiger als andere (ohne jede Differenzierungsstörung an den Capillaren) eine Festhaltung primitiver Funktionen, wie z. B. manifester eidetischer Eigenschaften und ihnen nahestehender Besonderheiten der Wahrnehmung zeigten. Die stärkere Differenzierungsstörung ist aber hier vor allem in den peripher gelegenen entodermalen Organsystemen lokalisiert; indessen erscheinen auch hier Sellaveränderungen gar nicht selten; jedoch scheint die Gesamtentwicklung dieser Individuen, besonders bei den rein neocapillären Fällen, immerhin weniger beeinträchtigt als bei den zentralen, ektodermalen und besonders archicapillären Neurosen oder gar Schwachsinnsfällen. Nachweisbar ist die entodermale Differenzierungsstörung daran, daß die Capillaren z. B. der Lippenschleimhaut vorwiegend die archaischen Verhältnisse oder die produktiven Kümmerformen der Neocapillarschicht (Neurosetyp) mitunter auch Mischformen zeigen, während dies im gleichen Falle bei den Hautcapillaren in geringerem Maße oder gar nicht der Fall zu sein braucht. Nun hat aber schon OTFRIED MÜLLER die anatomische Übereinstimmung zwischen Lippencapillaren (Capillaren der Lippenschleimhaut) und den Capillaren z. B. der Magenschleimhaut nachgewiesen. Und darum sind ähnliche Verhältnisse, wie sie sich an der Lippenschleimhaut zeigen, auch z. B. an der Magenschleimhaut zu erwarten; mitunter mag diese Entsprechung für den ganzen Intestinaltractus oder größere Teile desselben Geltung besitzen. Die Lippenschleimhaut ist eine Grenzprovinz zwischen Ektoderm und Entoderm. Trotzdem scheint sich ihre Struktur wesentlich nach den entodermalen Organgebieten zu richten. In solchen Fällen (Organneurosen) zeigt sich dann ganz besonders häufig gerade an entodermalen Organsystemen ein krankhaftes Hervortreten oder eine Festhaltung z. T. primitiv übererregbarer Reaktionsweisen, z. B. ein Erhaltenbleiben primitiver und darum ambivalenter Reaktionsverhältnisse (spastisch-atonischer Symptomenkomplex nach O. MÜLLER und PARRISIUS), die Neigung zur Enteralgie, Spasmophilie, Magen-Darmtetanie usw. Als Folgeerscheinung kann sich daher auch mitunter ein spasmogenes Ulcus ventriculi oder duodeni einstellen oder Dyskinesien der Gallenwege; und gewisse Cholecystopathien können scheinbar, je nach der vorwiegenden Lokalisation, manchmal eine Spätfolge sein. Diese Möglichkeit wird vor allem durch neuere Arbeiten aus der Medizinischen Universitätsklinik Frankfurt a. M. nahegelegt, die ganz unabhängig hiervon entstanden. W. SCHOENDUBE beschrieb hier neuerdings den Pituitrinreflex der Gallenblase (KALK und SCHOENDUBE[1]). Er besteht darin, daß der Extrakt aus dem Hinterlappen und der Intermedia der Hypophyse (Pituitrin, Hypophysin, Hypophen) subcutan oder intravenös injiziert, nach durchschnittlich 25—30 Minuten eine Entleerung von Blasengalle hervorruft, die mittels der Duodenalsonde angesaugt werden kann. „Der Vorgang beruht auf einer aktiven muskulären Kontraktion der Gallenblase." — „In Fällen von Cholecystopathien ist in vielen Fällen, nicht in allen, die Konzentrationsfähigkeit der Gallenblase herabgesetzt (d. h. die Fähigkeit der Gallenblase, ihr Sekret einzudicken), die Muskelfunktion gesteigert oder verlangsamt." — Es „zeigt sich bei Cholecystopathien ein buntes Gemisch von muskulärem Reizzustand und niedriger Reaktionszeit neben recht verlangsamten Reflexen". — „In einem erheblichen Prozentsatze der Fälle verläuft der Pituitrinreflex negativ." — SCHOENDUBE weist im Zusammenhang mit der von ihm nachgewiesenen Pituitrinwirkung auf die „expulsorisch-muskuläre Tätigkeit" der Gallenblase auf die möglicherweise ähnliche Rolle hin, die bei der expulsorisch-muskulären Tätigkeit des schwangeren Uterus die bekannte Schwangerschaftshypertrophie der Hypophyse in der Austreibungsperiode spielen könnte. In der Tat fand er, was hierfür sprechen würde, den Pituitrinreflex bei einer Schwangeren sehr stark beschleunigt, die Allgemeinwirkung der Pituitrininjektion bis zu einem kollapsähnlichen Zustand gesteigert. Hier schien also bereits eine dem Pituitrinreflex entgegenkommende Sensibilisierung durch die Schwangerschaft vorgelegen zu haben. Wir haben oben gesagt, daß bei Neurosen des Intestinaltractus scheinbar häufig primär eine entodermale Hemmungsbildung bzw. Differenzierungsstörung vorliegt, kenntlich an dem Capillar-

[1]) Vgl. hierzu W. SCHOENDUBE: Klin. Wochenschr. 4. Jahrg. Nr. 14, Gallenblase und Hypophyse.

bilde der Lippenschleimhaut, das den Zustand auch der tiefer liegenden Schleimhäute des Magen-Darmtractus widerspiegelt. Besonders den Neurosecapillaren eignet ein spastisch-atonischer Funktionsmodus, und letzterer erinnert täuschend an das eben geschilderte verschiedenartige Bild des Ablaufs der muskulären Funktion beim Pituitrinreflex gerade Gallenblasenkranker. Wir erwähnten nun schon, daß bei Neurosefällen mit capillärer Mißbildung ebenfalls Sellaveränderungen vorliegen können, die mitunter eine abnorme Hypophysenfunktion, meist im Sinne einer Insuffizienz, nahelegen. SCHOENDUBE zog die Parallele zwischen verstärktem Pituitrinreflex an der Gallenblase und der Schwangerschaftshypertrophie der Hypophyse in ihrer vermutlichen Bedeutung für die Austreibungsperiode des Uterus. Wir können daher mit dem gleichen Recht in diesem Zusammenhange darauf hinweisen, daß vor allem in gewissen eben angedeuteten Fällen mit Sellaveränderungen mitunter eine gewisse Hypophyseninsuffizienz, die schon in ursächlichem Zusammenhange mit der an den Capillaren nachweisbaren entodermalen Mißbildung stehen kann, auch späterhin nicht ohne Einfluß sein könnte auf den Ablauf der Funktionen an einer primär organisch und funktionell nicht ausgereiften Gallenblase. Hier würde es um so mehr verständlich werden, daß dann „Dyskinesien der Gallenwege" die Folge sind, später aber auch Cholecystopathien verschiedenster Art; denn es scheint nur allgemeinen biologischen Gesetzmäßigkeiten zu entsprechen, daß nicht völlig ausdifferenzierte, also infantil gebliebene bzw. mißbildete Gewebe und Organe den dauernden Anforderungen des späteren Lebens nicht angepaßt sind, daher erkranken und womöglich später sogar organisch degenerieren können. Es wären somit Fälle denkbar, in denen eine therapeutische Einwirkung von Substanzen aus der ganzen Hypophyse (vor allem auch des Vorderlappens als Wachstums- und Differenzierungsdrüse) nicht allein in jener von SCHOENDUBE inaugurierten symptomatischen Hinsicht heilend wirken könnten, sondern in geeigneten jugendlichen Fällen durchaus kausal-kurativ. Vermutlich müßten es jugendliche Individuen sein, die mit Cholecystopathien (oder überhaupt intestinal-neurotischen Zuständen) in der Familienanamnese, selbst vielleicht schon mit vorübergehenden Attacken von Gelbsucht, Enteralgie usw. behaftet, an den Lippenschleimhautcapillaren Differenzierungsstörungen aufweisen und womöglich auch eine veränderte Sella erkennen lassen. Auch hier wieder ist beim Bestehen einer solchen Differenzierungsstörung der Reaktionstypus überwiegend abhängig davon, ob neben einem übererregbaren T-Komplex auch ein übererregbarer B-Komplex vorhanden ist. Alles dies schließt wiederum nicht aus, daß ähnliche Krankheitsbilder auch bei völlig normal Differenzierten vorkommen. Diese Differenzierungsstörungen dürften jedoch für das Manifestwerden solcher Neurosen und Zustandsbilder oft den geeigneten Boden abgeben, insbesondere bei allgemeineren Schädigungen einen Teil der somatischen Komponente für die Organdetermination „psychogener" bzw. die Organdisposition „somatogener" Zustände von Organneurosen oder anderer sekundär aufgepfropfter Zustandsbilder bestimmen. Ceteris paribus wird dann für die Psychogenie oder Somatogenie des Falles weitgehend der Personaltypus maßgebend sein.

Die überwiegend entodermale Differenzierungsstörung beeinträchtigt im allgemeinen weniger als die ektodermalen Hemmungsbildungen und Differenzierungsstörungen die Gesamtheit der Persönlichkeit, weil das Zentralorgan selbst hier immerhin weniger beteiligt erscheint als bei archicapillärem Schwachsinn oder bei entsprechenden zentralen Neurosen. Neocapilläre Differenzierungsstörungen scheinen auch bei ektodermaler Lokalisation nur bei archicapillären Mischformen Intelligenzdefekte zu zeigen. Erbliche Momente lassen sich aber bei allen diesen Störungen nicht selten nachweisen. Der Nachweis solcher erblicher Momente verschiebt sich aber aus dem Gebiete rein anamnestischer Erhebungen in das methodisch einwandfreiere Gebiet exakter Beobachtung; diese bestehen also z. B. hier im mikroskopischen Nachweis von Entwicklungsstörungen an verschiedenen Organsystemen von Eltern oder Geschwistern der Patienten, die auch dann nachweisbar sein können, wenn gröbere, der äußeren Beobachtung zugängliche Funktionsstörungen, Mißbildungen oder Hemmungsbildungen völlig fehlen. Wie wir später noch in unserem kurzen therapeutischen Abriß sehen werden, rückt diese Erkenntnis das Gewicht der Therapie vor allem in das Gebiet der Prophylaxe, da die Disposition durch das Aufsuchen solcher Differenzierungsstörungen schon in frühester Kindheit erkannt und darum auch therapeutisch viel stärker beeinflußt werden kann als bei Erwachsenen, die einer therapeutischen Weiterdifferenzierung meist kaum noch zugänglich sind. Gleichzeitig wird die symptomatische Behandlung im weiten Umfang durch eine kausale Therapie ersetzt, die wir schon dort prophylaktisch anzuwenden verpflichtet zu sein scheinen, wo die nachweisbaren Befunde vorläufig nicht mehr als eine Disposition erkennen lassen, die aber bereits die Möglichkeit des Manifestwerdens einer Krankheit nach allen bisherigen Erfahrungen in sich zu schließen scheint, sobald mit steigendem Lebensalter die Schädigungen größer zu werden beginnen. Wir werden daher nicht versäumen dürfen, immer zugleich mit unseren Kranken unser Augenmerk auf die „noch gesunden Kinder" dieser Kranken zu richten. Bei ihnen können wir mitunter „Dispositionen" der Eltern ausrotten, indem wir ihre

Anlage zerstören, die in einem scheinbar bisher ungeahnten Maße auf ganz verschiedenartigen Entwicklungs- und Differenzierungsstörungen beruht, die mit der Capillarmikroskopie leicht, frühzeitig und sicher aufgedeckt werden können. Daß allein schon die ektodermalen Differenzierungsstörungen auch noch ganz anderen, in diesem kurzen Abriß nicht erwähnten Schädigungen und Krankheitsprozessen den Boden bereiten könnten, sei hier nur gestreift. Hier ist an encephalitische, toxische, infektiöse Prozesse und Degenerationsprozesse aller Art zu denken. Denn ein infolge undifferenzierten Ektoderms undifferenziertes Zentralnervensystem ist sicherlich von den verschiedensten Seiten und Möglichkeiten her verwundbarer als ein völlig ausdifferenziertes. So zeigt sich ja auch die klassische Degenerationspsychose der Dementia praecox ganz besonders häufig bei Debilen als sogenannte „Pfropfhebephrenie", schließlich überhaupt besonders bei Jugendlichen in bestimmten Entwicklungsphasen. Debile haben aber fast immer archicapilläre Differenzierungsstörungen und Hemmungsbildungen, und Jugendliche überhaupt, selbst noch im späteren Jugendalter und auch ohne Intelligenzdefekt, zeigen häufiger als Erwachsene an den Capillaren erkennbare, therapeutisch beeinflußbare Entwicklungshemmungen oder Differenzierungsstörungen. — Wir haben nun schon früher (a. a. O.) hervorgehoben, daß die capilläre Differenzierungsstörung sicherlich außerdem noch von anderen, schwerer feststellbaren, weil der gewöhnlichen und unmittelbaren Beobachtung unzugänglicheren Hemmungs- bzw. Mißbildungen innerhalb gewisser Keimblattgebiete oder des Organismus überhaupt begleitet sein wird. Hier ist an chemisch-physiologische und andere biologische Eigentümlichkeiten zu denken. Insbesondere wird das Nervensystem selbst im gleichen Falle eine mit den gewöhnlichen Beobachtungen am Lebenden vielleicht nicht immer nachweisbare Differenzierungsstörung aufweisen. Es wäre auch sonst das Parallelgehen von psychischen und nervösen Störungen mit Veränderungen der Gefäßbildung weniger erklärlich. Wir haben nun vorn ausgeführt, daß z. B. im postembryonalen Stadium beim Säugling, zu einer Zeit, in der die Capillaren noch eine archaische Form zeigen, die beiden WESTPHAL am peripheren Nerven gewisse histologisch-anatomisch nachweisbare Verhältnisse fanden, die kurz mit einer stärker „vegetativen Beschaffenheit" des Zentralnervensystems charakterisierbar erschienen, und dem entsprach auch die Funktion des peripheren Nerven um diese Zeit. Wir haben diese Verhältnisse charakterisiert als gleichbedeutend mit einem archaisch-primitiven Funktionstypus des Zentralnervensystems, und die Art der Koppelung der Organsysteme, die die primitiv-archaische histologische Struktur des Nervensystems in gewissem Umfange bedingt oder sie mindestens in gewissen Entwicklungsperioden physiologischerweise zu begleiten scheint, als eine „primordiale Koppelung" bezeichnet. Wir konnten daher in diesem Sinne ganz entsprechend, wie wir am Gefäßsystem von „Archicapillaren" sprachen, von „Archineuronen" (bzw. einem „Archineurium") sprechen.

Es wird sich nun so verhalten können, daß in gewissen Fällen neben den Archicapillaren der Haut (des Ektoderms) auch ein Teil des Nervensystems (Ektoderm) Archineuronen besitzt. Es ist aber auch der Fall denkbar, daß die Entwicklungsstörung — schärfer auf das Ektoderm beschränkt und das Mesenchym, dem die Gefäße angehören, nicht mitreißend — eine isolierte Entwicklungshemmung ist. Dementsprechend sind Fälle denkbar, wo trotz differenzierten Gefäßsystems Archineuronen (bzw. ein Archineurium) bestehen bleiben würden. Besonders im Gehirn sind ja stets ektodermale und mesenchymale Strukturen sehr scharf voneinander geschieden (Nervenelemente und Gefäße). Wir werden also zum Nachweis solcher Entwicklungshemmungen nicht allein bei den Capillaren stehen bleiben dürfen. Selbst dort, wo wir es nur mit neocapillären Differenzierungsstörungen zu tun haben, wird eine Mißbildung oder Differenzierungsstörung der Nervengebiete und des Zentralnervensystems nahe liegen können, mindestens eine Neigung des Nervensystems zu pathologischen Reaktionen[1]).

Ein solcher in seiner Differenzierung unharmonisch gestalteter Organismus verhält sich wie ein Uhrwerk mit Rädern aus verschiedenem Metall: befinden sich doch einzelne Organsysteme im Zustande einer anderen Entwicklungsstufe wie die übrigen; mindestens

---

[1]) Den neocapillären Differenzierungsstörungen sind in weitem Umfange Fälle von Vasoneurosen nach O. MÜLLER und PARRISIUS zuzurechnen. Bei diesen haben schon O. MÜLLER und PARRISIUS darauf hingewiesen, daß die Disharmonie des Capillarbildes einer Disharmonie auch im Seelenleben dieser Individuen entspricht. Ferner gehören hierher Fälle von neocapillärer Intelligenzschwäche. Hier ist noch einschränkend zu erwähnen, daß an den Capillarformen natürlich immer nur eine Gruppe solcher Entwicklungsgestörter bemerkbar wird, und daß es noch andere ähnlich gerichtete Störungen gibt, deren Nachweis sich dieser Methode entzieht. Es hat sich aber bereits gezeigt, daß erstere Gruppe eine außerordentlich umfassende ist, so umfassend, daß diese Methodik zur Erkennung (vor allem zu einer ganz frühzeitigen Erkennung im 1. und 2. Lebensjahr) von Entwicklungsstörungen fast souverän zu nennen ist (vgl. Kap. VII, 5, 6).

kann die Entwicklung einzelner in nicht völlig harmonischer Weise gestaltet sein. Das gilt zugleich auch für die Funktionsweisen, insbesondere für die nervösen Reaktions- und Koppelungssysteme, und es ist nicht verwunderlich, daß Störungen auftreten, wenn in einem Leitungsnetz gewisse Provinzen z. B. eine von den übrigen abweichende, weil primitivere, zum mindesten abnorme Funktionsart besitzen. Ein solcher Organismus kann trotzdem lange Zeit gewissermaßen „kompensiert" und daher ohne manifeste Störungen bleiben. Es erhellt aber ohne weiteres, daß er schon durch geringe funktionelle Belastung „dekompensiert" werden kann, wie ein Uhrwerk, dessen Räder aus verschiedenem Metall bestehen, sehr wohl zuerst tadellos funktionieren kann, infolge der Ungleichheit der Abnutzung jedoch schon bei längerem Gebrauche und ohne stärkere Belastung versagen wird. Wir können deshalb auch von „kompensierten und dekompensierten Neuropathien" sprechen. Die Grundlage solcher Zustände wären genotypische und phaenotypische Ungleichmäßigkeiten in der Ausdifferenzierung des Gesamtorganismus oder einzelner Organsysteme. Das will nicht besagen, daß alle Zustände von Neuropathie so zu erklären seien. Wir wissen ja, daß es z. B. Neurosen infolge Erschöpfung, Intoxikation usw. gibt. Bei Ermüdung treten nach allgemeinen biologischen Gesetzen primitivere Funktionsweisen wieder in den Vordergrund; dies wird aber ebenfalls leichter an Organsystemen der Fall sein, deren mangelnde Differenzierung dem Auftreten primitiver Funktionsschichten auch somatisch den Boden bereit hält. Auch für sogenannte Erschöpfungsneurasthenien also und Organneurosen infolge sekundärer Schädigungen werden solche Verhältnisse der Differenzierung, die mitunter genotypisch, mindestens angeboren bzw. nur phaenotypisch sein dürften, nicht gleichgültig sein. Wir wiesen daher schon früher darauf hin, daß in solchen Differenzierungsstörungen, insbesondere bei umschriebener Lokalisation, sehr wohl die somatische Komponente der sogenannten „Organdetermination" sogar mancher psychogener Neurosen gesucht werden könnte, und daß hier eine „Organdisposition" vorliegt, die man mittels der Capillarmikroskopie schon im frühesten Jugendalter nachweisen und vor allem daher rechtzeitig — vor dem Manifestwerden von Störungen — behandeln könne, besonders wenn familienanamnestisch ähnliche Störungen vorliegen.

Bei diesen Differenzierungsstörungen handelt es sich um eine Sprengung des konzentrischen Schichtenbaues und der „Entwicklungseinheit" (W. Schulze) des Organismus, insbesondere gerade bei den Organneurosen der hier in Betracht kommenden Genese. Wir haben vorn gesagt, daß zentrale Neurosen und gewisse Schwachsinnsformen, die auf Differenzierungsstörungen bzw. auf gröberen Entwicklungshemmungen beruhen, vor allem eine zentrale, primär nicht endokrine (d. h. von den endokrinen Drüsen selbst nicht ausgehende) Ursache zu haben scheinen (Störungen im zentralen Höhlengrau), daß es sich darum vielleicht um primäre Zwischenhirnstörungen handeln könnte, wofür auch in den betreffenden Schwachsinnsfällen mit ihrer gröberen Entwicklungshemmung gewisse Schädelmaße zu sprechen scheinen. Letztere (Verkürzung der Schädelbasis, eingezogene Nasenwurzel) deuten nämlich anscheinend auf einen primär geringeren Umfang gerade des Zwischenhirns hin, von dem schließlich die peripheren Teile des Organismus (einschließlich auch der Hirnrinde) erst sekundär abhängen und daher auch in der Entwicklung beeinflußt werden müssen. Daher neigten wir auch der Auffassung zu, daß in solchen Fällen der endokrine (periphere Drüsen-)Faktor, der ganz verschieden sein kann, erst ein sekundäres Moment und nicht die primäre Ursache der Entwicklungshemmung sein könne. — Wir haben vorn gesagt, daß der Gesamtorganismus vor allem bei entodermaler Differenzierungsstörung — wenn auch ebenfalls etwas — doch nicht so durchgreifend gestört sei wie bei ektodermaler Entwicklungsstörung mit jener primär vielleicht ins zentrale Höhlengrau zu verlegenden Ursache. Bei letzterer handelt es sich meist um eine einheitlichere und durchgreifendere Entwicklungshemmung und Mißbildung des Gesamtorganismus: die Entwicklungseinheit bleibt eine solche nur auf tieferer Ebene. Der Schichtenbau erreicht nur eine gewisse, nicht normale Höhe. — Was wir oben Sprengung des konzentrischen Schichtenbaues des Organismus nannten, trifft daher in verstärktem Maße auf die entodermale Differenzierungsstörung mit ihren in ihrem Gefolge auftretenden Organneurosen zu. Die ektodermale Entwicklungsstörung ist immer einheitlicher auf den Gesamtorganismus verteilt; der Schichtenbau ist bei den Schwachsinnsformen am einheitlichsten herabgedrückt, bei den ektodermalen Neurosen schon weniger einheitlich. Hier macht sich darum auch schon eine Sprengung des Schichtenbaues bemerkbarer. Darum ist z. B. hier die Intelligenz zwar oft einwandfrei, nicht aber die somatische Funktion der betroffenen Organsysteme, und ebenso macht sich allenfalls im höheren psychischen Geschehen ein krankhaftes Hervortreten einzelner Schichten bemerkbar. Am geringsten ist nun die primäre Beeinträchtigung zentraler Funktionen bei den entodermalen Differenzierungsstörungen. Psychische Disharmonien entstehen hier meist erst sekundär beim Manifestwerden der somatischen Störung. Es liegt daher die Vermutung nahe, daß die „Sprengung des Schichtenbaues" bei entodermalen Differenzierungsstörungen weniger zentral gelegene Ursachen haben könnte. Alles dies weist aber auf die peripheren endokrinen Drüsen und nach Obigem scheinbar sekundären Entwicklungsfaktoren hin. In diesem Zusammenhang muß daher erwähnt werden, daß W. SCHULZE[1]) bei Kaulquappen experimentell durch Entfernung der Schilddrüse eine „Sprengung der Harmonie" der Entwicklung feststellen konnte, ebenso aber auch bei einer experimentell hervorgerufenen Hyperthyreose. Es kam hier dazu, daß sich im Laufe der Weiterentwicklung histologisch ein Nebeneinander und Durcheinander von morphogenetisch ganz verschiedenen Zellarten innerhalb einzelner Organe nachweisen ließ. Es gilt dies von der Haut und dem Nervensystem ebenso wie von inneren Organen. Überall blieben Einsprengungen larvaler Verhältnisse zurück, aber auch die Gesamtentwicklung wurde beeinträchtigt und zwar in ganz differenter Weise, je nach dem Zeitpunkt des Experimentes. Elektiv bevorzugt für die Entwicklungshemmung bzw. Differenzierungsstörung erwiesen sich Organe, die für die Gesamtheit des Organismus besonders wichtig sind. „Nicht nur, daß einzelne Organe, im ganzen miteinander verglichen, vollkommen verschieden weit entwickelt sind, die Dissoziation der Entwicklung betrifft auch die einzelnen Bestandteile eines Organs, soweit sie von verschiedenen Keimblättern stammen" (zit. nach W. SCHULZE a. a. O.). Eine gewisse einheitliche Bindung von Entwicklungshemmung an einzelne bestimmte, wenngleich von Fall zu Fall verschiedene Keimblattgebiete trat in den Versuchen deutlich hervor. „Es ist die Sprengung der normalen Entwicklungsharmonie im Bereiche der Haut besonders auffällig und zeigt am thyreopriven Tier, bei völligem Sistieren der Epidermisdifferenzierung, eine isolierte Fortentwicklung der bindegewebigen Elemente." ... „Gehirn und Rückenmark des thyreopriven Tieres zeigen Organsysteme, wie sie ihrem Bau und ihrer relativen Größe nach für Larven charakteristisch sind." ... „Im Bereiche des Darmsystems im weitesten Sinne des Wortes ist die Sprengung des normalerweise harmonischen Merkmalkomplexes wieder außerordentlich deutlich." ... „Es macht so den Eindruck, als wenn (bei Hyperthyreosen durch Implantation von Schilddrüsengewebe) durch die überstürzten Umbildungsvorgänge bei den hyperthyreotischen Tieren Differenzen im Entwicklungszustande der einzelnen Provinzen eines und desselben Organs ... noch stärker hervortreten als bei normalen Entwicklungsvorgängen" ... Durch nachträgliche Drüsenverfütterung konnte die Differenzierungsstörung bis zu gewissem Grade wieder ausgeglichen werden. Genau wie bei unseren eigenen therapeutischen Erfahrungen an capillargehemmten Kindern reagierten in SCHULZEs Versuchen diejenigen Organe am besten auf eine differenzierende Behandlung, die am wenigsten weit ausdifferenziert waren.

Diese Experimente erscheinen in unseren Zusammenhängen sehr beachtenswert, besonders auch darum, weil sich solche Differenzierungsstörungen im Sinne der „Sprengung einer Harmonie der Entwicklung" (Sprengung des Schichtenbaues, vgl. oben) sogar auch bei Hyperthyreose einstellten. Hier ist daher daran zu erinnern, daß unsere entodermalen archicapillären oder neocapillären Organneurotiker — ebenso wie die entsprechenden zentralen Neurosen — gar nicht selten den sogenannten basedowoiden (hyperthyreotischen) Typus (B-Typus) zeigen, während freilich auch ganz andere Individuen, z. B. T-Typen, nicht weniger oft unter ihnen vertreten sind.

Es mag daher an dieser Stelle noch einmal darauf hingewiesen werden, daß wir im Verfolg solcher Wege dazu kommen könnten, in der Genese gewisser, symptomatologisch ganz differenter Krankheitsbilder einheitlichere Ordnungsprinzipien aufzufinden, daß wir demgemäß die heutige Krankheitsbetrachtung vielleicht einmal durch ein entwicklungsgeschichtlich-genetisches Ordnungsprinzip werden ersetzen können, das einen Umbau der Symptomatologie ermöglichen müßte.

c) Bemerkungen über die Dementia praecox (Schizophrenie) als retrograde Lysophrenie der psychophysischen Persönlichkeit (S-Typus).

Nach dem vorher Erwähnten kann gesagt werden: wo immer durch irgendwelche Hirnprozesse (pathologisch-funktioneller oder organischer Natur) entwicklungsgeschichtlich zusammenhängende Wirkungskomplexe und ihre genetisch entsprechenden motorischen, sensiblen, sensorischen und psychischen Funktionsabläufe hervortreten, wird sich deren Funktionstypus nicht nur in den Zentralapparaten, sondern auch in der Gesamtpersönlichkeit, also auch an der Peripherie des Individuums durchzusetzen vermögen. Wieweit ein Individuum hierdurch in seiner Gesamtheit völlig verändert wird, wird von dem Umfang des Prozesses, seiner Intensität, zugleich aber — ceteris paribus — auch von dem Grade der Differenzierung abhängen, der im Augenblick des Eintretens der Erkran-

---

[1]) SCHULZE, W.: Weitere Untersuchungen über die Wirkung inkretorischer Drüsensubstanzen auf die Morphogenie. Arch. f. mikroskop. Anat. u. Entwicklungsmech., Bd. 101. 1924.

kung verwirklicht ist, nicht weniger aber auch von dem vorliegenden Biotypus, insbesondere seinem Grade der physiologischen oder psychophysischen Integration. Ist, wie bei Jugendlichen oft, der Differenzierungsgrad noch gering und schreitet darum nach der Erkrankung die Entwicklung noch weiter, so müssen die neu entstehenden Funktionsschichten sich auf den bereits veränderten älteren Funktionsschichten aufbauen und damit von vornherein eine krankhafte Richtung gewinnen[1]). Ist der Differenzierungsgrad eines Individuums zur Zeit der Erkrankung bereits ein hoher, ja ist die Differenzierung vielleicht überhaupt vollendet, wie beim vollausgereiften Erwachsenen, so wird die krankmachende Schädigung im allgemeinen eher auf diejenigen Funktionen beschränkt bleiben, die von dem Prozesse ergriffen sind. Hieraus erklärt sich vielleicht die Tatsache, daß z. B. der destruierende Prozeß einer Encephalitis lethargica bei Kindern und Jugendlichen sich noch viel verheerender auszuwirken pflegt als bei Erwachsenen[2]). Auch wenn der Prozeß weniger durchgreifend, vielleicht mehr funktionell als organisch ist (z. B. toxisch-funktionell), so wird zwar im Gefolge eines selbst enger umschriebenen Prozesses auf dem Wege der Diaschisis (im Sinne von v. Monakow) auch in differenzierten Gehirnen mitunter an herdfernen Hirnteilen und Funktionsschichten ein krankhafter Folgezustand ausgelöst werden, niemals aber wird die Wirkung so durchgreifend sein wie bei unentwickelten Gehirnen. Letzteres nicht nur aus dem obenerwähnten Grund, sondern auch deshalb, weil bei ihnen alle Funktionen, wie wir früher auseinandergesetzt haben, noch stärker miteinander zusammenhängen (eine stärkere „physiologische Integration" [Durchdringung] zeigen). Das krankhafte Hervortreten gewisser Schichten kann als Ausdruck einer Überfunktion gewisser Zentren gedeutet werden, sei es durch Reizzustände dieser Zentren selbst oder dadurch, daß die normalen Hemmungen seitens höherer Zentren wegfallen. Die Störungen werden verschieden stark sein je nach dem Grad der schädigenden Reize; außerdem werden bei vorwiegend psychischer Reizempfindlichkeit (B-Typus) psychische Reize, bei vorwiegend somatischer Reizempfindlichkeit (T-Typus) somatische Reize stärker wirken. — Die Störungen sind aber auch rein funktionell und ohne Zentrenwirkung denkbar.

Wenden wir uns nun einmal der schizophrenen Psychose (Dementia praecox) zu. Von ihrer psychologischen Struktur sagt A. Storch[3]): „Wie dem auch sein möge, jedenfalls stimmen wir der Grundauffassung Kronfelds von der Dynamik des schizophrenen Prozesses durchaus zu. Er spricht von einem Einbruch archaisch-magischen Erlebens in die obere intentionale Sphäre. Im Gegensatz zu dem Auftreten archaischer Primitivismen in Dämmerzuständen und dergleichen, in denen das psychische Wachleben überhaupt aufhört, brechen im schizophrenen Prozesse die archaischen Erlebnisgebilde in einen nur hier und da zerrissenen Oberbau ein ... Hier und da werden Verwirklichungen einzelner Intentionen zerstört, unterbrochen, zerrissen: der primitiv-psychische Unterbau, von den Urtrieben emporgejagt, läßt durch seine Mechanismen neuartige Erlebnisgebilde in die Lücke hineinschießen, und nun findet ein ständiger Antagonismus beider seelischen Spären im Erleben statt, bald schließt sich die obere wieder dominierend zusammen, bald erleidet sie neue Risse ..." „So wird die ‚doppelte Orientierung' (Bleuler) erklärlich ... als Unterströmung des wachen Tagdenkens liegt das magisch-archaische Erleben in jedem Menschen bereit, gelangt aber wohl nur bei spezifisch schizoiden Typen in ernstliche Konflikte mit dem gewöhnlichen Verstandesdenken."

Wir würden also nach diesen Anschauungen von Storch und Kronfeld hier auf psychischem Gebiete eine ähnliche Funktionsverschiebung vor uns haben, wie etwa im Gebiet der Motilitätsstörung infolge von organischen Hirnläsionen, etwa bei der Encephalitis lethargica. Auch dort handelt es sich — nun aber in der motorischen Sphäre — um den „Einbruch archaisch-primitiver (motorischer) Funktionsabläufe" in die obere „intentionale (motorische) Sphäre" (= Willenssphäre). Denn auf psychologischem Gebiet bezeichnen ja Kronfeld und Storch ihr „magisch-archaisches Denken" als Unterströmung, d. h. als eine primitivere Schicht gegenüber dem wachen Tagdenken. In diese übergeordnete Denkschicht bricht nach ihrer Anschauung in der Schizophrenie die primitivere magisch-archaische Schicht stückweise ein und stört in ihr den Funktionsablauf. Dieser Begriff der primitiveren Schicht ist nun aber ein sehr weiter. Hier wurde z. B. eine der primitiv-psychischen Schichten besonders eingehend untersucht, die eidetische. Genauer konnten wir in ihr schon wieder zwei verschiedene Schichten unterscheiden (T- und B-Komponente). Jede dieser Schichten hat ihre besondere Be-

---

[1]) Hieraus erhellt die Notwendigkeit einer früh zufassenden prophylaktisch-therapeutischen Jugendmedizin im Sinne medizinisch-pädagogischer Heilprophylaxe (vgl. d. Kap., Abschn. 5).

[2]) Vgl. hierzu Bonhöffer: Psychische Residuärzustände nach Encephalitis epidemica bei Kindern. Klin. Wochenschr. 1922.

[3]) Storch, A.: Das archaisch-magische Erleben der Schizophrenen. Berlin: Julius Springer 1923; ferner Zeitschr. f. d. ges. Neur. u. Psych. Bd. 78, 1922.

ziehungen zur Umwelt, ihre besondere Art, auf Umweltreize zu antworten und sie nach ihrer eigentümlichen Reaktionsform zu verarbeiten. Zugleich besitzen diese Schichten auch eine Beziehung zum geistigen „Ich", das seine jeweils besondere Färbung nicht allein aus der höchsten psychischen Schicht entnimmt, sondern zugleich auch immer weitgehend mit von den tieferen Schichten her beeinflußt ist, die bei ihrem stärkeren und isolierten Hervortreten dem eigentlichen geistigen Ich als fremd gegenüberstehend empfunden werden. E. R. JAENSCH konnte weiterhin zeigen, daß es außer der eidetischen Gesamtschicht und ihrer vorwiegend auf sinnliches Schauen gegründeten Umweltbeziehung noch andere Schichten gibt, deren Umweltbeziehungen — ganz ähnlich eng wie bei der eidetischen Schicht — sich vorwiegend auf gewisse sensitiv-affektive (emotionale) Beziehungen zur Umwelt gründen. Sie spielen ohne den Biotypus (psychophysischen Komplex), dem sie überwiegend angehören dürften (B-Komplex), zu durchbrechen, in gewissen anderen Entwicklungsphasen des Einzelindividuums als der eidetischen Phase eine auch ihrerseits „phasenspezifische Rolle" (ebenso eine „personspezifische" bei gewissen besonderen Individualtypen). Hier ist der sensitive Typus des Pubertätsalters im Sinne E. R. JAENSCHS zu erwähnen. Fernerhin fand E. R. JAENSCH auch einen „Synästhetikertypus" und konnte ihn bereits weitgehend experimentell analysieren. Auch er dürfte einer bestimmten funktionellen Schicht angehören, die in gewissem Umfang allen Individuen zukommt, bei einzelnen Individuen aber funktionell im Vordergrunde steht, eben bei den „Synästhetikern". Aber auch hier wieder müssen Unterarten unterschieden werden, von denen noch zu ermitteln ist, wie ihre Stellung zum T- oder B-Komplex sich des näheren herausstellen wird. Heute wissen wir schon, daß dem B-Komplex (B-Typus) eine besonders hochgradige Art komplexer Synästhesien zu entsprechen scheint, bei denen immer irgendwie das Gefühl und die Affektivität (das Emotionale) mitwirken. Andere Synästhetikertypen zeigen eine besondere Beziehung zu bestimmten Denktypen, die in reiner Form unter wirklich normalen Erwachsenen selten zu sein scheinen. Bei ihnen ist die Verknüpfung von verschiedenen Gedankeninhalten, sofern sie eine strenge logische Überlegung ausschalten, über symbolisch-synästhetische Zusammenhänge gegeben. Begriffen entsprechen hier anschauliche Symbole, die sich dem Individuum unwillkürlich aufdrängen. Hier wurden oft sich völlig widersprechende Begriffe miteinander verknüpft, weil die ihnen synästhetisch zugeordneten Symbole zueinander paßten. Erinnert diese Art der Ideenverknüpfung schon sehr an die Art der Verknüpfung von Traumbildern, so rückt sie daher auch durchaus in die Nähe dessen, was die obengenannten Autoren als magisch-archaisches Denken in der Schizophrenie bezeichnet haben, andererseits aber auch als einen Denktypus, der bei primitiven Völkern vorherrsche. In der Tat mutet diese Art der Gedankenverknüpfung den unbefangenen Beobachter, der von ihr nichts weiß, ganz ähnlich an, wie manche der unserem Denken völlig unverständlichen Reden und Gedankenverknüpfungen Schizophrener. Es könnte in der Tat so sein, daß sich manche Gedankenverknüpfungen und auch Handlungen bei Schizophrenen, und auch bei gewissen, dann aber vielleicht echt präpsychotischen Individuen, auf dem Wege über den von E. R. JAENSCH herausgestellten Denktypus der ausgesprochenen Synästhetiker erklären könnten[1]). Es würde dies auch in der Richtung der von A. STORCH, KRONFELD und früher schon von REIS und BERZE geäußerten Ideen über den bei Schizophrenen bemerkbaren symbolischen Denktypus liegen. Gerade letztere Unterart der Synästhetikertypen nannte E. R. JAENSCH daher einen „schizoformen". Es läßt sich ferner auch zeigen, daß von den Synästhetikertypen E. R. JAENSCHS aus das Verhältnis eigentlicher echter Halluzinationen zu den jetzt viel erörterten uneigentlichen Halluzinationen eine Aufhellung erfahren könnte. Und die uneigentlichen Halluzinationen, von denen in letzter Zeit in der Psychiatrie viel die Rede ist, scheinen gerade auch bei der Schizophrenie eine besondere Bedeutung zu haben (vgl. Kap. XII).

Aus alledem geht hervor, daß mit der Formel vom „Einbruch magisch-archaischer Erlebnisgebilde und Denkformen in die obere intentionale Sphäre" immerhin ein Schritt vorwärts getan ist, daß aber diese primitiven Denkschichten einer viel weitergehenderen und viel exakteren Analyse unterzogen werden müssen, wie dies zum Teil schon im Marburger Arbeitskreis verwirklicht worden ist und ständig weiter ausgebaut wird. Schließlich muß auch hervorgehoben werden, daß die primitiven Völker, die normalerweise primitiv-archaische Denkformen zeigen, nicht mit Schizophrenen gleichgesetzt werden können, was ja auch die obengenannten Autoren nicht sagen wollen. Ebensowenig ist der Schlaf oder ein Dämmerzustand verschiedenster Genese ein schizophrener Zustand, obwohl in allen diesen Zuständen immer wieder die primitiv-archaischen („schizoformen") Denkschichten eine Rolle spielen. Man hat darum die Schizophrenen auch mit „Träumern im Wachzustande" oder Nachtwandlern verglichen. Ferner kann man es heute getrost aussprechen, daß auch noch bei ganz anderen Psychosen wie der Schizophrenie ein Hervor-

[1]) Vgl. hierzu auch Kap. XII. Dies gilt nur für unsere Verhältnisse.

brechen irgendwie krankhaft ins Übergewicht geratener primitiver Funktionsschichten eine Rolle zu spielen scheint. So besitzt ja doch höchstwahrscheinlich die echte Halluzination, die nach neueren Anschauungen häufiger anderen Zuständen als gerade der Schizophrenie zukommt, eine Beziehung zum Hervorbrechen der eidetischen Schicht bzw. ihrer Teilkomponenten (vgl. später Kap. IX). Es kann heute mit BUMKE u. a. gesagt werden, daß wir uns sogar auf dem Wege zu einer „Auflösung der schizophrenen Psychose" befinden und sogar die Möglichkeit nicht völlig auszuschließen ist, daß es eine spezifische schizophrene Psychose gar nicht gibt[1]), vielleicht kann allenfalls eine bestimmte Kerngruppe ausgenommen werden (K. KLEIST). Man vermag also höchstens auszusagen, daß bei gewissen Formen der Schizophrenie, oder bei gewissen Stadien der Psychose, bestimmte Zustandsbilder vorwaltender als bei anderen Psychosen hervorzutreten pflegen. Andererseits kann man sagen, daß innerhalb der verschiedensten psychiatrischen Zustandsbilder vorübergehend „schizophrene Züge" hervortreten können. WILDERMUTH hat sogar beim normalen Kind in den Entwicklungsstadien auftretende „schizophrene Züge" beschrieben. Oft freilich zeigt sich die Schizophrenie schon im Beginn einer Psychose deutlich. Nicht selten vermag aber erst längere Beobachtung und der besondere Gesamtverlauf verschiedenster Zustandsbilder die Diagnose einer Schizophrenie sicherzustellen. In Wahrheit ist es in zugespitzter Formulierung so, daß besonders im Beginn einer Psychose, die sich im weiteren Verlaufe als eine fortschreitende Demenzpsychose mit Affektzerfall, katatonen Symptomen usw. und damit (unter bestimmten einschränkenden Bedingungen) als Schizophrenie herausstellt, vorübergehend so gut wie alles vorkommen kann, was wir auch bei anderen psychiatrischen Zustandsbildern zu bemerken pflegen. Vielleicht also, um mit BUMKES zugespitzter Formulierung zu reden, könnten wir tatsächlich einmal zu der Auffassung gelangen, daß es eine spezifische schizophrene Psychose nicht gibt, vielleicht aber ist, wie BUMKE u. a. meinen, ein neues übergreifendes Moment für alle diese Zustände allenfalls in einem s c h i z o p h r e n e n (bzw. „schizoformen") R e a k t i o n s t y p u s zu suchen[2]). Ein solcher schizophrener Reaktionstypus müßte sich sodann bei echten Schizophrenen, wenigstens rudimentär, in Gestalt einer besonderen Färbung oder Nuancierung der Symptome auch bei den verschiedensten Erscheinungen nachweisen lassen, die, wie gesagt, auch innerhalb anderer psychiatrischer Krankheitsbilder auftreten können, hier aber ohne die spezifische schizophrene Nuance. Es erhellt schon daraus, daß das Verständnis der schizophrenen Psychose nicht allein erreichbar sein kann durch Aufzeigung irgendwelcher bestimmter Denk- und Funktionstypen, die auch immerhin in anderen Zuständen eine Rolle spielen. Allenfalls wird man sagen können, daß bei vielen Formen der Schizophrenie besonders häufig ganz primitive Funktionstypen eine Rolle zu spielen scheinen. Dem wird aber wiederum entgegengehalten werden können, daß es zweifelsfrei schizophrene Prozesse gibt, bei denen schon etwas höhere (wenn auch immer noch primitivere) Funktionsschichten wenigstens vorübergehend manifest werden, die aber vorwiegend bei anderen Krankheitsbildern hervortreten. Mit dem Hervortreten gewisser primitiv-psychischer Funktionsschichten etwa im Sinne A. STORCHS u. a. läßt sich also eine reibungslose Erklärung schizophrener Erscheinungen nicht erreichen. Ähnliches gilt von den Erklärungsversuchen der schizophrenen Psychose, die von der M o t o r i k ausgehen und zu zeigen versuchen, daß gewisse Motilitätsstörungen, die in der Schizophrenie eine Rolle spielen, Parallelen besitzen in Motilitätsstörungen, die bei anderen organischen Hirnprozessen vorkommen. Daran, daß es sich bei der Schizophrenie um einen organischen Prozeß handelt, zweifelt ja wohl heute niemand mehr. Es hat darum schon seine gute Berechtigung, wenn von KLEIST u. a. immer wieder darauf hingewiesen wird, daß die Lokalisation der bei der Schizophrenie hervortretenden Motilitätsstörungen eine entsprechende sein könnte wie bei anderen Hirnläsionen mit ähnlichen Symptomen. Freilich sind die anatomisch nachweisbaren Veränderungen bei der Schizophrenie, wenn man die, welche auch bei anderen Hirnprozessen vorkommen, abzieht, wenn man also nur die für die Schizophrenie allenfalls spezifisch erscheinenden Veränderungen ins Auge faßt, ausschließlich mikroskopischer Natur (KLARFELD, B.: Klin. Wochenschr. 1923). Es steht dies nicht im Widerspruch mit der Schwere des Zustandsbildes; denn da das Zentralnervensystem und dessen psychophysische Funktion ein so feiner Indikator ist, so würde es wohl verständlich erscheinen, daß organische Veränderungen auch mikroskopischer Natur ein Krankheitsbild auszulösen vermögen, dessen Schwere zu diesen organischen Veränderungen in keinem Verhältnis zu stehen scheint. P. SCHILDER ferner bemerkt, daß gewisse Akinesen (Motilitätsstörungen) bei ganz verschiedenartigen Hirnläsionen zweifellos gewisse psychische Begleiterscheinungen besitzen, die, motorisch wie psychisch parallel, in annähernd ähnlicher Form bei Schizophrenie hervortreten können. So entspricht z. B. der „motorischen Akinese" a u c h a u ß e r h a l b d e r

[1]) BUMKE, O.: Klin. Wochenschr. 1923.

[2]) Vgl. hierzu MAYER-GROSS: Zum Problem des schizophrenen Reaktionstypus. Zeitschr. f. d. ges. Neur. u. Psych. Bd. 76. 1922; ebenda KAHN, E., 1921.

Schizophrenie häufig ein „Mangel an Antrieb" im Psychischen, eine „Initiativelosigkeit", die durchaus eine psychische Äquivalente der motorischen Akinese zu sein scheint[1]). Aber in Fällen solcher Akinesen außerhalb der Schizophrenie, wie z. B. bei der Encephalitis u. a., wo ähnlich wie bei der Dementia praecox außer in den Stammganglien auch in der Hirnrinde Schädigungen vor sich gehen[2]), treten nie die spezifischen Züge (schizophrene Nuancen, vgl. oben) hervor, die im entsprechenden Falle bei der Dementia praecox zu bemerken sind; dies hebt auch P. SCHILDER ausdrücklich hervor.

Trotzdem kann nach Obigem gesagt werden, daß mancherlei Erklärungsversuche schizophrener Vorgänge mit einem gewissen Recht ihren Ausgangspunkt nahmen sowohl von der Psychologie der Psychose her als auch von den somatischen, besonders motorischen Störungen der Schizophrenen. Beide Erklärungswege enthalten eben einen richtigen Kern, dem KLEIST am nächsten kommen dürfte, wenn er von der Möglichkeit der Erkrankung „psychischer Organsysteme" bei der Dementia praecox spricht, obwohl er ursprünglich seinen Ausgangspunkt wohl von dem Vergleich motorischer Störungen bei Schizophrenie und bei anderen Hirnprozessen nahm[3]), bei denen die Lokalisation der betreffenden Störungen in bestimmten anatomischen Substraten eindeutiger ist (vgl. K. KLEIST a. a. O.). Es handelt sich eben um die Erkrankung psychophysischer Systeme, und unsere Arbeit, die einheitliche psychophysische Wirkungskomplexe bzw. Schichten herauszustellen sucht, steht daher mit diesen verschiedenen Auffassungen und Erklärungsversuchen nicht im Widerspruche. Wir können die Schizophrenie genau wie die Gesamtpersönlichkeit weder allein von der psychischen noch von der somatischen Seite her begreifen. In der Erkenntnis jedoch, daß Störungen innerhalb somatischer z. B. motorischer Funktionsabläufe notwendig auch Störungen ihrer psychischen Äquivalente zugeordnet sind und umgekehrt, scheint in der Tat ein Schritt vorwärts zu liegen, eine Auffassung, die sich auch anderwärts bereits mehr und mehr durchzusetzen scheint (z. B. in Arbeiten K. GOLDSTEINS, K. KLEISTS, P. SCHILDERS u. a.). — Wenn wir dementsprechend daran denken können, daß bei der Schizophrenie gewisse einheitliche, vielleicht besonders häufig sehr primitive psychophysische Schichten oder Wirkungskomplexe krankhaft in den Vordergrund treten könnten, bei gleichzeitiger völliger oder teilweiser Aufhebung und Zerstörung ihnen entwicklungsgeschichtlich übergeordneter Schichten, so wären wir aber trotzdem auf dem gleichen toten Punkt angekommen, wie bisherige Erklärungsversuche, die die Schizophrenie ausschließlich von der Somatik oder ausschließlich von der Psyche her erklären wollten, selbst wenn sie sich hierbei schon auf eine Schichtenstruktur aller dieser Funktionen beziehen (STORCH, KORNFELD, KLEIST, FÜNFGELD u. a.). Denn es würde sich auch hierbei ergeben, daß bei der Schizophrenie einige dieser Schichten in den Vordergrund treten, deren Funktionen unter normalen Umständen von übergeordneten Funktionen und Schichten überlagert sind und modifiziert werden. Das hätte die Schizophrenie dann aber gemeinsam mit vielen anderen psychiatrischen Krankheitsbildern, bei denen Ähnliches angenommen werden muß. Und gerade dieser Umstand ist es ja, welcher im Sinne von BUMKE zu einer Auflösung der Schizophrenie zu führen scheint. Ähnliches betont auch SCHILDER, wenn er sagt, daß z. B. die motorischen Störungen der Schizophrenie zweifellos eine große Ähnlichkeit mit denen bei anderen Krankheitsprozessen und Hirndegenerationen aufweisen können und wohl auch eine ähnliche Lokalisation besitzen könnten, ohne daß darum jene anderen Krankheitsbilder jemals zur Schizophrenie werden müssen.

Wenn wir also im Sinne der vorhin angedeuteten Möglichkeit nach dem Vorhandensein eines vielleicht spezifisch „schizophrenen Reaktionstypus" (S-Typus) suchen, so müssen wir diesen Reaktionstypus wahrscheinlich außerhalb jener psychophysischen Schichten und Wirkungszusammenhänge und ihrer Koppelungstypen suchen, die bei allen möglichen anderen psychiatrischen Krankheitsbildern krankhaft hervortreten können; zugleich müßte dieser Reaktionstypus außerhalb aller Denk- und Willensformen, außerhalb aller Vorstellungs- und sonstigen einheitlichen Typen liegen, die bei anderen Krankheitsbildern und, wie sich gezeigt hat, auch im normalen Bereiche vorkommen können, obwohl auch hier einige, wie z. B. gewisse Synästhetikertypen und ihre scheinbar sehr primitiven Denkformen (die „schizoformen" E. R. JAENSCHS) bei der Schizophrenie oder auch ihren prä-

[1]) Vgl. hierzu auch KLEIST, K.: Die psychomotorischen Störungen und ihr Verhältnis zu den Motilitätsstörungen bei Erkrankungen der Stammganglien. Monatsschr. f. Psych. u. Neur. Bd. 52, S. 5. 1923; ferner GOLDSTEIN, K.: Über den Einfluß motorischer Störungen auf die Psyche. Dtsch. Zeitschr. f. Nervenheilk. Bd. 83. 1924. BONHÖFFER: Dtsch. med. Wochenschr. Nr. 4. 1923. Vgl. auch STERTZ, G.: Arch. f. Psych. Bd. 74, 68; Monatsschr. f. Psych. u. Neur. Bd. LIX.

[2]) Vgl. hierzu JOSEPHI: Histopathologie und Therapie der Dementia praecox. Dtsch. med. Wochenschr. 1924; ferner FÜNFGELD: Arch. f. Psych. 1924.

[3]) KLEIST, K.: Die Auffassung der Schizophrenien als psychische Systemerkrankung (Heredodegenerationen). Klin. Wochenschr. 1923 (vgl. hierzu auch FÜNFGELD a. a. O.).

psychotischen Stadien immerhin eine besondere Rolle spielen könnten. Zugleich wird aber ein solcher spezifisch schizophrener Reaktionstypus entwicklungsgeschichtlich-genetisch irgendwie vorgebildet sein oder wenigstens überhaupt eine organische Grundlage besitzen müssen. An der organischen Grundlage der Schizophrenie zweifelt ja heute niemand mehr. Zugleich wird er nicht gebunden sein dürfen an bestimmte einheitliche, auch nicht allein an zwar besonders primitive, immer aber noch physiologische, z. B. bei gewissen primitiven Individualtypen oder primitiven Völkern vorkommende Funktionsschichten, und er wird auch nicht als Faktor dieser Wirkungskomplexe auftreten dürfen, sofern wir es überhaupt mit einem markreifen Nervensystem zu tun haben, einem Nervensystem, wie es jenseits der frühen Säuglingsphase allein unserer, und der Entwicklungsstufe mindestens der höheren Wirbler vielleicht überhaupt, entspricht. Er wird also nicht selbst in einer solchen der bisher besprochenen physiologischen Funktionsschichten bestehen dürfen, soweit sie innerhalb von Entwicklungsstadien, in denen es zur Krankheit Schizophrenie kommen kann, auch eine nur noch entfernt normale Rolle zu spielen vermögen. Er wird somit außerhalb, daher entwicklungsgeschichtlich präformiert vielleicht unterhalb dieser Schichten liegen, zugleich aber alle in seinen Wirkungsbereich einzubeziehen in der Lage sein müssen; denn dieser Faktor muß zugleich in allen Schichten wirksam werden können. Gibt es doch Schizophrene, die vorübergehend sogar zu potenzierten Geistesleistungen befähigt sind. Wir sind daher geneigt, die Grundlage der schizophrenen Reaktionsform im Gebiete der Koppelung der psychophysischen Schichten und der ihrer Funktion zugrunde liegenden Organsysteme untereinander, und in der Art der Nervenleitungen zwischen und innerhalb der Organsysteme zu suchen. Wir glauben, daß die Grundlage der Schizophrenie außer dem Abbau der Schichten in besonderen Koppelungs- und Leitungsverhältnissen zu suchen sein wird, die bei dem Abbau zunächst standhalten und so durch ihn ins Übergewicht gelangen; ja daß der Abbau vielleicht überhaupt zunächst im Gebiete gerade der Leitungs- und Koppelungsverhältnisse einsetzt, die, wie wir hervorgehoben haben (vgl. S. 335), zwar als Faktoren bestimmter psychophysischer Wirkungskomplexe und Funktionsschichten anzusehen sind, also ebenfalls — im Sinne unserer Terminologie — als Valenzen oder Potenzen derselben, die aber auch selbständig wirksam werden können und hierdurch den Gesamtzusammenhang der verschiedenen Wirkungskomplexe und Funktionsschichten in ihrem spezifischen Sinne zu ändern vermögen, ohne deren übrige Valenzen und Faktoren zunächst selbst zu berühren oder gar auszuschalten. Ein solcher Koppelungs- (bzw. Reaktions-)typus müßte also in allen sonstigen Funktionsbereitschaften und Funktionsschichten, — wenigstens vorübergehend ohne die übrigen Valenzen derselben selbst auszuschalten —, wirksam werden können, insbesondere müßte er sowohl im Neencephalon wie gleichzeitig im Palaeencephalon (Cortex und Subcortex), entwicklungsgeschichtlich präformiert, als eine besondere „Aktionsbereitschaft" (S-Typus) bereit liegen (S. 345f.). Wenn also in der Schizophrenie eine neuartige enge Koppelung zwischen den verschiedenen höheren und niederen Schichten, ohne diese zunächst selbst zu zerstören, Platz greifen sollte, so könnte es verständlich werden, daß besonders im präpsychotischen Stadium sogar hohe Intelligenzleistungen Schizophrener oder künstlerische Leistungen zustande kommen, deren Sonderart genial-intuitiven Charakters aus einer neuen, sie von unten befruchtenden, hier immer krankhaften Integration (bzw. Koppelung) höherer Schichten mit gewissen primitiveren, darum aber nicht weniger wertvollen, z. B. eidetischen oder sensitiv emotionalen erklärbar wäre. Eine solche hier allein in Betracht kommende, genetisch unterhalb aller normalen Funktionsschichten und ihrer Koppelungstypen liegende, mithin retrograd zum Entwicklungsprozesse, der ein Absinken der Integration zeigt, gelegene und fortschreitende, unter allen Umständen (mit einer vielleicht einzigen gleichgerichteten physiologischen Ausnahme, vgl. später) pathologische Integration (Koppelung) höherer mit niederen Schichten, wäre scharf zu trennen von anderen normalen Fällen ähnlichen Effektes, die Dauercharakter besitzen und einer normalen psychophysischen Organisation entspringen, wie wir sie noch bei Erwachsenen, meist in der von uns beschriebenen „psychophysischen Integration" des B-Typus vor uns sehen, und wie sie in früheren Entwicklungsphasen (z. B. der eidetischen Einheitsphase) als stärkere „physiologische Integration" auch noch dem T-Typus zukommen kann (vgl. S. 355). Diese pathologische, retrograd zur Entwicklung gerichtete, fortschreitende Integration der Schizophrenie wäre ferner in ihren genetischen Wurzeln ebenfalls zu trennen von Fällen, die in einzelnen Phasen bestimmter anderer psychiatrischer Krankheitsbilder mit ähnlichem Effekt bemerkbar werden können. Denn es würde sich hier darum handeln, daß mit einer solchen spezifisch schizophrenen Leitungs- und Koppelungsänderung nur der Auftakt eines verhängnisvollen Zerstörungsprozesses gleicher Richtung gegeben ist, der weiter fortschreitet. Damit aber tritt dann zweierlei in Erscheinung: der Abbau verändert nicht nur die Koppelungsart zwischen den psychophysischen Schichten bzw. Wirkungskomplexen; die Koppelung wird nicht nur allein und als eine bis zu gewissem Grade selbständige Valenz dieser psychophysischen Schichten verändert und abgebaut, wobei die Schichten selbst zunächst noch bestehen bleiben, sondern der zerstörende Prozeß ergreift auch die übrigen Valenzen der Schichten nacheinander und nicht überall einheitlich. Intakte Komplexe und Teilsysteme werden mit veränderten in Konkurrenz stehen. Während innerhalb gewisser Reaktionsgebiete die differenzierten Funktionen herrschend bleiben, mischen sich im weiteren Verlaufe des destruierenden Prozesses in sie hinein die retrograd integrierten Funktionen tieferer Entwicklungsebene: z. B. die „Urbilder" (vgl. S. 358, Anm. 3f.), Einheitserscheinungen komplexen Charakters auf verschiedensten Sinnesgebieten, und diese werden im Verlaufe des weiteren Abbaus zugleich in integrierter Funktion auftreten können zusammen auch mit Willens-, Vorstellungs-, Affektfunktionen und solchen der Motorik. — Alle normalen und pathologischen Funktionen, die man auf das Wirksamwerden gewisser psychophysischer Faktoren zurückführen kann, nötigen nun nirgends dazu, die Voraussetzung eines markreifen und darum anatomisch ausgereiften Nervensystems, bzw. mindestens dessen funktionellen Koppelungstypus, aufzugeben. Wir haben vorn versucht zu zeigen, daß wir vor der markreifen sekundären Koppelung und Leitung innerhalb und zwischen den psychophysischen Organsystemen eine noch tieferstehende primordiale Koppelung und Leitung anzunehmen haben, deren Charakter sich von der einsinnig gerichteten, eindeutigen und isolierten sekundären Koppelung und Nervenleitung prinzipiell unterscheidet. Diese primitiv-archaische, primordiale Form der Koppelung ist nicht einsinnig, sondern mehrsinnig, mindestens ambivalent, sowohl in der Leitungsrichtung wie in der Leistung, und zugleich steht sie mangels ausgebildeter synhaptischer Zusammenhänge des ausgereiften Nervensystems (immer vor allem in funktionellem Sinne) der syncytischen Funktion der primitiven Nervennetze noch näher, deren Leitung eine diffus nach allen Richtungen gehende ist. Sie scheint auch eine Beziehung zu dem Neurencytium (Held) haben zu können. Wir bezeichneten diese Form der Koppelung als eine primordiale (primitiv-archaische) und ihre organischen Substrate (besser den organischen Ausdruck dieses Koppelungstypus) auch als „Archineuronen" bzw. „Archineurium". Wenn diese primordiale (primitiv-archaische) Form der Leitung und Koppelung innerhalb des Zentralorgans und seiner psychophysischen Schichten bei der Dementia praecox eine Rolle spielen sollte, so würde sich erklären, warum die schizophrene Reaktionsform in den verschiedensten, auch den höchsten psychophysischen Schichten hervortreten kann, und die Begünstigung der primitiv-archaischen Schichten in der Schizophrenie, auch der noch physiologischen, dürfte dann vielleicht nur mit dem gleichzeitig stattfindenden Abbau der Schichten überhaupt zusammenhängen, während zuerst die Koppelungssysteme als selbständige Faktoren (Valenzen oder Potenzen) dieser Schichten abgebaut werden. Auch innerhalb des jüngsten geistigen Erwerbs, also innerhalb der geistigen Bewußtseinsschichten der Kulturmenschheit wird eine derartige Umordnung und „Durcheinanderschüttelung" der Bewußtseinsinhalte stattfinden müssen, wie sie der Schizophrenie eigentümlich erscheint, wenn im Gehirn zunächst nur die Leitungsverhältnisse andere werden. So würde aber auch verständlich, daß z. B. das schizophrene Bewußtsein doch nicht einfach ein primitiv-archaisches ist, wie bei normalen Primitiven. Es würde also in der schizophrenen Psychose über den Zerfall oder das krankhafte Hervortreten der verschiedenen psychophysischen Funktionsschichten hinaus eine Veränderung — und vielleicht zuerst meist allein nur diese — da sein, die in spezifisch schizophrener Weise (im Sinne eines spezifisch schizophrenen Reaktionstypus) den Gesamtzusammenhang aller Schichten ändert, während andere Valenzen derselben zunächst noch standhalten, und das wäre das Inkrafttreten von Koppelungs- und Leitungsverhältnissen, die sonst bei keinem anderen psychiatrischen Krankheitsbild die ausschlaggebende Rolle spielen und bei keiner sonst noch normalen oder auch schwer pathologischen Leistung des Zentralorgans in gleicher Weise mitsprechen, außer dort, wo eben dieser schizophrene Typus auch nur vorübergehend in Kraft tritt[1]).

Nach dieser Annahme würde also der spezifisch schizophrene Prozeß primär vielleicht in einem Abbau der sekundären Koppelung und Nervenleitung bestehen, die, wie wir vorn geschildert haben, erst gleichzeitig mit der Markreifung in Kraft zu treten scheint und sich auch somatisch mit ihrem in einer bestimmten Richtung leitenden isolierten Charakter, mit ihren synhaptischen Zusammenhängen der genetisch früheren marklosen, überwiegend noch syncytischen (neurencytischen bzw. archineurotischen) Koppelung mit fortschreitender Entwicklung überordnen dürfte. Letztere bezeichneten wir als die primordiale Koppe-

[1]) Dies gilt vielleicht mit einer einzigen Einschränkung, auf die wir sogleich zu sprechen kommen (S. 382, Anm. 1), den natürlichen Schlaf, und selbst vielleicht nicht einmal für gewisse andere funktionelle Dämmerzustände und genetisch andere Funktionsveränderungen im Zentralorgan bei anderen Zuständen, die zum natürlichen Schlaf aus anderen Gründen ebenfalls nicht ohne jede Beziehung erscheinen, trotzdem aber jeweils einen anderem Biotypus entsprechen können (vgl. S. 384, Anm.).

lung, die den vegetativen Nervenfunktionen und ihren nervösen Substraten noch nahesteht. Dieser Biotypus läge genetisch unterhalb der Entwicklungsschicht der höheren Wirbler (vgl. S. 59f.). Hierbei verdient vielleicht betont zu werden, daß auch sonst, z. B. bei Degenerationsprozessen, die vegetativen Nervenfasern am längsten Widerstand leisten. Wir haben vorn gezeigt, daß im Gebiete der Muskelleistung wahrscheinlich eine ähnliche Übereinanderordnung von primordialer (tonisch-vegetativer) und sekundärer (statisch-alterativer) Innervation, Koppelung und Leitung besteht, daß die primordiale Innervation zugleich mit der Markreifung zentral und peripher abgelöst wird von der alterativ-statischen Innervation, wobei die primordiale Funktion nur noch darin erhalten bleibt, daß sie den Zustand der Muskulatur ändert, je nachdem es die auf die Hervorbringung bestimmter Wirkungen gerichtete alterativ-statische Innervation jeweils erfordert. Wir konnten weiter feststellen, daß unter gewissen Umständen diese verschiedenen Wirkungskomponenten der Nervmuskelleistung sich voneinander dissoziieren und sich verselbständigen können, sodaß jede der im allgemeinen gemeinsam zusammenwirkenden Komponenten bis zu gewissem Grade für sich Einzelleistungen hervorzubringen vermag, die sonst nur im Zusammenwirken aller vor sich gehen (vgl. hierzu z. B. auch den primordialen Charakter der muskulären Entartungsreaktion, deren Funktionstypus, auf periphere Gebiete beschränkt, wie wir schon erwähnten, nur ein Sonderfall allgemeinerer Erscheinungen [Spannungsänderungen, katatone Symptome, Flexibilitas cerea usw.] sein könnte, wenn eine solche Art „generalisierter Entartungsreaktion“ nicht allein abhängig von peripheren Nervengebieten, sondern vom Zentralorgan her unter der zusammenfassenden und abändernden Leitung von Zentren vor sich geht). Was von den peripheren Nervmuskelgebieten im Sinne der Hervorbringung von Wirkungen gilt (Entartungsreaktion), wird unsres Erachtens auch von den Wirkungen des Zentralorgans selbst gelten müssen. Auch werden die verschiedenen Faktoren und Komponenten, die physiologischerweise in ihrem Zusammenwirken das richtige Ineinandergreifen der verschiedenen Schichten und Zentren des Zentralorgans gewährleisten, sich unter pathologischen, vielleicht sogar unter experimentellen Umständen, funktionell voneinander zu dissoziieren vermögen. Es wäre daher zu vermuten, daß im Zentralorgan im Laufe irgendeines Krankheitsprozesses die primordiale Koppelungskomponente sich von der sekundären dissoziiert und verselbständigt, ohne daß darum selbst mikroskopisch-anatomische Veränderungen nachweisbar werden. Dort aber, wo mikroskopische Veränderungen nachweisbar sind, wie dies bei der Dementia praecox fast durchweg der Fall ist, wird es um so verständlicher erscheinen, daß mit Aufhebung der sekundären Koppelung die primordiale Koppelung in Kraft tritt. Ihr Charakter ist mehrsinnig, und ihre diffuse Funktionsart ist der syncytischen angenähert. Leitungs- und Reaktionsform würde ein völliges Durcheinander und Nebeneinander der verschiedenen Bewußtseinselemente und auch psychophysischen Wirkungszusammenhänge und Schichten ermöglichen können. Was für das Zentralorgan gilt, würde sich auch in ähnlicher Weise in den peripheren Partialsystemen des Organismus äußern müssen, z. B. in der Motorik (Bewegungs-, Stellungs- und Haltungsanomalien). Wir haben im Sinne letzterer Störungen schon von der Möglichkeit ihrer Auffassung als eine Art „generalisierter Entartungsreaktion“ weiter Nerv-Muskelgebiete gesprochen. Übertragen auf die entsprechenden Verhältnisse des Zentralorgans könnten wir daher sehr wohl den schizophrenen Reaktionstypus als eine „nervöse Entartungsreaktion“ auffassen, deren Auswirkung sich in den peripheren Gebieten des Gesamtorganismus eben im Hervortreten jener neuromuskulären „generalisierten Entartungsreaktion“ bemerkbar machen würde, mit anderen Worten in katatonen Stellungs- und Spannungsanomalien, im Bereiche der psychischen und zentralen Äquivalente aber in einer „Durcheinanderschüttelung“ der Erlebnisinhalte, Denkelemente und Funktionsabläufe niederer und höherer psychophysischer Schichten, die sich vermöge der veränderten, auf die primordiale Koppelung zurückgeschraubten Leitungsverhältnisse in einem oft völlig diffusen und unberechenbaren Durcheinanderwogen befinden müßten (vgl. hierzu die „primäre Unverständlichkeit“ Schizophrener [E. Küppers])[1]. Eine solche Vorstellung würde jenes Bild daher sowohl

[1] Vielleicht ist der Schlaf nichts anderes, als der entsprechende, allerdings auch einzige derartige physiologische Funktionszustand, der physiologisch und periodisch die Leitungs- und Koppelungsverhältnisse im Sinne der primordialen Koppelung verändert, um in diesem Wechsel des Funktionstypus ein Ausruhen zu ermöglichen, ganz ähnlich, wie schon im Wachzustande auch in der Motorik, z. B. beim Langstreckenlauf, eine einfache Änderung in der Bewegungszusammenordnung Erholung gewährt. Im Schlaf sind es die primitivsten vegetativ-autonomen Funktionen, die allein die Herrschaft behalten. Und das Durcheinanderfallen von Erlebnisinhalten, die symbolischen Verknüpfungen der Traumbilder, haben nicht mit Unrecht den schizophrenen „Traumzustand“ mit dem physiologischen Traumzustand im Schlaf schon früher in eine gewisse, auch von andern ausgesprochene Beziehung gebracht. In seiner neuen Studie „Die Psychoide als Prinzip

organisch als auch funktionell verständlicher erscheinen lassen, welches Bleuler zuerst von der Eigenart der schizophrenen Psychose gezeichnet hat: es verhalte sich bei der Schizophrenie so, als ob man die verschiedenen Äußerungen einer Persönlichkeit in einen Topf tut und durcheinander schüttelt.

---

der organischen Entwicklung" (Berlin: Julius Springer 1925) kennzeichnet E. Bleuler den Gegensatz des menschlichen Bewußtseins und seine trotz jenes Gegensatzes bestehende Kontinuität mit niederen „psychoiden" Erscheinungen tiefstehender Lebewesen in folgendem schönen Bilde: „Wie wenn aus dem unendlichen Wellenspiele des nächtlichen Meeres eine Schaumkrone aufgeworfen wird, von innen phosphoreszierend — so vereinzelt und flüchtig, ob auch vom Bewußtsein durchleuchtet, hebt sich die Erscheinung der Menschenseele über den dunklen Unterstrom der Psychoide." In diesen Unterstrom versinken wir physiologischerweise und periodisch im Schlaf. Und dieser dunkle Unterstrom ergreift dann mit seinen Wirbeln und Strömungen auch unsere höheren Erlebnisinhalte (Inhalte höherer psychophysischer Schichten) des Tagbewußtseins, bald sie spielerisch in seine Tiefen verlagernd, bald sie an anderer Stelle und in neuer unberechenbarer Kombination wieder an seine Oberfläche spülend. Das (Tag-)Bewußtsein erscheint, wie in Bleulers Bilde, nur als eine jenem dunklen Strom sich flüchtig entringende Erscheinung, als eine Höchstleistung von Zentren höchster Organisation, die nur immer vorübergehend möglich wird, und deren Leistung, wie die Entspannung von ihr im Schlaf, bei niederen Organismen mit niederer zentraler Organisation ganz von selbst in Fortfall kommen: „Die Fähigkeit zu schlafen, dürfen wir bei Tieren mit Zentralnervensystem meist als Ausdruck höherer Leistungsfähigkeit betrachten. Bei Wesen, die nicht schlafen können, dürfen wir höchstens Reflexe erwarten" (Pütter: Vergl. Physiologie. 1911, S. 675/674. Jena: Fischer). „Erst bei Tieren mit einem höher ausgebildeten Nervensystem bezeichnen wir den Zustand während der inaktiven Periode des Tages als Schlaf" (Hesse-Doflein: Tierbau und Tierleben. Bd. 2, S. 893—895). Zwar besitzen selbst die Fische (noch überwiegend paläencephale Wesen) schon eine Art Schlaf, ja es scheint sogar selbst gewissen Mollusken, höheren Crustaceen, Insekten und Spinntieren eine Art Schlaf vorzukommen, entfernt dem Zustande entsprechend, wie ihn die Wirbeltiere, vor allem bereits schon die Fische, ausgeprägter aber erst die Amphibien, Reptilien, Vögel und Säuger zeigen. In strengerem Maße vergleichbare Zustände mit dem Zustande des Schlafes beim Menschen und den höheren Wirbeltieren zeigen nach Hesse-Doflein erst die Amphibien und Reptilien, also Tiere, denen schon ein ausgebildetes Neencephalon zukommt. „Bei ihnen zeigen sich schon dieselben Anzeichen des Schlafes, wie bei den höchsten Tieren" (Hesse-Doflein). Je tiefer wir in der Entwicklungsreihe heruntersteigen, um so mehr nähert sich der Schlaf der Organismen (besser ihr Ruhezustand) immer reiner dem natürlichen Refraktärstadium und der negativen Phase des Ablaufs im Rhythmus der Lebensfunktionen, die „jeder erregende Reiz bei aller lebenden Substanz im Gefolge hat. Der Schlaf ist ein Spezialfall dieses Refraktärstadiums" (Artikel „Schlaf" im Handwörterbuch der Naturwissenschaften von Korschelt u. a., Bd. 8, 1913. Jena: G. Fischer), nur ist ihm bei höheren Lebewesen gleichzeitig der Fortfall der höheren und höchsten Bewußtseinsschichten eigen, während entwicklungsgeschichtlich tiefstehende Bewußtseinsschichten hierbei zum Teil noch aktiviert bleiben können, zugleich aber sich auch mit ihren immanenten, vor allem psychischen Gesetzmäßigkeiten in den Ablauf der höheren und ihrer Erlebnisinhalte mischen können (Traum). Wir haben es darum beim menschlichen Schlaf, und schon bei dem der höheren Wirbeltiere, vielleicht mit einer qualitativen Veränderung des funktionellen Gesamtzusammenhanges aller psychophysischer Schichten und Systeme zu tun, wobei das bevorzugte Erhaltenbleiben der primitivsten physiovegetativen Lebensfunktion und ihres Koppelungstypus das Feld beherrscht, indem diese physiovegetative Lebensfunktion außerdem zugleich einer Verlangsamung und Hemmung unterliegt, wie das der Ablauf der primitivsten physiovegetativ-autonomen Funktionen im menschlichen Schlaf zeigt. Hier kehren diese zu einem langsameren, und zwar zu dem ihnen innewohnenden (immanenten) Rhythmus zurück, dessen Verlangsamung allein das Wesen des Ruhezustandes jener primitivsten Organismen und ihres „schlafähnlichen Zustandes" zu sein scheint, bei denen über jenen primitivsten Rhythmus der Lebensfunktion, dessen schnelleren und unregelmäßigeren Ablauf in der aktiven Periode und seine Verlangsamung und größere Regelmäßigkeit in der inaktiven (Ruhe-)Periode, infolge primitiver Entwicklungsstufe nichts vorhanden ist, was diesen Rhythmus in jeder Phase seines Ablaufes komplizieren und abändern kann, wie beim Menschen das Bewußtsein in der aktiven und der Traum in der inaktiven Periode. Es begünstigt nun Dunkelheit ebenso wie Ermüdung das Eintreten des Schlafes. Es begünstigt Dunkelheit und Ermüdung aber scheinbar überhaupt das Infunktiontreten primitiver Schichten. Denn es konnten z. B. (in noch unveröffentlichten Arbeiten des Marburger Psychologischen Institutes, E. R.

Wir würden im obigen Sinne aber auch damit rechnen müssen, Individuen zu finden, bei denen eine partielle Entwicklungshemmung anatomisch und mitunter schon genotypisch, mindestens angeboren bzw. phaenotypisch, ein wenigstens teilweises Bestehenbleiben der primordialen Koppelung im Sinne oben gekennzeichneter Archineuronen (bzw.

JAENSCH und Mitarbeiter) sowohl in der Raum- wie in der Farbenwahrnehmung Tatsachen aufgezeigt werden, die eine solche Annahme der Mobilisierung primitiver Schichten durch die Dunkelheit innerhalb dieser Funktionen mindestens möglich erscheinen lassen. Ähnliches konnte für den Zustand der Ermüdung nachgewiesen werden (E. R. JAENSCH, W. JAENSCH und K. KNIPPING). Der Schlaf nun wieder begünstigt bei gewissen Zuständen (und vorzugsweise in bestimmten Entwicklungsphasen) ebenfalls das Hervortreten primitiver Schichten, z. B. in der Motorik das Hervortreten des T-Komplexes (der subcorticalen Motorik), nämlich des extrapyramidalen Bewegungsapparates (Nachtwandeln). Ähnliches gilt für die sogenannten Schlafzuckungen, für Schlafreden, Pavor nocturnus u. a. Alle genannten Phänomene kommen aber meist nur beim partiellen Schlaf zustande, und ihr Auftreten unterscheidet sich von dem alleinherrschenden primordialen (primitiv-archaischen) Koppelungstypus des tiefen Schlafes einerseits und dem ihm entsprechenden primordialen (primitiv-archaischen) Koppelungstypus in der Schizophrenie nicht allein dadurch, daß der tiefe Schlafzustand ein physiologischer ist, während jener andere (der schizophrene Koppelungszustand) überhaupt während des Taglebens und nur unter bestimmten schwer pathologischen Bedingungen um sich greift.

Eine ähnliche Verselbständigung primitiver Schichten, z. B. der Motorik, liegt vielleicht auch bei anderen schlafähnlichen „Dämmerzuständen" pathologischen Charakters vor, die man aus vielerlei Gründen auch schon mit dem Traumwandeln und dem Schlaf in Beziehung gebracht hat. Aber eine solche Verselbständigung primitiver Schichten geht auch hier scheinbar jedesmal wieder innerhalb eines anderen, jeweils besonderen Gesamtzusammenhanges (Koppelungstypus) vor sich, von denen z. B. der epileptische Dämmerzustand und der epileptische Krampf eine Beziehung zum T-Typus (T-Komplex) und seinem Koppelungstypus zu haben scheint. In Kapitel VI wiesen wir auf den epileptischen Typus als einen Unterfall des T-Typus hin (TE-Typus). Der hysterische Typus besitzt in entsprechender Weise eine Beziehung zum B-Typus (B-Komplex) und seinem Koppelungstypus. Wir bezeichneten den hysterischen Typus daher schon in Kapitel VI als einen Unterfall des B-Typus (BH-Typus). Der hysterische Dämmerzustand besäße mit seiner Verselbständigung primitiver Funktionsschichten daher mit dem B-Typus die Gemeinsamkeit seiner Koppelungsform (d. h. also der „psychophysischen Integration"); vgl. Anm. 1, S. 278.

Wir haben oben gesagt, daß der Koppelungstypus in der Schizophrenie vielleicht eine einzige aber physiologische Parallele im natürlichen Schlaf haben könnte: es sei der der tiefsten, allerprimitivsten psychophysischen Schicht der menschlichen Persönlichkeit entstammende primordiale (primitiv-archaische) Koppelungstypus, der beiden gemeinsam scheint. Jeder Koppelungstypus, so haben wir weiter gesagt, sei zwar als ein spezifischer Faktor (Valenz, Potenz) bestimmter psychophysischer Schichten (oder Wirkungskomplexe) anzusehen, er könne aber auch als selbständiger Faktor auftreten und dann auch in andern Schichten wirksam werden. v. ECONOMO glaubt nun auf Grund der Erfahrungen bei Encephalitis einen Körperschlaf und einen Gehirnschlaf unterscheiden zu müssen. Für gewöhnlich wirken beide Schlafarten zusammen, kommen aber auch getrennt voneinander vor (v. ECONOMO: Der Schlaf. Wien: Julius Springer 1925). Wir könnten annehmen, daß der Schlafzustand immer einem besonderen, stets aber — mindestens innerhalb der physiologischen Schlafzustände — dem gleichen spezifischen Koppelungstypus (dem primordialen, physiovegetativen) entspringt. Es ist dann die Frage der verschiedenen Arten des Schlafes, also z. B., ob es sich auch bei pathologischen Schlafzuständen um Gehirn- oder um Körperschlaf handelt, auch eine Frage der bei dem gleichen Zustand in Funktion oder in Nichtfunktion bleibenden verschiedenen psychophysischen Schichten und ihrer verschiedenen Teilkomponenten und Äquivalente (Valenzen, Potenzen), also eine Frage des Umstandes, ob die eine oder andere derselben isoliert in Funktion bleibt oder isoliert ausfällt. Das stünde nicht im Widerspruch mit v. ECONOMOS Annahme eines „Schlafzentrums" im Zentralorgan im „Übergangsteile des Zwischen- zum Mittelhirne", das sich mit einem antagonistischen Teile, der ein krankhaftes Wachen (z. B. bei der Encephalitis) bedingen kann, weiter nach vorn („im Höhlengrau des III. Ventrikels zu den Stammganglien hin") erstreckt. Wie in allen bisher von uns erörterten psychophysischen Wirkungskomplexen und ihren Teilkomponenten müßten wir für diese sowohl im Zustande des Wachens wie des Schlafens zentrale Entsprechungen und Regulierungen annehmen, die sich aber, ebenso wie die peripher gelegenen Teilkomponenten oder Faktoren der psychophysischen Wirkungskomplexe voneinander,

eines Archineuriums) bedingt (z. B. bei archicapillären Hemmungsbildungen oder auch neocapillären Kümmerformen). Bei ihnen würden dann Hirnprozesse und Degenerationen vielleicht sogar ganz verschiedener Genese, die mit den der Schizophrenie öfters zugrunde liegenden Zerstörungsprozessen nichts zu tun haben brauchten, ein krankhaftes Hervortreten eines hier vorgebildeten schizophrenen Reaktionstypus bedingen können. Hier wären vielleicht im engsten Sinne diejenigen zu suchen, welche eine Disposition zur Schizophrenie — mindestens zum vorübergehenden Hervortreten schizophrener bzw. schizoformer Reaktionen — haben (Pfropfhebephrenie bei den archicapillären Debilen!), deren Auslösungsfaktor, oder mitunter ihr Auslösungsprozeß, sogar differenter Natur sein könnte;

---

so auch von jenen dissozieren können. Wenn also im zentralen Anteile eines Wirkungskomplexes einer seiner Faktoren, wie etwa auch sein Koppelungstypus in Funktion tritt, so kann besonders wahrscheinlich unter pathologischen Umständen dieser Koppelungstypus als selbständiger Faktor von Teilkomponenten anderer psychophysischer Wirkungskomplexe Besitz ergreifen, und gleichzeitig scheint es besonders wieder unter pathologischen Bedingungen möglich, daß bei Hervortreten eines bestimmten Koppelungstypus nicht gleichzeitig allein die zum gleichen Wirkungskomplex gehörenden anderen Faktoren (Teilkomponenten) in Funktion bleiben. So wäre es vor allem bei der Schizophrenie. Ähnliches liegt aber mitunter sogar auch im physiologischen Schlafe vor:

Schon in der Alltagssprache unterscheidet man eine verschiedene Tiefe des Schlafes. Im tiefsten normalen Schlafe ist keine der Valenzen oder Komponenten der psychophysischen Schichten (oder einheitlichen Wirkungskomplexe) von den andern isoliert; alle befinden sich aber unter Herrschaft des allein in Funktion bleibenden primordialen physiovegetativen Koppelungstypus. Dieser ist eine Äquivalente (Valenz, Potenz) des primitivsten physiovegetativen Wirkungskomplexes (d. h. der tiefsten psychophysischen Schicht). Und über den Rhythmus des physiovegetativen Lebens hinaus, entsprechend der Tiefe der in Funktion bleibenden Entwicklungsschicht und ihres Koppelungstypus in allen Schichten, ist dann kaum irgendeine nennbare psychische Äquivalente in Tätigkeit (traumloser Schlaf). Treten aber mit geringerer „Schlaftiefe" innerhalb des sich gleichbleibenden physiovegetativen Koppelungstypus, der — nach unserer Annahme — im tiefsten Schlaf in allen Schichten wirksam ist, und sich in allen mit der Aufrechterhaltung des primitivsten physiovegetativen Lebens begnügt, trotzdem einzelne psychische Valenzen mit immanenten Eigengesetzen subjektiv merkbar in Erscheinung (Traum), so liegt dies vielleicht daran, daß gewisse Psychismen auch noch der mit ihrem Koppelungstypus herrschenden niedersten physiovegetativen Schicht als Äquivalente zukommen und — infolge der stärkeren Invarianz (vgl. Kap. I), die allem Psychischen innewohnt — in ihrem Eigenleben nicht durch den physiovegetativen Ruhezustand gestört werden (niederste Traumpsychismen). Bei sich verringernder Tiefe des Schlafes können sie von höheren psychischen Funktionen abgelöst werden (höhere Psychismen, Vorstellungsinhalte usw.), bis hinauf zu den hypnagogen Halluzinationen (vgl. hierzu Kap. VI, S. 283). Oder es können sich auch tiefe Traumerlebnisse mit höheren Erlebnisinhalten mischen, wenn psychische Valenzen höherer psychophysischer Schichten unter der Herrschaft des primordialen Koppelungstypus isoliert hervortreten. Ein entsprechendes Hervortreten kann bei den motorischen und den Sprachmechanismen und anderen Valenzen verschiedener Schichten der Fall sein (Nachtwandeln, Schlafreden usw.). Die Frage des isolierten Körperschlafes oder Gehirnschlafes, des Traumes, des Nachtwandelns, des Schlafredens, des Pavor nocturnus oder der Schlafzuckung wäre dann eine Isolierungserscheinung einzelner Komponenten und Valenzen bestimmter psychophysischer Schichten, die funktionell hervortreten. Daß selbst bei größerer Schlaftiefe noch Traumbilder (niedere Psychismen oder „Psychoide" in Bleulers Sinne), trotz absoluter Ruhe des Körpers subjektiv bemerkbar sein können, würde sich aus der Tatsache der größeren Invarianz aller psychischen Phänomene gegenüber den somatischen Funktionsabläufen zu erklären vermögen, die mit der Höhe der Schicht noch steigt (bewußter Traum). Nun gibt es noch andere schlafähnliche Dämmerzustände und Bewußtlosigkeiten. Sie entspringen besonderen spezifischen Ursachen, z. B. der epileptische oder hysterische Dämmerzustand bzw. ihre „Bewußtlosigkeit". Der hier in Kraft tretende Koppelungstypus würde gemäß den oben erwähnten Verwandtschaften des epileptischen Typus mit dem T-Typus, des hysterischen mit dem B-Typus entweder der isolierten, sekundären Koppelung oder der „psychophysischen Integration" entsprechen, ohne mit dem normalen T- oder B-Typus identisch zu sein; wohl aber könnte eben wegen dieser formalen Strukturverwandtschaft zwischen normalem Schlaftypus und immer pathologischem Schizophrenietypus (S-Typus) ebenso wie zwischen T- und TE-Typus bzw. B- und BH-Typus in gewissem Umfange eine mindestens somatisch-funktionelle z. B. chemischphysiologische Wesensverwandtschaft bestehen, da nach unseren Untersuchungen jeder formalen Grundstruktur in allen psychophysischen Schichten jeweils mindestens gleichartige psychophysische Grundprocesse eigentümlich zu sein scheinen.

hier wären vielleicht aber auch die Individuen zu suchen, die manchmal sogar im Bereiche des noch „Normalen“ oder im Verlauf ganz anderer psychiatrischer Krankheitsbilder wenigstens vorübergehend schizophrene, mindestens „schizoforme“ Züge zeigen können. Es sind aber auch Fälle denkbar, in denen bei einem an sich ausgereiften, also nicht mehr (anatomisch vorgebildet) primordiale Koppelungsformen aufweisenden Nervensystem (und auch bei völlig normalen Hautcapillaren) ein funktioneller Abbauprozeß, der sich vor allen Dingen auf den Abbau der sekundären Koppelungen und ihrer Isolierungen bezieht, ein Hervortreten des primordialen, nicht isolierten Koppelungssystems bzw. dieses Koppelungstypus bedingen könnte, ohne daß anatomische Veränderungen überhaupt nachweisbar zu sein brauchen, nicht einmal diejenigen mikroskopischen Veränderungen, denen nach heutigen Kenntnissen eine gewisse Spezifität für schizophrene Gehirnveränderungen zuzukommen scheint. Es wäre aber denkbar, daß einem solchen Prozeß schon durch Differenzierungsstörungen (nicht eigentliche Hemmungsbildungen) Vorschub geleistet werden könnte, die sich vielleicht an der Haut durch neocapilläre Mißbildungen (z. B. die produktiven Kümmerformen des Neurosetyps) auszeichnen. Bei ihnen brauchte man zwar keine gleichzeitig vorgebildeten Archineuronen anzunehmen, wohl aber vielleicht ganz entsprechende „produktive Kümmerformen“ nervöser Hirnelemente, z. B. der Ganglienzellen; für eine solche Möglichkeit sprechen manche der später erwähnten anatomischen Hirnbefunde bei Schizophrenen. Trotz alledem wäre auch dies nicht einmal in allen Fällen erforderlich. Ein Eintreten primordialer Koppelungsverhältnisse wäre ja vielleicht allein schon durch Veränderungen des Ionenmilieus an den Phasengrenzen denkbar, Veränderungen, die wiederum von Fall zu Fall endokrin, vegetativ oder blutchemisch usw. bedingt sein können[1]). Manche der organisch-mikroskopischen „Veränderungen“ bei Dementia praecox könnten andererseits zu deuten sein nicht als sekundär durch den Abbau hervorgerufen, sondern in manchen Fällen als mikroskopisch feststellbare Besonderheiten, die irgendwie schon vor Eintritt des Abbaues bestanden haben und besonders in solchen Gehirnen zu finden sein könnten, die bei krankhaftem organischem Zerfall gerade zum Hervortreten eines schizophrenen Reaktionstypus neigen; ein solcher würde sich daher mitunter auf vorgebildete histologische Besonderheiten gründen können. Das schließt nicht aus, daß anatomisch-histologisch bemerkbare Veränderungen der Leitungsverhältnisse ferner auf dem Wege von Neubildungen entstehen können. — Wir haben schon auf die Möglichkeit hingewiesen, daß das Substrat des spezifisch schizophrenen Reaktionstypus in einzelnen Fällen in vorgebildeten organischen Primitivstrukturen zu suchen sein könnte. Der Charakter solcher histologischen Strukturen könnte demnach in phaenotypisch oder genotypisch schizophren veranlagten Fällen wenigstens zum Teil als Ausdruck einer Entwicklungshemmung oder Mißbildung (produktive Kümmerform) aufgefaßt werden. Mit einer solchen Vermutung scheinen nun tatsächlich eine ganze Reihe der histologischen und nur mikroskopisch nachweisbaren Veränderungen in Übereinstimmung zu stehen, die z. B. B. Klarfeld (a. a. O.) in seinem kurzen zusammenfassenden Abriß über die bisher festgestellten spezifischen pathologisch-anatomischen Befunde bei Dementia praecox hervorhebt. Sie deuten in weitem Umfang zwar auf ein überwiegendes Vorhandensein von Abbauprozessen regressiver wie progressiver Art hin, ebenso aber auf ein tatsächliches Vorhandensein auch von Entwicklungsstörungen und Hemmungsbildungen, die in den Gehirnen mancher Schizophrener gefunden werden. Und zwar handelt es sich vielfach um Entwicklungshemmungen, die nicht nur auf einer Erhaltung von Strukturen verhältnismäßig später Entwicklungsphasen hindeuten, sondern auch auf solche, deren physiologisches Vorhandensein vor das Auftreten und die Vollendung der sekundären Koppelung verlegt werden kann. Solche Entwicklungshemmungen und Mißbildungen beziehen sich dabei, wie Klarfeld scharf hervorhebt, ausschließlich auf mikroskopische Strukturen und zugleich ausschließlich auf ektodermale Gebilde, also gliöse und nervöse Elemente, z. B. auf die Schwannschen Scheiden und Markscheiden und auf die Ganglienzellen und ihre Fortsätze. Letzteres deutet unmittelbar auf eine vorliegende Sonderart der Leitung und Koppelung, ersteres mittelbar ebenfalls, wenn man bedenkt, wie wir früher hervorgehoben haben, daß neuere Befunde darauf hinzudeuten scheinen, daß den Schwannschen Scheiden bei der Entstehung der sekundären Nervenbahnen eine erhöhte Bedeutung zukommt, da sie bei der Regeneration von Nerven mitwirken (Bethe). Es weist in gleicher Richtung, wenn z. B. beobachtet wird, daß in Gehirnen Schizophrener die Ganglienzellen einer Schicht keine normale Orientierung besitzen, so daß etwa ihre Spitzenfortsätze, anstatt nach oben, nach verschiedenen Richtungen hin orientiert sind. Manches andere deutet auf das Erhaltensein von Hirnstrukturen, deren physiologisches Vorhandensein auf Entwicklungsstörungen relativ später Entwicklungsphasen hinweist: „So findet man

[1]) So fand W. Dodel neuerdings, daß bei schizophrenen Aufregungs- und Verwirrtheitszuständen intravenöse Calcium (bzw. Afenil-)injektionen umgekehrt wenigstens vorübergehende Besserungen hervorriefen (Münch. med. Wochenschr. 1925, Nr. 35).

(KLARFELD, a. a. O.) nicht selten persistierende CAJALsche Fötalzellen im Molekularsaum der Großhirnrinde, auch eigenartige, schlecht zu deutende Zellformen, endlich die von GERSTMANN beschriebenen „glomerulösen" Bildungen, die sich als Anhäufungen von gewucherten Gliaelementen und stark entarteten Ganglienzellen erweisen (GERSTMANN)"[1]). Hier wäre daran zu erinnern, daß ersteren ähnliche Formen auch in den Gehirnen Früh-Myxödematöser gefunden worden sind, und das Früh-Myxödem besitzt eine Beziehung zum Kretinismus, wie wir zeigen konnten, d. h. zur archicapillären (ektodermalen) Hemmungsbildung, bei der auch an den Gefäßstrukturen ähnliche „glomerulöse Bildungen" („Wunderknäuel" der Capillaren) zu finden sind, deren Charakter als Entwicklungshemmung bzw. Mißbildung und zum Teil als das Erhaltenbleiben von Frühformen am Capillarsystem wir erweisen konnten. „Es liegt die Vermutung nahe, daß (bei capillargehemmten Idioten, zu denen auch Kretinismus und Früh-Myxödem gehört) diese Formgebungen der Capillarschlingen nicht nur am Nagelfalz, sondern auch in anderen Körperorganen, namentlich im Gehirn vorkommen und dadurch teilweise die Minderwertigkeit des Gehirns bedingen" (WITTNEBEN, W.: Zeitschr. f. d. Behandl. Schwachsinniger Nr. 5. 1923). Das will vor allen Dingen besagen, daß bei capillarmißbildeten Idioten derartige, schon in der äußeren Formgestaltung, wie den Capillaren, hervortretende Strukturarten auch gewissen nervösen Gehirnelementen zukommen könnten, und daß solchen äußeren Strukturübereinstimmungen innerhalb bestimmter Entwicklungsphasen auch gewisse Funktionsbesonderheiten parallel gehen könnten, ohne daß immer gleichzeitig beides bestehen muß. Denn ganz besonders im Zentralorgan sind die ektodermalen, gliösnervösen Elemente scharf von den Gefäßen getrennt. Es würde dies nicht ausschließen, daß in manchen Fällen Archicapillaren oder produktive Kümmerformen der archicapillären Gefäßschichten („Pseudoneocapillaren") und der Neocapillaren („Neurosetyp") mit Hemmungsbildungen (Archineuronen) oder produktiven Kümmerformen nervöser Elemente, also z. B. gerade auch mit undifferenzierten oder produktiv-kümmernden Ganglienfortsätzen, überhaupt mit abnormen nervösen Elementen im weitesten Sinne zusammen vorhanden sein könnten. „Leider ist bislang noch kein einwandfreier Befund im Gehirn erhoben, doch hat schon WEYGANDT früher bei Myxödem nachgewiesen, daß die Rindenganglienzellen starke Schlängelungen und buchtige Auftreibungen der Spitzenfortsätze zeigen" (W. WITTNEBEN a. a. O.), was vielleicht in dem eben angeführten Sinne zu deuten sein könnte. TH. MÜNZER und W. POLLAK, ebenso wie FÜNFGELD (Zeitschr. f. d. ges. Neur. u. Psych. Bd. 95) fanden ferner z. B. auch bei Dementia praecox unter anderem korkzieherartig gewundene Ganglienfortsätze. — In einzelnen Fällen war sogar (nach FÜNFGELD) eine Lichtung der Markscheiden in der horizontalen Faserung zu erkennen, stellenweise auch sichere Markscheidenausfälle, die aber an Stärke nicht mit den Zellbefunden einherzugehen brauchen... es fanden sich ferner „Syncytien von 3—4 progressiv veränderten Gliazellen" ... „Die Tabelle läßt ... erkennen, daß gerade, wie innerhalb der (Hirn-)Felder intakte neben geschädigten Stellen liegen, nahe nebeneinander liegende Felder derselben Gegend erhebliche Differenzen in der Stärke ihrer Schädigung aufweisen können" (Sperrdruck von uns, d. Verf.). Handelt es sich bei den zuletzt aufgeführten Befunden um mehr oder weniger sichere destruktive Veränderungen (und vielfach um solche, die eine ziemlich verschiedenartig verteilte, nicht immer systematische Erkrankung des Zentralorgans anzuzeigen scheinen), so deuten weitere Befunde wieder auf die Möglichkeit primärer (und auch systematisierter) Entwicklungshemmung hin. H. MARCUSE (a. gl. O.) fand doppelkernige Thalamuszellen (SCHROEDERs doppelkörnige PURKINJEsche Zellen) bei Schizophrenie, erstere doppelt so häufig als bei gesunden Gehirnen. Es wird diese Doppelkernigkeit von STRÄUSSLER, STERN und M. BIELSCHOWSKY als Produkt von Entwicklungshemmungen gedeutet; sie fand sich auch bei juveniler Paralyse an den PURKINJEschen Zellen im Kleinhirn. Auch M. BIELSCHOWSKY fand bei Schizophrenie häufig Ganglienzellenverlagerung und deutete dies als Produkt von Entwicklungsstörungen ebenso wie die Doppelkernigkeit[2]).

---

[1]) Vielleicht produktive Kümmerformen der nervösen Elemente? Vgl. auch die später angeführten Befunde.

[2]) In unserer Arbeit über den archicapillaren Schwachsinn (JAENSCH, W. u. WITTNEBEN, W.: Sitzungsber. d. 2. dtsch. Kongr. f. Heilpädagogik. Berlin: Julius Springer 1925) wiesen wir schon auf solche Möglichkeiten hin, da einerseits die sogenannte Pfropfhebephrenie gerade bei Debilen häufig ist, andererseits aber auch die archicapilläre Hemmungsbildung. Wir betonten dies ohne Kenntnis der Arbeit von W. JAKOBI (Psych.-neurol. Wochenschr. 1924 v. 1. Dez.), der bei Schizophrenen auffallend häufig die sogenannten O. MÜLLER- und PARRISIUSschen Vasoneurosencapillaren fand. Bei solchen Fällen konnten wir (a. a. O.) feststellen, daß deren Grundstruktur häufig eine Mischung von archicapillärer Hemmungsbildung und produktiven Kümmerformen der neocapillären Gefäßschicht bildet; mitunter sind auch stellenweise produktive

Jedenfalls erscheint es nicht zu viel gesagt, wenn wir auf die hier kurz umrissenen Möglichkeiten glaubten hinweisen zu müssen. Die Möglichkeit des Mitwirkens von Entwicklungsstörungen als eines Faktors innerhalb des noch unbekannten Prozesses der Schizophrenie ist zwar schon lange und von verschiedenen Autoren ausgesprochen worden, noch niemals aber innerhalb eines Zusammenhanges, wie des hier dargelegten, der geeignet ist, eine solche Möglichkeit in einem klareren Lichte erscheinen zu lassen als zuvor. Vielleicht könnte man wenigstens einzelne mikroskopisch-histologische Besonderheiten und auch funktionelle Eigentümlichkeiten schizophrener Hirne in ihrer wahren Natur schärfer erfassen, wenn systematisch in der hier angegebenen Richtung weitergeforscht würde. Jedenfalls würde in der hier aufgezeigten Weise eine Verständnismöglichkeit mancher bisher allen Deutungsversuchen sich widersetzenden Besonderheiten der schizophrenen Psychose näherrücken können. Verständlicher würde insbesondere auch werden das Nebeneinandervorkommen normaler und pathologischer Reaktionen; dies könnte vor allem ein Ausdruck dafür sein, daß inmitten von ausgereiften Partien im Zentralorgan Teile mit Hemmungsbildungen angedeuteter Art vorkommen. (Gleiches würde von Degenerationsprozessen auch sekundärer Art Geltung besitzen, die in dieser unregelmäßigen Verteilung bei Schizophrenie tatsächlich vorkommen [Fünfgeld]; alles dies ist aber auch rein funktionell und ohne jede gröbere organische Veränderung denkbar.) Ein primär undifferenziertes oder mißbildetes Gehirn vermag vielleicht bei geringen Anforderungen des Lebens und der Umwelt noch gerade an der Grenze einer normalen Leistungsfähigkeit (im Kompensationsstadium) zu stehen. Es erhellt aber ohne weiteres, daß bei einem solchen, zunächst gleichsam „kompensierten" Gehirn Degenerationsprozesse verschiedenster Art und auch mannigfache andere Schädigungen das Gleichgewicht leichter zu stören und damit die Kompensationen aufzuheben vermögen als in einem anderen. Auch werden sich organische Prozesse hier leichter einstellen. Der Einfluß, den hierbei somatogene oder psychogene Reize entfalten, würde dabei ceteris paribus wiederum in gewissem Umfang von dem Vorwalten des T- oder B-Typus abhängen. Diese Typen werden in gewissem Umfang vielleicht sogar zu bestimmen vermögen, ob die schizophrene Psychose sich mehr erethischen bzw. manischen und hysterischen Zustandsbildern (B-Typus) nähert oder schon gleich im Beginn katatonisch-stuporösen (T-Typus). Gleichzeitig würde eine ungleichmäßige Verteilung vorgebildeter Entwicklungshemmungen auch bei gleichförmig und ein-

---

Kümmerformen der Archicapillaren (Pseudoneocapillaren) mit eingestreut. Wir können in so gearteten Fällen — also auch außerhalb der Schizophrenie — aber entsprechend wie bei den zentralen und psychischen Funktionsabläufen der Schizophrenien, an den Gefäßen von einem „Einbruch primitiv-archaischer Gefäßstruktur" in die obere neocapilläre Schicht sprechen. — Jakobis Befunde deuten also in obiger Richtung, wie überhaupt nicht nur das Zentralorgan, sondern auch die Peripherie des Organismus bei Schizophrenen ebenfalls der Beachtung bedarf. Hierauf weisen auch Befunde Bickels, der 1910 bei Schizophrenen in der Haut die Nervenendkörperchen erheblich vermindert fand (zitiert nach Josephi: Zeitschr. f. d. ges. Neur. u. Psych. 1923). Vor allem scheint es notwendig, für das Verständnis der schizophrenen Gehirnpathologie die Embryologie des Zentralnervensystems stärker als bisher heranzuziehen und zugleich auch den peripheren Organen der Schizophrenen eine stärkere Beachtung zu schenken. Vielleicht dürfte auch die Physiologie des normalen Schlafzustandes Aufklärungen zu bieten vermögen, die man bisher scheinbar vielfach an falscher Stelle und darum vergeblich sucht. Von gröberen Entwicklungsstörungen sind bei Dementia praecox beschrieben: Wachstumsstörungen, Hypo- und Hyperthyreoidismus, Akromegalie, Lymphatimus, Infantilismus; von peripher auftretenden Störungen allgemeinerer Natur: Haarausfall, pastöses Aussehen, Fettansatz; bei Katatonie speziell Gefäßstörungen und lokale Ödeme u. a. (immer aber wird man sich gegenwärtig halten müssen, daß es auch Schizophrenien geben wird, die bei völlig normal gebildeten Individuen zum Ausbruch kommen können; bemerkenswert bleiben trotz allem diese Angaben); vgl. hierzu Münzer, Th. und Pollak, W.: Über Veränderungen endokriner Organe und des Gehirns bei Schizophrenie, Zeitschr. f. d. ges. Neurol. und Psychiatrie Bd. 95, 3./4. Heft: so „bemerkt Fränkel, daß in der gynäkologischen Praxis niemals so gehäufte und so seltenere Hypoplasien gefunden werden, wie bei den Dementia praecox-Kranken. Die Kranken sind bei normalem Körperbau mit rein lokalem Genitalinfantilismus behaftet". — In bezug auf die Hirnbefunde wird von Münzer und Pollak hervorgehoben: „Den Hauptwert unserer Hirnbefunde sehen wir darin, daß jene Zellausfälle nicht bloß mit terminalen Stadien der Schizophrenie korrespondieren, sondern auch schon zur Zeit der Frühentwicklung vorkommen können." Alles dies ließe immerhin den Schluß zu, daß es sich, wenigstens in nicht so seltenen Fällen, um anatomische Dispositionen handeln könnte, die, mitunter wenigstens, schon vor dem Ausbruch der Schizophrenie da waren, und die in ziemlich weitem Umfang in allgemeineren und nicht bloß am Zentralorgan selbst nachweisbaren Entwicklungsstörungen oft nur sehr feiner Strukturen bestehen könnten.

heitlich einwirkenden endotoxischen Schädigungen des Gehirns bedingen können, daß die normal funktionierenden Gehirnteile mit jenen anderen in Konkurrenz treten. Aber selbst wenn es sich bei der Veränderung der Leitungsverhältnisse um Neubildungen handeln würde, so könnte der entsprechende Zustand dadurch verständlich werden, daß der betreffende Prozeß sich nicht einheitlich auf das ganze Nervensystem erstreckt. In diesem Sinne könnten daher A. STORCHS und KRONFELDS Anschauungen über die Dynamik der schizophrenen Psychose auch eine organisch verständliche Bedeutung gewinnen, wenn sie von einem „Einbruch archaisch-magischen Erlebens in die obere intentionale Sphäre" sprechen, ebenso aber auch, wenn sie davon sprechen, daß hier und da die Verwirklichung einzelner Intentionen zerstört, unterbrochen und zerrissen sind: „Der primitiv-psychische Unterbau, von den Urtrieben emporgejagt, läßt durch seine Mechanismen neuartige Erlebnisgebilde in die Lücke hineinschießen, und nun findet ein ständiger Antagonismus beider seelischen Sphären im Erleben statt, bald schließt sich die obere wieder dominierend zusammen, bald erleidet sie neue Risse" (KRONFELD, A.: Über schizophrene Veränderungen usw. Zeitschr. f. d. ges. Neur. u. Psych. Bd. 74). — Alles dies wäre in unserem Sinne zugleich auch möglich bei zunächst rein funktionellen Veränderungen ohne jeden histologisch und mikroskopisch nachweisbaren Befund, würde sich aber umgekehrt zu den nachweisbaren mikroskopisch-histologischen Veränderungen nicht in Widerspruch setzen. Ganz besonders unter den Verhältnissen der zentralen Umstellungsvorgänge der Präpubertät und Pubertät, überhaupt in den Generationsperioden, andererseits unter den disponierenden Verhältnissen der gerade bei Jugendlichen noch nicht immer völlig ausgereiften Hirnstrukturen wird daher der schizophrene Prozeß einen vorbereiteten Boden finden, ganz besonders dort, wo mit dem Erhaltenbleiben von Archineuronen oder eines Archineuriums in diesen Perioden der schizophrene Reaktionstypus ein geeignetes anatomisches Substrat für sein Hervortreten vorfindet, obwohl er ein solches wahrscheinlich nicht unbedingt benötigt. In der ausgebrochenen Psychose werden dann neben normalen Psychismen und Erlebnisinhalten primitiv-archaische psychische Erscheinungen und andere elementar-psychische Phänomene, die Trümmer normaler Bewegungsvorgänge mit primitiv-archaischen Bewegungsformen, kurz die Trümmer höherer psychophysischer Funktionsschichten mit primitiv-archaischen psychophysischen Funktionsschichten und allen ihren voneinander mehr oder weniger dissoziierten oder umgekehrt mehr oder weniger stark retrograd miteinander integrierten (vgl. S. 358) Komponenten und Äquivalente in ungeordnetem Durcheinander zusammenwirken, somatisch gesprochen also: es werden mit primordialen Leitungen arbeitende Hirnteile ungeordnet zusammenwirken mit den Hirnteilen, die sekundäre Leitung und Koppelung besitzen, und diese Hirnteile werden zum Teil intakt, zum Teil schwer zerstört sein. Dies kann aber auch rein funktionell der Fall sein, d. h. ohne daß irgendwelche anatomischen Substrate dem von Anbeginn an entgegenkommen oder sekundär entstehen. Es scheint uns, daß eine solche Auffassung sehr wohl den vermutlich sehr vielgestaltigen Entstehungsmöglichkeiten der schizophrenen Psychose gerecht wird und das ruinenhafte Gesamtbild der menschlichen Persönlichkeit erklären könnte, das uns in der Dementia praecox entgegentritt:

Hier und da wird, unter schweren Schlacken, in den ausgebrannten Ruinen ein still glühendes Licht noch kümmerlich weiterglimmen. Ein Reiz von außen, der wie ein Windstoß hineinfährt, gerade noch genügend Zugang und eine ihm adäquate Bahn findet, wird diesen Lichtfunken zeitweilig emporlodern lassen, so daß — für Augenblicke — ein matter Glanz der Erleuchtung über den verwitterten Bau geistern kann. Aber seine starr aufgerichteten und verfallenen Konturen, die nichts mehr gemeinsam haben mit seinen ehemals stolz emporstrebenden Pfeilern und Zinnen, werden dann unmittelbar nachher wieder lautlos zurücksinken in die dunkle Nacht, hinter deren undurchsichtigen Schleiern die starre Maske des Katatonen sich unserem einfühlenden Verstehen am weitesten entrückt. Uns trennt von jenem erschütternden Zerrbild der menschlichen Persönlichkeit auch am Ende unseres Weges noch jene für unseren Erkenntnisdrang unüberbrückbare Kluft, die sich dort, von kosmischen Nebeln erfüllt, auftut, wo tastende Menschensinne versuchen, den letzten Zusammenhang von psychischem und organischem Geschehen, ihren gemeinsamen Aufschwung und ihren gemeinsamen Niedergang zu begreifen. —

Die schizophrene Psychose erscheint im obigen Sinne als eine retrograd zum genetischen Aufbau der Persönlichkeit gerichtete Auflösung aller Fugen und Klammern zwischen den phylo- und ontogenetischen Bausteinen und schließlich als eine Aufsplitterung und Auflösung dieser Bausteine selber, aus denen sich die psychophysische Persönlichkeit entwickelt und zusammensetzt; zum Teil ballen sich diese Splitter mit Resten des Mörtels zwischen ihnen aufs neue zu unbrauchbarem Baumaterial zusammen. Das aber, was an der „Schizophrenie" zu deren Namensgebung führte, die „Spaltung der Persönlichkeit", scheint nicht ihre tiefste wesenhafte Eigentümlichkeit; denn eine „Spaltung" finden wir sogar auch physiologisch bei gewissen völlig normalen Persönlichkeitstypen und ferner bei pathologischen Zuständen, ohne daß alle diese Zustände irgend etwas mit der Schizophrenie zu tun haben. Das Bild der Dementia praecox wird scheinbar viel mehr beherrscht von einem rückwärts gerichteten Abbau und einer rückwärts gerichteten Auflösung des physiologisch-genetischen Aufbaues der psychophysischen Persönlichkeit und zugleich von einer spezifisch schizophrenen „retrograden Integration“: dem schizophrenen Biotypus (S-Typus bzw. S-Komplex). Er ist weder „cortiform“ noch „subcortiform“; er ist völlig primordial-archaisch oder embryonal, kann aber präpsychotisch und im Beginne der Psychose noch reiner Merkmale des T- wie des B-Typus tragen, je nach dem Individualtypus. Er erscheint als das völlige Zerrbild der Organologie der normalen psychophysischen Persönlichkeit wie selbst ihrer Kümmerformen; er kommt sowohl bei T- wie B-Typen und ihren Mischfällen vor (T_S- bzw. B_S-Typen) und ist im Wachleben immer pathologisch. — Wir glauben daher in tieferem Sinne das Wesen der Dementia praecox bzw. der Schizophrenie zu erfassen, wenn wir für diese Psychose und ihre Folgezustände den Namen einer „retrograden Lysophrenie“ der psychophysischen Persönlichkeit in Vorschlag bringen[1]).

4. E. Kretschmers Typen und unsere Biotypen.

Aus allem Vorhergesagten erhellt, daß wir den von E. Kretschmer aufgestellten Typen mit Skepsis gegenüberstehen müssen, wenn wir auch die geistreiche Art der Durchführung und das Verdienst der Inangriffnahme dieser Problemstellung durch jenen Autor mehrfach gewürdigt haben.

Schon in der Einleitung bemerkten wir, daß psychisch-physische Verknüpfungen, bei denen es sich auf der psychischen Seite immer nur um Funktionen handeln kann, daher überhaupt leichter und sicherer auf funktionellem Gebiet feststellbar sind, und ferner wurde hervorgehoben, daß man bei einer solchen Betrachtung die höchsten seelischen Schichten im Anfang besser außer Betracht läßt. Zwischen seelischen Elementarschichten und Eigenschaften der somatischen Funktionen lassen sich in der Tat verhältnismäßig leicht enge Korrelationen aufzeigen, also zwischen dem Typus der somatischen und der psychischen Funktionsabläufe. Wir wissen nun, daß der grob-anatomische Körperbau in besonders enger Korrelation zu den endokrinen Faktoren steht, in dem Sinne, daß ganz bestimmte endokrine Drüsen einen ganz bestimmten Einfluß auf die besondere Gestalt und Entwicklung des Körpers haben (z. B. hypophysärer Zwergwuchs, Akromegalie, eunuchoider Hochwuchs, Dystrophia adiposo-genitalis, intersexuelle Zwischenstufen, Kretinismus, infantiles Myxödem usw.). Unsere Typen stehen nun zwar in Beziehung zu endokrinen Faktoren, aber nur im weitesten Sinne, also zu ihren zentralen Adnexen und peripheren Äquivalente (den eigentlichen Drüsen), nicht aber in eindeutiger Beziehung zum endokrinen Drüsensystem (oder gar allein zu einzelnen Drüsen) im engeren Sinne, die, wie oben gekennzeichnet, die grob-anatomische Körpergestaltung zwar entscheidender beeinflussen, selbst aber in Abhängigkeit stehen von zentralen Einstellungsvorgängen, z. B. im zentralen Höhlengrau, das primär die Entwicklung überhaupt, einschließlich dieser Drüsen, zu bestimmen scheint. Das endokrine System in engerem Sinne, das eigentliche Drüsensystem, erscheint jenem gegenüber daher als ein sekundärer Entwicklungsfaktor, und in noch höherem Maße einzelne endokrine Drüsen. Und so hängt die äußere Körperbauform scheinbar in viel stärkerem Maße als der Typus davon ab, welche einzelne Drüsen (z. B. Hypophyse, Genitalorgane) führend sind; unsere Typen dagegen beruhen nicht einmal auf der Vorherrschaft irgendwelcher endokriner Konstellationen überhaupt und noch viel weniger einer einzelnen Drüse. Es kann vielmehr auch bei verschiedenem Typus (z. B. T- oder B-Typus) eine Drüse,

[1]) Zur Frage der spezifisch schizophrenen Halluzinationen (den uneigentlichen Halluzinationen im Gegensatz zu den echten Halluzinationen, Pseudohalluzinationen bzw. Illusionen [Kap. IX; neuerdings auch Fischer, S. und Welke, W.: Arch. f. Psych. u. Nervenkrh. Bd. 76, H. 2]) vgl. Kap. XII.

die für grob-anatomische Körpergestaltungen sehr maßgebend ist, wie z. B. die Hypophyse, in gleicher Weise im Zustand einer veränderten Funktion sein, was sich beweisen läßt durch den gleichen anatomischen Befund an der Sella und den gleichsinnigen Erfolg einer Hypophysenbehandlung in bereits pathologischen Fällen unserer Typen. Umgekehrt kann derselbe Biotypus (T- oder B-Typus), wie mehrfach ausgeführt, mit den allerverschiedensten Faktoren der für ihn maßgebenden psychophysischen Komplexe (T- und B-Komplex) zusammen vorkommen. So scheint der Biotypus in unserem Sinne primär überhaupt durch ganz andere Faktoren bedingt zu sein als durch endokrine, z. B. etwa durch zentralnervöse (Höhlengrau, Zwischenhirn), die ja nicht nur die endokrine, sondern die gesamte Stoffwechselregulierung (Ionisation, Wasser-, Zucker-, Alcali-, Säuregleichgewicht usw.) beherrschen (Kap. VII, 2, a), insbesondere aber durch das Verhältnis von Cortex zu Subcortex bzw. das Mischungsverhältnis von cortiformer und subcortiformer Formalstruktur des Zentralorgans. Das schließt nicht aus, daß alle diese verschiedenen Faktoren, die auf einen bestimmten Funktionszustand hindrängen, bei unseren Biotypen auf eine bestimmte endokrine Drüse besonders Einfluß gewinnen, ohne daß diese Drüse die primäre Wurzel dieser Funktionsbeschaffenheit wäre. Es läßt sich dies, wie wir auseinandergesetzt haben, entwicklungsgeschichtlich durch eine „phasenspezifische" Stellung einzelner Drüsen innerhalb der großen psychophysischen Funktionskomplexe, die den Typus bestimmen, erklären.

Daß keine eindeutige Korrelation zwischen unseren Biotypen und dem grobanatomischen Habitus, vor allem nicht zum Körperstamm besteht, geht schon daraus hervor, daß wir denselben Biotypus auch bei ganz verschiedener grobsomatischer Beschaffenheit besonders des Körperstammes finden. Allerdings haben auch wir betont, daß sich der Typus schon in der äußeren Erscheinungsweise zu verraten vermag. Aber diese äußeren Kennzeichen sind nicht solche, die sich in jeder Beziehung in körperlichen Maßverhältnissen und mittels gröberer anthropometrischer Methoden erfassen ließen, z. B. etwa am Körperstamm. So handelt es sich auch bei äußerlichen körperlichen Merkmalen unserer Typen, wie wir schon hervorhoben, auch fast durchweg um solche, die mehr qualitativer Ausdruck eines bestimmten Funktionszustandes zu sein scheinen: z. B. beseeltes Glanzauge, oder Ausdrucksmotorik beim B-Typus als Zeichen psychophysisch integrierter Funktion, Tetaniegesicht als Zeichen muskulärer Übererregbarkeit der Gesichtsmuskulatur. Es besteht andererseits allerdings eine gewisse Beziehung z. B. zwischen dem B-Typus und graziler Körperbaubeschaffenheit. Aber diese Körperbaubeschaffenheit erscheint wiederum in erster Linie wie zugehörig zum Funktionstypus, nämlich der größeren Lebhaftigkeit und Beweglichkeit, so daß man auch hier dazu gedrängt wird, die funktionelle Beschaffenheit als das Primäre anzusehen. Bezeichnenderweise ist aber gerade diese Beziehung zwischen B-Typus und graziler Körperbaubeschaffenheit keine notwendige und ausnahmslose; und gerade hierin zeigt sich, daß das Primäre beim B-Typus weniger im grob-anatomischen, sondern im Funktionszustand zu suchen ist, der sich allerdings auch in gewissen Zügen des Grob-Somatischen ausdrücken kann, aber nicht muß. Es verhält sich hier scheinbar genau so, wie wir es vorn für die Beziehungen zwischen Bau des Zentralnervensystems und seinem funktionellen Typus näher gekennzeichnet haben; nur daß man bei der so überaus feinen Reaktionsfähigkeit des Nervensystems eine viel strengere Korrelation von Bau und Funktion erwarten sollte, als sie tatsächlich selbst dort besteht. Um wieviel weniger kann eine solche strenge Abhängigkeit feinster psychischer Funktionen von dem grob-anatomischen Körperbau erwartet werden. Das spricht aber, genau wie beim Nervensystem, nicht gegen die Wahrscheinlichkeit, daß gewisse körperliche Grundzüge im

Bau der typische Ausdruck einer bestimmten funktionellen Richtung sein können (vgl. S. 335f.). Wir müssen daher annehmen, daß die anthropometrischen Methoden nicht ohne Modifikation in das Gebiet psychophysischer Korrelationsforschung übertragbar sind. Man findet z. B. die B-Typen zwar ganz vorwiegend unter grazileren Individuen, die manchmal an den sogenannten „asthenischen" Körperbautypus erinnern können, sehr häufig aber auch unter Individuen, die dem „cerebralen Typ" SIGAUDS nahestehen, gelegentlich aber auch gerade bei Pyknikern im Sinne E. KRETSCHMERS, wie denn überhaupt der B-Typus gelegentlich in einzelnen Zügen an seelische Strukturen erinnert, die KRETSCHMER gerade seinem pyknischen und cycloiden Menschen zuschreibt; insbesondere erinnert die bei unserem B-Typus bestehende Kohärenz zur Umwelt und seine starke Einfühlung an das von KRETSCHMER bei cycloiden Menschen hervorgehobene feine Mitschwingen des Gefühlslebens auf die Anregungen aus der Umwelt. Ebenso erinnert an das Verhalten des Cycloiden das Schwanken der Stimmungslage beim B-Typus. Hierin bestehen nun allerdings gewisse Berührungspunkte zwischen unseren Biotypen und der KRETSCHMERschen Typisierung. Solche bestehen auch darin, daß unser T-Typus offensichtlich dazu neigt, gewisse „schizoide" Züge im Sinne KRETSCHMERS zu zeigen, andererseits aber die pyknische Beschaffenheit nahezu auszuschließen scheint und nach unseren Erfahrungen sich ganz besonders leicht bei sogenannten „asthenischen" und athletischen Körperbautypen findet, z. B. bei Sportsleuten sowohl vom athletischen wie auch vom sogenannten „asthenischen" Typus, welch letzterer z. B. unter Langstreckenläufern sehr häufig zu finden ist. Unser T-Typus hat aber als Funktionstypus nichts mit der schizophrenen Psychose zu tun, wie die „schizoiden" Astheniker oder Athletiker nach E. KRETSCHMER, ebensowenig wie der „asthenische" Sportsmann mit einer allgemeinen Asthenie, und es muß darum scharf abgelehnt werden, den T-Typus irgendwie mit dem schizothymen Formkreise KRETSCHMERS zu identifizieren, ebenso wie unser B-Typus keinesfalls mit dem cyclothymen Typus KRETSCHMERS gleichgesetzt werden darf. Dem stehen unsere T_S- und B_S-Typen nicht entgegen.

Der „Schizoide" E. KRETSCHMERS hat eben nur in ganz bestimmten und wahrscheinlich nur in echt präpsychotischen Fällen etwas mit dem Schizophrenen zu tun, und es ist hohe Zeit, daß mit dieser geistreichen Konstruktion energisch gebrochen wird (vgl. S. 390). Was den wirklich normalen Teil der Schizoiden im Sinne KRETSCHMERS auszeichnet und Berührungspunkte mit unserem T-Typus ergibt, das ist allein die beim T-Typus gegenüber dem B-Typus geringere psychophysische Integration und geringere Integration aller Funktionen überhaupt. Der T-Typus zeigt mit anderen Worten eine größere Verselbständigung aller Funktionen, die oft voneinander wie abgespalten erscheinen. Dies läßt sich z. B. an den Funktionen der Motorik ebenso zeigen, wie an den eidetischen Erscheinungen. Dieser „nichtintegrierte Biotypus" kann mit oder ohne Übererregbarkeit in den niederen physiovegetativen und somatischen Reflexabläufen, d. h. also auch ohne gröbere somatischen T-Stigmen vorkommen.

Wir bezeichneten letzteren Typus früher schon als einen Unterfall des T-Typus, der besonders unter hochgradig Intellektuellen gefunden wird, die eine innere Verwandtschaft mit dem eigentlichen T-Typus besitzen. Diese Verwandtschaft besteht eben in der fehlenden psychophysischen Integration, wie sie dem B-Typus eigentümlich ist. Die Zusammenordnung der beim T-Typus und jenem ihm nahe stehenden Unterfall voneinander verselbständigten psychophysischen Funktionen zur Gesamtpersönlichkeit und zum persönlichen „Ich" erfolgt hier auf eine ganz andere Weise wie beim B-Typus. Dies ist zur Zeit Gegenstand eingehender Untersuchungen im Marburger psychologischen Institut. Wie wir von einem Unterfall des T-Typus sprachen, dessen innere, sicherlich auch organisch-somatische Verwandtschaft zum T-Typus sich hauptsächlich der feineren funktionell-psychologischen Analyse erschließt, so konnten wir auch bereits von einem entsprechenden

Unterfall des B-Typus reden, der die innere Struktur mit dem B-Typus gemeinsam hat, körperlich jedoch oft lediglich jenen „beseelten Augenglanz“, von dem wir schon bei Schilderung unseres B-Typus sprachen (vgl. hierzu S. 109). Auch er ist Gegenstand teilweise schon abgeschlossener Marburger Arbeiten. — Ganz entsprechendes gilt von weiteren Sonderfällen oder Unterfällen des T- und B-Typus, von denen in Kapitel VI die Rede war (TE-Typus als epileptiforme Untergruppe des T-Typus, BH-Typus als hysteriforme Untergruppe des B-Typus); vgl. ferner Kap. VII, 3, a, b. Vgl. hierzu auch Physiognomik des T- und B-Typus S. 102 f. bzw. S. 140 f., besonders auch Anm. 1, S. 109.

Zugleich besitzt beim T-Typus die Abgespaltenheit seiner Funktionen voneinander auch eine Parallele in der Abgespaltenheit des T-Typus von der Umgebung; auch hier immerhin eine Berührung mit gewissen Eigenschaften des KRETSCHMERschen schizothymen Formkreises. Aber besonders die hochintellektuellen T-Typen (Denker, Gelehrte) unter diesen in KRETSCHMERS Sinne „schizothymen“ Menschen sind oft gerade das Produkt höchster Differenziertheit und keineswegs einer psychophysischen Organisation, die einer Verwandtschaft mit einer ausgesprochenen und fortschreitenden Demenzpsychose, wie die Schizophrenie es ist, entspringt. Das schließt nicht aus, daß auch unter ihnen echt Präpsychotische (S-Typen) vorkommen, und daß einzelne davon der Psychose verfallen. Schließlich ist selbst für die Schizophrenie, wie wir zu zeigen versuchten, die Abgespaltenheit gewisser Persönlichkeitsinhalte voneinander anscheinend gar nicht das Wesentlichste. Auch beim B-Typus kann es psychogen zu Abspaltungen gewisser Persönlichkeitsinhalte kommen. Es schließt das alles nicht aus, daß bei jedem unserer Typen eine Schizophrenie vorkommen kann. Die Schizophrenie, deren Vorform das „Schizoid“ im Sinne KRETSCHMERS sein soll, hat aber unseres Erachtens überhaupt keine eindeutige Beziehung zu irgendeinem normalen Funktionstypus, wie denn auch neuerdings mit besonderem Nachdruck von O. BUMKE betont worden ist, daß die Schizophrenie die allerverschiedensten Zustandsbilder darbieten kann, also im Sinne der Typenlehre gesprochen, die Zeichen ganz verschiedener Funktionstypen darzubieten vermag. Dem würde vollkommen die Möglichkeit entsprechen, die auch O. BUMKE offen läßt, daß sich trotzdem im sogenannten normalen Bereiche echt schizophrene Reaktionstypen[1]) befinden könnten, die er aber alsdann nicht mehr im strengen Sinne zum normalen Bereiche gerechnet wissen möchte. Dem können wir nur zustimmen (vgl. Kap. VII, 3 c).

Unser B-Typus wird ferner, wenn er an Schizophrenie erkrankt, ein anderes Zustandsbild zeigen als der T-Typus im gleichen Falle. Daß der „Dysplastiker“ bei KRETSCHMER eine enge Beziehung zur echten Schizophrenie hat, liegt nicht daran, daß ihm von vornherein eine die Schizophrenie gewissermaßen keimhaft vorbildende „Charakterbeschaffenheit“ eigen ist, sondern wahrscheinlich daran, daß sein dysplastischer (d. h. mangelhaft differenzierter) und darum nicht resistenter Gesamtorganismus diesem Krankheitsprozeß, der in irgendeiner Weise einen organischen Zerfall herbeiführt, somatisch ein geeignetes Auswirkungsfeld darbietet. Vielleicht finden sich ja unter den Dysplastikern, die vielfach weitgehend eine mangelhafte Entwicklung und Differenzierung besitzen, gerade oft auch Individuen, die aus organischen Gründen, mit oder ohne Capillarmißbildung, z. B. wegen „archineurotischer“ Verhältnisse eine Vorbedingung für leichteres Auftreten des schizophrenen Krankheitsprozesses darbieten. Dann aber kann man sie nicht mit normalen Persönlichkeiten zusammenbringen. Unter Dysplastikern finden sich wohl gar nicht selten Debile, deren Neigung zur Schizophrenie bekannt ist, und die meist auch Differenzierungsstörungen an den Hautgefäßen zeigen. Aus demselben Grunde einer allgemeinen mangelhaften Resistenz und Differenzierungsstörung sind vielleicht auch nicht selten echte Astheniker unter den echt

[1]) Vgl. hierzu auch KAHN, E.: Zur Frage des schizophrenen Reaktionstypus, Zeitschr. f. d. ges. Neur. u. Psych. 1921; ebenso MAYER-GROSS a. a. O. u. a.

schizophrenen Kranken und präpsychotischen Psychopathen zu finden. Beiden, Dysplastikern und echten Asthenikern, eignen sehr oft archicapilläre sowie ebenso neocapilläre ektodermale Entwicklungsstörungen, und wegen des nachgewiesenen engen Zusammenhanges von Capillarbeschaffenheit an der Haut und Funktionszustand des Gehirns mag manchmal hierin eine besondere, vielleicht sogar spezifische Irresistenz des Gehirns zum Ausdruck kommen, wie wir sie oben dargestellt haben. Wir haben vorn gesagt, daß archicapilläre ebenso wie neocapilläre Gefäßmißbildungen und andere rein nervös-gliöse Entwicklungshemmungen oder Mißbildungen in vielen Fällen parallel gehen könnten, aber nicht müssen. Wir wollen daher durch diesen Hinweis keineswegs die Vermutung aussprechen, daß zur echten Schizophrenie neigende Individuen, also z. B. Dysplastiker, Astheniker (oder nach KRETSCHMER auch Athletiker) immer Capillarstörungen zeigen müßten. Es berühren unsere Feststellungen auch nicht die in KRETSCHMERS Aufstellungen von verschiedenen Seiten bestätigten Beziehungen zwischen den genannten Körperbautypen und ihrem vorwiegenden Vorkommen unter Schizophreniekranken, ebensowenig die scheinbar bestehende größere Häufigkeit seiner sogenannten Pykniker unter cyklothymem Krankenmaterial[1]). Und von letzterem sind vielleicht sogar fließende Übergänge bis in die normale Breite zuzugeben. Das liegt aber sicher nicht an den von KRETSCHMER hervorgehobenen Zusammenhängen, sondern an gewissen lockeren Korrelationen derselben mit den tieferen Wesensursachen echter Biotypen. Nachprüfende Arbeiten, die die gleichen lockeren Korrelationen benutzen, müssen also zu bestätigenden Ergebnissen der KRETSCHMERschen Untersuchungen kommen, die immer schärfere Kritik erfahren (vgl. hierzu neuerdings KOLLE, Klin. Wochenschr. 1926, Nr. 14).

---

[1]) Anm. während des Druckes: Wir haben die Häufigkeit von Differenzierungsstörungen der Hautcapillaren bei Dysplastikern und echten Asthenikern festgestellt. So rechnen wir auch W. HAGENS „asthenische" Capillaren zu den produktiven Kümmerformen der Neocapillarschicht; JAKOBI-Jena beschrieb neuerdings die Häufigkeit der „Vasoneurosecapillaren" (Kümmerformen in unserem Sinne) bei Schizophrenen. Aber wir fanden auch schon bei „Athletikern" (im Sinne von echten „Athleten", d. h. einseitig hypertrophischen „Muskelmenschen") hypoplastische Neocapillaren bzw. deren Neurosetyp oder sogar tiefstehende (archaische) Kümmerformen (Pseudoneocapillaren) gleichzeitig mit einer deutlichen Intelligenzschwäche (die „praktische Begabung" in engen Grenzen nicht ausschließt). Diese Tatsachen würden in dem hier dargestellten Zusammenhange die Häufigkeit obiger Körperbautypen unter den echt schizophrenen Kranken (auch Präpsychotikern) zu erklären geeignet sein. Die normalen athletisch (im Sinne des antiken männlichen Idealtypus [Kalokagathie!]) gebauten Individuen dürften Ausdrucksformen höchster normaler und ausgesprochen männlicher Differenzierung sein und damit (als weniger integrierte Biotypen) meist in die Nähe unseres normalen T-Typus rücken. Ein ähnlicher normaler Typus dürfte der sehnig-hochgewachsene und schlanke Läufertypus sein, der mit dem „echten Astheniker" nichts gemeinsam hat. Beide Körperbautypen schließen jedoch den (integrierteren) B-Typus nicht aus, der sogenannte „asthenische" scheinbar am wenigsten. Der „Pykniker" ist eine undifferenziert (integriert) gebliebene Kümmerform der heterogensten Biotypen, bei der indessen die nervösen Koppelungssysteme seltener die archaisch-primordiale Form (die schizophrene Koppelung) festhalten dürften. Die Hemmungsbildung scheint hier ausschließlicher mesenchymal (Gefäße und Knochensystem). Daher vielleicht resultiert seine Neigung zur Arteriosklerose und Gelenkprozessen (Arthritiker) und seine „Untersetztheit", während er weniger Neigung zur schizophrenen Psychose besitzt; sein Ektoderm scheint intakt. Demgemäß wären nicht seltene Befunde von Differenzierungsstörung der Capillaren hier reiner mesenchymal zu deuten. Alle diese Beziehungen zeigen sich aber schärfer nur bei Jugendlichen; hat man sie dort erkannt, zeigen sie sich, allerdings von sekundären Veränderungen schon etwas verwischt, aber noch deutlich genug bei Erwachsenen und bestätigen sich häufig auch an deren Kindern. Differenzierende Therapie kann hier die „pyknische Art" psychophysisch aufheben (bei echten Biotypen unmöglich; vgl. S. 415). (Als „Differenzierungsstörung" haben alle in der Arbeit von TH. HÖPFNER, Dtsch. Zeitschr. f. Nervenhk. Bd. 88. 1925 charakterisierten Abweichungen von der normalen Form der Capillaren [schlanke, längere neocapilläre Haarnadelform] zu gelten.)

Trotz mancher Berührungspunkte bestehen also doch tiefgreifende Unterschiede zwischen unseren Biotypen und denjenigen E. KRETSCHMERS. Letzterer faßt eben wesenhaft Verschiedenes in eines zusammen (vgl. Anm.), weil die von ihm hervorgehobenen psychisch-somatischen Verknüpfungen nicht an Grundstrukturen anknüpfen, die einer exakten funktionell-psychologischen und funktionell-somatischen Untersuchung zugänglich sind und wegen ihrer elementaren Beschaffenheit das Verhalten des Organismus beherrschen, wie dies bei unseren „echten" (genetischen) Biotypen der Fall ist. Trotz alledem wird weitere Forschung den oben angedeuteten Berührungspunkten nachgehen müssen (Kap. XII, Anhang).

5. Bisher ermittelte therapeutische Grundlinien für die Heilbehandlung pathologischer Fälle unter den Biotypen, einschließlich einiger Folgerungen für praktisch durchführbare rassenhygienische Maßnahmen.

Wir haben innerhalb unserer Aufstellungen die inneren Beziehungen zwischen T-Typus und klinischer Tetanie und B-Typus und Morbus Basedow deutlich zu machen versucht. Wir haben darauf hingewiesen, daß der eidetische B-Typus in erster Linie zu der neuropathischen Form des Morbus Basedow eine Beziehung besitzt. Wir haben aber auch deutlich zu machen versucht, daß ebenso die verschiedenen anderen Formen des Morbus Basedow, ferner „basedowoide" und „tetanoide" Symptombilder, die auch innerhalb ganz anders beschaffener „Krankheiten" als der klinischen Tetanie und dem eigentlichen M. Basedow aller Schattierungen auftreten, eine genetische Beziehung zum B- wie zum T-Komplex besitzen. Aus alledem erhellt, daß gegen die krankhafte Auswirkung dieser beiden psychophysischen Komplexe das ganze Rüstzeug der symptomatischen Therapie in Anwendung kommen muß, das sich innerhalb allerverschiedenster Krankheitszustände gegen die Symptome eines funktionellen Hervortretens dieser beiden psychophysischen Komplexe auf psychischem wie auf somatischem Gebiete richtet. Diese Maßnahmen sind in weitem Umfange identisch mit medikamentösen Maßnahmen, wie sie bereits für Tetanie- und Basedowsymptome angewandt werden. Weitgehend müssen sich aber solche symptomatische Maßnahmen in ihrer Auswahl richten nach den biologischen Reiz- und Funktionsqualitäten, die diesen beiden psychophysischen Komplexen adäquat sind. Insbesondere wird daher, neben somatischen Maßnahmen, die Psychotherapie vorzugsweise ihren Platz besitzen gerade innerhalb der Auswirkungen des B-Komplexes, beim B- bzw. BT-Typus. Hauptsächlich medikamentöse Einwirkungen werden dagegen an den krankmachenden Auswirkungen des T-Komplexes unmittelbar angreifen und beim reinen T-Typus die oft spezifische Therapie darstellen; auch der überwiegende Gesamttypus der kranken Persönlichkeit wird also bei der Auswahl der Therapie eine Rolle spielen. Das gesamte Rüstzeug der modernen Medizin gegen die verschiedenen Formen der Tetanie und des Morbus Basedow werden innerhalb solcher Maßnahmen ihren Platz besitzen, und man wird sich jeweils außerdem noch fragen müssen, von welcher funktionellen oder organischen Komponente her die Steigerung eines T- oder B-Komplexes im Einzelfalle ausgeht, z. B. ob sie herrührt von einer Veränderung in den endokrinen, den peripher-vegetativ-nervösen, vegetativ-zentralen Verhältnissen, von den Ionenkonstellationen, von blutchemischen Faktoren und anderen Faktoren, die, wie wir gezeigt haben, bei jedem der beiden großen psychophysischen Wirkungszusammenhänge eine Rolle spielen können (Kap. VII, 2, 3).

Eine solche Therapie wird trotz ihres kausalen Charakters in obigem Sinne, d. h. wenn sie kausal gegen bestimmte Wirkungskomplexe gerichtet ist, im Rahmen einer Gesamtpersönlichkeit vielfach nur eine symptomatische sein, denn z. B. bei Erwachsenen wird der kausale Zusammenhang im allgemeinen doch nur symptomatisch, d. h. vorübergehend bekämpft werden können. Anders jedoch liegen diese Verhältnisse bei Jugendlichen, deren Organismus sehr wohl noch einer Veränderung der Funktionen einschließlich ihrer organischen Substrate zugänglicher ist. Gerade bei Jugendlichen beruht, wie wir feststellen konnten, das krankhafte Hervortreten gewisser psychophysischer Wirkungszusammenhänge sehr oft auf einer mangelnden Entwicklung oder einer mißwüchsigen Differenzierung, und diese Differenzierungsstörung ist in vielen Fällen einer weitgehenden Beeinflussung zugänglich. Es hat sich gezeigt, daß eine erfolgreiche Bekämpfung der Entwicklungsstörung, schon allein soweit sie durch mangelhafte Entwicklung oder Differenzierungsstörung der Capillargefäße z. B. an der Haut oder an den Schleimhäuten gekennzeichnet ist, oft in hohem Maße das unharmonische Zusammenspiel der verschiedenen psychophysischen Wirkungszusammenhänge zu beseitigen vermag. Hier liegt dann also in der Tat eine kausale Therapie vor, die in einer Behebung der Entwicklungsstörung besteht, deren Grundzüge wir bereits an anderer Stelle näher beschrieben haben und noch eingehender darlegen werden[1]). Die Behebung der Entwicklungsstörung zeigt sich nicht nur subjektiv, sondern auch objektiv, z. B. schon in einer Normalisierung der vorher vorhandenen Capillarmißbildung. Außer bei Entwicklungsstörungen erfolgt aber ein isoliertes krankhaftes Hervortreten psychophysischer Wirkungszusammenhänge, deren Auswirkungen unter normalen, physiologischen Umständen harmonisch zueinander stimmen, bei Ermüdungs-, Intoxikations- und Erschöpfungszuständen, schließlich bei progressiven oder regressiven Degenerationsprozessen der verschiedensten Art. Die kausale Therapie besteht hier, wo möglich, in der Beseitigung letzterer, insbesondere derjenigen Schädigung, die auch je nach dem Typus des Individuums die Erkrankung hervorrufen kann. Wir müssen uns in diesem Zusammenhange näherer Ausführungen enthalten, glauben aber, schon hiermit gewisse Grundlinien angegeben zu haben, die einen genügenden Hinweis für ein zielbewußtes ärztliches Handeln bieten können.

Wir werden unser ärztliches Vorgehen einteilen können in

1. ein symptomatisches (vor allem bei Erwachsenen)
2. ein kausales
   a) prophylaktisches
   b) korrigierendes
   } (bei Jugendlichen und Kindern)

Bei den zu 2 gehörigen Fällen spielt die Beseitigung der verschiedensten Entwicklungshemmungen und Differenzierungsstörungen eine ausschlaggebende Rolle, und es hat sich gezeigt, daß die Therapie oft bei den heterogensten Zustandsbildern in vielen Fällen die gleiche ist, z. B. wenn sich bei Kindern und Jugendlichen die verschiedensten Zustände durch Verfütterung ein und derselben endokrinen Drüsensubstanz (Hypophyse, Schilddrüse) beseitigen lassen, oder oft auch allein durch Jodgaben in minimaler Dosis, wenn dies nur lange und konsequent genug geschieht[2]).

[1]) Vgl. hierzu JAENSCH, W. u. WITTNEBEN, W.: Sitzungsber. des II. Dtsch. Kongr. f. Heilpädagog., herausgegeb. von LESCH, Berlin: Julius Springer, 1925; ferner JAENSCH, W. sowie HÖPFNER, TH. im Sitzungsber. der 15. Jahresvers. der Ges. deutsch. Nervenärzte, Dtsch. Zeitschr. f. Nervenheilk. Bd. 88, 1925. Weiteres erscheint in der Zeitschr. f. Kinderforsch.: JAENSCH, W. und Mitarbeiter, SCHOLL, NENNSTIEHL, WITTNEBEN, HÖPFNER, LÖWENTHAL u. a., Gesammelte Beiträge zur Klinik und Therapie von Entwicklungs- und Differenzierungsstörungen (Beiträge zur Klinik der psychophysischen Persönlichkeit).

[2]) So können insbesondere eidetische T-Phänomene, die an der Grenze des Pathologischen stehen und der Kalkmedikation trotzen, mitunter durch protrahierte minimale

Die Therapie, die sich uns bisher an einem großen Material, an fast 200 verschiedenartig beschaffenen Fällen bewährte, läßt sich kurz, wie folgt, zusammenfassen. Sie kommt für alle Entwicklungshemmungen sowie Entwicklungsmißbildungen, — gleich, welcher Symptomatologie sie sind —, in Frage. Aussichtslos sind Störungen auf Grund von Geburtstraumen und anderen schweren organischen Veränderungen. Störungen auf spezifischer Basis bedürfen nebenher spezifischer Behandlung. Die Therapie wirkt kausal im Falle eines noch jugendlichen Organismus, und um so durchgreifender, je jünger das Individuum ist und je stärker — innerhalb jeder der verschiedenen Schichten für sich zu beurteilen — die Capillarhemmung ohne sekundäre Veränderungen im Sinne von ausgebildeten produktiven Kümmerformen der archi- oder neocapillären Schichten sich darstellt. Für ältere, nicht mehr differenzierbare Fälle wirkt die Therapie symptomatisch günstig. Für das Eintreten des Erfolges ist die Weiterdifferenzierung der Capillaren ein wesentlichster Hinweis, sofern es sich um ausgesprochene Hemmungsbildungen handelte; aber auch die „Jugendstadien" der produktiven Kümmerformen der Neocapillaren des Neurosetypus, die wir früher als „Sprossungsformen" bezeichneten, strecken und normalisieren sich unter einer geeigneten differenzierenden Behandlung, ebenso mangelhafte, d. h. hypoplastische Neocapillaren (vgl. S. 396, Anm. 2 und S. 307f., Nachwort).

Wir gaben, je nach Lage des Falles, von einer 2proz. Jodkali- (bzw. Jodnatrium-)lösung 2mal 1—20 Tropfen im Tag (1 Tropfen = 1 mg Jodkali = 0,76 mg Jod). Jodnatrium empfiehlt sich besonders bei nervösen, empfindlichen und erethischen Individuen. Vergleicht man Fälle verschiedener Intelligenzstufe, so scheint die Jodempfindlichkeit mit der Hochgradigkeit des Schwachsinns (auch bei nicht myxödematösen Fällen) abzunehmen: Idioten vertragen durchschnittlich am meisten Jod, Debile und leicht Intelligenzschwache vertragen ohne unerwünschte Nebenwirkung nur geringere Dosen (5 Tropfen der 2proz. Jodkalilösung pro die), Neuropathen des B-Typus (Psychopathen) die geringsten; letztere aber gut und mit Erfolg (vgl. hierzu auch die NEISSERschen kleinen Joddosen bei Morbus Basedow). Eine auffallende Jodtoleranz zeigen oft Neuropathen des T-Typus; es muß aber in jedem Falle von Neuropathie mit normaler Intelligenz mit den geringsten Dosen begonnen werden (s. oben). Ganz besonders beim T-Typus spielt Calcium (besonders zugleich mit etwas Magnesium)

Jodnatriumgaben beseitigt werden (2—5proz. Lösung in Tropfen), besonders dann, wenn am Capillarsystem eine Differenzierungsstörung nachweisbar ist. Sie besteht bei rein tetanoiden, nicht schwachsinnigen Jugendlichen sehr häufig in relativ kurzen, plumpen und selten stehenden, teilweise auch gegeneinander verschiedenartig geneigten Neocapillaren („Baumschlagtypus" W. WITTNEBENS bzw. „Asthmatypus" W. HAGENS [Bronchotetanie!]); es sind zu kurze, nicht ganz ausdifferenzierte Korrekturformen (TH. HÖPFNER), Neocapillaren, die bei älteren Kindern eine Weiterbildung darstellen der hypoplastischen Sonderform TH. HÖPFNERS, bei Schwachsinn gemischt mit Archicapillaren. Besonders die nicht ausgesprochen Schwachsinnigen unter solchen Individuen (rein neocapilläre Intelligenzschwache) sprechen zugleich auch im Capillarbilde oft ganz überraschend gut auf eine differenzierende Behandlung an. Dann verschwinden auch Akzidentien verschiedenster Art sowie die bleiche Gesichtsfarbe, die auf der mangelhaften Capillarbesetzung der Haut beruhen kann. (Ähnliches ist vielleicht auch in der Hirnrinde der Fall). Jugendliche B- bzw. BT-Typen zeigen häufiger Jugendformen des Neurosetypus („Sprossungsformen"), die sich aber ebenfalls auf differenzierende Behandlung strecken. W. HAGEN bezeichnete diesen Capillartypus als „asthenische Capillaren": es sind produktive Kümmerformen der Neocapillarschicht in statu nascendi. Bei schwachsinnigen T- wie B-Typen treten zugleich auch Archicapillaren auf (vgl. S. 387, Anm. 2). Auch reine T-Typen können die Neurosecapillaren (produktive Kümmerformen der Neoschicht) zeigen und zwar deren hypoplastische Sonderform bzw. deren Jugendstadium („Sprossungsformen"), wie überhaupt der B-Typus Neigung zum Auftreten längerer, im normalen Falle überaus feiner Capillaren der Haarnadelform mit besonders fein gezacktem Corium besitzt.

als erregbarkeitsdämpfendes Specificum eine hervorragende, nicht nur symptomatische Rolle, ebenso Acid. phosphor. in Tropfen. Mit und ohne Jod gaben wir ferner Thyreoidin-Merk, beginnend mit 0,1—0,3, stets bis an die Erträglichkeitsgrenze, die bei capillargehemmten Idioten oft überraschend hoch liegt (1,8 g pro die!). Hypophysis cerebri-Merk gaben wir, 1—2 Tabletten pro die, bei nachgewiesener Veränderung der Sella bei Debilen, Intelligenzschwachen wie Neuropathen (T- wie B-Typus). Die Dauer der Behandlung hängt von der Lage des Falles ab; in vielen Fällen muß dauernd behandelt werden. Es empfiehlt sich den Eintritt einer sichtbaren Wirkung mit Geduld zu erwarten; oft zeigt sie sich erst deutlich nach Wochen und Monaten (vgl. hierzu auch Nachwort).

Von der 4proz. Lipatrenlösung (Lipatren A-Behring in Lösung)[1]) genügten bei (capillargehemmten) selbst tiefstehenden Idioten (mit daher hoher Jodtoleranz) nach W. Wittneben 10 Tropfen (= 4,2 mg Jod) zur therapeutischen Wirkung. Besonders gut bewährte sich mitunter eine Kombination von Lipatren und endokrinen Präparaten, deren Wirkung auf diese Weise gesteigert zu werden scheint. Was die zulässigen Höchstdosen betrifft, so gab W. Wittneben bei seinem Material (Debile und Idioten) ohne Nebenwirkung die Behringsche Lipatrentablette (Lipatren A-Behring 0,5 g = 40 mg Jod) bis zu 4jährigen Kindern herunter bis täglich eine pro die mit gutem Erfolg; mitunter wurden sogar 2 Stück pro die wochenlang ohne Nebenwirkung vertragen. Von Yatrenpillen gab Wittneben bei Debilen 6—8 Wochen jeden 2. Tag eine Pille (Yatrenpillen-Behring 0,25 g = 70 mg Jod) ohne Nebenwirkung. Zur Aufrechterhaltung einer therapeutisch erreichten Intelligenzsteigerung genügten in Wittnebens Material (Debile und Idioten mit hoher Jodtoleranz) 2mal täglich 20 Tropfen einer 2proz. Jodkalilösung, bzw. 10 Tropfen Lipatren A pro die. Das Lipatren steigerte sogar mitunter noch die manchmal vorher mit endokrinen Präparaten erreichten Fortschritte. Es entsprachen also nach Wittnebens bisherigen Erfahrungen an seinen Fällen der Wirkung nach 10 Tropfen Lipatren A (= 4,2 mg Jod) etwa 40 Tropfen einer 2proz. Jodkalilösung (= 30,4 mg Jod). Dieser auffallende Unterschied in der Wirkung des organischgebundenen Jods gegenüber dem Jodsalz erklärt sich in diesem Falle vielleicht zugleich mit durch die Lipoidkomponente des Lipatrens, die gleichzeitig die Jodspeicherung mit hintanzuhalten scheint und vielleicht auch neurospezifisch wirkt.

[1]) Das Präparat ist in der oben erwähnten 4proz. Lösung oder in Tabletten zu 0,5 Lipatren A zu Versuchszwecken erhältlich, im Handel befindet es sich nicht. Das zur Zeit als „Lipatrentablette" (0,5 g = 49 mg Jod) im Handel befindliche Präparat von Behring dient besonderen Zwecken, die hier unter bestimmten Begleitumständen, wie z. B. bei tuberkulöser Anlage in Betracht kommen können. Es hat sich inzwischen gezeigt, daß letzteres Präparat ohne weiteres auch außerhalb dieser genannten Sonderfälle und in gleicher Dosierung wie Lipatren A anwendbar ist. — Literatur zu den hier angeschnittenen therapeutischen Gesichtspunkten: Much und Brünecke: Lipoidbehandlung. Beitr. z. Klin. d. Tuberkul. Bd. 58, 1924. — Mattausch, Ferd.: Mesenchymale Reiztherapie. Med. Klinik 1924, Nr. 8/9. — Much, H.: Die Probleme der Lipoidtherapie und der Organreiztherapie. Münch. med. Wochenschr. 1924, Nr. 30. — Holler, G.: Zur Reizkörpertherapie des Ulcus ventriculi et duodeni. Med. Klinik 1924, Nr. 28 (vgl. hierzu S. 371). — Assmann, G.: Zur mesenchymalen Reiztherapie der Lungentuberkulose. Münch. med. Wochenschr. 1925, Nr. 11. — Steidle, R.: Regulative Reizbehandlung des Kropfes. Ebenda 1924, Nr. 43. — Much, H.: Zur Lipoidfrage. Ebenda 1925, Nr. 49/50; Zur Massenbehandlung des Kropfes von Lill, H. Riedel-Archiv 1925, Nr. 4; Münch. med. Wochenschr. 1924, Nr. 51 u. a.; ferner Dattner-Wien: Pharmakotherapie der Neurosen. Sitzungsber. d. 15. Jahresvers. d. Ges. dtsch. Nervenärzte zu Cassel, Sept. 1925, Dtsch. Zeitschr. f. Nervenheilk. 1925; ebenda Jaensch, E. R., Scholl, K., Jaensch, W., Höpfner, Th.; Wagner v. Jauregg: Organotherapie bei Neurosen und Psychosen. Wien. klin. Wochenschr. 1923. In Vorbereitung: Kasuistik und Therapie von Entwicklungsstörungen von W. Jaensch und W. Wittneben, erscheint später in der Zeitschr. f. Kinderforsch.

Eidetische Erscheinungen pathologischen Grades, die trotz ihres T-Typus nicht auf Calcium reagierten, verschwanden bei Jugendlichen bei vorhandener Capillarhemmung oder -mißbildung nach längerer Darreichung kleinster Joddosen (s. oben). Vermutlich beseitigt sie gerade in den Fällen, in denen ihre Auslöschung erwünscht ist, jede Art differenzierender Behandlung. Über die Auslöschbarkeit von eidetischen Phänomenen des pathologischen B-Typus sind unsere Erfahrungen noch nicht abgeschlossen. Indessen dämpft eine differenzierende Behandlung, wie oben, wenn sie dem Falle angepaßt wird, auch beim B-Typus eine übergroße psychogene Reizansprechbarkeit.

In bisher 3 Fällen von starken NB bei Postencephalitikern, die mit Calcium nicht abgeschwächt werden konnten, gelang die Auslöschung dieser hier störenden NB durch minimale Dosen von „Aconit-Dispert", der Krause-Medico-Gesellschaft, München. Es ist dies eine stark toxische Droge, die aber immerhin in gewissen Fällen und in ihren minimalen Dosen anwendbar ist, falls sich ihre Indikationsmöglichkeit auf diesem Gebiete bestätigen sollte. Es ist dies immerhin bemerkenswert, weil Calciuminjektionen (10 ccm einer 10proz. Lösung pro die, langsam intravenös injiziert) wenigstens vorübergehend die motorischen Phänomene dieser Fälle besserte, jedoch ohne Einfluß auf jene zentralen NB-Phänomene blieb. Über diese Erfahrungen des Verfassers berichtete E. Billigheimer in der Therapie der Gegenwart 1925 (Oktoberheft) gelegentlich eines zusammenfassenden Berichts über die Behandlung der Encephalitis lethargica. Aconit-Dispert fand bei Encephalitis auch schon bei „zentralem Schmerz" mit Erfolg Anwendung, und soll am Thalamus opticus angreifen. Auch Parästhesien und andere Beschwerden, z. B. auch bei Neurasthenikern, soll es günstig beeinflussen[1]), alles Erscheinungen, die eine engere Beziehung zum T-Komplex haben dürften. In einem der genannten Fälle von Encephalitis waren mit den hochgradigen NB auch Sehstörungen verbunden, und zwar trotz sicher intaktem Sehorgan. Nach Auslöschung der NB schwanden auch diese Sehstörungen. Sie bestanden darin, daß sich beim Lesen eines Buches oder der Zeitung von den Buchstabenreihen sofort NB bildeten, die sich auf die übrigen Schriftzeichen legten, diese teilweise überlagernd und verdeckend. Auf diese Weise entstand der Eindruck, als ob alle Buchstaben durcheinanderfielen, eine Erscheinung, die in gleicher Weise bei unserem Falle 25 (Kapitel V C) zur Beobachtung kam, ohne daß hier etwa von Encephalitis die Rede war. Es handelte sich hier vielmehr um einen jugendlichen leicht neuropathischen T_B-Typus mit einer auch an den Capillaren erkennbaren Differenzierungsstörung und ebenfalls völlig intaktem Sehorgan, aber mit schon krankhaftem Hervortreten der T-Komponente. Hier wich die Sehstörung gleichzeitig mit dem Verlöschen der AB_T und NB nach einer mehrwöchentlichen Zuführung einer 2proz. Jodnatriumlösung (3 × 2 Tropfen pro die) unter gleichzeitigem Schwinden anderer, auch psychischer Symptome und, neben Wachstumsfortschritten, war überhaupt eine Normalisierung der „Persönlichkeit" bemerkbar. Insbesondere schwand die eigenartige für den tetanoiden Träumer dieser Entwicklungsjahre oft eigentümliche, leicht „verschlafene Versunkenheit", äußerlich wie geistige Leere oder „Sperrung" erscheinend, und hierdurch im Gegensatz stehend zu der „träumerischen Versunkenheit" des basedowoiden Träumers dieser Entwicklungsjahre, die eher einer übergroßen Hingegebenheit an einen allzu schnellen Wechsel phantasievoller und eidetischer Vorstellungsabläufe entspringen kann (und damit einer mangelnden Aufmerksamkeit), und die in Grenzfällen leicht in die Nähe einer „Ideenflucht" rückt, die mitunter eine (freilich allzu große) „Aufgewecktheit"

---

[1]) Vgl. hierzu Delbrück, H.: Dtsch. med. Wochenschr. 1924, Nr. 31.

vorzutäuschen vermag. In dem vorgenannten tetanoiden Falle hatte Calcium auf die zweifellos tetanoiden eidetischen Phänomene einen nur ganz geringen und vorübergehenden Einfluß ausgeübt. Erst die therapeutische Differenzierung durch die Jodtropfen bewirkte hier die Auslöschung der Phänomene, ein Entwicklungsfortschritt, der auch an den Capillaren (S. 396, Anm. 2) und dem Längenwachstum des Körpers hervortrat. — In einem anderen Falle (9jähriger Junge, reiner T-Typus) brachte schon allein die Ganzbestrahlung mit ultraviolettem Licht eine Verkürzung der NB-Nachdauer hervor; schließlich schwanden auch die ABT[1]). Lebertran scheint in ähnlicher Richtung aber weniger durchgreifend zu wirken. Schließlich sei in diesem Zusammenhang auch an die alte Kinderarzttherapie von Entwicklungsstörungen mit Sir. Ferri jodat. erinnert.

Über diese individuellen Maßnahmen hinaus wird sich aber in einzelnen Gegenden mit örtlich besonders stark verbreiteten Entwicklungshemmungen (z. B. Kropfgegenden) die Notwendigkeit von medizinisch-prophylaktischen Maßnahmen ergeben, die breitere Bevölkerungsschichten erfassen, wie wir anderen Ortes bereits ausgeführt haben.

Es muß aber hier schon scharf darauf hingewiesen werden, daß wir uns mit der Anerkennung der Notwendigkeit allgemeinerer medizinisch-prophylaktischer Maßnahmen innerhalb ganzer Bevölkerungen, insbesondere auch in Kropfgegenden, in keiner Weise identifizieren mit der Forderung einer sogenannten allgemeinen Jodprophylaxe, wie sie auf Drängen von etwas unkritisch eingestellten Köpfen in der Schweiz zum Teil schon allgemein eingeführt worden ist, nicht ohne zugleich ernstere Schädigungen herbeizuführen, wenn auch andererseits die guten Folgen, wie z. B. Rückgang des Kropfes nicht geleugnet werden sollen[2]). Wir lehnen es aber überhaupt ab, eine Kropfprophylaxe zu fordern oder treiben zu wollen. Und damit lehnen wir auch selbst die sogenannte „Schulprophylaxe" des Kropfes ab, die wir auf Grund unserer bereits jahrelangen Erfahrungen an Einzelfällen als eine ganz und gar verfehlte Maßnahme anzusehen gezwungen sind. Denn der Kropf ist die allerungefährlichste Erscheinung und vielleicht nur eine der ästhetisch unerfreulicheren Phänomene vor allem an sonst oft verhältnismäßig harmonisch gebildeten Menschen, während seine tiefer liegenden, schwerer aufdeckbaren Äquivalente auf körperlichem und seelischem Gebiete viel verheerender sind, niemals aber allein mit einer „Kropfprophylaxe" gewöhnlicher Art, am allerwenigsten mit der völlig unzureichenden heutigen „Schulprophylaxe" durchgreifend bekämpft werden können. Wenn man dem Problem näher kommen will, so muß man am besten vom Kropf zunächst absehen. Er ist nur ein Äquivalent tiefgreifender Erscheinungskomplexe degenerativer Art, die sich mit einem viel größeren Gewicht auf psychophysisch-funktionellem Gebiete bemerkbar machen; von ihren Manifestationen ist der Kropf eine somatische Erscheinung, deren Fehlen die anderen wichtigeren Störungen ganz und gar nicht ausschließt. Solche Störungen sind: Wachstumshemmung, Chondrodystrophie mit nachfolgender Verkrüppelung, Schwachsinn, Neuro- und Psychopathie verschiedenster Färbung und Symptomatologie, dyshormonale und dysplastische Bilder, kurz ein Heer von Entwicklungs-

[1]) Hierzu erscheint bemerkenswert, daß nach den Feststellungen von Häberlin-Wyk an den Ferienkindern der Erholungskolonien der Seeaufenthalt und die intensive Besonnung eine „Verlängerung der Hautcapillaren" zur Folge hat (Mitt. auf dem 39. Balneologenkongreß zu Bad Homburg i. T.).

[2]) Vgl. hierzu Bircher, E.: Mein Standpunkt in der Kropffrage, Würzburger Abhandlungen, 1925.

störungen und unharmonischer Differenzierung. Wir haben hiervon nur die gröbsten Merkmalskomplexe genannt, gar nicht zu reden von den zunächst latent bleibenden Anlagen ähnlicher Art („kompensierten Neuro- und Psychopathien"). Der größte Teil aller dieser Individuen zeigt gar keinen Kropf, auch kommt die Häufung solcher Zustände mitunter auch in kropffreien Gegenden vor: Inzucht hilft hierbei und andere, degenerative Momente können die Hauptursache sein, als deren einen Faktor man mancherorts immerhin auch den (geophysisch bedingten?) Jodmangel nennen mag und zugleich unter der Hinzufügung, daß gewisse minimale Jodmengen immerhin diese Zustände günstig beeinflussen, wie auch wir das schon früher betont haben. In der Untersuchung so feiner Strukturen, wie z. B. der Hautgefäßmißbildung (Capillarmikroskopie), besitzen wir nun, wie unsere umfangreichen Untersuchungen zeigen (TH. HÖPFNER[1]), eine fast souveräne Methode, die Durchsetzung einer Bevölkerung mit Entwicklungs- und Differenzierungsstörungen allerverschiedenster Art, wobei auch der Kropf eine gewisse nicht zu unterschätzende Rolle spielt, mit einem scharfen und übergreifenden diagnostischen Hilfsmittel zu studieren. Hierbei muß wiederum einschränkend bemerkt werden, daß selbst diesem feinen Diagnostikum noch ein großer Teil von groben Entwicklungsstörungen entgeht, nämlich die wenigen, die normale Capillaren besitzen und sich vielleicht mit anderen Mitteln erfassen ließen — die „Kropfmessung" kommt aber hierfür überhaupt gar nicht in Frage. Denn der Kropf fehlt eben in noch viel häufigeren Fällen der gleichgerichteten Störungen ganz und gar. — Es werden nun solche archicapilläre Hemmungsbildungen und neocapilläre Differenzierungsstörungen trotz „Kropfprophylaxe" in gewissen Gegenden kaum völlig schwinden, weil sie eine viel durchgreifendere Therapie des Einzelnen erfordern und ferner dürfte sich zeigen, wie stark ihre örtliche Verbreitung sein kann, auch wenn man von Kropfgegenden sogar absieht und z. B. Gegenden mit starker Inzucht in Betracht zieht[2]). Auf solche Gesichtspunkte wiesen wir schon früher hin (JAENSCH und WITTNEBEN). Wir fordern daher eine „Prophylaxe der Entwicklungs- und Differenzierungsstörungen", mit anderen Worten eine zielbewußte behördlich überwachte „Rassenhygiene", im erweiterten und vertieften Sinne einer medizinisch-wissenschaftlich unterbauten Heilpädagogik und psychophysischen Bevölkerungshygiene. Sie ist nicht auf Kropfgegenden zu beschränken, wenn auch zugegeben werden muß, daß sie hier besonders stark gefordert erscheint. Hier kann auch eine allgemeinere Prophylaxe am Platze sein, etwa in dem Sinne, daß eine vorsichtige, in der Hand des Arztes bleibende, systematische Fütterung ganzer Populationen mit dosierten Präparaten (z. B. Jodpräparaten) schon die gröbsten Merkmale der Degeneration bis zu gewissem Grade zu bessern vermag, besonders auch dann, wenn man vor allem schon bei einer obligatorischen Fütterung von werdenden Müttern gewisser Bezirke beginnen würde (F. KRAUS). Für solche Zwecke erscheinen die minimalen Jodgaben von 1 bis 3 mg die Woche oder noch weniger immerhin schon von einigem Wert. Ausgedehnte Versuche müssen zeigen, wie weit sich

[1]) Vgl. hierzu HÖPFNER, TH.: Dtsch. Zeitschr. f. Nervenheilk. 1925. Bd. 88.

[2]) So fand HOLLMANN in Dorpat (Dtsch. med. Wochenschr. 1925, Nr. 5) z. B. bei jüdischen Schülern auch in Normalschulen bis zu 45 vH. Hautcapillarformen, in denen wir ebenfalls vor allem Hemmungs- und Differenzierungsstörungen vermuten dürften. Die Inzucht unter östlichen Juden, wenigstens der Vergangenheit, bedarf keiner Erwähnung (Ghetto). Hinzuweisen wäre allein schon auf das Vorkommen der amaurotischen Idiotie unter solchen jüdischen Populationen; hier handelt es sich aber sicher nicht um eine Rassedisposition (vgl. oben S. 365f), sondern um Kumulierung (daher Dominanz) rezessiver Minusvarianten durch Myxovariation (vgl. BAUER-FISCHER-LENZ, 2. Aufl. I. S. 187, 276, 288).

schon hierdurch das Werden eines noch unausgetragenen Kindes bzw. der Säuglinge beeinflussen lassen wird[1]). Die Capillarmikroskopie dürfte hierzu einen guten Anhaltspunkt geben. Man muß sich aber darüber klar sein, daß das Jod allein überhaupt nur ein Notbehelfsmittel ist (vgl. BIRCHER a. a. O.). Wahrscheinlich werden wir lernen, bessere und weniger differente, sogar wirksamere Mittel (z. B. Reizkörpertherapie) anzuwenden, wenn in gewissen Gegenden auch schon das Jod allein eine prophylaktisch wirksame Rolle spielen kann. Es wird aber vielleicht überhaupt notwendig sein, etwa nach Ablauf des ersten Lebensjahres, nachzusehen, ob sich ein Säugling richtig entwickelt hat, und ob er mit Ablauf des 1. Lebensjahres denjenigen Grad der Differenzierung der Hautgefäße (also daher auch des Ektoderms, des Mesoderms, des Mesenchyms usw.) erreicht hat, der um diese Zeit nach unseren Erfahrungen unbedingt gefordert werden müßte: die Stufe der Haarnadelform der Erwachsenen. Auch darf er neocapillär keine Mißbildung der Gefäße zeigen (z. B. Vasoneuroseformen oder hypoplastische Neocapillaren); sonst müßte er einer Sonderbehandlung unterworfen werden, die ärztlich geleitet wird. Ähnliches müßte man schon jetzt für die Kleinkinderschulen und die unteren Schulklassen fordern, wie unser Beobachtungsmaterial zeigt, immer aber bisher mit der Einschränkung, daß wir in allen diesen Fragen zur Zeit noch im Versuchsstadium stecken, das noch keine vorzeitige, womöglich öffentliche Verallgemeinerung verträgt. Wenn wir aber unsere bisherigen Erfahrungen heute schon in dieser Art formulieren, so tun wir das mit dem Bewußtsein, Klarheit schaffen zu müssen, damit nicht von voreiliger Seite her unsere Erfahrungen womöglich gar für Maßnahmen in Anspruch genommen werden, die sich mit unserer Überzeugung nicht decken (z. B. für eine sogenannte „allgemeine Kropfprophylaxe"). Letzteres gilt besonders für Versuche, unsere Erfahrungen für die Notwendigkeit der Einführung einer allgemeinen Jodprophylaxe des Kropfes im Sinne der Schweizer Maßnahmen in Anspruch zu nehmen. Wir erstreben eine „individualisierende Allgemeinprophylaxe" (Rassenhygiene), und in ihr wird vielleicht eine breitangelegte Behandlung mit Joddosen und Reizkörpern in bestimmten Bevölkerungen allgemeinere Bedeutung besitzen, ohne hierdurch die individuelle Einzelprophylaxe (Individualhygiene) überflüssig zu machen. Vielleicht könnte sich später sogar die Nützlichkeit einer amtlichen „allgemeinen capillarmikroskopischen Entwicklungskontrolle" erweisen, die durchaus durchführbar und z. B. mit der Impfung am Ende des ersten Lebensjahres leicht vereinbar erscheint. Aber das sind ferne Blickpunkte. Wir stellen sie heraus, um nicht in unseren noch fernliegenden Zielen mißverstanden zu werden, trotzdem aber, um Mitsuchende zu finden, um unsere unbedingt zu erweiternden und noch sehr zu vertiefenden Erfahrungen auf eine breitere und gesichertere Basis gestellt zu sehen.

[1]) Unter der wissenschaftlichen Mitarbeit des Verf.s und durch Dr. TH. HÖPFNER, der die Untersuchungen selbst vornimmt, sind in Cassel im Auftrage des preußischen Wohlfahrtsministeriums ausgedehnte statistische Capillarerhebungen, Kropfmessungen und umfassende, exakt kontrollierte therapeutische Versuche an Hilfsschülern, Normalschülern und prophylaktische Versuche an Säuglingen in dem Kinderheim Dr. BLUMENFELDS-Cassel (und unter dessen Mitwirkung) im Gange. In dankenswerter Weise hat sich die Lehrerschaft in den Dienst psychologischer Paralleluntersuchungen gestellt (auch die Pädagogische Arbeitsgemeinschaft Cassel). Von ärztlichen Mitarbeitern beteiligen sich an den Untersuchungen Dr. K. SCHOLL, Dr. v. HECKER, Medizinalrat Dr. HALLENBERGER, sämtlich in Cassel; die städtischen und Landesbehörden unterstützen die Untersuchungen weitgehend. Die Untersuchungen stehen unter der Aufsicht des Obermedizinal- und Oberregierungsrates Dr. MENNICKE-Cassel, der ihre Vornahme auf Grund vorliegender Arbeiten veranlaßte. Vorläufiger Bericht im Sitzungsber. der 15. Neurologentagung zu Cassel 1925 (Dtsch. Zeitschr. f. Nervenheilk. Bd. 88. 1926), in den Vorträgen von W. JAENSCH, K. SCHOLL, TH. HÖPFNER; weiteres in den Veröffentl. a. d. Geb. d. Medizinalverwaltung. 1926.

In diesem Sinne müßte nach TH. HÖPFNER[1]) schon heute, auf Grund der vorliegenden bereits sehr umfangreichen Untersuchungsergebnisse in Cassel, die erbbiologische Erfassung und die erbbiologisch-experimentelle Bearbeitung von Capillarstörungen im Zusammenhange mit den Störungen im endokrinen System mit chemisch-physiologischen und anthropometrischen Methoden u. a. gefordert werden, zugleich im Zusammenhange mit dem Studium der Frage, wie man der Ausbreitung der minderwertigen Idio-Varianten (archicapilläre Mutationen? d. Verf.) durch Myxovariation in der Bevölkerung entgegentreten könnte. Denn die Frage der Möglichkeit der therapeutischen Differenzierung der vorhandenen Generation (insbesondere der meist nur neocapillär gestörten Paravarianten, d. Verf.) bleibt ohne dieses in bezug auf die Rasse ein Torso. Eben gerade darum müßten diese Untersuchungen fortgesetzt werden bis zur Herausgabemöglichkeit kreisärztlicher Anweisungen auf Grund einer dahingehenden Medizinalgesetzerweiterung. Hierbei bedürften die Gruppen des dyshormonalen Schwachsinns, der Chondrodystrophie und gewisse Formen z. B. auch der Taubstummheit grundsätzlich spezialneurologischer Dauerberatung, die vielleicht zu verankern wäre in der Schaffung vollamtlicher neurologischer Beiräte („beratender Landesneurologen") in Ausdehnung des Reichskrüppelgesetzes auf psychophysische Belange, entsprechend den „Landeskrüppelärzten". Die amtlichen Feststellungen müßten sich laufend erstrecken, auf die „Schilddrüsenfrage", deren (belangloser) Anteil die „Kropffrage" und belangvoller Anteil die „Schwachsinnsfrage" ist. Die „Landesneurologen" hätten die spezielle Beratung und Fürsorge für die vorher amtlich durch die Kreisärzte zu ermittelnden Fälle, wofür die Mitwirkung der Schulärzte heranzuziehen wäre. Die Mitwirkung der Lehrerschaft wäre im Hinblick auf die relativ einfache, schulärztlich geleitete Schulbehandlung (Fütterung) und psychologische Paralleluntersuchungen anzustreben; schwerere Fälle gehörten in die Kliniken und Anstalten der Landeswohlfahrtspflege. Eine Zentralstelle im Reich könnte die Gesamtheit dieser Maßnahmen überwachen, die an Wichtigkeit der Seuchenbekämpfung gleichzusetzen wäre.

Unsere schon heute gesammelten Erfahrungen gestatten aber bereits den Schluß, daß wir uns mit den vorgeschlagenen Wegen der praktischen Verwirklichung einer rationellen Individual- und Rassenhygiene nähern, wie sie z. B. K. H. BAUER in seinem temperamentvollen Buche „Rassenhygiene" (Quelle & Meyer 1926) mit anderen vor ihm energisch fordert. „Individualhygiene und Rassenhygiene sollen und dürfen keine Gegensätze darstellen, sondern müssen sich unbedingt gegenseitig ergänzen, in vielen Fragen auch gegenseitig kontrollieren, im Grunde aber müssen sie zusammen arbeiten; es heißt hier — wie überall — nicht Genohygiene oder Phaenohygiene, nicht Individualhygiene oder Descendenzhygiene, sondern genohygienische und phaenohygienische Gesundheitspolitik; nicht gegeneinander, sondern miteinander sollten gerade bei unglücklichen Außenbedingungen beide Zweige der gesundheitlichen Fürsorge arbeiten (POLL)". — Hierbei sind wir uns klar darüber, daß rassenhygienische Maßnahmen in dem oben angedeuteten Sinne nur ein kleiner aber vielleicht sehr wirksamer Ausschnitt innerhalb eines rassenhygienischen Programms sein können, wie es in umfassender Weise z. B. BAUR-FISCHER-LENZ entworfen haben[2]).

6. Über das Vorkommen eidetischer Erscheinungen unter gesunden und kranken Erwachsenen beiderlei Geschlechts sowie unter nichtklinischem und klinischem Beobachtungsmaterial überhaupt.

Bei den ganz normalen Eidetikern vom BT-Typus, ganz besonders bei den Jugendlichen, deren normale eidetische Anlage durch einen jugendnormalen Unterricht erhalten geblieben ist, kommt eine Behandlung gar nicht in Betracht. Es muß jedoch zugegeben werden, daß bei der heute noch bestehenden mangelhaften Pflege, um nicht zu sagen Mißhandlung dieser frühen Bewußtseinsschichten in Erziehung und Unter-

[1]) Auf Grund persönlicher Mitteilungen hier referierend wiedergegeben.

[2]) Vgl. BAUR-FISCHER-LENZ: Erblichkeitslehre und Rassenhygiene. München: Lehmann, 1923. Vgl. auch unser Nachwort.

richt eine eidetische Anlage höheren, vor allem manifesten Grades unter Erwachsenen, insbesondere unter Männern, im allgemeinen nur dann erhalten bleibt, wenn die Konstitution mindestens phänotypisch dem besonders stark entgegen kommt, und das wird besonders leicht bei Individuen der Fall sein, die schon genotypisch oder aus angeborener Unterwertigkeit an der Grenze des Neuropathischen stehen[1]). Das gilt aber nur von unserer Rasse; denn jetzt darf als sicher gelten, daß bei anderen Völkern, auch unter älteren erwachsenen Individuen, ganz normalerweise und ohne jeden Einschlag von Neuropathie oder Psychopathie, eidetische Anlage höheren und höchsten Grades weit verbreitet, vielleicht sogar fast durchgängig ist, und es könnte sogar sein, daß hier dann eine Abweichung davon abnorm ist und auf eine Neuropathie hinweist. Unter unseren mitteldeutschen Verhältnissen, und nach allem Vorhergesagten wenigstens in unserer gegenwärtigen Kulturumgebung, unter Männern, (die nicht, — wie vor allem Künstler —, durch ihre

[1]) Vgl. Anm. 4, S. 367. Wir haben oben gesagt, daß jede differenzierende Behandlung eidetische Erscheinungen (insbesondere des T-Typus) zum Verschwinden bringen kann. Aber nicht aus diesem Grunde forderten wir insbesondere für schon pathologische Fälle eine allgemeine individualisierende prophylaktische Behandlung. Eine solche fordern und andererseits eine schonende, ja sogar fördernde Unterrichtsmethode dieser jugendlichen Bewußtseinsschichten fordern, steht nicht im Widerspruch miteinander: es kann eine wertvolle Valenz einer bestimmten Entwicklungsphase oder eines psychophysischen Komplexes sehr wohl bewußt durch Übung gesteigert, mindestens geschont werden, bei gleichzeitiger therapeutischer Unterdrückung wertnegativer Valenzen, z. B. der Capillarhemmung bzw. der allgemeinen mit ihr einhergehenden Differenzierungsstörung. Wir fordern biologisch vollwertige „ausdifferenzierte" Individuen. Wir wollen also auch keine eidetischen Erwachsenen züchten. Mit H. Freiling (a. a. O.) fordern wir nur, daß die Unterrichtsmethode sich „phasenspezifisch" anpaßt, damit höhere Bewußtseinsschichten nicht treibhausartige Scheinblüte werden und hierdurch den Zusammenhang nach unten mit der normalen Entwicklung früherer „phasenspezifischer" Schichten des Bewußtseins und Denkens verlieren. Denn von den wertpositiven Eigenschaften der primitiveren Schichten geht mancher Wesenszug in die höheren formal und formativ ein, wenn die Entwicklung dieser höheren Schichten ein normales und daher blutvolles Wachstum darstellt. — Die „Lebensferne" unseres heutigen „Intellektualismus" und unserer „Zivilisation" (im Gegensatz zur „Kultur" im Sinne Spenglers) besitzt eben gerade in der Vernachlässigung dieser oft wertvollen primitiveren Schichten vor allem in der Pädagogik eine ihrer sehr wesentlichen Ursachen. Die Zurückführung unserer „Zivilisation" zur „Kultur" bedarf aber keineswegs asiatischer Primitivität, um den „Untergang des Abendlandes" aufzuhalten: die erdnäheren natürlichen und arteigenen Wurzeln selbst der hochgezüchtetsten Rasse liegen als biologische Valenzen in normalen Jugendlichen zur Entfaltung und Befruchtung auch höchster seelischer Eigenschaften noch bereit. In diesem Sinne erscheint die Aufzeigung „seiender", zugleich mit der Forderung biologisch vollwertiger Individualtypen (vgl. oben) und auch „pädagogischer Idealtypen" wichtig (vgl. hierzu H. Freiling, a. a. O. S. 367, Anm. 4 und Kroh, O.: Die Methoden d. kindespsychologischen Forschung, Zeitschr. f. Menschenkunde 1. Jahrg. Hft. 6; Pädagog. Typenlehre, Vortr. geh. i. d. Vollvers. des kath. Lehrervereins Württemberg, Ulm, 15. 4. 1925, These e). Vgl. hierzu auch unser Nachwort: man spricht heute vielfach von einer deutschen „Neuromantik", die ihren sichtbaren Ausdruck schon in der „Deutschen Jugendbewegung" gefunden habe. Indem der Marburger Arbeitskreis um E. R. Jaensch von einer wissenschaftlich exakten psychologischen Erforschung der Welt und des Welterlebens eben jener Träger jener „Neuromantik" — den Jugendlichen — und ihrer psychophysiologischen Grundlagen ausging, erschloß sich nicht nur „Sein und Werden", sondern auch der „innere Sinn" dieser jugendlichen Romantik und ihre tiefe biologische Bedeutung für das Werden des Individuums wie der Gesamtheit. Damit aber treten die schöpferischen und die zur Tat drängenden biologischen und pädagogisch nutzbaren Tendenzen solcher „phasenspezifischer" Erscheinungen klarer zutage als in jener früheren Romantik, die vielleicht den Dichter beschwingen und dem Träumer eine Scheinwelt vorzuspiegeln vermochte, nicht aber vermochte ihren wärmenden Schein auszugießen auch in angeblich nüchternere Belange des menschlichen Lebens und seiner zweckvollen Betätigung: der Sphäre des alltäglichen Berufslebens, dessen „Philistertum" und „Leere" man beklagte und der Sphäre des Intellekts, die man „trocken" und „kalt" nannte.

besondere Anlage und ihren Beruf ganz normalerweise zu eidetischem Erleben disponiert sind)[1]), bei einem Material von ganz verschiedenartigen Krankenhauspatienten verhält es sich nun so, daß die eidetische Anlage der niedersten Grade in einer gegenüber der Norm etwas gesteigerten Häufigkeit auftritt[2]), wenn man zum Vergleich gesunde Erwachsene gleichen Alters heranzieht, dagegen Künstler (auch Kunsthandwerker), sowie Sportsleute im Trainingszustand[3]) fortläßt. Das zeigte sich bei Untersuchung von Fällen gleichen Alters gleichen Bildungsgrades und ganz verschiedenen Formen von Erkrankung ohne eine mitwirkende organische oder funktionell-neurogene Komponente und durchweg mit Fieberfreiheit[4]). Die Untersuchungen wurden von W. KLÖSS teilweise gemeinsam mit Verfasser am Patientenmaterial der Medizinischen Universitätsklinik (Direktor Prof. G. v. BERGMANN) und der Chirurgischen Universitätsklinik Frankfurt a. M. (Direktor Prof. SCHMIEDEN) vorgenommen. Ganz entsprechende Ergebnisse zeitigte auch die galvanische Untersuchung, die am N. ulnaris dexter mit der hier beschriebenen Methode vorgenommen wurde. Die galvanischen Reizschwellen zeigten auch hier wieder die gleiche Korrelation mit den eidetischen Phänomenen, wie sie hier zum ersten Male ausführlich dargelegt wurde, und entsprach auch in den nachfolgenden Untersuchungsergebnissen dieser inneren Beziehung.

Ähnliches wie von innerklinischen Erkrankungen gilt also auch von chirurgischen Erkrankungen ohne Fieber. Ganz anders scheinbar, — wie mit gewissem Vorbehalt heute schon mitgeteilt sei (vgl. später) —, verhält es sich nach den Befunden von Verfasser, H. KALK und W. KLÖSS wahrscheinlich allgemeiner bei Patienten mit einer anzunehmenden organischen oder funktionellen neurogenen Komponente[5]). Hier finden sich vor allem die höheren eidetischen Grade und die manifest eidetischen Fälle in einer gegenüber der Norm gesteigerten Häufigkeit[6]), immer unter den angegebenen Bedingungen, d. h. unter mitteldeutschen Verhältnissen, unter gegenwärtigen Kulturbedingungen und mit den genannten Ausnahmen. Zugleich

---

[1]) Vgl. hierzu JAENSCH, E. R.: Psychologie und Ästhetik, Zeitschr. f. Ästhetik u. allgemeine Kunstwissensch., herausgegeb. v. M. DESSOIR, Enke-Stuttgart, Bd. 19.

[2]) W. JAENSCH und W. KLÖSS (noch unveröffentlicht), vgl. hierzu W. KLÖSS: Psychophysisch-klinische Untersuchungen (aus der Mediz. Univ.-Klinik Frankfurt a. M., Direktor Prof. G. v. BERGMANN), Mediz. Diss., Frankfurt a. M. März, 1925 (vorl. Mitt.).

[3]) Vgl. hierzu E. R. JAENSCH, W. JAENSCH u. K. KNIPPING: Sitzungsber. der Gesellsch. z. Beförder. d. ges. Naturw. zu Marburg 1925. — Erscheint ausführlich bei G. Fischer, Jena, herausgegeb. von P. SCHENK-Marburg: Zur Physiologie und Psychologie der Leibesübungen. 1926.

[4]) Der Hauptteil der untersuchten Patienten betraf Fälle von offener oder geschlossener Lungentuberkulose; ein weiterer größerer Teil betraf Fälle chirurgischer Erkrankungen. Ferner waren unter den Patienten dieser Untersuchungsreihe Rekonvaleszenten nach akuten Infektionskrankheiten (z. B. Angina, Grippe, Pneumonie), schließlich einige Fälle von Nephritis, Arthritiden, Diabetes usw.

[5]) Diese Untersuchungsergebnisse fanden bereits eine vorl. Mitt. bei W. KLÖSS (a. a. O.) und in JAENSCH, W. u. WITTNEBEN, W.: Sitzungsber. des II. Deutsch. Kongr. f. Heilpädagogik, herausgegeb. v. E. LESCH (Berlin: Julius Springer 1925).

[6]) Das zu dieser Untersuchung bisher systematisch verwandte Patientenmaterial betraf ausschließlich nur männliche Patienten mit röntgenologisch gesichertem Ulcus ventriculi oder duodeni. Unter ihnen waren sowohl B-(BT-) wie T-Typen. — Unter ihnen zeigten sich also (unter den angegebenen einschränkenden Bedingungen) häufiger manifest eidetische Fälle, als es nach Lage der Dinge erwartet werden durfte. Wir haben vorn (S. 138) auf das Blutbild der Eidetiker hingewiesen. Es bestand in einer vom Biotypus unabhängigen relativen Lymphocytose entsprechender neutrophiler Leukopenie, nicht selten begleitender Eosinophilie. Es sei daher an dieser Stelle nur kurz hingewiesen auf die Bedeutung der Parasympathicus(Vagus-)reizung und auch der Tonussteigerung im ganzen vegetativ-autonomen System innerhalb der Probleme der „Ulcus-

zeigt sich, daß unter dieser Kategorie Individuen auch Capillarhemmung[1]) oder -mißbildung (Vasoneurosecapillaren nach O. MÜLLER und PARRISIUS[2]) oder Mischformen beider Capillararten, sei es an der Haut oder an der Lippenschleimhaut oder an beiden[3]), ganz überwiegend häufiger anzutreffen sind als unter den nichteidetischen und den verschiedenartigsten Kranken mit nichtneurogener Komponente. Es muß aber mit Nachdruck hervorgehoben werden, daß auch unter stark eidetischen Erwachsenen Individuen mit völlig normalen Capillaren und auch ohne irgendwelche sonstige Anzeichen einer Neuro- oder Psychopathie angetroffen werden. Etwas anders als bei Männern liegen ja die Dinge schon bei Frauen und beim weiblichen Geschlecht überhaupt. Schon normalerweise und auch bei Jugendlichen findet sich nach dem übereinstimmenden Ergebnis der Marburger Befunde, der Breslauer Erhebungen von FISCHER und HIRSCHBERG und der Wiener Untersuchungen von H. ZEMAN die eidetische Anlage überhaupt bei Mädchen etwas häufiger als bei Knaben gleichen Alters, und zugleich zeigt der Typus der Bilder bei Mädchen durchschnittlich einen stärkeren Einschlag der B-Komponente. Entsprechend ergab sich bei den an erwachsenen weiblichen Patientinnen durchgeführten Untersuchungen von Verfasser und W. KLÖSS, daß hier außerhalb von Krankheitsgruppen mit anzunehmender funktionell-neurogener Komponente, und mit den oben angegebenen Einschränkungen, die eidetische Anlage in weiterer Verbreitung und in höheren, namentlich auch manifesten Graden vorkommt als bei Männern, und sogar in stärkerem Maße als bei Männern mit solchen Erkrankungen, bei denen die Annahme der Mitwirkung einer funktionell-neurogenen Komponente mindestens naheliegt. Alles dies legt den Schluß nahe, daß auch ganz gesunde Frauen durchschnittlich etwas stärker zur Festhaltung der eidetischen Jugendanlage neigen werden als Männer gleichen Alters und unter gleichen Bedingungen, wofür auch der von G. HEYMANS gemachte Befund einer allerdings mit eidetischer Anlage nicht zu verwechselnden stärkeren Visualität der Frauen spricht. Außerdem neigt das weibliche Geschlecht offenbar in stärkerem Maße zu einem Hervortreten des B-Komplexes, womit die Erfahrungen der Klinik übereinstimmen, indem sie die größere Häufigkeit psychogener Erkrankungen bei Frauen erkennen lassen. Es gibt aber tatsächlich, wie wir feststellen konnten, auch reine T-Typen unter erwachsenen Frauen, noch seltener auch unter weib-

krankheit“ einerseits und der Beziehungen des vegetativen Nervensystems zum Blutbilde andererseits (vgl. hierzu auch SCHENK, P.: Dtsch. med. Wochenschr. 1920, Nr. 43). Es verdient hervorgehoben zu werden, daß bei Sportsleuten im Training ebenfalls eidetische Erscheinungen mit schon früher beschriebenen Vagusreizsymptomen und einer ähnlichen Verschiebung des Blutbildes, wie oben angegeben, einhergehen. Auf die allen Sportsleuten geläufige und keineswegs seltene Erscheinung von Magenbeschwerden sei hier nur hingewiesen. Diese besonders stark bei Läufern (Atmungstetanie hinzukommend?!) auftretenden Erscheinungen tragen gar nicht so selten den Typus des „Ulcussyndroms“ und führen scheinbar sogar mitunter allmählich zu Erkrankungen, die recht deutlich in die Nähe einer spasmogenen Ulcusgenese (G. v. BERGMANN) rücken. — Wenn nun bisher noch systematische Untersuchungen an andersartigem Patientenmaterial mit funktionell-neurogener Komponente ausstehen, so genügen unsere bisher zwanglos gesammelten Capillarbefunde an hochgradigen erwachsenen Eidetikern doch schon zu ziemlich eindeutigen allgemeineren Schlüssen in der oben angegebenen Form, zumal in dem hier dargelegten Zusammenhange und im Hinblick zugleich auf bereits vorliegende andere Arbeiten auch aus der Otfried Müllerschen Klinik über Capillarmißbildung und Neurose. W. NEUHAUS fand neuerdings bei erwachsenen manifesten Eidetikern durchgehend Vasoneurosecapillaren (s. o.).

[1]) Archicapillaren bzw. ihre produktiven Kümmerformen (Pseudoneocapillaren).

[2]) Produktive Kümmerformen der Neocapillaren oder hypoplastische und undifferenzierte (Korrektur-) Formen.

[3]) Vgl. hierzu dieses Kapitel, Abschnitt 3, a, b, ferner die Capillar-Arbeiten der Otfried Müllerschen Klinik.

lichen Jugendlichen. Ihnen fehlt meist viel von der specifisch weiblichen Anmut und ihrem Charme[1]).

Alle diese zuletzt angeführten klinischen Untersuchungen wurden einheitlich mit beiden im Kapitel IV angeführten Tests zur Prüfung auf eidetische Anlage (also mit der nur „anschauenden" und der „fixierenden" Betrachtungsweise) durchgeführt. Auf diese Weise wurden alle nachweisbaren eidetischen Grade sowohl der T- wie der B-Komponente festgestellt (vgl. Kap. IV, S. 175/177 und 184/185). Parallelgehend wurden ferner die Größe eines NB vom „roten Quadrat" in der Grundstellung des Projektionsschirms, seine Größenwerte im EMMERTschen Versuch, seine Nachdauer und die galvanische Erregbarkeit geprüft. Alle Parallelversuche standen auch untereinander in der durch die hier herausgestellten psychophysischen Korrelationen geforderten Übereinstimmung. Das gleiche war der Fall bei der Untersuchung der Sportsleute im Trainingszustand, bei denen sich starke Verbreitung des T-Typus, teilweise eine sehr hochgradig gesteigerte galvanische Erregbarkeit fand, parallelgehend mit starken NB und AB_{NB} (vgl. S. 109, Abb. 13, 14; Anm. 3, S. 108).

Besonders wenn man die Verhältnisse unter erwachsenen Männern in Betracht zieht, kann man sagen: unter körperlich-praktisch gerichteten und vor allem unter sportlich tätigen Menschen, ferner unter Menschen, bei denen die Persönlichkeit nur um den Willen und den Bereich des ethischen Handelns zentriert ist (E. R. JAENSCH u. H. MÖCKELMANN; vgl. auch S. 123, Anm. 2), überwiegt der T-Typus, unter künstlerisch-ästhetisch gerichteten und tätigen Menschen überwiegt der B-Typus; ihre Verteilung ist auch rassenmäßig und landschaftlich verschieden. Frauen und bis zu gewissem Grade auch Kinder sind, bei uns wenigstens, immer etwas nach dem B-Typus hin verschoben. Aber der T-Typus kommt unter Jugendlichen auch in ganz reiner Form vor. Bei einer flüchtigeren Untersuchung wird er aber gerade hier nicht selten dem Untersucher als Eidetiker entgehen. Denn seine eidetischen Phänomene sind oft nur schwerer ans Licht zu ziehen als beim B-Typus oder den gewöhnlichen und häufigsten eidetischen Einheitstypen (BT-Typen). Nicht selten erschließen sie sich lediglieh dem „Fixationstest" (S. 177). Das ist auch P. KARGER entgegen-

[1]) Sportliche Betätigung, insbesondere Leichtathletik und ausgesprochenes Männerturnen scheint dem T-Typus und seiner Motorik adäquat zu sein; so ist ja auch, wie wir schon feststellen konnten (vgl. oben), unter Sportlern und Turnern der meist hochwertige Fall des T-Typus besonders häufig. Gleiches gilt vom „soldatisch-militärischen Menschentypus" (E. R. JAENSCH u. H. MÖCKELMANN). Der T-Typus scheint überhaupt eine besondere Affinität zum ausgesprochen männlichen Typus zu haben. Umgekehrt scheinen solche Betätigungen den Biotypus im Sinne des T-Typus phänotypisch zu beeinflussen, wofern der Genotypus ihm nur etwas entgegenkommt (vgl. die „Plastizität des Nervensystems", S. 336, dessen primäre Einflüsse hier wohl gestaltend wirken können; hier ist auch ganz allgemein an das sog. „Berufsgesicht" z. B. zu denken). Da der T-Typus zum männlichen Typus eine besondere Affinität besitzt und gewisse Sportsarten (S. 358) ihn phänotypisch befördern, so bemerkt man an ausgesprochen männlichen Sport treibenden Frauen nicht selten eine ausgesprochene „Vermännlichung", und zwar wieder durchaus im Sinne des T-Typus; dies gilt auch vom äußeren Habitus, Art der Augen und der Motorik (sicherlich daher auch charakterlich-seelisch). Denn das weibliche Geschlecht besitzt scheinbar gerade eine Affinität eher zum B-Typus (S. 358), ohne daß man darum etwa den B-Typus mit femininem Typus auch nur annähernd gleichsetzen kann, ebensowenig wie den T-Typus etwa mit dem männlichen Typus. Beide Biotypen gelten eben für beide Geschlechter. Was die körperliche Betätigung und Übung des weiblichen Geschlechtes anlangt, so ist ihm aber wegen seiner Affinität zum B-Typus die Gymnastik, insbesondere „Ausdrucksgymnastik" diejenige Bewegungsform, die ihm biologisch am meisten entspricht, ohne die vorsichtige sportliche und anderweitige turnerische Betätigung völlig auszuschließen.

zuhalten (Klin. Wochenschr. 1925 Nr. 47); die von ihm nach dem Vorgange von Untersuchungen, die Verfasser in P. KARGERS Beisein früher einmal anstellte, gemachten eidetischen Erhebungen wählten elektiv B- oder BT-Typen aus. Der T-Typus mußte bei ihm unter seinen sogenannten „Nichteidetikern" verschwinden. (Näheres vgl. unsere Erwiderung Klin. Wochenschr. 1926, Nr. 10, W. JAENSCH.)

B. Zusammenfassende klinische Betrachtung der Biotypen.

Achtes Kapitel.

Die Stellung der ermittelten Biotypen in nosologischer und terminologischer Beziehung und ihr Verhältnis zu den Aufgaben der Jugendmedizin.

Es erwächst noch die Aufgabe, die Stellung der aufgewiesenen Biotypen innerhalb normaler und pathologisch veränderter Konstitutionen in Beziehung auf ihre allgemeinere nosologische Bedeutung und auf die klinische Terminologie einer kurzen Erörterung zu unterziehen.

Der klinische Begriff der ausgebildeten Tetanie und der der Basedowschen Krankheit, von denen wir ausgegangen sind, bleibt den genannten großen Krankheitsbildern vorbehalten, bei denen wir die meisten Symptome beieinander finden, die wir hierbei in der Klinik zu sehen gewohnt sind, und bei denen der krankhafte Charakter des Zustands sich dadurch manifestiert, daß das Individuum hierdurch einen bestimmten Grad von Unterwertigkeit erlangt hat. Zwischen den normalen T-Typen und B-Typen und den angeführten Krankheitsbildern würde dann der klinische Begriff des „Basedowoids" und des „tetanoiden Zustandes" liegen, ähnlich wie die subfebrilen Temperaturen zwischen normalen und Fiebertemperaturen, mit dem Unterschiede jedoch, daß B- und T-Typus neben den ganz innerhalb der landläufigen Breite des Normalen liegenden Formen auch diejenigen miteinbegreift, die den großen Krankheitsbildern schon näherzuliegen scheinen. Das liegt aber lediglich daran, daß die sogenannte „normale Breite" in viel höherem Grade und in viel weiterem Umfange, als man im allgemeinen annimmt, fließende Übergänge zum echt Pathologischen aufweist, eine Tatsache, die dem Kliniker zum Teil entgehen muß, wenn er seinen Blick nicht in viel höherem Maße, als es bisher im allgemeinen auch heute noch üblich ist, über den Bereich der Klinik hinausrichtet, eine Forderung, die schon vor langer Zeit unter älteren Klinikern vor allem GAUPP vertreten hat. Hiermit ist aber wiederum nicht gesagt, daß jene Übergangsfälle schon immer als echt pathologisch anzusehen sind. Nicht selten liegen in ihrer Eigenart gerade wertvolle Eigenschaften beschlossen, während wirkliche Krankheit immer einen Unwert bedeutet. Ferner würden die beiden Typen auch noch diejenigen Zustände mitumfassen, welche zuweilen nur durch isolierte Stigmen bzw. Manifestationen des Typus an umgrenzter Stelle charakterisiert sind (d. h. hier durch eine im Sinne des Typus funktionell gleichartige, aber isolierte Stoffwechselverschiebung), oder auch durch eine solche funktionell gleichartige Stoffwechselverschiebung, die zwar weite Organgebiete umfaßt, aber doch andere, als es, wenigstens den äußeren Manifestationen nach, bei der Tetanie oder dem Morbus Basedow in engerem Sinne der Fall ist, und die daher gewöhnlich als grundsätzlich andere Krankheit angesehen wird, z. B. in gewissen Fällen als Neuropathie, Neurasthenie, endogene Nervosität, Hysterie, Epilepsie, psychotische Zustandsbilder. Manche derartige und ähnliche „Krankheitsbezeichnungen", die auf solche Zustände angewandt werden, leiten ihren Ursprung in gewissem Umfang überhaupt von der Unsicherheit, ja Unmöglichkeit her, gewisse Erkrankungsformen und Erscheinungen bestimmt begründeten ursächlichen und genetisch einheitlichen Wirkungszusammenhängen zuzuordnen. Hier ist z. B. daran zu erinnern, wieviele Erscheinungen besonders früher allein der Krankheit „Epilepsie" zugewiesen wurden, die man heute ausdrücklich nur als „epileptiform" bezeichnet und sie damit von einer engeren Gruppe von Erscheinungen abtrennt, die man als Gruppe der „genuinen Epilepsie" und damit jetzt als einen selbständigen in sich einheitlich begründeten Wirkungskomplex anerkennt. Wir hätten es also bei den Typen schon pathologischer Ausprägung, die durch isolierte, vielleicht sogar nur schwach angedeutete Stigmen charakterisiert sind, nicht immer mit einer ganz anders gearteten Erkrankung zu tun, sondern würden in ihnen vielfach eine Erscheinungsform gleicher Grundursache, nur streng umschriebener Lokalisierung erkennen müssen, wie sie auch die ausgeprägten Typen des gleichen Komplexes darstellen. Ferner kann das Vorhandensein eines ausgeprägten Typus bei einem Individuum, wenn es aus anderer Ursache heraus in irgendeiner Form erkrankt, einem ätiologisch anders bedingten Krankheitsbild eine besondere Färbung geben. Dies wird z. B. auf psychoneurotischem Gebiete der Fall sein können. So beschreibt CURSCHMANN Fälle von Pseudotetanie und Hysterie, bei denen die hysterischen Krämpfe den Charakter der Tetanie zeigten. Hier handelt es sich um Manifestationen des T-Komplexes, die vom B-Komplex modifiziert und verändert wurden. Etwas Derartiges wird bei BT-Typen leichter eintreten als bei reinen T-Typen.

Alles eben Gesagte gilt auch von den erwähnten „Unterfällen" unserer Biotypen, denen für gewöhnlich sogar gröbere somatische Stigmen fehlen können, die aber bei krankhaften Veränderungen auch hier hervortreten (vgl. S. 109, Anm. 1): in Kap. III wurde die Beziehung des T-Typus zu seinen pathologischen Steigerungsformen vollausgeprägten und umschrieben lokalisierten Charakters dargelegt. Eben diese Darlegungen gelten in entsprechender Weise auch für die Reihe B-Typus — Basedowoid — Basedow in ihren gleichfalls individuell verschiedenen Erscheinungsformen. In ähnlichem Sinne äußerten sich auch bereits andere rein klinische Veröffentlichungen: „BASEDOWS großes Verdienst, die heute noch gültige klassische Form der schwersten Hyperthyreose mit den drei Kardinalsymptomen erkannt zu haben, bleibt bestehen, auch wenn wir, gestützt auf die Ergebnisse unserer vergleichenden klinischen und pathologisch-anatomischen Studien, der Auffassung von KREHL, KRECKE, STARCK folgen und den Vollbasedow als charakteristisches Endglied in die große Kette von Krankheiten einreihen, die bei aller Ungleichartigkeit ihrer klinischen Erscheinungen doch sämtlich von derselben Ursache herzuleiten sind: der Hypersekretion der Schilddrüse" (HELLWIG: Die Hyperthyreosen leichteren Grades. Bruns' Beitr. z. klin. Chirurg. Bd. 125). Daß selbst diese Auffassung noch zu eng ist, weil sie nur ein einziges Hauptmerkmal dieser Funktionsverschiebungen trifft, haben wir schon oben dargelegt (Kap. VII, 2). Dies wird aber um so weniger an der Einheitlichkeit der Reihe B-Typus — Basedowoid — Basedow etwas ändern. Nur die Lokalisation der Funktionsverschiebung schwankt in der Gesamtpersönlichkeit, und aus dieser Lokalisation erklärt sich die Mannigfaltigkeit von durchweg sogenannten „thyreogenen" Krankheitsbildern und Persönlichkeitstypen, wenn man diese nach diesem Hauptmerkmal so bezeichnen will. Vgl. auch CHVOSTEK, F.: Das konstitutionelle Moment in der Pathogenese des Morbus Basedow. Zeitschr. f. angew. Anat. u. Konstitutionsl. Bd. 1. 1913: „Ohne Berücksichtigung dieses (konstitutionellen) Faktors ist unseres Erachtens die Lösung des Basedowproblems undurchführbar." Hierauf beruht wahrscheinlich auch die Tatsache, daß es bei dem Morbus Basedow Zustände von ganz verschiedener Art und Färbung gibt, z. B. neuropathische, psychotische Formen, vegetative Neurosen bzw. Zustände, die man absichtlich als Thyreotoxikosen vom Morbus Basedow abtrennt, wie z. B. auch das F. KRAUSsche Kropfherz. Ganz Entsprechendes gilt von den Manifestationen des T-Komplexes bzw. -Typus an umgrenzter Stelle und selbst solchen in ganz anderen Krankheitsbildern als der eigentlichen Tetanie, gleichgültig, ob der Typus im Habitus oder nur funktionell, physisch oder nur psychisch bzw. psychophysisch deutlich erfaßbar ist. Die psychischen Stigmen sind die feinsten. Je einem Biotypus aber dürften in gewissem Umfange stets gleichartige mindestens funktionell-somatische z. B. chemisch-physiologische Besonderheiten des Stoffwechsels (psychophysische Grundprozesse) entsprechen.

Daß über die diesen Biotypen letztlich zugrunde liegenden Stoffwechselvorgänge noch nicht volle Klarheit herrscht, ist kein Gegengrund gegen die Vornahme einer solchen Typeneinteilung. Ihre Berechtigung gründet in der inneren Zusammengehörigkeit der Zustandsbilder und Symptomenkomplexe; einzig und allein auf diese Beobachtungstatsachen, nicht etwa auf unsichere Hypothesen über zugrundeliegende Stoffwechselvorgänge ist unsere Einteilung gestützt. Wenn sie in mancher Hinsicht noch als eine etwas grobe Klassifizierung erscheinen mag, so ist es doch immer so gewesen, daß man anfangs gröbere Verfahrungsweisen dann allmählich verfeinern lernte. Die Entdeckung der Latenzzeichen der Tetanie z. B. wies seinerzeit neue Wege und gestattete es, Diagnosen zu stellen, die vorher nicht immer möglich waren. Ganz ähnlich verhält es sich mit den klinischen Latenzzeichen des Basedowoids und der Basedowschen Krankheit. Wir konnten nun zeigen, daß bei der Aufsuchung solcher Latenzzeichen psychophysischen und psychologischen Methoden eine ähnliche Bedeutung zukommt wie den rein somatischen. Jene Methoden sind sogar weit feinere Reagentien auf funktionelle Besonderheiten als die rein somatischen. Wir benutzten unser neues diagnostisches Rüstzeug und suchten es unter den uns gegebenen Erkenntnismöglichkeiten so brauchbar und scharf wie möglich zu gestalten. Das schließt nicht aus, sondern läßt vielmehr erwarten, daß weitere Forschungen auf diesem Gebiete neue Tatsachen zutage fördern werden, die die angewandten Methoden zu verfeinern und zu ergänzen berufen sind. Einiges in dieser Richtung haben wir schon oben erörtert (Kap. VI u. a. O.).

Solche Möglichkeiten erweitern sich in dem Maße, als wir außer den endokrinen Begleitumständen und Bewirkungen unserer Typen, die in unserer Darstellung bisher stets in erster Linie berücksichtigt wurden, auch noch andere anatomisch-funktionelle Umstände und Stoffwechselverhältnisse im weitesten Sinne berücksichtigen würden, die in dem T- und B-Komplex bzw. -Typus wahrscheinlich eine mindestens ähnlich beherrschende Rolle spielen (Kap. VII). Wahrscheinlich lassen sich ja innerhalb des T- wie des B-Komplexes gewisse Faktoren, die z. B. auf endokrinem Gebiet in ihnen eine hervorragende Rolle spielen, in bezug auf den jeweils in Funktion tretenden Typus durch andere gleichsinnig wirkende Faktoren (Komponenten, Valenzen) der gleichen Wirkungskomplexe ersetzen. Hier ist z. B. an die chemisch-physiologischen Faktoren, vegetative Bewirkungen usw. zu denken. Diese Ersetzbarkeit eines durch den anderen Faktor kann sowohl vom Zentralorgan wie von der Peripherie her mit gleichem Effekt vor sich gehen. In jedem Falle scheinen aber die zentralen Faktoren jeweils am ausschlaggebensten zu sein, und selbst den endokrinen Faktoren scheint meist erst eine sekundäre Bedeutung zuzukommen, wenn man sie bisher auch noch allgemeiner als fast immer primäre Wirkungfaktoren ansieht. Gemäß dem unserer Arbeit vorangestellten Grundsatz, uns zunächst immer nur an das Nächstliegende und das unmittelbar Greifbare zu halten, wollen wir zwar in diesem Zusammenhange von solchen weiteren Ausblicken absehen, erinnern aber daran, daß auch eine solche Erweiterung sich allem bisher Gesagten organisch einfügt, und soweit an anderer Stelle hierüber schon einiges gesagt ist, eine notwendige Ergänzung des Vorliegenden bedeutet.

Zusammenfassend ist also zu sagen: die vorliegende Arbeit versucht in noch höherem Maße, als bisher geschehen ist, den Begriff des „tetanoiden Zustandes“ aus seiner engen Begrenzung und starren Form, die ihm die klinischpathologische Symptomatologie angelegt hat, zu befreien. Das gleiche geschieht mit dem als Basedowoid bezeichneten Symptomenkomplex. Die fließenden Übergänge von den hier charakterisierten T- bzw. B-Typen in die entsprechenden bekannten klinischen Krankheitsbilder (klinische Tetanie bzw. Basedowsche Krankheit) ließen sich aufzeigen. Somit ist es zunächst unerheblich, daß diese klinischen Begriffe ebenfalls noch einer weiteren Klärung und einer Erforschung der ihnen zugrunde liegenden Funktionseigentümlichkeiten bzw. -störungen bedürfen. Nur die innere Zusammengehörigkeit von Wirkungskomplexen wurde hier dargetan, und für diesen Nachweis macht es nichts aus, daß die genauere Erforschung der zugrunde liegenden Stoffwechselvorgänge noch ein Postulat für die Zukunft ist. Die klinische Klassifikation und Terminologie war lange Zeit fast ausschließlich an der Histologie und pathologischen Anatomie orientiert. Allein schon seit geraumer Zeit beginnt auch das funktionelle Moment mehr in den Vordergrund zu treten. Die lange Alleinherrschaft anatomisch-histologischer Betrachtungsweise hat aber naturgemäß zur Folge, daß sich die Aufmerksamkeit gewöhnlich allein den anatomisch-histologisch charakterisierten Endzuständen und unter den funktionellen Zuständen vorwiegend den gröber charakterisierten zuwendet, während die wenig ausgesprochenen, meist sogar in der Breite des Normalen liegenden Zustände ganz allein funktionell charakterisiert sind, und darum einer wesentlich anatomisch eingestellten Blickrichtung, ebenso aber auch den halb funktionell, halb anatomisch orientierten Methoden leicht entgehen. Zur Erkennung solcher Zustände wurde hier außer den feinsten bisher bekannten klinischen und pathologisch-physiologischen Kriterien vor allem das Inventar psychologischer und psychophysischer Methodik herangezogen, also eine funktionelle psychophysische Diagnostik angestrebt. Die klinische Verwendbarkeit solcher Methoden wurde dargetan, die sich bereits auch therapeutisch weitgehend bewährten, und der Ertrag ausgedehnter Versuche mit ihnen geschildert. Zugleich wurde die Literatur unter diesem Gesichtswinkel einer erneuten Durchsicht unterzogen.

War schon die Begriffserweiterung von der klinischen Tetanie mit Krämpfen zum tetanoiden Zustand und von der Basedowschen Krankheit zum Basedowoid ein Fortschritt in der hier ebenfalls verfolgten Richtung, so wollten wir uns hier von der Beschränkung auf den Begriff der „Krankheit" ganz losmachen und durch Aufstellung bestimmter Konstitutionstypen einen übergreifenden Terminus schaffen, der Gesunde wie Kranke gleicherweise umspannt, und innerhalb dessen die Abgrenzung eigentlicher Krankheitsbilder eine Frage der Gradabstufung und Lokalisation und vor allem zugleich eine Wertfrage darstellt. Denn es wird nicht angängig sein, die vielen hundert von uns im Laufe der Jahre untersuchten Schulkinder, Studenten und Erwachsenen insgesamt als krankhafte Individuen zu bezeichnen, und damit in biologischer Hinsicht ein negatives Werturteil über sie zu fällen. Ein erheblicher Prozentsatz aller Kinder und Jugendlichen überhaupt müßte dann krank, d. h. den normalen Anforderungen des Lebens gegenüber minderwertig sein. Es gibt aber, ganz im Gegenteil, unter den untersuchten Individuen nicht weniger biologisch Vollwertige als in einer beliebig herausgegriffenen Menschengruppe überhaupt, und die hier gefundenen Ergebnisse können nach den mannigfachen auswärtigen Nachprüfungen, die inzwischen erfolgt sind, auch nicht etwa auf besondere örtliche Verhältnisse oder schädigende Faktoren, — wie man sie z. B. an sogenannten „Tetanieorten" vermutet —, zurückgeführt werden; in Marburg selbst z. B. ist echte klinische Tetanie sogar sehr selten.

Unsere Klassifizierung gründet sich vielmehr auf Konstitutionseigenschaften, die, wenigstens in gewissem Umfange, lediglich normale Personalcharaktere sind, ähnlich wie die Fingerabdrücke, die man im Erkennungsdienst verwendet, ohne daß man hiermit, bisher wenigstens, eine pathologische Klassifikation vornehmen konnte[1]). Fern liegt uns auch die Absicht, die ganze Menschheit womöglich nur in zwei Klassen einteilen zu wollen. Allerdings aber wird auf Grund unseres Materials der Gedanke nahegelegt, daß es sich beim B- und T-Typ gerade um zwei ganz große und beherrschende Formen von Konstitutionstypen handelt, wie ja auch die beiden innersekretorischen Organe, die mit diesen Personalcharakteren wahrscheinlich in besonders engem Zusammenhang stehen, auch eine besonders beherrschende Rolle im Stoffwechsel des Organismus zu spielen scheinen. Wie überall, so ist auch auf diesem Gebiete ein schrittweises Vorgehen erforderlich. Es wird Aufgabe zukünftiger Forschungen sein, etwaige weitere Typen in ihren psychophysischen Zusammenhängen aufzudecken, und die bereits beschriebenen womöglich einer tieferdringenden Erkenntnis, vielleicht auch einer weiteren Untereinteilung entgegenzuführen. Einiges in dieser Richtung wurde hier schon angedeutet.

Nur dann also, wenn eine besonders starke Ausprägung der Stigmen eines Biotypus vorliegt, die zu subjektiven oder objektiven Störungen des Befindens Anlaß gibt und zu einer allgemeinen Unterwertigkeit gegenüber den Umweltansprüchen, vermögen wir zu sagen, daß der Typus einen Grad besitzt oder eine Sonderform zeigt, die wir aus der klinischen Praxis heraus gewöhnt sind, als Erkrankung zu bezeichnen; allerdings gibt es auch immer und unter allen Umständen pathologische Sonderformen unserer Biotypen[2]).

„Krankheit“ ist eben ein Wertbegriff und solche Bewertungen und Wertbegriffe sind einer rein naturwissenschaftlichen Betrachtungsweise, d. h. Tatsachenforschung, an sich fremd: krankhaft wird eine Konstitution in dem Augenblick, wo sie so beschaffen ist, daß ihr Träger den normalen Anforderungen des Lebens nicht mehr gewachsen bleibt. Die in der älteren Klinik herrschende Gepflogenheit, auf Grund scharf umrissener Symptomenkomplexe Krankheitsbilder abzugrenzen, und diese aus einer vorausgesetzten unterschiedslosen Ebene des normalen Zustandes herauszuheben, wird dem fließenden Charakter der Übergänge nicht gerecht, die allenthalben auch in der Breite der Gesundheit herrschen. Wenn auch die Einführung des Begriffes der „Disposition“ hier schon einen Fortschritt bedeutete, so wird dieser Begriff, wie schon sein Name besagt, nur immer im Sinne von Bereitschaft zu Erkrankungen angewandt (ähnlich LUBARSCH a. a. O.)[3]). Die Konstitution erfährt also bisher meist nur unter dem Gesichtswinkel eines Unwertes, des Unwertes der Krankheit, eine besondere Beachtung. Daß dies aber eine einseitige Betrachtungsweise ist, geht am deutlichsten daraus hervor, daß man die Konstitution ganz im Gegenteil auch unter dem Gesichtspunkt eines Wertes betrachten kann. Dies muß z. B. die Pädagogik tun, wenn sie die Frage beantworten will, welche Konstitution zu hochwertigen Leistungen in der Schule und vor allem im Leben befähigt[4]). Pädagogik und Schularztmedizin, welche letztere vielleicht einmal

[1]) Vgl. hierzu neuerdings POLL, E.: ref. Zeitschr. f. d. ges. Neur. u. Psych. Bd. 27, 415; Bd. 29, 319.

[2]) TE- und BH- bzw. TS- und BS-Typus sind solche immer pathologische Sonderformen (vgl. Kap. VI bzw. VII, 3c), desgleichen alle Kümmerformen der Biotypen (Kap. VII, 3). Ein besonderer Biotypus ist der Typus des natürlichen physiologischen Schlafes, der eine gewisse im Normalen liegende formale trotzdem vielleicht aber auch chemisch-physiologisch-funktionelle Verwandtschaft zum S-Typus besitzen könnte, ohne mit ihm identisch zu sein.

[3]) LUBARSCH unterscheidet darum Disposition (= Disposition zur Krankheit) scharf von dem individuellen Reaktionstypus des Organismus auf Umweltreize, der für unsere hier aufgezeigten Typen zunächst stets allein in Frage kommt.

[4]) So steht, wie unsere Untersuchungen zeigen, vielleicht die B-Konstitution in einer gewissen Beziehung zur spezifischen Schulbegabung, die aber, wie ja die Erfahrung lehrt,

aus einer derartigen Konstitutionsforschung besonderen Nutzen ziehen könnte, dürften sich immer zunehmend bei der Lösung gemeinsamer Aufgaben die Hand reichen zur Begründung einer pädagogisch-medizinischen Jugendkunde. Geschieht dies aber, dann werden sie bei ihrem Vorgehen teilweise auch von gemeinsamer Fragestellung geleitet sein und denselben Fragen auf ihren verschiedenen Wegen näherzukommen suchen.

Aus allen diesen Erwägungen scheint uns der Begriff eines Konstitutionstypus eine treffendere Zusammenfassung derjenigen Eigentümlichkeiten zu sein, die wir an einem Individuum hinsichtlich seiner Erbanlage und Umweltreaktion, entsprechend dem von F. KRAUS entworfenen Programm, zu erfassen versuchen. Die ältere Lehre von der Krankheitsdisposition würde nur eine einseitige Erfüllung dieser Forderungen darstellen.

Zugleich muß aber hier einmal hervorgehoben werden, daß das Studium reiner Reaktionstypen ursprünglicher Art gerade bei Jugendlichen um so leichter ist, weil hier die psychischen Funktionen (in der eidetischen Phase) noch enger mit den somatischen gekoppelt sind, und zweitens, weil hier sekundär erworbene Momente, vor allem auch die höchsten geistigen Schichten mit allen ihren Besonderheiten und verwickelteren Verhältnissen, die reinen Grundstrukturen noch weit weniger verdecken. Natürlich bedarf dies einer Ergänzung durch das Studium auch der höheren seelischen Struktur[3]).

---

durchaus nicht immer die höchste Leistungsfähigkeit im späteren Leben bedingt. Zieht die Schulbegabung Nutzen aus der schnellen Auffassungsgabe und der Vielseitigkeit eines in normalen Grenzen bleibenden B-Typus, so ist zur Hervorbringung von Leistungen im späteren Leben wahrscheinlich noch eine gewisse Beharrlichkeit erforderlich, die gerade wieder dem T-Typus eigentümlich ist. Beispiele großer Männer zeigen, daß diese Beharrlichkeit beim Lösen umfassender Aufgaben manchmal geradezu etwas Zwangsmäßiges besitzt, das gerade zu den psychischen Grundzügen des T-Typus gehört (vgl. Anm. 1, S. 124).

[3]) Hier mag eine Auslassung von A. KRONFELD herangezogen werden: „Wenn wir (auf diese Weise) biologisch-genetisches Denken zur Erklärung des Aufbaues der Charaktere ins Spiel bringen, so setzen wir an die Stelle der beschreibenden Verfahrensweise zwei untereinander verwandte und methodisch gleichlaufende, sich aber doch voneinander abhebende Erkenntnisweisen. Einmal nämlich versuchen wir zu erklären, aus welchen vorausgesetzten Dispositionen der einzelne Charakter sich als konkrete Wirklichkeit herleitet, und durch welchen Werdegang er zu dem wurde, was er ist. Wir treiben dabei einzelgeschichtliche Psychologie, gleichsam psychologische Ontogenese. — Zweitens aber haben wir zu erklären, welcher Art und Herkunft die vorausgesetzten einzelnen Charakterdispositionen sind, und wie sie sich jeweils zu den konkreten Charaktergrundlagen genetisch zusammenschließen. Mit dieser Fragestellung zielen wir aber bereits über die jeweilige Individualität hinaus; wir treiben Entwicklungspsychologie; wir suchen den Aufbau und die Struktur der Persönlichkeiten, Intelligenzen, Charaktergrundlagen, psychischen Typen und selbst der einzelnen Dispositionen entwicklungsgeschichtlich zu begreifen. Über die entwicklungsgeschichtliche Entwicklung gehen wir ins Stammesgeschichtliche über. Auf diesem Wege winkt uns das Ziel einer „natürlichen“ Klassifikation der seelischen Strukturen, die uns genau so überlegen über alle konstruktiven Systembildungen erscheint, wie etwa die natürliche Systematik der Pflanzenkunde den früheren künstlichen Systembildungen überlegen ist. Der entscheidende Schritt auf diesem Wege liegt in der Zuordnung der als stammesgeschichtlich präformiert erkannten Dispositionen zu den biologischen Gesetzen, welche durch Determination der Erbanlagen die Lebensprozesse bei jedem Menschen überhaupt regeln: beispielsweise auch die Besonderheiten des Körperbaues, der Organfunktionen, des Stoffwechsels — kurz alles dasjenige, was wir unter dem Inbegriff der Konstitution zusammenfassen“ (zit. aus KRONFELD, A.: Psychotherapie. Berlin: Julius Springer 1924, S. 15).

Auf dem von A. KRONFELD geforderten Wege glauben wir nun hier einen kleinen, aber „entscheidenden Schritt“ vorwärts getan zu haben. (Vgl. hierzu Kap. VII.) Darum wird man unsere allgemeinere Auswertung unseres ursprünglich enger umrissenen rein empirischen Problems keinesfalls als eine Einseitigkeit oder die Überspannung eines Prinzips bezeichnen dürfen. Denn wir glauben annehmen zu können, daß es sich bei unseren Typen tatsächlich um solche „echte“, weil genetische Biotypen handelt, wie sie oben postuliert sind.

Wenn wir ferner finden, daß die Stigmen unserer hier behandelten Typen bei den einzelnen Individuen auf die einzelnen Sinnes- und Körpergebiete verschieden verteilt sind, so ergibt sich für die Personalcharakteristik, daß wir unter unseren B- und T-Typen zu unterscheiden haben, auf welchem Teilgebiete die Konstitution sich vorwaltend auswirkt und die Stigmen darum vorwiegend in Erscheinung treten. Wir können also sinngemäß von Typen optischen, sensiblen, sensorischen, cerebralen, motorischen Charakters usw. sprechen, je nach dem Prädilektionsgebiet der Stigmen bei der einzelnen Persönlichkeit. Ähnliches ergibt sich dann auch für die an der Grenze des Pathologischen stehenden oder schon pathologischen Zustände. So können wir AB vom T-Typ und verlängertes Nachbild, wenn sie an pathologische Formen heranreichen, besonders vielleicht, wenn sie als echte Halluzinationen auftreten, als „optisches Tetanoid" bzw. „optische Tetanie" bezeichnen; folgerichtig können wir bei gewissen nicht durch „Erlebniskomplexe" bedingten Zwangsvorstellungen dann besser von „Vorstellungskrämpfen" (bzw. „Vorstellungstetanoid") sprechen. Entsprechendes ist beim B-Typus der Fall, und wir können bei den hierhergehörigen Fällen sinngemäß dann von „optischem Basedowoid bzw. Basedow" usw. reden. Vielleicht wird sich bei solcher Betrachtungsweise ergeben, daß manche Krankheitsformen, die wir jetzt anderen Krankheitsbildern zurechnen oder als Zustandsbild eigener Art ansehen und benennen, unter eine unserer Typen fallen und nur krankhaft gesteigerte Grade von Stigmen oder Akzidentien sind, deren eigentümliche Zusammensetzung in der Persönlichkeit im Sinne einer unsrer Biotypen schon vorgebildet war. Ihre Steigerung ins Pathologische kann dann ein Krankheitsbild hervorrufen, das von der eigentlichen klinischen Tetanie oder Basedowschen Krankheit weit abzuweichen scheint, in Wahrheit aber derselben konstitutionellen und genetisch-funktionellen Einheit zuzurechnen ist[1]). Das wird dann der Fall sein können, wenn das Individuum eine strenger isolierte Prädilektionsstelle zeigt, auf der sich dann die Eigentümlichkeit des vorherrschenden Biotypus einseitig auswirkt.

Der Tatsache, daß das frühe Kindesalter der Klinik besondere Aufgaben stellt, ist schon von jeher Rechnung getragen worden und hat gerade in jüngster Zeit zu einem weiteren Ausbau der Kinderheilkunde und ihrer Arbeitsstätten geführt. Weniger gewürdigt ist aber in Medizin, Physiologie und Psychologie die Sonderstellung des späteren Kindes- und Jugendalters. Durch vorstehende Untersuchungen dürfte zum mindesten dies erwiesen sein, daß dieses Zwischenstadium besondere Aufgaben stellt, die Kinderklinik, innere Klinik, Psychiatrie und auch Pädagogik in gleicher Weise angehen. Es besteht also ein besonderer Aufgabenkreis der „Jugendmedizin", der den Kinderarzt als ein Sonderfall seines Gebietes, und den inneren Kliniker und Psychiater als der gegebene Bereich der Prophylaxe in gleicher Weise berührt wie den Pädagogen (vgl. Kap. VII, 5, 6). Zugleich zeigt sich, daß dieser Aufgabenkreis einer „psychophysischen Konstitutionsmedizin" nur dann gelöst werden kann, wenn der Kliniker seinen Beobachtungskreis mehr als bisher über die Mauern der Klinik und den Bereich der eigentlich kranken Individuen hinaus auch auf das breite Gebiet der Gesunden und gerade der Jugendlichen ausdehnt. Die Aufgaben der Medizin verschieben sich an sich schon immer mehr in das Gebiet der Prophylaxe, die bei Erwachsenen oft zu spät kommt, während bei Jugendlichen die Konstitution oft noch eine weitgehende Umwandlung zuläßt.

---

[1]) Hieraus muß sich unseres Erachtens, zusammen mit der Aufdeckbarkeit an bestimmte Keimblätter gebundener Differenzierungsstörungen am Lebenden (Capillarmikroskopie), eine neue natürliche und biologische Klassifikation für viele Krankheitsbilder ergeben.

Den Biotypus (Genotypus) vermögen wir im allgemeinen (Einschränkungen a. O.) nicht zu ändern; wohl aber vermögen wir einzelne Valenzen eines Biotypus auch therapeutisch zurückzudrängen, andere, auch durch Übung, zu befördern; auch können wir die Reizschwelle eines Biotypus für seine ihm adäquaten Reize herabsetzen (Differenzierung), das Hervortreten eines gegensätzlichen Biotypus ausschalten oder einen solchen ausgleichend hervorholen, weitgehend also mindestens den Phänotypus der Gesamtpersönlichkeit beeinflussen.

Wenn es ferner gelingt, zu zeigen, daß jene Typen auch völkerpsychologisch eine besondere Rolle spielen[1]), wenn ferner bestimmte Chemikalien geeignet sind, den Biotypus wahrscheinlich nicht nur im eidetischen Sehen zu verändern, und wenn wir sahen, daß hierbei manchmal schon besondere Beimengungen des Trinkwassers und andere geophysische Umstände in positivem und negativem Sinne eine Rolle spielen können, so dürfte sich hierdurch nicht nur ein neuer Weg eröffnen für weitere und tiefere Erkenntnisse der vergleichenden Völkerpsychologie, sondern vielleicht auch die Möglichkeit, in eine ungünstige phänotypische (und genotypische?) Konstellation der psychophysischen Konstitution ganzer Bevölkerungen auf dem Wege über die Jugendmedizin und prophylaktische Medizin entscheidend einzugreifen. So kühn dies heute auch noch klingen mag, ist doch in diesem Sinne auf dem Gebiete der Kropf- und Kretinismusprophylaxe in der Schweiz und früher auch in der Donaumonarchie (WAGNER v. JAUREGG) schon ein vielversprechender Anfang gemacht worden, ganze Bevölkerungszonen in bestimmter Weise medizinisch-prophylaktisch zu beeinflussen. So stellt sich neuerdings auch A. BIER gegen die verbreitete Ansicht der Vererbungsforschung, die die Beeinflussung der Rasse durch äußere Einflüsse ablehnt und die des Einzelwesens nur in ganz beschränktem Maße zuläßt. Nach A. BIERS Ansicht (vgl. A. BIER: Münch. med. Wochenschr. 1924. Nr. 16) hat aus obigen Gründen der Entwicklungreiz eine bestimmte Stelle einzunehmen. Wohl könne der Reiz keine wesentlich neuen Eigenschaften hervorrufen, aber er kann in der Anlage beruhende wichtige Rasseeigenschaften in der Entwicklung beschneiden oder verstärken. Im gleichen Zusammenhange verdienen die neueren Arbeiten über den Einfluß des Sports auf Konstitution und Körperbeschaffenheit Beachtung (vgl. hierzu S. 6; Anm. 2, S. 358; S. 407, 404, Anm.; Kap. VII, 5; Nachwort).

Neuntes Kapitel.

Der eidetische T- und B-Typus und verwandte Erscheinungen (echte Halluzinationen, Psychosen) und innerhalb von einigen weiteren Fragen der Psychiatrie.

Schon in unserem Material, das ja vor allem Gesunde umfaßt, fanden sich Fälle von AB, bei denen auf somatische und psychische Schädigungen hin gelegentlich echte wahrnehmungsmäßige Halluzinationen auftraten, wenn wir hierunter, wie üblich, Erscheinungen, vor allem auch optische Erscheinungen verstehen, die im Sinne der echten Gesichtswahrnehmung über die Wirklichkeit täuschen[2]). Es lag daher nahe, die Frage der AB im Hinblick auf Psychosen und

[1]) Vgl. hierzu JAENSCH, E. R.: Zur differentiellen Völkerpsychologie. Vortrag auf dem 8. Kongr. f. exp. Psychol. in Leipzig 1923.

[2]) Daß es echte wahrnehmungsmäßige Halluzinationen gibt, daran zweifelt wohl niemand; das bezweifeln auch diejenigen nicht, welche die große Verbreitung der jetzt im Vordergrunde der psychiatrischen Diskussion stehenden uneigentlichen Halluzinationen betonen. Auf diese wird auf Grund neuerer Untersuchungen von E. R. JAENSCH im Kapitel XII eingegangen. Hier handelt es sich zunächst nur um die echten wahrnehmungsmäßigen Halluzinationen. Vgl. neuerdings FISCHER, S. und WELKE, W.: Arch. f. Psych. u. Nervenkr. Bd. 76.

besonders gewisse Psychosen halluzinatorischer Art zu betrachten[1]), die wie z. B. Tetanie oder Basedowpsychosen besonders enge Beziehungen zu dem hier aufgezeigten Erscheinungskreise haben müßten. Es ist also darauf zu achten, ob eine Beziehung aufweisbar ist zwischen B- und T-Typus und gewissen halluzinatorischen Erkrankungen. Hiermit ist natürlich nicht beabsichtigt, alle Arten dieser Erkrankungen mit dem eidetischen Problem, soweit es in diesem Rahmen behandelt wird, in Zusammenhang zu bringen. Aber es gibt doch zu denken, daß schon STRANSKY, EPPINGER und PÖTZL bei Psychosen basedowoide Erscheinungen als ein häufiges Vorkommnis hervorhoben[2]); HIRSCHL betonte die nicht so seltene Struma und Kropfbelastung, ZONDEK neuerdings die Häufigkeit von Psychosen in der Aszendenz Basedowkranker. Finden wir in diesen Angaben Symptome, die zum Umkreis unseres B-Typus gehören, so gab andererseits SPONHOLZ schon 1874 (Zeitschr. f. Psychiatrie) als ein nicht selten auftretendes Initialsymptom von Psychosen Erscheinungen an, die wir als Akzidenzien bei T-Typen beobachten konnten, und die bei Tetanie oder tetanoiden Zuständen auch in der inneren Klinik eine geläufige Beobachtung sind, z. B. Neuralgien ganz vager Natur und herumziehende Schmerzen.

Finden wir also in der Literatur der Psychosen, mehr als gelegentliche Nebenbefunde, Anklänge an ähnliche Erscheinungen, wie wir sie bei unseren Eidetikertypen beobachteten, so tritt umgekehrt bei den in der Literatur niedergelegten eigentlichen Tetaniepsychosen eine recht nahe Verwandtschaft zu dem von uns hier beschriebenen psychophysischen Erscheinungskomplex des T-Typus hervor. Wenn wir nun aber, wie schon angedeutet, die These aufstellen, daß wahrscheinlich auch gewisse körperlich nur wenig charakterisierte Fälle von Psychosen in den Kreis der geschilderten Biotypen einzubeziehen sind, so gründen wir das Recht hierzu auf einen Umstand, der bisher in der Klinik der psychiatrischen wie auch inneren Erkrankungen noch nicht immer genügend Beachtung gefunden hat: es braucht wahrscheinlich bei gleicher konstitutioneller Grundlage der Grad der nachweisbaren körperlichen Merkmale eines Zustandes keineswegs im gleichen Verhältnis zur Stärke der psychischen Erscheinungen zu stehen[3]). Wie sich bei unseren Eidetikern nachweisen ließ, kommen gelegentlich auch AB von ausgeprägtestem Typus, stärkster Deutlichkeit und Eindringlichkeit bei körperlich nur wenig stigmatisierten Individuen vor; in vereinzelten Fällen fehlen die körperlichen Merkmale ganz. Trotzdem ließ sich nachweisen, daß auch diesen AB, sofern sie den Typus wahren, die gleichen konstitutionellen Ursachen zugrunde liegen müssen wie den AB der auch körperlich ausgesprochen charakterisierten Typen.

Für die Tetanie hat F. CHVOSTEK schon auf die oft große Selbständigkeit ihrer einzelnen Symptome hingewiesen und für das motorische Gebiet z. B.

---

[1]) Vgl. hierzu DÖLLKEN: Über Halluzinationen und Gedankenlautwerden. Arch. f. Psych. u. Nervenkrankh. Bd. 44; ferner GOLDSTEIN, K.: Zur Theorie der Halluzinationen, ebenda. Wahrscheinlich gehört auch das von MAYER-GROSS geschilderte „oneiroide Zustandsbild" in den Umkreis nachfolgender Erörterungen. (Selbstschilderungen der Verwirrtheit. Die oneiroide Erlebnisform. Berlin: Julius Springer 1924.)

[2]) EPPINGER u. PÖTZL: Wien. klin. Wochenschr. 1910; neuerdings ROSENFELD, M.: Arch. f. Psych. Bd. 46, H. 1; Monatsschr. f. Psych. u. Neur. Bd. LX, 1925.

[3]) Natürlich ist dieser Fall nicht die Regel, sondern stellt eine Ausnahme dar. Es wird hierdurch an der im allgemeinen bestehenden Koppelung psychischer und somatischer Erscheinungen, von der unsere Untersuchung ausging und worin sie ihre Grundlage hat, nichts geändert. Nachdem wir aber auf dieser Grundlage zu einer ausgiebigeren Kenntnis der Merkmale unserer Typen gelangt sind, finden wir dann nachträglich wesentliche dieser Merkmale auch bei fast ausschließlich psychisch stigmatisierten Individuen wieder (vgl. S. 4 und unsre früheren Ausführungen über die Untertypen von T- und B-Typus).

das oft „schreiende" Mißverhältnis betont zwischen sinnfälligen klinischen Symptomen (Krämpfen) und den nachweisbaren Graden galvanischer Erregbarkeit am motorischen Nerven.

Schon A. WESTPHAL beschrieb einen zweifellos zur Tetanie gehörenden Fall, der vollständig normale galvanische Erregbarkeit aufwies [1]). Für das Vorkommen auch einer isoliert vorwaltenden Auswirkung der tetanoiden Konstitution an eng umgrenzter Stelle spricht schon die Beobachtung J. HOFFMANNS, wonach bei einzelnen Individuen mit Tetanie oder tetanoiden Erscheinungen auch die galvanische Übererregbarkeit der sensiblen Nerven isoliert vorhanden sein kann, d. h. ohne ausgesprochenere Erregbarkeitssteigerung auf motorischem Gebiete. Auch dies konnten wir durch unsere Untersuchungen bestätigen (vgl. Fall 23, Kap. V C). Ganz ähnlich verhält es sich nun anscheinend mit den im engeren Sinne psychischen Erscheinungen, vor allem den AB, die an den Konstitutionstypus geknüpft sind. Daß sich der Konstitutionstypus gelegentlich vorwiegend, in manchen Grenzfällen ausschließlich, auf psychischem Gebiet äußert und auswirkt, ist auch aus allgemeineren physiologischen Gründen wohl verständlich; denn das Zentralnervensystem ist nun einmal das feinste Reagens auf irgendwelche Reize, was z. B. auch in den experimentellen Untersuchungen über die Empfindlichkeitsschwellen unserer Sinnesorgane zum Ausdruck kommt [2]). Was aber für äußere oder von außen dem Körper zugeführte Reize oder ihm einverleibte Reizstoffe gilt, erstreckt sich zweifellos auch auf endogene Reize, also z. B. Stoffwechselverschiebungen. ASCHENHEIM hebt die zuerst von F. SCHULTZE und dann von verschiedenen Autoren (v. FRANKL-HOCHWART, HAUSSER, HAECKER, IBRAHIM, LANGSTEIN-MEYER, PERITZ, PHELPS u. a.) erwähnten psychischen Alterationen besonders jüngerer Tetaniker hervor, die sich in Unruhe, Aufgeregtheit und Ängstlichkeit zeigen. „Ähnliche Erscheinungen, die unter Umständen zu einer völligen Veränderung der Psyche führen und sich zu einer richtigen Psychose steigern können, können längere Zeit hindurch ohne Auftreten manifester Symptome vorhanden sein" (ASCHENHEIM a. a. O., Sperrdruck von uns).

Nach ASCHENHEIM scheinen die genannten psychischen Symptome, wie Ängstlichkeit und Unruhe, schon deshalb ein Symptom der Tetanie zu sein, weil

[1]) „Die Kurve der elektrischen Übererregbarkeit zeigt starke von den Krankheitserscheinungen unabhängige Schwankungen ..." (zit. nach CHVOSTEK; ähnlich äußern sich FISCHL, FINKELSTEIN, KASSOWITZ, UFFENHEIMER). Neuerdings hat KLOSE nachdrücklich auf diese Disproportionalität aufmerksam gemacht. „In einzelnen Fällen von Tetanie kann die galvanische Übererregbarkeit sogar vollständig fehlen" (ASCHENHEIM: Ergebn. d. inn. Med. u. Kinderheilk. Bd. 17. 1919).

[2]) Im Gebiete des Geruchssinnes z. B. verrät sich diese niedrige Reizschwelle unserer Sinnesorgane nach den Untersuchungen von E. FISCHER und F. PENZOLD (Liebigs Ann. d. Chem. Bd. 239. 1887) darin, daß z. B. von der Substanz Mercaptan der Reiz der minimalen Gewichtsmenge von $^{1}/_{460\,000\,000}$ mg ausreicht, um eine Empfindung hervorzurufen. Der Physiologe S. P. LANGLEY (Philos. mag. Bd. 27. 1889) bestimmte die Intensität eben wahrnehmbarer Lichtreize in absoluten Maßen. Er ließ einen 1 mm breiten Spalt abwechselnd eine halbe Sekunde lang erhellen und verdunkeln und ermittelte die geringste Lichtmenge, bei der dieser Wechsel sicher erkannt wurde. Die Lichtmenge, die während jener halben Sekunde der Belichtung dem Auge zugeführt werden muß, um eben noch bemerkt zu werden, reicht aus, um $^{1}/_{35}$ mg um den millionten Teil eines Millimeters zu heben. — Die binokulare Parallaxe, d. h. die Verschiedenheit der in beiden Augen entstehenden Bilder, wird in der Astronomie und anderen Gebieten gleichsam als Mikroskop für seitliche Verschiebungen benutzt. Man bietet z. B. zwei zu verschiedenen Zeiten gemachte Aufnahmen desselben Himmelsbezirkes dar und erkennt die Wandelsterne daraus, daß bei der stereoskopischen Vereinigung zweier solcher nacheinander gemachter Aufnahmen die Sterne in verschiedener Tiefe erscheinen, weil sich infolge der Bewegung der Wandelsterne die gegenseitigen Abstände der Sterne voneinander geändert haben (Prinzip des sogenannten Stereokomparators).

sie in echte Tetaniepsychosen übergehen können. K. LANDAUER hob z. B. hervor, daß gerade diese innere und ganz unmotivierte Angst der Tetanoiden, ja die ängstliche Färbung ihrer Träume, bezeichnenderweise auf Calciumgaben (besonders wirksam mit etwas Magnesiumzusatz [persönliche Mitteilung]) reagiere und dadurch unter Umständen weggebracht werden könne. Sie beruht nicht auf Erlebniskomplexen[1]). LAPINSKI bezeichnet solche chronische Stimmungs- und Charakterveränderungen direkt als eine psychische Äquivalente der Tetanie. HOCHSINGER, NEUMANN, THIEMICH nehmen wegen dieser Erscheinungen, die wohl vielmehr Begleiterscheinungen (psychische Äqivalente) der Tetanie sein dürften, eine allgemeine „Neuropathie" (?) als Grundlage der Tetanie an, andere (CZERNY, KELLER, COMBY, FINKH, KASSOWITZ, POTT, SEELIGMÜLLER) einen innigen Zusammenhang mit einer solchen; J. BAUER nennt die Kombination beider Leiden „nicht verwunderlich". „Nirgends findet sich aber eine direkte Äußerung, ob diese allgemeine ‚Neuropathie' sich neben den tetanoiden Symptomen auch noch durch Psychopathie (?) äußere, d. h. „ob die psychisch-nervösen Symptome Folge der Tetanie oder der neuropathischen Anlage sind" (ASCHENHEIM a. a. O.). Hierbei tritt schon in der Diktion wieder die Unsicherheit hervor, in der man sich allen diesen Erscheinungen gegenüber befindet. Neuropathie und Psychopathie sind ja Worte, unter denen man sich wenig Konkretes vorstellen kann.

Ähnliches, wie für den tetanoiden Erscheinungskomplex, gilt auch für das basedowoide Syndrom. Gerade hier werden Störungen des psychischen Gleichgewichts vielfach als die ersten Anzeichen eines beginnenden Morbus Basedow hingestellt. Auch läuft die Intensität dieser Störungen manchmal, aber nicht immer, parallel mit Änderungen im Zustandsbild eines Basedow selbst. Allerdings muß bemerkt werden, daß recht viele Fälle von Morbus Basedow gar keine psychische Störungen zeigen, ebenso, daß diese Störungen durchaus nicht stets die Begleiterscheinungen von besonders schweren Fällen sein müssen, vielfach allerdings als ein Merkmal solcher angesehen werden. Es muß weiter hervorgehoben werden, daß eine Psychose den Basedow einleiten kann, und andererseits, daß es Fälle gibt, wo eine solche erst im Verlaufe der Krankheit hinzukommt (zitiert nach EPPINGER). Es kommt eben auch hier wahrscheinlich wieder auf den Personaltypus an. SATTLER meint nun, daß der Morbus Basedow zwar einer beliebigen Psychose auch einen bestimmten Stempel aufzudrücken imstande sei, daß dies aber keineswegs immer der Fall zu sein braucht. Nach SATTLER findet sich unter den den Basedow begleitenden Psychosen am häufigsten das manisch-depressive Irresein; aber auch Melancholie, Zwangsvorstellungen, Halluzinationen und akutes Delir kommen zur Beobachtung. Daraus nun, daß es auch schon nach den bisherigen klinischen Erfahrungen Fälle gibt, deren Krankheitsäußerungen sich vor allem auf psychischem Gebiet manifestieren, während die körperlichen Erscheinungen dabei in den Hintergrund treten, ergibt sich unseres Erachtens ein gegründeter Anlaß, den Methoden psychophysischer Konstitutionsuntersuchung auch im Gebiete psychischer Erkrankungen Aufmerksamkeit zu schenken. Um so mehr dürfte sich dies empfehlen, als bei Tetanie und Basedowscher Krankheit keineswegs nur dann Psychosen vorkommen, wenn die Krankheit auf dem Höhepunkt und die Diagnose darum von dem körperlichen Zustandsbild aus ohnehin gesichert ist; vielmehr können in beiden Fällen Psychosen dem ausgebildeten Krankheitsbild auch vorausgehen oder nachfolgen. Auch muß bei der feinen Reaktion des Zentralnervensystems und der psychischen Sphäre mit der Möglich-

---

[1]) Vgl. neuerdings LANDAUER, K. (siehe auch Kap. X u. XI): Arch. f. Psych. u. Nervenkrankh. Bd. 66. 1922.

keit gerechnet werden, daß sich manchmal gerade schon in leichten, darum verhüllteren und diagnostisch nicht auf den ersten Blick ganz eindeutigen Fällen ein ausgesprochener Biotypus gerade auf psychischem Gebiet im pathologischen Sinne auswirkt. Auf diese Möglichkeit weisen u. a. auch F. BLUMS experimentelle Untersuchungen an Hunden hin (vgl. S. 441). Er beobachtete nämlich Psychosen gerade bei protrahierten, leichter verlaufenden, hier auf experimenteller Basis erzeugten und darum sicheren Tetanien der Hunde. Ferner zeigte sich auch hier wieder, daß diese psychische Reaktion nicht bei allen Versuchstieren zu beobachten war. Offenbar hing sie vom individuellen Typus ab.

Unsere Befunde an Eidetikern scheinen nun auf alle diese Verhältnisse einiges Licht zu werfen, und es ist daher mit allem Vorbehalt denkbar, daß eine ausgeprägte Psychose auf gleichartigen psychophysischen Grundprocessen und auslösenden Schädigungen beruhen kann, wie das somatische Krankheitsbild, während doch die somatischen Erscheinungen nicht ausgeprägt vorhanden zu sein brauchen, ja sogar unter Umständen trotz der Schwere der psychischen Erkrankung selbst dauernd fehlen können. Das will besagen, es müsse mit der Möglichkeit gerechnet werden, daß in gewissen Fällen eine Psychose eine echte Tetaniepsychose oder eine echte Basedowpsychose sein kann, ohne manchmal zu irgendeinem Zeitpunkte des Verlaufs körperlich das vollentwickelte Bild der klinischen Tetanie oder der Basedowschen Krankheit darbieten zu müssen. Diese Folgerung dürfte sich zwingend aus den entsprechenden Befunden ergeben, die wir innerhalb des normalen Bereiches an den Anschauungsbildern vom T- wie vom B-Typ erheben konnten. Auch sie finden sich in vereinzelten Fällen als isoliertes und einziges Konstitutionsstigma und lassen sich doch gleichwohl als zugehörig zu dem gleichen Konstitutionskomplex, als Äquivalente seiner somatischen Merkmale, erweisen. Es muß also mit der Möglichkeit gerechnet werden, daß es auch auf pathologischem Gebiet nicht nur psychische Begleiterscheinungen der genannten Erkrankungen gibt, sondern auch wahrscheinlich vollwertige psychische Äquivalente, Auswirkungen des gleichen Krankheitsprozesses, der sich bei manchen Individuen gerade auf cerebralem Gebiet isoliert äußert und dauernd auf die Psyche beschränkt bleibt. Die Tetanie ist ja nach den klinischen Anschauungen Ausdruck auch einer Korrelationsverschiebung des Salzstoffwechsels unter besonderer Beteiligung der Kalksalze. Aber schon G. PERITZ hat darauf hingewiesen, welche schwerwiegende Folgen selbst eine geringfügige Verschiebung dieser Korrelationen gerade im Gehirn zur Folge haben muß. In Verbindung damit hebt PERITZ hervor, daß schon geringe Veränderungen in der Calcium-Konzentration zur Ausflockung des Gehirnlecithins führen können (zitiert nach ASCHENHEIM a. a. O.). Neben dieser allgemeinen, physiologisch-chemisch verständlichen Empfindlichkeit gerade des Gehirns spielt nun sicher zuweilen auch eine besondere individuelle Überempfindlichkeit eine Rolle; denn natürlich kann auch das Gehirn, wie jedes andere Organsystem, bei einem Individuum einen besonders ausgesprochenen locus minoris resistentiae darstellen, ein Umstand, der schon zur Genüge erklären würde, daß auch die Reaktion in der psychischen Sphäre bei manchen Individuen besonders ausgesprochen sein kann.

Hält man die Ergebnisse unserer psychophysischen Konstitutionsuntersuchungen unter solchen Gesichtspunkten mit klinischen Beobachtungen der angedeuteten Art zusammen, so scheinen diese Konstitutionsuntersuchungen vielleicht auf dem Wege zur Erfüllung gewisser Forderungen zu liegen, die R. SOMMER, ähnlich GAUPP und HOCHE schon aufstellten, als sie individualpsychologische Einzelforschung — dazu gehört wohl auch psychophysische Konstitutionsforschung in unserem Sinne — als Grundlage für das Verständnis psychiatrisch-klinischer Erscheinungskomplexe forderten, wenngleich hier zunächst vor allem wohl an charakterologische Dinge gedacht war. Anscheinend liegt aber gerade eine gewisse, von R. SOMMER, GAUPP und HOCHE nicht beabsichtigte Einseitigkeit in der Durchführung dieses Programms vor, wenn in manchen neuesten Richtungen der Psychiatrie ganz vorwaltend oder ausschließlich nur die höchsten geistigen Äußerungen des Organismus beachtet werden, und die einfacheren und fast allein mit naturwissenschaftlichen Methoden erfaßbaren Grundstrukturen für eine solche mehr geisteswissenschaftliche Forschungsrichtung stark in den Hintergrund treten. Gerade diesen elementaren und, weil sie nachweisbar psychophysisch fest verankert sind, tief einschneidenden Grundstrukturen wollten wir hier unsere besondere Aufmerksamkeit widmen, zunächst unter geflissentlicher Beiseitelassung jener feineren Differenzierungen, die die höhere Charakterologie an dem elementaren und, — wie wir zugeben —, zunächst noch etwas grobmaschigen Schema weiterhin anbringen mag. Weil es sich hier um solche nachweisbar psychophysisch fest verankerte, tiefeinschneidende Grundstrukturen handelt, wird man unserer Betrachtungsweise auch schwerlich den Vorwurf einer Einseitigkeit oder der Überspannung eines Prinzipes machen können; denn auf diesen Grundstrukturen bauen sich ja, wie ebenfalls exakt nachgewiesen werden konnte, auch die höheren und höchsten seelischen Funktionen auf.

HOCHE vermutete, daß die Vielseitigkeit der Phänomene, besonders bei den funktionellen Psychosen, durch die Manifestation „im Organismus paratliegender Symptomverkoppelungen" erklärbar werden könnte. R. SOMMER[1]) machte im Verfolg ähnlicher Gedankengänge auch darauf aufmerksam, daß die Neigung zu illusionärer Verkennung von optischen Eindrücken und die Neigung zu Tiervisionen z. B. auf die einzelnen Fälle von Delirium tremens ganz ungleich verteilt sei. Von unseren Untersuchungen aus liegt hier z. B. schon die Annahme nahe, daß Eidetiker im Falle eines Delirium tremens besonders leicht zu optischen Illusionen und Halluzinationen neigen dürften. Konnten wir doch auf experimentellem Wege zeigen, daß eine medikamentöse Einwirkung, die zu Halluzinationen führt, in ganz verschiedenem Ausmaße wirkte, je nachdem und in welchem Grade das toxisch beeinflußte Individuum die eidetische Anlage von Natur aus besaß oder ihr fern stand[2]).

In diesen Versuchen benutzten wir die Droge von Anhalonium Lewinii, einer nordmexikanischen Kakteenart, die uns Herr Professor L. LEWIN-Berlin hierzu in freundlicher Weise zur Verfügung gestellt hatte. Diese Droge wird von den Eingeborenen Nordmexikos als Rauschmittel zu Kultzwecken, vorwiegend zur Hervorrufung von Göttererscheinungen, benutzt und hat eine besondere Beziehung zur optischen Sphäre[3]).

---

[1]) R. SOMMER im Bericht über den I. Kongr. f. exp. Physiol. in Gießen 1904.

[2]) Vgl. JAENSCH, W.: Sitzungsber. d. Ges. z. Beförd. d. ges. Naturwiss. zu Marburg, Nov. 1920.

[3]) Verwandte Versuche hatte früher schon A. GUTTMANN mit der Droge angestellt (Experimentelle Halluzinationen mit Anhalonium Lewinii. In Bericht über den 6. Kongr. f. exp. Psychol. zu Göttingen 1914. Leipzig 1914). GUTTMANN hatte größere Dosen verwandt und dadurch bei normalen Erwachsenen Halluzinationen hervorgerufen. Der Unterschied unserer Versuche gegenüber denen GUTTMANNS besteht darin, daß wir kleinere Dosen verwendeten und zwar gleiche kleine Dosen bei Individuen von verschiedener Empfindlichkeit und Anspruchsfähigkeit des optischen Sensoriums. Neuerdings veröffentlichte A. GUTTMANN weitere Versuche mit obiger Droge, die in unseren Zusammenhängen

Die Untersuchungen des Marburger Psychologischen Institutes hatten ergeben, daß im allgemeinen bei schwacher eidetischer Anlage die NB und AB komplementär zum Urbild, bei stärkerer Anlage dagegen urbildmäßig gefärbt sind. Dementsprechend zeigte sich, daß Individuen, die infolge ihrer schwachen eidetischen Anlage nur komplementär gefärbte Bilder hatten, nach Einnahme des Anhaloniums auch urbildmäßig gefärbte Bilder sahen. Entsprechendes zeigte sich bei Individuen, die auf der Grenze, aber noch unterhalb der eidetischen Anlage standen, indem sie nur sehr lebhafte Vorstellungsbilder besaßen: etwa 30 Minuten nach Einnahme der Droge traten auch hier deutliche, urbildmäßig gefärbte AB auf, wenn ihre Dauer auch in Anbetracht der geringen Dose nur kurz war.

Bei einem Individuum mit guter eidetischer Anlage vom B-Typus nahm aber unter Wirkung der Droge schon das NB groteske Formen an: ein rotes Quadrat verwandelte sich in ein „rotes fettglänzendes Gesicht". Selbst die wirklichen Wahrnehmungsgegenstände nahmen teilweise ungeheuerliche Formen an, immer bei vollständiger Erhaltung des Bewußtseins und der Selbstkritik. Letzteres ist gerade der große Vorteil dieser Droge.

Schon normalerweise kann eine in Rotation versetzte Scheibe, auf der eine Spirale gezeichnet ist, wie ein Kegel erscheinen, der entweder seine Spitze oder seine Basis dem Beobachter zukehrt, je nachdem die Scheibe in der einen oder anderen Richtung gedreht wird. In diesem Falle nun hatte die Vp. das vollkommen sinnlich deutliche, illusionäre Bild eines spitz zulaufenden Tunnels von mehreren Metern Tiefe, in welchem sie sich selbst zu befinden schien. Die Wände des Tunnels schienen deutlich mit Tropfsteingebilden bedeckt zu sein. Bei umgekehrter Drehrichtung dagegen sah sie einen ungeheuren auf sich zugekehrten Kegel von mehreren Metern Höhe. Die Größe dieser Formen nahm mit abklingender Anhaloniumwirkung stufenweise ab. Ebenso konnte eine gesteigerte Deutlichkeit der visuellen Vorstellungsbilder nachgewiesen werden. Sie ergab sich schon aus der spontanen Äußerung der Vp., daß jetzt die Erinnerungsbilder an rein vorstellungsmäßig vergegenwärtigte Objekte von größerer Deutlichkeit seien, dann aber auch durch besondere Lernversuche mit Buchstabenkarrees.

Die Wirkung von kleinen Dosen des Anhalonium auf die optische Sphäre scheint eine fast spezifische zu sein; wenigstens ließen Schwellenuntersuchungen auf dem Gebiete des Tast- und Gehörsinnes bei unseren Vpn. auf diesen Sinnesgebieten keine Wirkung des Präparates erkennen, wohl aber zeigte sich eine Steigerung der Sehschärfe, die wir durch Versuche mit dem LUMMERschen Photometerwürfel feststellten. GUTTMANN (im Bericht über den 6. Psychologenkongreß 1914) allerdings konstatierte außer optischen Halluzinationen auch Parageusien, Parästhesien und autokinetische Halluzinationen. Da er aber auf die Erzeugung von Halluzinationen bei gewöhnlichen Beobachtern ausging und wohl auch nicht gerade zufällig Eidetiker verwandt haben wird, so mußte er zu hohen Dosen (bis zu 7 g) greifen, und es besteht darum zu unseren Befunden kein Widerspruch. Wieweit übrigens auch diese von GUTTMANN beobachteten Nebenerscheinungen von der individuellen Anlage abhängen, soll noch durch weitere individualpsychologische Untersuchungen festgestellt werden. Verfügen wir doch über Vpn., welche außer auf optischem Gebiete auch AB auf anderen Sinnesgebieten besitzen.

Beachtenswert bleibt aber immerhin, daß auch bei GUTTMANN niemals akustische Wirkungen auftraten, obwohl unter seinen Vpn. der Typ des Akustikers

sehr wichtig und beachtenswert erscheinen (GUTTMANN, A.: Medikamentöse Spaltung der Persönlichkeit. Monatsschr. f. Psychol. u. Neur. Bd. 56. Vgl. auch LEWIN, L.: Phantastica. Die betäubenden und erregenden Genußmittel. Berlin 1924).

vertreten war[1]). Hierbei ist zu bemerken, daß der Begriff „Akustiker“ keineswegs immer Individuen mit wirklichen akustischen AB bezeichnet, sondern nach der bisher üblichen Terminologie Individuen, die sich in ihrem Vorstellungsleben vorwiegend auf die akustischen Vorstellungen stützen.

Den Versuchen mit Anhalonium kommt zunächst nur eine experimentelle, keine unmittelbare praktische Bedeutung zu. Schon früher erwähnten wir (a. a. O.) aber, daß dem Anhalonium Lewinii durch die ihm eigene Belebung des Vorstellungsvermögens bei mangelnder Betäubungswirkung bei gewissen Melancholien, bei denen gerade das Fehlen der Vorstellungen eine Hauptklage der Patienten bildet, klinisch eine therapeutische Bedeutung zukommen könnte, sei es auch nur eine Bedeutung psychotherapeutischer Art, indem man den Kranken auf diesem Wege vielleicht das Vorhandensein der Vorstellungen demonstrieren und sie dadurch beruhigen kann.

Ähnliche experimentelle Ergebnisse, wie sie hier mit Anhalonium Lewinii erhalten wurden, dürften sich aber auch mit anderen praktisch noch wichtigeren Narkotika, besonders dem Alkohol[2]), erzielen lassen. Besitzen doch die meisten Narkotika, darunter auch der Alkohol, eine Affinität zum optischen Sensorium; nur überwiegt bei den meisten dieser Stoffe die Allgemeinwirkung auf das Bewußtsein über die spezifisch-optische, während bei dem Anhalonium Lewinii umgekehrt die Allgemeinwirkung gegenüber der optischen zurücktritt. Gerade diese Eigenschaft gibt dem Anhalonium Lewinii eine besondere Bedeutung zu experimentellen Zwecken in der hier angegebenen Richtung. Man kann damit die optische Sinnessphäre in ausgiebigem Maße beeinflussen[3]), ohne daß sich in merklicher Stärke unerwünschte Nebenwirkungen allgemeiner Art einstellen.

Das Ausmaß der optischen Wirkung richtet sich nach unseren Untersuchungen danach, in welchem Maße die Vp. die eidetische Anlage vorher besaß, bzw. ihr näher oder ferner stand[4]). Ähnliches dürfte der Fall sein bei anderen Intoxikationen und überhaupt Schädigungen, die zu Halluzinationen und Illusionen auf diesem und anderen Sinnesgebieten führen. Im gleichen Zusammenhange darf wohl auf die Tatsache hingewiesen werden, daß einerseits Kinder, die ja vor allem die eidetische Anlage besonders ausgeprägt darbieten, bei Infektionskrankheiten besonders leicht zu Delirien und bei Psychosen besonders leicht zu Halluzinationen neigen. In der Kindheit ist ja die eidetische Anlage etwas Physiologisches. Wenn also bei Kindern im Gefolge verschiedenartiger Erkrankungen halluzinatorische Zustände auftreten, so wird man vielleicht mit der Deutung nicht fehlgehen, daß hierin eine krankhafte Steigerung der kindlichen eidetischen Anlage auf toxischem Wege zu erblicken sei, ähnlich wie wir sie in den obenerwähnten Anhaloniumversuchen hervorbringen konnten. Hierzu stimmt aufs beste die Beobachtung, daß bei Infektionskrankheiten und anderen akuten Erkrankungen, in ganz besonderem Maße wieder bei Kindern, eine Steigerung auch somatisch äquivalenter Erscheinungen, namentlich tetanoider Natur auftritt (z. B. das Facialisphänomen). Hierauf machte schon v. Jaksch aufmerksam. Auch ein

---

[1]) Liepmann, H.: Sitzungsber. d. Berl. Ges. f. Psych. u. Nervenkrankh., Sitzung vom 13. XII. 1920.

[2]) Vgl. hierzu Döllken: Arch. f. Psychiatrie u. Nervenkrankheiten Bd. 44, 423. 1908. Fall 2.

[3]) Inzwischen gelang es uns durch Kaliumphosphat ähnliche Wirkungen auf optischem Gebiete hervorzubringen. Es handelt sich hier besonders um eine Verstärkung der NB und das Hervortreten derjenigen Gattung von AB, die vor allem durch Fixation erzeugbar sind (AB_{NB} bzw. AB_T). Vgl. Jaensch, W.: Münch. med. Wochenschr. Nr. 26. 1922.

[4]) Vgl. hierzu Jaensch, W.: Sitzungsber. d. Ges. z. Beförd. d. ges. Naturwiss. in Marburg, 5. November 1920.

Teil der Fieberkrämpfe der Kinder gehört hierher (BESSAU). Diese somatischen Erscheinungen lassen sich nach den hier aufgezeigten Zusammenhängen ungezwungen als Äquivalente der in ähnlichen Fällen stark auftretenden eidetischen Phänomene auffassen, d. h. der Fieberdelirien und Halluzinationen, die ja bei Kindern und Jugendlichen besonders leicht zustande kommen und hier meist viel stärker sind als bei Erwachsenen. Es ist ferner klinisch erwiesen, daß die Tetanie selbst nicht nur das periphere Nervensystem, sondern auch das Zentralnervensystem beeinflußt (F. SCHULTZE, H. CURSCHMANN). Wie THIEMICH hervorhebt, fällt dieser Umstand auch gerade bei der Tetanie der Kinder erheblich ins Gewicht. THIEMICH bezeichnet einzelne cerebral bedingte Krämpfe der Kinder als ein häufig allein auftretendes Symptom der Tetanie zur Zeit ihrer Beobachtung. Auch schon ESCHERICH hat gewisse Formen der Eklampsie, ebenso wie den Laryngospasmus, als eine dem Kindesalter eigentümliche, manchmal isoliert auftretende Äquivalente der tetanoiden Muskelkrämpfe bezeichnet. Nach BAGINSKY ist die Beteiligung auch des Sensoriums bei Tetanie der Kinder ein häufigeres, bei Erwachsenen dagegen im ganzen seltenes Vorkommnis.

Aus der Literatur[1]) seien einige Fälle herausgegriffen, die geeignet sind, die eben geschilderten Verhältnisse zu illustrieren.

So berichtet z. B. P. VERGELY (Rev. mens. des maladies de l'enf. XX) über Halluzinationen bei zwei Kindern, einem siebenjährigen Knaben und einem sechsjährigen Mädchen, im Anschluß an hochfieberhafte Erkrankungen (Appendicitis bzw. Typhocolitis).

Beide Kinder waren nicht neuropathisch. Der erste Fall zeigte anfangs akustische, später optische Halluzinationen, die allmählich verschwanden. Bei dem sechsjährigen Mädchen waren nur Gesichtshalluzinationen vorhanden; in langen Pausen traten dieselben auch plötzlich auf der Straße und im dunklen Zimmer auf (vgl. unsere Fälle von AB). Sie hatten nichts übermäßig Phantastisches; vielleicht, so vermutet der Autor, hat es sich um Reproduktionen von „Erinnerungsbildern"[2]) gehandelt. THIEMICH (Referent) hebt es anerkennend hervor, daß der Verfasser sich jeder Hypothese über die Pathenogenese dieser Erscheinungen enthält.

Bei der augenfälligen Analogie der Erscheinungen zu den von uns angeführten ausgeprägten Fällen von AB liegt die Vermutung nahe, daß es sich hier um eine endotoxische Steigerung der kindlichen eidetischen Anlage gehandelt hat, die ja, wenn vorhanden, nach unseren Feststellungen auf die verschiedenartigsten Einwirkungen hin zeitweilig stärker in Erscheinung treten kann und auch normalerweise schon in ähnlicher, gelegentlich selbst fast halluzinatorischer Stärke auch bei Gesunden auftritt[3]). Schon JOHANNES MÜLLER erwies in seiner Schrift „Phantastische Gesichtserscheinungen" eine solche Steigerung jener optischen Erscheinungen z. B. für den Fall des Fastens (Fastenvisionen bei Asketen). Hierzu wäre noch zu bemerken, daß ZYBELL[4]) bei Säuglingen unter dem Einfluß des Hungers wenigstens anfänglich eine Steigerung der galvanischen Erregbarkeit nachweisen konnte. Verfasser konnte an gemeinsam mit Herrn A. KOBUSCH auf Anregung von Herrn Professor G. KATSCH in anderen Zusammenhängen durchgeführten Hungerversuchen an sich selbst in einigen Fällen feststellen, daß der Hunger das Auftreten von gesteigerten NB und auch AB begünstigt. Die Versuche werden noch fortgeführt. Erwähnenswert in diesem Zusammen-

[1]) Vgl. auch DÖLLKEN: Arch. f. Psych. u. Nervenkrankh. Bd. 44. 1900. — BIRNBAUM: Psychopathologische Dokumente. Berlin 1921.

[2]) Der Ausdruck ist sehr unklar. Mit Hilfe der Analyse der eidetischen Erscheinungen und Gedächtnisstufen gelingt es, in diese Verhältnisse näher einzudringen.

[3]) Ähnliches zeigte unser Fall 5, Kap. V B; ähnlich liegt auch das von MAYER-GROSS geschilderte „oneiroide Zustandsbild".

[4]) ZYBELL: Jahrb. f. Kinderheilk. Bd. 78. 1913.

hange erscheinen auch die von FRANK (Dtsch. med. Wochenschr. 1923) mitgeteilten Beobachtungen über Hungerfolgen in Rußland. Hier wurde als Vorstadium einer später auftretenden Lethargie und Empfindungslosigkeit eine besondere Verschärfung der Wahrnehmung und Auffassung bemerkt (vgl. Sensibilisierung der optischen Sphäre durch Anhaloniumversuche und die ebenerwähnten Hungerversuche), die Reizschwellen für optische und akustische Reize waren herabgesetzt; weiterhin kam es dann bisweilen zu illusionärer Verfälschung von Sinneseindrücken besonders optischer, seltener akustischer Art (die akustischen AB sind schon normalerweise seltener! d. Verf.). Vielfach treten „Wachträume" auf (AB?), hypnagoge Halluzinationen, schließlich kann es zu schwerster Amentia mit massenhaften Halluzinationen kommen, mit großer motorischer Erregung, endlich aber auch zu einer Art Lethargie mit einer Art Starre und Flexibilitas cerea[1]).

Den eben geschilderten Beobachtungen ähnlich ist wohl auch der von MESCHEDE (Zeitschr. f. Psychiatrie Bd. 30. 1874) mitgeteilte Fall eines fünfjährigen Mädchens, das nach Keuchhusten geistige Störungen erlitt.

Nach abnormen Kälte- und Hitzeempfindungen des Kopfes[2]) hatte sie dann „Visionen drohenden Inhalts", sah ihre Gespielinnen in unfreundlicher Absicht auf sie zukommen (vgl. den Affen in unserem Fall 9, Kap. V C) oder vor dem Fenster erscheinen. Sie sah ein Stück Brot auf dem leeren Teller, hörte im leeren Zimmer ihre kleine Schwester weinen; der Zustand wechselte mit besonnenen Perioden, gegen Schluß stellten sich febrile und eklamptische Zustände mit „kongestiven Cerebralsymptomen" (?) ein, die zum Ende führten.

In der Diskussion über den Fall wurde (a. a. O.) hervorgehoben, daß fast jede starke Fieberexaltation bei „nervösen" Kindern von solchen Symptomkomplexen begleitet sein könne und mit dem Fieber verschwinde. Das Charakteristische hier aber sei das Auftreten dieser „Wahnideen ohne Fieber". Für das Wort „Wahnideen" wäre wohl in diesem Zusammenhange jetzt besser „Anschauungsbilder" zu sagen. FEER[3]) teilte den Fall eines $6^1/_2$jährigen Mädchens mit eklamptischen Krämpfen und Halluzinationen der Gesichts- und Gehörsphäre mit. — Drängt sich beim Lesen dieser Angaben nicht unmittelbar der Vergleich mit unseren AB auf?

Dank des liebenswürdigen Entgegenkommens von Herrn Professor Dr. ZANGEMEISTER, damals Direktor der Universitätsfrauenklinik in Marburg, war Verfasser in der Lage, auch Schwangere auf das Vorkommen von AB zu prüfen[4]). Während AB sonst bei Erwachsenen selten sind, fanden sie sich hier unter 18 untersuchten Wöchnerinnen in 12 Fällen, also bei 67 vH., und zwar in 4 Fällen ausgesprochen, bei den übrigen in rudimentärer Form. Auch die Dauer des physiologischen Nachbildes war verlängert. Im allgemeinen kann nach diesem Befunde gesagt werden, daß das AB und das NB sich in der Art ihres Auftretens bei den untersuchten Schwangeren ganz entsprechend wie bei den Jugendlichen verhielt[5]); es scheint sich dabei meist um Zeichen des T-Komplexes gehandelt

[1]) Vgl. hierzu auch die Schilderung eines Dichters: KNUD HAMSUN: Der Hunger.

[2]) Vgl. die Angaben von SPONHOLZ über die im Beginn von Psychosen auftretenden Erscheinungen, die auch mit den Erfahrungen der neueren Psychiatrie übereinstimmen.

[3]) Zitiert nach ASCHENHEIM a. a. O. — Herr Priv.-Doc. Dr. A. RIEKEL, Braunschweig, konnte gelegentlich bei einem Kinde ähnlich jugendlichen Alters schon normalerweise eidetische Fähigkeiten feststellen. Neuerdings berichtet P. KARGER (Klin. Wochenschr. 1925. Nr. 47) aus der Czernyschen Kinderklinik von einem analogen Falle, den er aber auch als Ausnahme bezeichnet. Letzteres Kind war $6^1/_2$ Jahre alt.

[4]) Vgl. JAENSCH, W.: Sitzungsber. d. Ges. zur Beförderung d. ges. Naturwiss. zu Marburg, 5. Nov. 1920.

[5]) O. KROH erwähnt in seinem Buche „Über subjektive Anschauungsbilder", daß in manchen Gegenden das „subjektive Sehen von Früchten" als Zeichen der Schwangerschaft

zu haben. Hierzu würde auch die Tatsache gehören können, daß bei Gebärenden mitunter spontan Makropsie auftritt. So berichtet z. B. SIEMERLING, daß einzelne Gebärende während der Geburt die Zimmerlampe oder den Kopf des Geburtshelfers abwechselnd bald ganz groß werden, bald sich wieder verkleinern sahen. Es wird noch zu untersuchen sein, ob auch die galvanische Erregbarkeit individuell entsprechende Veränderungen erfährt. Eine gewisse Spasmophilie der Schwangeren ist ja bekannt, und die ersten Tetaniefälle, die überhaupt beschrieben wurden, betrafen Schwangere.

Es dürfte daher auch in Erwägung zu ziehen sein, ob die im Gefolge von Schwangerschaft manchmal auftretenden halluzinatorischen Zustände und Psychosen mit den hier nachgewiesenen eidetischen Eigentümlichkeiten der Steigerung ihres T-Komplexes sowie des B-Komplexes (Schilddrüsenschwellung bei Schwangeren!) etwas zu tun haben. Nach der Angabe von SIEMERLING steht unter den Puerperalpsychosen das akute halluzinatorische Irresein mit 55,4 vH. an hervorragender Stelle. Im Sinne einer weiteren Auffassung des B-Komplexes (Kap. VII, 2a) könnte aber auch jede andere Form von Reizerscheinungen der corticalen und subcorticalen Sphäre hierher gehören. Ebenso wird darauf zu achten sein, ob die bei Schwangeren manchmal auftretenden Depressions- und Angstzustände, sowie Zwangsvorstellungen eine Beziehung besitzen zu dem bei ihnen anscheinend gesteigerten T-Komplex, auf dessen Verkoppeltsein mit solchen Stimmungslagen schon in dem Abschnitt über Akzidentien des T-Typus hingewiesen wurde und worüber später noch mehr zu sagen sein wird. Wir wiesen schon früher darauf hin, daß das Facialisphänomen im Fieberzustande gesteigert ist, wahrscheinlich überhaupt der gesamte T-Komplex, und darum auch seine eidetischen Valenzen (als eine Komponente der Fieberphantasien). Hier verdient aber gleichzeitig erwähnt zu werden, „daß die Schilddrüse bei jeder Infektion mitergriffen ist und daß schwere fieberhafte Erkrankungen fast stets geradezu von einer Thyreoiditis begleitet werden" (zitiert nach LEWY a. a. O.). Es erscheint daher nicht ausgeschlossen, daß die Fieberphantasien mit ihrem meist vorwiegenden B-Typus (Beweglichkeit, Vorstellungsnähe) zugleich auch mit auf einer der Schilddrüsenfunktionssteigerung mindestens parallelgehenden Steigerung eidetischer Valenzen auch des B-Komplexes beruhen, so daß sich die Fiebernden damit dem eidetischen Einheitstypus nähern würden. Dem entspricht auch, daß bei ihnen selbst illusionäre Verkennungen, Verfälschungen objektiver Wahrnehmungsinhalte vorkommen. Es mag hier ferner erwähnt werden, daß auf der Scharlachstation unserer Klinik ein Kranker mit zeichnerischem und malerischem Talent beobachtet wurde, dessen farbige Aquarellskizzen im Fieberzustande ganz unverkennbar und markant einen expressionistischen Stil zeigten, während er sonst sich einer mehr naturalistischen Malweise befleißigte. Der Kranke gab an, daß er seine Skizzen im Fieber so zeichnen müßte, da er sie im Fieber „in dieser Weise sähe". Verf. verdankt diese in und außerhalb des Fiebers gemachten Skizzen des Kranken Frl. Dr. ZANG. Sie scheinen im Hinblick auf die von E. R. JAENSCH bereits erwiesenen Zusammenhänge von eidetischem Typus und B-Typus überhaupt zur Malerei und Kunst nicht unwichtig[1]).

In diesem Zusammenhang wäre daran zu denken, daß die postinfektiös meist zu beobachtende starke Gewichtszunahme zum Teil auch einer nachträglichen Erschöpfung der Schilddrüse und hierdurch einsetzenden Verminderung des Stoff-

---

gilt. Unser Untersuchungsergebnis dürfte daher den Grund und die Berechtigung dieser Volksmeinung aufgedeckt haben.

[1]) Vgl. hierzu die in Vorbereitung befindliche Monographie von JAENSCH, E. R.: Über die Kunst des Kindes und das Wesen der Kunst. Augsburg: Dr. Benno Filser.

wechselumsatzes entstammen könnte, ebenso wie etwa neurasthenische Beschwerden, „Vorstellungskrämpfe", Phobien usw. dieses Ursprungs auf einer Erschöpfungsreizbarkeit des T-Komplexes z. B. der Epithelkörperchen (vgl. Hungerfolgen). Zu der besonders starken tetanoiden Disposition der jüngeren Kinder stimmt die Angabe von Brosius, daß bei jüngeren Kindern das Irresein meist eine depressive Komponente habe. Wir konnten auch in unseren Fällen derartige psychische Begleitumstände feststellen. Erst nachdem wir selbst schon diese Erfahrungen gemacht, wurde uns bekannt, daß G. Peritz (a. a. O.) auch bei Erwachsenen häufig gerade spasmophile Zustände mit gewissen Angstneurosen gepaart sah. Ähnliche Stimmungen, ja auffallende Charakterveränderungen bemerkten, wie schon erwähnt, auch andere Kliniker gerade bei Tetaniekranken. Bei solchen Kranken erwähnt außer v. Frankl-Hochwart auch Kraepelin Angstzustände; Hirschl berichtet über solche von stundenlanger Dauer bei Tetanie, F. Chvostek über gemütliche Depression bei sensorischer Tetanie. Aber auch andere Fälle lassen solche Beziehungen der betreffenden Erscheinungen zum T-Komplex vermuten, selbst dann, wenn das Krankheitsbild in beherrschenden Zügen zunächst ein anderes ist. Einzelne der hierhergehörigen, von Klinikern angeführten Fälle wiesen außer der Tetanie oft andere „Komplikationen" auf. In allen diesen Fällen iegt aber die Möglichkeit vor, daß die bei ihnen erwähnten infektiösen oder toxischen Einflüsse eine in der Konstitution bereitliegende tetanoide Komponente zur eigentlichen Tetanie gesteigert haben. Die Tetanie scheint uns deshalb, im Gegensatz zu der klinischen Diagnose dieser Erkrankungen als „Tetaniefälle", gar nicht immer das Beherrschende im Krankheitsbild gewesen zu sein, sondern oft mehr ein Begleitumstand. Vielleicht wäre es, wenigstens in einzelnen der Fälle, richtiger gewesen, die als Nebenbefunde angeführten klinischen Tatsachen in der Diagnose voranzustellen. In einem von F. Schultze berichteten Falle z. B. (vgl. unten) könnte der Alkohol eine besondere Rolle beim Ausbruch der tetanischen und psychischen Erkrankung gespielt haben, in dem Falle von Hochhaus die Syringomyelie; im Falle von Luther lag zweifellos eine Infektion vor, und im Hirschlschen Falle könnten wir es mit endokrinen Toxinen zu tun haben. Jedenfalls wird das Auftreten von tetanoiden Symptomenkomplexen bei so verschiedenartigen Erkrankungen auf diese Weise verständlicher, wenn man bei allen eine wahrscheinlich schon vor der Erkrankung vorhanden gewesene, bereitliegende tetanoide Konstitution annimmt, die ja auf verschiedenste, nur als Auslösung zu betrachtende Einflüsse hin jederzeit zum Ausbruch einer Tetanie bzw. deren psychischen Äquivalente führen kann. Dies ist sowohl durch experimentelle Erfahrungen an Tieren festgestellt (C. Rudinger) als auch durch klinische Beobachtungen an Tetaniefällen bzw. bei tetanoiden Zuständen (F. Chvostek), die jederzeit auf grundverschiedene Einflüsse hin exazerbieren können. v. Jaksch machte auf die für diese Verhältnisse sehr bezeichnende Tatsache aufmerksam, daß oft ganz vorübergehend im Verlaufe anderer, besonders akuter Erkrankungen Symptome der Tetanie auftreten. Unter diesen Gesichtspunkten seien folgende Beispiele angeführt:

F. Schultze (Dtsch. Zeitschr. f. Nervenheilk. Bd 7. 1895) berichtet über einen Fall von Tetanie mit Dipsomanie, halluzinatorischer Verwirrtheit, Depression und epileptischen Anfällen.

Derselbe (Berlin. klin. Wochenschr. 1897) schildert einen weiteren Fall eines jungen Mädchens mit Anzeichen von Kretinismus, Struma, geistiger Zurückgebliebenheit. Hier zeigen sich Furchtsamkeit und Halluzinationen, abgelöst von grundlosem Lachen und maniakalischer Erregung. Mit Verschwinden der Tetanie wurde Patientin, die selbst nach Arbeit verlangte, als gesund entlassen.

Hochhaus (Dtsch. Zeitschr. f. Nervenheilk. Bd. 7. 1895) berichtet über einen Fall von Tetanie mit gelegentlicher Benommenheit nach „epileptischen" Anfällen, Aufgeregtheit und Wahnideen; die Erscheinungen kamen anfallsweise. Allerdings war der Fall mit Syringomyelie und Neuritis optica kompliziert.

Luther (Zeitschr. f. Psychiatrie Bd. 58. 1901) schildert einen Fall, den er trotz seiner Komplikationen zur Tetanie rechnet. Das Auffällige an diesem Falle ist, daß hier zuerst die Psychose und dann erst Krämpfe und Trousseau auftraten (vgl. auch später angeführte Fälle). Es war eine halluzinatorische Verworrenheit mit heftigen, delirösen Erregungszuständen und zeitweiligen Depressionen. Der Tod erfolgte im somnolenten Zustande. Der Sektionsbefund zeigte Leptomeningitis und Gehirnatrophie. Es bestand Schwellung des Rachenringes.

Kukein (Klin. Wochenschr. 1893) schildert den Fall eines Kranken, der mit Delirium eingeliefert wurde; die Krämpfe fehlten vollständig, trotzdem rechnet er den Fall auf Grund der eingehenden (galvanischen?) Untersuchung zur Tetanie.

Hirschl (Wien. klin. Wochenschr. 1904) berichtet über einen Fall von Tetanie und Psychose mit Struma, Tetaniekrämpfen, anschließend Manie, auf deren Höhe spärliche Halluzinationen. Es bestand Exophthalmus mit Möbius, Stellwag, erhöhter Pulsfrequenz, Tetanie mit Chvostek, Schultze, Trousseau, außerdem Parotistumor. Dann Intermission der Basedow- und Tetaniesymptome (Verknüpfung von B- und T-Komplex! d. Verf.), Parotisabschwellung. Später neuerlich Manie mit Verworrenheit und Delirium acutum. Wahrscheinlich Übergang in Demenz. In ähnlichen anderen klinischen Fällen beobachtete Hirschl „Amentia“ von mäßig langer Dauer.

Sternberg und Grossmann (Dtsch. Zeitschr. f. Nervenheilk. Bd. 39. 1910) beobachteten Charakterveränderungen und Bewußtseinstrübungen bei Tetanie.

Wermel (Neurol. Zentralbl. 1902) schildert einen Fall von Tetanie mit Stupor und Apathie.

Lapinsky (Neurol. Zentralbl. 1907) erwähnt einen Fall von rezidivierender Tetanie, bei dem die Depressionen immer mit der Zeit der Kontrakturen zusammenfielen. Auch war stets eine ungünstige Charakterveränderung dabei feststellbar; der sonst freundliche, offene Patient wurde verschlossen, mürrisch, grob.

Sternberg und Grossmann (Dtsch. Zeitschr. f. Nervenheilk. 1910) berichten über ähnliche psychische Veränderungen bei einem jugendlichen Arbeiter, ebenso v. Frankl-Hochwart (Die Tetanie, 1891). Auch andere Autoren berichten über trübe Gemütsstimmungen, Reizbarkeit, Gedächtnisschwäche, einem — wie Lapinsky bemerkt — öfters erwähnten, aber wenig beachteten „psychischen Symptomenkomplex“ des tetanoiden Zustandes.

Döllken (Arch. f. Psychiatrie Bd. 44. 1908) beobachtete verschiedene Zwangsvorstellungen und Zwangsideen, auch Angst bei Fällen mit optischen Gesichtserscheinungen; seine Arbeit berichtet über Fälle, die, teilweise in der Breite des Normalen, optische und andere Erscheinungen hatten, die aber zeitweilig bis zu Halluzinationen und Gedankenlautwerden (vgl. „Schlafreden“, d. Verf.) gesteigert wurden (hierzu Derselbe: „Über Halluzinationen und Gedankenlautwerden“ a. a. O.).

K. Landauer (Münch. med. Wochenschr. 1922) sah bei Tetanoiden häufig Zwangsgedanken, Angstträume, Angsterscheinungen; umgekehrt bei Depressionen und Angstzuständen aller Art Zeichen eines tetanoiden Zustandes, vor allem Chvosteksches Facialisphänomen; bei Angstzuständen sah er sehr häufig auch passageren Trousseau, oft nach wenigen Minuten nicht mehr nachweisbar. Das Facialisphänomen bei Depressionen stellt er sogar in eine gewisse Parallele zu der Übererregbarkeit des Facialis, dem „Zucken des Mundes“ bei normalem Schmerz, kommt aber dann zu einer Ablehnung unserer hier näher ausgeführten Untersuchungsergebnisse, und zwar auf Grund unserer vorläufigen Mitteilungen, daher auch ohne jede Berücksichtigung des psychologischen Teiles unserer Untersuchungen (vgl. Kap. X).

Es ist zu vermuten, daß es unter den angeführten Fällen eine ganze Reihe gibt, die sich bei eingehender Untersuchung als zu dem hier behandelten Erscheinungskreise gehörig erwiesen haben würden. Besonders wichtig erscheint aber die Untersuchung nur rudimentär pathologischer und noch normaler Grenzfälle unter solchen Gesichtspunkten.

Bei manchen der angeführten Fälle dürften also nach dem oben Gesagten die tetanoiden Erscheinungen und gewisse psychische Äquivalente eher als innerlich einheitliche Begleiterscheinungen gewisser psychophysischer Komplexe in unserem Sinne bei ganz verschiedenartigen Krankheitszuständen aufzufassen sein, während letztere hier von den Autoren vielfach umgekehrt als „Komplikation der Tetanie“ geschildert wurden. Man faßt diese ganz verschiedenartigen Krankheitszustände daher am richtigsten wohl als auslösende Ursachen für einen in allen diesen Fällen konstitutionell und einheitlich bereitliegenden latent-tetanoiden Komplex auf, den ja ganz unspezifische und differente Faktoren manifest machen können.

Wenn wir uns ferner vorstellen dürfen, daß bestimmte Modifikationen des Stoffwechsels einen besonderen „Biotonus“ (EWALD)[1]) und damit eine Veränderung biologisch niedrig stehender „Vitalgefühle“ sowohl begleiten als wahrscheinlich umgekehrt auch hervorrufen können[2]), so gewinnen wir hierdurch einen gewissen Anhaltspunkt dafür, daß wir es bei den dumpfen Depressionsgefühlen des T-Typus, die, wie K. LANDAUER ganz entsprechend unseren eigenen Erfahrungen beschrieb, auf einfache Calciumzufuhr weichen, mit tiefstehenden psychischen Begleiterscheinungen und primitiven seelischen Äquivalente vorwiegend chemisch-physiologischer Vorgänge im Körper zu tun haben könnten, kurz, mit einer gesteigerten psychophysischen Reizanspruchsfähigkeit auf biologisch niedere Reizkategorien innerhalb psychophysisch niedrig stehender Reizreaktionszuordnungen (Näheres Kap. XI, vgl. auch Kap. VII, 2, a). Es handelt sich daher dementsprechend vielleicht vor allem um gesteigerte, manchmal vielleicht auch nur stärker ins Bewußtsein tretende, physiologisch-entwicklungsgeschichtlich niedere „Selbststeuerungsvorgänge“ mit ihren psychischen Äquivalente niederer Stufe, jedenfalls nicht um mit höheren psychischen Prozessen einhergehende Reaktionen. Diese gesteigerten Ausgleichsvorgänge dürften innerhalb zentraler Funktionen etwa den gesteigerten NB des T-Typus (T-Komplex) entsprechen und z. B. auch seiner gesteigerten Polarisation bei galvanischer Reizung der Haut, die ihren Ausdruck findet in dem Gleichbleiben des Hautwiderstandes auch bei länger fortgesetzter Reizung und seiner geringeren Ansprechbarkeit auf höhere psychische Einwirkungen (vgl. S. 317, 153f.).

Im Gegensatz hierzu dürfte es sich beim B-Typus (B-Komplex) um eine gesteigerte Reizbarkeit und um gesteigerte Ausgleichsvorgänge im Zentralorgan vorwiegend in den höheren psychischen Schichten handeln (z. B. ambivalente affektiv-seelische Stimmungslage), die einen integrierenden Bestandteil der psychischen „Ich“-Person bilden, besonders ihrer affektiven Seite.

Ganz entsprechend labil und in hohem Grade abhängig von höheren psychischen Vorgängen verhält sich aber in der Peripherie bei B-Typen z. B. auch der Hautwiderstand und bildet daher einen Gegensatz zum T-Typus, der bei beiden Typen einheitlich im Zentrum wie an der Peripherie hervortritt[3]).

Die Mehrheit dieser Reizbeantwortungen erscheint beim B-Typus dem Individuum als etwas aus ihm selbst Stammendes. Auch hierin also wieder ein einheitlich in den verschiedenen Reaktionen hervortretender Gegensatz zum T-Typus.

Der positiv gerichteten Phase dieser höheren psychophysischen Wirkungsebene scheint zentral wie peripher zugleich eine gewisse Verwandtschaft zur manischen und hypomanischen Erregung zuzukommen, die gewisse Wesenszüge mit der Wesensart Basedowoider gemeinsam hat.

Demnach müßten wir innerhalb der genannten seelischen Zustände und Stimmungslagen vielleicht zwei entwicklungsgeschichtlich ganz verschiedene Wir-

---

[1]) EWALD: Zeitschr. f. d. ges. Neur. u. Psych. Bd. 77.

[2]) So konnten neuerdings E. GRAFE und L. MAYER (Zeitschr. f. d. ges. Neur. u. Psych. Bd. 86. 1923) zeigen, daß sich in der Hypnose unter Suggestion depressiver Affekte eine Stoffwechselveränderung zeigt. GLASER (Klin. Wochenschr. Nr. 33. 1924) konnte nachweisen, daß in der Hypnose auf psychische Beeinflussung hin eine Veränderung des Serumkalkspiegels eintreten kann. Diese Arbeiten dürften eine ganz prinzipielle Bedeutung besitzen.

[3]) Vgl. hierzu unsere Auffassung von der „konzentrischen Schichtenstruktur der Persönlichkeit“ (Kap. VII).

kungsebenen auseinander halten, innerhalb deren beide — jeweils antagonistisch eingestellte — Vitalprozesse einschließlich ihrer verschieden hochstehenden psychischen Äquivalente sich auswirken. Während in der niederen Ebene der chemisch-physiologische und vielleicht auch endokrine bzw. physiovegetative Anteil zu überwiegen scheint und die psychischen Äquivalente nur als dumpfes primitiv-seelisches Empfinden anklingen, während hier besonders auch gerade die negativ gerichteten Prozesse dem Individuum vorzugsweise bewußt werden, zugleich als ichfremd auffallen und durch chemische Einwirkung umgestimmt werden können (Calcium, vgl. oben), überwiegt bei den entsprechenden Prozessen in der höheren Ebene der psychische, der höherstehende Anteil, und die Beseitigung der negativen Phase erfolgt hier überwiegend durch psychische Einwirkungen, z. B. auf dem Wege des „Abreagierens von psychischen Komplexen" durch Bewußtmachung dieser Komplexe, die in dieser Schicht oft die Quelle der Depressionen sind. Beim reinen T-Typus (T-Komplex) scheinen nun jene tiefer stehenden Vitalprozesse einschließlich ihrer niederen psychischen Äquivalente niederer Ordnung in bezug auf die Stimmungslage überhaupt zu überwiegen, das Affektleben ist mitunter nur schwach, die intellektuelle Schicht entweder ganz hoch, oft mittelmäßig, nicht selten gering entwickelt. Beim B-Typus (B-Komplex) dagegen überwiegt ganz die höhere psychophysische Schicht; beim BT-Typus können beide Wirkungsebenen, sich gegenseitig stärker beeinflussend, zugleich miteinander in stärkster Konkurrenz stehen[1]). So darf vielleicht daran erinnert werden, daß einerseits gerade die auf einer höheren seelischen Ebene verlaufende manisch-depressive psychische Verstimmung zwar so überaus oft bei Basedowpsychosen gefunden wird (SATTLER), ebensooft aber auch Verstimmungen mehr neurasthenischer Natur, die eher in die Nähe des T-Typus rücken. Andererseits gehört die Verknüpfung von ausgesprochenem B- und T-Komplex zu den häufigsten Konstitutionskombinationen. Der BT-Typus ist der bei Jugendlichen verbreitetste. Seine B-Komponente wird in der im Jugendalter häufigsten seelischen Stimmungslage „himmelhochjauchzend — zu Tode betrübt" ihr in früheren Entwicklungsjahren

[1]) Ganz neuerdings erschien G. EWALDS Schrift „Temperament und Charakter" (Berlin: Julius Springer 1924). Abgesehen von anderen Unterschieden unserer Betrachtungsweisen und Ergebnisse, die wir bereits in der Einleitung erwähnten, finden sich aber — ganz unabhängig von uns gewonnen — doch auch starke Anklänge an manche der von uns hier ebenfalls vertretenen Anschauungen und Vermutungen. So betont EWALD z. B. die vermutliche Bedeutung des jeweiligen funktionellen Übergewichts von Hirnrinde und Hirnstamm (Cortex und Subcortex) für die Persönlichkeitsäußerungen. Der prinzipielle Gesichtspunkt dieser für uns wertvollen Feststellung von ganz anderer, psychiatrischer Seite wird nicht dadurch berührt, daß wir im normalen Falle über die Verteilung solcher verschiedener Funktionen anderer Meinung sind als G. EWALD (Anm. 2, S. 293). Letzterer verwischt in seiner überaus wertvollen Darstellung denSchichtenbau der geistigen Funktion, der im Somatischen seine Parallele besitzt. EWALD spricht ferner von Affekten schlechthin und verlegt sie zugleich in den Hirnstamm. Wir sind (vgl. oben und Kap. VII, 2a) mit EDINGER der Ansicht, daß in den Hirnstamm nur niedere, den „Instinkten" noch nahestehende seelische Primitiverscheinungen zu verlegen sind (vgl. neuerdings die „Psychoide" E. BLEULERS), die „Affekte" als seelische Erscheinungen bereits höherer Ordnung jedoch dem Neencephalon angehören, für die allein wir den Ausdruck „Affekte" reserviert wissen wollen, obwohl hiermit, ebensowenig wie mit dem Ausdruck „Instinkte" schon ein scharf umrissener Begriff gegeben ist. Wir glauben aber, daß es, zum mindesten im heuristischen Sinne, als wahrscheinlich anzunehmen ist, daß alle Funktionen des höher entwickelten emotionalen Lebens, einschließlich aller psychomotorischer, psychosensorischer Reaktionen der gleichen Entwicklungsstufe, insbesondere auch des „Ichbewußtseins" im eigentlichen Sinne, als Funktionen von Hirnteilen anzusehen sind, die dem Neencephalon (im EDINGERschen Sinne) angehören dürften. Der Hirnstamm oder Subcortex wird von uns (ebenfalls im EDINGERschen Sinne) — heuristisch jedenfalls mit Vorteil — als Träger nur aller ohne höhere (auch „affektive") seelische Verarbeitungen einhergehender eindeutig an den Reiz geknüpfter Reflextätigkeiten angesehen, deren Reaktionstypus formal aber auch dem Neencephalon (Cortex) zukommen kann, und umgekehrt.

besonders ausgeprägt ambivalentes Äquivalent finden; der übererregbaren T-Komponente aber würde die hohe Ansprechbarkeit der Jugendlichen und Kinder auf chemisch-physiologische und auch medikamentöse Einwirkungen entsprechen. STRANSKY hat zwar, ausgehend von R. STERNS Begriff des Basedowoids, versucht, sogar die Frage nach der Ätiologie der manisch-depressiven Psychose mit der Annahme eines Zusammenwirkens von „Dysthyreoidismus" mit einem locus minoris resistentiae bestimmter Art zu lösen, weil solche Individuen häufig basedowoide Konstitution besäßen. Wir sind uns aber bewußt, daß eine solche endokrine Hervorrufung dieser Zustände immer nur eine Seite der Erscheinungen ausmachen würde.

In Berücksichtigung ähnlicher Zusammenhänge wird ferner darauf zu achten sein, ob bei eidetischen Frauen die AB in der Schwangerschaft, vielleicht auch während der Menstruation, unter Umständen eine solche Steigerung erfahren können, daß sie auch schon ohne infektiös-toxische Einflüsse in Halluzinationen überzugehen drohen. Es wäre dann unter Umständen bei gewissen Fällen, je nach dem Konstitutionstypus derselben, an eine geeignete Prophylaxe zu denken. Da auch eine Schwellung der Schilddrüse bei Schwangeren bekannt ist, wäre in bestimmten Fällen von eidetischen Schwangeren ein Überwiegen der B-Komponente möglich und daher ein kalkresistentes Verhalten ihrer Anschauungsbilder zu vermuten.

Auf die Beziehungen endlich auch von ausgesprochener klinischer, reiner Tetanie zu echten Psychosen wies zuerst v. FRANKL-HOCHWART hin. Er beobachtete in drei Fällen im Verlaufe von reiner Tetanie[1]), hier im Gegensatz zu den vorher angeführten Fällen wirklich mit der Stärke der somatischen Erscheinungen auf- und abschwellend, Erregungszustände mit Angstgefühlen und halluzinatorischer Verworrenheit.

Fall 1. 18jähriger Schneider. Tetanie mit starker halluzinatorischer Verwirrtheit und massenhaften Halluzinationen. Abklingen letzterer zugleich mit der Tetanie.

Fall 2. 16jähriger Schuster. Jahrelang Tetanie. Bei schließlicher Verschlimmerung der Anfälle halluzinatorische Verwirrtheit und Abklingen derselben mit der Tetanie. Hier blieb eine geistige Schwäche zurück.

Fall 3. 18jähriger Weber. Starke halluzinatorische Verwirrtheit, große Erregung und Angstäußerungen; nach einigen Tagen typische Tetaniekrämpfe, mit deren periodischem Aufhören und Einsetzen auch jedesmal die Verwirrtheit parallel ging. Mit Abklingen derselben hörten auch die Krämpfe auf, und zuletzt war völliges körperliches und geistiges Wohlbefinden vorhanden.

Beachtenswert erscheint im Zusammenhange unserer Betrachtungen besonders auch ein von LAPINSKY[2]) geschilderter Fall von wiederholter transitorischer Verwirrtheit bei Tetanie eines 16jährigen Patienten:

Im akuten Anfall, dem Muskelkontraktionen vorausgingen und folgten, sieht er Tiere und hört sie brüllen. Dabei verdunkelt sich das Bewußtsein schnell, und es ergreift ihn große Erregung. Nach seinen Ausrufen hat Patient Halluzinationen auf dem Gebiete des Gehörs, Geschmacks, der Haut- und Muskelempfindungen. Im Beginn und am Ende der Anfälle ist der Patient klar. Hierbei bittet er Eltern und Umgebung um Aufklärung über den ihn umgebenden „Trubel trügerischer Sinnestäuschungen" und unterscheidet seine wirkliche Umgebung scharf von den ihn umwogenden halluzinatorischen und pseudohalluzinatorischen Gestalten (vgl. das über Anhaloniumwirkung bei Eidetikern Gesagte). Patient lernt gut, treibt Sport, nur ist niemals ein Lächeln auf dem erschöpften Gesicht des Knaben. Die gespannten Gesichtszüge drücken Trauer aus (UFFENHEIMERsches Tetaniegesicht! d. Verf.), und es fehlt die kindliche Lebhaftigkeit. Die Bewegungen sind matt, apathisch, die Stimmung mutlos, finster, trübselig, er ist reizbar, egoistisch zurückhaltend und verschlossen. Später im Verlaufe von

[1]) v. FRANKL-HOCHWART: Die Tetanie, Wien 1891.

[2]) LAPINSKY: Neurol. Zentralbl. 1907. Vgl. hierzu auch FISCHER, L.: Über Tetaniepsychosen". Inaug.-Diss. Breslau 1917.

Perioden von Verstopfung wieder Krampfanfälle und zugleich halluzinatorische Verwirrtheit (Sperrdruck von uns).

Wir haben hier in eindrucksvoller Weise Verschiedenes beieinander, was wir bei unseren T-Typen in abgeschwächter Form gleichfalls beobachten konnten. Wir finden hier in einem stark ausgeprägten, aber offenbar wesenhaft gleichartigen Falle alle Übergänge vom einfachen AB, über dessen Unwirklichkeit sich der Patient in keiner Weise täuscht, bis zur echten Halluzination, die für volle Wirklichkeit gehalten wird. Wir finden weiter, hier streng parallel mit den psychischen Erscheinungen an- und abschwellend, die Tetanie in ihren somatischen Symptomen. Diese kommt hier auf endotoxische Einflüsse hin (Verstopfung), zusammen mit der Steigerung der AB zu Halluzinationen, aufs neue zum Ausbruch, obwohl der Knabe in der Zwischenzeit, von einigen chronischen Stimmungs- und Charakterveränderungen abgesehen, immerhin als gesund zu bezeichnen war. Wir scheinen es also in diesem Falle mit einer in der Konstitution begründeten Anlage zur Tetanie, insbesondere auch gerade unter Bevorzugung der Sinnessphären (eidetische Anlage), zu tun zu haben, die vielleicht durch die sportliche Betätigung noch verstärkt war. Hierzu stimmt auch die Schilderung der Physiognomie des Knaben, die das Vorhandensein eines echten Tetaniegesichtes anzudeuten scheint. Auch die Stimmungslage des Patienten ist für den T-Typus sehr charakteristisch.

Die angeführten klinischen Beobachtungen scheinen uns, in allmählichem Übergange von nur zeitweilig auftretenden und ziemlich harmlosen „Sinnestäuschungen" (Anschauungsbildern, d. Verf.) bis zu echten und gehäuften Halluzinationen, die verschiedenen Stufen zu zeigen, deren auch die optischen Stigmen unserer Eidetiker nach unseren Beobachtungen und pharmakologischen Versuchen fähig sind: es sind verschiedene eidetische Grade. — Über die für den Wirklichkeitscharakter der AB hierbei entscheidenden Faktoren handeln Arbeiten des Marburger psychologischen Instituts[1]). Mit Geisteskranken lassen sich solche nicht durchführen, wohl aber sehr gut mit gesunden Eidetikern. — Ähnliche Verhältnisse, wie sie hier dargestellt wurden, finden sich auch in den folgenden Fällen. Im Anschluß an unsere vergleichenden Betrachtungen über Tetaniepsychosen und Eidetikertypen sind mit besonderem Nachdruck Jollys[2]) Beobachtungen heranzuziehen, der bei Gehörshalluzinationen erhöhte elektrische Erregbarkeit des Nervus acusticus fand, die auch wir bei einem großen Prozentsatze von Eidetikern beobachteten (S. 94f., Kap. III). Die Fälle Jollys zeigen also ein tetanoides Stigma, das wir bei Eidetikern ebenfalls feststellen konnten, und das auch bei klinischen Tetaniefällen durch Chvostek nachgewiesen wurde. Es seien hier drei Fälle Jollys herausgegriffen, die auch in ihrem sonstigen Verhalten die Vermutung zulassen, daß sie Beziehungen zu der damals noch unbekannten Tetanie gehabt haben dürften. Um Schizophrenien handelt es sich dabei scheinbar hier nicht, obwohl auch dann die Möglichkeit des gesteigerten T-Komplexes bestehen bliebe (vgl. Kap. VII, 3 c u. S. 429, Anm.).

Fall 1. Kurz vor der Aufnahme Paroxysmen ängstlicher Aufregung, glaubte erschossen zu werden; einmal kurz hintereinander drei epileptiforme Anfälle. Zustand „akuter Melancholie", eingeleitet durch lebhafte Gehörshalluzinationen. Besserung des „affektiven" Zustandes bei interkurrierendem Gesichtserysipel, Fortbestand der Halluzinationen. Der Nervus acusticus ist galvanisch übererregbar.

Epileptiforme Anfälle, die uns hier entgegentreten, können, wie ja schon v. Frankl-Hochwart hervorhob, unter Umständen sogar ein isoliert auftreten-

[1]) Besonders Bamberger, H.: Über das Zustandekommen des Wirklichkeitseindrucks der Wahrnehmungswelt. Marburger phil. Diss. 1922 (noch unveröffentlicht).

[2]) Jolly: Arch. f. Psych. Bd. 4. 1874.

des Symptom einer Tetanie sein. Zusammen mit der von JOLLY festgestellten galvanischen Übererregbarkeit des Acusticus gewinnt die angedeutete Auffassung der Krankheitserscheinungen in diesem Falle an Wahrscheinlichkeit. Auch die Stimmungslage des Patienten und die Veränderung, die sie erfährt, stimmt hierzu. Ähnliche Züge weist der nächste Fall auf.

Fall 2. Durch Zufall ergab sich, daß der Kranke, ohne daß jemand etwas davon wußte, ja ohne daß jemand die Existenz einer Geistesstörung vermutet hätte, seit 10 Jahren an lebhaften Gehörs- und Gesichtstäuschungen gelitten hatte (AB!? d. Verf.). Der jetzt 26jährige war mit 17 Jahren bei einem Schuster (!) in Lehre. Damals begannen die Täuschungen. Er hörte Stimmen, sah einen Mann erscheinen, der ihn verfolgte (er war also damals, ohne krank zu sein, anscheinend Eidetiker; tetanoider Zustand als Schusterleiden? d. Verf.). Nach Einziehung zum Militärdienst epileptischer Anfall. Mit 25 Jahren häufig starke Anfälle, periodische psychische Störungen unter dem Bilde der aktiven Melancholie. Erster epileptischer Anfall nach starker körperlicher Überanstrengung[1]). Lebhafte Gehörstäuschungen, Stimmung und Halluzinationen schwanken je nach den Anfällen. Diese erstrecken sich sehr heftig auf die gesamte Muskulatur, namentlich sind sie ausgezeichnet durch Beteiligung der Respirationsmuskulatur (Bronchotetanie!? d. Verf.); sie führten hier fast bis zur völligen Atemlähmung. Acusticus galvanisch übererregbar!

Fall 3. 55jähriger Landwirt. „Hypochondrie mit abnormen Sensationen", vorwiegend im Bereiche des Tast- und Gesichtssinnes, Gesichtsphantasmen. In den Ohren anfangs nur Klingen, später, nach wiederholter elektrischer Behandlung, Halluzinationen. Seit mehr als 10 Jahren psychisch krank in Form der „Hypochondrie". Klagt immer über die verschiedensten Schmerzen, Verödung im Kopf, Rückenschmerzen, Ziehen in der Leistengegend, angeblich allgemeiner Kräfteverfall, abnorme Empfindungen im ganzen Körper, z. B. Reifengefühl um den Kopf, fortwährendes Klingen und Summen im Ohr. Die Augen seien näher aneinandergerückt, mitunter lebhafte Lichterscheinungen, zuweilen ein feuriger Schein (vgl. in unserem Fall 9 „Rote Wand"), in der Brust zusammenschnürendes Gefühl, im Nacken und längs des Rückgrates besteht Gefühl von Spannung und Rückwärtsziehen. Im Unterleib bald Völle, bald Druck oder Leere, auch Schmerzen in Hoden und Penis. Es besteht leichte Neigung zu Diarrhöe und Brennen am After. Mitunter anfallsartig Heiserkeit (Laryngospasmus?), laryngoskopisch völlig nach dem Charakter der hysterischen Stimmbandlähmung[2]). Dabei Atmung flach und oberflächlich, der Kranke sieht dabei verfallen und wie ein Sterbender aus. Die subjektiven Wahrnehmungen des Gesichtssinns seien diejenige Form der Halluzinationen, die JOHANNES MÜLLER als „Phantasmen" bezeichnete: er sieht spontan Bilder, ohne an ihre Objektivität zu glauben (Anschauungsbilder, d. Verf.). Nach mehrfachen elektrischen Untersuchungen des Acusticus, wobei auch intensive Zuckungen am Nervus facialis und Lichtblitze auftraten, verwandelten sich die Gehörssensationen in geformte Halluzinationen. Der Kranke hörte Worte, ganze Gedichtstellen.

JOHANNES MÜLLER, mit dessen Bericht über „Phantastische Gesichtserscheinungen" (Coblenz 1826) JOLLY die Gesichtsphänomene seines Patienten vergleicht, schildert genau die Erscheinung unserer AB, und zwar die des T-Typus. Der erwähnte Patient hatte eine galvanische Übererregbarkeit am Nervus acusticus: bei der galvanischen Prüfung dieses Nerven, also schon bei geringen Strömen, traten im Facialisgebiet lebhafte Zuckungen auf. Wir glauben daher in der Vermutung nicht fehlzugehen, daß hier auch der Nervus facialis galvanisch übererregbar war. Aus allen diesen Gründen, ferner aus dem ganzen an sensorische bzw. sensible Tetanie erinnernden Krankheitsbilde (Parästhesien, Organgefühle[3]) usw.) glauben wir mit Vorsicht die Vermutung aussprechen zu dürfen, daß es

---

[1]) Wir wissen heute, daß körperliche Anstrengung das Hervortreten tetanoider Erscheinungen stark begünstigt (einschlägige Arbeiten E. R. JAENSCH, W. JAENSCH und K. KNIPPING).

[2]) Nach ASCHENHEIM kommt Laryngospasmus auch bei Erwachsenen vor.

[3]) Vgl. hierzu H. CURSCHMANNS Fälle „sensorischer und sensibler Tetanie", Münch. med. Wochenschr. 1919. Die hierbei gleichzeitig zutage tretenden, an Erscheinungen bei Schizophrenie erinnernden Wesenszüge dieser Phänomene wurden von uns in ihren Analogien zur Schizophrenie an anderer Stelle gewürdigt (vgl. Kap. VII, 3 c). Um eine Dementia praecox handelte es sich scheinbar auch hier nicht.

sich bei dieser Erkrankung ebenfalls um eine Konstitution von der Art unseres T-Typus gehandelt haben könnte, die auf irgendeine Weise eine pathologische Steigerung erfahren hatte. Die Bezeichnung „Hypochondrie mit Sensationen“ entspricht der alten klinischen Terminologie[1]). Das Ausbleiben typischer Tetaniekrämpfe bildet keinen Hinderungsgrund, die Erkrankung als wahrscheinlich zur Tetanie gehörig zu bezeichnen. Betonten doch schon die verschiedensten Autoren, daß in einzelnen Fällen, die zweifellos zur Tetanie gehören, die Krämpfe, ebenso wie die galvanische Übererregbarkeit, vollkommen fehlen können. Gleiche Beobachtungen machten H. Schlesinger, F. Chvostek u. a. Manche Beschwerden des Patienten decken sich offensichtlich mit der Schilderung sensorischer Erscheinungen bei Tetaniekranken, die schon F. Chvostek[2]) und neuerdings Curschmann a. a. O. eingehend beschrieben hat. Andererseits sind auch Krämpfe der Atmungsmuskulatur bei Tetanie bekannt; schon Erb beschrieb Krämpfe der Zwerchfellmuskulatur, M. Maslow[3]) beschrieb Veränderungen der Atmungskurve bei spasmophilen Kindern. Auch Popper berichtete schon 1895 über einen Fall von hochgradiger Atemnot bei einem $3^1/_2$jährigen tetanischen Kinde; andere Autoren erwähnten später Ähnliches. In neuerer Zeit hat man diesen Erscheinungen erhöhte Beachtung geschenkt, insbesondere unter Berücksichtigung der Beteiligung glatter Muskulatur am tetanischen Zustandsbilde[4]). Die „Bronchotetanie“ hat sich seither als klinischer Begriff eingebürgert und gilt als eine anerkannte Erscheinungsform der Tetanie.

Interessant ist in diesem Falle das Auftreten von geformten Halluzinationen des Gehörs (Gedichtstrophen, Reimen) auf elektrische Reizung des Acusticus hin. Man könnte auf Anregung dieses Falles Versuche durchführen, ob und unter welchen besonderen Bedingungen auch bei gesunden Individuen mit ausgesprochenen AB des Gehörs ähnliche Steigerungen dieser Phänomene ausgelöst werden können[5]).

In diesem Zusammenhange verdient ferner eine Beobachtung von Köppe[6]) erwähnt zu werden, die auch mit neueren klinischen Erfahrungen übereinstimmt (Redlich, Kaufmann, Liepmann, Hudovernig, K. Goldstein). Köppe fand bei vielen an Gehörstäuschungen leidenden Patienten mit Psychose Anomalien des Gehörorgans, wie übrigens auch Jolly bei seinen oben geschilderten Fällen[7]). Nach Beseitigung dieser akzidentellen peripheren Reize war bei Köppes Fällen die Erregung so gemindert, daß viele gröberen psychischen Krankheitserscheinungen zurücktraten. Es verschwand dann für diese Stigmen der Charakter der Wirklichkeit. Vielleicht könnten solche äußeren Reizzustände auch bei akustischen Eidetikern unter besonderen Umständen, auf der Basis der vorhandenen Übererregbarkeit des Hörnerven, echte Halluzinationen hervorrufen, um so mehr, als gerade die akustischen Anschauungsbilder nach unseren Erfahrungen viel leichter über die Wirklichkeit täuschen als die optischen.

---

[1]) Vgl. hierzu Anhang, Kap. V, Johannes Müllers Erkrankung.

[2]) Chvostek, F.: Zeitschr. f. klin. Med. 1891.

[3]) Maslow, M.: Münch. med. Wochenschr. 1914.

[4]) Zitiert nach Aschenheim a. a. O.

[5]) Vgl. auch Döllken: Arch. f. Psych. Bd. 44. 1908. F. Chvostek konnte komplizierte Gehörshalluzinationen durch galvanische Reizung nur dann hervorrufen, wenn die Kranken kurz vorher spontan derartige Halluzinationen gehabt hatten, also besonders disponiert waren; vgl. auch Buccola, Redlich, Kaufmann (zitiert nach Goldstein, K.: Arch. f. Psych. Bd. 44. 1908).

[6]) Köppe: Zeitschr. f. Psych. Bd. 24. 1867.

[7]) Jolly fand bei Fall 1 chronische Entzündung beider äußeren Gehörgänge und Ohrschmalzpfropf, bei Fall 2 bestand seit langer Zeit „Ohrenkatarrh“ mit Verminderung der Hörfähigkeit, Klingen und Sausen im Ohr. Redlich und Kaufmann fanden Ähnliches bei 44 vH. der Paranoiker und 63 vH. akuter Psychosen mit Gehörshalluzinationen.

Wir treffen ferner bei einzelnen unserer Eidetikerfälle noch weitere Eigen schaften im kleinen an, die wir vergrößert auch bei Psychosen wiederfinden: z. B. zwangsmäßig sich aufdrängenden Charakter der AB, vorwiegend bei ausgeprägten und reinen T-Typen; Auftreten einer Selektion, d. h. bevorzugtes Vorkommen ganz bestimmter Arten von Bildern, schnelle Abwandlungen und ideenfluchtartige Erscheinungen, Veränderungen und Verfälschungen des AB gegenüber dem Urbild, vorwiegend beim B-Typus. Ferner kann auch das AB schon eine Art wahnhafter Züge annehmen, indem z. B. jedes Vorbild in der eidetischen Reproduktion immer und regelmäßig eine bestimmte Veränderung erleidet, also etwa ein lachendes Gesicht oder eine lustige Szene sich stets in eine solche von traurigem, manchmal auch bedrohlichem Charakter verwandelt. Auch das Umgekehrte kann der Fall sein. Bei solchen Veränderungen des AB kann dann die Vp. bei der Betrachtung der Bilder entweder von anscheinend grundloser Lustigkeit erfaßt oder von ebenso unverständlicher Trauer berührt werden. Die im Bilde gesehenen Stimmungen pflegen sich nach unserer Beobachtung besonders bei Kindern und Jugendlichen manchmal diesen mitzuteilen und in den Mienen ablesbar zu werden; meist ist wohl aber die Stimmung das Primäre. Letzteres entspricht mehr dem B-Typus, ersteres mehr dem T-Typus. Vielleicht könnten sich ähnliche, anscheinend grundlose Stimmungen bei verschiedenen Individuen, die gar nicht geistig krank zu sein brauchen, auf erstere Weise erklären. Besonders bei Kindern und Jugendlichen dürfte dieser Umstand bei Verstimmungszuständen vielleicht manchmal Beachtung verdienen[1]). Für die Geisteskranken ist ja bekannt, daß sich die Stimmungsfärbung ihrer Halluzinationen ihrer Psyche oft mitzuteilen pflegt; meist ist wohl aber auch hier die Stimmung das Primäre. Nach unseren Beobachtungen scheint letzteres den B- und BT-Typen, ersteres besonders den T-Typen eigentümlich zu sein. Entspringen doch diese AB bei den B-Typen der Vorstellung selbst, während sie bei den T-Typen wie von außen aufgedrängt erscheinen. Letzteres scheint gerade das Charakteristische für Halluzinationen, aber auch für Stimmungen zu sein, die ihren Ursprung nicht im B-Komplex (Cortex, Vorstellungsleben), sondern gerade in einem gesteigerten Hervortreten des T-Komplexes (subcorticale psychisch-sensorische Instanzen vgl. Kap. VII, 2c) haben. Daß solche Verstimmungen bei Eidetikern, wie wir beobachteten, auch im Vorstellungsleben verschwinden können, wenn die AB_T durch Calcium zum Verlöschen gebracht sind, entspricht ganz den von K. LANDAUER (vgl. später) mitgeteilten klinischen Beobachtungen bei Tetanoiden, bei denen die Träume durch Calciumgaben ihre ängstliche Färbung verlieren, wo aber sogar die grundlose Angst, die als eine nicht „komplexhaft" und nicht psychogen verankerte für die innere Beunruhigung Tetanoider (auch nach K. LANDAUER) charakteristisch sein soll, dann selbst auch im Wachleben verschwindet. Tetanoide werden wie von unsichtbaren Gewalten gehetzt und getrieben, Basedowoide wollen bald dies und bald das, immer aber wollen sie es selbst, so beschreibt LANDAUER, obwohl er sich gegen die von uns herausgestellten Zusammenhänge wendet, dieses bis zu gewissem Grade gegensätzliche Verhältnis. Ganz entsprechend wie für Tetanie werden in der Literatur auch Fälle von Psychosen beschrieben, die entweder vor dem Morbus Basedow, mitten in ihm, oder erst nach Abklingen des somatischen Prozesses auftraten. Es wurden aber auch Psychosen beschrieben, die ganz wie die zuletzt hier angeführten Tetaniepsychosen mit dem somatischen Basedowleiden, und par-

[1]) Fälle, wo bei starker eidetischer Anlage sogar die Wahrnehmungen wirklicher Gegenstände verändert erscheinen (vgl. u. ferner Makropsie und Raumverlagerung im AB und bei Wahrnehmung wirklicher Objekte), dürften auch für die Psychologie der Zeugenaussagen besonders Jugendlicher von Wichtigkeit sein.

allel seinem Grade, zu- und abnahmen. Wir vertraten daher ganz analog wie für die entsprechenden Syndrome des T-Komplexes und für die tetanoiden Psychosen die Auffassung, daß es auch Psychosen des B-Typus geben müsse, die als isolierte psychische Äquivalente der Funktionen und der gleichen Stoffwechselprozesse anzusehen sind, die dem B-Typus oder seiner pathologischen Übersteigerung zugrunde liegen. Hierbei sollen die endokrinen Anteile dieser Vorgänge, analog unserem bisherigen Vorgehen, stets wieder in den Vordergrund gestellt sein. Indessen werden wir uns hierbei, im Sinne unserer Ausführungen im Kap. VII, 2, jederzeit vor Augen halten müssen, daß bei allen Psychosen, die zum B-Typus bzw. B-Komplex zu rechnen sein würden, — also auch bei endokrin veranlaßten Zuständen bzw. Intoxikationen durch Stoffwechselgifte oder Stoffwechselverschiebungen —, die psychischen Faktoren des höheren Seelenlebens, also Erlebniskomplexe, Gefühle, Affekte, Charakter usw., für alle Symptome eine ganz andere und erhöhte Bedeutung gewinnen müssen, als bei Psychosen und seelischen Zuständen, die auf dem Boden des T-Komplexes erwachsen oder wesentlich durch diesen ihre besondere Färbung gewinnen; in beiden Fällen aber, bei B- und T-Typus, wird das richtige Zusammenwirken der verschiedenen psychophysischen Instanzen in Zentrum und Peripherie gegenüber der Norm verschoben sein[1]).

Wir haben vorhin schon erwähnt, daß das einseitige Hervortreten des T-Komplexes stets die depressiven Stimmungslagen begünstigt. Wir haben auch erwähnt, daß die manisch-depressive (zyklothyme) Stimmungslage und ihre bald manisch-erregte, bald depressiv-stumpfe Phase (auch erethisch-stuporöse Haltungen), bis in die in normaler Breite variierenden Stimmungslagen hinein, gerade beim BT-Typus in einem wechselnden Hervortreten bald des einen, bald des anderen psychophysischen Komplexes in verschiedenster Kombination und oft auch nur in formaler Beziehung ihre Ursache finden könnten, eine Möglichkeit, die nur mit größter Vorsicht angedeutet werden kann, aber nicht ganz mit Stillschweigen übergangen werden sollte (vgl. Anm. 2, S. 293 und Anm. 1, unten).

Da beide psychophysische Komplexe in jedem Organismus vorhanden und somatogenen Reizen zugänglich sind, so ließen sich, wie schon vielfach angenommen wird, mancherlei psychiatrische Erscheinungen und Symptombilder sehr wohl auf endokrine und Stoffwechselschwankungen[2]) zurückführen, wenigstens in ihrer Grundstruktur, die dann im Sinne der früher von uns auseinandergesetzten psychologischen Tatsachen (Kap. I) auch die Funktion höherer seelischer Schichten formal bestimmen kann (vgl. auch Anm. 2, S. 293).

In diesem Sinne ist daher vielleicht auch der auf S. 430 geschilderte Fall von Tetanie und Psychose besonders bemerkenswert. Hier trat die Psychose

[1]) Also im Sinne einer, wie BONHOEFFER sich ausdrückt, „gestörten Konkordanz zwischen Paläencephalon und Neencephalon", die schon dieser als Erklärung mancher Erscheinungen bei Encephalitis und asozialen Psychopathen für möglich hält. Ähnliches können Entwicklungsstörungen bewirken (vgl. Kap. VII, 3); z. T. wird dies nur formal der Fall sein.

[2]) Hierbei muß im Auge behalten werden, daß es außer solchen spezifischen endokrinen, vegetativen Affinitäten und Ionenverschiebungen (S. 316f.) wahrscheinlich noch ganz andere Umstände, endotoxische Giftwirkungen usw. gibt, die jeweilig das gleiche bewirken können: die Reizung bestimmter zentral und peripher einheitlich zusammenarbeitender Wirkungszusammenhänge. In entsprechendem Sinne stellt z. B. F. H. LEWY (s. S. 322) fest, daß gewisse Schwermetallsalze und Stoffwechselgifte, z. B. des Leberstoffwechsels, eine besondere Affinität zu den tieferen Hirnteilen (T-Komplex) besitzen, andere (speziell Bakteriotoxine) gerade zur Hirnrinde (vgl. hierzu auch Arbeiten von SPATZ). Mit der endo- bzw. exotoxischen Reizung dieser verschiedenen Systeme werden jedoch auch ihre Äquivalente psychischer Art und formale Reaktionsarten eine Steigerung erfahren, deren Erfolge sich wiederum gegenseitig, je nach dem vorliegenden Biotypus, geringer oder stärker beeinflussen werden. Hier wäre z. B. an die vielfach dauernd depressiv eingestellte Stimmungslage mancher chronischen Leberkranken zu denken.

immer zugleich mit den Tetaniekrämpfen auf, und zwar jedesmal, wenn eine Verdauungsstörung vorlag. In neuerer Zeit wird eine aus den Stoffwechselabbauprodukten stammende Guanidinvergiftung immer bestimmter als Ursache mancher Tetanien angegeben. Auch die neuesten amerikanischen Arbeiten sind erwähnenswert in diesem Zusammenhange, denn es gelang im Tierversuch bei Parathyreoidektomie durch fortgesetzte hohe Darmspülungen die Tetanie hintanzuhalten.

Auf die Eidetiker und auf Jugendliche bezogen würde also um so weniger im Wege stehen, ganz besonders auch halluzinatorische Zustände mit körperlichen Umständen verschiedenster Art in Verbindung zu bringen. Alle zum psychophysischen T-Komplex gehörenden Zustände dürften hierbei gegenüber denen des B-Komplexes weniger mannigfaltig sein: im Falle halluzinatorischer, besonders pseudohalluzinatorischer Zustände dürften sie alle mehr als Fremderlebnis wirken und von außen aufgedrängt erscheinen, erst sekundär Angst hervorrufend, weniger aus einer icheigenen primären seelischen Angst geboren, mit anderen Worten, zugleich weniger mit dem Stigma der Psychogenie behaftet[1]). Zugleich werden bei vorwiegend psychogenen Zuständen, also beim B-Typus, wie erwähnt, alle übrigen Faktoren des höheren Seelenlebens und höchster geistiger Funktionen eine viel größere Rolle spielen als bei den zum T-Komplex gehörenden überwiegend somatogenen Psychosen, wenngleich auch letztere, bei geeigneten psychophysisch stark integrierten Individuen, oder im gegenteiligen Falle bei überwertigen Reizen, eine Psychogenie nicht ausschließen. Das Bild der Basedowpsychose wird aber wegen der vorzugsweisen Beteiligung höherer psychophysischer Schichten meist ein vieldeutigeres, vielgestaltigeres sein können als dies bei Tetaniepsychosen der Fall ist, wenigstens bei reinen Typen. Und das ist gerade ein Umstand, der bei Durchsicht der Literatur über echte Tetanie- und echte Basedowpsychosen auffällt, obwohl wir hier mit einer starken Beteiligung von Mischtypen rechnen müssen. Man kann ja in der Literatur naturgemäß nicht auf das Vertretensein nur reiner psychophysischer Typen unter den betreffenden Patienten beider Arten von Psychosen rechnen. Trotzdem aber heben sich diese Unterschiede deutlich genug heraus. Es ist verschiedentlich sogar ausgesprochen worden, daß es überhaupt keine eigentliche Basedowpsychose gäbe, eine Behauptung, die sich schon aus den vielfältigen psychischen Einflüssen und der dadurch bedingten Vielgestaltigkeit der Erscheinungen beim B-Komplex zwanglos erklärt, ferner dadurch, daß ja schließlich auch einmal Nicht-B-Typen eine Basedowpsychose bekommen können. Aber selbst schon die verhältnismäßig wenig zahlreichen in der Literatur niedergelegten echten Tetaniepsychosen zeigen in der angedeuteten Richtung ein verhältnismäßig einheitlicheres Gepräge. Ebenso zeigen nichtpsychotische Tetaniekranke und T-Typen übereinstimmende Züge, die uns auch außerhalb von Psychosen im seelischen Leben immer wieder begegnen. (Wir verweisen auf früher Gesagtes.) Gleiches ist beim B-Typus der Fall. Wenn aber trotz der größeren Vielgestaltigkeit der Erscheinungen psychotischen Charakters im B-Typus ein einheitlicherer Zug herausgehoben zu werden verdient, dann dürfte es vielleicht jener sein, der einerseits in manischen Begleitumständen verschiedener Psychosen zum Ausdruck kommt und ferner darin, daß in ihnen vielfach eine Steigerung von Zügen des höheren Seelenlebens zum Durchbruch kommt, die auch schon vor der Psychose als zum Ich gehörig und auch vom Individuum selbst als

[1]) Vgl. hierzu (Zeitschr. f. d. ges. Neur. u. Psych. Bd. 69. 1923) Marcuses Forderung nach einer schärferen Unterscheidung somatogener und psychogener psychiatrischer Erkrankungen. In ähnlicher Richtung bewegt sich Fauser mit seinem Versuch einer Zuordnung psychiatrisch-psychischer Grundphänomene zu chemisch-physiologischen Zuständen (Zeitschr. f. d. ges. Neur. u. Psych. 1923).

icheigen empfunden werden, sodaß Ich und Psychose gewissermaßen als Ausfluß derselben Instanz erscheinen, die Psychose in vieler Hinsicht also schon charakterologisch fundiert ist, während alles, was zum T-Komplex oder seinen Auswirkungen selbst im höheren Seelenleben gehört, als etwas Fremdartiges, von außen Aufgedrängtes und darum Unheimliches, Beängstigendes, vom Ich nicht Bejahtes erscheint, das, solange keine Bewußtseinstrübung da ist, als ichfremd abgelehnt wird. Kommt es hier aber zu pathologischen Zuständen, so bedingt die Steigerung des T-Komplexes meist eine völlige Umänderung der Persönlichkeit[1]) gegenüber früher, ein Zustandsbild, das sich nicht erklären läßt als eine einfache schärfere Ausprägung des schon früher angelegten Charakters. Ein verstärktes und pathologisches Hervortreten des B-Komplexes scheint dagegen meist eine Steigerung von Zügen zu bedingen, die im Rudiment schon präpsychotisch dem höheren Seelenleben des Individuums eigen waren, die auch vorher schon „ichadäquat" erschienen, selbst wenn sie im unbewußten Seelenleben „komplexhaft" verankert waren; ja es werden mancherlei Züge der Psychose erklärbar, wenn man Charakter und Vorleben des Individuums kennt (vgl. hier z. B. den „sensitiven Beziehungswahn" E. KRETSCHMERS). Alles dies gilt natürlich, wegen der Häufigkeit der Mischfälle, nur relativ. Im Gegensatz zu dem manischen und psycho-erethischen Charakter des B-Komplexes mit seinen zyklischen psychischen Phasen erscheint als biologisch zum T-Komplex gehörend eher der apathisch-stumpfe, motorisch arme und überwiegend depressive (oder der explosiv-motorische, sensorisch- und sensibel-erethische) Typus. Gerade letztere Erscheinungen beobachten wir ja deutlich bei den Persönlichkeits- und Charakterveränderungen auch nicht psychotischer, aber sicher cerebraler Art, z. B. der Encephalitis lethargica, bei der gerade die Annahme einer krankhaften Übersteigerung des T-Komplexes in engerem Sinne in Übereinstimmung mit den klinischen Beobachtungen zu stehen scheint[2]). Wir müssen uns darauf beschränken, hier

[1]) Hier handelt es sich dann um ein wirkliches Hervortreten des subcorticalen (nicht nur „subcortiformen") Anteiles des T-Komplexes (vgl. Anm. 2, S. 293 und folgende Anmerkung).

[2]) Vgl. hierzu MEYER: Veränderungen der Persönlichkeit bei chronischer Encephalitis. Klin. Wochenschr. Nr. 4. 1924. Schon für die normalen Erscheinungen des T-Typus vermuteten wir als ausschlaggebenden Vorgang ein In-den-Vordergrundtreten der extracorticalen, d. h. subcorticalen Reaktionsformen, und das entspricht im Motorischen den hier kürzlich von F. H. LEWY ausgesprochenen Vermutungen der Existenz extrapyramidaler (extra- = subcorticaler) motorischer Typen. Bei den Erscheinungen und Persönlichkeitsfärbungen postencephalitischer Natur mit krankhaftem Hervortreten jener extrapyramidalen Motorik tritt nun eine psychische Veränderung ein, die ganz im Sinne eines krankhaft gesteigerten T-Typus ist, wobei aber die Denkfunktionen selbst hier potentiell und ihrer Eigenstruktur nach im Gegensatz zu ähnlichen Erscheinungen bei Dementia praecox unberührt bleiben; sie bleiben an sich intakt und verändern sich nur im gleichen Sinne wie die motorischen Funktionen, indem z. B. bei encephalitischer Erstarrung der Motorik der Fortfall von motorischen Begleiterscheinungen und Antriebsempfindungen, die bei den gewöhnlichen Denkvorgängen eine Rolle spielen, das Denken verarmen und erstarren läßt, ohne es aber in seinen eigenen Strukturgesetzen ganz grundsätzlich zu verändern. Es ist nicht eine Umstellung der Gesetze wie bei der Schizophrenie, sondern eine Hemmung ihres Inkrafttretens und ihres Ablaufs. Wenn also manche Kliniker in bezug auf diese Persönlichkeitsveränderungen nach Encephalitis durch Störung des Motorischen, wie BONHOEFFER und v. ECONOMO, von einer „gestörten Konkordanz zwischen Paläencephalon und Neencephalon" sprechen, so entspricht dies ganz den Anschauungen, die wir in Kap. VII, 2 über eine mögliche Lokalisation auch der entsprechenden psycho-sensorischen Koordinationszentren und ihrer jeweiligen psychischen Äquivalente aussprachen: während aber bei den postencephalitischen Zuständen in der Motorik die niederen Schichten die höheren und entwickelteren nur beeinflussen, so setzen sich in der Dementia praecox die niedersten Schichten des Psychosensoriums und der Motorik auf Kosten der entwickelten und höheren auf besondere Weise völlig durch, und hier auch vermutlich in ganz spezifischer Art (vgl. Kap. VII, 3c). Im Rahmen normaler T-Typen aber würde in an-

vieles nur anzudeuten. Wir sind uns voll bewußt, daß wir hier nur von Möglichkeiten sprechen. Indessen glauben wir, daß sie immerhin wert sind, ausgesprochen zu werden; der eigentliche Entscheid muß den in diesen Dingen berufeneren Forschern überlassen bleiben.

Manches andere, insbesondere die Frage gewisser Züge der schizophrenen Prozesse und ihre psychophysisch-biologische Dynamik hat schon in Kap. VII, 3c eine Erwähnung gefunden. Hier sollten nur noch einige Ergänzungen angebracht werden. Daß auch andere psychiatrisch bemerkenswerte Erscheinungen, wie z. B. die „Depersonalisation", sich zwanglos in den Rahmen der hier vertretenen Auffassungen einfügen lassen, wurde ebenfalls schon erwähnt. Manches Ähnliche wie bei der Encephalitis finden wir aber auch bei psychischen und somatischen Veränderungen seniler Degenerations- und Involutionsprozesse, und auch bei der Paralysis agitans; überhaupt scheint das Hervortreten gewisser Charakterzüge der Gesamtpersönlichkeit bei der Psychologie des Greisenalters und bei manchen anderen spezifischen Degenerationspsychosen zu dem Überwiegen einmal des B-, ein anderes Mal des T-Komplexes im weitesten Sinne eine Beziehung zu besitzen, und zwar gleichgültig, ob dieses Hervortreten zuerst auf motorischem oder zuerst auf psychisch-sensorischem Gebiete in Erscheinung tritt. Ein grundsätzlicher Unterschied aller dieser Erscheinungen zu entsprechenden Vorgängen bei der schizophrenen Psychose scheint dabei immer darin zu bestehen, daß bei letzterer eine krankhafte Überfunktion bzw. Enthemmung eines Systems völlig von den Funktionen auch anderer Systeme Besitz ergreifen kann, während bei der Encephalitis z. B. die gestörte Motorik wohl auch den psychischen Funktionsabläufen gewisse Charakterzüge aufdrängt, ohne aber diese selbst dabei völlig und von Grund auf zu zerstören: jedes gestörte System bleibt bei den Hirnstörungen, abgesehen von der Schizophrenie, innerhalb der ihm zugeordneten Funktionen und Zuordnungen in seiner Eigenart wirksam und funktionsfähig. Nirgends sind wir genötigt — außer bei der Schizophrenie — die Voraussetzung eines markreifen Zentralorgans oder mindestens dessen Funktionstypus zu verlassen. Das Denken z. B. wird beim Encephalitiker nicht selbst umgestellt; es verarmt nur infolge des Mangels an motorischem Antrieb. Bei der Schizophrenie aber wird das normale Zusammenwirken verschiedener Funktionsschichten und Systeme, soweit es beim Encephalitiker und anderen pathologischen Hirnprozessen noch erhalten bleibt, ebenfalls zerstört. Hier tritt eine völlige Auflösung aller festgelegten Zuordnungen auf, an deren Stelle nach unserer Vermutung die primordiale primitiv-archaische Koppelung aller Funktionen und damit eine pathologische, in dieser Form nur der Schizophrenie zukommende „retrograde Integration" (Reintegration) aller schon differenzierten

derer Weise das Schlafreden, die Schlafzuckungen, der Pavor nocturnus und das Nachtwandeln seine Erklärung finden können als eine „Isolierungserscheinung" (H. Fischer), „eine gestörte Konkordanz" funktionell-physiologischer Art zwischen Paläencephalon und Neencephalon, die sich krankhaft gesteigert finden kann zugleich auch in den zur Epilepsie gehörenden Dämmerzuständen (T_E-Typen, S. 384, Anm. f.), oder infolge psychogener Spaltung bei geeigneten Individuen bei der Hysterie (B_H-Typen). Für den T-Typus der motorischen Äußerungen bei Encephalitis erscheint charakteristisch auch die „Persönlichkeitsfremdheit" dieser Äußerungen, die von den Kranken selbst empfunden und angegeben wird. Die „Korridorfurcht" der Postencephalitiker drängt unwillkürlich zum Vergleich mit jener in abgeschwächtem Maße und im allgemeinen nur bei Dunkelheit so häufigen und auch bei ganz normalen Jugendlichen weit verbreiteten „Dunkelfurcht", die meist darin besteht, daß leere Räume und Treppenhäuser nur mit einer gewissen Angst unbestimmter Art passiert werden können, wobei sich die Jugendlichen und Kinder vielfach durch Pfeifen selbst Mut zu machen pflegen. Auch gewisse motorische Stereotypien und Tics des Jugendalters scheinen hierher zu gehören. Ob alle diese Dinge auch psychogen ausgelöst werden können, hängt dabei wahrscheinlich immer davon ab, ob der betreffende Fall eine B-Komponente in sich birgt.

(nicht mehr integrierten) Funktionsabläufe unter gleichzeitigem Zerfall der Persönlichkeit (Lysophrenie) in Erscheinung tritt[1]).

Nach dieser Abschweifung von der Frage psychotischer und halluzinatorischer Zustände kehren wir wieder zu den eidetischen Erscheinungen zurück. Wir betrachten unsere letzten Ausführungen nur als einen Hinweis auf Möglichkeiten, der keinen Anspruch auf Gültigkeit erhebt.

Es liegt jedoch die Frage besonders nahe, wie sich das Verhalten eidetischer Individuen bei krankhafter Steigerung der eidetischen Anlage je nach ihrem Typus darstellen würde. Dieser Frage waren schon die oben erwähnten Anhaloniumversuche gewidmet. Sie zeigten einen Zusammenhang auf zwischen optischen Gesichtserscheinungen, die durchaus noch auf der Stufe der AB standen, und solchen halluzinatorischen Charakters. Sie bewiesen, wenigstens in gewissen Fällen, die gleitenden Übergänge zwischen beiden, die sich auch in der klinischen Beobachtung zeigen (in besonders schöner Weise z. B. in dem obenerwähnten LAPINSKYschen Falle). Aber selbst bei gesunden Eidetikern des hiesigen Materials gelangen solche gleitende Übergänge, wie H. FREILING[2]) gezeigt hat, ganz unmittelbar zur Beobachtung: gesunde Jungens mit starken AB schlugen beim Spiel sogar im Freien und am Tage, z. B. beim sogenannten Drittenabschlagen in die Luft, wo sie fälschlicherweise einen Kameraden stehen sahen, der in Wirklichkeit nicht mehr dort war. Ein solcher Übergang von AB in echte Halluzinationen, d. h. Verlust der Kritik über den Nichtwirklichkeitscharakter des Gesehenen bzw. Gehörten, kann also auch schon ohne Einwirkung einer körperlichen oder psychischen Noxe ganz ohne weiteres stattfinden. Manche, auch Erwachsene unter unseren Eidetikern, berichten mit Bestimmtheit, daß ihnen, wenn sie auch der Nichtwirklichkeit solcher Erscheinungen im allgemeinen sicher sind, wenigstens für Augenblicke das Bewußtsein dafür verloren gehen kann. Ganz gleiche Erscheinungen können, wenn auch selten, einmal ganz spontan bei Individuen auftreten, bei denen sich für gewöhnlich eine eidetische Anlage nicht nachweisen läßt. Spontane AB können nämlich — und vorübergehend recht stark — gerade auch schon bei sonst schwacher eidetischer Anlage auftreten[3]).

In der Psychiatrie versucht man nun zwischen verschiedenen Formen der Halluzinationen zu unterscheiden. Manche Psychiater neigen der Ansicht zu, daß gewisse Halluzinationen unter Mitbeteiligung des peripher-optischen Apparates zustande kommen, während bei anderen, z. B. manchen Halluzinationen der Schizophrenen, diese Mitbeteiligung unwahrscheinlich sei. Über die anatomische Lokalisation der eidetischen Prozesse wissen wir nichts Bestimmtes. Nicht einmal darüber sind wir ja sicher unterrichtet, wo die den normalen Farbenempfindungen entsprechenden physiologischen Prozesse zu lokalisieren sind. Mit aus diesem Grunde hat auch EWALD HERING den Begriff „Auge“ stets im weitesten Sinne verstanden und angewendet, indem er hierunter stets nicht nur den peripheren Apparat, sondern zugleich auch seine sämtlichen zentralen Adnexe verstand. Wenn wir erst einmal einen gesicherten Einblick gewonnen haben werden in die Lokalisation der den AB zugrunde liegenden physiologischen Prozesse, die möglicherweise, wie wir zu zeigen versuchten, bei den verschiedenen Formen und Stufen des Sinnengedächtnisses eine verschiedene ist, dann wird

[1]) Vgl. hierzu auch noch unveröffentlichte, bisher nur in Vorlesungen mitgeteilte Arbeiten zur Denkpsychologie von E. R. JAENSCH bzw. Kap. XII.

[2]) Vgl. in JAENSCH, E. R.: Über den Aufbau der Wahrnehmungswelt: XI. H. FREILING.

[3]) Hierher könnten auch einzelne der von MAYER-GROSS beschriebenen Fälle seines „oneiroiden Zustandsbildes“ gehören. Es wäre nicht erforderlich, daß hierher gehörende Individuen bei der experimentellen Untersuchung manifeste Eidetiker wären. Denn solche Zustände kommen im Zusammenhang mit spontanen AB auch bei Individuen, die für gewöhnlich nicht manifest eidetisch sind, ganz vorübergehend vor.

es vielleicht auch einmal gelingen, diesen verschiedenen Gedächtnisstufen jene verschiedene Arten der Halluzinationen, die die Psychiatrie unterscheidet, als Steigerungsformen zuzuordnen[1]).

Daß aber abgesehen von den Halluzinationen auch gewöhnliche AB Züge zeigen können, die man mit einigem Recht sogar als solche bezeichnen darf, die mit gewissen bei Schizophrenie hervortretenden Eigentümlichkeiten Übereinstimmung zeigen, lehrt der von E. R. JAENSCH geschilderte Fall einer jugendlichen Vp., des bisher einzigen dieser Art in unserem großen Gesamtmaterial[2]). Es zeigt sich auch hier wieder die Wichtigkeit einer weiteren Verfolgung aller dieser Fragen an eidetischen Individuen mit normalem Geisteszustand. In welchen Vorgängen bei allen echten Halluzinationen aber die Fälschung der Realität der Erscheinung beruht, wird sich vielleicht auch mit Hilfe eidetischer Untersuchungsmethoden um so eher erklären lassen, als mit Einführung der durch E. R. JAENSCH begründeten Lehre von der geschichteten Struktur des Vorstellungslebens (und der psychischen Welt überhaupt) in die Mannigfaltigkeit der visuellen Phänomene Ordnung hineingebracht werden konnte, wenn man sie in exakter Weise einer experimentellen Funktionsanalyse unterzog und sich in anatomisch-physiologischen Spekulationen zunächst Zurückhaltung auferlegte.

Im Verfolg unserer Untersuchung erwies sich die eidetische Anlage als verkoppelt mit bestimmten somatischen Eigentümlichkeiten. Die somatischen Parallelerscheinungen finden in den Angaben der Literatur über Tetanie- und Basedowpsychosen in vieler Hinsicht eine Bestätigung auf pathologischer Ausprägungsstufe. Neben diesen Angaben über eigentliche Tetanie- und Basedowpsychosen finden sich aber in der Literatur nicht unwichtige Aufzeichnungen über noch andere Symptome bei Psychosen und geistigen Störungen sowie auch Angaben über im allgemeinen normale Individuen, die in den gleichen Erscheinungskomplex, wenigstens in manchen Fällen, hineingehören könnten. Ein in K. GOLDSTEINS Arbeit „Zur Theorie der Halluzinationen" geschilderter Fall[3]) verdient hier besondere Beachtung. Es handelt sich um einen 54jährigen Mann mit neuropathischer Belastung und lebhaften AB (nach der von uns eingehaltenen Terminologie, d. Verf.), die sich zeitweilig zu Halluzinationen steigern. Hier finden sich auch weitere Literaturangaben über ähnliche Erscheinungen. TIGGES[4]) ferner fand bei „Melancholie mit Sensationen" (!) erhöhte elektrische Muskelkontraktilität, die sich mit dem Grade der Sensationen steigerte. Unser eigener Fall 23, Kap. V C weist Erscheinungen auf, die wir in ähnlicher Weise bei Unfallsneurose zu finden gewöhnt sind. Es bestehen AB im Gebiete des Schmerzsinnes, die sich u. a. darin äußern, daß bei Erinnerung an einen früher erlittenen Unfall infolge von Ansichtigwerden der Unfallstelle die Schmerzen in der Bruchstelle des Armes wieder auftreten; daneben besaß der Betreffende auch optische AB. Hierbei sei auch O. BINSWANGERS Deutung mancher Fälle von Unfallsneurose als „Fixierung schmerzlicher Erinnerungsvorstellungen" gedacht[5]). Erwähnung verdienen in diesem Zusammenhange auch Beobachtungen von TRAUGOTT[6]), der bei sogenannter traumatischer Neurose mehrfach traumhafte phantastische Halluzinationen meist schreckhaften Inhaltes im Vordergrunde des Krankheitsbildes stehen sah.

---

[1]) In Kap. VII, 2 c haben wir in ganz unverbindlicher Weise den Versuch gemacht, über solche mögliche Lokalisationen greifbare Vorstellungen zur Erörterung zu stellen.

[2]) JAENSCH, E. R. (I): V. Über Raumverlagerung. Beilage. Vgl. hierzu Kap. VI, S. 282.

[3]) GOLDSTEIN, K.: Arch. f. Psych. Bd. 44. 1908.

[4]) TIGGES: Zeitschr. f. Psych. 1874.

[5]) BINSWANGER, O.: Die psychologische Denkweise in der Heilkunde. Jena 1901.

[6]) TRAUGOTT: Berl. klin. Wochenschr. 1896.

Zusammenfassend ist also noch einmal zu sagen, daß wir bei T-Typen Beziehungen zwischen Körperkonstitution und Psyche fanden, Korrelationen zwischen bestimmten somatischen Merkmalskomplexen und der eidetischen, in gesteigerten Grenzfällen auch einer bestimmten neurotisch-psychotischen Anlage. Einschlägige klinische Schilderungen und Beobachtungen fanden wir mit unseren Befunden in guter Übereinstimmung. Ganz entsprechende Beziehungen ergeben sich für den B-Typus. Nur muß man sich hierbei, wie eingangs erwähnt, ständig gegenwärtig halten, daß die Psyche wie das zentrale Nervensystem das feinste Reagens ist, das der Organismus besitzt, und das, wie auf Außenreize, so auch auf Stoffwechselverschiebungen am stärksten reagiert. Darum können in manchen Fällen die psychischen Merkmale eines psychophysischen Erscheinungskomplexes vorhanden sein, während die körperlichen nicht oder nur andeutungsweise nachweisbar sind[1]); andererseits können bei manchen Individuen, infolge besonderer körperlicher Überempfindlichkeit, irgendwelche Schädigungen auch auf somatischem Gebiete Veränderungen hervorbringen, die bei anderen nur die Psyche zu beeinflussen vermögen[2]).

Sollte man also in Zukunft an das Studium von Psychosen, insbesondere solcher mit Halluzinationen, auch unter dem Gesichtswinkel dieser psychophysischen Problemstellung herantreten, so erscheint nicht ungegründete Aussicht vorhanden, wenigstens in manchen Fällen, dem Verständnis solcher Zustände einen kleinen Schritt näherzukommen.

Daß sich selbst Tierversuche auf dem Gebiet psychischer Eigenschaften und Erkrankungen zur Klärung hierhergehöriger Fragen verwenden lassen, geht aus den Versuchen von F. Blum[3]) und Pineles[4]) hervor. F. Blum berichtet z. B. über Psychosen bei thyreo-parathyreoidektomierten Katzen mit Tetanie. Bei diesen beobachtete er auch Halluzinationen und Charakterveränderungen, die sich in allerhand unsinnigen Handlungen und eigentümlichem Gebaren mit Deutlichkeit verrieten. Gerade in diesen vorwiegend psychisch veränderten Fällen trat nun das körperliche Krampfmoment der Tetanie gegenüber den psychotischen Erscheinungen fast völlig in den Hintergrund oder war in seiner Erscheinungsweise vollständig anders als sonst. In einzelnen dieser Fälle sah Blum im späteren chronischen Verlauf der Psychose überhaupt keinerlei Krämpfe mehr auftreten, bei anderen waren ab und zu klonische Muskelzuckungen da, vereinzelte Streckkrämpfe, Konvulsionen auf der Höhe der Verwirrtheit, kurzum, es trat neben das Krampfmoment, dieses oft völlig verdrängend, die Psychose. Bemerkenswerterweise waren dies gerade Tiere, bei denen es durch geeignete Behandlung (Milchkost) gelungen war, das eigentliche echte motorische Krankheitsbild der Tetanie abzuschwächen und hierdurch diese Tiere am Leben zu halten, während die anderen ohne psychotische Veränderungen unter dem Bilde schwerster Tetaniekrämpfe, die hier im Vordergrunde standen, zugrunde gegangen waren. Nicht ein einziges Mal unter 100 Beobachtungen der letzteren Art, bei denen die Krämpfe selbst im Vordergrund standen, beobachtete Blum psychische Alterationen oder gar Halluzinationen. Es scheinen also nur Tiere mit geringen motorischen Erscheinungen der Tetanie, und unter diesen wieder nur bestimmte Individuen vorwiegend psychotisch erkrankt zu sein, obwohl in allen Fällen die genetische, mindestens funktionell-somatische (hier sogar organische: Epithelkörperchenexstirpation!) Grundursache die gleiche

---

[1]) Hieraus müßten sich dann unsres Erachtens therapeutische Schlußfolgerungen ergeben. Vgl. hierzu z. B. Wagner v. Jauregg: Organotherapie bei Neurosen und Psychosen, Wien. klin. Wochenschr. 1923. Vgl. hierzu unsere früheren Angaben über die ermittelten Untertypen des T- und B-Typus (S. 109 u. a. O.).

[2]) Hierzu ist bemerkenswert, daß sich in der Aszendenz Basedowkranker z. B. häufig Psychosen finden! (Zondek, H.: Klin. Wochenschr. Bd. 15. 1923. Sitzungsber. d. Ver. f. inn. Med. u. Kinderheilk., Berlin). Hier ist auch an die psychische Auslösbarkeit und ebenso an die psychotherapeutische Beeinflußbarkeit von Basedowerscheinungen zu erinnern (vgl. Heyer: Das körperlich-seelische Zusammenwirken, München: Bergmann 1925).

[3]) Blum, F.: Neurol. Zentralbl. 1902.

[4]) Pineles: Wien. klin. Wochenschr. 1904.

war. Diese letzteren Tatsachen erscheinen uns besonders wertvoll für die hier behandelten Zusammenhänge. Ähnliches wie BLUM beobachtete PINELES an Affen.

Alles oben Erwähnte zeigt sich noch deutlicher, wenn wir mit tiefer dringender biologisch-entwicklungsgeschichtlicher Auffassung, wie in Kap. VII, an den Versuch herangehen, die besondere Struktur unserer Biotypen auch in anderen pathologischen Zustandsbildern als den bisher vorwiegend erwähnten endokrinen nachzuweisen[1]). Einiges in dieser Richtung deuteten wir schon an.

Es kann aber ferner auch von vornherein dem etwaigen Einwand entgegengetreten werden, daß man entsprechend unseren eidetischen Typen bei den hier herangezogenen Zustandsbildern womöglich immer hochgradige AB finden müsse: also bei echter Tetanie und echtem Morbus Basedow oder bei voll ausgeprägtem Basedowoid und, wenn auch latenten, aber ausgeprägten klinischen Zeichen tetanoider Natur. Ein solches Mißverständnis ist unter anderem auch in der Arbeit von S. FISCHER und H. HIRSCHFELD über die Beziehungen eidetischer Anlage zu körperlichen Merkmalen enthalten. Entsprechendes gilt von der Veröffentlichung P. KARGERS (Klin. Wochenschr. 1925 Nr. 47), auf die wir in Kap. VII, 6 näher eingegangen sind[2]).

Übrigens ist Verf. in der Medizinischen Universitätsklinik Frankfurt a. M. der Nachweis von AB entsprechenden Typus' bei neuropathischen Basedowkranken und bei einzelnen Fällen postoperativer Tetanie bzw. Encephalitis, arteriosklerotischem Parkinsonismus tatsächlich gelungen, und bei anderen Erkrankungen, die sämtlich eine innere Beziehung zum B- bzw. T-Komplex haben dürften (Kap. VII). Keinesfalls wird man dies aber, besonders bei erwachsenen Individuen, immer erwarten können (ohne daß durch diese Einschränkung der Typus durchbrochen werden müßte, der ja auch für Nichteidetiker gilt).

Außer den endokrinen Krankheitsbildern, soweit sie im Rahmen unserer besonderen Fragestellung psychiatrische Interessen berühren, und außer einigen Andeutungen und Folgerungen auch hinaus über den engeren Rahmen der endokrinen Seite unseres T- bzw. B-Komplexes, erwähnten wir in Kap. VI einiges zur Frage und Stellung der Epilepsie und epileptiformer Zustandsbilder innerhalb unserer Typenaufstellung. Wir können uns mit den dortigen Andeutungen begnügen (vgl. auch Kap. VII, Anm. S. 384). Die in Kap. VI erwähnten Feststellungen erfordern erst noch eine weitere Durcharbeitung nach verschiedenen Richtungen.

---

[1]) Bemerkenswert hierzu erscheinen die Ausführungen K. BIRNBAUMS: Die Psychose im Lichte neuerer Anschauungen. Klin. Wochenschr. Nr. 17. 1923: „Alles in allem sehen wir so im Bereiche der Psychose die Persönlichkeit mit den ihr eigenen Gesetzmäßigkeiten, den ihr zukommenden psycho- bzw. biodynamischen Aktions- und Reaktionstendenzen in den pathologischen Grundprozeß eingreifen, und können demgemäß die Psychose formulieren als das Produkt aus dem Zusammenspiel der pathogenetisch bewirkten Grundstörung mit den biologischen und psychologischen Funktions- und Reaktionstendenzen der von ihr betroffenen Persönlichkeit." — „Man sagt daher nicht zuviel, wenn man die Persönlichkeit des Erkrankten mit allen ihren biologischen wie psychologischen Komponenten als den Hauptausgangspunkt der pathoplastischen Bildungen anspricht. Diese Persönlichkeit können wir uns dabei ... in Anlehnung an KRAEPELIN und KRETSCHMER als ein System von bestimmten vorgebildeten biologischen, cerebralen bzw. psychologischen Funktionsmechanismen denken, die in einem bestimmten Aufbau (Schichtenaufbau) funktionell zusammengeschlossen und derart einander zugeordnet sind, daß die höchstentwickelten psychischen Funktionsverrichtungen des psychischen Oberbaues gewisse Regulier-, Korrigier- und Hemmungsfunktionen gegenüber den niederen — primitiv-cerebralen bzw. psychischen — der Unterschicht ausüben, um unter bestimmten pathologischen Bedingungen diese sonst latenten frei und im Symptomenbilde manifest werden zu lassen (vgl. BIRNBAUM, K.: Aufbau der Psychose. Berlin: Julius Springer 1923).

[2]) Vgl. hierzu unsere Erwiderung, JAENSCH, W.: Über psychophysische Konstitutionstypen. Zeitschr. f. d. ges. Neur. u. Psych. 1925; ferner derselbe: Klin. Wochenschr. 1926.

Über die Frage der Stellung der KRETSCHMERschen Typenlehre zu unserem Problem und seiner Beantwortung ist in Kap. VII, 4 näher eingegangen worden; die Schwachsinnsformen und geistigen Hemmungsbildungen sowie gewisse Formen von Neuro- und Psychopathie auf Grund von Differenzierungsstörungen und ihr Zusammenhang mit den Auswirkungen des T- und des B-Komplexes wurden im Rahmen unserer Fragestellung dort ebenfalls kurz gestreift (Kap. VII 3, a, b). Zur Frage der Schizophrenie wurde Stellung genommen und mit allem Vorbehalt eine Deutung versucht (Kap. VII 3, c), und zwar ebenfalls unter Benutzung unserer hier dargelegten psychophysischen Feststellungen. Zur Frage der hysterischen, der epileptiformen und gewisser hypnotischer Reaktionstypen konnten wir in Kap. VI einige Gesichtspunkte beibringen, die nur zu weiterer Bearbeitung anregen wollen. Indessen soll zur Frage der Hysterie, sowie schließlich auch der Neurasthenie, noch einiges ergänzt werden, und zwar im Rahmen einiger Bemerkungen zur Frage der „Neuropathie“ und „Psychopathie“ bzw. „Psychogenie“ (Kap. XI). Hierzu gibt uns auch die Notwendigkeit Anlaß, zu der Arbeit von K. LANDAUER über „Das Tetanoid“ (Arch. f. Psych. u. Nervenkrankh. Bd. 66. 1922) eingehender Stellung zu nehmen. Dies soll in dem nachfolgenden Kap. X geschehen. Im Kap. XII werden die Ausführungen dieses Kapitels durch Heranziehung von neuen Untersuchungsergebnissen E. R. JAENSCHS über die Frage von eigentlichen (echten) und uneigentlichen Halluzinationen ergänzt werden.

Zehntes Kapitel.

Einige Bemerkungen zu K. Landauers „Tetanoid“.

Der auch schon von anderen Autoren gemachte Versuch der Abgrenzung gewisser Fälle von „Neuropathie“ in allgemeinstem Sinne unter Heranziehung des spasmophilen Symptomenkomplexes[1]) versagt, wenn man hierzu nicht zugleich auch den basedowoiden Komplex heranzieht, und zwar beide sowohl für sich allein, wie auch in ihrer Wechselwirkung miteinander betrachtet. Dieser Versuch muß auch versagen, wenn man sich auf die ausschließliche Gegenüberstellung von reinem T- und reinem B-Typus beschränkt, die K. LANDAUER uns unterlegt, denn beide psychophysischen Komplexe wirken sich im allgemeinen im Individuum bis zu gewissem Grade gemeinsam aus. *Er versagt ferner, wenn man nicht im psychischen Bereich vor allem auch die niederen psychischen (z. B. eidetischen) Erscheinungen berücksichtigt, welche allein von psychologischen Strukturen zu somatischen Funktionstypen eine Beziehung zeigen, die mit naturwissenschaftlichen Methoden faßbar ist und die sich dann als eine sehr enge erweist.* Bei einer psychologischen Betrachtungsweise, die nur auf die höchsten geistigen Schichten gerichtet ist, braucht diese Beziehung nicht mehr deutlich in Erscheinung zu treten, weil das *höchste* seelische Geschehen seinem Inhalt nach auch noch von anderen Faktoren mitbestimmt wird, die, wie Erlebniswirkungen, nicht von somatischen Funktionseigentümlichkeiten abhängen. Die *formale Struktur* aber des höheren geistigen Geschehens zeigt sich dann ebenfalls in der Beschaffenheit der tieferen psychischen (eidetischen) Schichten an und besitzt die *gleiche* mindestens *funktionell-somatische* Grundlage. — Bei einer entwicklungsgeschichtlich orientierten psychophysischen Untersuchung, wie hier, wird aber ferner auch die Frage, ob normal oder pathologisch, zunächst

[1]) Vgl. hierzu auch BENZIG: Spasmophilie und Neuropathie. Monatsschr. f. Kinderheilk. 1922. — LANDAUER, K.: Das Tetanoid. Arch. f. Psych. u. Nervenkrankh. 1922. — PERITZ, G.: Spasmophilie der Erwachsenen. Zeitschr. f. klin. Med. Bd. 77.

eine geringere Rolle spielen, weil wir auf jugendlichen Stufen vielfach ganz normalerweise Erscheinungen begegnen, die in gewissem Umfange bei älteren Individuen weit eher schon ans Pathologische streifen können, wenngleich sie auch hier noch im weiten Umfange normal sind. Man wird sich also demgemäß bei solchem Vorgehen am besten von nosologischen Fragestellungen zunächst ganz freimachen, sie zum mindesten erst in zweiter Linie berücksichtigen. Es zeigt sich nämlich dann, daß man für die Beantwortung der Frage, ob normal oder schon pathologisch, die Gesamthaltung und Entwicklung normaler Individuen durch längere Zeit verfolgen muß. Es ist in diesem Zusammenhange erwähnenswert, wenn G. PERITZ selbst bei seinen „spasmophilen Erwachsenen" bemerkt, daß die bei jenen nachgewiesenen, teilweise recht ausgesprochenen, im klinischen Sinne tetanoiden Erscheinungen nicht ausgereicht hätten, diese Individuen allein schon als unterwertig und krank zu charakterisieren. Ganz entsprechend ergaben die von uns ermittelten Tatsachen, daß man im Hinblick auf den eidetischen Erscheinungskreis einschließlich seiner Begleiterscheinungen und Korrelationen mit der Diagnose einer neuropathischen oder psychopathischen Veranlagung, besonders bei Jugendlichen, sehr vorsichtig sein muß. Diese Frage kommt überhaupt nur für gewisse Eidetiker, besonders erwachsenen Alters in Betracht (vgl. hierzu Kap. V B, VII, 6). Das deutet schon auf den wichtigen Punkt hin, den man sich bei solchen Untersuchungen ebenfalls vor Augen halten muß, daß nämlich auch die in der Klinik fast allein ins Auge gefaßte galvanische und mechanische Übererregbarkeit nicht eindeutig auf Tetanie, also auf eine Krankheit im eigentlichen Sinne (bzw. ihre Latenzstadien), hinweist. Entsprechendes ist auch von den vegetativen Stigmen des B-Typus zu sagen. Gleiches gilt aber ebenso für die sensorischen, sensiblen und psychischen Äquivalente dieser Zustände, die wir herausstellten. Letztere Zustände scheinen für sich genommen nur eine bestimmte Art einer in weitem Umfange normalen Übererregbarkeit anzuzeigen, auf deren Boden erst sekundär und akzidentell durch auslösende Faktoren unspezifischer Art Krankheiten hervorgerufen werden können. Die nachweisbare somatisch-nervöse, galvanische und mechanische, physiovegetative (bzw. die psychovegetative) Übererregbarkeit des T- (bzw. B-)Typus einschließlich ihrer sensorischen und psychischen Äquivalente scheint also als solche zunächst allein einen bestimmten (wahrscheinlich auch phylogenetisch wichtigen) Normaltypus darzustellen, der normalerweise bei Jugendlichen und gewissen Erwachsenen vorhanden ist. Diese Übererregbarkeit beschränkt sich im tetanoiden Komplex auf niedere Reizkategorien; sie ist eine Übererregbarkeit gegenüber den die Sinnesorgane und die Nerven überhaupt erregenden Außenweltreizen sowie gegenüber physiologisch-chemischen Einflüssen, und ihre Reizerfolge sind im psycho-sensorischen Gebiete dieses Komplexes Funktionen, welche den Empfindungen noch sehr nahe, weniger nahe den Vorstellungen stehen (tetanoide NB und AB_T). Die Reaktionen des T-Komplexes zeigen einfache, eindeutige in engster Beziehung mit dem Reize selbst verlaufende, eng umgrenzte Reizerfolge, bei denen höhere psychische Funktionen wenig oder gar nicht mitwirken, wohl aber z. B. physiovegetative (Vagus-)Einflüsse. Nur niedere Psychismen tieferer Stufe wirken hier (und im Hintergrunde des höheren Seelenlebens[1])) bei den Reizerfolgen mit. Die Reizbarkeit und Reizleitung des B-Komplexes dagegen bezieht sich gerade auf Reize höherer Kategorien, vor allem psychische Reize, was ein Ansprechen auf bestimmte tiefer stehende Reizkategorien nicht ausschließt; indessen sind alle Reizerfolge des B-Komplexes eng gekoppelt mit höheren psychischen Funktionen (von den Affekten an) und gegenüber den Reizerfolgen des

[1]) Das aber selbst auch hier wieder eine bestimmte formale Struktur zeigt (E. R. JAENSCH, H. MÖCKELMANN); vgl. a. u.

T-Typus in ihrer Eigenart zugleich sehr komplexer und vieldeutiger Natur. Einen gleichen Charakter zeigen daher auch die psychovegetativen (Vagus und Sympathicus angehenden) und die psycho-sensorischen Funktionen des B-Typus (AB_B), welche den Vorstellungen, also sehr hohen psychischen Funktionen, maximal nahestehen; obwohl auch sie im buchstäblichen Sinne gesehen werden, stehen sie hinsichtlich ihrer sonstigen Eigenschaften nicht so nahe den Empfindungen wie die tetanoiden AB, die in ihrem gesamten Verhalten den Empfindungen aufs nächste verwandt sind, auch dort, wo beide Arten von Phänomenen, wie in den E-Fällen, durch Vorstellungen hervorgerufen werden können[1]).

Wir haben die große Unabhängigkeit der tetanoiden Übererregbarkeit von der Krankheit Tetanie oben eingehend dargelegt. Auch K. Landauer, dessen Arbeit zwei Jahre nach unserer vorläufigen Veröffentlichung erschien, macht, wie schon erwähnt, auf ähnliche Gesichtspunkte nachdrücklich aufmerksam. Er unterscheidet im wesentlichen drei Erscheinungs- und auch Entstehungsformen des Erscheinungskomplexes, der von ihm „Tetanoid“ genannt wird: eine endokrine Form, — zu ihr gehört die Spasmophilie und Tetanie im eigentlichen Sinne —, ein „thymogenes Tetanoid“ (Affekttetanie) und ein „cerebrales Tetanoid“[2]). K. Landauer bewegt sich also in seiner Betrachtungsweise in einer ähnlichen Richtung, wie wir bezüglich unseres T-Typus schon 1920. Er glaubt jedoch feststellen zu müssen, daß die Resultate unserer beider Untersuchungen „sich wohl unter einen Hut bringen lassen, aber incommensurabel erscheinen“.

Obwohl also K. Landauer bei seinen verschiedenen Arten des „Tetanoids“ die genetischen Unterschiede betont und besonders hervorhebt, fährt er dann doch fort: „Das Gros der Erscheinungen ist gemeinsam: der endokrinen, thymogenen und cerebralen Tetanie. Häufig — vielleicht immer — liegen den Symptomen Störungen des Mineralstoffwechsels zugrunde.“ Analog liegt es beim Basedow, wenn es dort auch nie so scharf formuliert wurde, wie wir es hier zu tun berechtigt sind: „Die Tetanie gehört zu den Symptomenkomplexen, die sowohl endokrin wie thymogen, wie zentral bedingt sein können.“ In Beziehung auf das „cerebrale Tetanoid“ meint K. Landauer: „Man kann sagen, daß das Tetanoid bei allen cerebralen Erkrankungen vorkommen kann, und es erscheint nur plausibel, daß sein Auftreten nicht durch die Ätiologie, sondern durch den Sitz der Störung bedingt ist“ (K. Landauer a. a. O.)[3]).

Damit nähert sich K. Landauer dem, was wir schon in unserer vorläufigen Veröffentlichung (1920) als T-Typus (bzw. T-Komplex) bezeichneten, dessen allgemeinere Bedeutung, losgelöst von der eigentlichen Tetanie und tetanoiden Zuständen, schon in dem von uns gebrauchten Ausdruck „T-Typus“ ihren Ausdruck finden sollte (Entsprechendes gilt für den B-Komplex bzw. B-Typus). Wiesen wir doch auch schon damals darauf hin, daß bei solchen Individuen nicht nur in den körperlichen und eidetischen Erscheinungen, sondern auch im Vorstellungs-

[1]) Hierzu muß man sich stets gegenwärtig halten, daß nach E. R. Jaenschs Forschungen (vgl. Arbeiten des Marburger Psychologischen Instituts), Empfindungen und reine Vorstellungen aus derselben Wurzel, der eidetischen Schicht, entspringen und daher auch NB, AB und VB verschiedene Stufen der Gedächtniserscheinungen sind (Kap. I), die je nach dem schon in der eidetischen E-Phase vorherrschenden Biotypus eine verschiedene formale Struktur zeigen.

[2]) Vgl. hierzu auch die alte Arbeit von Arndt: Tetanie und Psychose (Zeitschr. f. Nervenkrankh. 1874), der, ohne daß die Krankheit Tetanie in unserem heutigen Sinne damals bekannt war, rein intuitiv schon ähnliche Zusammenhänge erfaßte. Wenn auch diese Arbeit mehr historischen Wert besitzt, so ist doch immerhin die Art der klinischen Betrachtungsweise und die Fruchtbarkeit dieses anschaulichen Denkens auch für die Wissenschaft unserer heutigen exakten Medizin vorbildlich und anregend zu nennen.

[3]) Vgl. hierzu auch Isserlin: Klin. Wochenschr. 1922.

leben ein entsprechender Funktionstypus vorläge. Fast mit unseren eigenen Worten aber schildert K. Landauer das, was als Wesentlichstes der tetanoiden Reaktionen im AB und auch sonst von uns in mehrfachen Veröffentlichungen schon früher niedergelegt war. Wir sind weit davon entfernt, hierin womöglich eine, wenn auch unbewußte Wiederholung zu erblicken, sondern es liegt dies einfach daran, daß sich das Wesen des T-Typus (ebenso wie des B-Typus) schlechterdings nicht in andere Worte kleiden läßt als in die, welche sich sowohl uns als auch Landauer einfach aufdrängten, und die von uns auch später in mündlichen Äußerungen häufig gebraucht worden sind, bevor uns die erst ganz kürzlich in unsere Hände gelangte Originalarbeit K. Landauers bekannt war (vgl. auch hierzu W. Jaensch, die erwähnten Arbeiten; O. Kroh, Über subjektive optische Anschauungsbilder. Göttingen 1922). Über das unterschiedliche Wesen von Tetanoiden und Basedowoiden äußert sich K. Landauer dementsprechend wie folgt: „Das Wesen der tetanoiden Form ist dahin charakterisiert, daß ihr etwas Zwangsmäßiges, daher Wesensfremdes, als krankhaft Empfundenes anhaftet. Die des Basedow dagegen fließt aus der Persönlichkeit natürlich und ungebrochen: der Basedow ist quecksilbrig, daher die häufig gezogene Parallele (Ziehen) zwischen Manie und Basedow. Diese Kranken sind stets selbst in Bewegung, wollen selber dies und das. Der Tetanoide dagegen ist eher phlegmatisch, wird von unbekannten Gewalten gehetzt und aufgepeitscht, aber kaum zu Unternehmungen getrieben." Schon zwei Jahre vor der Veröffentlichung K. Landauers haben wir den Charakter der T- bzw. B-Typen in ihren körperlichen und auch psycho-sensorischen, motorischen und charakterlichen Eigenschaften mit fast den gleichen Worten wiedergegeben. Von jeher deuteten wir aber an, daß der gleiche Charakter beim T-Typus auch im Vorstellungsleben bemerkbar wird, besonders bei den Jugendlichen, und daß diese auch in den höchsten psychischen Schichten die ihnen gemäße psychophysische Struktur noch reiner zeigen wie Erwachsene, weil ja gerade in diesen Schichten mit steigendem Lebensalter unberechenbare Lebenseinflüsse oft modifizierend in die ursprünglich reinere Struktur eingreifen. Letzterer Punkt bedarf beim Aufsuchen übereinstimmender Wesenszüge in den somatischen und psychischen Funktionsabläufen einer besonderen Berücksichtigung. Man wird also zum weiteren Studium solcher die Gesamtpersönlichkeit womöglich in allen Äußerungen möglichst rein beherrschenden, psychophysischen Biotypen vor allen Dingen normale Jugendliche, wie wir es taten, als Beobachtungsmaterial heranziehen müssen. Dann aber erweist es sich, im Gegensatz zu den Angaben K. Landauers, daß die Individuen gar nicht so selten sind, welche einen bestimmten Funktionstypus durchgehend in allen ihren Lebensäußerungen aufweisen, und daß alsdann auch K. Landauers zusammenfassende Bemerkung am Schluß seiner Arbeit nicht zu Recht bestehen bleibt, es erfülle sich die Hoffnung nicht, von dieser Seite her womöglich auch Ordnung in das Chaos der Psychopathien zu bringen. Denn was für Normale möglich ist, sollte auch für pathologische Fälle nicht von vornherein ausgeschlossen sein. Wir glauben aber, wie schon erwähnt, daß hierzu das Studium vor allen Dingen der normalen Biotypen erst noch weiter gefördert werden muß. Und dies geschieht aus dargelegten Gründen am besten bei Jugendlichen und darunter besonders auch bei Eidetikern höheren Grades.

Landauer stellt fest, daß bei etwa 30 vH. seiner Tetanoiden gleichzeitig Basedowzeichen vorhanden waren. Wenn er andererseits den Typus seines „Tetanoids" so scharf und fast genau wie wir unseren T-Typus charakterisiert (vgl. oben), so muß angenommen werden, daß sich die von K. Landauer gegebene

Charakteristik wesentlich auf die Beobachtungen an den rein tetanoiden Fällen stützt, wobei er, nach seinen eigenen Worten, gleichzeitig auftretende einzelne Basedowzeichen lediglich als „Komplikationen" des Tetanoids auffaßt.

Landauer folgert aber letztlich trotzdem aus seinen Befunden, daß sich Tetanoide und Basedowoide nicht gegenüberstellen lassen, weil manche Fälle somatisch wie psychisch beide Eigenschaften zeigen. Hier ist ein wichtiger Punkt übersehen. Denn erstens wird nicht ausdrücklich ausgesagt, wie sich diejenigen Tetanoiden des näheren verhalten, welche somatisch nur ganz vereinzelte B-Zeichen oder gar keine aufweisen, und zweitens, wie sich Basedowoide verhalten, welche keinerlei tetanoide Stigmen besitzen, deren Charakter merkwürdigerweise scharf umrissen wird, obwohl von solchen Fällen dann weiterhin gar nicht die Rede ist. K. Landauer mag sich also wohl sein Urteil über den basedowoiden Typus an seinen Fällen von „Tetanoid mit basedowoiden Begleiterscheinungen" gebildet haben, ein Vorgehen, was sich daraus erklären würde, daß auch in unserem Material, und wahrscheinlich ebenso in dem Landauers, basedowoide Stigmen, wenn überhaupt angedeutet, besonders leicht der Gesamtpersönlichkeit den Stempel aufdrücken. Indessen müßte man eigentlich annehmen, daß in einem größeren klinischen Material, wie dem K. Landauers, auch rein basedowoide Fälle ohne tetanoide Stigmen aufzufinden gewesen sein müßten. Über diesen Punkt schweigt der Autor aber leider ganz. Es kommt aber ganz wesentlich darauf an, zunächst reine T- und reine B-Typen für sich und dann erst die Wechselwirkung solcher gekoppelter psychophysischer Erscheinungen zu beobachten, deren Selbständigkeit aus dem zweifellosen Vorhandensein reiner Fälle hervorgeht[1]).

Das Vorhandensein rein tetanoider Fälle auch in seinem Material stellt K. Landauer jedenfalls selbst fest, das Vorhandensein rein basedowoider Fälle gibt er aber, ohne es ausdrücklich zu erwähnen, doch indirekt zu, indem er die Tetanoiden den Basedowoiden scharf gegenüberstellt, obwohl er andererseits das Vorhandensein eines selbständigen basedowoiden Erscheinungskreises dadurch abzulehnen scheint, daß er von den basedowoiden Stigmen stets nur als von Begleiterscheinungen des tetanoiden Symptomkomplexes spricht[2]). Es mag dies die Darstellung gerade des „Tetanoids" vereinfachen und übersichtlicher gestalten. Indem aber der Autor den basedowoiden Erscheinungskomplex in dieser Weise seiner Selbständigkeit beraubt und ihm eine fast unwesentliche Rolle zuweist, machte er sich es selber unmöglich, diese Rolle des basedowoiden Erscheinungskomplexes und der basedowoiden Persönlichkeitsfärbung z. B. bei der Entstehung psychogen hervorgerufener tetanoider Erscheinungen zu durchschauen. So kam es, daß der Autor sein thymogenes (psychogenes) Tetanoid als etwas ebenso einheitlich Entstandenes ansah, wie z. B. sein endokrines Tetanoid, und dabei übersah, welche Rolle der B-Komplex bei der Entstehung des „thymogenen" Tetanoids spielt. Denn das Tetanoid verliert nie seinen eigenen Charakter und entsteht

[1]) Vgl. hierzu Jaensch, E. R.: Die Bedeutung der typologischen Forschungsmethode für die Nervenheilkunde. Vortrag, gehalten auf der 15. Jahresvers. d. dtsch. Ges. d. Nervenärzte 3./5. Sept. 1925 zu Cassel. Dtsch. Zeitschr. f. Nervenheilk. 1925; ferner Ders.: Die Eidetik und die typologische Forschungsmethode. Leipzig: Quelle u. Meyer 1925.

[2]) Es liegt schon ein logischer Widerspruch darin, die Unterscheidung von tetanoidem und basedowoidem Komplex mit der Begründung abzulehnen, daß sich beide Komplexe im einzelnen Falle so oft überlagern. Denn indem man die Überlagerung dieser Komplexe konstatiert und zugleich, wie K. Landauer es tut, durch scharfe Gegenüberstellung ihre Wesensverschiedenheit betont, gibt man zugleich ihre Realität zu. Daß wesensverschiedene Erscheinungen einander überlagern und so alle möglichen Übergangsfälle hervorbringen, ist ein oft beobachtetes Vorkommnis und ändert an der Wesensverschiedenheit jener Erscheinungen gar nichts. So ändert es z. B. nichts an der Verschiedenheit von Rot und Gelb, daß zwischen ihnen in jedem beliebigen Mischungsverhältnis die gelbroten und rotgelben Farbtöne vorkommen.

psycho- bzw. thymogen nur innerhalb bestimmter Persönlichkeiten mit psycholabiler Struktur; das sind aber gerade die Basedowoiden. Die Psycho- bzw. Thymogenie also ist nicht an das Tetanoid, sondern an die Gesamtpersönlichkeit gebunden und zwar auf Grund der Mitwirkung eines ausgesprochenen B-Komplexes. Gerade hier liegt der Kern der Frage. Indem auf obige Weise die Darstellung des „Tetanoids" vereinfacht und klarer erschien, wurde die Hauptsache gerade übersehen: das wechselseitige Zusammenwirken des T- und B-Komplexes.

Während in den höchsten psychischen Schichten die Funktionstypen des T- und des B-Komplexes sich fast unentwirrbar mischen, läßt sich besonders gerade in der eidetischen Schicht, vor allem psychologisch, schon der geringere Einschlag vereinzelter B-Zeichen nachweisen, andererseits das Fehlen auch geringerer tetanoider Einschläge bei sonst rein Basedowoiden. Das Verhalten der AB findet aber in K. Landauers sonst so umfassender Arbeit überhaupt keine eingehendere Berücksichtigung, wenngleich ihm die Phänomene bekannt waren, da er sie erwähnt. Unterwirft man jedoch diese eidetische Schicht, die noch in enger funktioneller Beziehung zu somatischen Funktionseigentümlichkeiten steht, zusammen mit den somatischen Eigenschaften einer Parallelbeobachtung, so erhalten nicht nur die reinen Typen, sondern auch die Mischtypen je ihre besondere Stellung in dem psychophysischen Funktionssystem dieser ineinandergreifenden Funktionskomplexe (vgl. Kap. V B). Darüber hinaus aber zeigt sich dann, besonders bei Jugendlichen deutlich, daß auch in den höheren seelischen Schichten (Vorstellungen, charakterlichen Zügen) entsprechende Gesetzmäßigkeiten obwalten, die, im psychologischen Experiment mit naturwissenschaftlicher Methode faßbar, in der eidetischen Schicht besonders leicht nachweisbar sind[1]). Daß solche in dieser Schicht im Experiment faßbare Wesenszüge auch in höheren geistigen Schichten noch vorkommen, erscheint dabei nicht verwunderlich, da nach E. R. Jaensch Wahrnehmungs- und Vorstellungswelt sich aus der eidetischen Einheit herausdifferenziert haben und auch ihrerseits im Einzelfalle entsprechende Züge wie die eidetischen Phänomene zeigen, sodaß wir in der eidetischen Methode auch eine Art Mikroskop für das Vorstellungsleben besitzen (vgl. Kap. I).

Wenn wir daher die Funktionseigentümlichkeiten auch der Mischfälle verstehen wollen, so müssen wir die Wesenszüge der bei ihnen hervortretenden gemischten Funktionen vor allem zunächst an den reinen Typen studieren[2]), und zugleich unter Heranziehung eidetischer Methoden. Ersteres ist ein sehr wesentlicher Punkt, auf den sowohl in der Naturwissenschaft wie auch in der Geisteswissenschaft schon verschiedene Forscher hingewiesen haben. Außer der Nichtberücksichtigung der reinen Typen beider bei K. Landauers „Tetanoiden" sehr häufig gemeinsam auftretenden Funktionskomplexe tetanoiden und basedowoiden Charakters, fehlt also auch die für die Erkennung funktioneller psychophysischer Zusammenhänge ganz unerläßliche Untersuchung der psychophysischen eidetischen Elementarschicht, und letztere läßt sich wiederum am besten studieren an einem Material gleichhochgradiger Eidetiker des tetanoiden und des basedowoiden Formkreises, wie wir sie in vorliegender Arbeit durchgeführt haben.

Es ist daher nach allem Vorhergesagten zu bedauern, daß in K. Landauers Angaben nichts über die körperliche Konstitution derjenigen Tetanoiden ausgesagt ist, die sein „thymogenes Tetanoid" zeigten. Landauer erwähnt nur, daß die Affektlage dieser Individuen eine erhöhte und labile war. Es entspricht

---

[1]) Der Nachweis der Funktionsunterschiede im Bereiche des höheren Seelenlebens ist zur Zeit noch Gegenstand von Untersuchungen des Marburger Psychologischen Instituts.

[2]) Vgl. Jaensch, E. R.: Die Eidetik und die typologische Forschungsmethode. Leipzig 1925.

dies also den von uns bei B- bzw. BT-Typen gefundenen Verhältnissen. Hierbei ist erneut im Auge zu behalten, daß nach unseren Feststellungen auch schon isolierte B-Zeichen geeignet sind, dem Mischtypus das Gepräge zu geben, ohne daß die Betreffenden stets eine ausgesprochene basedowoide Konstitution besitzen müssen. Denn es zeigte sich bei unseren Erhebungen, daß sich auch isolierte B-Stigmen, besonders der Augen, in der Gesamtpersönlichkeit sowohl als auch in den eidetischen Erscheinungen, d. h. also auch in psychologischen Funktionen, stärker durchzusetzen pflegen als vereinzelte T-Stigmen bei sonst überwiegend basedowoid stigmatisierten Persönlichkeiten. Die biologischen Erklärungsmöglichkeiten hierfür wurden von uns schon früher erörtert. Die B-Stigmen sind ferner unter Jugendlichen überaus verbreitet (der sprichwörtliche „Glanz jugendlicher Augen"!), so sehr, daß in dieser Altersstufe schon die Abwesenheit aller B-Stigmen auf das Vorhandensein einer T-Komponente scharf hinweist; schon fast pathologische Typen zeigen daneben noch positive, z. B. mimische T-Stigmen. Vereinzelt zeigen umgekehrt äußerlich basedowoid aussehende Personen, d. h. Individuen, welche sich vor allem durch basedowoide Augen kennzeichnen, mimisch Stigmen des Tetaniegesichtes. Meist werden dies auch bei näherer Untersuchung BT-Typen sein. Nach unserer Auffassung, die sich aus verschiedenen Feststellungen ergibt und schon früher näher auseinandergesetzt wurde, müßte aber bei der Auslösung thymogener Tetanie im Sinne LANDAUERS gerade das Zusammenwirken eines ausgesprochenen B- mit einem ausgesprochenen T-Komplex wichtig und ausschlaggebend sein. Denn der reine T-Typus zeigt für sich allein eine Reizleitungssteigerung und dadurch verstärkte Reaktion nur aller der motorischen und sensorischen Reflexabläufe, die von höheren psychischen Funktionen unabhängiger ablaufen, der B-Typus eine gesteigerte Ansprechbarkeit solcher Vorgänge, bei deren Zustandekommen höhere psychische Funktionen (z. B. Affekte) einen weitgehenden Einfluß besitzen. Während nun, wie in Kap. VI ausgeführt ist, der Typus der epileptiformen Reaktion sich vielleicht nur als ein Sonderfall des T-Typus (T_E-Typus) ergeben könnte, der enge Beziehungen zu LANDAUERS „Epilotetanoid" besitzt, so würde sich wohl LANDAUERS thymogenes Tetanoid[1]) und seine häufig „einen Schuß Psychogenie zeigende" Epilotetanie als ein Sonderfall gerade des BT-Typus (BT_E-Typus) darstellen. Entsprechendes gilt vielleicht auch von den Fällen von Affektepilepsie im Sinne von BRATZ[2]), die, nach den bei ihnen häufig beobachteten optischen „Halluzinationen" zu schließen, vielfach Eidetiker gewesen zu sein scheinen und daher vielleicht dem unter solchen Individuen besonders häufigen BT-Typus angehört haben könnten; waren es doch auch fast nur Jugendliche. Jedenfalls dürfte nach unseren Erfahrungen nicht zuviel damit gesagt sein, daß man vor allem gerade bei BT-Typen in unserem Sinne auch psychogene und passager auftretende Tetaniesymptome wird erwarten können, wie sie K. LANDAUER besonders gerade auch bei Kindern fand, die ja vorwaltend den BT-Typus aufweisen. Er fand nämlich, daß bei Kindern bei Angst und Aufregungen vorübergehend Facialisphänomen auftreten kann, und faßt daher das Facialisphänomen als ein physiologisches körperliches Korrelat des Affektes auf. Nach unseren Erfahrungen wird dies für B- und BT-Typen im gewissen Sinne zutreffen, nicht aber für reine T-Typen. Denn das Facialisphänomen als solches hat mit den Affekten nur bei den psychophysischen Mischtypen vom BT-Charakter (also den psychophysisch integrierten) etwas zu tun, wo eine enge Koppelung des tetanoiden mit dem basedowoiden Konstitutionskomplex vorhanden ist; nur der letztere besitzt eine

[1]) Vgl. hierzu auch CURSCHMANN, H.: Tetanie, Pseudotetanie und ihre Mischformen bei Hysterie. Dtsch. Zeitschr. f. Nervenheilk. Bd. 27.

[2]) BRATZ: Dtsch. med. Wochenschr. 1907.

entscheidende Beziehung zu der höheren psychophysischen Schicht der Affekte, während der T-Komplex als solcher, also der reine T-Typus, von höheren psychophysischen Schichten wenig beeinflußt wird. Ihm scheint besonders die Koordination der motorischen Ausdrucksbewegungen einschließlich niederer Psychismen zuzukommen, abgesehen davon, daß ihm auch innerhalb der höchsten seelischen Schichten eine bestimmte formale Struktur entspricht, der ebenfalls gleiche psychophysische Grundprozesse eigen sein müssen. Es mag aber hier auch erwähnt werden, daß in der französischen Medizin die Psychogenie auch der eigentlichen Tetanie eine viel größere Rolle spielt als in der deutschen Medizin. Denn der Rassetypus der Franzosen scheint, wie E. R. JAENSCH schon wahrscheinlich machen konnte, überwiegend dem basedowoiden verwandt zu sein[1]). Französische Tetaniefälle auch echter klinischer schwerer Tetanie selbst der Erwachsenen zeigen vielleicht darum auch jenen „Schuß Psychogenie" eher und häufiger als dies bei uns der Fall ist[2]). Ferner haben wir in der eidetischen Methode eine Möglichkeit an der Hand, an normalen Individuen ganz zentrale Reaktionen exakt zu studieren, die auf die Haltung der Gesamtpersönlichkeit bestimmend einwirken müssen, da ja diese Reaktionen auch bestimmend auf die Wahrnehmungen wirken, durch welche sich dem jeweiligen Individuum das Bild der Außenwelt darstellt und durch welche im wesentlichen auch die Beantwortung der Außenweltreize durch das Individuum überwiegend beeinflußt wird.

K. LANDAUER bemerkt am Schlusse seiner Ausführungen: „Kein einheitlicher Typus von Psyche ist für das Tetanoid charakteristisch, weder der komplexen Vorgänge, noch der psychologischen Grundphänomene." Gerade letztere, nämlich die eidetischen, haben in der Arbeit LANDAUERS keine Berücksichtigung erfahren. Aber gerade sie sind es, die im exakten Experiment faßbar, am deutlichsten eine Beziehung zu somatischen Funktionen zeigen, so eindringlich, daß die Aufstellung des T- bzw. B-Typus in unserem Sinne zunächst allein auf der Erkenntnis dieser beiden verschiedenen psychologischen Formkreise und der sie beherrschenden somatischen Parallelerscheinungen und formalen Funktionsbesonderheiten erwuchs, die im Psychischen wie Somatischen, wahrscheinlich jeweils eine einheitliche physiologische Ursache besitzen, nämlich den T- bzw. B-Komplex und damit in allen Schichten der Persönlichkeit bestimmte psychophysische Grundprozesse.

Elftes Kapitel.

Versuch einer biologischen Umgrenzung der Begriffe „Neuropathie" und „Psychopathie".

Es eröffnet sich nun eine Möglichkeit, mit den hier aufgezeigten Methoden, wie schon angedeutet, auch eine schärfere Umgrenzung der Begriffe „Neuropathie" und „Psychopathie" herbeizuführen.

Der Ausdruck „Neuropathie" scheint besagen zu wollen, daß es sich bei neuropathischen Individuen vorwiegend um solche handelt, bei denen die Functio laesa primär an den Nerven selbst, mit anderen Worten am Somatischen, in der

[1]) Vgl. die in Vorbereitung befindliche Monographie von E. R. JAENSCH (und Mitarbeiter); ferner JAENSCH, E. R.: Zur differentiellen Völkerpsychologie. Sitzungsber. d. VIII. Kongr. f. exp. Psychol. Leipzig 1924, herausg. v. BÜHLER.

[2]) Bezeichnend für den nach E. R. JAENSCH und seinen Mitarbeitern vorherrschenden B-Typus der französischen Rasse ist auch die neuerdings von französischen Autoren (COUÉ u. a.) so stark propagierte Heilmethode von allen möglichen Beschwerden und Erkrankungen durch „Autosuggestion", deren kritiklose Übertragung auf unsere Verhältnisse abwegig ist, mag sie auch bei undifferenzierten (und darum integrierteren) Individuen aller Rassen und Biotypen eine gewisse Wirksamkeit besitzen.

rein physischen Sphäre, angreift, während der Begriff „Psychopathie“ doch wohl zum Ausdruck bringen sollte, daß die Functio laesa primär auf psychischem Gebiet bzw. in der höheren psychophysischen Sphäre zu suchen ist.

Wir konnten nun psychophysische Konstitutionen aufzeigen (T-Typen), bei denen Reizbeantwortungen auf verschiedenen Sinnesgebieten, die unabhängig vom Willen und den höheren psychischen Funktionen des Individuums verlaufen, eine oft lästige Stärke und Perseveration zeigen. Bei ihnen scheinen auch besonders leicht endogen und somatisch bedingte Verstimmungszustände (Depressionen, Angstzustände) aufzutreten, die ebenfalls unabhängig von den höheren psychischen Funktionen sind, und durch diese nicht unterdrückt werden, wohl aber auf jene zurückwirken können (z. B. im Sinne von Zwangsvorstellungen besonderer Art): wir bezeichneten diese besondere Form von Zwangsvorstellungen schon früher als „Vorstellungskrämpfe“ (Vorstellungstetanie) und stellten sie damit in Gegensatz zu Zwangsvorstellungen, die primär auf dem Boden von psychischen Erlebniskomplexen, etwa im Sinne FREUDs erwachsen. Die depressive Stimmungslage ersterer Individuen, die auch nach K. LANDAUER gerade bei Tetanoiden sehr häufig ist, leitet sich anscheinend manchmal aus zweierlei Gründen her: erstens aus rein somatischen Unstimmigkeiten im Körpergefühl, zweitens aus einem dem Individuum vielleicht oft nicht klar zum Bewußtsein kommenden, unbestimmt empfundenen Unbehagen, das entstehen muß, wenn körperliche Reaktionen und auch Vorstellungsreihen irgendwelcher Art sich nicht willig und vollständig dem Wollen und Denken des Individuums fügen. Derartige Verhältnisse entsprechen aber allem, was wir auch sonst beim T-Typus nachweisen können. Freilich werden diese Dinge häufig sekundär irgendwie psychisch motiviert und damit zugleich psychoneurotisch überbaut. Als das Primäre erscheint aber hier eine Verstimmung, die aus überwiegend körperlichen Mißempfindungen zu erwachsen scheint. Darum ist es wichtig, daß besonders „Angst“ bei Tetanoiden auf Calciumzufuhr schwinden kann, wie auch K. LANDAUER hervorhebt[1]). Dies entspricht der von uns schon 1921 mitgeteilten eigenen Beobachtung, daß bei T-Typen auf Calciumzufuhr auch im Vorstellungsleben gewisse Zwangsmäßigkeiten und Ängstlichkeiten nachließen. Vielleicht verdient in diesem Zusammenhange auch erwähnt zu werden, daß mitunter postencephalitisch bei striärer Erkrankung und dadurch entstehenden Zwangsbewegungen sekundär bei einem Individuum Zwangsvorstellungen auftreten können, von denen der Betreffende bis dahin frei war. Wir glauben hierin eine Art Umkehrung des von uns gefundenen Parallelfalles bei T-Typen erblicken zu dürfen, wo Zwangsvorstellungen obiger Art, die anfangs vorhanden waren, nach Auslöschung bzw. Abschwächung der körperlichen tetanoiden Erscheinungen insbesondere auch stärkerer NB, AB_T nachließen.

Im Gegensatz zum T-Typus konnten wir aber beim B-Typus (einschließlich BT-Typus) eine psychophysische Konstitution nachweisen, bei der alle Reaktionen des Organismus im höchsten Maße und aufs engste mit dem Affektleben,

[1]) „Auch bei den Angstzuständen (der Tetanoiden) ist Ca mindestens ebensooft von Nutzen. Es ist interessant, daß durch Ca zwar die Angstträume schwinden, nicht aber die Träume seltener werden“ (zitiert nach K. LANDAUER, Sperrdruck von uns, d. Verf.). Es handelt sich hier um die schon von uns 1921 mitgeteilte „Ausfällung“ des tetanoiden Anteiles solcher Vorgänge im Organismus; die vorstellungsnahen Träume (B-Komplex) selbst bleiben bestehen! Vielleicht gehört in den tetanoiden Komplex auch die bei cerebraler Rachitis von P. KARGER (Monatsschr. f. Kinderheilk. 1920) beschriebene „rachitische Verstimmung“, die ebenfalls ängstlicher Färbung sein soll. Bei Rachitis besteht ja auch eine Störung des Kalkstoffwechsels. Der gleichen biologischen Wirkungsebene wie diese tetanoide Angst dürften die dem inneren Mediziner sehr geläufigen Beängstigungen bei gewissen anderen Krankheitszuständen angehören, besonders kraß hervortretend z. B. bei Angina pectoris, Asthma cardiale oder bronchiale.

den Vorstellungen und Willensakten des Individuums verbunden sind, diesen nicht widerstreben, und in deren Reizbeantwortung auch höhere psychische Anteile stets eine besondere und primär bestimmende Rolle spielen.

Wir haben also den T-Typus als einen solchen zu charakterisieren, bei dem die höheren psychischen Funktionen wenig Einfluß auf verschiedenste Arten der Reizbeantwortung zeigen, wo diese alle meist für sich und isoliert voneinander verlaufen, sich auch einer rein medikamentösen Beeinflussung zugänglich erweisen; den B-Typus andererseits als einen solchen, bei dem die höheren psychischen Funktionen einen besonderen Einfluß auf die verschiedenen Arten der Reizbeantwortung besitzen und diese sich untereinander in stärkerem Grade gegenseitig beeinflussen, sich hier eher einer medikamentösen Beeinflussung entziehen und gerade vorwiegend einer Beeinflussung auf psychischem Wege zugänglich zeigen[1]). Auf diese Weise gewinnen wir zugleich einen Weg zu einer klareren Umgrenzung der Begriffe „Neuropathie" und „Psychopathie". Über diesen Punkt hinaus also wird die Beantwortung dieser Frage auch wichtig für ein tieferes Verständnis des Unterschieds im biologischen Wesen der Krankheit Neurasthenie und Hysterie:

Die hysterische Reaktion zeigt die „besondere Tendenz rein psychischer Vorgänge, sich in körperliche Zustände umzusetzen" (K. Heilbronner); nach Möbius' Definition sind hysterisch „alle diejenigen krankhaften Veränderungen des Körpers, die durch Vorstellungen oder (nach einer späteren Ergänzung) durch die mit ihnen verbundenen Gemütsbewegungen verursacht sind. Diese psychische Beeinflußbarkeit wird von französischer Seite neuerdings durch Baginsky als Kardinalsymptom der Hysterie dargestellt, mit der auch von Hoche vorgeschlagenen Ergänzung, daß eine solche psychische Beeinflussung auch im günstigen Sinne als Mittel, um die Erscheinungen zum Schwinden zu bringen, sich geltend machen muß"[2]). Wenn nun Hoche meint, daß es vielleicht überhaupt nur eine besondere Form psychischer Dispositionen gebe, die man als hysterisch bezeichnet und kein eigentliches Krankheitsbild „Hysterie", so scheint uns dies zwar ein Hinweis auf einen sehr wichtigen Punkt des Hysterieproblems, nämlich auf eine konstitutionell besonders beschaffene psychophysische Reaktionsart, die dabei mitspricht; zugleich bedingt eine solche Anschauung jedoch wieder die Gefahr, in den so weitverbreiteten Fehler der medizinisch-klinischen Literatur zu verfallen, jedwede Form von „Psychogenie" ohne weiteres in eine unmittelbare Beziehung zur Krankheit Hysterie zu setzen. Die Vorbedingung zur Krankheit Hysterie ist allerdings vor allem ein vorzugsweise auf psychische Reize ansprechender psychophysischer Reaktionstypus (B- bzw. BT-Typus). Ein solcher ist aber eine weit verbreitete und normale Erscheinung nicht nur des Jugendalters, sondern auch normaler Erwachsener, und braucht niemals zur Krankheit Hysterie zu führen. Dieser Reaktionstypus entspricht unseren B-Typen als Individualtypen hochgradiger psychophysischer Integration, die oft mit einem ausgeprägten T-Komplex gekoppelt sind (BT-Typen). Ein solcher Individualtypus wird auch zu psychogen bedingten körperlichen Reaktionen in hohem Grade neigen. Deshalb braucht bei ihm aber niemals eine echte Hysterie vorzuliegen. Die bisher angeführten Definitionen enthalten also schon aus diesem Grunde eine Lücke in der klaren Erfassung des eigentlichen Wesens der echt hysterischen Erkrankung. Diese Lücke suchte

[1]) Auch beim T-Typus erfolgt trotzdem auf Grund höherer seelischer Faktoren eine Zusammenfassung aller Reaktionen zur Ganzheit der Persönlichkeit, die aber innerhalb ihrer formalen Grundstruktur und ihrer psychophysischen Grundprozesse ebenfalls den T-Typus zeigen. Die besondere Art dieser Faktoren ist z. Z. Gegenstand eingehender Untersuchungen des Marburger Psychologischen Instituts (vgl. S. 407).

[2]) Zitiert nach K. Heilbronner aus Mohr und Staehelin: Handbuch der inneren Medizin Bd. 5. Sperrdruck von uns.

KRETSCHMER auszufüllen, indem er herausstellte, daß die Hysterie als Krankheit einen Zweck verfolge, eine Auffassung, die auch schon BONHOEFFER und PÖNITZ in ähnlicher Weise vertraten. KRETSCHMER jedoch begründete in besonders einleuchtender und klarer Weise den biologisch-entwicklungsgeschichtlich bestimmten Charakter dieser „Zwecktendenz hysterischer Reaktionsformen“, auf die auch MÖRCHEN schon hinwies. KRETSCHMER sagt: „Hysterisch nennen wir vorwiegend solche psychogenen Reaktionsformen, wo eine Vorstellungstendenz sich instinktiv reflexmäßig oder sonstwie biologisch vorgebildeter Mechanismen bedient“[1]). Zugleich schließt dies alles nicht aus, daß sich auf Grund ganz überstarker psychischer Reize eine Reaktion im Körperlichen auch einmal bei psychophysisch wenig integrierten Individualtypen durchsetzen kann, als welche wir vor allem den reinen T-Typus anzusehen haben. Ebenso kann auch selbst bei diesem nicht integrierten Typus schon durch einmalige überstarke Erlebnistraumen eine gewisse Bahnung von Reflexabläufen psychophysischer Art entstehen, die später dann leichter ablaufen und dann sogar hier primär psychogen auftreten können.

Wenn wir daher im weiteren Verfolg unserer Gedankengänge auch oben erwähnte pathologische Zustände nach unserer Methode analysieren wollen, so wird man sich in jedem Falle fragen müssen, welcher Biotypus bei den betreffenden Individuen vorliegt oder wenigstens überwiegt. Zugleich müssen wir dabei beachten, daß ganz allgemein stets, wie wir am Beispiel der Rückenmarkreflexe sehen, sobald eine höhere Funktion ausfällt, die biologisch nächst niedrigere Instanz automatisch die Führung übernimmt. E. KRETSCHMER[2]) übertrug dieses im Gebiet des Motorischen längst bekannte Gesetz auf die psychomotorische Ausdruckssphäre: „Wird innerhalb der psychomotorischen Ausdruckssphäre eine Oberinstanz leistungsschwach, so verselbständigt sich die nächste Unterinstanz nach ihren primitiven Eigengesetzen“ (E. KRETSCHMER). Wir können hinzufügen, daß die Art dieser Verselbständigung abhängen wird von dem psychophysischen Integrationsgrad sowohl dieser Instanz selbst als auch der Gesamtpersönlichkeit, also der mehr oder weniger starken Koppelung der in ihr vertretenen psychophysischen Komplexe. KRETSCHMER meint wohl Ähnliches, wenn er an anderer Stelle seiner Hysteriestudie sagt: „Überhaupt könnte durch sorgfältiges Studium der normalen Reflexmechanismen, besonders dort, wo sie nur angedeutet, als unscheinbare Teilkomponenten in Willensvorgängen eingehüllt sind, und durch genaue Beobachtung der konstitutionell nervösen Reflexbereitschaften noch viel für feineres Verständnis hysterischer Störungen getan werden. Lediglich mit dem Ausdruck „psychogen“ ist so rasch geurteilt und so wenig verstanden“ (Sperrdruck von uns, d. Verf.). — „Wir sehen jedenfalls nicht mehr zusammenhangslos hier Wille, dort Reflex, hier Körperliches, dort Seelisches, sondern wir sehen die ganze zentrifugale Hälfte animalischer Lebensäußerungen als die Ausdruckssphäre in einer enggefügten Kontinuität von oben bis unten durchgreifen, und wir sehen die Hypobulik als ein für das Verständnis des Ganzen entscheidendes Bindeglied vom Zweckwillen, vielleicht auch in Beziehung mit den katatonischen und striären Syndromen, bis zum niederen Reflex hinunterleiten.“ Hier ließe sich dann vielleicht auch die „noch nicht spruchreife Frage“ klären, „in welchem psychologischen, entwicklungsgeschichtlichen und anatomischen Verhältnis diese hypobulischen Syndrome stehen zu den striären Symptomkomplexen“ (E. KRETSCHMER a. a. O., vgl. Kap. VII, 2, 3c).

[1]) Aus KRETSCHMER, E.: Über Hysterie. Leipzig: Thieme 1923.

[2]) KRETSCHMER, E.: Die Willensapparate der Hysterischen. Zeitschr. f. d. ges. Neur. u. Psych. Bd. 54. 1920.

Ist die höchste, das seelische Geschehen vereinheitlichende Instanz leistungsschwach, besteht „Ichschwäche", die schon P. JANET für die Entstehung der Hysterie verantwortlich macht, so werden also demgemäß automatisch die nächst niederen seelischen Instanzen die Führung übernehmen. Denn die von der obersten Instanz ausgehenden Hemmungen fallen fort. Es ist dann, als ob in dem Hysterischen ein dem „Ich nicht mehr folgsamer Dämon säße", der jetzt Seele und Körper nach seinem eigenen primitiveren „hypobulischen" Willen lenkt (E. KRETSCHMER, a. a. O.). Damit dies aber überhaupt möglich ist, — handelt es sich doch hier um den Einfluß höchster und höherer seelischer Vorgänge —, muß eine im höchsten Ausmaß psychophysisch integrierte Persönlichkeit vorhanden sein. KRETSCHMER meint vielleicht Ähnliches, wenn er sagt: „Wo die Hypobulik sich vom Zweckwillen dissoziiert, und sich mit einem leicht erregbaren Reflexapparat verzahnt hat, da entstand ein hysterisches Zustandsbild, und wo, unter Lösung des falschen Kontaktes, die Hypobulik sich mit der Zweckfunktion zum Gesamtwillen vereint, ist ein Hysteriker geheilt". Bei der Hysterie spielen nun nach FREUDS Lehre vor allem verdrängte Komplexe bzw. „eingeklemmte" Affekte eine besondere Rolle[1]). Damit solche sich aber vor allen Dingen auch unter gewöhnlichen Verhältnissen d. h. schon bei mittleren Reizeinwirkungen in der Gesamtpersönlichkeit auswirken können, muß anscheinend die oben geforderte Vorbedingung vorhanden sein, nämlich eine starke psychophysische Integration auf allen Gebieten der Persönlichkeit. Damit aber selbst bei dieser hohen psychophysischen Integration auch schon unter gewöhnlichen Umständen, d. h. bei nicht ganz überwertigen psychischen Insulten, die höchste psychische Ich- und Zweckwillensfunktion von ihren primitiveren Vorstufen (hypobulische Einheitsphase im Sinne KRETSCHMERS „Hypobulik" = Affektwille) ersetzt und so unwirksam gemacht werden kann, muß zweitens diese höchste Funktion einen gewissen Grad von Unterwertigkeit besitzen. Eine solche Forderung ergänzt also die FREUDsche Lehre etwa im Sinne JANETS. Die Ichfunktion, wenigstens in Beziehung auf die höchsten seelischen Schichten[2]) des emotionalen Lebens, ist mit ihren Vorstufen, den affektiven hypobulischen Psychismen, bei Kindern normalerweise noch sehr stark integriert, daher das normalerweise oft hysterieähnliche Verhalten der Kinder. Bei Erwachsenen dagegen ist sie es nur bei Kümmertypen (VII, 3b) und daher selbst „schwach" (konstitutionell Hysterische = KB-Typen)[3]), kann aber auch beim normalen Erwachsenen auf ganz besonders überwertige Eindrücke und Schockwirkung hin eine dann meist vorübergehende Schwächung erfahren, und so auch hier, selbst bei psychophysisch geringer integrierten Personen, in besonderen Fällen vielleicht sogar beim T-Typus, zur Entstehung von echter Hysterie als Krankheit Anlaß geben.

Zur näheren Erklärung solcher Vorgänge bildet aber der auf GOLTZ zurückgehende und von v. MONAKOW weiter ausgebildete Begriff der „Diaschisis" eine gegebene Grundlage. Auch auf rein psychischem Wege kann nach v. MONAKOW eine solche funktionelle Spaltung eintreten, also wohl auch innerhalb der psychischen Anteile der Schichten einer Persönlichkeit, und sie kann damit eine Trennung von höheren und niederen psychischen Funktionen ermöglichen; es scheint ja gerade zum Wesen der Hysterie zu gehören, daß sich ihre krank-

[1]) Hierbei gibt es indessen trotz der Lehre der Freudschule nicht allein Komplexe sexueller oder erotischer Art. Auch andere lebenswichtige Vorgänge können ganz gleichwertige „Komplexe" auslösen; vgl. hierzu WESTPHAL, K.: Psychotherapie bei organischen Neurosen. Münch. med. Wochenschr. 1922.

[2]) Vgl. hierzu SAHLIS Versuch einer hirnanatomischen Lokalisationslehre der Hysterie. Schweiz. med. Wochenschr., ref. Münch. med. Wochenschr. Nr. 10. 1923.

[3]) Vgl. LOEWENTHAL, S.: Münch. med. Wochenschr. Nr. 3. 1926.

haften Vorgänge weniger in den rein somatischen als in den rein psychischen und höher organisierten psychophysischen Anteilen abspielen.

Auf Grund der Untersuchungsergebnisse über die Spaltbarkeit der Persönlichkeit trotz hoher psychophysischer Integration (B-Typus bzw. BT-Typus) allein auf Grund psychischer Vorgänge (vgl. hierzu Kap. VI: B_H-Typus) haben wir Veranlassung, das innere Wesen einer solchen psychogenen Diaschisis in Aufmerksamkeitsfixierungen und überhaupt Aufmerksamkeitsfunktionen zu suchen[1]) bei gleichzeitiger Insuffizienz der dem Individuum zur Verfügung stehenden Aufmerksamkeitsenergie. In dieser Abart der Aufmerksamkeitsfunktion erblicken wir einen Teil derjenigen Eigenschaften, die JANET wohl mit seiner „Ichschwäche“ zum Ausdruck zu bringen suchte. Eine weitere Komponente dieser „Ichschwäche“ wäre in einer gewissen Willensschwäche zu suchen, die bewirken kann, daß bewußt oder unbewußt der höhere Zweckwille, und zwar auf dem Wege solcher Aufmerksamkeitsfixierung, gegenüber entwicklungsgeschichtlich niederen Willensschichten zurücktritt, indem nunmehr diese ins Übergewicht kommen. Letztere hat KRETSCHMER als eine Einheit von Affekt und Wille angesehen und als Hypobulik bezeichnet. Wir wollen diese Hypobulik im Sinne unserer Terminologie daher „hypobulischen Einheitswillen“ nennen und die ontogenetisch normale Herrschaftsperiode dieses primitiven „Affektwillens“ die „hypobulische Einheitsphase“. Sie dürfte ontogenetisch nicht ohne innere Beziehung zur eidetischen Einheitsphase verlaufen, die ja stets, selbst im Falle des T-Typus eine gewisse psychische Integration und damit eine Neigung zur Psychogenie zeigt[2]). Die von E. KRETSCHMER als charakteristisch für die hysterische Reaktion angenommene hochgradige psychogene Spaltbarkeit innerhalb der Willensschichten einer Persönlichkeit führten wir auf Aufmerksamkeitsverlagerungen bzw. -fixierungen bei gleichzeitiger Aufmerksamkeitsschwäche zurück. Ganz analoge Verhältnisse zeigten sich aber innerhalb der eidetischen Erscheinungsreihe, ganz besonders bei jener Vp. in Kap. VI, die eine psychophysisch stark integrierte war (B-Typus), zugleich aber Besonderheiten aufwies, die wir als in die Nähe hysterischer Reaktion rückend ansehen mußten. Wir bezeichneten sie daher als einen B_H-Typus. Es zeigte sich nämlich, daß es gerade dieser Vp. gelang, willkürlich auf Grund bestimmter Verhaltungsweisen die verschiedenen Gedächtnisstufen als hochgradige eidetische Erscheinungen einzuschalten, z. B. AB, die NB-nahe und solche, die VB-nahe sind, immer aber in buchstäblichem Sinne gesehen wurden[3]).

Auch innerhalb der Willensfunktionen kann es in ganz entsprechender Weise vorkommen, daß nacheinander entwickelungsgeschichtlich verschieden hochstehende Willensschichten in vollkommenster Ausprägung ihrer Eigenart eingeschaltet werden und die Führung übernehmen (Dominanzwechsel); insbesondere kann unter Ausschaltung des bewußten Zweckwillens die Hypobulik die Führung an sich reißen (KRETSCHMER). Es handelt sich dann hier um ein von den höheren Zentren her nicht mehr gehemmtes und daher verstärktes Sichauswirken von niederen Zentren mit ihrer primitiven Eigengesetzlichkeit: Reflexapparaten und

[1]) Vgl. hierzu auch JAENSCH, E. R.: Zur Analyse der Gesichtswahrnehmungen. Experimentell-psychologische Untersuchungen nebst Anwendung auf die Pathologie des Sehens. Leipzig 1909. Darin besonders S. 150—219, der Abschnitt über die sogenannte konzentrische Gesichtsfeldeinschränkung der Hysterischen.

[2]) Daher die verschiedentlich hervorgehobenen „infantilen Züge“ hysterischer Krankheitsbilder (vgl. hierzu MÜLLER DE LA FUENTE: Neurol. Zentralbl. Nr. 13. 1912) bzw. ihre Ähnlichkeit zu phylogenetisch frühen Reaktionsweisen (vgl. hierzu MÖRCHEN, F.: Münch. med. Wochenschr. Nr. 38. 1921); neuerdings LOEWENTHAL, S., Anm. 3, S. 454.

[3]) Eine eingehende Analyse dieses Falles erscheint in der Arbeit von A. SPIER aus dem Psychologischen Institut Marburg a. L.

„Automatismen". Dies wird besonders leicht geschehen können, wenn auch ein T-Komplex vorhanden ist, mit der für ihn ja charakteristischen gesteigerten Erregbarkeit (niedrigen Reizschwellen) niederer Zentren und Funktionen; zugleich aber muß das Individuum psychophysisch stark integriert (also ein BT-Typus) sein, weil sonst die Reflexapparate nur auf die ihnen adäquaten Reize der Außenwelt, nicht aber auf psychische Reize ansprechen würden, ganz abgesehen davon, daß ein derartiger psychogener Dominanzwechsel der jeweils führenden funktionellen Schichten (durch Aufmerksamkeitsfixierung bei gleichzeitiger Schwäche der zur Verfügung stehenden Aufmerksamkeitsenergie) bei nicht überstarker psychischer Einwirkung überhaupt nur bei einer psychisch stark integrierten Persönlichkeitsstruktur möglich ist. Somatogenetisch dagegen kann bei psychophysisch nicht integrierten Individuen (T-Typen) ebenfalls eine weitgehende Spaltung auftreten. Dabei aber erleidet das „Ich" keine Verlagerung, die Persönlichkeit als Ganzes identifiziert sich nicht mit den durch die „Spaltung" aktivierten tieferen Schichten, sondern steht ihnen scharf beobachtend gegenüber. Hier hilft dann auch keine Psychotherapie; wohl aber kann ein am Soma angreifendes therapeutisches Vorgehen die Reaktionsfähigkeit unter Umständen wesentlich verändern:

So beobachteten wir in der Frankfurter Medizinischen Klinik den Fall eines psychophysisch nicht integrierten Patienten, dessen äußerer Habitus basedowoide Einschläge völlig vermissen ließ. Er litt an einem Parkinson-ähnlichen Zustand, wahrscheinlich postencephalitischer Genese (Encephalitis lethargica). Es bestand Amimie, allgemeine spastische Muskelrigidität, spastische Enteralgie. Es handelte sich um einen hochgebildeten, sehr intelligenten, keinerlei Neigung zu Psychogenie zeigenden Patienten. Die willkürlichen Bewegungen des Patienten waren extrem verlangsamt, meist überhaupt unmöglich. Hatte man aber den Patienten auf die Beine gebracht, und durch einen Stoß etwa in Bewegung gesetzt, so „trottete" er in fast hüpfender Weise den Korridor entlang oder nahm spielend alle Treppen. Spielte man mit ihm Fangball, so fing er den Ball mit einer imponierenden Sicherheit und schleuderte ihn sofort spielend zurück. Er sagte selber: „Ich reagiere auf Reize." Und damit lieferte er selbst die treffendste Diagnose seines trotz aller vorliegenden Erfahrungen über solche Erkrankungen letzten Endes genetisch dunklen Zustandes. Sein T-Komplex bzw. dessen Motorik (die extrapyramidale bzw. subcorticale Motorik) reagierte prompt, sicher und spielend auf die ihr entwicklungsgeschichtlich adäquaten „Reize", also z. B. den sensorischen Reiz des fliegenden Balles; er versagte aber bei entwicklungsgeschichtlich höheren, psychischen Reizen, also z. B. bei willkürlichen Impulsen. Seine Nachbilder und ABT, die hier deutlich vorhanden waren, waren hochgradig gesteigert und absolut starr, er besaß galvanisch eine AÖZ tief unter 5,0 MA am N. ulnaris. Kaliumphosphat verstärkte seine spastische Rigidität bis zu schmerzhafter Erstarrung — aber eine einzige Calciuminjektion machte ihn, wenigstens bei den ersten Spritzen (10—20 ccm intravenös, 10 vH. Calc. chlorat.), für Stunden zu einem vom Normalmenschen mit völlig freier und ungehemmter Willkürbewegung nur wenig unterschiedenen Menschen. Wir können also hier vielleicht nur sagen, daß die an sich intakte subcorticale Motorik (also der motorische T-Komplex) scheinbar gegenüber gewissen Valenzen des B-Komplexes (der höheren Willenssphäre) eine für gewöhnlich zu hochgestellte Reizschwelle besaß, ihr Eigentonus war so erhöht (spastische Rigidität), daß sie auf psychische (Willens-) Reize nicht ansprach. Dämpfte man durch Calcium diesen Eigentonus, so war eine Willkürbewegung möglich. Alles in allem demonstriert dieser Fall in schöner Weise die hier pathologische und somatisch bedingte funktionelle Selbständigkeit und Abspaltbarkeit des T-Komplexes. Zugleich aber wirft dieser Fall auch ein Streiflicht auf gewisse Funktionsweisen des Zusammenwirkens zwischen T-Komplex und B-Komplex. Wir stehen nicht an, zu vermuten, daß die Eigenart dieses Falles in einer Verschiebung der Ionenverhältnisse im Oganismus begründet sein kann, deren Ursache wiederum eine endokrine oder zentrale sein konnte, vielleicht beide Ursachen besaß; wesentlich mitbestimmend aber für diese somatogen bestimmte Spaltbarkeit der Persönlichkeit dürfte der Personaltypus sein, der hier in der mangelhaften psychophysischen Integration der Persönlichkeit besteht[1]).

Auch beim reinen B-Typus sind die Vorbedingungen für eine leichte Ansprechbarkeit des Reflexapparates (des T-Komplexes) gegeben, da hier auch ein nicht

[1]) Entsprechende zur Zeit der Beobochtung obigen Falles noch seltener beobachtete ähnliche Fälle postencephalitischer Natur wurden seither bereits allgemeiner bekannt.

dauernd übererregbarer Reflexapparat vorübergehend auf psychovegetativem Wege sensibilisiert werden kann (Herabsetzung der Reizschwellen, vgl. vorübergehendes Facialisphänomen im Affekt). In solchen Fällen verwirklicht die alsdann ebenfalls herrschende Einheitsphase von Affekt und Wille, die KRETSCHMER als Hypobulik bezeichnete, auch körperlich, infolge der hohen psychophysischen Integration, den Zweck, den der niedere Affektwille entgegen dem höheren Zweckwillen herbeiwünscht; das entspricht der Forderung E. KRETSCHMERS, daß das hysterische Zustandsbild außer seinen sonstigen psychogenen Eigenarten, die sich im körperlichen Geschehen durchsetzen können, zugleich auch einen aus dem „Unterbewußtsein“ (d. h. den tieferen Schichten des Seelenlebens) fließenden Zweck besitzen müsse, um hysterisch genannt zu werden. Gelingt es, die krankhaft fixierte Aufmerksamkeit wieder auf den Zweckwillen hinzulenken, so ist die Hysterie geheilt. Dies geschieht durch Aufdeckung der Erlebniskomplexe im Sinne der FREUDschen Schule, die bei psychophysisch stark integrierten Individuen fast immer jene Funktionsverlagerung (durch Aufmerksamkeitsfixierung bei gleichzeitiger Aufmerksamkeits- und Willensschwäche) bewirken. Hierbei ist nur zu beachten, daß diese Komplexe keineswegs immer, wenn auch vorübergehend oft, sexueller Natur sind[1]). Zu allem diesem ist aber bei mittleren Reizen die Vorbedingung ein psychophysisch stark integrierter Reaktionstypus. Keineswegs indessen ist ein solcher — auch dieses geht aus Obigem zur Genüge hervor — mit einem „hysterischen Typus“ von vornherein und an sich identisch. Wir haben aber, wenn das Zustandsbild schon bei gewissen mittleren Reizstärken auftritt, ein Recht, die Hysterie als Krankheit als die klassische Neurose psychophysisch stark integrierter Individualtypen zu bezeichnen. Daran ändert die Tatsache nichts, daß eine ähnliche Reaktion auch einmal bei psychophysisch wenig integrierten Personaltypen auftreten kann. Es wird dies aber in solchen Fällen stets weniger leicht und nur bei ganz überstarken Reizen vor sich gehen, oder wenn eine ganz besondere Einwirkung die Willenskraft auch solcher Individuen stark herabgesetzt hat. Die gesamte psychophysische Organisation nichtintegrierter Individualtypen, wie besonders der T-Typen, besitzt bei gleichbleibenden Reizstärken genotypisch keine Neigung zu psychogener oder gar hysterischer Erkrankung. Am deutlichsten zeigt sich der diesen psychogenen Erkrankungen eigene Reaktionstypus in den Wahrnehmungs- und Vorstellungsvorgängen der eidetischen Phase des B-Typus bzw. BT-Typus. Ähnliches sprach schon F. KRAUS als Vermutung aus, die sich hier voll bestätigt[2]).

Der T-Typus dagegen scheint der Boden für eine andere Krankheitsgruppe zu sein: die Neurasthenie infolge Erschöpfung und die sogenannte „endogene Nervosität“ (KT-Typus). Sie scheinen den biologischen Typus der Neurosen psychophysisch wenig integrierter Individuen zu repräsentieren. Im Gegensatz zu der Hysterie, die stets psychisch wieder behebbare, aber doch oft auch sehr schwere körperliche Störungen einbegreift, ist die körperliche Gesundheit bei Neurasthenikern, soweit äußerlich erkennbar, oft eine ganz ausgezeichnete: „Klagen über körperliche Störungen im engeren Sinne können unter Umständen ganz fehlen;

---

[1]) Inzwischen haben diese zu engen Grenzen der FREUDschen Lehre bereits aus sich selbst heraus ähnliche Wandlungen erfahren.

[2]) „In einem hochdifferenzierten Organismus, wie unserem eigenen, ist vielleicht neben der inneren Sekretion besonders das Gehirn und Vorstellungsleben das, was die Beziehungen aller durch die Bedingungskonstellation (d. h. den Individualtypus, d. Verf.) realisierten Anlagen der genotypischen Konstitution, also sämtlicher Organe zum Ausdruck bringt“ (KRAUS, F.: Allgemeine und spezielle Pathologie der Person. Leipzig 1919.). Gerade an dem Vorstellungs- und Wahrnehmungsleben studierten wir vorwiegend unsere Typen. Hier trat ihre Eigenart ganz im Sinne obiger Vermutungen F. KRAUS', die wir aber erst später kennen lernten, besonders scharf in Erscheinung.

nicht wenige Kranke betonen sogar ausdrücklich, daß ihre körperliche Gesundheit nichts zu wünschen übrig läßt, nicht selten mit dem bedauernden Zusatz, daß sie darum auch die Angehörigen, Vorgesetzten oder Ärzte von dem wirklichen Vorliegen eines krankhaften Zustandes nicht zu überzeugen vermöchten. Daß wirkliche ernstliche Organerkrankungen von solchen ‚Nervösen' oft ebenso vernachlässigt oder geduldig ertragen werden, wie sie über belanglose oder nur subjektive somatische Störungen sich aufregen, ist immer wieder aufgefallen" (K. Heilbronner, a.a.O.). Natürlich gilt dies nur von ganz leichten und vorübergehenden Fällen von „Neurasthenie". Auch gegenüber einer bestimmten Gruppe schwerer körperlicher und Organleiden, die im Beginn nicht selten als nur „neurasthenisch" imponieren (z. B. Tbc, Anämien, Carzinom, Herz- und Magenleiden u. a.) ist gerade die körperliche Gesundheit selbst schwerer Hysteriker oft ausgezeichnet, wenigstens den objektiv nachweisbaren Verhältnissen nach. Differenzierungsstörungen verstärken auch letzteren Reaktionstypus.

Diesen Vorgängen könnte die Tatsache zugrunde liegen, daß vermöge einer gewissen endogenen und angeborenen oder durch schädigende Einflüsse erworbenen Übererregbarkeit des Empfindungs- und Vorstellungslebens[1]) schon geringe Reizeinwirkungen von außen oder innen stärker empfunden werden und hier zugleich auch länger nachwirken (Perseverationstendenz). Viele solcher endogenen und angeborenen Zustände beruhen auf Differenzierungsstörungen, wie sich uns zeigte (vgl. Kap. VII, 3 b). Es handelt sich vor allem darum, daß jeder Reiz eine fast schmerzhafte Empfindung in dem ihm entsprechenden Reizgebiet selbst auslöst, zunächst ohne andere Reaktionsgebiete hierdurch stärker in Mitleidenschaft zu ziehen. Zu der biologisch wenig integrierten und dem T-Typus nahestehenden Reaktionsart des Neurasthenikers gehört auch seine Neigung zu gewissen „Vorstellungskrämpfen", denen meist im Unterschied zu den „Zwangsvorstellungen", die bei Hysterischen auftreten, jede Verursachung und Motivation durch Affekte, Erlebniskomplexe oder durch hypobulische Zwecke fehlt, und die sich oft auf ganz belanglose und unsinnige Dinge erstrecken. Weit entfernt davon, sich etwa im Sinne hysterischer „Komplexe" und „hypobulischer Psychismen" in der Gesamtpersönlichkeit oder ihren Teilgebieten, womöglich somatisch, durchzusetzen, können sie, bei sehr starkem Hervortreten, z. B. auch zu Zwangsantrieben führen, ohne daß eine entsprechende Handlung jemals ausgeführt wird, mitunter aber quälende Furcht vor Ausführung einer entsprechenden Handlung hervorrufen. Meist handelt es sich um Antriebe, die wieder durchaus als „ichfremd" erscheinen. Ganz anders wie die hysterischen Komplexe, können solche Phänomene im allgemeinen nicht durch „Katharsis", d. h. durch Aufdeckung ihres inneren psychischen Zusammenhanges, geheilt werden. Vielmehr kennen die meisten Neurastheniker diese Zusammenhänge und ihre Unsinnigkeit meist selbst sehr gut, unterliegen solchen quälenden, sich aufdrängenden Vorstellungen aber stets von neuem. Hierher gehören unseres Erachtens wahrscheinlich auch manche der sogenannten endogenen Depressionen bzw. gewisse Melancholien. So stellen sich diese Erscheinungen ganz von selbst, nach ihrer tieferen Natur erfaßt, als unmittelbare, von der wollenden und vorstellenden Persönlichkeit unabhängige Wirkungen äußerer und innerer Reizerfolge, vor allem wieder chemisch-physiologischer Art (d. h. niederer Reizkategorien), meist auch innerhalb beschränkter Reaktionsfelder dar; sie rücken somit ganz von selbst in die Nähe des T-Typus. Ebenso rücken die Parästhesien und ziehenden Schmerzen der Neurastheniker, ihre sensorische Überempfindlichkeit, deutlich in die Nähe ent-

[1]) Das Vorstellungsleben wird durch einen gesteigerten T-Komplex in charakteristischer formaler Weise beeinflußt, die noch Gegenstand der Untersuchungen des Marburger Psychologischen Instituts bildet. Es konnte dies schon experimentell gezeigt werden (Anm. 1, S. 459).

sprechender Erscheinungen bei Tetanoiden, in gleicher Weise ihre oft ganz unbestimmten Angst- und grundlosen Befürchtungsgefühle, die ihnen meist selbst als unsinnig bekannt sind und gegenüber allen zum B-Komplex gehörenden Angstneurosen meist des (affektiv-fixierten) Zweckes entbehren, der dem entsprechenden Vorgang bei der hysterischen Reaktion innezuwohnen pflegt. Affektive Erregungen über solche Vorgänge sind hier meist sekundärer Natur. Es scheint sich um Vorstellungen zu handeln, die im Vorstellungsleben auf Grund eines überstarken T-Komplexes (gewissermaßen durch eine Art Induktion von unten)[1]) entstehen und dann ganz ähnlich wie die NB der eidetischen Schicht wie Reiznachwirkungen ohne höhere psychische Verarbeitung wirken, oder um dumpfe Empfindungen der Angst, die überwiegend primär aus somatogenen Verstimmungszuständen fließen, den Instinkten noch nahestehen dürften und erst sekundär mit Affekten und damit Psychismen höherer Ordnung in Beziehung zu treten scheinen; denn letztere verschwinden, wenn das körperliche Mißbehagen oder z. B. die Ermüdung schwindet, in der ebenfalls solche Erscheinungen stärker hervortreten können, wie wir nachweisen konnten[2]). Das gleiche kann in geeigneten Fällen durch Calciuminjektionen erreicht werden (vgl. K. Landauer a. a. O.). Zu dieser somatogenen Überempfindlichkeit des neurasthenischen Erkrankungstypus paßt auch die überaus große Häufigkeit von Idiosynkrasien gegen Nahrungs- und Heilmittel, die in großer Zahl gerade bei Neurasthenikern beobachtet zu werden pflegen. Auch dieser Umstand rückt die Neurasthenie (endogene Nervosität und Erschöpfungsneurasthenie) wieder in die Nähe des T-Typus und den vorwiegenden Reizadäquatheiten und Reaktionsweisen des T-Komplexes.

Das schließt alles nicht aus, daß auch beim T-Typus auf Grund überwertiger psychischer Reizeinwirkungen eine echte erlebniskomplexhaft verankerte und sich auch körperlich bemerkbar machende psychogene Reaktion entstehen kann, die auch hier dann unter Umständen einer Psychotherapie zugänglich ist. Wir können also das Bild einer Neurasthenie vor uns haben, auch wenn diese einzelne psychogene Bedingtheiten aufweist. Dies berührt jedoch nicht den biologischen Typus dieser Erkrankung, die wir als solchen der Hysterie gegenüberstellten. Denn hier beruht dann die Psychogenie des neurasthenischen Krankheitsbildes auf einem ganz überwertigen Insult; das Krankheitsbild selbst in seiner besonderen Eigenart wahrt aber trotzdem den Biotypus, indem es bei reinen T-Typen die Eigenart der betroffenen Individualperson wiedergibt. Bei BT-Typen wird jede auch echte „Neurasthenie“ den Stempel der „Psychogenie“ tragen können. — Nicht also die Tatsache des psychogenen bzw. somatogenen Ursprungs einer Neurose scheint letztlich über den biologischen Typus des Krankheitsbildes zu entscheiden und damit auch darüber, ob wir es mit einer Hysterie oder einer Neurasthenie zu tun haben. Es scheint vielmehr, als ob die Frage des Vorliegens einer echten Hysterie bzw. Neurasthenie letztlich davon abhängt, ob die Neurose, wie sie auch entstanden sei, an einer stark oder wenig integrierten psychophysischen Persönlichkeit sich abspielt. Nur im ersteren Falle wird sie im Sinne E. Kretschmers das von ihr befallene Individuum als Ganzes in den Dienst eines psychogenen hypobulischen Zweckmechanismus zu stellen vermögen. Vorübergehend wird bei überstarken Reizeinwirkungen Ähnliches auch einmal bei nicht integrierten Individuen vorkommen können. Dies berührt aber nicht den

[1]) Diese „Induktion“ des T-Komplexes auf formale Verhaltungsweisen der Vorstellungen ist einem exakten Nachweise zugänglich. Sie besteht in einer „Senkung der Gedächtnisstufe der Vorstellungen“ (vgl. hierzu die angeführten noch unveröffentlichten Arbeiten von A. Kobusch).

[2]) Das Auftreten „perseverierender Tendenzen“ des Vorstellungslebens bei Ermüdung beschrieb auch N. Ach. Hier zeigt sich dann auch ein verstärktes Auftreten schon der physiologischen NB und z. B. alkalischer Harn (Anm. 1, S. 461).

biologischen Typus echt hysterischer Erkrankungen, für den die reinen Fälle maßgebend sind.

Auch für die Frage der Zwangsvorstellungen mit „Angstneurosen“ können diese Zusammenhänge eine Bedeutung gewinnen. Die bei reinen T-Typen vorhandenen und auf medikamentöse Behandlung schwindenden nicht psychogenen Zwangsvorstellungen („Vorstellungskrämpfe) und Angstsymptome („Angstkrampf“) scheinen eine einfachere und viel mehr mit dem Somatischen verknüpfte Struktur zu besitzen, wie die Angst- und Zwangsvorstellungen, welche von W. Strohmeyer und H. Hoffmann[1]) in weiterem Umfang als Struktur der sog. „originären Zwangsvorstellungsneurosen“ bezeichnet werden. Hier handelt es sich fast immer um fixierte affektbetonte Erlebniskomplexe, also etwa sogenannte „eingeklemmte Affekte“ im Sinne Freuds. Es handelt sich also bei H. Hoffmanns Fällen um Zwangsvorstellungen und Angstzustände mit einem starken höher-psychischen Einschlag, welcher den „hysterischen Komplexen“ sehr nahesteht. Bei den Zwangsvorstellungen und Angstzuständen des reinen T-Typus, und den früher erwähnten z. B. postencephalitisch entstandenen, auf dem Umwege über persönlichkeitswidrige motorische Reaktionen, handelt es sich dagegen anscheinend um starre Vorstellungen und Verstimmungen, die den höheren psychischen Einflüssen entzogen sind, weil sie ursächlich auf einer biologisch und auch phylogenetisch tieferen, vielleicht vor allem physiologisch-chemischen und endokrinen, vielleicht auch organisch-cerebralen Ebene (Zwangsvorstellungen der Encephalitiker) verlaufen, bzw. auf dem Boden solcher Störungen im Vorstellungsleben erst sekundär durch Induktion von unten entstehen (Senkung der Gedächtnisstufe, vgl. A. Kobusch). Auf eine besondere Stellung solcher Zwangsvorstellungen ist bisher in der psychiatrischen Literatur selten scharf hingewiesen worden. Noch einmal sei daher betont, daß es sich bei diesen „Vorstellungskrämpfen“ meist um gleichgültige, nicht affektiv, sondern durch Perseveration fixierte Dinge handelt, deren Unsinnigkeit dem betreffenden Individuum meist wohl bekannt ist und nicht, wie bei den von H. Hoffmann hervorgehobenen Zwangsvorstellungen und den hysterischen Komplexen mühsam aus dem Unterbewußtsein des Individuums herausanalysiert und ihm klar gemacht werden muß. Wir finden solche „Vorstellungskrämpfe“ auch in der klinischen Literatur vor allem bei Neurasthenikern häufig zugleich mit der Angabe, daß diese Erscheinungen schwinden, schon wenn allein der körperliche Gesamtzustand des Individuums eine Hebung erfährt. Wir finden solche Vorstellungskrämpfe und Angstzustände ferner auch in der Literatur bei klinischer Tetanie (vgl. Kap. IX), mitunter entstehend und abklingend mit der Stärke der klinischen Erscheinungen, d. h. der motorischen Krämpfe. — Auch K. Landauer bemerkt (a. a. O.): „Außerordentlich häufig haben wir bei allen möglichen unserer Tetanoiden dies oder jenes Angstsymptom gefunden. Besonders häufig (in 10 vH.) tritt es uns als Angsttraum oder Aufschrecken aus dem Schlaf entgegen, letzteres wohl als Folge starker Schlafzuckungen.“ — „Man kann also unter Hinzufügung der obigen Beobachtungen (Auftreten von Facialisphänomen bei ängstlichem Affekt) an gesunden Kindern sagen, daß tetanoide Symptome bei Gesunden, Psychopathen und Psychosen während depressiver und ängstlicher Verstimmung vorkommen, eben als körperliche Erscheinungen der Affekte[2]).“ — Aus allem hier Beigebrachtem geht hervor, was auch mit den klinischen Er-

[1]) Hoffmann, H.: Zeitschr. f. d. ges. Neur. u. Psych. 1922.

[2]) Weil es in letzterem Falle wohl meist BT-Typen waren! (S. 447f.). Wenn zugegeben werden muß, daß auch bei reinen T-Typen ein überstarker Unlustaffekt jene körperlichen Erscheinungen schaffen kann, so dürfte es sich doch in den meisten hierher gehörenden Fällen eher gerade umgekehrt verhalten: der Unlustaffekt entsteht erst sekundär. Bei BT-Typen erscheint aber neben der Psychotherapie die medikamentöse Unterdrückung der Perseverationstendenz des T-Komplexes gleich wichtig.

scheinungen bei echter Tetanie in Übereinstimmung steht, daß die tetanoiden Symptome einschließlich des Facialisphänomens (CHVOSTEK) wesentlich hervorgerufen sind durch besondere Verschiebungen in den Salzkorrelationen des Organismus, und zwar mehr oder weniger auch abhängig von endokrinen oder vegetativen Vorgängen. Ein gleiches Verhalten zeigen auch die eidetischen und somatischen Stigmen dieses Typus und zugleich auch eine nur sehr seltene oder meist gar keine Abhängigkeit von höheren psychischen Funktionen. Dagegen läßt sich, wie wir schon auseinandersetzten, eine solche enge Beziehung zu höheren psychischen Schichten, z. B. gerade den Affekten, und zwar in den somatischen wie auch in den eidetischen Erscheinungen, beim B-Typus bzw. BT-Typus nachweisen, und es hat sich weiter herausgestellt, daß beim eidetischen T-Typus ein solcher Einfluß höherer psychischer Eigenschaften sich besonders dann auch in den eidetischen Erscheinungen bemerkbar macht, wenn auch somatisch ein Einschlag des B-Typus nachweisbar ist, mit anderen Worten, im Falle der mehr oder weniger ausgesprochenen Mischtypen. H. HOFFMANNS affektbetonte Zwangsvorstellungen entsprechen daher den Erscheinungen des BT- oder B-Typus. Bei den reinen T-Typen dagegen läßt sich ein solcher Einschlag höherer psychischer Einflüsse im Ablauf der Funktionen eidetischer und körperlicher Art nicht nachweisen. Es ist ferner auch schon von F. CHVOSTEK betont worden, daß gerade unter den Neurasthenikern ein „ganzes Heer von Tetanoiden“ gesucht werden muß, was übrigens auch K. LANDAUERS Ausführungen nicht zuwiderläuft. Denn es wird ja auch häufig beschrieben, daß gerade bei Neurasthenie, insbesondere Erwachsener, diese Unlustaffekte schwinden, wenn die allgemeine körperliche Indisposition behoben wird. Zugleich handelt es sich aber auch bei solchen Unlustaffekten sicherlich um noch niedere Psychismen, die den „Instinkten“ noch verwandter sein dürften. Selbstverständlich werden solche unlustige, primitive Verstimmungen, auch wenn sie zunächst rein aus dem Körperlichen fließen, meist nachträglich irgendwie psychisch motiviert. Das Entscheidende daran ist aber, daß solche neurasthenische Unlustaffekte, im Gegensatz z. B. zu den hysterischen, fast nie allein durch eine Katharsis behoben werden können, und daß nach Behebung der einen seelischen Motivierung meist einfach andere hervorgeholt werden, um erst wirklich zu schwinden, wenn die Neurasthenie selbst behoben ist. Eine Hysterie kann aber unter Umständen durch eine einzige Katharsis geheilt werden. Umgekehrt können Angstzustände bei Neurasthenikern mit tetanoiden Symptomen sich schon bei Phosphatgaben verstärken, durch Calciumgaben behoben werden (das sagt der Psychotherapeut K. LANDAUER ! a. a. O.), und andererseits ist z. B. bei Tetanie der Blutphosphatspiegel erhöht gefunden worden[1])!

Diese Verhältnisse legen daher die Vermutung nahe, daß wir es auch bei diesen Zuständen, wie bei den Gedächtniserscheinungen im Sinne von E. R. JAENSCH, mit einer geschichteten biologisch-phylogenetischen Struktur zu tun haben könnten, die man nicht ohne weiteres vernachlässigen kann. Auf der niedersten Stufe stehen stimmungsartige Krankheitserscheinungen, welche das, was gemeinhin als „psychische“ Funktion angesehen zu werden pflegt, höchstens im Rudiment enthalten. Hier handelt es sich daher vielleicht fast rein um somatisch bedingte Verstimmungs-, Angst- und Zwangszustände, welche im Vorstellungsleben und überhaupt höheren Seelen- und Affektleben nur sekundär Störungen hervorrufen, dagegen schwinden, wenn die somatische Ursache fortfällt (T-Kom-

---

[1]) BEHRENDT und HOPMANN (Klin. Wochenschr. 1924, Nr. 49) beschrieben neuerdings das Parallelgehen von galvanischer Übererregbarkeit und Alkalose des Harns (cf. Phosphatniederschlag alkalischer Harne bei Neurasthenie!); vgl. ferner hierzu P. SCHENK, Münch. med. Wochenschr. 1925, Nr. 48 (Alkalose bei Sportsleuten!). Vgl. hierzu S. 299, 407.

plex). Hierher würde der neurasthenische Erkrankungstypus gehören, und zwar sowohl als endogene Nervosität wie auch als Erschöpfungskrankheit. Bei der höheren Schicht (B-Komplex) handelt es sich dagegen um von vornherein mit höheren psychischen Anteilen (Affekte, Vorstellungs- und Erlebnisinhalte, hypobulische Einheit) gemischte Zustände. Hierher (also zum B-Komplex) würde biologisch der hysterische Krankheitszustand gehören. Und diese Zustände — in mittlerer Breite — sind es allein, welche auch einer Psychotherapie zugänglich sein dürften, obwohl auch hier häufig gleichzeitig manchmal eine somatische Beeinflussung nicht unwesentlich sein dürfte (Kap. VII, 5). Und selbst beim B-Komplex spielen ja wahrscheinlich Verschiebungen auch des außercerebralen Zellstoffwechsels eine wesentliche Rolle, wenn auch hier stets in engster Verbindung mit höheren psychischen Funktionen, denen dabei hier schon eine größere Selbständigkeit zukommt (steigende Invarianz der höheren Gedächtnisstufen).

So unterscheidet sich also eine bestimmte Klasse seelischer Verstimmungszustände scharf von den Angstneurosen im Sinne der FREUDschen Schule und im Sinne W. STROHMEYERS und H. HOFFMANNS (Zeitschr. f. d. ges. Neurol. u. Psychiatrie 1922). Es handelt sich dann um niedere seelische Funktionsabläufe, primär entstehend auf dem Boden von Störungen innerhalb von ganz elementaren Reizreaktionen, Reaktionen niederer Stufe (starker Überempfindlichkeit gegen Umweltreize vorwiegend nicht psychischer Art) und einer entsprechenden Überempfindlichkeit gegenüber endogenen Stoffwechselreizen. Diese Erscheinungen beeinflussen dann aber auch das höhere Vorstellungsleben in formalem Sinne. Dies sei im Gegensatz zu einer heute stark vorherrschenden, ausschließlich die höchste seelische Sphäre berücksichtigenden Richtung in der Psychiatrie mit allem Nachdruck hervorgehoben, ganz zu schweigen von gewissen anderen Einseitigkeiten der FREUDschen Schule, deren prinzipiell wertvolle Resultate hierdurch in keiner Weise berührt werden; indessen hat die Hochflut der psychoanalytischen Richtung dazu beigetragen, diese elementareren Abhängigkeiten körperlich-seelischer Regungen von Innen- und Außenwelt des Organismus, zur Zeit wenigstens, in hohem Maße zu übersehen. In den von FREUD so verdienstvoll aufgedeckten Zusammenhängen spielen aber natürlich immer neben elementaren, niederen Reaktionsweisen gerade die Umweltkohärenzen der höheren Stufen (die Reaktionen mit starken seelischen Beimengungen) eine ganz beherrschende Rolle. Sie entsprechen den beim B-Komplex nachgewiesenen Verhältnissen. Daß sich beide Reaktionsweisen bei Kindern und Jugendlichen überwiegend in gleichstarker Weise finden, entspricht der überwiegenden Verbreitung der psychophysischen BT-Konstitution unter ihnen, nicht aber beweist es das häufige Vorkommen einer Neuropathie bzw. Psychopathie unter Kindern im Sinne einer Krankheit. Ähnliches gilt von erwachsenen Individuen gewisser Persönlichkeitsfärbung. Wir können diese Auseinandersetzungen mit den Worten schließen, die K. LANDAUER nur für sein „cerebrales Tetanoid“ gebrauchte, Worte, die aber, in dem hier aufgezeigten Zusammenhang gesehen, für das gesamte „Tetanoid“ (unseren zentral und peripher einheitlichen T-Komplex) eine Bedeutung besitzen, (was K. LANDAUER für diesen gesamten T-Komplex nicht zugeben wollte): „Man kann also wohl sagen, daß das Tetanoid bei allen (cerebralen) Erkrankungen vorkommen kann und es erscheint mir plausibel, daß sein Auftreten nicht durch die Ätiologie, sondern den Sitz der Störung bedingt ist.“ Wir können dem zustimmen, müssen aber die in Klammern beigefügte Einschränkung „cerebralen“ nun weglassen. Eine gleichumfassende Stellung ist dem B-Komplex mit dem ihm eigenen Reaktionstypus einzuräumen. Ja, der Bereich aller dieser Erscheinungen reicht noch über das Gebiet des Krankhaften weit hinaus in die Breite des Normalen. Das gesamte Tetanoid LANDAUERS (endokrines, thymogenes, cerbrales) ist identisch mit unserem T-Typus und kommt keineswegs nur als Symptomkomplex bei verschiedenen krankhaften Zuständen endokriner, thymogener und cerebraler Genese vor, sondern auch ganz normalerweise, denn es besitzt wahrscheinlich in jedem Organismus zentral und peripher eine biologisch zusammenhängende einheitliche Vertretung im Sinne biologischer Wirkungskomplexe und ihrer verschiedenen psychophysischen Valenzen. Gleiches gilt vom B-Typus bzw. B-Komplex. Aus dem Zusammenwirken beider Komplexe, die jedem Organismus innewohnen, in normalem oder in übererregbarem Zustande, in stärkerer oder geringerer gegenseitiger Durchdringung (Koppelung oder „Integration") ergibt sich der normale bzw. pathologische Konstitutionszustand eines Individuums, dessen feinere Unterschiede teilweise auch von der vorwiegenden Lokalisation besonders hervortretender einzelner Stigmen bzw. Valenzen dieser „Biotypen" abhängen. So gibt es außer eidetischen z. B. ja auch sensitive und synästhetische B-Typen (Anm. 2, S. 34). Dem Jugendalter und manchen Erwachsenen kommen Übererregbarkeitszustände dieser verschiedenen Biotypen und Wirkungskomplexe in weitem Umfange als normale Persönlichkeitsfärbungen zu. Besonders bei Entwicklungsstörungen und auch anderen Zuständen gestörter Funktion kann der eine oder der andere psychophysische Komplex in ein unausgeglichenes pathologisches Übergewicht geraten; meist ist dies derjenige, der auch äußerlich die Persönlichkeit stark beherrscht, nicht selten aber gerade der andere. Für eine Entwicklungsstörung jedoch gibt es exakt feststellbare Kriterien, die einer erfolgreichen Therapie (wenigstens bei Jugendlichen und Kindern) rechtzeitig den Weg weisen (vgl. hierzu Kap. VII, 5).

Zwölftes Kapitel.

Die Ergebnisse eidetischer und synästhetischer Untersuchungen und die Frage des Verhältnisses der uneigentlichen Halluzinationen zu den echten Halluzinationen und Pseudohalluzinationen.

Es darf an dieser Stelle nicht unberücksichtigt bleiben, daß die Lehre von den Halluzinationen innerhalb der Psychiatrie seit einiger Zeit zum Teil eine sehr wesentliche Revision erfährt. War man früher wohl durchweg geneigt, die Angaben der Kranken über „Stimmen" und „Gesichtserscheinungen" wörtlich zu nehmen, also hier immer echte Trugwahrnehmungen oder wenigstens wahrnehmungs- und empfindungsähnliche Erlebnisse vorauszusetzen, so bricht sich jetzt zunehmend die Einsicht Bahn, daß diese Auffassung für einen sehr großen Teil dieser Erlebnisse nicht zutrifft; z. B. „was Schizophrene in dieser Hinsicht erleben, läßt sich mit normalen Empfindungen anscheinend überhaupt nicht vergleichen"[1]). Die Sinnestäuschungen der Schizophrenen unterscheiden sich von den Wahrnehmungen des Gesunden so weit, daß man oft im Zweifel bleiben kann, ob man dieses eigenartige Erleben überhaupt noch als Anomalie der Sinnessphäre bezeichnen kann. „Es sind ‚eigentlich' keine Stimmen, die diese Kranken hören, sondern Gedanken, sie sehen auch eigentlich nichts, aber sie erleben doch, daß man etwas zu ihnen spricht, daß ihnen Bilder gemacht werden usw."[2]). — „Und so ist es überall, es ist ‚als ob' und ‚wie wenn' ". — „Auch darin hat SCHRÖDER recht, daß eine hartnäckige Exploration häufig im Zweifel bleibt, auf welchem Sinnesgebiet sich die Halluzination denn überhaupt abspielt. Wenn die Kranken gerade zugegeben haben, daß sie die Stimmen nicht eigentlich hören, wie die

[1]) BUMKE, O.: Die Diagnose der Geisteskrankheiten. Wiesbaden 1919.
[2]) BUMKE, O.: Lehrbuch der Geisteskrankheiten. München 1924. S. 63.

Stimme des Arztes, dann fühlen sie sie (von uns gesperrt!); sie haben den Eindruck, beeinflußt zu werden, von anderen Mitteilungen zu erhalten, und dieser Eindruck ist sinnlichen Erlebnissen irgendwie verwandt; aber selten liegt ihm eine genaue und normalen Empfindungen wirklich in allen Teilen gleichende Wahrnehmung zugrunde. So wird uns meistens die genauere Analyse eines Halluzinanten den Eindruck hinterlassen, daß Arzt und Patient sich zweier verschiedener Sprachen bedienen, und der Erfolg ist, daß wir gerade die Halluzinationen, die am häufigsten sind, schlechterdings nicht nachempfinden können" (Bumke, O.: Lehrbuch, S. 46).

Schröder[1]), der als einer der ersten die Aufmerksamkeit auf diese besonderen Erlebnisse hinlenkte, weist darauf hin, daß die neuere Psychologie einen gleitenden Übergang zwischen Wahrnehmungen und Vorstellungen annehme, und er ist geneigt, jene Erlebnisse mehr den Vorstellungen als den Wahrnehmungen zuzurechnen. Aber damit wird wohl ihrer von Bumke jetzt betonten Unvergleichbarkeit mit den Erlebnissen des Gesunden, namentlich auch der Tatsache, daß die Kranken diese Erscheinungen nur „fühlen", kaum schon in genügendem Maße Rechnung getragen; denn Vorstellungen sind ja keineswegs etwas, was den Inhalten des normalen Seelenlebens unvergleichbar wäre, und sie werden durchaus nicht „gefühlt".

Auch in dieser Frage wieder muß berücksichtigt werden, daß die individuelle Differenzierung im normalen Seelenleben nach den Ergebnissen der neuesten experimentell-psychologischen Forschung eine ungeheuer weitgehende ist, und daß krankhafte Erscheinungen, die mit den verbreitetsten Normaltypen allerdings unvergleichbar sein mögen, trotzdem eine normale Vorstufe oder Parallele bei Individuen haben können, die bestimmten anderen nicht als seelisch krank zu bezeichnenden Biotypen, mitunter allerdings vielleicht auch noch „normalen" Präpsychotikern angehören; auf diesem gangbareren Wege sind sie dann dem Verständnis möglicherweise etwas näher zu bringen.

Teilweise im Interesse dieser Fragestellungen hat E. R. Jaensch mit seinen Schülern neuerdings den normalen Synästhetikertypus untersucht[2]). Nach diesen neuen Untersuchungen erfahren zunächst die in der bisherigen Literatur etwas chaotisch erscheinenden und einander teilweise widersprechenden Angaben über die sogenannten „Synästhesien" oder „Mitempfindungen" insofern eine Klärung, als sich drei wesenhaft verschiedene Arten von „Mitempfindungen" herausstellen, auch wenn man nur die Einwirkung eines einzigen Sinnesgebietes auf ein einziges anderes, z. B. nur die Auslösung optischer oder optiformer Erlebnisse durch akustische Reize heranzieht. Eine erste Gruppe der mit Synästhesie behafteten Personen schildert ihre Erlebnisse zwar auch dahin, daß bei Angabe eines bestimmten Tones oder auch Vokales Farben, z. B. Blau oder Grün, gesehen würden. Genaueres Nachforschen ergibt aber, daß diese Äußerungen nicht wörtlich zu nehmen sind, daß es sich vielmehr ganz wie bei den Erscheinungen vieler Schizophrener nur um „quasioptische" Erlebnisse handelt; es ist, um die obigen Wendungen Bumkes zu wiederholen, „wie wenn" oder „als ob" Blau gesehen würde. Die genauere Erforschung ergab, daß bei diesen Individuen den einzelnen Gliedern der Farbenskala ein sehr fein abgestuftes System elementarer Gefühle zugeordnet ist, dem Blau z. B. ein ganz anderes als dem Grün. Nur das „Gefühl

[1]) Schröder: Über Halluzinose und vom Halluzinieren. Monatsschr. f. Psych. u. Neur. H. 4. 1921.

[2]) Vorläufiger Bericht in dem Aufsatz von Jaensch, E. R.: Jugendpsychologie und Kulturaufgaben der Gegenwart. Pädag. Warte H. 9/10. Mai 1924. — Meier, Ingeburg: Über Synästhesien und damit zusammenhängende Persönlichkeitsmerkmale. Marburger phil. Diss. 1924; Jaensch, E. R.: Dtsch. Zeitschr. f. Nervenhk. Bd. 88. 1925. — Diese Untersuchungen des Marburger Psychologischen Instituts werden noch fortgesetzt.

wie Blau“ oder „wie Grün“ taucht bei dieser ersten und anscheinend besonders verbreiteten Gruppe von Synästhetikern auf den Ton hin auf („Gefühlssynästhesie“), die Farbenvorstellung jedenfalls nicht primär, sondern nur sekundär, und die Farbenempfindung überhaupt nicht.

Bei einer zweiten Gruppe kommt es zu ausgesprochenen Farbenvorstellungen („Vorstellungssynästhesie“), und bei einer dritten sind die Erlebnisse in ganz buchstäblichem Sinne optisch-empfindungsmäßig („Empfindungssynästhesie“), was am deutlichsten daraus hervorgeht, daß neben den Farbenänderungen auch solche der Sehschärfe einhergehen können, so daß z. B. eine nahe der Lesbarkeitsgrenze befindliche, aber noch nicht lesbare Sehschärfenprobe beim Erklingen eines Tones lesbar werden kann, unter gleichzeitiger subjektiver Änderung ihrer Farben- oder Helligkeitsbeschaffenheit, oder auch umgekehrt auf den Ton hin unlesbar, wenn sie ohne ihn lesbar war.

Zur „Gefühlssynästhesie“ stehen aber auch die beiden anderen Synästhesieformen in Beziehung; es scheint, daß sie eine Weiterbildung und Steigerung der Gefühlssynästhesie sind, und daß umgekehrt die Gefühlssynästhesie die elementare Vorform und genetische Wurzel der beiden anderen Synästhesieformen darstellt. Denn auch bei den Synästhetikern mit Vorstellungs- oder Empfindungssynästhesie ist oft zunächst nur das „Gefühl wie Blau“, „wie Grün“ u. dgl. da, um sich dann erst nachträglich in die deutliche Farbenvorstellung oder -empfindung umzusetzen. Bei allen drei Gruppen von Synästhetikern kommen nun auch „komplexe Synästhesien“ oder „Schemen“ vor: den Begriffen, auch solchen rein abstrakter Art, werden z. B. bestimmte Strichanordnungen, Figuren, Raumgebilde oder Farbenzusammenstellungen zugeordnet, wieder in Gestalt einer wirklichen Empfindung, einer deutlichen Vorstellung oder auch nur eines „Gefühls wie wenn“.

So befremdlich letzteres dem Nichtsynästhetiker sein mag, so scheinen doch gerade wieder die komplexen Synästhesien der letzteren Art besonders häufig zu sein. E. R. Jaensch hat darauf hingewiesen (vgl. die erwähnte Dissertation von Ingeborg Meier), daß die Erlebnisse, in denen die Anthroposophen die wahre Natur der Dinge zu erfassen suchen, komplexe Synästhesien der nur gefühlsmäßigen Art sind. R. Steiner selbst wird nicht müde darauf hinzuweisen[1]), daß diese optischen Gebilde, Farben u. dgl., nicht im eigentlichen Sinne gesehen werden, daß es ein „rein geistiges“ Erleben, nur ein Gefühl sei „wie bei einer Farbe“ u. dgl. Überzeugte Anhänger der Anthroposophie, darunter hochintelligente und akademisch gebildete Persönlichkeiten, haben E. R. Jaensch so entstandene Gemälde gezeigt, in denen sie das „wahre Wesen“ verschiedener Gegenständlichkeiten, z. B. der Seele, in reinen Formen- und Farbensymphonien erfaßt und niedergelegt zu haben glaubten, und zwar unter der Versicherung, daß sie diese Farben- und Formengebilde nicht optisch, sondern ganz, wie es Steiner immer angibt, „rein geistig“ erlebt und erschaut hätten.

In besonders ausgeprägten Fällen vom Synästhetikertypus kommt es nun zu Urteilen, die den Äußerungen Schizophrener auffallend ähnlich erscheinen. Charakteristisch für die schizophrene Denkstörung ist ja die Zusammenbringung des dem normalen Denken völlig unzusammengehörig Erscheinenden. Bumke charakterisiert diese Denkstörung durch folgende treffende normalpsychologische Parallele[2]): „So hat Lichtenberg, der Göttinger Philosoph und Physiker, von sich berichtet, es sei ihm in solchen Zuständen (d. i. im Traum oder vor dem Einschlafen) wiederholt „etwa ein Mann wie eine Einmaleinstafel“ vorgekommen und die „Ewigkeit

---

[1]) z. B. in dem Buche „Wie gelange ich zur Erkenntnis höherer Welten?“

[2]) Bumke, O.: Die Diagnose der Geisteskrankheiten. Wiesbaden 1919. S. 130.

wie ein Bücherschrank". Eine sehr ausgeprägt synästhetische Studentin unter E. R. JAENSCHS Versuchspersonen erregte bei ihren Freundinnen z. B. größtes Befremden dadurch, daß sie in ihrer Gesellschaft auf der Straße plötzlich ausrief: „Da kommt der Baum," womit sie einen Mann meint, der ihr immer wie ein Baum vorkommt, ohne daß er für andere eine erkennbare Ähnlichkeit mit einem solchen hätte. Dieselbe Studentin sagt auf die Aufforderung, den Substanzbegriff bei SPINOZA zu definieren: „Der Bogen muß geschlossen werden," und erläutert dann auf Befragen diese Äußerung dahin, daß sie auch für den Substanzbegriff SPINOZAS ein ganz bestimmtes Schema habe, nämlich ein bestimmt geformtes und der Farbe nach abgeschattetes Ellipsoid, das sie auch, so gut es geht, aufzeichnet. Von diesem Schema war aber im Augenblick nur ein Teil, nur ein offenbleibender Bogen da, und so drängte sich ihr zwangsweise die Äußerung auf: „Der Bogen muß geschlossen werden," die für andere vollständig unverständlich, für sie selbst aber einen nur für ihr eigenes Bewußtsein bestehenden (autistischen!) Sinn besaß. Als Schülerin hat sie in mathematischen Arbeiten oft dadurch Fehler gemacht, daß sie für $r^2\pi$ den Ausdruck $3^2\pi$ setzte, weil r und 3 beide für sie das „Gefühl wie Grün" und sogar die Empfindung Grün erwecken, also auch grün gesehen werden. Entsprechende Fehler aus gleicher Quelle begeht sie auch jetzt bei ihren historischen Studien und wird auf sie erst durch die Korrektur seitens anderer oder bei Gelegenheit von Widersprüchen aufmerksam. So verlegt sie öfters historische Ereignisse, die sich in einer anderen Zeit abgespielt haben, in die Renaissancezeit. Sie hat für die Renaissancezeit ein kompliziertes Schema, in dessen Mitte u. a. zwei Striche vorkommen, die einen nach oben offenen spitzen Winkel bilden. Andererseits gibt es Ereignisse, die ihr wie ein Keil vorkommen und ein keilförmiges Schema besitzen. Paßt nun der Keil in den offenen Winkel des Renaissanceschemas hinein, so wird das betreffende „keilförmige Ereignis", solange dieser Irrtum nicht korrigiert wird, von ihr zwangsweise in die Renaissancezeit hineinverlegt.

E. R. JAENSCH glaubt gerade in letzteren Fällen von Synästhesie die nächste, in manchen Fällen wenigstens noch dem normalen Grenzbereich angehörige Parallele zu einem gewissen bei Schizophrenen weitverbreiteten Denktypus, also einen echten „schizoformen" Typus aufgedeckt zu haben, den er aber vom „Schizoid" und dem „schizothymen" Typus E. KRETSCHMERS scharf unterschieden wissen möchte; in erster Linie, weil schon die rein psychische Struktur des „schizoformen Typus" mit der des sogenannten Schizoids keineswegs identisch ist, dann aber auch, weil für den schizoformen Typus nach dem bisherigen Material sich keine bestimmte somatisch-anthropologische Grundlage aufweisen läßt, wie sie E. KRETSCHMER für sein Schizoid in Anspruch nimmt[1]). — Gegenüber einem naheliegenden Einwand sei bemerkt, daß die bei der Gefühlssynästhesie beteiligten Gefühle zu der oft betonten Gefühlskälte, „Gefühlssteifheit" der Schizophrenen (BLEULER) nicht in Widerspruch stehen, da die hier allein in Betracht kommenden Gefühlsinhalte allerelementarster Art mit den Werten des höheren Gefühlslebens und „Gemütes" nichts zu tun haben. Die geschilderten Tatbestände sind allerdings nur an einem Material gewonnen, das so gut wie ganz noch in die Breite des Normalen fällt, und sie gelten darum zunächst nur hierfür.

Die Verbreitung solcher schizoformer Denktypen unter „noch" Normalen würde aber unserer früher angeführten Deutung ihrer möglichen genetischen Zusammenhänge im Sinne unserer Ausführungen über die Schizophrenie (Kap. VII, 3 c) nicht im Wege stehen. Wir haben dort auch über die an den Capillaren erkennbaren und so außerordentlich weit verbreiteten psychophysischen Differenzierungsstörungen berichtet, die bei allen möglichen Erkrankungen körperlicher und geistiger Art eine Rolle spielen. Von diesen gröberen

[1]) Vgl. hierzu Kap. VII, 4 bzw. 3, c, ferner auch unten.

und leichter nachweisbaren Differenzierungsstörungen somatischer Art läßt sich auch sagen, daß sie im Bereiche des „noch" Normalen weit verbreitet sind. Beim schizoformen Denktypus würde es sich in unserem Sinne aber oft um eine besonders feine, weil mitunter vielleicht überhaupt nur psychisch nachweisbare Differenzierungsstörung handeln, wobei allerdings offen bleiben muß, wie sich solche Individuen körperlich z. B. gegenüber dem so besonders scharfen somatischen Kriterium der Capillarmikroskopie verhalten werden. Und es mag daher hier an die Befunde von JAKOBI-Jena erinnert werden, der bei schizophrenen Psychotikern fast durchgängig Mißbildungen der Capillaren fand, unter denen wir nach seiner Schilderung mindestens Vasoneurosecapillaren O. MÜLLERS und PARRISIUS' (in unserem Sinne Kümmerformen der Neocapillaren), vielleicht aber manchmal wenigstens vermischt mit archaischen Capillaren (Pseudoneocapillaren) vermuten dürfen, die oft schon vor der Psychose, also im noch normalen Bereiche, bestanden haben müssen.

Die Typenforschung, selbst wenn sie ihre Fälle auch dem äußersten Grenzbereich des Normalen entnimmt, kann also wohl zugleich dem Psychiater nicht unwichtige Dienste leisten, dessen zum großen Teil bewußtseinsgetrübtes und insofern unzugängliches Material einer eingehenden, von bestimmten Gesichtspunkten geleiteten Untersuchung im allgemeinen viel größere Schwierigkeiten entgegenstellt.

Nach E. R. JAENSCH bildet das Bewußtsein ein System übereinander gelagerter Schichten. Auch die eben skizzierte Art des Denkens ist ein besonderer, regelmäßiger, im bildhaften, symbolischen, intuitiven Welterfassen sich wohl immer mehr oder weniger auswirkender Bestandteil unseres Denkens. Normalerweise sind aber die primitiveren elementaren Schichten unseres Bewußtseins von den höheren überlagert, und beide wirken, die niederen mehr bereichernd und vorwärtsdrängend, die höheren mehr kritisierend und korrigierend, zusammen. Werden nun die höheren durch einen funktionellen oder organischen Krankheitsprozeß mehr oder weniger abgebaut, oder werden — infolge von sekundären Prozessen oder Differenzierungsstörungen — hier also durch anlagemäßig bestehende „Sprengung des konzentrischen Schichtenbaus" (archaische Einbrüche, kümmernde Entwickelung, vgl. o. u. S. 374) oder auch sekundär durch eine besondere Koppelungsform (retrograde Integration) die niederen auch in den höheren stärker als gewöhnlich wirksam, so reißen die niederen die Herrschaft in höherem oder geringerem Maße an sich, und ihr hemmungsloses Sichauswirken ist dann Krankheit.

Die Kluft zwischen dem noch in der Breite des Normalen vorkommenden schizoformen und einem pathologischen schizophrenen Typus wird nicht allzugroß erscheinen, wenn man sich nur gegenwärtig hält, daß nach den angeführten Beobachtungen jenen quasi-optischen Erlebnissen selbst seitens hochintelligenter Persönlichkeiten dieses Typus in einem gewissen Sinne Realität zugeschrieben wird. Diese quasi-optischen, dem Durchschnittsmenschen höchst fremdartigen Inhalte erscheinen ja z. B. jenen Persönlichkeiten des Anthroposophenkreises als das „wahre und eigentliche Wesen" der Dinge, das durch das von ihnen für eine niedere und oberflächliche Erkenntnisart gehaltene gewöhnliche Welterleben nur verdeckt und überlagert wird. Im Alltagsleben lassen auch sie sich von diesem gewöhnlichen Welterfassen leiten. Aber man denke sich dieses von ihnen so gering bewertete, gleichsam für den Schleier der Maja gehaltene Welterleben der Destruktion und dem Abbau verfallen, dann wird ganz allein und als einziges jenes quasi-sinnliche Erleben übrigbleiben, das in den Augen solcher Persönlichkeiten — ohne daß wir durch diese Feststellungen hierüber in irgendeiner Weise ein Werturteil fällen wollen — zwar nicht die einzige, aber die eigentliche und wahre Seite der Welt enthüllt.

Doch kehren wir zurück zu der hier in Erörterung stehenden Einzelfrage. Die uneigentlichen Halluzinationen werden jetzt in Rückwirkung auf frühere, sie übersehende und darum einseitige Lehren in der psychiatrischen Diskussion gelegentlich so stark betont, daß es fast schon nötig ist, auf das tatsächliche Vorkommen echter Halluzinationen und Pseudohalluzinationen hinzuweisen (Kap. IX). Auf das Vorkommen aller drei Gattungen von Erlebnissen weisen ganz eindeutig schon die eidetischen und synästhetischen Untersuchungen hin. Nachdem Verwechselungen zwischen Anschauungsbildern einfacher Objekte und wirklichen Objekten dieser Art (z. B. in der Arbeit von KRELLENBERG und anderwärts) gelegentlich schon immer beobachtet worden waren, hat H. BAMBERGER[1]) in einer noch unveröffentlichten Arbeit des Marburger Instituts diese Fälle einer genaueren Untersuchung unterzogen, die Bedingungen, unter denen Anschauungsbilder Wirklichkeitscharakter gewinnen, geprüft und eine Analyse des Wirklichkeitsbewußtseins darauf gegründet.

Diese Anschauungsbilder mit Wirklichkeitscharakter dürften den echten Halluzinationen entsprechen. Die überwiegende Mehrzahl der Anschauungsbilder aber wird von wirklichen Objekten unterschieden, einmal wegen besonderer Eigenschaften ihrer Farbmaterie, die bald ausgeprägter und leuchtender, bald blasser, manchmal auch durchsichtiger ist und gewöhnlich mehr von dem Charakter der sogenannten „Flächenfarbe“ an sich hat als von der „Oberflächenfarbe“ der wirklichen Dinge; eines der wichtigsten Kriterien für die Unwirklichkeit der Bilder ist sodann ihr in den meisten Fällen, wenn auch nicht immer bestehendes Mitwandern bei der Verlagerung von Blick und Aufmerksamkeit[2]). Diese von der Erfassung wirklicher Gegenstände unterschiedenen Anschauungsbilder vom Durchschnittscharakter, die aber durchaus optische Erlebnisse sind und in vielen Fällen mit den von einem Projektionsapparat entworfenen Bildern verglichen werden, dürften ihre pathologische Parallele und Steigerungsform in den sogenannten Pseudohalluzinationen der Klinik besitzen. Die quasi-optischen Erlebnisse endlich, die am „schizoformen Synästhetikertypus“ nachgewiesen werden konnten, haben offenbar ihre pathologische Parallele und Steigerungsform in den in neuester Zeit besonders in den Vordergrund gerückten uneigentlichen Halluzinationen namentlich schizophrener Geisteskranker (vgl. hierzu Kap. VII, 3, c). Über den uneigentlichen Halluzinationen aber dürfen die eigentlichen und die Pseudohalluzinationen nicht vergessen werden. Für die Erfassung des Verhältnisses uneigentlicher und eigentlicher Halluzinationen sowie Pseudohalluzinationen dürfte ebenfalls wieder das Verhältnis quasi-optischer und eigentlich optischer Erlebnisse beim schizoformen Synästhetikertypus aufschlußreich sein. So wie hier das quasi-optische Erlebnis die verbreitetste und überall ursprüngliche Form zu sein scheint, wie sich aber aus diesem Ansatz des quasi-optischen Erlebens das eigentlich optische als eine Steigerung und Weiterbildung entwickeln kann, so wird es auch in pathologischen Fällen sein können.

---

[1]) BAMBERGER, H.: Über das Zustandekommen des Wirklichkeitseindrucks der Wahrnehmungswelt. Marburger phil. Diss. 1923.

[2]) Vgl. hierzu einige Angaben entsprechender Art im Kap. V C bzw. Kap. IV.

Schlußzusammenfassung.

Es bleibt uns nur noch übrig, darauf hinzuweisen, daß die Aufstellung dieser „Synästhetikertypen“ ebenso wie die des „sensitiven Pubertätstypus“ (E. R. JAENSCH) die beherrschende Stellung des T- wie des B-Typus sowie der ihrem Vorwalten zugrundeliegenden großen „subcortiformen“ bzw. „cortiformen“ psychophysischen Komplexe (Kap. VII, 2) nicht durchbricht[1]). Bei unseren Untersuchungen war ja deutlich geworden, daß jene beiden übergreifenden Biotypen, die wir an den Eidetikern aufdeckten, eine allgemeine Bedeutung haben auch über die Eidetiker hinaus (vgl. Anhang, Kap. II), d. h. für die allgemeine Psychologie und Psychophysiologie der menschlichen Persönlichkeit. So gelten T- wie B-Typus ja auch für die Wahrnehmungen und auch für das Vorstellungsleben der Nichteidetiker, wie inzwischen in neueren Arbeiten des Marburger Psychologischen Instituts exakt nachgewiesen werden konnte. Das liegt an der genetischen Bedeutung der eidetischen Phase für den Aufbau der höheren Wahrnehmungs- und Vorstellungswelt (E. R. JAENSCH): an Stelle der eidetischen Valenzen (bzw. Potenzen) treten eben mit steigender Entwicklung andere Valenzen der den Biotypus genotypisch (oder phaenotypisch) beherrschenden psychophysischen Komplexe subcortiformer bzw. cortiformer Struktur, d. h. entsprechende Valenzen der Wahrnehmungs-, Vorstellungs-, Empfindungswelt und letzten Endes auch gewisse Grundtendenzen entsprechender Struktur in der höchsten, „charakterlichen“ seelischen Sphäre. An Stelle der eidetischen Valenzen können also ontogenetisch und „phasenspezifisch“, aber auch „personspezifisch“ dauernd, gewisse andere Valenzen der gleichen psychophysischen Komplexe, des T- wie des B-Typus, die Umweltbeziehungen aus konstitutioneller Bedingtheit heraus beherrschen, ohne daß darum der zugehörige Biotypus und seine mindestens funktionell-somatische Grundlage durchbrochen werden muß (vgl. S. 33, 34; in geringerem Umfange kann das Gleiche auch durch momentane Einstellungen verwirklicht werden). So wissen wir heute schon, daß zum B-Typus (bzw. B-Komplex) gewisse, meist mit affektiven, höheren seelischen Begleiterscheinungen einhergehende Synästhesien zu gehören scheinen, während dem T-Typus (bzw. T-Komplex) sehr wohl auch bestimmte Synästhesien ohne Begleiterscheinungen höherer seelischer Natur zukommen können (vgl. S. 166f.)[2]). Wohin die „schizoformen“ Synästhesien bio-

---

[1]) Daß sie mitunter auch echt „subcortical“ und „cortical“ sein können, widerspricht dem nicht, wie wir früher ausgeführt haben (Kap. VII, 2).

[2]) Besonders wohl in der noch integrierteren Entwicklungsphase auch des T-Typus (vgl. S. 353f.). Letzteres wird besonders im Hinblick auf ein weiteres Studium des E. KRETSCHMERschen cyklothymen Formkreises wichtig sein, und voraussichtlich dürfte ein solches Studium zu einer genetischen Auflösung dieses wie auch des schizothymen Formkreises E. KRETSCHMERS führen. Insofern von den KRETSCHMERschen Typen der eine in unserem Sinne eine stärkere, der andere eine fehlende psychophysische Integration zeigt, kann man hierin, und nach allgemeineren Gesichtspunkten, eine gewisse Übereinstimmung unserer mit der KRETSCHMERschen Aufstellung erblicken, wobei aber zu bemerken ist, daß die KRETSCHMERschen Typen hiervon nur Sonderfälle sind, und daß sich umgekehrt auch selbst zwischen solchen allgemeineren Grundtypen im Sinne KRETSCHMERS und den gröberen Verhältnissen des Körperbaus keine eindeutige Beziehung auf-

logisch-genetisch gehören, wird noch genauer zu erforschen sein. Doch gehören z. B. „sensitive" Erscheinungen des „Pubertätstypus" scheinbar zum B-Komplex (vgl. „Pubertätsbasedowoid"). Es gibt also neben eidetischen bzw. nichteidetischen B-Typen und T-Typen auch synästhetische und sensitive B-Typen, und es gibt scheinbar auch T-Typen mit gewissen besonderen Synästhesien. In bestimmten Jugendstadien und bei Differenzierungsstörungen auch Erwachsener kann ja auch der T-Typus oder T-Komplex eine ihm eigene besondere Art der Integration zeigen, die wir als eine „physiovegetative-palaeencephale" (vgl. S. 355) bezeichneten. Hier vor allem dürften dann beim T-Typus ebenfalls bestimmte synästhetische Eigenschaften zu erwarten sein. Vielleicht könnte sich einmal ergeben, daß bei einer in bestimmter Weise besonders primitiven Stufe des T-Typus, vor allem bei Differenzierungsstörungen, ein Teil der allerprimitivsten schizoformen Synästhesien hier seinen genetischen Platz erhält. Es muß dies aber erst genau erforscht werden (vgl. S. 466). — Aus allem geht hervor, daß unsere Biotypen einer noch weitergehenden Aufspaltung und Differenzierung unterzogen werden können, ohne jemals die immer im Auge behaltene, mindestens funktionell-somatische psychophysiologische Grundlage gewisser psychophysischer Grundprozesse zu verlieren, für deren jeweiligen Strukturcharakter die psychologisch erfaßbaren Stigmen, d. h. also die psychischen Stigmen, das feinste Reagens auf die ihnen zugeordneten, vielleicht sie sogar bedingenden Stoffwechselvorgänge sind, die den Biotypus mindestens innerhalb formaler Grundzüge, und mitunter auch in allen psychophysischen Schichten einheitlich bestimmen. Damit wäre aber die Grundlage einer psychophysischen „funktionellen Diagnostik" gegeben, deren Brauchbarkeit sowohl für die Innere Medizin wie für die Psychiatrie aus allem Beigebrachten hervorgeht. So können wir jetzt zu unserem Ausgangspunkt zurückkehren und können sagen, daß wir genetisch präformierte, d. h. also echte Biotypen oder ihnen entsprechende psychophysische Wirkungskomplexe unterscheiden können, die relativ unabhängig von den anatomischen Grundlagen solcher Vorgänge (vgl. S. 335f.) immer mehr oder weniger als Ganzheiten in Funktion treten und deren formalem Typus in den allerverschiedensten Funktionen jeweils mindestens spezifische psychophysische Grundprozesse allerverschiedenster Faktorengruppen zugrunde liegen müssen. Von letzteren können wir aussagen, daß beim B-Typus (B-Komplex) von endokrinen Faktoren die Schilddrüse irgendwie eine hervorragende Rolle spielt, beim T-Typus innerhalb seiner endokrinen Faktoren die Epithelkörperchen, bei beiden außerdem nervöse Faktoren und andere, auch Stoffwechseleinflüsse, deren Wirkung jenen endokrinen Faktoren biologisch-psychophysisch adäquat ist. Der B-Typus (bzw. BT-Typus) ist psychophysisch stark und in ganz besonderer Weise integriert. Seine psychogene Erkrankungsform sind die Hysterie, und

weisen läßt: gesehen unter dem Gesichtswinkel der hier versuchten genetischen Biotypologie erscheint also der Gegensatz von „cyklothym" und „schizothym" im Sinne KRETSCHMERS wenigstens im Bereiche ihrer normalen Anteile und nach der seelischen Seite hin zunächst am ehesten vergleichbar mit dem Begriff der psychophysisch mehr oder weniger integrierten Biotypen, wobei jedoch ferner eine solche verschieden starke Integration nicht für alle echten Biotypen in unserem Sinne immer die gleiche psychophysiologische Grundlage und Besonderheit besitzt (vgl. Kap. VII, 2, b), wohl aber mitunter eine gewisse äußerliche und gröbere Übereinstimmung mit den KRETSCHMERschen Formkreisen vortäuschen kann, die geeignet ist, vor allem gefühlsmäßig den Anschein der Realität der KRETSCHMERschen Typen als echte Biotypen zu erwecken, besonders soweit man sich an die von KRETSCHMER ins Auge gefaßten gröberen Unterschiede der seelischen Struktur hält, die durch nachprüfende Arbeiten daher auch schon bestätigt wurden. Soweit sich solche Bestätigungen auch auf den Körperbautypus erstrecken, handelt es sich um Beziehungen, wie wir sie früher schon andeuteten (Kap. VII, 4).

besonders bei Differenzierungsstörungen zugleich gewisse Psychopathien; seine endokrine Erkrankungsform ist der Morb. Basedow aller Schattierungen (die sog. hyperthyreogenen Erkrankungen). Der B-Typus kommt ebenso wie der T-Typus funktionell auch bei Konstitutionen vor (und kann auch hier mindestens experimentell-psychologisch exakt nachgewiesen werden), die äußerlich wenig oder garnichts der gröberen somatischen Merkmale aufweisen. Ist aber letzteres ausgeprägt vorhanden, liegt immer der entsprechende Biotypus vor, der auch in ersteren Fällen bei Erkrankungen, Differenzierungsstörungen oder Ermüdung jedenfalls parater liegt, um dann schärfer hervorzutreten. Im Bereiche des gewöhnlicherweise und mindestens bei Erwachsenen psychophysisch garnicht integrierten T-Typus zeigen sich als biologische Erkrankungsformen, besonders bei Differenzierungsstörungen, die endogene Nervosität, die Neurasthenie und die Tetanie, besonders letztere auch innerhalb seiner endokrinen Erkrankungsformen. Aber auch innerhalb ganz anderer Krankheitsbilder sowohl überwiegend körperlicher, wie überwiegend seelischer Erscheinungsform kommen Symptome vor, die wir biologisch einerseits dem B-, andererseits dem T-Typus (bzw. den entsprechenden Wirkungskomplexen) zurechnen müssen. T- wie B-Typus sind ja im Normalen wie im Pathologischen völlig wertindifferente Reaktions- bzw. Strukturtypen formal-funktioneller Art. Die Schizophrenie trennen wir von beiden — zunächst heuristisch — als S-Typus ab: schizophrene Züge bei bestimmten Individualtypen (auch bei T- und B-Typus) und in irgendwelchen anderen Krankheitsbildern entstünden demgemäß, innerhalb unserer Rassenverhältnisse vor allem bei Vorliegen von Differenzierungsstörungen, durch einen mitunter sogar anatomisch vorgebildeten S-Komplex. Er wäre primordial-archaisch und embryonal. Auch T_E- und B_H-Typen sind wahrscheinlich besondere Unterformen unserer T- bzw. B-Typen; sie sind, wie der S-Typus (im Wachleben), immer pathologische Formen der Biotypen psychophysisch genetischen Strukturcharakters, die alle besonders häufig in gegenseitigen Überschneidungen vorkommen, mittels der typologischen Forschungsmethode (E. R. Jaensch) aber vor allem an den reinen Fällen erforscht werden können und müssen, wie hier versucht worden ist. Auch die Krankheitsbilder der Klinik sind in keiner anderen Form als in letzterer gewonnen, auch sie orientiert sich zuerst an den typischen und reinen Fällen. — Somit entfernt sich unsere Aufstellung, obwohl sie psychophysische Belange erfaßt, in keiner Art von den bisherigen Methoden klinischer Betrachtungs- und Arbeitsweise, und ebensowenig von den Methoden der Naturwissenschaften überhaupt, um schließlich zu einigen Grundzügen einer praktisch verwertbaren, vor allem funktionellen psychophysischen Diagnostik (Frühdiagnostik) innerhalb der Belange einer funktionellen Physiologie und Pathologie der Persönlichkeit und zu klinisch-therapeutischen Einsichten zu gelangen, die das Schwergewicht interner Therapie ganz in das Gebiet der Prophylaxe verlegen. Zugleich damit zeigt sich, inwieweit eine solche prophylaktische innere Medizin im frühen Lebensalter auch gegen die schon hier aufdeckbaren psychophysisch-konstitutionellen Wurzeln psychiatrischer und neurologischer Erscheinungskomplexe und Krankheitsformen therapeutisch wird angehen können. In solchem Sinne leiten die Ergebnisse der vorliegenden Untersuchung ganz unmittelbar hinüber zu Problemen der Rassenhygiene und menschlichen Vererbungsforschung.

Anhang.

Ein Nachwort.

Wenn wir zum Schluß noch einige an den Leser gerichtete Worte hinzufügen, so geschieht es darum, weil unsere Problemstellung und die Art ihrer Bearbeitung eine gewisse Beziehung besitzen dürfte zu brennenden Tagesfragen unseres Zeitalters überhaupt, insbesondere auch unseres Berufes, seiner Sonderstellung zwischen Natur- und Seelenleben, und darum einen Hinweis auf diese Fragen nahelegt.

Was hier behandelt wird, ist ein neuer, empirisch festgestellter Tatsachenkreis und für manches Alte eine neue Beleuchtung, die eben jenem Neuerforschten ihre Berechtigung entnimmt. Was hierbei über die empirisch ermittelten Tatsachen hinaus in solchem Sinne gesagt wird, macht dabei ebensowenig den Anspruch verbindlicher Richtigkeit wie erschöpfender Vollständigkeit. Es ist, über die in möglichst weitem Umfang innegehaltenen Grenzen des naturwissenschaftlich exakt Feststellbaren hinaus, ein Versuch, die gefundenen Erscheinungen einem Ganzen harmonisch einzufügen. Dabei haben wir — schon rein äußerlich, aber auch stofflich — beides, die streng empirischen Feststellungen und ihre hypothetische Deutung, so scharf wie möglich zu trennen gesucht.

Der hier gekennzeichnete Charakter unserer Arbeit, letzten Endes als Versuch einer biologisch-entwicklungsgeschichtlichen Strukturanalyse der menschlichen Persönlichkeit, der in seinen letzten Konsequenzen ganz klar *erst am Ende unseres Weges* hervortrat, auf dem Baustein für Baustein langsam herangetragen wurde, drängt uns, wie gesagt, noch einigen weiteren Gedanken, — auch über diesen Rahmen der Arbeit hinaus —, Ausdruck zu geben. Was wir mit ihnen aussprechen wollen, richtet sich dabei besonders an jene, die darangehen werden, mit kritischem Blick die beigebrachten Tatsachen zu sichten, ihre Deutung zu überprüfen, dieses zu bejahen, vielleicht auch anderes zu verwerfen. Wir sind uns ja der Unvollkommenheit unseres Versuches bewußt. Weiterzubauen in einer hier aufgezeigten Richtung oder einer ähnlichen dürfte aber auf alle Fälle möglich sein. — Mancherlei und nicht unberechtigte Bedenken sprachen zwar dagegen, über die empirisch feststellbaren Tatsachen hinaus schon jetzt eine tiefere Deutung des beigebrachten Materials zu versuchen. Aber gerade schon hier auch im Einzelnen zu zeigen, wohin der eingeschlagene Weg führen könnte, — trotz jener Bedenken —, dafür war vor allem der Wunsch maßgebend, Suchende zu finden, die nicht immer allein die Schwierigkeiten dieses Weges, sondern mit uns zugleich auch das ferne lohnende Ziel ins Auge fassen!

Aber unser Schlußwort richtet sich auch an die ganz Jungen, die Werdenden! Geht doch unsere Arbeit von der modernen Jugendpsychologie aus, die ihre Belange gerade der Welt jener Werdenden entnimmt.

Wer von uns hätte nicht, sowie er als junger Medizinfuchs die Schwelle der Anatomie überschritt, einen gewissen Kampf zu bestehen gehabt! Einzelne sind wirklich auf dieser Schwelle umgekehrt und haben ihren hohen Idealismus für den selbstgewählten Beruf in den Wind geschlagen. — Und es waren dies keineswegs etwa entweder zu Empfindsame oder gar Unmännliche oder solche, die zum mindesten schlechte Ärzte geworden wären. Nicht also war es eine zu überwindende, vor Unangenehmem zurückschreckende Scheu, die wissenschaftlicher Ernst erfahrungsgemäß schnell hinter sich läßt. — Tieferes stand hier dahinter, — wenigstens bei jenen, die wir hier im Auge haben. Denn auch unter denen, die blieben, gab es manch einen, dem zunächst, gelinde gesagt, gewisse Illusionen vergingen. Und mancher, gerade der tiefer Empfindende, von höchstem Idealismus Erfüllte, hat innerlich etwas überwinden müssen, was andere weniger stark berührte. Schwere Zwiespältigkeiten erwarteten ja den jungen Mediziner schon an der Schwelle der Vorbereitung zu seinem Beruf, mehr wie in anderen Fächern.

Wie gesagt, wir meinen nicht jene äußerliche Scheu vor toten Geweben, die der Ernst wissenschaftlicher Arbeit ja schnell bezwingt. Und wie könnte man gerade dem werdenden Arzte, — nicht nur aus Gründen der Vorbildung —, solches ersparen! Auch späterhin im Beruf muß ja der Arzt jedwede Scheu vor allem überwinden! — Was wir meinen, ist jenes tiefere Erlebnis unseres ärztlichen Studienganges, das fast jeder von uns in verschiedenem Maße hatte, mehr oder weniger stark, mehr oder weniger bewußt, — die junge Generation erlebt es durch die der jetzigen Jugend eigene Einstellung ganz besonders eindrucksvoll: wir zogen nach der Alma mater, begeistert von dem hohen Beruf, den ganzen Menschen begreifen und verstehen zu lernen. Was man uns jedoch zuerst zeigte, — und zuerst zeigen mußte —, waren nur tote Werkzeuge des Menschen, aus dem lebendigen Zusammenhange gerissene Stücke lebloser Materie, kalt, ohne innere Beziehung zu unserem warm pulsierenden jungen Leben, das wir verstehen lernen wollten, dieweil wir selbst es lebten! — Weil unser stürmendes junges Blut täglich mit neuen unerhörten Fragen gegen die sich weitende junge Brust pochte! — Aber weder die Physiologie noch die physiologische Chemie, weder die Zoologie noch die Botanik vermochten in uns das Bild jenes „Ganzen“ zu formen, das wir zu finden ausgezogen waren, wenigstens nicht für unsere mangelnde Reife, — und nicht schnell und klar genug erkennbar für unsere jugendliche Ungeduld.

Aber selbst den reiferen klinischen Semestern ergeht es noch ähnlich. Hierzu trägt nicht wenig bei die Art, wie die Vorlesungen meist gehandhabt werden und im Einzelnen wohl auch gehandhabt werden müssen. Es kommt hinzu, daß die Lage der klinischen Institute und ihrer Hilfswissenschaften in den meisten Universitätsstädten, und auch schon der Zeitmangel selbst bei gutem Willen der Studierenden, dem jungen Mediziner nicht gestatten, neben seinem Spezialstudium sich durch Vertiefung seiner Kenntnisse auf anderen Gebieten des Wissens, auch durch philosophische Studien, einen weiteren Überblick zu verschaffen, um sich selbst und seine Wissenschaft und seinen Beruf in die „Universitas literarum“ auch innerlich einzufügen. Der Ruf nach philosophischer Durchbildung des Mediziners erklang ja selbst schon von seiten der Lehrenden, — ebenfalls der nach einer psychologischen Schulung. Der Drang zu beiden lebt ganz tief, stark und bewußt gerade in unserer jungen Generation. Aber selbst, wenn es möglich wäre, Philosophie und Psychologie dem schon überfüllten Arbeitsplan des medizinischen Studiums schon heute einzuverleiben und dies praktisch durchzuführen, gerade der junge Mediziner würde hierdurch nicht von seinen Zwiespältigkeiten befreit: gerade er, der, wie keiner, so viel sieht von anscheinend rein organisch Bedingtem und scheinbar nur seelisch Erklärbarem, würde alsdann doppelt schmerzlich die vorhandene Lücke spüren, die gähnende Kluft und die Zerrissenheit, die heute noch die Welt geisteswissenschaftlicher und naturwissenschaftlicher Anschauungen unüberbrückbar zu trennen scheint, während gerade die Philosophie doch beide Reiche mit gleichem Arm und gleicher Überzeugung umfassen sollte: Natur und Geisteswelt — Materie und Seele! Im Gebiet der Psychologie aber würde der junge Mediziner ebenfalls nicht unberührt bleiben von der gleichen Zerrissenheit, von dem hier sogar noch viel brennenderen Streit der Meinungen; oder es wird ihm mitunter durch eine Vorbildung in rein geisteswissenschaftlicher Psychologie, — wie BLEULER sich scharf und fast erbittert ausdrückt —, eine Denkungsrichtung, wie auch wir sie hier mit anstreben und viele ältere Vertreter unseres Faches erhoffen, zum mindesten stark erschwert, wenn nicht ganz unmöglich gemacht werden. Gerade hier sind wir mit daran, erst aufzubauen und zwar nach allen Richtungen; Fertiges können wir darum nicht bieten. Aber eines können wir gerade mit der besonderen Grundeinstellung unserer Arbeit: wir können den werdenden Arzt ermuntern, uns in dieser oder jener Art auf einem ähnlichen Wege zu folgen. Denn er führt von der rein naturwissenschaftlichen Einzeluntersuchung, — ausgehend hier von einem neuen, erst seit kurzem erforschtem Grenzland von Leib und Seele, dessen letzte leuchtende Horizonte erst langsam, aber immer sicherer und schärfer in Erscheinung treten —, auf einem von jenen Jungen vor allem und von noch jungen Alten gesuchten Pfad mit zwingender innerer Notwendigkeit nach dem Lande unserer Sehnsucht, wo jene Kluft sich schließt, die oft Beruf und Wissenschaft vom Leben selbst zu trennen scheint, und das uns selbst, unsere Arbeit und unsere Erkenntnis in die Harmonie des Ganzen einzufügen berufen ist! Dies können und dürfen wir, — wie wir glauben —, schon heute aussprechen!

Die Ausblicke hierauf, die uns der hier eingeschlagene Weg schon gewährt hat (und es ist einer von vielen), je steiler und mühevoller er wurde, weiteten sich zusehends, und zwar in der Art eines inneren Erlebnisses, eines lebensvollen Schauens und einer frohen Verheißung! Denn schon vorher und zugleich mit unserer Arbeit erwuchsen neue Grundlagen der Psychologie und die philosophische Auswertung des gleichen Tatsachenmaterials, auf dessen gemeinsamer Grundlage sowohl eine naturwissenschaftlich begründete „anthropologisch“ fundierte Philosophie (E. R. JAENSCH) wie eine Konstitutionsmedizin der Gesamtpersönlichkeit und damit auch eine strenge medizinische Psychologie von einer neuen Seite her in Angriff genommen werden konnten. Letztere umfaßt das Gebiet der Medizin aber in jener Synthese, wie sie der junge Mediziner gerade unserer neuen Generation sucht und der ältere vielleicht vielfach entbehrt hat. Sie sucht also nicht allein, und wie wir sagen können, mit schon jetzt erkennbarem Erfolg, in den Mittelpunkt der Medizin an Stelle nur seiner Teile den „ganzen Menschen“ zu setzen. Damit wird eine Forderung erfüllt, die bereits mehr und mehr in weiten Kreisen der medizinischen Wissenschaft erhoben wird, nachdem sie auch schon von hervorragenden Fachvertretern formuliert wurde[1]), die jedoch bisher, — man darf es aussprechen —, viel mehr besprochen als überall durchgreifend in konkreter wissenschaftlicher Arbeit praktisch angefaßt wurde: im Verlaufe der mit gleichem Ausgangspunkt vorgehenden Forschungen E. R. JAENSCHS im Bereiche der Psychologie und „anthropologisch“ unterbauten Philosophie fügt sich aber der ganze Mensch damit zugleich harmonisch auch in seine höheren Zusammenhänge ein. Die Kluft zwischen Geist und Materie, zwischen Körper und Seele, zwischen Naturwissenschaft und Geisteswissenschaft, zwischen der Körper- und der Seelenkunde — im weitesten Sinne der schmerzliche Riß, der durch unsere heutige gesamte Kulturumgebung geht — beginnt sich auf diese Weise sichtbar zu schließen. Hier zeigt sich, daß diese beiden Reiche keine gegensätzlichen sind[2]).

[1]) Vgl. ganz neuerdings hierzu W. R. HESS-Zürich, Klin. Wochenschr. 1926, Nr. 30.

[2]) So stellt E. SPRANGER in seiner soeben erschienenen Psychologie des Jugendalters (Leipzig 1924) fest (S. 10, Anm.): „daß die ... Untersuchungen von E. R. JAENSCH trotz der Verschiedenheit des Ausgangspunktes in der Grundauffassung vom Wesen der Psychologie völlig mit der meinigen zusammentreffen ... Damit ist die Trennung der beiden Psychologien, die sich herausgebildet hatte, überbrückt, und es bleibt nur die Verschieden-

Lassen sich diese Zusammenhänge zwischen ihnen doch aufzeigen, und zwar — das ist das Entscheidende — nicht auf dem Weg bloßer Intuition, die sich über den Weg der Einzelforschung selbstgenugsam hinwegsetzt und darum von dieser mit Recht mit Mißtrauen betrachtet wird, sondern auf dem Wege einer exakten, naturwissenschaftlich vorgehenden Forschungsmethode: mit den Mitteln einer strengen experimentellen Psychologie. Neben die „Metamorphose der Seele" (E. R. JAENSCH)[1]) tritt hier die Metamorphose des Leibes und beide zusammen auf einen gemeinsamen Mutterboden biologischen Werdens und Vergehens im Wirkungsbereiche von Lebensgesetzen, die mit steigender biologischer Differenzierung und Invarianz (sinkender Integration) immer freier und ausschließlicher ihr geistiges Antlitz enthüllen. In solcher Weise erfaßt, fügen sich daher zwanglos auch die naturwissenschaftlichen Einzelfächer des organischen und anorganischen Lebens und geisteswissenschaftliche Belange, die dem werdenden Arzt jetzt noch verwirrend und sich scheinbar widersprechend entgegentreten, zu einem harmonischen Ganzen, das sich weder zu den Methoden noch zu den bisherigen Erkenntnissen seines engeren Faches in Widerspruch setzt. Und so werden auch die leuchtenden Brücken sichtbar, die den „ganzen Menschen" wiederum in den Zusammenhang dessen stellen, auf das der Erkenntnisdrang letzter Dinge und Wesenheiten von jeher hinauszielt!

Wenn der werdende Arzt mit solchen Ausblicken an nicht zu umgehende mühevolle Einzel- und Kleinarbeit herantritt, so weiß er mit uns, die wir den gleichen Pfad einschlugen, daß diese Mühe sich lohnt. Er weiß, am Ende dieses Pfades steht nicht ein wirres Gestrüpp oder eine weglose, bedrückend dunkle Schlucht, sondern eine lichte Höhe, von der aus gesehen ungeahnte Horizonte sich weiten, und von der aus ein heller Schein neugewonnener Erkenntnis auch rückwärts fällt, ihm weisend, warum er gerade so, voller Mühen und mit harter Einzelarbeit dem Ziele zustreben mußte. So enthält dieses Bild zugleich eine Erkenntnis und eine Mahnung: der Weg naturwissenschaftlicher Forschung zu solchem Ende ist nicht ohne Last. Auf ihm muß man erst Stein für Stein oft von weither herantragen, um am gewonnenen Ziel das dann fester gegründete Wegmal belohnter Ausdauer errichten zu können. Bei der allgemeinen Einstellung unserer Jungen erscheint es aber nicht ohne tieferen Grund, hier eine solche Mahnung auszusprechen, zugleich eben deshalb aber auch eine Hoffnung aufzuzeigen. Denn nicht nur liegt es an der Art der heutigen Jugend überhaupt, leicht in etwas achselzuckender Weise von naturwissenschaftlicher — mühsamer — Erkenntnisart zu reden, es liegt auch zugleich etwas im Zuge unserer Zeit, die Lösung von Einzelproblemen gegenüber dem rascheren, müheloseren und darum aber oft irrenden bloßen „Erschauen des Ganzen" für geringer zu achten.

Im Sinne eines so gerichteten Forschens, wie es auch hier angestrebt wird, wird sich daher trotzdem für die Jungen die ringende Sehnsucht erfüllen, für deren Wärme und Echtheit die Zeitschrift eines verbreiteten Jugendbundes vor kurzem so tiefe und reife Worte gefunden hat, und die wörtlich anzuführen wir uns darum hier nicht versagen möchten: „Um den Sinn des Kranken zu wissen, seine Gliederung in das Organische der Welt zu erkennen, und aus ihr seine Stellung zu begründen und zu sichern, das ist heute die Aufgabe des werdenden Arztes. — Dann ist jene furchtbare Trostlosigkeit für den jungen Menschen überwunden, in einer Zeit der Gesundung dem Kranken dienen zu müssen. — Das Leben ist mehr als Gesundheit und Krankheit. So fragen auch die Bewegungen,

---

heit, die sich aus der Arbeit an verschiedenen Bewußtseinsschichten ergibt". Ähnlich und noch nachdrücklicher in der soeben erschienen 5. Auflage der „Lebensformen".

[1]) Vgl. JAENSCH, E. R.: Über den Aufbau der Wahrnehmungswelt und ihre Struktur im Jugendalter, 2. Aufl. Joh. Ambros. Barth, 1926, Vorwort; vgl. auch Kap. VII, 1.

die heute zum Kommenden führen, nicht nach gesund und krank, sondern gehen über das alles hinweg zu etwas über, was mehr ist als Tagesordnung. Von diesem Strome der werdenden Ordnung aus gewinnt auch die Krankheit wieder den ihr gebührenden Sinn[1]). Denn mit ihr ist doch etwas über die Welt gekommen, das tief und untrennbar mit ihr verbunden und immer in ihr wirksam ist. Und für dieses Gebiet des Lebens berufen zu sein, als Wissender und Dienender und manchmal als Herrschender, das gehört zu den größten Aufgaben der Menschheit. Was es heißt, hier zu stehen, weiß der, der einmal eine Mutter gebären, einen Knaben sterben sah. Doch der weiß auch, man wird schließlich nicht Arzt um eines Standes willen. Sondern man wird es aus der Liebe zum Menschen und zwar zum ganzen Menschen, in der ganzen Fülle seines Glanzes und seiner Schönheit und seiner nachtvollen Schatten — nicht zum Gesunden oder zum Kranken. Nur wer so den Menschen aus der ganzen Kraft seines Herzens liebt, kann und darf auch der dunklen Welt seiner Krankheit dienen. Der erträgt aber auch das, was an Irrationalem und Unwägbarem hier ist, der hält den Dämonen stand, die vielleicht auf keinem Gebiet so mächtig sind wie auf dem, das dem Arzt zugewiesen wurde. Denn hier, an der Grenze unmenschlicher Kräfte und letzten Endes immer unerklärter Vorgänge, liegen auch die Pforten, die vom Bereich des Kranken und vom Beruf des Arztes aus den Weg zu der großen Welteinheit offenhalten[2])" (Sperrdruck von uns, d. Verf.).

Eine in solcher Einstellung arbeitende Naturwissenschaft und Medizin dürfte am ehesten geeignet sein, die Voraussetzungen und Forderungen zu erfüllen, mit denen F. Wenckebach in seiner schönen und mitreißenden Rede den Kongreß für innere Medizin 1923 in Wien eröffnete (Wien. klin. Wochenschr. Nr. 1. 1923), und vielleicht auch die Bedenken verringern, die der Vorsitzende des folgenden Kongresses in Kissingen (1924), Matthes-Königsberg, gegenüber dem Hineintragen psychologischer Gesichtspunkte in die Naturwissenschaft und Medizin äußerte; Bedenken, die gegenüber manchen Bestrebungen dieser Art heute leider nur noch zu berechtigt sind, da die Gleichsetzung von „psychologisch und metaphysisch" für manches, was auf diesem Gebiet in der Medizin hervortritt, noch immer zutrifft, und der Geist einer streng naturwissenschaftlich vorgehenden Psychologie sich noch nicht allerorten durchgesetzt hat. Aber so sehr dies für psychologisches Außenseitertum, wie es auch in der Medizin gelegentlich angetroffen wird, zutreffen mag, die Methoden der modernen wissenschaftlichen Psychologie stehen ebensowenig außerhalb der Naturwissenschaft wie die sinnesphysiologische Methodik der Helmholtzschen und der Heringschen Schule, die zu dem Vorgehen der modernen Psychologie in weitem Umfang das Vorbild und den Anstoß gegeben hat. So äußert sich auch J. von Kries: „Unter den Arbeiten der Psychologen sind viele, die sich nach Fragestellung und Methode der in der Sinnesphysiologie geläufigen Art des Vorgehens vollständig anschließen" (Allgemeine Sinnesphysiologie. Leipzig 1923. Vorwort). Setzt sich diese Arbeitsweise erst allgemeiner durch, dann wird sich vielleicht auch der Wunsch erfüllen, mit dem O. Binswanger seine Ausführungen „Über die psychologische Denkrichtung in der Heilkunde" (Rektoratsrede, Jena 1900) schließt: „Es lag mir daran, von neuem Zeugnis abzulegen von den innigen Wechselbeziehungen, welche Philosophie und Naturwissen-

[1]) D. Verf.: nämlich als phasenspezifisch normale Erscheinungen entwicklungsgeschichtlicher (onto- und phylogenetischer) Struktur, entweder an phasisch und genetisch falscher Stelle bzw. innerhalb eines minderwertigen Gesamtzusammenhanges.

[2]) Erich Maschke in der Zeitschrift „Der weiße Ritter". Organ des Bundes der deutschen Neupfadfinder; Jg. 4, Dreifachheft 4/5/6. Berlin 1923.

schaften zueinander besitzen. Ich knüpfe hieran den Wunsch, daß nicht nur durch die empirische Psychologie unserer Zeit, sondern auch durch die naturwissenschaftlich geläuterte Psychopathologie dem ganzen Lehrgebäude der Philosophie neue fruchtbringende Erkenntnis zugeführt werden möge, damit jene Vollendung im Sinne GOETHES erreicht wird:

„Wie alles sich zum Ganzen webt,
Eins in dem andern wirkt und lebt.“ —

Ähnliches gilt aber ferner von der Rassenbiologie und Rassenhygiene, vielleicht sogar auch in ihrer Rückwirkung auf staatliche Schichtungen und Umschichtungen: wenn wir durch eine rationelle Rassenhygiene, wie sie ja schon von maßgebenderer Seite vorgeschlagen wurde, und zugleich auch, wie hier darzulegen versucht wurde, durch geeignete rassenverbessernde Maßnahmen medizinischer und pädagogisch-psychophysischer Art hoffen dürfen, eine heute schon tief in das Menschengeschlecht eingreifende Degeneration aufzuhalten und die Rasse sogar von ihr zu befreien — und es ist sogar hohe Zeit, daß sich solcher Erkenntnisse die staatliche und gesetzgeberische Machtvollkommenheit zweckmäßig bedient[1]) — so dürfen wir hier an

[1]) Anm. während des Druckes: Es kann z. B. auf Grund der Casseler im Auftrage des Preuß. Ministeriums f. Volkswohlfahrt durchgeführten, umfangreichen Capillarstudien TH. HÖPFNERS an bisher fast 5000 Jugendlichen und Kindern (zugleich in bezug auf die Kropffrage und ihre tiefere Erfassung, vgl. S. 400f.) heute als sichergestellt gelten, daß vor allem in gewissen Kropfgegenden nahezu 70 vH. ganzer Bevölkerungen tiefgehende, an den Capillaren als übergreifendes Stigma erkennbare Degenerationszeichen aufweisen, die mehr oder weniger „psychophysische Krüppelhaftigkeit“ bedeuten. Ganz besonders stark gilt dies — wieder vor allem in solchen Gegenden — von den sozial ungünstig stehenden Bevölkerungsschichten (vgl. S. 369, S. 134). Hierbei tritt der Kropf selbst — als im Einzelfalle oft garnicht vorhanden und in der Allgemeinheit immerhin weniger häufig und belangloser als andere, in der gleichen Schädigungsreihe stehende konstitutionelle Minderwertigkeiten (vgl. S. 403) — in seiner Bedeutung für diese Verhältnisse ganz in den Hintergrund. Auch wir deuteten hier schon an (Kap. VII, 5), daß in Kropfgegenden eine oft besonders tiefgreifende Degeneration der Bevölkerung besteht, die aber auch einmal in Nichtkropfgegenden als vorliegend gefunden werden könnte (vgl. S. 400 f.). Wir deuteten ferner an, daß man für solche tiefsitzende Degenerationen, einschließlich des in ihnen örtlich und als nur eines ihrer „psychophysischen Äquivalente“ in Betracht kommenden Kropfes, in gewissen Gegenden (und unter den vermutlich hier obwaltenden ungünstigen geophysischen Bedingungen) auch einen gewissen Jodmangel mit verantwortlich machen könne. TH. HÖPFNER glaubt nun, gerade in dieser „Konvergenz“ von gewissen geophysischen Faktoren (irgendwie verändertes Angebot von Jod, aber auch von Silicium u. a.) mit einer degenerativen Bereitschaft gewisser Populationen zu einer Dekompensierung in den Spiegeleinstellungen des Stoffwechsels (vgl. Kap. VII, 2a und S. 374) gegenüber diesem ungünstigen Angebot jener Stoffe das Wesen derjenigen Erscheinung sehen zu können, die wir heute noch als „Kropfnoxe“ bezeichnen. Die Dekompensationsneigung des Stoffwechsels in den zentral regulierten Spiegeleinstellungen müßte in ihren verschiedenen Varianten und Valenzen mindestens ambivalent, besser poly-ambivalent sein (vgl. örtlich und sogar individuell-gemeinsames Auftreten von dys- und hypo-endokrinen Zuständen und Bereitschaften ebenso wie entsprechender Hyperfunktionen, z. B. Kretinismus [bzw. Myxödem]—Morbus Basedow u. a.). So wäre erklärlich, warum innerhalb von Kropfbezirken kropffreie Inseln vorkommen (und umgekehrt), wie dies z. B. für Frankfurt a. M. (Taunus) gilt. Dort fand Verf. 1923 an 84 schwachbefähigten Hilfsschülern sogar nur etwa 20 vH. hypoplastische Capillaren bzw. deren Korrekturformen (ein Teil der „Übergangsformen“ in unserem alten Sinne [d. h. zum Normalen hin]) und nur wenige (3 vH) Archicapillaren. Hier fehlt also scheinbar eine wesentliche Komponente der „Kropfnoxe“, die sonst im Taunus stark wirksam ist (GERSBACH). — Wenn eine solche Auffassung der „Kropfnoxe“ als eine rassemäßig und landschaftlich bedingte „Konvergenzerscheinung“ konstitutioneller und geophysischer, in der Umwelt liegender „Stoffwechselhaltungen“ gegenüber gewissen Stoffen (nach TH. HÖPFNER in Kropfgegenden vor allem gegenüber Jod, Silicium u. a.; vorgetragen in der Sitzung des Preußischen Landesgesundheitsrates vom

die schönen Worte erinnern, die LOTHROP STODDARD für die Rückwirkung biologischer Erkenntnisse auf die selbst im staatlichen Leben wirkenden biologischen Gesetzmäßigkeiten gefunden hat: „Um zum Neuadel (im biologischen Sinne) zu gelangen, bedarf es einer langen ... Entwicklung[1]). Der Weg ist gewiß

---

19. VI. 26) stimmen sollte, so wäre anzunehmen, wie wir hinzufügen können, daß eine entsprechende „Konvergenz" auch für die sog. „Tetanienoxe" gewisser Tetaniegegenden (S. 55) gilt: die eine Komponente würde die in der Konstitution liegende Differenzierungsstörung sein, mit mangelhaften (ambi- und polyambivalenten) zentralen Spiegeleinstellungen, Sprengung des Schichtenbaues mit Neigung zur Dekompensation (vgl. S. 374), hier besonders anderen Stoffen gegenüber, z. B. Calcium, Kalium, Alcalosis-Acidosis usw., die zweitens selbst in ihrem geophysischen Angebot verändert oder ungünstig zu den physiologischen Verhältnissen liegen müßten. Da die erste Komponente, die konstitutionelle Degeneration, beiden oben angedeuteten Zusammenhängen entgegenkommt, würde es verständlich werden, warum in Kropf-, Kretinismus- und Basedowgegenden garnicht selten auch zugleich Tetanie oder besser Spasmophilie gehäuft vorkommen (vgl. S. 324 Anm. 2). Hier müßten geophysische Verhältnisse vorliegen, bei denen nicht nur Jod, Silicium u. a., sondern auch z. B. Calcium, Kalium u. a. in irgendwie ungünstigem Sinne geophysisch angeboten werden (vgl. S. 132 f.), während gleichzeitig in der Bevölkerung eine tiefgreifende Degeneration vorliegen müßte, die individuell und in ihrer relativen Verbreitung zur Gesamtheit der betreffenden Population an den Capillarstörungen als feines übergreifendes Stigma psychophysischer Differenzierungsstörungen allerverschiedenster Art aufgedeckt werden kann (vgl. S. 41 Anm. 1). — Wir haben hier versucht, den T-Typus und die Tetanie (bzw. Spasmophilie) mit einem Überwiegen subcortiformer (bzw. auch mitunter subcorticaler) Reaktionsweisen in Beziehung zu setzen, den B-Typus und den Morbus Basedow mit einem Überwiegen cortiformer (bzw. corticaler) Reaktionsweisen. In diesem Sinne scheint es nicht unwesentlich darauf hinzuweisen, daß Spasmophilie eine phasenspezifische Erkrankung ist vorzugsweise, solange ontogenetisch noch ganz der Subcortex im Übergewicht ist (Säuglingsalter), während der Morbus Basedow oder auch schon ein krankhaftes Basedowoid phasenspezifisch gewöhnlich überhaupt erst dann eine Rolle spielt, wenn ontogenetisch bereits der Cortex eine größere Ausbildung erfahren hat (Erwachsene) oder eben in stürmischer Entwicklung begriffen ist (Pubertätsbasedowoid), während hierbei freilich auch nicht selten zugleich der T-Komplex in eine entsprechende Übererregbarkeit gerät (vgl. S. 124—129, 164f., 33f.). Alles dies wird eine besondere Bedeutung besitzen, wenn innerhalb ganzer Bevölkerungen nachweisbar massenhaft Differenzierungsstörungen vorliegen. Zu erwähnen ist daher hier auch die besonders häufige Spasmophilie debiler Säuglinge mit mangelhaft ausgebildetem selbst physiologischem B-Komplex (vgl. S. 367 f., S. 104). — Daß sich ganz Entsprechendes für die allerverschiedensten innerklinischen und auch psychiatrischen Erkrankungsbereitschaften ausführen läßt (vgl. Kap. VII, 3), braucht nun kaum noch betont zu werden. Hier wird aber weitere Forschung einen sehr wesentlichen Ansatzpunkt besitzen, der für die prophylaktische Medizin wie für rassenhygienische Fragen Beachtung verdienen dürfte und unseren Ausführungen an früheren Stellen dieser Arbeit bereits jetzt schon eine noch breitere Grundlage und damit eine um so größere Wertigkeit verleiht. Hierbei dürfte sich dann auch zeigen, wie weit die Auffassung von O. LENTZ (Klin. Wochenschr. 1924, Nr. 37) ganz prinzipiell zu Recht besteht, wenn er gewisse Krankheiten als „Auslesekrankheiten" bezeichnet, und wie weit sich daher seine zunächst fast ausschließlich nur epidemiologischen Gesichtspunkte in viel umfassenderer Weise als geltend erweisen lassen dürften.

[1]) Hierzu dürfte es beitragen, wenn im Bereiche psychophysischer Studien auch in unserem Sinne erbbiologische Gesichtspunkte immer stärker werden berücksichtigt werden, die durch die großen Fortschritte auf dem Gebiete der Vererbungswissenschaften heute schon greifbar bereit liegen. Hier hat ja auch die Deutsche Gesellschaft für Rassenhygiene schon umfassende Richtlinien gesteckt. Vielleicht wird es auf solchen Wegen dann auch einmal gelingen, schärfere Umgrenzungen zu treffen für die in solchem Sinne bereits geforderte Ausschaltung rassenverschlechternder Individualtypen aus dem Erbgange auf dem Wege über gesetzlich verankerte Maßnahmen, wie z. B. solche im Hinblick auf das Problem der Sterilisation usw. (vgl. BAUR-FISCHER-LENZ a. a. O.). Auch werden die Methoden der anthropometrischen Forschung innerhalb der hier nur angeschnittenen Fragen weitgehende Berücksichtigung erfahren müssen; Berufsberatung und auch Eheberatung dürften hieraus vielleicht später einmal einigen Nutzen ziehen. — Mit allen solchen Gesichtspunkten setzen wir uns dabei nicht in Widerspruch zu gewissen Ergebnissen der heutigen Vererbungswissenschaft, da wir einerseits ja die Unveränderlichkeit gewisser Anlagedeterminanten nicht antasten, wie z. B. die oft über ein gewisses (pseudo-

lang. Günstigenfalls muß man wohl mit vielen Menschenaltern, vielleicht vielen Jahrhunderten rechnen. Wer weiß, ob unsere gegenwärtigen Hoffnungen nicht Träume sind ... Selbst dann bliebe uns immer noch — der Glaube. Denn dürfen wir nicht glauben, daß jene erhabenen Lebensgesetze ... nicht irgendwie

neocapilläres und minderwertiges) Entwicklungsstadium nicht hinausgehende Entwicklungsfähigkeit ganz bestimmter archicapillärer (auch gewisser neocapillärer) Individualtypen im Sinne wertnegativer Idiovariationen, während wir andererseits lediglich den Schutz und die Verstärkung umweltgefährdeter hochwertiger potentieller Anlagen anderer Individualtypen, soweit wir letztere heute noch als Paravariationen ansehen können, in weiterem Umfange als man bisher annahm und als man es bisher nachweisen konnte, als möglich und nötig hinstellen (S. 403). Diese Anlagen werden zwar einen bestimmten Grad von Unveränderlichkeit besitzen, aber sie scheinen in Gefahr zu sein, entweder von negativen Rasseelementen durch Myxovariation und negative Auslese überwuchert zu werden, oder sogar allmählich auch potentiell verloren zu gehen und damit peristatisch zu Idiovariationen zu führen, ein Umstand, der die Rolle der Entstehung spontaner idiogener Idiovariationen nicht antastet. Das sind aber Möglichkeiten, die bei der starken Plastizität des Organismus, die gerade in unseren Untersuchungen hervortrat, nicht völlig abgeleugnet werden können, und da das Gegenteil hiervon keineswegs als erwiesen gelten kann, während feststeht, daß die Menschheit innerhalb vor allem wertpositiver Rasseeigenschaften uralten wertvollen Besitz schon in weitem Ausmaße verloren hat (Anm. S. 404). Umgekehrt weisen auch viele Erfahrungen daraufhin, daß bei gleicher und unversehrter potentieller Erbdetermination die Möglichkeit einer durch Übung und Therapie hervorrufbaren Steigerungsfähigkeit gewisser Anlagen durch den Entwicklungsreiz besteht, was auch A. Bier neuerdings immer schärfer betont (vgl. S. 415), ein Vorgang, der bei der in früher ungeahntem Maße vorhandenen Plastizität des Organismus auf die Dauer ebensowenig ganz ohne Einfluß auf den Genotypus (vgl. S. 324, Anm. 2) sein kann, ohne daß hierdurch an eine in bestimmten Grenzen vorhandene potentielle Unveränderlichkeit der Erbdeterminanten (Genotypus) gerührt werden müßte: eine durch natürliche, aber auch durch künstliche und zielbewußte Anpassung denkbare — im Individualleben nachweisbare (Anm. S. 404) — Verstärkung bestimmter Potenzen (S. 33f.) auch im allmählich vererbbar werdenden Sinne erscheint hiermit also wohl vereinbar. Nur in solchem Sinne würden wir es daher nach dem Stande der heutigen Kenntnisse hierüber als möglich bezeichnen wollen, daß phaenotypische peristatisch hervorgerufene Wandlungen allmählich auch den Genotypus beeinflussen könnten, vielleicht besonders dann, wenn sie ganz frühzeitig einwirken. Schließlich darf die Erbbiologie, wofern sie doch die Möglichkeit einer durch Umwelteinflüsse allmählich und schließlich idiotypisch werdenden krankhaften Anlage ausdrücklich zugibt, nicht die Möglichkeit des entsprechenden wertpositiven Vorganges axiomatisch ableugnen, besonders so lange es sich nur innerhalb der relativ unveränderlich angenommenen potentiellen genotypischen Anlage bewegt. — Es ist dies demnach alles durchaus denkbar, ohne in einen von mancher Seite heute so stark gebrandmarkten „naiven Lamarckismus" zu verfallen. Denn der wirkliche Neuerwerb vererbbarer Eigenschaften (also hinaus über die potentiellen Determinanten, vgl. S. 355, Anm. 2) vollends kommt zunächst hier gar nicht in Frage, schon weil wir scheinbar genügend damit zu tun haben, gefährdeten potentiellen Besitz nicht völlig zu verlieren und allenfalls nur solchen Besitz zu steigern hätten, dessen potentielle Anlage in der Erbdetermination seit Menschengedenken sich kaum merkbar verändert hat, wenigstens solange wir im Bereiche wertpositiver Rassenelemente bleiben (vgl. S. 403, 367 Anm. 1 u. 2, 365f., 363 Anm. 2, 369, 307f.; zu den Fragen der Plastizität des Organismus [S. 336] vgl. S. 1 Anm. 2f., 6, 28, 47, 335f., 358 Anm. 2, 394 Anm., 396 Anm. 2, 399, 400 Anm. 1, 407 Anm., Kap. VII, 5 und auch Jaeckel, O.: Über verschiedene Wege phylogenetischer Entwickelung, Verh. d. V. Internat. Zoolg.-Kongr., Berlin 1901, G. Fischer, Jena 1902). Schließlich mag noch daran erinnert werden, daß bei aller erforderlichen hohen Einschätzung des Forschungsstandes der heutigen Erbbiologie gerade ihr auf den Bereich menschlicher Belange gerichteter Zweig noch ganz im Werden begriffen ist. Wenn es auch völlig dem Sinn unserer Arbeit entgegengerichtet wäre, den menschlichen Erblichkeitsverhältnissen womöglich eine Sonderstellung innerhalb der allgemeinen Lebensgesetze einräumen zu wollen, so darf doch gesagt werden, daß wir zu einer rationellen und exakten Erbforschung beim Menschen erst dann gelangen werden, wenn tieferdringende Erkenntnisse gestatten werden, mit gesicherten Erbfaktorengruppen (Valenzen oder Potenzen) genetisch zusammengehörender Wirkungskomplexe zu arbeiten, etwa in dem Sinne, wie letztere herauszustellen hier wenigstens angestrebt wurde. Das aber gälte dann nicht allein für physiologische Verhältnisse. Denn auch im Bereiche der Vererbungsforschung krankhafter Erbanlagen muß von einer anthropologischen Erbforschung der Zukunft dem Gesichtskreis des Menschen erhalten bleiben . . .? Dürfen wir daher ferner nicht hoffen, daß unsere Art, wenn nicht gleich heute, so doch in einer besseren Zeit, ihre eigene Wiedergeburt sicherstellen wird? Das bezweifeln, hieße jene geheimnisvolle erste treibende Kraft wegleugnen, die den Menschen über das Tier hinaushebt und ihn seine Blicke zu den Sternen erheben läßt"[1]). —

Es bleibt dem Verfasser nun nur noch übrig, den Dank zum Ausdruck zu bringen gegen diejenigen, die ihm nach jahrelanger Unrast harter Kriegsfahrten als Truppenarzt stille Einkehr halten ließen und durch die mitreißende Nähe echten Forscherdranges unfruchtbare Stimmungen, denen wir alle damals zu erliegen drohten, schnell verscheuchen halfen:

Meinem lieben Bruder, Prof. Dr. phil. E. R. JAENSCH vor allem danke ich für seine tiefdringende Einführung in von ihm zuerst neu erschlossene Gebiete der experimentellen Psychologie und Psychophysiologie. Ihm danke ich außer den Grundlagen, die in seinen Arbeiten und in denen seines Schülerkreises gegeben waren, vor allem den ersten Anstoß dazu, klinisch-somatische Untersuchungsmethoden in dem eben erwähnten Sinne zu verwenden. Und wenn es mir auch vergönnt war, die im Jahre 1919/20 in Marburg begonnenen Untersuchungen später in Frankfurt a. M., Cassel und Berlin selbständig weiterzuentwickeln, die anfänglichen Ergebnisse zu vertiefen und weitgehend zu erweitern, so war trotzdem mein Bruder stets unermüdlicher Berater, dessen fruchtbare Kritik stets fördernd und anspornend wirkte, und dessen Mitarbeit nie versagte, ob es sich um Fragen rein wissenschaftlicher Natur handelte oder um Fragen der Redaktion einer so umfangreichen Arbeit wie der vorliegenden. Was ich zugleich Herrn Prof. Dr. med. G. VON BERGMANN, meinem hochverehrten klinischen Lehrer in Marburg und Chef an seinem Wirkungskreise Frankfurt a. M. verdanke, geht zur Genüge aus vorliegender Arbeit selbst hervor. Nie insbesondere soll ihm vor allem vergessen sein, daß er es war, der mich, — wenn auch in einem ganz anderen Zusammenhange —, veranlaßte, mich mit der OTFRIED MÜLLERschen Methode der Capillarmikroskopie vertraut zu machen; auch der von ihm und seinem Mitarbeiterkreis schon 1911 aufgestellten Lehre von den „Vegetativ Stigmatisierten", die diese Arbeit in wichtigen Punkten ergänzt und befruchtet hat, sei hier noch einmal in Dankbarkeit gedacht. Vor allem aber werde ich Prof. v. BERGMANN immer dafür danken müssen, daß in seinem Umkreis nicht die Hindernisse manchmal einseitig eingestellter Schulrichtungen und festgelegter

---

verlangt werden, daß sie nicht mit Symptombildern im heutigen Sinne arbeitet, sondern auch hier mit genetischen Faktorenkomplexen. Das wird aber ebenfalls erst dann möglich sein, wenn es, wie dies in unserer vorliegenden Arbeit sich schon deutlicher abzuzeichnen beginnt, gelungen sein wird, in völlig gesicherter Weise an Stelle der heutigen Symptomatologie der Erkrankungen mit echten (weil genetisch-entwicklungsgeschichtlich bedingten) pathologischen Erscheinungskomplexen biologischer Struktur zu rechnen. Das gilt ebensowohl für Idio- wie für Paravariationen. So ergibt sich aus unserer Arbeit geradezu die Forderung ihrer Fortsetzung ins Erbbiologische, wobei der Umstand erleichternd wirkt, daß ein Teil der hier verwandten Methoden — infolge ihrer allgemeinen biologischen Wertigkeit — sogar gestattet, im erbbiologischen Tierexperiment mit Merkmalen experimentell zu arbeiten, die, wie z. B. vor allem die Capillarformen, in jeweils verschiedener Entwicklungsebene liegen, aber doch für Mensch und Tier formal die gleiche psychophysische Bedeutung besitzen. Und die gleichen hier dargestellten Methoden gestatten in sehr vielen Fällen, auch bei der Familienforschung an Stelle der unsicheren anamnestischen Erhebungen — ohne letztere überflüssig zu machen — die exakte, naturwissenschaftlich einwandfreie unmittelbare Beobachtung funktioneller, zum Teil sogar anatomisch-histologischer Verhältnisse am Lebenden zu setzen.

[1]) LOTHROP STODDARD: Der Kulturumsturz, die Drohung des Untermenschen. Lehmanns Verlag, München 1925, deutsch von W. Heise: eine soziologische Studie über die Auswirkung biologischer Rassenverhältnisse und ihrer heute immer tiefgreifenderen Degeneration auf gewisse Erscheinungen im Leben der heutigen Völker.

Lehrmeinungen eigenen Wegen entgegenstanden, und daß das freie Spiel einmal angeregter Kräfte höhere Einschätzung fand als vorgezeichnete Problembearbeitungen.

An sie beide richtet sich daher in erster Linie mein Dank, nachdem nunmehr die noch in der Nachkriegszeit begonnene Arbeit zu einem gewissen, wenn auch nicht vollkommenen Abschluß gelangt ist.

Aber auch mancher anderer Herren muß ich hier dankbar gedenken, die mir, sei es im persönlichen Austausch von Erfahrungen und Meinungen, sei es in gelegentlichen Hinweisen auf einschlägige Fachliteratur, in sachlichen Auskünften auf Sondergebieten, durch freundliche Überlassung klinischen Materials oder technische Ratschläge, nicht zuletzt durch befruchtende Kritik mancherlei wertvolle Anregungen gaben. In ähnlichem Sinne möchte ich meinen Dank auch aussprechen Herrn Prof. Dr. med. et phil. Dr. agr. h. c. E. Baur-Dahlem, der mir in Vorlesungen und Übungen Gelegenheit gab, mich mit der Disziplin der heutigen Vererbungswissenschaft zu beschäftigen, wenn dies auch nur mit großen Unterbrechungen geschehen konnte. Ihm danke ich, daß es mir aber auch zur Zeit noch vergönnt ist, als Lernender nach dieser Richtung hin tätig zu sein, und ich danke auch Herrn Prof. Dr. Nachtsheim und Frl. Privatdozent Dr. Hertwig für ihre freundliche Unterstützung hierbei und ihre vielfachen Anregungen. Finanziell ermöglichte mir die örtlich und zeitlich ungehemmte Betreibung meiner wissenschaftlichen Arbeiten während zwei Jahren die Rockefeller-Stiftung, der hier mein aufrichtigster Dank ausgesprochen sei.

Bei den Untersuchungen über die Hautcapillaren und die mit ihnen zusammenhängenden Fragen gilt mein besonderer Dank meinen Mitarbeitern, deren Mitwirkung allein die Vertiefung dieser Problemstellung ermöglichte: bei den ersten noch in Marburg untersuchten Fällen war Herr Rektor Buisman-Marburg unermüdlicher Bearbeiter der Intelligenzprüfungen, später Assistenzarzt Dr. Schreiner (Marburger Univ.-Frauenklinik) mein Mitarbeiter. In nie versagender Gründlichkeit und aufopfernder Hingabe an unser gemeinsam gestecktes Ziel stand mir in Cassel später durch Jahre hindurch Frl. Hilfsschullehrerin Nennstiehl in der Beobachtung und Intelligenzprüfung ihrer Zöglinge zur Seite, eine Arbeit, deren Ermöglichung wir Herrn Rektor Gonnermann, später auch den Herren Rektoren Braune, Waldschmidt, Luttermann und Oberstudiendirektor Friedrich, sowie den Herren und Damen aller Casseler Schulkollegien, insbesondere der Casseler „Pädagogischen Arbeitsgemeinschaft" (Leiter Herr Rektor Betting) verdanken. An dieser Stelle sei auch des Entgegenkommens der Casseler Städtischen Behörden (Herren Stadtoberschulrat Dr. Böse, Stadtmedizinalrat Dr. Keding), vor allem des Herrn Obermedizinal- und Oberregierungsrat Dr. Mennicke von der Casseler Regierung gedacht, der Herren Medizinalrat Dr. Hallenberger, Landesrat Dr. Schellmann und Oberschulrat Dr. Broer-Cassel. Von ärztlichen Mitarbeitern sei aber vor allem Herrn Dr. med. Wittneben-Hephata (Bez. Cassel) sowie der Herren Dr. med. K. Scholl und Dr. med. Th. Höpfner in Cassel mein ganz besonderer Dank abgestattet, ferner den Herren Dr. med. A. Löwenthal und Prof. Dr. Grosser (Städt. Kinderheim, Frankfurt a. M.), Dr. H. Kalk, Assistent der Medizinischen Universitätsklinik Frankfurt a. M., Dr. med. W. Klöss, damals Frankfurt a. M., jetzt Weißkirchen i. T., und Dr. med. K. Knipping, damals an der Mediz. Univ.-Klinik Frankfurt a. M., jetzt Assistent der Universitätsfrauenklinik Münster i. W., schließlich auch den Herren Sanitätsrat Dr. Schirmer, Dr. med. Jesse-Marburg und Stabsarzt Dr. Full-Wünsdorf. Nicht vergessen möchte ich auch zu erwähnen, daß Frl. Dr. med. Edith Reuter, damals Assistentin der G. v. Bergmannschen Klinik in Marburg, es war, die mir jenen ersten Fall von Kretinismus zuführte, von dem die schließliche Aufdeckung der feineren Morphogenese der Hautcapillaren zusammen mit TH. HÖPFNER ihren Ausgang nahm.

Endlich gebührt mein besonderer Dank auch Herrn Dr. phil. H. FREILING, Assistenten des Marburger Psychologischen Instituts, und verschiedenen Herren des Marburger Arbeitskreises, den Herren Dr. phil. LUCKE, Dr. phil. NEUHAUS, Dr. phil. NOLTE, insbesondere auch Dr. phil. F. SIMON, die mir, — letzterer mit seiner photographischen Kunst —, jederzeit bereitwilligst zur Seite standen, endlich auch den Herren Professor Dr. med. P. SCHENK und Privatdozenten Dr. phil. JAECK-Marburg, Leiter des Universitäts-Instituts für Leibesübungen.

Die Capillaruntersuchungen wurden begonnen mit Mitteln des Marburger Universitätsbundes, unterstützt durch Zuwendungen seitens des Landesausschusses in Cassel, wofür diesem und dem Herrn Landeshauptmann in Hessen an dieser Stelle herzlich gedankt sei. Zu den hohen Kosten der in der Inflationszeit besonders stark gefährdeten ununterbrochenen Weiterführung der umfangreichen, kostspieligen endokrinen Behandlungsversuche trugen weiterhin bei die Rockefeller-Stiftung, Frau STAD-CAHN-Rotterdam, Herr Dr. phil. Dr. ing. h. c. W. F. KALLE, M. d. R., Frankfurt a. M., Herr Dr. E. LEITZ-Wetzlar durch Stiftung eines Capillarmikroskops; späterhin gewährte das Preußische Wohlfahrtsministerium weitere Mittel, wofür besonders Herrn Ministerialdirektor Wirkl. Geheimen Obermedizinalrat Prof. Dr. DIETRICH sowie Herrn Ministerialrat Geheimen Obermedizinalrat Prof. Dr. LENTZ aufrichtiger Dank gesagt sei. Weitgehend unterstützte Herr Prof. Dr. phil. RIEFFERT, Leiter des Psychotechnischen Laboratoriums der Reichswehr in Berlin, unsere Arbeit. Die Heidelberger Psychiatrische Universitätsklinik (Direktor Prof. WILMANNS, Oberarzt Prof. GRUHLE) ermöglichte in liebenswürdiger und entgegenkommender Weise die Untersuchungen in Heidelberg und im Neckartale, die Jugendsichtungsstelle Frankfurt a. M. (Stadtmedizinalrat Dr. FÜRSTENHEIM) die Weiterführung der Untersuchungen in den Frankfurter Schulen. Schließlich ermöglichte das Interesse und die Fürsprache des Reichsgesundheitsamtes auch die im vorliegenden Umfange durchgeführte Drucklegung dieser Arbeit durch Erwirkung einer Beihilfe seitens des Reichsministeriums des Innern, wofür hiermit unser Dank abgestattet sei. In gleicher Weise danken wir auch für die Druckbeihilfe seitens des Landesausschusses in Cassel und des Marburger Universitätsbundes.

In ganz besonderem Maße aber fühlen wir uns den Marburger Schulen, ihren Leitern und Kollegien verpflichtet, die durch ihr stets hilfsbereites und trotz jahrelanger Beanspruchung nie ermattendes Entgegenkommen die Arbeit, wie einen großen Teil der Untersuchungen des Marburger Instituts überhaupt, erst möglich gemacht haben. In diesem Sinne danken wir dem inzwischen verstorbenen Leiter der realistischen Lehranstalten Herrn Geheimrat Dr. KNABE sowie in ganz besonderem Maße seinem Nachfolger Herrn Oberstudiendirektor Prof. Dr. E. OTTO (jetzt an der deutschen Universität in Prag), nicht minder Herrn Gymnasialdirektor Prof. Dr. HÖLK, weiter Herrn Reg.- und Schulrat WERNER in Marburg, ebenso den Leitern der Bürgerschulen, Herrn Rektor HENTZE (Südschule), Herrn Rektor ZINN (Nordschule), Herrn Hauptlehrer GRUSS † (Katholische Schule), Herrn Direktor SCHLICHT (Winterschule), wobei wir in diesem Dank an diese leitenden Stellen zugleich unseren Dank an die Schulen und ihre Kollegien zum Ausdruck bringen möchten; späterhin unterstützte Herr Landrat SCHWEBEL und Herr Geheimrat Prof. Dr. med. HILDEBRAND-Marburg unsere Bestrebungen mit förderndem Interesse innerhalb der Belange der Kreisjugendwohlfahrtspflege. Gleiches gilt von dem Kurator der Universität Marburg, Herrn Geheimen Oberregierungsrat Dr. v. HÜLSEN. Auch unseren vielen Untersuchungspersonen sei an dieser Stelle gedankt, den erwachsenen ebenso wie den jugendlichen, die nun vielfach auch schon zu den Erwachsenen zählen, und bei den Jugendlichen auch ihren Eltern und Angehörigen!

So weiß ich wohl einzuschätzen, was diese Untersuchungen anderen Persönlichkeiten und auch mancher Anregung verdanken. Indessen auch der edle Geist wissenschaftlicher Zusammenarbeit aller Forschungszweige, der Geist der „Universitas“ ist es nicht allein, den ich hervorheben möchte, wenn ich der Jahre engster Fühlungnahme mit allen Grenzgebieten unseres Arbeitsfeldes und ihrer Vertreter gedenke. Denn über Personen, persönliche Beziehungen und vielerlei Meinungsaustausch hinaus, bin ich mir im Geiste dieser Arbeit bewußt, daß wir selbst und alles, was wir tun und zu schaffen versuchen, zum nicht geringen Teile auch abhängig sind von unserer weiteren, nicht immer nur in engster Beziehung zu unserer Arbeit stehenden Umwelt und ihren Einflüssen. Darum soll mein Dank auch dargebracht sein jenem Genius loci, der alle, die mit ihm in nachdenklicheren Jahren in Berührung kommen, mit eigenartigem, beschwingendem Zauber umfängt: der ehrwürdigen Alma Mater Philippina gerade jetzt wieder in blühender Frühlingspracht aufleuchtenden Schönheit — — ihrer träumenden Stille — — aber auch ihrer nie versiegenden Froheit, die immer aufs neue frische Jugend durch ihre altersgrauen Gassen trägt! Eine Arbeit, die nach den Quellen biologischen Werdens schürft, und es in seinen Ganzheiten zu erfassen sucht, schafft sich leichter, wenn der im Einzelnen forschende Blick hin und wieder ausruhen und Kraft schöpfen kann durch ein Hinschauen auf den weiten Strom des pulsierenden Lebens um uns — in Natur- und Menschheitsbereichen in ihrer untrennbaren Einheit!

In die letzte Werkzeit aber hinein klang heller Möwenschrei herüber zu mir vom nimmer rastenden Main, wo jenseits seiner silbrig schimmernden Flut, blau sich in sanftem Bogen hinschwingend, der Taunus in mein Fenster sah, seine Hänge und Wälder breitend, und aufwärts des niedergleitenden Stromes, rötlich leuchtend im Sonnenglanz, Frankfurts Münster seinen Schatten über den Römerplatz wirft, wo enge Gassen und altersgraue Häuser jenen ehrwürdigen Bezirk traulich umwinkeln, der Frankfurts Größe und noch heute seine Seele bewacht.

So gelang es auch hier, trotz selten ruhendem Werktag, die Arbeit immer weiter zu vertiefen, selbst über den Rahmen praktisch zu lösender Alltagsprobleme hinaus zu fördern und das Begonnene zu einem gewissen, wenn auch anspruchslosem Abschluß zu führen. Möchte es trotzdem geeignet sein, für seine noch fernen Ziele Interesse und Weggenossen zu finden!